《量子电动力学（第四版）》

本书是《理论物理学教程》的第四卷，内容包括外场中自由粒子的相对论理论，光发射和散射理论，相对论微扰理论及其在电动力学过程中的应用，辐射修正理论，高能过程的渐近理论。本书的处理透彻、仔细而不学究式。本书可作为高等学校物理专业高年级本科生教学参考书，也可供相关专业的研究生、科研人员和教师参考。

《统计物理学 I（第五版）》

ISBN:978-7-04-030572-2

本书是《理论物理学教程》的第五卷，根据俄文最新版译出。本书以吉布斯方法为基础讲述统计物理学。全书论述热力学基础，理想气体，非理想气体理论，费米分布与玻色分布，固体统计理论，溶液理论，化学反应与表面现象，高密度下物质的性质，晶体的对称性，涨落理论，相平衡，二级相变和临界现象。本书可作为高等学校物理专业高年级本科生或研究生的教学参考书，也可供相关专业的研究生、科研人员和教师参考。

《流体动力学（第五版）》

ISBN: 978-7-04-034659-6

本书是《理论物理学教程》的第六卷，把流体动力学作为理论物理学的一个分支来阐述，全书风格独特，内容和视角与其他教材相比有很大不同。作者尽可能全面地分析了所有能引起物理兴趣的问题，力求为各种现象及其相互关系建立尽可能清晰的图像。主要内容除了流体动力学的基本理论外，还包括湍流、传热传质、声波、气体动力学、激波、燃烧、相对论流体动力学和超流体等专题。本书可作为高等学校物理专业高年级本科生教学参考书，也可供相关专业的研究生和科研人员参考。

列夫·达维多维奇·朗道(1908—1968) 理论物理学家、苏联科学院院士、诺贝尔物理学奖获得者。1908 年 1 月 22 日生于今阿塞拜疆共和国的首都巴库，父母是工程师和医生。朗道 19 岁从列宁格勒大学物理系毕业后在列宁格勒物理技术研究所开始学术生涯。1929—1931 年赴德国、瑞士、荷兰、英国、比利时、丹麦等国家进修，特别是在哥本哈根，曾受益于玻尔的指引。1932—1937 年，朗道在哈尔科夫担任乌克兰物理技术研究所理论部主任。从 1937 年起在莫斯科担任苏联科学院物理问题研究所理论部主任。朗道非常重视教学工作，曾先后在哈尔科夫大学、莫斯科大学等学校教授理论物理，撰写了大量教材和科普读物。

朗道的研究工作几乎涵盖了从流体力学到量子场论的所有理论物理学分支。1927 年朗道引入量子力学中的重要概念——密度矩阵；1930 年创立电子抗磁性的量子理论（相关现象被称为朗道抗磁性，电子的相应能级被称为朗道能级）；1935 年创立铁磁性的磁畴理论和反铁磁性的理论解释；1936—1937 年创立二级相变的一般理论和超导体的中间态理论（相关理论被称为朗道相变理论和朗道中间态结构模型）；1937 年创立原子核的概率理论；1940—1941 年创立液氦的超流理论（被称为朗道超流理论）和量子液体理论；1946 年创立等离子体振动理论（相关现象被称为朗道阻尼）；1950 年与金兹堡一起创立超导理论（金兹堡－朗道唯象理论）；1954 年创立基本粒子的电荷约束理论；1956—1958 年创立了费米液体的量子理论（被称为朗道费米液体理论）并提出了弱相互作用的 CP 不变性。

朗道于 1946 年当选为苏联科学院院士，曾 3 次获得苏联国家奖；1954 年获得社会主义劳动英雄称号；1961 年获得马克斯·普朗克奖章和弗里茨·伦敦奖；1962 年他与栗弗席兹合著的《理论物理学教程》获得列宁奖，同年，他因为对凝聚态物质特别是液氦的开创性工作而获得了诺贝尔物理学奖。朗道还是丹麦皇家科学院院士、荷兰皇家科学院院士、英国皇家学会会员、美国国家科学院院士、美国国家艺术与科学院院士、英国和法国物理学会的荣誉会员。

“朗道十诫”石板*

1958年苏联原子能研究所为庆贺朗道50岁寿辰，送给他的刻有朗道在物理学上最重要的10项科学成果的大理石板，这10项成果是：

1. 量子力学中的密度矩阵和统计物理学（1927年）
2. 自由电子抗磁性的理论（1930年）
3. 二级相变的研究（1936—1937年）
4. 铁磁性的磁畴理论和反铁磁性的理论解释（1935年）
5. 超导体的混合态理论（1934年）
6. 原子核的概率理论（1937年）
7. 氦Ⅱ超流性的量子理论（1940—1941年）
8. 基本粒子的电荷约束理论（1954年）
9. 费米液体的量子理论（1956年）
10. 弱相互作用的CP不变性（1957年）

---

*Бессараб М. Я. Ландау: Страницы жизни. Москва: Московский рабочий, 1988.

ТЕОРЕТИЧЕСКАЯ ФИЗИКА ТОМ VI

Л. Д. ЛАНДАУ
Е. М. ЛИФШИЦ

ГИДРОДИНАМИКА

理论物理学教程 第六卷

LIUTI DONGLIXUE

流体动力学（第五版）

Л. Д. 朗道 Е. М. 栗弗席兹 著 李植 译 陈国谦 审

俄罗斯联邦教育部推荐大学物理专业教学参考书

高等教育出版社·北京
HIGHER EDUCATION PRESS BEIJING

图字:01-2007-0915 号

Л. Д. Ландау, Е. М. Лифшиц. Теоретическая физика. Учебное пособие для вузов в 10 томах

图书在版编目(CIP)数据

理论物理学教程. 第6卷, 流体动力学：第5版 / (俄罗斯)朗道, (俄罗斯)栗弗席兹著；李植译. —北京：高等教育出版社, 2013.1 (2022.12重印)
ISBN 978-7-04-034659-6

Ⅰ.①理… Ⅱ.①朗… ②栗… ③李… Ⅲ.①理论物理学-教材②流体动力学-教材 Ⅳ.①O41②O351.2

中国版本图书馆CIP数据核字(2012)第228551号

策划编辑 王 超　　责任编辑 王 超　　封面设计 张 志　　版式设计 余 杨
插图绘制 尹 莉　　责任印制 韩 刚

出版发行 高等教育出版社
社　　址 北京市西城区德外大街4号
邮政编码 100120
印　　刷 涿州市星河印刷有限公司
开　　本 787mm×1092mm 1/16
印　　张 39
字　　数 720千字
插　　页 1
购书热线 010-58581118
咨询电话 400-810-0598
网　　址 http://www.hep.edu.cn
　　　　 http://www.hep.com.cn
网上订购 http://www.landraco.com
　　　　 http://www.landraco.com.cn
版　　次 2013年1月第1版
印　　次 2022年12月第7次印刷
定　　价 109.00元

物 料 号 34659-00

目 录

第三版序言

在以前 (1944 年和 1953 年) 曾两次出版的《连续介质力学》一书中,《流动体力学》是第一部分, 现在单独成卷①.

本书在内容与行文上的特点, 如后附前一版序言所勾勒, 在这次修改和增补过程中均得以悉心保持.

虽然已经过去 30 年, 但除了为数甚少的例外, 第二版内容其实并未过时, 对这部分材料只有不太大的增补和修改. 同时又补充了一系列新内容, 全书因而增加了大约 15 节.

流体动力学在最近几十年中发展迅猛, 相关文献异常丰富, 但这种发展大体是应用层面的. 还有一个动向是, 能够通过理论计算 (包括使用电子计算机) 求解的问题更为复杂, 例如关于不稳定性及其演化的各种问题, 包括非线性不稳定性问题. 这些都超出了本书范围. 以稳定性问题为例, 就像前两版那样, 相关论述基本上仅限于给出最后结果.

本书也不包括色散介质中的非线性波理论. 该理论现在是数理物理学的一大分支, 大振幅液体表面波就是它的一个纯流体动力学对象. 非线性波理论主要应用于等离子体物理学、非线性光学、各种电动力学问题以及其他领域, 因而划归其他几卷.

关于湍流的产生机理, 在认识上发生了重大变化. 尽管合理的湍流理论尚待确立, 但有理由认为其发展终于走上了正轨. 为此, 我和 M.И.拉宾诺维奇共同撰写了 3 节 (§30—§32), 以阐述一些已有的主要思路和结果. 他如此鼎力相助, 我不胜感激. 近几十年以来, 在连续介质力学中出现了一个崭新的领域——液晶力学, 它同时具有流体动力学和弹性介质力学的特点, 其基本原理拟在新版的《弹性理论》中加以介绍.

在我有幸与列夫 · 达维多维奇 · 朗道合作撰写的著作中, 本书地位特殊,

---

① 本教程第六卷《流体动力学》和第七卷《弹性理论》本来是以《连续介质力学》为书名合在一起出版的, 它们在单独成卷时的版次均按第三版计. ——译者

他为此倾注了大量心血. 对列夫 · 达维多维奇来说, 流体动力学当时是一个让他全神贯注的新的理论物理学分支. 按照他一贯的风格, 他从头思考并推导了流体动力学的基本结果, 由此催生了发表于不同杂志的一系列原创性论文. 不过, 也有许多原创性结果或观点收录于本书而未曾单独发表, 甚至在某些情况下, 后来才查明列夫 · 达维多维奇是原创者. 我在本书新版中尽量补充了相应说明.

在修订本卷和《理论物理学教程》其余各卷的过程中, 许多朋友和同事向我提供了帮助和建议. 首先应提到的是 Г.И. 巴伦布拉特, Я.Б. 泽利多维奇, Л.П. 皮塔耶夫斯基, Я.Г. 西奈, 他们曾多次与我进行讨论. 还有诸多教益得自 А.А. 安德罗诺夫, С.И. 阿尼西莫夫, В.А. 别洛孔, В.П. 克拉依诺夫, А.Г. 库利科夫斯基, М.А. 利伯曼, Р.В. 波洛温, А.В. 季莫费耶夫, А.Л. 法布里坎特. 我谨在此向他们全体致以真诚的谢意.

E.M. 栗弗席兹
苏联科学院物理问题研究所
1984 年 8 月

《连续介质力学》第二版序言节录

本书旨在阐述连续介质力学, 即液体和气体运动理论 (流体动力学) 以及固体运动理论 (弹性理论或弹性力学). 这些理论其实都是物理学的分支, 由于自身的一系列特性才发展成为独立的学科.

在弹性理论中, 求解那些在数学上已经用线性偏微分方程的形式明确提出的问题具有非常重要的意义, 所以弹性理论包含着所谓数理物理学的许多基本内容.

流体动力学的特点则截然不同. 流体动力学方程是非线性的, 仅在一些比较罕见的情况下才能直接分析和求解. 因此, 现代流体动力学只有不断与实验相结合才能发展, 这就使流体动力学与物理学其他分支的关系变得非常密切.

尽管流体动力学和弹性理论实际上已经独立出来, 但是把它们视为理论物理学的一部分仍有重要意义. 这是因为, 一方面, 理论物理学的一般方法和定律适用于这两个学科, 若不掌握理论物理学其他分支的基础知识, 就不可能清晰地理解流体动力学和弹性理论. 另一方面, 连续介质力学本身对于解决一些完全属于理论物理学其他分支的问题也是必不可少的.

在这里, 我们想就本书阐述流体动力学的特点作一些说明. 既然本书把流体动力学作为理论物理学的一个分支来阐述, 这就在很大程度上决定了其内容在性质上与流体动力学的其他教材大不相同. 我们尽可能全面地分析了所有能引起物理兴趣的问题, 并且力求在阐述问题时能够为各种现象及其相互关系建立起尽可能清晰的图像. 鉴于这种特点, 我们在本书中既不讨论流体动力学的近似计算方法, 也不讨论缺乏较深刻物理基础的部分经验理论. 与此同时, 这里却阐述了一些通常未列入流体动力学教材的内容, 如流体中的传热传质理论, 声学和燃烧理论.

本书第二版有重大修改. 补充了大量新材料, 尤其气体动力学部分几乎全部重写. 例如, 补充了对跨声速理论的介绍. 这个问题对整个气体动力学都有最重要的原则性意义, 因为对跨声速气流特性的研究应当能够揭示绕固体的定常可压缩气流的一些基本的定性性质. 这个领域至今只有较少成果, 许多重要问题仅能提出而已. 考虑到有必要进一步研究这些问题, 我们详细介绍了这里用到的数学工具.

补充了两章新内容, 用以讨论相对论流体动力学和超流体动力学. 相对论流体动力学方程 (第十五章) 能够应用于各种天体物理学问题, 例如用来研究辐射起重要作用的对象. 这些方程还在完全不同的其他物理学领域中有特殊用途, 例如应用于粒子碰撞的多重产生理论[①]. 第十六章所阐述的"二速度"流体动力学给出了超流体运动的宏观描述, 液氦在温度接近绝对零度时就是这样的超流体.

我们想衷心感谢 Я.Б. 泽利多维奇和 Л.И. 谢多夫, 与他们就诸多流体动力学问题的讨论对我们大有裨益. 还要感谢 Д.В. 西武欣, 他阅读了本书原稿并提出了许多被第二版采用的意见.

Л. 朗道, Е. 栗弗席兹

1952 年

① 粒子物理学中关于两个粒子在极端相对论速度下碰撞时产生多个其他粒子的理论. ——译者

某些符号

密度 ρ

压强 p

温度 T

质量熵 s

质量内能 ε

质量焓 $w = \varepsilon + p/\rho$

热容比 (质量定压热容与质量定容热容之比) $\gamma = c_p/c_v$

黏度 (动力黏度) η

运动黏度 $\nu = \eta/\rho$

热导率 $\varkappa$

温导率 $\chi = \varkappa/\rho c_p$

雷诺数 Re

声速 c

马赫数 M

(三维) 矢量和张量的角标用拉丁字母 i, k, l, $\cdots$ 表示. 重复出现两次的角标 (傀标) 均表示求和. 单位张量为 δ_{ik}.

引用本教程其余各卷的章节号和公式号时, 卷号表示:

第二卷: 《场论》, 俄文第八版, 中文第一版

第五卷: 《统计物理学 I》, 俄文第五版, 中文第一版

第八卷: 《连续介质电动力学》, 俄文第四版, 中文第一版

第九卷: 《统计物理学 II》, 俄文第四版, 中文第二版

第十卷: 《物理动理学》, 俄文第二版, 中文第一版

第一章

理想流体

§1 连续性方程

对液体和气体运动的研究就是**流体动力学**的内容. 流体动力学所研究的现象具有宏观性质, 所以在流体动力学中可以把流体①② 看做连续介质. 这意味着, 可以认为任何流体微元仍然是足够大的, 以至于其中还包含着数目极多的分子. 因此, 当我们说到无穷小的体微元时, 总是指“物理上”无穷小的体微元, 换言之, 它与所考虑的物体体积相比足够小, 但与分子间距离相比却足够大. 在流体动力学中, 对“流体微团”、“流体点”之类的术语都应当这样理解. 例如, 在论及某流体点的位移时, 我们并不是指个别分子的位移, 而是指包含大量分子的流体微元整体的位移, 尽管在流体动力学中仍把后者看做一个点.

在数学上可以利用一些函数来描述运动流体的状态, 它们给出流体的速度分布 $\boldsymbol{v}=\boldsymbol{v}(x,\, y,\, z,\, t)$ 和任何两个热力学量的分布, 例如压强分布 $p(x,\, y,\, z,\, t)$ 和密度分布 $\rho(x,\, y,\, z,\, t)$. 众所周知, 根据任意两个热力学量的值和物质的状态方程即可确定所有的热力学量. 因此, 只要给定五个量: 速度 $\boldsymbol{v}$ 的三个分量、压强 p 和密度 ρ, 就可以把运动流体的状态完全确定下来.

所有这些量一般是坐标 $x,\, y,\, z$ 和时间 t 的函数. 我们强调, $\boldsymbol{v}(x,\, y,\, z,\, t)$ 是在时刻 t 在空间的任何给定点 $x,\, y,\, z$ 的流体速度, 换言之, 它是空间固定点的流体速度, 而不是随时间在空间中移动的特定流体微元的速度. 这一说明同样

---

① 原文使用的单词 жидкость 是“液体”而不是“流体”(见下一条脚注), 而且在这类俄文文献中并不使用表示“流体”的单词 флюид (即英文中的 fluid). 本版按中文习惯用流体来泛指液体或气体, 除非必须明确加以区分. ——译者

② 为简洁起见, 我们在这里和下文中只提到液体, 其含义其实既包括液体, 也包括气体.

适用于量 ρ 和 p.

我们来推导一些基本的流体动力学方程. 首先推导表示质量守恒定律的方程.

考虑空间的某个区域 V_0, 位于该区域内的流体具有质量 $\int \rho\,\mathrm{d}V$, 式中 ρ 是流体密度, 积分运算是对区域 V_0 进行的. 单位时间内流过区域表面微元 $\mathrm{d}\boldsymbol{f}$ 的流体的质量是 $\rho\boldsymbol{v}\cdot\mathrm{d}\boldsymbol{f}$, 其中矢量 $\mathrm{d}\boldsymbol{f}$ 指向表面微元的法线方向, 其大小等于表面微元的面积. 我们规定 $\mathrm{d}\boldsymbol{f}$ 指向外法线方向. 于是, 如果流体流出该区域, 则 $\rho\boldsymbol{v}\cdot\mathrm{d}\boldsymbol{f}$ 为正; 如果流体流入该区域, 则该表达式为负. 因此, 单位时间内流出区域 V_0 的流体总质量是

$$\oint \rho\boldsymbol{v}\cdot\mathrm{d}\boldsymbol{f},$$

式中的积分运算是对该区域的整个封闭表面进行的.

另一方面, 区域 V_0 中流体质量的减少可以写为以下形式:

$$-\frac{\partial}{\partial t}\int \rho\,\mathrm{d}V.$$

让两个表达式相等, 得

$$\frac{\partial}{\partial t}\int \rho\,\mathrm{d}V = -\oint \rho\boldsymbol{v}\cdot\mathrm{d}\boldsymbol{f}. \tag{1.1}$$

把曲面积分变换为体积分:

$$\oint \rho\boldsymbol{v}\cdot\mathrm{d}\boldsymbol{f} = \int \operatorname{div}\rho\boldsymbol{v}\,\mathrm{d}V,$$

于是

$$\int\left(\frac{\partial\rho}{\partial t} + \operatorname{div}\rho\boldsymbol{v}\right)\mathrm{d}V = 0.$$

因为这个等式应当对任何区域都成立, 所以被积函数应当为零, 即

$$\frac{\partial\rho}{\partial t} + \operatorname{div}\rho\boldsymbol{v} = 0. \tag{1.2}$$

这就是所谓的**连续性方程**.

展开表达式 $\operatorname{div}\rho\boldsymbol{v}$, 也可以把 (1.2) 写为

$$\frac{\partial\rho}{\partial t} + \rho\operatorname{div}\boldsymbol{v} + \boldsymbol{v}\cdot\operatorname{grad}\rho = 0. \tag{1.3}$$

矢量

$$\boldsymbol{j} = \rho\boldsymbol{v}$$

称为**质量流密度**①, 其方向与流动方向一致, 而大小等于单位时间内流过与速度垂直的单位面积的流体质量.

---

① 简称质量流. 下文中的能流密度、动量流密度等量有时也这样简称. ——译者

§2 欧拉方程

设想从流体中划分出某个区域, 它是由流体组成的. 作用在这部分流体上的合力等于该区域边界上的积分①

$$-\oint p\,\mathrm{d}\boldsymbol{f}.$$

把它变换为体积分, 有

$$-\oint p\,\mathrm{d}\boldsymbol{f}=-\int \operatorname{grad} p\,\mathrm{d}V.$$

由此可见, 任何流体微元 $\mathrm{d}V$ 都受到周围流体对它的作用力 $-\mathrm{d}V\operatorname{grad} p$. 换言之, 单位体积流体上的作用力等于 $-\operatorname{grad} p$.

现在, 让作用力 $-\operatorname{grad} p$ 等于流体的体积质量 ρ 与流体加速度 $\mathrm{d}\boldsymbol{v}/\mathrm{d}t$ 的乘积, 我们就可以写出流体微元的运动方程

$$\rho\frac{\mathrm{d}\boldsymbol{v}}{\mathrm{d}t}=-\operatorname{grad} p. \tag{2.1}$$

这里的导数 $\mathrm{d}\boldsymbol{v}/\mathrm{d}t$ 并不代表空间固定点的流体速度变化, 而是代表一个在空间中运动的给定的流体微元的速度变化. 应当用一些与空间固定点相关的量来表示这个导数. 为此, 我们指出, 一个给定的流体微元在 $\mathrm{d}t$ 时间内的速度变化 $\mathrm{d}\boldsymbol{v}$ 由两部分组成: 一部分是该空间固定点的流体速度在 $\mathrm{d}t$ 时间内的变化, 另一部分是 (在同一瞬间) 相距 $\mathrm{d}\boldsymbol{r}$ 的两点的流体速度之差, 这里的 $\mathrm{d}\boldsymbol{r}$ 是给定流体微元在 $\mathrm{d}t$ 时间内的位移. 前者等于

$$\frac{\partial \boldsymbol{v}}{\partial t}\mathrm{d}t,$$

这里的偏导数 $\partial\boldsymbol{v}/\partial t$ 是在 x, y, z 不变时计算的, 即在空间给定点上计算的. 速度变化的第二部分等于

$$\mathrm{d}x\frac{\partial \boldsymbol{v}}{\partial x}+\mathrm{d}y\frac{\partial \boldsymbol{v}}{\partial y}+\mathrm{d}z\frac{\partial \boldsymbol{v}}{\partial z}=(\mathrm{d}\boldsymbol{r}\cdot\nabla)\boldsymbol{v}.$$

于是,

$$\mathrm{d}\boldsymbol{v}=\frac{\partial \boldsymbol{v}}{\partial t}\mathrm{d}t+(\mathrm{d}\boldsymbol{r}\cdot\nabla)\boldsymbol{v},$$

---

① 简单而言, 作用于流体的力可以分为质量力和面力 (关于表面张力, 见第七章). 质量力通常是按质量分布的长程力 (如万有引力), 质量力密度指单位质量流体所受的质量力. 面力是按面积分布的力 (如与流体表面相接触的物质对该表面上的流体的作用力), 单位面积上的面力称为应力. 在理想流体的情况下, 面微元 $\mathrm{d}\boldsymbol{f}$ 上的面力 (从矢量 $\mathrm{d}\boldsymbol{f}$ 所指的那一侧物质作用在该面微元上的力) 为 $-p\,\mathrm{d}\boldsymbol{f}$. 这里之所以有负号, 是因为该面力通常表现为压力. 此处只考虑面力. ——译者

或者, 两边都除以 dt[①],

$$\frac{\mathrm{d}\boldsymbol{v}}{\mathrm{d}t}=\frac{\partial \boldsymbol{v}}{\partial t}+(\boldsymbol{v}\cdot\nabla)\boldsymbol{v}. \tag{2.2}$$

把此关系式代入 (2.1), 得到

$$\frac{\partial \boldsymbol{v}}{\partial t}+(\boldsymbol{v}\cdot\nabla)\boldsymbol{v}=-\frac{1}{\rho}\,\mathrm{grad}\,p. \tag{2.3}$$

这就是我们希望求出的流体运动方程, 它是由 L. 欧拉在 1755 年首先得到的. 这个方程称为**欧拉方程**, 是基本的流体动力学方程之一.

如果流体处于重力场中, 则单位体积的任何流体还受到力 $\rho\boldsymbol{g}$ 的作用, 其中 $\boldsymbol{g}$ 是重力加速度. 这个力应当加在方程 (2.1) 的右侧, 方程 (2.3) 的形式从而变为

$$\frac{\partial \boldsymbol{v}}{\partial t}+(\boldsymbol{v}\cdot\nabla)\boldsymbol{v}=-\frac{1}{\rho}\,\mathrm{grad}\,p+\boldsymbol{g}. \tag{2.4}$$

在运动流体中可能存在能量耗散过程, 这是由流体的内摩擦 (黏性) 和流体不同部分之间的热交换引起的. 然而, 在推导上述运动方程时, 我们完全没有考虑这样的耗散过程. 所以, 本章这一节和以后几节的全部论述, 只适用于热传导过程和黏性过程都无关紧要的流体运动. 讨论这样的运动就相当于讨论**理想流体**的运动.

流体各部分之间 (当然, 还包括流体与相邻物体之间) 没有热交换, 这意味着运动是绝热的, 并且任何一部分流体的运动都是绝热的. 因此, 必须把理想流体的运动看做绝热运动.

当流体在空间中作绝热运动时, 每一部分流体的熵在运动过程中都保持不变. 如果用字母 s 表示单位质量流体的熵 (质量熵), 我们就可以用方程

$$\frac{\mathrm{d}s}{\mathrm{d}t}=0 \tag{2.5}$$

来表述绝热运动条件. 在这个方程中, 就像 (2.1) 那样, 对时间的全导数[②] 表示给定的一部分流体的熵变化率. 该导数也可以写为

$$\frac{\partial s}{\partial t}+\boldsymbol{v}\cdot\nabla s=0. \tag{2.6}$$

这是表述理想流体绝热运动条件的一般方程. 利用 (1.2), 可以把它写为熵的"连续性方程":

$$\frac{\partial}{\partial t}(\rho s)+\mathrm{div}(\rho s\boldsymbol{v})=0. \tag{2.7}$$

---

① 为了强调这样定义的导数 d/dt 与物质运动的联系, 我们称之为**物质导数**.

② 即物质导数. ——译者

乘积 $\rho s\boldsymbol{v}$ 是**熵流密度**.

绝热方程经常具有简单得多的形式. 就像经常遇到的那样, 如果流体的质量熵在某个初始时刻处处相同, 则在此后的流动中, 质量熵仍然处处相同并且不随时间变化. 因此, 这时可以把绝热方程简单地写为

$$s = \text{const}. \tag{2.8}$$

我们以后通常使用这种形式的绝热方程. 这样的流动称为**等熵流**.

利用等熵流条件, 可以把运动方程 (2.3) 写为略微不同的形式. 为此, 我们运用熟悉的热力学关系式

$$\mathrm{d}w = T\,\mathrm{d}s + V\mathrm{d}p,$$

式中 w 是流体的质量焓, $V = 1/\rho$ 是质量体积, T 是温度. 因为 $s = \text{const}$, 所以

$$\mathrm{d}w = V\mathrm{d}p = \frac{1}{\rho}\mathrm{d}p,$$

从而

$$\frac{1}{\rho}\nabla p = \nabla w.$$

因此, 可以把方程 (2.3) 写为以下形式:

$$\frac{\partial \boldsymbol{v}}{\partial t} + (\boldsymbol{v}\cdot\nabla)\boldsymbol{v} = -\operatorname{grad} w. \tag{2.9}$$

值得注意的是, 欧拉方程还有一种形式, 其中只包含速度. 应用矢量分析中的已有公式

$$\frac{1}{2}\operatorname{grad} v^2 = \boldsymbol{v}\times\operatorname{rot}\boldsymbol{v} + (\boldsymbol{v}\cdot\nabla)\boldsymbol{v},$$

可以把 (2.9) 写为

$$\frac{\partial \boldsymbol{v}}{\partial t} - \boldsymbol{v}\times\operatorname{rot}\boldsymbol{v} = -\operatorname{grad}\left(w + \frac{v^2}{2}\right). \tag{2.10}$$

在这个方程两侧取旋度, 就得到只包含速度的方程

$$\frac{\partial}{\partial t}\operatorname{rot}\boldsymbol{v} = \operatorname{rot}(\boldsymbol{v}\times\operatorname{rot}\boldsymbol{v}). \tag{2.11}$$

有了运动方程, 还应当补充在流体界面上必须成立的一些边界条件. 对于理想流体, 边界条件应当表述出流体不能穿透固体壁面的事实. 这意味着, 固体壁面上的流体法向速度分量应当等于零:

$$v_n = 0 \tag{2.12}$$

(在运动壁面的一般情形下, v_n 应当等于壁面速度的相应分量).

在两种互不混合的流体之间的边界上应当成立两个边界条件, 其一是两种流体的压强在分界面上相等[①], 其二是两种流体在分界面上的法向速度分量相等 (并且该法向速度分量等于分界面本身的法向移动速度).

正如在 §1 一开始就指出的, 运动流体的状态取决于五个量: 速度 $\boldsymbol{v}$ 的三个分量以及诸如压强 p 和密度 ρ 的两个热力学量. 因此, 封闭的流体动力学方程组应当包括五个方程. 对于理想流体, 这些方程就是欧拉方程、连续性方程和绝热方程.

习 题

设 a 是流体微元在某一时刻 $t = t_0$ 的 x 坐标 (a 称为拉格朗日坐标), 写出关于变量 a, t[②③] 的理想流体一维运动方程.

解: 在上述变量下, 每个流体微元在任意时刻的坐标 x 可以看做 t 和它在初始时刻的坐标 a 的函数, $x = x(a,\ t)$. 于是, 流体微元的质量在其运动过程中守恒的条件 (连续性方程) 可以写为

$$\rho\,\mathrm{d}x = \rho_0\,\mathrm{d}a, \quad \text{即} \quad \rho\left(\frac{\partial x}{\partial a}\right)_t = \rho_0,$$

式中 $\rho_0(a)$ 是给定的初始密度分布. 根据定义, 流体微元的速度是 $v = (\partial x/\partial t)_a$, 而导数 $(\partial v/\partial t)_a$ 给出该流体微元在运动过程中的速度变化率. 欧拉方程和绝热方程分别可以写为

$$\left(\frac{\partial v}{\partial t}\right)_a = -\frac{1}{\rho_0}\left(\frac{\partial p}{\partial a}\right)_t, \quad \left(\frac{\partial s}{\partial t}\right)_a = 0.$$

§3 流体静力学

对于均匀重力场中的静止流体, 欧拉方程 (2.4) 的形式为

$$\operatorname{grad} p = \rho \boldsymbol{g}. \tag{3.1}$$

这个方程描述流体的力学平衡. (如果根本不存在外力, 平衡方程就是 $\nabla p = 0$,

---

① 如果考虑表面张力, 可以参考第七章. ——译者

② 虽然这些变量通常称为拉格朗日变量, 但是利用这些变量表示的流体运动方程其实最初是由 L. 欧拉在得到基本方程 (2.3) 时同时得到的.

③ 拉格朗日坐标是用来区别不同流体点的变量, 以这些变量和时间为独立自变量来描述运动的观点称为拉格朗日观点. 此题是拉格朗日观点的简单例子, 其中在拉格朗日坐标不变的条件下对时间的导数其实就是物质导数. 相应地, 以空间坐标和时间为独立自变量来描述运动的观点称为欧拉观点, 这种观点在流体动力学中更为常用. §1 中利用空间区域 (即控制体, 其表面为控制面) 推导连续性方程的方法和 §2 中利用由流体组成的区域 (即物质体, 其表面为物质面) 推导欧拉方程的方法, 都是在欧拉观点下推导基本方程的典型方法. ——译者

即 $p = \text{const}$, 这意味着流体中的压强处处相同.)

如果可以认为流体的密度在流体所占区域中处处都保持不变, 换言之, 如果流体在外力作用下不发生明显压缩, 就能直接对方程 (3.1) 进行积分. 让 z 轴竖直向上, 我们有

$$\frac{\partial p}{\partial x} = \frac{\partial p}{\partial y} = 0, \quad \frac{\partial p}{\partial z} = -\rho g,$$

从而

$$p = -\rho g z + \text{const}.$$

如果静止流体具有自由面 (位于高度 h), 即处处作用着相同的外部压强 p_0 的表面, 则该自由面必为水平平面 $z = h$. 根据 $z = h$ 时 $p = p_0$ 的条件, 我们有

$$\text{const} = p_0 + \rho g h,$$

所以

$$p = p_0 + \rho g(h - z). \tag{3.2}$$

对于大量液体或气体, 一般不能认为密度 ρ 处处相同, 对于气体 (例如大气) 尤其如此. 如果假设流体不仅处于力学平衡, 而且处于热平衡, 则流体中的温度处处相同, 这时可用以下方法对方程 (3.1) 进行积分. 应用熟知的热力学关系式

$$\mathrm{d}\varPhi = -s\,\mathrm{d}T + V\mathrm{d}p,$$

式中 $\varPhi$ 是流体的质量热力学势①, 当温度不变时,

$$\mathrm{d}\varPhi = V\mathrm{d}p = \frac{\mathrm{d}p}{\rho}.$$

由此可见, 表达式 $(\nabla p)/\rho$ 这时可以写为 $\nabla\varPhi$, 平衡方程 (3.1) 因而具有以下形式:

$$\nabla\varPhi = \boldsymbol{g}.$$

当常矢量 $\boldsymbol{g}$ 指向 z 轴的负方向时, 成立等式

$$\boldsymbol{g} = -\nabla(gz).$$

因此,

$$\nabla(\varPhi + gz) = 0,$$

由此得到, 在整个流体中应有

$$\varPhi + gz = \text{const}, \tag{3.3}$$

① 指质量吉布斯自由能. ——译者

gz 是流体在重力场中的质量势能. 我们在统计物理学中已经知道, 条件 (3.3) 正是处于外力场中的系统达到热力学平衡的条件.

我们在这里再指出方程 (3.1) 的一个简单推论. 如果液体或气体 (如大气) 在重力场中处于力学平衡, 则其中的压强只能是高度 z 的函数 (在给定高度上, 假如不同位置上的压强不同, 就会产生运动). 于是, 从 (3.1) 可知, 密度

$$\rho = -\frac{1}{g}\frac{\mathrm{d}p}{\mathrm{d}z} \tag{3.4}$$

也只是 z 的函数. 而压强和密度单值地决定给定点的温度, 所以温度必定也只是 z 的函数. 因此, 对于在重力场中处于力学平衡的流体, 其压强、密度和温度的分布只依赖于高度. 如果温度在同样高度的不同位置上有所不同, 流体就不可能处于力学平衡.

最后, 我们来推导质量极为巨大的一团流体 (如恒星) 的平衡方程. 这时, 流体各部分由于万有引力而结合在一起. 设 φ 是由流体产生的引力场的牛顿引力势, 它满足微分方程

$$\Delta\varphi = 4\pi G\rho, \tag{3.5}$$

式中 G 为牛顿引力常量. 引力场强度等于 $-\operatorname{grad}\varphi$, 所以作用在质量 ρ 上的引力为 $-\rho\operatorname{grad}\varphi$. 因此, 平衡条件是

$$\operatorname{grad} p = -\rho\operatorname{grad}\varphi.$$

等式两边除以 ρ 并取散度, 再利用方程 (3.5), 最终得到以下形式的平衡方程:

$$\operatorname{div}\left(\frac{1}{\rho}\operatorname{grad} p\right) = -4\pi G\rho. \tag{3.6}$$

我们强调, 这里只讨论力学平衡. 对于方程 (3.6), 绝对不必假设存在完全的热平衡.

如果星体不发生旋转, 则它在平衡状态下呈球形, 密度和压强的分布也是球对称的. 这时, 方程 (3.6) 在球面坐标下的形式为

$$\frac{1}{r^2}\frac{\mathrm{d}}{\mathrm{d}r}\left(\frac{r^2}{\rho}\frac{\mathrm{d}p}{\mathrm{d}r}\right) = -4\pi G\rho. \tag{3.7}$$

§4 不发生对流的条件

流体在处于力学平衡 (即其中不出现宏观运动) 的同时未必处于热平衡. 方程 (3.1) 是力学平衡条件. 即使流体中的温度不均匀, 该方程也能够成立. 然而, 这时却产生了关于这种平衡是否稳定的问题. 结果表明, 平衡仅在一定条

件下才是稳定的. 如果该条件不成立, 平衡就是不稳定的, 并且这种不稳定性会导致流体的无序流动与混合, 促使温度趋于均匀. 这样的运动称为**对流**. 换言之, 力学平衡稳定的条件就是不发生对流的条件. 可以用以下方法得到这个条件.

考虑位于高度 z 的一个流体微元, 其质量体积为 $V(p,\ s)$, 其中 p 和 s 是这个高度上的平衡压强和平衡熵[①]. 假设该流体微元在绝热条件下向上移动了一小段距离 ξ, 这时其质量体积变为 $V(p',\ s)$, 其中 p' 是高度 $z+\xi$ 上的压强. 为了使平衡稳定, 一个必要条件 (虽然一般不是充分条件) 是, 这时作用在流体微元上的合力应迫使它返回原位. 这意味着, 该流体微元应当比它在新位置上"排开"的流体更重一些. 后者的质量体积是 $V(p',\ s')$, 其中 s' 是高度 $z+\xi$ 上的平衡熵. 因此, 我们有稳定性条件

$$V(p',\ s')-V(p',\ s)>0.$$

把这一差值展开为

$$s'-s=\frac{\mathrm{d}s}{\mathrm{d}z}\xi$$

的幂级数, 我们得到

$$\left(\frac{\partial V}{\partial s}\right)_p\frac{\mathrm{d}s}{\mathrm{d}z}>0. \tag{4.1}$$

根据热力学公式, 我们有

$$\left(\frac{\partial V}{\partial s}\right)_p=\frac{T}{c_p}\left(\frac{\partial V}{\partial T}\right)_p,$$

式中 c_p 为质量定压热容. 热容 c_p 和温度 T 都是正的, 所以我们可以把 (4.1) 改写为

$$\left(\frac{\partial V}{\partial T}\right)_p\frac{\mathrm{d}s}{\mathrm{d}z}>0. \tag{4.2}$$

大多数物质受热膨胀, 即 $(\partial V/\partial T)_p>0$, 所以不发生对流的条件化为不等式

$$\frac{\mathrm{d}s}{\mathrm{d}z}>0, \tag{4.3}$$

即熵应当随高度增加而增加.

由此易求温度梯度 $\mathrm{d}T/\mathrm{d}z$ 所应满足的条件. 展开导数 $\mathrm{d}s/\mathrm{d}z$, 我们写出

$$\frac{\mathrm{d}s}{\mathrm{d}z}=\left(\frac{\partial s}{\partial T}\right)_p\frac{\mathrm{d}T}{\mathrm{d}z}+\left(\frac{\partial s}{\partial p}\right)_T\frac{\mathrm{d}p}{\mathrm{d}z}=\frac{c_p}{T}\frac{\mathrm{d}T}{\mathrm{d}z}-\left(\frac{\partial V}{\partial T}\right)_p\frac{\mathrm{d}p}{\mathrm{d}z}>0.$$

---

① 在论及一些热力学强度量时, 文中经常省略"质量"二字, 例如这里的熵指质量熵. ——译者

最后, 根据 (3.4), 把

$$\frac{\mathrm{d}p}{\mathrm{d}z}=-\frac{g}{V}$$

代入, 得到

$$-\frac{\mathrm{d}T}{\mathrm{d}z}<\frac{g\beta T}{c_p}, \tag{4.4}$$

式中 $\beta=(\partial V/\partial T)_p/V$ 是定压体膨胀系数. 如果考虑一个气体柱的平衡, 并且可以认为其中的气体是 (热力学意义上的) 理想气体, 则 $\beta T=1$, 于是条件 (4.4) 简化为

$$-\frac{\mathrm{d}T}{\mathrm{d}z}<\frac{g}{c_p}. \tag{4.5}$$

如果这些条件不成立, 即如果温度随高度的增加而降低, 并且温度梯度值超过 (4.4), (4.5) 右侧的值①, 就会产生对流.

§5 伯努利方程

在定常流情况下, 流体动力学方程有明显的简化. **定常流**是指流体所占区域的任何一点的速度都不随时间变化的流动. 换言之, $\boldsymbol{v}$ 只是坐标的函数, 因而

$$\frac{\partial \boldsymbol{v}}{\partial t}=0.$$

于是, 方程 (2.10) 化为

$$\frac{1}{2}\operatorname{grad} v^2-\boldsymbol{v}\times\operatorname{rot}\boldsymbol{v}=-\operatorname{grad} w. \tag{5.1}$$

我们引入**流线**的概念. 流线是这样的一些曲线, 线上任何一点的切线方向给出流体在给定时刻在该点的速度矢量的方向. 流线由以下微分方程组确定:

$$\frac{\mathrm{d}x}{v_x}=\frac{\mathrm{d}y}{v_y}=\frac{\mathrm{d}z}{v_z}. \tag{5.2}$$

在定常流中, 流线不随时间变化, 并且与流体微元的迹线重合. 在非定常流中自然没有这样的一致性: 流线的切线给出位于一系列空间点的不同流体微元在给定时刻的速度方向, 而迹线的切线则给出一个给定流体微元在一系列不同时刻的速度方向.

在流线上的每一点, 我们用 $\boldsymbol{l}$ 表示单位切向矢量, 并用它与方程 (5.1) 进行标量乘运算. 众所周知, 梯度矢量在某个方向的投影就是沿那个方向的方向

---

① 对于水, (4.4) 右侧的值在 20°C 时约为 1°C/6.7 km; 对于空气, (4.5) 右侧的值约为 1°C/100 m.

导数. 所以, $\operatorname{grad} w$ 在流线上的投影为 $\partial w/\partial l$. 至于矢量 $\boldsymbol{v}\times\operatorname{rot}\boldsymbol{v}$, 因为它垂直于速度 $\boldsymbol{v}$, 所以它在 $\boldsymbol{l}$ 方向的投影为零. 于是, 我们从方程 (5.1) 得到

$$\frac{\partial}{\partial l}\left(\frac{v^2}{2}+w\right)=0.$$

由此可知, $v^2/2+w$ 沿流线保持不变:

$$\frac{v^2}{2}+w=\text{const}\,. \tag{5.3}$$

对于不同的流线, 常量 const 一般取不同的值. 方程 (5.3) 称为**伯努利方程**①②.

如果流动发生在重力场内, 在方程 (5.1) 的右侧就应当补充重力加速度 $\boldsymbol{g}$. 取重力的相反方向为 z 轴方向, 即向上是 z 轴的正方向. 那么, $\boldsymbol{g}$ 与 $\boldsymbol{l}$ 方向之间夹角的余弦等于导数 $-\mathrm{d}z/\mathrm{d}l$, 而 $\boldsymbol{g}$ 在 $\boldsymbol{l}$ 上的投影为

$$-g\frac{\mathrm{d}z}{\mathrm{d}l}.$$

因此, 现在我们有

$$\frac{\partial}{\partial l}\left(\frac{v^2}{2}+w+gz\right)=0,$$

而相应的伯努利方程表明, 沿流线成立

$$\frac{v^2}{2}+w+gz=\text{const}\,. \tag{5.4}$$

§6 能流

选取空间中任何一个静止的体微元, 我们来确定其中的流体能量如何随时间变化. 流体的体积能等于

$$\rho\frac{v^2}{2}+\rho\varepsilon,$$

式中第一项是动能, 第二项是内能 (ε 是质量内能). 体积能的变化取决于偏导数

$$\frac{\partial}{\partial t}\left(\rho\frac{v^2}{2}+\rho\varepsilon\right).$$

为了计算这个量, 我们写出

$$\frac{\partial}{\partial t}\frac{\rho v^2}{2}=\frac{v^2}{2}\frac{\partial\rho}{\partial t}+\rho\boldsymbol{v}\cdot\frac{\partial\boldsymbol{v}}{\partial t},$$

---

① 它是由 D. 伯努利在 1738 年对不可压缩流体 (见 §10) 建立起来的.

② 也称为伯努利积分, 因为它是欧拉方程沿流线的一个首次积分. 对于定常势流也可以得到一个同样形式的首次积分 (在整个流场内均成立), 见 §9 最后. ——译者

或者, 利用连续性方程 (1.2) 和运动方程 (2.3), 有

$$\frac{\partial}{\partial t}\frac{\rho v^2}{2} = -\frac{v^2}{2}\operatorname{div}\rho\boldsymbol{v} - \boldsymbol{v}\cdot\operatorname{grad}p - \rho\boldsymbol{v}\cdot(\boldsymbol{v}\cdot\nabla)\boldsymbol{v}.$$

把最后一项中的 $\boldsymbol{v}\cdot(\boldsymbol{v}\cdot\nabla)\boldsymbol{v}$ 替换为 $\boldsymbol{v}\cdot\nabla v^2/2$, 再利用热力学关系式

$$\mathrm{d}w = T\,\mathrm{d}s + \frac{\mathrm{d}p}{\rho}$$

把压强梯度替换为 $\rho\nabla w - \rho T\nabla s$, 我们得到

$$\frac{\partial}{\partial t}\frac{\rho v^2}{2} = -\frac{v^2}{2}\operatorname{div}\rho\boldsymbol{v} - \rho\boldsymbol{v}\cdot\nabla\left(w + \frac{v^2}{2}\right) + \rho T\boldsymbol{v}\cdot\nabla s.$$

为了变换 $\rho\varepsilon$ 的导数, 我们利用热力学关系式

$$\mathrm{d}\varepsilon = T\,\mathrm{d}s - p\,\mathrm{d}V = T\,\mathrm{d}s + \frac{p}{\rho^2}\mathrm{d}\rho.$$

因为 $\varepsilon + p/\rho = \varepsilon + pV$ 正好就是质量焓 w, 我们得到

$$\mathrm{d}(\rho\varepsilon) = \varepsilon\,\mathrm{d}\rho + \rho\,\mathrm{d}\varepsilon = w\,\mathrm{d}\rho + \rho T\,\mathrm{d}s,$$

于是

$$\frac{\partial}{\partial t}(\rho\varepsilon) = w\frac{\partial\rho}{\partial t} + \rho T\frac{\partial s}{\partial t} = -w\operatorname{div}\rho\boldsymbol{v} - \rho T\boldsymbol{v}\cdot\nabla s.$$

这里还利用了一般的绝热方程 (2.6).

综合以上结果, 我们得到待求的能量变化

$$\frac{\partial}{\partial t}\left(\frac{\rho v^2}{2} + \rho\varepsilon\right) = -\left(w + \frac{v^2}{2}\right)\operatorname{div}\rho\boldsymbol{v} - \rho(\boldsymbol{v}\cdot\nabla)\left(w + \frac{v^2}{2}\right),$$

或者最终把它写为

$$\frac{\partial}{\partial t}\left(\frac{\rho v^2}{2} + \rho\varepsilon\right) = -\operatorname{div}\left\{\rho\boldsymbol{v}\left(\frac{v^2}{2} + w\right)\right\}. \tag{6.1}$$

为了阐明这个等式的意义, 我们把它在某个区域上进行积分:

$$\frac{\partial}{\partial t}\int\left(\frac{\rho v^2}{2} + \rho\varepsilon\right)\mathrm{d}V = -\int\operatorname{div}\left\{\rho\boldsymbol{v}\left(\frac{v^2}{2} + w\right)\right\}\mathrm{d}V,$$

或者把右边的体积分化为曲面积分:

$$\frac{\partial}{\partial t}\int\left(\frac{\rho v^2}{2} + \rho\varepsilon\right)\mathrm{d}V = -\oint\left(\frac{v^2}{2} + w\right)\rho\boldsymbol{v}\cdot\mathrm{d}\boldsymbol{f}. \tag{6.2}$$

等式左边是某个给定空间区域中的流体能量在单位时间内的变化, 而右边的曲面积分是单位时间内流出该区域的流体的能量. 由此可见, 表达式

$$\rho\boldsymbol{v}\left(\frac{v^2}{2}+w\right) \tag{6.3}$$

是**能流密度**矢量, 其大小等于单位时间内通过垂直于速度方向的单位面积的能量.

表达式 (6.3) 表明, 单位质量的任何流体在其运动过程中所携带的能量为 $w+v^2/2$. 这里出现焓 w 而不是内能 ε, 这一事实具有简单的物理意义. 把 $w=\varepsilon+p/\rho$ 代入相应表达式, 我们把通过封闭曲面的总能流写为

$$-\oint\left(\frac{v^2}{2}+\varepsilon\right)\rho\boldsymbol{v}\cdot\mathrm{d}\boldsymbol{f}-\oint p\boldsymbol{v}\cdot\mathrm{d}\boldsymbol{f}.$$

第一项是 (单位时间内) 直接由流体携带着通过曲面的能量 (动能和内能), 第二项是压力 (在单位时间内) 对曲面以内的流体所做的功.

§ 7 动量流

我们现在对流体动量给出类似的结论. 单位体积流体的动量是 $\rho\boldsymbol{v}$, 我们来确定其变化率

$$\frac{\partial}{\partial t}(\rho\boldsymbol{v}).$$

我们将使用张量记号进行计算. 我们有

$$\frac{\partial}{\partial t}(\rho v_i)=\rho\frac{\partial v_i}{\partial t}+\frac{\partial\rho}{\partial t}v_i.$$

分别把连续性方程 (1.2) 和欧拉方程 (2.3) 写为以下形式:

$$\frac{\partial\rho}{\partial t}=-\frac{\partial(\rho v_k)}{\partial x_k},$$

$$\frac{\partial v_i}{\partial t}=-v_k\frac{\partial v_i}{\partial x_k}-\frac{1}{\rho}\frac{\partial p}{\partial x_i}.$$

利用这些方程, 我们得到

$$\frac{\partial}{\partial t}(\rho v_i)=-\rho v_k\frac{\partial v_i}{\partial x_k}-\frac{\partial p}{\partial x_i}-v_i\frac{\partial(\rho v_k)}{\partial x_k}=-\frac{\partial p}{\partial x_i}-\frac{\partial}{\partial x_k}(\rho v_i v_k).$$

把右边第一项中的偏导数写为

$$\frac{\partial p}{\partial x_i}=\delta_{ik}\frac{\partial p}{\partial x_k},$$

最后得到

$$\frac{\partial}{\partial t}(\rho v_i) = -\frac{\partial \Pi_{ik}}{\partial x_k}, \tag{7.1}$$

其中张量 Π_{ik} 被定义为

$$\Pi_{ik} = p\delta_{ik} + \rho v_i v_k, \tag{7.2}$$

它显然是对称的.

为了阐明张量 Π_{ik} 的意义, 我们把方程 (7.1) 对某个区域进行积分:

$$\frac{\partial}{\partial t}\int \rho v_i \, \mathrm{d}V = -\int \frac{\partial \Pi_{ik}}{\partial x_k} \mathrm{d}V,$$

然后把等式右边的积分变换为曲面积分①:

$$\frac{\partial}{\partial t}\int \rho v_i \, \mathrm{d}V = -\oint \Pi_{ik} \, \mathrm{d}f_k. \tag{7.3}$$

左边表达式是所讨论的区域内第 i 个动量分量在单位时间内的变化, 所以右边的曲面积分就是单位时间内通过区域边界流出的相应动量分量. 因此, $\Pi_{ik}\,\mathrm{d}f_k$ 是流过面微元 $\mathrm{d}\boldsymbol{f}$ 的第 i 个动量分量. 如果把 $\mathrm{d}f_k$ 写为 $n_k\mathrm{d}f$ 的形式 ($\mathrm{d}f$ 是面微元的面积, $\boldsymbol{n}$ 是它的单位外法向矢量), 我们就发现, $\Pi_{ik}n_k$ 是通过单位面积的动量流的第 i 个分量. 我们指出, 根据 (7.2), $\Pi_{ik}n_k = pn_i + \rho v_i v_k n_k$, 其矢量形式可以写为

$$p\boldsymbol{n} + \rho\boldsymbol{v}(\boldsymbol{v}\cdot\boldsymbol{n}). \tag{7.4}$$

因此, Π_{ik} 是单位时间内通过垂直于 x_k 轴的单位面积的动量流的第 i 个分量. 张量 Π_{ik} 称为**动量流密度张量**. 能量是标量, 所以能流是由矢量确定的; 动量本身是矢量, 所以动量流是由二阶张量确定的.

矢量 (7.4) 确定了 $\boldsymbol{n}$ 方向上的动量流, 即通过垂直于 $\boldsymbol{n}$ 的平面的动量流. 例如, 如果让单位矢量 $\boldsymbol{n}$ 的方向与流体速度方向一致, 我们就发现, 在这个方向上只输运动量的纵向分量, 并且纵向动量流密度等于

$$p + \rho v^2.$$

在垂直于速度的方向上只输运动量 (相对于 $\boldsymbol{v}$) 的横向分量, 并且横向动量流密度就是 p.

---

① 把封闭曲面上的积分变换为以该曲面为边界的区域上的积分, 相应变换规则可以表述如下: 用算子 $\mathrm{d}V\dfrac{\partial}{\partial x_i}$ 替换面微元 $\mathrm{d}f_i$ 并让它作用在整个被积函数上, 即 $\mathrm{d}f_i \to \mathrm{d}V\dfrac{\partial}{\partial x_i}$.

§8 速度环量守恒

沿一条封闭曲线的积分

$$\Gamma = \oint \boldsymbol{v} \cdot \mathrm{d}\boldsymbol{l}$$

称为沿该曲线的速度环量.

考虑某时刻在流体中选定的一条封闭曲线. 我们将把它看做物质线, 即认为它是由位于该曲线的流体点组成的. 随着时间的推移, 这些流体点发生移动, 整条物质线也随之移动. 我们来研究速度环量这时如何变化. 换言之, 我们来计算对时间的导数

$$\frac{\mathrm{d}}{\mathrm{d}t} \oint \boldsymbol{v} \cdot \mathrm{d}\boldsymbol{l}.$$

我们在这里写出的是对时间的全导数[①], 因为我们要计算沿运动的物质线的速度环量的变化, 而不是沿空间中的静止曲线的速度环量的变化.

为避免混淆, 我们暂时用符号 δ 表示对坐标的微分, 用符号 d 表示对时间的微分. 此外, 我们指出, 封闭曲线的微元 $\mathrm{d}\boldsymbol{l}$ 可以写为该线微元两端点径矢 $\boldsymbol{r}$ 之差 $\delta\boldsymbol{r}$. 于是, 我们把速度环量写为

$$\oint \boldsymbol{v} \cdot \delta\boldsymbol{r}.$$

在计算这个积分对时间的导数时应当注意, 不仅速度是变化的, 封闭曲线本身 (即它的形状) 也是变化的. 所以, 如果把对时间的微分算子放在积分号以内, 它不仅应当作用于 $\boldsymbol{v}$, 而且应当作用于 $\delta\boldsymbol{r}$:

$$\frac{\mathrm{d}}{\mathrm{d}t} \oint \boldsymbol{v} \cdot \delta\boldsymbol{r} = \oint \frac{\mathrm{d}\boldsymbol{v}}{\mathrm{d}t} \cdot \delta\boldsymbol{r} + \oint \boldsymbol{v} \cdot \frac{\mathrm{d}\delta\boldsymbol{r}}{\mathrm{d}t}.$$

因为速度 $\boldsymbol{v}$ 正好是径矢 $\boldsymbol{r}$ 对时间的导数, 所以

$$\boldsymbol{v} \cdot \frac{\mathrm{d}\delta\boldsymbol{r}}{\mathrm{d}t} = \boldsymbol{v} \cdot \delta\frac{\mathrm{d}\boldsymbol{r}}{\mathrm{d}t} = \boldsymbol{v} \cdot \delta\boldsymbol{v} = \delta\frac{v^2}{2}.$$

然而, 全微分在一条封闭曲线上的积分等于零, 所以上述第二个积分消失, 结果得到

$$\frac{\mathrm{d}}{\mathrm{d}t} \oint \boldsymbol{v} \cdot \delta\boldsymbol{r} = \oint \frac{\mathrm{d}\boldsymbol{v}}{\mathrm{d}t} \cdot \delta\boldsymbol{r}.$$

---

① 原文如此. 其实, 此处 $\mathrm{d}/\mathrm{d}t$ 相当于对时间 t 的一元函数求导 (被微分的表达式不是 x, y, z 的函数). 因为积分是沿物质线计算的, 所以如果把 $\mathrm{d}/\mathrm{d}t$ 放在积分号以内, 其含义自然就变为对时间的全导数 (物质导数). 如果积分是沿空间中的固定曲线计算的, $\mathrm{d}/\mathrm{d}t$ 放在积分号以内就变为 $\partial/\partial t$. 类似地, (1.1), (6.2), (7.3), (16.2) 等公式中的 $\partial/\partial t$ 也可以写为 $\mathrm{d}/\mathrm{d}t$. ——译者

现在剩下的工作就是根据方程 (2.9) 把加速度 $\mathrm{d}\boldsymbol{v}/\mathrm{d}t$ 的表达式

$$\frac{\mathrm{d}\boldsymbol{v}}{\mathrm{d}t}=-\operatorname{grad}w$$

代入以上等式. 利用斯托克斯公式即有 (因为 $\operatorname{rot}\operatorname{grad}w\equiv 0$)

$$\oint\frac{\mathrm{d}\boldsymbol{v}}{\mathrm{d}t}\cdot\delta\boldsymbol{r}=\int\operatorname{rot}\frac{\mathrm{d}\boldsymbol{v}}{\mathrm{d}t}\cdot\delta\boldsymbol{f}=0.$$

于是, 回到前面的符号, 我们最终得到①

$$\frac{\mathrm{d}}{\mathrm{d}t}\oint\boldsymbol{v}\cdot\mathrm{d}\boldsymbol{l}=0,$$

即

$$\oint\boldsymbol{v}\cdot\mathrm{d}\boldsymbol{l}=\mathrm{const}. \tag{8.1}$$

我们得出结论: 在理想流体中, 沿一条封闭物质线的速度环量不随时间变化. 这个结论称为**汤姆孙定理** (W. 汤姆孙, 1869) 或**速度环量守恒定律**. 我们强调, 它是用形如 (2.9) 的欧拉方程得到的, 所以其中包含等熵流假设. 对于非等熵流, 该定律不成立②.

对无穷小封闭物质线 δC 应用汤姆孙定理, 再根据斯托克斯定理对积分进行变换, 我们得到

$$\oint\boldsymbol{v}\cdot\mathrm{d}\boldsymbol{l}=\int\operatorname{rot}\boldsymbol{v}\cdot\mathrm{d}\boldsymbol{f}\approx\delta\boldsymbol{f}\cdot\operatorname{rot}\boldsymbol{v}=\mathrm{const}, \tag{8.2}$$

式中 $\mathrm{d}\boldsymbol{f}$ 是张于封闭物质线 δC 的物质面微元. 矢量 $\operatorname{rot}\boldsymbol{v}$ 常称为流动在给定点的涡量③④. 乘积 (8.2) 的含义可以直观地解释为: 涡量与运动流体一起移动⑤.

习 题

证明: 对于非等熵流中的任何一个流体微元, 表达式 $(\nabla s\cdot\operatorname{rot}\boldsymbol{v})/\rho$ 的值在微元运动过程中守恒 (H. 埃特尔, 1942).

解: 对于非等熵流, 欧拉方程 (2.3) 的右侧不能替换为 $-\nabla w$, 这时应把方程 (2.11) 改为

$$\frac{\partial\boldsymbol{\omega}}{\partial t}=\operatorname{rot}(\boldsymbol{v}\times\boldsymbol{\omega})+\frac{1}{\rho^2}\nabla\rho\times\nabla p$$

① 此结果在均匀重力场中仍然有效, 因为 $\operatorname{rot}\boldsymbol{g}\equiv 0$.

② 从数学观点看, 在 p 与 ρ 之间必须存在单值关系 (对于等熵流, 方程 $s(p,\ \rho)=\mathrm{const}$ 确定了这样的关系). 此时, $-\nabla p/\rho$ 可以写为某个函数的梯度, 而这正是推导汤姆孙定理所需要的.

③ 英文术语为 vorticity.

④ 从运动学意义上讲, $\operatorname{rot}\boldsymbol{v}/2$ 等于流体微元的瞬时角速度. ——译者

⑤ 在汤姆孙定理的条件下, 涡线和涡面 (即涡量的矢量线和矢量面) 是保持的, 即组成涡线或涡面的流体点在任意时刻仍然组成涡线或涡面. ——译者

(为简洁起见, 这里引入了记号 $\boldsymbol{\omega}=\operatorname{rot}\boldsymbol{v}$). 用 ∇s 乘此方程. 因为 $s=s(p,\ \rho)$, 所以 ∇s 可以通过 ∇p 和 $\nabla\rho$ 的线性组合表示出来, 于是 $\nabla s\cdot(\nabla\rho\times\nabla p)=0$. 进一步对方程右侧进行如下变换:

$$\nabla s\cdot\frac{\partial\boldsymbol{\omega}}{\partial t}=\nabla s\cdot\operatorname{rot}(\boldsymbol{v}\times\boldsymbol{\omega})=-\operatorname{div}[\nabla s\times(\boldsymbol{v}\times\boldsymbol{\omega})]=-\operatorname{div}[\boldsymbol{v}(\boldsymbol{\omega}\cdot\nabla s)]+\operatorname{div}[\boldsymbol{\omega}(\boldsymbol{v}\cdot\nabla s)]$$
$$=-\boldsymbol{\omega}\cdot\nabla s\operatorname{div}\boldsymbol{v}-\boldsymbol{v}\cdot\nabla(\boldsymbol{\omega}\cdot\nabla s)+\boldsymbol{\omega}\cdot\nabla(\boldsymbol{v}\cdot\nabla s).$$

根据 (2.6), $\boldsymbol{v}\cdot\nabla s=-\partial s/\partial t$, 代入后得到方程

$$\frac{\partial}{\partial t}(\boldsymbol{\omega}\cdot\nabla s)+\boldsymbol{v}\cdot\nabla(\boldsymbol{\omega}\cdot\nabla s)+\boldsymbol{\omega}\cdot\nabla s\operatorname{div}\boldsymbol{v}=0.$$

前两项合在一起就是 $\mathrm{d}(\boldsymbol{\omega}\cdot\nabla s)/\mathrm{d}t$ (其中 $\mathrm{d}/\mathrm{d}t=\partial/\partial t+\boldsymbol{v}\cdot\nabla$), 最后一项可以根据 (1.3) 进行变换, 这时 $\rho\operatorname{div}\boldsymbol{v}=-\mathrm{d}\rho/\mathrm{d}t$. 结果得到

$$\frac{\mathrm{d}}{\mathrm{d}t}\frac{\boldsymbol{\omega}\cdot\nabla s}{\rho}=0,$$

这就是需要证明的守恒定律.

§9 势流

从环量守恒定律可以导出一个重要的推论. 我们首先在流动定常的假设下考虑一条流线, 并且已知在该流线的某一点 $\operatorname{rot}\boldsymbol{v}=0$. 我们在该点附近画一条环绕流线的无穷小封闭物质线. 随着时间的推移, 该物质线随流体一起运动, 并且一直环绕同一条流线. 由 (8.2) 可知, 因为相应乘积保持不变, 所以 $\operatorname{rot}\boldsymbol{v}$ 在这条流线上处处为零.

因此, 如果涡量在流线上的任何一点等于零, 则涡量在该流线上处处等于零. 如果流动是非定常的, 这一结论仍然成立, 只是必须用某个特定流体点的迹线来代替流线① (我们注意, 在非定常流中, 迹线一般不同于流线).

初看起来, 由此可以得到以下结论. 考虑某任何一个物体的定常绕流. 设来流在无穷远处是均匀的, 其速度 $\boldsymbol{v}=\text{const}$, 于是在无穷远处的所有流线上 $\operatorname{rot}\boldsymbol{v}=0$. 因此可以断定, $\operatorname{rot}\boldsymbol{v}$ 沿所有流线都等于零, 即在整个空间中 $\operatorname{rot}\boldsymbol{v}=0$.

在整个空间内 $\operatorname{rot}\boldsymbol{v}=0$ 的流动称为**势流** (或**无旋流**); 反之, 速度旋度不为零的流动称为**有旋流**. 因此, 我们似乎可以得出结论: 若来流在无穷远处是均匀的, 则它对任何物体的定常绕流必定是势流.

类似地, 从环量守恒定律似乎还可以得到以下结果. 假设 (流体所在整个区域内的) 流动在某一时刻是势流, 则沿流体中任何封闭曲线的速度环量都等

① 为避免误解, 我们在此立刻指出, 这个结论对湍流运动是没有意义的. 我们还指出, 当流线穿过激波后, 流线上的涡量可能不再为零. 以后将看到, 这是因为等熵流假设此时遭到破坏 (§114).

于零①. 根据汤姆孙定理即可断言, 这种情形在以后的任何时刻都将保持不变, 换言之, 只要流动在某一时刻是势流, 它在以后任何时刻就都将是势流 (例如, 任何开始于静止状态的流动必为势流). 下述事实也与此相应: 若 $\operatorname{rot} \boldsymbol{v} = 0$, 则方程 (2.11) 恒成立.

然而, 所有这些结论的应用范围其实非常有限. 原因在于, 严格地讲, 关于等式 $\operatorname{rot} \boldsymbol{v} = 0$ 沿流线成立的上述证明对于被绕流物体表面上的流线是不正确的, 因为物体表面的存在使我们无法在流体中作出环绕这种流线的封闭曲线. 与此相关的一个事实是, 理想流体运动方程允许有这样的分离解, 这时在被绕流物体表面上发生所谓“分离”, 即曾经紧贴物体表面的流线在某个位置会离开物体表面并进入流体内部. 所得流动图像的特征是, 存在一个从物体表面延伸出去的“切向间断面”, 流体速度在该曲面上发生间断 (并且速度方向总是位于该曲面的切平面内). 换言之, 一层流体能够沿着切向间断面在另一层流体上滑移 (图 1 表示具有间断面的绕流, 间断面把运动流体与物体后方的静止流体分开). 从数学观点看, 速度切向分量间断面是面涡.

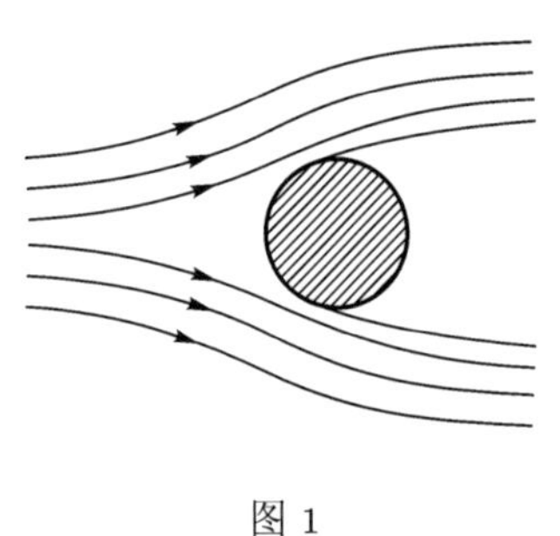

图 1

如果把这类间断流包括在内, 理想流体运动方程的解就不是唯一的: 除了一个连续解, 还允许有无穷多个具有切向间断面的解, 这些间断面可以从被绕流物体表面上任何一条预定的曲线延伸出去. 然而, 我们强调, 所有这些间断解都不具有物理意义, 因为切向间断是绝对不稳定的, 这种绝对不稳定性使实际流动成为湍流 (见第三章).

绕给定物体流动的实际物理问题当然有唯一解. 这是因为, 严格意义上的理想流体其实并不存在, 任何真实流体多少都有黏性. 这种黏性实际上在几乎全部流动区域中都有可能完全不起作用, 但在紧贴物体的薄薄一层流体内, 无论黏性多么小, 其作用都是至关重要的. 正是 (被称为边界层的) 这一层内的流动性质, 实际决定了如何从理想流体运动方程的无穷多个解中挑选一个适当的解. 此外, 在任意形状物体绕流的一般情况下, 不能采用的正是分离流解 (分离流实际上将导致湍流).

尽管如此, 研究连续定常有势绕流的运动方程的解在某些情况下还是有意义的. 虽然在任意形状物体绕流的一般情况下, 真实流动和势流具有全然不同的图案, 但是对于某些特殊形状的物体 (“良绕体”, 见 §46), 真实流动和势流

① 为简单起见, 我们在这里认为流体充满空间中的一个单连通区域. 对多连通区域也可以得到同样的最后结论, 但在讨论过程中必须对封闭曲线的选择提出一些专门的限制条件.

却可以相差甚微 (更确切地说, 流动仅在物体表面附近的薄层内和物体后方相对较小的“尾流”区内才不是势流).

势流的另一个重要实例是位于流体中的物体发生微小振动时出现的流动. 容易证明, 如果振幅 a 远小于物体的尺寸 l ($a \ll l$), 则绕物体的流动将一直是有势的. 为了证明这个结论, 我们来估计欧拉方程

$$\frac{\partial \boldsymbol{v}}{\partial t} + (\boldsymbol{v}\cdot\nabla)\boldsymbol{v} = -\nabla w$$

中各项的量级.

速度 $\boldsymbol{v}$ 在物体尺寸 l 量级的距离上才有显著变化 (速度变化和物体振动速度 u 具有同样的量级). 所以, 速度 $\boldsymbol{v}$ 对坐标的导数的量级为 u/l. 速度 $\boldsymbol{v}$ 本身的量级 (在距离物体不太远的范围内) 取决于 u 的大小, 从而 $(\boldsymbol{v}\cdot\nabla)\boldsymbol{v} \sim u^2/l$. 导数 $\partial\boldsymbol{v}/\partial t$ 的量级为 ωu, 其中 ω 是振动频率. 因为 $\omega \sim u/a$, 所以 $\partial\boldsymbol{v}/\partial t \sim u^2/a$. 于是, 从不等式 $a \ll l$ 可知, $(\boldsymbol{v}\cdot\nabla)\boldsymbol{v}$ 远小于 $\partial\boldsymbol{v}/\partial t$, 所以可以忽略不计. 因此, 流体的运动方程变为 $\partial\boldsymbol{v}/\partial t = -\nabla w$. 在此方程两边取旋度, 得

$$\frac{\partial}{\partial t}\operatorname{rot}\boldsymbol{v} = 0,$$

由此可得 $\operatorname{rot}\boldsymbol{v} = \text{const}$. 然而, 在振动过程中, 速度 (对时间的) 平均值为零, 所以从 $\operatorname{rot}\boldsymbol{v} = \text{const}$ 可知 $\operatorname{rot}\boldsymbol{v} = 0$. 综上所述, 流体的微小振动所对应的运动 (在一阶近似下) 是势流.

现在, 我们来阐述势流的某些一般性质. 首先, 我们还记得, 等熵流假设是环量守恒定律的推导及其所有推论的基础. 如果流动不是等熵的, 该定律就不成立. 所以, 在这个条件下, 即使流动在某一时刻是有势的, 涡量在以后的时刻一般也不为零. 因此, 实际上只有等熵流才可能是势流.

在势流中, 沿任何封闭曲线的速度环量都等于零:

$$\oint \boldsymbol{v}\cdot \mathrm{d}\boldsymbol{l} = \int \operatorname{rot}\boldsymbol{v}\cdot \mathrm{d}\boldsymbol{f} = 0. \tag{9.1}$$

由此可以得到的推论之一是, 在势流中不可能存在封闭的流线①. 其实, 因为一条流线在每一点的方向就是那里的速度方向, 所以沿该曲线的速度环量在任何情况下都不会等于零.

在有旋运动中, 速度环量一般不为零. 在这种情况下, 可以存在封闭的流线, 但是必须强调, 封闭流线的存在绝对不是有旋运动的必要性质.

和任何旋度为零的矢量场一样, 势流中的速度可以表示为某个标量的梯

① 对于多连通空间区域内的流动, 这个结论以及 (9.1) 可能不再成立. 如果用来计算环量的封闭曲线在不越过区域边界的条件下不能收缩至一点, 则对于这样的区域内的势流, 速度环量可以不为零.

度, 该标量称为**速度势**, 记作 φ:

$$v = \operatorname{grad}\varphi. \tag{9.2}$$

把 $\boldsymbol{v} = \nabla\varphi$ 代入形如 (2.10) 的欧拉方程

$$\frac{\partial \boldsymbol{v}}{\partial t} + \frac{1}{2}\nabla v^2 - \boldsymbol{v} \times \operatorname{rot}\boldsymbol{v} = -\nabla w,$$

我们得到

$$\operatorname{grad}\left(\frac{\partial\varphi}{\partial t} + \frac{v^2}{2} + w\right) = 0,$$

由此得到以下等式:

$$\frac{\partial\varphi}{\partial t} + \frac{v^2}{2} + w = f(t), \tag{9.3}$$

式中 $f(t)$ 是时间的任意函数. 这个等式是势流运动方程的一个首次积分①. 不失一般性, 可以令等式 (9.3) 中的函数 $f(t)$ 为零, 因为根据速度势的定义, 它不具有唯一性. 其实, 因为速度等于 φ 对坐标的导数, 所以 φ 可以相差任何一个时间的函数.

对于定常运动, 我们有 (使速度势 φ 与时间无关) $\partial\varphi/\partial t = 0$, $f(t) = \text{const}$, 这时 (9.3) 变为伯努利方程

$$\frac{v^2}{2} + w = \text{const}. \tag{9.4}$$

这里要强调的是, 势流的伯努利方程和其他流动的伯努利方程有重要区别. 在一般情况下, 对于任意流动的伯努利方程, 右边的 const 沿任意一条给定流线保持不变, 但对不同的流线一般取不同的值. 在势流中, const 在全部流动区域中都是不变的. 这一点尤其提高了伯努利方程对势流研究的重要性.

§ 10 不可压缩流体

在液体 (和气体) 流动的许多情况下, 可以认为其密度是常量, 即可以认为密度在全部流动区域中处处相同, 并且在全部流动过程中保持不变. 换言之, 流体这时不发生显著的压缩或膨胀. 这样的流动称为**不可压缩流**②.

对于不可压缩流体, 一般的流体动力学方程可以大大简化. 的确, 如果在欧拉方程 (2.4) 中让 $\rho = \text{const}$, 则方程的形式并无变化, 只是 ρ 可以放到梯度

---

① 通常称为拉格朗日积分. ——译者

② 更准确地, 应称为均匀不可压缩流. 不可压缩流一般指流体微元的密度保持不变的流动, 即满足 (10.2) 的流动. ——译者

算子之后:

$$\frac{\partial \boldsymbol{v}}{\partial t}+(\boldsymbol{v}\cdot\nabla)\boldsymbol{v}=-\nabla\frac{p}{\rho}+\boldsymbol{g}. \tag{10.1}$$

但是, 连续性方程在 $\rho=\text{const}$ 时简化为

$$\operatorname{div}\boldsymbol{v}=0. \tag{10.2}$$

现在, 因为密度不再像一般情况那样是一个未知函数, 所以可以选取只包含速度的方程作为不可压缩流体的流体动力学基本方程组, 其中包括连续性方程 (10.2) 和方程 (2.11):

$$\frac{\partial}{\partial t}\operatorname{rot}\boldsymbol{v}=\operatorname{rot}(\boldsymbol{v}\times\operatorname{rot}\boldsymbol{v}). \tag{10.3}$$

对于不可压缩流体, 伯努利方程也可以写为更简单的形式. 方程 (10.1) 与一般的欧拉方程 (2.9) 的区别在于, ∇w 被替换为 $\nabla(p/\rho)$. 所以, 我们只要用 p/ρ 代替 (5.4) 中的焓, 立刻就可以写出伯努利方程:

$$\frac{v^2}{2}+\frac{p}{\rho}+gz=\text{const}\,. \tag{10.4}$$

对于不可压缩流体, 还可以把能流表达式 (6.3) 中的 w 替换为 p/ρ, 其形式就会变为

$$\rho\boldsymbol{v}\left(\frac{v^2}{2}+\frac{p}{\rho}\right). \tag{10.5}$$

其实, 根据熟知的热力学关系式, 我们有内能变化的表达式 $\mathrm{d}\varepsilon=T\,\mathrm{d}s-p\,\mathrm{d}V$, 所以在 $s=\text{const}$ 和 $V=1/\rho=\text{const}$ 时有 $\mathrm{d}\varepsilon=0$, 即 $\varepsilon=\text{const}$. 由于能量表达式中的常数项无关紧要, 所以可以在 $w=\varepsilon+p/\rho$ 中略去 ε.

不可压缩流体的势流方程特别简单. 当 $\operatorname{rot}\boldsymbol{v}=0$ 时, 方程 (10.3) 恒成立. 如果把 $\boldsymbol{v}=\operatorname{grad}\varphi$ 代入方程 (10.2), 它就变为

$$\Delta\varphi=0, \tag{10.6}$$

这是关于速度势 φ 的拉普拉斯方程①. 除了这个方程, 还应给出流体与固体接触面上的边界条件: 在静止的固体表面上, 流体速度的法向分量 v_n 必须为零; 而在一般情况下, 在运动的固体表面上, v_n 必须等于固体运动速度在同样的法线方向上的分量 (该速度是时间的给定函数). 另一方面, 法向速度 v_n 等于速度势 φ 的法向导数: $v_n=\partial\varphi/\partial n$. 因此, 一般的边界条件是, 边界上的 $\partial\varphi/\partial n$ 是坐标和时间的给定函数.

---

① 速度势 φ 最初是由欧拉引入的. 对于这个量, 他得到了形如 (10.6) 的方程, 这种方程后来被称为拉普拉斯方程.

对于势流, 速度和压强是由方程 (9.3) 相联系的. 在不可压缩流体中, 可以把这个方程中的 w 替换为 p/ρ:

$$\frac{\partial\varphi}{\partial t}+\frac{v^2}{2}+\frac{p}{\rho}=f(t). \tag{10.7}$$

我们在这里指出, 不可压缩流体的势流具有下述重要性质. 设任何一个固体在流体中运动, 如果由此导致的流动是势流, 则该势流在每一时刻只取决于运动固体在该时刻的速度. 例如, 它与固体的加速度无关. 其实, 方程 (10.6) 本身不显含时间, 时间只能通过边界条件进入解的表达式中, 而边界条件只含有运动物体的速度.

从伯努利方程

$$\frac{v^2}{2}+\frac{p}{\rho}=\mathrm{const}$$

可以看出, 在不可压缩流体定常流中 (不考虑重力场), 压强的最大值出现在速度为零的点上. 这样的点通常位于被绕流物体的表面 (如图 2 中的点 O), 它称为**驻点**. 如果 u 是来流速度 (即无穷远处的流体速度), p_0 是无穷远处的压强, 则驻点压强为

$$p_{\max}=p_0+\frac{\rho u^2}{2}. \tag{10.8}$$

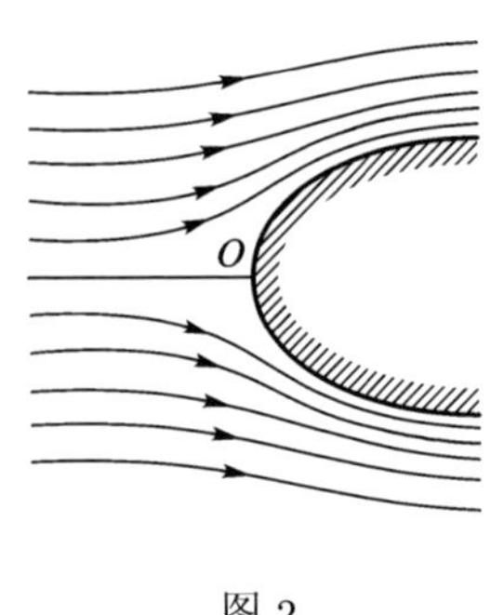

图 2

如果运动流体的速度分布只取决于两个坐标, 例如 x 和 y, 并且速度处处平行于 xy 平面, 则这种流动叫做**二维流**或**平面流**. 为了求解不可压缩流体的二维流问题, 有时采用流函数来表示速度更为方便. 从连续性方程

$$\operatorname{div}\boldsymbol{v}=\frac{\partial v_x}{\partial x}+\frac{\partial v_y}{\partial y}=0$$

可以看出, 速度分量可以写为某个函数 $\psi(x,\ y)$ 的导数

$$v_x=\frac{\partial\psi}{\partial y},\quad v_y=-\frac{\partial\psi}{\partial x}, \tag{10.9}$$

这时连续性方程自动得到满足. 函数 $\psi(x,\ y)$ 称为**流函数**. 把 (10.9) 代入方程 (10.3), 就得到流函数应当满足的方程

$$\frac{\partial}{\partial t}\Delta\psi-\frac{\partial\psi}{\partial x}\frac{\partial\Delta\psi}{\partial y}+\frac{\partial\psi}{\partial y}\frac{\partial\Delta\psi}{\partial x}=0. \tag{10.10}$$

知道了流函数, 就能直接给出定常流中的流线形状. 其实, (二维流的) 流线微分方程是

$$\frac{\mathrm{d}x}{v_x}=\frac{\mathrm{d}y}{v_y},\quad 即\quad v_y\,\mathrm{d}x-v_x\,\mathrm{d}y=0,$$

它表示流线的切线方向就是速度方向. 把 (10.9) 代入此方程, 我们得到

$$\frac{\partial\psi}{\partial x}\mathrm{d}x+\frac{\partial\psi}{\partial y}\mathrm{d}y=\mathrm{d}\psi=0,$$

从而 $\psi=\mathrm{const}$. 因此, 令流函数 $\psi(x,\ y)$ 等于任意常数, 所得曲线族就是流线.

如果在 xy 平面上的点 1 和点 2 之间引一条曲线, 则通过该曲线的质量流量 Q 等于流函数在这两点的取值之差, 它与曲线的形状无关. 其实, 如果 v_n 是曲线上给定点的法向速度分量, 则

$$Q=\rho\int_1^2 v_n\,\mathrm{d}l=\rho\int_1^2(-v_y\,\mathrm{d}x+v_x\,\mathrm{d}y)=\rho\int_1^2\mathrm{d}\psi,$$

即

$$Q=\rho(\psi_2-\psi_1). \tag{10.11}$$

解决不可压缩流体绕各种剖面形状物体流动的平面势流问题的一些有效方法与复变函数论的应用有关①, 其理论基础如下. 速度势、流函数与速度分量之间的关系为

$$v_x=\frac{\partial\varphi}{\partial x}=\frac{\partial\psi}{\partial y},\quad v_y=\frac{\partial\varphi}{\partial y}=-\frac{\partial\psi}{\partial x},$$

而函数 φ 和 ψ 的导数之间的这种关系在数学上就是众所周知的柯西–黎曼条件. 这个条件表明, 复函数

$$w=\varphi+\mathrm{i}\psi \tag{10.12}$$

是复变量 $z=x+\mathrm{i}y$ 的解析函数, 即函数 $w(z)$ 在每一点都有确定的导数

$$\frac{\mathrm{d}w}{\mathrm{d}z}=\frac{\partial\varphi}{\partial x}+\mathrm{i}\frac{\partial\psi}{\partial x}=v_x-\mathrm{i}v_y. \tag{10.13}$$

函数 w 称为**复势**, $\mathrm{d}w/\mathrm{d}z$ 称为**复速度**. 复速度的模和幅角给出了速度的大小 v 和速度方向与 x 轴之间的夹角 θ:

$$\frac{\mathrm{d}w}{\mathrm{d}z}=v\,\mathrm{e}^{-\mathrm{i}\theta}. \tag{10.14}$$

在被绕流固体的边界上, 速度应当指向切线方向. 换言之, 表示固体边界的封闭曲线应当是一条流线, 亦即沿边界应有 $\psi=\mathrm{const}$, 并且该常数可以取为零. 于是, 给定边界曲线的绕流问题归结为: 确定一个解析函数 $w(z)$, 使它在给定边界上取实数值. 当流体有自由面时 (本节习题 9 提供了一道例题), 问题的提法更复杂一些.

---

① 在许多流体动力学教科书和专著中可以找到关于这些方法的详细论述和大量应用, 那里给出了更多的数学理论. 我们在这里仅限于解释该方法的基本思路.

众所周知, 解析函数沿任何一条封闭曲线 C 的积分等于该函数在曲线 C 以内所有单极点的留数之和乘以 $2\pi\mathrm{i}$, 所以

$$\oint w'\mathrm{d}z = 2\pi\mathrm{i}\sum_k A_k,$$

其中 A_k 为复速度的留数. 另一方面, 我们有

$$\oint w'\mathrm{d}z = \oint(v_x - \mathrm{i}v_y)(\mathrm{d}x + \mathrm{i}\,\mathrm{d}y) = \oint(v_x\,\mathrm{d}x + v_y\,\mathrm{d}y) + \mathrm{i}\oint(v_x\,\mathrm{d}y - v_y\,\mathrm{d}x).$$

在这个表达式中, 实部正好是沿曲线 C 的速度环量 $\varGamma$, 而虚部乘以 ρ 就是通过曲线 C 的质量流量. 如果封闭曲线以内没有质量源, 则质量流量为零, 于是简单地有

$$\varGamma = 2\pi\mathrm{i}\sum_k A_k \tag{10.15}$$

(此时所有留数 A_k 都是纯虚数).

最后, 我们来研究可以把一种流体看做不可压缩流体的条件. 在绝热过程中, 如果压强变化为 Δp, 则密度变化为

$$\Delta\rho = \left(\frac{\partial\rho}{\partial p}\right)_s \Delta p.$$

然而, 根据伯努利方程, 定常流中的压强变化 Δp 的数量级为 ρv^2. 导数 $(\partial p/\partial\rho)_s$ 是流体中的声速 c 的平方 (见 §64). 因此, 我们得到估计值

$$\Delta\rho \sim \rho\frac{v^2}{c^2}.$$

如果 $\Delta\rho/\rho \ll 1$, 就可以认为流体是不可压缩的. 我们看到, 不可压缩流的一个必要条件是流体速度远小于声速:

$$v \ll c. \tag{10.16}$$

不过, 这个条件仅对定常流才是充分的. 对于非定常流, 还必须满足一个条件. 设 τ 和 l 是流体速度发生显著变化时的时间和距离的量级. 对比欧拉方程中 $\partial\boldsymbol{v}/\partial t$ 和 $(\nabla p)/\rho$ 这两项, 我们在量级上得到 $v/\tau \sim \Delta p/l\rho$, 即 $\Delta p \sim l\rho v/\tau$, 而 ρ 的相应变化 $\Delta\rho \sim l\rho v/\tau c^2$. 现在, 对比连续性方程中 $\partial\rho/\partial t$ 和 $\rho\,\mathrm{div}\,\boldsymbol{v}$ 这两项, 我们就得到, 导数 $\partial\rho/\partial t$ 在 $\Delta\rho/\tau \ll \rho v/l$ 即

$$\tau \gg \frac{l}{c} \tag{10.17}$$

时可以忽略不计 (即可以认为 $\rho = \mathrm{const}$).

只要 (10.16) 和 (10.17) 这两个条件同时满足, 就可以认为流体是不可压缩的. 条件 (10.17) 有一个明显的意义: 声音信号传播距离 l 所需要的时间 l/c 远远小于流动发生显著变化所需要的时间 τ. 于是, 这个条件使我们能够把流体中相互作用的传播过程看做瞬间完成的.

习 题

1. 设圆柱形容器以恒定角速度 Ω 绕它的轴转动, 求该容器内受重力场作用的不可压缩液体的表面形状①.

解: 取圆柱轴为 z 轴, 则 $v_x = -\Omega y$, $v_y = \Omega x$, $v_z = 0$. 连续性方程自动满足, 而欧拉方程 (10.1) 给出

$$x\Omega^2 = \frac{1}{\rho}\frac{\partial p}{\partial x}, \quad y\Omega^2 = \frac{1}{\rho}\frac{\partial p}{\partial y}, \quad \frac{1}{\rho}\frac{\partial p}{\partial z} + g = 0.$$

这些方程的通解是

$$\frac{p}{\rho} = \frac{1}{2}\Omega^2(x^2+y^2) - gz + \text{const}.$$

在自由面上 $p = \text{const}$, 所以自由面是抛物面 $z = \Omega^2(x^2+y^2)/2g$ (原点位于自由面最低点).

2. 设一个球体 (半径为 R) 以速度 $\boldsymbol{u}$ 在不可压缩理想流体中运动, 求绕球体的势流.

解: 流体在无穷远处的速度应当等于零. 众所周知, $1/r$ 和 $1/r$ 对坐标的各阶导数都是拉普拉斯方程 $\Delta\varphi = 0$ 的解 (原点位于球心), 并且在无穷远处为零. 考虑到球体的完全对称性, 在问题的解中只能出现一个处处相同的矢量, 即球体的运动速度 $\boldsymbol{u}$. 因为拉普拉斯方程和边界条件都是线性的, 所以 φ 必须线性地包含 $\boldsymbol{u}$. 能由 $\boldsymbol{u}$ 和 $1/r$ 的各阶导数构成的唯一标量是标积 $\boldsymbol{u}\cdot\nabla(1/r)$, 所以我们将寻求以下形式的 φ:

$$\varphi = \boldsymbol{A}\cdot\nabla\frac{1}{r} = -\frac{\boldsymbol{A}\cdot\boldsymbol{n}}{r^2}$$

($\boldsymbol{n}$ 是径矢方向上的单位矢量). 边界条件要求流体速度 $\boldsymbol{v}$ 和球体速度 $\boldsymbol{u}$ 在球面上的法向分量相等, 即当 $r = R$ 时 $\boldsymbol{v}\cdot\boldsymbol{n} = \boldsymbol{u}\cdot\boldsymbol{n}$, 由此可以确定处处相同的矢量 $\boldsymbol{A}$. 这个条件给出 $A = uR^3/2$, 于是

$$\varphi = -\frac{R^3}{2r^2}\boldsymbol{u}\cdot\boldsymbol{n}, \quad \boldsymbol{v} = \frac{R^3}{2r^3}[3\boldsymbol{n}(\boldsymbol{u}\cdot\boldsymbol{n}) - \boldsymbol{u}].$$

从方程 (10.7) 可以求出压强分布:

$$p = p_0 - \frac{\rho v^2}{2} - \rho\frac{\partial\varphi}{\partial t}$$

(p_0 为无穷远处的压强). 在计算导数 $\partial\varphi/\partial t$ 时应当注意, 原点 (已经取在球心) 是以速度 $\boldsymbol{u}$ 移动的. 于是,

$$\frac{\partial\varphi}{\partial t} = \frac{\partial\varphi}{\partial\boldsymbol{u}}\cdot\dot{\boldsymbol{u}} - \boldsymbol{u}\cdot\nabla\varphi.$$

---

① 这里认为圆柱轴垂直于水平面, 液体相对于容器静止 (相对平衡). ——译者

球面上的压强分布由以下公式给出:

$$p = p_0 + \frac{\rho u^2}{8}(9\cos^2\theta - 5) + \frac{\rho R}{2}\boldsymbol{n}\cdot\dot{\boldsymbol{u}}$$

(θ 是 $\boldsymbol{n}$ 与 $\boldsymbol{u}$ 之间的夹角).

3. 问题同上, 但把球体改为一个无穷长圆柱体, 它垂直于自身的轴运动①.

解: 流动与轴向坐标无关, 所以应当求解二维拉普拉斯方程. 在无穷远处为零的解是 $\ln r$ 对坐标的一阶和高阶导数 ($\boldsymbol{r}$ 是垂直于圆柱轴的径矢). 我们将寻求以下形式的解:

$$\varphi = \boldsymbol{A}\cdot\nabla\ln r = \frac{\boldsymbol{A}\cdot\boldsymbol{n}}{r}.$$

利用边界条件得到 $\boldsymbol{A} = -R^2\boldsymbol{u}$, 所以

$$\varphi = -\frac{R^2}{r}\boldsymbol{u}\cdot\boldsymbol{n}, \quad \boldsymbol{v} = \frac{R^2}{r^2}[2\boldsymbol{n}(\boldsymbol{u}\cdot\boldsymbol{n}) - \boldsymbol{u}].$$

圆柱面上的压强由以下公式给出:

$$p = p_0 + \frac{\rho u^2}{2}(4\cos^2\theta - 3) + \rho R\boldsymbol{n}\cdot\dot{\boldsymbol{u}}.$$

4. 设椭球形容器以角速度 Ω 绕一条主轴旋转, 求其中的不可压缩理想流体的势流, 并计算容器中流体的总动量矩 (总角动量).

解: 在给定时刻, 我们沿椭球的轴取笛卡儿坐标 x, y, z, 并且让 z 轴为旋转轴. 容器壁的速度为 $\boldsymbol{u} = \boldsymbol{\Omega}\times\boldsymbol{r}$, 所以边界条件 $v_n = \partial\varphi/\partial n = u_n$ 为

$$\frac{\partial\varphi}{\partial n} = \Omega(xn_y - yn_x),$$

或者, 利用椭球方程

$$\frac{x^2}{a^2} + \frac{y^2}{b^2} + \frac{z^2}{c^2} = 1,$$

把边界条件写为

$$\frac{x}{a^2}\frac{\partial\varphi}{\partial x} + \frac{y}{b^2}\frac{\partial\varphi}{\partial y} + \frac{z}{c^2}\frac{\partial\varphi}{\partial z} = xy\Omega\left(\frac{1}{b^2} - \frac{1}{a^2}\right).$$

满足此条件的拉普拉斯方程的解是

$$\varphi = \Omega\frac{a^2 - b^2}{a^2 + b^2}xy. \tag{1}$$

容器中流体的动量矩为

$$M = \rho\int(xv_y - yv_x)\,\mathrm{d}V.$$

---

① 关于绕椭球体和椭圆柱体的势流这类更一般问题的解, 可以参考以下书籍: Кочин Н. Е., Кибель И. А., Розе Н. В. Теоретическая гидромеханика. Ч. 1. Москва: Физматгиз, 1963 (H. E. 柯钦, И. A. 基别里, H. B. 罗斯. 理论流体力学. 第一卷 (共 2 册). 曹俊, 余常昭, 陈耀松等译. 北京: 高等教育出版社, 1956). 第七章; Lamb H. Hydrodynamics. 6th ed. Cambridge: Cambridge Univ. Press, 1932 (H. 兰姆. 理论流体动力学. 上册. 游镇雄译. 北京: 科学出版社, 1990). § 103—§ 116.

对椭球体积 V 积分, 得到

$$M = \frac{\Omega\rho V(a^2-b^2)^2}{5(a^2+b^2)}.$$

公式 (1) 给出了流体相对于 x, y, z 轴瞬时位置的绝对运动, 这些轴是固连在旋转容器上的. 从流体的绝对速度中减去速度 $\boldsymbol{\Omega}\times\boldsymbol{r}$, 就得到流体相对于容器 (即相对于旋转坐标系 x, y, z) 的运动. 把流体的相对速度记为 $\boldsymbol{v}'$, 我们有

$$v'_x = \frac{\partial\varphi}{\partial x} + \Omega y = \frac{2\Omega a^2}{a^2+b^2}y, \quad v'_y = -\frac{2\Omega b^2}{a^2+b^2}x, \quad v'_z = 0.$$

求方程组 $\dot{x} = v'_x$, $\dot{y} = v'_y$ 的积分, 即可得到流体相对运动的迹线, 它们是与边界椭圆相似的椭圆

$$\frac{x^2}{a^2} + \frac{y^2}{b^2} = \text{const}.$$

5. 求被绕流物体上的驻点附近的流动 (图 2).

解: 物体表面在驻点附近的一小部分可以看做平面, 我们把它取为 xy 平面. 将 φ 对小量 x, y, z 展开为级数, 精确到二阶项, 我们有

$$\varphi = ax + by + cz + Ax^2 + By^2 + Cz^2 + Dxy + Eyz + Fxz$$

(φ 中的常数项无关紧要). 使 φ 满足方程 $\Delta\varphi = 0$ 和边界条件

$$v_z = \frac{\partial\varphi}{\partial z} = 0, \quad 对于\ z=0\ 和所有的\ x,\ y,$$

$$\frac{\partial\varphi}{\partial x} = \frac{\partial\varphi}{\partial y} = 0, \quad 对于\ x=y=z=0\ (驻点),$$

就可以求出常系数, 由此得到

$$a = b = c = 0, \quad C = -A-B, \quad E = F = 0.$$

适当地旋转 x 轴和 y 轴, 总可以消去 Dxy 项, 结果得到

$$\varphi = Ax^2 + By^2 - (A+B)z^2. \tag{1}$$

如果流动相对于 z 轴是轴对称的 (绕旋转体的轴对称流), 则应有 $A = B$, 从而

$$\varphi = A(x^2+y^2-2z^2).$$

速度分量等于

$$v_x = 2Ax, \quad v_y = 2Ay, \quad v_z = -4Az.$$

流线由方程 (5.2) 确定, 由此给出 $x^2z = c_1$, $y^2z = c_2$, 即流线是三次双曲线.

如果 y 方向上的流动是均匀的 (例如, 沿 z 方向的来流绕一个圆柱体流动, 圆柱轴指向 y 方向), 则在 (1) 中应有 $B = 0$, 从而

$$\varphi = A(x^2-z^2).$$

流线是双曲线 $xz = \text{const}$.

6. 设两个平面相交形成一个角形区域, 求不可压缩流体绕此角形区域 (在角的顶部附近) 的势流.

解: 在垂直于上述平面交线的横截面内选取极坐标 r, θ, 原点位于角的顶点, θ 从角的一条边算起. 设 α 是角的大小. 当 $\alpha<\pi$ 时, 流动发生在角形区域内部; 当 $\alpha>\pi$ 时, 流动发生在角形区域外部. 法向速度为零的边界条件表明, 当 $\theta=0$ 和 $\theta=\alpha$ 时, $\partial\varphi/\partial\theta=0$. 我们把满足这些条件的拉普拉斯方程的解写为以下形式①:

$$\varphi = Ar^n\cos n\theta,\quad n=\frac{\pi}{\alpha},$$

从而

$$v_r = nAr^{n-1}\cos n\theta,\quad v_\theta=-nAr^n\sin n\theta.$$

当 $n<1$ 时 (角形区域外部的流动, 图 3), v 在原点像 $r^{-(1-n)}$ 那样变为无穷大. 当 $n>1$ 时 (角形区域内部的流动, 图 4), v 在 $r=0$ 时变为零.

流函数

$$\psi = Ar^n\sin n\theta$$

给出流线形状. φ 和 ψ 的上述表达式是复势 $w=Az^n$ 的实部和虚部②.

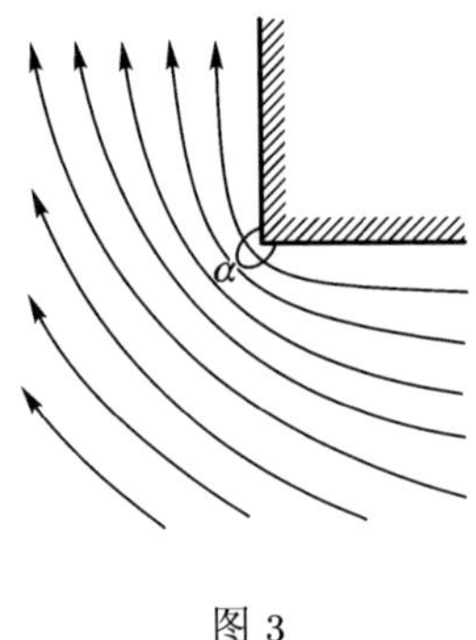

图 3

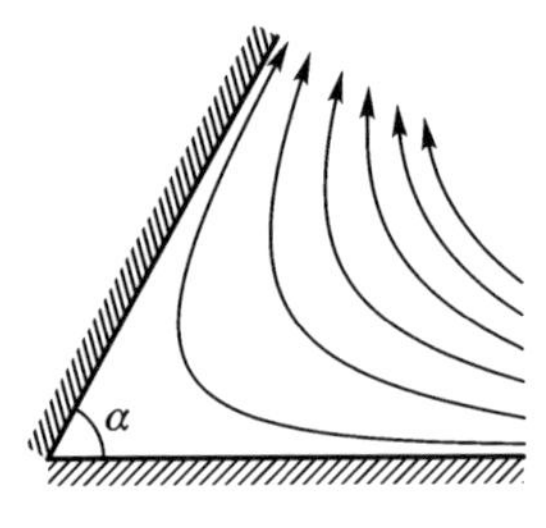

图 4

7. 在充满整个空间的不可压缩流体中, 假设一个半径为 a 的球形区域中的流体突然消失, 求这样形成的空穴被流体充满所需要的时间 (W. H. 贝赞特, 1859; 瑞利, 1917).

解: 空穴形成后的流动是球对称的, 每一点的速度均指向空穴中心. 对于径向速度

$$v_r\equiv v<0,$$

我们有欧拉方程 (球面坐标下)

$$\frac{\partial v}{\partial t}+v\frac{\partial v}{\partial r}=-\frac{1}{\rho}\frac{\partial p}{\partial r}. \tag{1}$$

连续性方程给出

$$r^2v=F(t), \tag{2}$$

---

① 我们选取含有 r 的最小正数次幂的解 (r 是小量!).

② 如果把习题 5 和 6 中的边界面看做无穷大的, 则在它们的解中, 常系数 A 和 B 的值仍然是不确定的. 从这个意义上讲, 相应问题属于退化的情况. 在有限大小物体绕流的实际情况下, 这些值取决于整体问题的一些条件.

式中 $F(t)$ 是时间的任意函数. 此方程表示这样的事实: 流过任意球面的流体体积与球面半径无关, 因为流体是不可压缩的.

把 (2) 中的 v 代入 (1), 我们得到方程

$$\frac{F'(t)}{r^2}+v\frac{\partial v}{\partial r}=-\frac{1}{\rho}\frac{\partial p}{\partial r}.$$

再对 r 积分, 从 ∞ 积分到空穴的瞬时半径

$$R=R(t)\leqslant a,$$

就得到

$$-\frac{F'(t)}{R}+\frac{V^2}{2}=\frac{p_0}{\rho},\tag{3}$$

其中 $V=\mathrm{d}R(t)/\mathrm{d}t$ 是空穴半径的变化率, 而 p_0 是无穷远处的压强. 无穷远处的流体速度为零, 空穴表面上的压强也为零. 对空穴表面上的点写出关系式 (2), 我们求出

$$F(t)=R^2(t)V(t),$$

再把 $F(t)$ 的这个表达式代入 (3), 就得到方程

$$-\frac{3V^2}{2}-\frac{R}{2}\frac{\mathrm{d}V^2}{\mathrm{d}R}=\frac{p_0}{\rho}.$$

可以采用分离变量法求解这个方程. 根据初始条件 (流体在初始时刻处于静止状态), 在 $R=a$ 时 $V=0$, 我们求出

$$V=\frac{\mathrm{d}R}{\mathrm{d}t}=-\sqrt{\frac{2p_0}{3\rho}\left(\frac{a^3}{R^3}-1\right)}.$$

于是, 流体充满空穴所需的总时间为

$$\tau=\sqrt{\frac{3\rho}{2p_0}}\int_0^a\frac{\mathrm{d}R}{\sqrt{(a/R)^3-1}}.$$

这个积分可以化为 B 函数 (第一类欧拉积分), 最终计算结果为

$$\tau=\frac{\Gamma(5/6)}{\Gamma(1/3)}\sqrt{\frac{3a^2\rho\pi}{2p_0}}=0.915a\sqrt{\frac{\rho}{p_0}}.$$

8. 设浸没在不可压缩流体中的球体按给定规律 $R=R(t)$ 膨胀, 计算球面上的流体压强.

解: 记所求压强为 $P(t)$. 本题计算完全类似于上一道题, 区别仅仅在于, $r=R$ 处的压强不是零, 而是 $P(t)$. 结果是, 上题中的方程 (3) 应改为

$$-\frac{F'(t)}{R}+\frac{V^2}{2}=\frac{p_0}{\rho}-\frac{P(t)}{\rho},$$

相应地, 方程 (4) 应改为

$$\frac{p_0 - P(t)}{\rho} = -\frac{3V^2}{2} - RV\frac{\mathrm{d}V}{\mathrm{d}R}.$$

注意到 $V = \mathrm{d}R/\mathrm{d}t$, 可以把 $P(t)$ 的表达式写为以下形式:

$$P(t) = p_0 + \frac{\rho}{2}\left[\frac{\mathrm{d}^2(R^2)}{\mathrm{d}t^2} + \left(\frac{\mathrm{d}R}{\mathrm{d}t}\right)^2\right].$$

9. 求从平面固壁上无穷长缝隙流出的射流的形状.

解: 设 xy 平面上的 x 轴表示固壁, 该轴上的线段 $-a/2 \leqslant x \leqslant a/2$ 表示缝隙, 流体充满半平面 $y > 0$. 在远离固壁处 $(y \to \infty)$, 流体的速度为零, 压强为 p_0.

在射流的自由面上 (图 5 (a) 中的 BC 和 $B'C'$), 压强 $p = 0$, 而根据伯努利方程, 速度具有恒定值 $v_1 = \sqrt{2p_0/\rho}$. 固壁边界是流线, 并且延伸到射流的自由面. 设流线 ABC 上 $\psi = 0$. 于是, 在流线 $A'B'C'$ 上 $\psi = -Q/\rho$, 式中 $Q = \rho a_1 v_1$ 是射流的流量 (a_1, v_1 是射流在无穷远处的宽度和速度). 沿流线 ABC 和 $A'B'C'$, 速度势 φ 都是从 $-\infty$ 变化到 $+\infty$. 设在点 B 和 B' 有 $\varphi = 0$. 因此, 在复变量 w 的平面上, 流动区域对应宽度为 Q/ρ 的一个无穷长带状区域 (图 5 (b)—(d) 中各点的记号与图 5 (a) 中各点的记号相对应).

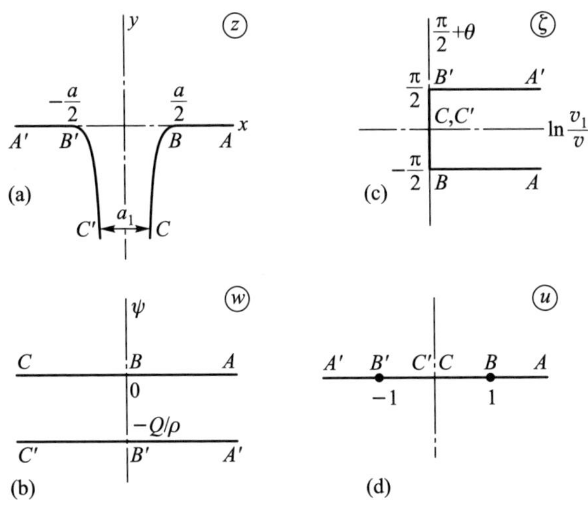

图 5

引入一个新的复变量——复速度的对数:

$$\zeta = -\ln\left[\frac{1}{v_1 \mathrm{e}^{\mathrm{i}\pi/2}}\frac{\mathrm{d}w}{\mathrm{d}z}\right] = \ln\frac{v_1}{v} + \mathrm{i}\left(\frac{\pi}{2} + \theta\right) \tag{1}$$

($v_1\mathrm{e}^{\mathrm{i}\pi/2}$ 是射流在无穷远处的复速度). 在 $A'B'$ 上有 $\theta = 0$; 在 AB 上 $\theta = -\pi$, 在 BC 和 $B'C'$ 上 $v = v_1$, 并且在无穷远处的射流中 $\theta = -\pi/2$. 所以, 在复变量 ζ 的平面内, 流动区域对应右半平面内宽度为 π 的一个半无穷长带状区域 (图 5 (c)). 现在, 如果能够找到一个共形变换, 它把 w 平面内的无穷长带状区域变换为 ζ 平面内的半无穷长带状区域 (各点的对应关系如图 5 所示), 我们就能够确定 w 对 $\mathrm{d}w/\mathrm{d}z$ 的函数关系, 然后通过简单的积分运算即可求出 w.

为了得到所需变换, 再引入一个辅助复变量 u, 使 u 平面内的流动区域对应上半平面, 并且点 B 和 B' 对应点 $u=\pm 1$, 点 C 的 C' 对应点 $u=0$, 无穷远点 A 和 A' 对应点 $u=\pm\infty$ (图 5(d)). w 对这个辅助变量的函数关系由一个共形变换给出, 它把 u 平面的上半平面变换为 w 平面上的带状区域. 按照各点的上述对应关系, 该变换是

$$w=-\frac{Q}{\rho\pi}\ln u. \tag{2}$$

为了得到 ζ 对 u 的函数关系, 应当找到一个把 ζ 平面上的半无穷长带状区域变换为 u 平面上的上半平面的共形变换. 如果把该带状区域看做顶点之一位于无穷远处的三角形, 就可以利用熟知的施瓦茨–克里斯托费尔公式得到所需变换:

$$\zeta=-\mathrm{i}\arcsin u. \tag{3}$$

公式 (2) 和 (3) 给出问题的解, 因为它们确定了 $\mathrm{d}w/\mathrm{d}z$ 和 w 之间参数形式的依赖关系.

我们来确定射流的形状. 在 BC 上有 $w=\varphi$, $\zeta=\mathrm{i}(\pi/2+\theta)$, 并且 u 的变化范围是从 0 到 1. 从 (2) 和 (3) 得到

$$\varphi=-\frac{Q}{\rho\pi}\ln(-\cos\theta), \tag{4}$$

而根据 (1) 有 $\mathrm{d}\varphi/\mathrm{d}z=v_1\mathrm{e}^{-\mathrm{i}\theta}$, 即

$$\mathrm{d}z\equiv\mathrm{d}x+\mathrm{i}\,\mathrm{d}y=\frac{1}{v_1}\mathrm{e}^{\mathrm{i}\theta}\mathrm{d}\varphi=\frac{a_1}{\pi}\mathrm{e}^{\mathrm{i}\theta}\tan\theta\,\mathrm{d}\theta.$$

于是, 积分后 (利用 $\theta=-\pi$ 时 $y=0$, $x=a/2$ 的条件) 就求出以参数形式表示的射流形状. 例如, 射流的收缩比为

$$\frac{a_1}{a}=\frac{\pi}{\pi+2}=0.61.$$

§ 11 有势绕流的阻力

考虑不可压缩理想流体绕任何一个固体的势流问题. 当然, 这个问题完全等价于该固体在流体中运动时出现的流动问题. 为了从前者确定后者, 只要转换坐标系, 使流体在无穷远处静止即可. 我们将在下面论述的就是固体在流体中运动的情形.

首先确定远离运动物体处的流体速度分布特性. 不可压缩流体的势流满足拉普拉斯方程 $\Delta\varphi=0$. 我们应当考虑这个方程在无穷远处为零的那些解, 因为流体在无穷远处静止. 我们把坐标系原点取在运动物体内的任何一点上 (该坐标系与物体一起运动, 不过我们研究的是流体在某一给定时刻的速度分布). 众所周知, 拉普拉斯方程有一个解 $1/r$, 其中 r 是到原点的距离. $1/r$ 对坐

标的一阶和更高阶的导数也是方程的解, 所有这些解 (及其线性组合) 在无穷远处都为零. 因此, 拉普拉斯方程的解在远离物体处的一般形式为

$$\varphi = -\frac{a}{r} + \boldsymbol{A}\cdot\nabla\frac{1}{r} + \cdots,$$

其中 a, $\boldsymbol{A}$ 与坐标无关, 略去的项含有 $1/r$ 的高阶导数. 容易看出, 常数 a 必须为零. 其实, 速度势 $\varphi = -a/r$ 给出速度

$$\boldsymbol{v} = -\nabla\frac{a}{r} = \frac{a\boldsymbol{r}}{r^3}.$$

我们来计算通过任何一个封闭曲面的流量, 例如通过半径为 R 的球面的流量. 速度在球面上处处相同并等于 a/R^2, 所以总流量是 $\rho(a/R^2)\cdot 4\pi R^2 = 4\pi\rho a$. 然而, 不可压缩流体通过任何封闭曲面的流量显然必须为零, 所以我们下结论说, 应有 $a = 0$.

于是, φ 只含有 $1/r^2$ 和更高阶的项. 因为我们在求远处的速度, 所以可以忽略高阶项, 从而得到

$$\varphi = \boldsymbol{A}\cdot\nabla\frac{1}{r} = -\frac{\boldsymbol{A}\cdot\boldsymbol{n}}{r^2}, \tag{11.1}$$

对于速度 $\boldsymbol{v} = \operatorname{grad}\varphi$ 则有

$$\boldsymbol{v} = (\boldsymbol{A}\cdot\nabla)\nabla\frac{1}{r} = \frac{3(\boldsymbol{A}\cdot\boldsymbol{n})\boldsymbol{n} - \boldsymbol{A}}{r^3} \tag{11.2}$$

($\boldsymbol{n}$ 是指向 $\boldsymbol{r}$ 方向的单位矢量). 我们看到, 速度在远处像 $1/r^3$ 那样减小. 矢量 $\boldsymbol{A}$ 取决于物体的实际形状和运动速度. 要想确定这个量, 必须考虑运动物体表面上的相应边界条件, 并在全部区域中完全求解方程 $\Delta\varphi = 0$.

在 (11.2) 中出现的矢量 $\boldsymbol{A}$ 与绕固体流动的流体的总动量和总能量之间存在着一定的关系. 流体的总动能 (不可压缩流体具有不变的内能) 为

$$E = \frac{\rho}{2}\int v^2\,\mathrm{d}V,$$

其中积分是对物体以外的整个空间进行的. 选取该空间的一个区域 V, 其外边界是半径 R 很大的球面, 球心位于原点. 我们将先在区域 V 上积分, 然后令 R 趋向无穷大. 我们有恒等式

$$\int v^2\,\mathrm{d}V = \int u^2\,\mathrm{d}V + \int(\boldsymbol{v}+\boldsymbol{u})\cdot(\boldsymbol{v}-\boldsymbol{u})\,\mathrm{d}V,$$

式中 $\boldsymbol{u}$ 是物体的速度. 因为 $\boldsymbol{u}$ 是与坐标无关的量, 所以右边第一个积分显然等于 $u^2(V-V_0)$, 其中 V_0 是物体的体积. 在第二个积分中, 把 $\boldsymbol{v}+\boldsymbol{u}$ 写为 $\nabla(\varphi + \boldsymbol{u}\cdot\boldsymbol{r})$, 再利用连续性方程 $\operatorname{div}\boldsymbol{v} = 0$ 以及 $\operatorname{div}\boldsymbol{u} \equiv 0$, 我们有

$$\int v^2\,\mathrm{d}V = u^2(V-V_0) + \int \operatorname{div}\{(\varphi + \boldsymbol{u}\cdot\boldsymbol{r})(\boldsymbol{v}-\boldsymbol{u})\}\,\mathrm{d}V.$$

把第二个积分变换为在球面 S 和物体表面 S_0 上的曲面积分:

$$\int v^2\,\mathrm{d}V = u^2(V-V_0) + \oint_{S+S_0} (\varphi + \boldsymbol{u}\cdot\boldsymbol{r})(\boldsymbol{v}-\boldsymbol{u})\cdot\mathrm{d}\boldsymbol{f}.$$

根据边界条件, 在物体表面上, $\boldsymbol{v}$ 和 $\boldsymbol{u}$ 的法向分量相等, 而矢量 $\mathrm{d}\boldsymbol{f}$ 正好指向表面的法线方向, 所以 S_0 上的积分显然恒等于零. 在计算远处曲面 S 上的积分时, 我们把 φ 和 $\boldsymbol{v}$ 的表达式 (11.1), (11.2) 代入, 并略去那些当 $R\to\infty$ 时变为零的项. 把球面 S 上的面微元写为 $\mathrm{d}\boldsymbol{f} = \boldsymbol{n}R^2\,\mathrm{d}o$, 其中 $\mathrm{d}o$ 是立体角微元, 我们得到

$$\int v^2\,\mathrm{d}V = u^2\left(\frac{4\pi}{3}R^3 - V_0\right) + \int \left\{\,3(\boldsymbol{A}\cdot\boldsymbol{n})(\boldsymbol{u}\cdot\boldsymbol{n}) - (\boldsymbol{u}\cdot\boldsymbol{n})^2R^3\right\}\mathrm{d}o.$$

最后, 完成积分运算① 并乘以 $\rho/2$, 我们得到流体总能量的以下表达式:

$$E = \frac{\rho}{2}(4\pi\boldsymbol{A}\cdot\boldsymbol{u} - V_0u^2). \tag{11.3}$$

前面已经指出, 为了准确地计算矢量 $\boldsymbol{A}$, 需要在具体的物体表面边界条件下完全求解方程 $\Delta\varphi = 0$. 然而, $\boldsymbol{A}$ 对物体速度 $\boldsymbol{u}$ 的依赖关系的一般性质, 却可以直接从下述事实中获得: φ 的方程是线性的, 并且这个方程的边界条件也是线性的 (对于 φ 和 $\boldsymbol{u}$ 都是如此). 由此可知, $\boldsymbol{A}$ 应当是矢量 $\boldsymbol{u}$ 的分量的线性函数. 因此, 由公式 (11.3) 给出的能量 E 是矢量 $\boldsymbol{u}$ 的分量的二次函数, 可以写为以下形式:

$$E = \frac{1}{2}m_{ik}u_iu_k, \tag{11.4}$$

式中 m_{ik} 是某个对称的常张量, 其分量可由矢量 $\boldsymbol{A}$ 的分量计算出来. 该张量称为**附加质量张量**.

知道了能量 E, 就可以得到流体总动量 $\boldsymbol{P}$ 的表达式. 为此, 我们指出, E 和 $\boldsymbol{P}$ 的无穷小变化之间存在以下关系②:

$$\mathrm{d}E = \boldsymbol{u}\cdot\mathrm{d}\boldsymbol{P}.$$

---

① 对 $\mathrm{d}o$ 进行积分等价于计算被积函数在所有矢量 $\boldsymbol{n}$ 的方向上的平均值, 然后再乘以 4π. 为了计算形如 $(\boldsymbol{A}\cdot\boldsymbol{n})(\boldsymbol{B}\cdot\boldsymbol{n}) \equiv A_in_iB_kn_k$ 的表达式的平均值 ($\boldsymbol{A}$, $\boldsymbol{B}$ 为常矢量), 我们有

$$\overline{(\boldsymbol{A}\cdot\boldsymbol{n})(\boldsymbol{B}\cdot\boldsymbol{n})} = A_iB_k\overline{n_in_k} = \frac{1}{3}\delta_{ik}A_iB_k = \frac{1}{3}\boldsymbol{A}\cdot\boldsymbol{B}.$$

② 其实, 设物体在任何一种外力 $\boldsymbol{F}$ 的作用下加速运动, 流体的动量因而增加. 设在 $\mathrm{d}t$ 时间内, 动量增量为 $\mathrm{d}\boldsymbol{P}$. 这个增量与力的关系为 $\mathrm{d}\boldsymbol{P} = \boldsymbol{F}\,\mathrm{d}t$, 乘以速度 $\boldsymbol{u}$ 之后得到 $\boldsymbol{u}\cdot\mathrm{d}\boldsymbol{P} = \boldsymbol{F}\cdot\boldsymbol{u}\,\mathrm{d}t$, 这就是力 $\boldsymbol{F}$ 在路程 $\boldsymbol{u}\,\mathrm{d}t$ 上的功, 而它本身应当等于流体能量的增量 $\mathrm{d}E$.

应当注意, 直接采用对流体所占全部区域的积分 $\int\rho\boldsymbol{v}\,\mathrm{d}V$ 来计算动量是不可行的, 因为这个积分 (速度 $\boldsymbol{v}$ 按照 (11.2) 分布) 在下述意义上发散. 这时, 积分结果虽然是有限值, 这个值却与积分方法有关: 当我们在尺度随后趋于无穷大的区域中进行积分时, 所得结果与区域的形状 (球形、圆柱形等) 有关. 我们在这里使用的计算方法以关系式 $\boldsymbol{u}\cdot\mathrm{d}\boldsymbol{P} = \mathrm{d}E$ 为基础, 最终给出一个完全确定的结果 (由公式 (11.6) 表示), 它显然满足动量变化率与物体上的作用力之间的物理关系.

由此可见, 如果 E 由 (11.4) 表示, $\boldsymbol{P}$ 的分量就应当具有以下形式:

$$P_i = m_{ik}u_k. \tag{11.5}$$

最后, 比较公式 (11.3)—(11.5), 结果表明, $\boldsymbol{P}$ 可以用 $\boldsymbol{A}$ 表示为

$$\boldsymbol{P} = 4\pi\rho\boldsymbol{A} - \rho V_0\boldsymbol{u}. \tag{11.6}$$

必须注意, 流体的总动量是一个完全确定的有限值.

单位时间内由物体传递给流体的动量为 $\mathrm{d}\boldsymbol{P}/\mathrm{d}t$. 显然, 这个量取相反的符号就给出流体的反作用力 $\boldsymbol{F}$, 即作用在物体上的力:

$$\boldsymbol{F} = -\frac{\mathrm{d}\boldsymbol{P}}{\mathrm{d}t}. \tag{11.7}$$

力 $\boldsymbol{F}$ 平行于物体速度的分量称为**阻力**, 而垂直于物体速度的分量称为**升力**.

当物体在理想流体中匀速运动时, 假如有可能出现有势绕流, 则总动量 $\boldsymbol{P}$ 保持不变 (因为 $\boldsymbol{u} = \mathrm{const}$), 从而 $\boldsymbol{F} = 0$. 换言之, 这时既不存在阻力, 也不存在升力, 即流体对物体的压力相互抵消 (这个结果称为**达朗贝尔佯谬**). 对阻力而言, 产生这个佯谬的原因特别明显. 其实, 如果在物体匀速运动过程中存在阻力, 这就意味着为了维持运动, 必须有外力连续不断地做功, 并且这种功或者耗散于流体内部, 或者转变为流体的动能, 结果导致在运动流体中一直有能量被输运向无穷远处. 但是, 按照定义, 在理想流体中没有任何能量耗散, 并且对于由物体引起的流动, 流体速度在远离物体时迅速减小, 所以在无穷远处并不存在任何能流.

然而, 必须强调, 所有这些论述仅仅适用于物体在无界流体中运动的情形. 例如, 如果流体有自由面, 则平行于自由面匀速运动的物体将受到阻力的作用. 这种阻力 (称为**波阻**) 的出现与沿自由面传播的表面波有关, 因为表面波能够连续不断地向无穷远处输运能量.

假设一个物体在外力 $\boldsymbol{f}$ 的作用下发生振动①. 如果前一节中讨论的那些条件成立, 物体周围的流体的运动就是有势的, 所以可以使用上述关系式来推导物体的运动方程. 力 $\boldsymbol{f}$ 应当等于系统总动量对时间的导数, 而总动量等于物体动量 $M\boldsymbol{u}$ (M 是物体的质量) 与流体动量 $\boldsymbol{P}$ 之和:

$$M\frac{\mathrm{d}\boldsymbol{u}}{\mathrm{d}t} + \frac{\mathrm{d}\boldsymbol{P}}{\mathrm{d}t} = \boldsymbol{f}.$$

利用 (11.5), 由此得到

$$M\frac{\mathrm{d}u_i}{\mathrm{d}t} + m_{ik}\frac{\mathrm{d}u_k}{\mathrm{d}t} = f_i,$$

① 力 $\boldsymbol{f}$ 不包括流体对物体的作用力. ——译者

还可以把它写为

$$\frac{\mathrm{d}\,u_k}{\mathrm{d}t}(M\delta_{ik}+m_{ik})=f_i. \tag{11.8}$$

这就是浸没于理想流体中的物体的运动方程.

现在, 我们来考虑某种意义上的反问题. 设流体本身在任何一些外部因素(不包括浸没于流体中的物体的作用) 的影响下发生振动. 在这种振动的影响下, 物体也开始运动①. 我们来推导物体的运动方程.

我们将假设, 流体的运动速度在物体特征尺寸量级的距离上只发生微小的变化. 设 $\boldsymbol{v}$ 是假定物体不存在时在物体所处位置上的流体速度, 换言之, $\boldsymbol{v}$ 是未受扰动的流体速度. 根据上面的假设, 可以认为 $\boldsymbol{v}$ 在物体所占据的整个区域内处处相同. 就像前面那样, 我们仍用 $\boldsymbol{u}$ 表示物体的速度.

可以用以下方法确定使物体运动的力. 假如物体被流体完全带动起来 (即假如 $\boldsymbol{v}=\boldsymbol{u}$), 则作用在物体上的力等于假定物体不存在时作用在物体所占区域中的流体上的力. 这部分流体的动量是 $\rho V_0\boldsymbol{v}$, 所以它受到作用力 $\rho V_0\,\mathrm{d}\boldsymbol{v}/\mathrm{d}t$. 不过, 实际上物体并非完全与流体一起运动, 物体有相对于流体的运动, 而流体本身也因此产生某种附加运动, 与此相关的附加动量等于 $m_{ik}(u_k-v_k)$ (在表达式 (11.5) 中, 现在必须把 $\boldsymbol{u}$ 替换为物体相对于流体的速度 $\boldsymbol{u}-\boldsymbol{v}$). 该动量随时间变化, 所以物体上的附加作用力等于 $-m_{ik}\mathrm{d}(u_k-v_k)/\mathrm{d}t$. 因此, 作用在物体上的合力等于

$$\rho V_0\frac{\mathrm{d}v_i}{\mathrm{d}t}-m_{ik}\frac{\mathrm{d}}{\mathrm{d}t}(u_k-v_k).$$

这个力必须等于物体动量对时间的导数, 于是得到以下运动方程:

$$\frac{\mathrm{d}}{\mathrm{d}t}(Mu_i)=\rho V_0\frac{\mathrm{d}v_i}{\mathrm{d}t}-m_{ik}\frac{\mathrm{d}}{\mathrm{d}t}(u_k-v_k).$$

对时间积分, 得到

$$(M\delta_{ik}+m_{ik})u_k=(m_{ik}+\rho V_0\delta_{ik})v_k. \tag{11.9}$$

积分常数取为零, 因为物体运动是由流体引起的, 当流体速度 $\boldsymbol{v}$ 等于零时, 物体速度 $\boldsymbol{u}$ 也应当等于零. 根据所得关系式, 可以从流体的速度确定物体的速度. 如果物体的密度等于流体的密度 ($M=\rho V_0$), 则 $\boldsymbol{u}=\boldsymbol{v}$, 而这正是我们预期的结果.

---

① 例如, 可以考虑有声波传播的流体中的物体的运动, 并且要求声波的波长远大于物体的尺寸.

习 题

1. 写出在理想流体中振动的球的运动方程, 以及被振动流体带动的球的运动方程.

解: 在 §10 习题 2 中已经得到绕球势流的 φ 的表达式. 与 (11.1) 进行对比, 我们看出

$$\boldsymbol{A} = \frac{1}{2}R^3\boldsymbol{u}$$

(R 是球的半径). 根据 (11.6), 被球带动的流体的总动量为 $\boldsymbol{P} = 2\pi\rho R^3\boldsymbol{u}/3$, 所以张量 m_{ik} 等于

$$m_{ik} = \frac{2\pi}{3}\rho R^3\delta_{ik}.$$

作用在运动的球上的阻力等于

$$\boldsymbol{F} = -\frac{2\pi}{3}\rho R^3\frac{\mathrm{d}\boldsymbol{u}}{\mathrm{d}t},$$

而在流体中振动的球的运动方程具有以下形式:

$$\frac{4\pi R^3}{3}\left(\rho_0 + \frac{\rho}{2}\right)\frac{\mathrm{d}\boldsymbol{u}}{\mathrm{d}t} = \boldsymbol{f}$$

(ρ_0 是球的密度). 可以把 $\mathrm{d}\boldsymbol{u}/\mathrm{d}t$ 的系数看做球的某种等效质量, 它是球本身的质量与附加质量之和, 而后者这时等于球所排开的流体质量的一半.

如果球的运动是由流体引起的, 则对于它的速度, 我们从 (11.9) 得到表达式

$$\boldsymbol{u} = \frac{3\rho}{\rho + 2\rho_0}\boldsymbol{v}.$$

若球的密度大于流体的密度 ($\rho_0 > \rho$), 则 $u < v$, 即球滞后于流体; 若 $\rho_0 < \rho$, 则球超前于流体.

2. 用矢量 $\boldsymbol{A}$ 表示在流体中运动的物体所受的力矩.

解: 我们从力学中知道, 作用在物体上的力矩 $\boldsymbol{M}$ 可由它的拉格朗日函数 (在本题中就是能量 E) 确定, 关系式为 $\delta E = \boldsymbol{M}\cdot\delta\boldsymbol{\theta}$, 其中 $\delta\boldsymbol{\theta}$ 是物体的无穷小转动矢量, 而 δE 是该转动过程中的相应能量变化. 物体转动一个角度 $\delta\theta$ (分量 m_{ik} 从而也有相应改变), 可以替换为流体相对于物体转动角度 $-\delta\theta$, 速度 $\boldsymbol{u}$ 从而也有相应改变. 在转动过程中有 $\delta\boldsymbol{u} = -\delta\boldsymbol{\theta}\times\boldsymbol{u}$, 所以

$$\delta E = \boldsymbol{P}\cdot\delta\boldsymbol{u} = -\delta\boldsymbol{\theta}\cdot(\boldsymbol{u}\times\boldsymbol{P}).$$

利用 $\boldsymbol{P}$ 的表达式 (11.6), 由此得到所求的公式:

$$\boldsymbol{M} = -\boldsymbol{u}\times\boldsymbol{P} = 4\pi\rho\boldsymbol{A}\times\boldsymbol{u}.$$

§12 重力波

在重力场中, 处于平衡状态的液体自由面是平的. 如果液体自由面在任何一种外部扰动的影响下在任何一个地方偏离了它的平衡位置, 在液体中就会出现运动. 这种运动将以波的形式沿液体的整个自由面传播, 这样的波称为

重力波, 因为它们起因于重力场的作用. 重力波主要发生在液体自由面上, 但它们也影响液体内部, 只不过随着深度的增加, 其影响越来越小.

我们在这里将考虑这样的重力波, 其中运动液体微元的速度如此之小, 以致于欧拉方程中的 $(\boldsymbol{v}\cdot\nabla)\boldsymbol{v}$ 这一项与 $\partial\boldsymbol{v}/\partial t$ 相比可以忽略不计. 容易解释这个条件在物理上的含义. 在重力波中, 液体微元发生振动, 它们在与振动周期 τ 的量级相当的时间间隔内移动了与波的振幅 a 的量级相当的距离. 所以, 液体微元速度 v 具有量级 a/τ. 此外, 在 τ 量级的时间间隔内, 以及在沿着波传播方向的 λ 量级的距离内 (λ 是波长), 速度 v 有显著的变化, 所以速度对时间的导数的量级为 v/τ, 对坐标的导数的量级为 v/λ. 因此, 条件 $(\boldsymbol{v}\cdot\nabla)\boldsymbol{v}\ll\partial\boldsymbol{v}/\partial t$ 等价于

$$\frac{1}{\lambda}\left(\frac{a}{\tau}\right)^2\ll\frac{a}{\tau}\cdot\frac{1}{\tau},$$

即

$$a\ll\lambda, \tag{12.1}$$

即波的振幅应当远小于波长. 我们在 §9 中已经知道, 如果可以忽略运动方程中的 $(\boldsymbol{v}\cdot\nabla)\boldsymbol{v}$ 这一项, 流动就是有势的. 再假设流体不可压缩, 我们就能应用方程 (10.6) 和 (10.7), 并且在方程 (10.7) 中, 现在可以忽略速度平方项 $v^2/2$. 令 $f(t)=0$ 并在重力场中引入项 ρgz, 我们得到

$$p=-\rho gz-\rho\frac{\partial\varphi}{\partial t}. \tag{12.2}$$

这里, z 轴就像通常那样被选取为竖直向上, 而 xy 平面位于液体的平衡自由面上.

如果用 ζ 表示液体自由面上的点的 z 坐标, 则 ζ 是 x, y 和 t 的函数. 在平衡时 $\zeta=0$, 所以 ζ 是液体自由面在振动时在竖直方向上的位移. 设作用在液体自由面上的压强 p_0 保持恒定, 则根据 (12.2), 在自由面上有

$$p_0=-\rho g\zeta-\rho\frac{\partial\varphi}{\partial t}.$$

只要重新定义速度势 φ (加上与坐标无关的量 p_0t/ρ), 就可以消去常量 p_0, 从而让液体自由面上的条件具有以下形式:

$$g\zeta+\left.\frac{\partial\varphi}{\partial t}\right|_{z=\zeta}=0. \tag{12.3}$$

波的振幅很小, 这意味着位移 ζ 也很小. 因此, 可以认为自由面上的点的垂直速度分量在同样近似下等于位移 ζ 对时间的导数: $v_z=\partial\zeta/\partial t$. 但 $v_z=\partial\varphi/\partial z$, 再利用 (12.3), 则有

$$\left.\frac{\partial\varphi}{\partial z}\right|_{z=\zeta}=\frac{\partial\zeta}{\partial t}=-\frac{1}{g}\left.\frac{\partial^2\varphi}{\partial t^2}\right|_{z=\zeta}.$$

因为振幅很小, 所以在这个条件中可以用 $z=0$ 时的导数值代替 $z=\zeta$ 时的导数值. 于是, 我们最终得到用来确定重力波运动的以下方程组:

$$\Delta\varphi = 0, \tag{12.4}$$

$$\left(\frac{\partial\varphi}{\partial z} + \frac{1}{g}\frac{\partial^2\varphi}{\partial t^2}\right)_{z=0} = 0. \tag{12.5}$$

下面在研究液体自由面上的波时, 我们将认为自由面是无界的. 此外, 我们还将假设波长远小于液体深度, 从而可以把液体看做无穷深的. 所以, 我们不再写出液体侧面和底部的边界条件.

考虑沿 x 轴传播并且在 y 方向上均匀的重力波. 对于这样的波, 所有的量都与坐标 y 无关. 我们将寻求这样的解, 它是时间和坐标 x 的简单周期函数:

$$\varphi = f(z)\cos(kx-\omega t),$$

式中 ω 是波的圆频率 (我们将把它简称为频率), k 是波数, $\lambda = 2\pi/k$ 是波长. 把这个表达式代入方程 (12.4), 对 $f(z)$ 得到方程

$$\frac{\mathrm{d}^2 f}{\mathrm{d}z^2} - k^2 f = 0.$$

随深度增加 (即当 $z\to-\infty$ 时) 而衰减的解是

$$\varphi = A\,\mathrm{e}^{kz}\cos(kx-\omega t). \tag{12.6}$$

我们还要满足边界条件 (12.5). 把 (12.6) 代入其中, 得到波数与频率之间的关系 (即波的所谓**色散关系**):

$$\omega^2 = kg. \tag{12.7}$$

只要计算速度势对坐标的导数, 即可得到液体内的速度分布:

$$\begin{aligned} v_x &= -Ak\,\mathrm{e}^{kz}\sin(kx-\omega t),\\ v_z &= Ak\,\mathrm{e}^{kz}\cos(kx-\omega t). \end{aligned} \tag{12.8}$$

我们看出, 液体的速度随深度的增加按指数律减小. 在空间的任何给定点上 (即当 x, z 给定时), 速度矢量在 xz 平面内匀速旋转, 其大小保持不变.

我们再来确定重力波内液体点的迹线. 暂且用 x, z 表示运动的液体点 (而不是固定不动的空间点) 的坐标, 用 x_0, z_0 表示液体点的平衡位置的 x, z 的值. 于是,

$$v_x = \frac{\mathrm{d}x}{\mathrm{d}t},\quad v_z = \frac{\mathrm{d}z}{\mathrm{d}t},$$

并且在小振幅波的情况下可以近似地用 x_0, z_0 代替 (12.8) 右边的 x, z. 对时间进行积分, 我们得到

$$x - x_0 = -A\frac{k}{\omega}\,\mathrm{e}^{kz_0}\cos(kx_0 - \omega t),$$
$$z - z_0 = -A\frac{k}{\omega}\,\mathrm{e}^{kz_0}\sin(kx_0 - \omega t). \tag{12.9}$$

因此, 液体点围绕点 $(x_0,\ z_0)$ 作圆周运动, 相应半径随深度按指数律减小.

重力波的传播速度 U 等于 $\partial\omega/\partial k$, 这将在 §67 中加以证明. 把 $\omega = \sqrt{kg}$ 代入其中, 我们就得到无穷深液体的无界自由面上的重力波的传播速度

$$U = \frac{1}{2}\sqrt{\frac{g}{k}} = \frac{1}{2}\sqrt{\frac{g\lambda}{2\pi}}. \tag{12.10}$$

它随着波长的增加而增加.

重力长波. 上面研究了波长远小于液体深度的重力波, 现在研究相反的极限情况——波长远大于液体深度的波. 这样的波称为**长波**.

首先考虑长波在渠道中的传播. 我们将认为, 渠道具有无穷大的长度 (渠道沿着 x 轴的方向), 而其横截面形状可以是任意的, 并且可以沿长度方向变化. 用 $S = S(x,\ t)$ 表示渠道中液体的横截面积, 并假设渠道的深度和宽度都远小于波长.

我们在这里将讨论液体沿渠道运动时出现的纵波. 在这样的长波中, 速度沿渠道长度方向的分量 v_x 远大于分量 v_y, v_z.

如果略去速度分量 v_x 的下标 x, 再忽略小项, 就可以把欧拉方程在 x 方向和 z 方向上的投影分别写为以下形式:

$$\frac{\partial v}{\partial t} = -\frac{1}{\rho}\frac{\partial p}{\partial x}, \quad \frac{1}{\rho}\frac{\partial p}{\partial z} = -g$$

(这里之所以忽略速度的二次项, 是因为仍然像前面那样认为波的振幅是小量). 注意到在自由面 $(z = \zeta)$ 上应有 $p = p_0$, 我们从第二个方程得到

$$p = p_0 + g\rho(\zeta - z).$$

把这个表达式代入第一个方程, 得到

$$\frac{\partial v}{\partial t} = -g\frac{\partial \zeta}{\partial x}. \tag{12.11}$$

可以像推导连续性方程那样得到用来确定两个未知量 v 和 ζ 的第二个方程, 它实质上就是上述情况下的连续性方程. 我们来考虑渠道中相距 $\mathrm{d}x$ 的两个横截面之间的液体区域. 在单位时间内, 有体积为 $(Sv)_x$ 的液体从一个横截

面流入, 还有体积为 $(Sv)_{x+\mathrm{d}x}$ 的液体从另一个横截面流出. 因此, 两个横截面之间的液体体积改变了

$$(Sv)_{x+\mathrm{d}x}-(Sv)_x=\frac{\partial(Sv)}{\partial x}\mathrm{d}x.$$

但是, 根据液体的不可压缩性, 这个变化只能是由液面高度的变化造成的. 单位时间内上述横截面之间液体体积的变化等于

$$\frac{\partial S}{\partial t}\mathrm{d}x,$$

所以可以写出

$$\frac{\partial S}{\partial t}\mathrm{d}x=-\frac{\partial(Sv)}{\partial x}\mathrm{d}x,$$

即

$$\frac{\partial S}{\partial t}+\frac{\partial(Sv)}{\partial x}=0. \tag{12.12}$$

这就是所需的连续性方程.

设 S_0 是渠道中液体的横截面积在液体静止时的值, 则 $S=S_0+S'$, 其中 S' 是该横截面积在有波动时的变化. 因为液面高度在波动过程中只有很小的变化, 所以可以把 S' 写为 $b\zeta$ 的形式, 其中 b 是液体自由面的相应宽度. 于是, 方程 (12.12) 的形式变为

$$b\frac{\partial\zeta}{\partial t}+\frac{\partial(S_0v)}{\partial x}=0. \tag{12.13}$$

把 (12.13) 对 t 微分, 再把 (12.11) 中的 $\partial v/\partial t$ 代入其中, 就得到

$$\frac{\partial^2\zeta}{\partial t^2}-\frac{g}{b}\frac{\partial}{\partial x}\left(S_0\frac{\partial\zeta}{\partial x}\right)=0. \tag{12.14}$$

如果渠道的横截面沿整个渠道保持不变, 则 $S_0=\text{const}$, 从而

$$\frac{\partial^2\zeta}{\partial t^2}-\frac{gS_0}{b}\frac{\partial^2\zeta}{\partial x^2}=0. \tag{12.15}$$

这种形式的方程称为**波动方程**. 在 §64 中将证明, 与此相应的是以速度 U 传播的波, 并且 U 与频率无关, 它等于 $\partial^2\zeta/\partial x^2$ 的系数的平方根. 因此, 渠道中重力长波的传播速度等于

$$U=\sqrt{\frac{gS_0}{b}}. \tag{12.16}$$

用类似方法可以研究大水池中的长波, 这时假设水池在 (xy 平面的) 两个方向上都是无穷大的. 用字母 h 表示水池中液体的深度. 在速度的三个分量中, v_z 现在是小量. 欧拉方程具有类似于 (12.11) 的形式:

$$\frac{\partial v_x}{\partial t}+g\frac{\partial\zeta}{\partial x}=0,\quad \frac{\partial v_y}{\partial t}+g\frac{\partial\zeta}{\partial y}=0. \tag{12.17}$$

采用类似于 (12.12) 的推导方法可以得到连续性方程, 其形式为

$$\frac{\partial h}{\partial t}+\frac{\partial(hv_x)}{\partial x}+\frac{\partial(hv_y)}{\partial y}=0.$$

把深度 h 写为 $h=h_0+\zeta$, 其中 h_0 是平衡时的深度, 于是

$$\frac{\partial\zeta}{\partial t}+\frac{\partial(h_0v_x)}{\partial x}+\frac{\partial(h_0v_y)}{\partial y}=0. \tag{12.18}$$

假设水池底面水平 ($h_0=\text{const}$). 把 (12.18) 对 t 微分, 再用 (12.17) 进行代换, 得到

$$\frac{\partial^2\zeta}{\partial t^2}-gh_0\left(\frac{\partial^2\zeta}{\partial x^2}+\frac{\partial^2\zeta}{\partial y^2}\right)=0. \tag{12.19}$$

这仍然是一个 (二维) 波动方程, 相应的波具有传播速度

$$U=\sqrt{gh_0}. \tag{12.20}$$

习　题

1. 设液体深度为 h, 其表面无界, 求表面上的重力波的传播速度.

解: 在液体底部, 速度的法向分量应为零, 即

$$\text{当 } z=-h \text{ 时}, \quad v_z=\frac{\partial\varphi}{\partial z}=0.$$

由此可以求出通解

$$\varphi=(A\mathrm{e}^{kz}+B\mathrm{e}^{-kz})\cos(kx-\omega t)$$

中的常数 A 和 B 之间的关系, 结果得到

$$\varphi=A\cos(kx-\omega t)\cosh[k(z+h)].$$

从边界条件 (12.5) 求出 k 和 ω 之间的关系

$$\omega^2=gk\tanh(kh).$$

波的传播速度为

$$U=\frac{1}{2}\sqrt{\frac{g}{k\tanh(kh)}}\left[\tanh(kh)+\frac{kh}{\cosh^2(kh)}\right].$$

当 $kh\gg1$ 时可以得到结果 (12.10), 而当 $kh\ll1$ 时可以得到结果 (12.20).

2. 设有上下两层液体, 其密度和深度分别为 ρ', h' 和 ρ, h (并且 $\rho>\rho'$), 上层液体顶部和下层液体底部都以静止水平平板为边界. 求这两层液体分界面上的重力波的频率和波长之间的关系.

解: 取两层液体平衡时的分界面为 xy 平面. 我们寻求在两层液体中分别具有以下形式的解:

$$\begin{aligned}\varphi &= A\cosh[k(z+h)]\cos(kx-\omega t),\\ \varphi' &= B\cosh[k(z-h')]\cos(kx-\omega t)\end{aligned} \tag{1}$$

(这时上层液体顶部和下层液体底部的边界条件都能得到满足, 见习题 1 的解). 在两层液体的分界面 $z=\zeta$ 上, 压强应当是连续的. 根据 (12.2), 这给出以下条件:

$$\rho g\zeta + \rho\frac{\partial\varphi}{\partial t} = \rho' g\zeta + \rho'\frac{\partial\varphi'}{\partial t},$$

即

$$\zeta = \frac{1}{g(\rho-\rho')}\left(\rho'\frac{\partial\varphi'}{\partial t} - \rho\frac{\partial\varphi}{\partial t}\right). \tag{2}$$

此外, 两层液体在分界面上的速度分量 v_z 应当相同, 这给出以下条件:

$$\text{当 } z=0 \text{ 时,}\quad \frac{\partial\varphi}{\partial z} = \frac{\partial\varphi'}{\partial z}. \tag{3}$$

进一步,

$$v_z = \frac{\partial\varphi}{\partial z} = \frac{\partial\zeta}{\partial t},$$

于是, 把 (2) 代入此式, 得到

$$g(\rho-\rho')\frac{\partial\varphi}{\partial z} = \rho'\frac{\partial^2\varphi'}{\partial t^2} - \rho\frac{\partial^2\varphi}{\partial t^2}. \tag{4}$$

把 (1) 代入 (3) 和 (4), 我们得到两个关于 A 和 B 的齐次线性方程, 其相容条件给出

$$\omega^2 = \frac{kg(\rho-\rho')}{\rho\coth(kh) + \rho'\coth(kh')}.$$

当 $kh \gg 1$, $kh' \gg 1$ 时 (两种液体都很深)

$$\omega^2 = kg\frac{\rho-\rho'}{\rho+\rho'},$$

而当 $kh \ll 1$, $kh' \ll 1$ 时 (长波)

$$\omega^2 = k^2\frac{g(\rho-\rho')hh'}{\rho h' + \rho' h}.$$

最后, 如果 $kh \gtrsim 1$, $kh' \ll 1$, 则

$$\omega^2 = k^2 g h'\frac{\rho-\rho'}{\rho}.$$

3. 设有两层液体, 下层液体 (密度为 ρ) 无穷深, 上层液体 (密度为 ρ') 深度为 h', 其上表面为自由面. 求在两层液体的分界面和上表面上同时传播的重力波的频率与波长之间的关系.

解: 取两层液体平衡时的分界面为 xy 平面. 我们寻求在下层液体和上层液体中分别具有以下形式的解:

$$\begin{aligned}\varphi &= A\mathrm{e}^{kz}\cos(kx-\omega t),\\ \varphi' &= (B\mathrm{e}^{-kz}+C\mathrm{e}^{kz})\cos(kx-\omega t).\end{aligned}\tag{1}$$

在两层液体的分界面上 (即当 $z=0$ 时) 成立条件 (见习题 2)

$$\frac{\partial\varphi}{\partial z}=\frac{\partial\varphi'}{\partial z},\quad g(\rho-\rho')\frac{\partial\varphi}{\partial z}=\rho'\frac{\partial^2\varphi'}{\partial t^2}-\rho\frac{\partial^2\varphi}{\partial t^2},\tag{2}$$

而在上层液体的自由面上 (即当 $z=h'$ 时) 有

$$\frac{\partial\varphi'}{\partial z}+\frac{1}{g}\frac{\partial^2\varphi'}{\partial t^2}=0.\tag{3}$$

把 (1) 代入 (2) 中的第一个方程, 由此给出 $A=C-B$, 于是其余两个边界条件给出关于 B 和 C 的两个方程. 利用这两个方程的相容条件,我们得到关于 ω^2 的二次方程, 它的根是

$$\omega^2=kg\frac{(\rho-\rho')(1-\mathrm{e}^{-2kh'})}{\rho+\rho'+(\rho-\rho')\,\mathrm{e}^{-2kh'}},\quad \omega^2=kg.$$

当 $h'\to\infty$ 时, 这些根分别对应着在两层液体分界面和上层液体自由面上独立传播的波.

4. 设宽为 a 长为 b 的矩形池中有深度为 h 的液体, 求液体振动的固有频率 (见 §69).

解: 沿水池两边取 x 轴和 y 轴. 我们寻求具有驻波形式的解:

$$\varphi=f(x,\ y)\cos\omega t\cosh[k(z+h)].$$

对于 f 得到方程

$$\frac{\partial^2 f}{\partial x^2}+\frac{\partial^2 f}{\partial y^2}+k^2f=0.$$

同习题 1 一样, 自由面上的条件给出关系式

$$\omega^2=gk\tanh(kh).$$

选取关于 f 的方程的以下形式的解:

$$f=\cos px\cos qy,\quad p^2+q^2=k^2.$$

在水池侧壁上应当满足条件:

$$\begin{aligned}&\text{当 } x=0,\ a \text{ 时},\quad v_x=\frac{\partial\varphi}{\partial x}=0;\\ &\text{当 } y=0,\ b \text{ 时},\quad v_y=\frac{\partial\varphi}{\partial y}=0.\end{aligned}$$

由此求出

$$p=\frac{m\pi}{a},\quad q=\frac{n\pi}{b},$$

其中 $m,\ n$ 是整数. 因此, k^2 的可能取值为

$$k^2=\pi^2\left(\frac{m^2}{a^2}+\frac{n^2}{b^2}\right).$$

§13 不可压缩流体中的内波

有一种特殊的重力波能够在不可压缩流体内部传播, 传播过程与流体的不均匀性有关, 而这种不均匀性是由重力场引起的. 流体的压强 (同时还有熵 s) 必然随高度变化, 所以一部分流体在高度方向上的任何位移都将导致力学平衡的破坏, 从而引起振动. 其实, 由于运动是绝热的, 这一部分流体在移动到新位置后仍然具有原来的熵 s, 但它不同于熵在新位置上的平衡值.

下面, 我们将假设波长远远小于能够让密度因重力场的作用而发生显著改变的距离①. 同时, 我们将把流体本身看做不可压缩的, 这意味着可以忽略由于波中压强变化而引起的密度变化. 由热膨胀引起的密度变化绝对不可忽略, 因为正是它决定了整个现象.

我们来写出所研究的运动的流体动力学方程组. 设下标 0 表示各物理量在力学平衡时的值, 撇号表示它们在波动过程中对平衡值的微小偏离, 则熵 $s=s_0+s'$ 的守恒方程在精确到一阶小量时可以写为

$$\frac{\partial s'}{\partial t}+\boldsymbol{v}\cdot\nabla s_0=0, \tag{13.1}$$

其中的 s_0 就像其他量的平衡值那样是竖直方向上的坐标 z 的给定函数.

其次, 仍然忽略欧拉方程中 $(\boldsymbol{v}\cdot\nabla)\boldsymbol{v}$ 这一项 (因为是小振动), 再考虑到平衡态下的压强分布满足方程 $\nabla p_0=\rho_0\boldsymbol{g}$, 我们在同样的精度下得到

$$\frac{\partial\boldsymbol{v}}{\partial t}=-\frac{\nabla p}{\rho}+\boldsymbol{g}=-\frac{\nabla p'}{\rho_0}+\frac{\nabla p_0}{\rho_0^2}\rho'.$$

如上所述, 密度变化只与熵变化有关, 但与压强变化无关, 所以可以写出

$$\rho'=\left(\frac{\partial\rho_0}{\partial s_0}\right)_p s',$$

这样就得到以下形式的欧拉方程:

$$\frac{\partial\boldsymbol{v}}{\partial t}=\frac{\boldsymbol{g}}{\rho_0}\left(\frac{\partial\rho_0}{\partial s_0}\right)_p s'-\nabla\frac{p'}{\rho_0}. \tag{13.2}$$

这里之所以可以把 ρ_0 移入梯度算子, 是因为平衡密度在与波长相当的距离上的变化根据前面的论述终归是可以忽略的. 基于同样的原因, 在连续性方程中

① 密度梯度与压强梯度之间的关系为

$$\nabla p=\left(\frac{\partial p}{\partial\rho}\right)_s\nabla\rho=c^2\nabla\rho,$$

式中 c 是流体中的声速. 所以, 从流体静力学方程 $\nabla p=\rho\boldsymbol{g}$ 有 $\nabla\rho=\rho\boldsymbol{g}/c^2$. 由此可见, 在重力场中, 在 $l\approx c^2/g$ 的距离上才会有显著的密度变化. 对于空气, $l\approx 10$ km; 对于水, $l\approx 200$ km.

也可以认为密度是常量, 这时连续性方程就变为[①]

$$\operatorname{div} \boldsymbol{v} = 0. \tag{13.3}$$

我们来寻求方程组 (13.1)—(13.3) 的平面波解:

$$\boldsymbol{v} = \text{const} \cdot \mathrm{e}^{\mathrm{i}(\boldsymbol{k} \cdot \boldsymbol{r} - \omega t)},$$

对 s' 和 p' 有类似的表达式. 代入连续性方程 (13.3) 就给出

$$\boldsymbol{v} \cdot \boldsymbol{k} = 0, \tag{13.4}$$

即流体速度处处垂直于波矢 $\boldsymbol{k}$ (横波). 方程 (13.1) 和 (13.2) 给出

$$\mathrm{i}\omega s' = \boldsymbol{v} \cdot \nabla s_0, \quad -\mathrm{i}\omega \boldsymbol{v} = \frac{1}{\rho_0}\left(\frac{\partial \rho_0}{\partial s_0}\right)_p s' \boldsymbol{g} - \frac{\mathrm{i}\boldsymbol{k}}{\rho_0} p',$$

对第二个方程使用条件 (13.4), 得到

$$\mathrm{i}k^2 p' = \left(\frac{\partial \rho_0}{\partial s_0}\right)_p s'(\boldsymbol{g} \cdot \boldsymbol{k}).$$

再从这两个方程消去 $\boldsymbol{v}$ 和 s', 就得到所需的色散关系——频率与波矢之间的关系:

$$\omega^2 = \omega_0^2 \sin^2 \theta, \tag{13.5}$$

其中

$$\omega_0^2 = -\frac{g}{\rho}\left(\frac{\partial \rho}{\partial s}\right)_p \frac{\mathrm{d}s}{\mathrm{d}z}. \tag{13.6}$$

在这里和以后, 我们省略表示热力学量平衡值的下标 0, 并且规定 z 轴竖直向上, 而 θ 是 z 轴与 $\boldsymbol{k}$ 方向之间的夹角. $s(z)$ 的平衡分布的稳定性条件 (不发生对流的条件, 见 §4) 保证了表达式 (13.6) 的右侧大于零.

我们看到, 频率仅仅依赖于波矢的方向而与其大小无关. 当 $\theta = 0, \pi$ 时可以得到 $\omega = 0$. 这表明, 这种类型的波在波矢指向竖直方向时是根本不可能存在的.

如果流体不仅处于力学平衡态, 而且处于完全的热力学平衡态, 则它的温度处处相同, 于是可以写出:

$$\frac{\mathrm{d}s}{\mathrm{d}z} = \left(\frac{\partial s}{\partial p}\right)_T \frac{\mathrm{d}p}{\mathrm{d}z} = -\rho g \left(\frac{\partial s}{\partial p}\right)_T.$$

---

① 其实, “不可压缩流体” 本身就意味着 $\operatorname{div} \boldsymbol{v} = 0$ (见 20 页的脚注). ——译者

最后, 利用熟知的热力学关系式

$$\left(\frac{\partial s}{\partial p}\right)_T=\frac{1}{\rho^2}\left(\frac{\partial \rho}{\partial T}\right)_p,\quad \left(\frac{\partial \rho}{\partial s}\right)_p=\frac{T}{c_p}\left(\frac{\partial \rho}{\partial T}\right)_p$$

(c_p 是流体的质量热容), 我们得到

$$\omega_0=\frac{g}{\rho}\sqrt{\frac{T}{c_p}}\left|\left(\frac{\partial \rho}{\partial T}\right)_p\right|. \tag{13.7}$$

例如, 对于热力学意义上的理想气体, 这个公式给出

$$\omega_0=\frac{g}{\sqrt{c_pT}}. \tag{13.8}$$

频率对波矢方向的依赖性导致波的传播速度 $\boldsymbol{U}=\partial\omega/\partial\boldsymbol{k}$ 和波矢 $\boldsymbol{k}$ 具有不同的方向. 如果把函数关系 $\omega(\boldsymbol{k})$ 写为

$$\omega=\omega_0\sqrt{1-\left(\frac{\boldsymbol{k}\cdot\boldsymbol{\nu}}{k}\right)^2}$$

的形式 ($\boldsymbol{\nu}$ 是竖直向上的单位矢量), 则进行微分运算之后得到

$$\boldsymbol{U}=-\frac{\omega_0^2}{\omega k}(\boldsymbol{n}\cdot\boldsymbol{v})[\boldsymbol{\nu}-(\boldsymbol{n}\cdot\boldsymbol{\nu})\boldsymbol{n}], \tag{13.9}$$

式中 $\boldsymbol{n}=\boldsymbol{k}/k$. 此传播速度垂直于波矢 $\boldsymbol{k}$, 它的大小等于

$$U=\frac{\omega_0}{k}\cos\theta,$$

而在竖直方向上的投影为

$$\boldsymbol{U}\cdot\boldsymbol{\nu}=-\frac{\omega_0}{k}\cos\theta\sin\theta.$$

§ 14 旋转流体中的波

当不可压缩流体作为一个整体匀速转动时, 在流体中能够出现另外一种特殊类型的内波, 其传播过程与流体转动时产生的科里奥利力有关.

我们将在与流体一起运动的坐标系中研究问题. 众所周知, 这时在力学运动方程中应当引入两种附加的力——离心力和科里奥利力. 因此, 在欧拉方程右侧也应当补充上这些力 (质量力). 离心力可以用梯度 $\nabla(\boldsymbol{\Omega}\times\boldsymbol{r})^2/2$ 的形式表示出来, 式中 $\boldsymbol{\Omega}$ 是流体转动的角速度矢量. 如果引入表观压强

$$P=p-\rho(\boldsymbol{\Omega}\times\boldsymbol{r})^2, \tag{14.1}$$

就可以把离心力与力 $-\nabla p/\rho$ 合并在一起. 科里奥利力等于 $2\boldsymbol{v}\times\boldsymbol{\Omega}$, 它仅在流体相对于转动坐标系运动时才会出现 ($\boldsymbol{v}$ 是该坐标系中的速度). 把这一项移动到欧拉方程的左侧, 我们写出以下形式的欧拉方程:

$$\frac{\partial \boldsymbol{v}}{\partial t}+(\boldsymbol{v}\cdot\nabla)\boldsymbol{v}+2\boldsymbol{\Omega}\times\boldsymbol{v}=-\frac{1}{\rho}\nabla P. \tag{14.2}$$

连续性方程仍然具有原来的形式. 对于不可压缩流体, 该方程化为 $\operatorname{div}\boldsymbol{v}=0$.

我们仍然认为波的振幅很小并忽略方程 (14.2) 中的速度平方项, 于是该方程的形式变为

$$\frac{\partial \boldsymbol{v}}{\partial t}+2\boldsymbol{\Omega}\times\boldsymbol{v}=-\frac{1}{\rho}\nabla p', \tag{14.3}$$

其中 p' 是压强在波动过程中发生变化的部分, 而 $\rho=\text{const}$. 在方程 (14.3) 的两侧取旋度 rot, 立刻就能消掉压强, 因为方程的右侧变为零. 在方程的左侧, 考虑到流体的不可压缩性, 我们有

$$\operatorname{rot}(\boldsymbol{\Omega}\times\boldsymbol{v})=\boldsymbol{\Omega}\operatorname{div}\boldsymbol{v}-(\boldsymbol{\Omega}\cdot\nabla)\boldsymbol{v}=-(\boldsymbol{\Omega}\cdot\nabla)\boldsymbol{v}.$$

让 z 轴指向 $\boldsymbol{\Omega}$ 的方向, 我们把所得方程写为以下形式:

$$\frac{\partial}{\partial t}\operatorname{rot}\boldsymbol{v}=2\Omega\frac{\partial \boldsymbol{v}}{\partial z}. \tag{14.4}$$

我们寻求平面波解

$$\boldsymbol{v}=\boldsymbol{A}\mathrm{e}^{\mathrm{i}(\boldsymbol{k}\cdot\boldsymbol{r}-\omega t)}, \tag{14.5}$$

并让它满足横波条件 (根据方程 $\operatorname{div}\boldsymbol{v}=0$)

$$\boldsymbol{k}\cdot\boldsymbol{A}=0. \tag{14.6}$$

把 (14.5) 代入方程 (14.4), 得出

$$\omega\boldsymbol{k}\times\boldsymbol{v}=2\mathrm{i}\,\Omega k_z\boldsymbol{v}. \tag{14.7}$$

从这个矢量方程消去 $\boldsymbol{v}$, 就可以得到波的色散关系. 用 $\boldsymbol{k}$ 在方程的两侧进行矢量乘运算, 我们把结果改写为

$$-\omega k^2\boldsymbol{v}=2\mathrm{i}\,\Omega k_z\boldsymbol{k}\times\boldsymbol{v},$$

再对比这两个等式, 就得到所需的函数关系 $\omega(\boldsymbol{k})$:

$$\omega=2\Omega\frac{k_z}{k}=2\Omega\cos\theta, \tag{14.8}$$

式中 θ 是 $\boldsymbol{k}$ 与 $\boldsymbol{\Omega}$ 之间的夹角.

利用 (14.8), 等式 (14.7) 化为以下形式:

$$\boldsymbol{n}\times\boldsymbol{v}=\mathrm{i}\boldsymbol{v},$$

式中 $\boldsymbol{n}=\boldsymbol{k}/k$. 如果把波的振幅表示为复数形式 $\boldsymbol{A}=\boldsymbol{a}+\mathrm{i}\boldsymbol{b}$, 其中 $\boldsymbol{a}$ 和 $\boldsymbol{b}$ 是实矢量, 则由此可知 $\boldsymbol{n}\times\boldsymbol{v}=\boldsymbol{a}$, 即矢量 $\boldsymbol{a}$ 和 $\boldsymbol{b}$ (它们位于垂直于矢量 $\boldsymbol{k}$ 的平面内) 互相垂直并具有相同的大小. 选取这两个方向作为 x 轴和 y 轴的方向, 然后分离 (14.5) 的实部和虚部, 我们得到

$$v_x=a\cos(\omega t-\boldsymbol{k}\cdot\boldsymbol{r}),\quad v_y=-a\sin(\omega t-\boldsymbol{k}\cdot\boldsymbol{r}).$$

因此, 波具有圆偏振性: 在空间的每一点, 矢量 $\boldsymbol{v}$ 随时间而旋转, 其大小保持不变①.

波的传播速度为

$$\boldsymbol{U}=\frac{\partial\omega}{\partial\boldsymbol{k}}=\frac{2\varOmega}{k}[\boldsymbol{\nu}-\boldsymbol{n}(\boldsymbol{n}\cdot\boldsymbol{\nu})],\tag{14.9}$$

式中 $\boldsymbol{\nu}$ 是 $\boldsymbol{\varOmega}$ 方向上的单位矢量. 就像重力内波的情况那样, 该传播速度垂直于波矢. 它的大小和在 $\boldsymbol{\varOmega}$ 方向上的投影分别为

$$U=\frac{2\varOmega}{k}\sin\theta,\quad \boldsymbol{U}\cdot\boldsymbol{\nu}=\frac{2\varOmega}{k}\sin^2\theta=U\sin\theta.$$

所研究的波称为**惯性波**. 因为科里奥利力不对运动流体做功, 所以这样的波所携带的能量全部是动能.

有一种特殊形式的轴对称 (非平面) 惯性波能够沿流体的转动轴传播, 参见习题.

最后, 我们就旋转流体中的定常运动再给出一点说明, 这种运动与波的传播没有关系.

设 l 是这种运动的特征长度, u 是其特征速度. 在方程 (14.2) 中, 项 $(\boldsymbol{v}\cdot\nabla)\boldsymbol{v}$ 的量级为 u^2/l, 项 $2\boldsymbol{\varOmega}\times\boldsymbol{v}$ 的量级为 $\varOmega u$. 如果 $u/l\varOmega\ll 1$, 则前者与后者相比可以忽略, 定常运动方程从而可以化为

$$2\boldsymbol{\varOmega}\times\boldsymbol{v}=-\frac{1}{\rho}\nabla P\tag{14.10}$$

即

$$2\varOmega v_y=\frac{1}{\rho}\frac{\partial P}{\partial x},\quad 2\varOmega v_x=-\frac{1}{\rho}\frac{\partial P}{\partial y},\quad \frac{\partial P}{\partial z}=0,$$

① 注意, 这里研究的是相对于转动坐标系的运动! 相对于静止坐标系而言, 这种运动还要叠加上全部流体作为一个整体的转动.

式中 x, y 是与旋转轴垂直的平面上的笛卡儿坐标. 由此可见, P 与纵向坐标 z 无关, v_x, v_y 因而也与坐标 z 无关. 此外, 从前两个方程消去 P, 得到

$$\frac{\partial v_x}{\partial x}+\frac{\partial v_y}{\partial y}=0,$$

再从连续性方程 $\operatorname{div}\boldsymbol{v}=0$ 即可看出 $\partial v_z/\partial z=0$. 因此, 在快速旋转的流体中, (相对于旋转坐标系的) 定常运动是两种独立运动的叠加: 一是与旋转轴垂直的平面上的平面运动, 二是与坐标 z 无关的轴对称运动 (J. 普劳德曼, 1916).

习 题

1. 设不可压缩流体作为整体绕轴转动, 试确定沿该轴传播的轴对称波 (W. 汤姆孙, 1880).

解: 沿角速度矢量 $\boldsymbol{\Omega}$ 取 z 轴并引入柱面坐标 r, φ, z. 在轴对称波中, 所有的量都与角度 φ 无关. 对时间和坐标 z 的函数关系可由形如 $\mathrm{e}^{\mathrm{i}(kz-\omega t)}$ 的因子给出. 用分量形式写出方程 (14.3), 我们有

$$-\mathrm{i}\omega v_r-2\Omega v_\varphi=-\frac{1}{\rho}\frac{\partial p'}{\partial r}, \tag{1}$$

$$-\mathrm{i}\omega v_\varphi+2\Omega v_r=0,\quad -\mathrm{i}\omega v_z=-\frac{\mathrm{i}k}{\rho}p'. \tag{2}$$

此外, 还应当写出连续性方程

$$\frac{1}{r}\frac{\partial}{\partial r}(rv_r)+\mathrm{i}kv_z=0. \tag{3}$$

令速度分量 v_r 对 r 的函数关系为

$$v_r=F(r)\mathrm{e}^{\mathrm{i}(kz-\omega t)}.$$

利用 (2) 和 (3) 把 v_φ 和 p' 通过 v_r 表示出来, 再把它们代入 (1), 我们就得到函数 $F(r)$ 的方程

$$\frac{\mathrm{d}^2F}{\mathrm{d}r^2}+\frac{1}{r}\frac{\mathrm{d}F}{\mathrm{d}r}+\left[\frac{4\Omega^2k^2}{\omega^2}-k^2-\frac{1}{r^2}\right]F=0. \tag{4}$$

该方程的解是

$$F=\mathrm{const}\cdot\mathrm{J}_1\left(kr\sqrt{\frac{4\Omega^2}{\omega^2}-1}\right), \tag{5}$$

式中 J_1 是一阶贝塞尔函数. 这个解在 $r=0$ 时等于零.

波动图案被一系列同轴圆柱面分割为诸多区域, 圆柱半径 r_n 分别满足等式

$$kr_n\sqrt{\frac{4\Omega^2}{\omega^2}-1}=x_n,$$

其中 x_1, x_2, $\cdots$ 是函数 $\mathrm{J}_1(x)$ 的一系列相邻的零点. 在这些圆柱面上 $v_r=0$, 换言之, 流体永远不会穿过这些曲面.

我们指出，对于无界流体中的上述波动，频率 ω 不依赖于 k. 不过，可能的频率值受到条件 $\omega < 2\Omega$ 的限制. 如果此条件不满足，方程 (4) 就没有有限的解，而解的有限性是一个必须满足的条件.

如果发生转动的流体位于半径为 R 的圆柱形壁面以内，就应当考虑该壁面上的条件 $v_r = 0$，从而得到关系式

$$kR\sqrt{\frac{4\Omega^2}{\omega^2} - 1} = x_n.$$

当 n 的值已经给定时 (即当流体中已经给出同轴圆柱面的数目时)，它给出 ω 与 k 之间的关系.

2. 试推导描述旋转流体中任意的压强小扰动的方程.

解: 用分量形式写出方程 (14.3)，

$$\frac{\partial v_x}{\partial t} - 2\Omega v_y = -\frac{1}{\rho}\frac{\partial p'}{\partial x}, \quad \frac{\partial v_y}{\partial t} + 2\Omega v_x = -\frac{1}{\rho}\frac{\partial p'}{\partial y}, \quad \frac{\partial v_z}{\partial t} = -\frac{1}{\rho}\frac{\partial p'}{\partial z}. \tag{1}$$

分别取这三个方程对 x, y, z 的导数并把结果相加，根据方程 $\operatorname{div}\boldsymbol{v} = 0$ 得到

$$\frac{1}{\rho}\Delta p' = 2\Omega\left(\frac{\partial v_y}{\partial x} - \frac{\partial v_x}{\partial y}\right).$$

取这个方程对 t 的导数，再利用方程 (1)，结果是

$$\frac{1}{\rho}\frac{\partial}{\partial t}\Delta p' = 4\Omega^2\frac{\partial v_z}{\partial z}.$$

再次对 t 求导，最终给出方程

$$\frac{\partial^2}{\partial t^2}\Delta p' + 4\Omega^2\frac{\partial^2 p'}{\partial z^2} = 0. \tag{2}$$

对于频率为 ω 的周期性扰动，此方程化为

$$\frac{\partial^2 p'}{\partial x^2} + \frac{\partial^2 p'}{\partial y^2} + \left(1 - \frac{4\Omega^2}{\omega^2}\right)\frac{\partial^2 p'}{\partial z^2} = 0. \tag{3}$$

若波具有 (14.5) 的形式，则由此显然可知，色散关系就是前面已经得到的 (14.8)，并且 $\omega < 2\Omega$，而方程 (3) 中 $\partial^2 p'/\partial z^2$ 的系数小于零. 源自一点的扰动沿一个圆锥的表面传播，该圆锥以 $\boldsymbol{\Omega}$ 为轴，以 2θ 为孔径角，其中 $\sin\theta = \omega/2\Omega$.

当 $\omega > 2\Omega$ 时，方程 (3) 中 $\partial^2 p'/\partial z^2$ 的系数大于零，并且只要沿 z 轴进行显而易见的尺度变换，就可以把这个方程化为拉普拉斯方程. 这时，源自一点的扰动对全部流体都有影响，它按照到扰动源距离的幂次规律衰减.

第二章

黏性流体

§ 15 黏性流体的运动方程

我们来研究流动中的能量耗散过程对流动的影响. 这些过程是流动在热力学上不可逆的表现, 而这种不可逆性在这样或那样的程度上总是存在的, 它与内摩擦 (黏性) 和热传导有关.

为了得到描述黏性流体运动的方程, 必须在理想流体运动方程中补充一些项. 至于连续性方程, 从其推导过程显然可以看出, 它对任何流体的运动都是同样有效的, 黏性流体也不例外. 欧拉方程则不然, 应当有所修改.

我们在 §7 中已经看到, 欧拉方程可以写为以下形式:

$$\frac{\partial}{\partial t}(\rho v_i) = -\frac{\partial \Pi_{ik}}{\partial x_k},$$

其中 Π_{ik} 是动量流密度张量. 由公式 (7.2) 定义的动量流代表完全可逆的动量输运, 它只与流体不同部分从一处到另一处的机械运动以及流体所受压强有关. 流体的黏性 (内摩擦) 则是因为从速度大的地方向速度小的地方的另外一种附加的不可逆动量输运而出现的.

因此, 如果在 "理想" 动量流表达式 (7.2) 中补充上表示流体中不可逆 "黏性" 动量输运的一项 σ'_{ik}, 就可以得到黏性流体的运动方程. 于是, 我们把黏性流体的动量流密度张量写为以下形式:

$$\Pi_{ik} = p\delta_{ik} + \rho v_i v_k - \sigma'_{ik} = -\sigma_{ik} + \rho v_i v_k. \tag{15.1}$$

张量

$$\sigma_{ik} = -p\delta_{ik} + \sigma'_{ik} \tag{15.2}$$

称为**应力张量**, 而 σ'_{ik} 称为**黏性应力张量**. 张量 σ'_{ik} 代表与流体质量输运所伴随的直接动量输运无关的那部分动量流①.

可以用以下方法确定张量 σ'_{ik} 的一般形式. 流体中的内摩擦过程只出现于不同流体点以不同速度运动, 使得流体各部分有相对运动的情况, 所以 σ'_{ik} 应当依赖于速度对坐标的导数. 如果速度梯度不太大, 就可以认为由黏性引起的动量输运只与速度的一阶导数有关. 在同样的近似下, 还可以认为 σ'_{ik} 对导数 $\partial v_i/\partial x_k$ 的这种依赖关系是线性的. 在 σ'_{ik} 的表达式中应当没有与 $\partial v_i/\partial x_k$ 无关的项, 因为当 $\boldsymbol{v} = \text{const}$ 时 σ'_{ik} 应当为零. 我们进一步指出, 当全部流体作为一个整体匀速旋转时, σ'_{ik} 也应当为零, 因为对于这样的运动, 在流体中没有任何内摩擦. 在以角速度 $\boldsymbol{\Omega}$ 匀速旋转时, 速度 $\boldsymbol{v}$ 等于矢量积 $\boldsymbol{\Omega} \times \boldsymbol{r}$. 导数之和

$$\frac{\partial v_i}{\partial x_k} + \frac{\partial v_k}{\partial x_i}$$

是 $\partial v_i/\partial x_k$ 的线性组合, 并且当 $\boldsymbol{v} = \boldsymbol{\Omega} \times \boldsymbol{r}$ 时等于零. 因此, σ'_{ik} 所包含的应当正好就是导数 $\partial v_i/\partial x_k$ 的这种对称的组合.

满足这些条件的二阶张量的最一般形式为

$$\sigma'_{ik} = \eta\left(\frac{\partial v_i}{\partial x_k} + \frac{\partial v_k}{\partial x_i} - \frac{2}{3}\delta_{ik}\frac{\partial v_l}{\partial x_l}\right) + \zeta\delta_{ik}\frac{\partial v_l}{\partial x_l}, \tag{15.3}$$

其中的系数 η 和 ζ 与速度无关. 在得到这个结果时使用了各向同性流体的性质, 而这样的性质只能由一些标量 (此时为 η 和 ζ) 来描述. (15.3) 中的各项之所以这样组合, 是为了让括号中的表达式在缩并 (即对 $i = k$ 的分量求和) 后为零. 系数 η 和 ζ 称为**黏度** (并且 ζ 经常称为**第二黏度**)②. 在 §16 和 §49 中将证明, 它们都是正的:

$$\eta > 0, \quad \zeta > 0. \tag{15.4}$$

现在, 只要在欧拉方程

$$\rho\left(\frac{\partial v_i}{\partial t} + v_k\frac{\partial v_i}{\partial x_k}\right) = -\frac{\partial p}{\partial x_i}$$

右边加上 $\partial\sigma'_{ik}/\partial x_k$ 的表达式, 直接就得到黏性流体的运动方程. 于是, 我们有

$$\rho\left(\frac{\partial v_i}{\partial t} + v_k\frac{\partial v_i}{\partial x_k}\right) = -\frac{\partial p}{\partial x_i} + \frac{\partial}{\partial x_k}\left[\eta\left(\frac{\partial v_i}{\partial x_k} + \frac{\partial v_k}{\partial x_i} - \frac{2}{3}\delta_{ik}\frac{\partial v_l}{\partial x_l}\right)\right] + \frac{\partial}{\partial x_i}\left(\zeta\frac{\partial v_l}{\partial x_l}\right). \tag{15.5}$$

这是黏性流体运动方程最一般的形式. 量 η 和 ζ 一般是压强和温度的函数. 在一般情况下, p 和 T 在整个流体内并非处处相同, η 和 ζ 因而也是如此, 所以 η 和 ζ 不能移到微分算子之外.

---

① 下面我们将看到, σ'_{ik} 包含与 δ_{ik} 成正比的一项, 即与 $p\delta_{ik}$ 形式相同的项. 因此, 严格地说, 当动量流张量的形式这样变化后, 应当更明确地解释压强 p 有何含义. 见 §49 最后关于这个问题的说明.

② 系数 η 也称为剪切黏度, ζ 也称为体积黏度. ——译者

不过, 在大多数情况下, 流体中的黏度只有很小的变化, 所以可以认为它们是常量. 于是, 方程 (15.5) 可以写为矢量形式:

$$\rho\left[\frac{\partial \boldsymbol{v}}{\partial t}+(\boldsymbol{v}\cdot\nabla)\boldsymbol{v}\right]=-\operatorname{grad}p+\eta\Delta\boldsymbol{v}+\left(\zeta+\frac{\eta}{3}\right)\operatorname{grad}\operatorname{div}\boldsymbol{v}. \tag{15.6}$$

此方程称为**纳维–斯托克斯方程**.

如果可以认为流体是不可压缩的, 则方程 (15.6) 大为简化. 这时 $\operatorname{div}\boldsymbol{v}=0$, 该方程右边的最后一项消失. 在研究黏性流体时, 我们实际上将总是认为它是不可压缩的, 因而将使用以下形式的运动方程①:

$$\frac{\partial \boldsymbol{v}}{\partial t}+(\boldsymbol{v}\cdot\nabla)\boldsymbol{v}=-\frac{1}{\rho}\operatorname{grad}p+\frac{\eta}{\rho}\Delta\boldsymbol{v}. \tag{15.7}$$

不可压缩流体中的应力张量也取简单的形式:

$$\sigma_{ik}=-p\delta_{ik}+\eta\left(\frac{\partial v_i}{\partial x_k}+\frac{\partial v_k}{\partial x_i}\right). \tag{15.8}$$

我们看到, 不可压缩流体的黏性只由一个系数描述. 因为在实际应用中经常可以认为流体是不可压缩的, 所以通常正是这个黏度 η 有重要作用. 比值

$$\nu=\frac{\eta}{\rho} \tag{15.9}$$

称为**运动黏度**, 系数 η 称为**动力黏度**. 我们在下表中列出某些流体的 η 和 ν 值 (温度为 20 °C). 我们指出, 在给定温度下, 气体的动力黏度与压强无关, 而运动黏度与压强成反比.

	η / $\mathrm{g\cdot s^{-1}\cdot cm^{-1}}$	ν / $\mathrm{cm^2\cdot s^{-1}}$
水	0.010	0.010
空　气	0.00018	0.150
酒　精	0.018	0.022
甘　油	8.5	6.8
水　银	0.0156	0.0012

可以从方程 (15.7) 中消去压强, 所用方法与前面从欧拉方程中消去压强的方法相同. 在方程两边取旋度, 我们得到

$$\frac{\partial}{\partial t}\operatorname{rot}\boldsymbol{v}=\operatorname{rot}(\boldsymbol{v}\times\operatorname{rot}\boldsymbol{v})+\nu\Delta\operatorname{rot}\boldsymbol{v}$$

(请与理想流体的方程 (2.11) 进行对比). 因为这里在讨论不可压缩流体, 所以

① 方程 (15.7) 首先是由纳维根据一些模型概念提出的 (C. L. 纳维, 1827). 斯托克斯也得到了方程 (15.6), (15.7) (不含带有 ζ 的项), 其推导方式很接近现代方式 (G. G. 斯托克斯, 1845).

只要按照矢量运算法则展开此方程右边第一项, 再利用等式 $\operatorname{div}\boldsymbol{v}=0$, 就可以把它写为另外的形式:

$$\frac{\partial}{\partial t}\operatorname{rot}\boldsymbol{v}+(\boldsymbol{v}\cdot\nabla)\operatorname{rot}\boldsymbol{v}-(\operatorname{rot}\boldsymbol{v}\cdot\nabla)\boldsymbol{v}=\nu\Delta\operatorname{rot}\boldsymbol{v}. \tag{15.10}$$

在已知速度分布时, 可以通过求解泊松方程类型的方程

$$\Delta p=-\rho\frac{\partial v_i}{\partial x_k}\frac{\partial v_k}{\partial x_i}=-\rho\frac{\partial^2 v_i v_k}{\partial x_k\partial x_i} \tag{15.11}$$

来计算流体中的压强分布. 对方程 (15.7) 取散度即可得到这个方程.

我们在这里还列出不可压缩黏性流体二维流动的流函数 $\psi(x,\ y)$ 所满足的方程. 把 (10.9) 代入方程 (15.10), 即可得到这个方程:

$$\frac{\partial}{\partial t}\Delta\psi-\frac{\partial\psi}{\partial x}\frac{\partial\Delta\psi}{\partial y}+\frac{\partial\psi}{\partial y}\frac{\partial\Delta\psi}{\partial x}-\nu\Delta\Delta\psi=0. \tag{15.12}$$

还必须写出黏性流体运动方程的边界条件. 在固体表面与任何黏性流体之间总存在着分子引力, 这些力使紧贴固体表面的一层流体完全静止, 就像黏附在那里一样. 因此, 黏性流体运动方程的边界条件要求流体速度在静止固体表面上为零①:

$$\boldsymbol{v}=0. \tag{15.13}$$

我们强调, 这里要求速度的法向和切向分量都等于零, 而理想流体运动方程的边界条件只要求 v_n 为零②.

在运动物体的一般情况下, 速度 $\boldsymbol{v}$ 必须等于该物体表面的速度.

容易写出与流体接触的固体表面所受作用力的表达式. 某面微元所受作用力就是通过该面微元的动量流, 而通过面微元 $\mathrm{d}\boldsymbol{f}$ 的动量流是

$$\Pi_{ik}\,\mathrm{d}f_k=(\rho v_i v_k-\sigma_{ik})\,\mathrm{d}f_k.$$

把 $\mathrm{d}f_k$ 写为 $\mathrm{d}f_k=n_k\,\mathrm{d}f$ 的形式, 其中 $\boldsymbol{n}$ 是表面的单位法向矢量, 再考虑到在固体表面上 $\boldsymbol{v}=0$③, 我们求出, 单位面积表面所受作用力 $\boldsymbol{P}$ 为

$$P_i=-\sigma_{ik}n_k=pn_i-\sigma'_{ik}n_k. \tag{15.14}$$

---

① 该条件称为黏附条件或无滑移条件. ——译者

② 我们指出, 欧拉方程的解无法满足切向速度为零这一 (与理想流体的情况相比) 额外的边界条件. 在数学上这是因为, 与 (二阶的) 纳维–斯托克斯方程相比, 欧拉方程是更低阶的 (一阶) 方程, 其中只含有对坐标的一阶导数.

③ 在确定固体表面所受作用力时, 应当在使相应表面微元静止的参考系中加以考虑. 作用力仅在表面静止的情况下才等于动量流.

第一项是普通的流体压力，而第二项是由黏性导致的作用于固体表面的摩擦力. 我们强调, (15.14) 中的 $\boldsymbol{n}$ 是流体边界面上的单位外法向矢量, 对固体表面而言则是单位内法向矢量.

如果我们有不发生混合的两种液体 (或一种液体与一种气体) 的分界面, 则分界面上的条件是两种流体的速度必须相等, 并且流体之间的相互作用力必须大小相等而方向相反. 第二个条件可以写为以下形式:

$$n_k^{(1)}\sigma_{ik}^{(1)}+n_k^{(2)}\sigma_{ik}^{(2)}=0,$$

上标 1 和 2 分别指两种流体. 法向矢量 $\boldsymbol{n}^{(1)}$ 和 $\boldsymbol{n}^{(2)}$ 方向相反, $\boldsymbol{n}^{(1)}=-\boldsymbol{n}^{(2)}\equiv\boldsymbol{n}$, 所以可以写出

$$n_i\sigma_{ik}^{(1)}=n_i\sigma_{ik}^{(2)}. \tag{15.15}$$

在液体的自由面上应成立条件

$$\sigma_{ik}n_k\equiv\sigma'_{ik}n_k-pn_i=0. \tag{15.16}$$

曲线坐标系中的运动方程. 我们列出不可压缩黏性流体的运动方程在常用的曲线坐标系中的形式, 以备查阅.

在柱面坐标系 r, φ, z 中, 应力张量的分量为

$$\begin{aligned}
&\sigma_{rr}=-p+2\eta\frac{\partial v_r}{\partial r}, &&\sigma_{r\varphi}=\eta\left(\frac{1}{r}\frac{\partial v_r}{\partial\varphi}+\frac{\partial v_\varphi}{\partial r}-\frac{v_\varphi}{r}\right),\\
&\sigma_{\varphi\varphi}=-p+2\eta\left(\frac{1}{r}\frac{\partial v_\varphi}{\partial\varphi}+\frac{v_r}{r}\right), &&\sigma_{\varphi z}=\eta\left(\frac{\partial v_\varphi}{\partial z}+\frac{1}{r}\frac{\partial v_z}{\partial\varphi}\right),\\
&\sigma_{zz}=-p+2\eta\frac{\partial v_z}{\partial z}, &&\sigma_{zr}=\eta\left(\frac{\partial v_z}{\partial r}+\frac{\partial v_r}{\partial z}\right).
\end{aligned} \tag{15.17}$$

纳维–斯托克斯方程的三个分量方程具有以下形式:

$$\begin{aligned}
&\frac{\partial v_r}{\partial t}+(\boldsymbol{v}\cdot\nabla)v_r-\frac{v_\varphi^2}{r}=-\frac{1}{\rho}\frac{\partial p}{\partial r}+\nu\left(\Delta v_r-\frac{v_r}{r^2}-\frac{2}{r^2}\frac{\partial v_\varphi}{\partial\varphi}\right),\\
&\frac{\partial v_\varphi}{\partial t}+(\boldsymbol{v}\cdot\nabla)v_\varphi+\frac{v_rv_\varphi}{r}=-\frac{1}{\rho r}\frac{\partial p}{\partial\varphi}+\nu\left(\Delta v_\varphi-\frac{v_\varphi}{r^2}+\frac{2}{r^2}\frac{\partial v_r}{\partial\varphi}\right),\\
&\frac{\partial v_z}{\partial t}+(\boldsymbol{v}\cdot\nabla)v_z=-\frac{1}{\rho}\frac{\partial p}{\partial z}+\nu\Delta v_z,
\end{aligned} \tag{15.18}$$

并且算子 $(\boldsymbol{v}\cdot\nabla)$ 和 Δ 由以下公式定义:

$$(\boldsymbol{v}\cdot\nabla)f=v_r\frac{\partial f}{\partial r}+\frac{v_\varphi}{r}\frac{\partial f}{\partial\varphi}+v_z\frac{\partial f}{\partial z},$$

$$\Delta f=\frac{1}{r}\frac{\partial}{\partial r}\left(r\frac{\partial f}{\partial r}\right)+\frac{1}{r^2}\frac{\partial^2 f}{\partial\varphi^2}+\frac{\partial^2 f}{\partial z^2}.$$

连续性方程可写为

$$\frac{1}{r}\frac{\partial r v_r}{\partial r}+\frac{1}{r}\frac{\partial v_\varphi}{\partial \varphi}+\frac{\partial v_z}{\partial z}=0. \tag{15.19}$$

在球面坐标系 r, φ, θ 中, 对于应力张量, 我们有

$$\begin{aligned}
\sigma_{rr}&=-p+2\eta\frac{\partial v_r}{\partial r},\\
\sigma_{\varphi\varphi}&=-p+2\eta\left(\frac{1}{r\sin\theta}\frac{\partial v_\varphi}{\partial\varphi}+\frac{v_r}{r}+\frac{v_\theta\cot\theta}{r}\right),\\
\sigma_{\theta\theta}&=-p+2\eta\left(\frac{1}{r}\frac{\partial v_\theta}{\partial\theta}+\frac{v_r}{r}\right),\\
\sigma_{r\theta}&=\eta\left(\frac{1}{r}\frac{\partial v_r}{\partial\theta}+\frac{\partial v_\theta}{\partial r}-\frac{v_\theta}{r}\right),\\
\sigma_{\theta\varphi}&=\eta\left(\frac{1}{r\sin\theta}\frac{\partial v_\theta}{\partial\varphi}+\frac{1}{r}\frac{\partial v_\varphi}{\partial\theta}-\frac{v_\varphi\cot\theta}{r}\right),\\
\sigma_{\varphi r}&=\eta\left(\frac{\partial v_\varphi}{\partial r}+\frac{1}{r\sin\theta}\frac{\partial v_r}{\partial\varphi}-\frac{v_\varphi}{r}\right).
\end{aligned} \tag{15.20}$$

纳维–斯托克斯方程为

$$\begin{aligned}
&\frac{\partial v_r}{\partial t}+(\boldsymbol{v}\cdot\nabla)v_r-\frac{v_\theta^2+v_\varphi^2}{r}\\
&\qquad=-\frac{1}{\rho}\frac{\partial p}{\partial r}+\nu\left[\Delta v_r-\frac{2v_r}{r^2}-\frac{2}{r^2\sin^2\theta}\frac{\partial(v_\theta\sin\theta)}{\partial\theta}-\frac{2}{r^2\sin\theta}\frac{\partial v_\varphi}{\partial\varphi}\right],\\
&\frac{\partial v_\theta}{\partial t}+(\boldsymbol{v}\cdot\nabla)v_\theta+\frac{v_r v_\theta}{r}-\frac{v_\varphi^2\cot\theta}{r}\\
&\qquad=-\frac{1}{\rho r}\frac{\partial p}{\partial\theta}+\nu\left[\Delta v_\theta+\frac{2}{r^2}\frac{\partial v_r}{\partial\theta}-\frac{v_\theta}{r^2\sin^2\theta}-\frac{2\cos\theta}{r^2\sin^2\theta}\frac{\partial v_\varphi}{\partial\varphi}\right],\\
&\frac{\partial v_\varphi}{\partial t}+(\boldsymbol{v}\cdot\nabla)v_\varphi+\frac{v_r v_\varphi}{r}+\frac{v_\theta v_\varphi\cot\theta}{r}\\
&\qquad=-\frac{1}{\rho r\sin\theta}\frac{\partial p}{\partial\varphi}+\nu\left[\Delta v_\varphi+\frac{2}{r^2\sin\theta}\frac{\partial v_r}{\partial\varphi}+\frac{2\cos\theta}{r^2\sin^2\theta}\frac{\partial v_\theta}{\partial\varphi}-\frac{v_\varphi}{r^2\sin^2\theta}\right],
\end{aligned} \tag{15.21}$$

并且

$$(\boldsymbol{v}\cdot\nabla)f=v_r\frac{\partial f}{\partial r}+\frac{v_\theta}{r}\frac{\partial f}{\partial\theta}+\frac{v_\varphi}{r\sin\theta}\frac{\partial f}{\partial\varphi},$$

$$\Delta f=\frac{1}{r^2}\frac{\partial}{\partial r}\left(r^2\frac{\partial f}{\partial r}\right)+\frac{1}{r^2\sin\theta}\frac{\partial}{\partial\theta}\left(\sin\theta\frac{\partial f}{\partial\theta}\right)+\frac{1}{r^2\sin^2\theta}\frac{\partial^2 f}{\partial\varphi^2}.$$

连续性方程为

$$\frac{1}{r^2}\frac{\partial(r^2 v_r)}{\partial r}+\frac{1}{r\sin\theta}\frac{\partial(v_\theta\sin\theta)}{\partial\theta}+\frac{1}{r\sin\theta}\frac{\partial v_\varphi}{\partial\varphi}=0. \tag{15.22}$$

§16 不可压缩流体中的能量耗散

黏性的存在导致能量耗散, 所耗散的能量最终转变为热. 对于不可压缩流体, 计算能量耗散是特别简单的.

不可压缩流体的总动能等于

$$E_{\text{kin}}=\frac{\rho}{2}\int v^2\mathrm{d}V.$$

我们来计算总动能对时间的导数. 为此, 我们写出

$$\frac{\partial}{\partial t}\frac{\rho v^2}{2}=\rho v_i\frac{\partial v_i}{\partial t},$$

并根据纳维–斯托克斯方程, 把 $\partial v_i/\partial t$ 的表达式

$$\frac{\partial v_i}{\partial t}=-v_k\frac{\partial v_i}{\partial x_k}-\frac{1}{\rho}\frac{\partial p}{\partial x_i}+\frac{1}{\rho}\frac{\partial\sigma'_{ik}}{\partial x_k}$$

代入其中, 结果得到

$$\begin{aligned}\frac{\partial}{\partial t}\frac{\rho v^2}{2}&=-\rho\boldsymbol{v}\cdot(\boldsymbol{v}\cdot\nabla)\boldsymbol{v}-\boldsymbol{v}\cdot\nabla p+v_i\frac{\partial\sigma'_{ik}}{\partial x_k}\\&=-\rho(\boldsymbol{v}\cdot\nabla)\left(\frac{v^2}{2}+\frac{p}{\rho}\right)+\operatorname{div}(\boldsymbol{v}\cdot\boldsymbol{\sigma}')-\sigma'_{ik}\frac{\partial v_i}{\partial x_k},\end{aligned}$$

其中 $\boldsymbol{v}\cdot\boldsymbol{\sigma}'$ 表示分量为 $v_i\sigma'_{ik}$ 的矢量. 因为对不可压缩流体有 $\operatorname{div}\boldsymbol{v}=0$, 所以可以把右边第一项写为散度的形式:

$$\frac{\partial}{\partial t}\frac{\rho v^2}{2}=-\operatorname{div}\left[\rho\boldsymbol{v}\left(\frac{v^2}{2}+\frac{p}{\rho}\right)-\boldsymbol{v}\cdot\boldsymbol{\sigma}'\right]-\sigma'_{ik}\frac{\partial v_i}{\partial x_k}. \tag{16.1}$$

受算子 div 作用的表达式就是流体中的能流密度. 方括号中的第一项是与流体质量在流动中的直接输运有关的能流, 它与理想流体中的能流相同 (见 (10.5)). 第二项 $-\boldsymbol{v}\cdot\boldsymbol{\sigma}'$ 是与内摩擦过程有关的能流. 其实, 黏性的存在导致动量流 σ'_{ik}, 而动量输运总是关系到能量输运, 于是该动量流与速度的标积显然等于相应的能流.

在某区域 V 上对 (16.1) 积分, 我们有

$$\frac{\partial}{\partial t}\int\frac{\rho v^2}{2}\mathrm{d}V=-\oint\left[\rho\boldsymbol{v}\left(\frac{v^2}{2}+\frac{p}{\rho}\right)-\boldsymbol{v}\cdot\boldsymbol{\sigma}'\right]\cdot\mathrm{d}\boldsymbol{f}-\int\sigma'_{ik}\frac{\partial v_i}{\partial x_k}\mathrm{d}V. \tag{16.2}$$

右边第一项给出区域 V 中因为存在通过区域边界的能流而导致的流体动能变化率, 第二项 (带负号) 因而表示单位时间内由耗散引起的动能减少.

如果将积分扩展到流体的整个区域, 则面积分为零 (在无穷远处速度为零①), 于是我们得到单位时间内在整个流体中所耗散的能量, 其形式为

$$\dot{E}_{\text{kin}} = -\int \sigma'_{ik} \frac{\partial v_i}{\partial x_k} \mathrm{d}V = -\frac{1}{2}\int \sigma'_{ik}\left(\frac{\partial v_i}{\partial x_k} + \frac{\partial v_k}{\partial x_i}\right)\mathrm{d}V$$

(最后一个等式得自张量 σ'_{ik} 的对称性). 对于不可压缩流体, 张量 σ'_{ik} 可由公式 (15.8) 确定. 于是, 我们最后得到不可压缩流体能量耗散公式如下:

$$\dot{E}_{\text{kin}} = -\frac{\eta}{2}\int\left(\frac{\partial v_i}{\partial x_k} + \frac{\partial v_k}{\partial x_i}\right)^2 \mathrm{d}V. \tag{16.3}$$

耗散导致机械能的减少, 即必有 $\dot{E}_{\text{kin}} < 0$. 另一方面, (16.3) 中的积分恒为正. 所以我们能够断定, 黏度 η 是正的.

习 题

对于势流, 把积分 (16.3) 变换为流动区域边界面上的积分.

解: 取 $\partial v_i/\partial x_k = \partial v_k/\partial x_i$, 并用分部积分法积分一次, 得到

$$\dot{E}_{\text{kin}} = -2\eta \int \left(\frac{\partial v_i}{\partial x_k}\right)^2 \mathrm{d}V = -2\eta \oint v_i \frac{\partial v_i}{\partial x_k} \mathrm{d}f_k,$$

即

$$\dot{E}_{\text{kin}} = -\eta \oint \nabla v^2 \cdot \mathrm{d}\boldsymbol{f}.$$

§ 17 管道中的流动

我们来研究不可压缩黏性流体运动的几种最简单的情况.

设两个平行平板之间充满流体, 一个平板相对于另一平板以恒定速度 $\boldsymbol{u}$ 运动. 取其中一个平板为 xz 平面, 并且 x 轴指向速度 $\boldsymbol{u}$ 的方向. 显然, 所有的量只依赖于坐标 y, 而流体速度处处都指向 x 轴方向. 对于定常流, 从 (15.7) 有

$$\frac{\mathrm{d}p}{\mathrm{d}y} = 0, \quad \frac{\mathrm{d}^2 v}{\mathrm{d}y^2} = 0$$

---

① 在研究流体运动时, 我们考虑这样的坐标系, 使流体在无穷远处静止.

在这里以及其他类似情形中, 为明确起见, 我们认为流体占据无穷大区域, 而这根本没有丧失任何一般性. 如果流体所占区域的边界是固体壁面, 则此面积分同样为零, 因为固体壁面上的速度为零.

(连续性方程恒成立), 所以 $p=\text{const}$, $v=ay+b$. 当 $y=0$ 时和 $y=h$ 时 (h 是平板之间的距离), 必须分别有 $v=0$ 和 $v=u$. 由此求出

$$v=\frac{yu}{h}. \tag{17.1}$$

所以, 流体中的速度分布是线性的. 平均流速

$$\bar{v}=\frac{1}{h}\int_0^h v\,\mathrm{d}y=\frac{u}{2}. \tag{17.2}$$

从 (15.14) 求出, 作用于每块平板的力 (指单位面积上的力) 的法向分量理所当然地恰好等于 p, 而 (平面 $y=0$ 上的) 切向摩擦力等于

$$\sigma_{xy}=\eta\frac{\mathrm{d}v}{\mathrm{d}y}=\frac{\eta u}{h} \tag{17.3}$$

(平面 $y=h$ 上的切向摩擦力具有相反的符号).

下面研究存在压强梯度时两静止平行平板之间的定常流. 选取与前面一样的坐标系, x 轴指向流动方向. 纳维–斯托克斯方程给出 (速度显然只依赖于坐标 y):

$$\frac{\partial^2 v}{\partial y^2}=\frac{1}{\eta}\frac{\partial p}{\partial x},\quad \frac{\partial p}{\partial y}=0.$$

其中的第二个方程表明, 压强与 y 无关, 即压强沿平板之间流体厚度方向保持不变. 于是, 第一个方程的右边是只依赖于 x 的函数, 而左边是只依赖于 y 的函数, 这样的方程仅当其左右两边均为常数时才能成立. 因此,

$$\frac{\mathrm{d}p}{\mathrm{d}x}=\text{const},$$

即压强是沿流动方向的坐标 x 的线性函数. 对于速度, 现在我们得到

$$v=\frac{1}{2\eta}\frac{\mathrm{d}p}{\mathrm{d}x}y^2+ay+b.$$

常量 a 和 b 由边界条件确定, 该条件是: 当 $y=0$ 和 $y=h$ 时 $v=0$. 结果得到

$$v=-\frac{1}{2\eta}\frac{\mathrm{d}p}{\mathrm{d}x}y(y-h). \tag{17.4}$$

因此, 沿流体层厚度方向, 速度的变化规律是抛物型的, 流速在流体层中央达

到最大值. 计算表明, 平均流速 (对流体层厚度平均) 为

$$\bar{v} = -\frac{h^2}{12\eta}\frac{\mathrm{d}p}{\mathrm{d}x}. \tag{17.5}$$

作用在一块静止平板上的摩擦力为

$$\sigma_{xy} = \eta\frac{\partial v}{\partial y}\bigg|_{y=0} = -\frac{h}{2}\frac{\mathrm{d}p}{\mathrm{d}x}. \tag{17.6}$$

最后, 我们来研究具有任意横截面 (但横截面沿管道全长处处相同) 的柱状管道中的定常流. 取管轴为 x 轴. 显然, 每一点的流体速度 $\boldsymbol{v}$ 都指向 x 轴方向, 并且仅仅是 y 和 z 的函数. 连续性方程恒成立, 而纳维–斯托克斯方程的 y 和 z 分量方程仍给出 $\partial p/\partial y = \partial p/\partial z = 0$, 即压强在管道横截面上处处相同. 方程 (15.7) 的 x 分量方程给出

$$\frac{\partial^2 v}{\partial y^2} + \frac{\partial^2 v}{\partial z^2} = \frac{1}{\eta}\frac{\mathrm{d}p}{\mathrm{d}x}. \tag{17.7}$$

由此又得到 $\mathrm{d}p/\mathrm{d}x = \mathrm{const}$. 压强梯度因而可以写为 $-\Delta p/l$ 的形式, 其中 Δp 是管道两端的压强差, 而 l 是它的长度.

于是, 管内流动的速度分布可由 $\Delta v = \mathrm{const}$ 类型的二维方程确定. 在求解这个方程时必须满足的边界条件是: 在管道横截面的边界上 $v = 0$. 现在对圆形截面管道求解这个方程. 取圆心为坐标原点并引入极坐标, 根据对称性有 $v = v(r)$. 利用拉普拉斯算子在极坐标系中的表达式, 我们有

$$\frac{1}{r}\frac{d}{\mathrm{d}r}\left(r\frac{\mathrm{d}v}{\mathrm{d}r}\right) = -\frac{\Delta p}{\eta l}.$$

积分后求出

$$v = -\frac{\Delta p}{4\eta l}r^2 + a\ln r + b. \tag{17.8}$$

常量 a 应为零, 因为速度在整个横截面上应是有限的, 在圆心处也应如此. 当 $r = R$ 时 (R 是管道半径) $v = 0$, 由此确定常量 b, 从而得到

$$v = \frac{\Delta p}{4\eta l}(R^2 - r^2). \tag{17.9}$$

因此, 管道横截面上的速度分布规律是抛物型的.

容易确定每秒通过管道横截面的流体质量 Q (称为管道的流量). 每秒通过管道横截面上面积为 $2\pi r\,\mathrm{d}r$ 的环形微元的流体质量为 $\rho\cdot 2\pi rv\,\mathrm{d}r$, 所以

$$Q = 2\pi\rho\int_0^R rv\,\mathrm{d}r.$$

利用 (17.9) 得

$$Q=\frac{\pi\Delta p}{8\nu l}R^4. \tag{17.10}$$

流量正比于管道半径的四次方①.

习 题

1. 求环形截面管道中的流动 (管道的内、外半径为 R_1, R_2).

解: 当 $r=R_1$ 和 $r=R_2$ 时 $v=0$, 由此条件确定通解 (17.8) 中的常量 a 和 b, 我们求出

$$v=\frac{\Delta p}{4\eta l}\left[R_2^2-r^2+\frac{R_2^2-R_1^2}{\ln(R_2/R_1)}\ln\frac{r}{R_2}\right].$$

流量等于

$$Q=\frac{\pi\Delta p}{8\nu l}\left[R_2^4-R_1^4-\frac{(R_2^2-R_1^2)^2}{\ln(R_2/R_1)}\right].$$

2. 求椭圆截面管道中的流动.

解: 对于方程 (17.7), 我们寻求形如

$$v=Ay^2+Bz^2+C$$

的解, 并按照以下要求确定常量 A, B, C: 这个表达式应满足方程和椭圆截面边界上的边界条件 $v=0$ (即方程 $Ay^2+Bz^2+C=0$ 应与边界方程 $y^2/a^2+z^2/b^2=1$ 相同, 其中 a 和 b 是椭圆的半轴). 结果得到

$$v=\frac{\Delta p}{2\eta l}\frac{a^2b^2}{a^2+b^2}\left(1-\frac{y^2}{a^2}-\frac{z^2}{b^2}\right).$$

对于流量, 我们得到

$$Q=\frac{\pi\Delta p}{4\nu l}\frac{a^3b^3}{a^2+b^2}.$$

3. 求等边三角形截面管道中的流动 (三角形的边长为 a).

解: 方程 (17.7) 的解

$$v=\frac{\Delta p}{l}\frac{2}{\sqrt{3}\,a\eta}h_1h_2h_3$$

在三角形截面边界上等于零, 其中 h_1, h_2, h_3 是由三角形中给定点到三个边的垂线的长度. 其实, Δh_1, Δh_2, Δh_3 (其中 $\Delta=\partial^2/\partial y^2+\partial^2/\partial z^2$) 中的每个表达式都等于零. 这是因为, 例如, 每条垂线的长度 h_1, h_2, h_3 都可取为坐标 y 或 z, 而拉普拉斯算子作用于坐标的结果是零. 所以

$$\Delta(h_1h_2h_3)=2(h_1\nabla h_2\cdot\nabla h_3+h_2\nabla h_3\cdot\nabla h_1+h_3\nabla h_1\cdot\nabla h_2).$$

---

① 由此公式表示的 Q 对 Δp 和 R 的依赖关系是由哈根 (G. 哈根, 1839) 和泊肃叶 (J. L. M. 泊肃叶, 1840) 通过实验建立起来的, 理论上的解释则由斯托克斯 (G. G. 斯托克斯, 1845) 给出.

在文献中, 黏性流体在静止管道中的平行流经常直接称为**泊肃叶流**, 而情形 (17.4) 称为平面泊肃叶流.

但

$$\nabla h_1 = \boldsymbol{n}_1, \quad \nabla h_2 = \boldsymbol{n}_2, \quad \nabla h_3 = \boldsymbol{n}_3,$$

其中 $\boldsymbol{n}_1, \boldsymbol{n}_2, \boldsymbol{n}_3$ 是沿着垂线 h_1, h_2, h_3 的单位矢量. 因为 $\boldsymbol{n}_1, \boldsymbol{n}_2, \boldsymbol{n}_3$ 中任意两个的夹角都是 $2\pi/3$, 所以

$$\nabla h_1 \cdot \nabla h_2 = \boldsymbol{n}_1 \cdot \boldsymbol{n}_2 = \cos\frac{2\pi}{3} = -\frac{1}{2}, \quad \cdots,$$

于是我们得到关系式

$$\Delta(h_1 h_2 h_3) = -(h_1 + h_2 + h_3) = -\frac{\sqrt{3}}{2}a,$$

从而断定方程 (17.7) 得到满足. 流量等于

$$Q = \frac{\sqrt{3}\,a^4 \Delta p}{320\nu l}.$$

4. 设半径为 R_1 的圆柱面以速度 u 在半径为 R_2 的同轴圆柱面内沿轴线方向运动, 圆柱面之间充满流体, 求相应流动.

解: 取柱面坐标, 其 z 轴沿圆柱面轴线. 速度处处指向 z 轴方向, 且只依赖于 r (压强亦然):

$$v_z = v(r).$$

对于 v, 我们得到方程

$$\Delta v = \frac{1}{r}\frac{\mathrm{d}}{\mathrm{d}r}\left(r\frac{\mathrm{d}v}{\mathrm{d}r}\right) = 0$$

(项 $(\boldsymbol{v}\cdot\nabla)\boldsymbol{v} = v\,\partial\boldsymbol{v}/\partial z$ 恒等于零). 利用边界条件: 当 $r = R_1$ 时 $v = u$, 当 $r = R_2$ 时 $v = 0$, 得

$$v = u\frac{\ln(r/R_2)}{\ln(R_1/R_2)}.$$

对于每个圆柱面, 单位长度上的摩擦力都等于 $2\pi\eta u/\ln(R_2/R_1)$.

5. 在倾角为 α 的静止斜面上有一层流体, 其厚度为 h, 上边界为自由面. 求该流体层在重力作用下的流动.

解: 取静止斜面为 xy 平面, x 轴指向流动方向, z 轴垂直于 xy 平面 (图 6). 我们寻求只依赖于 z 的解. 在重力场中, 若 $v_x = v(z)$, 则纳维–斯托克斯方程是:

$$\eta\frac{\mathrm{d}^2 v}{\mathrm{d}z^2} + \rho g\sin\alpha = 0, \quad \frac{\mathrm{d}p}{\mathrm{d}z} + \rho g\cos\alpha = 0.$$

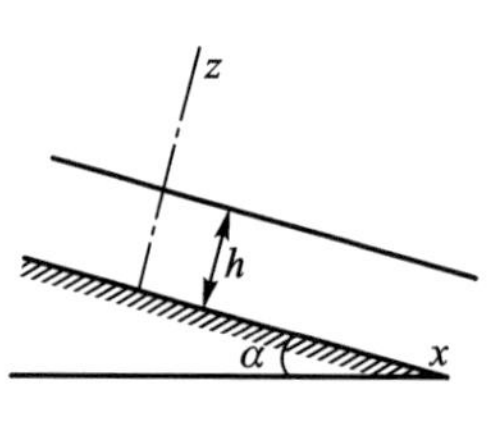

图 6

在自由面 $(z = h)$ 上应成立条件

$$\sigma_{zz} = -p = -p_0, \quad \sigma_{xz} = \eta\frac{\mathrm{d}v}{\mathrm{d}z} = 0$$

(p_0 是大气压). 在 $z = 0$ 处应有 $v = 0$. 满足这些条件的解是

$$p = p_0 + \rho g(h - z)\cos\alpha, \quad v = \frac{\rho g\sin\alpha}{2\eta}z(2h - z).$$

对 y 方向上单位长度的流体层而言, 流量为

$$Q = \rho\int_0^h v\,\mathrm{d}z = \frac{\rho g h^3\sin\alpha}{3\nu}.$$

6. 求黏性理想气体沿圆截面管道的等温流动的压强降 (注意理想气体的动力黏度 η 与压强无关).

解: 在每一段不长的管道内, 可以认为气体是不可压缩的 (只要压强梯度不是太大), 从而可以应用公式 (17.10), 于是有

$$-\frac{\mathrm{d}p}{\mathrm{d}x}=\frac{8\eta Q}{\pi\rho R^4}.$$

但是, ρ 在较大的距离上要发生变化, 所以压强不是 x 的线性函数. 根据克拉珀龙方程, 气体密度 $\rho = mp/T$ (m 是分子质量), 所以

$$-\frac{\mathrm{d}p}{\mathrm{d}x}=\frac{8\eta QT}{\pi mR^4}\cdot\frac{1}{p}$$

(无论气体是否为不可压缩的, 气体通过管道所有横截面的流量 Q 显然都相同). 由此得到

$$p_2^2-p_1^2=\frac{16\eta QT}{\pi mR^4}l$$

(p_1, p_2 是长度为 l 的管道两端的压强).

§ 18 两个旋转圆柱面之间的流动

我们来研究两个无穷长同轴圆柱面之间的流动, 圆柱面分别以角速度 Ω_1 和 Ω_2 绕其轴旋转. 设圆柱面的半径为 R_1 和 R_2, 并且 $R_2 > R_1$[①]. 取柱面坐标 r, φ, z, 其 z 轴沿圆柱面的轴线. 根据对称性, 显然有

$$v_z=v_r=0,\quad v_\varphi=v(r);\quad p=p(r).$$

在这种情况下, 柱面坐标下的纳维–斯托克斯方程给出两个方程:

$$\frac{\mathrm{d}p}{\mathrm{d}r}=\rho\frac{v^2}{r},\tag{18.1}$$

$$\frac{\mathrm{d}^2v}{\mathrm{d}r^2}+\frac{1}{r}\frac{\mathrm{d}v}{\mathrm{d}r}-\frac{v}{r^2}=0.\tag{18.2}$$

第二个方程具有形如 r^n 的解. 把这样的解代入方程, 得到 $n=\pm1$, 所以

$$v=ar+\frac{b}{r}.$$

常量 a 和 b 可以从边界条件求出. 根据边界条件, 内、外柱面上的流速必须等于相应柱面的速度: 当 $r=R_1$ 时 $v=R_1\Omega_1$, 当 $r=R_2$ 时 $v=R_2\Omega_2$. 结果得到以下形式的速度分布:

$$v=\frac{\Omega_2R_2^2-\Omega_1R_1^2}{R_2^2-R_1^2}r+\frac{(\Omega_1-\Omega_2)R_1^2R_2^2}{R_2^2-R_1^2}\frac{1}{r}.\tag{18.3}$$

---

① 在文献中, 两个旋转圆柱面之间的流动经常称为**库埃特流** (M.库埃特, 1890). 在 $R_1\to R_2$ 的极限下, 它变为两块运动的平行平板之间的流动 (17.1), 这样的流动称为平面库埃特流.

于是, 再根据 (18.1) 通过直接积分即可得到压强分布.

当 $\Omega_1=\Omega_2=\Omega$ 时, 速度 $v=\Omega r$, 即流体作为一个整体与圆柱面一起旋转. 当不存在外柱面时 ($\Omega_2=0$, $R_2=\infty$), 速度为 $v=\Omega_1 R_1^2/r$.

我们再来确定作用于圆柱面的摩擦力矩. 单位面积内柱面上的摩擦力指向柱面的切线方向, 并且根据 (15.14), 它等于应力张量的分量 $\sigma'_{r\varphi}$. 利用公式 (15.17) 求出

$$\sigma'_{r\varphi}\big|_{r=R_1}=\eta\left(\frac{\partial v}{\partial r}-\frac{v}{r}\right)\bigg|_{r=R_1}=-2\eta\frac{(\Omega_1-\Omega_2)R_2^2}{R_2^2-R_1^2}.$$

再乘以 R_1, 由此即得这个力的力矩; 进一步再乘以 $2\pi R_1$, 即得作用于单位长度柱面的总力矩 M_1. 于是, 我们有

$$M_1=-\frac{4\pi\eta(\Omega_1-\Omega_2)R_1^2R_2^2}{R_2^2-R_1^2}. \tag{18.4}$$

作用于外柱面的力矩 $M_2=-M_1$.

当 $\Omega_2=0$ 且圆柱面之间距离很小时 ($\delta\equiv R_2-R_1\ll R_2$), 公式 (18.4) 化为

$$M_2=\frac{\eta RSu}{\delta}, \tag{18.5}$$

其中 $S\approx 2\pi R$ 是单位长度柱面的面积, 而 $u=\Omega_1 R$ 是柱面的速度①.

关于在本节和前一节中得到的黏性流体运动方程的解, 可以作出以下一般说明. 在所有这些情况下, 在用来确定速度分布的方程中, 非线性项 $(\boldsymbol{v}\cdot\nabla)\boldsymbol{v}$ 恒等于零, 所以实际必须求解线性方程, 这大大简化了问题. 因此, 所有这些解还恒满足不可压缩理想流体的运动方程, 例如形如 (10.2), (10.3) 的方程. 公式 (17.1) 和 (18.3) 完全不包含黏度, 原因也在于此. 因为压强梯度的存在与流体的黏性有关, 所以黏度只出现在类似于 (17.9) 的公式中, 这些公式把流体中的速度和压强梯度联系起来. 理想流体在没有压强梯度时也能在管道内流动.

§ 19 相似律

在研究黏性流体运动时, 对各种物理量的量纲作一些简单分析, 就可以获得许多重要结果②. 我们来考虑任何一种特定类型的运动, 例如具有确定形状

---

① 在圆柱面之间距离很小并且圆柱面的轴平行但不重合的情况下, 关于黏性流体在这样两个圆柱面之间狭窄区域内的流动这种更复杂的问题, 可以在以下专著中找到解答: Кочин Н. Е., Кибель И. А., Розе Н. В. Теоретическая гидромеханика. Ч. 2. Москва: Физматгиз, 1963. 534 页.

② 关于量纲分析的详细阐述, 可以参考: Седов Л. И. Методы подобия и размерности в механике. 10-е изд. Москва: Наука, 1987 (第八版中译本: Л. И. 谢多夫. 力学中的相似方法与量纲理论. 沈青, 倪锄非, 李维新译. 北京: 科学出版社, 1982). ——译者

的物体在流体中的运动. 如果物体不是球体, 还必须指出它的运动方向, 例如椭球体是沿长轴方向还是短轴方向运动. 下面的讨论涉及流体在具有确定边界形状的区域 (给定截面形状的管道等) 中的流动.

这时, 我们称形状相同的物体是几何相似的. 物体的形状相同, 意味着可按同一比例改变其中一个物体的所有尺寸而得到另一个物体的尺寸. 所以, 如果物体的形状是给定的, 则只要指出物体的任何一个尺寸 (球体或圆管的半径, 偏心率给定的椭球体的一个半轴, 等等), 就足以确定其全部尺寸.

我们现在考虑定常流. 于是, 例如在讨论绕固体的流动时 (为明确起见, 下面将讨论这种情况), 来流速度应为常量. 我们还假设流体是不可压缩的.

在表征流体本身特征的参数中, 只有运动黏度 $\nu = \eta/\rho$ 出现在流体动力学方程 (纳维–斯托克斯方程) 中. 此时, 速度 v 及压强 p 与常密度 ρ 的比值 p/ρ 是独立的函数, 它们必须通过求解这些方程才能确定下来. 此外, 流动不仅依赖于在流体中运动的物体的形状和尺寸, 还依赖于它的速度. 这些都通过边界条件对流动产生影响. 由于物体形状是给定的, 所以它的几何特性只取决于任何一个尺寸, 我们用字母 l 表示这个尺寸. 设来流速度为 u.

因此, 每一种类型的流动都取决于三个参量: ν, u, l. 这些量具有以下量纲:

$$[\nu] = \text{cm}^2/\text{s}, \quad [l] = \text{cm}, \quad [u] = \text{cm/s}.$$

容易证明, 由这些量只能组成一个独立的无量纲量, 即 lu/ν. 我们称这样的组合为**雷诺数**, 并用 Re 表示:

$$Re = \frac{\rho u l}{\eta} = \frac{ul}{\nu}. \tag{19.1}$$

任何其他无量纲参量都可以写为 Re 的函数.

我们将用 l 来量度长度, 用 u 来量度速度, 换言之, 引入无量纲量 $\boldsymbol{r}/l$ 和 $\boldsymbol{v}/u$. 因为唯一的无量纲参数是雷诺数, 所以通过求解流体动力学方程组而得到的速度分布显然可由以下形式的函数给出:

$$\boldsymbol{v} = u\boldsymbol{f}\left(\frac{\boldsymbol{r}}{l}, Re\right). \tag{19.2}$$

由此式可见, 在同一类型的两个不同流动中 (例如不同黏度的流体绕不同半径的球体流动), 只要流动的雷诺数相同, 速度 $\boldsymbol{v}/u$ 就是比值 $\boldsymbol{r}/l$ 的同样的函数. 如果只要简单地改变坐标和速度的量度单位, 即可从一个流动得到另一个流动, 我们就称这些流动是相似的. 因此, 具有相同雷诺数的同一类流动是相似的, 这就是人们所说的**相似律** (O. 雷诺, 1883).

对流体中的压强分布也可以写出类似于 (19.2) 的公式. 为此, 应当由参量 ν, l, u 组成一个量, 使其量纲与压强除以密度的量纲相同. 例如, 可以选取 u^2

作为这样的量. 于是可以下结论说, $p/\rho u^2$ 是无量纲变量 $\boldsymbol{r}/l$ 和无量纲参数 Re 的函数. 因此,

$$p = \rho u^2 f\left(\frac{\boldsymbol{r}}{l}, Re\right). \tag{19.3}$$

最后, 类似的方法也适用于那些表征流动特性、但并非坐标的函数的量, 例如作用在被绕流物体上的阻力 F. 具体而言, 可以断定: 由 ν, u, l, ρ 可以组成一个具有力的量纲的量, 而阻力 F 与此量之比作为一个无量纲量应当只是雷诺数的函数. 例如, 由 ν, u, l, ρ 可以组成乘积 $\rho u^2 l^2$, 它具有力的量纲, 于是

$$F = \rho u^2 l^2 f(Re). \tag{19.4}$$

如果重力对流动有重要影响, 则决定流动的参量不是三个而是四个: l, u, ν 和重力加速度 g. 由这些参量可以组成两个独立的无量纲量, 而不是一个. 例如, 可以选取雷诺数和**弗劳德数**

$$Fr = \frac{u^2}{lg} \tag{19.5}$$

作为这样的无量纲量. 在公式 (19.2)—(19.4) 中, 函数 f 现在不但依赖于参数 Re, 而且依赖于参数 Fr, 所以流动仅在这两个数都相同时才是相似的.

最后再讨论一下非定常流. 为了描述一种确定类型的非定常流的特征, 除了量 ν, u, l, 还要用到该流动的某个特征时间 τ, 它确定流动随时间的变化. 例如, 当具有确定形状的固体浸没在流体中并发生振动时, 振动周期就可以是这样的特征时间. 由 ν, u, l, τ 这四个量又可以组成两个 (而不是一个) 独立的无量纲量, 可以取雷诺数和数

$$Sr = \frac{u\tau}{l} \tag{19.6}$$

作为这样的无量纲量, 后者有时称为**斯特劳哈尔数**. 在这种情况下, 如果这两个数分别相同, 就存在相似流动.

如果流体中的振动是自发的 (而不是给定外力作用下的受迫振动), 则对于一种确定类型的流动, 数 Sr 是数 Re 的确定的函数:

$$Sr = f(Re).$$

§ 20 低雷诺数流

对于低雷诺数流, 纳维–斯托克斯方程可显著简化. 对于不可压缩流体的定常流, 此方程的形式为

$$(\boldsymbol{v}\cdot\nabla)\boldsymbol{v} = -\frac{1}{\rho}\operatorname{grad}p + \frac{\eta}{\rho}\Delta\boldsymbol{v}.$$

项 $(\boldsymbol{v}\cdot\nabla)\boldsymbol{v}$ 的量级为 u^2/l, 其中 u 和 l 的含义与 § 19 中的用法相同. 项 $(\eta/\rho)\Delta\boldsymbol{v}$

的量级为 $\eta u/\rho l^2$. 第一个量与第二个量的比值恰好就是雷诺数, 所以在 $Re \ll 1$ 时可以忽略项 $(\boldsymbol{v}\cdot\nabla)\boldsymbol{v}$, 从而可以把运动方程化为线性方程①

$$\eta\Delta\boldsymbol{v} - \operatorname{grad} p = 0. \tag{20.1}$$

它与连续性方程

$$\operatorname{div}\boldsymbol{v} = 0 \tag{20.2}$$

一起完全确定了流动. 此外, 不无裨益指出, 对方程 (20.1) 取旋度, 还得到方程

$$\Delta \operatorname{rot}\boldsymbol{v} = 0. \tag{20.3}$$

我们来研究球体在黏性流体中的匀速直线运动 (G. G. 斯托克斯, 1851). 这个问题完全等价于在无穷远处具有给定速度 $\boldsymbol{u}$ 的来流绕静止球体流动的问题. 只要从后一个问题中的速度分布减去速度 $\boldsymbol{u}$, 即可得到前一个问题中的速度分布. 这样一来, 流体在无穷远处静止, 而球体以速度 $-\boldsymbol{u}$ 运动. 如果把流动看做定常的, 当然恰恰就必须讨论静止球体绕流, 因为当球体运动时, 空间中每一点的流速是随时间变化的.

因为 $\operatorname{div}(\boldsymbol{v}-\boldsymbol{u}) = \operatorname{div}\boldsymbol{v} = 0$, 所以 $\boldsymbol{v}-\boldsymbol{u}$ 可以表示为某矢量 $\boldsymbol{A}$ 的旋度:

$$\boldsymbol{v}-\boldsymbol{u} = \operatorname{rot}\boldsymbol{A},$$

并且 $\operatorname{rot}\boldsymbol{A}$ 在无穷远处等于零. 矢量 $\boldsymbol{A}$ 应当是轴矢量, 这样其旋度才能像速度那样是极矢量. 球体是完全对称的物体, 在其绕流问题中, 除了 $\boldsymbol{u}$ 的方向, 再也没有任何特别的方向. 这个参量 $\boldsymbol{u}$ 应当以线性形式出现在 $\boldsymbol{A}$ 中, 因为运动方程和相应边界条件都是线性的. 满足所有这些要求的矢量函数 $\boldsymbol{A}(\boldsymbol{r})$ 的一般形式为 $\boldsymbol{A} = f'(r)\,\boldsymbol{n}\times\boldsymbol{u}$, 其中 $\boldsymbol{n}$ 是径矢 $\boldsymbol{r}$ 方向上的单位矢量 (坐标原点选在球心), 而 $f'(r)$ 是 r 的标量函数. 乘积 $f'(r)\boldsymbol{n}$ 可以表示为另外某一个函数 $f(r)$ 的梯度. 于是, 我们将寻求以下形式的速度:

$$\boldsymbol{v} = \boldsymbol{u} + \operatorname{rot}(\nabla f\times\boldsymbol{u}) = \boldsymbol{u} + \operatorname{rot}\operatorname{rot}(f\boldsymbol{u}) \tag{20.4}$$

(在最后一个等式中利用了 $\boldsymbol{u} = \text{const}$).

下面利用方程 (20.3) 来确定函数 f. 我们有

$$\operatorname{rot}\boldsymbol{v} = \operatorname{rot}\operatorname{rot}\operatorname{rot}(f\boldsymbol{u}) = (\operatorname{grad}\operatorname{div} - \Delta)\operatorname{rot}(f\boldsymbol{u}) = -\Delta\operatorname{rot}(f\boldsymbol{u}),$$

所以 (20.3) 成为

$$\Delta^2\operatorname{rot}(f\boldsymbol{u}) = \Delta^2(\nabla f\times\boldsymbol{u}) = \Delta^2\operatorname{grad} f\times\boldsymbol{u} = 0.$$

---

① 方程 (20.1) 称为斯托克斯方程, 完全忽略对流项 $(\boldsymbol{v}\cdot\nabla)\boldsymbol{v}$ 的近似称为斯托克斯近似. ——译者

由此可知, 应有

$$\Delta^2 \operatorname{grad} f = 0. \tag{20.5}$$

首次积分给出 $\Delta^2 f = \text{const}$. 容易看出, const 应取为零. 其实, 差值 $\boldsymbol{v}-\boldsymbol{u}$ 在无穷远处应为零, 而且它的导数在无穷远处也应为零. 表达式 $\Delta^2 f$ 包含 f 的四阶导数, 而速度本身由它的二阶导数给出.

因此, 我们有

$$\Delta^2 f \equiv \frac{1}{r^2}\frac{\mathrm{d}}{\mathrm{d}r}\left(r^2\frac{\mathrm{d}}{\mathrm{d}r}\right)\Delta f = 0,$$

从而

$$\Delta f = \frac{2a}{r} + c.$$

常量 c 应当取为零, 这样才能让速度 $\boldsymbol{v}-\boldsymbol{u}$ 在无穷远处为零. 求解最终的方程, 得到

$$f = ar + \frac{b}{r} \tag{20.6}$$

(这里省略了 f 中的可加常量, 因为它无关紧要——速度由 f 的导数给出).

把它代入 (20.4), 经简单计算得到

$$\boldsymbol{v} = \boldsymbol{u} - a\frac{\boldsymbol{u}+\boldsymbol{n}(\boldsymbol{u}\cdot\boldsymbol{n})}{r} + b\frac{3\boldsymbol{n}(\boldsymbol{u}\cdot\boldsymbol{n})-\boldsymbol{u}}{r^3}. \tag{20.7}$$

常量 a 和 b 应由边界条件确定: 当 $r=R$ 时 (在球体表面上) $\boldsymbol{v}=0$, 即

$$\boldsymbol{u}\left(1-\frac{a}{R}-\frac{b}{R^3}\right)+\boldsymbol{n}(\boldsymbol{u}\cdot\boldsymbol{n})\left(-\frac{a}{R}+\frac{3b}{R^3}\right)=0.$$

因为这个等式对任意的 $\boldsymbol{n}$ 都应成立, 所以 $\boldsymbol{u}$ 和 $\boldsymbol{n}(\boldsymbol{u}\cdot\boldsymbol{n})$ 的系数应当都等于零. 由此求出 $a=3R/4$, $b=R^3/4$, 而最后的结果是:

$$f = \frac{3}{4}Rr + \frac{R^3}{4r} \tag{20.8}$$

$$\boldsymbol{v} = -\frac{3R}{4}\frac{\boldsymbol{u}+\boldsymbol{n}(\boldsymbol{u}\cdot\boldsymbol{n})}{r} - \frac{R^3}{4}\frac{\boldsymbol{u}-3\boldsymbol{n}(\boldsymbol{u}\cdot\boldsymbol{n})}{r^3} + \boldsymbol{u}. \tag{20.9}$$

球面坐标下 (极轴指向 $\boldsymbol{u}$ 的方向) 的速度分量为:

$$\begin{aligned} v_r &= u\cos\theta\left(1-\frac{3R}{2r}+\frac{R^3}{2r^3}\right), \\ v_\theta &= -u\sin\theta\left(1-\frac{3R}{4r}-\frac{R^3}{4r^3}\right). \end{aligned} \tag{20.10}$$

这给出了运动球体之外的速度分布.

为了确定压强, 把 (20.4) 代入 (20.1):

$$\operatorname{grad} p = \eta\Delta\boldsymbol{v} = \eta\Delta \operatorname{rot}\operatorname{rot}(f\boldsymbol{u}) = \eta\Delta[\operatorname{grad}\operatorname{div}(f\boldsymbol{u}) - \boldsymbol{u}\Delta f].$$

但 $\Delta^2 f = 0$, 所以

$$\operatorname{grad} p = \operatorname{grad}[\eta\Delta\operatorname{div}(f\boldsymbol{u})] = \operatorname{grad}(\eta\boldsymbol{u}\cdot\operatorname{grad}\Delta f),$$

从而

$$p = \eta\boldsymbol{u}\cdot\operatorname{grad}\Delta f + p_0 \tag{20.11}$$

(p_0 是无穷远处的流体压强). 把 f 代入此式, 得到最终的表达式

$$p = p_0 - \frac{3}{2}\eta\frac{\boldsymbol{u}\cdot\boldsymbol{n}}{r^2}R. \tag{20.12}$$

利用以上公式可以计算运动流体对球体的作用力 $\boldsymbol{F}$ (或者, 同样地, 在流体中运动的球体所受到的阻力). 为此, 我们引入球面坐标, 并让极轴沿速度 $\boldsymbol{u}$ 的方向. 根据对称性, 所有的量只是 r 和极角 θ 的函数. 显然, 力 $\boldsymbol{F}$ 指向速度 $\boldsymbol{u}$ 的方向. 这个力的大小可由公式 (15.14) 确定. 由此公式计算球面微元上的作用力的 (法向和切向) 分量, 并把这些分量投影在 $\boldsymbol{u}$ 的方向上, 我们得到

$$F = \int(-p\cos\theta + \sigma'_{rr}\cos\theta - \sigma'_{r\theta}\sin\theta)\,\mathrm{d}f, \tag{20.13}$$

积分域是整个球面.

把表达式 (20.10) 代入公式

$$\sigma'_{rr} = 2\eta\frac{\partial v_r}{\partial r}, \quad \sigma'_{r\theta} = \eta\left(\frac{1}{r}\frac{\partial v_r}{\partial\theta} + \frac{\partial v_\theta}{\partial r} - \frac{v_\theta}{r}\right)$$

(见 (15.20)), 我们得到, 在球面上

$$\sigma'_{rr} = 0, \quad \sigma'_{r\theta} = -\frac{3\eta}{2R}u\sin\theta,$$

而压强 (20.12) 是

$$p = p_0 - \frac{3\eta u}{2R}\cos\theta.$$

于是, 积分 (20.13) 化为表达式

$$F = \frac{3\eta u}{2R}\int\mathrm{d}f.$$

最终, 对于在流体中缓慢运动的球体所受的阻力, 我们得到**斯托克斯公式**①:

$$F = 6\pi R\eta u. \tag{20.14}$$

我们注意到, 阻力与速度的一次方成正比, 与物体尺寸的一次方成正比. 用量纲分析方法也能得到这样的依赖关系. 其实, 在近似的运动方程 (20.1), (20.2) 中没有参量 ρ——流体的密度. 所以, 由这些方程确定的力 F 只能通过量 η, u, R 表示, 从这些量只能组成一个具有力的量纲的组合——乘积 ηuR.

对于缓慢运动的其他形状的物体, 这样的依赖关系同样成立. 在一般情况下, 对于任意形状的物体, 阻力方向不同于速度方向. $\boldsymbol{F}$ 与 $\boldsymbol{u}$ 之间的关系式在一般形式下可以写为

$$F_i = \eta a_{ik} u_k, \tag{20.15}$$

其中 a_{ik} 是与速度无关的二阶张量. 重要之处在于, 该张量是对称的 ($a_{ik} = a_{ki}$). 这个结果 (在对速度的线性近似下成立) 是伴随着耗散过程的缓慢运动所满足的一般规律的一种特殊情况 (见第五卷 § 121).

对斯托克斯公式的修正. 上面对球体绕流问题所得的解, 在距离球体足够远的地方并不适用, 尽管雷诺数很小. 为了证明这一点, 我们来估计在 (20.1) 中被忽略的项 $(\boldsymbol{v}\cdot\nabla)\boldsymbol{v}$. 在远处, 速度 $\boldsymbol{v} \approx \boldsymbol{u}$. 由 (20.9) 可见, 在这样的距离上, 速度的导数具有 uR/r^2 的量级, 所以 $(\boldsymbol{v}\cdot\nabla)\boldsymbol{v}$ 具有 u^2R/r^2 的量级. 在方程 (20.1) 中保留的项具有 $\eta Ru/\rho r^3$ 的量级 (从上述速度公式 (20.9) 或从压强公式 (20.12) 可见). 条件 $u\eta R/\rho r^3 \gg u^2R/r^2$ 仅在

$$r \ll \frac{\nu}{u} \tag{20.16}$$

的距离上才成立. 在更大的距离上, 这样的近似不再合理, 所得速度分布因而是不正确的.

为了得到远离被绕流物体处的速度分布, 我们必须考虑 (20.1) 中被忽略的一项 $(\boldsymbol{v}\cdot\nabla)\boldsymbol{v}$. 因为速度 $\boldsymbol{v}$ 在这样的距离上与 $\boldsymbol{u}$ 相差甚微, 所以可以近似地用

---

① 为了此后的某些应用, 我们指出, 如果使用含待定常量 a 和 b 的速度公式 (20.7) 进行计算, 就可以得到

$$F = 8\pi a\eta u. \tag{20.14a}$$

还可以计算缓慢运动的任意形状椭球的阻力, 相应公式可在以下专著中找到: Lamb H. Hydrodynamics. 6th ed. Cambridge: Cambridge Univ. Press, 1932 (H. 兰姆. 理论流体动力学. 下册. 游镇雄译. 北京: 科学出版社, 1992). § 339. 这里给出极限情况下平面圆盘的阻力公式 (R 为半径): 当圆盘沿垂直于自身所在平面的方向运动时

$$F = 16\eta Ru,$$

而当圆盘在自身所在平面内运动时

$$F = \frac{32}{3}\eta Ru.$$

$\boldsymbol{u}\cdot\nabla$ 代替 $\boldsymbol{v}\cdot\nabla$. 于是, 在远离物体处, 我们得到关于速度的线性方程 (C. W. 奥森, 1910)

$$(\boldsymbol{u}\cdot\nabla)\boldsymbol{v} = -\frac{1}{\rho}\nabla p + \nu\Delta\boldsymbol{v}. \tag{20.17}$$

对于球体和圆柱体绕流的问题, 我们不打算在此给出该方程的求解过程①. 我们仅仅指出, 利用这样求出的速度分布可以推导球体所受阻力的更精确的公式 (阻力按雷诺数 $Re = uR/\nu$ 的展开式中的下一项):

$$F = 6\pi\eta uR\left(1 + \frac{3Ru}{8\nu}\right). \tag{20.18}$$

我们还指出, 在解决无穷长圆柱体的横向绕流问题时, 从一开始就必须求解奥森方程 (方程 (20.1) 这时根本没有这样的解: 它既满足圆柱体表面上的边界条件, 同时又在无穷远处为零②). 单位长度圆柱体所受的阻力等于

$$F = \frac{4\pi\eta u}{1/2 - C - \ln(Ru/4\nu)} = \frac{4\pi\eta u}{\ln(3.70\,\nu/Ru)}, \tag{20.19}$$

其中 $C = 0.577\cdots$ 是欧拉常数 (H. 兰姆, 1911)③.

再回到球体绕流问题, 必须作出以下说明. 在方程 (20.17) 中, 原来的非线性项中的 $\boldsymbol{v}$ 被代换为 $\boldsymbol{u}$, 这样的代换在 $r \gg R$ 的远离球体的地方才成立. 所以, 很自然地, 奥森方程虽然能在远离被绕流物体处给出更精确的流动图像, 却不能在近处给出这样的修正 (这表现在: 方程 (20.17) 的解若满足无穷远处的必要条件, 就无法满足球面上速度为零的精确条件; 在速度按雷诺数的幂级数展开式中, 只有零阶项满足球面上速度为零的条件, 一阶项已经不再满足这个条件). 于是, 初看起来, 似乎奥森方程的解不能用来正确地计算阻力的修正项. 不过, 情况并非如此, 原因如下. 球体附近 (这里 $u \ll \nu/r$) 的流动对阻力 $\boldsymbol{F}$ 的贡献应当可按矢量 $\boldsymbol{u}$ 的幂展开, 于是矢量 $\boldsymbol{F}$ 中与此有关的第一个非零修正项正比于 $u^2\boldsymbol{u}$, 它是雷诺数的二次方修正项. 因此, 它不影响公式 (20.18) 中的一次方修正项.

---

① 可在以下专著中找到求解过程: Кочин Н. Е., Кибель И. А., Розе Н. В. Теоретическая гидромеханика. Ч. 2. Москва: Физматгиз, 1963 (Kochin N. E., Kibel I. A., Roze N. V. Theoretical Hydrodynamics. Vol. 2. New York: Wiley, 1964). 第二章 § 25, § 26; Lamb H. Hydrodynamics. 6th ed. Cambridge: Cambridge Univ. Press, 1932 (H. 兰姆. 理论流体动力学. 下册. 游镇雄译. 北京: 科学出版社, 1992). § 342, § 343.

② 在斯托克斯近似下, 球体绕流问题有解而上述无穷长圆柱体绕流问题无解, 这称为斯托克斯佯谬. ——译者

③ 单凭量纲分析方法就已经显然可知, 利用方程 (20.1) 不可能计算出圆柱体绕流问题中的阻力. 如上所述, 仅仅通过参量 η, u, R 就应当能够表示结果. 然而, 这时讨论的是单位长度圆柱体所受的力, 只有乘积 ηu 才可能具有这样的量纲, 但它与圆柱体的尺寸无关 (该乘积在 $R \to 0$ 时不趋于零), 而这在物理上是荒谬的.

要想进一步修正斯托克斯公式并更精确地描述球体附近的流动, 采用直接求解方程 (20.17) 的方法是不可能成功的. 尽管该修正问题本身并不那么重要, 但阐明用于求解黏性流体低雷诺数绕流问题的逐级摄动理论的特别之处, 在方法学上却有显著的意义 (S. 卡普伦, P. A. 拉格斯特伦, 1957; I. 普劳德曼, J. R. 皮尔逊, 1957). 为了解释清楚这里的情况, 我们给出全部所需公式, 但并不关注计算细节①.

为了明确显示小参数 Re (雷诺数) 的作用, 我们引入无量纲速度 $\boldsymbol{v}' = \boldsymbol{v}/u$ 和无量纲径矢 $\boldsymbol{r}' = \boldsymbol{r}/R$, 并在本节此后的讨论中仍然用不带撇号的字母 $\boldsymbol{v}$ 和 $\boldsymbol{r}$ 来表示它们. 于是, 精确的运动方程 (见消去压强项的形式 (15.10)) 可写为

$$Re \operatorname{rot}(\boldsymbol{v} \times \operatorname{rot} \boldsymbol{v}) + \Delta \operatorname{rot} \boldsymbol{v} = 0. \tag{20.20}$$

我们在被绕流球体以外的空间中划分出两个区域: 近场区和远场区, 它们分别由条件 $r \ll 1/Re$ 和 $r \gg 1$ 确定. 这两个区域共同覆盖了全部空间, 并且它们有重叠的部分, 即 "过渡区"

$$\frac{1}{Re} \gg r \gg 1. \tag{20.21}$$

在应用逐级摄动理论时, 近场区中的初始近似就是斯托克斯近似——忽略方程 (20.20) 中含因子 Re 的项所得到的方程 $\Delta \operatorname{rot} \boldsymbol{v} = 0$ 的解. 这个解由公式 (20.10) 给出, 它在无量纲变量下的形式为

$$v_r^{(1)} = \left(1 - \frac{3}{2r} + \frac{1}{2r^3}\right)\cos\theta, \quad v_\theta^{(1)} = -\left(1 - \frac{3}{4r} - \frac{1}{4r^3}\right)\sin\theta, \quad r \ll \frac{1}{Re} \tag{20.22}$$

(上标 (1) 表示一级近似).

远场区中的一级近似是没有受到扰动的均匀来流所对应的常速度 $\boldsymbol{v}^{(1)} = \boldsymbol{\nu}$ ($\boldsymbol{\nu}$ 是流动方向上的单位矢量). 把 $\boldsymbol{v} = \boldsymbol{\nu} + \boldsymbol{v}^{(2)}$ 代入 (20.20), 对 $\boldsymbol{v}^{(2)}$ 得到奥森方程

$$Re \operatorname{rot}(\boldsymbol{\nu} \times \operatorname{rot} \boldsymbol{v}^{(2)}) + \Delta \operatorname{rot} \boldsymbol{v}^{(2)} = 0. \tag{20.23}$$

解应当满足速度 $\boldsymbol{v}^{(2)}$ 在无穷远处为零的条件和在过渡区与解 (20.22) 相匹配的条件. 后一个条件的作用是, 例如, 它排除了在 r 减小时过快增长的解②. 这

---

① 可在以下专著中找到计算细节: Van Dyke M. Perturbation Methods in Fluid Mechanics. New York: Acad. Press, 1964. 那里没有用速度 $\boldsymbol{v}(r)$ 进行计算, 计算是通过流函数在更简洁的形式下完成的, 尽管这样不太直观. 对于轴对称流 (球体绕流属于这种流动), 可以按照定义

$$v_r = \frac{1}{r^2 \sin\theta}\frac{\partial\psi}{\partial\theta}, \quad v_\theta = -\frac{1}{r\sin\theta}\frac{\partial\psi}{\partial r}, \quad v_\varphi = 0$$

引入球面坐标下的流函数 $\psi(r, \theta)$. 这时, 连续性方程 (15.22) 恒成立.

② 为了确定解中的系数值, 还应考虑通过把被绕流球体包含在内的任何封闭曲面的总流量皆为零的条件.

样的解是:

$$\begin{aligned} v_r^{(1)} + v_r^{(2)} &= \cos\theta + \frac{3}{2Re\,r^2}\left\{1 - \left[1 + \frac{Re\,r}{2}(1+\cos\theta)\right]\mathrm{e}^{-rRe(1-\cos\theta)/2}\right\}, \\ v_\theta^{(1)} + v_\theta^{(2)} &= -\sin\theta + \frac{3}{4r}\sin\theta\,\mathrm{e}^{-rRe(1-\cos\theta)/2}, \quad r \gg 1. \end{aligned} \tag{20.24}$$

我们指出, 对远场区而言, 自然的变量不是径向坐标 r 本身, 而是乘积 $\rho = rRe$. 在引入这个变量时, 方程 (20.20) 不再包含数 Re, 因为在 $r \gtrsim 1/Re$ 时方程中的黏性项和惯性项在量级上相当. 这时, 数 Re 只能通过与近场区中的解相匹配的边界条件才出现在解中. 所以, 函数 $\boldsymbol{v}(\boldsymbol{r})$ 在远场区中的展开式是当乘积 $\rho = rRe$ 取给定值时关于 Re 的幂级数. 其实, (20.24) 中的第二项包含 ρ, 从而也就包含因子 Re.

为了检验 (20.22) 与 (20.24) 这两个解是否正确地互相匹配, 我们注意到, 在过渡区 (20.21) 内 $rRe \ll 1$, 于是可以按这个变量展开表达式 (20.24). 精确到展开式中的前两项 (均匀流项之后), 我们得到

$$\begin{aligned} v_r &= \left(1 - \frac{3}{2r}\right)\cos\theta + \frac{3Re}{16}(1-\cos\theta)(1+3\cos\theta), \\ v_\theta &= -\left(1 - \frac{3}{4r}\right)\sin\theta - \frac{3Re}{8}\sin\theta(1-\cos\theta). \end{aligned} \tag{20.25}$$

另一方面, 在该区域内 $r \gg 1$, 所以在 (20.22) 中可以忽略量级为 $1/r^3$ 的项, 而余者确实与 (20.25) 中前面的项一致 ((20.25) 中后面那些项在下面另有用处).

为了获得下一级近似, 在近场区内写出 $\boldsymbol{v} = \boldsymbol{v}^{(1)} + \boldsymbol{v}^{(2)}$, 然后从 (20.20) 得到二级修正项方程:

$$\Delta\,\mathrm{rot}\,\boldsymbol{v}^{(2)} = -Re\ \mathrm{rot}(\boldsymbol{v}^{(1)} \times \mathrm{rot}\,\boldsymbol{v}^{(1)}). \tag{20.26}$$

这个方程的解应当满足在球面处为零的条件和与远场区中的解相匹配的条件. 后一个条件表明, 函数 $\boldsymbol{v}^{(2)}(\boldsymbol{r})$ 在 $r \gg 1$ 时的主项应当等于 (20.25) 中的第二项. 这样的解为

$$\begin{aligned} v_r^{(2)} &= \frac{3Re}{8}v_r^{(1)} + \frac{3Re}{32}\left(1 - \frac{1}{r}\right)^2\left(2 + \frac{1}{r} + \frac{1}{r^2}\right)(1 - 3\cos^2\theta), \\ v_\theta^{(2)} &= \frac{3Re}{8}v_\theta^{(1)} + \frac{3Re}{32}\left(1 - \frac{1}{r}\right)\left(4 + \frac{1}{r} + \frac{1}{r^2} + \frac{2}{r^3}\right)\sin\theta\cos\theta, \quad r \ll \frac{1}{Re}. \end{aligned} \tag{20.27}$$

在过渡区内, 在这些表达式中只剩下不含因子 $1/r$ 的项, 这些项确实与 (20.25) 中的第二项一致.

按照速度分布 (20.27) 可以计算斯托克斯阻力公式中的修正项. 因为对角度的相应依赖关系, (20.27) 中的第二项对阻力没有贡献; 第一项恰好给出含

$3Re/8$ 的修正项, 这一项已经在 (20.18) 中列出. 根据上述讨论, 球体附近的正确的速度分布 (在所研究的近似下) 给出与奥森方程的解相符的阻力公式.

继续重复上述过程, 即可得到下一级近似. 这时, 在速度分布中出现对数项, 而在阻力表达式 (20.18) 中应把括号中的那些项改为①

$$\left(1+\frac{3}{8}Re-\frac{9}{40}Re^2\ln\frac{1}{Re}\right)$$

(并且假设对数 $\ln(1/Re)$ 很大)②.

习 题

1. 设半径为 R_1, R_2 $(R_2 > R_1)$ 的两个同心球面之间充满流体,球面分别以角速度 Ω_1 和 Ω_2 绕不同的直径匀速旋转, 求流体的运动 (雷诺数 $\Omega_1 R_1^2/\nu$, $\Omega_2 R_2^2/\nu$ 远小于 1).

解: 因为方程是线性的, 所以两个旋转球面之间的运动可以视为两个运动的叠加, 它们分别对应一个球面静止而另一个球面旋转的情况. 首先令 $\Omega_2 = 0$, 即只让内球面旋转. 自然可以预料, 每一点的流体速度都指向圆心位于旋转轴的一个圆的切线方向, 该圆所在平面垂直于旋转轴. 但根据相对于旋转轴的对称性, 沿这个方向的压强梯度为零. 所以, 运动方程 (20.1) 化为

$$\Delta \boldsymbol{v} = 0.$$

角速度矢量 $\boldsymbol{\Omega}_1$ 是轴矢量. 进行像正文那样的讨论, 结果表明, 可以寻求以下形式的速度:

$$\boldsymbol{v} = \operatorname{rot}[\boldsymbol{\Omega}_1 f(r)] = \nabla f \times \boldsymbol{\Omega}_1.$$

于是, 运动方程给出 $\operatorname{grad}\Delta f \times \boldsymbol{\Omega}_1 = 0$. 因为矢量 $\operatorname{grad}\Delta f$ 指向径矢方向, 并且对于给定的 $\boldsymbol{\Omega}_1$ 和任意的 $\boldsymbol{r}$, 矢量积 $\boldsymbol{r}\times\boldsymbol{\Omega}_1$ 不可能等于零, 所以应有 $\operatorname{grad}\Delta f = 0$, 从而

$$\Delta f = \text{const}.$$

积分后得

$$f = ar^2 + \frac{b}{r}, \quad \boldsymbol{v} = \left(\frac{b}{r^3} - 2a\right)\boldsymbol{\Omega}_1 \times \boldsymbol{r}.$$

---

① 见: Proudman I., Pearson J.R. J. Fluid Mech., 1957, 2: 237.

② 理论上, 上述阻力公式仅在 $Re \ll 1$ 时成立. 实验表明, 斯托克斯公式 (20.14) 直到 $Re = 1$ 时仍有不错的表现, 奥森公式 (20.18) 的适用范围更大一些, 但上面提到的下一级近似公式反而不如前者. 值得指出的是, 廖世俊利用由他提出的同伦分析方法成功解决了球体定常绕流问题 (不局限于低雷诺数情况), 所得 10 级近似阻力公式直到 $Re = 15$ 时仍符合实验结果. 参阅: Liao S.J. Int. J. Non-Linear Mech., 2002, 37: 1; Liao S.J. Beyond Perturbation: Introduction to the Homotopy Analysis Method. Boca Raton: Chapman & Hall/CRC, 2003 (廖世俊. 超越摄动: 同伦分析方法导论. 陈晨, 徐航译. 北京: 科学出版社, 2006). ——译者

常量 a 和 b 由以下条件确定: 当 $r=R_2$ 时 $\boldsymbol{v}=0$, 当 $r=R_1$ 时 $\boldsymbol{v}=\boldsymbol{u}$, 其中 $\boldsymbol{u}=\boldsymbol{\Omega}_1\times\boldsymbol{r}$ 是旋转球面各点的速度. 结果得

$$\boldsymbol{v}=\frac{R_1^3R_2^3}{R_2^3-R_1^3}\left(\frac{1}{r^3}-\frac{1}{R_2^3}\right)\boldsymbol{\Omega}_1\times\boldsymbol{r}.$$

流体中的压强是常量 ($p=p_0$). 当外球面旋转而内球面静止时 ($\Omega_1=0$), 类似地得到

$$\boldsymbol{v}=\frac{R_1^3R_2^3}{R_2^3-R_1^3}\left(\frac{1}{R_1^3}-\frac{1}{r^3}\right)\boldsymbol{\Omega}_2\times\boldsymbol{r}.$$

在两个球面都旋转的一般情况下, 我们有

$$\boldsymbol{v}=\frac{R_1^3R_2^3}{R_2^3-R_1^3}\left[\left(\frac{1}{r^3}-\frac{1}{R_2^3}\right)\boldsymbol{\Omega}_1\times\boldsymbol{r}+\left(\frac{1}{R_1^3}-\frac{1}{r^3}\right)\boldsymbol{\Omega}_2\times\boldsymbol{r}\right].$$

如果根本没有外球面 ($R_2=\infty$, $\Omega_2=0$), 即如果只有一个半径为 R 的球体在无界流体区域中旋转, 则

$$\boldsymbol{v}=\frac{R^3}{r^3}\boldsymbol{\Omega}\times\boldsymbol{r}.$$

我们来计算这种情况下作用于球体的摩擦力矩. 取球面坐标, 其极轴沿 $\boldsymbol{\Omega}$, 则

$$v_r=v_\theta=0,\quad v_\varphi=v=\frac{R^3\Omega}{r^2}\sin\theta.$$

作用于单位面积球面的摩擦力等于

$$\sigma'_{r\varphi}=\eta\left(\frac{\partial v}{\partial r}-\frac{v}{r}\right)\bigg|_{r=R}=-3\eta\Omega\sin\theta.$$

作用于球体的总摩擦力矩是

$$M=\int_0^\pi\sigma'_{r\varphi}R\sin\theta\cdot 2\pi R^2\sin\theta\,\mathrm{d}\theta,$$

于是

$$M=-8\pi\eta R^3\Omega.$$

如果没有内球面, 则 $\boldsymbol{v}=\boldsymbol{\Omega}_2\times\boldsymbol{r}$, 即流体只是作为一个整体与包围着它的球面一起旋转.

2. 求黏度为 η' 的球形液滴在重力作用下在黏度为 η 的流体中的运动速度 (W. 鲁布钦斯基, 1911).

解: 我们使用使液滴静止的坐标系. 对于液滴外面的流体, 我们仍然寻求方程 (20.5) 的形如 (20.6) 的解, 于是速度的形式为 (20.7). 在液滴内部, 应当寻求在 $r=0$ 处没有奇点的解 (并且用于确定速度的 f 的二阶导数在此处也应当是有限的). 这样的通解是

$$f=\frac{A}{4}r^2+\frac{B}{8}r^4,$$

相应速度为

$$\boldsymbol{v}=-A\boldsymbol{u}+Br^2[\boldsymbol{n}(\boldsymbol{u}\cdot\boldsymbol{n})-2\boldsymbol{u}].$$

在球面上[①]应当成立以下条件. 液滴外的速度 $\boldsymbol{v}^{(\mathrm{e})}$ 和液滴内的速度 $\boldsymbol{v}^{(\mathrm{i})}$ 的法向分量应当等于零:

$$v_r^{(\mathrm{i})}=v_r^{(\mathrm{e})}=0;$$

切向速度分量应当连续:

$$v_\theta^{(\mathrm{i})}=v_\theta^{(\mathrm{e})};$$

应力张量的分量 $\sigma_{r\theta}$ 也应当连续:

$$\sigma_{r\theta}^{(\mathrm{i})}=\sigma_{r\theta}^{(\mathrm{e})}$$

(可以不写出应力张量的分量 σ_{rr} 彼此相等的条件——虽然由此可以确定所求的速度 u, 但采用下面给出的方法求 u 更为简单). 从上述四个条件得到关于常量 a, b, A, B 的四个方程, 它们的解给出

$$a=R\frac{2\eta+3\eta'}{4(\eta+\eta')},\quad b=R^3\frac{\eta'}{4(\eta+\eta')},\quad A=-BR^2=\frac{\eta}{2(\eta+\eta')}.$$

对于阻力, 根据 (20.14a) 得到

$$F=2\pi u\eta R\frac{2\eta+3\eta'}{\eta+\eta'}.$$

当 $\eta'\to\infty$ 时 (对应于固体球), 此公式化为斯托克斯公式. 在 $\eta'\to 0$ (气泡) 的极限情况下得到

$$F=4\pi u\eta R,$$

即阻力是固体球所受阻力的 2/3.

让 F 等于作用在液滴上的重力 $4\pi R^3(\rho-\rho')g/3$[②], 我们求出

$$u=\frac{2R^2g(\rho-\rho')(\eta+\eta')}{3\eta(2\eta+3\eta')}.$$

3. 两个平行的平面圆盘 (直径为 R) 相距很近, 一个位于另一个上方, 其间充满流体. 两盘以恒定的相对速度 u 互相靠近, 从而排开流体. 求圆盘所受的阻力 (O. Reynolds).

解: 取柱面坐标, 原点位于下盘中心 (设下盘静止不动). 流动是轴对称的, 又因为流体层很薄, 所以流动主要沿径向进行 ($v_z\ll v_r$), 并且 $\partial v_r/\partial r\ll\partial v_r/\partial z$. 于是, 运动方程化为以下形式:

$$\eta\frac{\partial^2 v_r}{\partial z^2}=\frac{\partial p}{\partial r},\quad \frac{\partial p}{\partial z}=0,\tag{1}$$

$$\frac{1}{r}\frac{\partial(rv_r)}{\partial r}+\frac{\partial v_z}{\partial z}=0,\tag{2}$$

---

① 可以不考虑运动过程中液滴形状的变化, 因为这种变化是更高阶小量所引起的效应. 但为使运动液滴事实上是球形的, 液滴边界上的表面张力必须超过压强不均匀分布所引起的力, 后者倾向于破坏液滴的球形形状. 这意味着, 应有 $\eta u/R\ll\alpha/R$ (α 是表面张力系数). 把 $u\sim R^2g\rho/\eta$ 代入, 得到

$$R\ll\sqrt{\frac{\alpha}{\rho g}}.$$

② 这一项通常称为表观重力, 其中考虑了浮力的影响. ——译者

而边界条件为

$$\text{在 } z=0 \text{ 处: } \quad v_r = v_z = 0,$$

$$\text{在 } z=h \text{ 处: } \quad v_r = 0, \quad v_z = -u,$$

$$\text{在 } r=R \text{ 处: } \quad p = p_0$$

(h 是圆盘之间的距离, p_0 是外界压强). 从方程 (1) 求出

$$v_r = \frac{1}{2\eta}\frac{\partial p}{\partial r} z(z-h).$$

把方程 (2) 对 z 积分, 得

$$u = \frac{1}{r}\frac{\mathrm{d}}{\mathrm{d}r}\int_0^h r v_r \,\mathrm{d}z = -\frac{h^3}{12\eta r}\frac{\mathrm{d}}{\mathrm{d}r}\left(r\frac{\mathrm{d}p}{\mathrm{d}r}\right),$$

从而

$$p = p_0 + \frac{3\eta u}{h^3}(R^2 - r^2).$$

一个圆盘所受的总阻力等于

$$F = \frac{3\pi\eta u R^4}{2h^3}.$$

§21 层流尾迹

在黏性流体绕固体的定常流动中, 物体后面较远处的流动具有一些特征, 并且可以在一般形式下研究这些特征, 而不涉及物体的形状.

我们用 $\boldsymbol{U}$ 表示恒定的来流速度 (取 $\boldsymbol{U}$ 方向为 x 轴, 原点位于被绕流物体内部某处), 并把每一点的实际流速写为 $\boldsymbol{U}+\boldsymbol{v}$ 的形式, $\boldsymbol{v}$ 在无穷远处等于零.

可以发现, 在物体后面较远处, $\boldsymbol{v}$ 仅在 x 轴附近相对较窄的范围内才显著不等于零. 这个区域称为**层流尾迹**①, 流入此区域的流体点所在的流线均从距离物体相对不远的地方绕过. 于是, 尾迹中的流动有很大的涡量. 其实, 在黏性流体绕固体的流动中, 涡量恰恰来自固体表面②. 这是很容易理解的, 因为在理想流体的有势绕流中, 在物体表面上只有流体的法向速度等于零, 而切向速度 $\boldsymbol{v}_\mathrm{t}$ 不等于零. 与此同时, 真实流体在边界上的黏附条件要求 $\boldsymbol{v}_\mathrm{t}$ 也等于零. 假如保持有势绕流的流动方式, 这就会导致 $\boldsymbol{v}_\mathrm{t}$ 的有限突跃——出现涡面. 在黏性的影响下, 突跃消失, 而涡量进入流体内部, 并通过对流输运到尾迹区.

对于距离物体足够远的那些流线, 黏性的影响在整条流线上都很微弱, 所以速度的旋度在这些流线上始终基本为零 (因为在无穷远的来流中速度的旋

① 以便区别于湍流尾迹, 见 §37.

② 在 §9 中已经指出, 关于沿固体表面上的流线成立等式 $\operatorname{rot}\boldsymbol{v}=0$ 的结论并不成立.

度为零), 就像在理想流体中那样. 因此, 在尾迹之外远离物体的地方, 可以认为处处都是势流.

我们来推导一些公式, 以便把尾迹中的流动性质与被绕流物体上的作用力联系起来.

通过包围被绕流物体的任何一个封闭曲面的流体总动量流, 等于动量流密度张量沿该曲面的积分:

$$\oint \Pi_{ik}\,\mathrm{d}f_k.$$

张量分量 Π_{ik} 等于

$$\Pi_{ik} = p\delta_{ik} + \rho(U_i + v_i)(U_k + v_k).$$

把压强写为 $p = p_0 + p'$ 的形式, p_0 是无穷远处的压强. 常数项 $p_0\delta_{ik} + \rho U_i U_k$ 的积分为零, 因为封闭曲面上的矢量积分 $\oint \mathrm{d}\boldsymbol{f} = 0$. 积分 $\oint \rho v_k\,\mathrm{d}f_k$ 也为零, 因为所讨论区域中的流体总量保持不变, 通过其表面的总流量应为零. 最后, 远离物体处的速度 $\boldsymbol{v}$ 远小于 $\boldsymbol{U}$. 因此, 如果所讨论的曲面离物体足够远, 则与 $\rho U_k v_i$ 相比, 在曲面上可以忽略 Π_{ik} 中的项 $\rho v_i v_k$. 于是, 总动量流等于积分

$$\oint (p'\delta_{ik} + \rho U_k v_i)\,\mathrm{d}f_k.$$

现在, 我们取两个无穷大平面 $x = \mathrm{const}$ 之间的流动区域作为所讨论的区域, 这两个平面分别位于远离物体的前方和后方. 在计算总动量流时, 无穷远处"侧面"上的积分为零 (因为在无穷远处 $p' = 0$, $\boldsymbol{v} = 0$), 所以只要取两个横向平面上的积分即可. 这样求出的动量流显然是从前方平面流入的总动量流与从后方平面流出的总动量流之差, 而这个差值就是单位时间内从流体传递给物体的动量, 即作用在被绕流物体上的力 $\boldsymbol{F}$.

因此, 力 $\boldsymbol{F}$ 的分量等于下列差值:

$$F_x = \left(\int\limits_{x=x_2} - \int\limits_{x=x_1}\right)(p' + \rho U v_x)\,\mathrm{d}y\,\mathrm{d}z,$$

$$F_y = \left(\int\limits_{x=x_2} - \int\limits_{x=x_1}\right)\rho U v_y\,\mathrm{d}y\,\mathrm{d}z,$$

$$F_z = \left(\int\limits_{x=x_2} - \int\limits_{x=x_1}\right)\rho U v_z\,\mathrm{d}y\,\mathrm{d}z,$$

积分域是无穷大平面 $x = x_1$ (在物体后方很远处) 和 $x = x_2$ (在物体前方很远处). 我们先来研究第一个分量.

尾迹以外是势流, 所以伯努利方程成立:

$$p+\frac{\rho}{2}(\boldsymbol{U}+\boldsymbol{v})^2=\text{const}\equiv p_0+\frac{\rho}{2}U^2,$$

或者, 忽略远小于 $\rho\boldsymbol{U}\cdot\boldsymbol{v}$ 的项 $\rho v^2/2$,

$$p'=-\rho U v_x.$$

我们看到, 在这样的近似下, F_x 中的被积表达式在尾迹以外处处为零. 换言之, 平面 $x=x_2$ (它位于物体前方且根本不与尾迹相交) 上的积分为零, 而物体后方平面 $x=x_1$ 上的积分只要在相应尾迹横截面上进行即可. 但在尾迹之内, 压强变化 p' 的量级为 ρv^2, 这远小于 $\rho U v_x$. 于是, 我们得到最后的结果: 物体在绕流方向上所受的阻力等于

$$F_x=-\rho U\int v_x\,\mathrm{d}y\,\mathrm{d}z. \tag{21.1}$$

积分域是物体后方远处尾迹的横截面. 尾迹内的速度 v_x 显然是负的, 因为这里的流动慢于不存在物体时的流动. 我们注意到, (21.1) 中的积分给出了通过尾迹横截面的流量, 而它小于不存在物体时的相应流量.

现在研究能够让物体作横向运动的力 (分量为 F_y, F_z). 这个力称为**升力**. 对于尾迹以外的势流, 可以写出 $v_y=\partial\varphi/\partial y$, $v_z=\partial\varphi/\partial z$. 平面 $x=x_2$ 位于尾迹之外, 该平面上的积分为零:

$$\int v_y\,\mathrm{d}y\,\mathrm{d}z=\int\frac{\partial\varphi}{\partial y}\,\mathrm{d}y\,\mathrm{d}z=0,\quad \int\frac{\partial\varphi}{\partial z}\,\mathrm{d}y\,\mathrm{d}z=0,$$

因为在无穷远处 $\varphi=0$. 这样就得到升力的表达式

$$F_y=-\rho U\int v_y\,\mathrm{d}y\,\mathrm{d}z,\quad F_z=-\rho U\int v_z\,\mathrm{d}y\,\mathrm{d}z. \tag{21.2}$$

在这些公式中, 实际上也是只在尾迹横截面上取积分即可. 如果被绕流物体有一条对称轴 (不必完全轴对称), 且流动是沿这条轴的方向进行的, 则绕物体的流动也有对称轴. 在这种情况下, 升力显然为零.

我们再来研究尾迹中的流动. 对纳维–斯托克斯方程中各项量级的估计表明, 在距离物体为 r 处, 只要满足条件 $rU/\nu\gg 1$, 一般而言就可以忽略 $\nu\Delta\boldsymbol{v}$ 这一项 (对比条件 (20.16) 的推导). 这就是可以把 (尾迹以外的) 流动当做势流的距离. 但在尾迹内部, 即使在这样的距离上也不能忽略此项, 因为横向导数 $\partial^2\boldsymbol{v}/\partial y^2$, $\partial^2\boldsymbol{v}/\partial z^2$ 远大于纵向导数 $\partial^2\boldsymbol{v}/\partial x^2$.

设 Y 是尾迹宽度的量级, 即速度 $\boldsymbol{v}$ 显著减小处到 x 轴的距离的量级. 于是, 对于纳维–斯托克斯方程中各项的量级, 我们有

$$(\boldsymbol{v}\cdot\nabla)\boldsymbol{v}\sim U\frac{\partial v}{\partial x}\sim\frac{Uv}{x},\quad \nu\Delta\boldsymbol{v}\sim\nu\frac{\partial^2 v}{\partial y^2}\sim\frac{\nu v}{Y^2}.$$

对比这些量, 得到

$$Y = \left(\frac{\nu x}{U}\right)^{1/2}. \tag{21.3}$$

根据 $Ux/\nu \gg 1$ 的假设, 这个量确实远小于 x. 因此, 层流尾迹的宽度正比于到物体距离的平方根.

为了确定尾迹中速度下降的规律, 我们回到公式 (21.1). 在此公式中, 积分域面积的量级为 Y^2, 所以对该积分的估计给出 $F_x \sim \rho U v Y^2$. 再利用关系式 (21.3), 即得所求规律:

$$v \sim \frac{F_x}{\rho \nu x}. \tag{21.4}$$

既然层流尾迹在远离被绕流物体处的定性特性已经解释清楚, 我们来推导一些定量公式, 以便描述尾迹内外的流动图像.

尾迹以内的流动. 在远离物体的地方, 在定常流的纳维–斯托克斯方程

$$(\boldsymbol{v}\cdot\nabla)\boldsymbol{v} = -\nabla\frac{p}{\rho} + \nu\Delta\boldsymbol{v} \tag{21.5}$$

中应用奥森近似——把 $(\boldsymbol{v}\cdot\nabla)\boldsymbol{v}$ 这一项替换为 $(\boldsymbol{U}\cdot\nabla)\boldsymbol{v}$ (对比 (20.17)). 此外, 在尾迹以内, $\Delta\boldsymbol{v}$ 中对纵向坐标 x 的导数与对横向坐标的导数相比可以忽略不计. 于是, 我们将从方程

$$U\frac{\partial \boldsymbol{v}}{\partial x} = -\nabla\frac{p}{\rho} + \nu\left(\frac{\partial^2\boldsymbol{v}}{\partial y^2} + \frac{\partial^2\boldsymbol{v}}{\partial z^2}\right) \tag{21.6}$$

出发来研究问题.

我们来寻求形如 $\boldsymbol{v} = \boldsymbol{v}_1 + \boldsymbol{v}_2$ 的解, 其中 $\boldsymbol{v}_1$ 是方程

$$U\frac{\partial \boldsymbol{v}_1}{\partial x} = \nu\left(\frac{\partial^2\boldsymbol{v}_1}{\partial y^2} + \frac{\partial^2\boldsymbol{v}_1}{\partial z^2}\right) \tag{21.7}$$

的解. 量 $\boldsymbol{v}_2$ 与原方程中 $-\nabla(p/\rho)$ 这一项有关, 于是可以用某个标量的梯度 $\nabla\varPhi$ 的形式来求它[①]. 因为在远离物体处, 对 x 的导数远小于对 y 和 z 的导数, 所以在同样的近似下应当忽略项 $\partial\varPhi/\partial x$, 即应当认为 $v_x = v_{1x}$. 因此, 对于 v_x, 我们有方程

$$U\frac{\partial v_x}{\partial x} = \nu\left(\frac{\partial^2 v_x}{\partial y^2} + \frac{\partial^2 v_x}{\partial z^2}\right). \tag{21.8}$$

这个方程在形式上与二维热传导方程相同, 并且 x/U 起时间的作用, 运动黏度 ν 起温导率的作用. 如果要求方程的解随 y 和 z 的增大而减小 (当 x

① 本节此后均用 $\varPhi$ 表示速度势, 以便区别于球面坐标系中的方位角 φ.

给定时), 并且当 $x \to 0$ 时能够让尾迹的宽度无穷小 (在所用近似下, 认为物体尺寸量级的距离是小量), 则这样的解为 (对比 § 51)

$$v_x = -\frac{F_x}{4\pi\rho\nu x}\exp\left[-\frac{U(y^2+z^2)}{4\nu x}\right]. \tag{21.9}$$

公式中的系数已经利用公式 (21.1) 通过阻力表示出来, 并且由于 (21.1) 中的积分迅速收敛, 积分域可以扩展至整个 yz 平面. 如果引入以 x 轴为极轴的球面坐标 r, θ, φ 来取代笛卡儿坐标, 则极角值 $\theta \ll 1$ 对应尾迹区域 $\left(\sqrt{y^2+z^2} \ll x\right)$. 公式 (21.9) 在这些坐标下具有以下形式:

$$v_x = -\frac{F_x}{4\pi\rho\nu r}\exp\left(-\frac{Ur\theta^2}{4\nu}\right). \tag{21.10}$$

被我们忽略的项 $\partial\Phi/\partial x$ (Φ 由下面的公式 (21.12) 给出) 在 v_x 中应给出 θ 量级的小附加项.

v_{1y} 和 v_{1z} 也应当具有与 (21.9) 相同的形式 (但系数不同). 取升力方向为 y 轴方向 (于是 $F_z = 0$), 并注意到在无穷远处 $\Phi = 0$, 则根据 (21.2) 有

$$\int v_y\,\mathrm{d}y\,\mathrm{d}z = \int\left(v_{1y} + \frac{\partial\Phi}{\partial y}\right)\mathrm{d}y\,\mathrm{d}z = \int v_{1y}\,\mathrm{d}y\,\mathrm{d}z = -\frac{F_y}{\rho U},$$

$$\int v_{1z}\,\mathrm{d}y\,\mathrm{d}z = 0.$$

所以, 在 (21.9) 中把 F_x 改为 F_y, 显然就得到 v_{1y}, 而 $v_{1z} = 0$. 于是, 我们求出

$$v_y = -\frac{F_y}{4\pi\rho\nu x}\exp\left[-\frac{U(y^2+z^2)}{4\nu x}\right] + \frac{\partial\Phi}{\partial y}, \quad v_z = \frac{\partial\Phi}{\partial z}. \tag{21.11}$$

为了确定函数 Φ, 我们作以下运算. 在连续性方程中忽略纵向导数 $\partial v_x/\partial x$:

$$\operatorname{div}\boldsymbol{v} \approx \frac{\partial v_y}{\partial y} + \frac{\partial v_z}{\partial z} = \left(\frac{\partial^2}{\partial y^2} + \frac{\partial^2}{\partial z^2}\right)\Phi + \frac{\partial v_{1y}}{\partial y} = 0.$$

对 x 求导并利用 v_{1y} 的方程 (21.7), 我们得到

$$\left(\frac{\partial^2}{\partial y^2} + \frac{\partial^2}{\partial z^2}\right)\frac{\partial\Phi}{\partial x} = -\frac{\partial}{\partial y}\left(\frac{\partial v_{1y}}{\partial x}\right) = -\frac{\nu}{U}\left(\frac{\partial^2}{\partial y^2} + \frac{\partial^2}{\partial z^2}\right)\frac{\partial v_{1y}}{\partial y},$$

从而

$$\frac{\partial\Phi}{\partial x} = -\frac{\nu}{U}\frac{\partial v_{1y}}{\partial y}.$$

最后, 把 v_{1y} 的表达式 ((21.11) 中的第一式) 代入此式, 并对 x 积分, 最终求出

$$\Phi = -\frac{F_y}{2\pi\rho U}\frac{y}{y^2+z^2}\left\{\exp\left[-\frac{U(y^2+z^2)}{4\nu x}\right] - 1\right\} \tag{21.12}$$

(积分常数已经这样选择, 使 Φ 在 $y=z=0$ 时保持有限值). 在球面坐标下 (方位角 φ 从 xy 平面算起)

$$\Phi = -\frac{F_y}{2\pi\rho U}\frac{\cos\varphi}{r\theta}\left[\exp\left(-\frac{Ur\theta^2}{4\nu}\right)-1\right]. \tag{21.13}$$

由 (21.11)—(21.13) 可见, v_y 和 v_z 不同于 v_x 的地方是, 它们不但含有随着 θ 的增加而按指数规律减小的项 (当 r 给定时), 而且含有随着到尾迹的轴的距离增加而以慢得多的速度减小的项 (如同 $1/\theta^2$).

如果没有升力, 尾迹中的流动就是轴对称的, 并且 $\Phi \equiv 0$[①].

尾迹以外的流动. 可以认为尾迹以外的流动是势流. 我们只关心速度势 Φ 中在远处随距离的增加而减小得最慢的那些项, 所以对于拉普拉斯方程

$$\Delta\Phi = \frac{1}{r^2}\frac{\partial}{\partial r}\left(r^2\frac{\partial\Phi}{\partial r}\right)+\frac{1}{r^2\sin\theta}\frac{\partial}{\partial\theta}\left(\sin\theta\frac{\partial\Phi}{\partial\theta}\right)+\frac{1}{r^2\sin^2\theta}\frac{\partial^2\Phi}{\partial\varphi^2}=0,$$

寻求具有以下两项之和形式的解即可:

$$\Phi = \frac{a}{r}+\frac{\cos\varphi}{r}f(\theta). \tag{21.14}$$

这里的第一项具有球对称性并且与力 F_x 有关, 而第二项关于 xy 平面对称并且与力 F_y 有关.

对于函数 $f(\theta)$, 我们得到方程

$$\frac{\mathrm{d}}{\mathrm{d}\theta}\left(\sin\theta\frac{\mathrm{d}f}{\mathrm{d}\theta}\right)-\frac{f}{\sin\theta}=0.$$

这个方程在 $\theta\to\pi$ 时有界的解是

$$f = b\cot\frac{\theta}{2}. \tag{21.15}$$

利用与尾迹以内的解相匹配的条件即可确定系数 b. 其实, 公式 (21.13) 适用于区域 $\theta\ll 1$, 解 (21.14) 适用于区域 $\theta \gg (\nu/Ur)^{1/2}$. 在这些区域的重叠部分 $(\nu/Ur)^{1/2}\ll\theta\ll 1$, (21.13) 化为

$$\Phi = \frac{F_y}{2\pi\rho U}\frac{\cos\varphi}{r\theta},$$

而 (21.14) 中的第二项化为 $2b\cos\varphi/r\theta$. 对比这两个表达式, 我们求出, 应取

$$b = \frac{F_y}{4\pi\rho U}.$$

---

① 例如, 被绕流球体之后的尾迹是轴对称的. 因此我们指出, 所得公式 (以及下面的公式 (21.16)) 与低雷诺数绕流的速度分布 (20.24) 一致. 在这种情况下, 所有上述流动图像都会移动非常大的距离 $r \gg l/R$ (l 是物体的尺寸).

为了确定 (21.14) 中的系数 a, 我们注意到, 通过半径 r 很大的球面 S (以及通过任何封闭曲面) 的总流量应当等于零. 但通过该球面与尾迹相交部分 S_0 流入的流量是

$$-\int_{S_0} v_x \,\mathrm{d}y\,\mathrm{d}z = \frac{F_x}{\rho U},$$

所以通过球面其余部分流出的流量应当与此相同, 即应有

$$\int_{S-S_0} \boldsymbol{v}\cdot \mathrm{d}\boldsymbol{f} = \frac{F_x}{\rho U}.$$

由于 S_0 远小于 S, 所以可以把这个条件改为

$$\int_S \boldsymbol{v}\cdot \mathrm{d}\boldsymbol{f} = \int_S \nabla\varPhi\cdot \mathrm{d}\boldsymbol{f} = -4\pi a = \frac{F_x}{\rho U}, \tag{21.16}$$

从而求出

$$a = -\frac{F_x}{4\pi\rho U}.$$

于是, 把上述所有结果综合在一起, 我们得到速度势的以下公式:

$$\varPhi = \frac{1}{4\pi\rho U r}\left(-F_x + F_y\cos\varphi\cot\frac{\theta}{2}\right). \tag{21.17}$$

由此即可确定远离物体处尾迹以外整个区域中的流动. 随着距离 r 的增加, 速度势按 $1/r$ 减小. 相应地, 速度按 $1/r^2$ 减小. 如果没有升力, 则尾迹以外的流动具有轴对称性.

§ 22 悬浮流体的黏性

对于悬浮着大量微小固体颗粒的流体 (悬浮流体), 如果我们所研究的现象具有远大于悬浮颗粒尺寸的特征长度, 就可以把这样的流体看做均匀介质. 这种介质的有效黏度 η 不同于原来流体的黏度 η_0. 在悬浮颗粒浓度很小的情形下 (即如果假设所有颗粒总体积远小于全部流体体积), 可以计算出这个有效黏度. 对球形颗粒情形的计算相对简单 (A. 爱因斯坦, 1906).

作为一个辅助问题, 必须首先研究浸在流体中的一个固体小球对流动的影响, 该流动的速度梯度是常量. 设未受小球扰动的流动由线性速度分布

$$v_i^{(0)} = \alpha_{ik}x_k \tag{22.1}$$

描述, 其中 α_{ik} 是常对称张量. 流体中的压强此时处处相同: $p^{(0)} = \text{const}$. 我们在下面认为压强表示对此常值的偏离. 因为流体是不可压缩的 ($\operatorname{div}\boldsymbol{v}^{(0)} = 0$), 所以张量 α_{ik} 的迹应为零:

$$\alpha_{ii} = 0. \tag{22.2}$$

现在设一个半径为 R 的小球位于坐标原点. 这导致流动发生变化, 相应速度表示为 $\boldsymbol{v}=\boldsymbol{v}^{(0)}+\boldsymbol{v}^{(1)}$. 在无穷远处, $\boldsymbol{v}^{(1)}$ 应当为零, 但在小球附近, $\boldsymbol{v}^{(1)}$ 与 $\boldsymbol{v}^{(0)}$ 相比根本不是小量. 由流动的对称性显然可知, 小球保持静止, 于是边界条件是: 在 $r=R$ 处 $\boldsymbol{v}=0$.

如果注意到运动方程 (20.1), (20.2) 的解对坐标的导数也是解, 就可以利用在 §20 中已经求出的解 (20.4) (函数 f 由 (20.6) 给出) 直接得到待求的解. 在当前情况下, 待求的解以张量分量 α_{ik} 作为参数 (而不像 §20 中那样以矢量 $\boldsymbol{u}$ 作为参数). 这样的一个解是

$$\boldsymbol{v}^{(1)}=\operatorname{rot}\operatorname{rot}(\boldsymbol{\alpha}\cdot\nabla f),\quad p=\eta_0\alpha_{ik}\frac{\partial^2\Delta f}{\partial x_i\partial x_k},$$

其中 $\boldsymbol{\alpha}\cdot\nabla f$ 表示以 $\alpha_{ik}\,\partial f/\partial x_k$ 为分量的矢量. 展开这些表达式, 并适当选取函数 $f=ar+b/r$ 中的常量 a 和 b, 以便满足小球表面的边界条件, 我们得到速度和压强的以下公式:

$$v_i^{(1)}=\frac{5}{2}\left(\frac{R^5}{r^4}-\frac{R^3}{r^2}\right)\alpha_{kl}n_in_kn_l-\frac{R^5}{r^4}\alpha_{ik}n_k, \tag{22.3}$$

$$p=-5\eta_0\frac{R^5}{r^3}\alpha_{ik}n_in_k \tag{22.4}$$

($\boldsymbol{n}$ 是指向径矢方向的单位矢量).

现在回到确定悬浮流体有效黏度的问题本身, 我们来计算动量流密度张量 Π_{ik} (对整个体积) 的平均值. 在关于速度的线性近似下, 张量 Π_{ik} 等于应力张量 $-\sigma_{ik}$:

$$\overline{\sigma}_{ik}=\frac{1}{V}\int\sigma_{ik}\,\mathrm{d}V.$$

这里可以在半径很大的球形区域 V 上取积分, 然后让半径趋于无穷大.

首先, 我们写出恒等式

$$\overline{\sigma}_{ik}=\eta_0\left(\overline{\frac{\partial v_i}{\partial x_k}}+\overline{\frac{\partial v_k}{\partial x_i}}\right)-\overline{p}\delta_{ik}+\frac{1}{V}\int\left[\sigma_{ik}-\eta_0\left(\frac{\partial v_i}{\partial x_k}+\frac{\partial v_k}{\partial x_i}\right)+p\delta_{ik}\right]\mathrm{d}V. \tag{22.5}$$

在这里的积分中, 被积函数仅在固体小球内部才不等于零. 根据悬浮流体浓度很小的假设, 可以先对只有单独一个小球而其余小球完全不存在的情形计算这个积分, 计算结果应当再乘以悬浮流体浓度 N[①] (单位体积内的小球数目). 假如直接计算这个积分, 就需要研究小球中的内应力. 不过, 只要把体积分变换为完全位于流体中的无穷大球面上的面积分, 即可回避这个困难. 为此, 我

① 原文用字母 n 表示悬浮流体浓度. ——译者

们注意到, 根据运动方程 $\partial\sigma_{il}/\partial x_l = 0$ 成立恒等式

$$\sigma_{ik} = \frac{\partial}{\partial x_l}(\sigma_{il}x_k).$$

所以, 把体积分变换为面积分, 结果为

$$\overline{\sigma}_{ik} = \eta_0\left(\overline{\frac{\partial v_i}{\partial x_k}} + \overline{\frac{\partial v_k}{\partial x_i}}\right) + N\oint[\sigma_{il}x_k\,\mathrm{d}f_l - \eta_0(v_i\,\mathrm{d}f_k + v_k\,\mathrm{d}f_i)].$$

我们已经略去含 $\overline{p}$ 的项, 因为平均压强必定为零 (其实, 这是一个标量, 它应当由张量分量 α_{ik} 的线性组合给出, 而唯一的这样的标量是 $\alpha_{ii} = 0$).

在计算半径很大的球面上的积分时, 在速度表达式 (22.3) 中自然只须保留 $1/r^2$ 量级的项即可. 对于这个积分, 简单的计算给出

$$N\eta_0\cdot 20\pi R^3(5\alpha_{lm}\overline{n_i n_k n_l n_m} - \alpha_{il}\overline{n_k n_l}),$$

其中的横线表示对各个方向的单位矢量 $\boldsymbol{n}$ 取平均值. 计算这样的平均值①, 我们最后得到

$$\overline{\sigma}_{ik} = \eta_0\left(\overline{\frac{\partial v_i}{\partial x_k}} + \overline{\frac{\partial v_k}{\partial x_i}}\right) + 5\eta_0\alpha_{ik}\frac{4R^3}{3}N. \tag{22.6}$$

把 $\boldsymbol{v}^{(0)}$ 的表达式 (22.1) 代入 (22.6) 中的第一项, 它给出 $2\eta_0\alpha_{ik}$, 这一项中的一阶小量在对各个方向的 $\boldsymbol{n}$ 取平均值后恒等于零 (理应如此, 因为整个效应已经包含在 (22.5) 的积分中). 所以, 悬浮流体有效黏度 η 的待求的相对修正量由 (22.6) 中第二项与第一项之比给出. 于是, 我们得到

$$\eta = \eta_0\left(1 + \frac{5}{2}\varphi\right), \quad \varphi = \frac{4\pi R^3}{3}N, \tag{22.7}$$

其中 φ 是所有小球的总体积与悬浮流体总体积之比, 它是一个小量.

对于带有椭球形颗粒的悬浮流体, 类似的计算和最后的公式已经变得极其繁琐②. 为了具体说明, 对于某些比值 a/b (a 和 $b = c$ 是椭球半轴), 我们列出公式

$$\eta = \eta_0(1 + A\varphi), \quad \varphi = \frac{4\pi ab^2}{3}N$$

---

① 单位矢量分量乘积的待求平均值是对称张量, 它们只能由单位张量 δ_{ik} 组成. 注意到这一点, 容易求出

$$\overline{n_i n_k} = \frac{1}{3}\delta_{ik}, \quad \overline{n_i n_k n_l n_m} = \frac{1}{15}(\delta_{ik}\delta_{lm} + \delta_{il}\delta_{km} + \delta_{im}\delta_{kl}).$$

② 在带有非球形固体颗粒的悬浮流体中, 速度梯度的存在对固体颗粒有定向作用. 在起定向作用的流体动力学作用力和不定向的旋转布朗运动的共同影响下, 固体颗粒在空间中的取向分布是各向异性的. 然而, 在计算黏度 η 的修正量时不必考虑这个效应: 取向分布的各向异性本身与速度梯度有关 (这种依赖关系在一级近似下是线性的), 而考虑该效应则会导致在应力张量中出现速度梯度的非线性项.

中的修正系数 A 的相应数值:

$$\begin{array}{llllllll} a/b=0.1 & 0.2 & 0.5 & 1.0 & 2 & 5 & 10, \\ A=8.04 & 4.71 & 2.85 & 2.5 & 2.91 & 5.81 & 13.6. \end{array}$$

从球形颗粒的比值 $a/b=1$ 开始, 无论该比值增大还是减小, 修正系数都越来越大.

§ 23 黏性流体运动方程的精确解

如果黏性流体运动方程的非线性项不恒为零, 求解这些方程就会有很大困难, 仅在为数不多的情况下才能得到精确解. 这些精确解有重要意义——即使并非总有物理意义 (因为当雷诺数足够大时实际上都会出现湍流), 它们无论如何也有方法论上的意义.

下面给出黏性流体运动方程精确解的一些例子.

旋转圆盘所引起的流动. 设一个无穷大平面圆盘浸没在黏性流体中并绕自身轴线匀速旋转, 需要确定圆盘所引起的流动 (T. von 卡门, 1921). 取盘面作为柱面坐标系中的平面 $z=0$. 设圆盘以角速度 Ω 绕 z 轴旋转. 考虑 $z>0$ 一侧的无界流体. 边界条件具有以下形式:

$$\begin{aligned} &\text{在 } z=0 \text{ 处}, \quad v_r=0, \quad v_\varphi=\Omega r, \quad v_z=0; \\ &\text{在 } z=\infty \text{ 处}, \quad v_r=0, \quad v_\varphi=0. \end{aligned}$$

当 $z\to\infty$ 时, 轴向速度 v_z 不为零, 它趋于一个由运动方程本身确定的负常值. 其实, 流体有离开旋转轴的径向运动, 特别是在圆盘附近. 因此, 为了保证流体的连续性, 必定存在来自无穷远处且与盘面垂直的匀速流动. 我们寻求运动方程以下形式的解:

$$\begin{aligned} &v_r=r\Omega F(z_1), \quad v_\varphi=r\Omega G(z_1), \quad v_z=\sqrt{\nu\Omega}H(z_1), \\ &p=-\rho\nu\Omega P(z_1), \quad \text{其中} \quad z_1=\sqrt{\frac{\Omega}{\nu}}z. \end{aligned} \tag{23.1}$$

在这样的速度分布中, 径向速度和周向速度正比于到圆盘旋转轴的距离, 而竖直速度 v_z 在每一个水平平面上保持不变.

代入纳维–斯托克斯方程和连续性方程, 即得到函数 F, G, H, P 的以下方程:

$$\begin{aligned} &F^2-G^2+F'H=F'', \quad 2FG+G'H=G'', \\ &HH'=P'+H'', \quad 2F+H'=0 \end{aligned} \tag{23.2}$$

(撇号表示对 z_1 的导数). 边界条件是

$$\begin{aligned}&\text{在 } z_1=0 \text{ 处,}\quad F=0,\quad G=1,\quad H=0;\\ &\text{在 } z_1=\infty \text{ 处,}\quad F=0,\quad G=0.\end{aligned}\tag{23.3}$$

于是, 我们把问题化为求解单自变量常微分方程组, 该问题可用数值方法求解. 图 7 给出由此得到的函数 F, G, $-H$ 的图像. 当 $z_1\to\infty$ 时, H 的极限值为 -0.886. 换言之, 从无穷远处流向圆盘的流体具有速度

$$v_z(\infty)=-0.886\sqrt{\nu\Omega}.$$

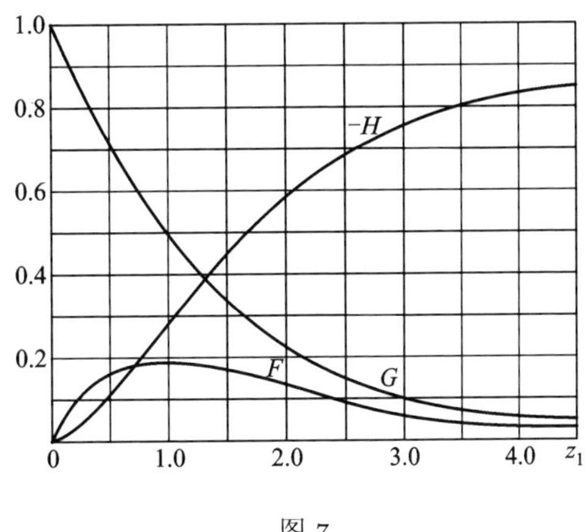

图 7

作用于单位面积盘面且垂直于径向的摩擦力为 $\sigma_{z\varphi}=\eta\partial v_\varphi/\partial z\big|_{z=0}$. 如果忽略边缘效应, 就可以把半径 R 很大但取有限值的圆盘上的摩擦力矩写为

$$\begin{aligned}M&=2\int_0^R 2\pi r^2\sigma_{z\varphi}\,\mathrm{d}r\\&=\pi R^4\rho\sqrt{\nu\Omega^3}\,G'(0)\end{aligned}$$

(积分号前面之所以有因子 2, 是因为圆盘的两面都接触流体). 数值计算给出函数 G 的公式

$$M=-1.94R^4\rho\sqrt{\nu\Omega^3}.\tag{23.4}$$

扩张渠道和收缩渠道内的流动. 设两个平面壁按一定角度相交 (图 8 给出这两个平面壁的横截面示意图), 流体从二者的交线流出或流入, 需要确定平面壁之间的这种定常流动 (G. 哈梅尔, 1917).

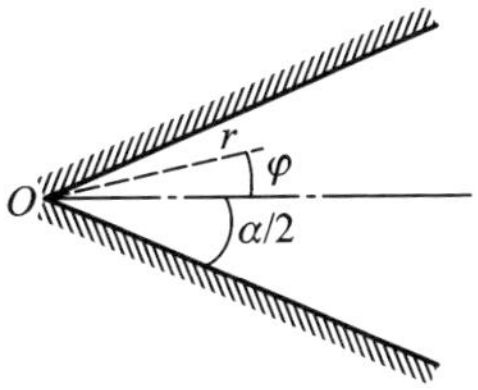

取柱面坐标系 r, z, φ, 其 z 轴沿两个平面的交线 (图 8 中的点 O), 而角 φ 按图 8 所示方式确定. 沿 z 轴的流动是均匀的, 并且自然可以假设流动是纯径向的, 即 $v_\varphi=v_z=0$, $v_r=v(r,\ \varphi)$. 方程 (15.18) 给出

图 8

$$v\frac{\partial v}{\partial r}=-\frac{1}{\rho}\frac{\partial p}{\partial r}+\nu\left(\frac{\partial^2 v}{\partial r^2}+\frac{1}{r^2}\frac{\partial^2 v}{\partial\varphi^2}+\frac{1}{r}\frac{\partial v}{\partial r}-\frac{v}{r^2}\right),\tag{23.5}$$

$$-\frac{1}{\rho r}\frac{\partial p}{\partial\varphi}+\frac{2\nu}{r^2}\frac{\partial v}{\partial\varphi}=0,\tag{23.6}$$

$$\frac{\partial(rv)}{\partial r}=0.$$

从最后一个方程可见, rv 仅仅是 φ 的函数. 引入函数

$$u(\varphi) = \frac{1}{6\nu} rv, \tag{23.7}$$

从 (23.6) 得到

$$\frac{1}{\rho}\frac{\partial p}{\partial \varphi} = \frac{12\nu^2}{r^2}\frac{\mathrm{d}u}{\mathrm{d}\varphi},$$

所以

$$\frac{p}{\rho} = \frac{12\nu^2}{r^2} u(\varphi) + f(r).$$

把这个表达式代入 (23.5), 我们得到方程

$$\frac{\mathrm{d}^2 u}{\mathrm{d}\varphi^2} + 4u + 6u^2 = \frac{1}{6\nu^2} r^3 f'(r).$$

由此可见, 方程左边只依赖于 φ, 而右边只依赖于 r, 所以两边均为常量. 我们把这个常量记为 $2C_1$, 于是

$$f'(r) = 12\nu^2 C_1 \frac{1}{r^3},$$

从而

$$f(r) = -\frac{6\nu^2 C_1}{r^2} + \mathrm{const},$$

最终对于压强则有

$$\frac{p}{\rho} = \frac{6\nu^2}{r^2}(2u - C_1) + \mathrm{const}. \tag{23.8}$$

对于 $u(\varphi)$, 我们有方程

$$u'' + 4u + 6u^2 = 2C_1.$$

方程两端乘以 u' 并积分一次, 有

$$\frac{u'^2}{2} + 2u^2 + 2u^3 - 2C_1 u - 2C_2 = 0.$$

由此得到

$$2\varphi = \pm \int \frac{\mathrm{d}u}{\sqrt{-u^3 - u^2 + C_1 u + C_2}} + C_3, \tag{23.9}$$

此即速度对 φ 的待求依赖关系. 函数 $u(\varphi)$ 可由此通过椭圆函数表示出来. 三个常量 C_1, C_2, C_3 可由边界条件

$$u\left(\pm\frac{\alpha}{2}\right) = 0 \tag{23.10}$$

和等流量条件确定, 后者要求单位时间内通过任何横截面 $r=\text{const}$ 的流量 Q 相同:

$$Q=\rho\int_{-\alpha/2}^{\alpha/2} vr\,\mathrm{d}\varphi=6\nu\rho\int_{-\alpha/2}^{\alpha/2} u\,\mathrm{d}\varphi. \tag{23.11}$$

流量 Q 可正可负. 如果 $Q>0$, 则平面交线处是源, 即流体从角顶流出 (这种流动称为**扩张渠道内的流动**). 如果 $Q<0$, 则交线处是汇, 即流动向角顶汇聚 (这种流动称为**收缩渠道内的流动**). 无量纲的比值 $|Q|/\nu\rho$ 在所讨论的流动中起雷诺数的作用.

首先考虑收缩流 ($Q<0$). 为了研究解 (23.9)—(23.11), 我们作出将在下面得到证实的假设: 流动关于平面 $\varphi=0$ 对称 (即 $u(\varphi)=u(-\varphi)$). 函数 $u(\varphi)$ 处处取负值 (速度处处指向角顶), 它从 $\varphi=\pm\alpha/2$ 处的 $u=0$ 单调变化为 $\varphi=0$ 处的 $u=-u_0$ ($u_0>0$), 这样 u_0 就是 $|u|$ 的最大值. 于是, 当 $u=-u_0$ 时应有 $\mathrm{d}u/\mathrm{d}\varphi=0$. 我们由此断定, $u=-u_0$ 是 (23.9) 的被积函数中根号下三次多项式的根, 从而可以写出

$$-u^3-u^2+C_1u+C_2=(u+u_0)[-u^2-(1-u_0)u+q],$$

其中 q 是新的常量. 因此, 我们有

$$2\varphi=\pm\int_{-u_0}^{u}\frac{\mathrm{d}u}{\sqrt{(u+u_0)[-u^2-(1-u_0)u+q]}}, \tag{23.12}$$

并且常量 u_0 和 q 由条件

$$\begin{aligned}\alpha&=\int_{-u_0}^{0}\frac{\mathrm{d}u}{\sqrt{(u+u_0)[-u^2-(1-u_0)u+q]}},\\ \frac{Re}{6}&=\int_{-u_0}^{0}\frac{u\,\mathrm{d}u}{\sqrt{(u+u_0)[-u^2-(1-u_0)u+q]}}\end{aligned} \tag{23.13}$$

确定 (其中 $Re=|Q|/\nu\rho$). 常量 q 应为正, 否则这些积分会成为复数. 可以证明, 对于任何 Re 和 $\alpha<\pi$, 这两个方程都有解 u_0 和 q. 换言之, 对于任何顶角 α 及任何雷诺数, 都可能存在对称的收缩流 (图 9). 我们来详细讨论 Re 很大时的流动. 与很大的 Re 相对应的是 u_0 也很大. 把方程 (23.12) (对于 $\varphi>0$) 写为

$$2\Big(\frac{\alpha}{2}-\varphi\Big)=\int_{u}^{0}\frac{\mathrm{d}u}{\sqrt{(u+u_0)[-u^2-(1-u_0)u+q]}},$$

我们从而看出, 只要 $|u|$ 不接近 u_0, 被积函数在整个积分域上就是小量. 这表明, 只有当 φ 接近 $\pm\alpha/2$ 时, 即只有在紧靠壁面处, $|u|$ 与 u_0 才会有显著差

别[①]. 换言之, 对于角 φ 区间内几乎所有的点都有 $u \approx \text{const} = -u_0$. 此外, 等式 (23.13) 表明, 应有 $u_0 = Re/6\alpha$. 速度 v 本身等于 $|Q|/\rho\alpha r$, 这对应于无黏性的势流, 其速度与角度无关, 并且按照反比于 r 的规律减小. 因此, 在大雷诺数下, 收缩渠道中的流动与理想流体的势流相差无几. 黏性效应仅在紧贴壁面的薄层内才表现出来, 速度在此薄层内从势流所对应的值迅速降为零 (图 10).

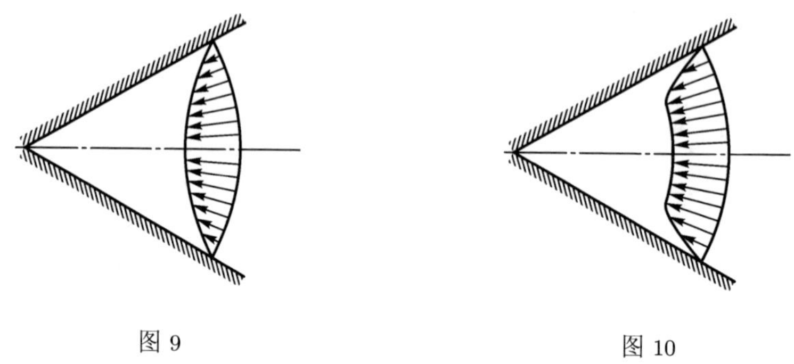

图 9 图 10

现在设 $Q > 0$, 即考虑扩张流. 我们首先仍然假设流动相对于平面 $\varphi = 0$ 对称, 并且 $u(\varphi)$ (现在 $u > 0$) 从 $\varphi = \pm\alpha/2$ 处的 $u = 0$ 单调增加到 $\varphi = 0$ 处的 $u = u_0 > 0$. 取代 (23.13) 的现在是

$$\begin{aligned}
\alpha &= \int_0^{u_0} \frac{\mathrm{d}u}{\sqrt{(u_0 - u)[u^2 + (1 + u_0)u + q]}}, \\
\frac{Re}{6} &= \int_0^{u_0} \frac{u\,\mathrm{d}u}{\sqrt{(u_0 - u)[u^2 + (1 + u_0)u + q]}}.
\end{aligned} \tag{23.14}$$

如果认为 u_0 是给定的, 则 α 随 q 的减小而单调增大, 当 $q = 0$ 时具有最大值:

$$\alpha_{\max} = \int_0^{u_0} \frac{\mathrm{d}u}{\sqrt{u(u_0 - u)(u + u_0 + 1)}}.$$

另一方面, 容易证明, 当 q 给定时, α 是 u_0 的单调减函数. 由此可见, 当 α 给定时, u_0 是 q 的单调减函数, 其最大值对应于 $q = 0$ 并由上述方程给出. 最大值 $Re = Re_{\max}$ 也与最大值 u_0 相对应. 利用代换

$$k^2 = \frac{u_0}{1 + 2u_0}, \quad u = u_0 \cos^2 x$$

① 可能出现的一个问题是: 这个积分在 $u \approx -u_0$ 时究竟是如何变大的? 其实, 当 u_0 很大时, 三项式 $-u^2 - (1 - u_0)u + q$ 的一个根也接近 $-u_0$, 所以根号内的整个表达式具有几乎重合的两个根, 整个积分因而在 $u = -u_0$ 时"几乎发散".

可以把 $Re_{\max}$ 对 α 的依赖关系表示为参数形式:

$$\begin{aligned}\alpha &= 2\sqrt{1-2k^2}\int_0^{\pi/2}\frac{\mathrm{d}x}{\sqrt{1-k^2\sin^2 x}},\\ Re_{\max} &= -6\alpha\frac{1-k^2}{1-2k^2}+\frac{12}{\sqrt{1-2k^2}}\int_0^{\pi/2}\sqrt{1-k^2\sin^2 x}\,\mathrm{d}x.\end{aligned}\tag{23.15}$$

因此, 在具有给定顶角的扩张渠道中, 仅当雷诺数不超过一个确定值时才可能有处处扩张的对称流动 (图 11 (a)). 当 $\alpha\to\pi$ 时 (对应 $k\to 0$), $Re_{\max}\to 0$; 当 $\alpha\to 0$ 时 (对应 $k\to 1/\sqrt{2}$), $Re_{\max}$ 按 $Re_{\max}=18.8/\alpha$ 的规律趋于无穷大.

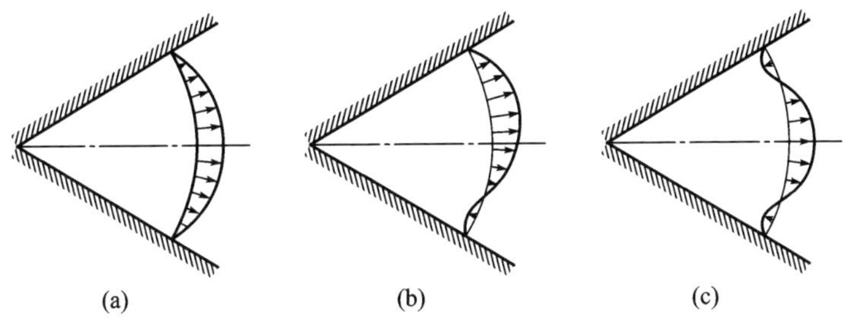

图 11

当 $Re > Re_{\max}$ 时, 在扩张渠道中存在处处扩张的对称流的假设是不成立的, 因为条件 (23.14) 无法得到满足. 函数 $u(\varphi)$ 在区间 $-\alpha/2\leqslant\varphi\leqslant\alpha/2$ 上必定有若干个极大值或极小值, 而与此相应的 $u(\varphi)$ 值仍旧应当是根号下多项式的根. 所以很显然, 三项式 $u^2+(1+u_0)u+q$ $(u_0>0,\ q>0)$ 在该区间上必定有两个负实根, 根号下的表达式因此可以写为

$$(u_0-u)(u+u_0')(u+u_0''),$$

其中 $u_0>0,\ u_0'>0,\ u_0''>0$. 设 $u_0'<u_0''$. 函数 $u(\varphi)$ 显然可在区间 $u_0\geqslant u\geqslant -u_0'$ 内变化, 并且 $u=u_0$ 对应于 $u(\varphi)$ 的正极大值, 而 $u=-u_0'$ 对应于负极小值. 我们不再详细研究这样得到的解, 仅仅指出, 当 $Re>Re_{\max}$ 时, 首先会出现速度有一个极大值和一个极小值的解, 并且流动相对于平面 $\varphi=0$ 并不对称 (图 11 (b)). 当 Re 进一步增大时, 会出现速度具有一个极大值和两个极小值的对称解 (图 11 (c)), 如此等等. 因此, 在所有这些解中, 既有向外流动的区域, 也有向内流动的区域 (但总流量 Q 当然是正的). 当 $Re\to\infty$ 时, 交替出现极小值和极大值的数目无限增加, 所以不存在确定的极限解. 因此我们强调, 扩张流的解当 $Re\to\infty$ 时并不像收缩流的解那样趋于欧拉方程的解. 最后我们指出, 随着 Re 的增大, 上述类型的定常扩张流在 Re 超过 $Re_{\max}$ 后很快就变为不稳定的, 从而出现湍流.

浸没射流. 设一束射流从细管一端射入充满同一种流体的无穷大空间, 从而形成人们所说的浸没射流, 需要确定其中的流动 (Л. 朗道, 1943).

取球面坐标 r, θ, φ, 极轴指向射流方向, 坐标原点位于射流出口点. 流动绕极轴是对称的, 从而 $v_\varphi = 0$, 并且 v_θ, v_r 只是 r, θ 的函数. 通过包围原点的任何封闭曲面 (例如通过无穷远处的封闭曲面) 的总动量流 ("射流动量") 应当相等. 为此, 速度应当反比于到坐标原点的距离 r, 即

$$v_r = \frac{1}{r}F(\theta), \quad v_\theta = \frac{1}{r}f(\theta), \tag{23.16}$$

其中 F, f 是只依赖于 θ 的某些函数. 连续性方程为

$$\frac{1}{r^2}\frac{\partial(r^2 v_r)}{\partial r} + \frac{1}{r\sin\theta}\frac{\partial}{\partial\theta}(v_\theta \sin\theta) = 0.$$

由此求出

$$F(\theta) = -\frac{\mathrm{d}f}{\mathrm{d}\theta} - f\cot\theta. \tag{23.17}$$

根据对称性已经可以看出, 射流的动量流密度张量的分量 $\Pi_{r\varphi}$, $\Pi_{\theta\varphi}$ 恒为零. 假设分量 $\Pi_{\theta\theta}$ 和 $\Pi_{\varphi\varphi}$ 也为零 (我们这样就得到满足全部必要条件的解, 从而证明该假设是正确的). 利用张量分量 σ_{ik} 的表达式 (15.20) 和公式 (23.16), (23.17) 容易证明, 射流的动量流密度张量的分量 $\Pi_{\theta\theta}$, $\Pi_{\varphi\varphi}$ 和 $\Pi_{r\theta}$ 之间的关系为

$$\Pi_{r\theta}\sin^2\theta = \frac{1}{2}\frac{\partial}{\partial\theta}[(\Pi_{\varphi\varphi} - \Pi_{\theta\theta})\sin^2\theta].$$

所以, 由 $\Pi_{\varphi\varphi} = 0$ 和 $\Pi_{\theta\theta} = 0$ 可知 $\Pi_{r\theta} = 0$. 于是, 在全部分量 Π_{ik} 中只有 Π_{rr} 不为零, 它像 r^{-2} 那样随 r 变化. 容易看出, 运动方程 $\partial\Pi_{ik}/\partial x_k = 0$ 此时自动满足.

然后, 我们写出

$$\frac{1}{\rho}(\Pi_{\theta\theta} - \Pi_{\varphi\varphi}) = \frac{1}{r^2}(f^2 + 2\nu f\cot\theta - 2\nu f') = 0,$$

即

$$\frac{\mathrm{d}}{\mathrm{d}\theta}\frac{1}{f} + \frac{\cot\theta}{f} + \frac{1}{2\nu} = 0.$$

这个方程的解是

$$f = -\frac{2\nu\sin\theta}{A - \cos\theta}, \tag{23.18}$$

于是从 (23.17) 就得到 F:

$$F = 2\nu\left[\frac{A^2 - 1}{(A - \cos\theta)^2} - 1\right]. \tag{23.19}$$

从方程

$$\frac{1}{\rho}\Pi_{\theta\theta} = \frac{p}{\rho} + \frac{f}{r^2}(f + 2\nu\cot\theta) = 0$$

确定压强分布, 得

$$p - p_0 = \frac{4\rho\nu^2(A\cos\theta - 1)}{r^2(A - \cos\theta)^2} \tag{23.20}$$

(p_0 是无穷远处的压强).

可以给出常数 A 与“射流动量”之间的关系, 即它与射流中的总动量流之间的关系. 后者等于球面上的积分

$$P = \oint \Pi_{rr}\cos\theta\,\mathrm{d}f = 2\pi\int_0^\pi r^2\Pi_{rr}\cos\theta\sin\theta\,\mathrm{d}\theta.$$

量 Π_{rr} 等于

$$\Pi_{rr} = \frac{4\rho\nu^2}{r^2}\left[\frac{(A^2-1)^2}{(A-\cos\theta)^4} - \frac{A}{A-\cos\theta}\right].$$

计算上述积分, 结果为

$$P = 16\pi\nu^2\rho A\left[1 + \frac{4}{3(A^2-1)} - \frac{A}{2}\ln\frac{A+1}{A-1}\right]. \tag{23.21}$$

公式 (23.16)—(23.21) 给出了这个问题的解. 当常数 A 从 1 变化到 ∞ 时, 射流动量 P 的值从 ∞ 变化到 0.

流线由方程 $\mathrm{d}r/v_r = r\,\mathrm{d}\theta/v_\theta$ 确定, 积分后给出

$$\frac{r\sin^2\theta}{A-\cos\theta} = \text{const}\,. \tag{23.22}$$

流线形状的特征如图 12 所示. 流动是从坐标原点射出并把周围流体也带动起来的一股射流. 如果约定射流边界是流线上到轴线距离 $(r\sin\theta)$ 最小的点所组成的曲面, 则该边界是顶角为 $2\theta_0$ 的圆锥面, 其中 $\cos\theta_0 = 1/A$.

在弱射流极限下 (P 很小, A 相应地很大), 从 (23.21) 有

$$P = \frac{16\pi\nu^2\rho}{A}.$$

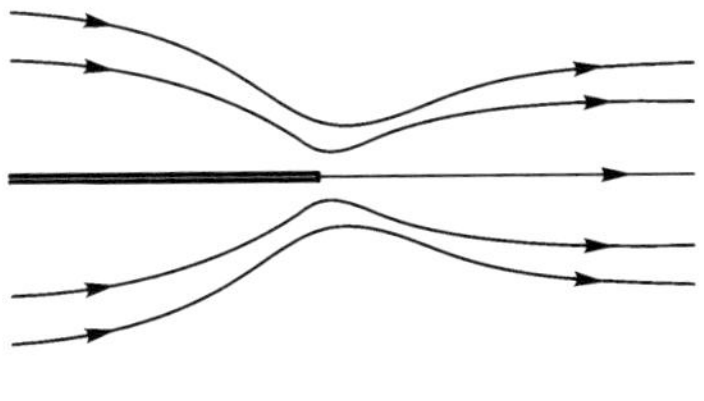

图 12

对于速度, 此时得到

$$v_\theta = -\frac{P}{8\pi\nu\rho}\frac{\sin\theta}{r}, \quad v_r = \frac{P}{4\pi\nu\rho}\frac{\cos\theta}{r}. \tag{23.23}$$

相反, 在强射流极限下 (P 很大, 这对应着 $A \to 1$)①, 我们有

$$A = 1 + \frac{\theta_0^2}{2}, \quad \theta_0^2 = \frac{64\pi\nu^2\rho}{3P}.$$

对于大角度情形 ($\theta \sim 1$), 速度分布由公式

$$v_\theta = -\frac{2\nu}{r}\cot\frac{\theta}{2}, \quad v_r = -\frac{2\nu}{r} \tag{23.24}$$

给出, 但对于小角度情形 ($\theta \sim \theta_0$) 则有

$$v_\theta = -\frac{4\nu\theta}{(\theta_0^2 + \theta^2)r}, \quad v_r = \frac{8\nu\theta_0^2}{(\theta_0^2 + \theta^2)^2 r}. \tag{23.25}$$

对于来自点源的射流, 这里得到的解是精确的. 如果考虑管口的有限尺寸, 这个解就是按管口尺寸与到管口距离 r 的比值展开的幂级数的第一项. 与此相关的一个结果是, 如果根据所得的解来计算通过包围原点的封闭曲面的总流量, 则该流量为零. 如果在按上述比值的展开式中考虑高阶项, 就会得到不为零的流量②.

§ 24 黏性流体的振动流动

如果浸没在黏性流体中的固体发生振动, 流体也会随之运动, 这样的流动具有许多特性. 为了研究这些特性, 从一个简单而典型的例子开始较为适宜 (G. G. 斯托克斯, 1851). 设不可压缩流体以一个无穷大固体平板为边界, 该平板 (在自身所在平面内) 以频率 ω 作简谐振动, 需要确定由此引起的流动. 取平板为 yz 平面, 流体所在区域对应 $x > 0$, 而 y 轴方向与平板振动方向一致. 平板的振动速度 u 是时间的函数, 其形式为 $A\cos(\omega t + \alpha)$. 把这样的函数写为复变量的实部较为方便: $u = \mathrm{Re}(u_0\,\mathrm{e}^{-\mathrm{i}\omega t})$ (常数 $u_0 = A\,\mathrm{e}^{-\mathrm{i}\alpha}$ 一般而言是复数; 适当选择时间的起点, 总可以使它成为实数).

我们的计算直到现在仅仅涉及速度 u 的线性运算, 于是可以省略实部符号并把 u 当做复数进行运算, 最后取结果的实部即可. 因此, 我们写出

$$u_y = u = u_0\,\mathrm{e}^{\mathrm{i}\omega t}. \tag{24.1}$$

---

① 然而, 在充分强的射流中, 流动其实会变为湍流 (§36). 我们指出, 对于所研究的射流, 起雷诺数作用的是无量纲参数 $(P/\rho\nu^2)^{1/2}$.

② 见: Румер Ю. Б. Прикл. мат. мех. 1952, 16: 255.

Л. Г. 洛强斯基研究了浸没层流旋转射流 (对管轴的动量矩不为零), 见: Лойцянский Л. Г. Прикл. мат. мех. 1953, 17: 3.

我们还记得, 对于不可压缩黏性流体的任何定常轴对称运动, 如果速度随距离按照 $1/r$ 的规律减小, 则流体动力学方程可以化为一个二阶线性常微分方程. 见: Слезкин Н. А. Уч. зап. МГУ. 1934, 2; Прикл. мат. мех. 1954, 18: 764.

流体速度应当满足 $x=0$ 处的边界条件 $\boldsymbol{v}=\boldsymbol{u}$, 即

$$v_x = v_z = 0, \quad v_y = u.$$

由对称性显然可知, 所有的量只依赖于坐标 x (和时间 t). 因此, 从连续性方程 $\operatorname{div}\boldsymbol{v}=0$ 得到

$$\frac{\partial v_x}{\partial x} = 0,$$

因而 $v_x = \text{const}$, 而根据边界条件, 该常量应为零, 即 $v_x = 0$. 又因为所有的量均与坐标 y, z 无关, 所以有恒等式 $(\boldsymbol{v}\cdot\nabla)\boldsymbol{v}=0$. 运动方程 (15.7) 的形式变为

$$\frac{\partial \boldsymbol{v}}{\partial t} = -\frac{1}{\rho}\operatorname{grad} p + \nu \Delta \boldsymbol{v}. \tag{24.2}$$

此方程是线性的, 其 x 分量给出 $\partial p/\partial x = 0$, 即 $p = \text{const}$.

由对称性显然还可以看出, 速度 $\boldsymbol{v}$ 的方向处处都与 y 轴方向一致. 对于 $v_y = v$, 我们有方程

$$\frac{\partial v}{\partial t} = \nu \frac{\partial^2 v}{\partial x^2} \tag{24.3}$$

(其类型与一维导热方程相同). 我们来寻求关于 x 和 t 的以下形式的周期解:

$$v = u_0 \,\mathrm{e}^{\mathrm{i}(kx-\omega t)},$$

并且要求它在 $x=0$ 处满足条件 $v=u$. 代入方程, 得到

$$\mathrm{i}\omega = \nu k^2, \quad k = \frac{1+\mathrm{i}}{\delta}, \quad \delta = \sqrt{\frac{2\nu}{\omega}}, \tag{24.4}$$

从而得到速度

$$v = u_0 \,\mathrm{e}^{-x/\delta}\,\mathrm{e}^{\mathrm{i}(x/\delta-\omega t)} \tag{24.5}$$

(在 (24.4) 中应这样选取平方根 $\sqrt{\mathrm{i}}$ 的符号, 使速度随流体深度增加而衰减).

因此, 在黏性流体中能够存在横波: 速度 $v_y = v$ 垂直于波的传播方向. 然而, 这种波在远离导致波动出现的振动平板时迅速衰减. 振幅的衰减按照指数规律进行, **穿透深度**为 δ ①. 穿透深度随着频率的增大而减小, 随着流体黏度的增大而增大.

作用于固体平板的摩擦力显然沿 y 轴方向. 单位面积上的摩擦力等于

$$\sigma_{xy} = \eta \left.\frac{\partial v_y}{\partial x}\right|_{x=0} = \sqrt{\frac{\omega\eta\rho}{2}}\,(\mathrm{i}-1)u. \tag{24.6}$$

① 在深度为 δ 处, 振幅减小到原来的 $1/\mathrm{e}$, 而在一个波长的深度上, 振幅减小到 $1/\mathrm{e}^{2\pi} \approx 1/540$.

假设 u_0 是实数并分离 (24.6) 的实部, 我们得到

$$\sigma_{xy} = -\sqrt{\omega\eta\rho}\,u_0\cos\left(\omega t + \frac{\pi}{4}\right).$$

而振动平板的速度是 $u = u_0\cos\omega t$, 所以在速度与摩擦力之间存在相位差①.

还容易计算上述流动中的能量耗散的 (时间) 平均值. 可以按照一般公式 (16.3) 计算, 但此时直接计算摩擦力的功从而得到所求耗散值更为简单. 其实, 单位面积振动平板上的能量耗散率等于力 σ_{xy} 与速度 $u_y = u$ 的乘积的平均值:

$$-\overline{\sigma_{xy}u} = \frac{u_0^2}{2}\sqrt{\frac{\omega\rho\eta}{2}}. \tag{24.7}$$

它与振动频率的平方根及流体黏度的平方根成正比.

在一般问题中, 平板按照任意规律 $u = u(t)$ (在自身平面内) 运动, 对于由此导致的流动也可以给出显式的解. 我们不打算在这里给出相应的计算, 因为方程 (24.3) 的这种解与热传导理论中类似问题的解在形式上是相同的, 而后者将在 §52 中研究 (其解由公式 (52.15) 给出). 特别地, (单位面积) 平板所受的摩擦力可按照以下公式计算 (对比 (52.14)):

$$\sigma_{xy} = \sqrt{\frac{\eta\rho}{\pi}}\int_{-\infty}^{t}\frac{\mathrm{d}u(\tau)}{\mathrm{d}\tau}\frac{\mathrm{d}\tau}{\sqrt{t-r}}. \tag{24.8}$$

现在研究振动物体具有任意形状的一般情况. 在上述振动平板的情况下, 流体运动方程中的 $(\boldsymbol{v}\cdot\nabla)\boldsymbol{v}$ 这一项恒等于零. 对于任意形状的固体当然并非如此, 但我们将假设这一项远小于其余各项, 从而仍可忽略. 能够作此假设的必要条件将在后面阐述.

因此, 我们仍将像前面一样从线性方程 (24.2) 出发. 在该方程两边取旋度, 因为 $\operatorname{rot}\operatorname{grad}p$ 恒等于零, 所以得到

$$\frac{\partial}{\partial t}\operatorname{rot}\boldsymbol{v} = \nu\Delta\operatorname{rot}\boldsymbol{v}, \tag{24.9}$$

即 $\operatorname{rot}\boldsymbol{v}$ 满足热传导方程类型的方程.

但是, 我们在前面已经看到, 这类方程所描述的量是按照指数规律衰减的. 所以我们能够断定, 涡量随着深度增加而衰减. 换言之, 由物体振动所引起的

① 当半无穷大平板振动时 (振动方向平行于其边缘), 会出现与边缘效应有关的附加摩擦力. 关于半无穷大平板振动时黏性流体运动的问题 (以及更一般的关于任意角度楔振动的问题), 都可以借助于方程 $\Delta f + k^2 f = 0$ 的一类解来求解, 这类解曾被用于楔的衍射理论. 我们在这里仅仅指出以下结果: 半无穷大平板上由于边缘效应而增加的摩擦力, 可以描述为由于平板边缘移动了距离 $\delta/2$ 而使其面积增大的结果, 其中 δ 由 (24.4) 给出 (Л. Д. 朗道, 1947).

流运在物体周围某一层内是有旋流，而经过较大距离后就迅速变为势流. 有旋流穿透深度的量级为 δ.

因此，可能有两个重要的极限情况. 量 δ 可能远大于或远小于流体中的振动物体的尺寸. 设 l 是该尺寸的量级. 首先考虑 $\delta \gg l$ 的情况，这意味着，应当成立条件 $l^2\omega \ll \nu$. 除此之外，我们还假设雷诺数很小. 如果 a 是物体的振幅，则其速度的量级为 $a\omega$，所以这种流动的雷诺数是 $\omega a l/\nu$. 因此，我们假设成立条件

$$l^2\omega \ll \nu, \quad \frac{\omega a l}{\nu} \ll 1. \tag{24.10}$$

这是低频振动情况. 但是低频又意味着速度随时间缓慢地变化，所以在一般的运动方程

$$\frac{\partial \boldsymbol{v}}{\partial t} + (\boldsymbol{v}\cdot\nabla)\boldsymbol{v} = -\frac{1}{\rho}\nabla p + \nu\Delta\boldsymbol{v}$$

中可以忽略导数 $\partial\boldsymbol{v}/\partial t$. 还可以忽略项 $(\boldsymbol{v}\cdot\nabla)\boldsymbol{v}$，因为雷诺数很小.

在运动方程中没有项 $\partial\boldsymbol{v}/\partial t$，这意味着定常流动. 因此，当 $\delta \gg l$ 时，流动在每个给定时刻都可看做是定常的. 这表明，每个给定时刻的流动就相当于物体以该时刻的速度作匀速运动所引起的流动. 例如，如果讨论一个浸没在流体中的球体，其振动频率满足不等式 (24.10) (现在 l 是球体半径)，就可以下结论说，球体所受阻力可由低雷诺数下球体匀速运动时的斯托克斯公式 (20.14) 给出.

现在研究相反的情况，即 $l \gg \delta$ 的情况. 为了仍然可以忽略项 $(\boldsymbol{v}\cdot\nabla)\boldsymbol{v}$，这时还必须成立一个条件：物体的振幅远小于其尺寸，即

$$l^2\omega \gg \nu, \quad a \ll l \tag{24.11}$$

(注意雷诺数此时根本不必很小). 其实，我们来估计 $(\boldsymbol{v}\cdot\nabla)\boldsymbol{v}$. 算子 $(\boldsymbol{v}\cdot\nabla)$ 表示沿速度方向的一种微分运算. 但在物体表面附近，速度方向与切线方向基本一致，而在这个方向上，速度仅在物体尺寸量级的距离上才有显著变化，所以 $(\boldsymbol{v}\cdot\nabla)\boldsymbol{v} \sim v^2/l \sim a^2\omega^2/l$ (速度 v 本身的量级为 $a\omega$). 导数 $\partial\boldsymbol{v}/\partial t \sim v\omega \sim a\omega^2$. 对比这两个表达式，我们看出，在 $a \ll l$ 时确实有 $(\boldsymbol{v}\cdot\nabla)\boldsymbol{v} \ll \partial\boldsymbol{v}/\partial t$. 还容易确认，项 $\partial\boldsymbol{v}/\partial t$ 和 $\nu\Delta\boldsymbol{v}$ 此时具有相同的量级.

现在讨论当条件 (24.11) 成立时振动物体周围流动的性质. 在紧贴物体表面的薄层内，流动是有旋的，而对于薄层之外的流体，流动是有势的①. 所以，

---

① 在平板振动的情况下，经过距离 δ 后不仅 $\operatorname{rot}\boldsymbol{v}$ 会衰减，速度 $\boldsymbol{v}$ 本身也会衰减. 这是因为，平板在振动时并不会排开流体，于是距离平板较远的流体仍然保持静止. 在其他形状物体振动的情况下，物体会排开流体，流体因而运动起来，其速度仅在与物体尺寸相当的距离上才有显著衰减.

除了紧贴物体的薄层, 各处的流动都可由以下方程描述:

$$\operatorname{rot} \boldsymbol{v} = 0, \quad \operatorname{div} \boldsymbol{v} = 0. \tag{24.12}$$

由此可知, 还有 $\Delta \boldsymbol{v} = 0$, 纳维–斯托克斯方程于是化为欧拉方程. 因此, 除了紧贴物体的薄层, 流体处处都像理想流体那样运动.

因为紧贴物体的这一层很薄, 所以在为了确定其余部分流体的运动而求解方程 (24.12) 时, 本来应当把物体表面上必须满足的条件——即流体速度等于物体速度的条件——作为边界条件. 然而, 理想流体运动方程的解无法满足这些条件, 只能要求垂直于物体表面的流体速度分量满足这样的条件.

虽然方程 (24.12) 不适用于紧贴物体表面的流体层, 但因为从这两个方程解出的速度分布已经满足了法向速度分量所必须满足的边界条件, 所以该分量在物体表面附近的实际变化过程并不重要. 至于切向分量, 则通过求解方程 (24.12), 我们得到该分量的某个值, 它不等于物体速度的相应分量, 但这两个速度分量应当相等. 所以, 在紧贴物体的薄层内, 切向速度分量必定发生迅速的变化.

容易确定这种变化的过程. 考虑物体表面的任何一部分, 其尺寸远大于 δ 却远小于物体尺寸. 这部分表面可以近似视为平面, 从而可以对它使用关于平面情况的上述结果. 设 x 轴指向所讨论的这部分表面的法向, 而 y 轴指向其切向, 并且该方向与这部分表面的切向速度方向一致. 用 v_y 表示流体相对于物体的速度的切向分量. 在物体表面上, v_y 应为零. 最后, 设 $v_0\,\mathrm{e}^{-\mathrm{i}\omega t}$ 是通过求解方程 (24.12) 而得到的 v_y 值. 根据本节最初所得结果可以下结论说, 在紧贴物体表面的薄层中, 量 v_y 在不断接近物体表面时将按照以下规律减小①:

$$v_y = v_0\,\mathrm{e}^{-\mathrm{i}\omega t}\left[1 - \mathrm{e}^{-(1-\mathrm{i})x\sqrt{\omega/2\nu}}\right]. \tag{24.13}$$

最后, 总的能量耗散率等于振动物体全部表面上的积分

$$\overline{\dot{E}}_{\mathrm{kin}} = -\frac{1}{2}\sqrt{\frac{\rho\eta\omega}{2}}\oint |v_0|^2 \mathrm{d}f. \tag{24.14}$$

本节习题计算了在黏性流体中振动的各种物体所受的阻力, 这里对这些力作出以下一般说明. 我们把物体的运动速度写为复数形式, $u = u_0\,\mathrm{e}^{-\mathrm{i}\omega t}$, 由此得到的阻力 F 正比于速度 u, 并且也具有复数形式 $F = \beta u$, 其中 $\beta = \beta_1 + \mathrm{i}\beta_2$ 是复常数. 该表达式可以写为分别正比于速度 u 和加速度 $\dot{u}$ 的两项之和:

$$F = (\beta_1 + \mathrm{i}\beta_2)u = \beta_1 u - \frac{\beta_2}{\omega}\dot{u}, \tag{24.15}$$

---

① 速度分布 (24.13) 是在使物体静止 (在 $x = 0$ 处 $v_y = 0$) 的参考系中写出的. 所以, 应取静止物体有势绕流问题的解作为 v_0.

其中的系数是实数.

能量耗散率的 (时间) 平均值可以通过阻力与速度乘积的平均值来计算. 当然, 此时首先应当取上述表达式的实部, 即

$$u=\frac{1}{2}(u_0\,\mathrm{e}^{-\mathrm{i}\omega t}+u_0^*\mathrm{e}^{\mathrm{i}\omega t}),\quad F=\frac{1}{2}(u_0\beta\,\mathrm{e}^{-\mathrm{i}\omega t}+u_0^*\beta^*\mathrm{e}^{\mathrm{i}\omega t}).$$

注意到 $\mathrm{e}^{\pm 2\mathrm{i}\omega t}$ 的平均值等于零, 我们得到

$$\overline{\dot{E}}_{\mathrm{kin}}=\overline{Fu}=\frac{1}{4}(\beta+\beta^*)|u_0|^2=\frac{1}{2}\beta_1|u_0|^2. \tag{24.16}$$

我们由此看出, 能量耗散只与量 β 的实部有关, 阻力 (24.15) 的相应部分 (正比于速度的部分) 可以称为**耗散部分**. 阻力的另一部分 (由 β 的虚部确定的部分) 正比于加速度且不涉及能量耗散, 可以称为**惯性部分**.

采用类似方法可以给出在黏性流体中作旋转振动的物体所受的力矩.

习　题

1. 设两个平行平板之间有一层黏性流体, 其中一个平板在自身平面内振动, 求作用于每个平板的摩擦力.

解: 我们寻求方程 (24.3) 的以下形式的解①:

$$v=(A\sin kx+B\cos kx)\mathrm{e}^{-\mathrm{i}\omega t},$$

并从以下条件确定 A 和 B:

$$\text{在 } x=0 \text{ 处 } v=u=u_0\,\mathrm{e}^{-\mathrm{i}\omega t},\quad \text{在 } x=h \text{ 处 } v=0$$

(h 是平面之间的距离). 结果得到

$$v=u\frac{\sin k(h-x)}{\sin kh}.$$

运动平板单位面积上的摩擦力等于

$$P_{1y}=\eta\left.\frac{\partial v}{\partial x}\right|_{x=0}=-\eta ku\cot kh,$$

而固定平板单位面积上的摩擦力等于

$$P_{2y}=-\eta\left.\frac{\partial v}{\partial x}\right|_{x=h}=\frac{\eta ku}{\sin kh}$$

(相应表达式均理解为取其实部).

① 在本节所有习题中, k 和 δ 均由 (24.4) 给出.

2. 设一个在自身平面内振动的平面上覆盖有一层液体 (厚度为 h), 液体的上表面是自由面, 求作用于平板的摩擦力.

解: 平板和自由面上的边界条件分别为:

$$\text{在 } x=0 \text{ 处 } v=u, \quad \text{在 } x=h \text{ 处 } \sigma_{xy}=\eta\frac{\partial v}{\partial x}=0.$$

速度为

$$v=u\frac{\cos k(h-x)}{\cos kh}.$$

摩擦力为

$$P_y=\eta\left.\frac{\partial v}{\partial x}\right|_{x=0}=\eta ku\tan kh.$$

3. 设一个直径 R 很大的平面圆盘绕其轴在流体中作小振幅旋转振动, 并且转动角 $\theta=\theta_0\cos\omega t$, $\theta_0\ll 1$, 求作用于圆盘的摩擦力矩.

解: 对于小振幅振动, 无论频率 ω 如何, 运动方程中的项 $(\boldsymbol{v}\cdot\nabla)\boldsymbol{v}$ 总是远小于 $\partial\boldsymbol{v}/\partial t$. 如果 $R\gg\delta$, 则在计算速度分布时可以认为圆盘是无穷大的. 取柱面坐标系, 其 z 轴与旋转轴重合, 并寻求形式为 $v_r=v_z=0$, $v_\varphi=v=r\Omega(z,\ t)$ 的解. 对于流体的角速度 $\Omega(z,\ t)$, 我们得到方程

$$\frac{\partial\Omega}{\partial t}=\nu\frac{\partial^2\Omega}{\partial z^2}.$$

让此方程的解在 $z=0$ 处等于 $-\omega\theta_0\sin\omega t$, 在 $z=\infty$ 处等于零, 则

$$\Omega=-\omega\theta_0\,\mathrm{e}^{-z/\delta}\sin\left(\omega t-\frac{z}{\delta}\right).$$

作用于圆盘两面的摩擦力矩等于

$$M=2\int_0^R r\cdot 2\pi r\eta\left.\frac{\partial v}{\partial z}\right|_{z=0}\mathrm{d}r=\omega\theta_0\pi\sqrt{\omega\rho\eta}\,R^4\cos\left(\omega t-\frac{\pi}{4}\right).$$

4. 设两个平行平板之间的流体中存在压强梯度, 并且压强梯度随时间按照简谐规律变化, 求流体的运动.

解: 在两个平板之间正中央取 xz 平面, 设 x 轴沿压强梯度方向, 并把该梯度写为以下形式:

$$-\frac{1}{\rho}\frac{\partial p}{\partial x}=a\mathrm{e}^{-\mathrm{i}\omega t}.$$

速度处处沿 x 方向, 可由方程

$$\frac{\partial v}{\partial t}=a\mathrm{e}^{-\mathrm{i}\omega t}+\nu\frac{\partial^2 v}{\partial y^2}$$

确定. 让此方程的解满足条件: 在 $y=\pm h/2$ 处 $v=0$, 则

$$v=\frac{\mathrm{i}a}{\omega}\mathrm{e}^{-\mathrm{i}\omega t}\left[1-\frac{\cos ky}{\cos(kh/2)}\right].$$

速度 (在横截面上) 的平均值等于

$$\overline{v}=\frac{\mathrm{i}a}{\omega}\mathrm{e}^{-\mathrm{i}\omega t}\left(1-\frac{2}{kh}\tan\frac{kh}{2}\right).$$

当 $h/\delta \ll 1$ 时, 此表达式变为

$$\overline{v} \approx a\mathrm{e}^{-\mathrm{i}\omega t}\frac{h^2}{12\nu},$$

这与 (17.5) 一致. 当 $h/\delta \gg 1$ 时可以得到

$$\overline{v} \approx \frac{\mathrm{i}a}{\omega}\mathrm{e}^{-\mathrm{i}\omega t},$$

与此相应的是, 速度在截面上必定近乎处处相同, 仅在紧贴平板的薄层内才有显著变化.

5. 设一个球体 (半径为 R) 在流体中作平移振动, 求作用在球体上的阻力.

解: 球体速度 $\boldsymbol{u} = \boldsymbol{u}_0\,\mathrm{e}^{-\mathrm{i}\omega t}$. 类似于 §20 中的做法, 我们寻求以下形式的流体速度:

$$\boldsymbol{v} = \mathrm{e}^{-\mathrm{i}\omega t}\operatorname{rot}\operatorname{rot}(f\boldsymbol{u}_0)$$

其中 f 仅是 r 的函数 (坐标原点取在球心的瞬时位置). 代入 (24.9) 并进行与 §20 中的变换相类似的变换, 我们得到方程

$$\Delta^2 f + \frac{\mathrm{i}\omega}{\nu}\Delta f = 0$$

(代替 §20 中的方程 $\Delta^2 f = 0$). 所以有

$$\Delta f = \mathrm{const}\cdot\frac{\mathrm{e}^{\mathrm{i}kr}}{r},$$

所选择的解随 r 按指数规律衰减, 而非按指数规律增加. 积分后得到

$$\frac{\mathrm{d}f}{\mathrm{d}r} = a\frac{\mathrm{e}^{\mathrm{i}kr}}{r^2}\left(r - \frac{1}{\mathrm{i}k}\right) + \frac{b}{r^2} \tag{1}$$

(可以不写出函数 f 本身, 因为在速度中只出现导数 f' 和 f''). 在 $r = R$ 处 $\boldsymbol{v} = \boldsymbol{u}$, 由此条件确定常量 a 和 b, 结果为

$$a = -\frac{3R}{2\mathrm{i}k}\mathrm{e}^{-ikR}, \quad b = -\frac{R^3}{2}\left(1 - \frac{3}{\mathrm{i}kR} - \frac{3}{k^2R^2}\right). \tag{2}$$

我们指出, 在高频情况下 ($R \gg \delta$), $a \to 0$, $b \to -R^3/2$, 这对应着势流 (§10 习题 2), 并且与 §24 中的结论一致.

阻力可按公式 (20.13) 计算, 积分域是球面. 结果为

$$F = 6\pi\eta R\left(1 + \frac{R}{\delta}\right)u + 3\pi R^2\sqrt{\frac{2\eta\rho}{\omega}}\left(1 + \frac{2R}{9\delta}\right)\frac{\mathrm{d}u}{\mathrm{d}t}. \tag{3}$$

当 $\omega = 0$ 时, 此公式化为斯托克斯公式, 而在高频情况下可得

$$F = \frac{2\pi}{3}\rho R^3\frac{\mathrm{d}u}{\mathrm{d}t} + 6\pi R^2\sqrt{2\eta\rho\omega}\,u.$$

在这个表达式中, 第一项对应于绕球势流中的惯性力 (见 §11 习题 1), 而第二项给出耗散力的极限表达式. 也可以按照公式 (24.14) 计算能量耗散, 从而求出这里的第二项 (对比下一道习题).

6. 设一个无穷长圆柱体 (半径为 R) 在流体中振动, 振动方向垂直于圆柱轴, 求圆柱体所受阻力 (在高频情况下, 即当 $\delta \ll R$ 时) 的极限表达式.

解: 静止圆柱体横向绕流的速度分布由公式

$$\boldsymbol{v} = \frac{R^2}{r^2}[2\boldsymbol{n}(\boldsymbol{u}\cdot\boldsymbol{n}) - \boldsymbol{u}] - \boldsymbol{u}$$

给出 (见 §10 习题 3), 由此求出圆柱体表面上的切向速度:

$$v_0 = -2u\sin\varphi$$

(r, φ 是横截面上的极坐标, 极角 φ 从 $\boldsymbol{u}$ 的方向算起). 按照 (24.14) 求出 (单位长度圆柱体的) 能量耗散率:

$$\overline{\dot{E}}_{\text{kin}} = \pi u^2 R\sqrt{2\rho\eta\omega}.$$

与公式 (24.15), (24.16) 进行对比, 得到所求的阻力:

$$F_{\text{diss}} = 2\pi Ru\sqrt{2\rho\eta\omega}.$$

7. 求在流体中任意运动的球体 (其速度是时间的给定函数 $u = u(t)$) 所受的阻力.

解: 把 $u(t)$ 展开为傅里叶积分:

$$u(t) = \frac{1}{2\pi}\int_{-\infty}^{\infty} u_\omega \mathrm{e}^{-\mathrm{i}\omega t}\mathrm{d}\omega, \quad u_\omega = \int_{-\infty}^{\infty} u(\tau)\mathrm{e}^{\mathrm{i}\omega\tau}\mathrm{d}\tau.$$

因为方程是线性的, 所以总阻力可以写为当速度等于各傅里叶分量 $u_\omega \mathrm{e}^{-\mathrm{i}\omega t}$ 时所得阻力的积分的形式. 这些阻力可由习题 5 公式 (3) 给出, 它们等于

$$\pi\rho R^3 u_\omega \mathrm{e}^{-\mathrm{i}\omega t}\left[\frac{6\nu}{R^2} - \frac{2\mathrm{i}\omega}{3} + \frac{3\sqrt{2\nu}}{R}(1-\mathrm{i})\sqrt{\omega}\right].$$

注意到 $(\mathrm{d}u/\mathrm{d}t)_\omega = -\mathrm{i}\omega u_\omega$, 把此式改写为

$$\pi\rho R^3 \mathrm{e}^{-\mathrm{i}\omega t}\left[\frac{6\nu}{R^2}u_\omega + \frac{2}{3}(\dot{u})_\omega + \frac{3\sqrt{2\nu}}{R}(\dot{u})_\omega\frac{(1+\mathrm{i})}{\sqrt{\omega}}\right].$$

在积分时, 第一项和第二项分别给出 $u(t)$ 和 $\dot{u}(t)$. 为了计算第三项的积分, 我们首先指出, 对于负的 ω, 应当把这一项写为复共轭形式, 即用 $(1-\mathrm{i})/\sqrt{|\omega|}$ 代替$(1+\mathrm{i})/\sqrt{\omega}$ (这是因为习题 5 中的公式 (3) 是在 $\omega > 0$ 的条件下对速度 $u = u_0\,\mathrm{e}^{-\mathrm{i}\omega t}$ 得到的; 对于速度 $u_0\,\mathrm{e}^{\mathrm{i}\omega t}$, 理应得到其复共轭形式). 所以, 可以把 ω 从 $-\infty$ 到 $+\infty$ 的原积分域改为从 0 到 $+\infty$, 并取积分实部的二倍:

$$\begin{aligned}
&\frac{2}{2\pi}\,\mathrm{Re}\left[(1+\mathrm{i})\int_0^\infty \frac{\dot{u}(\tau)_\omega\,\mathrm{e}^{-\mathrm{i}\omega t}}{\sqrt{\omega}}\mathrm{d}\omega\right]\\
=&\frac{1}{\pi}\,\mathrm{Re}\left[(1+\mathrm{i})\int_{-\infty}^{\infty}\int_0^\infty \frac{\dot{u}(\tau)\,\mathrm{e}^{\mathrm{i}\omega(\tau-t)}}{\sqrt{\omega}}\mathrm{d}\omega\,\mathrm{d}\tau\right]\\
=&\frac{1}{\pi}\,\mathrm{Re}\left[(1+\mathrm{i})\int_{-\infty}^{t}\int_0^\infty \frac{\dot{u}(\tau)\,\mathrm{e}^{-\mathrm{i}\omega(t-\tau)}}{\sqrt{\omega}}\mathrm{d}\omega\,\mathrm{d}\tau + (1+\mathrm{i})\int_{t}^{\infty}\int_0^\infty \frac{\dot{u}(\tau)\,\mathrm{e}^{\mathrm{i}\omega(\tau-t)}}{\sqrt{\omega}}\mathrm{d}\omega\,\mathrm{d}\tau\right]\\
=&\sqrt{\frac{2}{\pi}}\,\mathrm{Re}\left[\int_{-\infty}^{t}\frac{\dot{u}(\tau)}{\sqrt{t-\tau}}\mathrm{d}\tau + \mathrm{i}\int_t^\infty \frac{\dot{u}(\tau)}{\sqrt{\tau-t}}\mathrm{d}\tau\right] = \sqrt{\frac{2}{\pi}}\int_{-\infty}^{t}\frac{\dot{u}(\tau)}{\sqrt{t-\tau}}\mathrm{d}\tau.
\end{aligned}$$

于是, 最后得到阻力表达式

$$F = 2\pi\rho R^3\left(\frac{1}{3}\frac{\mathrm{d}u}{\mathrm{d}t} + \frac{3\nu}{R^2}u + \frac{3}{R}\sqrt{\frac{\nu}{\pi}}\int_{-\infty}^{t}\frac{\mathrm{d}u}{\mathrm{d}\tau}\frac{\mathrm{d}\tau}{\sqrt{t-\tau}}\right). \tag{4}$$

8. 设一个球体从时刻 $t=0$ 开始按照 $u=\alpha t$ 的规律在流体中作匀加速运动, 求作用在球体上的阻力.

解: 在习题 7 公式 (4) 中取: 当 $t<0$ 时 $u=0$, 当 $t>0$ 时 $u=\alpha t$, 我们得到 (在 $t>0$ 时)

$$F = 2\pi\rho R^3\alpha\left(\frac{1}{3} + \frac{3\nu t}{R^2} + \frac{6}{R}\sqrt{\frac{t\nu}{\pi}}\right).$$

9. 设流体中的一个球体在一瞬间由静止开始匀速运动, 求其阻力.

解: 我们有: 当 $t<0$ 时 $u=0$, 当 $t>0$ 时 $u=u_0$. 导数 $\mathrm{d}u/\mathrm{d}t$ 在 $t\neq 0$ 时一直为零, 而在 $t=0$ 时等于无穷大, 并且 $\mathrm{d}u/\mathrm{d}t$ 对时间的积分是有限的, 其值为 u_0. 因此得到, 对于 $t>0$ 的所有时刻,

$$F = 6\pi\rho\nu R u_0\left(1 + \frac{R}{\sqrt{\pi\nu t}}\right) + \frac{2\pi\rho R^3}{3}u_0\delta(t),$$

其中 $\delta(t)$ 是 δ 函数. 当 $t\to\infty$ 时, 这个表达式渐近地趋于斯托克斯公式所给的值. 在包括时刻 $t=0$ 在内的无穷小时间间隔内, 球体所受阻力冲量可以通过 F 中最后一项的积分求出, 它等于 $2\pi\rho R^3u_0/3$.

10. 设一个球体绕其直径在黏性流体中作旋转振动, 求作用在球体上的力矩.

解: 按照与 §20 习题 1 中相同的理由, 在运动方程中可以不写压强梯度项, 所以有

$$\frac{\partial \boldsymbol{v}}{\partial t} = \nu\Delta\boldsymbol{v}.$$

我们寻求形如

$$\boldsymbol{v} = \operatorname{rot}(f\boldsymbol{\Omega})$$

的解, 其中 $\boldsymbol{\Omega} = \boldsymbol{\Omega}_0\,\mathrm{e}^{-\mathrm{i}\omega t}$ 是球体旋转的瞬时角速度. 对于 f, 所得方程不是 $\Delta f = \text{const}$, 而是

$$\Delta f + k^2 f = \text{const}.$$

在这个方程的解中略去无关紧要的常数项, 我们有 $f = a\,\mathrm{e}^{\mathrm{i}k\tau}/r$ (取无穷远处为零的解). 从球面上 $\boldsymbol{v} = \boldsymbol{\Omega}\times\boldsymbol{r}$ 的边界条件确定常数 a, 结果得到

$$f = \frac{R^3}{r(1-\mathrm{i}kR)}\,\mathrm{e}^{\mathrm{i}k(r-R)},\quad \boldsymbol{v} = (\boldsymbol{\Omega}\times\boldsymbol{r})\left(\frac{R}{r}\right)^3\frac{1-\mathrm{i}kr}{1-\mathrm{i}kR}\,\mathrm{e}^{\mathrm{i}k(r-R)}$$

(R 是球的半径). 类似于 §20 习题 1 中的计算, 由此给出流体对球体的力矩的以下表达式:

$$M = -\frac{8}{3}\pi\eta R^3\Omega\frac{3+6R/\delta+6(R/\delta)^2+2(R/\delta)^3-2\mathrm{i}(R/\delta)^2(1+R/\delta)}{1+2R/\delta+2(R/\delta)^2}.$$

当 $\omega\to 0$ (即 $\delta\to\infty$) 时可得表达式 $M=-8\pi\eta R^3\Omega$, 这对应于球体的均匀旋转 (见 §20 习题 1). 在相反的极限下, 当 $R/\delta\gg 1$ 时可得

$$M = \frac{4\sqrt{2}}{3}\pi R^4\sqrt{\eta\rho\omega}(\mathrm{i}-1)\Omega.$$

也可以用以下方法直接得到这个表达式. 当 $\delta \ll R$ 时, 每一个球面微元都可以视为平面, 于是只要把速度 $u = \Omega R \sin\theta$ 代入公式 (24.6), 即可按照此公式来计算该球面微元上的作用力.

11. 设一个装满黏性流体的球壳绕其直径作旋转振动, 求作用在球壳上的力矩.

解: 我们寻求与上题中形式相同的速度表达式. 对于 f, 我们选取在球壳内 (包括球心) 处处有限的解: $f = a\sin kr/r$. 从边界条件确定 a, 从而得到

$$\boldsymbol{v} = (\boldsymbol{\Omega} \times \boldsymbol{r})\left(\frac{R}{r}\right)^3 \frac{kr\cos kr - \sin kr}{kR\cos kR - \sin kR}.$$

计算摩擦力矩, 得到表达式

$$M = \frac{8}{3}\pi\eta R^3 \Omega \frac{k^2R^2\sin kR + 3kR\cos kR - 3\sin kR}{kR\cos kR - \sin kR}.$$

当 $R/\delta \gg 1$ 时, 极限表达式自然与上题的相应结果相同. 如果 $R/\delta \ll 1$, 则

$$M = \frac{8}{15}\pi\rho\omega R^5 \Omega\left(\mathrm{i} - \frac{R^2\omega}{35\nu}\right).$$

这个公式中的第一项对应于全部流体作为一个整体旋转时所出现的惯性力.

§ 25 重力波的衰减

关于液体自由面附近的速度分布, 可以进行与上述内容类似的讨论. 考虑液体在自由面附近的振动 (例如重力波). 假设条件 (24.11) 成立, 现在波长 λ 起长度 l 的作用:

$$\lambda^2\omega \gg \nu, \quad a \ll \lambda \tag{25.1}$$

(a 是波的振幅, ω 是波的频率). 这时可以断言, 流动仅在自由面薄层内才是有旋流, 而在液体其余各处则为势流, 就像理想流体的情况一样.

在自由面上, 黏性液体的运动应当满足边界条件 (15.16), 这要求速度对坐标的导数的一些确定组合为零. 然而, 求解理想流体动力学方程所得到的流动并不满足这些条件. 类似于上节对 v_y 的讨论, 我们可以下结论说, 相应的速度导数在液体自由面薄层内迅速减小. 值得重点指出的是, 此处的速度梯度不会像在固体表面附近那样大.

我们来计算重力波中的能量耗散. 这里必须考虑的不仅仅是动能耗散, 而是包括动能和重力势能在内的机械能 E_{mech} 的耗散. 但是, 重力场存在与否, 显然并不会影响流体内摩擦过程所引起的耗散. 所以, $\dot{E}_{\text{mech}}$ 可由同样的公式 (16.3) 给出:

$$\dot{E}_{\text{mech}} = -\frac{\eta}{2}\int\left(\frac{\partial v_i}{\partial x_k} + \frac{\partial v_k}{\partial x_i}\right)^2 \mathrm{d}V.$$

对于重力波, 在计算这个积分时必须注意, 因为有旋流所在自由面薄层的体积很小, 而这里的速度梯度又不是非常大, 所以可以忽略这个薄层所导致的效应, 这不同于固体表面振动的情形. 换言之, 积分域应是全部液体所占区域, 并且正如我们已经知道的那样, 此时全部液体都像理想流体一样运动.

不过, 我们已经在 §12 中研究过理想流体中的重力波. 这种流动是势流, 所以

$$\frac{\partial v_i}{\partial x_k}=\frac{\partial^2\varphi}{\partial x_k\partial x_i}=\frac{\partial v_k}{\partial x_i},$$

于是

$$\dot{E}_{\text{mech}}=-2\eta\int\left(\frac{\partial^2\varphi}{\partial x_i\partial x_k}\right)^2\mathrm{d}V.$$

速度势 φ 的形式为

$$\varphi=\varphi_0\cos(kx-\omega t+\alpha)e^{kz}.$$

我们关心的当然不是能量耗散率的瞬时值, 而是对时间的平均值. 注意到正弦平方的平均值等于余弦平方的平均值, 我们得到

$$\overline{\dot{E}}_{\text{mech}}=-8\eta k^4\int\overline{\varphi^2}\,\mathrm{d}V. \tag{25.2}$$

至于重力波的机械能本身, 则可以利用力学中的一个已知结论来计算: 在任何一个作小振动 (小振幅振动) 的系统中, 平均动能与平均势能相等. 据此可以简单地把 $\overline{E}_{\text{mech}}$ 写为平均动能的两倍:

$$\overline{E}_{\text{mech}}=\rho\int\overline{v^2}\,\mathrm{d}V=\rho\int\overline{\left(\frac{\partial\varphi}{\partial x_i}\right)^2}\mathrm{d}V,$$

因而

$$\overline{E}_{\text{mech}}=2\rho k^2\int\overline{\varphi^2}\,\mathrm{d}V. \tag{25.3}$$

采用**阻尼系数** γ 来表征波的衰减是很方便的, 它定义为以下比值:

$$\gamma=\frac{|\overline{\dot{E}}_{\text{mech}}|}{2\overline{E}_{\text{mech}}}. \tag{25.4}$$

波的能量随着时间按照规律 $\overline{E}_{\text{mech}}=\text{const}\cdot\mathrm{e}^{-2\gamma t}$ 减小. 至于波的振幅, 则因为能量正比于振幅的平方, 所以振幅随着时间而减小的规律由因子 $\mathrm{e}^{-\gamma t}$ 给出.

利用 (25.2), (25.3) 求出

$$\gamma=2\nu k^2. \tag{25.5}$$

把 (12.7) 代入此式, 就得到重力波的阻尼系数

$$\gamma=\frac{2\nu\omega^4}{g^2}. \tag{25.6}$$

习 题

1. 求在等截面渠道中传播的长重力波的阻尼系数, 假设其频率很高, 以致于 $\sqrt{\nu/\omega}$ 远小于渠道中的液体深度和渠道宽度.

解: 能量耗散主要发生在紧靠壁面的一层液体内, 这里的速度由壁面本身的零值变为重力波里的值 $v = v_0\,\mathrm{e}^{-\mathrm{i}\omega t}$. 按照 (24.14), (单位长度渠道中的) 平均能量耗散率等于

$$l\frac{|v_0|^2}{2\sqrt{2}}\sqrt{\eta\rho\omega},$$

其中 l 是渠道横截面的边界在液体自由面之下部分的长度. (单位长度渠道中的) 液体平均能量等于 $S\rho\overline{v^2} = S\rho|v_0|^2/2$ (S 是渠道中液体的横截面积). 阻尼系数等于

$$\gamma = \frac{l}{2\sqrt{2}\,S}\sqrt{\nu\omega}.$$

这样, 对于矩形截面渠道 (宽度为 a, 流体深度为 h),

$$\gamma = \frac{2h+a}{2\sqrt{2}\,ah}\sqrt{\nu\omega}.$$

2. 求高黏度液体表面的重力波中的流动 ($\nu \gtrsim \omega\lambda^2$).

解: 正文中对阻尼系数的计算仅适用于该系数很小的情况 ($\gamma \ll \omega$), 这时可以在一阶近似下把流动看做理想流体的运动. 对于任意黏度的液体, 我们寻求运动方程

$$\frac{\partial v_x}{\partial t} = \nu\left(\frac{\partial^2 v_x}{\partial x^2} + \frac{\partial^2 v_x}{\partial z^2}\right) - \frac{1}{\rho}\frac{\partial p}{\partial x},$$

$$\frac{\partial v_z}{\partial t} = \nu\left(\frac{\partial^2 v_z}{\partial x^2} + \frac{\partial^2 v_z}{\partial z^2}\right) - \frac{1}{\rho}\frac{\partial p}{\partial z} - g,$$

$$\frac{\partial v_x}{\partial x} + \frac{\partial v_z}{\partial z} = 0$$

的解, 使它对 t 和 x 的依赖关系由 $\mathrm{e}^{-\mathrm{i}\omega t+\mathrm{i}kx}$ 给出, 并且在深入液体内部 ($z<0$) 时发生衰减. 我们得到

$$v_x = \mathrm{e}^{-\mathrm{i}\omega t+\mathrm{i}kx}(A\,\mathrm{e}^{kz} + B\,\mathrm{e}^{mz}),$$

$$v_z = \mathrm{e}^{-\mathrm{i}\omega t+\mathrm{i}kx}\left(-\mathrm{i}A\,\mathrm{e}^{kz} - \frac{\mathrm{i}k}{m}B\,\mathrm{e}^{mz}\right),$$

$$\frac{p}{\rho} = \mathrm{e}^{-\mathrm{i}\omega t+\mathrm{i}kx}\frac{\omega}{k}A\,\mathrm{e}^{kz} - gz,$$

其中 $m = \sqrt{k^2 - \mathrm{i}\omega/\nu}$. 液体表面上 ($z=\zeta$ 处) 的边界条件是

$$\sigma_{zz} = -p + 2\eta\frac{\partial v_z}{\partial z} = 0, \quad \sigma_{zz} = \eta\left(\frac{\partial v_x}{\partial z} + \frac{\partial v_z}{\partial x}\right) = 0.$$

在第二个条件中, 可以直接用 $z=0$ 代替 $z=\zeta$. 对于第一个条件, 可以先对 t 求导, 并用 gv_z 代替 $g\partial\zeta/\partial t$, 然后再令 $z=0$. 这样得到关于 A 和 B 的两个齐次方程, 而从它们的相容性条件就得到

$$\left(2 - \frac{\mathrm{i}\omega}{\nu k^2}\right)^2 + \frac{g}{\nu^2 k^3} = 4\sqrt{1 - \frac{\mathrm{i}\omega}{\nu k^2}}. \tag{1}$$

这个方程给出 ω 对波数 k 的依赖关系, 并且 ω 是复数, 它的实部给出振动频率, 而虚部给出阻尼系数. 在方程 (1) 的解中, 有物理意义的是虚部为负数的解 (这对应于波的衰减). 方程 (1) 只有两个根满足这个要求. 如果 $\nu k^2 \ll \sqrt{gk}$ (条件 (25.1)), 则阻尼系数较小, 且方程 (1) 近似地给出 $\omega = \pm\sqrt{gk} - \mathrm{i}2\nu k^2$, 这是我们已经知道的结果. 在相反的极限下 $\nu k^2 \gg \sqrt{gk}$, 方程 (1) 有两个纯虚数根, 它们对应着衰减的非周期流. 一个根是

$$\omega = -\frac{\mathrm{i}g}{2\nu k},$$

而另一个根大得多 (νk^2 量级). 因此, 我们对后者不感兴趣 (相应流动很快衰减).

第三章

湍　流

§ 26 定常流的稳定性

对于黏性流体在给定的定常条件下运动的任何问题, 流体动力学方程在原则上都有一个精确的定常解. 这些解在形式上对任何雷诺数都是存在的. 然而, 并非运动方程的每一个解都能在自然界中真正出现, 即使精确解也不例外. 在自然界中出现的流动不仅必须满足流体动力学方程, 还必须是稳定的: 小扰动一旦出现, 就应当随时间而衰减. 反之, 如果在流动中必然会出现的任意小扰动随时间而趋于增大, 流动就是不稳定的, 这样的流动实际上不可能存在①.

在数学上研究流动对无穷小扰动的稳定性应当按照以下流程进行. 在所讨论的定常解 (速度分布, 设为 $\boldsymbol{v}_0(\boldsymbol{r})$) 上叠加一个非定常小扰动 $\boldsymbol{v}_1(\boldsymbol{r},\ t)$, 使复合运动 $\boldsymbol{v}=\boldsymbol{v}_0+\boldsymbol{v}_1$ 满足运动方程

$$\frac{\partial \boldsymbol{v}}{\partial t}+(\boldsymbol{v}\cdot\nabla)\boldsymbol{v}=-\frac{1}{\rho}\nabla p+\nu\Delta\boldsymbol{v},\quad \operatorname{div}\boldsymbol{v}=0. \tag{26.1}$$

把速度和压强

$$\boldsymbol{v}=\boldsymbol{v}_0+\boldsymbol{v}_1,\quad p=p_0+p_1 \tag{26.2}$$

代入运动方程, 即可得到用来确定 $\boldsymbol{v}_1$ 的方程, 并且已知的函数 $\boldsymbol{v}_0$ 和 p_0 满足方程

$$(\boldsymbol{v}_0\cdot\nabla)\boldsymbol{v}_0=-\frac{1}{\rho}\nabla p_0+\nu\Delta\boldsymbol{v}_0,\quad \operatorname{div}\boldsymbol{v}_0=0. \tag{26.3}$$

---

① 我们以前曾经把对任意小扰动的不稳定性称为绝对不稳定性. 现在, 我们在这种情形下略去形容词 “绝对”, 仅仅为了与对流不稳定性的概念 (§ 28) 相对照才把它保留下来 (这与现代文献中更常采用的术语一致).

忽略小量 $\boldsymbol{v}_1$ 的高阶项, 我们得到

$$\frac{\partial \boldsymbol{v}_1}{\partial t}+(\boldsymbol{v}_0\cdot\nabla)\boldsymbol{v}_1+(\boldsymbol{v}_1\cdot\nabla)\boldsymbol{v}_0=-\frac{1}{\rho}\nabla p_1+\nu\Delta\boldsymbol{v}_1,\quad \operatorname{div}\boldsymbol{v}_1=0. \tag{26.4}$$

边界条件为: 在静止壁面上 $\boldsymbol{v}_1$ 为零.

因此, $\boldsymbol{v}_1$ 满足齐次线性微分方程组, 其中的系数只是坐标的函数, 与时间无关. 这些方程的通解可以表示为一些特解之和, 并且 $\boldsymbol{v}_1$ 对时间的依赖关系由形如 $\mathrm{e}^{-\mathrm{i}\omega t}$ 的因子给出. 扰动频率 ω 本身不是任意的, 要在相应边界条件下求解方程 (26.4) 才能确定. 这些频率一般而言是复数. 如果 ω 的虚部是正数, 则 $\mathrm{e}^{-\mathrm{i}\omega t}$ 将随时间而无限增大. 换言之, 这样的扰动一旦出现, 就会不断增长, 即流动对该扰动是不稳定的. 对于稳定的流动, 所有可能频率 ω 的虚部必须都是负数. 这时出现的扰动将随时间按指数规律衰减.

然而, 关于稳定性的这种数学研究是极其复杂的. 有限尺寸物体定常绕流的稳定性问题, 至今仍未在理论上解决. 当雷诺数足够小时, 定常绕流无疑是稳定的. 实验资料表明: 当 Re 增加时, 最终都会达到一个确定的值 (Re_{cr}, 称为临界雷诺数), 流动由此开始变为不稳定的. 于是, 在足够大的雷诺数下 ($Re>Re_{\mathrm{cr}}$), 固体的定常绕流是根本不可能的. 当然, 临界雷诺数不是普适的, 每一种类型的流动都有自己的 Re_{cr}. 看来, 这些值的量级为几十 (例如, 对于圆柱体的横向绕流, 在 $R=ud/\nu\approx 30$ 时就已经观测到不衰减的非定常流, 这里 d 是圆柱体的直径).

我们来研究因为高雷诺数定常流不稳定而由此演化出来的非定常流的特性 (Л. Д. 朗道, 1944).

我们从 Re 仅略大于 Re_{cr} 的情况开始研究这种流动的性质. 当 $Re<Re_{\mathrm{cr}}$ 时, 对于所有可能的小扰动, 其复频率 $\omega=\omega_1+\mathrm{i}\gamma_1$ 的虚部都是负数 ($\gamma_1<0$). 当 $Re=Re_{\mathrm{cr}}$ 时, 出现一个虚部为零的频率. 当 $Re>Re_{\mathrm{cr}}$ 时, 对此频率有 $\gamma_1>0$, 并且对于接近临界值的 Re 有 $\gamma_1\ll\omega_1$①. 与此频率相应的函数 $\boldsymbol{v}_1$ 具有以下形式:

$$\boldsymbol{v}_1=A(t)\boldsymbol{f}(x,\ y,\ z), \tag{26.5}$$

其中 $\boldsymbol{f}$ 是坐标的某个复函数, 而复振幅②

$$A(t)=\mathrm{const}\cdot\mathrm{e}^{\gamma_1 t}\mathrm{e}^{-\mathrm{i}\omega_1 t}. \tag{26.6}$$

① 对于给定类型的流动, 由所有可能频率组成的频谱既包括一些离散值 (离散谱), 也包括连续充满某些区间的值 (连续谱). 可以认为, 对于绕有限尺寸物体的流动, $\gamma_1>0$ 的频率只出现在离散谱中. 其实, 连续谱中的频率所对应的扰动一般而言不会在无穷远处消失, 而与此同时, 基本流在无穷远处显然是稳定的平面均匀流.

② 照例要取 (26.6) 的实部.

$A(t)$ 的这个表达式其实仅在定常流动方式被破坏后的短时间内才是成立的: 因子 $e^{\gamma_1 t}$ 随时间而迅速增加, 而用来确定 $\boldsymbol{v}_1$ 并给出 (26.5) 和 (25.6) 这类表达式的上述方法仅适用于 $\boldsymbol{v}_1$ 足够小的情况. 其实, 非定常流的振幅的模 $|A|$ 当然不会无限增加, 它趋于某个有限的极限值. 当 Re 接近 Re_{cr} 时, 这个有限的极限值仍然很小, 并且可以用以下方法来确定这个值.

我们来确定振幅平方 $|A|^2$ 对时间的导数. 对于很小的时间, 当 (26.6) 仍然成立时, 我们有

$$\frac{\mathrm{d}|A|^2}{\mathrm{d}t} = 2\gamma_1|A|^2.$$

这个表达式其实只是对 A 和 A^* 的幂级数展开式中的第一项. 当模 $|A|$ 增加 (但仍为小量) 时, 就应当考虑该展开式中后面的项. 接下来的一项为 A 的三阶项. 不过, 我们所关注的不是上述导数的精确值, 而是它对时间的平均值, 并且用来取平均值的时间间隔远大于周期因子 $e^{-i\omega_1 t}$ 的周期 $2\pi/\omega_1$ (我们知道, 因为 $\omega_1 \gg \gamma_1$, 所以该周期远小于振幅之模 $|A|$ 发生显著变化所需的时间 $1/\gamma_1$). 但是三阶项必定包含周期因子, 其平均值为零①. 四阶项包含正比于 $A^2A^{*2} = |A|^4$ 的一项, 它在取平均值时不为零. 于是, 精确到四阶项, 我们有

$$\overline{\frac{\mathrm{d}|A|^2}{\mathrm{d}t}} = 2\gamma_1|A|^2 - \alpha|A|^4, \tag{26.7}$$

其中 α 是正或负的常量 (**朗道常量**).

让我们感兴趣的情形是, 无论扰动有多小, 它在 $Re > Re_{cr}$ 时都是不稳定的 (以基本流为背景). 与此对应的是 $\alpha > 0$, 我们来研究这种情形.

我们在 (26.7) 中没有写出 $|A|^2$ 和 $|A|^4$ 上的平均值符号, 因为仅在远小于 $1/\gamma_1$ 的时间间隔内取平均值. 根据同样的理由, 在求解这个方程时, 我们也不写出方程左侧导数上的平均值符号. 方程 (26.7) 的解具有以下形式:

$$|A|^{-2} = \frac{\alpha}{2\gamma_1} + \mathrm{const} \cdot e^{-2\gamma_1 t}.$$

由此可见, $|A|^2$ 渐近地趋于有限的极限值

$$|A|^2_{\max} = \frac{2\gamma_1}{\alpha}. \tag{26.8}$$

量 γ_1 依赖于 Re, 函数 $\gamma_1(Re)$ 在 Re_{cr} 附近可以展开为 $Re - Re_{cr}$ 的幂级数. 但是, 根据临界雷诺数的定义本身, $\gamma_1(Re_{cr}) = 0$, 所以近似地有

$$\gamma_1 = \mathrm{const} \cdot (Re - Re_{cr}). \tag{26.9}$$

① 严格地说, 在取平均值时, 三阶项给出的不是零, 而是四阶的量. 我们假设这些量被包含在展开式的四阶项中.

把这个表达式代入 (26.8), 我们求出上述扰动振幅对“超临界程度”的以下依赖关系:

$$|A|_{\max} \sim (R - Re_{\rm cr})^{1/2}. \tag{26.10}$$

再简单讨论方程 (26.7) 中 $\alpha < 0$ 的情形. 为了确定扰动振幅的极限值, 展开式 (26.7) 中的两项现在已经不够, 所以应当考虑带有负号的高阶项. 设此项为 $-\beta|A|^6$, 其中 $\beta > 0$. 于是

$$|A|^2_{\max} = \frac{|\alpha|}{2\beta} \pm \left(\frac{\alpha^2}{4\beta^2} + \frac{2|\alpha|}{\beta}\gamma_1\right)^{1/2}, \tag{26.11}$$

其中 γ_1 由 (26.9) 给出. 这个依赖关系由图 13 (b) 表示 (图 13 (a) 对应 $\alpha > 0$ 的情况, 即公式 (26.10)). 当 $Re > Re_{\rm cr}$ 时, 定常流根本不可能存在; 当 $Re = Re_{\rm cr}$ 时, 扰动振幅以突跃形式增加到有限值 (当然, 仍假设振幅足够小, 使这里所用的对 $|A|^2$ 的幂级数展开式仍然成立)[①]. 在区间 $Re'_{\rm cr} < Re < Re_{\rm cr}$ 内, 基本流是**亚稳定的**, 即对无穷小扰动稳定 (实线), 但对有限振幅扰动不稳定 (虚线分支不稳定).

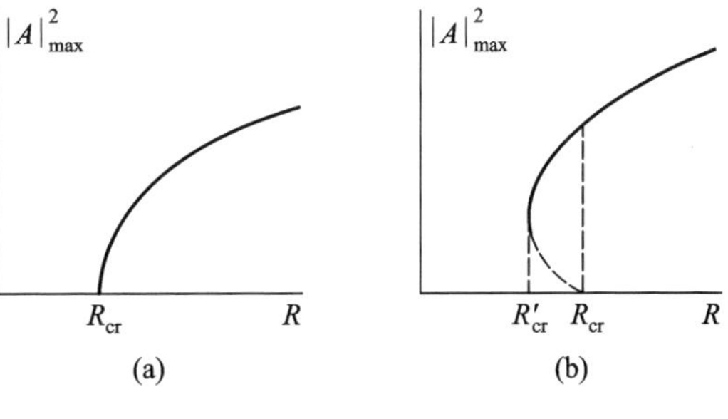

图 13

现在回到前面的讨论, 考虑当 $Re > Re_{\rm cr}$ 时因为流动对小扰动的不稳定性而出现的非定常流. 当 Re 接近 $Re_{\rm cr}$ 时, 这种流动可以表示为定常流 $\boldsymbol{v}_0(\boldsymbol{r})$ 与周期流 $\boldsymbol{v}_1(\boldsymbol{r}, t)$ 叠加的形式, 后者的振幅很小但有限, 并且当 Re 增加时按照规律 (26.10) 增加. 周期流中的速度分布具有以下形式:

$$\boldsymbol{v}_1 = \boldsymbol{f}(\boldsymbol{r})\,\mathrm{e}^{-\mathrm{i}(\omega_1 t + \beta_1)}, \tag{26.12}$$

其中 $\boldsymbol{f}$ 是坐标的复函数, β_1 是某个初相. 当差值 $Re - Re_{\rm cr}$ 很大时, 速度分为 $\boldsymbol{v}_0$ 和 $\boldsymbol{v}_1$ 两部分已经没有意义. 这时, 我们只要考虑某个频率为 ω_1 的周期流. 如果用相位 $\varphi_1 \equiv \omega_1 t + \beta_1$ 代替时间作为自变量, 就可以说, 函数 $\boldsymbol{v}(\boldsymbol{r}, \varphi_1)$ 是 φ_1 的周期函数, 周期为 2π. 不过, 这个函数现在不再是简单的三角函数, 其傅里叶级数展开式

$$\boldsymbol{v} = \sum_p \boldsymbol{A}_p(\boldsymbol{r})\,\mathrm{e}^{-\mathrm{i}\varphi_1 p} \tag{26.13}$$

---

① 在力学中, 这样的系统称为刚性自激系统, 以区别于对无穷小扰动不稳定的柔性自激系统.

(对所有正、负整数 p 求和) 不仅包括带有基本频率 ω_1 的项, 而且包括带有频率为 ω_1 的整数倍的项.

方程 (26.7) 只确定了时间因子 $A(t)$ 的模, 但没有确定其相位 φ_1. 后者其实仍是不确定的, 它取决于随机的初始条件. 根据这些条件, 初相 β_1 可以取任何值. 因此, 所研究的周期流并不是由与之相应的给定的定常外部条件唯一确定的. 有一个量——速度的初相——仍然是任意的. 可以说, 该流动有一个自由度, 而由外部条件完全确定的定常流就根本没有自由度.

习 题

推导基本流与叠加于其上的扰动流之间的能量守恒方程, 不假设后者很弱.

解: 把 (26.2) 代入方程 (26.1), 但不忽略 $\boldsymbol{v}_1$ 的二阶项, 我们有

$$\frac{\partial \boldsymbol{v}_1}{\partial t}+(\boldsymbol{v}_0\cdot\nabla)\boldsymbol{v}_1+(\boldsymbol{v}_1\cdot\nabla)\boldsymbol{v}_0+(\boldsymbol{v}_1\cdot\nabla)\boldsymbol{v}_1=-\nabla p_1+Re^{-1}\Delta\boldsymbol{v}_1 \tag{1}$$

(假设所有量都化为无量纲形式, 详见 §19). 用 $\boldsymbol{v}_1$ 乘此方程, 并用等式 $\operatorname{div}\boldsymbol{v}_0=\operatorname{div}\boldsymbol{v}_1=0$ 进行变换, 得到

$$\frac{\partial}{\partial t}\frac{v_1^2}{2}=-v_{1i}v_{1k}\frac{\partial v_{0i}}{\partial x_k}-Re^{-1}\frac{\partial v_{1i}}{\partial x_k}\frac{\partial v_{1i}}{\partial x_k}+\frac{\partial}{\partial x_k}\left[-\frac{v_1^2}{2}(v_{0k}+v_{1k})-p_1v_{1k}+Re^{-1}v_{1i}\frac{\partial v_{1i}}{\partial x_k}\right].$$

根据流动区域边界上的固壁条件或无穷远条件 $\boldsymbol{v}_0=\boldsymbol{v}_1=0$, 方程右侧最后一项在对全部流动区域积分后消失, 从而得到所求关系式:

$$\dot{E}_1=T-Re^{-1}D, \tag{2}$$

式中

$$E_1=\int\frac{v_1^2}{2}\,\mathrm{d}V,\quad T=-\int v_{1i}v_{1k}\frac{\partial v_{0i}}{\partial x_k}\,\mathrm{d}V,\quad D=\int\left(\frac{\partial v_{1i}}{\partial x_k}\right)^2\mathrm{d}V. \tag{3}$$

泛函 T 描述基本流与扰动之间的能量交换, 它可以具有两种符号. 泛函 D 是能量耗散率, 恒有 $D>0$. 我们注意到, (1) 中关于 $\boldsymbol{v}_1$ 的非线性项对关系式 (2) 没有贡献.

利用关系式 (2) 能够求出临界雷诺数 Re_{cr} 的下方估值 (O. 雷诺, 1894; W. 奥尔, 1907): 如果 $Re<Re_E$, 其中

$$Re_E=\min\left(\frac{D}{T}\right), \tag{4}$$

并且泛函的极小值是对满足边界条件和方程 $\operatorname{div}\boldsymbol{v}_1=0$ 的函数 $\boldsymbol{v}_1$ 取的, 则导数 $\mathrm{d}E_1/\mathrm{d}t$ 必定为负, 即扰动随时间而衰减. 有限极小值的存在性在数学上与泛函 T 和 D 的同次 (二次) 齐次性有关. 这样就证明了 (关于 Re 的) 亚稳定性下界是存在的. 在此下界之下, 基本流对任何扰动都是稳定的. 然而, 由式 (4) 给出的估值 (人们称之为能量估值) 在大多数情况下是严重低估的.

§ 27 旋转流的稳定性

为了研究两个旋转圆柱面之间的定常流 (§ 18) 在高雷诺数极限下的稳定性, 可以采用一种简单的方法, 它类似于 § 4 中用来得到静止流体在重力场中的力学稳定性条件的方法 (瑞利, 1916). 这种方法的原理是, 考虑任意一个流体微元, 并假设该微元偏离了它在所研究的流动中的运动轨迹. 这时, 发生偏离的流体微元会受到力的作用. 为了让原有流动是稳定的, 这些力必须迫使发生偏离的流体微元返回其原有轨迹上的相应位置.

在无扰动的流动中, 每一个流体微元都绕圆柱面轴线沿圆周 $r = \text{const}$ 运动. 设 m 为流体微元的质量, $\mu(r) = mr^2\dot{\varphi}$ 为其动量矩 ($\dot{\varphi}$ 是角速度). 它受到的离心力等于 μ^2/mr^3, 此力与旋转流体中出现的相应径向压强梯度平衡. 现在, 假设离轴线距离为 r_0 的流体微元稍微偏离了它自己的轨迹并移动到了离轴线距离为 $r > r_0$ 的地方. 此时, 流体微元的动量矩保持不变, 仍等于原来的值 $\mu_0 = \mu(r_0)$. 相应地, 在新位置上作用于流体微元的离心力等于 μ_0^2/mr^3. 为了使流体微元返回原有轨迹, 该离心力应当小于其平衡值 μ^2/mr^3, 这个值与距离为 r 处的压强梯度相平衡. 因此, 稳定的必要条件是 $\mu^2 - \mu_0^2 > 0$. 把 $\mu(r)$ 展开为正差值 $r - r_0$ 的幂级数, 我们把这个条件写为以下形式:

$$\mu\frac{\mathrm{d}\mu}{\mathrm{d}r} > 0. \tag{27.1}$$

根据公式 (18.3), 运动流体微元的角速度 $\dot{\varphi}$ 为

$$\dot{\varphi} = \frac{\Omega_2 R_2^2 - \Omega_1 R_1^2}{R_2^2 - R_1^2} + \frac{(\Omega_1 - \Omega_2)R_1^2 R_2^2}{R_2^2 - R_1^2}\frac{1}{r^2}.$$

我们通过 $mr^2\dot{\varphi}$ 来计算 μ, 并略去所有肯定为正的因子, 从而把条件 (27.1) 写为以下形式:

$$(\Omega_2 R_2^2 - \Omega_1 R_1^2)\dot{\varphi} > 0. \tag{27.2}$$

角速度 $\dot{\varphi}$ 随 r 单调变化, 它从内圆柱面上的 Ω_1 变化到外圆柱面上的 Ω_2. 如果两个圆柱面的旋转方向相反, 即 Ω_1 和 Ω_2 有相反的符号, 则函数 $\dot{\varphi}$ 在两个圆柱面之间会改变符号, 它与常量 $\Omega_2 R_2^2 - \Omega_1 R_1^2$ 的乘积就不可能处处为正. 因此, 这时 (27.2) 在流体所占全部区域内并不成立, 流动是不稳定的.

现在设两个圆柱面同向转动. 取该转动方向为正方向, 则有 $\Omega_1 > 0, \Omega_2 > 0$. 于是, $\dot{\varphi}$ 处处为正, 而为了满足条件 (27.2), 必须有

$$\Omega_2 R_2^2 > \Omega_1 R_1^2. \tag{27.3}$$

如果 $\Omega_2 R_2^2$ 小于 $\Omega_1 R_1^2$, 流动就是不稳定的. 这样, 如果外圆柱面静止 ($\Omega_2 = 0$),

仅内圆柱面旋转, 流动就是不稳定的. 反之, 如果内圆柱面静止 ($\Omega_1 = 0$), 则流动稳定.

我们强调, 在上述讨论中完全没有考虑黏性力在流体微元移动时的影响. 所以, 这种方法仅用于黏性足够小的情形, 即雷诺数足够大的情形.

为了研究 Re 取任意值时的流动稳定性, 应当采用基于方程组 (26.4) 的一般方法. 对于两个旋转圆柱面之间的流动, 最早的研究是由泰勒完成的 (G. I. 泰勒, 1924).

在该情形下, 未受扰动的速度分布 $\boldsymbol{v}_0$ 只依赖于柱面坐标 r, 而与角 φ 和轴向坐标 z 无关. 于是, 可以寻求方程组 (26.4) 的形如

$$\boldsymbol{v}_1(r,\ \varphi,\ z) = \mathrm{e}^{\mathrm{i}(n\varphi+kz-\omega t)}\boldsymbol{f}(r) \tag{27.4}$$

的一组互相独立的完备的解, 其中矢量 $\boldsymbol{f}(r)$ 的方向是任意的. 波数 k 的值组成一个连续区间, 它确定扰动沿 z 轴的周期性. 数 n 仅取整数值 1, 2, $\cdots$, 这得自函数对变量 φ 的单值性条件; 值 $n = 0$ 对应轴对称扰动. 只要让方程组的解满足平面 $z = \mathrm{const}$ 上的适当边界条件 (在 $r = R_1$ 和 $r = R_2$ 时 $\boldsymbol{v}_1 = 0$), 即可得到可能的频率值 ω. 这样提出的问题在 n 和 k 的值给定时一般而言确定了一组离散的本征频率 $\omega = \omega_n^{(j)}(k)$, 其中 j 是函数 $\omega_n(k)$ 的不同分支的编号. 这些频率一般是复数.

在这种情况下, 当确定 "运动类型" 的比值 R_1/R_2 和 Ω_1/Ω_2 已经给定时, $\Omega_1 R_1^2/\nu$ 或 $\Omega_2 R_2^2/\nu$ 起雷诺数的作用. 我们来观察雷诺数逐渐增加时某个本征频率 $\omega = \omega_n^{(j)}(k)$ 的变化. 使函数 $\gamma(k) = \mathrm{Im}\,\omega$ 对某个 k 值首先变为零的 Re 值, 确定了 (相对于给定类型扰动的) 不稳定性开始出现的时刻. 当 $Re < Re_{\mathrm{cr}}$ 时, 函数 $\gamma(k)$ 总是负的, 但当 $Re > Re_{\mathrm{cr}}$ 时, 它对于某个范围内的 k 值是正的. 设 k_{cr} 是 (当 $Re = Re_{\mathrm{cr}}$ 时) 使函数 $\gamma(k)$ 为零的 k 值. 相应的函数 (27.4) 给出了失去稳定性时 (叠加在原有流动上的) 流动的特性. 该流动沿圆柱面轴向是周期性的, 周期为 $2\pi/k_{\mathrm{cr}}$. 这时, 实际的稳定性边界当然取决于给出最小的 Re_{cr} 值的扰动类型 (函数 $\omega_n^{(j)}(k)$), 而我们在这里正是关心这些 "最危险的" 扰动. 通常 (见下文), 轴对称扰动就是这样的扰动. 因为问题很复杂, 仅在圆柱面之间间隔很小 ($h \equiv R_2 - R_1 \ll R = (R_1 + R_2)/2$) 的情况下才对这些扰动完成了足够全面的研究, 结果如下①.

① 在以下书中可以找到详细论述: Кочин Н. Е., Кибель И. А., Розе Н. В. Теоретическая гидромеханика. Ч. 2. Москва: Физматгиз, 1963 (Kochin N. E., Kibel I. A., Roze N. V. Theoretical Hydrodynamics. Vol. 2. New York: Wiley, 1964); Chandrasekhar S. Hydrodynamic and Hydromagnetic Stability. Oxford: Clarendon, 1961; Drazin P. G., Reid W. H. Hydrodynamic Stability. Cambridge: Cambridge Univ. Press, 1981 (2nd ed., 2004; 第一版中译本: P. G. 德拉津, W. H. 雷德. 流体动力稳定性. 周祖巍, 顾德炜译. 北京: 宇航出版社, 1990).

我们发现, 纯虚数函数 $\omega(k)$ 所对应的解给出最小的 $Re_{\rm cr}$. 所以, 当 $k=k_{\rm cr}$ 时不仅有 $\operatorname{Im}\omega=0$, 而且根本上还有 $\omega=0$. 这意味着, 旋转圆柱面之间定常流的首次失稳会导致另一种定常流的出现[①]. 后者是沿圆柱轴规则排列的环形涡 (它们称为**泰勒涡**). 对于两个圆柱面同向旋转的情况, 图 14 给出这些涡的流线在圆柱子午截面上投影的示意图 (速度 $\boldsymbol{v}_1$ 其实还有角向分量). 在每个周期 $2\pi/k_{\rm cr}$ 的长度上有旋转方向不同的两个涡.

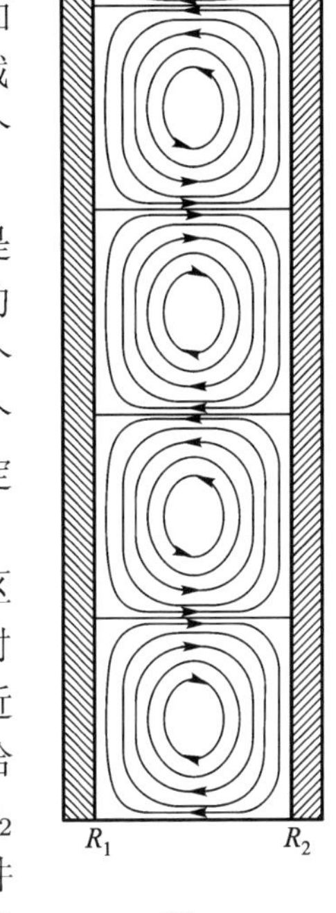

图 14

当 Re 稍大于 $Re_{\rm cr}$ 时, 使 $\operatorname{Im}\omega>0$ 的 k 值已经不是一个, 它们组成整整一个区间. 然而, 不应认为这时出现的流动是各种周期流同时叠加在一起的结果. 其实, 在每一个 Re 值下都会出现一种具有完全确定周期的流动, 它使整个流动稳定下来. 只不过, 用线性化方程 (26.4) 已经不能确定这个周期.

当比值 R_1/R_2 给定时, 图 15 给出稳定区域与不稳定区域 (阴影区域) 之间分界线的大致形状. 分界线的右半段对应于两圆柱面同向旋转的情况, 直线 $\Omega_2R_2^2=\Omega_1R_1^2$ 是渐近线 (这个性质其实具有一般性, 与 h 是否很小无关). 对于给定类型的流动, 雷诺数的增加对应于沿通过原点且 Ω_1/Ω_2 取给定值的直线向上移动. 在这个图的右半部分, 满足条件 $\Omega_2R_2^2/\Omega_1R_1^2>1$ 的所有上述直线都不与不稳定区域边界线相交. 相反, 当雷诺数足够大时, 满足条件 $\Omega_2R_2^2/\Omega_1R_1^2<1$ 的所有上述直线都要进入不稳定区域, 这与条件 (27.3) 一致. 在图的左半部分 (Ω_1 和 Ω_2 具有相反的符号), 任何通过原点的直线都与阴影区域的边界线相交, 即当雷诺 数足够大时, 定常流对于任何比值 $|\Omega_2/\Omega_1|$ 最终都会失稳, 这依然与上述结果一致. 当 $\Omega_2=0$ 时 (只有内圆柱面旋转), 失稳是从以下雷诺数 (定义为 $Re=h\Omega_1R_1/\nu$) 开始的:

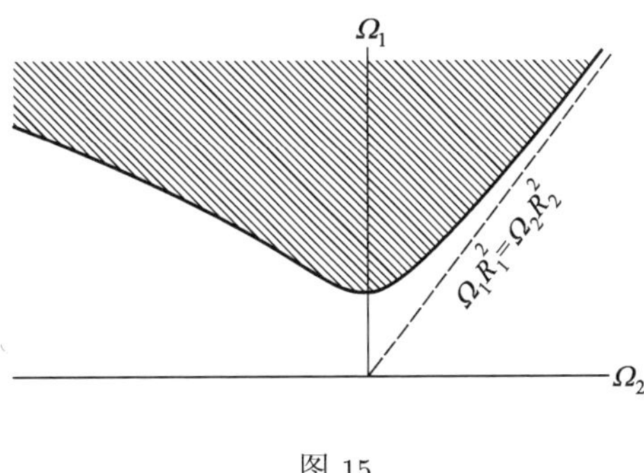

图 15

$$Re_{\rm cr}=41.3\sqrt{\frac{R_1}{h}}. \tag{27.5}$$

① 在这些情况下, 我们说发生了**稳定性更替**. 大量实验结果以及数值结果让我们有理由认为, 这种性质对于所研究的流动具有一般性, 并且与 h 是否很小无关.

我们指出, 黏性对所研究的流动起维护稳定性的作用: 在 $\nu=0$ 时稳定的流动, 在考虑黏性时仍然稳定; 在 $\nu=0$ 时不稳定的流动, 对于黏性流体则可能变得稳定.

旋转圆柱面之间流动的非轴对称扰动并未得到系统性研究. 对一些特殊情况的计算结果使我们有理由认为, 在图 15 的右半部分中, 轴对称扰动仍然总是最危险的. 相反, 在左半部分中, 当比值 $|\Omega_2/\Omega_1|$ 足够大时, 考虑非轴对称扰动看来会略微改变边界线的形状. 此时, 扰动频率的实部不为零, 所以会出现非定常运动, 这使得失稳方式发生重要变化.

两个作相对运动的平行平板之间的流动 (见 §17) 是旋转圆柱面之间流动 (当 $h\to 0$ 时) 的极限情形. 对于任何雷诺数 $Re=hu/\nu$ (u 是两平板的相对速度), 这种流动对无穷小扰动都是稳定的.

§ 28 管道中流动的稳定性

管道中的定常流 (见 §17) 具有完全特殊的失稳方式.

因为流动沿 x 轴 (管长方向) 是均匀的, 所以未受扰动的速度分布 $\boldsymbol{v}_0$ 与坐标 x 无关. 于是, 仿照前一节中的方法, 我们可以寻求方程组 (26.4) 的如下形式的解:

$$\boldsymbol{v}_1=\mathrm{e}^{\mathrm{i}(kx-\omega t)}\boldsymbol{f}(y,\ z). \tag{28.1}$$

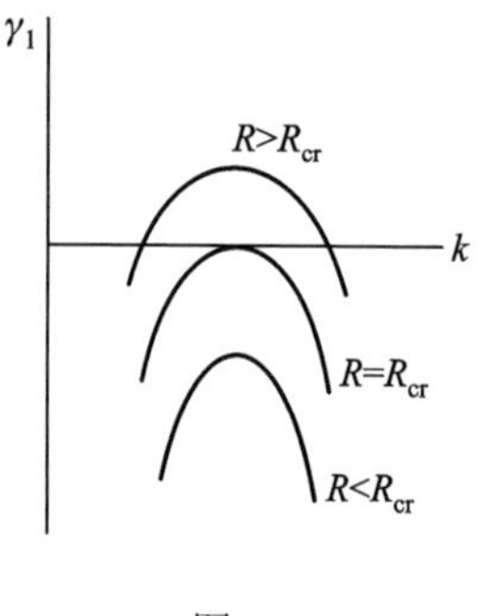

图 16

这里也存在一个这样的值 $Re=Re_{\mathrm{cr}}$, 使 $\gamma=\mathrm{Im}\,\omega$ 在 k 取某值时首先为零. 不过, 重要的是, 函数 $\omega(k)$ 的实部现在已经根本不等于零.

当 Re 的值仅略大于 Re_{cr} 时, 使 $\gamma(k)>0$ 的 k 值区间很小, 该区间位于使 $\gamma(k)$ 达到最大值的点的附近, 即满足 $\mathrm{d}\gamma/dk=0$ 的点的附近 (由图 16 显然可见). 设在某一部分流动中出现微小扰动, 这是由一系列形如 (28.1) 的分量叠加而成的波包, 其中 $\gamma(k)>0$ 的分量将随时间而增强, 其余分量将衰减. 这样形成的加强波包同时还将以波包的群速 $\mathrm{d}\omega/\mathrm{d}k$ (§67) 向下游移动. 因为现在所研究的波数属于满足 $\mathrm{d}\gamma/\mathrm{d}k=0$ 的点附近的微小区间, 所以量

$$\frac{\mathrm{d}\omega}{\mathrm{d}k}\approx\frac{\mathrm{d}}{\mathrm{d}k}\,\mathrm{Re}\,\omega \tag{28.2}$$

是实数, 它其实就是波包的实际传播速度.

扰动向下游移动在这里极其重要, 它使整个失稳现象变得完全不同于 §27 中所描述的情形.

因为 $\mathrm{Im}\,\omega$ 大于零的性质本身现在仅仅表示向下游移动的扰动不断加强,所以存在两种可能性. 在一种情况下, 尽管波包是移动的, 扰动在流动中任何一个固定的空间点都会无限增加, 这种对任何小扰动都不稳定的性质称为**绝对不稳定性**. 在另一种情况下, 波包的移动速度很快, 以至于空间中每一个固定点的扰动在 $t\to\infty$ 时都趋于零. 这样的不稳定性称为**对流不稳定性**①. 对于泊肃叶流, 看来会出现第二种情况 (见下文 118 页的脚注).

应当指出, 两种情况之间的区别取决于如何选取用来研究不稳定性的参考系, 该区别在这种意义下是相对的: 某参考系下的对流不稳定性在 "与波包一起运动" 的参考系下变为绝对不稳定性, 而绝对不稳定性在足够快速 "远离" 波包的参考系下变为对流不稳定性. 不过, 在这里所研究的情况下, 这种区别具有确定的物理意义, 因为存在一个特定的参考系——使管壁静止的参考系, 我们恰恰应当在这个参考系中研究不稳定性. 此外, 因为真实管道的长度无论多大也总是限的, 所以在任何位置出现的扰动原则上都能够在它真正导致层流状态破坏之前移动到管道之外.

因为坐标 x 是沿流动方向取的, 并且扰动沿流动方向增强, 但在空间中的给定点不随时间而增强, 所以在研究这种类型的不稳定性时, 用下述方法提出问题是合理的. 假设在空间中的给定位置上有特定频率 ω 的扰动连续地施加在流动上, 研究这种扰动向下游移动时如何变化. 求出函数 $\omega(k)$ 的反函数, 我们得到与给定的 (实数) 频率相应的波数 k. 如果 $\mathrm{Im}(k)<0$, 则因子 $\mathrm{e}^{\mathrm{i}kx}$ 随 x 的增加而增加, 即扰动增强. 在 ω, Re 平面上, 由方程 $\mathrm{Im}\,k(\omega,\ Re)=0$ 确定的曲线 (称为**中性稳定性曲线**, 或简称为**中性曲线**) 给出稳定区域的边界, 该曲线对于每一个 Re 都划分出扰动频率值向下游增强或衰减的区域.

实际的计算过程极其复杂, 用解析方法仅对平面泊肃叶流——两个平行平板之间的流动进行了全面的研究 (林家翘, 1945). 这里指出该研究的一些结果②.

平行平板之间 (未受扰动) 的流动不仅在其速度方向上 (x 轴) 是齐次的, 在整个 xz 平面上 (y 轴垂直于平板) 也是齐次的. 于是可以寻求方程 (26.4) 的形如

$$\boldsymbol{v}_1=\mathrm{e}^{\mathrm{i}(k_xx+k_zz-\omega t)}\boldsymbol{f}(y) \tag{28.3}$$

的解, 其中波矢 $\boldsymbol{k}$ 指向 xz 平面中的任意方向. 然而, 我们所关心的只是 (当 Re

---

① 在本教程另一卷中描述了能够用来确定不稳定性类型的一般方法 (见第十卷 §62).

② 见专著: Lin C. C. The Theory of Hydrodynamic Stability. Cambridge: Cambridge Univ. Press, 1955. 关于对该问题的这些研究以及更晚一些的研究, 在德拉津和雷德的书 (见第 114 页的脚注) 中也有叙述.

增加时) 最先出现的增强扰动, 正是它们决定了稳定区域的边界. 可以证明, 对于大小给定的波矢 $\boldsymbol{k}$, 扰动当 $\boldsymbol{k}$ 指向 x 轴时最先增强, 并且 $f_z=0$. 因此, 只要研究 xy 平面上的二维扰动即可 (未受扰动的流动同样也是二维的), 这种扰动与坐标 z 无关①.

图 17 给出平板之间流动的中性曲线示意图. 曲线内部的阴影区域是不稳定区域②. 我们发现, 出现不衰减扰动的最小雷诺数值为 $Re_{\rm cr}=5772$ (根据近来更精确的计算, S. A. 欧尔萨格, 1971), 这里的雷诺数被定义为

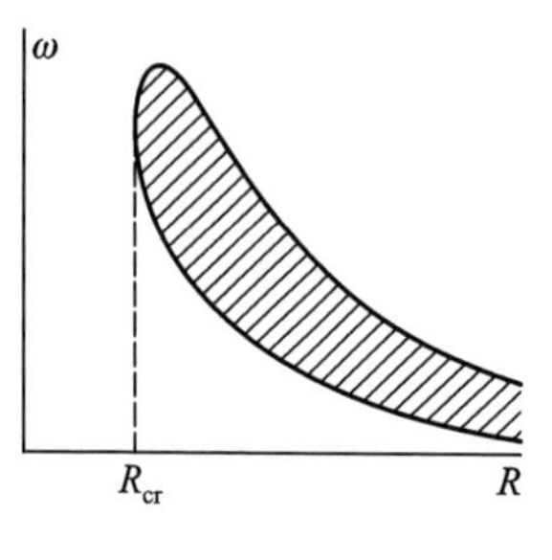

图 17

$$Re=\frac{U_{\max}h}{2\nu},\tag{28.4}$$

其中 $U_{\max}$ 是最大流速, $h/2$ 是平板之间距离的一半, 即速度从零增加到最大值时所对应的距离③. 扰动的临界波数 $k_{\rm cr}=2.04/h$ 对应临界雷诺数 $Re=Re_{\rm cr}$. 当 $Re\to\infty$ 时, 中性曲线的上下两支分别按照规律

$$\frac{\omega h}{U_{\max}}\approx Re^{-3/11}\quad 和\quad \frac{\omega h}{U_{\max}}\approx Re^{-3/7}$$

渐近地趋向横坐标轴. 在这两支上, ω 和 k 之间的关系这时具有 $\omega h/U\approx(kh)^3$ 的形式.

因此, 对于不超过一个确定最大值 ($\sim U/h$) 的任何非零频率 ω, 都存在 Re 的一个有限范围, 该范围内的 Re 所对应的扰动是增强的④. 有趣的是, 与严格的理想流体相比, 流体的小而有限的黏性这时在已知意义上起破坏稳定性的作用⑤. 其实, 当 $Re\to\infty$ 时, 任何有限频率的扰动都会衰减. 当引入有限的黏性时, 我们终将进入不稳定区域, 并且当黏性进一步增加 (Re 降低) 时又会离开不稳定区域.

---

① 我们来证明这个结论 (H. B. 斯夸尔, 1933). 方程组 (26.4) 对于形如 (26.2) 的扰动可以化为与二维扰动方程一致的形式, 只要把 Re 代换为 $Re\cos\varphi$ 即可, 其中 φ 是 $\boldsymbol{k}$ 与 $\boldsymbol{v}_0$ 之间的夹角 (在 xz 平面上). 所以, 对于 (具有给定波矢的) 三维扰动, 临界雷诺数 $\widetilde{Re}_{\rm cr}=Re_{\rm cr}/\cos\varphi>Re_{\rm cr}$, 其中 $Re_{\rm cr}$ 是对二维扰动计算的.

② 平面 k, Re 上的中性曲线具有类似的形状. 因为 ω 和 k 在中性曲线上都是实数, 所以这两个平面上的这两条中性曲线是通过不同变量表示出来的同一种函数关系.

③ 对于平面泊肃叶流, 在文献中也使用 Re 的其他定义: 比值 $h\overline{U}/\nu$, 其中 $\overline{U}$ 是 (横截面上的) 平均流速. 因为成立等式 $\overline{U}=2U_{\max}/3$, 所以有 $h\overline{U}/\nu=4Re/3$, 其中 Re 由 (28.4) 定义.

④ 在以下论文中证明了平面泊肃叶流的对流不稳定性: Иорданский С. В., Куликовский А. Г. Журн. экспер. теор. физ. 1965, 49(4): 1326 (Iordanskii S. V., Kulikovskii A. G. Sov. Phys. JETP. 1966, 22(4): 915). 但是, 该证明仅适用于 Re 极高的区域, 此处中性曲线的两支都离横坐标轴很近, 即在这两支上 $kh\ll1$. 对于使中性曲线上 $kh\sim1$ 的雷诺数 Re, 问题尚未解决.

⑤ 这个性质最早是由海森伯发现的 (W. 海森伯, 1924).

关于圆管内流动的稳定性还没有完整的理论研究, 但已有结果使我们有坚实的理由假设, 这种流动在任何雷诺数下对无穷小扰动都是稳定的 (既是绝对稳定的, 也是对流稳定的). 根据原始流动的轴对称性, 可以寻求形如 (同 (27.4) 一样)

$$\boldsymbol{v}_1 = \mathrm{e}^{\mathrm{i}(n\varphi+kz-\omega t)}\boldsymbol{f}(r) \tag{28.5}$$

的扰动. 可以认为轴对称扰动 ($n=0$) 必定衰减是已经证明的事实, 并且在已经研究过的非轴对称振动中 (认为 n 值是确定的, 雷诺数在确定的范围内) 也没有发现不衰减的振动. 如果非常小心地避免管道入口处的扰动, 就可以在极高的雷诺数 Re 下维持层流状态 (实际上已经观察到雷诺数达到 $Re\approx 10^5$ 的层流, 式中

$$Re = \frac{U_{\max}d}{2\nu} = \frac{\overline{U}d}{\nu}, \tag{28.6}$$

d 是圆管的直径, $U_{\max}$ 是管轴上的流速). 这个事实也表明了圆管内流动的稳定性.

平板之间的流动和圆管内的流动可以看做环形截面管道内的流动的极限情况, 即两个同轴圆柱面 (半径为 R_1 和 R_2, $R_2 > R_1$) 之间的流动的极限情况. 当 $R_1=0$ 时, 我们回到圆管的情况①, 而在 $R_1\to R_2$ 的极限下得到平板之间的流动. 看来, 对于所有不为零的比值 $R_1/R_2<1$ 都存在临界雷诺数 Re_{cr}, 而当 $R_1/R_2\to 0$ 时 Re_{cr} 趋于无穷大②.

对于所有这些泊肃叶流, 还存在一个临界雷诺数 Re'_{cr}, 它确定对有限强度扰动的稳定性边界. 当 $Re<Re'_{\text{cr}}$ 时, 在管道中根本不能存在不衰减的非定常流. 如果在管道中的任何一段上出现湍流, 则当 $Re<Re'_{\text{cr}}$ 时, 湍流区将向下游移动, 同时不断缩小, 直至完全消失. 反之, 当 $Re>Re'_{\text{cr}}$ 时, 湍流区将随时间而扩张并占据越来越多的流动区域. 如果扰动不断从管道入口进入管内并影响流动, 则当 $Re<Re'_{\text{cr}}$ 时, 扰动无论最初有多强, 都必将在进入管道某距离后完全衰减. 反之, 当 $Re>Re'_{\text{cr}}$ 时, 整个管道中的流动都会变成湍流, 而且 Re 越大, 为此所需的扰动就越弱. 在 Re'_{cr} 与 Re_{cr} 之间的区间上, 层流流动是亚稳的. 对于圆管, 在 $Re\approx 1800$ 时已经观察到不衰减的湍流; 对于平行平板之间的流动, 从 $Re\approx 1000$ 开始即可观察到湍流.

管道内的层流流动 “必然” 遭到破坏, 与之相伴的是阻力的间断式变化. 对于管道内的流动, 当 $Re>Re'_{\text{cr}}$ 时在本质上存在两种不同的阻力定律 (阻力对

---

① 对速度场而言, $R_1\to 0$ 的情况与 $R_1=0$ 的情况其实不同, 这涉及相应边界之有无. ——译者

② 参见文献: Heaton C. J. Linear instability of annular Poiseuille flow. J. Fluid Mech., 2008, 610: 391. ——译者

Re 的依赖关系): 一种用于层流, 另一种用于湍流 (见下面的 §43). 从一种类型的流动过渡到另一种类型的流动无论是在多大的雷诺数 Re 下发生的, 阻力都会发生间断.

在本节最后, 我们再作出以下说明. 对无穷长管道内的流动得到的稳定性边界 (中性曲线) 还有另一种意义. 考虑 (与直径相比) 长度很大但有限的管道中的流动. 设管道每一端都有确定的边界条件——速度剖面是给定的 (例如, 可以认为管道两端被多孔介质壁面覆盖, 使这里有均匀的速度). 除了管道两端附近, 处处都可以认为 (未受扰动的) 速度剖面与 x 无关并与泊肃叶流相应. 对于这样给出的有限系统, 可以提出对无穷小扰动的稳定性问题 (这样的稳定性称为**整体稳定性**, 在第十卷 §65 中描述了建立其判据的一般方法). 可以证明, 无穷长管道的上述中性曲线同时也是有限长管道情况下的整体稳定性边界, 并且这与管道两端的具体边界条件无关①.

§29 切向间断的不稳定性

如果两层不可压缩理想流体彼此之间的相对运动是一层流体在另一层流体上"滑动", 则这种流动是不稳定的. 这两层流体的分界面是**切向间断面**, 即流体的切向速度发生突跃的曲面 (H. 亥姆霍兹, 1868; W. 开尔文, 1871). 我们在以后将看到这种不稳定性会实际导致何种流动图像 (§35), 这里先证明上述结论.

考虑不大的一部分间断面及其附近的流动, 我们可以认为这部分间断面是平的, 并且它两边的流体速度 $\boldsymbol{v}_1$ 和 $\boldsymbol{v}_2$ 是常量. 不失一般性, 可以认为其中一个速度为零. 通过适当选取坐标系总是可以做到这一点. 设 $\boldsymbol{v}_2 = 0$, 并把 $\boldsymbol{v}_1$ 直接记为 $\boldsymbol{v}$. 取 $\boldsymbol{v}$ 的方向为 x 轴的方向, 让 z 轴指向间断面的法向.

设间断面受到微弱扰动, 并且所有的量——间断面本身的点的坐标、流体的压强和速度——都是正比于 $e^{i(kx-\omega t)}$ 的周期函数. 我们来研究速度为 $\boldsymbol{v}$ 的这一侧流体, 并用 $\boldsymbol{v}'$ 表示发生扰动后速度的微小变化. 根据方程 (26.4) (其中 $\boldsymbol{v}_0 = \boldsymbol{v}$ 为常量, $\nu = 0$), 对扰动 $\boldsymbol{v}'$ 有以下方程组:

$$\operatorname{div} \boldsymbol{v}' = 0, \quad \frac{\partial \boldsymbol{v}'}{\partial t} + (\boldsymbol{v} \cdot \nabla)\boldsymbol{v}' = -\frac{\nabla p'}{\rho}.$$

因为 $\boldsymbol{v}$ 指向 x 轴方向, 所以第二个方程可改写为

$$\frac{\partial \boldsymbol{v}'}{\partial t} + v\frac{\partial \boldsymbol{v}'}{\partial x} = -\frac{\nabla p'}{\rho}. \tag{29.1}$$

① 见: Куликовский А. Г. Прикл. мат. и мех. 1968, 32(1): 112 (Kulikovskii A. G. J. Appl. Math. Mech. 1968, 32(1): 100).

如果在此方程两边取散度, 则根据第一个方程可知左边为零, 于是 p' 应当满足拉普拉斯方程

$$\Delta p' = 0. \tag{29.2}$$

设 $\zeta = \zeta(x,\ t)$ 是发生扰动后间断面上的点沿 z 轴的位移. 导数 $\partial\zeta/\partial t$ 是间断面坐标 ζ 在坐标 x 给定时的变化率. 因为流体速度在间断面法向的分量等于间断面本身的移动速度, 所以在所需近似下有

$$\frac{\partial\zeta}{\partial t} = v'_z - v\frac{\partial\zeta}{\partial x} \tag{29.3}$$

(对于 v'_z, 当然应当取它在间断面本身上的值).

我们寻求形如

$$p' = f(z)\mathrm{e}^{\mathrm{i}(kx-\omega t)}$$

的解. 把它代入 (29.2), 得到 $f(z)$ 的方程

$$\frac{\mathrm{d}^2 f}{\mathrm{d}z^2} - k^2 f = 0,$$

所以 $f = \mathrm{const}\cdot\mathrm{e}^{\pm kz}$. 在间断面的两侧中, 设所研究的这一侧 (侧 1) 对应 z 的正值, 于是我们应取 $f = \mathrm{const}\cdot\mathrm{e}^{-kz}$, 所以

$$p' = \mathrm{const}\cdot\mathrm{e}^{\mathrm{i}(kx-\omega t)}\,\mathrm{e}^{-kz}. \tag{29.4}$$

把这个表达式代入方程 (29.1) 的 z 分量方程, 求出①

$$v'_z = \frac{kp'_1}{\mathrm{i}\rho_1(kv-\omega)}. \tag{29.5}$$

我们用同样的形式寻求位移 ζ, 它也正比于同一个指数因子 $\mathrm{e}^{\mathrm{i}(kx-\omega t)}$, 于是从 (29.3) 得到

$$v'_z = \mathrm{i}\zeta(kv-\omega).$$

这与 (29.5) 一起给出

$$p'_1 = -\zeta\frac{\rho_1(kv-\omega)^2}{k}. \tag{29.6}$$

用这样的公式也可以表示间断面另一侧的压强 p'_2, 只不过现在应取 $v=0$, 此外还应改变符号 (因为在这个区域中 $z<0$, 所有的量应正比于 e^{kz} 而非 e^{-kz}). 因此,

$$p'_2 = \zeta\frac{\rho_2\omega^2}{k}. \tag{29.7}$$

① 虽然 $kv=\omega$ 的情形在原则上是可能的, 但我们对此不感兴趣, 因为不稳定性只可能源自复频率 ω, 而不可能源自实频率.

我们之所以在这里写出不同的密度 ρ_1 和 ρ_2, 是为了把分界面两边是互不混合的两种不同流体的情形也包括在内.

最后, 根据压强 p_1' 和 p_2' 在间断面上相等的条件, 我们得到

$$\rho_1(kv-\omega)^2=-\rho_2\omega^2,$$

由此求出待求的 ω 与 k 之间的关系:

$$\omega=kv\frac{\rho_1\pm \mathrm{i}\sqrt{\rho_1\rho_2}}{\rho_1+\rho_2}. \tag{29.8}$$

我们看到, ω 是复数, 并且总是存在虚部为正的 ω. 因此, 切向间断面即使对无限小扰动也是不稳定的①. 在这种形式下, 这个结论对于黏性任意小的流体同样成立. 这时, 区别对流不稳定性与绝对不稳定性是没有意义的, 因为当 k 增加时, ω 的虚部无限增加, 而这导致扰动的放大系数在其移动过程中能够变为无穷大.

在考虑有限的黏性时, 切向间断面会丧失其不连续性, 速度会在有限厚度的一层流体中从一个值变为另一个值. 这种流动的稳定性问题, 在数学上完全类似于层流边界层中速度剖面具有拐点时的流动稳定性问题 (§41). 实验结果和数值计算表明, 不稳定性在这种情况下很快就会出现, 甚至总是会出现②.

§30 准周期流和锁频③

在下面几节中 (§30—§32), 使用一些特定的几何方法进行论述将是方便的. 为此, 我们引入一个数学概念——流体的**状态空间**, 该空间的每个点对应流体中确定的速度分布 (速度场). 相距较近的点这时对应流体在相隔较短的时刻的状态④.

在状态空间中, 一个点对应一种定常流, 而一条封闭曲线 (封闭轨道) 对应一种周期流, 它们分别称为**极限点**和**极限环**. 如果这些流动是稳定的, 这就

---

① 如果 (在 xy 平面上) 波矢 $\boldsymbol{k}$ 的方向与 $\boldsymbol{v}$ 的方向不一致, 它们之间的夹角为 φ, 则在 (29.8) 中应把 v 替换为 $v\cos\varphi$. 其原因明显在于, 在原始的线性化欧拉方程中, 未受扰动的速度仅出现于组合 $(\boldsymbol{v}\cdot\nabla)$ 中. 显然, 这样的扰动也是不稳定的.

② 设平面流动中的速度在 $\pm v_0$ 之间变化, 并且速度剖面满足诸如 $v=v_0\tanh(z/h)$ 的某种规律, 则关于这种流动的稳定性已有一些数值计算 (这时 $Re=v_0h/\nu$ 起雷诺数的作用). 在平面 k, Re 上, 中性曲线通过坐标原点, 所以对于每一个 Re 值都存在 k 值的一个区间 (随 Re 的增加而增大), 流动在这个区间上是不稳定的.

③ §30—§32 是与 M.И. 拉宾诺维奇共同撰写的.

④ 在数学文献中, 该无穷维泛函空间 (或者在某些情况下可以取而代之的一些有限维泛函空间, 见下) 经常称为相空间. 我们在这里不使用这个术语, 以免与它在物理学中通常更为具体的含义发生混淆.

表明附近的轨道 (在 $t \to \infty$ 时) 趋于一个极限点或极限环, 即这些轨道描述向一种定常流或周期流转变的过程.

在状态空间中, 一个极限环 (或极限点) 有确定的**吸引域**: 从该区域开始的轨道最终都会进入极限环. 因此, 极限环称为**吸引子**[①]. 我们强调, 对于给定区域中具有确定边界条件 (和给定的 Re 值) 的流动, 吸引子可能不是唯一的. 可能出现这样的情形: 在状态空间中存在不同的吸引子, 并且每个吸引子都有自己的吸引域. 换言之, 在 $Re > Re_{\text{cr}}$ 时可能存在不止一种稳定的流动方式, 而不同流动方式的实现则取决于 Re 达到给定值的方法. 我们强调, 这些不同的稳定流动方式都是非线性 (!) 运动方程组的解[②].

设雷诺数已经达到临界值, 并且在 §26 中讨论过的周期流已经建立起来, 我们来研究在此之后雷诺数继续增加时出现的现象. 随着 Re 的增加, 该周期流最终也会失稳. 研究这种不稳定性的方法在原则上应当类似于在 §26 中研究初始定常流不稳定性的方法. 现在, (频率为 ω_1 的) 周期流 $\boldsymbol{v}_0(\boldsymbol{r},\ t)$ 是未受扰动的流动, 于是可以把 $\boldsymbol{v} = \boldsymbol{v}_0 + \boldsymbol{v}_2$ 代入运动方程, 式中 $\boldsymbol{v}_2$ 是小的修正项. 对 $\boldsymbol{v}_2$ 又得到线性方程, 但其系数现在不仅是坐标的函数, 还与时间有关, 它们对时间而言是周期为 $T_1 = 2\pi/\omega_1$ 的周期函数. 应当按照以下形式来寻求此方程的解:

$$\boldsymbol{v}_2 = \varPi(\boldsymbol{r},\ t)\,\mathrm{e}^{-\mathrm{i}\omega t}, \tag{30.1}$$

其中 $\varPi(\boldsymbol{r},\ t)$ 对时间而言是周期函数 (周期同样为 T_1). 失稳仍然发生于出现频率 $\omega = \omega_2 + \mathrm{i}\gamma_2$ 之时, 其虚部 $\gamma_2 > 0$, 而实部 ω_2 确定一个新出现的频率.

在一个周期 T_1 内, 扰动 (30.1) 变为 $\mu = \mathrm{e}^{-\mathrm{i}\omega T_1}$ 倍. 该因子称为周期运动的**倍增因子**, 它是表征这种流动的扰动增强或衰减的合适指标. 与连续介质 (流体) 的周期运动相对应的是无穷多个倍增因子, 它们又对应着无穷多种可能的独立扰动. 由此导致的失稳是在临界雷诺数 Re_{cr2} 下发生的, 这时一个或多个倍增因子的模等于 1, 即 μ 的值在复平面上穿过单位圆. 对实方程而言, 倍增因子穿过单位圆时的取值只能是一对共轭复数或单一的实数, 而在后一情况下只能是 $+1$ 或 -1. 与这种由周期流导致的失稳相伴的是, 状态空间中的轨道性质在已经不稳定的极限环附近发生确定的定性重构, 或者就像通常所说的那样, 与之相伴的是局部**分岔**. 分岔的特性在很大程度上恰恰取决于倍增因子在哪些点穿过单位圆[③].

---

① 源自英文单词 attraction, 即吸引.

② 例如, 在库埃特流失稳过程中就会出现这样的情况, 这时建立起来的新流动方式实际上与导致圆柱面以确定角速度旋转的历史过程有关.

③ 我们指出, 倍增因子不可能等于零, 因为扰动不可能在有限时间 (一个周期 T_1) 内变为零.

我们来研究形如 $\mu = \mathrm{e}^{\mp 2\pi\alpha\mathrm{i}}$ 的一对复共轭倍增因子穿过单位圆时形成的分岔，式中 α 是无理数. 这导致产生具有独立新频率 $\omega_2 = \alpha\omega_1$ 的二次流，即某种由两个不可公度频率表征的准周期流. 借助于几何方法，这种流动在状态空间中对应二维环面上的不封闭线圈状轨道①，并且已经失稳的极限环是环面的母线；频率 ω_1 对应沿环面母线的旋转，频率 ω_2 对应环面上的旋转 (图 18). 就像一种周期流可使流动具有一个自由度那样，现在有两个量 (相位) 是任意的，所以流动具有两个自由度. 由周期流导致的失稳伴随着二维环面的“产生”，这样的失稳在流体动力学中是典型的.

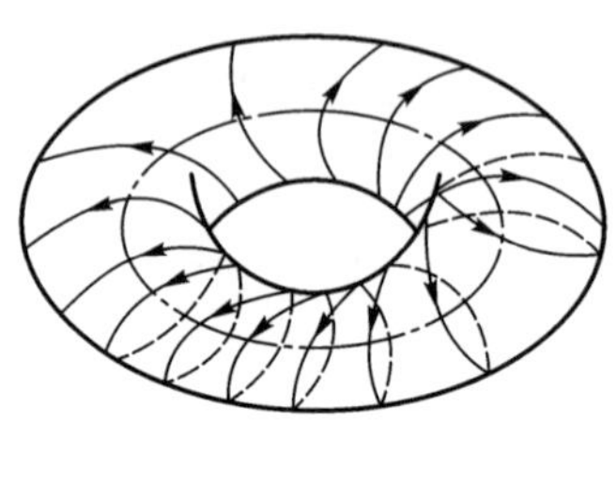

图 18

当雷诺数 $Re > Re_{\mathrm{cr2}}$ 并且继续增加时，这样的分岔导致流动变得越来越复杂，我们来讨论这种假想的流动方式. 自然应当假设，新的周期将随着 Re 的继续增加而陆续出现. 用几何语言来说，这表示二维环面导致失稳，并在其邻域内出现三维环面，它又因为进一步分岔而被四维环面取代，等等. 产生新频率所需的雷诺数间隔迅速减小，而由此出现的流动也具有越来越小的尺度. 因此，流动迅速变得复杂而混乱. 我们把这样的流动称为**湍流**，以区别于规则的**层流**. 对于后者，流动仿佛是分层的，各层流体都有不同的速度.

现在假设产生湍流的这种途径 (或者称之为**方案**) 是实际可能的②，我们来写出函数 $\boldsymbol{v}(\boldsymbol{r},\ t)$ 的一般形式，它对时间的依赖关系可由数目为某个数 N 的一组不同的频率 ω_i 确定. 可以把它看做 N 个不同相位 $\varphi_i = \omega_i t + \beta_i$ (以及坐标) 的函数，并且对每个相位都是周期为 2π 的周期函数. 这样的函数可以表示为级数的形式:

$$\boldsymbol{v}(\boldsymbol{r},\ t) = \sum \boldsymbol{A}_{p_1 p_2 \cdots p_N}(\boldsymbol{r}) \exp\left(-\mathrm{i}\sum_{i=1}^{N} p_i \varphi_i\right) \tag{30.2}$$

(对所有整数 $p_1, p_2, \cdots, p_N$ 求和)，它是 (26.13) 的推广. 由该公式描述的流动具有 N 个自由度，因为其中包括 N 个任意的初始相位 β_i③.

从物理上讲，相位相差 2π 的整数倍的状态是完全相同的. 换言之，对于每一个相位，全部具有本质区别的值都位于区间 $0 \leqslant \varphi_i < 2\pi$ 上. 考虑任何两

---

① 按照我们在这里使用的数学术语，环面是指不包含由它所围区域的曲面. 于是，二维环面就是三维“面包圈”的二维表面.

② 这是由 Л. Д. 朗道 (1944) 提出的，后来 E. 霍普夫 (1948) 也独立地提出了这个假设.

③ 如果选取相位 φ_i 作为坐标来描述 N 维环面上的轨道，则相应速度将是常量：$\dot{\varphi}_i = \omega_i$. 因此，当我们论及准周期流时，也称之为环面上的常速运动.

个相位 $\varphi_1=\omega_1 t+\beta_1$ 和 $\varphi_2=\omega_2 t+\beta_2$. 设相位 φ_1 在某时刻的值为 α, 则该相位在下列所有时刻的值均与 α "相同":

$$t=\frac{\alpha-\beta_1}{\omega_1}+2\pi s\frac{1}{\omega_1},$$

式中 s 是任何整数. 相位 φ_2 在这些时刻的值为

$$\varphi_2=\beta_2+\frac{\omega_2}{\omega_1}(\alpha-\beta_1+2\pi s).$$

但不同的频率是相互不可公度的, 所以 ω_2/ω_1 是无理数. 从 φ_2 减去 2π 的所需整数倍, 总可以让 φ_2 的值属于从 0 到 2π 的区间. 于是, 当整数 s 从 0 变化到 ∞ 时, 我们得到任意接近该区间上事先给定数的 φ_2 值. 换言之, 经过足够长的时间, φ_1 和 φ_2 将同时任意接近任何事先给定的两个数. 这个结果对所有相位均成立. 因此, 在所研究的湍流模型中, 如果一个事先给定的状态是由同一时刻任何一组可能的相位值 φ_i 决定的, 则在足够长的时间内, 流体会经历该事先给定状态附近与之任意接近的状态. 但是, 返回时间却随 N 的增加而迅速增加, 最终变得极大, 以至于任何周期性实际上都消失得无影无踪①.

我们现在强调, 产生湍流的上述途径在本质上是以线性表述为基础的. 其实, 我们实际上已经假设, 在因为二次失稳而出现新的周期解时, 已有的周期解不但没有消失, 而且基本不发生变化. 在这个模型中, 湍流运动恰恰就是大量这种不发生变化的解的叠加. 但是在一般情况下, 随着雷诺数的增加, 这些解的性质以及由它们导致的不稳定性的特性都会变化. 各种扰动之间发生相互作用, 并且这种相互作用既可能导致流动变得简单, 也可能导致流动变得复杂. 我们来说明第一种可能性.

我们只考虑最简单的情形: 假设扰动解只含有两个独立的频率. 如前所述, 这种流动在几何上对应二维环面上的线圈状不封闭曲线. 设在 $Re=Re_{\rm cr1}$ 时出现频率为 ω_1 的扰动, 则自然可以认为, 该扰动在雷诺数 $Re=Re_{\rm cr2}$ 的邻域中变得更加强烈 (这时出现频率为 ω_2 的扰动), 从而可以假设, 当雷诺数 Re 属于该邻域并且相对变化不大时, 频率为 ω_1 的扰动没有变化. 注意到这一点, 为了描述频率为 ω_2 的扰动在频率为 ω_1 的背景周期流中的演化, 我们引入新变量

$$a_2(t)=|a_2(t)|\,{\rm e}^{-{\rm i}\varphi_2(t)}. \tag{30.3}$$

模 $|a_2(t)|$ 是到环面母线的最短距离 (频率为 ω_1 的极限环已经失稳), 即二次周期流的相对振幅, 而 φ_2 是它的相位. 我们来研究 $a_2(t)$ 在等于周期 $T_1=2\pi/\omega_1$

① 在上述湍流模型中, 系统 (流体) 位于相空间中给定点 φ_1, φ_2, $\cdots$, φ_N 附近微小区域内的概率, 可由该区域的体积 $(\delta\varphi)^N$ 与总体积 $(2\pi)^N$ 之比给出. 因此可以说, 在足够长的时间内, 系统位于给定点附近微小区域内的时间仅占该时间的 $1/{\rm e}^{\varkappa N}$ (其中 $\varkappa=\ln(2\pi/\delta\varphi)$).

的整数倍的那些离散时刻的性质. 经过一个周期, 频率为 ω_2 的扰动变为 μ 倍, 这里

$$\mu = |\mu| \exp\Big(-2\pi \mathrm{i}\frac{\omega_2}{\omega_1}\Big)$$

是倍增因子: 经过整数 τ 个周期, 函数 a_2 变为 μ^τ 倍. 既然我们认为 $Re - Re_{\mathrm{cr2}}$ 很小 (Re 在临界值以上), 则扰动的增长率也很小, 相应地, $|\mu|-1$ 尽管是正的, 却也很小, 所以扰动 a_2 的模经过一个周期 T_1 之后变化甚微; 相位 φ_2 的变化恰好正比于 τ. 注意到所有这些结果, 就可以把离散的变量 τ 改为连续的, 从而利用对 τ 的微分方程来描述函数 $a_2(\tau)$ 的变化过程.

倍增因子的概念仅适用于出现不稳定性之后极短的一段时间, 在这段时间内仍可用线性方程来描述扰动. 如上所述, 函数 $a_2(\tau)$ 在这段时间内像 μ^τ 那样变化, 其导数

$$\frac{\mathrm{d}a_2}{\mathrm{d}\tau} = \ln\mu \cdot a_2(\tau),$$

并且在雷诺数略微超过临界值时有:

$$\ln\mu = \ln|\mu| - 2\pi\mathrm{i}\frac{\omega_2}{\omega_1} \approx |\mu| - 1 - 2\pi\mathrm{i}\frac{\omega_2}{\omega_1}. \tag{30.4}$$

这个表达式是 $\mathrm{d}a_2/\mathrm{d}\tau$ 对 a_2 和 a_2^* 的幂级数展开式的第一项, 于是当模 $|a_2|$ 增加 (但仍然很小) 时, 应当考虑下一项. 含有相同振荡因子 $\mathrm{e}^{-\mathrm{i}\varphi_2}$ 的项是三阶项 $\sim a_2|a_2|^2$. 因此, 我们得到方程①

$$\frac{\mathrm{d}a_2}{\mathrm{d}\tau} = \ln\mu \cdot a_2 - \beta_2 a_2 |a_2|^2, \tag{30.5}$$

其中 β_2 (就像 μ 那样) 是与 Re 有关的复参数, 并且 $\mathrm{Re}\,\beta_2 > 0$ (对方程 (26.7) 也有类似讨论, 试进行对比). 这个方程的实部立刻就确定了模的定常值:

$$\big|a_2^{(0)}\big|^2 = \frac{(|\mu|-1)}{\mathrm{Re}\,\beta_2},$$

而虚部则给出相位 $\varphi_2(\tau)$ 的方程. 既然模的定常值已经确定, 该方程的形式就化为

$$\frac{\mathrm{d}\varphi_2}{\mathrm{d}\tau} = 2\pi\frac{\omega_2}{\omega_1} + \mathrm{Im}\,\beta_2 \cdot \big|a_2^{(0)}\big|^2. \tag{30.6}$$

根据这个方程, 相位 φ_2 常速旋转. 然而, 这个性质仅在所考虑的近似下成立. 随着 $Re - Re_{\mathrm{cr2}}$ 的增加, 沿环面的旋转速度不再保持不变, 它本身成为 φ_2 的函数. 为了考虑这一点, 我们在方程 (30.6) 的右侧加上小扰动项 $\varPhi(\varphi_2)$. 因为在物理上有区别的所有相位值 φ_2 都位于从 0 到 2π 的一个区间上, 所以 $\varPhi(\varphi_2)$ 是周期为 2π 的周期函数. 进一步, 我们用有理分数来逼近无理表达式

① 方程 (30.5) 称为朗道方程. ——译者

ω_2/ω_1 (这可用任意精度实现): $\omega_2/\omega_1 = m_2/m_1 + \Delta/2\pi$, 其中 m_1, m_2 是整数. 于是, 方程的形式化为

$$\frac{\mathrm{d}\varphi_2}{\mathrm{d}\tau} = 2\pi\frac{m_2}{m_1} + \Delta + \operatorname{Im}\beta_2 \cdot \left|a_2^{(0)}\right|^2 + \Phi(\varphi_2). \tag{30.7}$$

现在只考虑 m_1T_1 的整数倍时刻的相位值, 即变量 $\tau = m_1\overline{\tau}$ 为整数时的相位值. 方程 (30.7) 右侧第一项导致相位经过时间 m_1T_1 后变化 $2\pi m_2$, 即相位变化为 2π 的整数倍, 而这恰恰可以忽略. 略去该项之后, 方程右侧剩余各项都是小量, 这样就能够利用对连续变量 $\overline{\tau}$ 的微分方程来描述函数 $\varphi_2(\overline{\tau})$ 的变化:

$$\frac{1}{m_1}\frac{\mathrm{d}\varphi_2}{\mathrm{d}\overline{\tau}} = \Delta + \operatorname{Im}\beta_2 \cdot \left|a_2^{(0)}\right|^2 + \Phi(\varphi_2) \tag{30.8}$$

(当离散变量 τ 只有一步变化时, 函数 φ_2/m_1 的变化不大).

在一般情况下, 方程 (30.8) 有定常解 $\varphi_2 = \varphi_2^{(0)}$, 只要让方程右侧等于零即可得到这个解. 然而, 相位 φ_2 在 m_1T_1 的整数倍时刻保持不变, 这意味着在环面上存在极限环——轨道在环绕 m_1 周之后闭合. 根据函数 $\Phi(\varphi_2)$ 的周期性, 这样的解成对出现 (在最简单的情况下只有一对): 一个解出现于函数 $\Phi(\varphi_2)$ 的递增区间, 另一个解出现于递减区间. 在这两个解中, 只有后者是稳定的, 并且对这个稳定解而言, 方程 (30.8) 在点 $\varphi_2 = \varphi_2^{(0)}$ 附近具有以下形式:

$$\frac{\mathrm{d}\varphi_2}{\mathrm{d}\overline{\tau}} = -\operatorname{const} \cdot \left(\varphi_2 - \varphi_2^{(0)}\right)$$

(系数 const > 0), 它确实具有趋于 $\varphi_2 = \varphi_2^{(0)}$ 的解; 前者不稳定 (const < 0).

在环面上出现稳定极限环的现象表示振动的**锁频**[①], 即准周期振动消失并产生新的周期振动. 在多自由度系统中可以采用多种方法实现锁频, 它阻碍在具有大数目不可公度频率的多种运动中通过叠加来产生新的运动方式. 在这个意义上可以说, 朗道–霍普夫方案恰好真正实现的概率很小 (当然, 不排除在一些个别情况下在发生锁频之前就出现少量不可公度频率的可能性).

§31 奇怪吸引子

关于湍流在不同类型流动中的产生, 目前还不存在一种通用的理论. 不过, 关于流动的混沌化过程[②], 已经有多种可能的方案, 它们主要是根据在计算机

① 英文术语为 frequency locking.

② 混沌 (chaos) 意味着确定性中的随机, 即具有完全确定数学表述的非线性系统 (例如不含任何随机性的一个映射或一组微分方程) 可以有内在的随机性. 建议读者阅读关于混沌动力学的专著, 这有助于理解这几节内容. ——译者

上对模型微分方程组的数值模拟研究提出的, 部分结果已经被实际的流体动力学实验所证实. 本节和下一节中的叙述只以介绍这些想法为目的, 并不讨论相应数值结果和实验结果. 我们仅仅指出, 实验数据是对有限区域中的流动得到的, 我们在下面所关注的正好也是这样的流动①.

首先作出如下所述的一个重要的一般性说明. 在分析周期流的稳定性时, 只要关注其模接近 1 的倍增因子即可, 因为恰恰是这些因子才有可能在 Re 略微改变时穿过单位圆. 对于黏性流体, 这样的"危险因子"的模总是有限的, 原因如下. 满足运动方程的不同类型 (模式) 的扰动具有各种空间尺度 (即速度 $\boldsymbol{v}_2$ 发生显著变化的距离). 流动的尺度越小, 流动区域中的速度梯度就越大, 黏性对流动的阻碍作用也就越强. 如果把可能的扰动模式按照尺度从大到小的顺序排列, 则只有前面的某有限数目的模式是危险的, 而位置足够远的模式必然会迅速衰减, 即相应倍增因子的模很小. 这样就可以认为, 为了阐明因周期流而导致黏性流体运动失稳的可能模式, 在本质上可以采用对带有耗散的离散力学系统进行稳定性分析的方法, 并且该离散力学系统是由有限数目的变量描述的 (从流体动力学观点看, 例如, 速度场对坐标的傅里叶分量的振幅即为这样的变量). 与此相应, 状态空间也成为有限维的.

从数学观点讲, 这里所研究的是以下形式的方程组所描述的系统的演化:

$$\dot{\boldsymbol{x}}(t) = \boldsymbol{F}(\boldsymbol{x}), \tag{31.1}$$

其中 $\boldsymbol{x}(t)$ 是描述系统的 n 个量 $x^{(1)}, x^{(2)}, \cdots, x^{(n)}$ 所组成的空间中的矢量, 函数 $\boldsymbol{F}$ 依赖于一个参数, 该参数的改变能够导致运动性质的改变②. 对于耗散系统, 矢量 $\dot{\boldsymbol{x}}$ 的散度在空间 $\boldsymbol{x}$ 中是负的, 这表示空间 $\boldsymbol{x}$ 中的体积在运动过程中变小③:

$$\operatorname{div}\dot{\boldsymbol{x}}(t) = \operatorname{div}\boldsymbol{F}(\boldsymbol{x}) \equiv \frac{\partial F^{(i)}}{\partial x^{(i)}} < 0. \tag{31.2}$$

我们转而继续讨论不同周期流发生相互作用的可能结果. 锁频现象使流动变得简单, 但相互作用在破坏准周期性的同时也能够使流动变得极为复杂. 到目前为止一直默认, 在由周期流导致的失稳过程中会出现另一种周期流. 然而, 在逻辑上这根本不是必然的. 速度涨落振幅的有限性仅仅保证了黏性流体

---

① 这里所讨论的其实是有限区域中的热对流和具有有限长度的两个同轴圆柱面之间的库埃特流. 目前, 对边界层向湍流转变和有限尺寸物体绕流尾迹的机理的理论研究仍然进展缓慢, 尽管已经积累了大量实验资料.

② 按照数学术语, 函数 $\boldsymbol{F}$ 称为系统的矢量场. 如果它对时间没有显式的依赖关系 (就像 (31.1) 那样), 则称该系统为自治系统.

③ 我们还记得, 对于哈密顿力学系统, 该散度根据刘维尔定理等于零; 矢量 $\boldsymbol{x}$ 的分量这时是系统的广义坐标 q 和广义动量 p.

已有流动方式在状态空间中的相应轨道所占区域是有界的, 但轨道在该区域内的形状如何, 事先却无法判断. 轨道既能够趋于极限环或环面上的不封闭线圈 (周期流或准周期流的相应几何表述), 也能够具有完全不同的行为——复杂而混乱. 正是这种可能性对于理解湍流产生的数学本质并揭示其机理是至关重要的.

如果假设所有轨道在进入一个有界区域后不再出来, 并且它们在该区域中都是不稳定的, 就可以想象这些轨道是何等杂乱无章: 其中不仅可能有不稳定的极限环, 还可能有极端飘忽不定的不封闭轨道. 不稳定的含义是, 状态空间中任意接近的两个点沿通过它们的两条轨道移动时会相互远离. 最初相距很近的两个点也可以属于同一条轨道, 因为区域的有界性使不封闭轨道可以任意接近自身. 流体的湍流运动恰恰与轨道的这种复杂的不规则行为有关.

轨道的这种性质还有另一种表现——流动对初始条件的微小改变有非常敏感的依赖性. 如果运动是稳定的, 则初始条件的微小误差仅仅会导致最终状态的类似误差. 而如果运动是不稳定的, 则初始误差会随时间而增加, 所以已经不可能预测系统的未来状态 (H. C. 克雷洛夫, 1944; M. 玻恩, 1952).

在耗散系统的状态空间中, 有吸引作用的不稳定轨道集合确实能够存在 (E. 洛伦茨, 1963), 它称为**随机吸引子或奇怪吸引子**[①].

因为不稳定性意味着轨道发散, 所以初步看来, 下述两个要求似乎是不相容的: 其一, 属于吸引子的所有轨道均不稳定; 其二, 所有邻近轨道在 $t \to \infty$ 时都趋于吸引子. 如果考虑到状态空间中的轨道可能沿一些方向不稳定而沿其余方向稳定 (有吸引作用), 就可以消除这个表面上的矛盾. 在 n 维状态空间中, 属于奇怪吸引子的轨道不可能沿所有 $n-1$ 个方向都不稳定 (有一个方向对应着沿轨道的运动), 否则状态空间中的初始区域会连续增大, 而这对耗散系统是不可能的. 因此, 邻近轨道沿一些方向趋于吸引子轨道, 沿其余 (不稳定) 方向则远离它们 (图 19). 这样的轨道称为**鞍轨**, 奇怪吸引子正是由鞍轨集合组成的.

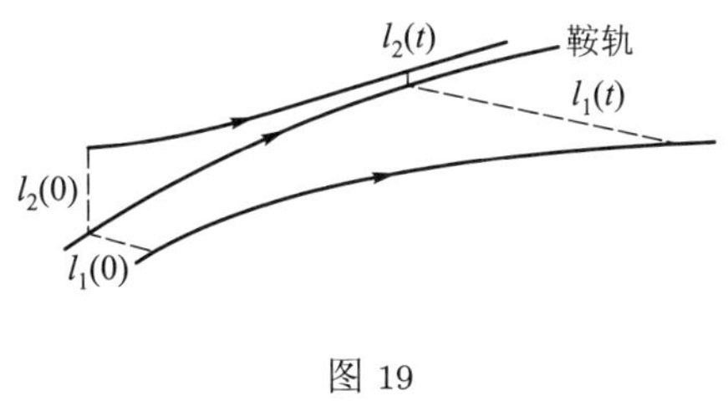

图 19

在产生新周期的几次分岔之后, 奇怪吸引子就已经能够出现: 甚至任意小的非线性项就足以在环面上产生奇怪吸引子, 从而破坏准周期流动方式 (环面

① 以便区别于普通的吸引子 (稳定的极限环、极限点等). 术语中的"奇怪"二字与该吸引子的复杂结构有关, 见下文. 在物理学文献中也用术语"奇怪吸引子"表示一些更复杂的有吸引作用的集合, 它们不但包含不稳定轨道, 还包含稳定轨道, 只是吸引域极小, 以至于在实际物理实验和数值试验中都无法发现这样的吸引子.

上的不封闭线圈) (D. 吕埃勒, F. 托肯斯, 1971). 然而, 这不可能在第二次 (从定常方式被破坏算起) 分岔时发生. 在第二次分岔中, 在二维环面上会出现不封闭线圈. 环面并不会因为考虑小非线性项而遭到破坏, 所以在环面上似乎应当出现奇怪吸引子. 但是, 在二维曲面上不可能存在起吸引作用的不稳定轨道集合. 问题在于, 状态空间中的不同轨道不能相交 (也不能自交), 否则与经典系统行为的因果律相矛盾. 依照因果律, 每一时刻的系统状态唯一地决定系统在后续时刻的行为. 既然二维曲面上的轨道不可能相交, 轨道就会依序排列, 所以轨道集合混沌化是不可能的.

但是, 在第三次分岔时就已经可能 (尽管不是必然!) 出现奇怪吸引子了. 这样的吸引子位于三维环面上, 它取代了三频率准周期流动方式 (S. 纽豪斯, D. 吕埃勒, F. 托肯斯, 1978).

属于奇怪吸引子的复杂而混乱的轨道都位于状态空间中的有界区域内. 目前尚不清楚如何对可能在实际流体动力学问题中遇到的奇怪吸引子进行分类, 甚至连应当基于哪些判据进行分类也不甚明晰. 关于奇怪吸引子结构的已有认识主要仅仅来自一些数值案例研究, 并且相关的模型常微分方程与实际的流体动力学方程有相当大的差别. 尽管如此, 仅从轨道的 (鞍型) 不稳定性和系统的耗散性出发, 就已经能够对奇怪吸引子的结构作出某些结论.

为清楚起见, 我们讨论三维状态空间, 并想象一个位于二维环面内的吸引子. 考虑正在进入吸引子的一簇轨道 (它们描述流动向 “定常” 湍流的转变方式). 这一簇轨道的横截面 (更准确地说, 这一簇轨道的 “痕迹”) 占有一定的面积, 我们来观察该横截面的形状和面积沿这簇轨道的变化. 我们注意到, 鞍轨附近的体微元在一个横截方向上拉伸, 在另一个横截方向上收缩, 其体积因为系统的耗散性而必须缩小, 所以收缩应比拉伸更多一些. 这两个方向沿轨道应当变化, 否则轨道会远离得太多 (这表示流体速度的变化太大). 这一切导致横截面的面积越来越小, 而其形状则变得又扁又弯. 但是, 这一簇轨道的横截面不仅仅在整体上这样变化, 它的每一部分都会这样变化. 于是, 横截面变为一组互相套在一起的条带, 而条带之间是空的. 随着时间的增加 (即沿着这簇轨道), 条带数目迅速增加, 其宽度不断减小. 在 $t\to\infty$ 的极限下出现吸引子, 它是由鞍轨所在的无穷多个不相交曲面 (鞍轨层) 组成的一个不可数集合 (鞍轨的吸引方向为吸引子的 “外侧”). 鞍轨层的侧面与边缘以复杂方式互相缠绕在一起, 每一条属于吸引子的轨道都会游走于所有鞍轨层, 并且经过足够长时间后都会足够接近吸引子的任何点 (**遍历性**). 鞍轨层的总体积及其横截面的总面积都等于零.

按照数学术语, 这样的集合对一个方向而言属于**康托尔集**的范畴. 应当认为康托尔结构才是吸引子的最大特性, 在 n 维 ($n>3$) 状态空间的更一般情况下也是如此.

奇怪吸引子在其状态空间中的体积永远为零. 不过, 在其他更低维的空间中, 它的体积也可以不为零. 这样的空间可用以下方法来确定. 把整个 n 维空间划分为棱长为 ε 的诸多立方体微元, 每个立方体微元的体积为 ε^n. 设 $N(\varepsilon)$ 为能够完全覆盖吸引子的立方体的最小数目, 则可以把吸引子的维数 D 定义为极限①

$$D=\lim_{\varepsilon\to 0}\frac{\ln N(\varepsilon)}{\ln(1/\varepsilon)}. \tag{31.3}$$

这个极限的存在表明吸引子在 D 维空间中的体积有限: 当 ε 很小时, 我们有 $N(\varepsilon)\approx V\varepsilon^{-D}$ (其中 V 是常数), 由此可见, $N(\varepsilon)$ 可以视为在 D 维空间中覆盖体积 V 的 D 维立方体的数目. 按照 (31.3) 定义的维数显然不可能大于状态空间的总维数 n, 但可以更小, 并且与通常的维数不同的是, 它还可以是分数. 例如, 康托尔集的维数恰好就是分数②.

我们来关注下述重要事实. 如果湍流已经出现 (流动“成为奇怪吸引子”), 则耗散系统 (黏性流体) 的这种运动在原则上与具有低维状态空间的无耗散系统的随机运动没有区别. 这是因为, 在定常流中被黏性耗散掉的能量, 在较长一段时间内平均来说可由来自平均流 (或其他不平衡性因素) 的能量补偿. 因此, 如果观察属于吸引子的一个“体微元”随时间的演化 (在维数由吸引子维数确定的某空间中), 则它的体积平均来说将保持不变——它在一些方向上的收缩平均来说会因为邻近轨道的远离而被其余方向上的拉伸所抵消. 借助于这个性质, 可以用另外的方法估计吸引子的维数.

因为奇怪吸引子的运动具有如上所述的遍历性, 所以只要在状态空间中沿一条属于吸引子的不稳定轨道对运动进行分析, 就已经可以确定吸引子的一些平均特征. 换言之, 我们的假设是, 只要沿单独一条轨道观察无穷长时间, 就可以给出吸引子的性质.

设方程 $\boldsymbol{x}=\boldsymbol{x}_0(t)$ 给出如上所述的一条轨道, 它是方程 (31.1) 的解. 考虑一个“球体”微元沿该轨道移动时的变形. 设邻近轨道对该轨道的偏离值为 $\boldsymbol{\xi}=\boldsymbol{x}-\boldsymbol{x}_0(t)$, 则把方程 (31.1) 相对于 $\boldsymbol{\xi}$ 作线性化处理, 即可确定变形. 这些方程的分量形式为

$$\dot{\xi}^{(i)}=A_{ik}(t)\xi^{(k)},\quad A_{ik}(t)=\left.\frac{\partial F^{(i)}}{\partial x^{(k)}}\right|_{x=x_0(t)}. \tag{31.4}$$

---

① 这个量在数学中称为集合的极限容量, 其定义与豪斯多夫维数 (分形维数) 相近.

② 能够覆盖一个集合的诸多 n 维立方体微元可以是“几乎空的”, 恰恰因此才可能有 $D<n$. 对于普通的集合, 定义 (31.3) 给出明显的结果. 例如, 对于 N 个孤立点的集合, 我们有 $N(\varepsilon)=N$, $D=0$; 对于长度为 L 的曲线段, $N(\varepsilon)=L/\varepsilon$, $D=1$; 对于二维曲面上面积为 S 的区域, $N(\varepsilon)=S/\varepsilon^2$, $D=2$, 等等.

沿轨道移动时, 球体微元在一些方向上收缩, 在其余方向上拉伸, 所以球体变为椭球体. 椭球体三个半轴的方向和长度都会随移动而变化; 用 $l_s(t)$ 表示它们的长度, 下标 s 是各方向的编号. 我们称极限值

$$L_s = \lim_{t\to\infty} \frac{1}{t} \ln \frac{l_s(t)}{l(0)} \tag{31.5}$$

为**李雅普诺夫特征指数** (简称**李雅普诺夫指数**), 其中 $l(0)$ 是初始球体的半径 (取初始时刻为 $t=0$). 这样定义的量共有 n 个 (即状态空间的维数), 它们都是实数, 其中之一等于零 (与该轨道本身的方向相对应)①.

李雅普诺夫指数之和确定了状态空间中的体微元沿轨道的平均变化. 在轨道上的每一点, 局部的体积相对变化率由散度 $\operatorname{div} \boldsymbol{x} = \operatorname{div} \boldsymbol{\xi} = A_{ii}(t)$ 给出. 可以证明, 沿轨道的平均散度值②

$$\lim_{t\to\infty} \frac{1}{t} \int_0^t \operatorname{div} \boldsymbol{\xi}\, \mathrm{d}t = \sum_{s=1}^{n} L_s. \tag{31.6}$$

对于耗散系统, 此和式为负, 因为 n 维状态空间中的体积是缩小的. 为了确定奇怪吸引子的维数, 可以在 "它的空间" 中让体积在平均意义下保持不变. 为此, 我们按照 $L_1 \geqslant L_2 \geqslant \cdots \geqslant L_n$ 的顺序排列李雅普诺夫指数, 并考虑所需数目的稳定方向, 以便通过收缩来抵消拉伸. 这样确定的吸引子维数③ (记之为 D_L) 介于 m 与 $m+1$ 之间, 这里 m 为上述李雅普诺夫指数序列中的指数序号, 它满足条件: 前 m 个指数之和为正, 但再加上 L_{m+1} 则为负④. 维数 $D_L = m + d$ $(d<1)$ 的分数部分可由等式

$$\sum_{s=1}^{m} L_s + L_{m+1} d = 0 \tag{31.7}$$

求出 (F. 勒德拉皮耶, 1981). 因为在计算 d 时仅仅考虑最稳定的方向 (在相应序列尾部略去绝对值最大的负指数 L_s), 所以由量 D_L 给出的维数估值一般而言是一个上方估值. 原则上, 该估值为根据湍流速度涨落时间序列的实验测量结果来确定吸引子维数开辟了一条道路.

---

① 自然, 方程 (31.4) 的解 (满足 $t=0$ 时的给定初始条件) 仅在所有长度 $l_s(t)$ 皆为小量时才真正描述邻近的轨道. 然而, 这一点并不使定义 (31.5) 失去意义: 对于任何很大的 t, 可以选取足够小的 $l(0)$, 使线性方程在全部这段时间内一直成立.

② 见: Оселедец В. И. Тр. Московск. матем. общества. 1968, 19: 179 (Oseledets V. I. Trans. Moscow Math. Soc. 1969, 19: 197).

③ 也称为卡普兰–约克维数. ——译者

④ 李雅普诺夫指数为零的情况对维数 D_L 的贡献是使之增加 1, 这对应着沿轨道本身的维数.

§ 32 向湍流转变的倍周期途径

现在研究倍增因子穿过 -1 或 $+1$ 的情况下由周期流导致的失稳.

在 n 维状态空间中, $n-1$ 个倍增因子决定了所研究的一条周期轨道附近的轨道在 $n-1$ 个不同方向上的性质 (这些方向不同于所研究轨道本身在每一点的切线方向). 设接近 ±1 的倍增因子对应着编号为 l 的某个方向. 因为其余 $n-2$ 个倍增因子的模很小, 所以随着时间的增加, 所有轨道将沿相应的 $n-2$ 个方向靠近某二维曲面 (记为 Σ), 并且方向 l 和上述切线方向均属于曲面 Σ. 可以说, 在极限环附近, 状态空间在 $t\to\infty$ 时是几乎二维的 (它不可能是严格二维的, 因为轨道可以位于曲面 Σ 的两侧, 并且可以从曲面的一侧到达另一侧). 我们把 Σ 附近的轨道用某曲面 σ 截断. 每一条轨道与 σ 的一个交点 $\boldsymbol{x}_j$ 和该轨道再次返回时的交点 $\boldsymbol{x}_{j+1}$ 形成对应关系 $\boldsymbol{x}_{j+1}=f(\boldsymbol{x}_j;\ Re)$, 我们称之为**庞加莱映射** (或**首次回归映射**). 它与参数 Re 有关 (这里的 Re 为雷诺数①), 该参数值确定接近分岔的程度, 即接近周期流所导致的失稳的程度. 因为所有轨道都紧靠曲面 Σ, 所以曲面 σ 与各轨道的交点集合是几乎一维的, 从而可以用一条曲线来近似地逼近它. 于是, 庞加莱映射化为一维变换

$$x_{j+1}=f(x_j;\ Re), \tag{32.1}$$

并且 x 是上述曲线上的坐标②. 离散变量 j 起时间的作用, 其单位与运动周期的单位相同.

对于接近分岔的流动, 映射 (32.1) 给出确定流动特性的另一种方法. 与周期流本身相对应的是变换 (32.1) 的**不动点**——在映射中不变的点 $x_j=x_*$, 即满足 $x_{j+1}=x_j$ 的点. 导数 $\mu=\mathrm{d}x_{j+1}/\mathrm{d}x_j$ 在点 $x_j=x_*$ 的值起倍增因子的作用. 点 x_* 邻域内的点 $x_j=x_*+\xi$ 被映射到点 $x_{j+1}\approx x_*+\mu\xi$. 如果 $|\mu|<1$, 则不动点是稳定的 (它是映射的吸引子), 因为从点 x_* 的邻域内任何一点开始重复应用 (**迭代**) 映射, 我们都将渐近地接近点 x_* (按照 $|\mu|^r$ 的规律, 其中 r 是迭代次数). 相反, 不动点在 $|\mu|>1$ 时不稳定.

我们来研究倍增因子穿过 -1 时由周期流导致的失稳. 等式 $\mu=-1$ 意味着, 初始扰动经过 T_0 时间后改变符号但不改变大小, 再经过一个周期 T_0 后则又回到初始扰动本身. 因此, 当 μ 穿过 -1 时, 在周期为 T_0 的极限环的邻域内会出现周期为 $2T_0$ 的新的极限环——**倍周期分岔**③. 图 20 给出这种分岔序列

---

① 如果讨论热对流问题 (§ 56), 则该映射与瑞利数有关.

② 本节中的记号 x 自然与物理空间中的坐标毫无关系!

③ 在本节中, 我们用 T_0 (而不是 T_1) 表示基本周期, 即第一种周期流的周期, 并用 Re_1, Re_2, $\cdots$ 表示倍周期分岔序列所对应的临界雷诺数, 省略下标 cr (记号 Re_1 代替原来的 $Re_{\mathrm{cr}2}$).

的示意图; 在 (a), (b) 中, 实线表示周期为 $2T_0, 4T_0$ 的稳定极限环, 虚线表示已经失稳的极限环.

如果假设点 $x=0$ 是庞加莱映射的不动点, 在该点附近就可以把描述倍周期分岔的映射表示为展开式

$$x_{j+1} = -[1+(Re-Re_1)]x_j + x_j^2 + \beta x_j^3, \tag{32.2}$$

其中 $\beta > 0$①. 不动点 $x_* = 0$ 在 $Re < Re_1$ 时稳定, 在 $Re > Re_1$ 时不稳定. 为了观察周期加倍是如何发生的, 应当两次迭代映射 (32.2), 即考虑两步 (两个时间单位) 之后的映射, 并确定所得到映射的不动点; 如果不动点存在并且稳定, 它们就对应倍周期极限环.

两次迭代变换 (32.2) (精确到小量 x_j 和 $Re-Re_1$), 得到映射

$$x_{j+2} = x_j + 2(Re-Re_1)x_j - 2(1+\beta)\beta x_j^3. \tag{32.3}$$

它总有一个不动点 $x_* = 0$. 当 $Re < Re_1$ 时, 该不动点是唯一的和稳定的 (倍增因子 $|\mathrm{d}x_{j+1}/\mathrm{d}x_j| < 1$); 对于周期为 1 (以 T_0 为单位) 的运动, 时间间隔 2 也是周期. 当 $Re = Re_1$ 时, 倍增因子等于 +1, 而当 $Re > Re_1$ 时, 不动点 $x_* = 0$ 变为不稳定的. 在这个时刻产生一对稳定的不动点

$$x_*^{(1),(2)} = \pm\left(\frac{Re-Re_1}{1+\beta}\right)^{1/2}, \tag{32.4}$$

它们对应稳定的倍周期极限环②; 变换 (32.3) 使这两个点中的每一个点都保持不变, 而变换 (32.2) 则把其中的每一个点变换为另一个点. 我们强调, 单位周期极限环在上述分岔中并未消失, 它还是运动方程的解, 只不过是不稳定的.

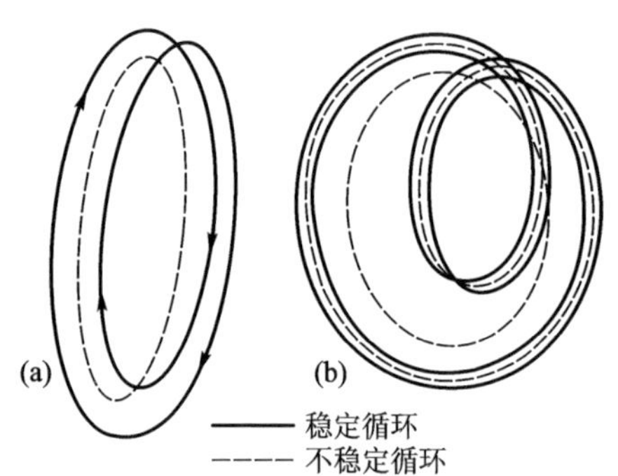

图 20

在接近分岔时, 流动仍然是"几乎周期的", 其周期为 1: 轨道连续两次在交点 $x_*^{(1)}$ 和 $x_*^{(2)}$ 返回截面, 这两点相距很近. 差值 $x_*^{(1)} - x_*^{(2)}$ 可用来度量振幅, 相应的振动周期为 2. 在参数临界值之上, 振幅像 $(Re-Re_1)^{1/2}$ 一样增长, 这类似于定常流失稳后在失稳处所产生的周期流的振幅增长规律 (26.10).

倍周期分岔的多次重复开辟了产生湍流的一条可能途径. 在这种方案中, 分岔次数是无穷大, 这些分岔 (随着 Re 的增加) 依次发生在越来越小的区间

---

① 按照相应方式重新定义 Re, 即可让 $Re-Re_1$ 的系数等于 1; 重新定义 x_j, 即可让 x_j^2 的系数等于 +1 (在 (32.2) 中已经这样假设).

② 或者, 为简洁起见, 我们称之为 **2–极限环**. 相应不动点将称为**极限环基元**.

上. 临界值序列 $Re_1, Re_2, \cdots$ 趋于一个有限的极限, 而在此极限之外, 周期性则完全消失, 在状态空间中出现复杂的无周期吸引子, 它在这个方案中与湍流的产生相伴. 我们看到, 这个方案具有极好的普适性和尺度不变性 (M. J. 费根鲍姆, 1978)①.

下面阐述的定量理论具有以下前提条件: 随着 Re 的增加, 分岔依次发生得如此之快, 使得状态空间中诸多轨道所占区域甚至在各分岔之间仍然是几乎二维的, 并且全部分岔序列都可以通过只与一个参数有关的一维庞加莱映射来描述.

选择下面使用的映射是很自然的, 原因如下. 在变量 x 的大部分变化区间上, 映射必须是 "拉伸的", $|\mathrm{d}f(x;\ \lambda)/\mathrm{d}x| > 1$, 这样才有可能失稳. 映射还必须让离开某区间边界的轨道再返回这个区间, 否则速度涨落的振幅会无限增长, 而这是不可能的. 只有非单调函数 $f(x;\ \lambda)$ 才能同时满足这两个要求, 这样的函数不是一一映射 (32.1): x_{j+1} 的值由上一个值 x_j 唯一确定, 但反过来不成立. 这样的函数的最简单形式为具有一个极大值的函数; 在极大值的邻域内取

$$x_{j+1} = f(x_j;\ \lambda) = 1 - \lambda x_j^2, \tag{32.5}$$

式中 λ 是正参数, 并且 (在流体动力学观点下) 必须把它看做 Re 的增函数②. 假设线段 $[-1,\ +1]$ 是量 x 的变化区间; 当 λ 介于 0 与 2 之间时, 映射 (32.5) 的每一次迭代都使 x 留在该区间上.

变换 (32.5) 有一个不动点——方程 $x_* = 1 - \lambda x_*^2$ 的一个根. 该点在 $\lambda > \Lambda_1$ 时不稳定, 式中 Λ_1 是让倍增因子满足 $\mu = -2\lambda x_* = -1$ 的参数值 λ. 从这两个方程求出 $\Lambda_1 = 3/4$. 这是参数 λ 的第一个临界值, 它决定第一次出现倍周期分岔和 2–极限环的时刻. 我们首先利用近似方法观察后续分岔的产生. 这种方法虽然不能给出特征常数的精确值, 但能够阐明分岔过程的某些定性特性. 然后再给出精确的结果.

重复变换 (32.5) 两次, 得到

$$x_{j+2} = 1 - \lambda + 2\lambda^2 x_j^2 - \lambda^3 x_j^4. \tag{32.6}$$

---

① 倍周期分岔序列 (下面用序号 1, 2, $\cdots$ 为其编号) 不一定必须始于周期流的第一次分岔. 它原则上也可以始于最初若干次分岔之后, 这时已经出现不可公度频率, 并且由于在 §30 中研究过的机理, 已经发生锁频.

② 我们强调, 这里之所以允许非一一映射, 是因为在考虑一维近似. 假如所有轨道都严格位于一个曲面 Σ (使庞加莱映射是严格一维的), 就不可能有类似的非单值性, 因为这表示轨道相交 (x_j 不同的两条轨道在点 x_{j+1} 相交). 在这个意义下, 倍增因子可能为零就是该近似假设的一个推论——只要映射的不动点位于映射函数的极值点 (这样的点可以称为 "超稳定的", 因为接近该点的规律快于上述规律).

忽略最后一项, 即 x_j 的四次项, 再应用尺度变换①

$$x_j \to \frac{x_j}{\alpha_0}, \quad \alpha_0 = \frac{1}{1-\lambda},$$

则变换 (32.6) 化为

$$x_{j+2} = 1 - \lambda_1 x_j^2,$$

它与 (32.5) 的区别仅仅在于参数 λ 被替换为

$$\lambda_1 = \varphi(\lambda) \equiv 2\lambda^2(\lambda - 1). \tag{32.7}$$

重复这个过程, 取尺度因子 $\alpha_1 = 1/(1-\lambda_1), \cdots$, 就得到同样形式的映射序列:

$$x_{j+2^m} = 1 - \lambda_m x_j^2, \quad \lambda_m = \varphi(\lambda_{m-1}). \tag{32.8}$$

映射 (32.8) 的不动点对应 2^m–极限环②. 因为所有这些映射都具有与 (32.5) 相同的形式, 所以立即可以断定, 2^m–极限环 ($m = 1, 2, 3, \cdots$) 在 $\lambda_m = \Lambda_1 = 3/4$ 时不稳定. 初始参数 λ 的相应临界值 Λ_m 得自链式方程

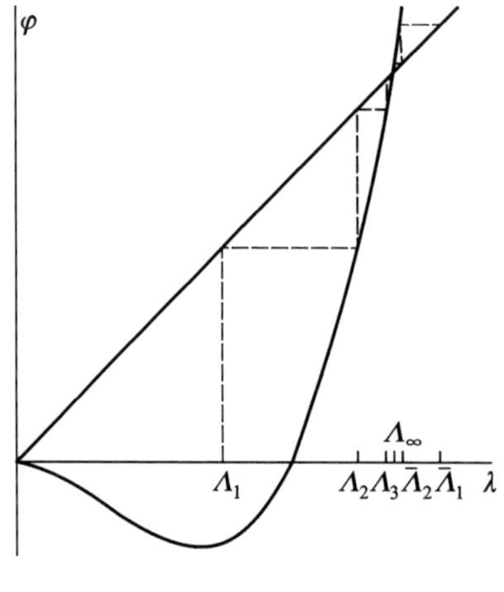

图 21

$$\Lambda_1 = \varphi(\Lambda_2), \quad \Lambda_2 = \varphi(\Lambda_3), \quad \cdots, \quad \Lambda_{m-1} = \varphi(\Lambda_m),$$

解的结构如图 21 所示. 显然, 当 $m \to \infty$ 时, 该数列趋于有限的极限 Λ_∞, 即方程 $\Lambda_\infty = \varphi(\Lambda_\infty)$ 的根 $\Lambda_\infty = (1+\sqrt{3})/2 = 1.37$. 尺度因子也趋于有限的极限: $\alpha_m \to \alpha$, 其中 $\alpha = 1/(1-\Lambda_\infty) = -2.8$.

当 m 很大时, 容易求出 Λ_m 接近 Λ_∞ 的规律. 如果 $\Lambda_\infty - \Lambda_m$ 很小, 则从方程 $\Lambda_m = \varphi(\Lambda_{m+1})$ 求出

$$\Lambda_\infty - \Lambda_{m+1} = \frac{1}{\delta}(\Lambda_\infty - \Lambda_m), \tag{32.9}$$

其中 $\delta = \varphi'(\Lambda_\infty) = 4 + \sqrt{3} = 5.73$. 换言之, 差值 $\Lambda_\infty - \Lambda_m$ 正比于 δ^m, 即 Λ_m 的值按照几何级数规律接近其极限. 相邻临界值之间的距离也按照这样的规

① 在 $\lambda = 1$ 时不可能进行这个变换 (这时, 映射 (32.6) 的不动点就是中心极值 $x_* = 0$). 然而, λ 的这个值根本不是我们所关注的下一个临界值 Λ_2.

② 为了避免误解, 我们强调, 在上述尺度变换之后, 应当在扩大的区间 $|x| \leqslant |\alpha_0\alpha_1\cdots\alpha_{m-1}|$ 上 (而不是像 (32.5), (32.6) 那样在区间 $|x| \leqslant 1$ 上) 确定映射 (32.8). 不过, 根据所作近似, 表达式 (32.8) 其实只能描述映射函数中心极值点附近的区域.

律变化, 从而可以把 (32.9) 改写为等价形式

$$\Lambda_{m+2} - \Lambda_{m+1} = \frac{1}{\delta}(\Lambda_{m+1} - \Lambda_m). \tag{32.10}$$

前面已经指出, 在流体动力学观点下应当把参数 λ 看做雷诺数的函数. 因此, 相应地会出现一系列临界雷诺数, 它们对应着倍周期分岔序列并趋于有限的极限 Re_∞. 显然, 这些值满足与 Λ_m 相同的极限规律 (32.9), (32.10) (常数 δ 也相同).

上述讨论展示了过程的基本规律: 出现无穷多次分岔, 相应时刻按照规律 (32.9), (32.10) 趋于极限 Λ_∞; 出现尺度因子 α. 不过, 这时得到的特征常数值并不精确. 收敛指标 δ (**费根鲍姆常数**) 和尺度因子 α 的精确值为 (采用在计算机上多次迭代映射 (32.5) 的方法获得)

$$\delta = 4.6692\cdots, \quad \alpha = -2.5029\cdots, \tag{32.11}$$

而极限值 $\Lambda_\infty = 1.401$①. 我们注意到, δ 的值相对较大; 较快的收敛速度使极限规律在为数不多的若干次倍周期分岔之后就已经很好地成立了.

上述论述的不足之处是, 由于忽略了 x_j^2 的除一次幂之外的所有高次幂, 所以映射 (32.8) 只能确定下一次分岔将会出现的事实, 却不能确定由该映射描述的 2^m–极限环的所有基元②. 其实, 映射 (32.5) 经迭代后给出 x_j^2 的多项式, 每一次迭代都使多项式次数翻倍. 这些多项式是 x_j 的复杂函数, 其极值点数目增加很快, 并且极值点相对于点 $x_j = 0$ 对称分布 (该点也永远是极值点).

值得注意的是, 不仅 δ 和 α 的值如此, 连映射本身经过无穷次迭代后的极限形式也在一定意义上与初始映射 $x_{j+1} = f(x_j;\ \lambda)$ 的形式无关: 只要依赖于一个参数的函数 $f(x;\ \lambda)$ 是光滑函数并且具有一个二次极大值即可 (设在点 $x = 0$ 有二次极大值), 它在远处甚至不一定相对于该点对称. 这种**普适性**极大扩展了上述理论的一般性, 其精确表述如下.

考虑由函数 $f(x)$ (函数 $f(x;\ \lambda)$, 其中 λ 已经选定, 见下) 和归一化条件 $f(0) = 1$ 所给出的映射. 两次应用该映射, 得到函数 $f(f(x))$. 同时改变该函数本身和变量 x 的尺度为原来的 $\alpha_0 = 1/f(1)$ 倍, 这样就得到新函数

$$f_1(x) = \alpha_0 f\left(f\left(\frac{x}{\alpha_0}\right)\right),$$

---

① Λ_∞ 的值具有某些附带条件, 因为它与初始映射 $f(x;\ \lambda)$ 中引入参数的方法有关 (而 δ 和 α 的值与此毫无关系).

② 即在不断迭代映射 (32.5) 时依序 (周期性) 经过的全部 2^m 个点 $x_*^{(1)}, x_*^{(2)}, \cdots$, 它们相对于迭代 2^m 次的映射是不动点 (也是稳定点). 为了避免可能的问题, 我们指出, 导数 $\mathrm{d}x_{j+2^m}/\mathrm{d}x_j$ 在全部点 $x_*^{(1)}, x_*^{(2)}, \cdots$ 均自动相等 (所以同时在下一次分岔时穿过 -1). 我们不打算在这里讨论对这个性质的证明 (其必要性预先来看是显然的), 这要用到复合函数的微分法则.

它也满足 $f_1(0)=1$. 重复这种做法, 我们得到一个函数序列, 其递推关系为[①]

$$f_{m+1}(x)=\alpha_m f_m\Big(f_m\Big(\frac{x}{\alpha_m}\Big)\Big)\equiv\widehat{T}f_m,\quad \alpha_m=\frac{1}{f_m(1)}.\tag{32.12}$$

如果该序列在 $m\to\infty$ 时趋于某确定的极限函数 $f_\infty(x)\equiv g(x)$, 则该函数应当是在 (32.12) 中定义的算子 $\widehat{T}$ 的“不动函数”, 即应当满足函数方程[②]

$$g(x)=\widehat{T}g\equiv\alpha g\Big(g\Big(\frac{x}{\alpha}\Big)\Big),\quad \alpha=\frac{1}{g(1)},\quad g(0)=1.\tag{32.13}$$

根据关于容许函数 $f(x)$ 的性质的上述假设, 函数 $g(x)$ 应是光滑的, 并且在点 $x=0$ 具有二次极值. 关于函数 $f(x)$ 的具体形式, 在方程 (32.13) 以及对它的解提出的各种条件中都没有留下任何其他信息. 我们强调, 经过上述尺度变换 ($|\alpha_m|>1$), 对自变量 x 从 $-\infty$ 到 $+\infty$ 的全部值都可以求出方程的解 (而不是仅在区间 $-1\leqslant x\leqslant 1$ 上才有解). 函数 $g(x)$ 自然是 x 的偶函数; 它理应如此, 因为容许函数 $f(x)$ 包括偶函数, 而偶映射经过任何次迭代必定还是偶映射.

对于方程 (32.13), 这样的解确实存在, 并且是唯一的 (尽管不能用解析形式构造出来); 它是一个无界函数, 具有无穷多个极值; 常数 α 可与函数 $g(x)$ 本身一同求出. 实际上只要在区间 $[-1,\ 1]$ 上构造出该函数即可, 然后可以通过对算子 $\widehat{T}$ 的迭代把它延拓到该区间之外. 我们注意到, 在对 (32.12) 中的 $\widehat{T}$ 进行迭代时, 函数 $f_{m+1}(x)$ 在区间 $[-1,\ 1]$ 上的值可以通过函数 $f_m(x)$ 在该区间更小部分上的值求出, 并且每一步迭代都使这部分区间缩小至 $1/|\alpha_m|\approx 1/|\alpha|$ 倍. 这意味着, 为了在区间 $[-1,\ 1]$ 上 (从而进一步在全部 x 轴上) 确定函数 $g(x)$, 初始函数在其极大值附近越来越小的部分在多次迭代的极限下至关重要; 这就是上述普适性的根源[③].

无穷多次周期加倍导致无周期吸引子的产生, 其结构可由函数 $g(x)$ 确定. 但是, 这是在函数 $f(x;\ \lambda)$ 具有完全确定参数值 $\lambda=\varLambda_\infty$ 的条件下进行的, 所以通过变换 (32.12) 的多次迭代从 $f(x;\ \lambda)$ 得到的函数显然仅对这个孤立的 λ 值才真正收敛到 $g(x)$. 由此同样可知, 如果参数 λ 的值略微偏离 $\varLambda_\infty$, 使算子 $\widehat{T}$ 的不动函数发生微小变化, 则该不动函数对这种微小变化是不稳定的. 对这种不稳定性进行研究, 就能够确定普适常数 δ, 而这仍然与函数 $f(x)$ 的具体形

---

① 我们指出, 这种做法明显类似于前面推导 (32.8) 时的做法.

② 方程 (32.13) 称为茨维塔诺维奇–费根鲍姆方程. ——译者

③ 根据计算机模拟, 我们相信方程 (32.13) 的唯一解存在. 可以 (在区间 $[-1,\ 1]$ 上) 寻求形如 x^2 的高次多项式的解; 如果想通过对 $\widehat{T}$ 的迭代把函数延拓到越大范围的 x 值 (在上述区间之外), 就应当要求越高的模拟精度. 函数 $g(x)$ 在区间 $[-1,\ 1]$ 上有一个极大值, 在极大值附近 $g(x)=1-1.528x^2$ (如果认为极值是极大值; 因为方程 (32.13) 在 g 改变符号后保持不变, 所以这个选择是有附带条件的).

式没有任何关系①.

尺度因子 α 确定吸引子 (在状态空间中) 的一些几何特征量在每一次周期加倍时的变化 (减小); x 轴上的极限环基元之间的距离就是这种几何特征量. 然而, 由于每一次周期加倍还伴随着极限环基元数量的增加, 所以必须具体而明确地给出这个结论. 这时已经预先知道, 尺度变化规律对于任何两点之间的距离② 不可能一模一样. 其实, 如果用映射函数的几乎线性部分对相距很近的两个点进行变换, 则它们之间的距离缩小至 $1/|\alpha|$ 倍; 但如果用映射函数在其极值点附近的部分进行变换, 则上述距离缩小至 $1/\alpha^2$ 倍.

在发生分岔的时刻 (在 $\lambda = \Lambda_m$ 时), 2^m–极限环的每一个基元 (点) 都一分为二——分裂为相距很近的一对基元, 并且尽管它们之间的距离逐渐增加, 但在下一次分岔之前, 这两个点在 λ 的全部变化域上始终相距很近. 如果观察极限环各基元之间随时间的相互转变 (即在映射序列 $x_{j+1} = f(x_j;\ \lambda)$ 作用下的相互转变), 则上述一对基元中的每一个点经过 2^m 个单位时间后都会转变为另一个点. 这意味着, 一对基元中两点之间的距离可以用来度量新出现的倍周期的振幅. 正是在这个意义上, 该距离有特别的物理意义.

我们把 2^{m+1}–极限环的全部基元按照它们被环绕的先后顺序排列, 并把它们记为 $x_{m+1}(t)$, 其中时间 t (以基本周期 T_0 为单位) 取整数值, 即 $t/T_0 = 1$, 2, $\cdots$, 2^{m+1}. 这些基元是因为 2^m–极限环的各个基元都发生分裂而成对出现的, 并且每一对基元之间的距离由差值

$$\xi_{m+1}(t) = x_{m+1}(t) - x_{m+1}(t + T_m) \tag{32.14}$$

给出, 其中 $T_m = 2^m T_0 = T_{m+1}/2$ 是 2^m–极限环的周期, 即 2^{m+1}–极限环的半周期. 引入函数 $\sigma_m(t)$, 即从一个极限环转变为下一个极限环时确定距离 (32.14) 的尺度因子③:

$$\frac{\xi_{m+1}(t)}{\xi_m(t)} = \sigma_m(t). \tag{32.15}$$

显然,

$$\xi_{m+1}(t + T_m) = -\xi_{m+1}(t), \tag{32.16}$$

---

① 见原始文献: Feigenbaum M. J. J. Stat. Phys. 1978, 19: 25; 1979, 21: 669.

② 指未伸长线段 $[-1,\ 1]$ 上的距离, 该线段最初是作为 x 的假设变化区间而选定的, 并且所有极限环基元都位于这条线段上. α 是负的, 这表示各极限环基元的位置在分岔时还会发生相对于点 $x = 0$ 的反演.

③ 因为这两个极限环分别对应参数 λ 值的不同区间 $(\Lambda_{m-1},\ \Lambda_m)$ 和 $(\Lambda_m,\ \Lambda_{m+1})$, 并且量 (32.14) 在这些区间上有显著变化, 所以需要更准确地表述它们在定义 (32.15) 中的含义. 我们将把它们理解为在参数值 λ 使极限环 "超稳定" (见 135 页的脚注) 时的取值. 在每一个极限环的存在域中都各有一个这样的取值.

所以

$$\sigma_m(t+T_m) = -\sigma_m(t). \tag{32.17}$$

函数 $\sigma_m(t)$ 具有复杂的性质, 但可以证明, 其极限形式 (当 m 很大时) 在很好的精度下可用以下简单表达式逼近 (应适当选取初始时刻 t)①:

$$\sigma_m(t) = \begin{cases} 1/\alpha, & 0 < t < T_m/2, \\ 1/\alpha^2, & T_m/2 < t < T_m. \end{cases} \tag{32.18}$$

有了这些公式, 我们就能够对流动在经历周期加倍时的频谱变化作出某些结论. 在流体动力学中, 应当把量 $x_m(t)$ 理解为流体速度的一种特性. 对于周期为 T 的流动, 函数 $x_m(t)$ (自变量为连续的时间 t!) 的频谱包含频率 $k\omega_m$ $(k=1, 2, 3, \cdots)$, 即基本频率 $\omega_m = 2\pi/T_m$ 和它的各个谐频. 周期加倍之后, 流动可由周期为 $T_{m+1} = 2T_m$ 的函数 $x_{m+1}(t)$ 描述. 它的谱展开式中不仅包含同样的频率 $k\omega_m$, 而且包含频率 ω_m 的各个分频, 即频率 $l\omega_m/2$, $l = 1, 3, 5, \cdots$.

我们把 $x_{m+1}(t)$ 写为以下形式:

$$x_{m+1}(t) = \frac{1}{2}[\xi_{m+1}(t) + \eta_{m+1}(t)],$$

其中 ξ_{m+1} 是两项之差 (32.14), 而

$$\eta_{m+1}(t) = x_{m+1}(t) + x_{m+1}(t+T_m).$$

$\eta_{m+1}(t)$ 的谱展开式只包含频率 $k\omega_m$. 分频的傅里叶分量

$$\frac{1}{T_{m+1}}\int_0^{T_{m+1}} \eta_{m+1}(t)\,\mathrm{e}^{\mathrm{i}\pi lt/T_m}\mathrm{d}t = \frac{1}{2T_{m+1}}\int_0^{T_m} [\eta_{m+1}(t) - \eta_{m+1}(t+T_m)]\,\mathrm{e}^{\mathrm{i}\pi lt/T_m}\mathrm{d}t$$

等于零, 因为等式 $\eta_{m+1}(t+T_m) = \eta_{m+1}(t)$ 成立. 另一方面, 在一阶近似下, 量 $\eta_m(t)$ 在分岔中保持不变: $\eta_{m+1}(t) \approx \eta_m(t)$. 这意味着, 频率为 $k\omega_m$ 的振动, 其强度也保持不变.

与此不同的是, 量 $\xi_{m+1}(t)$ 的谱展开式只包含分频 $l\omega_m/2$, 它们是第 $m+1$ 次周期加倍时出现的新频率. 这些谱分量的总强度由以下积分给出:

$$I_{m+1} = \frac{1}{T_{m+1}}\int_0^{T_{m+1}} \xi_{m+1}^2(t)\,\mathrm{d}t. \tag{32.19}$$

用 $\xi_m(t)$ 表示 $\xi_{m+1}(t)$, 则有

$$I_{m+1} = \frac{2}{2T_m}\int_0^{T_m} \sigma_m^2(t)\xi_m^2(t)\,\mathrm{d}t.$$

---

① 我们不打算在这里研究函数 $\sigma_m(t)$ 的性质, 因为这在原理上虽然简单, 却很繁琐. 参阅: Фейгенбаум М. Усп. физ. наук. 1983, 141: 343 (Feigenbaum M. J. Los Alamos Science. 1980, 1: 4).

根据 (32.16)—(32.18), 我们有

$$I_{m+1}=\frac{1}{2}\left(\frac{1}{\alpha^2}+\frac{1}{\alpha^4}\right)\frac{1}{T_m}\int_0^{T_m}\xi_m^2(t)\,\mathrm{d}t=\frac{1}{2}\left(\frac{1}{\alpha^2}+\frac{1}{\alpha^4}\right)I_m,$$

最终得到

$$\frac{I_m}{I_{m+1}}=10.8. \tag{32.20}$$

因此, 在连续两次倍周期分岔中, 先后出现的新的谱分量具有确定的强度比, 该比值与分岔的序号无关 (M. J. 费根鲍姆, 1979)①.

当参数 λ 在值 Λ_∞ 之上 (雷诺数 $Re>Re_\infty$) 继续增加时, 即在 "湍流" 区域中, 我们来研究运动性质的演化. 因为无周期的吸引子在其产生的那一刻 (在 $\lambda=\Lambda_\infty$ 时) 是由一维庞加莱映射描述的, 所以可以认为, 当 λ 的值略微大于 Λ_∞ 时仍然能够利用这样的映射来研究吸引子的性质.

经过无穷多次周期加倍而产生的吸引子, 在其产生的那一刻并不是如 § 31 那样定义的奇怪吸引子: "2^∞–极限环" 是稳定的 2^m–极限环在 $m\to\infty$ 时的极限, 因而也是稳定的. 该吸引子的点在区间 $[-1,\ 1]$ 上组成康托尔集之类的不可数集合, 它在该区间上的测度 (即其全部元素的总 "长度") 等于零, 而它的维数介于 0 与 1 之间并等于 0.54②.

当 $\lambda>\Lambda_\infty$ 时, 吸引子成为奇怪吸引子——有吸引作用的不稳定轨道集合. 在区间 $[-1,\ 1]$ 上, 属于吸引子的点充满诸多线段, 其总长度不为零. 这些线段是一条环绕多周并自我封闭的连续二维带子在横截曲面 σ 上的痕迹. 因此, 我们再次注意一维模型的近似性. 其实, 这条带子具有很小的但有限的厚度, 所以其横截面是有限宽度的窄条. 奇怪吸引子沿该宽度方向具有分层的康托尔结构, 如上一节所述③. 由于下文并不关心这种结构, 我们仍然在一维庞加莱映射的范围内进行研究.

当 λ 大于 Λ_∞ 并继续增加时, 奇怪吸引子性质的变化具有以下一般特点. 对于给定的值 $\lambda>\Lambda_\infty$, 吸引子充满区间 $[-1,\ 1]$ 上的诸多线段, 这些线段之间的区域是吸引子的吸引域, 而具有某周期 2^m 或更小周期的不稳定极限环的基元就位于该吸引域中. 当 λ 增加时, 奇怪吸引子中的各条轨道更快地发散, 吸

---

① 这不仅适用于新产生的各分频的总强度, 而且适用于每一个分频的强度. 第 m 次分岔后出现的每一个分频, 在第 $m+1$ 次分岔后都化为 (一左一右) 两个分频. 所以, 在连续两次分岔中, 先后出现的单独谱峰值的强度之比是 (32.20) 所给数值的两倍. 更精确的数值是 10.48. 为了得到这个值, 可以利用普适函数 $g(x)$ 来分析点 $\lambda=\Lambda_\infty$ 本身的状态. 在这一点已经存在所有频率, 并且不会出现 139 页脚注中提到的类似问题. 见: Nanenberg M., Rudnick J. Phys. Rev. B. 1981, 24: 493.

② 见: Grassberger P. J. Stat. Phys. 1981, 26: 173.

③ 吸引子在这个方向上的维数远小于 1. 不过, 它不是普适的, 依赖于映射的具体形式.

引子依次吸收周期为 2^m, 2^{m+1}, $\cdots$ 的极限环并不断“膨胀”. 这时, 包含吸引子的那些线段的数目变小, 但其总长度增加. 换言之, 上述二维带子的环绕周数在每一步都减半, 而其宽度增加. 这样一来, 吸引子仿佛被逐级简化. 不稳定的 2^m–极限环被吸引子吸收的过程称为**倍周期逆分岔**. 图 22 展示了这种逆分岔过程的最后两步. 在图 22 (a) 中, 带子环绕四周, 而逆分岔把它变为环绕两周的带子 (图 22 (b)); 最终, 最后一次逆分岔把它变为只环绕一周就立刻扭转并自我封闭的带子 (图 22 (c)).

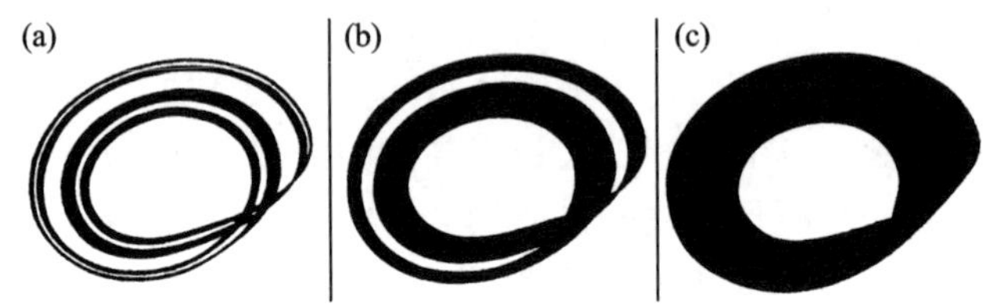

图 22

我们用 $\overline{\Lambda}_{m+1}$ 表示倍周期逆分岔序列所对应的参数值 λ, 并按 $\overline{\Lambda}_m > \overline{\Lambda}_{m+1}$ 的顺序排列. 我们来证明, 这些参数值组成等比数列, 并且普适指数 δ 与相应正分岔序列情况下的值相同.

在最后一次 (当 λ 增加时) 逆分岔之前, 吸引子占据两条线段, 而映射 (32.5) 的不动点

$$x_* = \frac{\sqrt{1+4\lambda}-1}{2\lambda}$$

则位于这两条线段之间的区间上, 该点对应着周期为 1 的不稳定极限环. 当参数值 $\lambda = \overline{\Lambda}_1$ 时出现分岔, 这时吸引子的边界扩张到这个点. 从图 22 (b) 可见, 吸引子 (带子) 的外边界在环绕一周后成为其内边界, 再环绕一周后则成为把这两圈分开的区间的边界. 由此显然可知, 参数值 $\lambda = \overline{\Lambda}_1$ 可由条件 $x_{j+2} = x_*$ 给出, 其中

$$x_{j+2} = 1 - \lambda(1-\lambda)^2$$

是在点 $x_j = 1$ 两次迭代映射的结果, 该点是吸引子的边界 (参数值 $\overline{\Lambda}_1 = 1.543$). 利用 $\overline{\Lambda}_{m+1}$ 与 $\overline{\Lambda}_m$ 之间的递推关系, 可以近似地依次确定上述逆分岔 $\overline{\Lambda}_2$, $\overline{\Lambda}_3$, $\cdots$ 的发生时刻. 获得该近似关系的方法就是前面在研究倍周期正分岔序列时所用的方法, 其形式为 $\overline{\Lambda}_m = \varphi(\overline{\Lambda}_{m+1})$, 而函数 $\varphi(\Lambda)$ 也由 (32.7) 给出. 图 21 的上部给出相应的图解方法. 因为函数 $\varphi(\Lambda)$ 对正分岔序列和逆分岔序列是相同的, 所以数列 Λ_m 和 $\overline{\Lambda}_m$ 趋于共同的极限 $\Lambda_\infty \equiv \overline{\Lambda}_\infty$ (分别是下极限和上极限):

$$\overline{\Lambda}_{m+1} - \Lambda_\infty = \frac{1}{\delta}(\overline{\Lambda}_m - \Lambda_\infty). \tag{32.21}$$

当 $\lambda > \Lambda_\infty$ 时, 奇怪吸引子性质的变化伴随着强度频谱的相应变化. 流动混沌化的表现是, 在频谱中出现"噪声", 其强度与吸引子宽度共同增加. 在这样的噪声背景下存在一些离散的峰值, 它们对应不稳定极限环的基本频率及其谐频和分谐频. 当逆分岔依次发生时, 相应的分谐频则依次消失, 其顺序正好与它们当初在正分岔序列中出现的顺序相反. 这些频率是由不稳定极限环引起的, 频谱峰值区域变宽就是这种不稳定性的表现.

通过间歇向湍流转变. 最后, 我们来研究倍增因子穿过值 $\mu = +1$ 的情况下周期流的破坏.

这种类型的分岔 (在一维庞加莱映射的范围内) 可由函数 $x_{j+1} = f(x_j;\, Re)$ 来描述, 它在参数 (雷诺数) 取确定值 $Re = Re_{\text{cr}}$ 时与直线 $x_{j+1} = x_j$ 相切. 取切点为 $x_j = 0$, 我们在它附近把映射函数展开为以下形式①:

$$x_{j+1} = (Re - Re_{\text{cr}}) + x_j + x_j^2\,. \tag{32.22}$$

当 $Re < Re_{\text{cr}}$ 时 (图 23) 存在两个不动点

$$x_*^{(1),\,(2)} = \mp(Re_{\text{cr}} - Re)^{1/2}.$$

一个不动点 ($x_*^{(1)}$) 对应稳定周期流, 另一个不动点 ($x_*^{(2)}$) 对应不稳定周期流. 当 $Re = Re_{\text{cr}}$ 时, 倍增因子在这两个点都等于 +1, 两种周期流连接在一起, 它们在 $Re > Re_{\text{cr}}$ 时消失 (不动点进入复数域).

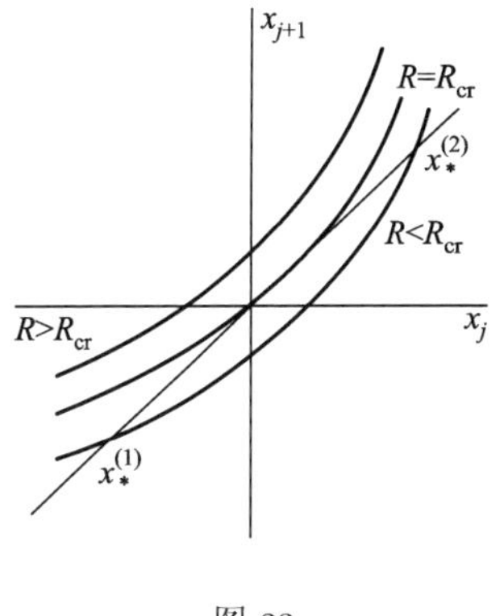

图 23

当雷诺数稍微超过临界值时, 曲线 (32.22) 与直线 $x_{j+1} = x_j$ 之间的距离很小 (在 $x_j = 0$ 附近的区域内). 因此, 在 x 值的这部分区间上, 映射 (32.22) 的每一次迭代仅仅导致轨道痕迹的微小移动, 从而需要多次迭代才能让它通过全部区间. 换言之, 在相对较大的时间间隔内, 状态空间中的轨道是规则的和几乎周期的. 在物理空间中与这样的轨道相对应的是规则的流动 (层流). 这样就又出现了一种在原则上可能的湍流产生方案 (P. 马纳维尔, Y. 波莫, 1980).

可以想象, 如果把如上所述的这一段映射函数与导致轨道混沌化的那些部分连接起来, 在状态空间中就得到与之相应的局部不稳定轨道集合. 不过, 这个集合本身并不是吸引子, 并且表示系统的那个点会随时间而远离这个集

① 用适当方式定义 Re 和 x_j, 就可以让 $Re - Re_{\text{cr}}$ 的系数和 x_j^2 的 (正) 系数等于 1, 就像在 (32.22) 中所假设的那样.

合. 当 $Re < Re_{\text{cr}}$ 时, 轨道变为稳定的极限环, 即在物理空间中形成周期性层流运动. 当 $Re > Re_{\text{cr}}$ 时不存在稳定的极限环, 这时产生一种"湍流"状态与层流状态交替出现的流动 (该方案由此得名——通过**间歇**向湍流转变).

尽管我们还无法对湍流状态的持续时间作出任何一般结论, 但容易给出层流状态的持续时间对雷诺数与临界雷诺数之差的依赖关系. 为此, 我们把差分方程 (32.22) 写为微分方程的形式. 考虑到 x_j 经过一次映射后变化很小, 我们把差值 $x_{j+1} - x_j$ 替换为对某个连续变量 t 的导数 $\mathrm{d}x/\mathrm{d}t$:

$$\frac{\mathrm{d}x}{\mathrm{d}t} = (Re - Re_{\text{cr}}) + x^2. \tag{32.23}$$

设一条线段的端点 x_1 和 x_2 到点 $x = 0$ 的距离远大于 $(Re - Re_{\text{cr}})^{1/2}$ 并分别位于该点的两侧, 但它们仍然属于能够应用展开式 (32.22) 的区域. 我们来计算通过该线段所需的时间 τ. 我们有

$$\tau = (Re - Re_{\text{cr}})^{-1/2} \arctan\left[x(Re - Re_{\text{cr}})^{-1/2}\right]\Big|_{x_1}^{x_2},$$

从而

$$\tau \sim (Re - Re_{\text{cr}})^{-1/2}, \tag{32.24}$$

这给出待求的依赖关系. 层流状态的持续时间随雷诺数与临界值之差的增加而降低.

在这个方案中, 无论是关于上述流动如何开始的问题, 还是关于由此产生的湍流有何本质的问题, 都是未解决的.

§ 33 充分发展的湍流

在足够大的雷诺数下出现的湍流具有如下特征: 在流场中的每个点, 速度都随时间发生极不规则的变化 (**充分发展的湍流**); 速度在某个平均值附近不断发生涨落. 在给定时刻的流场中, 从一点到另一点的速度变化也有这样的不规则性. 关于充分发展的湍流, 目前尚不存在完备的定量理论. 不过, 我们已经知道许多重要的定性结果, 本节将叙述这些结果.

我们引入平均速度的概念. 取流体在空间中每一点的实际速度在长时间间隔内的平均值, 就得到流动的平均速度. 经过这样的平均, 速度的不规则变化被抹平了, 平均速度成为流场中的光滑函数. 在下文中, 我们将用字母 $\boldsymbol{u}$ 表示平均速度. 实际速度与平均速度之差 $\boldsymbol{v}' = \boldsymbol{v} - \boldsymbol{u}$ 会按照湍流所特有的方式发生不规则变化, 我们将称之为速度的**涨落**部分.

我们来更详细地研究叠加在平均流动上的不规则运动 (涨落) 的性质. 这种运动本身可以定性地看做各种尺度的运动 (**湍流涨落**) 叠加的结果 (所谓运

动的尺度, 是指使速度发生显著变化的距离的量级). 随着雷诺数的增加, 大尺度涨落首先出现; 运动的尺度越小, 这样的涨落出现得越晚. 当雷诺数非常大时, 从最大尺度到极小尺度的涨落都会出现在湍流中. 大尺度涨落在湍流中起主要作用, 该尺度在量级上与决定湍流区尺度的特征长度相同. 在下文中, 我们将用 l 表示湍流的这个**基本尺度** (或**外尺度**) 的量级. 这些大尺度运动有最大的振幅, 其速度在量级上与平均速度在距离 l 上的变化 Δu 是可比的 (我们在这里所讨论的不是平均速度本身的量级, 而是其变化值的量级, 因为正是这个变化值才表征湍流的速度. 平均速度的大小可以是任意的, 这取决于所采用的参考系)①. 至于这些大尺度涨落的频率, 其量级为 u/l, 即平均速度 u (而不是它的变化 Δu) 与尺度 l 之比. 其实, 由频率确定的周期, 是在某个静止参考系中观测到的流动图像重复出现的时间间隔. 但是在这样的参考系中, 整个流动图像会以量级为 u 的速度与流体一起运动.

湍流中的小尺度涨落对应着较高的频率, 其振幅也小得多. 可以把它们看做叠加在湍流中的大尺度基本运动上的精细结构. 在流体的总动能中, 只有相对很小的一部分属于小尺度涨落.

根据湍流的上述流动图像, 可以对发生涨落的速度 (在给定时刻) 沿流动的变化特性作出以下结论. 在大距离上 (在与 l 相当的距离上), 速度变化可由大尺度涨落的速度变化给出, 所以它的量级为 Δu. 而在小距离上 (在远小于 l 的距离上), 速度变化取决于小尺度涨落, 所以它远小于 Δu (但是远大于平均速度在同样的小距离上的变化值). 如果在空间中的给定点上观测速度随时间的变化, 也可以得到相同的流动图像. 在短时间内 (与特征时间 $T \sim l/u$ 相比), 速度的变化很小; 而在长时间内, 速度变化可达 Δu 的量级.

长度 l 作为特征长度出现于雷诺数 Re 的定义式中, 而雷诺数决定了流动的整体性质. 除了这个数, 还可以对各种尺度的湍流涨落引入其他一些雷诺数, 这是一种定性的概念. 如果 λ 是涨落的尺度, 而 v_λ 是其速度的量级, 则 $Re_\lambda \sim v_\lambda \lambda/\nu$. 运动的尺度越小, 该雷诺数也越小.

当 Re 很大时, 大尺度涨落的雷诺数 Re_λ 也很大. 但是大雷诺数等价于小黏度, 从而可以断言, 尽管大尺度运动恰恰是任何湍流的基本运动, 流体的黏性对于大尺度运动却无关紧要. 因此, 在大尺度涨落中没有显著的能量耗散.

流体的黏性仅对最小尺度的涨落才是重要的, 这时 $Re_\lambda \sim 1$ (在本节下文中将确定这些涨落的尺度 λ_0). 尽管这些小尺度涨落从湍流的一般流动图像来看并不重要, 但是能量耗散恰恰是在这些小尺度涨落中发生的.

于是, 关于湍流中的能量耗散, 我们形成了以下认识 (L. 理查森, 1922). 能

---

① 其实, 基本涨落的尺度看来是特征长度 l 的几分之一, 而它们的速度是 Δu 的几分之一.

量从大尺度涨落传递给小尺度涨落, 并且在此过程中基本上没有能量耗散. 我们可以说, 仿佛存在着从大尺度涨落到小尺度涨落的连续能流, 即从低频到高频的能流. 该能流在最小尺度的涨落中发生耗散, 即动能转化为热. 当然, 为了维持流动的"定常"状态, 必须存在外部能量源, 以便持续地向大尺度的基本运动提供能量.

因为流体的黏性只对最小尺度的涨落才是重要的, 所以可以断言, 如果所关注的湍流运动的尺度 $\lambda \gg \lambda_0$, 则与此相关的所有物理量都不可能与 ν 有关 (更准确地说, 当 ν 变化而其余运动条件不变时, 这些量不应变化). 这个结论减少了用来确定湍流性质的物理量的数目, 所以采用相似方法来研究湍流是有重要价值的, 而这就需要分析适当物理量的量纲.

我们采用这样的方法来确定湍流中的能量耗散率的量级. 设 ε 是单位质量流体在单位时间内的平均能量耗散 (即平均能量耗散率)①. 我们已经看到, 这部分能量来自大尺度运动, 并逐渐从大尺度传递给更小的尺度, 直到在量级为 λ_0 的尺度上耗散掉为止. 所以, 虽然耗散最终还是由黏性引起的, 但是仅仅利用表征大尺度运动的一些量即可确定 ε 的量级. 这些量是流体的密度 ρ, 特征长度 l 和速度 Δu. 从这三个量只能构成一个具有 ε 量纲的组合, 该量纲为 $\mathrm{erg}\cdot\mathrm{g}^{-1}\cdot\mathrm{s}^{-1}=\mathrm{cm}^2\cdot\mathrm{s}^{-3}$. 因此, 我们得到

$$\varepsilon \sim \frac{(\Delta u)^3}{l}, \tag{33.1}$$

它给出湍流中的能量耗散率的量级.

在某些方面, 可以把处于湍流状态的流体定性地描述为具有某种被称为**湍流黏度** ν_{turb} 的流体, 该黏度不同于真正的运动黏度 ν. 既然 ν_{turb} 表征湍流的性质, 其量级应当取决于 ρ, Δu, l. 从这些量只能构成一个具有运动黏度量纲的量 $l\Delta u$, 所以

$$\nu_{\mathrm{turb}} \sim l\Delta u. \tag{33.2}$$

湍流黏度与通常的黏度之比

$$\frac{\nu_{\mathrm{turb}}}{\nu} \sim Re, \tag{33.3}$$

它随雷诺数的增加而增加②.

---

① 在本章中, 字母 ε 表示平均能量耗散率, 而不表示流体的内能!

② 其实, 在该比值的表达式中还应当有一个相当大的因子, 因为上面已经指出, l 和 Δu 与湍流的实际尺度和速度可以有相当显著的差别. 更准确的写法是

$$\frac{\nu_{\mathrm{turb}}}{\nu} \sim \frac{Re}{Re_{\mathrm{cr}}},$$

这里考虑到, ν_{turb} 和 ν 其实应当在 $Re \sim Re_{\mathrm{cr}}$ 时才具有同样的量级, 而不是在 $Re \sim 1$ 时如此.

根据黏度的通常定义①, 可以用公式

$$\varepsilon \sim \nu_{\text{turb}}\left(\frac{\Delta u}{l}\right)^2. \tag{33.4}$$

把能量耗散率 ε 通过 ν_{turb} 表示出来. 借助于 ν, 我们通过真实速度对坐标的导数来确定能量耗散. 与此同时, 湍流黏度则把能量耗散率与平均速度的梯度 ($\sim \Delta u/l$) 联系起来.

我们最后指出, 也可以用相似方法来确定湍流区中压强变化 Δp 的量级:

$$\Delta p \sim \rho(\Delta u)^2, \tag{33.5}$$

式中右侧的表达式是能够从 ρ, l 和 Δu 构成的唯一具有压强量纲的量.

现在转而研究尺度为 λ 的充分发展湍流的性质, 该尺度远小于基本尺度 l. 这些性质称为湍流的局部性质. 这时, 我们将研究远离固壁的流体, 更准确地说, 我们所研究的那部分流体到固壁的距离远大于 λ.

很自然地, 可以假设这种远离固壁的小尺度湍流是均匀的和各向同性的. 后者意味着, 在尺度远小于 l 的区域中, 湍流的性质在所有方向上都是相同的; 例如, 它们与平均运动速度的方向无关. 我们强调, 在这里和本节下文中的所有地方, 当我们讨论小尺度区域中湍流的性质时, 总是指该区域中各流体微元的相对运动, 而不是指整个区域都参与的绝对运动, 后者与更大尺度上的运动有关.

我们发现, 用相似方法能够直接得到关于湍流局部性质的许多非常重要的结论 (A. H. 科尔莫戈罗夫, 1941; A. M. 奥布霍夫, 1941).

为此, 我们首先要搞清楚, 在尺度远小于 l 但远大于距离 λ_0 的区域内, 湍流的性质是由哪些参量完全决定的. 这里, λ_0 是流体黏性开始起作用的尺度. 下文所述正是这种中间距离的情况. 这些参数是: 流体的密度 ρ, 以及另外一个表征湍流特征的量——单位质量流体在单位时间内所耗散的能量 ε. 我们已经看到, ε 是不断从较大尺度涨落传递给较小尺度涨落的能流. 因此, 虽然能量耗散终究还是由流体的黏性引起的, 并且发生在最小尺度的涨落中, 但是量 ε 却还决定着更大尺度上的运动性质. 至于整体运动的长度尺度 l 和速度尺度 Δu, 则自然可以认为, 湍流的局部性质 (在 ρ 和 ε 给定的情况下) 与这些量无关. 流体的运动黏度 ν 也不可能出现在目前所关注的任何物理量中 (注意相关距离 $\lambda \gg \lambda_0$).

我们来确定湍流速度在 λ 量级距离上的变化 v_λ 的量级. 它应当只取决于

① 原文如此, (33.4) 显然来自 (33.1) 和 (33.2). ——译者

量 ε 和距离 λ 本身①. 从这两个量只能构成一个具有速度量纲的组合: $(\varepsilon\lambda)^{1/3}$. 所以可以断言, 应有

$$v_\lambda \sim (\varepsilon\lambda)^{1/3}. \tag{33.6}$$

因此, 速度在小距离上的变化与该距离的立方根成正比 (**科尔莫戈罗夫–奥布霍夫定律**). 量 v_λ 也可以看做 λ 尺度上的湍流速度: 平均速度在小距离上的变化远小于速度涨落在该距离上的变化, 从而可以忽略前者.

也可以用另外一种方法得到关系式 (33.6), 只要把能量耗散率 ε 这个常量通过 λ 尺度涨落的特征量表示出来即可. 这时, ε 应当与速度 v_λ 的梯度的平方以及相应的湍流黏度 $\nu_{\text{turb},\lambda} \sim \lambda v_\lambda$ 成正比:

$$\varepsilon \sim \nu_{\text{turb},\lambda}\left(\frac{v_\lambda}{\lambda}\right)^2 \sim \frac{v_\lambda^3}{\lambda},$$

由此即得 (33.6).

现在, 我们用稍微不同的方式提出问题. 设时间间隔 τ 远小于整体流动的特征时间 $T \sim l/u$, 需要确定空间中给定点处的速度在这段时间内的变化 v_τ 的量级. 为此我们指出, 由于存在整体流动, 流体的任何给定部分经过时间 τ 后都在空间中移动了一段距离, 其量级为平均速度 u 与时间 τ 的乘积 $u\tau$. 所以, 经过时间 τ 后位于空间中给定点的这部分流体在初始时刻位于距离该点 $u\tau$ 的位置. 因此, 用 $u\tau$ 代替 (33.6) 中的 λ, 就可以得到所求的量 v_τ:

$$v_\tau \sim (\varepsilon u\tau)^{1/3}. \tag{33.7}$$

必须把量 v_τ 与给定流体微元在空间中的移动速度的变化 v'_τ 区别开来, 后者显然只能依赖于确定湍流局部性质的 ε 和时间间隔 τ 本身. 从 ε 和 τ 构成具有速度量纲的组合, 我们得到所求的变化值

$$v'_\tau \sim (\varepsilon\tau)^{1/2}. \tag{33.8}$$

与空间中给定点处的速度变化不同, 它正比于 τ 的平方根, 而不是立方根. 容易看出, 在 $\tau \ll T$ 的情况下, 变化值 v'_τ 总是小于 v_τ②.

利用 ε 的表达式 (33.1), 可以把公式 (33.6), (33.7) 改写为以下形式:

$$\frac{v_\lambda}{\Delta u} \sim \left(\frac{\lambda}{l}\right)^{1/3}, \quad \frac{v_\tau}{\Delta u} \sim \left(\frac{\tau}{T}\right)^{1/3}. \tag{33.9}$$

---

① 量 ε 的量纲为 $\text{erg}\cdot\text{g}^{-1}\cdot\text{s}^{-1} = \text{cm}^2\cdot\text{s}^{-3}$, 其中不包括质量的量纲, 而密度 ρ 是唯一涉及质量量纲的相关量, 所以在构成其量纲不包括质量量纲的组合时, 根本不用考虑密度.

② 从本质上讲, 在推导 (33.7) 时已经假设不等式 $v'_\tau \ll v_\tau$ 成立.

从这样的写法可以明显看出局部湍流的相似性质: 不同湍流的小尺度特征量仅在长度和速度 (或者与此等价的长度和时间) 的变化尺度不同的情况下才有区别①.

我们现在阐明, 流体的黏性在什么样的距离上开始起作用. 这样的距离 λ_0 同时也确定了湍流中最小尺度涨落的量级 (与湍流的外尺度 l 相对应, 量 λ_0 称为湍流的**内尺度**②). 为此, 我们定义 "局部雷诺数":

$$Re_\lambda \sim \frac{v_\lambda \lambda}{\nu} \sim \frac{\Delta u \cdot \lambda^{4/3}}{\nu l^{1/3}} \sim Re\left(\frac{\lambda}{l}\right)^{4/3},$$

其中 $Re \sim \Delta u \cdot l/\nu$ 是整体流动的雷诺数. 量 λ_0 的量级应使 $Re_{\lambda_0} \sim 1$, 由此求出

$$\lambda_0 \sim \frac{l}{Re^{3/4}}. \tag{33.10}$$

从量 ε 和 ν 构成具有长度量纲的组合, 可以得到同样的表达式:

$$\lambda_0 \sim \left(\frac{\nu^3}{\varepsilon}\right)^{1/4}. \tag{33.11}$$

因此, 湍流的内尺度随雷诺数的增加而迅速降低. 对于相应的速度, 我们有

$$v_{\lambda_0} \sim \frac{\Delta u}{Re^{1/4}}. \tag{33.12}$$

它也随雷诺数 Re 的增加而降低③.

尺度 $\lambda \sim l$ 的区域称为**含能区**, 流体动能的主要部分集中在这里. 尺度 $\lambda \lesssim \lambda_0$ 的区域是**耗散区**, 这里发生动能的耗散. 当 Re 值非常大时, 这两个区域相隔足够远, 于是在它们之间存在一个**惯性区**, 使得

$$\lambda_0 \ll \lambda \ll l.$$

这就是本节所述结果的适用区域.

可以把科尔莫戈罗夫–奥布霍夫定律表述为等价的空间谱形式. 引入涨落的相应 "波数" $k \sim 1/\lambda$ 来代替尺度 λ, 并设 $E(k)\,\mathrm{d}k$ 是给定波数间隔 $\mathrm{d}k$ 以内波数为 k 的涨落所具有的质量动能. 函数 $E(k)$ 的量纲为 $\mathrm{cm^3/s^2}$. 从 ε 和 k 构成具有该量纲的组合, 我们得到

$$E(k) \sim \varepsilon^{2/3} k^{-5/3}. \tag{33.13}$$

---

① 因此, 在现代文献中广泛使用一个术语: 运动的**自相似性** (英语为 self-similarity).

② 也称为科尔莫戈罗夫尺度. ——译者

③ 公式 (33.10)—(33.12) 确定了相应的量随 Re 的变化规律. 至于定量方面, 用比值 Re/Re_{cr} 代替其中的 Re 是更准确的写法.

如果注意到, v_λ 的平方确定了量级不大于给定值 λ 的所有尺度上的涨落所具有的总能量的量级, 就容易证明这个公式与定律 (33.6) 的等价性. 只要计算表达式 (33.13) 的积分, 即可得到这个结果:

$$\int_k^\infty E(k)\,\mathrm{d}k \sim \frac{\varepsilon^{2/3}}{k^{2/3}} \sim (\varepsilon\lambda)^{2/3} \sim v_\lambda^2.$$

除了湍流涨落的空间尺度, 还可以研究它们的时间特性——频率. 湍流频谱的下界是 u/l 量级的频率, 而频率

$$\omega_0 \sim \frac{u}{\lambda_0} \sim \frac{u}{l}Re^{3/4} \tag{33.14}$$

则给出其上界, 这些频率对应着湍流的内尺度. 以下区间内的频率对应着惯性区:

$$\frac{u}{l} \ll \omega \ll \frac{u}{l}Re^{3/4}.$$

不等式 $\omega \gg u/l$ 表明, 与湍流的局部性质相比, 可以认为基本流动是定常的. 在 (33.13) 中作代换 $k \sim \omega/u$, 可以得到惯性区中能量沿频谱的分布:

$$E(\omega) \sim (u\varepsilon)^{2/3}\omega^{-5/3}, \tag{33.15}$$

并且 $E(\omega)\,\mathrm{d}\omega$ 是频率间隔 $\mathrm{d}\omega$ 以内的涨落所具有的能量.

由频率 ω 确定的周期, 是在静止参考系中观测到的空间中给定位置的运动重复出现的时间间隔. 还有一种频率 (用 ω' 表示), 由它确定的周期是在空间中移动的一部分给定流体中的运动重复出现的时间间隔, 二者必须有所区别. 对于后者, 能量按照频谱的分布不可能依赖于 u 而只应当取决于参量 ε 和频率 ω' 本身. 再次应用量纲方法, 我们求出

$$E(\omega') \sim \frac{\varepsilon}{\omega'^2}. \tag{33.16}$$

这个公式与 (33.15) 之间的关系相当于 (33.8) 与 (33.7) 之间的关系.

湍流混合导致原来相互接近的流体微元逐渐远离. 考虑 (惯性区中的) 两个流体微元, 设它们之间的距离 λ 很小. 仍然采用量纲方法即可断言, 该距离随时间的变化速度为

$$\frac{\mathrm{d}\lambda}{\mathrm{d}t} = (\varepsilon\lambda)^{1/3}. \tag{33.17}$$

求此关系式的积分, 我们得到, 如果两个流体微元之间的距离经过时间 τ 后由原来的 λ_1 变为 $\lambda_2 \gg \lambda_1$, 则该时间的量级为

$$\tau \sim \frac{\lambda_2^{2/3}}{\varepsilon^{1/3}}. \tag{33.18}$$

注意这个过程的自加速特性: 远离速度随 λ 的增加而增加. 这个性质关系到, 只有尺度与 λ 相当或更小的涨落才会导致相距 λ 的流体微元相互远离, 更大尺度的涨落则会让这两个流体微元一起移动, 从而不会导致它们相互远离①.

最后, 我们来研究尺度 $\lambda \ll \lambda_0$ 的区域中的流动性质. 在这样的区域中, 流动是规则的, 流动速度平稳变化. 所以, 这里可以把 v_λ 展开为 λ 的幂级数, 并且如果只保留第一项, 就得到 $v_\lambda = \text{const} \cdot \lambda$. 当 $\lambda \sim \lambda_0$ 时必须有 $v_\lambda \sim v_{\lambda_0}$, 由此即可确定这里的系数. 因此, 我们得到

$$v_\lambda \sim \frac{v_\lambda}{\lambda_0}\lambda \sim \frac{\Delta u}{l}\lambda Re^{1/2}. \tag{33.19}$$

用另一种方法也可以得到这个结果, 为此只要让能量耗散率 ε 的以下两个表达式相等即可: 其一是 (33.1), 即 $\varepsilon \sim (\Delta u)^3/l$, 它用表征大尺度涨落的量来确定 ε; 其二是 $\varepsilon \sim \nu(v_\lambda/\lambda)^2$, 它用实际发生能量耗散的那些涨落中的速度梯度来确定同一个量.

§34 速度关联函数

公式 (33.6) 定性地确定了局部湍流中的速度关联, 即流动中两个邻近点处的速度之间的关系. 现在引入一些函数来定量地表征这种关联②.

第一个这样的特征量是二阶关联张量

$$B_{ik} = \langle (v_{2i} - v_{1i})(v_{2k} - v_{1k}) \rangle. \tag{34.1}$$

在这里, $\boldsymbol{v}_2$ 和 $\boldsymbol{v}_1$ 是两个邻近点处的流体速度, 而尖括号表示对时间的平均. 我们用 $\boldsymbol{r} = \boldsymbol{r}_2 - \boldsymbol{r}_1$ 表示从点 1 到点 2 的径矢. 在研究局部湍流时, 我们认为距离远小于基本尺度 l, 但是不一定远大于湍流的内尺度 λ_0.

小距离上的速度变化是由小尺度涨落引起的. 另一方面, 局部湍流的性质与平均运动无关. 因此, 如果考虑湍流的一种理想化情形, 这时各向同性和均匀性假设不仅在小尺度上成立 (就像局部湍流的情形那样), 而且在所有尺度上都成立, 就可以在研究局部湍流的关联函数时作出简化; 在这种情形下, 平均速度等于零. 可以把这样的完全均匀各向同性湍流③ 想象为流体被强烈搅拌后任其自由运动的情形. 这样的运动当然一定会随时间而衰减, 所以关联张量的分量也是时间的函数④. 各种关联函数之间的下述关系式对于均匀各向

① 这些结果可以应用于悬浮流体中的固体颗粒, 它们被动地随流体一起运动.

② 关联函数是由 Л. В. 凯莱尔和 А. А. 弗里德曼 (1924) 引入湍流动力学的.

③ 这个概念是由 G. I. 泰勒 (1935) 引入的.

④ 严格地说, 这时不应把定义 (34.1) 中的平均理解为对时间的平均, 而应把它理解为在同一个时刻对点 1 和点 2 (当两点之间的距离给定时) 的所有可能位置的平均.

同性湍流在所有尺度上均成立, 对于局部湍流则仅在 $r \ll l$ 的尺度上成立.

因为流动是各向同性的, 张量 B_{ik} 不可能依赖于空间中的任何指定方向. 径矢 $\boldsymbol{r}$ 是能够出现在 B_{ik} 表达式中的唯一的矢量. 这样的二阶对称张量的一般形式为

$$B_{ik} = A(r)\delta_{ik} + B(r)n_i n_k, \tag{34.2}$$

这里 $\boldsymbol{n}$ 是 $\boldsymbol{r}$ 方向上的单位矢量.

为了解释函数 A 和 B 的意义, 我们这样选取坐标轴, 使其中之一指向 $\boldsymbol{n}$ 的方向. 设 v_r 表示沿这条坐标轴的速度分量, v_t 表示垂直于 $\boldsymbol{n}$ 的速度分量, 于是分量 B_{rr} 是上述两个流体微元沿其连线方向运动时的相对速度的方均值, 而 B_{tt} 是一个流体微元相对于另一个转动时的速度的方均值. 因为 $n_r = 1$, $n_t = 0$, 所以从 (34.2) 有

$$B_{rr} = A + B, \quad B_{tt} = A, \quad B_{tr} = 0.$$

表达式 (34.2) 现在可以表示为

$$B_{ik} = B_{tt}(r)(\delta_{ik} - n_i n_k) + B_{rr}(r)n_i n_k. \tag{34.3}$$

打开定义式 (34.1) 中的括号, 我们有

$$B_{ik} = \langle v_{1i}v_{1k}\rangle + \langle v_{2i}v_{2k}\rangle - \langle v_{1i}v_{2k}\rangle - \langle v_{1k}v_{2i}\rangle.$$

因为流动是均匀的, 所以乘积 $v_i v_k$ 的平均值在点 1 和点 2 相同; 因为流动是各向同性的, 所以平均值 $\langle v_{1i}v_{2k}\rangle$ 在点 1 与点 2 交换位置后 (即在 $\boldsymbol{r} = \boldsymbol{r}_2 - \boldsymbol{r}_1$ 改变符号后) 保持不变. 因此,

$$\langle v_{1i}v_{1k}\rangle = \langle v_{2i}v_{2k}\rangle = \frac{1}{3}\langle v^2\rangle\delta_{ik}, \quad \langle v_{1i}v_{2k}\rangle = \langle v_{1k}v_{2i}\rangle,$$

从而

$$B_{ik} = \frac{2}{3}\langle v^2\rangle\delta_{ik} - 2b_{ik}, \quad b_{ik} = \langle v_{1i}v_{2k}\rangle. \tag{34.4}$$

当 $r \to \infty$ 时, 对称的辅助张量 b_{ik} 等于零. 其实, 可以认为无穷远处各点的湍流速度在统计意义上是独立的, 所以它们的乘积的平均值化为单独每一个因子的平均值的乘积, 而后一种平均值按照条件等于零.

求表达式 (34.4) 对点 2 的坐标的导数:

$$\frac{\partial B_{ik}}{\partial x_{2k}} = -2\frac{\partial b_{ik}}{\partial x_{2k}} = -2\left\langle v_{1i}\frac{\partial v_{2k}}{\partial x_{2k}}\right\rangle.$$

但是, 根据连续性方程, 我们有 $\partial v_{2k}/\partial x_{2k} = 0$, 所以

$$\frac{\partial B_{ik}}{\partial x_{2k}} = 0.$$

因为 B_{ik} 只是 $\boldsymbol{r}=\boldsymbol{r}_2-\boldsymbol{r}_1$ 的函数, 所以对 x_{2k} 的导数等于对 x_k 的导数. 把 B_{ik} 的表达式 (34.3) 代入上面的等式, 经过简单的计算就得到

$$B'_{rr}+\frac{2}{r}(B_{rr}-B_{tt})=0$$

(撇号表示对 r 求导). 因此, 纵向关联函数 B_{rr} 与横向关联函数 B_{tt} 之间的关系为

$$B_{tt}=\frac{1}{2r}\frac{\mathrm{d}}{\mathrm{d}r}(r^2B_{rr}). \tag{34.5}$$

在惯性区中, 根据 (33.6), 距离 r 上的速度差与 $r^{1/3}$ 成正比, 所以关联函数 B_{rr} 和 B_{tt} 在这个区域中与 $r^{2/3}$ 成正比. 这时, 从 (34.5) 可以得到简单的关系

$$B_{tt}=\frac{4}{3}B_{rr}\quad(\lambda_0\ll r\ll l). \tag{34.6}$$

当距离 $r\ll\lambda_0$ 时, 速度差与 r 成正比, 所以 B_{rr} 和 B_{tt} 与 r^2 成正比. 公式 (34.5) 现在化为关系式

$$B_{tt}=2B_{rr}\quad(r\ll\lambda_0). \tag{34.7}$$

在这样的距离上, 还可以通过平均能量耗散率 ε 表示 B_{tt} 和 B_{rr}. 我们写出 $B_{rr}=ar^2$ (其中 a 是常量), 再综合 (34.3), (34.4) 和 (34.7), 就求出

$$b_{ik}=\frac{1}{3}\langle v^2\rangle\delta_{ik}-ar^2\delta_{ik}+\frac{a}{2}x_ix_k.$$

利用微分运算, 从这个关系式得到

$$\left\langle\frac{\partial v_{1i}}{\partial x_{1l}}\frac{\partial v_{2i}}{\partial x_{2l}}\right\rangle=15a,\quad\left\langle\frac{\partial v_{1i}}{\partial x_{1l}}\frac{\partial v_{2l}}{\partial x_{2i}}\right\rangle=0.$$

因为这些关系式对任意小的 r 都成立, 所以可以取 $\boldsymbol{r}_1=\boldsymbol{r}_2$, 于是

$$\left\langle\left(\frac{\partial v_i}{\partial x_l}\right)^2\right\rangle=15a,\quad\left\langle\frac{\partial v_i}{\partial x_l}\frac{\partial v_l}{\partial x_i}\right\rangle=0.$$

另一方面, 根据 (16.3), 对于平均能量耗散率有

$$\varepsilon=\frac{\nu}{2}\left\langle\left(\frac{\partial v_i}{\partial x_k}+\frac{\partial v_k}{\partial x_i}\right)^2\right\rangle=\nu\left[\left\langle\left(\frac{\partial v_i}{\partial x_k}\right)^2\right\rangle+\left\langle\frac{\partial v_i}{\partial x_k}\frac{\partial v_k}{\partial x_i}\right\rangle\right]=15a\nu,$$

所以 $a=\varepsilon/15\nu$①. 这样, 我们最终得到用平均能量耗散率 ε 表示关联函数的下列公式 (A. H. 科尔莫戈罗夫, 1941):

$$B_{tt}=\frac{2\varepsilon}{15\nu}r^2,\quad B_{rr}=\frac{\varepsilon}{15\nu}r^2. \tag{34.8}$$

---

① 我们指出, 对于各向同性湍流, 平均能量耗散率与涡量的方均值之间有简单的关系:

$$\langle(\operatorname{rot}\boldsymbol{v})^2\rangle=\frac{1}{2}\left\langle\left(\frac{\partial v_i}{\partial x_k}-\frac{\partial v_k}{\partial x_i}\right)^2\right\rangle=\frac{\varepsilon}{\nu}.$$

下面引入三阶关联张量

$$B_{ikl} = \langle (v_{2i} - v_{1i})(v_{2k} - v_{1k})(v_{2l} - v_{1l}) \rangle \tag{34.9}$$

和辅助张量

$$b_{ik,l} = \langle v_{1i} v_{1k} v_{2l} \rangle = -\langle v_{2i} v_{2k} v_{1l} \rangle. \tag{34.10}$$

后者对前两个下标对称 (定义式 (34.10) 中的第二个等式之所以成立, 是因为点 1 与点 2 互换等价于改变 $\boldsymbol{r}$ 的符号, 即坐标发生反演, 而这会改变三阶张量的符号). 当 $r = 0$ 时, 即当点 1 与点 2 重合时, 张量 $b_{ik,l}(0) = 0$, 即奇数个发生涨落的速度分量的乘积的平均值等于零. 打开定义式 (34.9) 中的括号, 我们用 $b_{ik,l}$ 来表示 B_{ikl}:

$$B_{ikl} = 2(b_{ik,l} + b_{il,k} + b_{lk,i}). \tag{34.11}$$

当 $r \to \infty$ 时, 张量 $b_{ik,l}$ 和 B_{ikl} 一起趋于零.

根据各向同性, 张量 $b_{ik,l}$ 应当可以通过单位矢量 $\boldsymbol{n}$ 的分量和单位张量 δ_{ik} 表示出来. 既然这个张量对前两个下标对称, 其一般形式为

$$b_{ik,l} = C(r)\delta_{ik} n_l + D(r)(\delta_{il} n_k + \delta_{kl} n_i) + F(r) n_i n_k n_l. \tag{34.12}$$

对点 2 的坐标求导, 再利用连续性方程, 我们得到

$$\frac{\partial b_{ik,l}}{\partial x_{2l}} = \left\langle v_{1i} v_{1k} \frac{\partial v_{2l}}{\partial x_{2l}} \right\rangle = 0.$$

把表达式 (34.12) 代入此式, 经过简单的计算就得到两个方程

$$[r^2(3C + 2D + F)]' = 0, \quad C' + \frac{2}{r}(C + D) = 0.$$

前者的积分给出

$$3C + 2D + F = \frac{\text{const}}{r^2}.$$

当 $r = 0$ 时, 函数 C, D, F 必须为零, 所以应取 $\text{const} = 0$, 从而 $3C + 2D + F = 0$. 从这样得到的两个方程求出

$$D = -C - \frac{1}{2} r C', \quad F = rC' - C. \tag{34.13}$$

把 (34.13) 代入 (34.12), 再把所得结果代入 (34.11), 我们得到表达式

$$B_{ikl} = -2(rC' + C)(\delta_{ik} n_l + \delta_{il} n_k + \delta_{kl} n_i) + 6(rC' - C) n_i n_k n_l.$$

仍然让一个坐标轴指向矢量 $\boldsymbol{n}$ 的方向, 我们得到张量分量 B_{ikl} 如下:

$$B_{rrr} = -12C, \quad B_{rtt} = -2(C + rC'), \quad B_{rrt} = B_{ttt} = 0. \tag{34.14}$$

由此可见, 在非零的关联函数 B_{rtt} 和 B_{rrr} 之间存在关系式

$$B_{rtt} = \frac{1}{6}\frac{\mathrm{d}}{\mathrm{d}r}(rB_{rrr}). \tag{34.15}$$

下面还要把张量 $b_{ik,l}$ 通过张量分量 B_{ikl} 表示出来. 利用 (34.12)—(34.14), 我们求出

$$b_{ik,l} = -\frac{1}{12}B_{rrr}\delta_{ik}n_l + \frac{1}{24}(rB'_{rrr} + 2B_{rrr})(\delta_{il}n_k + \delta_{kl}n_i) - \frac{1}{12}(rB'_{rrr} - B_{rrr})n_i n_k n_l. \tag{34.16}$$

关系式 (34.5) 和 (34.15) 只是一个连续性方程的推论. 如果考虑动力学方程——纳维–斯托克斯方程, 就能够建立起关联张量 B_{ik} 与 B_{ikl} 之间的关系 (T. von 卡门, L. 豪沃思, 1938; A. H. 科尔莫戈罗夫, 1941).

为此就要计算导数 $\partial b_{ik}/\partial t$ (注意完全均匀各向同性湍流必定随时间而衰减). 利用纳维–斯托克斯方程来表示导数 $\partial v_{1i}/\partial t$ 和 $\partial v_{2k}/\partial t$, 我们得到

$$\begin{aligned}\frac{\partial}{\partial t}\langle v_{1i}v_{2k}\rangle = &-\frac{\partial}{\partial x_{1l}}\langle v_{1i}v_{1l}v_{2k}\rangle - \frac{\partial}{\partial x_{2l}}\langle v_{1i}v_{2k}v_{2l}\rangle - \frac{1}{\rho}\frac{\partial}{\partial x_{1i}}\langle p_1 v_{2k}\rangle \\ &- \frac{1}{\rho}\frac{\partial}{\partial x_{2k}}\langle p_2 v_{1i}\rangle + \nu\Delta_1\langle v_{1i}v_{2k}\rangle + \nu\Delta_2\langle v_{1i}v_{2k}\rangle.\end{aligned} \tag{34.17}$$

压强与速度的关联函数等于零:

$$\langle p_1 \boldsymbol{v}_2\rangle = 0. \tag{34.18}$$

其实, 根据各向同性, 这个函数本来应当具有 $f(r)\boldsymbol{n}$ 的形式. 另一方面, 根据连续性方程,

$$\mathrm{div}_2\langle p_1\boldsymbol{v}_2\rangle = \langle p_1\,\mathrm{div}_2\,\boldsymbol{v}_2\rangle = 0.$$

但是, 矢量 $\mathrm{const}\cdot\boldsymbol{n}/r^2$ 是形如 $f(r)\boldsymbol{n}$ 并且散度为零的唯一矢量, 这样的矢量不满足在 $r=0$ 处有限的条件, 所以必有 $\mathrm{const}=0$.

现在, 把 (34.17) 中对 x_{1i} 和 x_{2i} 的导数分别替换为对 $-x_i$ 和 x_i 的导数, 就得到方程

$$\frac{\partial b_{ik}}{\partial t} = \frac{\partial}{\partial x_l}(b_{il,k} + b_{kl,i}) + 2\nu\Delta b_{ik}. \tag{34.19}$$

应当把 (34.4) 和 (34.16) 中的 b_{ik} 和 $b_{ik,l}$ 代入此式. 质量动能 $\langle v^2\rangle/2$ 对时间的导数正好与能量耗散率 ε 只相差一个负号, 所以

$$\frac{\partial}{\partial t}\frac{\langle v^2\rangle}{3} = -\frac{2}{3}\varepsilon.$$

简单却相当冗长的计算给出以下方程①:

$$-\frac{2}{3}\varepsilon-\frac{1}{2}\frac{\partial B_{rr}}{\partial t}=\frac{1}{6r^4}\frac{\partial}{\partial r}(r^4B_{rrr})-\frac{\nu}{r^4}\frac{\partial}{\partial r}\left(r^4\frac{\partial B_{rr}}{\partial r}\right). \tag{34.20}$$

量 B_{rr} 作为时间的函数仅在与湍流基本尺度相对应的时间 $(\sim l/u)$ 内才有显著变化. 对局部湍流而言, 基本流动可以视为定常的 (§ 33 已经指出这一点). 这意味着, 在用来描述局部湍流的方程 (34.20) 中, 左侧的导数 $\partial B_{rr}/\partial t$ 远小于 ε, 从而可以在足够的精度下忽略前者. 在此之后, 用 r^4 乘以这个方程, 再对 r 积分 (并考虑到关联函数在 $r=0$ 处为零), 我们得到 B_{rr} 和 B_{rrr} 之间的以下关系式:

$$B_{rrr}=-\frac{4}{5}\varepsilon r+6\nu\frac{\mathrm{d}B_{rr}}{\mathrm{d}r} \tag{34.21}$$

(A. H. 科尔莫戈罗夫, 1941). 无论 r 远大于或远小于 λ_0, 这个关系式都成立. 当 $r\gg\lambda_0$ 时, 黏性项很小, 该式简化为②

$$B_{rrr}=-\frac{4}{5}\varepsilon r. \tag{34.22}$$

当 $r\ll\lambda_0$ 时, 把 B_{rr} 的表达式 (34.8) 代入 (34.21), 结果为零. 这是因为, 在这种情况下 B_{rrr} 应当与 r^3 成正比, 于是一次项必须为零.

两个独立的函数 B_{rr} 和 B_{rrr} 通过一个方程 (34.20) 联系起来, 所以仅从这个方程本身出发不可能求出这些函数. 在一个方程中同时出现阶数不同的两个关联函数, 这与纳维–斯托克斯方程的非线性性质有关. 根据同样的原因, 计算三阶关联张量对时间的导数, 就会导致还包含四阶关联张量的方程, 并且类似情况一直如此, 从而出现无穷多个方程. 如果不提出某些附加假设, 用这种方法不可能得到包含有限个方程的封闭方程组.

我们再作出以下一般性说明③. 似乎可以设想, 在原则上有可能得到一个普适公式 (适用于任何湍流), 从而在所有远小于 l 的距离 r 上给出量 B_{rr} 和 B_{tt}. 但是, 下述讨论表明, 这样的公式其实根本不可能存在. 量

$$(v_{2i}-v_{1i})(v_{2k}-v_{1k})$$

的瞬时值在原则上可以用普适形式通过同一时刻的能量耗散率 ε 表示出来. 但是, 在取这些表达式的平均值时, ε 在 (量级为 $\sim l$ 的) 大尺度运动的若干

① 在计算过程中要在方程两侧应用算子 $\left(1+\frac{r}{2}\frac{\partial}{\partial r}\right)$ 才能得到这个方程. 但是, 因为在 $r=0$ 处有限并且满足方程 $f+\frac{r}{2}\frac{\partial f}{\partial r}=0$ 的唯一函数为 $f=0$, 所以可以忽略这个算子.

② 关系式 (34.22) 称为科尔莫戈罗夫 4/5 定律. ——译者

③ 这是由 Л. Д. 朗道 (1944) 提出的.

周期内的变化规律将起重要作用，而这种规律对于流动的不同具体情况是不同的. 因此，取平均值的结果也不可能是普适的①②.

洛强斯基积分. 我们把函数 B_{rr} 和 B_{rrr} 通过函数 b_{rr} 和 $b_{rr,r}$ 表示出来，从而把方程 (34.20) 改写为

$$\frac{\partial b_{rr}}{\partial t}=\frac{1}{r^4}\frac{\partial}{\partial r}\left[2\nu r^4\frac{\partial b_{rr}}{\partial r}+r^4 b_{rr,r}\right]. \tag{34.23}$$

用 r^4 乘这个方程，然后对 r 从 0 到 ∞ 进行积分. 方括号内的表达式在 $r=0$ 时等于零，再假设它在 $r\to\infty$ 时也等于零，我们求出

$$\Lambda\equiv\int_0^\infty b_{rr}r^4\,\mathrm{d}r=\mathrm{const} \tag{34.24}$$

(Л. Г. 洛强斯基, 1939). 如果函数 b_{rr} 在无穷远处的下降速度快于 r^{-5}，则这个积分收敛，而为了让它确实保持不变，函数 $b_{rr,r}$ 的下降速度应当快于 r^{-4}.

函数 B_{rr} 与 B_{tt} 之间的关系式 (34.5) 同时也是函数 b_{rr} 与 b_{tt} 之间的关系式，所以有 (在同样条件下)

$$\int_0^\infty b_{tt}r^4\,\mathrm{d}r=-\frac{3}{2}\int_0^\infty b_{rr}r^4\,\mathrm{d}r.$$

因为 $b_{rr}+2b_{tt}=\langle\boldsymbol{v}_1\cdot\boldsymbol{v}_2\rangle$，所以积分 (34.24) 可以表示为

$$\Lambda=-\frac{1}{4\pi}\int r^2\langle\boldsymbol{v}_1\cdot\boldsymbol{v}_2\rangle\,\mathrm{d}V \tag{34.25}$$

(式中 $\mathrm{d}V=\mathrm{d}^3(x_1-x_2)$). 这个积分与处于均匀各向同性湍流状态的流体的动量矩有密切关系. 可以证明 (这里略去)，对于体积为 V 的某个较大区域中的流体 (即流体所在无界区域中的给定部分)，总动量矩 $\boldsymbol{M}$ 的平方为 $M^2=4\pi\rho^2\Lambda V$. 总动量矩 $\boldsymbol{M}$ 按照正比于 $V^{1/2}$ (而不是 V) 的规律增加，因为 $\boldsymbol{M}$ 是大量在统计意义上独立的项 (单独流体微元的动量矩) 之和，而这些项的平均值为零.

对于具有给定体积 V 的区域中的流体，M^2 的值可以因为与周围流体的相互作用而变化. 假如这种相互作用随距离的增加而足够快地衰减，它对所考

---

① 在惯性区中 ε 的涨落是否也应当在关联函数的形式中有所体现，这个问题在建立起合理的湍流理论之前不太可能得到可靠的解决 (这个问题是由 A. H. 科尔莫戈罗夫 (Kolmogorov A. N. J. Fluid Mech. 1962, 13(1): 82—85) 和 A. M. 奥布霍夫 (Oboukhov A. M. J. Fluid Mech. 1962, 13(1): 77—81) 提出的). 已经有人尝试在科尔莫戈罗夫–奥布霍夫定律中引入与这个因素有关的修正项，其出发点是关于能量耗散率统计性质的一些假设，但很难估计这些假设的可信度.

② 实验观测表明，在有限的雷诺数下，科尔莫戈罗夫–奥布霍夫定律中的指数略微偏离 1/3，这被认为是由该条件下湍流的间歇性 (见 164 页的脚注) 导致的. 见: Frisch U. Turbulence: The Legacy of A. N. Kolmogorov. Cambridge: Cambridge Univ. Press, 1995. ——译者

虑的那部分流体来说就表现为表面效应. 于是, 使 M^2 能够发生显著变化的时间间隔, 就会与体积 V 一起增加; 这样的时间间隔和体积必须看做是任意大的, 正是在这样的意义上认为 M^2 保持不变.

上述条件与关联函数足够快衰减的条件有密切关系, 后者是在从 (34.23) 推导 (34.24) 时表述出来的. 但是在不可压缩流体理论的范围内, 有理由怀疑它们是否成立. 从物理上讲, 扰动在不可压缩流体中具有无穷大的传播速度. 这个性质在数学上的表现是, 流体中的压强传播与速度传播满足一个积分关系式: 如果认为方程 (15.11) 的右侧是给定的, 则该方程的解为

$$p(\boldsymbol{r})=\frac{\rho}{4\pi}\int\frac{\partial^2 v_i(\boldsymbol{r}')v_k(\boldsymbol{r}')}{\partial x_i'\,\partial x_k'}\frac{\mathrm{d}V'}{|\boldsymbol{r}-\boldsymbol{r}'|}.$$

结果是, 速度的任何局部扰动在瞬间就会影响到全部空间中的压强; 压强则影响流体的加速度, 从而影响速度的进一步变化.

为了解释清楚这个问题, 可以用以下方法自然地提出问题. 设在初始时刻 $(t=0)$ 产生了各向同性湍流, 并且函数 $b_{ik}(r,\ t)$ 和 $b_{ik,l}(r,\ t)$ 随距离按指数规律衰减. 根据上述公式用速度表示出压强, 然后就可以尝试利用流体运动方程来确定关联函数对时间的导数 (在时刻 $t=0$) 对距离的依赖关系在 $r\to\infty$ 时的特性. 用这种方法还可以确定关联函数本身对 r 的依赖关系在 $t>0$ 时的特性. 这样的研究给出以下结果①.

在 $t>0$ 时, 函数 $b_{rr}(r,\ t)$ 在无穷远处的下降速度不慢于 r^{-6} (也存在按指数方式下降的可能性), 所以洛强斯基积分收敛. 函数 $b_{rr,r}$ 仅仅像 r^{-4} 那样下降, 这表示 Λ 不会保持不变. 该积分对时间的导数是时间的某个非零的负值函数 (这得自 $b_{rr,r}$ 为负这一经验结果). 这个函数在整体上与惯性力有关. 自然可以想象, 随着湍流运动的耗散, 惯性力所起的作用越来越小, 在最后阶段与黏性力相比就可以忽略惯性力. 因此, Λ 不断减小 (动量矩均匀地 “扩散” 到无穷大空间中) 并趋于它在湍流最后阶段所取的常值.

对于最后这个阶段, 这样就可以确定湍流的基本尺度 l 和它的特征速度 v. 对积分 (34.25) 的估计给出 $\Lambda\sim v^2t^5=\text{const}$. 对黏性所导致的能量耗散率进行估计, 还能够得到一个关系式. 能量耗散率 ε 与速度梯度的平方成正比; 估计速度梯度的量级为 v/l, 我们有 $\varepsilon\sim\nu(v/l)^2$. 让它等于导数 $\partial(v^2)/\partial t\sim v^2/t$ (t 从

① 见: Proudman I., Reid W.H. Phil. Trans. Roy. Soc. A. 1954, 247: 163; Batchelor G.K., Proudman I. Phil. Trans. Roy. Soc. A. 1956, 248: 369. 以下专著也介绍了这些研究: Монин А.С., Яглом А.М. Статистическая гидромеханика. Т. 2. Москва: Наука, 1967 (Monin A.S., Yaglom A.M. Statistical Fluid Mechanics: Mechanics of Turbulence. Vol. 2. Cambridge, MA: MIT Press, 1975). §15.5, §15.6.

最后衰减阶段的开始算起), 我们得到 $l \sim (\nu t)^{1/2}$, 从而有

$$v = \text{const} \cdot t^{-5/4} \tag{34.26}$$

(М.Д.米利翁希科夫, 1939).

关联函数的谱表示法. 对于关联函数, 除了如上所述的坐标表示法, 谱表示法 (按波矢展开) 在方法论和物理上也有意义. 它来自三维空间中的傅里叶积分展开式:

$$B_{ik}(\boldsymbol{r}) = \int B_{ik}(\boldsymbol{k})\,\mathrm{e}^{\mathrm{i}\boldsymbol{k}\cdot\boldsymbol{r}}\,\frac{\mathrm{d}^3k}{(2\pi)^3}, \quad B_{ik}(\boldsymbol{k}) = \int B_{ik}(\boldsymbol{r})\,\mathrm{e}^{-\mathrm{i}\boldsymbol{k}\cdot\boldsymbol{r}}\,\mathrm{d}^3x$$

(我们用带有不同自变量的同一个记号 B_{ik} 表示谱关联函数 $B_{ik}(\boldsymbol{k})$, 其中 $\boldsymbol{k}$ 为波矢). 在各向同性湍流中 $B_{ik}(-\boldsymbol{r}) = B_{ik}(\boldsymbol{r})$, 所以 $B_{ik}(\boldsymbol{k}) = B_{ik}(-\boldsymbol{k}) = B^*_{ik}(\boldsymbol{k})$, 即谱函数 $B_{ik}(\boldsymbol{k})$ 是实函数.

当 $r \to \infty$ 时, 函数 $B_{ik}(\boldsymbol{r})$ 趋于一个有限的极限值, 该值由 (34.4) 中的第一项给出. 与此相应, 它们的傅里叶分量含有 δ 函数项:

$$B_{ik}(\boldsymbol{k}) = \frac{2}{3}(2\pi)^3\delta(\boldsymbol{k})\langle v^2\rangle - 2b_{ik}(\boldsymbol{k}). \tag{34.27}$$

当 $\boldsymbol{k} \neq 0$ 时, 函数 B_{ik} 和 $-2b_{ik}$ 具有相同的傅里叶分量.

在坐标表示法中对坐标 x_l 求导, 这在谱表示法中等价于乘以 $\mathrm{i}k_l$. 所以, 连续性方程 $\partial b_{ik}(\boldsymbol{r})/\partial x_i = 0$ 在谱表示法中化为张量 $b_{ik}(\boldsymbol{k})$ 与波矢之间的以下条件:

$$k_i b_{ik}(\boldsymbol{k}) = 0. \tag{34.28}$$

根据各向同性, 张量 $b_{ik}(\boldsymbol{k})$ 应当仅仅通过波矢 $\boldsymbol{k}$ 和单位张量 δ_{ik} 就能表示出来. 满足条件 (34.28) 的这样的对称张量具有以下一般形式:

$$b_{ik}(\boldsymbol{k}) = F^{(2)}(k)\left(\delta_{ik} - \frac{k_i k_k}{k^2}\right), \tag{34.29}$$

其中 $F^{(2)}(k)$ 是波矢大小的实函数.

用类似方法可以给出三阶关联张量的谱表示法, 并且张量 $B_{ikl}(\boldsymbol{k})$ 可以按照公式 (34.11) 通过 $b_{ik,l}(\boldsymbol{k})$ 表示, 这些张量不包含 δ 函数项. 连续性方程 $\partial b_{ik,l}(\boldsymbol{r})/\partial x_l = 0$ 化为谱张量 $b_{ik,l}(\boldsymbol{k})$ 对其第三个角标的以下条件:

$$k_l b_{ik,l}(\boldsymbol{k}) = 0. \tag{34.30}$$

这种张量的一般形式为

$$b_{ik,l}(\boldsymbol{k}) = \mathrm{i}F^{(3)}(k)\left(\delta_{il}\frac{k_k}{k} + \delta_{kl}\frac{k_i}{k} - 2\frac{k_i k_k k_l}{k^3}\right). \tag{34.31}$$

因为 $b_{ik,l}(-\boldsymbol{r}) = -b_{ik,l}(\boldsymbol{r})$, 所以谱函数 $b_{ik,l}(\boldsymbol{k})$ 是虚函数. 在 (34.31) 中引入了因子 i, 这是为了让函数 $F^{(3)}(k)$ 是实函数.

在谱表示法中, 方程 (34.19) 的写法是

$$\frac{\partial b_{ik}(\boldsymbol{k})}{\partial t} = \mathrm{i}k_l[b_{il,k}(\boldsymbol{k}) + b_{kl,i}(\boldsymbol{k})] - 2\nu k^2 b_{ik}(\boldsymbol{k}).$$

把 (34.29) 和 (34.31) 代入其中, 得到

$$\frac{\partial F^{(2)}(k,\ t)}{\partial t} = -2kF^{(3)}(k,\ t) - 2\nu k^2 F^{(2)}(k,\ t). \tag{34.32}$$

函数 $F^{(2)}(k)$ 具有重要的物理意义. 为了阐明其物理意义, 我们来定义稍早阶段中的谱关联函数①.

根据通常的傅里叶展开公式, 我们引入具有涨落的速度 $\boldsymbol{v}(\boldsymbol{r})$ 本身的谱展开形式:

$$\boldsymbol{v}(\boldsymbol{r}) = \int \boldsymbol{v}_{\boldsymbol{k}}\, \mathrm{e}^{\mathrm{i}\boldsymbol{k}\cdot\boldsymbol{r}} \frac{\mathrm{d}^3k}{(2\pi)^3}, \quad \boldsymbol{v}_{\boldsymbol{k}} = \int \boldsymbol{v}(\boldsymbol{r})\, \mathrm{e}^{-\mathrm{i}\boldsymbol{k}\cdot\boldsymbol{r}} \mathrm{d}^3x.$$

后一个积分实际上是发散的, 因为 $\boldsymbol{v}(\boldsymbol{r})$ 在无穷远处不趋于零. 不过, 鉴于以下论述的目的是计算完全有限的方均值, 所以积分发散的情况在形式上对此并不重要.

关联张量 $b_{ik}(\boldsymbol{r})$ 可以通过速度的傅里叶分量表示为积分的形式:

$$b_{il}(\boldsymbol{r}) = \iint \langle v_{i\boldsymbol{k}} v_{l\boldsymbol{k}'}\rangle\, \mathrm{e}^{\mathrm{i}(\boldsymbol{k}\cdot\boldsymbol{r}_2 + \boldsymbol{k}'\cdot\boldsymbol{r}_1)} \frac{\mathrm{d}^3k\,\mathrm{d}^3k'}{(2\pi)^6}. \tag{34.33}$$

为了让这个积分只是 $\boldsymbol{r} = \boldsymbol{r}_2 - \boldsymbol{r}_1$ 的函数, 被积函数应包含 $\boldsymbol{k} + \boldsymbol{k}'$ 的 δ 函数, 即应有

$$\langle v_{i\boldsymbol{k}} v_{l\boldsymbol{k}'}\rangle = (2\pi)^3 (v_i v_l)_{\boldsymbol{k}}\, \delta(\boldsymbol{k} + \boldsymbol{k}'). \tag{34.34}$$

应当把这个表达式看做这里用记号 $(v_i v_l)_{\boldsymbol{k}}$ 表示的量的定义. 把 (34.34) 代入 (34.33) 并通过对 d^3k' 的积分消去 δ 函数, 我们求出

$$b_{il}(\boldsymbol{r}) = \int (v_i v_l)_{\boldsymbol{k}}\, \mathrm{e}^{\mathrm{i}\boldsymbol{k}\cdot\boldsymbol{r}} \frac{\mathrm{d}^3k}{(2\pi)^3},$$

即量 $(v_i v_l)_{\boldsymbol{k}}$ 是关联函数 $b_{il}(\boldsymbol{r})$ 的傅里叶分量. 于是, 它们对角标 i, l 对称, 并且是实函数. 特别地, $b_{ii}(\boldsymbol{k}) = (\boldsymbol{v}^2)_{\boldsymbol{k}}$, 并且我们现在可以断言, 这个量显然是正的, 因为它与速度的傅里叶分量大小的方均值 $\langle \boldsymbol{v}_{\boldsymbol{k}} \cdot \boldsymbol{v}_{\boldsymbol{k}'}\rangle = \langle |\boldsymbol{v}_{\boldsymbol{k}}|^2\rangle$ 这个正的量之间的关系可由 (34.34) 给出.

---

① 下面的讨论是第五卷 §122 所给结论的另外一种说法.

关联函数 $b_{ii}(\boldsymbol{r})$ 在 $\boldsymbol{r}=0$ 处的值确定了流体速度在空间中 (任何) 某一点的方均值. 它可以通过谱函数表示出来, 相应公式为

$$\langle \boldsymbol{v}^2\rangle = b_{ii}(\boldsymbol{r}=0) = \int b_{ii}(\boldsymbol{k})\frac{\mathrm{d}^3k}{(2\pi)^3},$$

或者, 根据 (34.29) 把 $b_{ii}(\boldsymbol{k})$ 的表达式代入此式,

$$\frac{1}{2}\langle \boldsymbol{v}^2\rangle = \int F^{(2)}(k)\frac{\mathrm{d}^3k}{(2\pi)^3} = \int_0^\infty F^{(2)}(k)\frac{4\pi k^2\,\mathrm{d}k}{(2\pi)^3}. \tag{34.35}$$

经过上面的讨论, 这个公式的意义已经非常明显: 正的量 $F^{(2)}(k)/(2\pi)^3$ 是 (单位质量) 流体的动能在 $\boldsymbol{k}$ 空间中的谱密度. 波矢大小为 k 且间隔为 $\mathrm{d}k$ 的涨落所包含的能量等于 $E(k)\,\mathrm{d}k$, 其中

$$E(k) = \frac{k^2}{2\pi^2}F^{(2)}(k). \tag{34.36}$$

方程 (34.32) 右侧第一项是作为方程 (34.19) 右侧第一项的傅里叶分量而出现的. 当 $r\to 0$ 时, 后者化为导数

$$\left\langle v_{1k}\frac{\partial}{\partial x_{1l}}v_{1i}v_{1l}\right\rangle + \left\langle v_{1i}\frac{\partial}{\partial x_{1l}}v_{1k}v_{1l}\right\rangle = \frac{\partial}{\partial x_{1l}}\langle v_{1i}v_{1k}v_{1l}\rangle,$$

根据均匀性, 该导数等于零. 这在谱表示法中意味着

$$\int \boldsymbol{k}F^{(3)}(k)\,\mathrm{d}^3k = 0, \tag{34.37}$$

于是 $F^{(3)}(k)$ 是变号函数.

方程 (34.32) 具有简单的意义: 它表示湍流的各种谱分量之间的能量平衡. 右侧第二项是负的, 它确定与耗散有关的能量损失. 第一项 (与纳维–斯托克斯方程中的非线性项有关) 描述能量按谱的再分配——能量从 k 值较小的谱分量向 k 值较大的谱分量转移. 能谱密度 $E(k)$ 在 $k\sim 1/l$ 时有最大值, 湍流总能量的大部分集中于最大值附近的区域 (含能区, 见 § 33). 被耗散能量的谱密度 $2\nu k^2E(k)$ 在 $k\sim 1/\lambda_0$ 时有最大值, 总耗散的大部分集中于耗散区. 当雷诺数非常大时, 这两个区域相距很远, 惯性区位于二者之间.

把方程 (34.32) 对 $\mathrm{d}^3k/(2\pi)^3$ 积分, 我们在方程的左侧得到流体总动能对时间的导数, 该导数等于总的能量耗散率 $-\varepsilon$. 这样就得到函数 $E(k)$ 的以下 “归一化条件”:

$$2\nu\int_0^\infty k^2E(k,\ t)\,\mathrm{d}k = \varepsilon. \tag{34.38}$$

在波数的惯性区内 $(1/l\ll k\ll 1/\lambda_0)$, 可以认为谱函数 (就像坐标表示法中的关联函数那样) 与时间无关. 在这个区域内, 根据 (33.13),

$$E(k) = C_1\varepsilon^{2/3}k^{-5/3}, \tag{34.39}$$

其中 C_1 是常因子. 该因子与关联函数

$$B_{rr}(r) = C(\varepsilon r)^{2/3} \tag{34.40}$$

中的因子 C 之间的关系为 $C_1 = 0.76C$ (参阅习题). 经验值为 $C \approx 2$, $C_1 \approx 1.5$①, 相应比值 $|B_{rrr}|/B_{rr}^{3/2} = 4C^{3/2}/5 \approx 0.3$.

习 题

给出惯性区中的关联函数公式 (34.40) 和能谱密度公式 (34.39) 中的因子 C 和 C_1 之间的关系式.

解: 函数

$$B_{ii}(r) = 2B_{tt}(r) + B_{rr}(r) = \frac{11}{3}B_{rr}(r)$$

(利用了关系式 (34.6)) 与

$$B_{ii}(k) = -2b_{ii}(k) = -4F^{(2)}(k) = -\frac{8\pi^2}{k^2}E(k)$$

($k \neq 0$) 之间的关系由傅里叶积分给出:

$$B_{ii}(k) = \int B_{ii}(r)\,\mathrm{e}^{-\mathrm{i}\boldsymbol{k}\cdot\boldsymbol{r}}\,\mathrm{d}^3x.$$

如果波数属于惯性区 ($1/l \ll k \ll 1/\lambda_0$), 则振荡因子的存在使该积分可在距离 $r \sim 1/k \ll l$ 处从上面截断. 积分在小距离处收敛, 因为当 $r \to 0$ 时 $B_{ii}(r) \to 0$. 所以, 积分实际上取决于属于惯性区 ($\lambda_0 \ll r \ll l$) 的那些距离, 从而可以把 (34.40) 中的 $B_{rr}(r)$ 代入积分, 同时把积分域扩展到全部空间. 对于积分

$$I = \int r^{2/3}\,\mathrm{e}^{-\mathrm{i}\boldsymbol{k}\cdot\boldsymbol{r}}\,\mathrm{d}^3x,$$

我们首先在球面上积分, 得到

$$I = \frac{4\pi}{k}\,\mathrm{Im}\int_0^\infty r^{5/3}\,\mathrm{e}^{\mathrm{i}kr}\,\mathrm{d}r = \frac{4\pi}{k^{11/3}}\,\mathrm{Im}\int_0^\infty \xi^{5/3}\,\mathrm{e}^{\mathrm{i}\xi}\,\mathrm{d}\xi\text{ ②}.$$

为了计算最后的积分, 我们把复平面 ξ 上的积分路径 (即右半实轴) 旋转至上半虚轴, 结果得到

$$I = -\frac{4\pi}{k^{11/3}}\frac{10\pi}{9\Gamma(1/3)}.$$

把所得表达式综合在一起, 最终求出

$$C_1 = \frac{55}{27\Gamma(1/3)}C = 0.76C.$$

---

① 大部分实验所关注的是大气和海洋中的湍流. 在这些测量中, 雷诺数达到 3×10^8.

② 该积分虽然在传统意义下是发散的, 但可以理解为 $\lim\limits_{\varepsilon\to 0+}\mathrm{Im}\int_0^\infty \xi^{5/3}\,\mathrm{e}^{-\varepsilon\xi}\,\mathrm{e}^{\mathrm{i}\xi}\,\mathrm{d}\xi$. ——译者

§ 35 湍流区和分离现象

一般而言, 湍流是有旋的. 但是, 流体中的涡量分布在湍流情况下 (当 Re 很大时) 有一些极为特殊的性质. 的确, 在绕物体流动的"定常" 湍流中, 流体所占区域通常可以划分为互相隔开的两个区域. 在其中的一个区域中, 流动是有旋的, 而在另一个区域中则没有涡量, 即流动是势流. 因此, 涡量并没有分布在全部流体中, 而仅仅分布在一部分流体中 (这部分流体一般也是无界的).

这样的被隔开的有旋流区域之所以能够存在, 是因为湍流可以视为由欧拉方程描述的理想流体的运动[①]. 我们已经看到 (§ 8), 对于理想流体的运动, 速度环量守恒定律成立. 例如, 如果速度旋度在一条流线上的任何一点都等于零, 则它在这条流线上处处等于零. 反之, 如果在一条流线上的任何一点有 $\operatorname{rot}\boldsymbol{v} \neq 0$, 则它在这条流线上处处都不等于零. 由此显然可知, 如果有旋流区域中的流线不能进入它以外的区域, 则存在互相隔开的有旋流区域和无旋流区域是与运动方程相容的. 这样的涡量分布是稳定的, 并且涡量不会扩散到分界面以外.

有旋的湍流区域的一个性质是, 这个区域与周围空间的流体交换只能单向进行. 流体能够从势流区域进入有旋流区域, 但是永远不能离开有旋流区域.

我们强调, 这里给出观点当然不能看做是上述论断的严格证明. 但是, 看来实验已经证实, 被隔开的有旋湍流区域是存在的.

无论是在有旋流区域中还是在无旋流区域中, 流动都是湍流, 但是湍流的性质在这两个区域中完全不同. 为了说明这种差别的起因, 我们应注意由拉普拉斯方程 $\Delta\varphi = 0$ 描述的势流具有下述一般性质. 假定流动在 xy 平面上是周期性的, 则 φ 对 x 和 y 的依赖关系表现为形如 $\exp[\mathrm{i}(k_1x + k_2y)]$ 的因子; 于是

$$\frac{\partial^2\varphi}{\partial x^2} + \frac{\partial^2\varphi}{\partial y^2} = -(k_1^2 + k_2^2)\varphi = -k^2\varphi,$$

并且因为二阶导数之和必须为零, 所以 φ 对 z 的二阶导数显然等于 φ 乘以一个正系数: $\partial^2\varphi/\partial z^2 = k^2\varphi$. 但这样一来, φ 对 z 的依赖关系将由形如 e^{-kz} 的衰减因子给出, 这里 $z > 0$ (如 e^{kz} 般无限制增加显然是不可能的). 因此, 如果势流在某个平面上是周期性的, 则它在垂直于该平面的方向上应当衰减, 并且 k_1 和 k_2 越大, 即 xy 平面上的流动周期越小, 流动沿 z 轴的衰减就越快. 当流动不是严格的周期流而只表现出某种定性的周期性时, 这些论断在定性上仍然适用.

---

① 这些方程对湍流的适用范围到 λ_0 量级的距离为止. 所以, 在讨论有旋流与无旋流的明确界线时, 也只能精确到这样的距离.

由此得到以下结论. 在有旋流区域之处, 湍流涨落应当衰减, 并且其尺度越小, 衰减就越快. 换言之, 小尺度涨落不能进入势流区域很远. 所以, 只有最大尺度的涨落在这个区域中才起显著作用, 它们在有旋流区域 (横向) 尺度量级的距离上发生衰减, 而这个尺度这时正好就是湍流的基本尺度. 在远大于该尺度的距离上基本没有湍流, 可以认为只有层流.

我们已经看到, 湍流中的能量耗散与最小尺度的涨落有关; 大尺度运动没有显著的能量耗散, 这就是对大尺度运动能够应用欧拉方程的原因. 根据上述讨论, 我们得到一个重要结论: 能量耗散主要发生在有旋的湍流区域, 而在该区域之外基本没有能量耗散.

考虑到有旋湍流和无旋湍流的所有这些特性, 为了简短起见, 我们以后将把有旋湍流区域简称为**湍动区**或**湍流区**. 在下面几节中将讨论各种情况下湍流区的形状.

湍流区应当在某个方向上以被绕流物体的部分表面为界, 这部分表面的分界线称为**分离线**. 湍流区与流体所占其余区域的分界面从这条分离线开始. 在物体绕流过程中, 湍流区本身的形成称为**分离现象**.

湍流区的形状取决于基本流动 (而不是紧靠物体表面的邻近区域中的流动) 的性质. 尽管现在还没有一个完整的湍流理论, 但这样的理论在原则上应当能够根据理想流体运动方程确定湍流区的形状, 只要给出物体表面上的分离线位置. 分离线的实际位置取决于紧靠物体表面的一层流体 (所谓边界层) 中的流动性质, 黏性在这里起重要作用 (见 §40).

在下面几节中将讨论湍流区的自由边界, 其含义自然是指它对时间的平均位置. 边界的瞬时位置是极不规则的曲面, 这种不规则偏差及其随时间的变化主要与大尺度涨落有关, 从而能够向垂直于边界的方向延伸一段距离, 该距离与湍流的基本尺度相当. 分界面的不规则运动导致空间中的一个固定点 (距离分界面平均位置不太远离) 相对于分界面的方位不断变化. 如果在这一点观察流动图像, 就会发现小尺度湍流时隐时现①.

§36 湍流射流

在许多情形下, 利用简单的相似方法就已经能够确定湍流区的形状以及某些其他的基本性质. 这样的情形, 首推各类自由湍流射流射入充满流体的空间的一些问题 (L. 普朗特, 1925).

---

① 这种性质称为湍流的**间歇性**, 它与湍流区内部运动结构的一种类似性质有所区别, 尽管后者也称为间歇性. 本书不讨论这些现象的已有模型.

作为第一个例子, 设两个无穷大平板相交形成一个拐角 (图 24 中画出了它的横截面), 我们来研究流动在拐角处发生分离时形成的湍流区. 在层流绕流的情形下 (见图 3), 来流沿拐角的一边 (例如从 A 流向 O) 平滑地转向, 然后沿另一边流走 (从 O 流向 B). 但在湍流绕流的情形下, 流动图像是完全不同的.

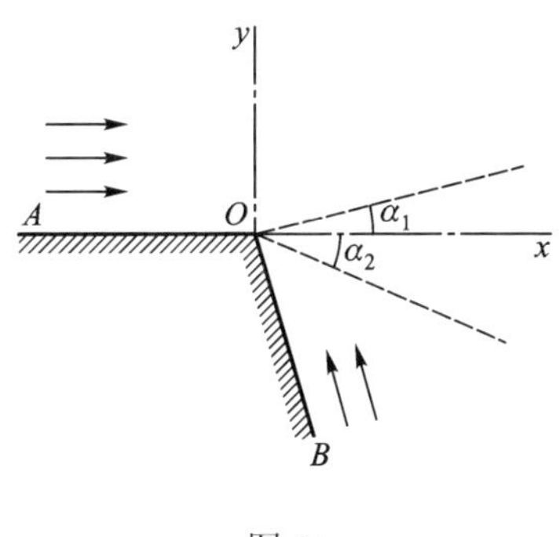

图 24

现在, 流动沿拐角的一边到达顶点时并不转向, 而是继续沿原方向前进, 沿另一边则出现流向拐角顶点的流动 (从 B 流向 O). 这两个流动在湍流区发生混合① (在图 24 中用虚线画出了湍流区横截面的边界). 可以用以下方法直观地描述这个区域的起因. 设想从 A 流向 O 的均匀来流以不变的方向继续流动, 从而充满平面 AO 及其向右延伸平面以上的整个上半空间, 而延伸平面以下的流体完全静止. 换言之, 这时在常速流动的流体与静止流体之间有一个间断面 (平面 AO 的延伸平面). 但是, 这样的间断面是不稳定的, 所以不可能真正存在 (见 §29). 这种不稳定性导致 "混合" 以及湍流区的形成. 这时之所以产生从 B 流向 O 的流动, 是因为流体必须从外部进入湍流区.

我们来确定湍流区的形状. 按图 24 取 x 轴, 原点位于点 O. 用 Y_1 和 Y_2 表示从 xz 平面到湍流区上、下边界的距离, 需要确定 Y_1 和 Y_2 对 x 的依赖关系. 用相似方法很容易直接确定这种依赖关系. 因为平面的所有尺寸都是无穷大的, 所以在我们的讨论中没有任何具有长度量纲的常参量可以表征所研究的流动. 由此可知, 量 Y_1, Y_2 对距离 x 的唯一可能的依赖关系是正比关系:

$$Y_1 = x\tan\alpha_1, \quad Y_2 = x\tan\alpha_2. \tag{36.1}$$

比例因子是简单的数值常数, 我们记之为 $\tan\alpha_1, \tan\alpha_2$ 的形式, 所以 α_1 和 α_2 是湍流区两个边界与 x 轴之间的夹角. 因此, 湍流区介于两个平面之间, 这两个平面的交线就是被绕流拐角的顶边.

角 α_1 和 α_2 的值只取决于被绕流拐角的大小而与其他量无关, 例如与来流速度无关. 不能用理论方法计算这些值; 实验结果给出, 例如, 对于直角绕流, $\alpha_1 = 5^\circ, \alpha_2 = 10^\circ$ ②.

---

① 我们还记得, 湍流区之外的无旋湍流运动在远离湍流区边界的过程中逐渐变为层流.

② 在这里和下面的其他一些情况下, 我们所谈到的关于湍流射流横截面上的速度分布的实验结果, 都是经过基于半经验湍流理论 (见 168 页上的脚注) 的计算而整理出来的.

沿拐角两边的流动具有不同的速度, 其比值是一个确定的数, 它同样只取决于拐角的大小. 如果拐角不是非常小, 则其中一个速度远大于另一个速度, 较大者就是来流速度, 其方向 (从 A 指向 O) 与湍流区的伸展方向相同. 例如, 在绕直角的流动中, 沿平面 AO 的流动速度是沿 BO 的流动速度的 30 倍.

我们再指出, 湍流区两侧的流体压强差很小. 例如, 在绕直角的流动中,

$$p_1 - p_2 = 0.003\rho U_1^2,$$

其中 U_1 是来流 (从 A 流向 O) 的速度, p_1 是上部流动 (沿 AO) 的压强, 而 p_2 是下部流动 (沿 BO) 的压强.

在被绕流拐角为零的极限情况下, 只要研究一块平板的边缘即可, 这时流体沿这块平板的两侧流动. 在这种情况下, 湍流区的张角 $\alpha_1 + \alpha_2$ 也为零, 即没有湍流区, 沿该平板两侧流动的速度相等. 当夹角 AOB 不断增加时会出现一种情况, 这时平面 BO 成为湍流区的下边界, 并且夹角 AOB 已是钝角. 当夹角 AOB 进一步增加时, 湍流区继续以平板为一部分边界. 在本质上, 这时出现的只是流动的分离现象, 其分离线沿拐角的顶边. 湍流区的张角总是有限的.

作为下一个例子, 我们来研究湍流射流从细管一端射入充满同样流体的无穷大空间的问题 (层流情况下的这种“浸没射流” 问题已经在 §23 中解决). 在远大于管口尺寸的距离上 (我们只讨论这种情况), 射流总是轴对称的, 与管口的具体形状无关.

我们来确定这种射流中湍流区的形状. 取射流的轴线为 x 轴, 并且用字母 R 表示湍流区的半径, 需要确定 R 对 x 的依赖关系 (x 从管口算起). 与前面的例子一样, 用相似方法很容易直接确定这个依赖关系. 在远大于管口尺寸的距离上, 管口的具体形状和尺寸不影响射流的形状. 所以, 在我们的讨论中没有任何具有长度量纲的特征参量. 由此又可得到, R 应当正比于 x:

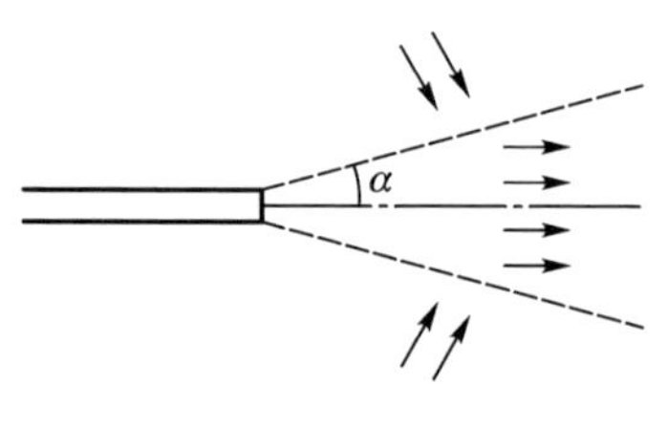

图 25

$$R = x \tan\alpha, \tag{36.2}$$

其中的常数 $\tan\alpha$ 对所有射流均相同. 因此, 湍流区是锥形的. 实验给出锥顶角 2α 的值约为 25° (图 25)①.

流动主要沿射流轴线方向进行. 因为没有任何具有长度或速度量纲的参

① 公式 (36.2) 给出, 在 $x = 0$ 处 $R = 0$, 即坐标 x 从射流的起点算起, 而该起点相当于一个点源. 该点可以不同于管口的实际位置, 它位于管口以内, 并且它到管口的距离与为了建立关系式 (36.2) 而需要忽略的一段距离具有同样的量级. 如果关心 x 很大时的渐近规律, 就可以忽略这种差别.

量能够表征射流中的流动[①], 所以 (对时间平均的) 纵向速度 u_x 在射流中的分布应当具有以下形式:

$$u_x(r,\ x) = u_0(x) f\left(\frac{r}{R(x)}\right), \tag{36.3}$$

式中 r 是到射流轴线的距离, u_0 是轴线上的速度. 换言之, 在射流的不同横截面上, 速度剖面仅在距离和速度有不同的变化比例时才有差别 (所以我们说射流结构具有**自相似性**). 函数 $f(\xi)$ ($f(0)=1$) 随自变量的增加而迅速减小, 它在 $\xi = 0.4$ 时已经减小为 1/2, 而在湍流区边界上的量级为 0.01. 至于横向速度, 它在湍流区横截面上各处的量级大致相同, 而在边界上约为 $-0.025u_0$ 并且指向射流内部. 正是由于这个横向速度, 流体才会流入湍流区. 湍流区之外的流动可以在理论上确定 (见习题 1).

利用以下简单方法可以确定射流中的速度对距离 x 的依赖关系. 通过以管口为中心的球面的总动量流在球面半径改变时应当保持不变. 在射流中, 动量流密度的量级为 ρu^2, 其中 u 是某个平均速度的量级. 在射流横截面上, 速度 u 明显不为零的部分具有量级为 R^2 的面积. 所以, 总动量流 $P \sim \rho u^2 R^2$. 把 (36.2) 代入此式, 我们得到

$$u \sim \sqrt{\frac{P}{\rho}}\,\frac{1}{x}, \tag{36.4}$$

即在远离管口时, 速度按照反比规律减小.

单位时间内通过射流湍流区横截面的流体质量 (质量流量) Q 的量级是乘积 $\rho u R^2$. 把 (36.2) 和 (36.4) 代入此式, 得到 $Q = \text{const}\cdot x$ (如果在很大范围内变化的两个变量总是具有相同的量级, 则它们必须成正比, 所以我们写出带有等号的公式). 这里的比例系数不要通过动量流 P 表示, 通过单位时间内从管中流出的流体质量 Q_0 表示更为方便. 在管口尺寸 a 量级的距离上应当有 $Q \sim Q_0$. 由此可知 $\text{const} \sim Q_0/a$, 从而可以写出

$$Q = \beta Q_0 \frac{x}{a}, \tag{36.5}$$

其中 β 是数值因子, 它只取决于管口的形状. 例如, 对于半径为 a 的圆形管口, 经验值 $\beta \approx 1.5$. 因此, 通过湍流区横截面的流量随距离 x 的增加而增加, 流体被吸入湍流区[②].

沿长度方向的每一段射流中的运动可由该段射流的雷诺数 uR/ν 来表征. 但是根据 (36.2) 和 (36.4), 乘积 uR 沿射流保持不变, 所以雷诺数对每一段射

① 我们再一次注意, 这里在讨论射流中的充分发展湍流, 所以黏度不应出现在所考虑的公式中.

② 通过垂直于射流的整个无穷大平面的总流量是无穷大, 即射入无穷大空间的射流所带动的流体总量是无穷大.

流都相同. 可以取比值 $Q_0/\rho a\nu$ 作为雷诺数, 这里的常量 Q_0/a 是决定射流中全部流动的唯一参量. 当射流 "强度" Q_0 增加时 (管口尺寸 a 取给定值), 雷诺数最终会达到临界值, 并且当雷诺数超过临界值后, 整个射流同时变为湍流①.

习　题

1. 求射流中湍流区之外的平均速度.

解: 取球面坐标 r, θ, φ, 极轴沿射流轴线, 坐标原点位于细管出口. 因为射流是轴对称的, 所以平均速度的分量 u_φ 为零, 而 u_θ 和 u_r 只是 r 和 θ 的函数. 按照层流射流问题中的方法 (§ 23), 同样的讨论表明, u_r 和 u_θ 的形式应当是

$$u_r = \frac{F(\theta)}{r}, \quad u_\theta = \frac{f(\theta)}{r}.$$

湍流区以外的流动是势流, 即 $\operatorname{rot} \boldsymbol{u} = 0$, 所以

$$\frac{\partial u_r}{\partial \theta} - \frac{\partial}{\partial r}(r u_\theta) = 0.$$

但是 $r u_\theta$ 与 r 无关, 所以

$$\frac{\partial u_r}{\partial \theta} = \frac{1}{r}\frac{\mathrm{d}F}{\mathrm{d}\theta} = 0,$$

从而 $F = \text{const} \equiv -b$, 即

$$u_r = -\frac{b}{r}. \tag{1}$$

现在, 从连续性方程

$$\frac{1}{r^2}\frac{\partial}{\partial r}(r^2 u_r) + \frac{1}{r\sin\theta}\frac{\partial}{\partial \theta}(u_\theta \sin\theta) = 0$$

得到

$$f = \frac{\text{const} - b\cos\theta}{\sin\theta}.$$

为了让速度在 $\theta = \pi$ 时不等于无穷大, 应当取积分常数为 $-b$ (至于 f 在 $\theta = 0$ 时等于无穷大, 这是无关紧要的, 因为这里所讨论的解只涉及湍流区之外的空间, 而方向 $\theta = 0$ 位于湍流区之内). 因此,

$$u_\theta = -\frac{b(1+\cos\theta)}{r\sin\theta} = -\frac{b}{r}\cot\frac{\theta}{2}. \tag{2}$$

速度在射流方向上的投影 (u_x) 和速度的大小等于

$$u_x = \frac{b}{r} = \frac{b\cos\theta}{x}, \quad u = \frac{b}{r\sin(\theta/2)}. \tag{3}$$

---

① 为了更细致地计算各种湍流, 通常采用各种 "半经验" 理论, 其基础是关于湍流黏度对平均速度梯度的依赖关系的一些确定的假设. 例如, 在普朗特理论中假设 (对于平面流动) $\nu_{\text{turb}} = l^2|\partial u_x/\partial y|$, 并且 l (称为 "混合长度") 对坐标的依赖关系是利用相似方法来选取的; 对于自由湍流射流, 则可取 $l = cx$, 式中 c 是一个经验常数. 这些理论公式通常很好地符合实验, 所以作为良好的插值计算格式很有实用价值. 然而, 这时不可能给出半经验理论中诸多经验常数的普适值. 例如, 混合长度 l 与湍流区横向尺寸之比, 在不同的具体情形下必须有不同的选择. 还应指出, 从湍流黏度的不同表达式出发, 也能够得到与实验相符的结果.

可以把常量 b 与公式 (36.5) 中的常量 $B=\beta Q_0/a$ 联系起来. 考虑锥形湍流区位于无限接近的两个横截面之间的部分. 单位时间内流入这部分湍流区的流体质量为

$$dQ=-2\pi r\rho u_\theta\sin\alpha\,dr=2\pi b\rho(1+\cos\alpha)\,dr,$$

而根据公式 (36.5) 则有 $dQ=B\,dx=B\cos\alpha\,dr$. 比较这两个表达式, 得到

$$b=\frac{B\cos\alpha}{2\pi\rho(1+\cos\alpha)}. \tag{4}$$

在湍流区的边界上, 速度 $\boldsymbol{u}$ 指向湍流区的内部, 它与 x 轴正方向的夹角为 $(\pi-\alpha)/2$. 我们来比较湍流区内部的平均速度

$$\overline{u}_x=\frac{Q}{\pi\rho R^2}=\frac{B}{\pi\rho x\tan^2\alpha}$$

和湍流区边界上的速度 $(u_x)_{\text{pot}}$. 取 (3) 中的第一个公式并令 $\theta=\alpha$, 得到

$$\frac{(u_x)_{\text{pot}}}{\overline{u}_x}=\frac{1-\cos\alpha}{2}.$$

当 $\alpha=12^\circ$ 时, 该比值为 0.011, 即湍流区边界上的速度远小于湍流区内部的平均速度.

2. 求从无穷长窄缝中喷出的浸没湍流射流的尺寸变化和速度变化的规律.

解: 根据与轴对称射流同样的理由, 我们断定湍流区以两个平面为界, 这两个平面沿窄缝相交, 即射流的半宽度为

$$Y=x\tan\alpha.$$

单位长度窄缝所对应的射流中的动量流的量级为 ρu^2Y, 由此得到平均速度 u 对 x 的依赖关系

$$u\sim\frac{\text{const}}{\sqrt{x}}.$$

通过射流湍流区横截面的流量 $Q\sim\rho uY$, 所以

$$Q=\text{const}\cdot\sqrt{x}.$$

局部雷诺数 $Re=uY/\nu$ 按照这样的规律随 x 的增加而增加.

平面射流张角的经验值与轴对称射流的情况大致相同 $(2\alpha\approx25^\circ)$.

§ 37 湍流尾迹

在绕固体的流动中, 当雷诺数远大于临界值时, 在固体后面会形成一个很长的湍流区, 这个区域称为**湍流尾迹**. 在远大于物体尺寸的距离上, 根据简单的推理就能够确定湍流尾迹的形状和其中的流体速度下降规律 (L. 普朗特, 1926).

就像在 § 21 中研究层流尾迹那样, 用 $\boldsymbol{U}$ 表示来流速度, 并取来流速度方向为 x 轴方向. 在对湍流涨落取平均值之后, 我们把每一点的流体速度写为

$\boldsymbol{U}+\boldsymbol{u}$ 的形式. 用字母 a 表示湍流尾迹的某个横向宽度, 我们来确定 a 对 x 的依赖关系. 如果在绕流时没有升力, 则尾迹在远离固体处具有轴对称性, 其横截面为圆. 在这种情形下, a 可以是尾迹的半径. 如果存在升力, 这就导致在 yz 平面上出现某个特定的方向, 所以尾迹在固体后面的任何距离上都不是轴对称的.

在尾迹中, 流体的纵向速度分量的量级是 U, 而横向速度分量的量级是湍流速度的某个平均值 u. 所以, 流线与 x 轴之间夹角的量级是比值 u/U. 另一方面, 正如我们所知, 尾迹边界是有旋湍流运动的流线不能穿越的界线. 由此可知, 尾迹纵截面边界与 x 轴之间夹角的量级也是 u/U. 这意味着, 我们可以写出

$$\frac{\mathrm{d}a}{\mathrm{d}x}\sim\frac{u}{U}. \tag{37.1}$$

接下来, 我们利用公式 (21.1), (21.2), 通过尾迹中流体速度的积分来确定作用在固体上的力 (并且速度现在是指它的平均值). 在这些积分中, 积分域的量级是 a^2, 所以对积分进行估计后得到关系式 $F\sim\rho Uua^2$, 其中 F 是阻力或升力的量级. 因此,

$$u\sim\frac{F}{\rho Ua^2}. \tag{37.2}$$

把它代入 (37.1), 求出

$$\frac{\mathrm{d}a}{\mathrm{d}x}\sim\frac{F}{\rho U^2a^2},$$

积分后得到

$$a\sim\left(\frac{Fx}{\rho U^2}\right)^{1/3}. \tag{37.3}$$

因此, 尾迹的宽度随着到固体的距离的增加而增加, 它与该距离的立方根成正比. 对于速度 u, 根据 (37.2) 和 (37.3) 有

$$u\sim\left(\frac{FU}{\rho x^2}\right)^{1/3}, \tag{37.4}$$

即尾迹中的流体平均速度按照反比于 $x^{2/3}$ 的方式随 x 的增加而减小.

在沿长度方向的每一段尾迹中, 运动可由雷诺数 $Re=au/\nu$ 来表征. 把 (37.3) 和 (37.4) 代入此式, 得到

$$Re\sim\frac{F}{\nu\rho Ua}\sim\frac{1}{\nu}\left(\frac{F^2}{\rho^2Ux}\right)^{1/3}.$$

我们看到, 雷诺数沿尾迹长度方向不再保持不变, 这与湍流射流的情形不同. 在距离固体足够远的位置, Re 会降低到这样的程度, 以至于尾迹中的流动不再是湍流. 在更远处是层流尾迹, 其性质已经在 §21 中研究过了.

在 §21 中已经得到一些公式来描述层流尾迹之外远离物体处的流动, 这些公式同样适用于湍流尾迹之外的流动.

我们在这里指出被绕流物体周围速度分布的某些一般性质. 无论是在湍流尾迹的内部还是外部, 速度 (我们总是指平均速度 $\boldsymbol{u}$) 都随着到物体距离的增加而减小. 但是, 纵向速度 u_x 在尾迹外部要比在尾迹内部减小得快得多 (按照 $1/x^2$ 的方式). 所以, 在远离物体处可以认为, 仅在尾迹内部有纵向速度, 而在尾迹外部 $u_x=0$. 我们可以说, u_x 从尾迹 "轴线" 上的某个最大值下降到尾迹边界上的零值. 至于横向速度 u_y, u_z, 它们在尾迹边界上和尾迹内部具有同样的量级, 并且在远离尾迹时 (保持到物体的距离相同) 迅速减小.

§ 38 茹科夫斯基定理

在被绕流物体尾迹的厚度远小于其宽度的一些特殊情况下, 物体周围的速度分布并不具有在上一节最后给出的特性. 如果被绕流物体的厚度 (沿 y 轴方向) 远小于其宽度 (沿 z 轴方向), 就会形成这样的尾迹 (物体在绕流方向上的长度, 即沿 x 轴的长度, 可以是任意的). 换言之, 这时被绕流物体的横截面 (垂直于来流方向) 在一个方向上的尺寸非常大. 例如, **机翼**就是这样的物体, 其翼展远大于所有其余尺寸.

显然, 在这种情形下, 没有任何理由认为垂直于湍流尾迹平面的速度分量 u_y 在尾迹厚度量级的距离上就已经显著减小. 相反, 无论在尾迹中, 还是在距离尾迹相当远 (翼展量级) 的距离上, 该速度分量现在都有同样的量级. 当然, 这里假设升力不为零, 否则实际上根本没有横向速度.

我们来研究上述绕流所导致的垂直升力 F_y. 根据公式 (21.2), 它由积分

$$F_y=-\rho U\iint u_y\,\mathrm{d}y\,\mathrm{d}z \tag{38.1}$$

给出, 并且由于速度 u_y 的分布特性, 这时应当在整个横截面上进行积分. 此外, 因为尾迹的厚度 (沿 y 轴) 很小, 而尾迹内的速度 u_y 并不远大于该速度在尾迹以外的值, 所以这时可以在足够高的精度下把沿 y 轴的积分改为在尾迹以外沿 y 轴的积分, 即

$$\int_{-\infty}^{\infty}u_y\,\mathrm{d}y\approx\int_{y_1}^{\infty}u_y\,\mathrm{d}y+\int_{-\infty}^{y_2}u_y\,\mathrm{d}y,$$

其中 y_1 和 y_2 是尾迹边界的坐标 (图 26).

然而, 尾迹以外是势流, 并且 $u_y=\partial\varphi/\partial y$. 注意到在无穷远处 $\varphi=0$, 于是得到

$$\int u_y\,dy=\varphi_2-\varphi_1,$$

其中 φ_2 和 φ_1 是速度势在尾迹两侧的值. 如果可以用一个间断面来代替薄尾迹, 就可以说 $\varphi_2-\varphi_1$ 是间断面上的速度势突跃. 至于 φ 的导数, $u_y=\partial\varphi/\partial y$ 必须保持连续, 因为假如速度在尾迹曲面上的法向分量也发生间断, 这就意味着某些流体流入尾迹, 但是在忽略尾迹厚度的近似下应当没有这个效应. 因此, 我们用一个切向间断面来代替尾迹. 其次, 在这个近似下, 压强在尾迹上也必须是连续的. 根据一级近似下的伯努利方程可以求出压强变化值, 它等于 $\rho U u_x=\rho U\partial\varphi/\partial x$, 由此推出, 导数 $\partial\varphi/\partial x$ 也必须连续. 导数 $\partial\varphi/\partial z$ 是翼展方向上的速度分量, 这个分量一般而言有间断.

因为导数 $\partial\varphi/\partial x$ 是连续的, 所以间断值 $\varphi_2-\varphi_1$ 只取决于 z 而与沿尾迹的坐标 x 无关. 因此, 我们得到下面的升力公式:

$$F_y=-\rho U\int(\varphi_2-\varphi_1)\,dz. \tag{38.2}$$

对 z 的积分其实只沿尾迹宽度进行 (显然, 在尾迹以外 $\varphi_2-\varphi_1\equiv 0$).

这个公式还可以表示为稍为不同的形式. 为此我们指出, 利用标量函数梯度积分的已知性质, 可以把差值 $\varphi_2-\varphi_1$ 写为曲线积分

$$\int(\nabla\varphi)\cdot \mathrm{d}\boldsymbol{l}=\int(u_y\,\mathrm{d}y+u_x\,\mathrm{d}x)$$

的形式, 并且积分曲线从点 y_1 出发后绕过物体并终止于点 y_2, 它全部位于势流区域内. 既然尾迹很薄, 就可以用从 y_2 到 y_1 的一小段线段来封闭积分曲线, 而积分值在精确到高阶小量的情况下保持不变. 用字母 Γ 表示环绕物体的封闭曲线 C 上的速度环量 (图 26):

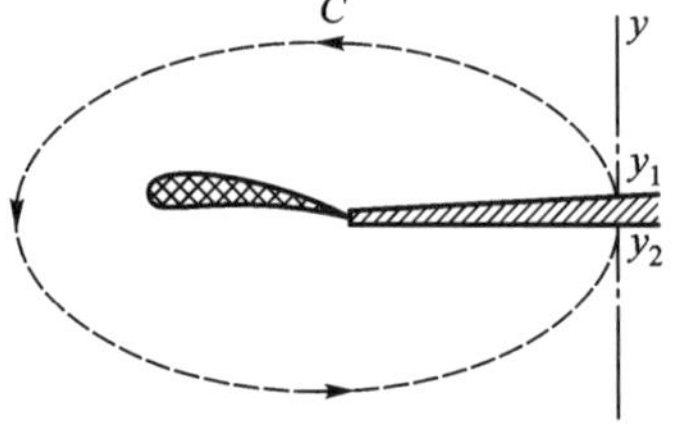

图 26

$$\Gamma=\oint \boldsymbol{u}\cdot\mathrm{d}\boldsymbol{l}=\varphi_2-\varphi_1, \tag{38.3}$$

我们得到升力公式

$$F_y=-\rho U\int\Gamma\,\mathrm{d}z. \tag{38.4}$$

选取速度环量的符号时, 总是以逆时针路径上的积分为正. 公式 (38.3) 的符号还与绕流方向的选取有关: 我们总是假设绕流方向为 x 轴的正方向 (从左向右流动).

公式 (38.4) 给出了升力与速度环量之间的关系, 这就是**茹科夫斯基定理**的内容 (H. E. 茹科夫斯基, 1906). 我们还会在 §46 中应用这个定理研究作为良绕体的机翼.

习 题

1. 求无穷长圆柱体横向绕流湍流尾迹的扩展规律.

解: 对于单位长度圆柱体上的阻力 f_x 的量级, 有 $f_x \sim \rho U u Y$. 把它与关系式 (37.1) 结合起来, 我们得到尾迹的宽度 Y:

$$Y = A\sqrt{\frac{x f_x}{\rho U^2}}, \tag{1}$$

其中 A 为常因子. 尾迹中的平均速度 u 按

$$u \sim \sqrt{\frac{f_x}{\rho x}}$$

的规律减小. 雷诺数 $R \sim Yu/\nu \sim f_x/\nu\rho U$ 与 x 无关, 所以没有层流尾迹.

我们指出, 根据实验结果, (1) 中的常因子 $A = 0.9$ (Y 是尾迹宽度的一半). 如果把 Y 理解为速度 u_x 从它在尾迹中心线上的最大值降低一半时的相应距离, 则 $A = 0.4$.

2. 求无穷长物体横向绕流尾迹之外的流动.

解: 尾迹外面是势流 (这里用字母 Φ 表示速度势, 以区别于柱面坐标系 r, φ, z 中的角 φ, 设 z 轴沿物体的长度方向). 类似于 (21.16) 中的做法, 我们断言, 应当成立

$$\int \boldsymbol{u}\cdot \mathrm{d}\boldsymbol{f} = \int (\nabla\Phi)\cdot \mathrm{d}\boldsymbol{f} = \frac{f_x}{\rho U},$$

现在的积分域是一个半径很大且轴线沿 x 轴的单位长度圆柱表面, 而 f_x 是单位长度物体上的阻力. 满足这种条件的二维拉普拉斯方程 $\Delta\Phi = 0$ 的解为

$$\Phi = \frac{f_x}{2\pi\rho U}\ln r.$$

其次, 根据 (38.2), 对于升力有

$$f_y = \rho U(\Phi_1 - \Phi_2).$$

在拉普拉斯方程的所有解中, 在平面 $\varphi = 0$ 上有间断并且随距离的增加而减小得最慢的解为

$$\Phi = \mathrm{const}\cdot\varphi = -\frac{f_y}{2\pi\rho U}\varphi$$

(常量由 $\Phi_2 - \Phi_1 = 2\pi$ 给出). 流动由上述两个解之和给出:

$$\Phi = \frac{1}{2\pi\rho U}(f_x \ln r - f_y\varphi). \tag{2}$$

速度 $\boldsymbol{u}$ 在柱面坐标下的分量为

$$u_r = \frac{\partial\Phi}{\partial r} = \frac{f_x}{2\pi\rho U r}, \quad u_\varphi = \frac{1}{r}\frac{\partial\Phi}{\partial\varphi} = -\frac{f_y}{2\pi\rho U r}. \tag{3}$$

速度 $\boldsymbol{u}$ 与柱面坐标系中的极径矢方向组成一个不变的夹角, 其正切值为 f_y/f_x.

3. 当存在升力时, 求无穷长物体后面尾迹的弯曲规律.

解: 当存在升力时, 尾迹 (视为间断面) 在 xy 平面上是弯曲的, 弯曲规律 $y=y(x)$ 由方程

$$\frac{\mathrm{d}x}{u_x+U}=\frac{\mathrm{d}y}{u_y}$$

给出. 根据 (3), $u_y\approx -f_y/2\pi\rho Ux$, 把它代入以上方程并略去远小于 U 的 u_x, 得到

$$\frac{\mathrm{d}y}{\mathrm{d}x}=-\frac{f_y}{2\pi\rho U^2x},$$

所以

$$y=\mathrm{const}-\frac{f_y}{2\pi\rho U^2}\ln x.$$

第四章

边界层

§ 39 层流边界层

我们已经不止一次提到一个事实: 很大的雷诺数等价于很小的黏度, 所以在这样的雷诺数下可以把流体看做理想流体. 然而, 这样的近似无论如何都不适用于固壁附近的流动. 对于理想流体, 边界条件只要求速度在被绕流物体表面的法向分量为零, 切向分量一般还是有限的. 但是对于真实的黏性流体, 速度在固壁上应当为零.

由此可以得出结论: 在大雷诺数的情形下, 速度仅在紧贴壁面的很薄一层流体内才几乎完全降低到零. 这一层流体称为边界层, 它的特点是其中存在相当大的速度梯度. 边界层中的流动既可以是层流, 也可以是湍流. 我们在这里将研究层流边界层的性质. 当然, 边界层的界限并不明显, 从边界层中的层流流动到边界层之外的基本流动是连续过渡的.

边界层内速度的下降终究是由黏性造成的, 即使 Re 很大, 也不能忽略黏性. 这在数学上表现为, 边界层内的速度梯度很大, 因而即使 ν 很小, 运动方程中包含速度对坐标的导数的黏性项仍然很大①.

我们来推导层流边界层内的流体运动方程. 为了推导过程简单, 考虑物体的一部分表面是平面的情况并研究流体绕这部分表面的二维流动. 取该平面为 xz 平面, x 轴指向绕流方向. 速度分布与坐标 z 无关, 并且速度的 z 分量为零.

---

① 层流边界层理论的思想和基本方程是由普朗特提出的 (L. 普朗特, 1904).

在分量形式下, 我们把精确的纳维–斯托克斯方程和连续性方程写为

$$v_x\frac{\partial v_x}{\partial x}+v_y\frac{\partial v_x}{\partial y}=-\frac{1}{\rho}\frac{\partial p}{\partial x}+\nu\left(\frac{\partial^2 v_x}{\partial x^2}+\frac{\partial^2 v_x}{\partial y^2}\right), \tag{39.1}$$

$$v_x\frac{\partial v_y}{\partial x}+v_y\frac{\partial v_y}{\partial y}=-\frac{1}{\rho}\frac{\partial p}{\partial y}+\nu\left(\frac{\partial^2 v_y}{\partial x^2}+\frac{\partial^2 v_y}{\partial y^2}\right), \tag{39.2}$$

$$\frac{\partial v_x}{\partial x}+\frac{\partial v_y}{\partial y}=0, \tag{39.3}$$

这里假设流动是定常的, 所以没有写出对时间的导数.

因为边界层很薄, 所以边界层内的流动显然大致平行于被绕流物体的表面, 即速度分量 v_y 远小于 v_x (这从连续性方程已经可以直接看出).

速度沿 y 轴方向迅速变化——它在边界层厚度 δ 量级的距离上发生显著变化. 但是在 x 轴方向上, 速度则缓慢变化, 仅在本问题特征长度 (例如物体的尺寸) l 量级的距离上才有显著变化. 所以, 速度对 y 的导数远大于它对 x 的导数. 由此可知, 在方程 (39.1) 中可以忽略导数 $\partial^2 v_x/\partial x^2$, 因为它远小于 $\partial^2 v_x/\partial y^2$. 再对比方程 (39.1) 和 (39.2), 我们看出导数 $\partial p/\partial y$ 远小于 $\partial p/\partial x$ (其比值的量级为 v_y/v_x). 在所考虑的近似下可以简单地取

$$\frac{\partial p}{\partial y}=0, \tag{39.4}$$

即认为在边界层内没有横向压强梯度. 换言之, 边界层内的压强等于基本流动中的压强 $p(x)$, 所以在求解边界层问题时, 它是 x 的给定函数. 现在就可以把方程 (39.1) 中的 $\partial p/\partial x$ 写为 $\mathrm{d}p(x)/\mathrm{d}x$, 这个导数还可以通过基本流动的速度 $U(x)$ 表示出来. 因为边界层外部为势流, 所以伯努利方程 $p+\rho U^2/2=\mathrm{const}$ 成立, 从而

$$\frac{1}{\rho}\frac{\mathrm{d}p}{\mathrm{d}x}=-U\frac{\mathrm{d}U}{\mathrm{d}x}.$$

于是, 我们得到层流边界层的运动方程组——**普朗特方程**

$$v_x\frac{\partial v_x}{\partial x}+v_y\frac{\partial v_x}{\partial y}-\nu\frac{\partial^2 v_x}{\partial y^2}=-\frac{1}{\rho}\frac{\mathrm{d}p}{\mathrm{d}x}=U\frac{\mathrm{d}U}{\mathrm{d}x}, \tag{39.5}$$

$$\frac{\partial v_x}{\partial x}+\frac{\partial v_y}{\partial y}=0. \tag{39.6}$$

这些方程的边界条件要求速度在固壁处为零:

$$\text{在 } y=0 \text{ 处 } v_x=v_y=0. \tag{39.7}$$

在远离固壁处, 纵向速度应当渐近地趋于基本流动的速度:

$$\text{当 } y\to\infty \text{ 时 } v_x=U(x) \tag{39.8}$$

(不需要单独提出 v_y 在无穷远处的条件).

可以很容易地证明, (对沿平面固壁的流动导出的) 方程 (39.5), (39.6) 在二维绕流的更一般情况下 (即具有任意横截面的无限长柱体的横向绕流) 仍然有效. 这时, x 是从物体横截面边界上某点开始计算的沿该边界的长度, y 是离开物体表面的距离 (沿法线方向).

设 U_0 是该问题的特征速度 (例如流向物体的来流在无穷远处的速度). 我们引入无量纲变量 x', y', v'_x, v'_y 来代替坐标 x, y 和速度 v_x, v_y, 相关定义为

$$x = lx', \quad y = \frac{ly'}{\sqrt{R}}, \quad v_x = U_0 v'_x, \quad v_y = \frac{U_0 v'_y}{\sqrt{Re}} \tag{39.9}$$

(并且相应地令 $U = U_0 U'$), 其中 $Re = U_0 l/\nu$. 于是, 方程 (39.5), (39.6) 化为以下形式:

$$v'_x \frac{\partial v'_x}{\partial x'} + v'_y \frac{\partial v'_x}{\partial y'} - \frac{\partial^2 v'_x}{\partial y'^2} = U' \frac{\mathrm{d}U'}{\mathrm{d}x'}, \quad \frac{\partial v'_x}{\partial x'} + \frac{\partial v'_y}{\partial y'} = 0. \tag{39.10}$$

这些方程 (以及它们的边界条件) 不包含黏度, 这表明它们的解与雷诺数无关. 因此, 我们得到一个重要结论: 当雷诺数变化时, 边界层内的整个流动图像仅仅经历了相似变换, 并且纵向距离和纵向速度保持不变, 而横向距离和横向速度反比于 $\sqrt{Re}$ 变化.

接下来还可以断定, 通过求解方程 (39.10) 得到的无量纲速度 v'_x, v'_y 既然与 Re 无关, 其量级必定为 1. 因此, 由公式 (39.9) 可知

$$v_y \sim \frac{U_0}{\sqrt{Re}}, \tag{39.11}$$

即横向速度与纵向速度的比值反比于 $\sqrt{Re}$. 对于**边界层厚度** δ 也可以得到这样的结果: 在无量纲坐标 x', y' 下, 厚度 $\delta' \sim 1$, 而在实际坐标 x, y 下则有

$$\delta \sim \frac{l}{\sqrt{Re}}. \tag{39.12}$$

我们把边界层方程应用于半无穷大平板的平面绕流 (H. 布拉修斯, 1908). 设平板与 $x > 0$ 的 xz 半平面重合 (于是直线 $x = 0$ 是平板的前缘). 在这种情况下, 基本流动的速度是常量: $U = \text{const}$. 方程 (39.5), (39.6) 化为

$$v_x \frac{\partial v_x}{\partial x} + v_y \frac{\partial v_x}{\partial y} = \nu \frac{\partial^2 v_x}{\partial y^2}, \quad \frac{\partial v_x}{\partial x} + \frac{\partial v_y}{\partial y} = 0. \tag{39.13}$$

我们已经看到, 在普朗特方程的解中, 量 v_x/U 和 $v_y\sqrt{l/U\nu}$ 只能是 $x' = x/l$ 和 $y' = y\sqrt{U/l\nu}$ 的函数. 但是, 在半无穷大平板问题中没有任何特征长度参

量 l, 所以 v_x/U 只能依赖于 x' 和 y' 的某个不包含 l 的组合. 这样的组合是

$$\frac{y'}{\sqrt{x'}} = y\sqrt{\frac{U}{\nu x}}.$$

至于 v_y, 这里的乘积 $v'_y\sqrt{x'}$ 应当是 $y'/\sqrt{x'}$ 的函数.

连续性方程给出了 v_x 与 v_y 之间的关系. 为了直接考虑这个关系, 我们按照定义 (10.9) 引入流函数 ψ:

$$v_x = \frac{\partial\psi}{\partial y}, \quad v_y = -\frac{\partial\psi}{\partial x}. \tag{39.14}$$

与函数 $v_x(x,\ y)$ 和 $v_y(x,\ y)$ 的上述性质相对应的流函数具有以下形式:

$$\psi = \sqrt{x\nu U}\, f(\xi), \quad \xi = y\sqrt{\frac{U}{\nu x}}. \tag{39.15}$$

于是,

$$v_x = Uf'(\xi), \quad v_y = \frac{1}{2}\sqrt{\frac{\nu U}{x}}(\xi f' - f). \tag{39.16}$$

即使没有求出函数 f 的定量表达式, 也可以得到一个重要结论. 纵向速度 v_x 在边界层中的分布是表征边界层内流动的基本量 (因为 v_y 很小). 纵向速度的值从平板表面上的 0 增加到 U 的一个确定分数, 后者对应着 ξ 的一个确定值. 所以可以断定, 被绕流平板上的边界层具有量级为

$$\delta \sim \sqrt{\frac{\nu x}{U}} \tag{39.17}$$

的厚度 (边界层厚度被定义为 v_x/U 达到接近 1 的某个确定值时的 y 值). 因此, 边界层厚度逐渐增加, 它与到平板前缘的距离的平方根成正比.

把 (39.16) 代入 (39.13) 中的第一个方程, 我们得到函数 $f(\xi)$ 的方程:

$$ff'' + 2f''' = 0. \tag{39.18}$$

边界条件 (39.7), (39.8) 写为以下形式:

$$f(0) = f'(0) = 0, \quad f'(\infty) = 1 \tag{39.19}$$

(速度分布显然相对于平面 $y = 0$ 对称, 所以考虑 $y > 0$ 的一侧即可). 应当采用数值方法求解方程 (39.18). 图 27 给出这样得到的函数 $f'(\xi)$. 我们看到, $f'(\xi)$ 非常快地趋于它的极限值 1. 对于很小的 ξ, 函数 $f(\xi)$ 本身的极限形式为

$$f(\xi) = \frac{1}{2}\alpha\xi^2 + O(\xi^5), \quad \alpha = 0.332. \tag{39.20}$$

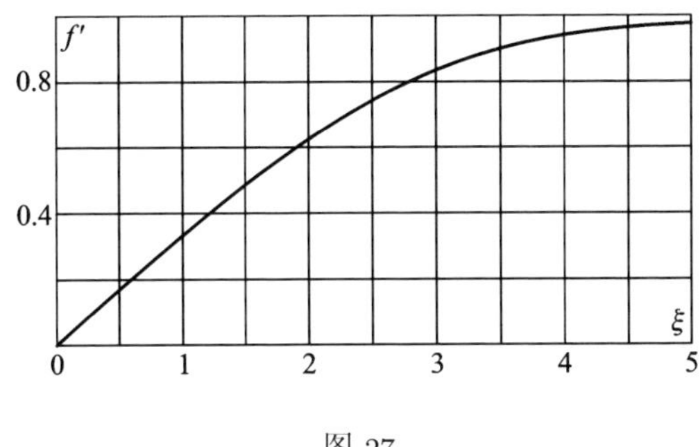

图 27

利用方程 (39.18) 容易确认, 这个展开式不可能包含带有 ξ^3 和 ξ^4 的项. 当 ξ 很大时, 该函数的极限形式为

$$f(\xi)=\xi-\beta,\quad \beta=1.72, \tag{39.21}$$

并且可以证明, 这个表达式的误差是指数衰减的.

单位面积平板表面上的摩擦力等于

$$\sigma_{xy}=\eta\left.\frac{\partial v_x}{\partial y}\right|_{y=0}=\eta\left(\frac{U^3}{x\nu}\right)^{1/2}f''(0),$$

即

$$\sigma_{xy}=0.332\sqrt{\frac{\eta\rho U^3}{x}}. \tag{39.22}$$

如果平板长度为 l (沿 x 轴), 则单位宽度 (沿平板边缘) 平板上的总摩擦力等于

$$F=2\int_0^l\sigma_{xy}\,\mathrm{d}x=1.328\sqrt{\eta\rho lU^3} \tag{39.23}$$

(因为平板有两面, 所以出现因子 2)①. 我们注意到, 摩擦力正比于来流速度的 3/2 次幂. 公式 (39.23) 当然仅仅适用于足够长的平板, 这时雷诺数 $Re=Ul/\nu$ 才是足够大的. 通常引入阻力因子来代替阻力, 这是一个无量纲的比值

$$C=\frac{F}{2l\cdot\rho U^2/2}. \tag{39.24}$$

对于平板的层流绕流, 按照 (39.23), 该因子反比于雷诺数的平方根:

$$C=1.328Re^{-1/2}. \tag{39.25}$$

① 边界层近似不能用于平板前缘附近, 那里 $\delta\gtrsim x$. 不过, 这对于总摩擦力 F 的计算是无关紧要的, 因为相应积分在积分下限上收敛很快.

为了精确表征边界层的厚度, 可以引入一个被称为**位移厚度**的量 δ^*, 其定义为

$$U\delta^* = \int_0^\infty (U - v_x)\,\mathrm{d}y. \tag{39.26}$$

把 (39.16) 中的 v_x 代入此式, 我们有

$$\delta^* = \sqrt{\frac{x\nu}{U}} \int_0^\infty (1 - f')\,\mathrm{d}\xi = \sqrt{\frac{x\nu}{U}}\,[\xi - f(\xi)]_{\xi\to\infty},$$

再利用极限表达式 (39.21) 则有

$$\delta^* = \beta\sqrt{\frac{x\nu}{U}} = 1.72\sqrt{\frac{x\nu}{U}}. \tag{39.27}$$

定义式 (39.26) 的右侧是与速度为 U 的均匀流相比时边界层中流量的“亏损”, 所以可以说, δ^* 是来流由于在平板边界层中减速而被向外排挤的距离. 与此相关的一个情况是, 边界层中的横向速度 v_y 在 $y\to\infty$ 时并不趋于零, 而是趋于一个有限值:

$$v_y = \frac{1}{2}\sqrt{\frac{\nu U}{x}}\,[\xi f' - f]_{\xi\to\infty} = \frac{\beta}{2}\sqrt{\frac{\nu U}{x}} = 0.86\sqrt{\frac{\nu U}{x}}. \tag{39.28}$$

上面得到的定量公式当然只适用于平板绕流的情况. 但是, 一些定性结果 (例如 (39.11), (39.12)) 对于任意形状物体绕流的情况也成立, 这时应把 l 理解为物体在流动方向上的尺寸.

我们再对两种情况的边界层作一些特别的说明. 如果一个 (半径很大的) 平面圆盘绕垂直于自身平面的轴旋转, 则为了估计边界层厚度, 应当把 (39.17) 中的 U 替换为 Ωx (Ω 是旋转角速度). 于是求出

$$\delta \sim \sqrt{\frac{\nu}{\Omega}}. \tag{39.29}$$

我们看出, 可以认为边界层厚度在圆盘表面上处处相同 (与在 §23 中得到的这个问题的精确解一致). 至于圆盘所受的摩擦力矩, 利用边界层方程进行计算当然会给出公式 (23.4), 因为这是一个完全精确的公式, 从而适用于任何 Re 下的层流.

最后, 我们来考虑管道入口附近的层流边界层问题. 流体在进入管道时通常具有在整个横截面上几乎均匀的速度分布, 速度仅在边界层内才会降低. 随着流动的发展, 在距离入口越远的地方, 开始受到阻滞的流体层就越接近轴线. 因为流量必须保持不变, 所以流动的中心部分 (这里仍然具有几乎均匀的速度分布) 在半径不断缩小的同时会不断加速, 直到渐近地形成泊肃叶速度分布为

止. 因此, 泊肃叶速度分布只能出现在足够远离管道入口的位置. 容易确定这样的所谓入口段的长度 l 的量级. 其实, 在到入口的距离为 l 处, 边界层厚度和管道半径 a 具有同样的量级, 所以边界层仿佛充满了整个横截面. 在 (39.17) 中令 $x \sim l$ 和 $\delta \sim a$, 我们就得到

$$l \sim \frac{a^2 U}{\nu} \sim aRe. \tag{39.30}$$

因此, 入口段的长度正比于雷诺数①.

习 题

1. 求驻点 (见 § 10) 附近的边界层厚度.

解: 在驻点附近 (边界层以外), 流速是到该点的距离 x 的线性函数, 所以 $U = \mathrm{const} \cdot x$. 对方程 (39.5), (39.6) 中的各项进行估计, 得到表达式 $\delta \sim (\nu/\mathrm{const})^{1/2}$. 因此, 驻点附近的边界层厚度是有限的.

2. 设两个不平行平板组成收缩渠道 (见 § 23), 求该渠道内的边界层流动 (K. 波尔豪森, 1921).

解: 考虑一个平板上的边界层, 并且沿该平板的坐标 x 从相应角的顶点 O 算起 (见图 8). 对于理想流体的运动, 我们应当有速度公式 $U = Q/\alpha\rho x$, 它表示流量 Q 处处相同 (α 是两个平板之间的夹角). 因此, 方程 (39.5) 的右侧应当是

$$U\frac{\mathrm{d}U}{\mathrm{d}x} = -\frac{Q^2}{\alpha^2\rho^2 x^3}.$$

容易看出, 这时的方程 (39.5), (39.6) 在变换 $x \to ax$, $y \to ay$, $v_x \to v_x/a$, $v_y \to v_y/a$ 下保持不变, 其中 a 是任意常数. 这表明, 可以寻求以下形式的 v_x 和 v_y:

$$v_x = \frac{Q}{\alpha\rho x} f(\xi), \quad v_y = \frac{Q}{\alpha\rho x} f_1(\xi), \quad \xi = \frac{y}{x},$$

它们在上述变化下也保持不变. 从连续性方程 (39.6) 求出 $f_1 = \xi f$, 然后从 (39.5) 得到函数 $f(\xi)$ 的方程

$$\frac{\rho\nu\alpha}{Q} f'' = 1 - f^2. \tag{1}$$

边界条件 (39.8) 表示, 应当成立 $f(0) = 0$, $f(\infty) = 1$. 方程 (1) 的首次积分是

$$\frac{\rho\nu\alpha}{2Q} f'^2 = f - \frac{f^3}{3} + \mathrm{const}.$$

---

① 本书不讨论可压缩流体的边界层理论, 该理论要复杂得多, 也不那么直观. 在速度与声速相当 (或超过声速) 的情况下, 就应当考虑可压缩性. 这时, 气体和被绕流物体的温度会剧烈上升, 所以必须同时研究边界层中的运动方程和热交换方程. 还可能有必要考虑气体的黏度和热导率对温度的依赖关系.

既然当 $y \to \infty$ 时函数 f 趋于 1, 我们于是看出 f' 也趋于一个确定的极限, 并且这个极限只能是零. 由此确定 const, 我们求出

$$\frac{\rho\nu\alpha}{2Q}f'^2 = -\frac{1}{3}(f-1)^2(f+2). \tag{2}$$

因为右侧在区间 $0 \leqslant f \leqslant 1$ 上总是负的, 所以必定应有 $Q<0$: 所讨论的这种边界层只能出现在收缩渠道中 (流动的雷诺数 $Re = |Q|/\rho\alpha\nu$ 很大), 而不能出现在扩散渠道中——这与 § 23 的结果一致. 再积分一次, 最后得到

$$f = 3\tanh^2\left[\ln(\sqrt{2}+\sqrt{3}) + \xi\sqrt{\frac{Re}{2}}\right] - 2. \tag{3}$$

边界层厚度 $\delta \sim x/Re^{1/2}$. 从 (2) 可以看出, 导数值 $f'(0) = 2(Re/3)^{1/2}$. 所以, 单位面积平板上的摩擦力为

$$\sigma_{xy} = \eta\frac{U}{x}f'(0) = \left(\frac{4U^3\eta\rho}{3x}\right)^{1/2} = \frac{2}{x^2}\left(\frac{\eta|Q|^3}{3\alpha^3\rho^2}\right)^{1/2}.$$

§ 40 分离线附近的流动

我们在描述分离现象时 (§ 35) 已经指出, 分离线在被绕流物体表面上的实际位置取决于边界层内的流动性质. 下面将看到, 分离线在数学上是由边界层方程 (普朗特方程) 的解的奇点所组成的曲线 (奇异线). 问题在于如何确定这些解在奇异线附近的性质①.

我们知道, 从分离线开始并延伸到流体内部的一个曲面划分出湍流区. 整个湍流区内的流动都是有旋的, 而当不发生分离时, 流动仅在黏性起重要作用的边界层内才是有旋的, 基本流动中的涡量为零. 于是可以说, 在发生分离时, 涡量从边界层进入流体内部. 但是, 根据速度环量守恒定律, 物体表面附近 (边界层内) 的运动流体必须直接进入基本流动区域, 涡量才会这样转移. 换言之, 边界层内的流动必须从物体表面上 “分离”, 而这就导致流线离开边界层并进入流体内部. (所以这种现象才会称为分离或者边界层分离.)

我们已经看到, 边界层方程所导致的一个结果是, 在边界层内, 速度在物体表面的切向分量 (v_x) 远大于法向分量 (v_y). 分量 v_x 与 v_y 之间的这种关系在本质上与关于边界层流动特性的那些基本假设有关, 并且只要普朗特方程的解有物理意义, 这种关系就必须成立. 从数学上讲, 这种关系对于所有并非极端接近奇点的点总是成立的. 但是, 如果 $v_y \ll v_x$, 这就表明流体沿物体表面

① 这里的表述是由 Л. Д. 朗道 (1944) 给出的, 相关内容与问题的通常表述略有不同.

运动并且基本不会离开表面, 从而不可能出现任何流动分离. 因此, 我们得到结论: 分离只能发生在普朗特方程的解的奇点所组成的曲线上.

从上述讨论也可以直接得到这些奇点的特性. 其实, 流动在接近分离线时发生偏离并从边界层进入流体内部. 换言之, 速度的法向分量与切向分量相比不再是小量, 至少是同量级的. 我们已经看到 (见 (39.11)), 比值 $v_y/v_x \sim Re^{-1/2}$, 所以 v_y 增大到 $v_y \sim v_x$ 意味着它增大到 $Re^{1/2}$ 倍. 所以, 在雷诺数足够大时 (这里自然正在讨论这样的情况), 可以认为 v_y 增大了无穷大倍. 如果把普朗特方程化为无量纲形式 (见 (39.10)), 则上述情况在形式上表明, 解中的无量纲速度 v_y' 在分离线上成为无穷大.

为了简化下面的讨论, 我们将考虑一个二维问题——无穷长物体的横向绕流问题. 就像通常那样, x 是沿物体表面流动方向的坐标, 而坐标 y 是到物体表面的距离. 这里可以不讨论分离线而只讨论分离点, 即分离线与 xy 平面的交点. 在所取坐标系中, 这是点 $x = \text{const} \equiv x_0,\ y = 0$. 设分离点以前的区域对应 $x < x_0$.

按照上面的结果, 在 $x = x_0$ 处, 对于所有的 y①, 我们有

$$v_y(x_0,\ y) = \infty. \tag{40.1}$$

但是, 普朗特方程中的速度分量 v_y 仿佛只起辅助作用, 在研究边界层流动时通常并不关心这个量 (因为它很小). 所以, 最好首先说明函数 v_x 在分离线附近的性质.

从方程 (40.1) 显然可知, 导数 $\partial v_y/\partial y$ 在 $x = x_0$ 处也等于无穷大. 于是, 从连续性方程

$$\frac{\partial v_x}{\partial x} + \frac{\partial v_y}{\partial y} = 0 \tag{40.2}$$

推出, 导数 $\partial v_x/\partial x$ 在 $x = x_0$ 处也成为无穷大, 即

$$\left.\frac{\partial x}{\partial v_x}\right|_{v_x = v_0} = 0, \tag{40.3}$$

这里把 x 看做 v_x 和 y 的函数, 而 $v_0(y) = v_x(x_0,\ y)$. 在分离点附近, 差值 $v_x - v_0$ 和 $x_0 - x$ 是小量, 因此可以把 $x_0 - x$ 展开为 $v_x - v_0$ 的幂级数 (对于给定的 y). 根据条件 (40.3), 这个展开式的一阶项必定为零, 于是精确到二阶项就有

$$x_0 - x = f(y)(v_x - v_0)^2,$$

即

$$v_x = v_0(y) + \alpha(y)\sqrt{x_0 - x}, \tag{40.4}$$

---

① 点 $y = 0$ 除外, 因为根据物体表面上的边界条件, 那里应当总有 $v_y = 0$.

其中 $\alpha = f^{-1/2}$ 是一个变量 y 的某个函数. 现在写出

$$\frac{\partial v_y}{\partial y} = -\frac{\partial v_x}{\partial x} = \frac{\alpha(y)}{2\sqrt{x_0 - x}}$$

并积分, 我们得到

$$v_y = \frac{\beta(y)}{\sqrt{x_0 - x}}, \tag{40.5}$$

式中 $\beta(y)$ 是 y 的另一个函数.

然后, 我们应用方程 (39.5)

$$v_x \frac{\partial v_x}{\partial x} + v_y \frac{\partial v_x}{\partial y} = \nu \frac{\partial^2 v_x}{\partial y^2} - \frac{1}{\rho}\frac{\mathrm{d}p}{\mathrm{d}x}. \tag{40.6}$$

从 (40.2) 可见, 导数 $\partial^2 v_x/\partial y^2$ 在 $x = x_0$ 处不等于无穷大. 量 $\mathrm{d}p/\mathrm{d}x$ 同样如此, 它由边界层以外的流动确定. 但是, 方程 (40.6) 的左边两项分别都等于无穷大. 因此, 对于分离点附近的区域, 在一阶近似下可以写出

$$v_x \frac{\partial v_x}{\partial x} + v_y \frac{\partial v_x}{\partial y} = 0.$$

利用连续性方程 (40.2), 我们改写这个方程为以下形式:

$$v_x \frac{\partial v_y}{\partial y} - v_y \frac{\partial v_x}{\partial y} = v_x^2 \frac{\partial}{\partial y}\frac{v_y}{v_x} = 0.$$

因为速度分量 v_x 在 $x = x_0$ 处一般不等于零, 所以由此可知, 比值 v_y/v_x 与 y 无关. 另一方面, 根据 (40.4) 和 (40.5), 精确到高阶项就有

$$\frac{v_y}{v_x} = \frac{\beta(y)}{v_0(y)\sqrt{x_0 - x}}.$$

为了使这个表达式仅仅是 x 的函数, 必须有 $\beta(y) = Av_0(y)/2$, 其中 A 是常量. 因此,

$$v_y = \frac{Av_0(y)}{2\sqrt{x_0 - x}}. \tag{40.7}$$

最后, 再注意到 (40.4) 和 (40.5) 中的函数 α 和 β 满足关系式 $\alpha = 2\beta'$, 我们得到 $\alpha = A\,\mathrm{d}v_0/\mathrm{d}y$, 所以

$$v_x = v_0(y) + A\frac{\mathrm{d}v_0}{\mathrm{d}y}\sqrt{x_0 - x} \tag{40.8}$$

公式 (40.7), (40.8) 给出了函数 v_x 和 v_y 对 x 的依赖关系在分离点附近的特性. 我们看出, 这两个函数在该区域内都可以展开为根式 $(x_0 - x)^{1/2}$ 的幂级

数, 并且 v_y 的展开式从 -1 次幂开始, 所以当 $x \to x_0$ 时, v_y 按照 $(x_0-x)^{-1/2}$ 的方式变为无穷大. 当 $x > x_0$ 时, 即在分离点之后, 展开式 (40.7), (40.8) 在物理上不再适用, 因为根式变成了虚数. 这表明, 普朗特方程只描述分离点之前的流动, 把该方程的解延拓到分离点之后是没有物理意义的.

根据物体表面上的边界条件, 在 $y=0$ 处应当总有 $v_x = v_y = 0$. 所以, 从 (40.7) 和 (40.8) 可以断定

$$v_0(0)=0, \quad \left.\frac{\mathrm{d}v_0}{\mathrm{d}y}\right|_{y=0} = 0. \tag{40.9}$$

因此, 我们得到一个重要结论: 在分离点本身 $(x = x_0,\ y = 0)$, 不仅速度分量 v_x 为零, 而且它对 y 的一阶导数也为零 (这个结论是由普朗特得到的).

必须强调, 在分离线上之所以成立等式 $\partial v_x/\partial y = 0$, 仅仅是因为当 x 取上述值时 v_y 等于无穷大. 假如 (40.7) 中的常量 A 恰好等于零 (使得 $v_y(x_0,\ y)=\infty$ 不成立), 则尽管导数 $\partial v_x/\partial y$ 在点 $x = x_0$, $y = 0$ 等于零, 这个点也没有什么特殊性, 它无论如何也不会是分离点. 但是, A 只能在纯粹偶然的情况下才会等于零, 这种情况因而是难以出现的. 因此, 物体表面上满足 $\partial v_x/\partial y = 0$ 的点实际上总是分离点.

假如在点 $x=x_0$ 没有分离 (即假如 $A=0$), 则当 $x>x_0$ 时 $(\partial v_x/\partial y)|_{y=0}<0$, 即在离开表面的过程中 ($y$ 仍然很小), v_x 会变为负的, 但其绝对值不断增大. 换言之, 在点 $x = x_0$ 之后, 边界层下部的流体这时就会沿着与基本流动方向相反的方向运动; 会出现流向这个点的“逆流”. 我们强调, 根据这种推理还根本不能得到在 $\partial v_x/\partial y = 0$ 的点必然存在分离的结论; 有逆流的整个流动图像有可能完全位于边界层内 (如同 $A = 0$ 时的情形) 而不进入基本流动区域, 但分离的特征恰恰在于这种逆流进入了基本流动区域.

在前一节中已经证明, 当雷诺数变化时, 边界层内的流动图像是自相似的, 与此同时, 例如, 坐标 x 的尺度保持不变. 由此可知, 使导数 $(\partial v_x/\partial y)|_{y=0}$ 为零的 x 坐标值 x_0 在 Re 变化时保持不变. 因此, 我们得到一个重要结论: 物体表面上分离点的位置与雷诺数无关 (当然, 到目前为止, 边界层保持层流状态, 见 § 45).

我们再来说明分离点附近的压强分布 $p(x)$ 具有哪些性质. 当 $y = 0$ 时, 方程 (40.6) 的左边与 v_x, v_y 一起变为零, 于是剩下的方程为

$$\nu \left.\frac{\partial^2 v_x}{\partial y^2}\right|_{y=0} = \frac{1}{\rho}\frac{\mathrm{d}p}{\mathrm{d}x}. \tag{40.10}$$

由此可见, $\mathrm{d}p/\mathrm{d}x$ 的符号与 $(\partial^2 v_x/\partial y^2)|_{y=0}$ 的符号相同. 只要 $(\partial v_x/\partial y)|_{y=0} > 0$, 就无法判断二阶导数的符号. 但是, 因为 v_x 是正的, 并且在远离壁面的过程

中不断增大 (在分离点之前的区域中), 所以在 $\partial v_x/\partial y = 0$ 的点 $x = x_0$ 必有 $(\partial^2 v_x/\partial y^2)|_{y=0} > 0$. 由此断定

$$\left.\frac{\mathrm{d}p}{\mathrm{d}x}\right|_{x=x_0} > 0, \tag{40.11}$$

即在分离点附近, 流体从低压流向高压. 压强梯度与边界层以外速度 $U(x)$ 的梯度之间的关系为

$$\frac{1}{\rho}\frac{\mathrm{d}p}{\mathrm{d}x} = -U\frac{\mathrm{d}U}{\mathrm{d}x}.$$

因为 x 轴的正方向与基本流动方向相同, 所以 $U > 0$, 我们于是断定

$$\left.\frac{\mathrm{d}U}{\mathrm{d}x}\right|_{x=x_0} < 0, \tag{40.12}$$

即在分离点附近, 速度 U 沿流动方向是减小的.

从上述结果可以推出结论: 在被绕流物体表面上的某个地方一定会发生分离. 其实, 在物体的前端和后端都分别存在一个在理想流体有势绕流中速度为零的点 (驻点). 于是, 从某个 x 值起, 速度 $U(x)$ 应当开始减小, 并且最终变为零. 另一方面又很清楚, 沿物体表面运动的流体, 越是接近表面 (即 y 越小), 所受阻滞就越强. 所以, 当速度 $U(x)$ 在边界层外缘变为零之前, 紧贴表面的流体速度应当先变为零. 这在数学上显然表示, 当 x 取小于使 $U(x) = 0$ 成立的 x 值的某个值时, 导数 $\partial v_x/\partial y$ 总会变为零 (从而不可能不出现分离).

在任意形状物体绕流的情况下, 可以用完全类似的方法完成全部计算, 并且计算结果表明, 物体表面两个切向速度分量 v_x 和 v_z 的导数 $\partial v_x/\partial y$, $\partial v_z/\partial y$ 在分离线上都为零 (y 轴和以前一样指向所考虑的那部分表面的法向).

对于绕物体的流动, 假设压强在没有分离的条件下沿流动方向足够迅速地增加 (速度 U 因而足够迅速地减小), 我们采用一种简单的讨论来证明在这种情况下出现分离的必要性. 设压强 p 在一小段距离 $\Delta x = x_2 - x_1$ 上足够迅速地从 p_1 增加到 p_2 ($p_2 \gg p_1$). 在这段距离 Δx 上, 边界层以外的速度 U 从初始值 U_1 下降到一个小得多的值 U_2, 该值由伯努利方程

$$\frac{1}{2}(U_1^2 - U_2^2) = \frac{1}{\rho}(p_2 - p_1)$$

确定. 因为 p 与 y 无关, 所以无论距离表面有多远, 压强的增加 $p_2 - p_1$ 都是相同的. 如果压强梯度 $\mathrm{d}p/\mathrm{d}x \sim (p_2 - p_1)/\Delta x$ 足够大, 就可以在运动方程 (40.6) 中忽略黏性项 $\nu\,\partial^2 v_x/\partial y^2$ (当然只要 y 不太小). 于是, 也可以用伯努利方程估计速度 v 在边界层内的变化, 为此写出

$$\frac{1}{2}(v_2^2 - v_1^2) = -\frac{1}{\rho}(p_2 - p_1),$$

或者对比前面的等式, 有

$$v_2^2 = v_1^2 - (U_1^2 - U_2^2).$$

但是, 边界层内的速度 v_1 小于基本流动速度. 可以这样选取 y, 使 $v_1^2 < U_1^2 - U_2^2$. 这样一来, 速度 v_2 就是一个虚数, 这表明普朗特方程的有物理意义的解并不存在. 其实, 在 Δx 距离内应当出现分离, 从而使过大的压强梯度降低下来.

绕拐角的流动是发生分离的一种有趣情形. 设两个固体表面相交形成一个拐角, 则当有势层流绕拐角流动时 (见图 3), 拐角顶边的流体速度会变为无穷大 (见 § 10 习题 6), 并且流向顶边时速度增大, 远离顶边时速度减小. 其实, 流体绕过顶边之后, 速度迅速减小 (压强则相应地迅速增大), 从而导致分离, 并且拐角的顶边就是分离线. 在 § 36 中已经研究过由此产生的流动图像.

在拐角内的层流中 (图 4), 流体速度在顶边处为零. 在这种情况下, 流向顶边时速度减小 (压强增大). 一般而言, 这也导致分离, 并且分离线位于顶边的上游.

习 题

设 Δp 是在 Δx 距离上能产生分离的压强增量 (在基本流动中), 求 Δp 的最小量级.

解: 设在距离物体表面为 y 的地方已经可以应用伯努利方程, 并且边界层内速度 v 的平方 $v^2(y)$ 在这里小于边界层外速度 U 的平方的变化 $|\Delta U^2|$. 可以写出 $v(y)$ 的量级:

$$v(y) \approx \frac{\mathrm{d}v}{\mathrm{d}y} y \sim \frac{U}{\delta} y$$

(其中 $\delta \sim \sqrt{\nu l/U}$ 是边界层厚度, l 是物体的尺寸). 使方程 (40.6) 右侧的两项在量级上相当, 我们得到

$$\frac{1}{\rho}\frac{\Delta p}{\Delta x} \sim \nu\frac{v(y)}{y^2} \sim \frac{\nu U}{\delta y}.$$

从条件 $v^2 = \left|\Delta U^2\right| = 2\Delta p/\rho$ 求出 $U^2y^2/\delta^2 \sim \Delta p/\rho$. 从所得两个关系式中消去 y, 最后求出

$$\Delta p \sim \rho U^2 \left(\frac{\Delta x}{l}\right)^{2/3}.$$

§ 41 层流边界层内流动的稳定性

与层流的任何其他情形一样, 边界层内的层流在足够大的雷诺数下也会变得多少有些不稳定. 边界层中的失稳方式类似于管道内流动失稳的情形 (见 § 28).

边界层内流动的雷诺数沿被绕流物体表面是变化的. 例如, 在平板绕流中可以定义雷诺数 $Re_x = Ux/\nu$, 其中 x 是到平板前缘的距离, U 是边界层外的流体速度. 但是, 在更能反映边界层特性的雷诺数定义中, 直接表征边界层厚度的某个长度起特征长度的作用. 可以选取位移厚度作为这样的特征长度, 其定义由 (39.26) 给出:

$$Re_\delta = \frac{U\delta^*}{\nu} = 1.72\sqrt{Re_x} \tag{41.1}$$

(数值因子对应平板边界层).

因为边界层厚度随距离的变化比较缓慢, 边界层中的横向速度也很小, 所以在研究不长的一段边界层内的流动稳定性时可以考虑平面流动, 其速度剖面沿 x 轴不发生变化①. 于是, 从数学观点看, 问题类似于两块平行平板之间流动的稳定性问题 (已在 §29 中研究过), 而差别仅仅在于速度剖面的形状: 平板之间的流动具有对称的速度剖面, 并且在两块平板上 $v = 0$, 而边界层流动具有非对称的速度剖面, 并且速度从物体表面上的零值变化到某个给定值 U, 即边界层外的流动速度. 这样的研究给出下面的结果 (W. 托尔明, 1929; H. 施利希廷, 1933; 林家翘, 1945).

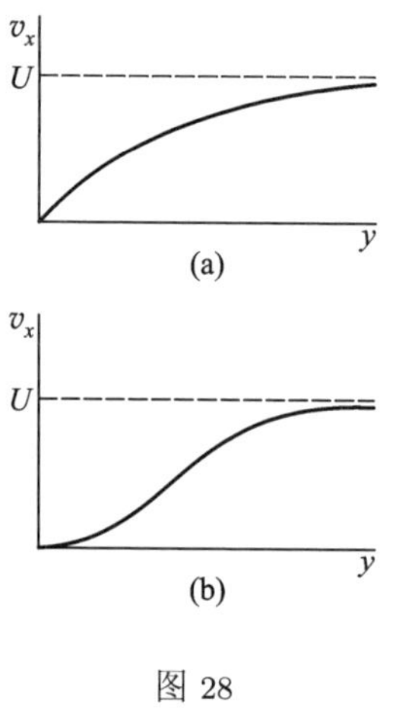

图 28

在 ω, Re 平面上, 中性曲线 (见 §28) 的形状取决于边界层内速度剖面的形状. 如果速度剖面没有拐点 (速度 v_x 单调递增, 并且曲线 $v_x = v_x(y)$ 处处是凸的②, 见图 28 (a)), 则稳定区域边界的形状完全类似于沿管道流动的情况: 存在某个极小值 $Re = Re_{\rm cr}$, 当雷诺数达到这个值时会出现增强的扰动, 而当 $Re \to \infty$ 时, 曲线的两支以横坐标轴为渐近线 (图 29 (a)). 对于平板边界层内的速度剖面, 计算给出临界雷诺数为 $Re_{\delta\,\rm cr} \approx 420$③.

如果边界层外的流体速度向下游是减小的, 就不可能产生如图 28 (a) 所示的那种速度剖面. 在这种情况下, 速度剖面必须有一个拐点. 其实, 考虑可以当做平面的一小块壁面, 并设 x 仍然是沿流动方向的纵向坐标, 而 y 是到壁

① 当然, 这时并未考虑被绕流表面的曲率可能影响边界层稳定性的问题. 忽略曲率也有一定的不合理性. 其实, 满足纳维–斯托克斯方程的仅有的平面流动 (速度剖面只依赖于一个坐标) 具有线性剖面 (17.1) 和抛物线剖面 (17.4) (与此同时, 具有任意速度剖面的平面流动都满足欧拉方程). 所以, 严格地说, 在边界层理论中所考虑的基本流动不是运动方程的解.

② 在本书中, 曲线凸 (凹) 指曲线位于其任意一点处的切线之下 (上). ——译者

③ 当 $Re_\delta \to \infty$ 时, 在中性曲线的两支 I 和 II 上, 频率 ω 分别以 $Re_\delta^{-1/2}$ 和 $Re_\delta^{-1/5}$ 的方式趋于零. 频率 $\omega_{\rm cr} = 0.15U/\delta^*$ 和波数 $k_{\rm cr} = 0.36/\delta^*$ 对应着点 $Re = Re_{\rm cr}$.

面的距离. 从关系式 (40.10)

$$\nu\left.\frac{\partial^2 v_x}{\partial y^2}\right|_{y=0}=\frac{1}{\rho}\frac{\mathrm{d}p}{\mathrm{d}x}=-U\frac{\partial U}{\partial x}$$

可见, 如果 U 向下游是减小的 $(\partial U/\partial x<0)$, 则在表面附近

$$\frac{\partial^2 v_x}{\partial y^2}>0,$$

即曲线 $v_x=v_x(y)$ 是凹的. 当 y 增大时, 速度 v_x 应当渐近地趋于有限的极限值 U. 仅从几何上考虑就已经清楚, 曲线应当在此过程中变成凸的, 所以在某处有一个拐点 (图 28 (b)).

当速度剖面有拐点时, 稳定性区域边界曲线的形状略有变化: 曲线的两条分支在 $R\to\infty$ 时有不同的渐近线, 一条仍然趋于横坐标轴, 另一条趋于 ω 的某个有限的非零极限值 (图 29 (b)). 此外, 拐点的出现使 Re_{cr} 的值显著降低.

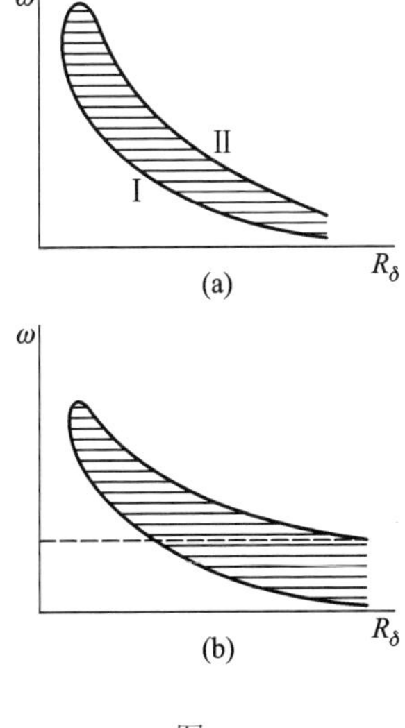

图 29

雷诺数沿边界层不断增大, 这使得扰动在向下游传播时具有一些特性. 考虑绕平板的流动, 并假设在边界层内某处产生了具有给定频率 ω 的扰动. 它向下游的传播相当于在图 29 (a) 中沿一条水平线 $\omega=\mathrm{const}$ 向右移动. 扰动首先衰减, 在到达稳定区域边界的分支 I 后开始增强, 直到到达边界的分支 II 为止, 此后扰动再次衰减. 扰动在通过不稳定区域期间的总放大系数随着该区域向大 Re 的方向移动 (即随着图 29 (a) 中稳定性区域边界的分支 I 和 II 之间相应水平线段位置的不断降低) 而迅速增大.

边界层对无穷小扰动的不稳定性 (绝对不稳定性或对流不稳定性) 问题还没有全部解决. 当速度剖面没有拐点时, 对于使中性曲线的两支 (图 29 (a)) 都接近横坐标轴的 Re 值, 会出现对流不稳定性 (证明过程与平面泊肃叶流的情况相同, 见 118 页的脚注). 对于更小的 Re 值以及带有拐点的速度剖面, 问题仍然是未解决的.

因为雷诺数沿边界层变化, 整个边界层不会同时变为湍流, 而仅仅是 Re_δ 超过一个确定值的那一部分变为湍流. 当来流速度给定时, 这意味着湍流出现于前缘之后的确定距离上; 当速度增大时, 该位置向前缘移动. 实验结果表明, 在边界层内出现湍流的位置还特别依赖于来流中的扰动强度. 随着扰动强度的减小, 湍流的起始点移动向更大的 Re_δ 值.

图 29 (a) 和图 29 (b) 中的中性曲线有本质区别. 频率的上面一条分支在

$Re_\delta \to \infty$ 时趋于不为零的极限值, 这意味着, 无论黏性有多小, 流动都是不稳定的. 与此同时, 对于图 29 (a) 那种类型的中性曲线, 当 $\nu \to 0$ 时, 具有任何有限频率的扰动都会衰减. 导致这种区别的原因恰好就是速度剖面 $v_x = v(y)$ 是否具有拐点. 也可以从数学观点探索这种区别的根源, 为此就要在理想流体动力学的范围内研究稳定性问题 (瑞利, 1880).

把形如

$$\psi = \psi_0(y) + \psi_1(x,\ y,\ t)$$

的流函数代入理想流体平面运动方程 (10.10), 式中 ψ_0 是未受扰动时的流函数 (所以 $\psi_0' = v(y)$), 而 ψ_1 是小扰动. 对于后者, 我们寻求

$$\psi_1 = \varphi(y)\,\mathrm{e}^{\mathrm{i}(kx-\omega t)}.$$

把它代入 (10.10), 得到函数 φ 的以下线性方程①:

$$\left(v - \frac{\omega}{k}\right)(\varphi'' - k^2\varphi) - v''\varphi = 0. \tag{41.2}$$

如果流动边界 (沿 y 轴) 是固壁, 则在边界上 $\varphi = 0$ (得自条件 $v_y = 0$); 如果流动的宽度为无穷大 (一侧或两侧无界), 就应当在流动均匀的无穷远处提出这样的条件. 我们将认为 k 是给定的实数. 于是, 通过求解方程 (41.2) 的边值问题中的本征值, 就可以确定频率 ω.

方程 (41.2) 先除以 $v - \omega/k$, 再乘以 φ^*, 然后在流动的两个边界 y_1 和 y_2 之间对 y 积分, 又利用对乘积 $\varphi^*\varphi''$ 的分部积分, 我们得到

$$\int_{y_1}^{y_2} (|\varphi'|^2 + k^2|\varphi|^2)\,\mathrm{d}y + \int_{y_1}^{y_2} \frac{v''|\varphi|^2}{v - \omega/k}\,\mathrm{d}y = 0. \tag{41.3}$$

这里的第一项必定是实数. 假设频率是复数, 分离出等式的虚部后得到

$$\mathrm{Im}\,\omega \cdot \int_{y_1}^{y_2} \frac{v''|\varphi|^2}{|v - \omega/k|^2}\,\mathrm{d}y = 0. \tag{41.4}$$

为了能有 $\mathrm{Im}\,\omega \neq 0$, 这里的积分应当为零, 而为此无论如何必须让 v'' 在积分域中的某处为零. 因此, 只有在速度剖面具有拐点的情况下 (在 $\nu = 0$ 时) 才有可能出现不稳定性②.

---

① 任何函数 $\psi_0(y)$ 都自动满足方程 (10.10), 见 188 页脚注中的表述.

② 应当指出, 在提出稳定性问题时要求 $\nu = 0$ 精确成立, 这在物理上不是完全恰当的. 该提法没有考虑到真实流体必然或多或少都有黏性, 黏度可能很小, 但并不等于零. 这导致一系列数学上的困难: 某些解消失了 (因为函数 φ 的微分方程的阶数降低), 同时又出现了一些在 $\nu \neq 0$ 时并不存在的新的解. 后者与方程 (41.2) 的奇异性有关 (在 $\nu \neq 0$ 时没有这样的奇异性): 方程中最高阶导数项的系数在 $v(y) = \omega/k$ 的点等于零.

从物理观点来看, 这种不稳定性的产生与流体的振动和诸流体微元在基本流动中的运动之间的"共振"相互作用有关, 它在这种意义下类似于在动理学理论中众所周知的一种现象——无碰撞等离子体中振动的衰减 (朗道阻尼) 或增强 (在不稳定的情况下) (见第十卷 §30)①.

根据方程 (41.2), 流动的本征振动 (如果它们存在) 与方程中 $v''(y) \neq 0$ 的部分有关②. 为了探求振动增强的机理, 最好利用这样的速度剖面实例, 使"振动源"局限在一层流动中: 我们来考虑速度剖面 $v(y)$, 其曲率在某点 $y = y_0$ 邻域之外处处都很小; 如果简单地把它替换为在某处"折断"的剖面, 则在 $v''(y)$ 中会有形如 $A\delta(y - y_0)$ 的一项; 正是这一项对方程 (41.3) 中的积分有主要贡献. 我们将在使"振动源"静止的坐标系中描述流动, 这时 $v(y_0) = 0$ (如图 30 所示). 在方程 (41.3) 中分离实部, 得到

$$\int_{y_1}^{y_2} (|\varphi'|^2 + k^2|\varphi|^2)\,\mathrm{d}y - \frac{A|\varphi(y_0)|^2 \,\mathrm{Re}\,\omega/k}{|\omega/k|^2} = 0.$$

设 $A > 0$ (如图 30). 因为这个等式中的第一项必定为正, 所以应有 $\mathrm{Re}\,\omega/k > 0$, 即波的相速指向右侧. 在共振点 y_r, 相速等于局部流速, $v(y_r) = \mathrm{Re}\,\omega/k$. 共振点这时位于点 y_0 的右侧. 在共振点附近运动且比波更快的流体微元, 把能量传给波; 落后于波的流体微元则从波获取能量. 如果前者多于后者, 波动就会加强 (不稳定)③. 但是, 因为已经假设流体是不可压缩的, 所以通过流动宽度微元 $\mathrm{d}y$ 的流体微元数量正比于 $\mathrm{d}y$, 于是速度变化区间 $\mathrm{d}v$ 内的流体微元数量正比于 $\mathrm{d}y = (\mathrm{d}y/\mathrm{d}v)\,\mathrm{d}v = \mathrm{d}v/v'(y)$, 即 $1/v'(y)$ 起速度分布函数的作用. 因此, 为了产生不稳定性, 函数 $1/v'(y)$ 在 y 从左向右穿过点 y_r 时必须是增加的, 即 $v'(y)$ 必须是减函数. 换言之, 必须有 $v''(y_r) < 0$. 又因为导数 v'' 在点 y_0 是正的, 所以速度剖面的拐点必须位于点 y_0 和 y_r 之间的某处.

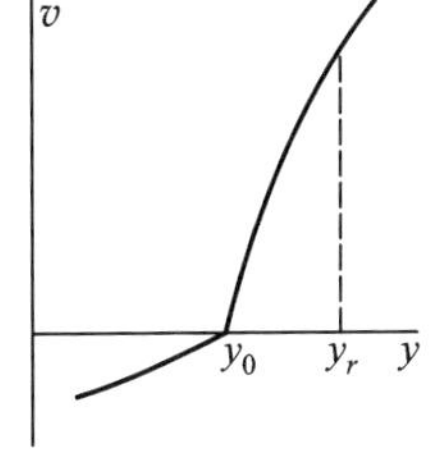

图 30

用类似的方法可以考虑 $A < 0$ 的情况 (并得到同样的结果). 这时, 波的相速和共振流体微元的速度都指向左侧.

---

① 这个比拟是由 A.B. 季莫费耶夫 (1979) 以及 A.A. 安德罗诺夫和 A.Л. 法布里坎特 (1979) 指出的; 我们在下面按照 A.B. 季莫费耶夫的方式进行论述.

② 当 $v''(y) \equiv 0$ 时, 方程 (41.2) 根本没有能够满足所需边界条件的解.

③ 对发生共振的流体微元来说, 波中的运动是定常的, 所以流体微元与波之间的能量交换在对时间取平均值后不等于零 (对于其他流体微元, 波中的运动是振荡的, 所以对时间的相应平均值等于零). 我们还指出, 按上述方向进行的能量交换使流动中的速度梯度趋于降低, 正是在这个意义上才考虑任意小的黏性.

§ 42 对数型速度剖面

考虑沿无穷大平板的平面湍流 (我们所说的平面湍流当然是指对时间平均的流动)①. 取流动方向为 x 轴方向, 平板所在平面为 xz 平面, 于是 y 是到平板表面的距离. 平均速度沿 y 轴和 z 轴的分量都为零: $v_x = u$, $v_y = v_z = 0$. 不存在压强梯度, 所有的量只依赖于 y.

我们用字母 σ 表示作用于单位面积平板表面的摩擦力 (它显然指向 x 轴方向). 量 σ 其实就是由流体传递给平板表面的动量流, 同时也是指向 y 轴负方向的恒定动量流 (更准确地说是该动量流的 x 分量), 并给出由距离表面较远的流体层连续传递给较近流体层的动量值②.

该动量流的存在当然是因为平均速度 u 沿 y 方向有梯度. 假如流体处处都以同样的速度运动, 在流体中就不会有这样的动量流. 也可以用相反的方式提出问题: 给定某个确定的 σ 值, 需要求出: 密度为 ρ 的流体应当如何运动才能使动量流为 σ? 意思是, 需要获得非常大雷诺数下的渐近规律, 但仍然假设流体的黏度 ν 不直接出现在这些规律中 (不过, 黏度 ν 在小距离 y 上就变得重要起来, 见下文).

因此, 在到平板的任何距离上, 速度梯度 $\mathrm{d}u/\mathrm{d}y$ 的值应当不仅取决于常参量 ρ, σ, 当然还取决于距离 y 本身. 从 ρ, σ 和 y 能够组成的具有所需量纲的唯一组合是 $(\sigma/\rho)^{1/2}/y$. 所以应当有

$$\frac{\mathrm{d}u}{\mathrm{d}y} = \frac{v_*}{\varkappa y}, \tag{42.1}$$

这里为进一步讨论方便而引入了量 v_* (具有速度量纲), 其定义为

$$\sigma = \rho v_*^2, \tag{42.2}$$

而 $\varkappa$ 是一个常数 (**卡门常数**). $\varkappa$ 的值无法用理论方法计算, 必须通过实验来确定. 它等于③

$$\varkappa = 0.4. \tag{42.3}$$

求关系式 (42.1) 的积分, 我们得到

$$u = \frac{v_*}{\varkappa}(\ln y + c), \tag{42.4}$$

---

① 在 § 42—§ 44 中叙述的结果属于 T. von 卡门 (1930) 和 L. 普朗特 (1932).

② 原文如此. 参阅公式 (15.14). ——译者

③ 该常数值 (以及公式 (42.8) 中的另一个常数值, 见下) 得自管道和矩形截面槽道壁面附近以及平板边界层中的速度分布的测量结果.

其中 c 是积分常数. 我们不能应用平板表面上通常的边界条件去确定这个常数: 在 $y=0$ 处, (42.4) 中的第一项变为无穷大. 原因在于, 这里写出的表达式其实并不适用于非常接近表面的地方, 因为当 y 非常小时, 黏性的影响变得极为重要, 从而不能忽略黏性. 无穷远条件也不存在: 在 $y=\infty$ 处, 表达式 (42.4) 也变为无穷大. 这是因为, 在我们所提出的理想化条件下, 平板表面是无穷大的, 其影响从而也延伸到无穷远处.

在确定常数 c 之前, 我们预先指出所研究流动的下述重要特性: 与通常情形不同, 它没有能够用来确定湍流尺度的任何特征长度. 所以, 湍流的基本尺度取决于距离 y 本身: 在距离平板为 y 处的湍流基本尺度具有量级 y. 至于湍流的速度涨落, 其量级为 v_*. 这也可以直接得自量纲方法, 因为 v_* 是唯一能够从现有的量 σ, ρ, y 组成的具有速度量纲的量. 我们强调, 当平均速度随 y 一起减小的时候, 速度涨落的量级却在所有距离上都是相同的. 这个结果与速度涨落的量级取决于平均速度变化 Δu 这个一般法则是一致的 (§33). 在所研究的情况下, 不存在可以用来确定平均速度变化的特征长度 l, 现在应当把 Δu 合理地规定为 u 在距离 y 处发生相当于其本身量级的变化时的相应变化值. 但是, 当 y 发生这样的变化时, 速度 u 的变化值根据 (42.4) 正好具有量级 v_*.

在距离平板足够近的地方, 流体的黏性开始起作用. 我们用 y_0 表示相应距离的量级. 可以按照以下方法确定 y_0. 在这些距离上, 湍流尺度的量级为 y_0, 速度的量级为 v_*. 所以, y_0 量级距离上的流动由雷诺数 $Re \sim y_0 v_*/\nu$ 表征. 当 $Re \sim 1$ 时, 黏性开始起作用. 由此求出

$$y_0 \sim \frac{\nu}{v_*}, \tag{42.5}$$

这就确定了我们所关心的距离.

在 $y \ll y_0$ 的距离上, 流动取决于通常的黏性摩擦. 这里的速度分布可以直接得自通常的黏性摩擦力公式

$$\sigma = \rho\nu\frac{\mathrm{d}u}{\mathrm{d}y},$$

所以

$$u = \frac{\sigma}{\rho\nu}y = \frac{v_*^2}{\nu}y. \tag{42.6}$$

因此, 在紧贴平板的流体薄层中, 平均速度按照线性规律变化. 速度在整个这一层流体中都很小, 它从平板表面上的零值变化到 $y \sim y_0$ 处量级为 v_* 的值. 这一层流体称为**黏性底层**. 在黏性底层和流动的其他部分之间当然没有任何明显的边界, 在这个意义上, 黏性底层是一个定性的概念. 我们强调, 黏性底

层中的流动也是湍流[①].

此后我们将不再关注黏性底层中的流动, 仅在选取 (42.4) 中的积分常数时才考虑黏性底层的存在: 应使 $y\sim y_0$ 距离上的速度 $u\sim v_*$. 为此应取 $c=-\ln y_0$, 于是

$$u=\frac{v^*}{\varkappa}\ln\frac{yv_*}{\nu}. \tag{42.7}$$

这个公式确定了湍流沿平板流动的速度分布 (对于有限的 y). 这种分布称为**对数型速度剖面**[②].

在公式 (42.7) 中, 对数的自变量其实还应当包含某个因子. 在上面的写法中, 这个公式仅仅具有人们所说的**对数精度**. 这意味着, 可以假设对数的自变量足够大, 使得对数本身也很大. 在 (42.7) 的对数的自变量中引入一个因子等价于在上述表达式中加上形如 $\text{const}\cdot v_*$ 的一项, 其中 const 是量级为 1 的数; 在对数近似下可以忽略这一项, 因为对数项相对很大. 但是, 在这个公式以及下面的公式中, 对数的自变量其实不是非常大, 所以对数近似的精度不高. 如果在对数的自变量中引入一个经验因子, 或者等价地让对数项加上一个经验常数, 就可以提高这些公式的精度. 例如, 一个更精确的速度剖面公式具有以下形式:

$$u=v_*\left(2.5\ln\frac{yv_*}{\nu}+5.1\right)=2.5v_*\ln\frac{yv_*}{0.13\nu}. \tag{42.8}$$

我们指出, (42.6) 和 (42.8) 这两个公式的形式为

$$u=v_*f(\xi),\quad \xi=\frac{yv_*}{\nu}, \tag{42.9}$$

其中 $f(\xi)$ 是一个普适函数. 这直接得自以下事实: 函数 ξ 是唯一能够从现有的参量 ρ, σ, ν 和变量 y 组成的无量纲组合. 因此, 这种依赖关系在到平板的所有距离上都应当成立, 在公式 (42.6) 和 (42.8) 的适用区域之间的过渡区中也成立. 图 31 给出函数 $f(\xi)$ 在半对数 (以 10 为底) 尺度下的图像. 实线 1 和 2 分别对应公式 (42.6) 和 (42.8), 虚线是过渡区 (大约从 $\xi\approx5$ 到 $\xi\approx30$) 中的经验关系.

容易确定所研究的湍流中的能量耗散率. 量 σ 是动量流密度张量的分量 Π_{xy} 的平均值. 在黏性底层之外可以忽略黏性项, 所以 $\Pi_{xy}=\rho v_xv_y$. 引入速

---

① 在这个意义上, 有时仍在使用的 “层流底层” 的名称是不妥当的. 它与层流的相似之处仅仅在于, 上述平均速度分布规律与同等条件下的层流真实速度分布规律相同. 黏性底层中的运动涨落表现出与众不同的特性, 至今还未获得恰当的理论解释.

② 对数型速度剖面的上述简单推导是由 Л. Д. 朗道 (1944) 给出的.

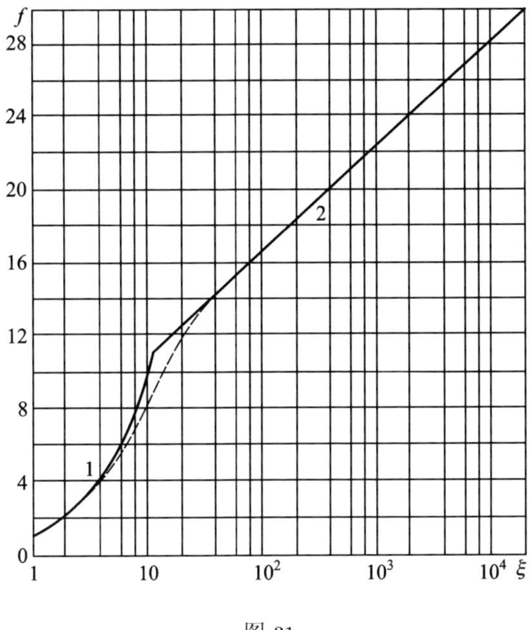

图 31

度涨落 $\boldsymbol{v}'$, 并且注意到平均速度指向 x 轴方向, 我们有 $v_x = u + v_x'$, $v_y = v_y'$. 于是[①]

$$\sigma = \rho\langle v_x v_y\rangle = \rho\langle v_x' v_y'\rangle + \rho u\langle v_y'\rangle = \rho\langle v_x' v_y'\rangle. \tag{42.10}$$

其次, y 方向上的能流密度等于 $(p+\rho v^2/2)v_y$ (这里也忽略了黏性项). 我们写出 $v^2 = (u+v_x')^2 + v_y'^2 + v_z'^2$ 并对整个表达式取平均, 就得到

$$\langle p' v_y'\rangle + \frac{\rho}{2}\langle v_x'^2 v_y' + v_y'^3 + v_z'^2 v_y'\rangle + \rho u\langle v_x' v_y'\rangle.$$

这里只要保留最后一项即可. 其实, 速度涨落的量级是 v_*, 所以 (在对数精度下) 远小于 u. 至于压强, 其湍流涨落 $p' \sim \rho v_x^2$, 所以在同等精度下也可以忽略上述表达式中的第一项. 因此, 对于平均能流密度, 我们求出:

$$\langle q\rangle = \rho u\langle v_x' v_y'\rangle = u\sigma. \tag{42.11}$$

当趋近平板表面时, 该能流减小, 这恰好与能量耗散有关. 导数 $\mathrm{d}\langle q\rangle/\mathrm{d}y$ 给出单位体积流体中的能量耗散率, 再除以 ρ 就得到单位质量流体中的能量耗散率:

$$\varepsilon = \frac{v_*^3}{\varkappa y} = \frac{1}{\varkappa y}\left(\frac{\sigma}{\rho}\right)^{3/2}. \tag{42.12}$$

---

① 湍流涨落所输运的动量流密度张量称为**雷诺应力张量**, 这个概念是由雷诺引入的 (O. 雷诺, 1895).

到目前为止, 我们一直假设平板表面是足够光滑的. 对于粗糙表面, 可以略微改变上述公式. 可以选取粗糙表面上诸多小突起的高度量级来度量粗糙度, 我们把它记为 d. 量 d 和层流底层厚度 y_0 的相对大小才是重要的. 如果厚度 y_0 远大于 d, 则粗糙度根本无关紧要. 对于足够光滑的平板都这样认为. 如果 y_0 和 d 具有同样的量级, 则无法写出任何一般公式.

在粗糙度很大的相反极限情况下 ($d \gg y_0$), 我们又可以建立某些一般关系式. 这时显然谈不上黏性底层. 绕粗糙面上诸多小突起的流动是湍流, 表征这种流动的量是 ρ, σ, d, 而黏度 ν 就像通常那样不应直接出现在这里. 这种流动的速度具有 v_* 的量级, 这是现有的唯一具有速度量纲的量. 因此我们看到, 在绕粗糙表面的流动中, 速度在 $y \sim d$ 的距离上就已经变得很小 ($\sim v_*$), 而不是像绕光滑表面的流动那样在 $y \sim y_0$ 的距离才变得很小. 由此显然可知, 在 (42.7) 中把 ν/v_* 改为 d, 就可以得到现在的速度分布公式

$$u = \frac{v_*}{\varkappa} \ln \frac{y}{d}. \tag{42.13}$$

§ 43 管道中的湍流

现在, 我们把上述结果应用于管道中的湍流. 在管壁附近 (在远小于管道半径 a 的距离上) 可以把管壁近似看做平面, 于是速度分布应当由公式 (42.7) 或 (42.8) 描述. 但是, 因为函数 $\ln y$ 的变化很慢, 所以如果在公式 (42.7) 中用 a 代替 y, 就可以在对数精度下应用这个公式来描述管内流动的平均速度 U:

$$U = \frac{v_*}{\varkappa} \ln \frac{av_*}{\nu}. \tag{43.1}$$

我们将把平均速度 U 理解为单位时间内流过管道横截面的流体总量 (体积) 除以该横截面的面积: $U = Q/\rho\pi a^2$.

为了建立平均速度 U 与用来维持流动的压强梯度 $\Delta p/l$ 之间的关系 (Δp 是长度为 l 的管道两端的压强差), 我们注意到, 推动流体在管道中流动的力作用在横截面上并等于 $\pi a^2 \Delta p$, 这个力要克服管壁上的摩擦力. 因为单位面积管壁上的摩擦力是 $\sigma = \rho v_*^2$, 所以总摩擦力等于 $2\pi a l \rho v_*^2$. 使这两个表达式相等, 我们求出

$$\frac{\Delta p}{l} = \frac{2}{a} \rho v_*^2. \tag{43.2}$$

方程 (43.1) 和 (43.2) 用参数方程的形式 (参数是 v_*) 给出了管道中的流速与压强梯度之间的关系. 这个关系通常称为管道的**阻力定律**. 根据 (43.2) 用 $\Delta p/l$ 表示 v_*, 然后代入 (43.1), 就得到用一个方程的形式表示出来的阻力定律:

$$U = \sqrt{\frac{a\Delta p}{2\varkappa^2 \rho l}} \ln \left(\frac{a}{\nu} \sqrt{\frac{a\Delta p}{2\rho l}} \right). \tag{43.3}$$

通常在这个公式中引入一个被称为管道阻力因子的无量纲量, 其定义为比值

$$\lambda = \frac{2a\Delta p/l}{\rho U^2/2}. \tag{43.4}$$

λ 对无量纲的雷诺数 $Re = 2aU/\nu$ 的依赖关系, 可以用隐函数的形式由以下方程给出:

$$\frac{1}{\sqrt{\lambda}} = 0.88 \ln(Re\sqrt{\lambda}) - 0.85. \tag{43.5}$$

我们在这里认为 $\varkappa$ 的值由 (42.3) 给出, 并在对数项以外加上了一个经验常数①. 由这个公式确定的阻力因子是雷诺数的缓慢递减函数. 为了比较, 我们给出圆管内的层流阻力定律. 在公式 (17.10) 中引入阻力因子, 得到

$$\lambda = \frac{64}{Re}. \tag{43.6}$$

随着雷诺数的增大, 层流情况下的阻力因子比湍流情况减小得更快.

图 32 画出了 λ 对 Re 的依赖关系图像 (在对数尺度下). 快速下降的直线对应于层流 (公式 (43.6)), 而较平缓的曲线 (几乎也是直线) 对应于湍流. 随着雷诺数的增大, 流动变为湍流, 同时发生第一条线向第二条线的过渡. 这种过渡可以发生于不同的 Re 值, 这取决于具体的流动条件 (流动受扰动的程度). 发生过渡时, 阻力因子急剧增大.

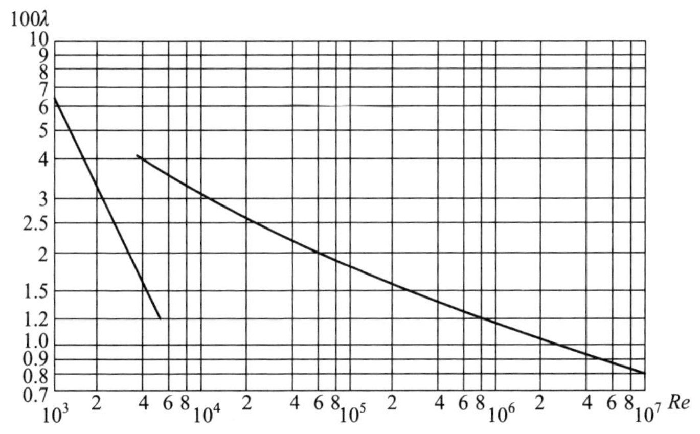

图 32

① 在这个公式中, 对数前的因子对应于对数速度剖面公式 (42.8) 中的因子. 只有在这样的条件下, 描述湍流的这个公式作为足够大雷诺数时的极限公式才有理论意义. 如果任意选取公式 (43.5) 中的两个常数值, 它的作用就只能是关于 λ 对 Re 的依赖关系的纯经验公式. 但是这样一来, 就没有任何理由认为它好于其他任何一种足够好地描述了实验结果并且更为简单的经验公式.

上述公式适用于壁面光滑的管道. 对于壁面极端粗糙的管道, 只要把 ν/v_* 改为 d (对比 (42.13)), 就可以得到类似的公式. 现在, 阻力规律公式不是 (43.3), 而是

$$U=\sqrt{\frac{a\Delta p}{2\varkappa^2\rho l}}\ln\frac{a}{d}. \tag{43.7}$$

对数函数的自变量现在是常数, 而不像 (43.3) 那样含有压强梯度. 我们看到, 平均速度现在只是正比于管道内压强梯度的平方根. 如果引入阻力因子, 则 (43.7) 的形式化为

$$\lambda=\frac{8\varkappa^2}{\ln^2(a/d)}=\frac{1.3}{\ln^2(a/d)}, \tag{43.8}$$

即 λ 是一个常数, 与雷诺数无关.

§44 湍流边界层

我们得到了平面湍流的对数型速度分布, 相应规律在形式上在整个空间中都成立, 因为我们所研究的流动是沿着具有无穷大面积的平板进行的. 在实际情况下, 对于沿有限物体表面的流动, 只有距离表面不远处 (即边界层内) 的流动才具有对数型剖面.

对于沿表面的流动, 边界层的厚度在流动方向上不断增大 (下面将得到相应规律). 这就解释了为什么管道内流动的对数型速度剖面对管道的整个横截面都成立. 管壁上的边界层从管道入口开始越来越厚, 经过某段有限的距离后就已经充满整个横截面. 所以, 如果考虑足够长的管道并忽略入口段, 则整个管道内的流动类型将与湍流边界层内的流动类型相同. 我们记得, 管道内的层流也有类似的情况. 这种流动总是由公式 (17.9) 来描述. 黏性的作用在距离管壁任何值的地方都有所体现, 决不仅限于紧贴壁面的流体薄层内.

无论是在湍流边界层中还是在层流边界层中, 平均速度的减小终究是由流体的黏性引起的. 但是, 黏性对湍流边界层的影响具有非常特别的表现形式. 在湍流边界层中, 平均速度的变化过程本身并不直接依赖于黏度. 只有在黏性底层中, 黏度才出现在速度梯度的表达式中. 边界层的总厚度取决于黏度, 并且当黏度为零时也变为零 (见下). 假如黏度精确为零, 就完全不存在任何边界层了.

我们在 §39 中已经研究了平板绕流中的层流边界层, 现在把上一节的结果应用于绕同样平板的流动中形成的湍流边界层. 在湍流边界层的边界上, 流体速度几乎等于基本流动速度 U. 另一方面, 我们使用公式 (42.7) 来确定边界

上的这个速度 (在对数精度上), 并把公式中的 y 替换为边界层厚度 δ①. 对比这两个表达式, 我们得到

$$U=\frac{v_*}{\varkappa}\ln\frac{v_*\delta}{\nu}. \tag{44.1}$$

这里的 U 起常参量的作用, 厚度 δ 则沿着平板缓慢变化, 所以 v_* 也是 x 的缓变函数. 仅有公式 (44.1) 不足以确定这些函数, 还必须得到 v_*, δ 与 x 之间的某个关系式.

得到这个关系式的方法就是得到湍流尾迹宽度公式 (37.3) 的方法. 就像那里一样, 导数 $\mathrm{d}\delta/\mathrm{d}x$ 的量级应当是边界层外缘处沿 y 轴和沿 x 轴的速度之比. 后者的量级为 U, 而横向速度起因于涨落, 所以其量级为 v_*. 于是,

$$\frac{\mathrm{d}\delta}{\mathrm{d}x}\sim\frac{v_*}{U},$$

从而

$$\delta\sim\frac{v_*x}{U}. \tag{44.2}$$

公式 (44.1) 和 (44.2) 一起确定了 v_* 和 δ 对距离 x 的依赖关系②. 但是, 这种依赖关系不能写为显式. 我们在下面将用某个辅助变量表示 δ. 因为 v_* 是 x 的缓变函数, 所以从 (44.2) 就已经可以看出, 边界层厚度基本上按正比于 x 的方式变化. 我们还记得, 层流边界层厚度以 $x^{1/2}$ 的方式增大, 这慢于湍流边界层厚度的增长.

我们来确定作用在单位面积平板上的摩擦力 σ 对 x 的依赖关系. 这种依赖关系可由下面两个公式给出:

$$\sigma=\rho v_*^2,\quad U=\frac{v_*}{\varkappa}\ln\frac{v_*^2x}{U\nu}.$$

把 (44.2) 代入 (44.1), 就得到第二个公式, 它具有对数精度. 引入 (单位面积平板的) 阻力因子 c, 其定义为无量纲比值

$$c=\frac{\sigma}{\rho U^2/2}=2\left(\frac{v_*}{U}\right)^2. \tag{44.3}$$

于是, 从上面两个方程中消去 v_*, 我们得到以下方程:

$$\sqrt{\frac{2\varkappa^2}{c}}=\ln(cRe_x),\quad Re_x=\frac{Ux}{\nu}, \tag{44.4}$$

---

① 实际上, 整个湍流边界层厚度上的速度剖面并非都是对数型的. 在边界层内靠外的部分中, 速度增长的最后 20%—25% 比对数型增长更快一些. 这些偏差看来与边界层边界的无规律振动有关 (见 §35 最后关于湍流区边界的说明).

② 严格地说, 距离 x 应当近似地从层流边界层转变为湍流边界层的位置算起.

它 (在对数精度下) 以隐函数的形式给出了 c 对 x 的依赖关系. 由这个公式确定的阻力因子 c 是距离 x 的缓慢递减函数.

用这个函数可以表示边界层厚度. 我们有

$$v_* = \sqrt{\frac{\sigma}{\rho}} = U\sqrt{\frac{c}{2}}.$$

把它代入 (44.2), 求出

$$\delta = \text{const} \cdot x\sqrt{c}. \tag{44.5}$$

这个公式中的因子的经验值约为 0.3.

用类似方法可以得到粗糙表面上的湍流边界层公式. 根据公式 (42.13), 现在我们有取代 (44.1) 的以下公式:

$$U = \frac{v_*}{\varkappa}\ln\frac{\delta}{d},$$

其中 d 是粗糙度. 把 (44.2) 中的 δ 代入此式, 得到

$$U = \frac{v_*}{\varkappa}\ln\frac{xv_*}{Ud},$$

或者, 如果引入阻力因子 (44.3), 则

$$\sqrt{\frac{2\varkappa^2}{c}} = \ln\frac{x\sqrt{c}}{d}. \tag{44.6}$$

§ 45 失阻

根据在最后几节中得到的结果, 可以作出关于大雷诺数下阻力定律的重要结论, 该定律给出 Re 很大时作用在物体上的阻力对 Re 的依赖关系.

我们已经描述过大 Re 数下 (下面只讨论这种情况) 的绕流图案, 其特点如下. 在流体的整个基本流动区域中 (即在边界层之外的所有地方, 我们在这里不考虑边界层), 流体可以视为理想的, 并且在湍流尾迹之外处处都是势流. 尾迹的宽度取决于被绕流物体表面上分离线的位置. 这时重要的是, 虽然这个位置也是由边界层的性质决定的, 但结果表明, 正如 § 40 中所指出的那样, 它与雷诺数无关. 因此, 我们可以说, 大雷诺数下的整个流动图像基本上与黏性无关, 换言之, 与 Re 无关 (只要边界层保持层流状态, 见后).

由此可知, 阻力也不可能依赖于黏度. 我们只剩下三个量: 来流速度 U, 流体密度 ρ 和物体尺寸 l. 从它们只能组成一个具有力的量纲的量 ρU^2l^2. 习惯

上, 我们在这里不使用物体尺寸的平方 l^2, 而是引入一个与它成正比的量——物体的横截面面积 S (横截面垂直于来流方向), 从而写出

$$F = \text{const}\cdot\rho U^2 S, \tag{45.1}$$

其中常数 const 只依赖于物体的形状. 因此, 阻力 (在 Re 很大时) 应当正比于物体的横截面面积和来流速度的平方. 为了进行比较, 我们还记得, 阻力在 Re 极小 ($Re\ll 1$) 时正比于物体的尺寸和速度的一次方 ($F\sim\nu\rho lU$; 见 §20)①

如前所述, 通常考虑阻力因子 C 而不考虑阻力 F, 其定义为

$$C=\frac{F}{\rho U^2 S/2};$$

C 是一个无量纲量, 只能依赖于 Re. 公式 (45.1) 可以写为

$$C = \text{const}, \tag{45.2}$$

即阻力因子只取决于物体的形状.

然而, 阻力的这种情形并不能延续到任意大的雷诺数. 其实, 当 Re 足够大时, 层流边界层 (位于分离线前面的物体表面上) 失稳并向湍流转变. 这时, 并非整个边界层都转变为湍流, 仅是它的某一部分如此. 因此, 物体的整个表面可以分为三部分: 在前面是层流边界层, 然后是湍流边界层, 最后是分离线后方的区域.

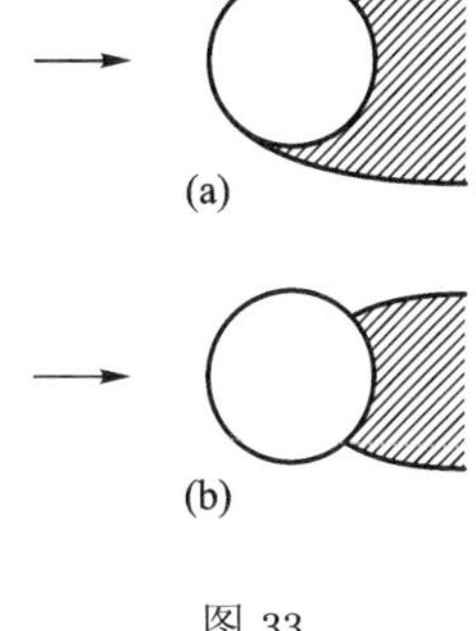

图 33

边界层向湍流的转变对基本流动的整个图案有重要影响: 这导致分离线显著地向下游移动, 物体后面的湍流尾迹因而缩小 (如图 33 所示, 阴影部分是尾迹区域)②. 湍流尾迹的缩小引起阻力的减小. 因此, 边界层在大雷诺数下向湍流的转变伴随着阻力因子的减小. 阻力因子在相对很小的一个雷诺数范围内 (在 10^5 的几倍附近) 下降为原来的几分之一. 这种现象称为**失阻**. 阻力因子在这个雷诺数范围内减小了很多, 以致于在 C 为常数时本来应当按照正比于速度平方的方式增加的阻力本身, 这时甚至会随速度的增加而减小③.

可以指出, 流向物体的来流的湍流程度对失阻现象有影响. 该程度越大, 边界层越早 (在越小的 Re 下) 向湍流转变, 阻力因子从而也会在越小的雷诺数

---

① 绕气泡的流动是一种特殊情况: 即使 Re 很大, 阻力仍然正比于速度的一次方. 见本节习题.

② 例如, 在长圆柱体的横向绕流中, 边界层向湍流的转变使分离点的位置从 95° 移至 60° (圆柱体横截面上的角从流动方向算起).

③ 我们指出, 对于绕球体的流动, 非定常性的第一次出现 (Re 的相应量级为几十) 并不伴随着阻力的突跃式变化. 这是因为弱自激条件下的过渡是连续的. 流动特性只可能在曲线 $C(Re)$ 发生剧烈变化时才有所改变.

下就开始减小 (并且这样的雷诺数范围越宽).

图 34 和 35 给出通过实验得到的球体阻力因子对雷诺数 $Re = Ud/\nu$ (d 为直径) 的依赖关系图像 (图 34 采用对数尺度, 图 35 采用通常尺度). 阻力因子 C 在 Re 很小 ($Re \ll 1$) 时按照规律 $C = 24/Re$ (斯托克斯公式) 减小, 然后更慢地继续减小, 一直到 $Re \approx 5 \times 10^3$ 时达到极小值为止, 此后稍微增大. 在雷诺数介于 2×10^4 和 2×10^5 之间时, 规律 (45.2) 成立, 即 C 基本保持不变. 当 Re 大约介于 2×10^5 和 3×10^5 之间时出现失阻, 阻力因子大约减小到原来的 1/4 到 1/5.

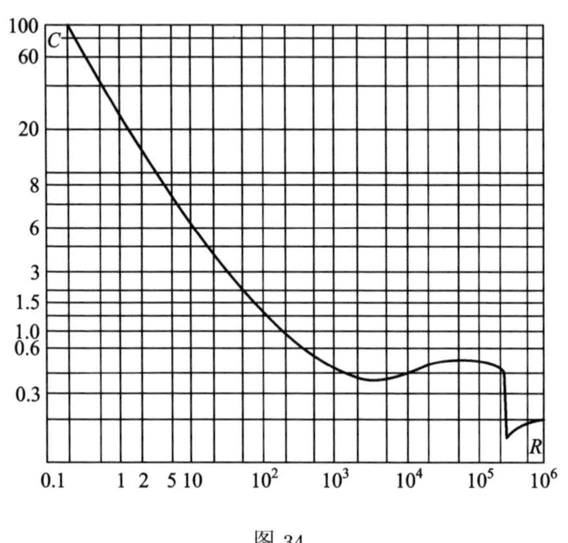

图 34

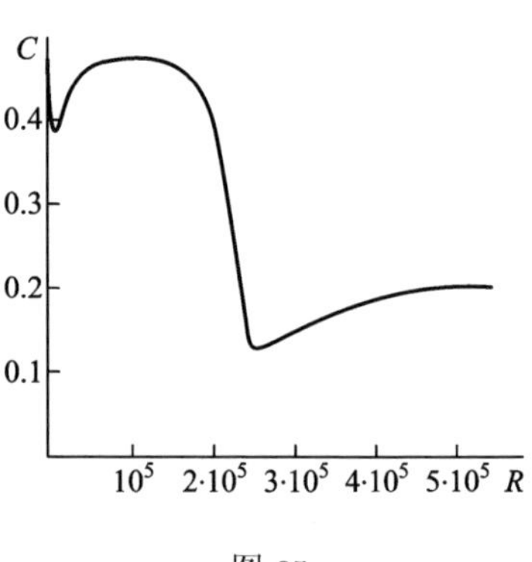

图 35

为了进行比较, 我们给出一个没有失阻现象的绕流实例——垂直于平面圆盘的来流绕圆盘的流动. 分离的位置在这种情况下是明显的, 通过纯粹几何上的考虑就可以预先知道这一点. 分离显然发生在圆盘边缘, 并且不会再从那里移至别处. 所以, 当 Re 增大时, 圆盘的阻力因子保持不变, 不会发生失阻.

必须注意, 当失阻发生在高速情况下时, 流体的可压缩性已经可以产生显著影响. **马赫数** $M = U/c$ 是表征这种影响程度的参数, 其中 c 是声速. 如果 $M \ll 1$, 就可以把流体看做不可压缩的 (§10). 因为在 M 和 Re 这两个数的定义中只有一个含有物体的尺寸, 所以这两个数可以独立地变化.

实验结果表明, 可压缩性对层流边界层内的流动一般起稳定作用. 边界层在 Re 达到临界值时向湍流转变, 该临界值随 M 的增大而增大, 失阻也随之而推迟发生. 以球体为例, 当 M 从 0.3 变为 0.7 时, 失阻大致从 $Re \approx 4 \times 10^5$ 推迟到 $Re \approx 8 \times 10^5$.

我们还指出, 当 M 增大时, 层流边界层分离点的位置向上游移动, 即向物体的前部移动, 而这必然导致阻力有所增加.

习 题

设一个气泡在液体中运动, 求大雷诺数情况下气泡所受的阻力.

解: 在液体和气体之间的界面上, 流体速度的切向分量本身不等于零, 但其法向导数等于零 (忽略气体的黏性). 所以, 边界面附近的速度梯度不会太高, 不存在边界层 (如 §39 所述的形式), 从而 (几乎在整个气泡的表面上) 也不存在分离现象. 于是, 在利用体积分 (16.3) 计算能量耗散率的时候, 只要忽略液体的表面层和很薄的湍流尾迹, 就可以在整个空间中应用绕球体势流的速度分布 (见 §10 习题 2). 根据 §16 习题中得到的公式进行计算, 我们求出

$$\dot{E}_{\text{kin}} = -\eta \int \left.\frac{\partial v^2}{\partial r}\right|_{r=R} \cdot 2\pi R^2 \sin\theta \, \mathrm{d}\theta = -12\pi\eta R U^2.$$

由此可见, 所求的耗散阻力

$$F = 12\pi\eta R U.$$

这个公式的应用范围其实不大, 因为当速度足够大时, 气泡就不再保持球形了.

§46 良绕体

可以提出这样的问题: 为了使一个物体 (满足一定条件, 例如具有给定面积的横截面) 在流体中运动时受到尽可能小的阻力, 物体应当具有什么样的形状? 从上面的全部讨论显然可知, 为此必须让分离尽可能远地向后移动: 分离应当发生在更接近物体后端的位置, 使湍流尾迹变得尽可能更窄一些. 我们已经知道, 压强沿被绕流物体表面向下游方向迅速增大, 就会促进分离的发生. 所以, 必须让被绕流物体具有这样的形状, 使压强沿物体表面的变化在上述压强增大区域内尽可能平缓. 这是可以实现的, 只要让物体具有细长的形状 (沿流动方向) 并在下游平缓地收缩到一个尖端, 使沿物体两侧的流动能够平缓地汇合, 而不必绕过任何棱角或者大幅偏离来流方向. 物体前端应当是圆形的. 假如这里有一个拐角, 流体速度在拐角顶点处就会变为无穷大 (见 §10 习题 6), 从而导致压强沿下游方向迅速增大, 则分离不可避免.

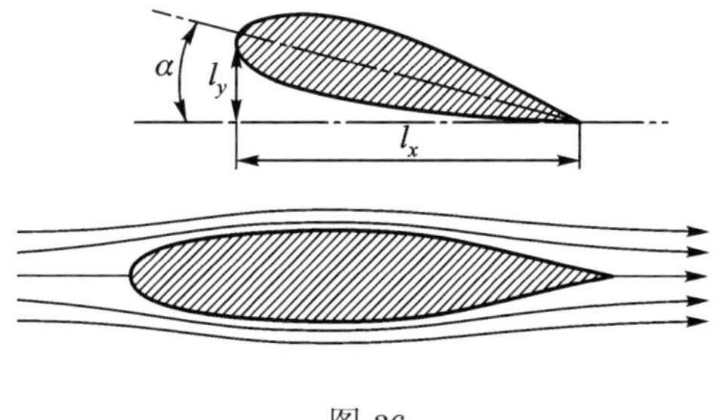

图 36

如图 36 所示的形状在很大程度上满足所有这些要求. 由下面的图给出的剖面既可以是细长旋转体的截面, 也可以是大翼展物体 (我们约定称这样的物体为**机翼**) 的截面. 机翼的截面形状也可以是非对称的, 例如上面的图. 在绕这种形状物体的流动中, 分离仅发生

于非常靠近尖后缘的地方, 所以阻力因子相对较小. 这样的物体称为**良绕体**或**流线型**物体.

在良绕体的阻力中, 边界层内流体直接作用在物体表面的摩擦力非常重要. 对于非良绕体 (在前一节中讨论过), 摩擦力的作用相对很小, 所以实际上无关紧要. 而在平板绕流 (来流平行于平板) 这种相反的极限情况下, 摩擦力是阻力的唯一来源 (§39).

当流线型机翼相对于来流的倾角 (图 36 中的 α, 被称为**攻角**) 很小时, 可以产生很大的升力 F_y, 而阻力 F_x 很小, 所以比值 F_y/F_x 可以达到很大的值 (量级为 10—100). 但是, 只有当攻角不太大 (通常不超过大约 10°) 时才会如此. 此后, 当攻角继续增加时, 阻力开始快速上升, 而升力下降. 导致这种现象的原因是, 良绕体条件在大攻角下不再成立: 发生分离的位置沿表面向物体前部移动了很多, 使尾迹明显变宽. 应当注意, 厚度很小的物体在极限下就是平板, 而平板仅在攻角非常小的情况下才是良绕体. 即使平板相对于来流的倾角很小, 在平板前缘也会发生分离.

按照定义, 攻角 α 是从升力为零时的机翼位置算起的. 在小攻角情况下, 可以把升力展开为 α 的幂级数. 如果只考虑展开式中的第一项, 我们就可以认为力 F_y 正比于 α. 其次, 按照同样对阻力使用过的量纲方法, 升力应当正比于 ρU^2. 再引入翼展 l_z, 就可以写出

$$F_y = \text{const} \cdot \rho U^2 \alpha l_x l_z, \tag{46.1}$$

其中的常数 const 仅取决于机翼的形状, 特别是, 它与攻角无关. 对于翼展非常大的机翼, 可以认为升力正比于翼展; 在这种情况下, const 只决定于机翼横截面的形状.

经常使用**升力因子**而不用机翼升力, 前者被定义为

$$C_y = \frac{F_y}{l_x l_z \rho U^2/2}. \tag{46.2}$$

如上所述, 对于翼展非常大的机翼, 升力因子正比于攻角, 并且既不依赖于速度, 也不依赖于翼展:

$$C_y = \text{const} \cdot \alpha. \tag{46.3}$$

在利用茹科夫斯基公式计算流线型机翼的升力时, 必须确定速度环量 Γ, 其方法如下. 尾迹以外的流动处处有势, 而尾迹在所给情况下很薄, 并且在机翼表面上只占据尖锐后缘附近的一个很小区域. 所以, 为了确定速度分布 (同时也确定环量 Γ), 可以求解理想流体绕机翼的势流问题. 这时可以把尾迹当做一个始自机翼尖锐后缘的切向间断面, 速度势在这里有间断 $\varphi_2 - \varphi_1 = \Gamma$. 在

§38 中已经证明, 导数 $\partial\varphi/\partial z$ 在这个曲面上也有间断, 但导数 $\partial\varphi/\partial x$ 和 $\partial\varphi/\partial y$ 是连续的. 对于有限翼展机翼, 这样提出的问题有唯一解, 只不过寻求精确解是极其复杂的.

如果机翼有很大的翼展 (和保持不变的横截面), 就可以认为它沿 z 轴是无穷长的, 从而可以认为流动是平面流 (在 xy 平面内). 由对称性显然可知, 翼展方向上的速度 $v_z = \partial\varphi/\partial z$ 完全为零. 因此, 在这种情况下, 我们应当寻求速度势有间断但其导数连续的解. 换言之, 根本不存在切向间断面, 我们只要考虑非单值函数 $\varphi(x, y)$, 它在环绕被绕流机翼剖面一周时具有有限的增量 Γ. 但是, 在这样的形式下, 平面绕流问题的解不是单值的, 因为速度势可以有预先给定的任意间断值. 为了得到唯一的结果, 必须要求满足一个附加条件 (C. A. 恰普雷金, 1909).

这个条件要求流体速度在机翼的尖锐后缘处不等于无穷大①. 在这方面, 我们还记得, 当理想流体流过一个拐角时, 拐角顶点处的流体速度一般而言按照幂次规律变为无穷大 (§10 习题 6). 可以说, 上述条件意味着, 由机翼两侧流过的气流必须平稳地汇合, 而不能绕过尖锐后缘. 当这个条件成立时, 有势绕流问题的解自然就给出最接近真实情况的流动图像, 这时速度处处有限, 而分离只发生于后缘处. 于是, 问题的解成为唯一的, 特别是计算升力所需的环量 Γ 也被确定下来.

§47 诱导阻力

在流线型机翼 (翼展有限) 的阻力中, 一个重要部分与薄湍流尾迹中的能量耗散有关. 这部分阻力称为诱导阻力.

在 §21 中已经展示, 怎样利用远离物体处的流动来计算与尾迹有关的阻力. 但是, 那里得到的公式 (21.1) 并不适用于这里的情况. 按照那个公式, 在尾迹横截面上取 v_x 的积分就可以给出阻力, 即阻力是由通过尾迹横截面的流量给出的. 然而, 既然机翼是流线型的, 所以机翼后的尾迹很薄, 上述流量在所研究的情况下很小, 于是在下面的近似下可以完全忽略.

类似于 §21 的做法, 设平面 $x = x_1$ 和平面 $x = x_2$ 分别位于物体后方和前方很远处, 我们把力 F_x 写为通过这两个平面的总动量流的 x 分量之差. 如果把速度的三个分量写为 $U + v_x$, v_y, v_z 的形式, 对于动量流密度的分量 Π_{xx} 就有表达式

$$\Pi_{xx} = p + \rho(U + v_x)^2,$$

① 在中文文献中, 这个条件通常称为库塔–茹科夫斯基条件. ——译者

于是阻力为

$$F_x = \left(\iint\limits_{x=x_2} - \iint\limits_{x=x_1} \right) \left[p + \rho(U + v_x)^2 \right] \mathrm{d}y\, \mathrm{d}z. \tag{47.1}$$

因为尾迹很薄, 所以 (在沿平面 $x = x_1$ 的积分中) 可以忽略沿尾迹横截面的积分, 于是处处仅对尾迹以外的区域进行积分即可. 但是, 尾迹以外的流动是势流, 并且成立伯努利公式

$$p + \frac{\rho}{2}|\boldsymbol{U} + \boldsymbol{v}|^2 = p_0 + \frac{\rho U^2}{2},$$

所以

$$p = p_0 - \rho U v_x - \frac{\rho}{2}\rho(v_x^2 + v_y^2 + v_z^2). \tag{47.2}$$

这里不能 (像 §21 那样) 忽略二次项, 因为待求的阻力在所研究的情况下正是由它们决定的. 把 (47.2) 代入 (47.1), 得到

$$F_x = \left(\iint\limits_{x=x_2} - \iint\limits_{x=x_1} \right) \left[p_0 + \rho U^2 + \rho U v_x + \frac{\rho}{2}(v_x^2 - v_y^2 - v_z^2) \right] \mathrm{d}y\, \mathrm{d}z.$$

常量 $p_0 + \rho U^2$ 的积分之差等于零, $\rho U v_x$ 的积分之差也等于零, 因为通过前后两个平面的流量 $\iint \rho v_x \,\mathrm{d}y\,\mathrm{d}z$ 应当相同 (在所考虑的近似下可以忽略通过尾迹横截面的流量). 其次, 如果把平面 $x = x_2$ 移动到物体前方足够远的地方, 则该平面上的速度 $\boldsymbol{v}$ 将有非常小的值, 于是可以忽略 $\rho(v_x^2 - v_y^2 - v_z^2)$ 沿该平面的积分. 最后, 在绕流线型机翼的流动中, 尾迹外的速度 v_x 远小于 v_y 和 v_z. 所以, 在沿平面 $x = x_1$ 的积分中, v_x^2 与 $v_y^2 + v_z^2$ 相比可以忽略不计. 因此, 我们得到

$$F_x = \frac{\rho}{2} \iint (v_y^2 + v_z^2)\, \mathrm{d}y\, \mathrm{d}z, \tag{47.3}$$

这里沿位于物体后方远处的一个平面 $x = \mathrm{const}$ 进行积分, 并且积分域不包括尾迹的横截面①.

用这种方法计算的流线型机翼阻力可以通过速度环量 Γ 表示出来, 该环量也决定了升力. 为此, 我们首先指出, 速度在距离物体足够远处对坐标 x 的依赖关系很弱, 从而可以把 $v_y(y,\ z)$, $v_z(y,\ z)$ 看做与 x 完全无关的某种二

① 公式 (47.3) 可能造成这样的印象: 当距离 x 增大时, 速度 v_y, v_z 的量级根本不会减小. 的确, 只要尾迹的厚度远小于其宽度, 正如我们在推导公式 (47.3) 时所假设的那样, 上述想法就是正确的. 在机翼后方非常远的地方, 尾迹最终仍会变厚, 以至于其横截面大致上变为圆形. 公式 (47.3) 在这里不再成立, 而 v_y, v_z 则随距离的增大而迅速减小.

维流动的速度. 引入流函数 (§10) 作为辅助变量是方便的, 这时 $v_z = \partial\psi/\partial y$, $v_y = -\partial\psi/\partial z$. 因此,

$$F_x = \frac{\rho}{2}\iint\left[\left(\frac{\partial\psi}{\partial y}\right)^2 + \left(\frac{\partial\psi}{\partial z}\right)^2\right]\mathrm{d}y\,\mathrm{d}z,$$

其中沿竖直坐标 y 的积分是从 $+\infty$ 到 y_1, 又从 y_2 到 $-\infty$ (y_1, y_2 是尾迹上下边界的坐标, 见图 26). 因为尾迹以外为势流 ($\operatorname{rot}\boldsymbol{v} = 0$), 所以有

$$\frac{\partial^2\psi}{\partial y^2} + \frac{\partial^2\psi}{\partial z^2} = 0.$$

对上述积分应用二维格林公式, 得到

$$F_x = -\frac{\rho}{2}\oint\psi\frac{\partial\psi}{\partial n}\,\mathrm{d}l,$$

这里的积分沿原来面积分的积分域边界线进行 ($\partial/\partial n$ 表示沿边界线外法向的导数). 在无穷远处 $\psi = 0$, 所以积分应当沿尾迹横截面 (在 yz 平面上的截面) 的边界进行, 于是得到

$$F_x = \frac{\rho}{2}\int\psi\left[\left(\frac{\partial\psi}{\partial y}\right)_2 - \left(\frac{\partial\psi}{\partial y}\right)_1\right]\mathrm{d}z.$$

这里应当在整个尾迹宽度上积分, 而方括号中的差值表示导数 $\partial\psi/\partial y$ 在通过尾迹时的间断值. 注意到 $\partial\psi/\partial y = v_z = \partial\varphi/\partial z$, 我们有

$$\left(\frac{\partial\psi}{\partial y}\right)_2 - \left(\frac{\partial\psi}{\partial y}\right)_1 = \left(\frac{\partial\varphi}{\partial z}\right)_2 - \left(\frac{\partial\varphi}{\partial z}\right)_1 = \frac{\mathrm{d}\Gamma}{\mathrm{d}z},$$

所以

$$F_x = \frac{\rho}{2}\int\psi\frac{\mathrm{d}\Gamma}{\mathrm{d}z}\,\mathrm{d}z.$$

最后, 我们使用一个已知的势论公式

$$\psi = -\frac{1}{2\pi}\int\left[\left(\frac{\partial\psi}{\partial n}\right)_2 - \left(\frac{\partial\psi}{\partial n}\right)_1\right]\ln r\,\mathrm{d}l,$$

其中积分是沿某条平面封闭曲线进行的, r 是从 $\mathrm{d}l$ 到需要计算出 ψ 的那一点的距离, 而方括号中的表达式就是 ψ 在封闭曲线上的法向导数的间断值[①]. 在

① 在二维势论中, 这个公式给出了电荷密度为

$$\frac{1}{2\pi}\left[\left(\frac{\partial\psi}{\partial n}\right)_2 - \left(\frac{\partial\psi}{\partial n}\right)_1\right]$$

的带电平面封闭曲线所产生的电势.

上述情况下, 积分曲线是 z 轴的一段, 所以对于函数 $\psi(y,\ z)$ 在 z 轴上的值可以写出:

$$\psi(0,z)=\frac{1}{2\pi}\int\left[\left(\frac{\partial\psi}{\partial y}\right)_1-\left(\frac{\partial\psi}{\partial y}\right)_2\right]\ln|z-z'|\,\mathrm{d}z'=-\frac{1}{2\pi}\int\frac{\mathrm{d}\Gamma(z')}{\mathrm{d}z'}\ln|z-z'|\,\mathrm{d}z'.$$

最后, 把它代入 F_x, 就得到诱导阻力的下列公式:

$$F_x=-\frac{\rho}{4\pi}\int_0^l\int_0^l\frac{\mathrm{d}\Gamma(z)}{\mathrm{d}z}\cdot\frac{\mathrm{d}\Gamma(z')}{\mathrm{d}z'}\ln|z-z'|\,\mathrm{d}z\,\mathrm{d}z' \tag{47.4}$$

(L. 普朗特, 1918). 这里已经把翼展表示为 $l_z=l$, 并把 z 的原点取在机翼一端.

如果 z 轴方向上的所有长度都增加某个倍数 (Γ 保持不变), 则积分 (47.4) 将保持不变①. 这表明, 当翼展增大时, 机翼总诱导阻力的量级保持不变. 换言之, 单位长度机翼的诱导阻力随翼展增大而减小②. 与阻力不同, 总升力

$$F_y=-\rho U\int\Gamma\,\mathrm{d}z \tag{47.5}$$

几乎按照正比关系随翼展的增大而增大, 而单位长度机翼的升力保持不变.

为了实际计算积分 (47.4) 和 (47.5), 下述方法颇为方便. 我们按照表达式

$$z=\frac{l}{2}(1-\cos\theta),\quad 0\leqslant\theta\leqslant\pi \tag{47.6}$$

引入新变量 θ 来代替坐标 z. 速度环量分布可以写为三角级数的形式:

$$\Gamma=-2Ul\sum_{n=1}^{\infty}A_n\sin n\theta. \tag{47.7}$$

这里, $\Gamma=0$ 的条件在机翼两端 (即在 $z=0,\ l$ 或 $\theta=0,\ \pi$ 处) 是成立的.

把这个表达式代入公式 (47.5) 并计算积分 (并且利用函数 $\sin\theta$ 和 $\sin n\theta$ 在 $n\neq1$ 时的正交性), 我们得到

$$F_y=\frac{\rho U^2}{2}\pi l^2A_1.$$

---

① 为了避免误解, 我们指出, 当长度单位变化时, 被积函数中的对数将增加一个常数, 但这是无关紧要的. 其实, 如果把上述积分中的 $\ln|z-z'|$ 替换为一个常数, 则相应积分必定为零, 因为

$$\int\frac{\mathrm{d}\Gamma}{\mathrm{d}z}\,\mathrm{d}z=\Gamma|=0$$

(Γ 在尾迹边界上等于零).

② 在无穷大翼展的极限下, 单位长度机翼的诱导阻力为零. 其实, 这时仍然还有不大的阻力, 它取决于尾迹中的流量 (即积分 $\iint v_x\,\mathrm{d}y\,\mathrm{d}z$), 我们在推导公式 (47.3) 时忽略了这部分流量. 该阻力既包括摩擦阻力, 也包括起因于尾迹耗散的其余部分阻力.

因此, 升力仅依赖于展开式 (47.7) 中的第一个系数. 对于升力因子 (46.2), 我们有

$$C_y = \pi\lambda A_1, \tag{47.8}$$

这里引入了机翼的展弦比 $\lambda = l/l_x$.

为了计算阻力, 我们对公式 (47.4) 进行一次分部积分, 从而把它改写为

$$F_x = \frac{\rho}{4\pi}\int_0^l\int_0^l \Gamma(z)\frac{\mathrm{d}\Gamma(z')}{\mathrm{d}z'}\frac{\mathrm{d}z\,\mathrm{d}z'}{z-z'}. \tag{47.9}$$

容易看出, 这里对 z' 的积分必须取其主值. 把 (47.7) 代入, 经过初等运算① 即可得到以下诱导阻力因子公式:

$$C_x = \pi\lambda\sum_{n=1}^{\infty} nA_n^2. \tag{47.10}$$

就像升力因子那样, 我们定义机翼的阻力因子为

$$C_x = \frac{F_x}{l_x l_z \rho U^2/2}, \tag{47.11}$$

这里的阻力也是指 xz 平面单位面积上的阻力.

习 题

在升力和翼展 $l_z = l$ 给定的条件下, 求诱导阻力的最小值.

解: 从公式 (47.8) 和 (47.10) 显然可知, 在 C_y 给定的条件下 (即当 A_1 给定时), 如果所有的 A_n $(n \neq 1)$ 都等于零, 则 C_x 达到最小值, 并且

$$C_{x\,\min} = \frac{1}{\pi\lambda}C_y^2. \tag{1}$$

速度环量沿翼展的分布由公式

$$\Gamma = -\frac{4}{\pi l}Ul_xC_y\sqrt{z(l-z)} \tag{2}$$

给出. 如果翼展足够大, 则绕机翼任何截面的流动近似对应于绕无穷大翼展且截面处处与其相同的机翼的平面流动. 在这种情况下可以说, 当机翼在 xz 平面内的形状是半轴为 $l_x/2$ 和 $l/2$ 的椭圆时, 就得到环量分布 (2).

---

① 在对 z' 积分时, 必须计算积分 (主值)

$$\int_0^\pi \frac{\cos n\theta'}{\cos\theta' - \cos\theta}\,\mathrm{d}\theta' = \frac{\pi\sin n\theta}{\sin\theta}.$$

在对 z 积分时, 则要利用

$$\int_0^\pi \sin n\theta\sin m\theta\,\mathrm{d}\theta = \begin{cases}\pi/2, & n=m,\\ 0, & n\neq m.\end{cases}$$

§ 48 薄翼的升力

按照茹科夫斯基定理, 计算机翼升力的问题归结为计算速度环量 Γ 的问题. 对于翼剖面处处相同的无穷大翼展流线型薄翼, 可以在一般形式下求解这个问题 (下面介绍的解法是由 M. B. 克尔德什和 Л. И. 谢多夫 (1939) 提出的).

设 $y=\zeta_1(x)$ 和 $y=\zeta_2(x)$ 是机翼剖面下半部分和上半部分曲线的方程 (图 37). 我们假设这个剖面很薄且稍微弯曲, 相对于来流方向 (x 轴) 倾斜一个小攻角. 换言之, 假设 ζ_1, ζ_2 本身及导数 ζ_1', ζ_2' 都很小, 即剖面边界的法线几乎处处平行于 y 轴. 在这些条件下可以认为, 由于存在机翼而引起的流体速度扰动 $\boldsymbol{v}$ 处处远小于来流速度 U (只有机翼圆钝前缘附近很小的区域是例外). 机翼表面的边界条件为

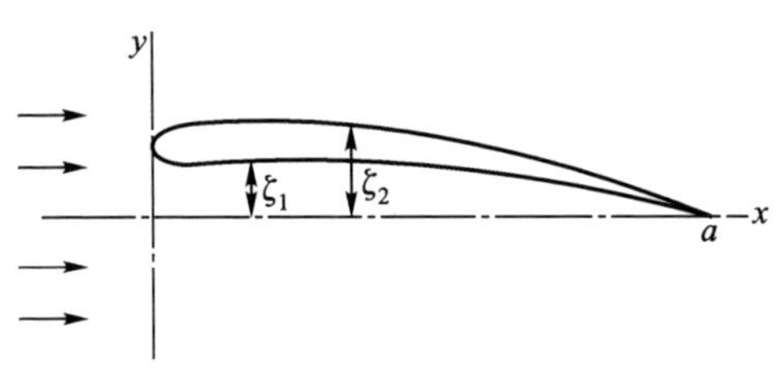

图 37

$$\text{在 } y=\zeta \text{ 处,}\quad \frac{v_y}{U}=\zeta'.$$

根据上述假设, 可以要求这个条件在 $y=0$ 处成立, 而不是在 $y=\zeta$ 处成立. 于是, 在横坐标轴上以 $x=0$ 和 $x=l_x\equiv a$ 为端点的线段上, 应当有

$$v_y=\begin{cases}U\zeta_2'(x), & y\to+0,\\ U\zeta_1'(x), & y\to-0.\end{cases}\tag{48.1}$$

为了应用复变函数论方法, 我们引入复速度: $\mathrm{d}w/\mathrm{d}z=v_x-\mathrm{i}v_y$ (见 § 10), 它是变量 $z=x+\mathrm{i}y$ 的解析函数. 在现在的情况下, 该函数在横坐标轴的线段 $(0,\ a)$ 上应当满足条件

$$\operatorname{Im}\frac{\mathrm{d}w}{\mathrm{d}z}=\begin{cases}-U\zeta_2'(x), & y\to+0,\\ -U\zeta_1'(x), & y\to-0.\end{cases}\tag{48.2}$$

为了求解所提问题, 我们首先把待求速度场 $\boldsymbol{v}(x,\ y)$ 表示为两个速度分布之和的形式:

$$\boldsymbol{v}=\boldsymbol{v}^{+}+\boldsymbol{v}^{-},$$

它们具有以下对称性:

$$\begin{aligned}&v_x^-(x,\ -y)=v_x^-(x,\ y), && v_y^-(x,\ -y)=-v_y^-(x,\ y),\\ &v_x^+(x,\ -y)=-v_x^+(x,\ y), && v_y^+(x,\ -y)=v_y^+(x,\ y).\end{aligned}\tag{48.3}$$

这些性质 (对于单独每一个速度分布 $\boldsymbol{v}^-$ 和 $\boldsymbol{v}^+$) 与连续性方程和势流方程没有矛盾, 并且因为问题是线性的, 所以可以独立地求出这两个分布.

复速度也可以相应地表示为和的形式:

$$w' = w'_+ + w'_-,$$

并且这两项在线段 (0, a) 上的边界条件是

$$\begin{aligned} \operatorname{Im} w'_+\big|_{y\to+0} &= \operatorname{Im} w'_+\big|_{y\to-0} = -\frac{U}{2}(\zeta'_1+\zeta'_2), \\ \operatorname{Im} w'_-\big|_{y\to+0} &= -\operatorname{Im} w'_-\big|_{y\to-0} = \frac{U}{2}(\zeta'_1-\zeta'_2). \end{aligned} \tag{48.4}$$

利用柯西公式可以确定函数 w'_-:

$$w'_-(z) = \frac{1}{2\pi \mathrm{i}}\oint_L \frac{w'_-(\xi)}{\xi - z}\,\mathrm{d}\xi,$$

积分是沿复平面 ξ 上的一个小半径圆 L 进行的, 圆心位于点 $\xi = z$ (图 38). 圆 L 可以替换为一个无穷大半径的圆 C' 和一条按照顺时针方向环绕的封闭曲线 C, 后者可以收缩至两次通过的线段 (0, a). 沿 C' 的积分等于零, 因为 $w'(z)$ 在无穷远处等于零. 沿 C 的积分给出以下表达式:

$$w'_- = -\frac{U}{2\pi}\int_0^a \frac{\zeta'_2(\xi)-\zeta'_1(\xi)}{\xi - z}\mathrm{d}\xi. \tag{48.5}$$

这里利用了 w'_- 的虚部在线段 (0, a) 上的边界条件 (48.4), 以及 w'_- 的实部在这条线段上没有间断的条件, 即对称条件 (48.3).

为了求出函数 w'_+, 不应当对该函数本身应用柯西公式, 而应当对乘积 $w'_+(z)g(z)$ 应用这个公式, 其中

$$g(z) = \sqrt{\frac{z}{z-a}},$$

并且当 $z = x > a$ 时, 根式取正号. 在实轴的线段 (0, a) 上, 函数 $g(z)$ 是纯虚的, 并且有间断:

$$g(x+\mathrm{i}0) = -g(x-\mathrm{i}0) = -\mathrm{i}\sqrt{\frac{x}{a-x}}.$$

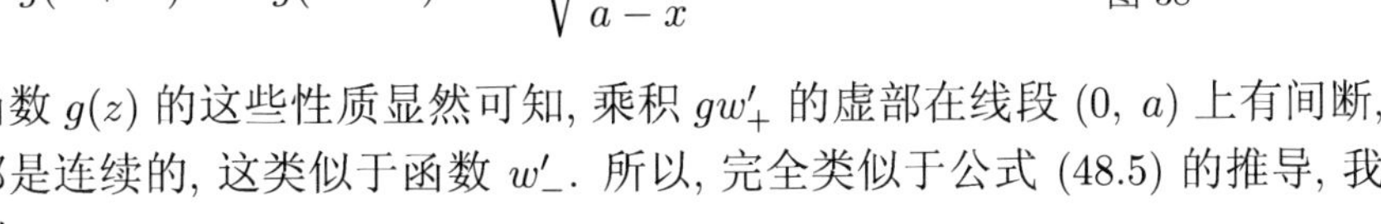

图 38

根据函数 $g(z)$ 的这些性质显然可知, 乘积 gw'_+ 的虚部在线段 (0, a) 上有间断, 而实部是连续的, 这类似于函数 w'_-. 所以, 完全类似于公式 (48.5) 的推导, 我们得到

$$w'_+(z)g(z) = -\frac{U}{2\pi}\int_0^a \frac{\zeta'_1(\xi)+\zeta'_2(\xi)}{\xi - z}g(\xi+\mathrm{i}0)\,\mathrm{d}\xi.$$

综合以上各表达式, 我们最终求出薄翼绕流速度分布公式如下:

$$\frac{\mathrm{d}w}{\mathrm{d}z} = -\frac{U}{2\pi \mathrm{i}}\sqrt{\frac{z-a}{z}}\int_0^a \frac{\zeta_1'(\xi)+\zeta_2'(\xi)}{\xi - z}\sqrt{\frac{\xi}{a-\xi}}\,\mathrm{d}\xi - \frac{U}{2\pi}\int_0^a \frac{\zeta_2'(\xi)-\zeta_1'(\xi)}{\xi - z}\,\mathrm{d}\xi. \quad (48.6)$$

在圆钝前缘附近 (即当 $z \to 0$ 时), 这个表达式一般而言变为无穷大, 因为上述近似不适用于这个区域. 在尖锐后缘附近 (即当 $z \to a$ 时), (48.6) 的第一项是有限的, 但第二项一般而言只是以对数方式变为无穷大①. 这种对数奇异性与这里所用的近似有关, 在更精确的表述中就会消失. 根据恰普雷金条件, 在后缘处不存在任何幂次律发散性. 由于适当选择了上面所用的函数 $g(z)$, 这个条件已经得到满足.

公式 (48.6) 使我们能够确定绕机翼剖面的速度环量 Γ. 根据一般规则 (见 §10), Γ 可由函数 $w'(z)$ 在单极点 $z=0$ 的留数给出. 容易求出所需的留数, 它等于 $w'(z)$ 在无穷远点的幂级数展开式中 $1/z$ 的系数:

$$\frac{\mathrm{d}w}{\mathrm{d}z} = \frac{\Gamma}{2\pi \mathrm{i} z} + \cdots,$$

并且对于 Γ 可以得到一个简单的公式:

$$\Gamma = U\int_0^a (\zeta_1' + \zeta_2')\sqrt{\frac{\xi}{a-\xi}}\,\mathrm{d}\xi. \quad (48.7)$$

我们指出, 这里出现的只是函数 ζ_1 与 ξ_2 之和. 可以说, 如果把薄翼改为一个形状由函数 $(\zeta_1+\zeta_2)/2$ 给出的弯曲薄板, 则升力不变.

例如, 对于形如平板的无穷大翼展机翼, 在小攻角 α 下有 $\zeta_1=\zeta_2=\alpha(a-x)$, 因而公式 (48.7) 给出 $\Gamma=-\pi\alpha a U$. 该机翼的升力因子等于

$$C_y = \frac{-\rho U\Gamma}{a\rho U^2/2} = 2\pi\alpha.$$

---

① 如果 ζ_1 和 ζ_2 在后缘附近以 $(a-x)^k$ $(k>1)$ 的方式趋于零, 即如果后缘端点是尖点, 就不会出现这种发散性.

第五章

流体中的传热

§ 49 一般传热方程

我们在 §2 最后已经指出, 封闭的流体动力学方程组应当包含五个方程. 对于有热传导和内摩擦过程的流体, 连续性方程仍然是其中的一个方程, 欧拉方程则要换为纳维-斯托克斯方程. 至于第五个方程, 对于理想流体有熵守恒方程 (2.6), 但这个方程对于黏性流体当然并不成立, 因为在黏性流体中有不可逆的能量耗散过程.

在理想流体中, 能量守恒定律可由方程 (6.1) 表示:

$$\frac{\partial}{\partial t}\left(\frac{\rho v^2}{2}+\rho\varepsilon\right)=-\operatorname{div}\left[\rho\boldsymbol{v}\left(\frac{v^2}{2}+w\right)\right].$$

左边是单位体积流体的能量变化率, 右边是能流密度的散度. 在黏性流体中, 能量守恒定律当然也成立: 某区域内流体总能量的变化率仍然应当等于通过该区域边界面的总能流. 但是, 能流密度现在具有另外的形式. 首先, 除了与流动中的直接质量输运有关的能流 $\rho\boldsymbol{v}(v^2/2+w)$, 还有与内摩擦过程有关的能流. 后者可由矢量 $\boldsymbol{v}\cdot\boldsymbol{\sigma}'$ 表示, 其分量为 $v_i\sigma'_{ik}$ (见 §16). 不过, 这并未包括能流中的所有附加项.

如果温度在流体所占区域中不是处处相同, 则除了上述两种机理的能量输运, 还有一种通过被称为**热传导**的方式发生的热量输运. 这意味着分子能量从高温处向低温处的直接输运. 这种输运与宏观运动无关, 即使在静止流体中也会发生.

我们用 $\boldsymbol{q}$ 表示由热传导引起的热流密度. 热流 $\boldsymbol{q}$ 与沿流体的温度变化有关. 在温度梯度不太大的情形下, 立即就可以写出这种关系. 我们实际所涉及的热传导现象恰恰几乎总是这样的情形. 于是, 我们可以把 $\boldsymbol{q}$ 展开为温度梯度的幂级数, 并且只取展开式中的一次项. 展开式中的常数项应当为零, 因为当 ∇T 为零时 $\boldsymbol{q}$ 应当同时为零. 因此, 我们得到

$$\boldsymbol{q} = -\varkappa \nabla T. \tag{49.1}$$

系数 $\varkappa$ 称为**热导率**. 因为能流的方向应当从高温处指向低温处, 即 $\boldsymbol{q}$ 和 ∇T 必须指向相反的方向, 所以由此立刻可以看出, 热导率总是正的. 一般而言, 系数 $\varkappa$ 是温度和压强的函数.

因此, 当存在黏性和热传导时, 流体中的总能流密度等于以下各项之和:

$$\rho \boldsymbol{v}\left(\frac{v^2}{2}+w\right) - \boldsymbol{v}\cdot\boldsymbol{\sigma}' - \varkappa\nabla T.$$

与此相应, 一般的能量守恒定律可以由以下方程表示:

$$\frac{\partial}{\partial t}\left(\frac{\rho v^2}{2}+\rho\varepsilon\right) = -\operatorname{div}\left[\rho\boldsymbol{v}\left(\frac{v^2}{2}+w\right) - \boldsymbol{v}\cdot\boldsymbol{\sigma}' - \varkappa\nabla T\right]. \tag{49.2}$$

这个方程可以用来封闭黏性流体的流体动力学方程组. 不过, 利用运动方程把这个方程变换为另一种形式将更为方便. 为此, 我们从运动方程出发来计算单位体积流体的能量对时间的导数. 我们有

$$\frac{\partial}{\partial t}\left(\frac{\rho v^2}{2}+\rho\varepsilon\right) = \frac{v^2}{2}\frac{\partial\rho}{\partial t} + \rho\boldsymbol{v}\cdot\frac{\partial\boldsymbol{v}}{\partial t} + \rho\frac{\partial\varepsilon}{\partial t} + \varepsilon\frac{\partial\rho}{\partial t}.$$

由连续性方程消去 $\partial\rho/\partial t$, 由纳维–斯托克斯方程消去 $\partial\boldsymbol{v}/\partial t$, 得到

$$\frac{\partial}{\partial t}\left(\frac{\rho v^2}{2}+\rho\varepsilon\right) = -\frac{v^2}{2}\operatorname{div}(\rho\boldsymbol{v}) - \rho\boldsymbol{v}\cdot\nabla\frac{v^2}{2} - \boldsymbol{v}\cdot\nabla p + v_i\frac{\partial\sigma'_{ik}}{\partial x_k} + \rho\frac{\partial\varepsilon}{\partial t} - \varepsilon\operatorname{div}(\rho\boldsymbol{v}).$$

现在利用热力学关系式

$$\mathrm{d}\varepsilon = T\,\mathrm{d}s - p\,\mathrm{d}V = T\,\mathrm{d}s + \frac{p}{\rho^2}\,\mathrm{d}\rho,$$

于是

$$\frac{\partial\varepsilon}{\partial t} = T\frac{\partial s}{\partial t} + \frac{p}{\rho^2}\frac{\partial\rho}{\partial t} = T\frac{\partial s}{\partial t} - \frac{p}{\rho^2}\operatorname{div}(\rho\boldsymbol{v}).$$

把它代入前一个等式并引入焓 $w=\varepsilon+p/\rho$, 我们求出

$$\frac{\partial}{\partial t}\left(\frac{\rho v^2}{2}+\rho\varepsilon\right) = -\left(\frac{v^2}{2}+w\right)\operatorname{div}(\rho\boldsymbol{v}) - \rho\boldsymbol{v}\cdot\nabla\frac{v^2}{2} - \boldsymbol{v}\cdot\nabla p + \rho T\frac{\partial s}{\partial t} + v_i\frac{\partial\sigma'_{ik}}{\partial x_k}.$$

进一步, 由热力学关系式 $\mathrm{d}w = T\mathrm{d}s + \mathrm{d}p/\rho$ 有

$$\nabla p = \rho\nabla w - \rho T\nabla s,$$

所以等式右边最后一项可以写为以下形式:

$$v_i\frac{\partial\sigma'_{ik}}{\partial x_k}=\frac{\partial}{\partial x_k}(v_i\sigma'_{ik})-\sigma'_{ik}\frac{\partial v_i}{\partial x_k}\equiv\operatorname{div}(\boldsymbol{v}\cdot\boldsymbol{\sigma}')-\sigma'_{ik}\frac{\partial v_i}{\partial x_k}.$$

把这些表达式代入上面的等式, 然后先加上再减去 $\operatorname{div}(\varkappa\nabla T)$, 就得到

$$\begin{aligned}\frac{\partial}{\partial t}\left(\frac{\rho v^2}{2}+\rho\varepsilon\right)=&-\operatorname{div}\left[\rho\boldsymbol{v}\left(\frac{v^2}{2}+w\right)-\boldsymbol{v}\cdot\boldsymbol{\sigma}'-\varkappa\nabla T\right]\\&+\rho T\left(\frac{\partial s}{\partial t}+\boldsymbol{v}\cdot\nabla s\right)-\sigma'_{ik}\frac{\partial v_i}{\partial x_k}-\operatorname{div}(\varkappa\nabla T).\end{aligned}\tag{49.3}$$

把体积能对时间的导数的这个表达式与 (49.2) 进行对比, 得到方程

$$\rho T\left(\frac{\partial s}{\partial t}+\boldsymbol{v}\cdot\nabla s\right)=\sigma'_{ik}\frac{\partial v_i}{\partial x_k}+\operatorname{div}(\varkappa\nabla T).\tag{49.4}$$

我们将称这个方程为**一般传热方程**. 假如没有黏性和热传导, 其右边为零, 就得到理想流体的熵守恒方程 (2.6).

需要注意关于方程 (49.4) 的以下说明. 左边的表达式正好是质量熵对时间的全导数 $\mathrm{d}s/\mathrm{d}t$ 乘以 ρT, 该全导数给出流体微元在空间中移动过程中的质量熵变化率. 因此, $T\,\mathrm{d}s/\mathrm{d}t$ 是单位质量流体在单位时间内获得的热量, 而 $\rho T\,\mathrm{d}s/\mathrm{d}t$ 是单位体积流体在单位时间内获得的热量. 所以我们从 (49.4) 看出, 单位体积流体所获得的热量为

$$\sigma'_{ik}\frac{\partial v_i}{\partial x_k}+\operatorname{div}(\varkappa\nabla T).$$

这里第一项是由于黏性而耗散为热的能量, 而第二项是通过热传导进入上述流体所占区域的热量.

把 σ'_{ik} 的表达式 (15.3) 代入方程 (49.4) 右边第一项并展开:

$$\sigma'_{ik}\frac{\partial v_i}{\partial x_k}=\eta\frac{\partial v_i}{\partial x_k}\left(\frac{\partial v_i}{\partial x_k}+\frac{\partial v_k}{\partial x_i}-\frac{2}{3}\delta_{ik}\frac{\partial v_l}{\partial x_l}\right)+\zeta\frac{\partial v_i}{\partial x_k}\delta_{ik}\frac{\partial v_l}{\partial x_l}.$$

容易验证, 第一项可以写为

$$\frac{\eta}{2}\left(\frac{\partial v_i}{\partial x_k}+\frac{\partial v_k}{\partial x_i}-\frac{2}{3}\delta_{ik}\frac{\partial v_l}{\partial x_l}\right)^2$$

的形式, 对第二项则有

$$\zeta\frac{\partial v_i}{\partial x_k}\delta_{ik}\frac{\partial v_l}{\partial x_l}=\zeta\frac{\partial v_i}{\partial x_i}\frac{\partial v_l}{\partial x_l}\equiv\zeta(\operatorname{div}\boldsymbol{v})^2.$$

因此, 方程 (49.4) 的形式化为

$$\rho T\left(\frac{\partial s}{\partial t}+\boldsymbol{v}\cdot\nabla s\right)=\operatorname{div}(\varkappa\nabla T)+\frac{\eta}{2}\left(\frac{\partial v_i}{\partial x_k}+\frac{\partial v_k}{\partial x_i}-\frac{2}{3}\delta_{ik}\frac{\partial v_l}{\partial x_l}\right)^2+\zeta(\operatorname{div}\boldsymbol{v})^2.\tag{49.5}$$

经过不可逆的热传导过程和内摩擦过程, 流体的熵增加了. 这里所讨论的当然不是单独每个流体微元的熵, 而是整个流体的总熵, 它等于积分 $\int \rho s\,\mathrm{d}V$. 单位时间内的熵变化率可由以下导数给出:

$$\frac{\partial}{\partial t}\int \rho s\,\mathrm{d}V = \int \frac{\partial(\rho s)}{\partial t}\,\mathrm{d}V.$$

利用连续性方程和方程 (49.5), 我们有

$$\frac{\partial(\rho s)}{\partial t} = \rho\frac{\partial s}{\partial t} + s\frac{\partial \rho}{\partial t} = -\,s\,\mathrm{div}(\rho \boldsymbol{v}) - \rho\boldsymbol{v}\cdot\nabla s + \frac{1}{T}\,\mathrm{div}(\varkappa\nabla T) + \frac{\eta}{2T}\left(\frac{\partial v_i}{\partial x_k} + \frac{\partial v_k}{\partial x_i} - \frac{2}{3}\delta_{ik}\frac{\partial v_l}{\partial x_l}\right)^2 + \frac{\zeta}{T}(\mathrm{div}\,\boldsymbol{v})^2.$$

前面两项之和给出 $-\,\mathrm{div}(\rho s\boldsymbol{v})$, 其体积分可以变换为熵流 $\rho s\boldsymbol{v}$ ① 的曲面积分. 如果研究在无穷远处静止的无界流体, 我们就可以让边界面移动至无穷远处, 这时曲面积分中的被积函数等于零, 所以积分也等于零. 第三项的积分可以变换如下:

$$\int \frac{1}{T}\,\mathrm{div}(\varkappa\nabla T)\,\mathrm{d}V = \int \mathrm{div}\,\frac{\varkappa\nabla T}{T}\,\mathrm{d}V + \int \frac{\varkappa(\nabla T)^2}{T^2}\,\mathrm{d}V.$$

认为流体温度在无穷远处足够快地趋于一个常极限值, 我们把第一个积分变换为无穷远处曲面上的积分, 在该曲面上 $\nabla T = 0$, 所以该积分为零.

于是可以得到

$$\frac{\partial}{\partial t}\int \rho s\,\mathrm{d}V = \int \frac{\varkappa(\nabla T)^2}{T^2}\,\mathrm{d}V + \int \frac{\eta}{2T}\left(\frac{\partial v_i}{\partial x_k} + \frac{\partial v_k}{\partial x_i} - \frac{2}{3}\delta_{ik}\frac{\partial v_l}{\partial x_l}\right)^2\mathrm{d}V + \int \frac{\zeta}{T}(\mathrm{div}\,\boldsymbol{v})^2\,\mathrm{d}V. \tag{49.6}$$

第一项是由热传导引起的熵增长率, 其他两项则是由内摩擦引起的熵增长率.

熵只能增加, 即三项之和 (49.6) 必须是正的. 另一方面, 其中每一项中的被积函数都有可能不为零, 即使其余两个积分为零时也是如此. 所以, 上述每

---

① 再对这个方程右边第三项进行变换 (见下文), 则有

$$\frac{\partial(\rho s)}{\partial t} = -\,\mathrm{div}\left[\rho s\boldsymbol{v} - \frac{\varkappa\nabla T}{T}\right] + \frac{\varkappa(\nabla T)^2}{T^2} + \frac{\eta}{2T}\left(\frac{\partial v_i}{\partial x_k} + \frac{\partial v_k}{\partial x_i} - \frac{2}{3}\delta_{ik}\frac{\partial v_l}{\partial x_l}\right)^2 + \frac{\zeta}{T}(\mathrm{div}\,\boldsymbol{v})^2.$$

因此, 在考虑热传导时, 熵流不仅包括 $\rho s\boldsymbol{v}$, 而且包括 $-(\varkappa\nabla T)/T$. 右边最后三项通常统称为熵产生, 分别表示由热传导、剪切黏性和体积黏性这三种不可逆因素引起的体积熵增长率. 熵流对体积熵的贡献可正可负, 但熵产生恒为正. ——译者

一个积分都是正的. 由此可知, 除了我们已经知道 $\varkappa$ 和 η 是正的以外, 第二黏度 ζ 也是正的.

在推导公式 (49.1) 时已经默认, 热流只取决于温度梯度, 而与压强梯度无关. 这个假设并不是从一开始就显而易见的, 现在可以用以下方法加以证明. 假如 $\boldsymbol{q}$ 包含正比于 ∇p 的一项, 则在熵变化率表达式 (49.6) 中还应当补充一项, 其中的被积函数包含乘积 $\nabla p \cdot \nabla T$. 因为这一项可正可负, 所以熵对时间的导数不一定为正, 而这是不可能的.

最后, 还必须对上述讨论作出以下详细说明. 严格地说, 具有速度梯度和温度梯度的流体是热力学非平衡的系统, 而在这样的系统中, 各热力学量的通常定义已经失去意义, 因而必须加以修正. 我们在这里默认采用的定义首先意味着, ρ, ε 和 $\boldsymbol{v}$ 的定义仍然与以前一样: ρ 和 $\rho\varepsilon$ 是单位体积流体的质量和内能, $\boldsymbol{v}$ 是单位质量流体的动量. 有了这些定义, 其余热力学量就可以定义为 ρ 和 ε 的函数, 即它们在热平衡态下的相应函数①. 但是这样一来, 熵 $s = s(\varepsilon,\ \rho)$ 已经不是真正的热力学熵: 严格地说, 积分 $\int \rho s\,\mathrm{d}V$ 不再是必定随时间而增加的量. 尽管如此, 还是容易看出, 当速度梯度和温度梯度很小时, s 在这里所采用的近似下就是真正的熵.

其实, 如果存在某些梯度, 则一般而言, 在熵的表达式中会出现与这些梯度有关的一些附加项 (除了 $s(\rho,\ \varepsilon)$). 不过, 只有梯度的线性项 (例如正比于标量 $\operatorname{div}\boldsymbol{v}$ 的项) 才会出现在上述结果中. 这些项本来可正可负, 但是因为熵的平衡值 $s = s(\rho,\ \varepsilon)$ 是最大的可能值, 所以它们在本质上应当都是负的. 因此, 熵对各种小梯度的幂级数展开式只能包含 (除了零阶项以外) 二阶项和更高阶的项.

从本质上讲, 在 §15 中已经有类似的说明 (参看 52 页的脚注), 因为速度梯度的出现就已经是热力学非平衡现象. 的确, 黏性流体动量流密度张量表达式中的压强 p 应当被理解为热平衡下的函数 $p = p(\rho,\ \varepsilon)$. 严格地说, 这时 p 已经不是通常意义下的压强, 即它不等于作用在面微元上的法向力. 与熵的上述情况不同, 二者在这里的区别在小梯度的一阶量上就已经表现出来: 我们已经看到, 除了 p 以外, 在法向力中还出现正比于 $\operatorname{div}\boldsymbol{v}$ 的一项 (对于不可压缩流体不存在这一项, 于是差别只是更高阶的量).

因此, 在我们所考虑的并且一直采用的近似下 (即忽略速度、温度等量的更高阶导数时), 在考虑热传导的黏性流体运动方程组中出现的三个系数 η, ζ, $\varkappa$ 完全确定了这种流体的流体动力学性质. 在方程组中再引入任何附加项 (例如在质量流密度中引入正比于密度梯度或温度梯度的项) 都没有物理意义, 这

① 这相当于认为单独的流体微元处于热力学平衡态 (局域平衡假设). ——译者

在最好的情况下仅仅表示基本物理量的定义发生改变. 例如, 这将导致速度不再是单位质量流体的动量①.

§ 50 不可压缩流体中的热传导

形如 (49.4) 或 (49.5) 的一般传热方程可以在各种情况下大为简化.

如果流动速度远小于声速, 则由流动导致的压强变化很小, 使得由此引起的密度变化 (和其他一些热力学量的变化) 可以忽略不计. 但是, 非均匀加热的流体在上述意义下并不是完全不可压缩的. 问题在于, 密度还受温度变化的影响. 密度的这种变化一般而言不能忽略不计, 所以即使速度相当小, 也不能认为非均匀加热流体的密度是不变的. 因此, 在这种情形下确定各热力学量的导数时, 应当认为压强保持不变, 而不是密度不变. 这样, 我们有

$$\frac{\partial s}{\partial t}=\left(\frac{\partial s}{\partial T}\right)_p\frac{\partial T}{\partial t},\quad \nabla s=\left(\frac{\partial s}{\partial T}\right)_p\nabla T,$$

又因为 $T(\partial s/\partial T)_p$ 是定压热容 c_p, 所以

$$T\frac{\partial s}{\partial t}=c_p\frac{\partial T}{\partial t},\quad T\nabla s=c_p\nabla T.$$

方程 (49.4) 的形式化为

$$\rho c_p\left(\frac{\partial T}{\partial t}+\boldsymbol{v}\cdot\nabla T\right)=\operatorname{div}(\varkappa\nabla T)+\sigma'_{ik}\frac{\partial v_i}{\partial x_k}. \tag{50.1}$$

对于非均匀加热的流体, 如果可以认为运动方程中的密度保持不变, 则必须要求 (除了流速与声速之比很小) 流体中的温度差足够小. 我们强调, 这里恰恰是在讨论温度差的实际值, 而不是温度梯度. 这样就可以认为流体是如前所述的那种通常意义上的不可压缩流体. 特别是, 连续性方程将简单地表示为

---

① 在更坏的情形下, 引入这样的项可以完全破坏一些必要的守恒定律. 必须注意, 无论采用何种定义, 质量流密度 $\boldsymbol{j}$ 必须始终是单位体积流体的动量. 其实, 质量流密度 $\boldsymbol{j}$ 是由连续性方程

$$\frac{\partial\rho}{\partial t}+\operatorname{div}\boldsymbol{j}=0$$

定义出来的; 乘以 $\boldsymbol{r}$ 并在流体所占整个区域上积分, 我们得到

$$\frac{\partial}{\partial t}\int\rho\boldsymbol{r}\,\mathrm{d}V=\int\boldsymbol{j}\,\mathrm{d}V,$$

又因为积分 $\int\rho\boldsymbol{r}\,\mathrm{d}V$ 确定这部分流体质心的位置, 所以积分 $\int\boldsymbol{j}\,\mathrm{d}V$ 显然就是流体的动量.

$\operatorname{div} \boldsymbol{v} = 0$. 既然认为温度差很小, 我们还将忽略量 η, $\varkappa$, c_p 随温度的变化, 即认为它们是常量. 把 $\sigma'_{ik}\partial v_i/\partial x_k$ 写为 (49.5) 中的形式, 我们得到不可压缩流体的传热方程, 它具有以下比较简单的形式:

$$\frac{\partial T}{\partial t} + \boldsymbol{v}\cdot\nabla T = \chi\Delta T + \frac{\nu}{2c_p}\left(\frac{\partial v_i}{\partial x_k} + \frac{\partial v_k}{\partial x_i}\right)^2, \tag{50.2}$$

其中 $\nu = \eta/\rho$ 是运动黏度, 并且引入了**温导率** χ 来代替 $\varkappa$①:

$$\chi = \frac{\varkappa}{\rho c_p}. \tag{50.3}$$

静止流体中的传热方程特别简单, 能量输运这时完全是通过热传导方式进行的. 在 (50.2) 中去掉包含速度的项, 我们得到

$$\frac{\partial T}{\partial t} = \chi\Delta T. \tag{50.4}$$

这个方程在数学物理中称为**热传导方程**或**傅里叶方程**. 当然, 可以用简单得多的方法推导这个方程, 而不必利用运动流体中的一般传热方程. 按照能量守恒定律, 单位时间内某区域所吸收的热量应当等于通过该区域边界进入的总热流. 我们知道, 这样的守恒定律可以表示为热量的连续性方程. 让单位时间内单位体积区域所吸收的热量等于带有负号的热流密度的散度, 就可以得到这个方程. 前者等于 $\rho c_p\partial T/\partial t$; 这里应取热容 c_p, 因为压强在静止流体中自然应当保持不变. 只要让这个表达式等于 $-\nabla \boldsymbol{q} = \varkappa\nabla T$, 就正好得到方程 (50.4).

必须指出, 热传导方程 (50.4) 对流体的实际适用范围是非常有限的. 问题在于, 对于实际位于重力场中的流体, 很小的温度梯度在大部分情况下就已经会导致明显的流动 (称为**对流**, 见 § 56). 所以, 只有当温度梯度方向与重力方向相反或者流体黏性极大时, 非均匀的温度分布才会真正出现在静止流体中. 尽管如此, 研究形如 (50.4) 的热传导方程还是非常重要的, 因为固体中的热传导过程也是由这种形式的方程描述的. 注意到这一点, 我们将在这里和 § 51, § 52 中更详细地研究它.

如果非均匀加热静止介质中的温度分布不随时间变化 (依靠某些外部热源的维持), 则热传导方程的形式变为

$$\Delta T = 0. \tag{50.5}$$

因此, 静止介质中的定常温度分布可由拉普拉斯方程描述. 在不能认为系数 $\varkappa$

---

① 温导率也称为热扩散率, 但后者在字面上容易与 "热扩散" (见 § 59) 的概念联系在一起. "温导率" 的译法与原文 (температуропроводность) 是完全对应的. ——译者

是常量的更一般的情形下, 代替 (50.5) 的是方程

$$\operatorname{div}(\varkappa\nabla T)=0. \tag{50.6}$$

如果在流体中有外部热源 (例如用电流加热), 则在热传导方程中应当补充相应附加项. 设 Q 是单位时间内从这些外部热源释放到单位体积流体中的热量. 一般而言, Q 是空间坐标和时间的函数. 于是, 热平衡方程, 即热传导方程, 可以写为以下形式:

$$\rho c_p\frac{\partial T}{\partial t}=\varkappa\Delta T+Q. \tag{50.7}$$

我们来写出热传导方程的边界条件, 即在两种介质分界面上必须成立的条件. 首先, 两种介质的温度在分界面上必须相等:

$$T_1=T_2. \tag{50.8}$$

此外, 来自一种介质的热流必须等于进入第二种介质的热流. 选取这样的坐标系, 使所讨论的这部分分界面是静止的, 则对于每一个分界面微元 $\mathrm{d}\boldsymbol{f}$ 都可以把这个条件写为

$$\varkappa_1\nabla T_1\cdot\mathrm{d}\boldsymbol{f}=\varkappa_2\nabla T_2\cdot\mathrm{d}\boldsymbol{f}.$$

再写出

$$\nabla T\cdot\mathrm{d}\boldsymbol{f}=\frac{\partial T}{\partial n}\,\mathrm{d}f,$$

其中 $\partial T/\partial n$ 是 T 沿分界面法向的导数, 就得到以下形式的边界条件:

$$\varkappa_1\frac{\partial T_1}{\partial n}=\varkappa_2\frac{\partial T_2}{\partial n}. \tag{50.9}$$

如果在分界面上有一些外部热源, 它们在单位时间内在单位面积上释放出热量 $Q^{(\mathrm{s})}$, 就应当写出以下条件来代替 (50.9):

$$\varkappa_1\frac{\partial T_1}{\partial n}-\varkappa_2\frac{\partial T_2}{\partial n}=Q^{(\mathrm{s})}. \tag{50.10}$$

在关于存在热源时的温度分布的物理问题中, 热源强度本身通常以温度函数的形式给出. 如果函数 $Q(T)$ 足够快地随 T 的增大而增大, 并且在物体边界上保持着给定条件 (例如保持着给定温度), 则建立定常的温度分布是不可能的. 通过物体外表面的热量散失正比于物体与外部介质之间温度差 $T-T_0$ 的某个平均值, 而与物体内部的热量释放规律无关. 显然, 如果热量释放足够快地随温度增大而增强, 则单靠热量散失不足以达到平衡态.

在这些条件下可以出现**热爆炸**: 对于放热的燃烧反应, 如果反应速率足够快地随温度增大而增大, 则由于不可能出现定常分布, 物质会被快速加热, 反

应于是加速进行 (H.H. 谢苗诺夫, 1923). 爆炸燃烧的反应速率 (以及热量释放强度) 对温度的依赖关系可以大致表示为正比于因子 $e^{-U/RT}$, 其中的活化能 U 很大. 为了研究产生热爆炸的条件, 必须讨论物质受到相对缓慢加热时的反应过程, 所以必须考虑展开式

$$\frac{1}{T} \approx \frac{1}{T_0} - \frac{T-T_0}{T_0^2},$$

其中 T_0 是外界的温度. 因此, 问题归结为研究带有热源的热传导方程, 热源的体积强度具有

$$Q = Q_0\, e^{\alpha(T-T_0)} \tag{50.11}$$

的形式 (Д. А. 弗兰克–卡梅涅茨基, 1939), 见习题 1.

习 题

1. 设两个平行平面之间的物质层内分布着体积强度为 (50.11) 的热源, 且这两个平面上的温度保持不变. 求可能出现定常温度分布的条件 (Д. А. 弗兰克–卡梅涅茨基, 1939)①.

解: 在所给情况下, 定常的热传导方程为

$$\varkappa\frac{d^2T}{dx^2} = -Q_0 e^{\alpha(T-T_0)},$$

边界条件为: 在 $x=0$ 处和 $x=2l$ 处 $T=T_0$ ($2l$ 是物质层的厚度). 引入无量纲变量

$$\tau = \alpha(T-T_0), \quad \xi = \frac{x}{l},$$

则

$$\tau'' + \lambda e^{\tau} = 0, \quad \lambda = \frac{Q_0\alpha l^2}{\varkappa}.$$

积分一次 (先乘以 $2\tau'$), 从这个方程求出

$$\tau'^2 = 2\lambda(e^{\tau_0} - e^{\tau}),$$

其中 τ_0 为常数. 它显然是 τ 的最大值, 并且根据问题的对称性, 应当在物质层正中央即 $\xi=1$ 处达到这个值. 所以, 利用在 $\xi=0$ 处 $\tau=0$ 的条件再积分一次, 这就给出

$$\frac{1}{\sqrt{2\lambda}}\int_0^{\tau_0}\frac{d\tau}{\sqrt{(e^{\tau_0}-e^{\tau})}} = \int_0^1 d\xi = 1.$$

计算积分, 我们得到

$$e^{-\tau_0/2}\operatorname{arcosh} e^{\tau_0/2} = \sqrt{\frac{\lambda}{2}}. \tag{1}$$

① 对相关问题的详细讨论, 见: Франк-Каменецкий Д. А. Диффузия и теплопередача в химической кинетике. Москва: Наука, 1967 (Frank-Kamenetskii D. A. Diffusion and Heat Transfer in Chemical Kinetics. New York: Plenum, 1969).

由这个方程确定的函数 $\lambda(\tau_0)$ 在 τ_0 等于确定值 $\tau_{0\,\mathrm{cr}}$ 时具有最大值 $\lambda=\lambda_{\mathrm{cr}}$. 如果 $\lambda>\lambda_{\mathrm{cr}}$, 则不存在满足边界条件的解①. 相关数值为: $\lambda_{\mathrm{cr}}=0.88$, $\tau_{0\,\mathrm{cr}}=1.2$②.

2. 设静止流体中维持着恒定的温度梯度. 现在向流体中浸入一个球体, 求流体和球体中由此形成的定常温度分布.

解: 整个空间中的温度分布可由方程 $\Delta T=0$ 确定, 在 $r=R$ 处的边界条件为

$$T_1=T_2,\quad \varkappa_1\frac{\partial T_1}{\partial r}=\varkappa_2\frac{\partial T_2}{\partial r},$$

(R 是球体的半径, 下标 1 和 2 分别指球体和流体), 无穷远条件为 $\nabla T=\boldsymbol{A}$ ($\boldsymbol{A}$ 是给定的温度梯度). 根据问题条件的对称性, $\boldsymbol{A}$ 是必须用来确定所需解的唯一矢量. 拉普拉斯方程的这样的解为 const $\boldsymbol{A}\cdot\boldsymbol{r}$ 和 const $\boldsymbol{A}\cdot\nabla(1/r)$. 此外, 注意到解在球心处应当有限, 我们寻求以下形式的温度 T_1 和 T_2:

$$T_1=c_1\boldsymbol{A}\cdot\boldsymbol{r},\quad T_2=c_2\boldsymbol{A}\cdot\frac{\boldsymbol{r}}{r^3}+\boldsymbol{A}\cdot\boldsymbol{r};$$

常数 c_1 和 c_2 可由 $r=R$ 处的条件确定, 结果是

$$T_1=\frac{3\varkappa_2}{\varkappa_1+2\varkappa_2}\boldsymbol{A}\cdot\boldsymbol{r},\quad T_2=\left[1+\frac{\varkappa_2-\varkappa_1}{\varkappa_1+2\varkappa_2}\left(\frac{R}{r}\right)^3\right]\boldsymbol{A}\cdot\boldsymbol{r}.$$

§51 无穷大介质中的热传导

我们来研究无穷大静止介质中的热传导, 下面给出问题的最一般提法. 在初始时刻 $t=0$ 给定整个空间中的温度分布:

$$\text{当 } t=0 \text{ 时},\ T=T_0(\boldsymbol{r}),$$

其中 $T_0(\boldsymbol{r})$ 是坐标的给定函数, 需要确定此后所有时刻的温度分布.

把所求的函数 $T(\boldsymbol{r},\ t)$ 展开为坐标的傅里叶积分:

$$T(\boldsymbol{r},\ t)=\int T_{\boldsymbol{k}}(t)\,\mathrm{e}^{\mathrm{i}\boldsymbol{k}\cdot\boldsymbol{r}}\frac{\mathrm{d}^3k}{(2\pi)^3},\quad T_{\boldsymbol{k}}(t)=\int T(\boldsymbol{r},\ t)\,\mathrm{e}^{-\mathrm{i}\boldsymbol{k}\cdot\boldsymbol{r}}\,\mathrm{d}^3x. \tag{51.1}$$

对于温度的每一个傅里叶分量 $T_{\boldsymbol{k}}\mathrm{e}^{\mathrm{i}\boldsymbol{k}\cdot\boldsymbol{r}}$, 方程 (50.4) 给出

$$\frac{\mathrm{d}T_{\boldsymbol{k}}}{\mathrm{d}t}+k^2\chi T_{\boldsymbol{k}}=0,$$

---

① 当 $\lambda<\lambda_{\mathrm{cr}}$ 时, 在方程 (1) 的两个根中, 只有较小的根对应于稳定的温度分布.

② 对于球状区域 (其半径作为长度 l), 类似的值等于 $\lambda_{\mathrm{cr}}=3.32$, $\tau_{0\,\mathrm{cr}}=1.47$, 而对于无穷长的柱状区域, $\lambda_{\mathrm{cr}}=2.00$, $\tau_{0\,\mathrm{cr}}=1.36$.

由此求出 $T_{\boldsymbol{k}}$ 对时间的依赖关系:

$$T_{\boldsymbol{k}} = T_{0\boldsymbol{k}}\, \mathrm{e}^{-k^2\chi t}.$$

因为当 $t=0$ 时应当有 $T=T_0(\boldsymbol{r})$, 所以 $T_{0\boldsymbol{k}}$ 显然是函数 T_0 的傅里叶展开式的系数:

$$T_{0\boldsymbol{k}} = \int T_0(\boldsymbol{r}')\, \mathrm{e}^{-\mathrm{i}\boldsymbol{k}\cdot\boldsymbol{r}'}\mathrm{d}^3x'.$$

因此, 我们求出

$$T(\boldsymbol{r},\ t) = \int T_0(\boldsymbol{r}')\, \mathrm{e}^{-k^2\chi t}\mathrm{e}^{\mathrm{i}\boldsymbol{k}\cdot(\boldsymbol{r}-\boldsymbol{r}')}\,\mathrm{d}^3x'\,\frac{\mathrm{d}^3k}{(2\pi)^3}.$$

对 k 的积分可以分解为形如

$$\int_{-\infty}^{\infty} \mathrm{e}^{-\alpha\xi^2}\cos\beta\xi\,\mathrm{d}\xi = \left(\frac{\pi}{\alpha}\right)^{1/2}\mathrm{e}^{-\beta^2/4\alpha}$$

的三个同样积分的乘积, 其中 ξ 是矢量 $\boldsymbol{k}$ 的一个分量 (如果把积分中的 cos 替换为 sin, 则类似的积分为零, 因为函数 sin 是奇函数). 最后得到以下表达式:

$$T(\boldsymbol{r},\ t) = \frac{1}{8(\pi\chi t)^{3/2}}\int T_0(\boldsymbol{r}')\exp\left[-\frac{(\boldsymbol{r}-\boldsymbol{r}')^2}{4\chi t}\right]\mathrm{d}^3x'. \tag{51.2}$$

这个公式完全解决了所提出的问题, 它通过初始时刻的给定温度分布确定了任何时刻的温度分布.

如果初始温度分布只依赖于一个坐标 x, 则在 (51.2) 中完成对 y' 和 z' 的积分, 就得到

$$T(x,\ t) = \frac{1}{2(\pi\chi t)^{1/2}}\int_{-\infty}^{\infty} T_0(x')\exp\left[-\frac{(x-x')^2}{4\chi t}\right]\mathrm{d}x'. \tag{51.3}$$

设在 $t=0$ 时, 温度在一个点 (坐标原点) 是无穷大, 而在整个空间中的其余各点均为零, 并且从该点释放出的总热量是有限的, 它正比于 $\int T_0(\boldsymbol{r})\,\mathrm{d}^3x$. 这样的温度分布可以用 δ 函数来表示:

$$T_0(\boldsymbol{r}) = \mathrm{const}\cdot\delta(\boldsymbol{r}). \tag{51.4}$$

于是, 在计算公式 (51.2) 中的积分时, 只要令 $\boldsymbol{r}'$ 为零即可, 结果得到

$$T(\boldsymbol{r},\ t) = \mathrm{const}\cdot\frac{1}{8(\pi\chi t)^{3/2}}\,\mathrm{e}^{-r^2/4\chi t}. \tag{51.5}$$

在点 $r=0$ 处, 温度随时间按 $t^{-3/2}$ 的方式减小, 而周围空间的温度同时升高, 并且温度显著不为零的区域逐渐扩展 (图 39). 这种扩展过程主要取决于

(51.5) 中的指数因子: 该区域尺度的量级 l 由表达式

$$l \sim \sqrt{\chi t} \tag{51.6}$$

给出, 即 l 按照正比于时间的平方根的方式随时间而增加.

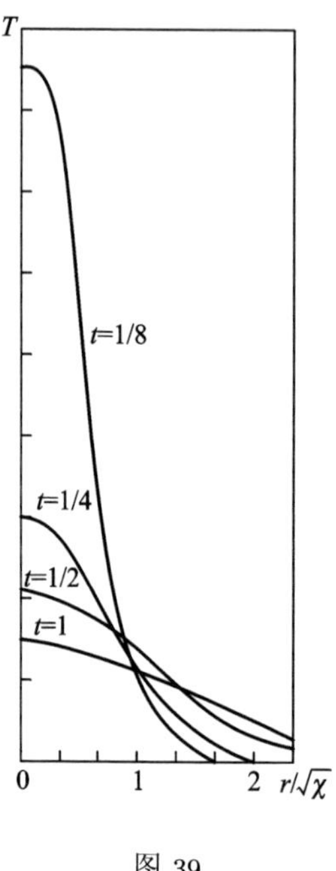

图 39

类似地, 如果在初始时刻从平面 $x=0$ 集中释放出有限的热量, 则此后时刻的温度分布可由以下公式确定:

$$T(x,\ t) = \text{const} \cdot \frac{1}{2(\pi\chi t)^{1/2}}\, \mathrm{e}^{-x^2/4\chi t}. \tag{51.7}$$

可以用稍微不同的观点来解释公式 (51.6). 设 l 是物体尺寸的量级, 则可以下结论说, 如果这个物体被非均匀加热, 则使物体各点的温度变得基本相同所需时间的量级 τ 等于

$$\tau \sim \frac{l^2}{\chi}. \tag{51.8}$$

时间 τ 可以称为热传导过程的弛豫时间, 它与物体尺寸的平方成正比, 与温导率成反比.

由上述公式所描述的热传导过程有这样的性质: 任何热扰动的影响在瞬间就传遍整个空间. 例如, 从公式 (51.5) 可见, 从点源释放出的热量在顷刻之间就能传到很远的地方, 使介质的温度只有在无穷远处才渐近地等于零. 对于温导率 χ 与温度有关的介质, 只要这种关系不会导致 χ 在某个空间区域中为零, 这个性质就同样成立. 但是, 如果 χ 是温度的递减函数, 并且当温度为零时该函数也为零, 这就会减缓热传导过程, 使得任何热扰动在每一个时刻只能影响空间中的某个有限的区域. 在这里所讨论的热传导问题中, 可以认为介质的温度 (在受影响的区域以外) 等于零 (Я. Б. 泽尔道维奇, A. C. 康帕涅茨, 1950; 下面两道习题的解是他们得到的).

习 题

1. 一种介质的热容和热导率是温度的幂函数, 而密度是常量. 设在给定时刻, 从任意某个热源释放的热量传至一个区域的边界, 而该区域以外的温度等于零, 求温度在该区域边界附近趋于零的规律.

解: 如果 $\varkappa$ 和 c_p 是温度的幂函数, 则温导率 χ 和质量焓 $w = \int c_p\,\mathrm{d}T$ (不计 w 中的常量) 也是如此. 所以可以写出 $\chi = aW^n$, 其中 $W = \rho w$ 表示介质的体积焓. 于是, 热传

导方程

$$\rho c_p \frac{\partial T}{\partial t} = \operatorname{div}(\varkappa \nabla T)$$

化为以下形式:

$$\frac{\partial W}{\partial t} = a \operatorname{div}(W^n \nabla W). \tag{1}$$

在不长的时间间隔内可以认为, 一小块边界是平的, 而它在空间中的移动速度 v 保持不变. 所以, 我们寻求方程 (1) 的形式为 $W = W(x - vt)$ 的解, 其中 x 是垂直于边界的方向上的坐标. 我们有

$$-v\frac{\partial W}{\partial x} = a\frac{\partial}{\partial x}\left(W^n \frac{\partial W}{\partial x}\right). \tag{2}$$

经过两次积分, 由此求出 W 趋于零的以下规律:

$$W \propto |x|^{1/n}, \tag{3}$$

其中 $|x|$ 是到受热区域边界的距离. 这同时也证明了结论: 如果指数 $n > 0$, 则受热区域有边界 (在边界以外 W 和 T 均为零). 如果 $n \leqslant 0$, 则方程 (2) 没有在有限距离上趋于零的解, 即在每一个时刻, 在整个空间中都发生热传导.

2. 在同样的介质中, 设在初始时刻从平面 $x = 0$ 上释放出热量 Q (指单位面积上释放出的热量), 而此时在空间中的其余部分有 $T = 0$. 求此后各时刻的温度分布.

解: 在一维情形下, 方程 (1) 是

$$\frac{\partial W}{\partial t} = a\frac{\partial}{\partial x}\left(W^n \frac{\partial W}{\partial x}\right). \tag{4}$$

从我们已有的参量 Q, a 和变量 x, t 只能构成一个无量纲组合

$$\xi = \frac{x}{(Q^n a t)^{1/(2+n)}} \tag{5}$$

(Q 和 a 的量纲分别为 $\mathrm{J/m^2}$ 和 $(\mathrm{m^3/J})^n\,\mathrm{m^2/s}$). 因此, 所求函数 $W(x,\ t)$ 应有以下形式:

$$W = \left(\frac{Q^2}{at}\right)^{1/(2+n)} f(\xi), \tag{6}$$

这里与无量纲函数 $f(\xi)$ 相乘的函数具有量纲 $\mathrm{J/m^3}$. 把它代入方程 (4), 这给出

$$(2+n)\frac{\mathrm{d}}{\mathrm{d}\xi}\left(f^n \frac{\mathrm{d}f}{\mathrm{d}\xi}\right) + \xi\frac{\mathrm{d}f}{\mathrm{d}\xi} + f = 0.$$

这个方程可以写为全微分的形式, 它有一个简单的满足问题条件的解:

$$f(\xi) = \left[\frac{n}{2(2+n)}(\xi_0^2 - \xi^2)\right]^{1/n}, \tag{7}$$

其中 ξ_0 是积分常数.

当 $n > 0$ 时, 这个公式给出边界面 $x = \pm x_0$ 之间区域中的温度分布, 这两个边界面是由等式 $\xi = \pm\xi_0$ 确定的. 在这个区域以外, $W = 0$. 由此可知, 被加热区域的边界面按照

$$x_0 = \mathrm{const} \cdot t^{1/(2+n)}$$

的规律随时间扩展. 常数 ξ_0 可由总热量不变的条件确定:

$$Q=\int_{-x_0}^{x_0} W\,\mathrm{d}x = Q\int_{-\xi_0}^{\xi_0} f(\xi)\,\mathrm{d}\xi, \tag{8}$$

由此可得

$$\xi_0^{2+n}=\frac{(2+n)^{1+n}\,2^{1-n}}{n\pi^{n/2}}\frac{\Gamma^n\left(\dfrac{1}{2}+\dfrac{1}{n}\right)}{\Gamma^n\left(\dfrac{1}{n}\right)}. \tag{9}$$

当 $n=-\nu<0$ 时, 我们把解写为以下形式:

$$f(\xi)=\left[\frac{\nu}{2(2-\nu)}(\xi_0^2+\xi^2)\right]^{-1/\nu}. \tag{10}$$

这时在整个空间中都发生热传导, 并且 W 在大距离上按照幂函数规律减小: $W\sim x^{-2/\nu}$. 这个解仅在 $\nu<2$ 时才适用; 当 $\nu\geqslant 2$ 时, 积分 (8) (现在积分上下限为 $\pm\infty$) 发散, 这在物理上表示热量在瞬间就传至无穷远处. 当 $\nu<2$ 时, (10) 中的常数 ξ_0 由以下表达式给出:

$$\xi_0^{2-\nu}=\frac{2(2-\nu)\pi^{\nu/2}}{\nu}\frac{\Gamma^\nu\left(\dfrac{1}{\nu}-\dfrac{1}{2}\right)}{\Gamma^\nu\left(\dfrac{1}{\nu}\right)}. \tag{11}$$

最后, 当 $n\to 0$ 时, 我们有 $\xi_0\to 2/\sqrt{n}$, 而公式 (5)—(7) 则给出与公式 (51.7) 一致的解

$$W=\lim_{n\to 0}\left[\frac{Q}{2\sqrt{\pi a t}}\left(1-n\frac{x^2}{4at}\right)^{1/n}\right]=\frac{Q}{2\sqrt{\pi a t}}\,\mathrm{e}^{-x^2/4at}.$$

§ 52 有限介质中的热传导

为了确定有限介质中的热传导问题的唯一解, 给出初始温度分布是不够的, 还必须给出介质表面上的边界条件.

我们来研究半无穷大空间 $(x>0)$ 中的热传导问题, 并且首先考虑边界面 $x=0$ 上的温度保持恒定的情形. 我们规定这个温度为零, 即介质其他各点的温度都从这个温度算起.

在初始时刻仍给定整个介质中的温度分布. 于是, 边界条件和初始条件为

$$\text{在 } x=0 \text{ 处 } T=0;\quad \text{当 } t=0 \text{ 时, 在 } x>0 \text{ 处 } T=T_0(x,\ y,\ z). \tag{52.1}$$

借助于下面的技巧, 热传导方程的满足这些条件的解可以化为在 x 轴的两个方向上都没有限制的无穷大介质情况下同样方程的解. 设想介质也充满

平面 $x=0$ 的左边, 并且这部分介质中的温度分布在初始时刻由函数 $-T_0$ 描述. 换言之, 描述初始时刻整个空间中温度分布的函数对 x 而言是奇函数, 即

$$T_0(-x,\ y,\ z)=-T_0(x,\ y,\ z). \tag{52.2}$$

从等式 (52.2) 可知 $T_0(0,\ y,\ z)=-T_0(0,\ y,\ z)=0$, 即所需边界条件 (52.1) 在初始时刻自动成立, 而根据问题条件的对称性, 该条件在任何其他时刻显然也成立.

因此, 问题化为求解无穷大介质情况下的方程 (50.4), 它具有满足 (52.2) 的初始函数 $T_0(x,\ y,\ z)$, 但没有任何边界条件. 于是, 我们可以利用一般公式 (51.2).

我们把 (51.2) 中沿 x' 的积分域分为从 $-\infty$ 到 0 和从 0 到 ∞ 这两部分, 并利用关系式 (52.2), 于是得到

$$\begin{aligned}T(\boldsymbol{r},\ t)=&\frac{1}{8(\pi\chi t)^{3/2}}\int_{-\infty}^{\infty}\int_{-\infty}^{\infty}\int_{0}^{\infty}T_0(\boldsymbol{r}')\exp\left[-\frac{(y-y')^2+(z-z')^2}{4\chi t}\right]\\&\times\left\{\exp\left[-\frac{(x-x')^2}{4\chi t}\right]-\exp\left[-\frac{(x+x')^2}{4\chi t}\right]\right\}\mathrm{d}x'\,\mathrm{d}y'\,\mathrm{d}z'.\end{aligned} \tag{52.3}$$

这个公式确定了整个介质中的温度, 从而完整地给出了所提问题的解.

如果初始温度分布只依赖于 x, 则公式 (52.3) 的形式变为

$$T(x,\ t)=\frac{1}{2(\pi\chi t)^{1/2}}\int_0^{\infty}T_0(x')\left\{\exp\left[-\frac{(x-x')^2}{4\chi t}\right]-\exp\left[-\frac{(x+x')^2}{4\chi t}\right]\right\}\mathrm{d}x'. \tag{52.4}$$

我们来研究以下情形作为例子: 在初始时刻, 设温度在 $x=0$ 之外处处等于给定的常值; 不失一般性, 可以令该温度值为 -1; 平面 $x=0$ 上的温度始终为零. 把 $T_0(x)=-1$ 代入 (52.4), 可以直接得到相应的解. 把 (52.4) 中的积分拆为两个积分, 并在每一个积分中作变量代换 $(x'-x)/2\sqrt{xt}=\xi$, 我们就得到 $T(x,t)$ 的以下表达式:

$$T(x,\ t)=\frac{1}{2}\left[\operatorname{erf}\left(-\frac{x}{2\sqrt{\chi t}}\right)-\operatorname{erf}\left(\frac{x}{2\sqrt{\chi t}}\right)\right],$$

其中函数 $\operatorname{erf}x$ 定义为

$$\operatorname{erf}x=\frac{2}{\sqrt{\pi}}\int_0^x\mathrm{e}^{-\xi^2}\mathrm{d}\xi \tag{52.5}$$

并称为**误差函数** (注意 $\operatorname{erf}\infty=1$). 因为 $\operatorname{erf}(-x)=-\operatorname{erf}x$, 我们最后得到

$$T(x,\ t)=-\operatorname{erf}\left(\frac{x}{2\sqrt{\chi t}}\right). \tag{52.6}$$

在图 40 中画出了函数 $\operatorname{erf}\xi$ 的图像. 空间中的温度分布随时间而趋于均匀. 在这个过程中, 任何给定温度值都按照正比于 $\sqrt{t}$ 的规律向右移动. 最后这个结果显然可以预先得到. 其实, 所讨论的问题仅仅取决于一个参量——边界平面与其余空间之间的初始温度差 T_0 (已被取为 1). 从我们所掌握的参量 T_0, χ 和变量 x, t 只能构成一个无量纲组合 $x/\sqrt{\chi t}$, 于是所求温度分布显然应当由形如 $T = T_0 f(x/\sqrt{\chi t})$ 的函数给出.

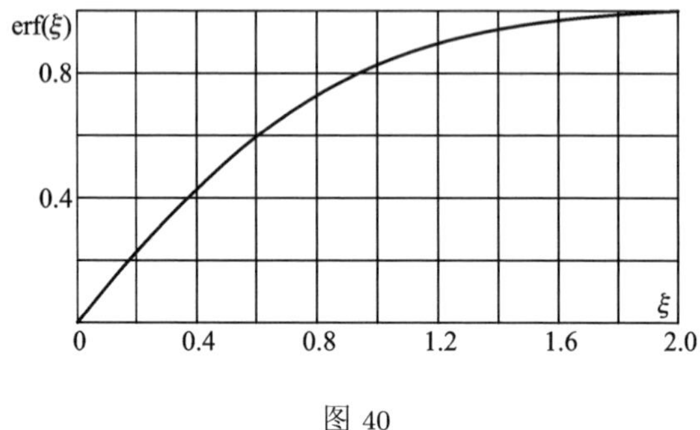

图 40

现在研究介质边界面绝热的情形. 换言之, 在平面 $x = 0$ 上必须没有热流, 即应当成立 $\partial T/\partial x = 0$.

因此, 我们现在有以下边界条件和初始条件:

$$在\ x = 0\ 处\ \frac{\partial T}{\partial x} = 0; \quad 当\ t = 0\ 时,\ 在\ x > 0\ 处\ T = T_0(x,\ y,\ z). \tag{52.7}$$

为了求解, 我们仿照上一个情形下的做法, 仍然设想介质在平面 $x = 0$ 的两边都是无穷大的, 但初始时刻的温度分布现在相对于平面 $x = 0$ 是对称的. 换言之, 现在假设函数 $T_0(x,\ y,\ z)$ 相对于 x 是偶函数:

$$T_0(-x,\ y,\ z) = T_0(x,\ y,\ z). \tag{52.8}$$

于是,

$$\frac{\partial T_0(x,\ y,\ z)}{\partial x} = -\frac{\partial T_0(-x,\ y,\ z)}{\partial x},$$

并且在 $x = 0$ 处有 $\partial T_0/\partial x = 0$. 根据对称性显然可知, 这个条件在所有后续时刻都将自动成立. 重复以前的计算, 但是用 (52.8) 代替 (52.2), 我们就得到所提问题的通解, 相应公式与 (52.3) 或 (52.4) 的区别仅仅在于, 花括号中的两项之差现在是两项之和.

我们再来研究具有另一类型边界条件的问题, 这时也能得到热传导方程的通解. 考虑以平面 $x = 0$ 为边界的介质, 有热流从外部通过该边界面进入介质, 并且热流是时间的给定函数. 换言之, 我们有边界条件和初始条件:

$$在\ x = 0\ 处\ -\varkappa\frac{\partial T}{\partial x} = q(t); \quad 当\ t = -\infty\ 时,\ 在\ x > 0\ 处\ T = 0, \tag{52.9}$$

其中 $q(t)$ 是给定的函数.

我们首先解决一个辅助问题, 其中 $q(t)=\delta(t)$. 容易看出, 这个问题在物理上等价于从点源释放出的给定总热量在无穷大介质中传导的问题. 其实, $x=0$ 处的边界条件 $-\varkappa\,\partial T/\partial x=\delta(t)$ 在物理上表示, 在瞬间就有单位热量通过平面 $x=0$ 上的单位面积区域. 而在条件为 $t=0$ 时 $T=2\delta(x)/\rho c_p$ 的问题中, 在初始时刻有热量 $\int\rho c_pT\,\mathrm{d}x=2$ 从同样区域中集中释放出来, 其中一半沿 x 轴正方向传导 (另一半沿 x 轴负方向传导). 由此显然可知, 这两个问题的解是相同的, 于是根据 (51.7) 求出

$$\varkappa T(x,\ t)=\sqrt{\frac{\chi}{\pi t}}\exp\left(-\frac{x^2}{4\chi t}\right).$$

因为方程是线性的, 所以在不同时刻流入的热量的影响可以简单地叠加在一起, 于是在条件 (52.9) 下, 所求的热传导方程通解为

$$\varkappa T(x,\ t)=\int_{-\infty}^{t}\sqrt{\frac{\chi}{\pi(t-\tau)}}\,q(\tau)\exp\left[-\frac{x^2}{4\chi(t-\tau)}\right]\mathrm{d}\tau. \tag{52.10}$$

特别地, 平面 $x=0$ 上的温度变化规律为

$$\varkappa T(0,\ t)=\int_{-\infty}^{t}\sqrt{\frac{\chi}{\pi(t-\tau)}}\,q(\tau)\,\mathrm{d}\tau. \tag{52.11}$$

利用这些结果可以直接得到另一个问题的解, 在这个问题中, 平面 $x=0$ 上的温度 T 本身是时间的给定函数:

$$\text{在 } x=0 \text{ 处 } T=T_0(t);\quad \text{当 } t=-\infty \text{ 时, 在 } x>0 \text{ 处 } T=0. \tag{52.12}$$

为此我们指出, 如果某个函数 $T(x,\ t)$ 满足热传导方程, 则导数 $\partial T/\partial x$ 也满足该方程. 另一方面, 计算表达式 (52.10) 对 x 的导数, 我们得到

$$-\varkappa\frac{\partial T(x,\ t)}{\partial x}=\int_{-\infty}^{t}\frac{xq(\tau)}{2(\pi\chi)^{1/2}(t-\tau)^{3/2}}\exp\left[-\frac{x^2}{4\chi(t-\tau)}\right]\mathrm{d}\tau.$$

这个函数满足热传导方程, 并且 $q(t)$ 是它在 $x=0$ 处的值 (根据 (52.9)); 显然, 这个函数正好给出具有条件 (52.12) 的问题的解. 用 $T(x,\ t)$ 代替 $-\varkappa\,\partial T/\partial x$, 用 $T_0(t)$ 代替 $q(t)$, 于是得到

$$T(x,\ t)=\frac{x}{2(\pi\chi)^{1/2}}\int_{-\infty}^{t}\frac{T_0(\tau)}{(t-\tau)^{3/2}}\exp\left[-\frac{x^2}{4\chi(t-\tau)}\right]\mathrm{d}\tau. \tag{52.13}$$

对于通过边界面 $x=0$ 的热流值 $q=-\varkappa\,\partial T/\partial x$, 经过简单的变换, 我们得到

$$q(t)=\frac{\varkappa}{\sqrt{\pi\chi}}\int_{-\infty}^{t}\frac{\mathrm{d}T_0(\tau)}{\mathrm{d}\tau}\frac{\mathrm{d}\tau}{\sqrt{(t-\tau)}}. \tag{52.14}$$

这个公式是积分公式 (52.11) 的逆变换.

很容易求解带有周期性边界条件的一个重要问题, 这时边界面 $x=0$ 上的温度在全部时间内都是给定的周期函数:

$$\text{在 } x=0 \text{ 处 } T=T_0\,\mathrm{e}^{-\mathrm{i}\omega t}.$$

显然, 整个空间中的温度分布对时间的依赖关系也表现为同样的因子 $\mathrm{e}^{-\mathrm{i}\omega t}$. 一维热传导方程在形式上与方程 (24.3) 相同, 后者确定了黏性流体在振动平面上的运动. 所以, 我们立即可以模仿公式 (24.5) 写出所求的温度分布, 其形式为

$$T=T_0\exp\left(-x\sqrt{\frac{\omega}{2\chi}}\right)\exp\left(\mathrm{i}x\sqrt{\frac{\omega}{2\chi}}-\mathrm{i}\omega t\right). \tag{52.15}$$

我们看到, 边界面上的温度起伏以热波的形式从边界面向介质内部传播, 其衰减很快.

热传导理论的另一类问题是: 有限大小的物体受到非均匀加热, 在物体表面上维持给定条件, 研究物体温度均匀化的速度. 按照一般方法, 我们寻求热传导方程的以下形式的解:

$$T=T_n(\boldsymbol{r})\,\mathrm{e}^{-\lambda_n t},$$

其中 λ_n 是常量. 对于函数 T_n, 我们得到方程

$$\chi\Delta T_n=-\lambda_n T_n. \tag{52.16}$$

在给定的边界条件下, 这个方程仅对一些特定的 λ_n 才有非零解, 这些 λ_n 是方程的本征值. 所有本征值都是正的实数, 而相应函数 $T_n(x,\ y,\ z)$ 构成完备的正交函数系. 设初始时刻的温度分布由函数 $T_0(x,\ y,\ z)$ 给出. 只要把它按函数系 T_n 展开:

$$T_0(\boldsymbol{r})=\sum_n c_n T_n(\boldsymbol{r}),$$

我们就得到所提问题的解, 其形式为

$$T(\boldsymbol{r},\ t)=\sum_n c_n T_n(\boldsymbol{r})\,\mathrm{e}^{-\lambda_n t}. \tag{52.17}$$

温度均匀化的速度显然主要取决于该级数中与最小的 λ_n 相对应的项. 设 λ_1 是其中最小的, 则温度均匀化所需时间可以定义为

$$\tau=\frac{1}{\lambda_1}.$$

习 题

1. 设球面 (半径为 R) 的温度是时间的给定函数 $T_0(t)$, 求其周围的温度分布.

解: 对于中心对称的温度分布, 球面坐标下的热传导方程为

$$\frac{\partial T}{\partial t}=\frac{\chi}{r}\frac{\partial^2(rT)}{\partial r^2}.$$

把 $T(r\ \ t)=F(r,\ t)/r$ 代入, 它化为一维热传导方程类型的方程

$$\frac{\partial F}{\partial t}=\chi\frac{\partial^2 F}{\partial r^2}.$$

于是, 根据 (52.13) 直接就可以写出所求的解, 其形式为

$$T(r,\ t)=\frac{R(r-R)}{2r(\pi\chi)^{1/2}}\int_{-\infty}^{t}\frac{T_0(\tau)}{(t-\tau)^{3/2}}\exp\left[-\frac{(r-R)^2}{4\chi(t-\tau)}\right]\mathrm{d}\tau.$$

2. 题目同上, 但是球面温度为 $T_0\,\mathrm{e}^{-\mathrm{i}\omega t}$.

解: 类似于 (52.15), 我们得到

$$T=T_0\,\mathrm{e}^{-\mathrm{i}\omega t}\frac{R}{r}\exp\left[-(1-\mathrm{i})(r-R)\sqrt{\frac{\omega}{2\chi}}\right].$$

3. 设立方体 (边长为 a) 的表面满足条件: (a) 保持给定温度 $T=0$; (b) 绝热. 求立方体温度均匀化的时间.

解: 在情形 (a) 中, 与 λ 的最小值相对应的是方程 (52.16) 的解

$$T_1=\sin\frac{\pi x}{a}\sin\frac{\pi y}{a}\sin\frac{\pi z}{a}$$

(坐标原点位于立方体的一个角上), 并且

$$\tau=\frac{1}{\lambda_1}=\frac{a^2}{3\pi^2\chi}.$$

在情形 (b) 中, 我们有 $T_1=\cos(\pi x/a)$ (或者 y 或 z 的同样的函数), 并且 $\tau=a^2/\pi^2\chi$.

4. 题目同上, 但是把立方体改为半径为 R 的球体.

解: 与 λ 的最小值相对应的是方程 (52.16) 的中心对称解

$$T_1=\frac{1}{r}\sin kr,$$

并且在情形 (a) 中 $k=\pi/R$, 于是

$$\tau=\frac{1}{\chi k^2}=\frac{R^2}{\chi\pi^2}.$$

在情形 (b) 中, k 是方程 $\tan kR=kR$ 的最小正根, 由此求出 $kR=4.493$, 于是

$$\tau=0.050\frac{R^2}{\chi}.$$

§ 53 传热的相似律

流体中的传热过程比固体中更为复杂, 因为流体能够运动. 浸没在运动流体中的高温物体, 其冷却过程比它浸没在静止流体中时快得多, 因为在静止流体中只能通过热传导来实现传热. 非均匀加热流体的运动称为**对流**.

我们将假设流体中的温度差足够小, 从而可以认为流体的物理性质与温度无关. 另一方面, 我们又假设该温度差足够大, 从而在与之相比时可以忽略因为内摩擦造成能量耗散而释放热量所引起的温度变化 (见 § 55). 于是, 在方程 (50.2) 中可以忽略黏性项, 剩下

$$\frac{\partial T}{\partial t} + \boldsymbol{v} \cdot \nabla T = \chi \Delta T, \tag{53.1}$$

其中 $\chi = \varkappa/\rho c_p$ 是温导率. 这个方程加上纳维–斯托克斯方程和连续性方程, 足以描述所讨论条件下的对流. 我们在下面将研究定常对流①. 于是, 所有对时间的导数均为零, 我们得到下列基本方程组:

$$\boldsymbol{v} \cdot \nabla T = \chi \Delta T, \tag{53.2}$$

$$(\boldsymbol{v} \cdot \nabla)\boldsymbol{v} = -\nabla \frac{p}{\rho} + \nu \Delta \boldsymbol{v}, \quad \operatorname{div} \boldsymbol{v} = 0. \tag{53.3}$$

在这个方程组中, 未知函数为 $\boldsymbol{v}$, T 和 p/ρ, 而不变的参量仅有两个: ν 和 χ. 此外, 这些方程的解通过边界条件还依赖于某个特征长度 l, 速度 U 和特征温度差 $T_1 - T_0$, 其中前两个量照例给出问题中的相关固体尺寸和基本流动速度, 而第三个量则给出流体与固体之间的温度差.

在用我们所掌握的参量构成无量纲量时出现一个问题: 温度应当具有什么样的量纲? 为了回答这个问题, 我们注意到温度是由方程 (53.2) 确定的, 而这是 T 的线性齐次方程. 所以, 温度在乘以任意常量后仍然满足该方程. 换言之, 可以任意选取温度的度量单位. 由于可以对温度进行这种变换, 所以在形式上允许温度具有某个特有的量纲, 该量纲与其余各量的量纲无关. 度 (如摄氏度) 正好就是这样的量纲, 人们通常用这个单位来测量温度.

因此, 在上述条件下可以用五个参量来表征对流, 其量纲为:

$$[\nu] = [\chi] = \mathrm{cm^2/s}, \quad [U] = \mathrm{cm/s}, \quad [l] = \mathrm{cm}, \quad [T_1 - T_0] = {}^\circ\mathrm{C}.$$

由此可以构成两个独立的无量纲组合. 我们选取雷诺数 $Re = Ul/\nu$ 和被定义为

$$Pr = \frac{\nu}{\chi} \tag{53.4}$$

---

① 为了使对流保持定常, 严格地说, 在与流体接触的那些固体内必须有热源, 使这些固体的温度保持不变.

的**普朗特数**作为这样的无量纲组合. 其他任何无量纲量都可以用 Re 和 Pr 表示[①]. 普朗特数只是某种物性常量, 而与流动本身的性质无关. 对于气体, 这个数的量级总是 1. 对于各种液体, Pr 值的范围较大. 对于黏性非常大的液体, Pr 可以达到非常大的值. 作为例子, 我们列出一些物质在 20°C 下的 Pr 值:

空　气	0.733
水	6.75
酒　精	16.6
甘　油	7250
水　银	0.044

采用类似于 §19 的做法, 我们现在可以作出结论: 在 (上述类型的) 定常对流中, 温度和速度的分布具有以下形式:

$$\frac{T-T_0}{T_1-T_0}=f\left(\frac{\boldsymbol{r}}{l},\ Re,\ Pr\right),\quad \frac{\boldsymbol{v}}{U}=\boldsymbol{f}\left(\frac{\boldsymbol{r}}{l},\ Re\right). \tag{53.5}$$

确定温度分布的无量纲函数同时依赖于 Re 和 Pr 这两个参数; 速度分布只依赖于参数 Re, 因为速度分布由方程 (53.3) 确定, 而此方程根本不包含热导率. 两个对流流动在雷诺数和普朗特数相同的条件下是相似的.

固体与流体之间的传热通常用比值

$$\alpha=\frac{q}{T_1-T_0} \tag{53.6}$$

来表征, 其中 q 是通过固体表面的热流密度, 而 T_1-T_0 是固体与流体之间的特征温度差. 由比值 α 定义的量称为**传热系数**. 如果已知流体中的温度分布, 则只要计算流体边界上的热流密度 $q=-\varkappa\partial T/\partial n$ (沿固体表面法向取导数), 就容易确定传热系数.

传热系数是有量纲量. 作为表征传热的无量纲量, 还使用**努塞尔数**

$$Nu=\frac{\alpha l}{\varkappa}. \tag{53.7}$$

利用相似方法可知, 对于每一种给定类型的对流, 努塞尔数只是雷诺数和普朗特数的确定函数:

$$Nu=f(Re,\ Pr). \tag{53.8}$$

对于雷诺数足够小的对流, 这个函数具有退化的简单形式. 低速运动对应着 Re 很小的情形, 所以在一级近似下可以忽略方程 (53.2) 中包含速度的那一项, 于是温度分布可由方程 $\Delta T=0$ 来确定, 而这是适用于静止介质的通常的

① 有时使用被定义为 Ul/χ 的佩克莱数, 它等于乘积 $RePr$.

定常热传导方程. 现在, 传热系数显然既不依赖于流体速度, 也不依赖于流体黏度, 所以应有

$$Nu = \text{const}, \tag{53.9}$$

并且在计算该常数时可以把流体当做是静止的.

习 题

设流体沿圆管 (半径为 R) 作泊肃叶流动, 且管壁温度按照线性规律沿管长变化, 求流体中的温度分布.

解: 管道的所有横截面都有相同的流动条件, 所以可以寻求形式为 $T = Az + f(r)$ 的温度分布, 其中 Az 是管壁的温度 (选取柱面坐标, z 轴沿着管轴). 对于速度, 根据 (17.9) 有

$$v_z = v = 2\overline{v}\left(1 - \frac{r^2}{R^2}\right),$$

其中 $\overline{v}$ 是平均速度. 把它代入 (53.2), 得到方程

$$\frac{1}{r}\frac{\mathrm{d}}{\mathrm{d}r}\left(r\frac{\mathrm{d}f}{\mathrm{d}r}\right) = \frac{2\overline{v}A}{\chi}\left[1 - \left(\frac{r}{R}\right)^2\right].$$

这个方程的解在 $r = 0$ 处应当没有奇异性, 而在 $r = R$ 处 $f = 0$, 于是

$$f(r) = -\frac{\overline{v}AR^2}{2\chi}\left[\frac{3}{4} - \left(\frac{r}{R}\right)^2 + \frac{1}{4}\left(\frac{r}{R}\right)^4\right].$$

热流密度为

$$q = \varkappa\left.\frac{\partial T}{\partial r}\right|_{r=R} = \frac{1}{2}\rho c_p\overline{v}RA,$$

它与热导率无关.

§ 54 边界层内的传热

在雷诺数非常大时, 流体中的温度分布表现出与速度分布本身相类似的特性. 非常大的 Re 值等价于非常小的黏度. 但是, 因为数 $Pr = \nu/\chi$ 通常不是非常小, 所以应当认为温导率 χ 就像 ν 那样也很小. 这相当于, 在足够大的速度下可以把流体近似地看做理想流体——在理想流体中应当既没有内摩擦过程, 也没有热传导过程.

但是, 这样的观点仍然不适用于靠近壁面的一层流体, 因为在理想流体观点下, 在固体表面上既不成立无滑移边界条件, 也不成立流体与固体温度相同的条件. 所以, 在边界层中不但流体速度会迅速减小, 流体温度也会迅速变化到固体表面的温度. 边界层的特征就是其中的速度和温度都具有很大的梯度.

至于流体所占主要区域中的温度分布, 则容易看出, 在绕加热物体的流动中 (在 Re 很大时), 流体的加热基本上仅仅发生在尾迹中, 而尾迹以外的流体温度保持不变. 其实, 当 Re 很大时, 基本流动中的热传导过程几乎不起任何作用. 所以, 只有在边界层内经过加热的流体, 才会通过其自身的运动, 使这部分流体所能达到区域中的温度发生变化. 但是, 我们知道 (见 §35), 来自边界层的流线只有在分离线之后才离开边界层并进入基本流动区域, 它们在那里进入湍流尾迹区. 流线一旦进入尾迹区, 就不会再出来. 因此, 绕加热物体表面流过并且位于边界层内的流体全部会进入尾迹区, 然后一直留在尾迹中. 我们看到, 热传导发生在涡量不为零的区域中.

在湍流区内部, 流体因为强烈混合而出现高强度的热交换, 而强烈混合是任何湍流的特征. 这种传热机理可以称为湍流传热, 并且可以仿照我们已经引入的湍流黏度 ν_{turb} 的概念 (§33), 用相应的系数 χ_{turb} 来表征它. **湍流温导率**的量级由公式

$$\chi_{\text{turb}} \sim l\Delta u$$

给出, 这与 ν_{turb} 的公式 (33.2) 相同.

因此, 层流和湍流中的传热过程是根本不同的. 在黏度和热导率都任意小的极限情形下, 在层流中完全没有传热过程, 所以流体温度在空间中的每个点都保持不变. 相反, 即使在同样的极限情形下, 在湍流中也要发生传热, 这导致流动各个部分的温度迅速均匀化.

首先研究层流边界层中的传热. 运动方程 (39.13) 的形式保持不变, 现在应当对方程 (53.2) 作类似的简化. 这个方程在分量记号下具有以下形式 (各量均与坐标 z 无关):

$$v_x\frac{\partial T}{\partial x}+v_y\frac{\partial T}{\partial y}=\chi\left(\frac{\partial^2 T}{\partial x^2}+\frac{\partial^2 T}{\partial y^2}\right).$$

在方程的右边, 导数 $\partial^2 T/\partial x^2$ 与 $\partial^2 T/\partial y^2$ 相比可以忽略不计, 于是

$$v_x\frac{\partial T}{\partial x}+v_y\frac{\partial T}{\partial y}=\chi\frac{\partial^2 T}{\partial y^2}. \tag{54.1}$$

对比这个方程与 (39.13) 中的第一个方程, 显然可以看出, 如果普朗特数的量级为 1, 则对于速度 v_x 减小同时温度 T 变化的这一层流体, 其厚度的量级 δ 仍然由在 §39 中得到的公式给出, 即它反比于 $\sqrt{Re}$. 热流值

$$q=-\varkappa\frac{\partial T}{\partial x}\sim\varkappa\frac{T_1-T_0}{\delta}.$$

所以, 我们得出结论: q 以及努塞尔数都与 $\sqrt{Re}$ 成正比. 但是, Nu 对 Pr 的依赖关系仍未确定. 因此, 我们得到

$$Nu=\sqrt{Re}\,f(Pr). \tag{54.2}$$

由此可知, 例如, 传热系数 α 反比于物体尺寸 l 的平方根.

我们现在研究湍流边界层中的传热. 就像 §42 那样, 这时研究沿无穷大平板的平面湍流最为方便. 采用量纲方法可以确定这种平面湍流中的横向温度梯度 $\mathrm{d}T/\mathrm{d}y$, 同样的方法曾经被用来确定速度梯度 $\mathrm{d}u/\mathrm{d}y$. 用 q 表示由温度梯度引起的沿 y 轴的热流密度. 这个量与动量流 σ 一样是常量 (与 y 无关), 并且同样可以作为确定流动性质的给定参量. 此外, 我们现在还有密度 ρ 和质量热容 c_p. 我们再引入量 v_* 作为代替 σ 的参量. q 和 c_p 分别具有量纲 $\mathrm{g\cdot s^{-3}}$ 和 $\mathrm{cm^2\cdot s^{-2}\cdot {}^\circ C^{-1}}$. 至于黏度和热导率, 它们在 Re 足够大时不可能以显式出现在 $\mathrm{d}T/\mathrm{d}y$ 中.

在 §53 中已经提到, 方程相对于温度是齐次的, 所以可以让温度改变任何倍数而不破坏该方程. 但是当温度改变时, 热流也应当改变同样的倍数, 所以 q 和 T 应当成正比. 而从 q, v_*, ρ, c_p 和 y 只能构成一个具有量纲 $\mathrm{{}^\circ C\cdot cm^{-1}}$ 同时正比于 q 的量, 这样的量是 $q/\rho c_p v_* y$, 所以应有

$$\frac{\mathrm{d}T}{\mathrm{d}y}=\beta\frac{q}{\rho c_p\varkappa v_* y},$$

其中 β 是应当通过实验来确定的常数①. 于是有

$$T=\beta\frac{q}{\varkappa\rho c_p v_*}(\ln y+c). \tag{54.3}$$

因此, 与速度一样, 温度也按照对数律分布. 这里的积分常数 c 应当根据黏性底层条件来确定, 就像推导 (42.7) 时的做法一样. 给定点上的流体温度与壁面温度 (我们规定后者为零) 之差由两部分组成, 一部分是湍流层的温度变化, 一部分是黏性底层的温度变化. 从对数律 (54.3) 仅可确定湍流层的温度变化. 所以, 如果在对数的自变量中引入了厚度系数 y_0, 从而把 (54.3) 写为

$$T=\beta\frac{q}{\varkappa\rho c_p v_*}\left(\ln\frac{y v_*}{\nu}+\mathrm{const}\right)$$

的形式, 则 const (乘以括号前的系数) 应当是黏性底层中的温度变化. 该温度变化当然也依赖于 ν 和 χ. 因为 const 是无量纲量, 所以其形式应当是数 Pr 的某个函数, 而 Pr 是能够从我们所掌握的量 ν, χ, ρ, v_*, c_p 构成的唯一的无量纲组合 (至于热流 q, 它不可能出现在 const 中, 因为 T 应当正比于 q, 而 q

① 这里的 $\varkappa$ 是速度剖面对数律 (42.4) 中的卡门常数. 根据这样的定义, $\beta=\nu_{\mathrm{turb}}/\chi_{\mathrm{turb}}$, 其中 ν_{turb} 和 χ_{turb} 是以下关系式中的系数:

$$q=\rho c_p\chi_{\mathrm{turb}}\frac{\partial T}{\partial y},\quad \sigma=\rho\nu_{\mathrm{turb}}\frac{\partial u}{\partial y}.$$

已出现在括号之前的系数中了). 于是, 我们得到以下形式的温度分布规律:

$$T = \beta \frac{q}{\varkappa \rho c_p v_*}\left[\ln \frac{y v_*}{\nu} + f(Pr)\right] \tag{54.4}$$

(Л. Д. 朗道, 1944). 在这个表达式中, 常数 β 的经验值为 $\beta \approx 0.9$. 对于空气, 函数 f 满足: $f(0.7) \approx 1.5$.

利用公式 (54.4) 可以计算沿管道、平板等的湍流传热, 这里不再详细讨论.

温度的湍流涨落. 我们在上面所讨论的湍流中的温度, 当然是指它对时间的平均值. 在空间中的每一点, 真实温度都会随时间而发生类似于速度涨落的极不规则的变化.

我们将认为, 平均温度在平均速度发生变化的距离 l (湍流的基本尺度) 上才有重要变化. 对于温度的小尺度涨落 (在 $\lambda \ll l$ 的尺度上), 可以采用在 §33 中研究湍流局部性质时已经使用过的一些一般概念和相似方法, 并且认为数 $Pr \sim 1$ (否则必须引入由 ν 和 χ 确定的两个内尺度). 于是, 尺度的惯性区同时也是**对流区**——在对流区中, 温度均匀化是通过受热情况不同的 "流体微元" 的机械混合来实现的, 真正的热传导此时不起作用, 温度涨落的性质在这个区域内与大尺度运动无关. 我们来确定惯性区中的温度差 T_λ 对尺度 λ 的依赖关系 (A. M. 奥布霍夫, 1949).

表达式 $\varkappa(\nabla T)^2/T$ 给出由热传导引起的 (单位体积中的) 能量耗散率 (见 (49.6) 或后文中的 (79.1)). 除以 ρc_p, 我们得到量 $\chi(\nabla T)^2/T \equiv \varphi/T$, 它确定由耗散引起的温度下降率. 假设温度的湍流涨落相对较小, 就可以把分母中的 T 替换为保持不变的平均温度. 这样引入的量 φ 是 (与 ε 一起) 决定非均匀加热流体中的湍流局部性质的又一个参量.

按照在 §33 中叙述的方法 (见 (33.1) 之后的内容), 我们用表征 λ 尺度涨落的量来表示 φ:

$$\varphi \sim \chi_{\text{turb}} \left(\frac{T_\lambda}{\lambda}\right)^2.$$

把 $\chi_{\text{turb}} \sim \nu_{\text{turb}} \sim \lambda v_\lambda$, $v_\lambda \sim (\varepsilon\lambda)^{1/3}$ (根据 (33.2) 和 (33.6)) 代入此式, 就得到所求结果:

$$T_\lambda^2 \sim \varphi \varepsilon^{-1/3} \lambda^{2/3}. \tag{54.5}$$

因此, 对于 $\lambda \gg \lambda_0$, 温度涨落就像速度涨落那样正比于 $\lambda^{1/3}$.

在 $\lambda \lesssim \lambda_0$ 的距离上, 温度均匀化是由真正的热传导引起的. 在 $\lambda \ll \lambda_0$ 的尺度上, 温度平稳变化. 按照同样对速度进行过的分析, 这里的温度差 T_λ 正比于 λ.

习 题

1. 设 Pr 和 Re 很大, 求层流边界层中努塞尔数对普朗特数的依赖关系的极限规律.

解: 当 Pr 很大时, 温度发生变化的距离 δ' 远小于速度 v_x 减小的那一层流体的厚度 δ (δ' 可以称为温度边界层的厚度). 对方程 (54.1) 中的各项进行估计, 就可以得到 δ' 的量级. 在从 $y=0$ 到 $y\sim\delta'$ 的距离上, 温度变化的量级是流体与固体之间总的温度差 $T-T_0$, 而这个距离上的速度变化具有 $U\delta'/\delta$ 的量级 (速度在距离 δ 上才有量级为 U 的总变化值). 所以, 既然 $y\sim\delta'$, 方程 (54.1) 中各项的量级为

$$\chi\frac{\partial^2 T}{\partial y^2}\sim\chi\frac{T_1-T_0}{\delta'^2},\quad v_x\frac{\partial T}{\partial x}\sim U\frac{\delta'}{\delta}\frac{T_1-T_0}{l}.$$

对比这两个表达式, 这给出 $\delta'^3\sim\chi\delta l/U$. 把 $\delta\sim l/\sqrt{Re}$ 代入, 我们得到

$$\delta'\sim\frac{l}{Re^{1/2}Pr^{1/3}}\sim\frac{\delta}{Pr^{1/3}}.$$

因此, 当 Pr 很大时, 温度边界层厚度与速度边界层厚度之比与 Pr 的立方根成反比. 热流

$$q=-\varkappa\frac{\partial T}{\partial y}\sim\varkappa\frac{T_1-T_0}{\delta'},$$

最后得到传热的极限规律①:

$$Nu=\mathrm{const}\cdot Re^{1/2}Pr^{1/3}.$$

2. 设 Pr 很大, 温度分布满足对数律 (54.4), 求函数 $f(Pr)$ 的极限规律.

解: 根据 §42 中的讨论, 黏性底层中的横向速度量级为 $v_*(y/y_0)^2$, 湍流尺度的量级为 y^2/y_0. 因此, 湍流温导率

$$\chi_{\text{turb}}\sim v_*y_0\left(\frac{y}{y_0}\right)^4\sim\nu\left(\frac{y}{y_0}\right)^4$$

(我们在这里已经利用了关系式 (42.5)). 在 $y_1\sim y_0Pr^{-1/4}$ 的距离上, χ_{turb} 与通常的温导率 χ 在量级上是相当的. 因为 χ_{turb} 随 y 增加得非常快, 所以显然可知, 温度在黏性底层中的主要变化发生在到壁面距离的量级为 y_1 的地方, 并且可以认为它正比于 y_1, 即认为其量级为

$$\frac{qy_1}{\varkappa}\sim\frac{qy_0}{\varkappa Pr^{1/4}}\sim\frac{q}{\rho c_p v_*}Pr^{3/4}.$$

对比公式 (54.4), 我们求出函数 $f(Pr)$ 的形式

$$f(Pr)=\mathrm{const}\cdot Pr^{3/4},$$

其中 const 是常数.

---

① 对于各种物质的实际热导率值, 普朗特数达不到使这个极限规律成立的值. 但是, 这样的规律可以应用于对流扩散, 因为描述对流传热的方程同样也是描述对流扩散的方程, 并且温度起溶质浓度的作用, 热流起溶质流的作用, 而**传质普朗特数**定义为 $P_D=\nu/D$, 其中 D 是扩散系数. 例如, 对于水溶液和类似的液体, P_D 的量级可达 10^3, 而对于黏度非常大的溶剂, P_D 的量级可达 10^6 甚至更高.

3. 推导非均匀加热湍流中的以下局部关联函数之间的关系:

$$B_{TT} = \langle (T_2 - T_1)^2 \rangle, \quad B_{iTT} = \langle (v_{2i} - v_{1i})(T_2 - T_1)^2 \rangle$$

(A. M. 亚格洛姆, 1949).

解: 所有计算类似于 §34 中的推导. 除了函数 B_{TT} 和 B_{iTT}, 我们引入辅助函数

$$b_{TT} = \langle T_1 T_2 \rangle, \quad b_{iTT} = \langle v_{1i} T_1 T_2 \rangle,$$

并且为了简化讨论, 我们考虑完全均匀的各向同性湍流. 于是有:

$$B_{TT} = 2\langle T^2 \rangle - 2b_{TT}, \quad B_{iTT} = 4b_{iTT} \tag{1}$$

(因为流体是不可压缩的, 所以平均值

$$\langle v_{1i} T_1 T_2 \rangle = -\langle v_{2i} T_1 T_2 \rangle,$$

而形如 $\langle v_{1i} T_2^2 \rangle$ 的平均值为零; 可以对比 (34.18) 的推导). 利用方程

$$\frac{\partial T}{\partial t} + (\boldsymbol{v} \cdot \nabla) T = \chi \Delta T, \quad \operatorname{div} \boldsymbol{v} = 0$$

计算导数

$$\frac{\partial b_{TT}}{\partial t} = -2 \frac{\partial b_{iTT}}{\partial x_{1i}} + 2\chi \Delta_1 b_{TT}. \tag{2}$$

根据各向同性和均匀性, 函数 b_{iTT} 具有以下形式:

$$b_{iTT} = n_i b_{rTT} \tag{3}$$

(其中 $\boldsymbol{n}$ 是 $\boldsymbol{r} = \boldsymbol{r}_2 - \boldsymbol{r}_1$ 方向上的单位矢量), 而 b_{rTT} 和 b_{TT} 只依赖于 r. 利用 (1) 和 (3), 方程 (2) 的形式化为

$$-2\varphi - \frac{\partial B_{TT}}{\partial t} = \frac{1}{2} \operatorname{div}(\boldsymbol{n} B_{rTT}) - \chi \Delta B_{TT} = \frac{1}{2r^2} \frac{\partial}{\partial r}(r^2 B_{rTT}) - \frac{\chi}{r^2} \frac{\partial}{\partial r}\left(r^2 \frac{\partial B_{TT}}{\partial r} \right),$$

其中引入量

$$\varphi = -\frac{1}{2} \frac{\partial}{\partial t} \langle T^2 \rangle$$

(与正文中引入的量相同). 因为可以认为局部湍流是定常的, 所以在所得等式中忽略导数 $\partial B_{TT}/\partial t$. 再对 r 积分, 就得到所需的关系式 (类似于 (34.21)):

$$B_{rTT} - 2\chi \frac{\mathrm{d} B_{TT}}{\mathrm{d} r} = -\frac{4}{3} r\varphi. \tag{4}$$

当 $r \gg \lambda_0$ 时, 含有 χ 的项很小, 而根据 (54.5), 函数 $B_{TT} \propto r^{2/3}$. 于是, 从 (4) 有

$$B_{rTT} \approx -\frac{4}{3} r\varphi.$$

在 $r \ll \lambda_0$ 的距离上, 我们有 $B_{TT} \propto r^2$, 而项 B_{rTT} 可以忽略, 于是

$$B_{TT} \approx \frac{1}{3\chi} r^2 \varphi.$$

§ 55 运动流体中物体的加热

浸入静止流体中的温度计所指示的温度等于流体的温度. 如果流体是运动的, 则温度计所指示的温度略高于流体的温度. 这是因为, 温度计表面附近的流体因内摩擦而减速, 从而受到加热.

一般问题可以用以下方式提出. 设一个任意形状的物体浸入运动流体中, 经过足够长时间后达到了某种热平衡, 需要确定这时出现在它们之间的温度差 $T_1 - T_0$.

该问题的解由方程 (50.2) 给出, 但是现在已经不能像方程 (53.1) 那样忽略黏性项; 正是黏性项决定了我们在这里所关注的效应. 因此, 对于定常状态, 我们有方程

$$\boldsymbol{v} \cdot \nabla T = \chi \Delta T + \frac{\nu}{2c_p} \left(\frac{\partial v_i}{\partial x_k} + \frac{\partial v_k}{\partial x_i} \right)^2. \tag{55.1}$$

这里还应当补充流体本身的运动方程 (53.3), 严格地说, 还包括固体内的热传导方程. 在物体热导率足够小的极限情况下, 可以完全忽略物体中的热传导, 从而认为物体表面上每一点的温度就简单地等于流体在该点的温度, 而流体的温度则通过求解方程 (55.1) 来获得, 相应边界条件是 $\partial T/\partial n = 0$, 即没有热流通过物体表面. 相反, 在物体热导率足够大的极限情况下, 可以近似地要求物体表面上各点的温度相同. 这时, 整个表面上的导数 $\partial T/\partial n$ 一般不为零, 应当仅仅要求通过物体整个表面的总热流 (即 $\partial T/\partial n$ 在整个表面上的积分) 为零即可. 在这两种极限情况下, 物体的热导率都不显含在问题的解中; 我们在下面将假设二者必居其一.

方程 (55.1) 和 (55.3) 包含常参量 χ, ν 和 c_p, 此外在方程的解中还有物体的尺寸 l 和来流速度 U (温度差 $T_1 - T_0$ 现在不是任意的参量, 它本身应当通过求解方程来确定). 从这些参量可以构成两个独立的无量纲组合, 我们取它们为 Re 和 Pr. 于是可以断定, 所求的温度差 $T_1 - T_0$ 等于某个具有温度量纲的量 (我们取其为 U^2/c_p) 乘以 Re 和 Pr 的一个函数:

$$T_1 - T_0 = \frac{U^2}{c_p} f(Re,\ Pr). \tag{55.2}$$

当雷诺数非常小时, 即当速度 U 足够小时, 容易确定这个函数的形式. 这时, 方程 (55.1) 中的 $\boldsymbol{v} \cdot \nabla T$ 远小于 $\chi \Delta T$, 所以方程 (55.1) 简化为

$$\chi \Delta T = -\frac{\nu}{2c_p} \left(\frac{\partial v_i}{\partial x_k} + \frac{\partial v_k}{\partial x_i} \right)^2. \tag{55.3}$$

在物体尺寸 l 量级的距离上, 温度和速度发生显著变化. 所以, 对方程 (55.3)

的两边进行估计, 结果给出

$$\frac{\chi(T_1 - T_0)}{l^2} \sim \frac{\nu U^2}{c_p l^2},$$

于是得到结论: 当 Re 很小时,

$$T_1 - T_0 = \text{const} \cdot Pr \frac{U^2}{c_p}, \tag{55.4}$$

其中 const 是与物体形状有关的常数. 我们注意到, 温度差与速度 U 的平方成正比.

相反, 在 Re 很大的极限情况下, 速度和温度只在很薄的边界层中才发生变化, 这时也可以对 (55.2) 中函数 $f(Pr,\ Re)$ 的形式作出某些一般结论. 设 δ 和 δ' 分别是速度和温度有变化的距离. δ 和 δ' 相差一个依赖于 Pr 的因子. 在边界层中, 因为黏性而在单位时间内释放的热量由积分 (16.3) 给出. 如果折合到单位面积的物体表面, 其量级为 $\nu\rho(U/\delta)^2\delta = \nu\rho U^2/\delta$. 另一方面, 这些热量应当等于散失于物体的热量, 即热流

$$q = -\varkappa\frac{\partial T}{\partial n} \sim \chi c_p \rho \frac{T_1 - T_0}{\delta'}.$$

比较这两个表达式, 我们求出结果

$$T_1 - T_0 = \frac{U^2}{c_p} f(Pr). \tag{55.5}$$

因此, 函数 f 在这种情况下也与 Re 无关, 但它对 Pr 的依赖关系仍未确定.

习 题

1. 设流体在管壁温度 T_0 保持恒定的圆管中作泊肃叶流动, 求流体中的温度分布.

解: 在柱面坐标下 (z 轴沿管道轴线), 我们有

$$v_z = v = 2\overline{v}\left[1 - \left(\frac{r}{R}\right)^2\right],$$

其中 $\overline{v}$ 是平均流速. 代入 (55.3), 得到方程

$$\frac{1}{r}\frac{\mathrm{d}}{\mathrm{d}r}\left(r\frac{\mathrm{d}T}{\mathrm{d}r}\right) = -\frac{16\overline{v}^2}{R^4}\frac{\nu}{\chi c_p}r^2.$$

在 $r = 0$ 处有限, 并且在 $r = R$ 处满足条件 $T = T_0$ 的解为

$$T - T_0 = \overline{v}^2\frac{Pr}{c_p}\left[1 - \left(\frac{r}{R}\right)^4\right].$$

2. 设流体绕固体球流动, 雷诺数很小, 求固体球与流体之间的温度差. 假设球的热导率很大.

解: 取球面坐标 r, θ, φ, 原点位于球心, 极轴沿来流速度方向. 利用公式 (15.20) 和球体绕流速度公式 (20.9) 计算张量分量 $\partial v_i/\partial x_k + \partial v_k/\partial x_i$, 我们得到方程 (55.3) 在球面坐标下的形式:

$$\frac{1}{r^2}\frac{\partial}{\partial r}\left(r^2\frac{\partial T}{\partial r}\right)+\frac{1}{r^2\sin\theta}\frac{\partial}{\partial\theta}\left(\sin\theta\frac{\partial T}{\partial\theta}\right)=-A\frac{R^4}{r^4}\left[\cos^2\theta\left(3-\frac{6R^2}{r^2}+\frac{2R^4}{r^4}\right)+\frac{R^4}{r^4}\right],$$

其中

$$A=\frac{9Pr}{4c_p}u^2.$$

我们寻求形如

$$T=f(r)\cos^2\theta+g(r)$$

的 $T(r,\ \theta)$. 在分离出依赖于和不依赖于 θ 的部分之后, 就得到 f 和 g 的两个方程:

$$r^2f''+2rf'-6f=-A\left(\frac{3R^2}{r^2}-\frac{6R^4}{r^4}+\frac{2R^6}{r^6}\right),$$

$$r^2g''+2rg'+2f=-A\frac{R^6}{r^6}.$$

从第一个方程得到

$$f=A\left(\frac{3R^2}{4r^2}+\frac{R^4}{r^4}-\frac{R^6}{12r^6}\right)+\frac{c_1R^3}{r^3}$$

(略去形如 $\mathrm{const}\cdot r^2$ 的项, 因为它在无穷远处不为零), 于是第二个方程给出解

$$g=-\frac{A}{2}\left(\frac{3R^2}{2r^2}+\frac{R^4}{3r^4}+\frac{R^6}{18r^6}\right)-\frac{c_1R^3}{3r^3}+\frac{c_2R}{r}+c_3.$$

常量 c_1, c_2, c_3 可以根据以下条件来确定:

$$\text{在 } r=R \text{ 处}\quad T=\mathrm{const},\quad \int\frac{\partial T}{\partial r}r^2\sin\theta\,\mathrm{d}\theta=0,$$

即

$$\text{在 } r=R \text{ 处}\quad f(R)=0,\quad g'(R)+\frac{1}{3}f'(R)=0;$$

在无穷远处应当有 $T=T_0$. 我们求出

$$c_1=-\frac{5}{3}A,\quad c_2=\frac{2}{3}A,\quad c_3=T_0.$$

对于固体球 ($T_1=T(R)$) 和流体 (T_0) 之间的温度差, 我们求出

$$T_1-T_0=\frac{5Pr}{8}\frac{u^2}{c_p}.$$

我们指出, 所得到的温度分布原来还满足条件:

$$\text{在 } r=R \text{ 处}\quad \frac{\partial T}{\partial r}=0,\ \text{即}\ f'(R)=g'(R)=0.$$

所以, 它同时也是热导率很小的固体球的同一个问题的解.

§56 自由对流

我们在 §3 中已经看到, 如果流体在重力场中处于力学平衡态, 则其温度分布应当只取决于高度 z: $T=T(z)$. 如果温度分布不满足这个要求, 这时它一般是三个坐标的函数, 则流体中的力学平衡是不可能的. 此外, 即使 $T=T(z)$, 但如果竖直方向上的温度梯度指向下方, 并且其大小超过一定的极限值 (§4), 则力学平衡仍然是不可能的.

力学平衡的破坏导致流体内部流动的出现, 这种流动使流体各点的温度趋于相同. 重力场中的这种流动称为**自由对流**.

我们来推导描述自由对流的方程. 假设流体是不可压缩的, 这意味着假设压强沿流体的变化足够小, 从而可以忽略由压强变化引起的密度变化. 例如在大气中, 压强随高度而变化, 上述假设的含义是我们不研究太高的气柱, 因为在这样的气柱中, 密度随高度有显著变化. 至于由流体的非均匀加热引起的密度变化, 这当然是不能忽略的, 正是这样的密度变化导致了引起对流的力.

我们把可变的温度写为 $T=T_0+T'$ 的形式, 其中 T_0 是某个保持不变的平均温度, 它是计算温度变化 T' 的起点. 假设 T' 远小于 T_0.

我们把流体的密度也写为 $\rho=\rho_0+\rho'$ 的形式, 其中 ρ_0 保持不变. 因为温度变化 T' 很小, 所以由它引起的密度变化 ρ' 也很小, 并且可以写出

$$\rho'=\left(\frac{\partial\rho_0}{\partial T}\right)_p T'=-\rho_0\beta T', \tag{56.1}$$

其中 $\beta=-(\partial\rho/\partial T)_p/\rho$ 是流体的定压体膨胀系数①.

在压强的表达式 $p=p_0+p'$ 中, p_0 不是常量, 而是当温度和密度 (分别等于 T_0 和 ρ_0) 保持不变时与力学平衡态相对应的压强. 它按流体静力学方程

$$p_0=\rho_0\boldsymbol{g}\cdot\boldsymbol{r}+\text{const}=-\rho_0 gz+\text{const} \tag{56.2}$$

随高度而变化, 其中坐标 z 沿竖直向上的方向计算.

在高度为 h 的流体柱中, 流体静力学压强的变化为 $\rho_0 gh$. 该压强差导致 $\rho gh/c^2$ 量级的密度变化, 其中 c 是声速 (见后文中的 (64.4)). 按照条件, 无论与密度本身相比, 还是与温度变化所导致的密度变化 (56.1) 相比, 上述密度变化都必须小到可以忽略. 换言之, 应当成立不等式

$$\frac{gh}{c^2}\ll\beta\Theta, \tag{56.3}$$

其中 Θ 是特征温度差.

---

① 我们将认为 $\beta>0$.

我们首先对纳维–斯托克斯方程进行变换. 在重力场中, 纳维–斯托克斯方程的形式为

$$\frac{\partial \boldsymbol{v}}{\partial t}+(\boldsymbol{v}\cdot\nabla)\boldsymbol{v}=-\frac{\nabla p}{\rho}+\nu\Delta\boldsymbol{v}+\boldsymbol{g}.$$

在 (15.7) 的右边补充单位质量流体所受重力 $\boldsymbol{g}$, 即可得到这个方程. 下面把 $p=p_0+p'$, $\rho=\rho_0+\rho'$ 代入方程. 精确到一阶小量, 有

$$\frac{\nabla p}{\rho}=\frac{\nabla p_0}{\rho_0}+\frac{\nabla p'}{\rho_0}-\frac{\nabla p_0}{\rho_0^2}\rho',$$

或者, 再把 (56.1) 和 (56.2) 代入, 有

$$\frac{\nabla p}{\rho}=\boldsymbol{g}+\frac{\nabla p'}{\rho_0}+\boldsymbol{g}\beta T'.$$

把这个表达式代入纳维–斯托克斯方程并省略 ρ_0 的下标, 最终得到

$$\frac{\partial \boldsymbol{v}}{\partial t}+(\boldsymbol{v}\cdot\nabla)\boldsymbol{v}=-\nabla\frac{p'}{\rho}+\nu\Delta\boldsymbol{v}-\boldsymbol{g}\beta T'. \tag{56.4}$$

可以证明, 在自由对流中, 热传导方程 (50.2) 中的黏性项远小于其余各项, 因此可以忽略该项. 于是得到

$$\frac{\partial T'}{\partial t}+\boldsymbol{v}\cdot\nabla T'=\chi\Delta T'. \tag{56.5}$$

方程 (56.4) 和 (56.5) 以及连续性方程 $\operatorname{div}\boldsymbol{v}=0$ 组成描述自由对流的封闭方程组 (A. 奥伯贝克, 1879; J. 布西内斯克, 1903)①.

对于定常流, 对流方程的形式化为

$$(\boldsymbol{v}\cdot\nabla)\boldsymbol{v}=-\nabla\frac{p'}{\rho}-\boldsymbol{g}\beta T'+\nu\Delta\boldsymbol{v}, \tag{56.6}$$

$$\boldsymbol{v}\cdot\nabla T'=\chi\Delta T', \tag{56.7}$$

$$\operatorname{div}\boldsymbol{v}=0. \tag{56.8}$$

决定未知函数 $\boldsymbol{v}$, p'/ρ, T' 的这五个方程包含三个参量: ν, χ 和 $g\beta$. 此外, 它们的解还包含特征长度 h 和特征温度差 Θ. 现在没有特征速度, 因为没有任何由其他外部原因引起的流动, 整个流动都是由流体非均匀加热引起的. 从这些参量可以构成两个独立的无量纲组合 (我们还记得, 这时应当让温度具有特别的量纲, 见 §53). 通常选取普朗特数 $Pr=\nu/\chi$ 和**瑞利数**②

$$Ra=\frac{g\beta\Theta h^3}{\nu\chi} \tag{56.9}$$

① 这样的近似通常称为布西内斯克近似, 这时在运动方程中部分考虑密度扰动的影响 (与重力有关), 在连续性方程中则完全忽略这种影响. ——译者

② 在文献中还使用**格拉斯霍夫数** $Gr=g\beta\Theta h^3/\nu^2=Ra/Pr$.

作为这样的无量纲组合.

普朗特数只依赖于流体物质本身的性质, 瑞利数则是这种对流的基本特征数.

自由对流的相似律为

$$\boldsymbol{v}=\frac{\nu}{h}\boldsymbol{f}\left(\frac{\boldsymbol{r}}{h},\ Ra,\ Pr\right),\quad T=\Theta F\left(\frac{\boldsymbol{r}}{h},\ Ra,\ Pr\right).\tag{56.10}$$

如果两个流动的 Ra 和 Pr 相同, 则这两个流动相似. 人们还用努塞尔数表征重力场中的对流传热, 其定义仍然是 (53.7). 努塞尔数现在只是 Ra 和 Pr 的函数.

对流既可以是层流, 也可以是湍流. 湍流的出现取决于瑞利数——对流在 Ra 非常大时就变成湍流对流.

习 题

1. 在竖直平板上出现自由对流, 假设速度和温度差仅在紧贴平板表面的很薄一层边界层中才显著不为零, 把确定努塞尔数的问题化为求解相应的常微分方程 (E. 波尔豪森, 1921).

解: 在平板平面内沿竖直方向取 x 轴, y 轴垂直于平板, 坐标原点位于平板下缘. 在边界层中, 压强沿 y 轴不变 (见 §39), 所以处处都等于流体静力学压强 $p_0(x)$, 于是 $p'=0$. 在通常的边界层精度下, 方程 (56.6)—(56.8) 的形式化为

$$\begin{aligned}&v_x\frac{\partial v_x}{\partial x}+v_y\frac{\partial v_x}{\partial y}=\nu\frac{\partial^2 v_x}{\partial y^2}+g\beta(T-T_0),\\&v_x\frac{\partial T}{\partial x}+v_y\frac{\partial T}{\partial y}=\chi\frac{\partial^2 T}{\partial y^2},\\&\frac{\partial v_x}{\partial x}+\frac{\partial v_y}{\partial y}=0,\end{aligned}\tag{1}$$

其边界条件为

$$\text{在 } y=0 \text{ 处},\ v_x=v_y=0,\ T=T_1;\quad \text{在 } y=\infty \text{ 处},\ v_x=0,\ T=T_0$$

(T_1 是平板温度, T_0 是远离平板处的流体温度). 通过引入自变量

$$\xi=Gr^{1/4}\frac{y}{(4xh^3)^{1/4}},\quad Gr=\frac{g\beta(T_1-T_0)h^3}{\nu^2}\tag{2}$$

(h 是平板高度), 可以把这些方程化为常微分方程. 令

$$v_x=\frac{2\nu}{h^{3/2}}Gr^{1/2}\sqrt{x}\,\varphi'(\xi),\quad T-T_0=(T_1-T_0)\theta(\xi),\tag{3}$$

则 (1) 中的最后一个方程给出

$$v_y=\frac{\nu Gr^{1/4}}{(4xh^3)^{1/4}}(\xi\varphi'-3\varphi),$$

而前两个方程给出 $\varphi(\xi)$ 和 $\theta(\xi)$ 的方程:

$$\varphi''' + 3\varphi\varphi'' - 2\varphi'^2 + \theta = 0, \quad \theta'' + 3Pr\varphi\theta' = 0. \tag{4}$$

从 (3) 和 (4) 可知, 边界层厚度 $\delta \sim (xh^3/Gr)^{1/4}$. 使这个解成立的条件 $\delta \ll h$ 在 Gr 足够大的情况下是成立的.

(单位面积平板上的) 总热流为

$$q = -\frac{1}{h}\int_0^h \varkappa \frac{\partial T}{\partial y}\bigg|_{y=0} \mathrm{d}x = -\frac{4\varkappa}{3}\theta'(0,\ Pr)(T_1 - T_0)\Big(\frac{Gr}{4h}\Big)^{1/4}.$$

努塞尔数

$$Nu = f(Pr)Gr^{1/4},$$

其中函数 $f(Pr)$ 由方程 (4) 的解给出.

2. 一股浸没的热气体湍流射流在重力场影响下发生弯曲, 求它的形状 (Г. Н. 阿布拉莫维奇, 1938).

解: 设 T' 是射流和周围气体之间温度差的某个平均值 (在射流横截面上取平均值), u 是射流中气体的某个平均速度, l 是沿射流的距离 (从射流出口算起, 假设 l 远大于射流出口的尺寸). 热流 Q 沿射流保持不变的条件为

$$Q \sim \rho c_p T' u R^2 = \text{const},$$

又因为湍流射流的半径正比于 l (见 § 36), 所以

$$T'ul^2 = \text{const} \sim \frac{Q}{\rho c_p} \tag{1}$$

(我们指出, 如果不考虑重力场, 则 $u \propto 1/l$ (见 (36.3)), 并且从 (1) 可知 $T' \propto 1/l$).

通过射流横截面的动量流矢量正比于 $\rho u^2 R^2 \boldsymbol{n} \sim g u^2 l^2 \boldsymbol{n}$ ($\boldsymbol{n}$ 是沿射流方向的单位矢量). 它的水平分量沿射流保持不变:

$$u^2 l^2 \cos\theta = \text{const} \tag{2}$$

(θ 是 $\boldsymbol{n}$ 与水平方向之间的夹角), 竖直分量的变化取决于作用在射流上的升力, 而升力正比于

$$\rho\beta g T' R^2 \sim \rho\beta g T' l^2 \sim \frac{\beta g Q}{c_p u}.$$

所以, 我们有

$$\frac{\mathrm{d}}{\mathrm{d}l}(l^2 u^2 \sin\theta) \sim \frac{\beta g Q}{\rho c_p u}. \tag{3}$$

根据 (2), 由此可知

$$\frac{\mathrm{d}\tan\theta}{\mathrm{d}l} = \text{const}\cdot l\cos^{1/2}\theta,$$

从而最后得到

$$\int_{\theta_0}^{\theta} \frac{\mathrm{d}\theta}{\cos^{5/2}\theta} = \text{const}\cdot l^2 \tag{4}$$

(θ_0 给出射流在出口的方向).

特别地, 如果角 θ 沿整个射流的变化不大, 则 (4) 给出

$$\theta-\theta_0=\mathrm{const}\cdot l^2.$$

这意味着, 射流具有三次抛物线的形状, 它对直线轨迹的偏离 $d=\mathrm{const}\cdot l^3$.

3. 一股热气体湍流射流 (瑞利数很大) 从静止热物体上升起, 求射流的速度和温度随高度的变化规律 (Я. Б. 泽尔道维奇, 1937).

解: 与上述情形一样, 射流的半径正比于离开射流源的距离, 于是类似于 (1) 有

$$T'uz^2=\mathrm{const},$$

而取代 (3) 的是

$$\frac{\mathrm{d}}{\mathrm{d}z}(z^2u^2)=\frac{\mathrm{const}}{u}$$

(z 是从物体算起的高度, 假设它远大于物体的尺寸). 对最后这个方程进行积分, 求出

$$u\propto z^{-1/3},$$

对于温度则相应地求出

$$T'\propto z^{-5/3}.$$

4. 题目同上, 但射流改为自由升起的层流对流射流 (Я. Б. 泽尔道维奇, 1937).

解: 除了表示热流保持不变的关系式

$$T'uR^2=\mathrm{const},$$

我们还有得自方程 (56.6) 的关系式

$$\frac{u^2}{z}\sim\frac{\nu u}{R^2}\sim g\beta T'.$$

从这些关系式求出射流的半径、速度和温度随高度的以下变化规律:

$$R\propto\sqrt{z},\quad u=\mathrm{const},\quad T'\propto\frac{1}{z}.$$

我们指出, 瑞利数

$$Ra\propto T'R^3\propto\sqrt{z}$$

随高度的增加而增加, 所以射流在某个高度上会变为湍流.

§57 静止流体的对流不稳定性

在流体和固壁具有给定相对位置的情况下, 如果逐渐增加瑞利数, 则流体的静止状态终将变得对任何小扰动都不稳定①, 结果就会出现对流, 并且从静

① 不要把这种不稳定性与在 §28 中讨论过的对流不稳定性混为一谈!

止流体中的纯热传导方式向对流方式的转变是连续的. 所以, 努塞尔数对 Ra 的依赖关系在这个转变中不发生间断, 只发生偏折.

为了从理论上确定临界值 Ra_{cr}, 应当按照已经在 §26 中阐述过的方法进行分析. 我们在这里对上述情况重复这一分析过程.

把 T' 和 p' 表示为

$$T' = T'_0 + \tau, \quad p' = p'_0 + \rho w \tag{57.1}$$

的形式, 其中 T'_0 和 p'_0 是静止流体的相应参量, 而 τ 和 w 是扰动. T'_0 和 p'_0 满足方程

$$\Delta T'_0 = \frac{\mathrm{d}^2 T'_0}{\mathrm{d}z^2} = 0, \quad \frac{\mathrm{d}p'_0}{\mathrm{d}z} = \rho g \beta T'_0.$$

从第一个方程得到 $T'_0 = -Az$, 其中 A 是常量; 在我们所关心的从下部加热流体的情况下, 该常量 $A > 0$.

在方程 (56.4), (56.5) 中, $\boldsymbol{v}$ (未受扰动的速度为零), τ 和 w 是小量. 忽略二次项并认为扰动对时间的依赖关系表现为 $\mathrm{e}^{-\mathrm{i}\omega t}$, 我们得到方程

$$-\mathrm{i}\omega \boldsymbol{v} = -\nabla w + \nu \Delta \boldsymbol{v} - \beta \tau \boldsymbol{g},$$

$$-\mathrm{i}\omega \tau - A v_z = \chi \Delta \tau,$$

$$\operatorname{div} \boldsymbol{v} = 0.$$

最好把这些方程写为无量纲形式, 为此引入其中所有量的度量单位: 对于长度、频率、速度、压强和温度, 这分别是 h, ν/h^2, ν/h, $\rho\nu^2/h^2$ 和 $Ah\nu/\chi$. 在本节下文中 (包括习题), 所有字母均表示相应的无量纲量. 方程的形式变为

$$-\mathrm{i}\omega \boldsymbol{v} = -\nabla w + \Delta \boldsymbol{v} + Ra\, \tau \boldsymbol{n}, \tag{57.2}$$

$$-\mathrm{i}\omega \tau Pr = \Delta \tau + v_z, \tag{57.3}$$

$$\operatorname{div} \boldsymbol{v} = 0 \tag{57.4}$$

($\boldsymbol{n}$ 是 z 轴方向上的单位矢量, 它竖直向上). 这里明显出现无量纲参数 Ra 和 Pr. 如果与流体接触的固体表面保持恒定的温度, 则在这部分表面上应当成立条件①

$$\boldsymbol{v} = 0, \quad \tau = 0. \tag{57.5}$$

---

① 我们考虑与理想传热壁面相对应的最简单的边界条件. 当壁面的热导率有限时, 在方程组中还应当补充壁面中的热传导方程. 我们也不考虑流体具有自由面的情况. 在这样的情况下, 严格地说, 应当考虑由扰动导致的自由面变形, 以及由此产生的表面张力.

方程 (57.2)—(57.4) 和边界条件 (57.5) 确定了频率 ω 的本征频谱. 如果 $Ra < Ra_{\rm cr}$, 则其虚部 $\gamma = \operatorname{Im}\omega < 0$, 所以扰动衰减. 临界值 $Ra_{\rm cr}$ 就是 (当 Ra 增加时) 最先出现满足条件 $\gamma > 0$ 的频率本征值的那一个 Ra 值. 当 $Ra = Ra_{\rm cr}$ 时, γ 值穿过零点.

静止流体的对流不稳定性问题具有以下特征: 所有本征值 $\mathrm{i}\omega$ 都是实数, 使得扰动单调衰减或增强, 没有振荡. 所以, 静止流体失稳所导致的稳定运动是定常的. 对于流体充满封闭带状区域并且在壁面上满足边界条件 (57.5) 的情况, 我们来证明这个结论①.

让方程 (57.2) 和 (57.3) 分别乘以 $\boldsymbol{v}^*$ 和 τ^*, 然后沿带状区域积分. 对 $\boldsymbol{v}^*\cdot\Delta\boldsymbol{v}$ 和 $\tau^*\Delta\tau$ 这两项作分部积分②, 并注意到边界条件使区域边界上的积分为零, 我们得到

$$\begin{aligned} -\mathrm{i}\omega\int|\boldsymbol{v}|^2\,\mathrm{d}V &= \int(-|\operatorname{rot}\boldsymbol{v}|^2 + Ra\,\tau v_z^*)\,\mathrm{d}V,\\ -\mathrm{i}\omega Pr\int|\tau|^2\,\mathrm{d}V &= \int(-|\nabla\tau|^2+\tau^* v_z)\,\mathrm{d}V. \end{aligned} \tag{57.6}$$

取这些等式的复共轭并与原来的等式相减, 我们求出

$$-\mathrm{i}(\omega+\omega^*)\int|\boldsymbol{v}|^2\,\mathrm{d}V = Ra\int(\tau v_z^* - \tau^* v_z)\,\mathrm{d}V,$$

$$-\mathrm{i}(\omega+\omega^*)Pr\int|\tau|^2\,\mathrm{d}V = -\int(\tau v_z^* - \tau^* v_z)\,\mathrm{d}V.$$

最后, 第二个等式乘以 Ra 并与第一个等式相加, 得到

$$\operatorname{Re}\omega\int(|\boldsymbol{v}|^2 + Ra\,Pr|\tau|^2)\,\mathrm{d}V = 0.$$

因为积分恒为正, 这就是所需结果 $\operatorname{Re}\omega = 0$③. 我们指出, $A < 0$ (流体受热上

---

① 我们按照 B. C. 索罗金 (1953) 的结果给出这个推导过程和下面的变分原理表述.

② 利用等式

$$\boldsymbol{v}^*\cdot\Delta\boldsymbol{v} = -\boldsymbol{v}^*\cdot\operatorname{rot}\operatorname{rot}\boldsymbol{v} = \operatorname{div}(\boldsymbol{v}^*\times\operatorname{rot}\boldsymbol{v}) - |\operatorname{rot}\boldsymbol{v}|^2,$$

$$\tau^*\Delta\tau = \operatorname{div}(\tau^*\nabla\tau) - |\nabla\tau|^2,$$

$$\boldsymbol{v}\cdot\nabla w = \operatorname{div}(w\boldsymbol{v}).$$

③ 从数学观点看, 上述推导归结为证明方程组 (57.2)—(57.4) 的自共轭性. 从物理观点看, 可以用以下方法来解释导致这个结果的原因. 设一个流体微元受到扰动后开始移动, 例如向上移动. 它在移动到周围流体温度稍低的地方后会因为热传导而冷却, 但仍然比周围介质更热. 所以, 作用在流体微元上的浮力指向上方, 它将继续沿原方向运动. 至于究竟是减速运动还是加速运动, 则取决于温度梯度与各种耗散系数之间的关系. 无论那一种情况, 都不会出现振动, 因为没有 “回复力”. 我们指出, 当存在自由面时, 回复力会由于表面张力而出现, 因为表面张力使已经变形的表面有变平的趋势, 而在考虑这种力时, 上述结论已经不再成立.

升) 在形式上对应着 $Ra<0$, 这时积分可以为零, 于是 $\mathrm{i}\omega$ 可以是复数.

我们回到等式 (57.6). 现在让第二个等式乘以 Ra, 然后与第一个等式相加, 就得到增长率 $\gamma=-\mathrm{i}\omega$ 的以下表达式:

$$-\gamma=\frac{J}{N}, \tag{57.7}$$

其中 J 和 N 表示积分

$$\begin{aligned} J&=\int[(\operatorname{rot}\boldsymbol{v})^2+Ra(\nabla\tau)^2-2Ra\,\tau v_z]\,\mathrm{d}V,\\ N&=\int(\boldsymbol{v}^2+Ra\,Pr\,\tau^2)\,\mathrm{d}V \end{aligned} \tag{57.8}$$

(假设 $\boldsymbol{v}$ 和 τ 是实函数). 众所周知, 自共轭线性微分算子的本征值问题具有变分表述, 这种表述恰好基于形如 (57.7), (57.8) 的表达式. 把 J 和 N 看做函数 $\boldsymbol{v}$ 和 τ 的泛函, 要求 J 在 $\operatorname{div}\boldsymbol{v}=0$ 和 $N=1$ 的附加条件下具有极值, 后者起"归一化条件"的作用. 按照变分学一般法则, 我们组成变分方程

$$\delta J+\gamma\,\delta N-\int 2w\,\delta(\operatorname{div}\boldsymbol{v})\,\mathrm{d}V=0, \tag{57.9}$$

其中的常量 γ 和函数 $w(\boldsymbol{r})$ 起待定的拉格朗日乘子的作用. 如果计算其中的变分 (这时要进行分部积分并考虑边界条件 (57.5)), 再让独立变分 $\boldsymbol{\delta v}$ 和 $\delta\tau$ 的相应表达式为零, 则确实得到方程 (57.2), (57.3). 从这样提出的变分问题计算出 J 值后, 按照 (57.7) 就得出 $-\gamma=-\gamma_1$ 的最小值, 即增强 (或衰减——这取决于 γ 的符号) 速度最快的扰动的增长率.

根据其推导过程的含义, 临界值 Ra_{cr} 确定了相对于无穷小扰动的稳定性边界. 但是, 对静止流体对流稳定性问题的研究表明, 该临界值同时也是对任何有限扰动的稳定性边界①. 换言之, 当 $Ra<Ra_{\mathrm{cr}}$ 时, 除了静止状态, 运动方程没有任何不随时间衰减的解. 我们来证明这个结论 (B. C. 索罗金, 1954).

对于有限扰动, 运动方程应当写为以下形式:

$$\begin{aligned} \frac{\partial\boldsymbol{v}}{\partial t}&=-\nabla w+\Delta\boldsymbol{v}+Ra\,\tau\boldsymbol{n}-(\boldsymbol{v}\cdot\nabla)\boldsymbol{v},\\ Pr\frac{\partial\tau}{\partial t}&=\Delta\tau+v_z-Pr\,\boldsymbol{v}\cdot\nabla\tau, \end{aligned} \tag{57.10}$$

它们与 (57.2), (57.3) 的区别在于非线性项. 对于这些方程, 我们可以完全重复从方程 (57.2), (57.3) 推导关系式 (57.6), (57.7) 的上述过程. 根据等式 $\operatorname{div}\boldsymbol{v}=0$,

① 说到扰动强度有限, 我们在这里是指对于这种扰动在方程 (56.4), (56.5) 中不能忽略非线性项, 但为推导这些方程而提出的那些条件这时仍然成立.

非线性项化为散度形式:

$$\boldsymbol{v}\cdot(\boldsymbol{v}\cdot\nabla)\boldsymbol{v}=\operatorname{div}\left(\frac{v^2}{2}\boldsymbol{v}\right),\quad \tau\boldsymbol{v}\cdot\nabla\tau=\operatorname{div}\left(\frac{\tau^2}{2}\boldsymbol{v}\right),$$

从而在积分后消失. 所以, 我们最后得到关系式

$$\frac{1}{2}\frac{\mathrm{d}N}{\mathrm{d}t}=-J,$$

它与等式 (57.7) $\gamma N=-J$ 的区别仅仅在于, 乘积 γN 现在被改为对时间的导数. 根据上述变分原理, 对于任何函数 $\boldsymbol{v}$ 和 τ 都有 $-J\leqslant\gamma_1 N$, 所以

$$\frac{\mathrm{d}N(t)}{\mathrm{d}t}\leqslant 2\gamma_1 N(t),$$

从而

$$N(t)\leqslant N(0)\,\mathrm{e}^{2\gamma_1 t}. \tag{57.11}$$

但是, 在临界值以下 ($Ra<Ra_{\rm cr}$), 根据线性理论得到的包括最大增长率 γ_1 在内的所有增长率都是负的. 所以从 (57.11) 可知, 当 $t\to\infty$ 时 $N(t)\to 0$, 又因为 N 中的被积函数严格为正, 所以函数 $\boldsymbol{v}$ 和 τ 本身也趋于零.

回到计算 $Ra_{\rm cr}$ 的问题. 因为所有本征值 $\mathrm{i}\omega$ 都是实数, 所以当 $Ra=Ra_{\rm cr}$ 时成立的等式 $\gamma=0$ 意味着 $\omega=0$. 于是, 临界值 $Ra_{\rm cr}$ 可以定义为方程组

$$\begin{aligned}&\Delta\boldsymbol{v}-\nabla w+Ra\,\tau\boldsymbol{n}=0,\\&\Delta\tau=-v_z,\\&\operatorname{div}\boldsymbol{v}=0\end{aligned} \tag{57.12}$$

中的参数 Ra 的最小本征值 (这个问题也有变分表述, 见习题 2). 我们注意到, 无论是方程 (57.12) 本身, 还是它们的边界条件, 都不含有普朗特数 Pr. 所以, 对于具有相对给定位置的流体和固体, 由这些方程和条件确定的临界瑞利数也不依赖于组成流体的物质.

最简单同时在理论上又很重要的一个问题, 是关于两块无穷大水平平板之间的流体层在平板温度维持恒定且上板温度更低条件下的稳定性问题①.

为了求解这个问题, 最好把方程组 (57.12) 化为一个方程②. 对第一个方程应用算子 $\operatorname{rot}\operatorname{rot}=\nabla\operatorname{div}-\Delta$, 然后取其 z 分量并使用其余两个方程, 得到

$$\Delta^3\tau=Ra\,\Delta_2\tau \tag{57.13}$$

① 这个问题最先是由贝纳尔通过实验提出的 (H. 贝纳尔, 1900), 瑞利也从理论上研究过 (瑞利, 1916).

② 珀柳和索思韦尔证明了这个问题中的 $\mathrm{i}\omega$ 是实数 (A. 珀柳, R. V. 索思韦尔, 1940).

(其中 $\Delta_2 = \partial^2/\partial x^2 + \partial^2/\partial y^2$ 是二维拉普拉斯算子). 两块平板上的边界条件为:

$$在\ z=0,\ 1\ 处,\quad \tau=0,\quad v_z=0,\quad \frac{\partial v_z}{\partial z}=0$$

(根据连续性方程, 后者等价于条件: 对于所有 x, y 均有 $v_x = v_y = 0$). 根据 (57.12) 中的第二个方程, 关于 v_z 的条件可以替换为关于 τ 的高阶导数的条件:

$$\frac{\partial^2\tau}{\partial z^2}=0,\quad \frac{\partial^3\tau}{\partial z^3}-k^2\frac{\partial\tau}{\partial z}=0.$$

我们寻求以下形式的 τ:

$$\tau = f(z)\varphi(x,\ y),\quad \varphi = \mathrm{e}^{\mathrm{i}\boldsymbol{k}\cdot\boldsymbol{r}} \tag{57.14}$$

(其中 $\boldsymbol{k}$ 是 xy 平面上的矢量), 并且对于 $f(z)$ 得到方程

$$\left(\frac{\mathrm{d}^2}{\mathrm{d}z^2}-k^2\right)^3 f + Ra\,k^2 f = 0.$$

这个方程的通解为函数 $\cosh\mu z$ 和 $\sinh\mu z$ 的线性组合, 这里

$$\mu^2 = k^2 - Ra^{1/3}k^{2/3}1^{1/3},$$

并且取三个不同的根 $1^{1/3}$. 该线性组合的系数取决于边界条件, 由此引出一组代数方程, 其相容条件给出一个超越方程, 它的根就定出依赖关系 $k = k_n(Ra)$, $n = 1, 2, \cdots$. 反函数 $Ra = Ra_n(k)$ 在 k 取某些确定值时有极小值, 这些极小值中的最小值即给出临界值 Ra_{cr}①. 它等于 1708, 并且以 $1/h$ 为度量单位时的相应波数值为 $k_{\mathrm{cr}} = 3.12$ (H. 杰弗里斯, 1928).

因此, 如果厚度为 h 的水平流体层具有向下的温度梯度 A, 则这层流体在以下条件下是不稳定的②:

$$\frac{g\beta Ah^3}{\nu\chi} > 1708. \tag{57.15}$$

当 $Ra > Ra_{\mathrm{cr}}$ 时, 在流体中会出现定常对流, 这种运动在 xy 平面上是周期性

---

① 在以下书中可以找到计算细节: Гершуни Г. З., Жуховицкий Е. М. Конвективная устойчивость несжимаемой жидкости. Москва: Наука, 1972 (Gershuni G. Z., Zhukhovitskii E. M. Convective Stability of Incompressible Fluids. Jerusalem: Keter, 1976). 还可以参考在 114 页提到的钱德拉塞卡的书以及德拉津和雷德的书.

② 当 A 给定时, 该条件对于足够大的 h 总是成立的. 为了避免误解, 应当注意这里所讨论的厚度 h 应当使得由重力场造成的流体密度变化无关紧要. 所以, 这个判据不适用于较高的流体柱. 在这种情况下应当使用在 §4 中得到的判据. 从这个判据可以看出, 只要温度梯度不是过大, 则无论流体柱高度如何, 都不会出现对流.

的. 两块平板之间的全部空间分为诸多互相靠近的同样的单元, 每个单元内的流动都沿封闭迹线进行, 流体不会从一个单元流进另一个单元. 这些单元在边界面上形成某种栅格①. 临界值 k_{cr} 确定了栅格的周期, 而不是它的对称图案. 线性运动方程允许 (57.14) 中的函数 $\varphi(x,\ y)$ 具有任何形式, 只要它满足方程 $(\Delta_2-k^2)\varphi=0$. 在线性理论的范围内无法消除这种不确定性. 看来, 应当实现某种"二维"运动结构, 使得在 xy 平面上只有一维周期性——在该平面上只有一族平行条带②.

习 题

1. 设竖直放置的柱状圆管内充满流体, 沿管轴方向维持恒定的温度梯度. 在以下情况下求流体中出现对流所对应的临界瑞利数: (a) 管壁理想传热; (b) 管壁绝热 (Γ. A. 奥斯特罗乌莫夫, 1846).

解: 我们寻求方程 (57.2)—(57.4) 的解, 使对流速度 $\boldsymbol{v}$ 处处指向管轴 (z 轴) 方向, 而整个流动图像沿管轴不变, 即 $v_z=v$, τ, $\partial w/\partial z$ 这些量只依赖于管道横截面上的坐标③. 方程的形式为

$$\frac{\partial w}{\partial x}=0,\quad \frac{\partial w}{\partial y}=0,\quad \Delta_2 v=-Ra\,\tau+\frac{\partial w}{\partial z},\quad \Delta_2\tau=v$$

(瑞利数 $Ra=g\beta AR^4/\chi\nu$, 其中 R 是管道半径). 从前三个方程可知 $\partial w/\partial z=\mathrm{const}$, 再利用其余方程消去 τ, 得到

$$\Delta_2^2 v=Ra\,v.$$

在管壁上 $(r=1)$ 应当成立条件 $v=0$, 以及条件 $\tau=0$ (情况 (a)) 或 $\partial\tau/\partial r=0$ (情况 (b)). 此外, 通过管道横截面的总流量应当等于零.

方程具有形如 $\cos n\varphi\cdot \mathrm{J}_n(kr)$, $\cos n\varphi\cdot \mathrm{I}_n(kr)$ 的解, 其中 J_n, I_n 是实变量贝塞尔函数和虚变量贝塞尔函数, $k^4=Ra$; r, φ 是管道横截面上的极坐标. 当对流开始出现时, 相应的解具有最小的 Ra 值. 结果表明, 这样的解对应 $n=1$:

$$v=v_0\cos\varphi[\mathrm{J}_1(kr)\mathrm{I}_1(k)-\mathrm{I}_1(kr)\mathrm{J}_1(k)],$$
$$\tau=\frac{v_0}{Ra^{1/2}}\cos\varphi[\mathrm{J}_1(kr)\mathrm{I}_1(k)+\mathrm{I}_1(kr)\mathrm{J}_1(k)]$$

① 这种具有栅格结构的定常周期对流称为贝纳尔对流. ——译者

② 理论分析指出, 在略大于 Ra_{cr} 的区域内, 只有这种结构相对于小扰动是稳定的; "三维" 棱柱结构是不稳定的. 实验结果特别依赖于实验条件 (包括容器侧壁的形状和尺寸), 并且不是单值的. 在许多情况下观察到的三维六边形结构看来与上部自由面上表面张力的影响有关, 也与流体黏度对温度的依赖关系有关 (在上述理论中当然把黏度 ν 当做常量).

③ 方程还具有沿 z 轴的周期解, 其中包含因子 $\mathrm{e}^{\mathrm{i}kz}$. 但是, 所有这些解都给出更高的临界值 Ra_{cr}. 我们注意到, 所考虑的解对应 $k=0$, 它还满足精确的 (非线性) 方程 (57.10), 因为非线性项 $(\boldsymbol{v}\cdot\nabla)\boldsymbol{v}$ 和 $\boldsymbol{v}\cdot\nabla\tau$ 恒等于零.

(并且梯度 $\partial w/\partial z = 0$). 由这些公式描述的运动相对于通过管轴的一个竖直平面是反对称的, 这个平面把流动区域分为两部分: 流体在一部分区域中下降, 而在另一部分区域中上升. 上述解满足在 $r = 1$ 处 $v = 0$ 的条件. 在情况 (a) 中, 条件 $\tau = 0$ 导致方程 $\mathrm{J}_1(k) = 0$, 它的最小根给出临界值 $Ra_{\mathrm{cr}} = k^4 = 216$. 在情况 (b) 中, 条件 $\partial\tau/\partial r = 0$ 导致方程

$$\frac{\mathrm{J}_0(k)}{\mathrm{J}_1(k)} + \frac{\mathrm{I}_0(k)}{\mathrm{I}_1(k)} = \frac{2}{k}.$$

这个方程的最小根给出 $Ra_{\mathrm{cr}} = 68$.

2. 对于由方程 (57.12) 确定的关于 Ra 的本征值问题, 给出相应变分原理的表述.

解: 为了让方程 (57.12) 具有更对称的形式, 我们引入新函数 $\widetilde{\tau} = \sqrt{Ra}\,\tau$ 来代替 τ, 即再次改变温度的度量单位. 于是,

$$\sqrt{Ra}\,\widetilde{\tau}\boldsymbol{n} = \nabla w - \Delta\boldsymbol{v}, \quad \sqrt{Ra}\,v_z = -\Delta\widetilde{\tau}, \quad \operatorname{div}\boldsymbol{v} = 0.$$

采用推导 (57.7) 的做法, 我们得到 $\sqrt{Ra} = J/N$, 其中

$$J = \frac{1}{2}\int[(\operatorname{rot}\boldsymbol{v})^2 + (\nabla\widetilde{\tau})^2]\,\mathrm{d}V, \quad N = \int v_z\widetilde{\tau}\,\mathrm{d}V$$

(容易证明积分 N 为正, 只要把它化为 $\sqrt{Ra}\int(\nabla\widetilde{\tau})^2\,\mathrm{d}V$ 的形式即可). 变分原理可以表述为: 在 $\operatorname{div}\boldsymbol{v} = 0$ 和 $N = 1$ 的附加条件条件下求 J 的极值. J 的最小值给出 $\sqrt{Ra}$ 的最小本征值.

第六章

扩　散

§ 58 混合流体的流体动力学方程

在前面的所有论述中一直假设流体按照其组成是完全均匀的. 如果我们要研究混合流体, 并且其组成沿空间而改变, 则流体动力学方程会有重要变化.

我们仅限于研究双组元混合流体. 我们将用浓度 c 描述混合流体的组成, 它被定义为给定体微元内混合流体一种组元的质量与这部分流体总质量之比.

流体中的浓度分布一般随时间而变化. 浓度的变化有两种方式. 其一, 当流体有宏观运动时, 任何给定的流体微元都作为一个整体而运动, 其组成保持不变. 流体的纯机械混合就是通过这种方式实现的, 这时虽然每一个运动流体微元的组成保持不变, 但是在空间中每一个给定的静止点, 流体的浓度会随时间变化. 如果不考虑可能同时发生的热传导过程和内摩擦过程, 则这样的浓度变化是热力学可逆过程, 并不导致能量耗散.

其二, 组成的变化可以通过物质的分子输运来实现, 这时物质从一个流体微元向另一个流体微元输运. 这种直接改变每一个流体微元组成的浓度均匀化过程称为**扩散**. 扩散是不可逆过程, 并且与热传导和黏性一样, 是混合流体中能量耗散的原因之一.

我们用字母 ρ 表示流体的整体密度. 对于流体的整体质量, 连续性方程保持以前的形式:

$$\frac{\partial \rho}{\partial t} + \operatorname{div}(\rho \boldsymbol{v}) = 0. \tag{58.1}$$

它表示, 某区域中的流体总质量只能因为流体流入或流出该区域而发生变化. 必须强调, 对于混合流体, 严格而言应当重新定义速度这个概念本身. 既然已经写出形如 (58.1) 连续性方程, 我们其实已经把速度定义为单位质量流体的总动量, 这与以前的定义一致.

纳维–斯托克斯方程 (15.5) 也保持不变. 现在推导混合流体的其余流体动力学方程.

假如没有扩散, 则每一个给定流体微元的组成在其运动过程中保持不变, 这意味着全导数 $\mathrm{d}c/\mathrm{d}t$ 应当为零, 即成立方程

$$\frac{\mathrm{d}c}{\mathrm{d}t}=\frac{\partial c}{\partial t}+\boldsymbol{v}\cdot\nabla c=0.$$

利用 (58.1), 可以把这个方程写为

$$\frac{\partial(\rho c)}{\partial t}+\operatorname{div}(\rho c\boldsymbol{v})=0,$$

即写为混合流体中一种组元的连续性方程的形式 (ρc 是单位体积混合流体中该组元的质量). 再写为积分形式:

$$\frac{\partial}{\partial t}\int\rho c\,\mathrm{d}V=-\oint\rho c\boldsymbol{v}\cdot\mathrm{d}\boldsymbol{f};$$

这表明, 某区域内给定组元质量的变化率等于穿过该区域边界面的运动流体所输运的该组元质量.

存在扩散时, 除了该组元的物质流 $\rho c\boldsymbol{v}$, 还有另一个物质流也会导致混合流体中的物质输运, 即使流体在整体上没有运动时也是如此. 设 $\boldsymbol{i}$ 是这种扩散流的密度, 即单位时间内因为扩散而穿过单位面积的上述组元的质量①. 于是, 对于某区域内这种组元质量的变化率, 我们有

$$\frac{\partial}{\partial t}\int\rho c\,\mathrm{d}V=-\oint\rho c\boldsymbol{v}\cdot\mathrm{d}\boldsymbol{f}-\oint\boldsymbol{i}\cdot\mathrm{d}\boldsymbol{f},$$

或者在微分形式下有

$$\frac{\partial(\rho c)}{\partial t}=-\operatorname{div}(\rho c\boldsymbol{v})-\operatorname{div}\boldsymbol{i}. \tag{58.2}$$

利用 (58.1), 可以把混合流体中一种组元的这个连续性方程写为以下形式:

$$\rho\left(\frac{\partial c}{\partial t}+\boldsymbol{v}\cdot\nabla c\right)=-\operatorname{div}\boldsymbol{i}. \tag{58.3}$$

为了再推导一个方程, 我们重复 § 49 中的做法. 我们注意到, 流体的热力学量现在也是浓度的函数. 在通过运动方程计算导数

$$\frac{\partial}{\partial t}\left(\frac{\rho v^2}{2}+\rho\varepsilon\right)$$

① 两种组元的物质流密度之和应当等于 $\rho\boldsymbol{v}$. 所以, 如果一种组元的物质流密度是 $\rho c\boldsymbol{v}+\boldsymbol{i}$, 则另一种组元的物质流密度是 $\rho(1-c)\boldsymbol{v}-\boldsymbol{i}$.

时 (§ 49), 我们必须完成的步骤包括对 $\rho\,\partial\varepsilon/\partial t$ 和 $-\boldsymbol{v}\cdot\nabla p$ 进行变换. 这个变换现在有所不同, 因为内能和焓的热力学关系式包含与浓度的微分有关的附加项:

$$\mathrm{d}\varepsilon = T\,\mathrm{d}s + \frac{p}{\rho^2}\,\mathrm{d}\rho + \mu\,\mathrm{d}c,$$

$$\mathrm{d}w = T\,\mathrm{d}s + \frac{1}{\rho}\,\mathrm{d}p + \mu\,\mathrm{d}c,$$

其中 μ 是按照相应方式定义的混合流体化学势①. 因此, 在导数 $\rho\,\partial\varepsilon/\partial t$ 中现在出现一个附加项 $\rho\mu\,\partial c/\partial t$. 如果把第二个热力学关系式写为

$$\mathrm{d}p = \rho\,\mathrm{d}w - \rho T\,\mathrm{d}s - \rho\mu\,\mathrm{d}c$$

的形式, 我们就看出, 项 $-\boldsymbol{v}\cdot\nabla p$ 包含一个附加项 $\rho\mu\boldsymbol{v}\cdot\nabla c$. 所以, 在表达式 (49.3) 中应当补充

$$\rho\mu\left(\frac{\partial c}{\partial t} + \boldsymbol{v}\cdot\nabla c\right) = -\mu\,\mathrm{div}\,\boldsymbol{i}.$$

结果得到

$$\frac{\partial}{\partial t}\left(\frac{\rho v^2}{2} + \rho\varepsilon\right) = -\,\mathrm{div}\left[\rho\boldsymbol{v}\left(\frac{v^2}{2} + w\right) - \boldsymbol{v}\cdot\boldsymbol{\sigma}' + \boldsymbol{q}\right] + \rho T\left(\frac{\partial s}{\partial t} + \boldsymbol{v}\cdot\nabla s\right) - \sigma'_{ik}\frac{\partial v_i}{\partial x_k} + \mathrm{div}\,\boldsymbol{q} - \mu\,\mathrm{div}\,\boldsymbol{i}. \qquad (58.4)$$

我们在这里把 $-\kappa\nabla T$ 改写为某个热流 $\boldsymbol{q}$, 它既可以依赖于温度梯度, 也可以依赖于浓度梯度 (见下一节). 我们把等式右边最后两项之和写为

$$\mathrm{div}\,\boldsymbol{q} - \mu\,\mathrm{div}\,\boldsymbol{i} = \mathrm{div}(\boldsymbol{q} - \mu\boldsymbol{i}) + \boldsymbol{i}\cdot\nabla\mu.$$

根据 $\boldsymbol{q}$ 的定义, (58.4) 中散度算子下的表达式

$$\rho\boldsymbol{v}\left(\frac{v^2}{2} + w\right) - \boldsymbol{v}\cdot\boldsymbol{\sigma}' + \boldsymbol{q}$$

---

① 由热力学可知 (见第五卷 § 85), 对于双组元混合流体,

$$\mathrm{d}\varepsilon = T\,\mathrm{d}s - p\,\mathrm{d}V + \mu_1\,\mathrm{d}n_1 + \mu_2\,\mathrm{d}n_2,$$

式中 n_1, n_2 是单位质量混合流体中两种组元的粒子数, 而 μ_1, μ_2 是这些组元的化学势. 粒子数 n_1 和 n_2 满足关系式 $n_1m_1 + n_2m_2 = 1$, 式中 m_1, m_2 是这两种粒子的质量. 如果引入浓度 $c = n_1m_1$ 作为变量, 我们就得到

$$\mathrm{d}\varepsilon = T\,\mathrm{d}s - p\,\mathrm{d}V + \left(\frac{\mu_1}{m_1} - \frac{\mu_2}{m_2}\right)\mathrm{d}c,$$

与正文中的关系式进行比较, 我们看到, 所用化学势 μ 与通常的化学势 μ_1, μ_2 之间的关系为

$$\mu = \frac{\mu_1}{m_1} - \frac{\mu_2}{m_2}.$$

是流体中的总能流. 第一项是与流体的整体运动有关的可逆能流, 而后两项之和 $-\boldsymbol{v}\cdot\boldsymbol{\sigma}'+\boldsymbol{q}$ 是不可逆能流. 当不存在宏观运动时, 与黏性项有关的能流 $\boldsymbol{v}\cdot\boldsymbol{\sigma}'$ 消失, 于是热流就是 $\boldsymbol{q}$.

能量守恒定律方程为

$$\frac{\partial}{\partial t}\left(\frac{\rho v^2}{2}+\rho\varepsilon\right)=-\operatorname{div}\left[\rho\boldsymbol{v}\left(\frac{v^2}{2}+w\right)-\boldsymbol{v}\cdot\boldsymbol{\sigma}'+\boldsymbol{q}\right]. \tag{58.5}$$

从 (58.4) 减去这个方程, 即得所求的方程

$$\rho T\left(\frac{\partial s}{\partial t}+\boldsymbol{v}\cdot\nabla s\right)=\sigma'_{ik}\frac{\partial v_i}{\partial x_k}-\operatorname{div}(\boldsymbol{q}-\mu\boldsymbol{i})-\boldsymbol{i}\cdot\nabla\mu, \tag{58.6}$$

它是前述方程 (49.4) 的推广.

于是, 对于混合流体, 我们得到了封闭的流体动力学方程组. 此方程组的方程数目比纯流体情形多一个, 因为增加了一个未知函数——浓度. 这些方程是: 连续性方程 (58.1), 纳维–斯托克斯方程, 混合流体一种组元的连续性方程 (58.2), 以及确定熵变化的方程 (58.6). 但是应当注意, 方程 (58.2) 和 (58.6) 在本质上暂时只确定了相应流体动力学方程的形式, 因为其中含有未定的量: 物质流 $\boldsymbol{i}$ 和热流 $\boldsymbol{q}$. 只有用浓度梯度和温度梯度表示出 $\boldsymbol{i}$ 和 $\boldsymbol{q}$, 这些方程才是确定的, 相应表达式将在 §59 中获得.

关于流体总熵变化率的计算完全类似于 §49 中的计算 (用 (58.6) 代替 (49.4)), 结果是

$$\frac{\partial}{\partial t}\int\rho s\mathrm{d}V=-\int\frac{(\boldsymbol{q}-\mu\boldsymbol{i})\cdot\nabla T}{T^2}\mathrm{d}V-\int\frac{\boldsymbol{i}\cdot\nabla\mu}{T}\mathrm{d}V+\cdots \tag{58.7}$$

(为简洁起见, 我们没有写出黏性项).

§59 扩散系数和热扩散系数

扩散流 $\boldsymbol{i}$ 和热流 $\boldsymbol{q}$ 之所以产生, 是因为在流体中存在浓度梯度和温度梯度. 这时不应当认为 $\boldsymbol{i}$ 只依赖于浓度梯度, 而 $\boldsymbol{q}$ 只依赖于温度梯度. 相反, 它们中的每一个一般而言都依赖于这两个梯度.

如果浓度梯度和温度梯度不大, 就可以认为 $\boldsymbol{i}$ 和 $\boldsymbol{q}$ 是 $\nabla\mu$ 和 ∇T 的线性函数 ($\boldsymbol{q}$ 和 $\boldsymbol{i}$ 在 $\nabla\mu$ 和 ∇T 给定的条件下与压强梯度无关, 其理由已经在 §49 中指出, 那里对 $\boldsymbol{q}$ 进行了讨论). 因此, 我们把 $\boldsymbol{i}$ 和 $\boldsymbol{q}$ 写为 μ 的梯度和 T 的梯度的线性函数:

$$\boldsymbol{i}=-\alpha\nabla\mu-\beta\nabla T,$$

$$\boldsymbol{q}=-\delta\nabla\mu-\gamma\nabla T+\mu\boldsymbol{i}.$$

系数 β 和 δ 之间有一个简单的关系, 这是动理系数对称原理的推论. 这个一般原理的内容如下 (见第五卷 §120). 考虑某一个封闭系统, 设 $x_1, x_2, \cdots$ 是表征其状态的某些量. 它们的平衡值可由下述事实确定: 在统计平衡态下, 整个系统的熵 S 应当具有最大值, 即应当成立 $X_a = 0$, 其中 X_a 表示以下导数:

$$X_a = -\frac{\partial S}{\partial x_a}. \tag{59.1}$$

假设系统处于近平衡态, 这意味着所有的 x_a 与其平衡值相差很小, 而量 X_a 很小. 在系统中将出现使它趋于平衡态的一些过程. 这时, 量 x_a 是时间的函数, 而其变化率取决于对时间的导数 $\dot{x}_a$. 我们把后者表示为 X_a 的函数, 并把这些函数展开为级数. 精确到一阶项, 我们有

$$\dot{x}_a = -\sum_b \gamma_{ab} X_b. \tag{59.2}$$

昂萨格动理系数对称原理表明, 量 γ_{ab} (称为**动理系数**) 关于下标 a, b 对称:

$$\gamma_{ab} = \gamma_{ba}. \tag{59.3}$$

熵 S 的变化率等于

$$\dot{S} = -\sum_a X_a \dot{x}_a.$$

现在设量 x_a 本身在系统的不同点上各不相同, 即物体的每一个体微元都应当有它自己的 x_a 值. 换言之, 我们认为 x_a 是坐标的函数. 于是, 在 $\dot{S}$ 的表达式中, 除了对 a 求和以外, 还应当在系统所占整个区域上积分, 即

$$\dot{S} = -\int \sum_a X_a \dot{x}_a \, \mathrm{d}V. \tag{59.4}$$

至于 X_a 与 $\dot{x}_a$ 之间的关系, 则通常可以断言, 系统中任何给定点上的 $\dot{x}_a$ 值只依赖于该点的 X_a 值. 如果这个条件成立, 就可以对系统中的每一点写出 $\dot{x}_a$ 与 X_a 之间的关系, 我们于是得到前面的公式.

在这里所研究的问题中, 我们选取矢量 $\boldsymbol{i}$ 和 $\boldsymbol{q} - \mu\boldsymbol{i}$ 的分量作为 x_a. 于是, 通过比较 (58.7) 和 (59.4) 即可看出, 矢量 $(\nabla\mu)/T$ 和 $(\nabla T)/T^2$ 的分量分别起 X_a 的作用. 在等式

$$\boldsymbol{i} = -\alpha T\left(\frac{\nabla\mu}{T}\right) - \beta T^2\left(\frac{\nabla T}{T^2}\right),$$
$$\boldsymbol{q} - \mu\boldsymbol{i} = -\delta T\left(\frac{\nabla\mu}{T}\right) - \gamma T^2\left(\frac{\nabla T}{T^2}\right)$$

中, 这些矢量的系数就是动理系数 γ_{ab}. 根据该系数的对称性, 应有 $\beta T^2 = \delta T$, 即

$$\delta = \beta T.$$

这就是待求的关系式. 所以, 我们可以把矢量 $\boldsymbol{i}$ 和 $\boldsymbol{q}$ 写为

$$\begin{aligned} \boldsymbol{i} &= -\alpha\nabla\mu - \beta\nabla T, \\ \boldsymbol{q} &= -\beta T\nabla\mu - \gamma\nabla T + \mu\boldsymbol{i}, \end{aligned} \tag{59.5}$$

其中只有三个独立的系数: α, β, γ. 在热流表达式中消去梯度 $\nabla\mu$ 是有益的, 为此只要用 $\boldsymbol{i}$ 和 ∇T 来表示它. 结果得到

$$\begin{aligned} \boldsymbol{i} &= -\alpha\nabla\mu - \beta\nabla T, \\ \boldsymbol{q} &= \left(\mu + \frac{\beta T}{\alpha}\right)\boldsymbol{i} - \varkappa\nabla T, \end{aligned} \tag{59.6}$$

其中已经引入记号

$$\varkappa = \gamma - \frac{\beta^2 T}{\alpha}. \tag{59.7}$$

如果没有扩散流 $\boldsymbol{i}$, 所研究的过程就是纯粹的热传导. 为了让 $\boldsymbol{i}=0$ 成立, T 和 μ 应当满足方程 $\alpha\nabla\mu + \beta\nabla T = 0$, 即

$$\alpha\,\mathrm{d}\mu + \beta\,\mathrm{d}T = 0.$$

对这个方程积分, 得出形如 $f(c,\ T)=0$ 的关系式, 其中不显含坐标 (化学势不仅是 c, T 的函数, 而且是压强的函数, 但在平衡态下, 压强沿物体保持不变, 所以我们令 $p=\mathrm{const}$). 此式确定了没有扩散流时浓度与温度之间的关系. 此外, 当 $\boldsymbol{i}=0$ 时, 由 (59.7) 有 $\boldsymbol{q}=-\varkappa\nabla T$. 因此, $\varkappa$ 正好就是热导率.

现在我们改用通常的变量 p, T 和 c:

$$\nabla\mu = \left(\frac{\partial\mu}{\partial c}\right)_{p,\,T}\nabla c + \left(\frac{\partial\mu}{\partial T}\right)_{c,\,p}\nabla T + \left(\frac{\partial\mu}{\partial p}\right)_{c,\,T}\nabla p.$$

可以利用热力学关系式

$$\mathrm{d}\varphi = -s\,\mathrm{d}T + V\,\mathrm{d}p + \mu\,\mathrm{d}c \tag{59.8}$$

来变换上述表达式中的最后一项:

$$\left(\frac{\partial\mu}{\partial p}\right)_{c,\,T} = \frac{\partial^2\varphi}{\partial p\,\partial c} = \left(\frac{\partial V}{\partial c}\right)_{p,\,T},$$

这里 φ 是质量热力学势, V 是质量体积. 把 $\nabla\mu$ 代入 (59.6) 并引入记号

$$D = \frac{\alpha}{\rho}\left(\frac{\partial\mu}{\partial c}\right)_{p,\,T}, \quad \frac{\rho k_T D}{T} + \alpha\left(\frac{\partial\mu}{\partial T}\right)_{c,\,p} + \beta, \tag{59.9}$$

$$k_p = \frac{p\left(\dfrac{\partial V}{\partial c}\right)_{p,\,T}}{\left(\dfrac{\partial\mu}{\partial c}\right)_{p,\,T}}, \tag{59.10}$$

我们得到

$$\boldsymbol{i} = -\rho D\left(\nabla c + \frac{k_T}{T}\nabla T + \frac{k_p}{p}\nabla p\right), \tag{59.11}$$

$$\boldsymbol{q} = \left[k_T\left(\frac{\partial\mu}{\partial c}\right)_{p,\,T} - T\left(\frac{\partial\mu}{\partial T}\right)_{p,\,c} + \mu\right]\boldsymbol{i} - \varkappa\nabla T. \tag{59.12}$$

系数 D 称为**扩散系数**, 它确定只存在一种浓度梯度时的扩散流. 由温度梯度引起的扩散流取决于**热扩散系数** k_TD (无量纲量 k_T 称为**热扩散比**). 至于 (59.11) 中的最后一项, 只有当流体中存在非常大的压强梯度时才有必要考虑. 例如, 这样的压强梯度可由外力场引起. 系数 k_pD 可以称为**压强扩散系数**, 我们在本节最后还要讨论这个量.

在纯流体中当然不存在扩散流. 因此, k_T 和 k_p 在 $c=0$ 和 $c=1$ 这两种极限情况下显然应当为零.

熵增条件对公式 (59.6) 中的系数有一定限制. 把这两个公式代入熵变化率表达式 (58.7), 我们得到

$$\frac{\partial}{\partial t}\int \rho s\,\mathrm{d}V = \int \frac{\varkappa(\nabla T)^2}{T^2}\,\mathrm{d}V + \int \frac{\boldsymbol{i}^2}{\alpha T}\,\mathrm{d}V + \cdots. \tag{59.13}$$

由此可见, 除了我们已知的条件 $\varkappa > 0$, 还应当成立 $\alpha > 0$. 根据一个热力学不等式, 我们总有

$$\left(\frac{\partial\mu}{\partial c}\right)_{p,\,T} > 0$$

(见第五卷 §96), 所以扩散系数必定为正: $D > 0$. 量 k_T 和 k_p 则可正可负.

把上述 $\boldsymbol{i}$ 和 $\boldsymbol{q}$ 的表达式代入 (58.3) 和 (58.6), 即可得到一般方程, 但是我们不打算写出这些冗长的方程. 我们只考虑这样的情形: 没有任何明显的压强梯度, 并且流体浓度和温度的变化很小, 从而可以认为表达式 (59.11) 和 (59.12) 中的系数为常量, 尽管这些系数在一般情况下是 c 和 T 的函数. 此外, 我们还认为在流体中只有因为存在温度梯度和浓度梯度才出现的运动, 而没有任何其他宏观运动. 这种运动的速度与这些梯度成正比, 所以方程 (58.3) 和 (58.6) 中包含速度的那些项是二阶小量, 从而可以忽略不计. (58.6) 中的项 $-\boldsymbol{i}\cdot\nabla\mu$ 也是二阶小量. 因此, 剩下的方程是

$$\rho\frac{\partial c}{\partial t} + \operatorname{div}\boldsymbol{i} = 0,$$

$$\rho T\frac{\partial s}{\partial t} + \operatorname{div}(\boldsymbol{q} - \mu\boldsymbol{i}) = 0.$$

把 $\boldsymbol{i}$ 和 $\boldsymbol{q}$ 的表达式 (59.11) 和 (59.12) (不包括 ∇p 项) 代入这些方程, 并按照以

下方式变换导数 $\partial s/\partial t$:

$$\frac{\partial s}{\partial t}=\left(\frac{\partial s}{\partial T}\right)_{c,\,p}\frac{\partial T}{\partial t}+\left(\frac{\partial s}{\partial c}\right)_{T,\,p}\frac{\partial c}{\partial t}=\frac{c_p}{T}\frac{\partial T}{\partial t}-\left(\frac{\partial \mu}{\partial T}\right)_{p,\,c}\frac{\partial c}{\partial t},$$

这里利用了来自 (59.8) 的等式

$$\left(\frac{\partial s}{\partial c}\right)_{p,\,T}=-\frac{\partial^2\varphi}{\partial c\,\partial T}=-\left(\frac{\partial \mu}{\partial T}\right)_{p,\,c}.$$

经过简单变换后得到以下方程:

$$\frac{\partial c}{\partial t}=D\left(\Delta c+\frac{k_T}{T}\Delta T\right), \tag{59.14}$$

$$\frac{\partial T}{\partial t}-\frac{k_T}{c_p}\left(\frac{\partial \mu}{\partial c}\right)_{p,\,T}\frac{\partial c}{\partial t}=\chi\Delta T. \tag{59.15}$$

这个线性方程组确定了流体中的温度分布和浓度分布.

浓度很小的情形特别重要. 当浓度趋于零时, 扩散系数趋于某个有限的常量, 而热扩散系数趋于零. 所以, 在浓度很小时, k_T 也很小, 于是在方程 (59.14) 中可以忽略 $k_T\Delta T$ 这一项, 它就变为扩散方程:

$$\frac{\partial c}{\partial t}=D\Delta c. \tag{59.16}$$

方程 (59.16) 的边界条件在不同情况下也各不相同. 在不溶解于液体的固体表面上, 扩散流 $\boldsymbol{i}=-\rho D\nabla c$ 的法向分量必须为零, 换言之, 应成立 $\partial c/\partial n=0$. 但如果讨论固体可溶解于液体情况下的扩散, 则在固体表面附近会迅速建立平衡, 使得紧帖固体处的浓度是饱和溶液浓度 c_0. 物质从这一层液体的扩散过程慢于溶解过程. 所以, 这种固体表面上的边界条件是 $c=c_0$. 最后, 如果固体表面可以 "吸收" 到达这里的扩散物质, 则边界条件是 $c=0$ (例如, 在研究固体表面上的化学反应时会遇到这样的情况).

因为纯扩散方程 (59.16) 和热传导方程具有相同的形式, 所以在 § 51, § 52 中推导出的全部公式都可以通过简单代换直接用于扩散情形, 为此只要用 c 代替 T, 用 D 代替 χ. 扩散情形下不溶解固体表面上的边界条件对应着绝热表面上的边界条件, 而来自可溶解固体表面的扩散则对应着保持恒定温度的表面.

例如, 与 (51.5) 作比拟, 可以写出扩散方程的下列解:

$$c(r,\ t)=\frac{M}{\delta\rho(\pi Dt)^{3/2}}\,\mathrm{e}^{-r^2/4Dt}. \tag{59.17}$$

如果溶质在初始时刻 $t=0$ 全部集中在位于原点的无穷小区域内 (M 是溶质的总质量), 则此式给出任意时刻的溶质分布.

对本节内容必须作出以下重要说明. 表达式 (59.5) 或 (59.11), (59.12) 是扩散流和热流按照各热力学量的导数展开后的最低阶非零项. 从动理学理论可知 (见第十卷 §5, §6, §14), 这样的展开式 (对于气体) 在微观观点下是气体分子自由程 l 与问题特征长度 L 之比 l/L 的幂级数展开式. 假如考虑高阶导数项, 而这表示考虑上述比值的更高次项, 则除了在 (59.5) 中已经列出的项, 还要写出能够由标量 μ 和 T 的导数组成的下一阶项, 即三阶导数项 $\operatorname{grad}\Delta\mu$ 和 $\operatorname{grad}\Delta T$. 这些项与已经考虑的那些项之比为 $(l/L)^2$, 所以根本微不足道.

然而, 扩散流和热流的表达式也可以包括带有速度导数的一些项. 利用一阶导数 $\partial v_i/\partial v_k$ 只能构成张量, 这里构成黏性应力张量, 它是动量流密度张量的一部分. 至于具有矢量本质的量, 可以通过二阶导数来构成. 例如, 在扩散流密度矢量中可以出现这样的项:

$$\boldsymbol{i}' = \rho\lambda_1\Delta\boldsymbol{v} + \rho\lambda_2\nabla\operatorname{div}\boldsymbol{v}. \tag{59.18}$$

要求这些项远小于公式 (59.11), (59.12) 中已有的那些项, 即给出这些公式的附加适用条件. 例如, 为了在 (59.11) 中保留 ∇p 项同时忽略 (59.18) 中的两项, 必须满足条件

$$\frac{D}{p}\frac{p_2-p_1}{L} \gg \lambda\frac{U}{L^2},$$

式中 p_2-p_1 是长度 L 上的特征压强差, 而 U 是特征速度差 (在这个估计中取 $k_p \sim 1$, 见习题). 根据动理学理论, 可以用气体分子热运动特征量来表示 D 和 λ. 利用量纲方法就已经显然可知, $\lambda/D \sim l/v_T$, 其中 v_T 是分子的平均热运动速度. 再考虑到气体压强 $p \sim \rho v_T^2$, 我们得到条件

$$p_2-p_1 \gg \rho v_T U\frac{l}{L}. \tag{59.19}$$

这个条件根本不会自动成立. 相反, 在低雷诺数定常流的重要情形下, 扩散流中的 ∇p 项和 $\Delta\boldsymbol{v}$ 项具有同样的量级 (Ю. M. 卡甘, 1962). 其实, 对于这样的流动, 压强梯度与速度导数之间的关系由方程 (20.1) 给出:

$$\frac{1}{\rho}\nabla p = \nu\Delta\boldsymbol{v} \tag{59.20}$$

(我们认为气体在运动过程中是不可压缩的). 估计运动黏度 $\nu \sim v_T l$, 于是从这个方程求出

$$p_2-p_1 \sim \frac{\rho\nu U}{L} \sim \rho v_T U\frac{l}{L},$$

它取代了不等式 (59.19). 因为 $\Delta\boldsymbol{v}$ 可以按照 (20.1) 直接通过 ∇p 表示出来, 所以如果有必要同时考虑带有 ∇p 和 $\Delta\boldsymbol{v}$ 的项, 这就表示压强扩散系数 k_p 可以

替换为“等效压强扩散系数”

$$k_{p,\,\mathrm{eff}} = k_p - \frac{p\lambda_1}{\rho\nu D}. \tag{59.21}$$

我们注意到, 这个系数其实是动理学量, 而不是纯热力学量. 根据 (59.10), 系数 k_p 则是纯热力学量.

习 题

求两种理想气体混合物的压强扩散系数.

解: 对于质量体积, 我们有

$$V = \frac{kT}{p}(n_1 + n_2)$$

(关于符号的用法, 见 257 页的脚注), 而化学势具有以下形式 (见第五卷 § 93):

$$\mu_1 = f_1(p,\ T) + kT\ln\frac{n_1}{n_1+n_2}, \quad \mu_2 = f_2(p,\ T) + kT\ln\frac{n_2}{n_1+n_2}.$$

根据 $n_1m_1 = c$, $n_2m_2 = 1-c$, 可以用气体 1 的浓度来表示粒子数 n_1, n_2. 按照公式 (59.10) 进行计算, 得出

$$k_p = (m_2 - m_1)c(1-c)\left(\frac{1-c}{m_2} + \frac{c}{m_1}\right).$$

§ 60 流体中悬浮粒子的扩散

在流体分子运动的影响下, 流体中的悬浮粒子作无规则的**布朗运动**. 设一个这样的粒子在初始时刻位于某一点 (坐标原点). 可以把它在此后的运动看做扩散, 并且粒子在流体所占区域任意一个体微元内出现的概率起浓度的作用. 因此, 为了确定这个概率, 可以利用扩散方程的解 (59.17). 这时之所以能够这样处理, 是因为对于稀溶液中的扩散 (这时 $c \ll 1$, 并且形如 (59.16) 的扩散方程仅适用于这种情况), 溶质粒子几乎不发生相互作用, 因而可以独立地研究每个粒子的运动.

设 $w(r,\ t)\,\mathrm{d}r$ 是一个粒子在时刻 t 到原点的距离介于 r 与 $r+\mathrm{d}r$ 之间的概率. 在 (59.17) 中取 $M/\rho = 1$ 并乘以球面薄层的体积 $4\pi r^2\,\mathrm{d}r$, 我们得到

$$w(r,\ t)\,\mathrm{d}r = \frac{1}{2\sqrt{\pi D^3t^3}}\,\mathrm{e}^{-r^2/4Dt}\,r^2\,\mathrm{d}r. \tag{60.1}$$

我们来确定粒子在时间 t 内离开初始点的距离平方的平均值:

$$\overline{r^2} = \int_0^\infty r^2 w(r,\ t)\,\mathrm{d}r. \tag{60.2}$$

借助于 (60.1) 的计算给出

$$\overline{r^2} = 6Dt. \tag{60.3}$$

因此, 粒子经过某一段时间后所通过的平均距离与这段时间的平方根成正比.

可以根据所谓**迁移率**来计算流体中悬浮粒子的扩散系数.

假设有某个不变的外力 $\boldsymbol{f}$ (例如重力) 作用在这些粒子上. 在定常状态下, 作用在每个粒子上的外力应当与流体对运动粒子的阻力平衡. 在速度不太大时, 阻力与速度的一次方成正比. 把它写为 $\boldsymbol{v}/b$ 的形式, 其中 b 是常量, 再让它等于外力 $\boldsymbol{f}$, 我们得到

$$\boldsymbol{v} = b\boldsymbol{f}, \tag{60.4}$$

即粒子在外力影响下获得与这个力成正比的速度. 常量 b 称为**迁移率**, 它在原则上可以借助于流体动力学方程来计算. 例如, 对于球形粒子 (半径为 R), 阻力等于 $6\pi\eta Rv$ (见 (20.14)), 所以迁移率为

$$b = \frac{1}{6\pi\eta R}. \tag{60.5}$$

对于非球形粒子, 阻力与运动方向有关, 并可以写为 $a_{ik}v_k$ 的形式, 其中 a_{ik} 是对称张量 (见 (20.15)). 在计算迁移率时必须对粒子的所有方位取平均. 如果 a_1, a_2, a_3 是对称张量 a_{ik} 的主值, 我们就得到

$$b = \frac{1}{3}\left(\frac{1}{a_1} + \frac{1}{a_2} + \frac{1}{a_3}\right). \tag{60.6}$$

迁移率 b 与扩散系数 D 之间有一个简单的关系. 为了得到这个关系, 我们写出扩散流 $\boldsymbol{i}$, 其中不仅包含与浓度梯度有关的普通项 $-\rho D\nabla c$ (假设温度为常量), 还包含与粒子在外力影响下所获得的速度有关的一项, 这一项等于 $\rho c\boldsymbol{v} = \rho cb\boldsymbol{f}$. 因此①,

$$\boldsymbol{i} = -\rho D\nabla c + \rho cb\boldsymbol{f}. \tag{60.7}$$

我们把这个表达式改写为

$$\boldsymbol{i} = -\frac{\rho D}{(\partial\mu/\partial c)_{T,p}}\nabla\mu + \rho cb\boldsymbol{f},$$

其中 μ 是悬浮粒子的化学势 (悬浮粒子起溶质的作用). 化学势对浓度的依赖关系 (稀溶液) 可由表达式

$$\mu = T\ln c + \psi(p,\ T)$$

给出 (见第五卷 § 87), 所以

$$\boldsymbol{i} = -\frac{\rho Dc}{T}\nabla\mu + \rho cb\boldsymbol{f}.$$

---

① 这里可以把 c 定义为单位质量流体中的悬浮粒子数, 而把 $\boldsymbol{i}$ 定义为悬浮粒子数流密度.

在热力学平衡态下没有扩散, 所以扩散流 $\boldsymbol{i}$ 应为零. 另一方面, 当存在外力场时, 平衡条件要求悬浮粒子的化学势与它在该外力场中的势能之和 $\mu+U$ 沿流体保持不变. 于是 $\nabla\mu=-\nabla U=-\boldsymbol{f}$, 这样从等式 $\boldsymbol{i}=0$ 就得到

$$D=Tb. \tag{60.8}$$

这就是扩散系数与迁移率之间的待求关系式 (**爱因斯坦关系式**).

把 (60.5) 代入 (60.8), 我们求出球形粒子扩散系数的以下表达式:

$$D=\frac{T}{6\pi\eta R}. \tag{60.9}$$

除了悬浮粒子的平动布朗运动和平动扩散, 还可以研究它们的转动布朗运动和转动扩散. 就像通过阻力计算平动扩散系数那样, 可以通过流体中的转动粒子所受力矩来表示转动扩散系数.

习 题

1. 设平面壁面的一侧充满流体, 一些粒子在流体中作布朗运动, 粒子碰到壁面后就“黏附”在壁面上. 对于在初始时刻位于距离壁面为 x_0 处的粒子, 求它经过时间 t 后黏附在壁面上的概率.

解: 概率分布 $w(x,\ t)$ (x 是到壁面的距离) 由扩散方程确定, 其边界条件为: 在 $x=0$ 处 $w=0$, 而初始条件为: 在 $t=0$ 时 $w=\delta(x-x_0)$. 这样的解由公式 (52.4) 给出, 只是现在要把 T 写为 w, 把 χ 写为 D, 并且在被积函数中取 $w_0(x')=\delta(x'-x_0)$. 于是得到

$$w(x,\ t)=\frac{1}{2\sqrt{\pi Dt}}\left\{\exp\left[-\frac{(x-x_0)^2}{4Dt}\right]-\exp\left[-\frac{(x+x_0)^2}{4Dt}\right]\right\}.$$

在单位时间内黏附到壁上的概率可由扩散流 $D\,\partial w/\partial x$ 在 $x=0$ 处的值给出. 经过时间 t 后黏附在壁面上的待求概率 $W(t)$ 等于

$$W(t)=D\int_0^t\left.\frac{\partial w}{\partial x}\right|_{x=0}\mathrm{d}t.$$

把 w 代入, 得到

$$W(t)=1-\operatorname{erf}\left(\frac{x_0}{2\sqrt{Dt}}\right).$$

2. 求流体中的悬浮粒子绕自身轴线转动一个很大角度所需时间 τ 的量级.

解: 作布朗运动的粒子移动相当于自身尺寸 a 的距离所需要的时间, 即给出所求的时间 τ. 根据 (60.3), 我们有 $\tau\sim a^2/D$, 根据 (60.9) 则有 $D\sim T/\eta a$. 因此,

$$\tau\sim\frac{\eta a^3}{T}.$$

第七章

表面现象

§ 61 拉普拉斯公式

在这一章里, 我们研究两种连续介质分界面附近发生的现象 (其实, 相互接触的两种介质当然是由一个很薄的过渡层隔开的, 但是因为过渡层厚度极小, 所以可以把它看做一个曲面).

如果分界面是弯曲的, 则两种介质中的压强在分界面附近有所不同. 为了确定这种压强差 (称为**表面压强**), 我们在考虑分界面性质的情况下写出两种介质相互处于热力学平衡态的条件.

设分界面发生了无穷小位移. 我们从发生移动前的分界面上每一点引出法线, 并用 $\delta\zeta$ 表示该法线与移动前的分界面和移动后的分界面的交点之间线段的长度. 于是, 这两个曲面之间的体微元的体积是 $\delta\zeta\,\mathrm{d}f$, 其中 $\mathrm{d}f$ 是面微元的面积. 设 p_1 和 p_2 是第一种介质和第二种介质内的压强, 并且, 比如说, 如果分界面向第二种介质移动, 就认为 $\delta\zeta$ 是正的. 于是, 为了实现上述体积变化, 应当做功

$$\int(-p_1+p_2)\,\delta\zeta\,\mathrm{d}f.$$

再加上与分界面本身的面积变化有关的功, 即可得到分界面发生位移所需的总功 δR. 众所周知, 这部分功与分界面面积的变化 δf 成正比并等于 $\alpha\,\delta f$, 其中 α 是**表面张力系数**. 于是, 总功等于

$$\delta R=-\int(p_1-p_2)\,\delta\zeta\,\mathrm{d}f+\alpha\,\delta f \tag{61.1}$$

我们知道, 热力学平衡的条件是 δR 为零.

进而, 设 R_1 和 R_2 是分界面在给定点的主曲率半径. 如果 R_1 和 R_2 指向

第一种介质内部, 我们就认为它们是正的. 于是, 当分界面发生无穷小位移后, 分界面与其主截面交线的长度微元 $\mathrm{d}l_1$ 和 $\mathrm{d}l_2$ 的增量分别等于 $(\delta\zeta/R_1)\,\mathrm{d}l_1$ 和 $(\delta\zeta/R_2)\,\mathrm{d}l_2$ (应当把 $\mathrm{d}l_1$ 和 $\mathrm{d}l_2$ 看做以 R_1 和 R_2 为半径的圆弧微元). 所以, 面微元面积 $\mathrm{d}f=\mathrm{d}l_1\mathrm{d}l_2$ 在发生位移之后等于

$$\mathrm{d}l_1\left(1+\frac{\delta\zeta}{R_1}\right)\mathrm{d}l_2\left(1+\frac{\delta\zeta}{R_2}\right)\approx \mathrm{d}l_1\mathrm{d}l_2\left(1+\frac{\delta\zeta}{R_1}+\frac{\delta\zeta}{R_2}\right),$$

即其变化为

$$\delta\zeta\,\mathrm{d}f\left(\frac{1}{R_1}+\frac{1}{R_2}\right).$$

由此可见, 分界面面积的总变化为

$$\delta f=\int\delta\zeta\left(\frac{1}{R_1}+\frac{1}{R_2}\right)\mathrm{d}f. \tag{61.2}$$

把所得表达式代入 (61.1) 并让它等于零, 我们得到形式为

$$\int\delta\zeta\left[(p_1-p_2)-\alpha\left(\frac{1}{R_1}+\frac{1}{R_2}\right)\right]\mathrm{d}f=0$$

的平衡条件. 对于分界面的任意无穷小位移, 即对于任意的 $\delta\zeta$, 这个条件都应当成立. 所以, 积分号之后方括号内的表达式必须恒等于零, 即

$$p_1-p_2=\alpha\left(\frac{1}{R_1}+\frac{1}{R_2}\right). \tag{61.3}$$

这就是确定表面压强的公式 (**拉普拉斯公式**)①. 我们看到, 如果 R_1 和 R_2 为正, 则 $p_1>p_2$. 这表明, 在这两种介质中, 如果分界面一侧的介质凸向另一种介质, 则前者的压强更大. 如果 $R_1=R_2=\infty$, 即如果分界面是平的, 则两种介质中的压强理所当然是相同的.

我们用公式 (61.3) 来研究两种互相接触的介质的力学平衡. 假设分界面和介质本身都不受任何外力的作用, 则每一种介质中的压强都保持不变. 利用公式 (61.3), 我们于是可以把平衡条件写为

$$\frac{1}{R_1}+\frac{1}{R_2}=\text{const} \tag{61.4}$$

的形式. 因此, 主曲率半径倒数之和沿整个自由分界面应当保持不变. 如果整个分界面都是自由的, 则条件 (61.4) 表明它必定是球面 (例如小液滴的表面,

① 上述推导过程与第五卷 § 156 所给推导过程的本质区别仅仅在于, 这里考虑的分界面具有任意的形状, 而不只是球面形状.

重力对小液滴的影响可以忽略不计). 如果分界面具有任何一条起支撑作用的曲线 (例如固体框架上的液膜), 其形状就比较复杂了.

当条件 (61.4) 用于支撑在固体框架上的液膜的平衡时, 右边的常量应当为零. 其实, 两项之和 $1/R_1 + 1/R_2$ 在液膜的整个自由面上应当处处相同, 与此同时, 它在液膜的两面应当具有相反的符号, 因为这两面具有不同的凹凸性, 其曲率半径大小相等而符号相反. 由此可知, 液膜的平衡条件是

$$\frac{1}{R_1} + \frac{1}{R_2} = 0. \tag{61.5}$$

现在研究重力场中介质表面的平衡条件. 为简单起见, 我们假设第二种介质是大气, 其压强在所研究介质尺寸的距离上可以当做常量. 我们认为第一种介质本身是不可压缩的液体. 于是有 $p_2 = \text{const}$, 而根据 (3.2), 液体中的压强为 $p_1 = \text{const} - \rho g z$ (z 坐标轴竖直向上). 于是, 平衡条件的形式变为

$$\frac{1}{R_1} + \frac{1}{R_2} + \frac{g\rho}{\alpha} z = \text{const}. \tag{61.6}$$

此外应当指出, 为了确定具体情况下液体表面的平衡形状, 方便的做法不是使用形式为 (61.6) 的平衡条件, 而是直接求解使总自由能为极小值的变分问题. 液体的内部自由能只依赖于体积, 而不依赖于表面形状. 与表面形状有关的量, 一是表面自由能

$$\int \alpha \, \mathrm{d}f,$$

二是外力场 (重力场) 中的能量

$$g\rho \int z \, \mathrm{d}V.$$

因此, 平衡条件可写为以下形式:

$$\alpha \int \mathrm{d}f + g\rho \int z \, \mathrm{d}V = \min. \tag{61.7}$$

应当在附加条件

$$\int \mathrm{d}V = \text{const} \tag{61.8}$$

下求上述极小值, 这个条件表示液体的总体积保持不变.

在平衡条件 (61.6), (61.7) 中, 常量 α, ρ, g 仅仅以比值 $\alpha/g\rho$ 的形式出现. 这个比值具有长度平方的量纲. 长度

$$a = \sqrt{\frac{2\alpha}{g\rho}} \tag{61.9}$$

称为**毛细常量**①. 液体的表面形状只取决于这个量. 如果毛细常量很大 (与介质尺寸相比), 则在确定表面形状时可以忽略重力.

为了从条件 (61.4) 或 (61.6) 确定表面的形状, 应当有根据曲面形状计算曲率半径的公式. 这些公式来自微分几何, 但在一般情况下具有相当复杂的形式. 它们在曲面仅仅稍微偏离平面时可大为简化. 我们在这里直接推导相应的近似公式, 而不使用微分几何的一般公式.

设 $z=\zeta(x,\ y)$ 是曲面的方程. 我们假设 ζ 处处都很小, 即曲面稍微偏离平面 $z=0$. 众所周知, 曲面的面积 f 由积分

$$f=\int\sqrt{1+\left(\frac{\partial\zeta}{\partial x}\right)^2+\left(\frac{\partial\zeta}{\partial y}\right)^2}\,\mathrm{d}x\,\mathrm{d}y$$

给出, 而当 ζ 很小时, 该积分近似等于

$$f=\int\left[1+\frac{1}{2}\left(\frac{\partial\zeta}{\partial x}\right)^2+\frac{1}{2}\left(\frac{\partial\zeta}{\partial y}\right)^2\right]\mathrm{d}x\,\mathrm{d}y. \tag{61.10}$$

我们来计算变分 δf:

$$\delta f=\int\left[\frac{\partial\zeta}{\partial x}\frac{\partial\delta\zeta}{\partial x}+\frac{\partial\zeta}{\partial y}\frac{\partial\delta\zeta}{\partial y}\right]\mathrm{d}x\,\mathrm{d}y.$$

分部积分后求出

$$\delta f=-\int\left(\frac{\partial^2\zeta}{\partial x^2}+\frac{\partial^2\zeta}{\partial y^2}\right)\delta\zeta\,\mathrm{d}x\,\mathrm{d}y.$$

把这个表达式与 (61.2) 进行对比, 我们得到

$$\frac{1}{R_1}+\frac{1}{R_2}=-\left(\frac{\partial^2\zeta}{\partial x^2}+\frac{\partial^2\zeta}{\partial y^2}\right). \tag{61.11}$$

这就是所需要的公式, 它给出稍微弯曲曲面的主曲率半径倒数之和.

当互相接触的三种介质处于平衡时, 其分界面所满足的条件是: 作用于三种介质公共接触线的三个表面张力的合力为零. 这个条件表明, 这些分界面应当以一定的角度 (称为接触角) 相交, 这些角度取决于各表面张力值.

最后, 在考虑表面张力的情况下, 我们来研究在两种运动流体分界面上应当成立的边界条件的问题. 如果不考虑表面张力, 则在两种流体的分界面上有

$$n_k(\sigma_{ik}^{(2)}-\sigma_{ik}^{(1)})=0,$$

这表示作用在两种流体表面上的摩擦力相等. 当考虑表面张力时, 应当在这个

---

① 例如, 对于水 (20°C), $a=0.39$ cm.

条件的右边补充一个力, 其大小由拉普拉斯公式给出, 而方向与法线一致:

$$n_k\sigma_{ik}^{(2)} - n_k\sigma_{ik}^{(1)} = \alpha\left(\frac{1}{R_1}+\frac{1}{R_2}\right)n_i. \tag{61.12}$$

还可以把这个方程写为另一种形式:

$$(p_1-p_2)n_i = (\sigma_{ik}'^{(1)} - \sigma_{ik}'^{(2)})n_k + \alpha\left(\frac{1}{R_1}+\frac{1}{R_2}\right)n_i. \tag{61.13}$$

如果可以认为两种流体都是理想的, 则黏性应力 σ'_{ik} 为零, 我们又得到简单的方程 (61.3).

但是, 条件 (61.13) 仍然不是最一般的. 其实, 表面张力系数 α 可以沿表面变化 (例如, 由温度非均匀分布所致). 于是, 除了法向力 (在表面是平面的情况下为零), 在表面上还出现某个附加的切向力. 就像在压强不均匀时会出现体积力 $-\nabla p$ (作用于单位体积流体) 一样, 这里在单位面积分界面上会出现切向力 $\boldsymbol{f}_{\mathrm{t}} = \nabla\alpha$. 我们之所以在梯度之前取正号而不像力 $-\nabla p$ 那样取负号, 是因为表面张力倾向于使表面面积减小, 而压力倾向于使体积增大①. 在等式 (61.13) 的右边补充这个力, 我们得到边界条件

$$\left[p_1-p_2-\alpha\left(\frac{1}{R_1}+\frac{1}{R_2}\right)\right]n_i = (\sigma_{ik}'^{(1)} - \sigma_{ik}'^{(2)})n_k + \frac{\partial\alpha}{\partial x_i} \tag{61.14}$$

(单位法向矢量 $\boldsymbol{n}$ 指向第一种介质). 我们指出, 这个条件只能用于黏性流体. 其实, 在理想流体中 $\sigma'_{ik}=0$, 于是等式 (61.14) 的左边是沿法向的矢量, 右边是沿分界面切向的矢量, 而这不可能成立 (当然, 两边都为零的平凡情形除外).

习 题

1. 设一个液膜张于具有公共对称轴的两个平行圆框之间 (图 41 表示液膜的子午截线), 求液膜形状.

解: 问题归结为寻求一个具有最小面积的曲面, 它是以给定的两点 A 和 B 为端点的曲线 $r=r(z)$ 绕直线 $r=0$ 旋转而成的曲面. 该旋转曲面的面积是

$$f = 2\pi\int_{z_1}^{z_2} F(r,\ r')\,\mathrm{d}z,\quad F = r(1+r'^2)^{1/2},\quad r'\equiv\frac{\mathrm{d}r}{\mathrm{d}z}.$$

这个积分 (被积函数 F 不包含 z) 的极小值问题的欧拉方程有首次积分

$$F - r'\frac{\partial F}{\partial r'} = \mathrm{const.}$$

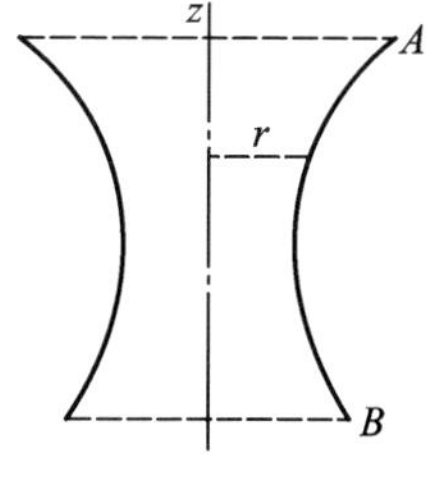

图 41

① 原文如此. 其实, 对于流体所占区域内的任何一个面微元, 其一侧流体对另一侧流体的法向作用力通常是压力而非拉力, 这才是我们在相应表达式中取负号的原因. 参见第 3 页的脚注. ——译者

现在它给出

$$r = c_1(1 + r'^2)^{1/2},$$

积分后求出

$$r = c_1 \cosh \frac{z - c_2}{c_1}.$$

因此, 待求曲面由一条悬链线旋转而成 (称为悬链面). 为了确定常量 c_1 和 c_2, 应使曲线 $r(z)$ 通过给定两点 A 和 B, 并且 c_2 只依赖于坐标原点在 z 轴上的位置. 对于常量 c_1 可以得到两个值, 应当选取其中较大的值 (较小的值并不对应积分的极小值).

当圆框之间的距离 h 增加到某个确定的值时, 决定常数 c_1 的方程不再有实根. 当圆框之间的距离更大时, 只有分别张于每一个圆框的液膜才是稳定的. 例如, 对于半径同为 R 的两个圆框, 从圆框之间的距离 h 超过 $h = 1.33R$ 起, 就不可能出现悬链面形状的液膜了.

2. 设液体处于重力场中, 一侧以竖直壁面为界, 液体与壁面物质的接触角为 θ (图 42), 求液体表面形状.

解: 按照如图 42 所示的方式选取坐标轴. 平面 $x = 0$ 是壁面所在平面, 而平面 $z = 0$ 是远离壁面处的液体表面. 表面 $z = z(x)$ 的曲率半径是

$$R_1 = \infty, \quad R_2 = -\frac{(1 + z'^2)^{3/2}}{z''},$$

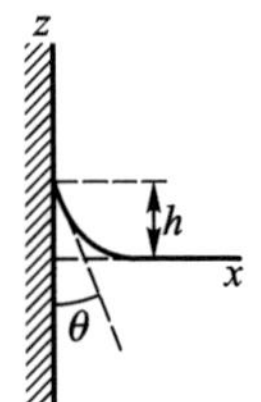

图 42

所以方程 (61.6) 化为

$$\frac{2z}{a^2} - \frac{z''}{(1 + z'^2)^{3/2}} = \text{const} \tag{1}$$

(a 是毛细常量). 因为在 $x = \infty$ 处应有 $z = 0$, $1/R_2 = 0$, 所以 const $= 0$. 所得方程的首次积分为

$$\frac{1}{\sqrt{1 + z'^2}} = A - \frac{z^2}{a^2}. \tag{2}$$

根据无穷远条件 (在 $x = \infty$ 处 $z = 0$, $z' = 0$), 我们有 $A = 1$. 再次积分给出

$$x = -\frac{a}{\sqrt{2}} \operatorname{arcosh} \frac{\sqrt{2}a}{z} + a\sqrt{2 - \frac{z^2}{a^2}} + x_0.$$

在壁面 ($x = 0$) 上应有 $z' = -\cot\theta$, 或者根据 (2) 应有 $z = h$, 其中 $h = a\sqrt{1 - \sin\theta}$ 是液体沿壁面上升的高度. 由此即可确定常量 x_0.

3. 设液体在两块竖直平行平板间上升, 求液体表面形状 (图 43).

解: 在两个平板的正中央选取 yz 平面, 而 xy 平面与远离平板处的液体表面重合. 习题 2 中的方程 (1) 表示平衡条件, 所以在液体表面上 (两板之间和两板之外) 处处成立. $x = \infty$ 处的条件仍然给出 const $= 0$. 在方程 (1) 的首次积分 (2) 中, 常数 A 对于 $|x| > d/2$ 和 $|x| < d/2$ 是不同的 (函数 $z(x)$ 在 $|x| = d/2$ 处有间断). 对于两板之间的区域, 我们有以下条件: 在 $x = 0$ 处 $z' = 0$, 在 $x = d/2$ 处 $z' = \cot\theta$, 式中 θ 是接触角. 根据 (2), 对于高度 $z_0 = z(0)$ 和 $z_1 = z(d/2)$, 我们有

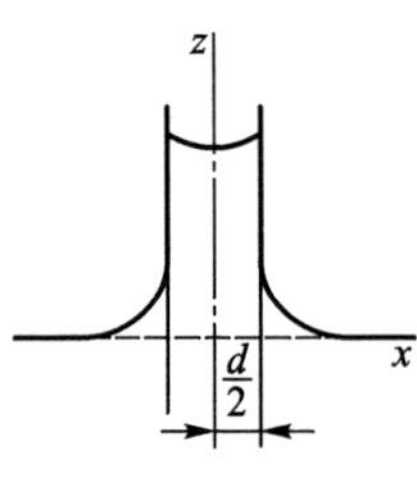

图 43

$$z_0 = a\sqrt{A - 1}, \quad z_1 = a\sqrt{A - \sin\theta}.$$

对 (2) 进行积分, 我们得到

$$x=\int_{z_0}^{z}\frac{A-z^2/a^2}{\sqrt{1-(A-z^2/a^2)^2}}\,\mathrm{d}z=\frac{a}{2}\int_0^{a\sqrt{A-\cos\xi}}\frac{\cos\xi}{\sqrt{A-\cos\xi}}\,\mathrm{d}\xi,$$

其中 ξ 是一个新变量, 它与 z 的关系是 $z=a\sqrt{A-\cos\xi}$. 这是椭圆积分, 不能表示为初等函数. 为了确定常数 A, 可以利用条件: 在 $x=d/2$ 处 $z=z_1$, 或

$$d=a\int_0^{\pi/2-\theta}\frac{\cos\xi}{\sqrt{A-\cos\xi}}\,\mathrm{d}\xi.$$

上面得到的这些公式给出了两板之间的液体表面的形状. 当 $d\to 0$ 时, A 趋于无穷大. 所以, 在 $d\ll a$ 时有

$$d\approx\frac{a}{\sqrt{A}}\int_0^{\pi/2-\theta}\cos\xi\,\mathrm{d}\xi=\frac{a}{\sqrt{A}}\cos\theta,$$

从而 $A=(a/d)^2\cos^2\theta$. 液体上升的高度

$$z_0\approx z_1\approx\frac{a^2}{d}\cos\theta.$$

当然, 也可以用初等方法得到这个公式.

4. 设一个水平平板上有一层受热不均匀的液膜 (在重力场中), 其温度是沿水平方向的坐标 x 的给定函数, 并且可以认为温度与沿液膜厚度方向的坐标 z 无关 (因为液膜很薄). 受热不均匀导致液膜内出现定常流, 所以液膜厚度 ζ 沿水平方向发生变化. 求函数 $\zeta=\zeta(x)$.

解: 不仅液体的温度是 x 的已知函数, 其密度 ρ 和表面张力系数 α 也是 x 的已知函数. 液体中的压强 $p=p_0+\rho g(\zeta-z)$, 其中 p_0 是大气压 (液体自由面上的压强). 由表面弯曲引起的压强变化可以忽略不计. 可以认为液膜中的速度处处都指向 x 轴方向. 运动方程为

$$\eta\frac{\partial^2 v}{\partial z^2}=\frac{\partial p}{\partial x}=g\left[\frac{\mathrm{d}(\rho\zeta)}{\mathrm{d}x}-z\frac{\mathrm{d}\rho}{\mathrm{d}x}\right].\tag{1}$$

在平板表面上 $(z=0)$ 有 $v=0$, 而在自由面上 $(z=\zeta)$ 应当成立边界条件 (61.14), 它这时给出

$$\eta\left.\frac{\mathrm{d}v}{\mathrm{d}z}\right|_{z=\zeta}=\frac{\mathrm{d}\alpha}{\mathrm{d}x}.$$

对方程 (1) 进行积分并使用这些条件, 我们得到

$$\eta v=gz\left(\zeta-\frac{z}{2}\right)\frac{\mathrm{d}(\rho\zeta)}{\mathrm{d}x}-\frac{gz}{6}(3\zeta^2-z^2)\frac{\mathrm{d}\rho}{\mathrm{d}x}-z\frac{\mathrm{d}\alpha}{\mathrm{d}x}.\tag{2}$$

因为流动是定常的, 所以通过液膜横截面的总流量应当为零: $\int_0^\zeta v\,\mathrm{d}z=0$. 把 (2) 代入此式, 我们得到用来确定函数 $\zeta(x)$ 的以下方程:

$$\frac{\rho}{3}\frac{\mathrm{d}\zeta^2}{\mathrm{d}x}+\frac{1}{4}\frac{\mathrm{d}\rho}{\mathrm{d}x}\zeta^2=\frac{1}{g}\frac{\mathrm{d}\alpha}{\mathrm{d}x}.$$

积分后得到

$$g\zeta^2=3\rho^{-3/4}\left(\int\rho^{-1/4}\,\mathrm{d}\alpha+\mathrm{const}\right).\tag{3}$$

如果温度 (因而 ρ 和 α) 在液膜内只有微小的变化, 就可以把 (3) 写为以下形式:

$$\zeta^2 = \zeta_0^2 \left(\frac{\rho_0}{\rho}\right)^{3/4} + \frac{3}{\rho g}(\alpha - \alpha_0),$$

其中 ζ_0 是 ζ 在 $\rho = \rho_0$ 和 $\alpha = \alpha_0$ 时的值.

§ 62 表面张力波

无论是在重力的作用下, 还是在表面张力的作用下, 液体的表面都趋于达到其平衡形状. 在 § 12 中研究液体表面波的时候, 我们没有考虑表面张力. 我们在下面将看到, 表面张力对小波长重力波有很重要的影响.

与 § 12 一样, 我们假设振幅远小于波长. 对于速度势, 我们仍旧有方程

$$\Delta\varphi = 0.$$

但是, 液体表面上的条件现在有所不同: 表面两侧的压强差不再像 § 12 中那样假设为零, 而是应当由拉普拉斯公式 (61.3) 给出.

我们用 ζ 表示液体表面上的点的 z 坐标. 因为 ζ 很小, 所以可以利用表达式 (61.11), 并把拉普拉斯公式写为以下形式:

$$p - p_0 = -\alpha\left(\frac{\partial^2\zeta}{\partial x^2} + \frac{\partial^2\zeta}{\partial y^2}\right),$$

其中 p 是表面附近的液体压强, p_0 是恒定的外部压强. 根据 (12.2),

$$p = -\rho g\zeta - \rho\frac{\partial\varphi}{\partial t},$$

把它代入上面的公式, 求出

$$\rho g\zeta + \rho\frac{\partial\varphi}{\partial t} - \alpha\left(\frac{\partial^2\zeta}{\partial x^2} + \frac{\partial^2\zeta}{\partial y^2}\right) = 0$$

(按照如 § 12 所述的同样理由, 如果用相应方式定义 φ, 就可以消去常量 p_0). 对 t 求导, 并用 $\partial\varphi/\partial z$ 代替 $\partial\zeta/\partial t$, 我们得到势函数 φ 的边界条件

$$\left[\rho g\frac{\partial\varphi}{\partial z} + \rho\frac{\partial^2\varphi}{\partial t^2} - \alpha\frac{\partial}{\partial z}\left(\frac{\partial^2\varphi}{\partial x^2} + \frac{\partial^2\varphi}{\partial y^2}\right)\right]_{z=0} = 0. \tag{62.1}$$

我们来研究沿 x 轴传播的平面波. 同 § 12 一样, 我们得到形如

$$\varphi = A\,\mathrm{e}^{kz}\cos(kx - \omega t)$$

的解. 现在可以从边界条件 (62.1) 确定 k 与 ω 之间的关系, 其形式为

$$\omega^2 = gk + \frac{\alpha}{\rho}k^3 \tag{62.2}$$

(W. 汤姆孙, 1871).

我们看出, 当波长很大并满足条件 $k \ll (\rho g/\alpha)^{1/2}$ 即

$$k \ll \frac{1}{a}$$

(a 是毛细常量) 时可以忽略表面张力的影响, 这样的波是纯重力波. 反之, 在短波情况下可以忽略重力场的影响, 于是

$$\omega^2 = \frac{\alpha}{\rho}k^3. \tag{62.3}$$

这样的波称为**表面张力波**, 中间情形的波称为**表面张力重力波**.

我们再来确定不可压缩球形液滴在表面张力作用下的本征振动. 振动使液滴形状偏离球形. 像通常一样, 我们假设振幅很小.

首先确定当表面稍微偏离球面时其主曲率半径的倒数之和 $1/R_1 + 1/R_2$. 我们在这里的做法类似于推导公式 (61.11) 时的做法. 众所周知, 在球面坐标 r, θ, φ 下① 由函数 $r = r(\theta,\ \varphi)$ 描述的表面, 其面积等于积分

$$f = \int_0^{2\pi}\int_0^{\pi}\sqrt{r^2 + \left(\frac{\partial r}{\partial\theta}\right)^2 + \frac{1}{\sin^2\theta}\left(\frac{\partial r}{\partial\varphi}\right)^2}\, r\sin\theta\,\mathrm{d}\theta\,\mathrm{d}\varphi. \tag{62.4}$$

球面由方程 $r = \mathrm{const} \equiv R$ 描述 (R 是球半径), 而与球面相近的表面由方程 $r = R + \zeta$ 描述, 其中 ζ 是小量. 把它代入 (62.4), 我们近似地有

$$f = \int_0^{2\pi}\int_0^{\pi}\left\{(R+\zeta)^2 + \frac{1}{2}\left[\left(\frac{\partial\zeta}{\partial\theta}\right)^2 + \frac{1}{\sin^2\theta}\left(\frac{\partial\zeta}{\partial\varphi}\right)^2\right]\right\}\sin\theta\,\mathrm{d}\theta\,\mathrm{d}\varphi.$$

我们来计算当 ζ 变化时面积的变分 δf:

$$\delta f = \int_0^{2\pi}\int_0^{\pi}\left[2(R+\zeta)\,\delta\zeta + \frac{\partial\zeta}{\partial\theta}\frac{\partial\delta\zeta}{\partial\theta} + \frac{1}{\sin^2\theta}\frac{\partial\zeta}{\partial\varphi}\frac{\partial\delta\zeta}{\partial\varphi}\right]\sin\theta\,\mathrm{d}\theta\,\mathrm{d}\varphi.$$

把第二项对 θ 进行分部积分, 第三项对 φ 进行分部积分, 我们得到

$$\delta f = \int_0^{2\pi}\int_0^{\pi}\left[2(R+\zeta) - \frac{1}{\sin\theta}\frac{\partial}{\partial\theta}\left(\sin\theta\frac{\partial\zeta}{\partial\theta}\right) - \frac{1}{\sin^2\theta}\frac{\partial^2\zeta}{\partial\varphi^2}\right]\delta\zeta\,\sin\theta\,\mathrm{d}\theta\,\mathrm{d}\varphi.$$

如果把方括号内的表达式先除以再乘以 $R(R+2\zeta)$, 则根据 (61.2), 在积分号之后的表达式中,

$$\delta\zeta\,\mathrm{d}f \approx \delta\zeta\,R(R+2\zeta)\,\sin\theta\,\mathrm{d}\theta\,\mathrm{d}\varphi$$

① 在本节以下部分, φ 表示球面坐标中的一个方位角, 而 ψ 表示速度势.

的系数恰恰就是待求的曲率半径倒数之和. 因此, 精确到 ζ 的一次方项, 我们得到

$$\frac{1}{R_1}+\frac{1}{R_2}=\frac{2}{R}-\frac{2\zeta}{R^2}-\frac{1}{R^2}\left[\frac{1}{\sin^2\theta}\frac{\partial^2\zeta}{\partial\varphi^2}+\frac{1}{\sin\theta}\frac{\partial}{\partial\theta}\left(\sin\theta\frac{\partial\zeta}{\partial\theta}\right)\right]. \tag{62.5}$$

第一项对应精确的球面, 即 $R_1=R_2=R$.

速度势 ψ 满足拉普拉斯方程 $\Delta\psi=0$, 并且在 $r=R$ 处有以下形式的边界条件 (类似于平面表面的情形):

$$\rho\frac{\partial\psi}{\partial t}+\alpha\left\{\frac{2}{R}-\frac{2\zeta}{R^2}-\frac{1}{R^2}\left[\frac{1}{\sin\theta}\frac{\partial}{\partial\theta}\left(\sin\theta\frac{\partial\zeta}{\partial\theta}\right)+\frac{1}{\sin^2\theta}\frac{\partial^2\zeta}{\partial\varphi^2}\right]\right\}+p_0=0.$$

在这个条件中仍然可以略去常量 $2\alpha/R+p_0$; 对时间求导, 并把

$$\frac{\partial\zeta}{\partial t}=v_r=\frac{\partial\psi}{\partial r}$$

代入其中, 最后求出关于 ψ 的边界条件, 其形式为

$$\rho\frac{\partial^2\psi}{\partial t^2}\bigg|_{r=R}-\frac{\alpha}{R^2}\left\{2\frac{\partial\psi}{\partial r}+\frac{\partial}{\partial r}\left[\frac{1}{\sin\theta}\frac{\partial}{\partial\theta}\left(\sin\theta\frac{\partial\psi}{\partial\theta}\right)+\frac{1}{\sin^2\theta}\frac{\partial^2\psi}{\partial\varphi^2}\right]\right\}_{r=R}=0. \tag{62.6}$$

我们寻求驻波形式的解:

$$\psi=\mathrm{e}^{-\mathrm{i}\omega t}f(r,\ \theta,\ \varphi),$$

其中函数 f 满足拉普拉斯方程 $\Delta f=0$. 众所周知, 拉普拉斯方程的任何一个解都可以表示为所谓体积球调和函数

$$r^l\mathrm{Y}_{lm}(\theta,\ \varphi)$$

的线性组合, 其中 $\mathrm{Y}_{lm}(\theta,\ \varphi)$ 是拉普拉斯球谐函数, 即

$$\mathrm{Y}_{lm}(\theta,\ \varphi)=\mathrm{P}_l^m(\cos\theta)\,\mathrm{e}^{\mathrm{i}m\varphi}$$

这里

$$\mathrm{P}_l^m(\cos\theta)=\sin^m\theta\frac{\mathrm{d}^m\mathrm{P}_l(\cos\theta)}{\mathrm{d}(\cos\theta)^m}$$

是连带勒让德函数 ($\mathrm{P}_l(\cos\theta)$ 是 l 阶勒让德多项式). 我们知道, l 取所有非负整数值, 而 m 在 l 给定时取值 $0, \pm1, \pm2, \cdots, \pm l$.

因此, 对于上述问题, 我们所寻求的特解具有以下形式:

$$\psi=A\,\mathrm{e}^{-\mathrm{i}\omega t}\,r^l\mathrm{P}_l^m(\cos\theta)\,\mathrm{e}^{\mathrm{i}m\varphi}. \tag{62.7}$$

频率 ω 满足边界条件 (62.6), 由此确定 ω. 把表达式 (62.7) 代入上述方程, 并利用球谐函数 Y_{lm} 满足方程

$$\frac{1}{\sin\theta}\frac{\partial}{\partial\theta}\left(\sin\theta\frac{\partial \mathrm{Y}_{lm}}{\partial\theta}\right)+\frac{1}{\sin^2\theta}\frac{\partial^2\mathrm{Y}_{lm}}{\partial\varphi^2}+l(l+1)\mathrm{Y}_{lm}=0$$

的性质, 我们求出 (略去公共因子 ψ)

$$\rho\omega^2+\frac{l\alpha}{R^3}[2-l(l+1)]=0,$$

所以

$$\omega^2=\frac{\alpha}{\rho R^3}l(l-1)(l+2) \tag{62.8}$$

(瑞利, 1879).

这个公式给出球形液滴在表面张力作用下振动的本征频率. 我们看到, 这些频率只依赖于数 l, 而不依赖于 m. 对于给定的 l, 有 $2l+1$ 个不同的函数 (62.7) 与它相对应. 因此, (62.8) 中的每一个频率都对应 $2l+1$ 个不同的本征振动. 具有同样频率的几个独立的本征振动称为简并振动. 在当前情况下, 我们有 $2l+1$ 重简并.

当 $l=0$ 和 $l=1$ 时, 表达式 (62.8) 等于零. 值 $l=0$ 对应液滴的径向振动, 即球对称振动. 在不可压缩流体中, 这样的振动显然是不可能的. 当 $l=1$ 时, 运动是液滴的整体平动. 液滴振动的最小可能频率对应 $l=2$ 并且等于

$$\omega_{\min}=\sqrt{\frac{8\alpha}{\rho R^3}}. \tag{62.9}$$

习 题

1. 设液体深度为 h, 求其表面上的表面张力重力波的频率对波数的依赖关系.

解: 把

$$\varphi=A\cos(kx-\omega t)\cosh k(z+h)$$

(见 § 12 习题 1) 代入条件 (62.1), 我们得到

$$\omega^2=\left(gk+\frac{\alpha k^3}{\rho}\right)\tanh kh.$$

当 $kh\gg 1$ 时, 我们又回到公式 (62.2), 而对于长波 ($kh\ll 1$) 则有

$$\omega^2=ghk^2+\frac{\alpha hk^4}{\rho}.$$

2. 求表面张力波的阻尼系数.

解: 把 (62.3) 代入 (25.5), 我们得到

$$\gamma = \frac{2\eta k^2}{\rho} = \frac{2\eta\omega^{4/3}}{\rho^{1/3}\alpha^{2/3}}.$$

3. 求重力场中沿水平方向的切向间断面在考虑表面张力时的稳定性条件, 假设间断面两侧的流体不同 (开尔文, 1871).

解: 设 U 为上层流体相对于下层流体的速度. 我们在基本流动上叠加沿水平坐标轴的周期性扰动, 并寻求以下形式的速度势:

$$\text{在下层流体中}\quad \varphi = A\,\mathrm{e}^{kz}\cos(kx-\omega t),$$

$$\text{在上层流体中}\quad \varphi' = A'\mathrm{e}^{-kz}\cos(kx-\omega t) + Ux.$$

对于下层流体, 在间断面上有

$$v_z = \frac{\partial\varphi}{\partial z} = \frac{\partial\zeta}{\partial t}$$

(ζ 是间断面的竖直坐标); 对于上层流体, 在间断面上有

$$v'_z = \frac{\partial\varphi'}{\partial z} = U\frac{\partial\zeta}{\partial x} + \frac{\partial\zeta}{\partial t}.$$

两种流体内的压强在间断面上相等的条件具有以下形式:

$$\rho\frac{\partial\varphi}{\partial t} + \rho g\zeta - \alpha\frac{\partial^2\zeta}{\partial x^2} = \rho'\frac{\partial\varphi'}{\partial t} + \rho' g\zeta + \frac{\rho'}{2}(v'^2 - U^2)$$

(在展开表达式 $v'^2 - U^2$ 时只要保留 A' 的一阶项即可). 我们寻求形如 $\zeta = a\sin(kx-\omega t)$ 的位移 ζ. 把 φ, φ', ζ 代入 $z=0$ 时的上述三个条件, 我们得到三个方程, 由此消去 a, A, A' 后求出

$$\omega = \frac{k\rho' U}{\rho+\rho'} \pm \left[\frac{kg(\rho-\rho')}{\rho+\rho'} - \frac{k^2\rho\rho' U^2}{(\rho+\rho')^2} + \frac{\alpha k^3}{\rho+\rho'}\right]^{1/2}.$$

为了使这个表达式对于所有的 k 都是实数, 必须成立条件

$$U^4 \leqslant \frac{4\alpha g(\rho-\rho')(\rho+\rho')^2}{\rho^2\rho'^2}.$$

否则存在虚部为正的复数 ω, 运动是不稳定的.

§ 63 吸附膜对液体运动的影响

如果在液体自由面上存在吸附物质的薄膜, 自由面的流体动力学性质就会发生重要变化. 其实, 当自由面形状随着液体运动而发生变化时, 吸附膜被拉伸或压缩, 即吸附物质的表面浓度发生变化. 这些变化导致一些附加力的出现, 这些力应当在液体自由面的边界条件中加以考虑.

我们在这里只研究不溶于液体本身的物质的吸附膜. 这意味着, 吸附物质仅仅分布于表面, 而不进入液体内部. 如果表面活性物质还具有某种显著的可

溶性, 则在吸附膜浓度发生变化时必须考虑这种物质在吸附膜与液体之间的扩散.

当存在吸附物质时, 表面张力系数 α 是这种物质表面浓度 (单位面积表面的物质质量) 的函数. 我们用字母 γ 表示该表面浓度. 如果 γ 沿表面变化, 则表面张力系数 α 同样也是表面上各点坐标的函数. 所以, 在液体表面的边界条件中要补充一个切向力, 我们在 §61 的最后已讨论过这种力 (方程 (61.14)). 在这里, α 的梯度可以通过表面浓度梯度表示, 于是作用于表面的切向力等于

$$\boldsymbol{f}_{\mathrm{t}} = \frac{\partial \alpha}{\partial \gamma} \nabla \gamma. \tag{63.1}$$

在 §61 中已经指出, 考虑这种力的边界条件 (61.14) 仅对黏性流体才成立. 由此可知, 如果液体的黏度很小并且对所研究的现象并不重要, 就没有必要考虑吸附膜的存在.

为了确定被吸附膜覆盖的液体的运动, 除了流体运动方程以及边界条件 (61.14), 还应当补充一个方程, 因为我们现在又多了一个未知量 (表面浓度 γ). 这个新补充的方程是连续性方程, 它表示吸附膜中吸附物质的总质量不变. 该方程的具体形式依赖于表面形状. 如果表面是平面, 则方程的形式显然是

$$\frac{\partial \gamma}{\partial t} + \frac{\partial}{\partial x}(v_x \gamma) + \frac{\partial}{\partial y}(v_y \gamma) = 0, \tag{63.2}$$

其中所有的量都取液体表面上的值 (选取该表面为 xy 平面).

对于被吸附膜覆盖的液体的运动, 如果可以认为吸附膜是不可压缩的, 即如果可以认为每一个吸附膜微元的面积在运动过程中都保持不变, 则相关问题的解会有重大简化.

气泡在黏性流体中的运动是吸附膜在流体动力学方面起重要作用的一个例子. 如果在气泡表面上没有任何吸附膜, 则气泡内的气体也会发生运动, 于是液体对气泡的阻力不同于液体对同样半径固体球的阻力 (见 §20 习题 2). 如果气泡表面被吸附膜覆盖, 则由对称性显然直接可知, 吸附膜在气泡运动时保持静止①. 其实, 吸附膜的运动只能沿气泡表面的子午线进行, 这将导致物质不断向气泡的一个极点聚集 (吸附物质不会进入液体或气体), 而这是不可能的. 除了吸附膜的速度为零, 气泡表面上的气体速度也应当为零, 而在这样的边界条件下, 气泡内的全部气体也必须保持静止. 因此, 被吸附膜覆盖的气泡将像固体球一样运动, 特别地, 它所受的阻力 (在小雷诺数情形下) 将由斯托克斯公式给出.

---

① 指相对静止. 下面也应这样理解. ——译者

习 题

1. 设两个容器由一条又深又长的槽道相连，槽道的侧壁是平行平面 (槽道的宽为 a, 长为 l). 容器和槽道中的液体表面被一层吸附膜覆盖，并且两个容器中的吸附膜具有不同的表面浓度 γ_1 和 γ_2, 从而导致槽道中液体表面附近出现运动. 求这种运动中的吸附膜物质输运量.

解: 取槽道的一个侧壁平面为 xz 平面，液体表面为 xy 平面，并且 x 轴沿槽道长度方向，液体所在区域对应 $z<0$. 因为没有压强梯度，所以液体的定常流方程为 (见 §17)

$$\frac{\partial^2 v}{\partial y^2}+\frac{\partial^2 v}{\partial z^2}=0, \tag{1}$$

其中 v 是液体速度，它显然沿 x 轴方向. 沿槽道长度方向有浓度梯度 $\mathrm{d}\gamma/\mathrm{d}x$. 在槽道中液体的表面上成立边界条件

$$\text{在 } z=0 \text{ 处}\quad \eta\frac{\partial v}{\partial z}=\frac{\mathrm{d}\alpha}{\mathrm{d}x}. \tag{2}$$

液体在槽道壁面上必须静止，即

$$\text{在 } y=0,\ a \text{ 处}\quad v=0. \tag{3}$$

我们认为槽道的深度为无穷大，所以

$$\text{当 } z\to-\infty \text{ 时}\quad v=0. \tag{4}$$

方程 (1) 的以下特解满足条件 (3) 和 (4):

$$\mathrm{const}\cdot\sin\frac{(2n+1)\pi y}{a}\cdot\exp\frac{(2n+1)\pi z}{a},$$

其中 n 为整数. 级数

$$v=\frac{4a}{\eta\pi^2}\frac{\mathrm{d}\alpha}{\mathrm{d}x}\sum_{n=0}^{\infty}\frac{\sin\dfrac{(2n+1)\pi y}{a}\cdot\exp\dfrac{(2n+1)\pi z}{a}}{(2n+1)^2}$$

满足条件 (2). (单位时间内的) 吸附膜物质输运量等于

$$Q=\int_0^a \gamma v\big|_{z=0}\,\mathrm{d}y=\frac{8a^2}{\eta\pi^3}\left[\sum_{n=0}^{\infty}\frac{1}{(2n+1)^3}\right]\gamma\frac{\mathrm{d}\alpha}{\mathrm{d}x}$$

(向 α 增加的方向运动). Q 值沿槽道长度方向显然保持不变，所以可以写出

$$\gamma\frac{\mathrm{d}\alpha}{\mathrm{d}x}=\mathrm{const}\equiv\frac{1}{l}\int_0^l\gamma\frac{\mathrm{d}\alpha}{\mathrm{d}x}\,\mathrm{d}x=\frac{1}{l}\int_{\alpha_2}^{\alpha_1}\gamma\,\mathrm{d}\alpha,$$

其中 $\alpha_1=\alpha(\gamma_1)$, $\alpha_2=\alpha(\gamma_2)$, 并且假设 $\alpha_1>\alpha_2$. 因此，最后有

$$Q=\frac{8a^2}{\eta l\pi^3}\left[\sum_{n=0}^{\infty}\frac{1}{(2n+1)^3}\right]\int_{\alpha_2}^{\alpha_1}\gamma\,\mathrm{d}\alpha=0.27\frac{\alpha^2}{\eta l}\int_{\alpha_2}^{\alpha_1}\gamma\,\mathrm{d}\alpha.$$

2. 设液体表面被吸附膜覆盖，求表面张力波的阻尼系数.

解: 如果液体的黏度不太大，液体对吸附膜的 (切向) 拉伸力就不大，所以可以把吸附膜看做不可压缩的.

因此，在计算能量耗散率时可以只局限于固壁附近，即根据公式 (24.14) 来计算. 写出形如

$$\varphi = \varphi_0 \,\mathrm{e}^{\mathrm{i}(kx-\omega t)}\,\mathrm{e}^{-kz},$$

的速度势，我们得到单位面积表面上的耗散率:

$$\bar{\dot{E}}_{\mathrm{kin}} = -\sqrt{\frac{\rho\eta\omega}{8}}\,|k\varphi_0|^2.$$

总能量为 (也折算到单位面积上)

$$\overline{E} = \rho\int \overline{v^2}\,\mathrm{d}z = \frac{\rho}{2k}|k\varphi_0|^2.$$

阻尼系数等于 (利用 (62.3))

$$\gamma = \frac{\omega^{7/6}\,\eta^{1/2}}{2\sqrt{2}\,\alpha^{1/3}\,\rho^{1/6}} = \frac{k^{7/4}\,\eta^{1/2}\,\alpha^{1/4}}{2\sqrt{2}\,\rho^{3/4}}.$$

这个量与没有吸附膜时的表面张力波阻尼系数 (§62 习题 2) 之比等于

$$\frac{1}{4\sqrt{2}}\left(\frac{\alpha\rho}{k\eta^2}\right)^{1/4},$$

并且只要波长不是非常小，这个比值就远大于 1. 因此，在液体表面上存在吸附膜导致表面张力波的阻尼系数显著增大.

第八章

声　音

§ 64 声波

我们开始研究可压缩流体的运动, 首先研究流体中的微小振动. 可压缩流体中的小振幅振动称为**声波**. 在声波中, 在流体的每一点交替发生压缩和膨胀.

在声波中, 因为振动很小, 所以速度 $\boldsymbol{v}$ 也很小, 在欧拉方程中就可以忽略 $(\boldsymbol{v}\cdot\nabla)\boldsymbol{v}$ 这一项. 基于同样的原因, 流体中的密度和压强的相对变化也很小. 我们将把变量 p 和 ρ 写为以下形式:

$$p = p_0 + p', \quad \rho = \rho_0 + \rho', \tag{64.1}$$

式中 ρ_0 和 p_0 是流体的平衡密度和平衡压强, 它们处处相同, 而 ρ' 和 p' 是声波中的密度变化和压强变化 ($\rho' \ll \rho_0$, $p' \ll p_0$).

把 (64.1) 代入连续性方程

$$\frac{\partial \rho}{\partial t} + \operatorname{div}(\rho \boldsymbol{v}) = 0$$

并忽略二阶小量 (此时应认为 ρ', p', $\boldsymbol{v}$ 是一阶小量), 其形式变为

$$\frac{\partial \rho'}{\partial t} + \rho_0 \operatorname{div} \boldsymbol{v} = 0. \tag{64.2}$$

欧拉方程

$$\frac{\partial \boldsymbol{v}}{\partial t} + (\boldsymbol{v}\cdot\nabla)\boldsymbol{v} = -\frac{\nabla p}{\rho}$$

在同样的近似下化为方程

$$\frac{\partial \boldsymbol{v}}{\partial t} + \frac{\nabla p'}{\rho_0} = 0. \tag{64.3}$$

线性化的运动方程 (64.2) 和 (64.3) 适用于声波传播的条件是: 声波中流体点的速度与声速相比是小量, 即 $v \ll c$. 要想得到这个条件, 可以考虑诸如 $\rho' \ll \rho_0$ 的要求 (参看下面的公式 (64.12)).

方程组 (64.2) 和 (64.3) 含有未知函数 $\boldsymbol{v}$, p' 和 ρ'. 为了消去其中一个未知函数, 我们注意到, 正如理想流体中的任何其他运动一样, 理想流体中的声波是绝热运动. 所以, 压强的微小变化 p' 和密度的微小变化 ρ' 之间的关系为

$$p' = \left(\frac{\partial p}{\partial \rho_0}\right)_s \rho'. \tag{64.4}$$

利用这个方程, 在方程 (64.2) 中把 ρ' 代换为 p', 得到

$$\frac{\partial p'}{\partial t} + \rho_0 \left(\frac{\partial p}{\partial \rho_0}\right)_s \operatorname{div} \boldsymbol{v} = 0. \tag{64.5}$$

含未知量 $\boldsymbol{v}$ 和 p' 的两个方程 (64.3) 和 (64.5) 完全描述了声波.

为了把所有未知量用其中一个未知量表示出来, 方便的做法是按照

$$\boldsymbol{v} = \operatorname{grad} \varphi$$

引入速度势. 从方程 (64.3) 得到 p' 与 φ 之间的关系式 (为简便起见, 这里和下面将省略 p_0 和 ρ_0 的下标)

$$p' = -\rho \frac{\partial \varphi}{\partial t}. \tag{64.6}$$

然后从 (64.5) 得到速度势 φ 所应满足的方程

$$\frac{\partial^2 \varphi}{\partial t^2} - c^2 \Delta \varphi = 0, \tag{64.7}$$

其中引入了记号

$$c = \sqrt{\left(\frac{\partial p}{\partial \rho}\right)_s}. \tag{64.8}$$

形如 (64.7) 的方程称为**波动方程**. 取 (64.7) 的梯度, 我们得到, 速度 $\boldsymbol{v}$ 的三个分量都满足同样的方程. 取 (64.7) 对时间的导数, 我们得到, 压强变化 p' 也满足波动方程 (所以 ρ' 也是如此).

考虑这样的声波, 其中所有的量只依赖于一个坐标, 例如 x. 换言之, yz 平面内的流动是均匀的. 这样的波称为平面波. 波动方程 (64.7) 化为

$$\frac{\partial^2 \varphi}{\partial x^2} - \frac{1}{c^2} \frac{\partial^2 \varphi}{\partial t^2} = 0. \tag{64.9}$$

为了求解这个方程, 我们引入新变量

$$\xi = x - ct, \quad \eta = x + ct$$

来代替 x, t. 容易证明, 在这些变量下, 方程 (64.9) 的形式变为

$$\frac{\partial^2\varphi}{\partial\eta\,\partial\xi}=0.$$

对 ξ 积分, 由此求出

$$\frac{\partial\varphi}{\partial\eta}=F(\eta),$$

其中 $F(\eta)$ 是任意的函数. 再次积分, 得到 $\varphi=f_1(\xi)+f_2(\eta)$, 其中 f_1 和 f_2 是任意的函数. 因此,

$$\varphi=f_1\,(x-ct)+f_2\,(x+ct). \tag{64.10}$$

用同样形式的函数还可以描述平面波中的其余各量 (p', ρ', $\boldsymbol{v}$) 的分布.

为明确起见, 我们来讨论密度. 例如, 设 $f_2=0$, 则 $\rho'=f_1\,(x-ct)$. 我们来解释这个解的意义, 它是很明显的. 在每一个平面 $x=\text{const}$ 内, 密度随时间而变化; 在每一个给定的时刻, 密度对于不同的 x 是不同的. 显然, 对于满足关系式 $x-ct=\text{const}$ 即

$$x=\text{const}+ct$$

的坐标 x 和时刻 t, 密度是相同的. 这表明, 如果流体密度在某一时刻 $t=0$ 在某一点具有某一确定值, 则经过一段时间 t 以后, 在与原先那一点沿 x 轴相距 ct 的位置, 密度具有同样的值 (对于声波中的其余各量也有同样的情况). 我们可以说, 流动情况以速度 c 沿 x 轴在介质中传播, 传播速度 c 称为声速.

于是, $f_1(x-ct)$ 表示向 x 轴正方向传播的所谓**平面行波**. 显然, $f_2(x+ct)$ 表示向相反方向 (x 轴负方向) 传播的波.

在平面波中, 速度 $\boldsymbol{v}=\operatorname{grad}\varphi$ 的三个分量中只有 $v_x=\partial\varphi/\partial x$ 不为零. 因此, 声波中的流体速度指向声波的传播方向. 由于这个原因, 我们说流体中的声波是纵波.

在平面行波中, 速度 $v_x=v$ 与压强变化 p' 以及密度变化 ρ' 之间有简单的关系. 写出 $\varphi=f(x-ct)$, 我们有

$$v=\frac{\partial\varphi}{\partial x}=f'(x-ct),$$

$$p'=-\rho\frac{\partial\varphi}{\partial t}=\rho c f'(x-ct).$$

对比这些表达式, 我们得到

$$v=\frac{p'}{\rho c}. \tag{64.11}$$

根据 (64.4), 把 $p'=c^2\rho'$ 代入此式, 就得到速度与密度变化之间的关系:

$$v=\frac{c\rho'}{\rho}. \tag{64.12}$$

再指出声波中的速度与温度变化之间的关系. 我们有 $T' = (\partial T/\partial p)_s p'$, 再应用熟知的热力学公式

$$\left(\frac{\partial T}{\partial p}\right)_s = \frac{T}{c_p}\left(\frac{\partial V}{\partial T}\right)_p$$

和公式 (64.11), 就得到

$$T' = \frac{c\beta T}{c_p}v, \tag{64.13}$$

其中

$$\beta = \frac{1}{V}\left(\frac{\partial V}{\partial T}\right)_p$$

是定压体膨胀系数.

公式 (64.8) 是根据流体的绝热压缩系数来确定声速的. 绝热压缩系数与等温压缩系数的关系可由熟知的热力学公式给出:

$$\left(\frac{\partial p}{\partial \rho}\right)_s = \frac{c_p}{c_v}\left(\frac{\partial p}{\partial \rho}\right)_T. \tag{64.14}$$

我们来计算 (热力学意义上的) 理想气体中的声速. 理想气体的状态方程是

$$pV = \frac{p}{\rho} = \frac{RT}{\mu},$$

其中 R 是气体常量, μ 是摩尔质量. 对于声速, 我们得到表达式

$$c = \sqrt{\frac{\gamma RT}{\mu}}, \tag{64.15}$$

式中 $\gamma = c_p/c_v$. 因为 γ 对温度的依赖性通常较弱, 所以可以认为气体中的声速与温度的平方根成正比①. 当温度给定时, 它与气体的压强无关②.

有一种特别重要的情形是**单色波**, 这时所有的量都是时间的简单周期函数 (简谐函数). 把这样的函数写为复数表达式的实部的形式通常更为方便 (见§24 的开始). 例如, 对于速度势, 我们写出

$$\varphi = \mathrm{Re}[\varphi_0(x,\ y,\ z)\,\mathrm{e}^{-\mathrm{i}\omega t}], \tag{64.16}$$

式中 ω 是波的频率. 把 (64.16) 代入 (64.7), 即可得到函数 φ_0 所满足的方程:

$$\Delta\varphi_0 + \frac{\omega^2}{c^2}\varphi_0 = 0. \tag{64.17}$$

---

① 注意以下事实颇有益处: 气体中的声速与分子的平均热运动速度具有同样的量级.

② 形如 $c^2 = p/\rho$ 的气体声速公式最初是由牛顿在 1687 年得到的. 拉普拉斯后来指出, 在这个公式中必须补充因子 γ.

考虑向 x 轴正方向传播的平面单色行波. 在这样的波中, 所有的量都只是 $x-ct$ 的函数, 所以速度势的形式为

$$\varphi=\mathrm{Re}\left\{A\exp\left[-\mathrm{i}\omega\left(t-\frac{x}{c}\right)\right]\right\}, \tag{64.18}$$

式中 A 为常量, 称为**复振幅**. 利用实的常量 a 和 α 把它写为 $A=a\,\mathrm{e}^{\mathrm{i}\alpha}$ 的形式, 则有

$$\varphi=a\cos\left(\frac{\omega x}{c}-\omega t+\alpha\right). \tag{64.19}$$

常量 a 称为波的**振幅**, 余弦函数的自变量称为波的**相位**. 我们用 $\boldsymbol{n}$ 表示波传播方向上的单位矢量. 矢量

$$\boldsymbol{k}=\frac{\omega}{c}\boldsymbol{n}=\frac{2\pi}{\lambda}\boldsymbol{n} \tag{64.20}$$

称为**波矢** (其大小经常称为**波数**). 利用此记号, 表达式 (64.18) 可以写为以下形式:

$$\varphi=\mathrm{Re}\left[A\,\mathrm{e}^{\mathrm{i}(\boldsymbol{k}\cdot\boldsymbol{r}-\omega t)}\right]. \tag{64.21}$$

单色波的作用极为重要, 因为任何波都可以表示为具有各种波矢和频率的平面单色波的叠加. 波的这种展开式不是别的, 正好就是傅里叶级数或傅里叶积分 (这样的分解也称为**谱分解**), 而展开式中单独的各项称为波的单色分量或傅里叶分量.

习　题

1. 一个弱分散二相系由悬浮着小液滴的蒸气 (“湿蒸气”) 或含有小蒸气泡的液体组成, 求其中的声速. 设声波的波长远大于该二相系不均匀性的尺度.

解: 在二相系中, p 和 T 不是独立变量, 它们之间的关系由相平衡方程给出. 系统的压缩或膨胀伴随着物质从一个相到另一个相的转变. 设 x 是系统中 2 相的质量分数, 则

$$s=(1-x)s_1+xs_2,\quad V=(1-x)V_1+xV_2, \tag{1}$$

这里用下标 1 和 2 区别纯的 1 相和 2 相的相关各量. 为了计算导数 $(\partial V/\partial p)_s$, 我们从变量 p, s 变换到 p, x, 从而得到

$$\left(\frac{\partial V}{\partial p}\right)_s=\left(\frac{\partial V}{\partial p}\right)_x-\frac{\left(\dfrac{\partial V}{\partial x}\right)_p\left(\dfrac{\partial s}{\partial p}\right)_x}{\left(\dfrac{\partial s}{\partial x}\right)_p}.$$

把 (1) 代入此式, 结果给出

$$\left(\frac{\partial V}{\partial p}\right)_s=x\left[\frac{\mathrm{d}V_2}{\mathrm{d}p}-\frac{V_2-V_1}{s_2-s_1}\frac{\mathrm{d}s_2}{\mathrm{d}p}\right]+(1-x)\left[\frac{\mathrm{d}V_1}{\mathrm{d}p}-\frac{V_2-V_1}{s_2-s_1}\frac{\mathrm{d}s_1}{\mathrm{d}p}\right]. \tag{2}$$

利用 (1) 和 (2), 按照公式 (64.8) 即可求出声速.

展开对压强的导数 d/dp, 引入从 1 相到 2 相的相变潜热 $q = T(s_2 - s_1)$, 并利用关于沿相平衡线的导数的克拉珀龙–克劳修斯方程 (见第五卷 §82)

$$\frac{\mathrm{d}p}{\mathrm{d}T} = \frac{q}{T(V_2 - V_1)},$$

我们得到 (2) 中第一对方括号内的表达式, 其形式为

$$\left(\frac{\partial V_2}{\partial p}\right)_T + \frac{2T}{q}\left(\frac{\partial V_2}{\partial T}\right)_p (V_2 - V_1) - \frac{Tc_{p2}}{q^2}(V_2 - V_1)^2.$$

类似地可以变换第二对方括号内的表达式.

设 1 相是液体, 2 相是蒸气. 我们把后者看做理想气体, 而质量体积 V_1 与 V_2 相比可以忽略不计. 如果 $x \ll 1$ (液体中含有少量蒸气泡), 则对声速可以得到

$$c = \frac{q\mu p V_1}{RT\sqrt{c_{p1}T}} \tag{3}$$

(R 是气体常量, μ 是摩尔质量). 一般而言, 这个速度非常小. 因此, 当液体中形成蒸气泡 (发生空化) 时, 其中的声速会突然急剧下降.

如果 $1 - x \ll 1$ (蒸气中含有少量液滴), 就得到

$$\frac{1}{c^2} = \frac{\mu}{RT} - \frac{2}{q} + \frac{c_{p2}T}{q^2}. \tag{4}$$

与纯气体中的声速 (64.15) 进行对比, 我们发现, 这里增加第二相也导致声速降低, 尽管降低得远没有那样显著.

在两者之间, 当 x 从 0 增大到 1 时, 声速从值 (3) 单调地增大到值 (4).

我们指出, 对于 $x = 0$ 和 $x = 1$, 声速在系统从单相系转变为二相系时会发生突跃. 其结果是, 对于非常接近 0 或 1 的 x 值, 即使声波的振幅很小, 通常的线性声学理论一般也不再适用, 因为在这些条件下, 由声波导致的压缩和膨胀伴随着从二相系向单相系 (以及相反的) 的转变, 而这完全破坏了对线性理论非常重要的声速不变假设.

2. 设气体被加热到极高的温度, 以至于其中的平衡黑体辐射压与气体本身的压强相当, 求气体中的声速.

解: 物质的压强等于

$$p = nT + \frac{a}{4}T^4,$$

而熵等于

$$s = \frac{1}{m}\ln\frac{T^{3/2}}{n} + \frac{aT^3}{n}.$$

在这些表达式中, 第一项与粒子有关, 第二项与辐射有关; n 是粒子数密度, m 是粒子质量, $a = 4\pi^2/45\hbar^3c^3$ (见第五卷 §63)[①]. 黑体辐射对物质密度不起作用, 所以 $\rho = mn$. 为了区

① 在本书中, 处处都用能量单位来度量温度.

别于光速的记号 c, 这里用字母 u 表示声速. 把导数写为雅可比行列式的形式, 有

$$u^2 = \frac{\partial(p,\ s)}{\partial(\rho,\ s)} = \frac{\partial(p,\ s)}{\partial(n,\ T)} \bigg/ \frac{\partial(\rho,\ s)}{\partial(n,\ T)}.$$

计算这些雅可比行列式后得到

$$u^2 = \frac{5T}{3m}\left[1 + \frac{2a^2T^6}{5n(n+2aT^3)}\right].$$

§65 声波的能量和动量

我们来推导声波能量表达式. 按照一般公式, 流体的体积能为 $\rho\varepsilon + \rho v^2/2$. 如果把 $\rho = \rho_0 + \rho'$, $\varepsilon = \varepsilon_0 + \varepsilon'$ 代入此式, 这里带撇号的字母表示相应各量相对于它们在流体静止时的取值的偏离, 则因为 $\rho' v^2/2$ 是三阶小量, 所以在精确到二阶项时得到

$$\rho_0\varepsilon_0 + \rho'\frac{\partial(\rho\varepsilon)}{\partial\rho_0} + \frac{1}{2}\rho'^2\frac{\partial^2(\rho\varepsilon)}{\partial\rho_0^2} + \frac{1}{2}\rho_0 v^2.$$

导数是在等熵条件下计算的, 因为声波是绝热过程. 根据热力学关系式

$$\mathrm{d}\varepsilon = T\,\mathrm{d}s - p\,\mathrm{d}V = T\,\mathrm{d}s + \frac{p}{\rho^2}\mathrm{d}\rho,$$

我们有

$$\left[\frac{\partial(\rho\varepsilon)}{\partial\rho}\right]_s = \varepsilon + \frac{p}{\rho} = w,$$

二阶导数为

$$\left[\frac{\partial^2(\rho\varepsilon)}{\partial\rho^2}\right]_s = \left(\frac{\partial w}{\partial\rho}\right)_s = \left(\frac{\partial w}{\partial p}\right)_s\left(\frac{\partial p}{\partial\rho}\right)_s = \frac{c^2}{\rho}.$$

因此, 流体的体积能等于

$$\rho_0\varepsilon_0 + w_0\rho' + \frac{c^2}{2\rho_0}\rho'^2 + \rho_0\frac{v^2}{2}.$$

这个表达式中的第一项 ($\rho_0\varepsilon_0$) 是静止流体的体积能, 与声波无关. 至于第二项 ($w_0\rho'$), 这是在每一个具有单位体积的给定区域中仅仅因为流体质量变化而引起的能量变化. 如果把体积能在流体所占整个区域上积分, 则在所得总能量中没有这一项, 因为流体的总质量保持不变, $\int\rho'\,\mathrm{d}V = 0$. 于是, 因为存在声波而引起的流体总能量的变化等于积分

$$\int\left(\frac{\rho_0 v^2}{2} + \frac{c^2\rho'^2}{2\rho_0}\right)\mathrm{d}V.$$

被积函数可视为声能密度 E:

$$E = \frac{\rho_0 v^2}{2} + \frac{c^2 \rho'^2}{2\rho_0}. \tag{65.1}$$

这个表达式在平面行波的情况下可以简化. 在这样的声波中, $\rho' = \rho_0 v/c$, 所以 (65.1) 中的两项相等, 于是

$$E = \rho_0 v^2. \tag{65.2}$$

这个关系式对任意声波并不成立. 在一般情况下, 对总声能 (对时间) 的平均值可以写出一个类似的公式, 它直接得自力学中一个已有的普遍定理: 小振动系统的平均总势能等于其平均总动能. 因为平均总动能此时等于 $\int \rho_0 \overline{v^2} \mathrm{d}V/2$, 所以我们求出平均总声能为

$$\int \overline{E}\, \mathrm{d}V = \int \rho_0 \overline{v^2} \mathrm{d}V. \tag{65.3}$$

接下来考虑流体中的某个区域, 其中有声波在传播, 我们来确定通过该区域的封闭边界面的能流. 根据 (6.3), 流体中的能流密度等于 $\rho \boldsymbol{v}(w + v^2/2)$. 在所考虑的情况下可以忽略带有 v^2 的项, 因为它是三阶小量, 于是声波中的能流密度是 $\rho \boldsymbol{v} w$. 把 $w = w_0 + w'$ 代入其中, 我们有

$$\rho w \boldsymbol{v} = w_0 \rho \boldsymbol{v} + \rho w' \boldsymbol{v}.$$

对于焓的微小变化, 有

$$w' = \left(\frac{\partial w}{\partial p}\right)_s p' = \frac{p'}{\rho},$$

所以 $\rho w \boldsymbol{v} = w_0 \rho \boldsymbol{v} + p' \boldsymbol{v}$. 通过上述曲面的总能流等于积分

$$\oint (w_0 \rho \boldsymbol{v} + p' \boldsymbol{v}) \cdot \mathrm{d}\boldsymbol{f}.$$

这个表达式中的第一项是只与给定区域中流体质量的变化有关的能流. 不过, 我们已经不考虑能密度中 $w_0 \rho'$ 这一项 (它对无穷大区域积分的结果为零). 所以, 为了让能流密度由 (65.1) 给出, 应当略去此项, 于是总能流简化为

$$\oint p' \boldsymbol{v} \cdot \mathrm{d}\boldsymbol{f}.$$

我们看到, 矢量

$$\boldsymbol{q} = p' \boldsymbol{v} \tag{65.4}$$

起声能流密度的作用. 容易验证, 成立关系式

$$\frac{\partial E}{\partial t}+\operatorname{div}(p'\boldsymbol{v})=0. \tag{65.5}$$

其实, 这是理所当然的, 因为它表示能量定恒定律, 而矢量 (65.4) 恰好起能流密度的作用.

在 (从左向右的) 平面行波中, 压强变化与速度的关系为 $p'=c\rho_0 v$, 其中速度 $v\equiv v_x$ 的符号可为正或负. 引入声波传播方向上的单位矢量 $\boldsymbol{n}$, 得到

$$\boldsymbol{q}=c\rho_0 v^2\boldsymbol{n}=cE\boldsymbol{n}. \tag{65.6}$$

因此, 在平面声波中, 能流密度等于能量密度乘以声速, 这自然是意料之中的结果.

现在考虑这样的声波, 它在每一个给定时刻都占据空间中的一个有限区域 (该区域处处都不以固壁为边界)——**波包**. 我们来确定声波中流体的总动量. 单位体积流体的动量等于质量流密度 $\boldsymbol{j}=\rho\boldsymbol{v}$. 把 $\rho=\rho_0+\rho'$ 代入此式, 有 $\boldsymbol{j}=\rho_0\boldsymbol{v}+\rho'\boldsymbol{v}$. 密度变化与压强变化的关系是 $\rho'=p'/c^2$. 所以, 利用 (65.4) 得到

$$\boldsymbol{j}=\rho_0\boldsymbol{v}+\frac{\boldsymbol{q}}{c^2}. \tag{65.7}$$

如果黏性在所研究的现象中无关紧要, 就可以认为声波中的运动是有势的, 从而写出 $\boldsymbol{v}=\nabla\varphi$ (我们强调, 这个结论与 §64 中推导线性运动方程时的那些近似假设无关, 因为满足 $\operatorname{rot}\boldsymbol{v}=0$ 的解是欧拉方程的精确解). 所以, 我们有

$$\boldsymbol{j}=\rho_0\nabla\varphi+\frac{\boldsymbol{q}}{c^2}.$$

声波的总动量等于声波所占全部区域上的积分 $\int\boldsymbol{j}\,\mathrm{d}V$. 但 $\nabla\varphi$ 的积分可以变换为曲面积分:

$$\int\nabla\varphi\,\mathrm{d}V=\oint\varphi\,\mathrm{d}\boldsymbol{f},$$

而在声波包所占区域之外 $\varphi=0$, 所以上述积分为零. 因此, 声波包的总动量等于

$$\int\boldsymbol{j}\,\mathrm{d}V=\frac{1}{c^2}\int\boldsymbol{q}\,\mathrm{d}V. \tag{65.8}$$

这个量一般而言绝对不等于零. 但非零的总动量表明, 存在物质的输运. 我们得出结论: 声波包的传播伴随着流体中的物质输运. 这是一个二阶效应, 因为 $\boldsymbol{q}$ 是二阶量.

最后, 我们来研究横截面有限的无穷长空间区域中的声场 (有限口径**波列**), 并计算压强变化 p' 在这个区域中的平均值. 一阶近似对应着通常的线性运动方程, 此时 p' 是一个周期变号函数, 其平均值为零. 但是, 这个结果在更高阶近似下可能不再成立. 如果只精确到二阶小量, 就可以通过从线性声学方程计算出的量来表示 $\overline{p'}$, 这样就不必直接求解由于考虑高阶项而得到的非线性运动方程.

这里所研究的声场具有以下特点: 速度势 φ 在声场中不同点的取值之差当这些点之间距离无限增大时仍然是有限的 (空间中给定点的 φ 在不同时刻的取值之差也是有限的). 其实, 此差值由积分

$$\varphi_2 - \varphi_1 = \int_1^2 \boldsymbol{v} \cdot \mathrm{d}\boldsymbol{l}$$

给出, 并且可以沿点 1 和点 2 之间的任何路径进行积分. 如果注意到, 这时可以沿波列长度方向在波列之外选取路径, 速度势的上述性质就是显然的①.

根据这个特点, 我们取伯努利方程

$$w + \frac{v^2}{2} + \frac{\partial \varphi}{\partial t} = \text{const}$$

的时间平均值. 导数 $\partial\varphi/\partial t$ 的平均值为零②. 再写出 $w = w_0 + w'$, 并把 w_0 列入常量 const, 就得到 $\overline{w'} + \overline{v^2}/2 = \text{const}$. 因为 const 在整个空间中处处相同, 且 w' 和 v 在波列之外的远处等于零, 所以这个常量必定为零, 于是

$$\overline{w'} + \frac{\overline{v^2}}{2} = 0. \tag{65.9}$$

然后按 p' 的幂展开 w', 精确到二阶项, 有

$$w' = \left(\frac{\partial w}{\partial p}\right)_s p' + \frac{1}{2}\left(\frac{\partial^2 w}{\partial p^2}\right)_s p'^2,$$

又因为 $(\partial w/\partial p)_s = 1/\rho$, 所以

$$w' = \frac{p'}{\rho_0} - \frac{p'^2}{2\rho_0^2}\left(\frac{\partial \rho}{\partial p}\right)_s = \frac{p'}{\rho_0} - \frac{p'^2}{2c^2\rho_0^2}.$$

---

① 为了得到 (65.8), 在本质上也使用了类似的方法, 这时认为在波包之外的远处总有 $\varphi = 0$.

② 按照平均值的一般定义, 对于某函数 $f(t)$ 的导数的平均值, 我们有

$$\overline{\frac{\mathrm{d}f}{\mathrm{d}t}} = \frac{1}{T}\int_{-T/2}^{T/2} \frac{\mathrm{d}f}{\mathrm{d}t}\mathrm{d}t = \frac{1}{T}\left[f\left(\frac{T}{2}\right) - f\left(-\frac{T}{2}\right)\right].$$

如果 $f(t)$ 对于所有的 t 都是有限的, 则当取平均值的区间扩大时 (当 T 增加时), 此平均值趋于零.

把它代入 (65.9), 得

$$\overline{p'} = -\frac{\rho_0\overline{v^2}}{2} + \frac{\overline{p'^2}}{2\rho_0 c^2} = -\frac{\rho_0\overline{v^2}}{2} + \frac{c^2\overline{\rho'^2}}{2\rho_0}, \tag{65.10}$$

这就是所求的平均压强. 右边的表达式是二阶小量. 为了计算该表达式, 应当求解线性化的运动方程, 以便得到 ρ' 和 v. 对于平均密度, 我们有

$$\overline{\rho'} = \left(\frac{\partial\rho}{\partial p}\right)_s \overline{p'} + \frac{1}{2}\left(\frac{\partial^2\rho}{\partial p^2}\right)_s \overline{p'^2}. \tag{65.11}$$

波列具有有限的横截面积, 它不能表示为严格的平面波. 不过, 如果横截面尺寸远大于声波波长, 声波就非常接近平面波. 在平面行波中 $v = c\rho'/\rho_0$, 于是 $\overline{v^2} = c^2\overline{\rho'^2}/\rho_0^2$, 表达式 (65.10) 变为零, 即压强的平均变化是高于二阶的效应. 密度的平均变化

$$\overline{\rho'} = \frac{1}{2}\left(\frac{\partial^2\rho}{\partial p^2}\right)_s \overline{p'^2}$$

并不为零①. 对于 (上述意义下的) 平面行波中动量流密度张量的平均值, 在同样的近似下有

$$\overline{p'} + \overline{\rho v_i v_k} = \overline{p'} + \rho_0\overline{v_i v_k}.$$

第一项等于零, 而在第二项中可以引入声波传播方向上的单位矢量 $\boldsymbol{n}$ (与 $\boldsymbol{v}$ 的方向相同或相反). 利用公式 (65.2), 对于动量流密度就有

$$\overline{\Pi}_{ik} = \overline{E} n_i n_k. \tag{65.12}$$

如果声波沿 x 轴传播, 则只有分量 $\overline{\Pi}_{xx} = \overline{E}$ 不为零. 因此, 在这种近似下, 平均动量流只有 x 分量, 并且它在 x 轴方向上传播.

关于上面最后一段中的全部内容, 我们再一次强调, 这里讨论的是具有有限横截面的波列. 这些结果在严格意义上对平面波是不成立的 (例如, $\overline{p'}$ 在二阶近似下即可不为零, 见 §101 习题 4). 在形式上这是因为, 对于严格意义上的平面波 (无法从侧面包围), 关于速度势 φ 在全部空间中 (或者在所有时间内) 都取有限值的结论一般而言并不成立. 而从物理上讲, 这样的区别在于, (对于具有有限横截面的波列) 可能出现的横向运动导致平均压强趋于均匀.

§66 声波的反射和折射

声波在入射到两种不同介质的分界面时会发生反射和折射, 于是第一种介质内的运动是两种波 (入射波和反射波) 的合成, 而在第二种介质内只有一种波 (折射波). 全部三种波之间的关系可由分界面上的边界条件确定.

---

① 我们指出, 导数 $(\partial^2\rho/\partial p^2)_s$ 实际上总是负的, 所以在行波中 $\overline{\rho'} < 0$.

我们来研究单色纵波在分界面是平面时的反射和折射. 选取该分界面为 yz 平面. 容易看出, 入射波、反射波和折射波这三者都有相同的频率 ω 和波矢分量 k_y, k_z (但垂直于分界平面的波矢分量 k_x 不同). 其实, 在没有边界的均质介质中, $\boldsymbol{k}$ 和 ω 为常量的单色波是运动方程的解. 当分界面存在时, 要补充的只是一些边界条件, 在上述情况下这是平面 $x=0$ 上的一些边界条件, 并且它们与时间和坐标 y, z 都无关. 因此, 解对 t 以及 y, z 的依赖关系在整个空间和时间中保持不变, 即 ω, k_y, k_z 等于入射波中的相应各量.

从这个结果可以直接导出决定反射波和折射波传播方向的关系式. 设 xy 平面为入射波所在平面, 则在入射波中 $k_z=0$, 此式对反射波和折射波同样成立. 因此, 入射波、反射波和折射波的传播方向是共面的.

设 θ 为波的传播方向与 x 轴之间的夹角. 于是, 因为 $k_y=(\omega/c)\sin\theta$ 对入射波和反射波是相同的, 所以

$$\theta_1=\theta_1', \tag{66.1}$$

即入射角 θ_1 等于反射角 θ_1'. 对入射波和折射波有类似的等量关系, 由此可得入射角 θ_1 与折射角 θ_2 之间的关系式

$$\frac{\sin\theta_1}{\sin\theta_2}=\frac{c_1}{c_2} \tag{66.2}$$

(c_1 和 c_2 是两种介质中的声速).

为了得到入射波、反射波和折射波的强度之间的定量关系, 我们把这些波的速度势分别写为以下形式:

$$\varphi_1=A_1\exp\left[\mathrm{i}\omega\left(\frac{x}{c_1}\cos\theta_1+\frac{y}{c_1}\sin\theta_1-t\right)\right],$$

$$\varphi_1'=A_1'\exp\left[\mathrm{i}\omega\left(-\frac{x}{c_1}\cos\theta_1+\frac{y}{c_1}\sin\theta_1-t\right)\right],$$

$$\varphi_2=A_2\exp\left[\mathrm{i}\omega\left(\frac{x}{c_2}\cos\theta_2+\frac{y}{c_2}\sin\theta_2-t\right)\right].$$

在分界面 $(x=0)$ 上, 两种介质的压强 $(p=-\rho\partial\varphi/\partial t)$ 和法向速度 $(v_x=\partial\varphi/\partial x)$ 应分别相等, 这些条件给出等式

$$\rho_1(A_1+A_1')=\rho_2A_2,\quad \frac{\cos\theta_1}{c_1}(A_1-A_1')=\frac{\cos\theta_2}{c_2}A_2.$$

反射因子 R 被定义为反射波和入射波中的 (时间) 平均能流密度之比. 因为平面波中的能流密度等于 $c\rho v^2$, 所以有

$$R=\frac{c_1\rho_1\overline{v_1'^2}}{c_1\rho_1\overline{v_1^2}}=\frac{|A_1'|^2}{|A_1|^2}.$$

简单的计算给出结果

$$R = \left(\frac{\rho_2 \tan \theta_2 - \rho_1 \tan \theta_1}{\rho_2 \tan \theta_2 + \rho_1 \tan \theta_1} \right)^2. \tag{66.3}$$

角 θ_1 与 θ_2 之间的关系由 (66.2) 给出. 用 θ_1 表示 θ_2, 就可以把反射因子写为

$$R = \left(\frac{\rho_2 c_2 \cos \theta_1 - \rho_1 \sqrt{c_1^2 - c_2^2 \sin^2 \theta_1}}{\rho_2 c_2 \cos \theta_1 + \rho_1 \sqrt{c_1^2 - c_2^2 \sin^2 \theta_1}} \right)^2. \tag{66.4}$$

对于垂直入射的情形 ($\theta_1 = 0$), 此公式具有以下形式:

$$R = \left(\frac{\rho_2 c_2 - \rho_1 c_1}{\rho_2 c_2 + \rho_1 c_1} \right)^2. \tag{66.5}$$

当入射角满足条件

$$\tan^2 \theta_1 = \frac{\rho_2^2 c_2^2 - \rho_1^2 c_1^2}{\rho_1^2 (c_1^2 - c_2^2)} \tag{66.6}$$

时, 反射因子为零, 即声波发生全折射而完全不发生反射. 如果

$$c_1 > c_2, \quad \text{但} \quad \rho_2 c_2 > \rho_1 c_1$$

(或者不等号都反过来), 就会出现这种情况.

习 题

求两种流体分界面上因声波而产生的压强.

解: 反射波和折射波的总能流之和应等于入射波的能流. 取单位面积分界面上的能流, 我们把这个条件写为以下形式:

$$c_1 E_1 \cos \theta_1 = c_1 E_1' \cos \theta_1 + c_2 E_2 \cos \theta_2,$$

其中 E_1, E_1', E_2 是入射波、反射波和折射波中的能量密度. 引入反射因子 $R = \overline{E_1'}/\overline{E}_1$, 由此得

$$\overline{E}_2 = \frac{c_1 \cos \theta_1}{c_2 \cos \theta_2} (1 - R) \overline{E}_1.$$

所求压强 p 可定义为单位时间内 (在单位面积分界面上) 由声波引起的动量损失的 x 分量. 利用声波中动量流密度张量的表达式 (65.12), 我们求出

$$p = \overline{E}_1 \cos^2 \theta_1 + \overline{E_1'} \cos^2 \theta_1 - \overline{E}_2 \cos^2 \theta_2.$$

把 $\overline{E}_2$ 的表达式代入此式, 引入 R 并利用 (66.2), 得到

$$p = \overline{E}_1 \sin \theta_1 \cos \theta_1 [(1 + R) \cot \theta_1 - (1 - R) \cot \theta_2].$$

对于垂直入射 ($\theta_1 = 0$) 的情形, 利用 (66.5) 得到

$$p = 2\overline{E}_1 \left[\frac{\rho_1^2 c_1^2 + \rho_2^2 c_2^2 - 2\rho_1 \rho_2 c_1^2}{(\rho_1 c_1 + \rho_2 c_2)^2} \right].$$

§67 几何声学

平面波的特性在于, 其传播方向和振幅在整个空间中处处相同. 任意的声波当然没有这样的性质. 然而, 可能存在这样一些情况: 所研究的声波虽然不是平面波, 但在每个不大的空间区域内却可以把它看做平面波. 为此, 必须要求振幅和传播方向在波长量级的距离上基本不变.

如果这个条件成立, 就可以引入**声线**的概念: 这是这样一些曲线, 在曲线上的每一点, 切线方向都与声波传播方向一致. 于是, 可以在不考虑声音波动本质的情况下说, 声音是沿声线传播的. 在这样的情况下研究声音的传播规律, 就是几何声学的内容. 可以说, 几何声学对应着小波长极限, 即 $\lambda \to 0$ 的情形.

我们来推导几何声学的基本方程——决定声线方向的方程. 把声波速度势写为以下形式:

$$\varphi = a\,\mathrm{e}^{\mathrm{i}\psi}. \tag{67.1}$$

在声波不是平面波但几何声学适用的情况下, 振幅 a 是坐标和时间的缓变函数, 而波的相位 ψ 是“近乎线性”的函数 (注意, 在平面波中 $\psi = \boldsymbol{k}\cdot\boldsymbol{r} - \omega t + \alpha$, 其中 $\boldsymbol{k}$ 和 ω 为常量). 对于很小的空间区域和时间间隔, 相位 ψ 可以展开为级数. 精确到一阶项, 我们有

$$\psi = \psi_0 + \boldsymbol{r}\cdot\operatorname{grad}\psi + \frac{\partial\psi}{\partial t}t.$$

因为在每一个不大的空间区域 (和不长的时间间隔) 内可以把声波看做平面波, 所以定义每一个点上的波矢和频率为

$$\boldsymbol{k} = \frac{\partial\psi}{\partial\boldsymbol{r}} \equiv \operatorname{grad}\psi, \quad \omega = -\frac{\partial\psi}{\partial t}. \tag{67.2}$$

量 ψ 称为**程函**.

在声波中有

$$\frac{\omega^2}{c^2} = k^2 = k_x^2 + k_y^2 + k_z^2.$$

把 (67.2) 代入此式, 就得到几何声学的以下基本方程:

$$\left(\frac{\partial\psi}{\partial x}\right)^2 + \left(\frac{\partial\psi}{\partial y}\right)^2 + \left(\frac{\partial\psi}{\partial z}\right)^2 - \frac{1}{c^2}\left(\frac{\partial\psi}{\partial t}\right)^2 = 0. \tag{67.3}$$

如果流体不是均质的, 则 c^2 是坐标的函数.

在力学中已经知道, 质点系的运动可以用哈密顿–雅可比方程来确定, 它与方程 (67.3) 一样, 是一阶偏微分方程. 此时, 质点的作用量 S 是类似于 ψ 的

量, 而作用量的导数则按照公式

$$\boldsymbol{p} = \frac{\partial S}{\partial \boldsymbol{r}}, \quad H = -\frac{\partial S}{\partial t}$$

确定质点的动量 $\boldsymbol{p}$ 和哈密顿函数 (能量) H, 这些公式类似于公式 (67.2). 我们还知道, 哈密顿–雅可比方程等价于哈密顿方程, 其形式为

$$\dot{\boldsymbol{p}} = -\frac{\partial H}{\partial \boldsymbol{r}}, \quad \boldsymbol{v} \equiv \dot{\boldsymbol{r}} = \frac{\partial H}{\partial \boldsymbol{p}}.$$

根据质点力学和几何声学之间的上述比拟, 我们能够直接写出关于声线的类似方程:

$$\dot{\boldsymbol{k}} = -\frac{\partial \omega}{\partial \boldsymbol{r}}, \quad \dot{\boldsymbol{r}} = \frac{\partial \omega}{\partial \boldsymbol{k}}. \tag{67.4}$$

在均匀各向同性介质中 $\omega = ck$, 其中 c 为常量, 所以 $\dot{\boldsymbol{k}} = 0$, $\dot{\boldsymbol{r}} = c\boldsymbol{n}$ ($\boldsymbol{n}$ 为 $\boldsymbol{k}$ 方向上的单位矢量), 即声线沿直线延伸, 同时频率 ω 保持不变, 而这正是理应得到的结果.

当然, 当声音在定常条件下传播时, 即当介质的性质在空间中每一点都不随时间而改变时, 频率沿声线总是保持不变. 其实, 频率对时间的全导数等于

$$\frac{\mathrm{d}\omega}{\mathrm{d}t} = \frac{\partial \omega}{\partial t} + \dot{\boldsymbol{r}} \cdot \frac{\partial \omega}{\partial \boldsymbol{r}} + \dot{\boldsymbol{k}} \cdot \frac{\partial \omega}{\partial \boldsymbol{k}},$$

它确定了频率沿不断延伸的声线的变化率. 把 (67.4) 代入此式, 后面两项即互相抵消, 而在定常情况下 $\partial\omega/\partial t = 0$, 所以 $\mathrm{d}\omega/\mathrm{d}t = 0$.

当声音在静止的非均质介质中定常传播时, $\omega = ck$, 其中 c 是坐标的给定函数. 方程组 (67.4) 给出

$$\dot{\boldsymbol{r}} = c\boldsymbol{n}, \quad \dot{\boldsymbol{k}} = -k\nabla c. \tag{67.5}$$

波矢 $\boldsymbol{k}$ 的大小按照 $k = \omega/c$ ($\omega = \mathrm{const}$) 的简单规律沿声线变化. 为了确定 $\boldsymbol{n}$ 方向的变化, 在 (67.5) 的第二个方程中令 $\boldsymbol{k} = \omega\boldsymbol{n}/c$, 从而写出

$$\frac{\omega}{c}\dot{\boldsymbol{n}} - \frac{\omega}{c^2}\boldsymbol{n}(\dot{\boldsymbol{r}} \cdot \nabla c) = -k\nabla c,$$

所以

$$\frac{\mathrm{d}\boldsymbol{n}}{\mathrm{d}t} = -\nabla c + \boldsymbol{n}(\boldsymbol{n} \cdot \nabla c).$$

引入声线微元的长度 $\mathrm{d}l = c\,\mathrm{d}t$, 把这个方程改写为

$$\frac{\mathrm{d}\boldsymbol{n}}{\mathrm{d}l} = -\frac{1}{c}\nabla c + \frac{\boldsymbol{n}}{c}(\boldsymbol{n} \cdot \nabla c). \tag{67.6}$$

用这个方程即可确定声线的形状. $\boldsymbol{n}$ 是声线的单位切向矢量①.

如果已知方程 (67.3) 的解, 并且程函 ψ 是坐标和时间的已知函数, 则还可求出声音强度的空间分布. 在定常条件下, 它得自方程 $\operatorname{div}\boldsymbol{q}=0$ ($\boldsymbol{q}$ 为声能流密度), 该方程在声源之外的整个空间中都应成立. 写出 $\boldsymbol{q}=cE\boldsymbol{n}$, 其中 E 是声能密度 (见 (65.6)), 再注意到 $\boldsymbol{n}$ 是 $\boldsymbol{k}=\nabla\psi$ 方向上的单位矢量, 就得到以下方程:

$$\operatorname{div}\left(cE\frac{\nabla\psi}{|\nabla\psi|}\right)=0, \tag{67.7}$$

该方程确定了 E 的空间分布.

根据频率对波矢分量的已知依赖关系, 从 (67.4) 中的第二个方程可以确定波的传播速度. 这是一个重要的公式, 它不但适用于声波, 也适用于所有的波 (例如, 我们在 §12 中已经对重力波应用过这个公式). 这里再给出这个公式的一种推导方法, 这有助于揭示由它所定义的速度的含义. 我们来考虑占据着空间中某个有限区域的波 (或者**波包**, 就像通常所说的那样). 假设波谱中各单色分量的频率位于某个很小的区间内, 对它们的波矢分量同样作此假设. 设 ω 为波的某个平均频率, $\boldsymbol{k}$ 为平均波矢. 那么, 波在某个初始时刻可由以下形式的函数来描述:

$$\varphi=\mathrm{e}^{\mathrm{i}\boldsymbol{k}\cdot\boldsymbol{r}}f(\boldsymbol{r}). \tag{67.8}$$

函数 $f(\boldsymbol{r})$ 仅在空间中某个小区域内显著偏离零 (但该区域的尺寸与波长 $1/k$ 相比仍然很大). 根据上述假设, 它的傅里叶积分展开式包含形如 $\mathrm{e}^{\mathrm{i}\boldsymbol{r}\cdot\Delta\boldsymbol{k}}$ 的分量, 其中 $\Delta\boldsymbol{k}$ 为小量.

因此, 波的每个单色分量在初始时刻正比于形如

$$\varphi_{\boldsymbol{k}}=\mathrm{const}\cdot\mathrm{e}^{\mathrm{i}(\boldsymbol{k}+\Delta\boldsymbol{k})\cdot\boldsymbol{r}} \tag{67.9}$$

的因子, 相应频率是 $\omega(\boldsymbol{k}+\Delta\boldsymbol{k})$ (我们还记得, 频率是波矢的函数). 于是, 该分量在时刻 t 具有以下形式:

$$\varphi_{\boldsymbol{k}}=\mathrm{const}\cdot\exp\left[\mathrm{i}(\boldsymbol{k}+\Delta\boldsymbol{k})\cdot\boldsymbol{r}-\mathrm{i}\,\omega(\boldsymbol{k}+\Delta\boldsymbol{k})t\right].$$

---

① 由微分几何可知, 沿声线的导数 $\mathrm{d}\boldsymbol{n}/\mathrm{d}l$ 等于 $\boldsymbol{N}/R$, 式中 $\boldsymbol{N}$ 是主法线方向上的单位矢量, R 是声线的曲率半径. 如果不计因子 $1/c$, 方程 (67.6) 右边的表达式就是声速沿主法线方向的导数, 所以可以把这个方程写为以下形式:

$$\frac{1}{R}=-\frac{1}{c}(\boldsymbol{N}\cdot\nabla c).$$

声线向声速较小的一侧弯曲.

利用 $\Delta\boldsymbol{k}$ 为小量的事实, 我们写出

$$\omega(\boldsymbol{k}+\Delta\boldsymbol{k}) \approx \omega(\boldsymbol{k}) + \frac{\partial\omega}{\partial\boldsymbol{k}}\cdot\Delta\boldsymbol{k}.$$

于是, $\varphi_{\boldsymbol{k}}$ 的形式化为

$$\varphi_{\boldsymbol{k}} = \text{const}\cdot\exp\left[\mathrm{i}(\boldsymbol{k}\cdot\boldsymbol{r}-\omega t)\right]\exp\left[\mathrm{i}\Delta\boldsymbol{k}\cdot\left(\boldsymbol{r}-\frac{\partial\omega}{\partial\boldsymbol{k}}t\right)\right]. \tag{67.10}$$

现在, 如果把波的所有单色分量再加起来 (每一种单色分量都有其 $\Delta\boldsymbol{k}$), 则通过对比 (67.9) 和 (67.10) 就可以得到

$$\varphi = \mathrm{e}^{\mathrm{i}(\boldsymbol{k}\cdot\boldsymbol{r}-\omega t)} f\left(\boldsymbol{r}-\frac{\partial\omega}{\partial\boldsymbol{k}}t\right), \tag{67.11}$$

其中 f 就是 (67.8) 中的同一个函数. 与 (67.8) 的对比表明, 在经过 t 时间后, 波中的整个振幅分布图像在空间中移动了距离 $(\partial\omega/\partial\boldsymbol{k})t$; (在 (67.11) 中, f 之前的指数因子只影响波的相位). 因此, 波的传播速度等于

$$\boldsymbol{U} = \frac{\partial\omega}{\partial\boldsymbol{k}}. \tag{67.12}$$

这个公式给出了波的传播速度, 其中 ω 对 $\boldsymbol{k}$ 的依赖关系是任意的. 当 $\omega = ck$ 且 c 为常量时, 它自然给出 $U = \omega/k = c$ 这样的通常结果. 在一般情况下, 对于任意的依赖关系 $\omega(\boldsymbol{k})$, 波的传播速度是频率的函数, 并且波的传播方向可以不同于波矢的方向.

传播速度 (67.12) 也称为波的**群速**, 而比值 ω/k 称为**相速**. 然而, 我们强调, 相速并不对应任何一种对象的实际物理传播.

公式 (67.11) 表明, 波包的形状在运动过程中保持不变. 我们指出, 这样的结果是近似的, 这与范围 $\Delta\boldsymbol{k}$ 很小的假设有关. 一般而言, 当速度 U 与 ω 有关时, 波包在传播过程中向外"展平"——波包所占空间区域增大. 可以证明, 这种"展平"的程度正比于波谱中波矢范围 $\Delta\boldsymbol{k}$ 的大小的平方值.

习 题

设声音在处于重力场作用下的等温大气中传播, 求其振幅随高度的变化.

解: 在 (视为理想气体的) 等温大气中, 声速是常量. 显然, 能流密度沿声线按照与声源的距离 r 的平方成反比的规律减小:

$$c\rho\overline{v^2} \sim \frac{1}{r^2}.$$

由此可知, 在声波中, 速度的振幅沿声线按照反比于 $r\sqrt{\rho}$ 的规律变化. 根据气压公式, 密

度 ρ 这时按照以下规律变化:

$$\rho \sim \exp\left(-\frac{\mu g z}{RT}\right)$$

(z 是高度, μ 是气体的摩尔质量, R 是气体常量).

§68 声音在运动介质中的传播

频率与波数之间的关系 $\omega = ck$ 只对在静止介质中传播的单色声波才成立. 对于在运动介质中传播的声波 (在静止坐标系中观察), 不难得到一个类似的关系式.

考虑速度为 $\boldsymbol{u}$ 的均匀流. 我们称静止坐标系 x, y, z 为参考系 K, 又引入相对于参考系 K 以速度 $\boldsymbol{u}$ 运动的参考系 K', 其坐标为 x', y', z'. 在参考系 K' 中, 流体是静止的, 其中的单色波具有通常的形式:

$$\varphi = \text{const} \cdot e^{i(\boldsymbol{k}\cdot\boldsymbol{r}' - kct)}.$$

参考系 K' 中的径矢 $\boldsymbol{r}'$ 与参考系 K 中的径矢 $\boldsymbol{r}$ 之间的关系为 $\boldsymbol{r}' = \boldsymbol{r} - \boldsymbol{u}t$. 所以, 在静止坐标系中, 波的形式为

$$\varphi = \text{const} \cdot e^{i[\boldsymbol{k}\cdot\boldsymbol{r} - (kc + \boldsymbol{k}\cdot\boldsymbol{u})t]}.$$

在指数中, t 的系数是波的频率 ω. 因此, 运动介质中频率与波矢 $\boldsymbol{k}$ 的关系为

$$\omega = ck + \boldsymbol{u}\cdot\boldsymbol{k}. \tag{68.1}$$

波的传播速度等于

$$\frac{\partial\omega}{\partial\boldsymbol{k}} = c\frac{\boldsymbol{k}}{k} + \boldsymbol{u}; \tag{68.2}$$

这是 $\boldsymbol{k}$ 方向上的速度 c 与声音在运动流体中的 "偏移" 速度 $\boldsymbol{u}$ 的矢量和.

我们来确定声波在运动介质中的能量密度. 瞬时总能量密度由以下表达式给出:

$$\frac{1}{2}(\rho + \rho')(\boldsymbol{u} + \boldsymbol{v})^2 + \frac{c^2\rho'^2}{2\rho} = \frac{\rho u^2}{2} + \frac{\rho' u^2}{2} + \rho\boldsymbol{v}\cdot\boldsymbol{u} + \left(\frac{\rho v^2}{2} + \rho'\boldsymbol{u}\cdot\boldsymbol{v} + \frac{c^2\rho'^2}{2\rho}\right)$$

(请对比 (65.1), 表示未受扰动时各量取值的下标 0 已经被省略). 这里的第一项是流动未受扰动时的能量, 接下来的两项是一阶小量, 但在求时间平均值时这两项给出二阶小量, 它们与由声波引起的平均流的能量有关. 所有这些项都不必考虑, 于是, 我们所关心的声波能量密度本身可由括号中的最后三项给出. 对于运动介质中的平面波, 速度与压强变化之间的关系为

$$(\omega - \boldsymbol{k}\cdot\boldsymbol{u})\boldsymbol{v} = \boldsymbol{k}c^2\frac{\rho'}{\rho},$$

此关系式得自线性化的欧拉方程

$$\frac{\partial \boldsymbol{v}}{\partial t}+(\boldsymbol{u}\cdot\nabla)\boldsymbol{v}=-\frac{1}{\rho}\nabla p.$$

再利用 (68.1), 最终求出运动介质中的声能密度:

$$E=E_0\frac{\omega}{\omega-\boldsymbol{k}\cdot\boldsymbol{u}}, \tag{68.3}$$

其中 $E_0=c^2\rho'^2/\rho=p'^2/\rho c^2$ 是与介质一起运动的参考系中的声能密度[①].

利用公式 (68.1) 可以研究**多普勒效应**: 由相对于声源运动的观察者所接收到的声音频率, 不同于声源的振动频率.

设一个以速度 $\boldsymbol{u}$ 运动的观察者接收到由一个 (相对于介质) 静止的声源发出的声音. 在相对于介质静止的参考系 K' 中, 我们有 $k=\omega_0/c$, 其中 ω_0 是声源的振动频率. 在与观察者一起运动的参考系 K 中, 介质以速度 $-\boldsymbol{u}$ 运动, 于是按照 (68.1), 声音的频率为 $\omega=ck-\boldsymbol{u}\cdot\boldsymbol{k}$. 引入速度 $\boldsymbol{u}$ 方向与波矢 $\boldsymbol{k}$ 方向之间的夹角 θ, 再令 $k=\omega_0/c$, 就得到运动观察者所接收到的声音频率

$$\omega=\omega_0\left(1-\frac{u}{c}\cos\theta\right). \tag{68.4}$$

在某种意义上与此相反的情况是: 由运动声源发出的声波在静止介质中传播. 设 $\boldsymbol{u}$ 现在表示声源的运动速度, 并从静止坐标系变换到与声源一起运动的参考系 K'. 在参考系 K' 中, 流体以速度 $-\boldsymbol{u}$ 运动, 声源静止, 由声源发出的声波频率应当等于其振动频率 ω_0. 改变 (68.1) 中 $\boldsymbol{u}$ 的符号并引入 $\boldsymbol{u}$ 方向与 $\boldsymbol{k}$ 方向之间的夹角 θ, 则有

$$\omega_0=ck\left(1-\frac{u}{c}\cos\theta\right).$$

另一方面, 在原来的静止参考系 K 中, 频率与波矢的关系为 $\omega=ck$. 因此, 我们得到关系式

$$\omega=\frac{\omega_0}{1-\dfrac{u}{c}\cos\theta}. \tag{68.5}$$

此公式给出运动声源的振动频率 ω_0 与静止观察者所听到的声音频率 ω 之间的关系.

如果声源逐渐远离观察者, 则声源速度方向与声源到观察者所在点的连线方向之间的夹角 θ 介于 $\pi/2<\theta\leqslant\pi$ 的范围内, 所以 $\cos\theta<0$. 于是由 (68.5)

---

① 从量子观点可以直观地解释这个公式: 声量子数 (光子数) $N=E/\hbar\omega=E_0/\hbar(\omega-\boldsymbol{k}\cdot\boldsymbol{u})$ 与参考系的选取无关.

可知, 如果声源向远离观察者的方向运动, 则观察者所听到的声音频率会降低 (小于 ω_0).

反之, 对于逐渐接近观察者的声源, $0 \leqslant \theta < \pi/2$, 从而 $\cos\theta > 0$, 于是频率 $\omega > \omega_0$, 并且 ω 随速度 u 的增大而增大. 当 $u\cos\theta > c$ 时, 按照公式 (68.5), ω 变为负值, 这表示观察者所听到的声音实际上是以相反的次序到达的, 即由声源在更晚时刻发出的声音, 比在更早时刻发出的声音更早到达观察者.

在 §67 一开始就已经指出, 几何声学近似对应着波长足够小 (即波矢值足够大) 的情况. 为此, 一般而言, 声音频率应当足够大. 然而, 在运动介质声学中, 如果介质的运动速度大于声速, 就不一定要满足后一个条件. 其实, 在这种情况下, 即使频率为零, k 也可以很大, 因为当 $\omega = 0$ 时, 从 (68.1) 得到方程

$$ck = -\boldsymbol{u}\cdot\boldsymbol{k}, \tag{68.6}$$

它在 $u > c$ 时有解. 因此, 在以超声速运动的介质中, 可以存在由几何声学描述的定常小扰动 (如果 k 足够大). 这意味着, 这样的扰动沿声线传播.

例如, 考虑具有恒定速度 $\boldsymbol{u}$ 的超声速均匀流. 取流动方向为 x 轴方向, 让波矢 $\boldsymbol{k}$ 位于 xy 平面, 其分量之间的关系为

$$(u^2 - c^2)k_x^2 = c^2 k_y^2. \tag{68.7}$$

在方程 (68.6) 两边取平方, 即可得到这个关系式. 为了确定声线的形状, 我们运用几何声学方程 (67.4), 据此有

$$\dot{x} = \frac{\partial\omega}{\partial k_x}, \quad \dot{y} = \frac{\partial\omega}{\partial k_y}.$$

一个方程除以另一个方程, 得

$$\frac{\mathrm{d}y}{\mathrm{d}x} = \frac{\partial\omega/\partial k_y}{\partial\omega/\partial k_x}.$$

但是, 按照隐函数微分法则, 这个关系式恰好是频率不变 (此时频率为零) 条件下的导数 $-\partial k_x/\partial k_y$. 因此, 根据 k_x 与 k_y 之间的给定关系确定声线形状的方程为

$$\frac{\mathrm{d}y}{\mathrm{d}x} = -\frac{\partial k_x}{\partial k_y}. \tag{68.8}$$

把 (68.7) 代入此方程, 得

$$\frac{\mathrm{d}y}{\mathrm{d}x} = \pm\frac{c}{\sqrt{u^2 - c^2}}.$$

当 u 保持不变时, 这个方程确定了两条直线, 它们与 x 轴相交而成的角为 $\pm\alpha$, 并且 $\sin\alpha = c/u$.

我们将在气体动力学中详细研究这些声线, 它们在那里起重要作用.

习 题

1. 设介质以速度分布 $\boldsymbol{u}(x,\ y,\ z)$ 作定常运动, 有声音在介质中传播, 并且处处都有 $u \ll c$. 假设速度 $\boldsymbol{u}$ 仅在远大于声音波长的距离上才有显著变化, 求声线的形状.

解: 把 (68.1) 代入 (67.4), 就得到描述声线延伸的以下方程:

$$\dot{\boldsymbol{k}} = -(\boldsymbol{k}\cdot\nabla)\boldsymbol{u} - \boldsymbol{k}\times\operatorname{rot}\boldsymbol{u},$$

$$\dot{\boldsymbol{r}} \equiv \boldsymbol{v} = c\frac{\boldsymbol{k}}{k} + \boldsymbol{u}.$$

我们利用这些方程来计算导数 $\mathrm{d}(k\boldsymbol{v})/\mathrm{d}t$, 精确到 $\boldsymbol{u}$ 的一阶项. 在计算时还要利用等式

$$\frac{\mathrm{d}\boldsymbol{u}}{\mathrm{d}t} \equiv \frac{\partial \boldsymbol{u}}{\mathrm{d}t} + (\boldsymbol{v}\cdot\nabla)\boldsymbol{u} = (\boldsymbol{v}\cdot\nabla)\boldsymbol{u} \approx \frac{c}{k}(\boldsymbol{k}\cdot\nabla)\boldsymbol{u}.$$

结果是

$$\frac{\mathrm{d}}{\mathrm{d}t}(k\boldsymbol{v}) = -kv\boldsymbol{n}\times\operatorname{rot}\boldsymbol{u},$$

其中 $\boldsymbol{n}$ 是 $\boldsymbol{v}$ 方向上的单位矢量. 另一方面,

$$\frac{\mathrm{d}}{\mathrm{d}t}(k\boldsymbol{v}) = \boldsymbol{n}\frac{\mathrm{d}}{\mathrm{d}t}(kv) + kv\frac{\mathrm{d}\boldsymbol{n}}{\mathrm{d}t}.$$

因为 $\boldsymbol{n}$ 与 $\mathrm{d}\boldsymbol{n}/\mathrm{d}t$ 互相垂直 (从 $\boldsymbol{n}\cdot\boldsymbol{n}=1$ 可知 $\boldsymbol{n}\cdot\dot{\boldsymbol{n}}=0$), 所以通过对比上面两个方程即可得出 $\dot{\boldsymbol{n}} = (\operatorname{rot}\boldsymbol{u})\times\boldsymbol{n}$. 引入声线微元的长度 $\mathrm{d}l = c\,\mathrm{d}t$, 最终写出

$$\frac{\mathrm{d}\boldsymbol{n}}{\mathrm{d}l} = \frac{1}{c}(\operatorname{rot}\boldsymbol{u})\times\boldsymbol{n}. \tag{1}$$

这个方程确定了声线的形状. $\boldsymbol{n}$ 是声线的单位切向矢量 (它现在根本不与 $\boldsymbol{k}$ 同向!).

2. 设运动介质中的速度分布为 $u_x = u(z)$, $u_y = u_z = 0$, 求其中声线的形状.

解: 展开方程 (1), 得

$$\frac{\mathrm{d}n_x}{\mathrm{d}l} = \left(\frac{n_z}{c}\right)\frac{\mathrm{d}u}{\mathrm{d}z}, \quad \frac{\mathrm{d}n_y}{\mathrm{d}l} = 0$$

(不用写出关于 n_z 的方程, 因为 $\boldsymbol{n}\cdot\boldsymbol{n}=1$). 第二个方程给出

$$u_y = \mathrm{const} \equiv n_{y0}.$$

在第一个方程中取 $n_z = \mathrm{d}z/\mathrm{d}l$, 积分后得出

$$n_x = n_{x0} + \frac{u(z)}{c}.$$

这些公式就是所提问题的解.

假设速度 u 在 $z=0$ 时等于零, 并且向上递增 ($\mathrm{d}u/\mathrm{d}z > 0$). 如果声音“逆风”传播 ($n_x < 0$), 声线就会向上弯曲. 当“顺风”传播时 ($n_x > 0$), 声线向下弯曲. 这时, 一条从点 $z=0$ 出发且与 x 轴夹角很小 (n_{x0} 接近 1) 的声线, 只能上升到有限的高度 $z = z_{\max}$, 此高度可用以下方法来计算. 在 $z_{\max}$ 高度上, 声线是水平的, 即 $n_z = 0$, 所以有

$$n_x^2 + n_y^2 \approx n_{x0}^2 + n_{y0}^2 + 2n_{x0}\frac{u}{c} = 1,$$

于是

$$2n_{x0}\frac{u(z_{\max})}{c}=n_{z0}^2,$$

从而可以根据给定的函数 $u(z)$ 和声线的初始方向 $\boldsymbol{n}_0$ 来计算 $z_{\max}$.

3. 对于定常运动介质中的声线, 写出费马原理的表达式.

解: 费马原理要求: 沿两个给定点之间的声线所取的积分 $\int \boldsymbol{k}\cdot \mathrm{d}\boldsymbol{l}$ 达到极小值, 此处假设 $\boldsymbol{k}$ 被表示为频率 ω 和声线方向 $\boldsymbol{n}$ 的函数 (见第二卷 § 53). 从关系式 $\omega=ck+\boldsymbol{u}\cdot\boldsymbol{k}$ 和 $v\boldsymbol{n}=c\boldsymbol{k}/k+\boldsymbol{u}$ 中消去 v 和 k, 即可求出这个函数. 费马原理因而具有以下形式:

$$\delta\int\frac{1}{c^2-u^2}\left[\sqrt{(c^2-u^2)\mathrm{d}l^2+(\boldsymbol{u}\cdot\mathrm{d}\boldsymbol{l})^2}-\boldsymbol{u}\cdot\mathrm{d}\boldsymbol{l}\right]=0.$$

对于静止介质, 该积分化为通常的形式 $\displaystyle\int\frac{\mathrm{d}l}{c}$.

§ 69 本征振动

至此, 我们讨论了没有边界的无穷大介质中的振动. 我们已经看到, 例如, 在这样的介质中能够传播任意频率的波.

对于有限尺寸容器中的流体, 情况则有重要变化. 运动方程本身 (波动方程) 这时当然是相同的, 但现在必须补充一些边界条件, 这些条件应当在固壁上 (或流体自由面上) 得到满足. 我们在这里只考虑没有交变外力作用时发生的自由振动 (因外力作用而产生的振动称为**受迫振动**).

对于有限体积的流体, 运动方程绝对不是对任何频率都有满足相应边界条件的解. 这样的解仅对一系列特定频率值 ω 才存在. 换言之, 在有限体积的介质中, 自由振动仅在一些特定频率下才能出现. 这些频率称为给定容器中流体的**本征振动**频率或**本征频率**.

本征频率的具体数值取决于容器的形状和尺寸. 在每一个给定的情况下, 都存在本征频率的一个无穷递增序列. 为了求出这些值, 需要对运动方程和相应边界条件进行具体的研究.

至于第一个 (即最小的) 本征频率, 其量级显然可以用量纲分析的方法直接获得. 物体的尺寸 l 是问题中唯一具有长度量纲的参数, 所以显然, 第一个本征频率所对应的波长 λ_1 应当是 l 量级的量, 声速除以 λ_1 则给出频率 ω_1 本身的量级. 因此,

$$\lambda_1\sim l,\quad \omega_1\sim\frac{c}{l}. \tag{69.1}$$

我们来确定本征振动的运动特性. 如果寻求波动方程的时间周期解, 例如, 如果寻求形如 $\varphi=\varphi_0(x,\ y,\ z)\,\mathrm{e}^{-\mathrm{i}\omega t}$ 的速度势, 对于 φ_0 就有方程

$$\Delta\varphi_0+\frac{\omega^2}{c^2}\varphi_0=0. \tag{69.2}$$

在无穷大介质的情况下不必考虑任何边界条件, 该方程这时既有实数解, 也有复数解. 例如, 它有一个正比于 $e^{i\boldsymbol{k}\cdot\boldsymbol{r}}$ 的解, 速度势形式为 $\varphi = \text{const}\cdot e^{i(\boldsymbol{k}\cdot\boldsymbol{r}-\omega t)}$. 这样的解代表以确定速度传播的波, 即人们所说的行波.

然而, 对于有限体积的介质, 复数解一般而言并不存在. 可以通过以下分析来证明这个结论. φ_0 满足实数型方程, 边界条件也是实数型的. 所以, 如果 $\varphi_0(x,\ y,\ z)$ 是运动方程的一个解, 则其复共轭函数 φ_0^* 也是一个解. 另一方面, 因为满足给定边界条件的解一般而言是唯一的① (可以相差一个常数因子), 所以应有 $\varphi_0^* = \text{const}\cdot\varphi_0$, 其中 const 是模为 1 的某个复数. 于是, φ_0 的形式应为

$$\varphi_0 = f(x,\ y,\ z)\,e^{-i\alpha},$$

式中 f 为实函数, α 为实常数. 因此, 速度势 φ 的形式为 (取 $\varphi_0 e^{-i\omega t}$ 的实部)

$$\varphi = f(x,\ y,\ z)\cos(\omega t + \alpha), \tag{69.3}$$

即坐标的某个函数与时间周期函数的乘积.

这样的解具有与行波完全不同的特性. 在行波中, 除了相互之间的距离等于波长或其整数倍的那些点, 空间中不同点的振动相位 $\boldsymbol{k}\cdot\boldsymbol{r} - \omega t + \alpha$ 在同一时刻是不同的. 在波 (69.3) 中, 在每个给定的时刻, 所有点的振动相位 $\omega t + \alpha$ 都是相同的. 这样的波显然谈不上传播, 我们称之为**驻波**. 因此, 本征振动是驻波.

我们来研究一种平面驻声波, 其中所有的量都仅仅是一个坐标 (例如 x) 以及时间的函数. 若把方程

$$\frac{\partial^2\varphi_0}{\partial x^2} + \frac{\omega^2}{c^2}\varphi_0 = 0$$

的通解写为

$$\varphi_0 = a\cos\left(\frac{\omega}{c}x + \beta\right)$$

的形式, 则有

$$\varphi = a\cos(\omega t + \alpha)\cos\left(\frac{\omega}{c}x + \beta\right).$$

适当选择坐标原点和计时起点, 就可以使 α 和 β 为零, 于是

$$\varphi = a\cos\omega t\cos\frac{\omega}{c}x. \tag{69.4}$$

对于波中的速度和压强, 我们有

$$v = \frac{\partial\varphi}{\partial x} = -a\frac{\omega}{c}\cos\omega t\sin\frac{\omega}{c}x,$$

$$p' = -\rho\frac{\partial\varphi}{\partial t} = \rho a\omega\sin\omega t\cos\frac{\omega}{c}x.$$

---

① 当容器的形状高度对称时, 例如在球形容器的情况下, 此结论可能不成立.

在相距 $\pi c/\omega=\lambda/2$ 的点 $x=0,\pi c/\omega,2\pi c/\omega,\cdots$, 速度 v 恒为零, 这些点称为速度的**波节**. 在它们之间的中点 $(x=\pi c/2\omega,3\pi c/2\omega,\cdots)$, 速度随时间的振幅最大, 这些点称为**波腹**. 对于压强 p', 上述第一类点是波腹, 第二类点是波节. 因此, 在平面驻声波中, 压强的波腹是速度的波节, 压强的波节则是速度的波腹.

气体在有一个小孔的容器内振动是本征振动的一种有趣情形 (这样的容器称为共振器). 我们知道, 封闭容器最小本征频率的量级为 c/l, 其中 l 是容器的尺寸. 当容器有一个小孔时, 就会出现新形式的本征振动, 其频率要小得多. 这时之所以出现这样的振动, 是因为如果容器内外的气体有压强差, 气体就会流入或流出容器来平衡这个压强差. 因此, 这样的振动伴随着共振器与外部介质之间的气体交换. 又因为孔很小, 所以这种交换非常缓慢, 振动周期因而很长, 频率相应地也就很低 (参阅习题 2). 至于封闭容器中的普通振动, 其频率实际上不会因为一个小孔的存在而发生变化.

习 题

1. 求盛有流体的长方体容器中声波的本征频率.

解: 我们寻求方程 (69.2) 的以下形式的解:

$$\varphi_0=\mathrm{const}\cdot\cos qx\cos ry\cos sz,$$

并且 $q^2+r^2+s^2=\omega^2/c^2$. 在容器壁上有边界条件:

$$\text{在 } x=0,\ \alpha \text{ 处}\quad v_x=\frac{\partial\varphi}{\partial x}=0,$$

而在 $y=0,\beta$ 及 $z=0,\gamma$ 处与此类似, 其中 α,β,γ 为长方体的各边长. 由此求出 $q=m\pi/\alpha$, $r=n\pi/\beta$, $s=p\pi/\gamma$, 其中 m,n,p 是任意整数. 因此, 本征频率等于

$$\omega=c\pi\left(\frac{m^2}{\alpha^2}+\frac{n^2}{\beta^2}+\frac{p^2}{\gamma^2}\right)^{1/2}.$$

2. 设共振器的小孔与一根细管相连 (细管的横截面积为 S, 长度为 l), 求其本征振动频率.

解: 所研究的振动伴随着气体从共振器中通过细管流进和流出, 并且可以认为只有细管里的气体才有明显的速度, 而共振器中的气体速度几乎为零. 细管内气体的质量为 $S\rho l$, 这部分气体所受作用力为 $S(p_0-p)$ (p 和 p_0 分别为共振器内和外部介质的气体压强), 所以应有 $S\rho l\dot{v}=S(p-p_0)$ (v 是细管内气体的速度). 另一方面, 对于压强对时间的导数, 我们有 $\dot{p}=c^2\dot{\rho}$, 并且可以认为, 单位时间内共振器中气体密度的减小量 $-\dot{\rho}$ 等于单位时间内从共振器流出的气体质量 $S\rho v$ 除以共振器的容积 V. 因此, 我们有 $\dot{p}=-c^2S\rho v/V$, 从而得到

$$\ddot{p}=-\frac{c^2S\rho}{V}\dot{v}=-\frac{c^2S}{lV}(p-p_0).$$

此方程给出 $p-p_0=\mathrm{const}\cdot\cos\omega_0 t$, 其中本征频率 ω_0 等于

$$\omega_0=c\sqrt{\frac{S}{lV}}.$$

此频率值与 c/L 相比是小量 (L 是共振器的尺寸), 而波长则相应地远大于 L.

我们在求解过程中已经假设, 细管内气体的振幅与管长 l 相比很小. 在相反的情况下, 振动将伴随着细管内较大比例的气体流出细管, 此时就不能对细管中的气体应用上述线性运动方程了.

§ 70 球面波

我们来研究一种声波, 其中密度、速度等的分布只依赖于到某个中心的距离, 即这些量的分布具有球对称性. 这样的波称为球面波.

首先求出描述球面波的波动方程的通解. 对诸如速度势写出波动方程:

$$\Delta\varphi-\frac{1}{c^2}\frac{\partial^2\varphi}{\partial t^2}=0.$$

因为 φ 只是到中心的距离 r 和时间 t 的函数, 所以, 利用拉普拉斯算子在球面坐标下的表达式, 我们有

$$\frac{\partial^2\varphi}{\partial t^2}=c^2\frac{1}{r^2}\frac{\partial}{\partial r}\left(r^2\frac{\partial\varphi}{\partial r}\right). \tag{70.1}$$

令 $\varphi=f(r,\ t)/r$, 对函数 $f(r,\ t)$ 得到方程

$$\frac{\partial^2 f}{\partial t^2}=c^2\frac{\partial^2 f}{\partial r^2},$$

即通常的一维波动方程, 其中半径 r 起坐标的作用. 我们知道, 这个方程的解是

$$f=f_1(ct-r)+f_2(ct+r),$$

其中 f_1, f_2 是任意函数. 因此, 方程 (70.1) 的通解具有以下形式:

$$\varphi=\frac{f_1(ct-r)}{r}+\frac{f_2(ct+r)}{r}. \tag{70.2}$$

第一项是从坐标原点向所有方向传播的发散波, 第二项则是向中心传播的汇聚波. 与振幅保持不变的平面波不同, 球面波的振幅按照反比于到中心的距离的规律减小. 振幅的平方表示波的强度, 它与距离的平方成反比. 这是理所应当的, 因为波的总能流沿球面分布, 而球面的面积正比于 r^2.

压强变化和密度变化与速度势的关系为

$$p'=-\rho\frac{\partial\varphi}{\partial t},\quad \rho'=-\frac{\rho}{c^2}\frac{\partial\varphi}{\partial t},$$

它们的分布公式与 (70.2) 的形式相同. (径向) 速度分布由速度势的梯度给出, 其形式为

$$v=\frac{\partial}{\partial r}\frac{f_1(ct-r)+f_2(ct+r)}{r}. \tag{70.3}$$

如果在坐标原点没有声源, 则速度势 (70.2) 在 $r=0$ 时应当是有限的. 为此, 必须要求 $f_1(ct)=-f_2(ct)$, 即

$$\varphi=\frac{f(ct-r)-f(ct+r)}{r} \tag{70.4}$$

(球面驻波). 如果在坐标原点有一个声源, 则由它发出的发散波的速度势为

$$\varphi=\frac{f(ct-r)}{r}.$$

它在 $r=0$ 时不应当保持有限, 因为这个解一般只用于物体以外的区域.

单色球面驻波的速度势具有以下形式:

$$\varphi=A\mathrm{e}^{-\mathrm{i}\omega t}\frac{\sin kr}{r}, \tag{70.5}$$

其中 $k=\omega/c$. 发散的单色球面波则由以下表达式给出:

$$\varphi=A\frac{\mathrm{e}^{\mathrm{i}(kr-\omega t)}}{r}. \tag{70.6}$$

不无裨益指出, 该表达式满足微分方程

$$\Delta\varphi+k^2\varphi=-4\pi A\,\mathrm{e}^{-\mathrm{i}\omega t}\delta(\boldsymbol{r}), \tag{70.7}$$

其中最右边是坐标的 δ 函数: $\delta(\boldsymbol{r})=\delta(x)\delta(y)\delta(z)$. 其实, 除了坐标原点, 处处都有 $\delta(\boldsymbol{r})=0$, 我们于是回到齐次方程 (70.1). 在一个包含坐标原点的小球体上对 (70.7) 积分 (在此区域内表达式 (70.6) 化为 $A\,\mathrm{e}^{-\mathrm{i}\omega t}/r$), 我们在两边都得到 $-4\pi A\,\mathrm{e}^{-\mathrm{i}\omega t}$.

我们来考虑这样的发散球面波, 它在空间中占据球壳形区域, 而在球壳之外或者完全没有运动, 或者即使有运动, 这种运动也会迅速衰减. 这样的波可以由一个仅在有限时间间隔内起作用的声源产生, 也可以由某个存在初始声扰动的区域产生 (参看 §72 的末尾和 §74 的习题 4). 在空间中的某个给定点, 当声波尚未到达时, 速度势 $\varphi\equiv 0$. 当声波通过后, 运动又应衰减. 这意味着, 在任何情况下都应当有 $\varphi=\mathrm{const}$. 然而, 在发散球面波中, 速度势为形如 $\varphi=f(ct-r)/r$ 的函数, 这样的函数仅在函数 f 恒等于零时才能变为一个常数. 因此, 速度势在声波通过之前与通过之后应当都等于零①. 由此可以推出一个重要结论, 它关系到球面波中的疏密分布.

① 这与平面波的情况不同, 在平面波通过后可以有 $\varphi=\mathrm{const}\neq 0$.

声波中压强变化与速度势的关系为 $p' = -\rho\partial\varphi/\partial t$. 根据以上所述, 显然, 如果在 r 给定时求 p' 对全部时间的积分, 则所得结果为零:

$$\int_{-\infty}^{\infty} p'\,\mathrm{d}t = 0. \tag{70.8}$$

这意味着, 当球面波通过空间中的一个给定点时, 在该点将观察到稠密 ($p' > 0$) 和稀疏 ($p' < 0$) 两种状态. 在这方面, 球面波与平面波显著不同, 后者可以只包含稠密或稀疏一种状态.

如果在给定时刻研究 p' 随距离的变化, 则也会观察到同样的情形. 此时, 取代积分 (70.8) 的是另一个等于零的积分:

$$\int_0^{\infty} rp'\,\mathrm{d}r = 0. \tag{70.9}$$

习 题

1. 在初始时刻, 球形区域 (半径为 a) 内的气体被压缩到 $\rho' = \text{const} \equiv \Delta$, 而在该区域之外 $\rho' = 0$. 初始速度在全部空间内均为零. 求此后的气体运动.

解: 速度势 φ 的初始条件为:

$$\varphi(r,\ 0) = 0, \quad \dot\varphi(r,\ 0) = F(r) = \begin{cases} 0, & r > a, \\ -\Delta c^2/\rho, & r < a. \end{cases}$$

我们寻求形如 (70.4) 的 φ. 从初始条件求出

$$f(-r) - f(r) = 0, \quad f'(-r) - f'(r) = \frac{r}{c}F(r),$$

所以

$$f'(r) = -f'(-r) = -\frac{r}{2c}F(r).$$

最后, 把 $F(r)$ 的值代入, 对导数 $f'(\xi)$ 和函数 $f(\xi)$ 本身得到以下结果:

$$f'(\xi) = \begin{cases} 0, & |\xi| > a, \\ c\Delta\xi/2\rho, & |\xi| < a, \end{cases} \qquad f(\xi) = \begin{cases} 0, & |\xi| > a, \\ c\Delta(\xi^2 - a^2)/4\rho, & |\xi| < a, \end{cases}$$

这就是问题的解. 考虑 $r > a$ 的一个点, 即初始压缩区外的一个点. 对于密度 ρ', 此处有

$$\rho'(r,\ t) = \begin{cases} 0, & t < (r-a)/c, \\ \Delta(r-ct)/2r, & (r-a)/c < t < (r+a)/c, \\ 0, & t > (r+a)/c. \end{cases}$$

声波在 $2a/c$ 的时间间隔内通过该点, 换言之, 声波的形状是一个厚度为 $2a$ 的球壳, 它在时刻 t 介于半径为 $ct-a$ 和 $ct+a$ 的两个球面之间. 在此球壳内, 密度按线性规律变化,

并且在球壳外侧部分 ($r > ct$), 气体受到压缩 ($\rho' > 0$), 而在球壳内侧部分 ($r < ct$), 气体变得稀薄 ($\rho' < 0$).

2. 确定球形容器内中心对称声波的本征频率.

解: 由边界条件, 当 $r = a$ 时 $\partial\varphi/\partial r = 0$ (a 为容器半径, φ 由 (70.5) 给出), 我们得到用来确定本征频率的方程:

$$\tan(ka) = ka.$$

第一个 (最低的) 本征频率是 $\omega_1 = 4.49c/a$.

§71 柱面波

现在研究一种声波, 其中所有量的分布沿某一个方向是均匀的 (我们取该方向为 z 轴), 并且相对于此轴具有完全的轴对称性. 这样的波称为柱面波. 在柱面波中有 $\varphi = \varphi(R, t)$, 其中字母 R 表示到 z 轴的距离. 我们来确定波动方程的这种轴对称解的一般形式. 可以从球对称解的一般形式 (70.2) 出发进行研究. 距离 R 与 r 的关系为 $r^2 = R^2 + z^2$, 于是, 由公式 (70.2) 给出的 φ 在 t 和 R 给定时还依赖于 z. 取表达式 (70.2) 对 z 从 $-\infty$ 到 $+\infty$ 或者从 0 到 ∞ 的积分, 就可以得到仅依赖于 R 和 t, 同时还满足波动方程的函数. 把对 z 的积分变换为对 r 的积分:

$$z = \sqrt{r^2 - R^2}, \quad \mathrm{d}z = \frac{r\,\mathrm{d}r}{\sqrt{r^2 - R^2}};$$

当 z 从 0 变化到 ∞ 时, r 从 R 变化到 ∞. 于是, 我们最终求出轴对称解的一般形式:

$$\varphi = \int_R^\infty \frac{f_1(ct - r)}{\sqrt{r^2 - R^2}}\mathrm{d}r + \int_R^\infty \frac{f_2(ct + r)}{\sqrt{r^2 - R^2}}\mathrm{d}r, \tag{71.1}$$

其中 f_1, f_2 为任意函数. 第一项是发散的柱面波, 第二项是汇聚的柱面波.

在这些积分中作变量代换 $ct \pm r = \xi$, 把公式 (71.1) 改写为以下形式:

$$\varphi = \int_{-\infty}^{ct-R} \frac{f_1(\xi)\,\mathrm{d}\xi}{\sqrt{(ct - \xi)^2 - R^2}} + \int_{ct+R}^\infty \frac{f_2(\xi)\,\mathrm{d}\xi}{\sqrt{(\xi - ct)^2 - R^2}}. \tag{71.2}$$

我们看到, 在发散的柱面波中, 速度势在 t 时刻 (在点 R) 的值完全取决于函数 $f_1(t)$ 在从 $-\infty$ 到 $t - R/c$ 的全部时间内的值. 类似地, 在汇聚波中, 函数 $f_2(t)$ 在从 $t + R/c$ 到 ∞ 的全部时间内的值非常重要.

如同球面波情形那样, 驻波是在 $f_1(\xi) = -f_2(\xi)$ 时得到的. 可以证明, 柱面驻波也可以表示为以下形式:

$$\varphi = \int_{ct-R}^{ct+R} \frac{F(\xi)\,\mathrm{d}\xi}{\sqrt{R^2 - (\xi - ct)^2}}, \tag{71.3}$$

其中 $F(\xi)$ 仍是任意函数.

我们来推导单色柱面波的速度势表达式. 在柱面坐标下, 速度势 $\varphi(R,\ t)$ 的波动方程具有以下形式:

$$\frac{1}{R}\frac{\partial}{\partial R}\left(R\frac{\partial\varphi}{\partial R}\right)-\frac{1}{c^2}\frac{\partial^2\varphi}{\partial t^2}=0.$$

在单色波中 $\varphi=\mathrm{e}^{-\mathrm{i}\omega t}f(R)$, 而对于函数 $f(R)$, 我们得到方程

$$f''+\frac{1}{R}f'+k^2f=0.$$

这是零阶贝塞尔方程. 在柱面驻波中, φ 在 $R=0$ 处应保持有限, 相应的解为 $\mathrm{J}_0(kR)$, 其中 J_0 是第一类贝塞尔函数. 因此, 在柱面驻波中

$$\varphi=A\,\mathrm{e}^{-\mathrm{i}\omega t}\mathrm{J}_0(kR). \tag{71.4}$$

当 $R=0$ 时, 函数 J_0 等于 1, 波的振幅因而趋于有限值 A. 在远距离的 R 处, 函数 J_0 可以替换为它的已知渐近表达式, 结果得到以下形式的波:

$$\varphi=A\sqrt{\frac{2}{\pi}}\frac{\cos(kR-\pi/4)}{\sqrt{kR}}\,\mathrm{e}^{-\mathrm{i}\omega t}. \tag{71.5}$$

与发散的单色行波相对应的解为

$$\varphi=A\,\mathrm{e}^{-\mathrm{i}\omega t}\mathrm{H}_0^{(1)}(kR), \tag{71.6}$$

其中 $\mathrm{H}_0^{(1)}$ 为汉克尔函数. 当 $R\to 0$ 时, 该表达式有一个对数奇点:

$$\varphi\approx A\frac{2\mathrm{i}}{\pi}\ln(kR)\cdot\mathrm{e}^{-\mathrm{i}\omega t} \tag{71.7}$$

在远处成立渐近公式

$$\varphi=A\sqrt{\frac{2}{\pi}}\frac{\exp[\mathrm{i}(kR-\omega t-\pi/4)]}{\sqrt{kR}}. \tag{71.8}$$

我们看到, 柱面波的振幅 (在远处) 按反比于到轴距离平方根的规律减小, 而强度按 $1/R$ 的规律减小. 这个结果是很自然的, 因为波的总能流是在圆柱面上分布的, 而随着波的传播, 相应圆柱面的面积按正比于 R 的规律增大.

发散柱面波与球面波或平面波的重要差别在于, 柱面波只有前波阵面而无后波阵面: 声音扰动一旦到达空间中的给定点, 就已经不会在那里中止, 而是随着 $t\to\infty$ 相对缓慢地按照一定渐近规律衰减. 设 (71.2) 的第一项中的函数 $f_1(\xi)$ 仅在某个有限区间 $\xi_1\leqslant\xi\leqslant\xi_2$ 内不等于零, 则在满足 $ct>R+\xi_2$ 的时刻, 我们有

$$\varphi=\int_{\xi_1}^{\xi_2}\frac{f_1(\xi)\,\mathrm{d}\xi}{\sqrt{(ct-\xi)^2-R^2}}.$$

当 $t\to\infty$ 时, 这个表达式按照

$$\varphi=\frac{1}{ct}\int_{\xi_1}^{\xi_2}f_1(\xi)\,\mathrm{d}\xi$$

的规律趋于零, 即 φ 与时间成反比.

因此, 如果发散柱面波来自一个仅在有限时间内有效的声源, 则其速度势在 $t\to\infty$ 时趋于零, 尽管趋于零的速度很慢. 与球面波情形一样, 这给出以下积分为零的结果:

$$\int_{-\infty}^{\infty}p'\,\mathrm{d}t=0. \tag{71.9}$$

所以, 柱面波也像球面波那样, 必然包含稠密和稀疏两种状态.

§ 72 波动方程的通解

现在推导一个一般公式, 它给出无穷大区域中流体的波动方程在给定初始条件下的解, 即根据流体速度和压强在初始时刻的分布给出这些量在任意时刻的分布.

首先得到某些辅助公式. 设 $\varphi(x,\ y,\ z,\ t)$ 和 $\psi(x,\ y,\ z,\ t)$ 是波动方程的任何两个解, 它们在无穷远处为零. 考虑整个空间上的积分

$$I=\int(\varphi\dot{\psi}-\psi\dot{\varphi})\,\mathrm{d}V$$

并计算它对时间的导数. 因为 φ 和 ψ 满足方程

$$\Delta\varphi-\frac{1}{c^2}\ddot{\varphi}=0,\quad \Delta\psi-\frac{1}{c^2}\ddot{\psi}=0,$$

所以有

$$\frac{\mathrm{d}I}{\mathrm{d}t}=\int(\varphi\ddot{\psi}-\psi\ddot{\varphi})\,\mathrm{d}V=c^2\int(\varphi\Delta\psi-\psi\Delta\varphi)\,\mathrm{d}V=c^2\int\mathrm{div}(\varphi\nabla\psi-\psi\nabla\varphi)\,\mathrm{d}V.$$

最后的积分可以变换为无穷远处的曲面上的积分, 所以该积分为零. 因此, 我们得到 $\mathrm{d}I/\mathrm{d}t=0$ 的结果, 即 I 是与时间无关的常量:

$$I\equiv\int(\varphi\dot{\psi}-\psi\dot{\varphi})\,\mathrm{d}V=\mathrm{const}\,. \tag{72.1}$$

接下来, 考虑波动方程的一个特解:

$$\psi=\frac{\delta[r-c(t_0-t)]}{r} \tag{72.2}$$

其中 r 是到空间中某个给定点 O 的距离, t_0 是某个确定的时刻, δ 表示 δ 函数. 我们来计算 ψ 对整个空间的积分:

$$\int \psi \,\mathrm{d}V = \int_0^\infty 4\pi\psi r^2 \mathrm{d}r = 4\pi \int_0^\infty r\,\delta[r - c(t_0 - t)]\,\mathrm{d}r.$$

当 $r = c(t_0 - t)$ 时 (假设 $t_0 > t$), δ 函数的自变量为零. 所以, 根据 δ 函数的性质, 有

$$\int \psi \,\mathrm{d}V = 4\pi c(t_0 - t). \tag{72.3}$$

求此等式对时间的导数, 得到

$$\int \dot{\psi} \,\mathrm{d}V = -4\pi c. \tag{72.4}$$

现在, 把函数 (72.2) 代入积分 (72.1), 并把 φ 理解为待求的波动方程的通解. 按照 (72.1), I 是常量. 据此, 我们写出 I 在时刻 $t = 0$ 和 $t = t_0$ 的表达式, 并令两式相等. 当 $t = t_0$ 时, ψ 和 $\dot{\psi}$ 这两个函数仅在 $r = 0$ 时才不等于零. 所以, 在计算积分时, 可以令 φ 和 $\dot{\varphi}$ 中的 r 为零 (即可以取它们在点 O 的值), 从而可以把 φ 和 $\dot{\varphi}$ 移到积分号之外:

$$I = \varphi(x,\ y,\ z,\ t_0) \int \dot{\psi}\,\mathrm{d}V - \dot{\varphi}(x,\ y,\ z,\ t_0) \int \psi\,\mathrm{d}V$$

(x, y, z 是点 O 的坐标). 根据 (72.3) 和 (72.4), 当 $t = t_0$ 时, 这里的第二项为零, 而第一项给出

$$I = -4\pi c\varphi(x,\ y,\ z,\ t_0).$$

现在计算 $t = 0$ 时的 I. 我们写出 $\dot{\psi} = \partial\psi/\partial t = -\partial\psi/\partial t_0$, 并用 φ_0 表示函数 φ 在 $t = 0$ 时的值①, 则有

$$I = -\int \left(\varphi_0 \frac{\partial\psi}{\partial t_0} + \dot{\varphi}_0\psi\right) \mathrm{d}V = -\frac{\partial}{\partial t_0} \int \varphi_0\psi\big|_{t=0}\,\mathrm{d}V - \int \dot{\varphi}_0\psi\big|_{t=0}\,\mathrm{d}V.$$

将体积微元写为 $\mathrm{d}V = r^2\,\mathrm{d}r\,\mathrm{d}o$ 的形式 ($\mathrm{d}o$ 为立体角微元), 根据 δ 函数的性质即得

$$\int \varphi_0\psi\big|_{t=0}\,\mathrm{d}V = \int \varphi_0 r\,\delta(r - ct_0)\,\mathrm{d}r\,\mathrm{d}o = ct_0 \int \varphi_0\big|_{r=ct_0}\mathrm{d}o$$

(类似地也可处理 $\dot{\varphi}_0\psi$ 的积分). 因此,

$$I = -\frac{\partial}{\partial t_0}\left(ct_0 \int \varphi_0\big|_{r=ct_0}\mathrm{d}o\right) - ct_0 \int \dot{\varphi}_0\big|_{r=ct_0}\mathrm{d}o.$$

---

① $\dot{\varphi}_0$ 表示函数 $\dot{\varphi}$ 在 $t = 0$ 时的值. ——译者

最后, 让 I 的两个表达式相等并省略 t_0 的下标 0, 我们得到最终的结果:

$$\varphi(x,\ y,\ z,\ t)=\frac{1}{4\pi}\left[\frac{\partial}{\partial t}\left(t\int \varphi_0\big|_{r=ct}\,\mathrm{d}o\right)+t\int \dot{\varphi}_0\big|_{r=ct}\,\mathrm{d}o\right]. \tag{72.5}$$

这就是**泊松公式**. 如果速度势和它对时间的导数在某个初始时刻的空间分布是给定的 (这等价于给定速度和压强的分布), 则此公式给出速度势在任何时刻的分布. 我们看到, 速度势在 t 时刻的值取决于 φ 和 $\dot{\varphi}$ 在 $t=0$ 时刻在一个球面上的值, 该球面的半径为 ct, 球心位于点 O.

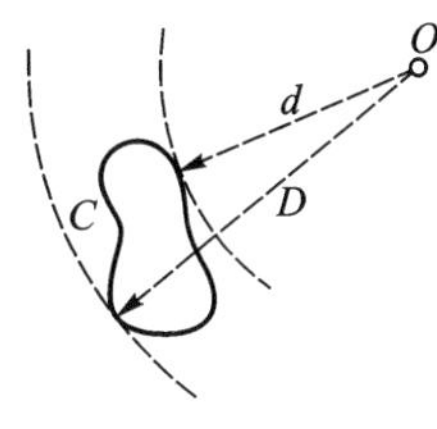

图 44

假设 φ 和 $\dot{\varphi}$ 在初始时刻仅在某个有限的空间区域中不为零, 该区域的边界是封闭曲面 C (图 44). 我们来研究 φ 在后续时刻在某点 O 的值. 这些值取决于 φ 和 $\dot{\varphi}$ 在距离点 O 为 $r=ct$ 的点的值. 然而, 半径为 ct 的球面仅在 $d/c\leqslant t\leqslant D/c$ 时才能穿过曲面 C 内部的区域, 其中 d 和 D 是点 O 到曲面 C 上的点的最小和最大距离. 在其他时刻, (72.5) 中的被积函数等于零. 因此, 点 O 处的运动开始于时刻 $t=d/c$ 并终止于时刻 $t=D/c$. 来自区域 C 的声波具有一前一后两个波阵面. 当前波阵面达到流体中的给定点时, 运动随即开始; 当后波阵面到达时, 原来振动的各点就转入静止状态.

习 题

对于只依赖于 x 和 y 这两个坐标的声波, 导出由初始条件确定速度势的公式.

解: 对于半径为 ct 的球面微元, 一方面可以写出 $\mathrm{d}f=c^2t^2\,\mathrm{d}o$, 其中 $\mathrm{d}o$ 是立体角微元, 另一方面, $\mathrm{d}f$ 在 xy 平面上的投影为

$$\mathrm{d}x\,\mathrm{d}y=\frac{\sqrt{(ct)^2-\rho^2}}{ct}\mathrm{d}f,$$

其中 ρ 是点 $x,\ y$ 到球心的距离. 对比这两个表达式, 可以写出

$$\mathrm{d}o=\frac{\mathrm{d}x\,\mathrm{d}y}{ct\sqrt{(ct)^2-\rho^2}}.$$

如果用 $x,\ y$ 表示观察点的坐标, 用 $\xi,\ \eta$ 表示积分域中动点的坐标, 则在所考虑的情况下, 我们可以把一般公式 (72.5) 中的 $\mathrm{d}o$ 代换为

$$\frac{\mathrm{d}\xi\,\mathrm{d}\eta}{ct\sqrt{(ct)^2-(x-\xi)^2-(y-\eta)^2}}.$$

此外, 因为 $\mathrm{d}x\,\mathrm{d}y$ 是位于 xy 平面两侧的两个球面微元的投影, 所以应把所得表达式加倍, 最终得到

$$\varphi(x,\ y,\ t)=\frac{1}{2\pi c}\frac{\partial}{\partial t}\iint\frac{\varphi_0(\xi,\ \eta)\,\mathrm{d}\xi\,\mathrm{d}\eta}{\sqrt{(ct)^2-(x-\xi)^2-(y-\eta)^2}}+\frac{1}{2\pi c}\iint\frac{\dot{\varphi}_0(\xi,\ \eta)\,\mathrm{d}\xi\,\mathrm{d}\eta}{\sqrt{(ct)^2-(x-\xi)^2-(y-\eta)^2}},$$

积分域是以点 O 为圆心以 ct 为半径的圆. 如果初始时刻的 φ_0 和 $\dot{\varphi}_0$ 仅在 xy 平面上的有限区域 C 内 (更准确地说, 仅在母线平行于 z 轴的某个柱形区域内) 不等于零, 则点 O 处的振动 (图 44) 开始于时刻 $t=d/c$, 其中 d 是点 O 到该区域中的点的最短距离. 但是在此时刻之后, 以 $ct>d$ 为半径以点 O 为圆心的圆将一直包括区域 C 的一部分或者全部, 所以 φ 将只能渐近地趋于零. 因此, 与 "三维波" 不同, 这里所讨论的二维波有一个前波阵面, 但没有后波阵面 (参看 §71).

§73 侧面波

球面波在两种介质分界面上的反射特别有趣, 因为可能出现**侧面波**这种独特的现象与之相伴.

设 Q (图 45) 是球面声波的声源 (位于介质 1 中), 它到介质 1 和 2 之间无穷大分界平面的距离为 l. 距离 l 是任意的, 并且根本不必远大于波长 λ. 设两种介质的密度为 ρ_1, ρ_2, 而其中的声速为 c_1, c_2.

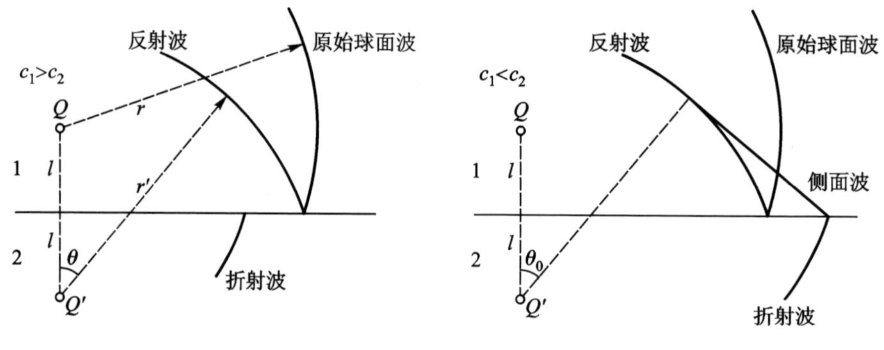

图 45

首先假设 $c_1>c_2$. 于是, 在远离声源处 (到声源的距离远大于 λ), 介质 1 中的运动是两种发散波的叠加. 第一种波是直接由声源发出的球面波 (**直射波**), 其速度势为

$$\varphi_1^{(0)}=\frac{\mathrm{e}^{\mathrm{i}kr}}{r}, \tag{73.1}$$

其中 r 是到声源的距离, 而振幅被约定为 1; 为简明起见, 我们在本节的所有表达式中都省略因子 $\mathrm{e}^{-\mathrm{i}\omega t}$.

第二种波是反射波, 其波阵面是以 Q' (声源 Q 对分界平面的镜像) 为球心的球面; 这是同时从点 Q 出发, 然后沿着按几何声学规律在分界平面上发生反射的各条声线传播的声音在同一个时刻所到达的点 P 的集合 (在图 46 中, 声线 QAP 的入射角和反射角均为 θ). 反射波的振幅与到点 Q' (有时称之为虚声源) 的距离 r' 成反比, 此外还与角 θ 有关: 每条声线的反射因子相当于具有给定入射角 θ 的平面波的反射因子. 换言之, 反射波在远处可由以下公式描述:

$$\varphi_1' = \frac{e^{ikr'}}{r'} \cdot \frac{\rho_2 c_2 \cos\theta - \rho_1\sqrt{c_1^2 - c_2^2\sin^2\theta}}{\rho_2 c_2 \cos\theta + \rho_1\sqrt{c_1^2 - c_2^2\sin^2\theta}} \tag{73.2}$$

(请对比平面波反射因子公式 (66.4)). 此公式本身 (对于大的 r') 自然是正确的, 也可以采用下文所述方法给出严格的推导过程.

更有趣的是

$$c_1 < c_2$$

的情形. 此时, 在介质 1 中不但有普通的反射波 (73.2), 还会出现另一种波, 其基本性质从以下简单分析中就已经可以看出来.

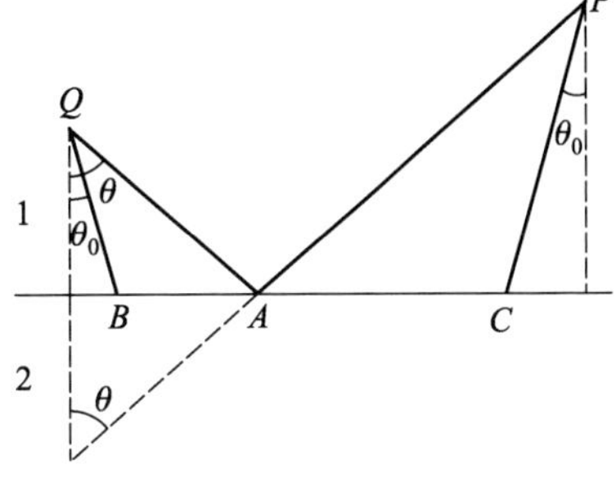

图 46

普通反射波的声线 QAP (图 46) 在以下意义上满足费马原理: 在完全位于介质 1 以内并且只发生一次反射的所有路径中, 声线是声音从点 Q 传播到点 P 的最快路径. 然而, 另一条路径 (当 $c_1 < c_2$ 时) 也满足费马原理: 声线以全内反射角 θ_0 ($\sin\theta_0 = c_1/c_2$) 入射到分界面上, 然后在介质 2 中沿分界面延伸, 最后又以角 θ_0 返回介质 1 (图 46 中的 $QBCP$). 显然应有 $\theta > \theta_0$. 容易看出, 这样的路径也具有极值性质: 声音沿该路径传播所用的时间, 小于沿其他任何一条从 Q 到 P 并部分通过介质 2 的路径所用的时间.

同时从 Q 出发, 然后沿着通过路径 QB 并从不同的点 C 返回介质 1 的各条声线传播的声音在同一时刻所到达的点 P 的集合, 显然是一个圆锥面, 其母线垂直于通过虚声源 Q' 且与分界面法线成 θ_0 角的直线.

因此, 如果 $c_1 < c_2$, 则除了波阵面为球面的普通反射波, 还有一个波阵面为圆锥面的波在介质 1 中传播, 该波阵面从分界平面开始 (它与介质 2 中折射波的波阵面在此连在一起), 一直延伸到与球面反射波的波阵面相切 (相切处就是球面波阵面与该圆锥面的交线, 相应圆锥的底角为 θ_0, 轴为直线 QQ', 见图 45). 这个锥面波称为**侧面波**.

通过简单的计算容易证明, 声音沿路径 $QBCP$ (图 46) 传播所需的时间少于沿路径 QAP 到达同一个观察点 P 所需的时间. 这表明, 来自声源 Q 的声信号首先以侧面波的形式到达观察点 P, 普通反射波然后才到达这一点.

应当注意, 虽然利用几何声学概念可以给出侧面波的上述直观解释, 但这是一种波动声学效应. 我们在下面将看到, 侧面波的振幅在 $\lambda \to 0$ 的极限下趋于零.

现在进行定量计算. 由点源产生的单色声波, 其传播由方程 (70.7) 描述:

$$\Delta\varphi + k^2\varphi = -4\pi\delta(\boldsymbol{r}-\boldsymbol{l}), \tag{73.3}$$

其中 $k=\omega/c$, 而 $\boldsymbol{l}$ 是点源的径矢. δ 函数的系数之所以这样选取, 是为了让直射波具有 (73.1) 的形式. 下面, 我们选取这样的坐标系, 使 xy 平面为分界平面, z 轴沿 QQ' 方向, 且介质 1 对应 $z>0$. 在分界平面上, 压强和速度的 z 分量应当连续, 或者, 同样地, 量 $\rho\varphi$ 和 $\partial\varphi/\partial z$ 应当连续.

按照一般的傅里叶方法, 我们有以下形式的解:

$$\varphi = \frac{1}{4\pi^2}\iint\limits_{-\infty}^{+\infty}\varphi_{\varkappa}(z)\,\mathrm{e}^{\mathrm{i}(\varkappa_x x+\varkappa_y y)}\mathrm{d}\varkappa_x\,\mathrm{d}\varkappa_y, \tag{73.4}$$

$$\varphi_{\varkappa}(z) = \iint\limits_{-\infty}^{+\infty}\varphi\,\mathrm{e}^{-\mathrm{i}(\varkappa_x x+\varkappa_y y)}\mathrm{d}x\,\mathrm{d}y. \tag{73.5}$$

根据 xy 平面上的对称性显然可以预见, $\varphi_{\varkappa}$ 只能依赖于量 $\varkappa^2=\varkappa_x^2+\varkappa_y^2$. 因此, 利用已有的公式

$$\mathrm{J}_0(u) = \frac{1}{2\pi}\int_0^{2\pi}\cos(u\sin\varphi)\,\mathrm{d}\varphi$$

可以把 (73.4) 写为以下形式:

$$\varphi = \frac{1}{2\pi}\int_0^{\infty}\varphi_{\varkappa}(z)\mathrm{J}_0(\varkappa R)\varkappa\,\mathrm{d}\varkappa, \tag{73.6}$$

其中 $R=\sqrt{x^2+y^2}$ 是柱面坐标 (到 z 轴的距离). 对于此后的计算, 方便的做法是对这个公式进行变换, 使积分极限对应从 $-\infty$ 到 $+\infty$, 并用汉克尔函数 $\mathrm{H}_0^{(1)}(u)$ 表示被积函数. 我们知道, 汉克尔函数在点 $u=0$ 有一个对数奇点. 如果我们约定, u 在从正实数值变到负实数值的过程中 (在复平面 u 内) 从点 $u=0$ 之上绕过, 则成立关系式

$$\mathrm{H}_0^{(1)}(-u) = \mathrm{H}_0^{(1)}(u\mathrm{e}^{\mathrm{i}\pi}) = \mathrm{H}_0^{(1)}(u) - 2\mathrm{J}_0(u).$$

利用它可以把 (73.6) 改写为

$$\varphi = \frac{1}{4\pi}\int_{-\infty}^{+\infty}\varphi_{\varkappa}(z)\mathrm{H}_0^{(1)}(\varkappa R)\varkappa\,\mathrm{d}\varkappa. \tag{73.7}$$

从方程 (73.3) 求出函数 $\varphi_{\varkappa}$ 的方程

$$\frac{\mathrm{d}^2\varphi_{\varkappa}}{\mathrm{d}z^2} - \left(\varkappa^2 - \frac{\omega^2}{c^2}\right)\varphi_{\varkappa} = -4\pi\delta(z-l). \tag{73.8}$$

如果对函数 $\varphi_\varkappa(z)$ (它满足齐次方程) 提出 $z=l$ 处的边界条件:

$$\varphi_\varkappa(z)\Big|_{l-0}^{l+0}=0,\quad \frac{\mathrm{d}\varphi_\varkappa}{\mathrm{d}z}\Big|_{l-0}^{l+0}=-4\pi, \tag{73.9}$$

就可以去掉方程 (73.8) 右边的 δ 函数. $z=0$ 处的边界条件为

$$\rho\varphi_\varkappa\Big|_{-0}^{+0}=0,\quad \frac{\mathrm{d}\varphi_\varkappa}{\mathrm{d}z}\Big|_{-0}^{+0}=0. \tag{73.10}$$

我们寻求以下形式的解:

$$\varphi_\varkappa=\begin{cases}A\,\mathrm{e}^{-\mu_1 z}, & z>l,\\ B\,\mathrm{e}^{-\mu_1 z}+C\,\mathrm{e}^{\mu_1 z}, & l>z>0,\\ D\,\mathrm{e}^{\mu_2 z}, & z<0.\end{cases} \tag{73.11}$$

这里

$$\mu_1^2=\varkappa^2-k_1^2,\quad \mu_2^2=\varkappa^2-k_2^2$$

($k_1=\omega/c_1$, $k_2=\omega/c_2$), 同时应令

$$\mu=\begin{cases}+\sqrt{\varkappa^2-k^2}, & \varkappa>k,\\ -\mathrm{i}\sqrt{k^2-\varkappa^2}, & \varkappa<k.\end{cases} \tag{73.12}$$

为了让所求的 φ 在无穷远处不会无限增大, (73.11) 中的第一个表达式必须这样选取. 至于第二个表达式, 则是为了让 φ 代表一个出射波. 边界条件 (73.9) 和 (73.10) 给出四个方程, 它们决定系数 A, B, C, D. 简单的计算给出以下表达式:

$$\begin{aligned}&B=C\frac{\mu_1\rho_2-\mu_2\rho_1}{\mu_1\rho_2+\mu_2\rho_1},\quad C=\frac{2\pi}{\mu_1}\,\mathrm{e}^{-\mu_1 l},\\ &D=C\frac{2\rho_1\mu_1}{\mu_1\rho_2+\mu_2\rho_1},\quad A=B+C\,\mathrm{e}^{2\mu_1 l}.\end{aligned} \tag{73.13}$$

当 $\rho_2=\rho_1$, $c_2=c_1$ 时 (即当整个空间充满一种介质时), $B=0$, $A=C\,\mathrm{e}^{2\mu_1 l}$. 显然, φ 中的对应项是直射波 (73.1). 因此, 我们感兴趣的反射波为

$$\varphi_1'=\frac{1}{4\pi}\int_{-\infty}^{+\infty}B(\varkappa)\,\mathrm{e}^{-\mu_1 z}\mathrm{H}_0^{(1)}(\varkappa R)\varkappa\,\mathrm{d}k. \tag{73.14}$$

还应当指明这个表达式中的积分路径. 如前所述, 积分路径 (在复平面 $\varkappa$ 内) 从奇点 $\varkappa=0$ 的上方绕过. 此外, 被积函数具有奇点 (支点) $\varkappa=\pm k_1$, $\pm k_2$, 此处 μ_1 或 μ_2 为零. 根据条件 (73.10), 积分路径应当从点 $+k_1$, $+k_2$ 的下方和点 $-k_1$, $-k_2$ 的上方绕过.

我们来研究所得表达式在远离声源处的形式. 把汉克尔函数替换为已知的渐近表达式, 得到

$$\varphi_1' = \int_C \frac{\mu_1\rho_2 - \mu_2\rho_1}{\mu_1(\mu_1\rho_2 + \mu_2\rho_1)} \left(\frac{\varkappa}{2\mathrm{i}\pi R}\right)^{1/2} \exp[-\mu_1(z+l) + \mathrm{i}\varkappa R]\,\mathrm{d}\varkappa. \quad (73.15)$$

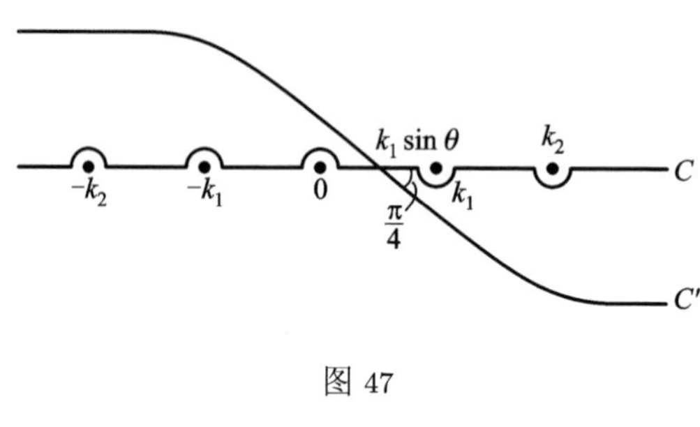

图 47

在图 47 中绘出了 $c_1 > c_2$ 时的积分路径 C. 可以用著名的鞍点法来计算积分. 指数

$$\mathrm{i}\left[(z+l)\sqrt{k_1^2 - \varkappa^2} + \varkappa R\right]$$

在满足以下条件的点有极值:

$$\frac{\varkappa}{\sqrt{k_1^2 - \varkappa^2}} = \frac{R}{z+l} = \frac{r'\sin\theta}{r'\cos\theta} = \tan\theta,$$

即 $\varkappa = k_1 \sin\theta$, 其中 θ 是入射角 (见图 45). 把积分路径变换到通过该极值点并与横坐标轴成 $\pi/4$ 角的曲线 C', 我们就得到公式 (73.2).

在 $c_1 < c_2$ (即 $k_1 > k_2$) 的情况下, 如果 $\sin\theta > k_2/k_1 = c_1/c_2 = \sin\theta_0$, 即如果 $\theta > \theta_0$ (见图 45), 则点 $\varkappa = k_1 \sin\theta$ 位于点 k_2 和 k_1 之间. 此时, 曲线 C' 还应当包括围绕点 k_2 的一段, 我们把它称为 C'' (见图 48). 所以, 除了普通的反射波 (73.2), 还要添加一个波 φ_1'', 它由沿 C'' 的积分 (73.15) 决定. 这就是侧面波. 如果点 $k_1 \sin\theta$ 不是过于接近 k_2, 即如果 θ 角不是过于接近全内反射角 θ_0, 就容易计算这个积分①.

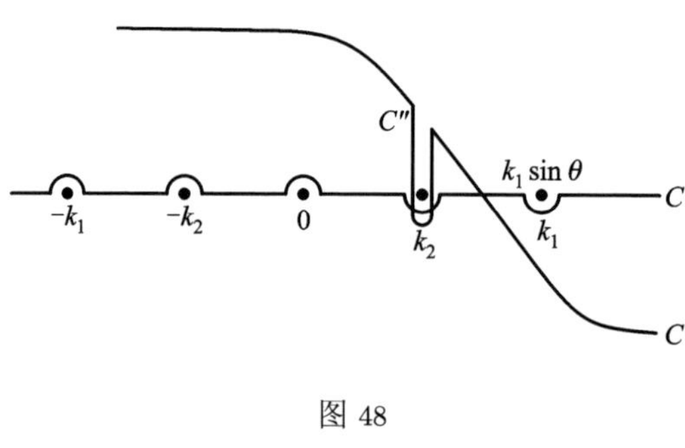

图 48

在点 $\varkappa = k_2$ 附近, μ_2 很小. 我们把 (73.15) 的被积函数中的指数项系数展开为 μ_2 的幂级数. 零阶展开项在 $\varkappa = k_2$ 处根本没有奇异性, 它沿 C'' 的积分等于零, 所以有

$$\varphi_1'' = -\int_{C''} \frac{2\mu_2\rho_1}{\mu_1^2\rho_2} \left(\frac{\varkappa}{2\mathrm{i}\pi R}\right)^{1/2} \exp[-\mu_1(z+l) + \mathrm{i}\varkappa R]\,\mathrm{d}\varkappa. \quad (73.16)$$

把指数展开为 $\varkappa - k_2$ 的幂级数, 并沿包含竖线的 C'' 积分, 经过简单计算就得

① 在角 θ 的整个区域内对侧面波的研究, 见: Бреховских Л. ЖТФ, 1948, 18: 455. 那里给出了普通反射波对 λ/R 的幂级数展开式的下一项. 这里指出, 对于接近 θ_0 的角 θ (当 $c_1 < c_2$ 时), 修正项与主项之比随距离的增大而像 $(\lambda/R)^{1/4}$ 那样减小, 而不是像 λ/R 那样减小.

到侧面波速度势的以下表达式:

$$\varphi_1'' = \frac{2\,\mathrm{i}\,\rho_1 k_2 \exp[\mathrm{i}k_1 r' \cos(\theta_0-\theta)]}{r'^2 \rho_2 k_1^2 [\cos\theta_0 \sin\theta \sin^3(\theta_0-\theta)]^{1/2}}. \tag{73.17}$$

与上述结果一致, 波面应是圆锥面

$$r'\cos(\theta-\theta_0) = R\sin\theta_0 + (z+l)\cos\theta_0 = \text{const}.$$

在给定的方向上, 侧面波的振幅按照与距离 r' 的平方成反比的规律减小. 我们还看到, 在 $\lambda\to 0$ 的极限情况下, 侧面波会消失. 当 $\theta\to\theta_0$ 时, 表达式 (73.17) 不再成立. 其实, 在这个范围内, 侧面波的振幅按照 $r'^{-5/4}$ 的规律随着距离的增大而减小.

§74 声辐射

在流体中振动的物体引起周围流体的周期性压缩和膨胀, 声波因而产生. 这些声波所携带的能量来自物体的动能, 因此可以说, 振动物体向外辐射声音.

下面将处处假设物体的振动速度 u 远小于声速. 既然 $u\sim a\omega$ (a 是物体的振幅), 这就意味着 $a\ll\lambda$ ①.

在任意形状物体以任意方式振动的一般情况下, 应当按下述方法求解声辐射问题. 取速度势 φ 为基本量, 它满足波动方程

$$\Delta\varphi - \frac{1}{c^2}\frac{\partial^2\varphi}{\partial t^2} = 0. \tag{74.1}$$

在物体的表面上, 流体速度的法向分量应当等于物体速度 $\boldsymbol{u}$ 的相应分量:

$$\frac{\partial\varphi}{\partial n} = u_n. \tag{74.2}$$

在远离物体的地方, 声波应当变为发散的球面波. 方程 (74.1) 的满足这些边界条件和无穷远条件的解, 即确定了物体所辐射的声波.

我们来更详细地研究两种极限情形. 首先假设物体的振动频率足够大, 使得所辐射的声波的波长远小于物体的尺寸 l:

$$\lambda\ll l. \tag{74.3}$$

在这种情形下, 可以把物体表面划分为若干部分, 每一部分的尺寸从一方面讲很小, 从而可以近似地把它们看做平面, 从另一方面讲又很大, 远大于波长. 这

① 一般而言, 还要假设振幅远小于物体的尺寸, 否则物体附近的流动不是势流 (见 §9). 只有纯脉冲振动才不需要这个条件, 下面所用到的解 (74.7) 即属于这种情况, 它在本质上是连续性方程的直接推论.

样就可以认为, 这样的每一部分表面在其运动过程中都辐射出平面波, 并且波中的流体速度简单地等于这部分表面的法向速度分量 u_n. 而在平面波中, 平均能流等于 $c\rho\overline{v^2}$ (见 §65), 其中 v 是波中的流体速度. 把 $v=u_n$ 代入其中并沿物体全部表面积分, 就得到物体在单位时间内以声波形式辐射出的平均能量, 即声辐射总强度, 其结果为

$$I=c\rho\oint\overline{u_n^2}\,\mathrm{d}f. \tag{74.4}$$

(当速度振幅给定时) 它与振动频率无关.

现在考虑相反的极限情形, 这时所辐射的声波的波长远大于物体的尺寸:

$$\lambda\gg l. \tag{74.5}$$

在这种情形下, 在物体附近 (在远小于波长的距离上) 可以忽略一般方程 (74.1) 中的 $c^{-2}\,\partial^2\varphi/\partial t^2$ 这一项. 其实, 在所考虑的区域中, 它的量级为 $\omega^2\varphi/c^2\sim\varphi/\lambda^2$, 而对坐标的二阶导数项的量级为 φ/l^2.

于是, 物体附近的流动可由拉普拉斯方程 $\Delta\varphi=0$ 来确定, 而这是不可压缩流体的势流方程. 因此, 在所考虑的情形下, 物体附近的流体像不可压缩流体一样运动. 声波本身, 即压缩膨胀波, 只出现于远离物体的地方.

在物体尺寸量级的距离或更小的距离上, 方程 $\Delta\varphi=0$ 的待求的解不能写为一般形式, 它与振动物体的具体形状有关. 而在远大于 l 但远小于 λ (使方程 $\Delta\varphi=0$ 仍然适用) 的距离上, 就可以求出解的一般形式, 因为 φ 应当随着距离的增大而减小. 我们已经在 §11 中讨论过拉普拉斯方程的这种解. 按照那里的结果, 我们把解的一般形式写为

$$\varphi=-\frac{a}{r}+\boldsymbol{A}\cdot\nabla\frac{1}{r} \tag{74.6}$$

(r 是到坐标原点的距离, 原点选在物体内任何一点). 当然, 这里重要的是, 所讨论的距离仍然远大于物体的尺寸. 仅仅根据这个理由, 就可以在 φ 的表达式中只考虑随 r 增大而减小得最慢的几项. 我们在 (74.6) 中保留了写出的两项, 但要注意, 第一项并非在所有情况下都会出现 (参看下文).

我们来说明, 在哪些情况下 $-a/r$ 这一项不等于零. 在 §11 中已经指出, 如果一个封闭曲面把物体包围在内, 则速度势 $-a/r$ 所对应的通过该封闭曲面的流量不等于零, 而等于 $4\pi\rho a$. 但在不可压缩流体中, 仅在封闭曲面内的流体总体积发生变化的情况下才有可能出现这样的流量. 换言之, 物体的体积应有变化, 从而导致流体从所考虑的空间区域中排出, 或者相反, 导致流体被“吸入”该区域. 因此, 如果发出辐射的物体在振动的同时还伴随有体积的变化, (74.6) 中的第一项就会出现.

假设存在这一项, 我们来确定声辐射总强度. 单位时间内流过封闭曲面的流体体积 $4\pi a$, 应当等于物体体积 V 在单位时间内的变化, 即导数 $\mathrm{d}V/\mathrm{d}t$ (体积 V 是时间的给定函数):

$$4\pi a = \dot{V}.$$

因此, 在满足条件 $l \ll r \ll \lambda$ 的距离 r 上, 流动由函数

$$\varphi = -\frac{\dot{V}(t)}{4\pi r}$$

描述. 另一方面, 在 $r \gg \lambda$ 的距离上 (在**声波区**中), φ 应当代表一个发散的球面波, 即 φ 的形式应当为

$$\varphi = -\frac{f(t - r/c)}{r}. \tag{74.7}$$

我们因而下结论说, 在 (远大于 l 的) 所有距离上, 辐射出的声波具有以下形式:

$$\varphi = -\frac{\dot{V}(t - r/c)}{4\pi r}, \tag{74.8}$$

它是用 $t - r/c$ 代换 $\dot{V}(t)$ 中的自变量 t 而得到的.

速度 $v = \operatorname{grad}\varphi$ 在每一点都指向径矢方向, 其大小为 $v = \partial\varphi/\partial r$. 在计算 (74.8) 的导数时 (在 $r \gg \lambda$ 的距离上), 只计算分子的导数即可, 因为对分母部分求导将给出 $1/r$ 的高阶项, 而这些项应忽略不计. 又因为

$$\frac{\partial}{\partial r}\dot{V}\left(t - \frac{r}{c}\right) = -\frac{1}{c}\ddot{V}\left(t - \frac{r}{c}\right),$$

所以得到 ($\boldsymbol{n}$ 是指向 $\boldsymbol{r}$ 方向的单位矢量):

$$\boldsymbol{v} = \frac{\ddot{V}(t - r/c)}{4\pi c r}\boldsymbol{n}. \tag{74.9}$$

取决于速度平方的辐射强度在这里与辐射方向无关, 即辐射对所有方向都是对称的. 单位时间内所辐射的总能量的平均值为

$$I = \rho c \oint \overline{v^2}\,\mathrm{d}f = \frac{\rho}{16c\pi^2}\oint \overline{\frac{\ddot{V}^2}{r^2}}\,\mathrm{d}f,$$

积分域为一个包围原点的封闭曲面. 取半径为 r 的球面作为该封闭曲面, 并注意到被积函数只依赖于到原点的距离, 最后得到

$$I = \frac{\rho\overline{\ddot{V}^2}}{4\pi c}. \tag{74.10}$$

这就是声辐射总强度. 我们看到, 它取决于物体体积对时间的二阶导数的平方.

如果物体以频率 ω 作简谐振动, 则体积对时间的二阶导数正比于振动的频率和速度振幅, 该导数的方均值正比于频率的平方. 因此, 当物体表面上各点的速度振幅给定时, 辐射强度正比于频率的平方. 而当振动本身的振幅给定时, 速度振幅又正比于频率, 所以辐射强度正比于 ω^4.

现在研究没有体积变化的振动物体的声辐射. 此时, 在 (74.6) 中只剩下第二项, 我们把它的形式写为

$$\varphi = \operatorname{div}\left[\boldsymbol{A}(t)\frac{1}{r}\right].$$

就像前一种情形那样, 我们推断, 在 $r \gg l$ 的所有距离上, 解的一般形式为

$$\varphi = \operatorname{div}\frac{\boldsymbol{A}(t-r/c)}{r}.$$

此表达式确实是波动方程的解, 因为函数 $\boldsymbol{A}(t-r/c)/r$ 满足该方程, 它对坐标的各阶导数从而也满足该方程. 仍然只对分子进行微分, 我们得到 (在 $r \gg \lambda$ 的距离上)

$$\varphi = -\frac{\dot{\boldsymbol{A}}(t-r/c)\cdot\boldsymbol{n}}{cr}. \tag{74.11}$$

在计算速度 $\boldsymbol{v} = \nabla\varphi$ 时, 还是只要对 $\boldsymbol{A}$ 进行微分即可. 所以, 根据矢量分析中众所周知的标量自变量函数微分法则, 我们有

$$\boldsymbol{v} = -\frac{\ddot{\boldsymbol{A}}(t-r/c)\cdot\boldsymbol{n}}{c^2 r}\nabla\left(t-\frac{r}{c}\right),$$

再把 $\nabla(t-r/c) = -\nabla r/c = -\boldsymbol{n}/c$ 代入此式, 最后得到

$$\boldsymbol{v} = \frac{1}{c^2 r}\boldsymbol{n}(\boldsymbol{n}\cdot\ddot{\boldsymbol{A}}). \tag{74.12}$$

辐射强度现在正比于辐射方向 ($\boldsymbol{n}$ 方向) 与矢量 $\ddot{\boldsymbol{A}}$ 之间夹角的余弦的平方 (这样的辐射称为**偶极辐射**). 声辐射总强度等于积分

$$I = \frac{\rho}{c^3}\oint \overline{\frac{(\boldsymbol{n}\cdot\ddot{\boldsymbol{A}})^2}{r^2}}\,\mathrm{d}f.$$

仍然选取半径为 r 的球面作为积分曲面, 并引入球面坐标, 让极轴指向矢量 $\ddot{\boldsymbol{A}}$ 的方向. 简单的积分运算给出最后的声辐射总强度公式:

$$I = \frac{4\pi\rho}{3c^3}\overline{\ddot{\boldsymbol{A}}^2}. \tag{74.13}$$

矢量 $\boldsymbol{A}$ 的分量是物体速度 $\boldsymbol{u}$ 的分量的线性函数 (见 §11). 因此, 这里的声辐射强度是物体速度分量对时间的二阶导数的二次函数.

如果物体作频率为 ω 的简谐振动, 则按照如前所述的讨论, 我们下结论说, 声辐射强度在速度振幅值给定时正比于 ω^4. 当物体振动的振幅给定时, 速度振幅本身正比于频率, 所以声辐射强度正比于 ω^6.

用类似的方法可以解决任意截面柱体垂直于自身轴线振动时的柱面声波辐射问题. 为了今后的应用, 我们在这里写出相应的一些公式.

首先研究圆柱体的小振动, 并设 $S = S(t)$ 是其可变的横截面积. 在到圆柱体轴线的距离 r 满足 $l \ll r \ll \lambda$ (l 是横截面的尺寸) 的地方, 类似于 (74.8) 可以得到

$$\varphi = \frac{\dot{S}(t)}{2\pi} \ln fr, \tag{74.14}$$

其中 $f(t)$ 是时间的函数 ($\ln fr$ 的系数之所以这样选取, 是为了得到通过共轴圆柱面的正确流量值). 根据发散柱面波的速度势公式 (公式 (71.2) 的第一项), 现在我们有, 速度势在 $r \gg l$ 的所有距离上均可由以下表达式确定:

$$\varphi = -\frac{c}{2\pi} \int_{-\infty}^{t-r/c} \frac{\dot{S}(t')\,\mathrm{d}t'}{\sqrt{c^2(t-t')^2 - r^2}}. \tag{74.15}$$

当 $r \to 0$ 时, 此表达式的主项与 (74.14) 相同, 并且 (74.14) 中的函数 $f(t)$ 也可以自动确定下来 (假设导数 $\dot{S}(t)$ 在 $t \to -\infty$ 时足够快地趋于零). 对于非常大的 r 值 (在声波区中), $t - t' \sim r/c$ 的那些值在积分 (74.15) 中起主要作用, 所以在被积函数的分母中可以取

$$(t-t')^2 - \frac{r^2}{c^2} \approx \frac{2r}{c}\left(t - t' - \frac{r}{c}\right),$$

于是得到

$$\varphi = -\frac{c}{2\pi\sqrt{2r}} \int_{-\infty}^{t-r/c} \frac{\dot{S}(t')\,\mathrm{d}t'}{\sqrt{c(t-t') - r}}. \tag{74.16}$$

最后, 在积分中作代换 $t - t' - r/c = \xi$:

$$\varphi = -\frac{1}{2\pi}\sqrt{\frac{c}{2r}} \int_0^{\infty} \frac{\dot{S}(t - r/c - \xi)}{\sqrt{\xi}}\mathrm{d}\xi,$$

使积分的上下限中都不包含 r, 这样才便于通过微分运算求速度 $v = \partial\varphi/\partial r$. 不必计算积分之前的因式 $r^{-1/2}$ 的导数, 因为这将给出 $1/r$ 的高阶项. 在积分号下进行微分, 然后再回到变量 t', 得到

$$v = \frac{1}{2\pi\sqrt{2r}} \int_{-\infty}^{t-r/c} \frac{\ddot{S}(t')\,\mathrm{d}t'}{\sqrt{c(t-t') - r}}. \tag{74.17}$$

声辐射强度取决于乘积 $2\pi r\rho c\overline{v^2}$. 我们注意, 与球面波的情况不同, 这里的声辐射强度在任何时刻都取决于函数 $S(t)$ 在从 $-\infty$ 到 $t-r/c$ 的全部时间内的变化过程.

最后, 对于无穷长圆柱体在垂直于其轴线方向上的平动振动, 在 $l \ll r \ll \lambda$ 的距离上, 速度势的形式为

$$\varphi = \operatorname{div}(\boldsymbol{A}\ln fr), \tag{74.18}$$

其中 $\boldsymbol{A}(t)$ 是通过求解不可压缩流体中圆柱体绕流问题的拉普拉斯方程而确定的. 我们由此又下结论说, 在 $r \gg l$ 的所有距离上,

$$\varphi = -\operatorname{div}\int_{-\infty}^{t-r/c} \frac{\boldsymbol{A}(t')\,\mathrm{d}t'}{\sqrt{(t-t')^2 - r^2/c^2}}. \tag{74.19}$$

作为结束语, 还必须作出以下说明. 我们在这里完全忽略了流体黏性的影响, 因而认为所辐射的声波是有势的. 然而, 在振动物体附近的厚度为 $(\nu/\omega)^{1/2}$ 的一层流体内, 流动其实不是势流 (见 § 24). 因此, 为了应用以上所有公式, 这一层流体的厚度必须远小于物体的尺寸 l:

$$\left(\frac{\nu}{\omega}\right)^{1/2} \ll l. \tag{74.20}$$

当频率过低或者物体尺寸过小时, 这个条件不一定成立.

习 题

1. 设一个以频率 ω 作平动小幅 (简谐) 振动的球体辐射出声波, 并且波长与球半径 R 大小相当, 求声辐射总强度.

解: 把球体速度写为 $\boldsymbol{u} = \boldsymbol{u}_0\,\mathrm{e}^{-\mathrm{i}\omega t}$ 的形式. 这时, φ 对时间的依赖关系也由因子 $\mathrm{e}^{-\mathrm{i}\omega t}$ 给出, 并且 φ 满足方程 $\Delta\varphi + k^2\varphi = 0$, 其中 $k = \omega/c$. 寻求形如 $\varphi = \boldsymbol{u}\cdot\nabla f(r)$ 的解 (选取球心在给定时刻所在位置为坐标原点). 对于 f, 我们得到方程 $(\boldsymbol{u}\cdot\nabla)(\Delta f + k^2 f) = 0$, 所以 $\Delta f + k^2 f = \mathrm{const}$. 准确到相差一个无关紧要的常量, 由此得到 $f = A\,\mathrm{e}^{\mathrm{i}kr}/r$, 而常量 A 可从以下条件求出: 当 $r = R$ 时 $\partial\varphi/\partial r = u_r$. 结果得到

$$\varphi = \boldsymbol{u}\cdot\boldsymbol{r}\,\mathrm{e}^{\mathrm{i}k(r-R)}\left(\frac{R}{r}\right)^3 \frac{\mathrm{i}kr - 1}{2 - 2\mathrm{i}kR - k^2R^2}.$$

这是偶极发射. 在离球体足够远的地方, 1 与 $\mathrm{i}kr$ 相比可以忽略不计, 于是 φ 的形式变为 (74.11), 其中矢量 $\dot{\boldsymbol{A}}$ 等于

$$\dot{\boldsymbol{A}} = -\boldsymbol{u}\,\mathrm{e}^{\mathrm{i}k(r-R)}R^3\frac{\mathrm{i}\omega}{2 - 2\mathrm{i}kR - k^2R^2}.$$

注意到 $\overline{(\mathrm{Re}\,\ddot{\boldsymbol{A}})^2} = \overline{|\ddot{\boldsymbol{A}}|^2}/2$, 根据 (74.13) 就得到声辐射总强度

$$I = \frac{2\pi\rho}{3c^3}|\boldsymbol{u}_0|^2 \frac{R^6\omega^4}{4+\omega^4R^4/c^4}.$$

当 $\omega R/c \ll 1$ 时, 这个表达式变为

$$I = \frac{\pi\rho R^6}{6c^3}|\boldsymbol{u}_0|^2\omega^4$$

(把 §11 的习题 1 中的表达式 $\boldsymbol{A} = \boldsymbol{u}R^3/2$ 直接代入 (74.13), 也能得到这个结果). 当 $\omega R/c \gg 1$ 时, 我们有

$$I = \frac{2\pi\rho c}{3}R^2|\boldsymbol{u}_0|^2,$$

它与公式 (74.4) 相对应.

在球面上对压力 $(p' = -\rho\dot{\varphi}'|_{r=R})$ 在 $\boldsymbol{u}$ 方向的分量进行积分, 可以得到流体对球体的阻力, 它等于

$$\boldsymbol{F} = \frac{4\pi}{3}\rho\omega R^3\boldsymbol{u}\frac{-k^3R^3 + \mathrm{i}(2+k^2R^2)}{4+k^4R^4}$$

(关于复数阻力的意义, 见 §24 最后).

2. 题目同上, 但设球半径 R 与 $\sqrt{\nu/\omega}$ 大小相当 (同时 $\lambda \gg R$).

解: 如果物体尺寸并非远大于 $\sqrt{\nu/\omega}$, 则为了确定辐射出的声波, 不应使用方程 $\Delta\varphi=0$, 而应使用不可压缩黏性流体的运动方程. 对于球体绕流问题, 该方程的解由 §24 习题 5 中的公式 (1), (2) 给出. 在远处可以忽略 (1) 中的第一项, 因为它按指数规律随 r 的增大而减小. 第二项给出速度

$$\boldsymbol{v} = -b(\boldsymbol{u}\cdot\nabla)\nabla\frac{1}{r}.$$

与 (74.6) 的对比表明

$$\boldsymbol{A} = -b\boldsymbol{u} = \frac{R^3}{2}\left[1 - \frac{3}{(\mathrm{i}-1)\varkappa} - \frac{3}{2\mathrm{i}\varkappa^2}\right]\boldsymbol{u},$$

其中 $\varkappa = R\sqrt{\omega/2\nu}$, 即 $\boldsymbol{A}$ 与理想流体情况下相应表达式的区别在于方括号内的因子. 结果得到

$$I = \frac{\pi\rho R^6}{6c^3}\omega^4\left(1 + \frac{3}{\varkappa} + \frac{9}{2\varkappa^2} + \frac{9}{2\varkappa^3} + \frac{9}{4\varkappa^4}\right)|\boldsymbol{u}_0|^2.$$

当 $\varkappa \gg 1$ 时, 这个表达式就变为习题 1 中得到的公式, 而当 $\varkappa \ll 1$ 时则有

$$I = \frac{3\pi\rho R^2\nu^2}{2c^3}\omega^2|\boldsymbol{u}_0|^2,$$

即声辐射总强度正比于频率的二次幂, 而不是四次幂.

3. 设一个球体以任意频率作小幅 (简谐) 振动, 求声辐射总强度.

解: 寻求以下形式的声波:

$$\varphi = \frac{au}{r}\,\mathrm{e}^{\mathrm{i}k(r-R)}$$

(R 是球体的平衡半径), 并根据以下条件来确定常量 a:

$$\left.\frac{\partial\varphi}{\partial r}\right|_{r=R} = u = u_0\,\mathrm{e}^{-\mathrm{i}\omega t},$$

其中 u 是球面上的点的径向速度. 由此得到

$$a = \frac{R^2}{\mathrm{i}kR - 1}.$$

声辐射总强度为

$$I = 2\pi\rho c|u_0|^2 \frac{k^2R^4}{1+k^2R^2}.$$

当 $kR \ll 1$ 时

$$I = \frac{2\pi\rho}{c}\omega^2 R^4|u_0|^2,$$

这符合 (74.10), 而当 $kR \gg 1$ 时

$$I = 2\pi\rho c R^2|u_0|^2,$$

这符合 (74.4).

4. 设一个球体 (半径为 R) 作小幅振动, 其表面上各点的径向速度是时间的任意函数 $u(t)$, 求此球体所辐射的声波.

解: 寻求形如 $\varphi = f(t')/r$ 的解, 其中 $t' = t - (r-R)/c$, 并根据边界条件

$$\left.\frac{\partial\varphi}{\partial r}\right|_{r=R} = u(t)$$

来确定 f, 该条件给出方程

$$\frac{\mathrm{d}f}{\mathrm{d}t} + \frac{cf(t)}{R} = -Rcu(t).$$

解出这个线性方程, 再把解中的自变量 t 换为 t', 我们得到

$$\varphi(r,t') = -\frac{cR}{r}\,\mathrm{e}^{-ct'/R}\int_{-\infty}^{t'} u(\tau)\,\mathrm{e}^{c\tau/R}\mathrm{d}\tau. \tag{1}$$

如果在某一时刻, 例如在时刻 $t=0$, 球体停止振动 (即当 $\tau > 0$ 时 $u(\tau)=0$), 则在距离球心为 r 处, 速度势对时间的函数关系从时刻 $t=(r-R)/c$ 开始将具有 $\varphi = \mathrm{const}\cdot\mathrm{e}^{-ct/R}$ 的形式, 即运动按指数规律衰减.

设 T 为速度 $u(t)$ 发生显著变化所需要的时间. 如果 $T \gg R/c$ (即所辐射声波的波长 λ 满足条件 $\lambda \sim cT \gg R$), 在 (1) 中就可以把缓慢变化的因子 $u(\tau)$ 放到积分号之外并写为 $u(t')$. 于是, 在 $r \gg R$ 的距离上得到

$$\varphi = -\frac{R^2}{r}u\left(t - \frac{r}{c}\right),$$

这与公式 (74.8) 一致. 如果 $T \ll R/c$, 则类似地得到

$$\varphi = -\frac{cR}{r}\int_{-\infty}^{t'} u(\tau)\,\mathrm{d}\tau, \quad v = \frac{\partial\varphi}{\partial r} = \frac{R}{r}u(t'),$$

这符合公式 (73.4).

5. 设一个半径为 R 的球体在理想可压缩流体中任意平动 (运动速度远小于声速), 求由此导致的流动.

解: 寻求以下形式的解:

$$\varphi = \operatorname{div}\frac{\boldsymbol{f}(t')}{r} \tag{1}$$

(r 是到坐标原点的距离, 原点位于球心在时刻 $t' = t - (r-R)/c$ 所在的点; 因为球体速度 $\boldsymbol{u}$ 远小于声速, 所以坐标原点移动的效应可以忽略不计). 流体的速度为

$$\boldsymbol{v} = \operatorname{grad}\varphi = \frac{3(\boldsymbol{f}\cdot\boldsymbol{n})\boldsymbol{n}-\boldsymbol{f}}{r^3} + \frac{3(\boldsymbol{f}'\cdot\boldsymbol{n})\boldsymbol{n}-\boldsymbol{f}'}{cr^2} + \frac{(\boldsymbol{f}''\cdot\boldsymbol{n})\boldsymbol{n}}{c^2 r} \tag{2}$$

($\boldsymbol{n}$ 是 $\boldsymbol{r}$ 方向上的单位矢量, 撇号表示 $\boldsymbol{f}$ 对其自变量的导数). 边界条件为: 当 $r = R$ 时 $v_r = \boldsymbol{u}\cdot\boldsymbol{n}$, 于是

$$\boldsymbol{f}''(t) + \frac{2c}{R}\boldsymbol{f}'(t) + \frac{2c^2}{R^2}\boldsymbol{f}(t) = Rc^2\boldsymbol{u}(t).$$

用常数变易法求解这个方程, 得到函数 $\boldsymbol{f}(t)$ 的一般表达式:

$$\boldsymbol{f}(t) = cR^2 \mathrm{e}^{-ct/R}\int_{-\infty}^{t}\boldsymbol{u}(\tau)\sin\frac{c(t-\tau)}{R}\,\mathrm{e}^{c\tau/R}\mathrm{d}\tau. \tag{3}$$

在代入 (1) 时, 应把 t 写为 t'. 这里之所以选取 $-\infty$ 为积分下限, 是为了在 $t=-\infty$ 时有 $\boldsymbol{f} = 0$.

6. 设一个半径为 R 的球体在 $t = 0$ 时开始以常速度 $\boldsymbol{u}_0$ 运动, 求在运动初始时刻出现的声辐射.

解: 在习题 5 的公式 (3) 中, 令

$$\boldsymbol{u}(\tau) = \begin{cases} 0, & \tau < 0, \\ \boldsymbol{u}_0, & \tau > 0, \end{cases}$$

然后代入公式 (2) (仅保留最后一项, 它随距离的增加而减小得最慢), 从而求出远离球体处的流体运动速度:

$$\boldsymbol{v} = -\boldsymbol{n}(\boldsymbol{n}\cdot\boldsymbol{u}_0)\frac{R\sqrt{2}}{r}\mathrm{e}^{-ct'/R}\sin\left(\frac{ct'}{R}-\frac{\pi}{4}\right) \quad (t' > 0).$$

声辐射总强度按照以下规律随时间衰减:

$$I = \frac{8\pi}{3}c\rho R^2 u_0^2 \mathrm{e}^{-2ct'/R}\sin^2\left(\frac{ct'}{R}-\frac{\pi}{4}\right).$$

全部时间内辐射出的总能量为

$$\frac{\pi}{3}\rho R^3 u_0^2.$$

7. 设一个作简谐振动的无穷长圆柱体 (半径为 R) 辐射出声波, 波长 $\lambda \gg R$, 求声辐射强度.

解: 首先根据公式 (74.14) 求出, 在 $r \ll \lambda$ 的距离上 (习题 7, 8 中的 r 是到圆柱轴线的距离), 速度势为

$$\varphi = Ru\ln kr,$$

其中 $u=u_0\,\mathrm{e}^{-\mathrm{i}\omega t}$ 是圆柱体表面各点的速度. 与公式 (71.7) 和 (71.8) 进行对比, 就求出速度势在远处的形式为

$$\varphi=-Ru\sqrt{\frac{\mathrm{i}\pi}{2kr}}\,\mathrm{e}^{\mathrm{i}kr}.$$

于是, 速度为

$$\boldsymbol{v}=Ru\sqrt{\frac{\pi k}{2\mathrm{i}r}}\,\boldsymbol{n}\,\mathrm{e}^{\mathrm{i}kr}$$

($\boldsymbol{n}$ 是垂直于圆柱轴线的单位矢量), 声辐射强度 (对单位长度圆柱体而言) 为

$$I=\frac{\pi^2}{2}\rho\omega R^2u_0^2.$$

8. 设一个圆柱体在垂直于其轴线的方向上作平动简谐振动, 求由该圆柱体发出的声辐射.

解: 在 $r\ll\lambda$ 的距离上有

$$\varphi=-\operatorname{div}(R^2\boldsymbol{u}\ln kr)$$

(参看公式 (74.18) 和 §10 的习题 3). 由此得到的结论是, 在远处有

$$\varphi=R^2\sqrt{\frac{\mathrm{i}\pi}{2k}}\operatorname{div}\frac{\mathrm{e}^{\mathrm{i}kr}\boldsymbol{u}}{\sqrt{r}}=-R^2\boldsymbol{u}\cdot\boldsymbol{n}\sqrt{\frac{\pi k}{2\mathrm{i}r}}\,\mathrm{e}^{\mathrm{i}kr},$$

所以速度为

$$\boldsymbol{v}=-kR^2\sqrt{\frac{\mathrm{i}\pi k}{2r}}\,\boldsymbol{n}(\boldsymbol{u}\cdot\boldsymbol{n})\,\mathrm{e}^{\mathrm{i}kr}.$$

声辐射强度正比于振动方向与辐射方向之间夹角的余弦的平方. 总强度为

$$I=\frac{\pi^2}{4c^2}\rho\omega^3R^4|\boldsymbol{u}_0|^2.$$

9. 设一块平板的表面温度发生周期性变化, 其频率 $\omega\ll c^2/\chi$, 式中 χ 是流体的热导率, 求该平板的声辐射强度.

解: 设表面温度变化为 $T_0'\,\mathrm{e}^{-\mathrm{i}\omega t}$. 这种温度振动使流体中产生一种衰减的热波 (52.15):

$$T'=T_0'\,\mathrm{e}^{-\mathrm{i}\omega t}\,\mathrm{e}^{-(1-\mathrm{i})\sqrt{\omega/2\chi}\,x},$$

流体密度因而也发生振动:

$$\rho'=\left(\frac{\partial\rho}{\partial T}\right)_pT'=-\rho\beta T',$$

其中 β 为定压体膨胀系数. 这本身又引起一种运动, 它可由连续性方程来确定:

$$\rho\frac{\partial v}{\partial x}=-\frac{\partial\rho'}{\partial t}=-\mathrm{i}\,\omega\rho\beta T'.$$

在平板表面上, 速度 $v_x=v=0$, 而在远离平板处, 速度趋于极限值

$$v=-\mathrm{i}\,\omega\beta\int_0^\infty T'\mathrm{d}x=\frac{1-\mathrm{i}}{\sqrt{2}}\beta\sqrt{\omega\chi}\,T_0'\,\mathrm{e}^{-\mathrm{i}\omega t}.$$

在大约 $\sqrt{\chi/\omega}$ 的距离上可以达到这个值, 该距离远小于 c/ω. 此极限值可作为所产生的声波的一个边界条件. 由此求出单位面积平板表面上的声辐射强度:

$$I = \frac{1}{2}c\rho\beta^2\omega\chi|T_0'|^2.$$

10. 设流体充满以固壁为界的半空间, 在流体中有一个辐射球面声波的点源, 它到固壁的距离为 l, 并且固壁能够完全反射声波. 求该点源的声辐射总强度与同样的点源在流体充满整个空间时的声辐射总强度之比, 以及远离点源处的声辐射强度对方向的依赖关系.

解: 直射波和来自固壁的反射波的叠加, 可由波动方程的解来描述, 这个解应满足在壁面上法向速度 $v_n = \partial\varphi/\partial n$ 为零的条件. 这样的解为

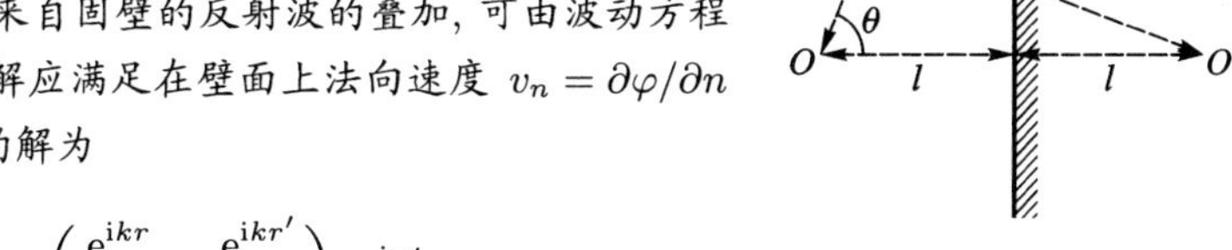

$$\varphi = \left(\frac{e^{ikr}}{r} + \frac{e^{ikr'}}{r'}\right)e^{-i\omega t}$$

图 49

(为简单起见, 我们省略了常数因子), 其中 r 是到点源 O 的距离 (见图 49), 而 r' 是到点 O 相对于固壁的对称点 O' 的距离. 在远离点源处, 我们有 $r' \approx r - 2l\cos\theta$, 所以

$$\varphi = \frac{e^{i(kr-\omega t)}}{r}(1 + e^{-2ikl\cos\theta}).$$

声辐射强度对方向的依赖关系在这里取决于因子 $\cos^2(kl\cos\theta)$.

为了求出声辐射总强度, 我们把能流 (见 (65.4))

$$\overline{\boldsymbol{q}} = \overline{p'\boldsymbol{v}} = -\overline{\rho\dot{\varphi}\nabla\varphi}$$

在半径任意小且以点 O 为中心的球面上积分. 这给出

$$2\pi\rho k\omega\left(1 + \frac{\sin 2kl}{2kl}\right).$$

在流体充满整个空间的情况下, 我们只有球面波 $\varphi = e^{i(kr-\omega t)}/r$, 其总能流为 $2\pi\rho k\omega$. 因此, 所求的声辐射总强度之比等于

$$1 + \frac{\sin 2kl}{2kl}.$$

11. 题目同上, 但流体边界为自由面.

解: 在自由面上应当成立条件 $p' = -\rho\dot{\varphi} = 0$, 这在单色波中等价于 $\varphi = 0$ 的要求. 波动方程的相应解为

$$\varphi = \left(\frac{e^{ikr}}{r} - \frac{e^{ikr'}}{r'}\right)e^{-i\omega t}.$$

在远离声源处, 声辐射强度取决于因子 $\sin^2(kl\cos\theta)$. 所求的强度之比为

$$1 - \frac{\sin 2kl}{2kl}.$$

§ 75 由湍流引起的声音

湍流中的速度涨落也是周围流体的声源. 在这一节中, 我们阐述这种现象的一般理论 (M. J. 莱特希尔, 1952). 这里所考虑的情形是, 湍流占据有限区域 V_0, 而在周围的无穷大空间中则充满静止流体. 并且, 我们仅在不可压缩流体理论的范围内考虑湍流本身, 忽略由涨落引起的密度变化. 这意味着, 我们假设湍流速度远小于声速 (在整个第三章中也这样假设).

我们首先推导一个一般方程, 它不仅考虑声波中的运动, 而且考虑湍流区中的运动. 与 §64 中的推导过程相比, 不同之处仅仅在于这里必须保留非线性项 $(\boldsymbol{v}\cdot\nabla)\boldsymbol{v}$. 尽管速度 v 与 c 相比很小, 但它远大于声波中的流体速度. 所以, 取代 (64.3) 的方程是

$$\frac{\partial \boldsymbol{v}}{\partial t}+(\boldsymbol{v}\cdot\nabla)\boldsymbol{v}+\frac{1}{\rho_0}\nabla p'=0.$$

对此方程取散度, 再利用方程 (64.5)

$$\frac{\partial p'}{\partial t}+\rho_0 c^2\,\mathrm{div}\,\boldsymbol{v}=0,$$

我们得到

$$\frac{1}{c^2}\frac{\partial^2 p'}{\partial t^2}-\Delta p'=\rho_0\frac{\partial}{\partial x_i}\left(v_k\frac{\partial v_i}{\partial x_k}\right).$$

利用连续性方程 $\mathrm{div}\,\boldsymbol{v}=0$ 可以变换这个方程的右边 (我们把湍流看做不可压缩的!): 对 x_k 求导的微分算子可以移动到括号之外. 最终我们有

$$\frac{1}{c^2}\frac{\partial^2 p'}{\partial t^2}-\Delta p'=\rho\frac{\partial^2 T_{ik}}{\partial x_i\partial x_k},\quad T_{ik}=v_i v_k \tag{75.1}$$

(我们又省略了 ρ_0 的下标). 在湍流区之外, 这个方程右边的表达式是二阶小量, 所以可以忽略不计, 我们于是回到声音传播的波动方程. 而在区域 V_0 中, 方程右边不为零, 它起着声源的作用. 在该区域中, $\boldsymbol{v}$ 是湍流速度.

方程 (75.1) 属于延迟势方程的类型. 这个方程的解是①

$$p'(\boldsymbol{r},\ t)=\frac{\rho}{4\pi}\int\left.\frac{\partial^2 T_{ik}(\boldsymbol{r}_1,\ t)}{\partial x_{1i}\partial x_{1k}}\right|_{t-R/c}\frac{\mathrm{d}V_1}{R} \tag{75.2}$$

(见第二卷 §62), 它描述从声源发出的声辐射. 这里 $\boldsymbol{r}$ 为观察点的径矢, $\boldsymbol{r}_1$ 为积分域中各点的径矢, $R=|\boldsymbol{r}-\boldsymbol{r}_1|$; 被积函数的值取在 “发生延迟的” 时刻 $t-R/c$. 在 (75.2) 中, 实际积分域是区域 V_0, 因为被积函数在这个区域内才不等于零.

湍流运动的能量主要集中在频率 u/l 附近, 这些频率对应着湍流的基本

---

① 请注意前提条件, 该积分解的所有后续结果仅在该条件得到满足时才有意义. ——译者

尺度 l, 而 u 是湍流的特征速度 (见 §33). 在声辐射的波谱中, 基本频率显然也集中于此, 相应的波长 $\lambda \sim cl/u \gg l$.

为了确定声辐射强度, 只要在远大于波长 λ 的距离上 (在声波区内) 研究声场即可, 此距离还应远大于作为声源的湍流区的尺寸①. 在此区域中, 被积表达式中的因子 $1/R$ 可以替换为因子 $1/r$ 并移到积分号之外 (r 是观察点到坐标原点的距离, 而坐标原点位于声源区内的任何一个选定的点). 于是, 我们忽略掉比 $1/r$ 下降得更快的那些项, 因为它们反正也对辐射向无穷远处的声波的强度没有贡献. 因此,

$$p'(\boldsymbol{r},\ t) = \frac{\rho}{4\pi r}\int \left.\frac{\partial^2 T_{ik}(\boldsymbol{r}_1,\ t)}{\partial x_{1i}\partial x_{1k}}\right|_{t-R/c} \mathrm{d}V_1. \tag{75.3}$$

对于被积表达式中的导数, 运算顺序是先求导, 再取它们在时刻 $t-R/c$ 的值, 即微分运算只涉及计算函数 $T_{ik}(\boldsymbol{r}_1,\ t)$ 对第一个自变量的导数. 这些导数可以借助于函数 $T_{ik}(\boldsymbol{r}_1,\ t-R/c)$ 对两个自变量的导数来表示, 在相关表达式中每次都要减去含有对第二个自变量的导数的项. 对第一个自变量的导数具有全散度的形式, 其积分为零, 因为这些积分可以变换为远处封闭曲面上的积分, 而在湍流区之外 $T_{ik}=0$. 函数 $T_{ik}(\boldsymbol{r}_1,\ t-R/c)$ 通过自变量 $t-R/c$ 对积分坐标 $\boldsymbol{r}_1$ 也有依赖关系, 它对 $\boldsymbol{r}_1$ 的相应导数可以通过对观察点坐标 $\boldsymbol{r}$ 的导数表示出来, 因为 $\boldsymbol{r}$ 和 $\boldsymbol{r}_1$ 只以二者之差的形式 $R=|\boldsymbol{r}-\boldsymbol{r}_1|$ 出现. 结果得到表达式②

$$p'(\boldsymbol{r},\ t) = \frac{\rho}{4\pi r}\frac{\partial^2}{\partial x_i \partial x_k}\int T_{ik}\left(\boldsymbol{r}_1,\ t-\frac{R}{c}\right)\mathrm{d}V_1. \tag{75.4}$$

时间 $t-R/c$ 与 $t-r/c$ 相差约 l/c, 但该时间间隔远小于基本的湍流涨落周期 l/u. 这就允许我们把被积表达式中的自变量 $t-R/c$ 替换为 $t-r/c \equiv \tau$③.

---

① 在讨论各量的量级时, 我们并不考虑基本尺度 l 与湍流区尺寸之间的差别, 尽管后者可能显著大于前者.

② 此段原文语焉不详, 译文略有改写. 其实, 令 $t'=t-R/c$, 则可以把 (75.3) 中的被积表达式通过复合函数 $T_{ik}=T_{ik}(\boldsymbol{r}_1,\ t'(t,\ \boldsymbol{r}_1,\ \boldsymbol{r}))$ 对其自变量的导数表示出来. 我们有

$$\frac{\partial T_{ik}}{\partial x_{1j}} = \left(\frac{\partial T_{ik}}{\partial x_{1j}}\right)_{t'} + \left(\frac{\partial T_{ik}}{\partial t'}\right)_{\boldsymbol{r}_1}\frac{\partial t'}{\partial x_{1j}},\quad \frac{\partial T_{ik}}{\partial x_j} = \left(\frac{\partial T_{ik}}{\partial t'}\right)_{\boldsymbol{r}_1}\frac{\partial t'}{\partial x_j},\quad \frac{\partial t'}{\partial x_{1j}} = -\frac{\partial t'}{\partial x_j},$$

所以

$$\left(\frac{\partial T_{ik}}{\partial x_{1j}}\right)_{t'} = \frac{\partial T_{ik}}{\partial x_{1j}} + \frac{\partial T_{ik}}{\partial x_j}.$$

对于二阶导数,

$$\left(\frac{\partial^2 T_{ik}}{\partial x_{1i}\partial x_{1k}}\right)_{t'} = \frac{\partial^2 T_{ik}}{\partial x_{1i}\partial x_{1k}} + \frac{\partial^2 T_{ik}}{\partial x_{1i}\partial x_k} + \frac{\partial^2 T_{ik}}{\partial x_i\partial x_{1k}} + \frac{\partial^2 T_{ik}}{\partial x_i\partial x_k},$$

由此即得 (75.4). ——译者

③ 这时, 我们不再考虑声辐射的频谱组成, 而仅限于研究决定其总强度的一些基本频率. 我们还指出, 对于前一步变换, 在 (75.3) 中不能应用上述代换, 否则积分等于零.

此后, 在积分号内完成微分运算, 并注意到 $\partial r/\partial x_i = n_i$ ($\boldsymbol{n}$ 是指向 $\boldsymbol{r}$ 方向的单位矢量), 我们得到

$$p'(\boldsymbol{r},\ t) = \frac{\rho}{4\pi c^2 r} n_i n_k \int \ddot{T}_{ik}(\boldsymbol{r}_1,\ \tau)\,\mathrm{d}V_1, \tag{75.5}$$

其中的点号表示对 τ 求导.

如同任何迹不为零的对称张量那样, 张量 $\ddot{T}_{ik}$ 可以表示为以下形式:

$$\ddot{T}_{ik} = \left(\ddot{T}_{ik} - \frac{1}{3}\ddot{T}_{ll}\delta_{ik}\right) + \frac{1}{3}\ddot{T}_{ll}\delta_{ik} \equiv Q_{ik} + Q\delta_{ik}, \tag{75.6}$$

其中 Q_{ik} 是迹为零的“不可简化”张量, 而 Q 是标量. 于是, 球面波 (75.5) 可分为两项之和:

$$p'(\boldsymbol{r},\ t) = \frac{\rho}{4\pi c^2 r}\left[\int Q(\boldsymbol{r}_1,\ \tau)\,\mathrm{d}V_1 + n_i n_k \int Q_{ik}(\boldsymbol{r}_1,\ \tau)\,\mathrm{d}V_1\right], \tag{75.7}$$

第一项是单极子声源辐射, 第二项是四极子声源辐射.

我们来计算声辐射总强度. 在声波区中, 声能流密度在每一点都指向 $\boldsymbol{n}$ 的方向, 而其大小等于 $q = p'^2/c\rho$. 让 q 乘以 $r^2\,\mathrm{d}o$, 再对所有的 $\boldsymbol{n}$ 方向积分①, 即可得到声辐射总强度. 然而, 我们所关心的实际上并不是有涨落的瞬时强度值, 而是其时间平均值 (这时假设湍流是“定常的”). 我们把积分的平方写为二重积分的形式, 并在积分号下取平均值 (用尖括号表示), 从而完成最后这一步运算. 结果得到:

$$\begin{aligned} I = {} & \frac{\rho_0}{60\pi c^5}\iint \langle Q(\boldsymbol{r}_1,\ \tau)Q(\boldsymbol{r}_2,\ \tau)\rangle\,\mathrm{d}V_1\,\mathrm{d}V_2 \\ & + \frac{\rho_0}{30\pi c^5}\iint \langle Q_{ik}(\boldsymbol{r}_1,\ \tau)Q_{ik}(\boldsymbol{r}_2,\ \tau)\rangle\,\mathrm{d}V_1\,\mathrm{d}V_2. \end{aligned} \tag{75.8}$$

(75.7) 中两项的“交叉”乘积在对各方向积分时就消失了, 于是总强度等于单极子辐射强度与四极子辐射强度之和. 在这种情况下, 这两部分一般而言具有相同的量级.

我们来估计这个量级 (更准确地讲, 我们来阐明 I 对湍流运动参量的依赖关系). 张量分量 $T_{ik} \sim u^2$, 其中 u 是湍流运动的特征速度. 对时间每微分一次, 这个量级都要乘以特征频率 u/l, 所以 $Q \sim u^4/l^2$. 在量级为 l 的距离上, 不同点的湍流涨落速度之间具有相关性. 所以, 处于湍流状态的单位质量介质在单

---

① 在对各个 $\boldsymbol{n}$ 方向进行积分时, 可以利用以下表达式来计算矢量 $\boldsymbol{n}$ 的两个或四个分量之积的平均值:

$$\overline{n_i n_k} = \frac{1}{3}\delta_{ik}, \quad \overline{n_i n_k n_l n_m} = \frac{1}{15}(\delta_{ik}\delta_{lm} + \delta_{il}\delta_{km} + \delta_{im}\delta_{kl}).$$

位时间内以声音的形式辐射出的能量

$$\varepsilon_{\text{sound}} \sim \frac{1}{c^5}\frac{u^8}{l^4}l^3 = \frac{u^8}{c^5 l}. \tag{75.9}$$

因此, 声辐射总强度正比于湍流运动速度的八次幂.

湍流运动依靠某外部能量源提供功率才能维持, 该功率在“定常”情况下等于单位时间内所耗散的能量. 对于单位质量介质, 这部分能量 $\varepsilon_{\text{diss}} \sim u^3/l$ ①. 发声效率可以定义为声辐射功率与能量耗散率之比:

$$\frac{\varepsilon_{\text{sound}}}{\varepsilon_{\text{diss}}} \sim \left(\frac{u}{c}\right)^5. \tag{75.10}$$

在这里, 比值 u/c 的指数较大, 所以当 $u/c \ll 1$ 时, 湍流作为声源是非常低效的.

§ 76 互易原理

在 §64 中推导声波方程时曾经假设, 声波是在均匀介质中传播的. 例如, 介质的密度 ρ_0 和其中的声速 c 都被看做常量. 为了得到对任意非均匀介质的一般情况也适用的某些一般关系式, 我们首先推导声音在这样的介质中传播的方程.

我们把连续性方程写为以下形式:

$$\frac{\mathrm{d}\rho}{\mathrm{d}t} + \rho \operatorname{div} \boldsymbol{v} = 0.$$

但因为声音传播是绝热的, 所以有

$$\frac{\mathrm{d}\rho}{\mathrm{d}t} = \left(\frac{\partial \rho}{\partial p}\right)_s \frac{\mathrm{d}p}{\mathrm{d}t} = \frac{1}{c^2}\frac{\mathrm{d}p}{\mathrm{d}t} = \frac{1}{c^2}\left(\frac{\partial p}{\partial t} + \boldsymbol{v}\cdot\nabla p\right),$$

而连续性方程的形式变为

$$\frac{\partial p}{\partial t} + \boldsymbol{v}\cdot\nabla p + \rho c^2 \operatorname{div} \boldsymbol{v} = 0.$$

按照通常的做法, 令 $\rho = \rho_0 + \rho'$, 并且 ρ_0 现在是坐标的给定函数. 至于压强, 在 $p = p_0 + p'$ 中应当仍然像前面那样认为 $p_0 = \text{const}$, 因为在平衡状态下, 压强在整个介质中处处相同 (当然, 如果没有外力场的话). 因此, 精确到二阶小量, 我们有

$$\frac{\partial p'}{\partial t} + \rho_0 c^2 \operatorname{div} \boldsymbol{v} = 0.$$

这个方程在形式上与方程 (64.5) 相同, 但是其中的系数 $\rho_0 c^2$ 是坐标的函

① 见 (33.1). 此处对 u 和 Δu 不加区别; 我们这样选取用来研究运动的参考系, 使湍流区之外的流体处于静止状态.

数. 至于欧拉方程, 则同 §64 一样, 我们有

$$\frac{\partial \boldsymbol{v}}{\partial t}=-\frac{\nabla p'}{\rho_0}.$$

从这两个方程消去 $\boldsymbol{v}$ (再省略掉 ρ_0 的下标), 最后得到声音在非均匀介质中传播的方程:

$$\operatorname{div}\frac{\nabla p'}{\rho}-\frac{1}{\rho c^2}\frac{\partial^2 p'}{\partial t^2}=0. \tag{76.1}$$

如果讨论频率为 ω 的单色波, 则 $\ddot{p}'=-\omega^2 p'$, 从而

$$\operatorname{div}\frac{\nabla p'}{\rho}+\frac{\omega^2}{\rho c^2}p'=0. \tag{76.2}$$

我们来研究从尺寸不大的振动声源发出的声波 (在 §74 中已经看到, 这样的声辐射是各向同性的). 用 A 表示声源所在点, 用 $p_A(B)$ 表示由此发出的声波中某一点 B 的压强 p①. 如果同样的声源位于点 B, 则相应地用 $p_B(A)$ 表示它在点 A 产生的压强. 我们来推导 $p_A(B)$ 与 $p_B(A)$ 之间的关系.

为此, 我们应用方程 (76.2), 一次用于声源位于点 A 的情况, 另一次用于声源位于点 B 的情况:

$$\operatorname{div}\frac{\nabla p_A'}{\rho}+\frac{\omega^2}{\rho c^2}p_A'=0,\quad \operatorname{div}\frac{\nabla p_B'}{\rho}+\frac{\omega^2}{\rho c^2}p_B'=0.$$

用 p_B' 乘第一个方程, 用 p_A' 乘第二个方程, 然后把它们相减, 我们得到

$$p_B'\operatorname{div}\frac{\nabla p_A'}{\rho}-p_A'\operatorname{div}\frac{\nabla p_B'}{\rho}=\operatorname{div}\left(\frac{p_B'\nabla p_A'}{\rho}-\frac{p_A'\nabla p_B'}{\rho}\right)=0.$$

如果在位于无穷远处的封闭曲面 C 与分别包围点 A, B 的两个小球面 C_A, C_B 之间的区域上取这个方程的积分, 则该体积分可以变换为这三个曲面上的积分, 并且曲面 C 上的积分为零, 因为声场在无穷远处消失. 因此, 我们得到

$$\int_{C_A+C_B}\left(p_B'\frac{\nabla p_A'}{\rho}-p_A'\frac{\nabla p_B'}{\rho}\right)\cdot \mathrm{d}\boldsymbol{f}=0. \tag{76.3}$$

在小球面 C_A 的内部, 位于点 A 的声源所产生的声波中的压强 p_A' 随着到点 A 距离的变化而迅速变化, 所以梯度 $\nabla p_A'$ 很大. 而在相当远离点 B 的点 A 的附近区域内, 位于点 B 的声源所产生的压强 p_B' 是坐标的缓变函数, 其梯度 $\nabla p_B'$ 相对很小. 所以, 当球面 C_A 的半径充分小时, 在沿该球面的积分中, 被积函数的第二项与第一项相比可以忽略不计, 而第一项中的 p_B' 几乎保持不变, 可以取它在点 A 的值并把它移到积分号之外. 类似的讨论也适用于沿球

① 声源的尺寸应远小于 A 与 B 之间的距离, 还应远小于波长.

面 C_B 的积分, 于是从 (76.3) 得到以下关系式:

$$p'_B(A)\int_{C_A}\frac{\nabla p'_A}{\rho}\cdot \mathrm{d}\boldsymbol{f}=p'_A(B)\int_{C_B}\frac{\nabla p'_B}{\rho}\cdot \mathrm{d}\boldsymbol{f}.$$

但 $\nabla p'/\rho=-\partial \boldsymbol{v}/\partial t$, 所以这个方程可以改写为

$$p'_B(A)\frac{\partial}{\partial t}\int_{C_A}\boldsymbol{v}_A\cdot \mathrm{d}\boldsymbol{f}=p'_A(B)\frac{\partial}{\partial t}\int_{C_B}\boldsymbol{v}_B\cdot \mathrm{d}\boldsymbol{f}.$$

积分 $\int_{C_A}\boldsymbol{v}_A\cdot \mathrm{d}\boldsymbol{f}$ 是单位时间内流过球面 C_A 的流体的体积, 即振动声源在单位时间内的体积变化. 因为位于点 A 和 B 的声源是完全相同的, 所以显然有

$$\int_{C_A}\boldsymbol{v}_A\cdot \mathrm{d}\boldsymbol{f}=\int_{C_B}\boldsymbol{v}_B\cdot \mathrm{d}\boldsymbol{f},$$

因此,

$$p'_A(B)=p'_B(A). \tag{76.4}$$

这个等式就是人们所说的互易原理: 位于点 A 的声源在点 B 所产生的压强, 等于位于点 B 的相同声源在点 A 所产生的压强. 我们强调, 这个结果也适用于介质可以划分为几个不同的均匀区域的情形. 当声波在这样的介质中传播时, 在不同区域的分界面上会发生反射和折射. 于是, 当声波在从点 A 到点 B 以及相反的传播路程上发生反射和折射时, 互易原理也是成立的.

习 题

设一个振动声源没有体积变化, 导出由此产生的偶极声辐射的互易原理.

解: 此时

$$\int_{C_A}\boldsymbol{v}_A\cdot \mathrm{d}\boldsymbol{f}=0, \tag{1}$$

所以在计算 (76.3) 中的积分时必须考虑下一阶近似. 为此, 精确到一阶项, 我们有

$$p'_B=p'_B(A)+\boldsymbol{r}\cdot\nabla p'_B, \tag{2}$$

其中 $\boldsymbol{r}$ 是从 A 点引出的径矢. 在积分

$$\int_{C_A}\left(p'_B\frac{\nabla p'_A}{\rho}-p'_A\frac{\nabla p'_B}{\rho}\right)\cdot \mathrm{d}\boldsymbol{f} \tag{3}$$

中, 被积函数的两项现在具有相同的量级. 把 (2) 中的 p'_B 代入此式, 再利用 (1), 得到

$$\int_{C_A}\left[(\boldsymbol{r}\cdot\nabla p'_B)\frac{\nabla p'_A}{\rho}-p'_A\frac{\nabla p'_B}{\rho}\right]\cdot \mathrm{d}\boldsymbol{f}.$$

然后, 我们把几乎处处相同的量 $\nabla p'_B=-\rho\dot{\boldsymbol{v}}_B$ 移到积分号之外, 并取它在点 A 的值:

$$\rho_A\dot{\boldsymbol{v}}_B(A)\cdot\int_{C_A}\left[\frac{p'_A}{\rho}\mathrm{d}\boldsymbol{f}-\boldsymbol{r}\left(\frac{\nabla p'_A}{\rho}\cdot \mathrm{d}\boldsymbol{f}\right)\right],$$

(ρ_A 是点 A 的介质密度). 为了计算这个积分, 我们注意到, 在声源附近可以认为流体是不可压缩的 (见 §74), 所以按照 (11.1) 可以把小球面 C_A 以内的压强写为

$$p_A' = -\rho\dot{\varphi} = \rho\frac{\dot{\boldsymbol{A}}\cdot\boldsymbol{r}}{r^3}.$$

在单色波中 $\dot{\boldsymbol{v}} = -\mathrm{i}\omega\boldsymbol{v}$, $\dot{\boldsymbol{A}} = -\mathrm{i}\omega\boldsymbol{A}$; 再引入单位矢量 $\boldsymbol{n}_A$, 它指向位于点 A 的声源所对应的矢量 $\boldsymbol{A}$ 的方向, 我们就求出, 积分 (3) 的值正比于

$$\rho_A\boldsymbol{v}_B(A)\cdot\boldsymbol{n}_A.$$

类似地, 沿球面 C_B 的积分正比于

$$-\rho_B\boldsymbol{v}_A(B)\cdot\boldsymbol{n}_B,$$

并且比例系数相同. 令二者之和为零, 就得到表示偶极声辐射互易原理的关系式

$$\rho_A\boldsymbol{v}_B(A)\cdot\boldsymbol{n}_A = \rho_B\boldsymbol{v}_A(B)\cdot\boldsymbol{n}_B.$$

§77 声音沿管道的传播

我们来研究声波沿细长管道的传播. 所谓细管, 是指宽度远小于波长的管道. 管道横截面的形状和面积沿管道长度方向均可变化, 重要之处仅仅在于, 这种变化是足够缓慢的——横截面的面积 S 在管道宽度量级的距离上应当变化很小.

在这些条件下可以认为, 所有的量 (速度、密度等) 在管道的每一个横截面上都均匀分布, 而波的传播方向则处处与管轴方向一致. 为了推导这种波的传播方程, 最好采用类似于 §12 中用来推导渠道中重力波传播方程的方法.

在单位时间内通过管道横截面的流体质量是 $S\rho v$. 所以, 在无穷接近的两个横截面之间的区域中, 1 s 时间内减少的流体总量 (质量) 为

$$(S\rho v)_{x+\mathrm{d}x} - (S\rho v)_x = \frac{\partial(S\rho v)}{\partial x}\,\mathrm{d}x$$

(坐标 x 沿管轴方向). 因为两个横截面之间的体积本身保持不变, 所以流体质量的这种减少只能是由流体密度的变化引起的.

单位时间内的密度变化是 $\partial\rho/\partial t$, 而两个横截面之间区域内的流体体积为 $S\,\mathrm{d}x$, 所以流体质量的相应减少量等于

$$-S\frac{\partial\rho}{\partial t}\,\mathrm{d}x.$$

使这两个表达式相等, 即得到方程

$$S\frac{\partial\rho}{\partial t} = -\frac{\partial(S\rho v)}{\partial x}, \tag{77.1}$$

这就是管道内流体的连续性方程.

然后, 我们写出欧拉方程, 并忽略其中的速度二次项:

$$\frac{\partial v}{\partial t} = -\frac{1}{\rho}\frac{\partial p}{\partial x}. \tag{77.2}$$

取 (77.1) 对时间的导数, 此时应认为方程右边的 ρ 与时间无关, 因为在计算 ρ 的导数时会出现含有 $v\,\partial\rho/\partial t = v\,\partial\rho'/\partial t$ 的一项, 而这是二阶小量. 因此,

$$S\frac{\partial^2\rho}{\partial t^2} = -\frac{\partial}{\partial x}\left(S\rho\frac{\partial v}{\partial t}\right).$$

把 (77.2) 中的 $\partial v/\partial t$ 代入此式, 再根据 $\ddot{\rho} = \ddot{p}/c^2$ 把左边的密度导数通过压强导数表示出来, 结果得到声音沿管道的传播方程:

$$\frac{1}{S}\frac{\partial}{\partial x}\left(S\frac{\partial p}{\partial x}\right) - \frac{1}{c^2}\frac{\partial^2 p}{\partial t^2} = 0. \tag{77.3}$$

在单色波中, p① 通过因子 $\mathrm{e}^{-\mathrm{i}\omega t}$ 依赖于时间, 而 (77.3) 变为

$$\frac{1}{S}\frac{\partial}{\partial x}\left(S\frac{\partial p}{\partial x}\right) + k^2 p = 0 \tag{77.4}$$

($k = \omega/c$ 是波数).

最后, 我们来研究管口声辐射问题. 管道开口端气体与管道周围气体的压强差远小于管道内的压强差. 所以, 作为管道开口端的边界条件, 应当以足够高的精度要求压强 p 在这里等于零. 此外, 气体速度 v 在开口端不为零, 设其值为 v_0. 乘积 Sv_0 是单位时间内从管道流出的气体总量 (体积).

现在可以把管道开口端看做强度为 Sv_0 的某种气体源. 管口声辐射问题化为等价的振动物体声辐射问题, 后者的解由公式 (74.10) 给出. 这里, 我们应当用 Sv_0 代替物体体积对时间的导数 $\dot{V}$. 于是, 声辐射总强度为

$$I = \frac{\rho S^2\overline{\dot{v}_0^2}}{4\pi c}. \tag{77.5}$$

习 题

1. 设声音从横截面积为 S_1 的管道传入横截面积为 S_2 的管道, 求透射因子.

解: 在第一个管道中有两个波: 入射波

$$p_1 = a_1\,\mathrm{e}^{\mathrm{i}(kx-\omega t)}$$

和反射波

$$p_1' = a_1'\,\mathrm{e}^{-\mathrm{i}(kx+\omega t)},$$

① 此处以及本节习题中, p 均表示压强变化 (前面用 p' 表示).

而在第二个管道中有一个透射波

$$p_2 = a_2\,\mathrm{e}^{\mathrm{i}(kx-\omega t)}.$$

在两个管道的连接处 $(x=0)$, 压强应相等, 单位时间内从一个管道流入另一个管道的气体总量 Sv 也应相等. 这些条件给出

$$a_1 + a_1' = a_2, \quad S_1(a_1 - a_1') = S_2 a_2,$$

所以

$$a_2 = a_1 \frac{2S_1}{S_1+S_2}.$$

透射波能流与入射波能流之比 D 等于

$$D = \frac{S_2\overline{|v_2|^2}}{S_1\overline{|v_1|^2}} = \frac{4S_1S_2}{(S_1+S_2)^2} = 1 - \left(\frac{S_2-S_1}{S_2+S_1}\right)^2.$$

2. 求柱形管道开口端的声辐射能流.

解: 管道开口端的边界条件是 $p=0$, 这里可以近似地忽略所辐射声波的压强 (我们看到, 管道开口端的声辐射强度很小). 这样就有边界条件 $p_1 = -p_1'$, 其中 p_1 和 p_1' 分别是入射波和返回管道的反射波的压强. 对于速度, 相应地有 $v_1 = v_1'$, 于是管道开口端的合速度为 $v_0 = v_1 + v_1' = 2v_1$. 入射波能流等于 $cS\rho\overline{v_1^2} = cS\rho\overline{v_0^2}/4$. 利用 (77.5) 得到声辐射能流与入射波能流之比

$$D = \frac{S\omega^2}{\pi c^2}.$$

对于 (半径为 R 的) 圆形截面管道, 我们有 $D = R^2\omega^2/c^2$. 因为假设 $R \ll c/\omega$, 所以 $D \ll 1$.

3. 设柱形管道的一端开口, 另一端被薄膜覆盖, 薄膜按给定方式振动, 从而辐射声波. 求该管道的声辐射.

解: 通解为

$$p = (a\,\mathrm{e}^{\mathrm{i}kx} + b\,\mathrm{e}^{-\mathrm{i}kx})\,\mathrm{e}^{-\mathrm{i}\omega t}.$$

我们利用封闭端 $(x=0)$ 的条件 $v=u$ ($u = u_0\,\mathrm{e}^{-\mathrm{i}\omega t}$ 是给定的薄膜振动速度) 和开口端 $(x=l)$ 的条件 $p=0$ 来确定常量 a 和 b. 这些条件给出

$$a\,\mathrm{e}^{\mathrm{i}kl} + b\,\mathrm{e}^{-\mathrm{i}kl} = 0, \quad a - b = c\rho u_0.$$

在 a 和 b 确定之后, 我们再求出管道开口端的气体速度 $v_0 = u/\cos kl$. 假如没有管道, 就可以把公式 (74.10) 中的 $\dot{V}$ 替换为 Su, 其中 S 是薄膜的面积, 并据此通过方均值 $S^2\overline{|\dot{u}|^2} = S^2\omega^2\overline{|u|^2}$ 来确定振动薄膜的声辐射强度. 管端的声辐射正比于 $S^2\overline{|v_0|^2}\omega^2$. 管道的声放大系数为

$$A = \frac{S^2\overline{|v_0|^2}}{S^2\overline{|u|^2}} = \frac{1}{\cos^2 kl}.$$

当薄膜的振动频率等于管道的本征频率时 (共振), A 等于无穷大. 其实, 这时它当然仍是有限的, 因为一些已被忽略的效应 (例如: 摩擦, 声辐射的影响) 将表现出来.

4. 题目同上, 但管道是锥形的 (薄膜覆盖在横截面较小的一端).

解: 对于管道的横截面积, 我们有 $S = S_0x^2$. 设坐标 x 的值 x_1 和 x_2 分别对应较小

和较大的一端，于是管道长度为 $l=x_2-x_1$. 方程 (77.4) 的通解为

$$p=\frac{1}{x}(a\,\mathrm{e}^{\mathrm{i}kx}+b\,\mathrm{e}^{-\mathrm{i}kx})\,\mathrm{e}^{-\mathrm{i}\omega t},$$

a 和 b 可由以下条件确定：在 $x=x_1$ 处 $v=u$, 在 $x=x_2$ 处 $p=0$. 对于声放大系数，我们得到

$$A=\frac{S_0^2x_2^4\overline{|v_2|^2}}{S_0^2x_1^4\overline{|u|^2}}=\frac{k^2x_2^2}{(\sin kl+kx_1\cos kl)^2}.$$

5. 题目同上，但管道的横截面积沿管道长度方向按指数规律 $S=S_0\,\mathrm{e}^{\alpha x}$ 变化.

解: 方程 (77.4) 的形式为

$$\frac{\partial^2p}{\partial x^2}+\alpha\frac{\partial p}{\partial x}+k^2p=0,$$

所以

$$p=\mathrm{e}^{-\alpha x/2}(a\,\mathrm{e}^{\mathrm{i}mx}+b\,\mathrm{e}^{-\mathrm{i}mx})\,\mathrm{e}^{-\mathrm{i}\omega t},\quad m=\left(k^2-\frac{\alpha^2}{4}\right)^{1/2}.$$

用来确定 a 和 b 的条件为：在 $x=0$ 处 $v=u$, 在 $x=l$ 处 $p=0$. 对于声放大系数，我们求出：当 $k>\alpha/2$ 时

$$A=\frac{S_0\,\mathrm{e}^{2\alpha l}\overline{|v_0^2|^2}}{S_0\overline{|u|^2}}=\frac{\mathrm{e}^{\alpha l}}{\left(\dfrac{\alpha}{2}\dfrac{\sin ml}{m}+\cos ml\right)^2},$$

当 $k<\alpha/2$ 时

$$A=\frac{\mathrm{e}^{\alpha l}}{\left(\dfrac{\alpha}{2}\dfrac{\sinh m'l}{m'}+\cosh m'l\right)^2},\quad m'=\left(\frac{\alpha^2}{4}-k^2\right)^{1/2}.$$

§78 声音散射

如果在声波的传播路径上存在任何物体，就会发生人们所说的声音散射：除了入射波，还会出现附加的波 (散射波)，这种波从散射物体发出并向所有方向传播. 在传播路径上存在物体，仅此就已经导致声波散射. 此外，在入射波的影响下，物体本身也会运动，这种运动同样也会导致物体的某种附加声辐射，这也是一种散射. 不过，如果物体的密度远大于声音传播介质的密度，且物体的压缩率很小，则与物体运动有关的散射仅仅是一种很小的修正，主要的散射还是因为物体存在而产生的. 我们在下面将忽略这种修正，所以将认为散射物体是静止的.

假设声音的波长 λ 远大于物体的尺寸 l, 这样就可以应用公式 (74.8) 和 (74.11) 来计算散射波①. 这时，我们把散射波看做由物体辐射的声波，其差别仅仅在于，现在所研究的不是物体在流体中的运动，而是流体相对于物体的运动. 这两个问题显然是等价的.

---

① 同时还要求物体的尺寸远大于声波中流体点的振幅，否则流动一般就不是势流了.

对于由物体辐射的声波, 我们已经得到速度势的表达式

$$\varphi = -\frac{\dot{V}}{4\pi r} - \frac{\dot{\boldsymbol{A}}\cdot\boldsymbol{r}}{cr^2},$$

式中 V 是物体的体积. 现在, 物体本身的体积保持不变, 所以 $\dot{V}$ 不应理解为物体体积的变化率, 而应理解为假如该物体根本不存在时, 单位时间内流入物体所占区域 (用 V_0 表示此区域) 的流体总量 (体积). 其实, 当物体存在时, 这些流体就不能流入物体所占区域, 而这等价于, 总量相同的流体从区域 V_0 中流出来. 我们在前面看到, 在 φ 的第一项中, $1/4\pi r$ 的系数应当正好等于单位时间内从坐标原点流出的流体总量. 容易求出这些流体的体积. 在体积与物体体积相等的区域中, 流体质量在单位时间内的变化等于 $V_0\dot{\rho}$, 其中函数 $\dot{\rho}$ 给出入射声波中流体密度对时间的变化率 (因为波长远大于物体的尺寸, 所以可以认为, 密度 ρ 在物体尺寸量级的距离上是不变的; 因此, 我们可以把区域 V_0 中流体质量的变化率简单地写为 $V_0\dot{\rho}$ 的形式, 其中 $\dot{\rho}$ 在整个区域 V_0 中处处相同). 质量变化率 $V_0\dot{\rho}$ 所对应的体积变化率显然是 $V_0\dot{\rho}/\rho$. 因此, 在 φ 的表达式中, 应当用量 $V_0\dot{\rho}/\rho$ 来替换 $\dot{V}$. 在平面入射波中, 密度变化 ρ' 与速度的关系为 $\rho' = \rho v/c$, 所以 $\dot{\rho} = \dot{\rho}' = \rho\dot{v}/c$, 于是可以用 $V_0\dot{v}/c$ 来替换 $V_0\dot{\rho}/\rho$.

至于矢量 $\boldsymbol{A}$, 则当物体在流体中运动时, 它可由公式 (11.5), (11.6) 确定:

$$4\pi\rho A_i = m_{ik}u_k + \rho V_0 u_i.$$

现在, 我们应当把物体速度 $\boldsymbol{u}$ 替换为入射波中带有负号的流体速度 $\boldsymbol{v}$ (指假如物体完全不存在时物体所在位置上的流体速度). 于是,

$$A_i = -\frac{1}{4\pi\rho}m_{ik}v_k - \frac{V_0}{4\pi}v_i. \tag{78.1}$$

最后, 我们得到散射波的速度势:

$$\varphi_{\text{sc}} = -\frac{V_0\dot{v}}{4\pi cr} - \frac{\dot{\boldsymbol{A}}\cdot\boldsymbol{r}}{cr^2}, \tag{78.2}$$

而矢量 $\boldsymbol{A}$ 由公式 (78.1) 确定. 对于散射波中的速度分布, 由此得到

$$\boldsymbol{v}_{\text{sc}} = \frac{V_0\ddot{v}\boldsymbol{n}}{4\pi rc^2} + \frac{\boldsymbol{n}(\boldsymbol{n}\cdot\ddot{\boldsymbol{A}})}{rc^2} \tag{78.3}$$

(见 §74; $\boldsymbol{n}$ 为散射方向上的单位矢量).

在给定的立体角微元 do 中, 单位时间内的平均散射能量可由能流确定, 它等于 $c\rho\overline{\boldsymbol{v}_{\text{sc}}^2}\,r^2\,\mathrm{d}o$. 取此表达式在所有方向上的积分, 即可得到散射总强度 I_{sc}. 在积分时要计算 (78.3) 中两项乘积的二倍, 该乘积正比于散射方向与入射波传播方向之间夹角的余弦, 因而等于零. 于是, 积分后剩下 (与 (74.10) 和 (74.13)

进行对比):

$$I_{\rm sc} = \frac{V_0^2\rho}{4\pi c^3}\overline{\ddot{v}^2} + \frac{4\pi\rho}{3c^3}\overline{\ddot{\boldsymbol{A}}^2}. \tag{78.4}$$

通常用**有效截面** (简称**截面**) $d\sigma$ 来表征散射, 它被定义为给定立体角微元中的 (时间) 平均散射能量与入射波平均能流密度之比. 总有效截面 σ 等于 $d\sigma$ 在所有散射方向上的积分, 即散射总强度与入射波能流密度之比. 截面显然具有面积的量纲.

入射波的平均能流密度是 $c\rho\overline{\boldsymbol{v}^2}$. 所以, 散射截面的微分等于以下比值:

$$d\sigma = \frac{\overline{\boldsymbol{v}_{\rm sc}^2}}{\overline{\boldsymbol{v}^2}}\, r^2\, do. \tag{78.5}$$

总截面等于

$$\sigma = \frac{V_0^2}{4\pi c^4}\frac{\overline{\ddot{\boldsymbol{v}}^2}}{\overline{\boldsymbol{v}^2}} + \frac{4\pi}{3c^4}\frac{\overline{\ddot{\boldsymbol{A}}^2}}{\overline{\boldsymbol{v}^2}}. \tag{78.6}$$

对于单色入射波, 速度对时间的二阶导数的方均值正比于频率的四次幂. 因此, 如果一个物体的尺寸远小于声波波长, 则它对声波的散射截面正比于频率的四次幂.

最后, 我们简单讨论一下相反的极限情况, 这时散射声波的波长远小于物体尺寸. 在这种情况下, 除了极微小角度上的散射, 所有的散射都归结为物体表面上的简单反射. 散射总截面的相应部分显然等于该物体被垂直于入射波方向的平面所截而得到的面积 S. 微小 (量级为 λ/l) 角度上的散射则是物体边缘的衍射. 这里不打算阐述这种现象的理论, 它完全类似于光的衍射 (见第二卷 §60, §61). 我们仅仅指出, 按照巴比涅原理, 声衍射总强度等于声反射总强度. 所以, 散射截面的衍射部分也等于 S, 总截面从而等于 $2S$.

习 题

1. 设平面声波被固体小球散射, 小球半径 R 远小于波长, 求散射截面.

解: 对于平面波中的速度, 我们有 $v = a\cos\omega t$ (在给定的空间点). 在球体的情况下 (见 §11 的习题 1), 矢量 $\boldsymbol{A} = -\boldsymbol{v}R^3/2$. 对于截面的微分, 我们得到

$$d\sigma = \frac{\omega^4 R^6}{9c^4}\left(1 - \frac{3}{2}\cos\theta\right)^2 do$$

(θ 是入射波方向与散射方向之间的夹角). 散射强度在 $\theta = \pi$ 的方向上最大, 该方向与入射方向相反. 总截面等于

$$\sigma = \frac{7\pi}{9}\left(\frac{R^3\omega^2}{c^2}\right)^2.$$

这里 (以及下面的习题 3, 4 中) 假设小球的密度 ρ_0 远大于气体密度 ρ, 否则就要考虑振动气体对小球的压力所引起的小球的运动.

2. 设声音被液滴散射, 考虑流体的压缩率和液滴在入射波影响下的运动, 求散射截面.

解: 在绝热过程中, 如果液滴周围的气体压强变化为 p', 则液滴体积的减小值为

$$\frac{V_0}{\rho_0}\left(\frac{\partial\rho_0}{\partial p}\right)_s p' = \frac{V_0}{\rho_0 c_0^2}c\rho v$$

(ρ 是气体密度, ρ_0 是液滴密度, c_0 是液体中的声速). 在表达式 (78.2) 和 (78.3) 中, 现在应当把 $V_0\ddot{v}/c$ 替换为差值

$$V_0\left(\frac{\ddot{v}}{c} - \frac{\ddot{v}c\rho}{c_0^2\rho_0}\right).$$

此外, 在 $\boldsymbol{A}$ 的表达式中, 现在应当把 $-\boldsymbol{v}$ 替换为差值 $\boldsymbol{u}-\boldsymbol{v}$, 其中 $\boldsymbol{u}$ 是液滴在入射波的影响下获得的速度. 对于球体, 利用 §11 习题 1 的结果, 我们得到

$$\boldsymbol{A} = R^3\boldsymbol{v}\frac{\rho-\rho_0}{2\rho_0+\rho}.$$

把这些表达式代入相应公式, 就得到散射截面

$$\mathrm{d}\sigma = \frac{\omega^4R^6}{9c^4}\left[\left(1-\frac{c^2\rho}{c_0^2\rho_0}\right) - 3\cos\theta\frac{\rho_0-\rho}{2\rho_0+\rho}\right]^2\mathrm{d}o.$$

总截面等于

$$\sigma = \frac{4\pi\omega^4R^6}{9c^4}\left[\left(1-\frac{c^2\rho}{c_0^2\rho_0}\right)^2 + \frac{3(\rho_0-\rho)^2}{(2\rho_0+\rho)^2}\right].$$

3. 设声音被固体小球散射, 小球半径 R 远小于 $\sqrt{\nu/\omega}$, 且小球比热甚大, 从而可以认为其温度保持不变. 求散射截面.

解: 此时应当考虑气体黏性对小球运动的影响, 并按照 §74 习题 2 所述方式改写矢量 $\boldsymbol{A}$ 的形式. 当 $R\sqrt{\omega/\nu}\ll 1$ 时, 我们有

$$\boldsymbol{A} = -\mathrm{i}\frac{3R\nu}{2\omega}\boldsymbol{v}.$$

此外, 气体的热传导也引起同样量级的散射. 设 $T_0'\,\mathrm{e}^{-\mathrm{i}\omega t}$ 为声波中给定点上的温度变化. 小球附近的温度分布为 (对比 §52 习题 2):

$$T' = T_0'\,\mathrm{e}^{-\mathrm{i}\omega t}\left[1-\frac{R}{r}\,\mathrm{e}^{-(1-\mathrm{i})(r-R)\sqrt{\omega/2\chi}}\right]$$

(当 $r=R$ 时应有 $T'=0$). 单位时间内从气体传给小球的热量为 (当 $R\sqrt{\omega/\chi}\ll 1$ 时):

$$q = 4\pi R^2\varkappa\left.\frac{\mathrm{d}T'}{\mathrm{d}r}\right|_{r=R} = 4\pi R\varkappa T_0'\,\mathrm{e}^{-\mathrm{i}\omega t}.$$

这些热量导致气体体积的变化, 就其对散射的影响而言, 可以把这种变化理解为小球体积的相应有效变化. 小球体积的这种有效变化率等于

$$\dot{V} = -4\pi R\chi\beta T_0'\,\mathrm{e}^{-\mathrm{i}\omega t} = -\frac{4\pi R}{c}\chi(\gamma-1)v,$$

其中 β 是气体的定压体膨胀系数, 而 $\gamma = c_p/c_v$. 这里还利用了公式 (64.13) 和 (79.2).

考虑这两种效应, 我们得到散射截面的微分

$$\mathrm{d}\sigma = \frac{\omega^2R^2}{c^4}\left[\chi(\gamma-1) - \frac{3}{2}\nu\cos\theta\right]^2\mathrm{d}o.$$

总有效截面为

$$\sigma = \frac{4\pi\omega^2 R^2}{c^4}\left[\chi^2(\gamma-1)^2 + \frac{3}{4}\nu^2\right].$$

这些公式仅适用于斯托克斯摩擦力远小于惯性力的情况, 即

$$\eta R \ll M\omega$$

的情况, 其中 $M = 4\pi\rho_0 R^3/3$ 为小球的质量. 在相反的情况下, 黏性力对小球的作用就变得非常重要.

4. 设一个固体小球散射平面声波 ($\lambda \gg R$), 求此球所受的平均作用力.

解: 单位时间内从入射波传递给小球的动量即为待求的力, 它等于入射波总动量流与散射波总动量流之差. 从入射波中散射掉的能流为 $\sigma c\overline{E}_0$, 其中 E_0 为入射波能量密度. 除以 c, 即得相应动量流 $\sigma\overline{E}_0$. 在散射波中, 立体角微元 $\mathrm{d}o$ 中的动量流为 $\overline{E}_{\mathrm{sc}} r^2 \mathrm{d}o = \overline{E}_0\,\mathrm{d}\sigma$. 把它投影到入射波传播方向上 (显然, 待求的力指向此方向), 并对所有立体角积分, 就得到

$$\overline{E}_0 \int \cos\theta\,\mathrm{d}\sigma.$$

因此, 作用在小球上的力等于

$$F = \overline{E}_0 \int (1-\cos\theta)\,\mathrm{d}\sigma.$$

把习题 1 中的 $\mathrm{d}\sigma$ 代入此式, 得到

$$F = \overline{E}_0 \frac{11\pi\omega^4 R^6}{9c^4}.$$

§ 79 声音的吸收

黏性和热传导的存在导致声波能量的耗散, 所以声音会被吸收, 即声音的强度会逐渐减弱. 为了计算能量耗散率 $\dot{E}_{\mathrm{mech}}$, 我们使用下述一般方法. 机械能无非就是从给定的非平衡态转变到热力学平衡态的过程中所能获得的最大功[①]. 由热力学可知, 如果转变过程是可逆的 (即熵不发生变化), 就得到最大

---

① 原文如此. 这里的 E_{mech} 其实表示一个系统在从给定的非平衡态转变到与环境状态相同的热力学平衡态的过程中能够向外提供的最大功 (可以参考第五卷 § 20), $\dot{E}_{\mathrm{mech}}$ 表示不可逆效应所导致的这种做功能力的损失率, 这就是通常所说的能量耗散率的本质含义. 耗散导致做功能力下降. 在现代热力学中, 上述意义下的最大功称为一个系统的㶲 (exergy). 详见: B. M. 布罗章斯基. 㶲方法及其应用. 王加璇编译. 北京: 中国电力出版社, 1996. Szargut J. Exergy Method: Technical and Ecological Applications. Southampton: WIT Press, 2005.

根据㶲分析理论 (也可参考第五卷 § 20), 设静止参考环境的压强为 p_0, 温度为 T_0 (均为常量), 则在不考虑重力等质量力的情况下, 单位质量流体的㶲 e 的微分为:

$$\mathrm{d}e = \mathrm{d}\left(\frac{v^2}{2} + \varepsilon\right) + p_0\,\mathrm{d}\frac{1}{\rho} - T_0\,\mathrm{d}s.$$

其中 v, ε, ρ 和 s 分别为流体的速度、内能、密度和熵. 利用连续性方程和能量方程 (49.2), 由此可得

$$\frac{\partial(\rho e)}{\partial t} = \mathrm{div}(p_0\boldsymbol{v} - p\boldsymbol{v} + \boldsymbol{v}\cdot\boldsymbol{\sigma}' + \varkappa\nabla T - \rho e\boldsymbol{v} - T_0\rho s\boldsymbol{v}) - T_0\frac{\partial(\rho s)}{\partial t}.$$

对于声波的能量耗散, 如果认为无穷远处流体静止且无温度梯度, 则由此立刻得到 (79.1′). ——译者

功, 所以

$$E_{\mathrm{mech}} = E_0 - E(S),$$

其中 E_0 是系统在初始态的给定初始能量, $E(S)$ 为系统在平衡态的能量, 而系统的熵 S 与其初始值相同. 对时间求导, 得到

$$\dot{E}_{\mathrm{mech}} = -\dot{E}(S) = -\left(\frac{\partial E}{\partial S}\right)\dot{S}.$$

能量对熵的导数是温度, 所以 $\partial E/\partial S$ 是假设系统处于热力学平衡态 (且具有给定的熵值) 时所应具有的温度. 用 T_0 表示此温度, 则有

$$\dot{E}_{\mathrm{mech}} = -T_0\dot{S}. \tag{79.1'}$$

我们应用 $\dot{S}$ 的表达式 (49.6), 其中既包含由热传导引起的熵变化率, 也包含由黏性引起的熵变化率. 因为流体中的温度 T 变化很小, 而且与 T_0 相差甚微, 所以可以把 T 移到积分号之外, 并用它来代替 T_0:

$$\dot{E}_{\mathrm{mech}} = -\frac{\varkappa}{T}\int(\nabla T)^2\,\mathrm{d}V - \frac{\eta}{2}\int\left(\frac{\partial v_i}{\partial x_k} + \frac{\partial v_k}{\partial x_i} - \frac{2}{3}\delta_{ik}\frac{\partial v_l}{\partial x_l}\right)^2\mathrm{d}V - \zeta\int(\operatorname{div}\boldsymbol{v})^2\,\mathrm{d}V. \tag{79.1}$$

这个公式把公式 (16.3) 推广到了存在热传导的可压缩流体的情形.

设 x 轴方向与声波的传播方向一致, 则

$$v_x = v_0\cos(kx-\omega t), \quad v_y = v_z = 0.$$

(79.1) 中的后两项给出

$$-\left(\frac{4}{3}\eta+\zeta\right)\int\left(\frac{\partial v_x}{\partial x}\right)^2\mathrm{d}V = -k^2\left(\frac{4}{3}\eta+\zeta\right)v_0^2\int\sin^2(kx-\omega t)\,\mathrm{d}V.$$

我们关心的当然是时间平均值; 对时间的平均化运算给出

$$-k^2\left(\frac{4}{3}\eta+\zeta\right)\cdot\frac{1}{2}v_0^2V_0$$

(V_0是流体的体积).

然后, 我们来计算 (79.1) 中的第一项. 在声波中, 温度对其平衡值的偏离 T' 与速度的关系为 (64.13), 所以温度梯度等于

$$\frac{\partial T}{\partial x} = \frac{\beta cT}{c_p}\frac{\partial v}{\partial x} = -\frac{\beta cT}{c_p}v_0k\sin(kx-\omega t).$$

对于 (79.1) 中第一项的时间平均值, 我们得到

$$-\frac{\varkappa c^2T\beta^2}{2c_p^2}v_0^2k^2V_0.$$

利用已有的热力学公式

$$c_p - c_v = T\beta^2 \left(\frac{\partial p}{\partial \rho}\right)_T = T\beta^2 \frac{c_v}{c_p} \left(\frac{\partial p}{\partial \rho}\right)_s = T\beta^2 c^2 \frac{c_v}{c_p} \tag{79.2}$$

可以把上面的表达式改写为

$$-\frac{\varkappa}{2}\left(\frac{1}{c_v} - \frac{1}{c_p}\right) k^2 v_0^2 V_0.$$

把所得表达式加在一起, 就求出平均能量耗散率, 其形式为

$$\overline{\dot{E}}_{\text{mech}} = -\frac{k^2 v_0^2 V_0}{2}\left[\left(\frac{4}{3}\eta + \zeta\right) + \varkappa\left(\frac{1}{c_v} - \frac{1}{c_p}\right)\right]. \tag{79.3}$$

声波的总能量为

$$\overline{E} = \frac{\rho v_0^2}{2} V_0. \tag{79.4}$$

在 §25 中引入的波的阻尼系数确定了强度随时间衰减的规律. 但是, 对于声音, 通常会遇到问题的另一种提法, 这时声波在流体中传播, 其强度随着它所通过的距离 x 增加而衰减. 显然, 这种衰减将按照 $\mathrm{e}^{-2\gamma x}$ 的规律进行, 而振幅则按 $\mathrm{e}^{-\gamma x}$ 衰减, 其中的吸收系数 γ 定义为

$$\gamma = \frac{|\overline{\dot{E}}_{\text{mech}}|}{2c\overline{E}}. \tag{79.5}$$

把 (79.3) 和 (79.4) 代入此式, 我们就求出吸收系数的以下表达式:

$$\gamma = \frac{\omega^2}{2\rho c^3}\left[\left(\frac{4}{3}\eta + \zeta\right) + \varkappa\left(\frac{1}{c_v} - \frac{1}{c_p}\right)\right] \equiv a\omega^2. \tag{79.6}$$

我们注意到, 它与声音频率的平方成正比①.

只要由此求出的吸收系数很小, 就可以应用这个公式; 这要求在波长量级的距离上, 振幅的相对减小必须很小 (即应有 $\gamma c/\omega \ll 1$). 上述推导在本质上正是基于这个假设, 因为我们在计算能量耗散时利用了无衰减声波的表达式. 对于气体, 这个条件实际上总是满足的. 例如, 我们来考虑 (79.6) 中的第一项. 条件 $\gamma c/\omega \ll 1$ 表明, 应有 $\nu\omega/c^2 \ll 1$. 但是, 由气体动理学理论可知, 气体的

---

① 当声音在一种二相介质——乳状液中传播时, 应当存在一种特殊的吸收机理 (M. A. 伊萨科维奇, 1948). 由于乳状液两种组元的热力学性质不同, 它们在声波通过时的温度变化一般也不同, 由此产生的两种组元之间的热交换就导致一种附加的吸收. 由于这种热交换相对较慢, 相对较早就会发生显著的声色散.

运动黏度 ν 的量级相当于分子平均自由程 l 与分子平均热运动速度的乘积的量级. 后者与气体中的声速量级相同, 从而 $\nu\sim lc$. 所以, 我们有

$$\frac{\nu\omega}{c^2}\sim\frac{l\omega}{c}\sim\frac{l}{\lambda}\ll 1, \tag{79.7}$$

因为已知 $l\ll\lambda$. (79.6) 中含有热导率的项也给出同样的结果, 因为 $\chi\sim\nu$.

对于液体, 如果声吸收问题的上述提法有意义, 则吸收系数小的条件总能得到满足. 只有当黏性力与物质受压缩时产生的压力相当时, (波长距离上的) 声吸收才会变大. 但在这样的条件下, 纳维–斯托克斯方程 (其中两种黏度与频率无关) 本身已经不再成立, 此时会因为内摩擦过程而产生显著的声色散①.

当存在声吸收时, 波数与频率的关系显然可以写为

$$k=\frac{\omega}{c}+\mathrm{i}a\omega^2 \tag{79.8}$$

(a 是 (79.6) 中的系数). 由此容易看出, 要想考虑声吸收效应, 应当如何修正声波 (行波) 方程. 我们指出, 以压强为例, 当不存在声吸收时, 对 $p'=p'(x-ct)$ 可以写出以下形式的微分方程:

$$\frac{\partial p'}{\partial x}=-\frac{1}{c}\frac{\partial p'}{\partial t},$$

而解为函数 $\mathrm{e}^{\mathrm{i}(kx-\omega t)}$ 且 k 由 (79.8) 确定的那个方程显然应当写为以下形式:

$$\frac{\partial p'}{\partial x}=-\frac{1}{c}\frac{\partial p'}{\partial t}+a\frac{\partial^2 p'}{\partial t^2}. \tag{79.9}$$

如果引入变量 $\tau=t-x/c$ 来代换 t, 这个方程就变为

$$\frac{\partial p'}{\partial x}=a\frac{\partial^2 p'}{\partial \tau^2},$$

即一维热传导方程类型的方程. 该方程的通解可以写为 (见 §51)

$$p'(x,\ \tau)=\frac{1}{2\sqrt{\pi a x}}\int p_0'(\tau')\exp\left[-\frac{(\tau'-\tau)^2}{4ax}\right]\mathrm{d}\tau', \tag{79.10}$$

其中 $p_0'(\tau)=p'(0,\tau)$. 如果声波是在有限时间间隔内发出的, 则在距离声源足够远的地方, 此表达式变为

$$p'(x,\ \tau)=\frac{1}{2\sqrt{\pi a x}}\exp\left(-\frac{\tau^2}{4ax}\right)\int p_0'(\tau')\,\mathrm{d}\tau'. \tag{79.11}$$

---

① 声音能够被强烈吸收并且可以用通常方法来研究的一种特殊情况是: 气体由于一些外因而具有异常大的热导率 (与黏度相比). 例如, 极高温度下的辐射传热就会导致这样的情况 (见本节习题 3).

换言之, 远处的波形由高斯曲线给出. 波的宽度的量级为 $(ax)^{1/2}$, 即宽度按正比于波所通过的距离的平方根的规律增大, 而波的振幅则像 $x^{-1/2}$ 那样减小. 由此容易断定, 波的总能量也按照 $x^{-1/2}$ 的规律减小.

在球面波的情况下, 容易推导出一些类似的公式. 这时应当注意, 对球面波有 $\int p'\,\mathrm{d}t = 0$ (见 (70.8)). 现在得到的不是 (79.11), 而是

$$p'(r,\ \tau) = \text{const}\cdot\frac{1}{r}\frac{\partial}{\partial\tau}\frac{\exp(-\tau^2/4ar)}{r^{1/2}},$$

即

$$p'(r,\ \tau) = \text{const}\cdot\frac{\tau}{r^{5/2}}\exp\left(-\frac{\tau^2}{4ar}\right). \tag{79.12}$$

当声波被固壁反射时, 必定发生强烈的吸收. 此现象的原因如下 (K. F. 赫茨菲尔德, 1938; Б. П. 康斯坦丁诺夫, 1939).

在声波中, 温度也像密度和压强那样在其平均值附近作周期性振动. 因此, 在固壁附近, 即使流体的平均温度等于壁面温度, 在流体与壁面之间也存在周期性变化的温差. 与此同时, 固壁的温度应当等于紧贴固壁的流体的温度. 于是, 在紧贴固壁的流体薄层内就会形成很大的温度梯度, 温度会从它在声波中的值迅速变为固壁的温度值. 很大的温度梯度会通过热传导引起很强的能量耗散. 按照类似的理由, 当声波斜射至固壁时, 流体的黏性也会引起强吸收. 这时, 声波中的流体速度 (指向声波的传播方向) 具有与壁面相切的非零分量. 但是, 壁面上的流体应当完全“黏附”于壁面, 所以在壁面附近的流体薄层内就会产生很大的切向速度梯度①, 这样就会出现由黏性引起的很强的能量耗散 (见习题 1).

习 题

1. 求声波受到固壁反射时被吸收的能量所占的比例. 假设固壁的密度很大, 以至于声音实际上不能穿透固壁, 还假设固壁的热容很大, 以至于固壁的温度可以视为常量.

解: 取壁面为平面 $x=0$, 入射平面为 xy 平面, 设入射角 (等于反射角) 为 θ. 在壁面的某个点 (例如点 $x=y=0$), 入射波密度变化为 $\rho_1' = A\,\mathrm{e}^{-\mathrm{i}\omega t}$. 反射波具有相同的振幅, 所以在壁面附近的反射波中 $\rho_2' = \rho_1'$. 两者 (入射波和反射波) 同时传播, 流体密度的实际变化为 $\rho' = 2A\,\mathrm{e}^{\mathrm{i}\omega t}$. 声波中的流体速度由

$$\boldsymbol{v}_1 = \frac{c}{\rho}\rho_1'\boldsymbol{n}_1,\quad \boldsymbol{v}_2 = \frac{c}{\rho}\rho_2'\boldsymbol{n}_2$$

确定, 所以壁面上的合速度 $\boldsymbol{v} = \boldsymbol{v}_1 + \boldsymbol{v}_2$ 的大小为

$$v = v_y = 2A\sin\theta\,\frac{c}{\rho}\,\mathrm{e}^{-\mathrm{i}\omega t}$$

① 至于法向速度分量, 则无论流体有无黏性, 边界条件都要求在壁面上该分量为零.

(更确切地说, 在不考虑黏性流体在固壁上的准确边界条件时才会得到该速度值). 在固壁附近, 速度 v_y 的实际变化由公式 (24.13) 确定, 而由黏性引起的能量耗散则由公式 (24.14) 确定, 并且应当用 v 的上述表达式来替换这些公式中的 $v_0\,\mathrm{e}^{-\mathrm{i}\omega t}$.

假如不考虑固壁上的准确边界条件, 就可以得到温度对其平均值 (即壁面温度) 的偏离为 (见 (64.13))

$$T' = 2A\frac{c^2T\beta}{c_p\rho}\,\mathrm{e}^{-\mathrm{i}\omega t}.$$

然而, 温度分布其实要通过求解热传导方程来确定, 相应边界条件为: 当 $x=0$ 时 $T'=0$. 因此, 表示温度分布的公式完全类似于 (24.13).

根据公式 (79.1) 中的第一项计算热传导的能量耗散, 从而得到单位面积壁面上的总能量耗散:

$$\overline{\dot{E}}_{\mathrm{mech}} = -\frac{A^2c^2\sqrt{2\omega}}{\rho}\left[\sqrt{\chi}\left(\frac{c_p}{c_v}-1\right)+\sqrt{\nu}\sin^2\theta\right].$$

从入射波投射到单位面积壁面上的平均能流密度为

$$c\rho\overline{v_1^2}\cos\theta = \frac{c^3A^2}{2\rho}\cos\theta.$$

因此, 反射时被吸收的能量所占比例为

$$\frac{2\sqrt{2\omega}}{c\cos\theta}\left[\sqrt{\nu}\sin^2\theta+\sqrt{\chi}\left(\frac{c_p}{c_v}-1\right)\right].$$

该表达式仅当它的值很小时才是正确的 (在推导过程中已经假设入射波与反射波的振幅相同). 这个条件意味着, 入射角 θ 不应过于接近 $\pi/2$.

2. 求声音在柱形管道中传播时的吸收系数.

解: 大部分声吸收是因为存在管壁而导致的. 吸收系数 γ 等于单位时间内在单位长度管壁上所消耗的能量除以两倍的通过管道横截面的总能流. 与习题 1 中的计算类似, 结果为 (R 是管道半径)

$$\gamma = \frac{\sqrt{\omega}}{\sqrt{2}Rc}\left[\sqrt{\nu}+\sqrt{\chi}\left(\frac{c_p}{c_v}-1\right)\right].$$

3. 求声音在极高热导率介质中传播时的色散关系.

解: 当热导率很大时, 声波中的流动不是绝热的. 所以, 现在用方程

$$\dot{s}' = \frac{\varkappa}{\rho T}\Delta T' \tag{1}$$

(没有黏性项的方程 (49.4) 的线性化形式) 来代替等熵条件. 取

$$\ddot{\rho}' = \Delta p' \tag{2}$$

为第二个方程, 从方程 (64.2), (64.3) 消去 $\boldsymbol{v}$ 即可得到这个方程. 取 p' 和 T' 为基本变量, 我们把 ρ' 和 s' 写为以下形式:

$$\rho' = \left(\frac{\partial\rho}{\partial T}\right)_p T' + \left(\frac{\partial\rho}{\partial p}\right)_T p', \quad s' = \left(\frac{\partial s}{\partial T}\right)_p T' + \left(\frac{\partial s}{\partial p}\right)_T p'.$$

把这些表达式代入 (1) 和 (2), 然后寻求与 $e^{i(kx-\omega t)}$ 成正比的 T', p'. 这样就得到关于 p' 和 T' 的两个方程, 其相容条件可以化为以下形式 (应用了热力学量导数之间的一些已知关系式):

$$k^4 - k^2\left(\frac{\omega^2}{c_T^2} + \frac{i\omega}{\chi}\right) + \frac{i\omega^3}{\chi c_s^2} = 0, \tag{3}$$

而这就确定了所求的 k 对 ω 的依赖关系. 这里引入了记号

$$c_s^2 = \left(\frac{\partial p}{\partial \rho}\right)_s, \quad c_T^2 = \left(\frac{\partial p}{\partial \rho}\right)_T = \frac{c_s^2}{\gamma}$$

(γ 为热容比 c_p/c_v).

在低频极限下 ($\omega \ll c^2/\chi$), 方程 (3) 给出

$$k = \frac{\omega}{c_s} + i\frac{\omega^2\chi}{2c_s}\left(\frac{1}{c_T^2} - \frac{1}{c_s^2}\right).$$

这时, 声音以通常的“绝热速度” c_s 传播, 并且吸收系数, 即 (79.6) 中的第二项, 是小量. 这是理所应当的, 因为条件 $\omega \ll c^2/\chi$ 表明, 热量在一个周期的时间内仅能传递 $\sqrt{\chi/\omega}$ 量级的距离 (见 (51.7)), 而该距离远小于波长 c/ω.

反之, 在高频极限下, 从 (3) 求出

$$k = \frac{\omega}{c_T} + \frac{ic_T}{2\chi c_s^2}(c_s^2 - c_T^2).$$

这时, 声音以“等温速度” c_T 传播 (它总是小于 c_s). 吸收系数仍是小量 (与波长的倒数相比), 它与频率无关, 与热导率成反比①.

4. 设声音在两种物质的混合物中传播, 求由扩散引起的附加声吸收 (И. Г. 沙波什尼科夫和 З. А. 戈尔德贝格, 1952).

解: 在混合物中有一种附加的声吸收源, 因为在声波中出现的温度梯度和压强梯度会导致不可逆的热扩散过程和压强扩散过程 (但是质量浓度梯度以及由此导致的纯扩散显然不会出现). 这种声吸收由熵变化率公式 (59.13) 中的一项

$$\frac{1}{T\rho D}\left(\frac{\partial \mu}{\partial C}\right)_{p,\,T}\int \boldsymbol{i}^2\,\mathrm{d}V$$

给出 (我们在这里用字母 C 表示浓度, 以区别于声速 c). 扩散流为

$$\boldsymbol{i} = -\rho D\left(\frac{k_T}{T}\nabla T + \frac{k_p}{p}\nabla p\right),$$

---

① 方程 (3) 是 k^2 的二次方程, 它的第二个根对应着随 x 增大而迅速衰减的“热波”. 在 $\omega\chi \ll c^2$ 的极限情况下, 这个根给出

$$k = \sqrt{\frac{i\omega}{\chi}} = (1+i)\sqrt{\frac{\omega}{2\chi}},$$

它与 (52.15) 一致. 在 $\omega\chi \gg c^2$ 的情况下可以得到

$$k = (1+i)\sqrt{\frac{\omega c_v}{2\chi c_p}}.$$

其中 k_p 由 (59.10) 给出. 进一步计算与正文中的计算类似, 其中会利用热力学量导数之间的一些关系式, 这给出以下结果: 在吸收系数的表达式 (79.6) 中应添加一项

$$\gamma_D = \frac{D\omega^2}{2c\rho^2\left(\dfrac{\partial \mu}{\partial C}\right)_{p,\,T}}\left[\left(\frac{\partial \rho}{\partial C}\right)_{p,\,T} + \frac{k_T}{c_p}\left(\frac{\partial \rho}{\partial T}\right)_{p,\,C}\left(\frac{\partial \mu}{\partial C}\right)_{p,\,T}\right]^2.$$

5. 设声音被一个半径远小于 $\sqrt{\nu/\omega}$ 的小球所吸收, 求它的有效吸收截面.

解: 总吸收由气体的黏性效应和热传导效应组成. 前者取决于声波中的运动气体绕小球流动时斯托克斯摩擦力的功 (同 §78 习题 3 一样, 假设小球不因此力作用而运动). 后者取决于单位时间内从气体传给小球的热量 q (§78 习题 3): 如果 (距离小球很远的) 气体与小球之间的温度差为 T', 则为传递热量 q 而导致的能量耗散为 qT'/T. 对于总有效吸收截面, 可以得到

$$\sigma = \frac{2\pi R}{c}\left[3\nu + 2\chi\left(\frac{c_p}{c_v} - 1\right)\right].$$

§ 80 声流

黏性影响声波的最有趣的一种表现是, 当存在固体障碍物或固壁时, 在驻声波中会产生定常有旋流. 这种流动 (称为**声流**) 是在声波振幅的二级近似下出现的, 其特征在于, 尽管这种流动本身恰恰一定是因为黏性才出现的, 其中 (在固壁附近的流体薄层之外) 的运动速度却与黏度无关 (瑞利, 1883).

当问题的特征长度 (障碍物或流动区域的尺寸) 远小于声波波长 λ 并且远大于在 §24 中引入的黏性波穿透深度 $\delta = \sqrt{2\nu/\omega}$ 时, 即当

$$\lambda \gg l \gg \delta \tag{80.1}$$

时, 声流的性质能够以最典型的形式表现出来.

根据后一个条件, 在流动区域中可以划分出一个很窄的**声边界层**, 其中的速度从声波中的值降低到固壁上的零值. 因为声边界层中的气体速度远小于声速 (声波中的气体速度也是这样), 而它的特征长度——厚度 δ——远小于 λ (与条件 (10.17) 进行对比), 所以声边界层中的流动可以视为不可压缩的.

我们来研究平面固壁 (xz 平面) 附近的声边界层, 并且认为流动是平面的——流动发生于 xy 平面内 (H. 施利希廷, 1932). 在 §39 中描述了针对边界层厚度很小而提出的近似方法, 这种近似也适用于这里所研究的非定常流. 非定常性仅仅导致在普朗特方程 (39.5) 中出现对时间的导数:

$$\frac{\partial v_x}{\partial t} + v_x\frac{\partial v_x}{\partial x} + v_y\frac{\partial v_x}{\partial y} - \nu\frac{\partial^2 v_x}{\partial y^2} = U\frac{\partial U}{\partial x} + \frac{\partial U}{\partial t} \tag{80.2}$$

(我们已经利用方程 (9.3) 把导数 $\mathrm{d}p/\mathrm{d}x$ 通过边界层之外的流动速度 $U(x,\ t)$ 表示出来). 这时,

$$U = v_0 \cos kx \cos \omega t = v_0 \cos kx \cdot \operatorname{Re} \mathrm{e}^{-\mathrm{i}\omega t} \tag{80.3}$$

$(k=\omega/c)$ 对应着频率为 ω 的平面驻声波. 我们通过流函数 $\psi(x,\ y,\ t)$ 来表示声边界层中的待求速度 $\boldsymbol{v}$:

$$v_x = \frac{\partial \psi}{\partial y}, \quad v_y = -\frac{\partial \psi}{\partial x},$$

连续性方程 (39.6) 此时自动得到满足.

既然声波中的气体振动速度 v_0 是小量, 我们就采用对 v_0 的逐级近似法来求解方程 (80.2). 在一级近似下, 我们完全忽略二次项. 满足方程

$$\frac{\partial v_x^{(1)}}{\partial t} - \nu \frac{\partial^2 v_x^{(1)}}{\partial y^2} = -\mathrm{i}\omega v_0 \cos kx \cdot \mathrm{e}^{-\mathrm{i}\omega t}$$

以及 $y=0$ 和 $y=\infty$ 处的所需边界条件的解为

$$v_x^{(1)} = \operatorname{Re}[v_0 \cos kx \cdot \mathrm{e}^{-\mathrm{i}\omega t}(1-\mathrm{e}^{-\varkappa y})],$$

其中

$$\varkappa = \sqrt{-\frac{\mathrm{i}\omega}{\nu}} = \frac{1-\mathrm{i}}{\delta}. \tag{80.4}$$

相应的流函数为 (它满足 $y=0$ 处的条件 $\psi^{(1)}=0$, 这等价于 $v_y^{(1)}=0$)

$$\psi^{(1)} = \operatorname{Re}[v_0 \cos kx \cdot \zeta^{(1)}(y)\,\mathrm{e}^{-\mathrm{i}\omega t}], \quad \zeta^{(1)}(y) = y + \frac{1}{\varkappa}\,\mathrm{e}^{-\varkappa y}. \tag{80.5}$$

在下一级近似下, 我们写出 $\boldsymbol{v} = \boldsymbol{v}^{(1)} + \boldsymbol{v}^{(2)}$, 再从 (80.2) 得到速度 $\boldsymbol{v}^{(2)}$ 的方程

$$\frac{\partial v_x^{(2)}}{\partial t} - \nu \frac{\partial^2 v_x^{(2)}}{\partial y^2} = U\frac{\partial U}{\partial x} - v_x^{(1)} \frac{\partial v_x^{(1)}}{\partial x} - v_y^{(1)} \frac{\partial v_x^{(1)}}{\partial y}. \tag{80.6}$$

在右侧包含频率为 $\omega+\omega=2\omega$ 和 $\omega-\omega=0$ 的项. 后者导致在 $\boldsymbol{v}^{(2)}$ 中出现与时间无关的项, 这些项正好描述我们所关心的定常运动. $\boldsymbol{v}^{(2)}$ 在下面将只表示这部分速度. 我们把与此相应的流函数写为

$$\psi^{(2)} = \frac{v_0^2}{c} \sin 2kx \cdot \zeta^{(2)}(y), \tag{80.7}$$

并且得到函数 $\zeta^{(2)}(y)$ 的方程

$$\delta^2 \zeta^{(2)'''} = \frac{1}{2} - \frac{1}{2}\left|\zeta^{(1)'}\right|^2 + \frac{1}{2}\operatorname{Re}\left(\zeta^{(1)*}\zeta^{(1)''}\right), \tag{80.8}$$

其中撇号表示对 y 求导.

这个方程的解应当满足条件 $\zeta^{(2)}(0)=0$, $\zeta^{(2)\prime}(0)=0$, 这等价于要求在固壁上 $v_x^{(2)}=v_y^{(2)}=0$. 至于远离壁面处的条件, 则可以仅仅要求速度 $v_x^{(2)}$ 趋于有限值 (但不趋于零). 把 (80.5) 代入 (80.8) 并积分两次, 对导数 $\zeta^{(2)\prime}$ 得到以下结果:

$$\zeta^{(2)\prime}(y)=\frac{3}{8}-\frac{1}{8}\,\mathrm{e}^{-2y/\delta}-\mathrm{e}^{-y/\delta}\sin\frac{y}{\delta}-\frac{1}{4}\,\mathrm{e}^{-y/\delta}\cos\frac{y}{\delta}+\frac{y}{4\delta}\,\mathrm{e}^{-y/\delta}\left(\cos\frac{y}{\delta}-\sin\frac{y}{\delta}\right).$$

当 $y\to\infty$ 时, 它趋于值

$$\zeta^{(2)\prime}(\infty)=\frac{3}{8}, \tag{80.9}$$

相应速度为

$$v_x^{(2)}(\infty)=\frac{3v_0^2}{8c}\sin 2kx. \tag{80.10}$$

这个结果证明了在本节一开始就指出的现象. 我们看到, 在声边界层之外 (在对 v_0 的二级近似下) 出现定常运动, 其速度与黏度无关. 在确定基本运动区域中的声流时, 速度值 (80.10) 用于提出边界条件 (参看习题)[①].

习　题

设两块平行平板 (平面 $y=0$ 和 $y=h$) 之间的区域中有驻声波 (80.3), 平板之间的距离 h (起特征长度 l 的作用) 满足条件 (80.1), 求其中的声流 (瑞利, 1883).

解: 因为所求定常流动的速度 $v^{(2)}$ 远小于声速, 所以可以认为该流动是不可压缩流. 此外, 因为假设驻声波中的速度 v_0 足够小 (同时 $v^{(2)}\sim v_0^2/c$), 所以在运动方程中可以忽略二次项[②]. 于是, 流函数方程 (15.12) 化为

$$\Delta^2\psi^{(2)}=\left(\frac{\partial^2}{\partial x^2}+\frac{\partial^2}{\partial y^2}\right)^2\psi^{(2)}=0$$

(我们指出, 它来自黏性项, 但黏度本身已经不再出现). 寻求形如 (80.7) 的解. 根据条件 $h\ll\lambda$, 对 y 的导数远大于对 x 的导数. 忽略后者, 就得到 $\zeta^{(2)}(y)$ 的方程

$$\zeta^{(2)\prime\prime\prime\prime}=0. \tag{1}$$

---

① 与纵向速度 (80.10) 相应的横向速度为

$$v_y^{(2)}=-\frac{3v_0^2k}{4c}\,y\cos 2kx\ll v_x^{(2)}.$$

在解决声边界层之外的流动问题时, 如果在 $y=0$ 处提出边界条件 $v_y^{(2)}=0$, 该速度就会因连续性方程而自动出现.

② 换言之, 假设比值 v_0/c 远小于问题中的所有其余小参数. 特别地, $v_0/c\ll\delta/h$.

根据问题的对称性，流动显然相对于平面 $y=h/2$ 对称. 这意味着

$$v_x^{(2)}(x,\ y)=v_x^{(2)}(x,\ h-y),\quad v_y^{(2)}(x,\ y)=-v_y^{(2)}(x,\ h-y),$$

于是应有

$$\zeta^{(2)}(y)=-\zeta^{(2)}(h-y).$$

方程 (1) 的这样的解为

$$\zeta^{(2)}(y)=A\left(y-\frac{h}{2}\right)+B\left(y-\frac{h}{2}\right)^3.$$

常量 A 和 B 可由边界条件确定:

$$\zeta^{(2)}(0)=0,\quad \zeta^{(2)\prime}(0)=\frac{3}{8}.$$

结果得到流函数的表达式

$$\psi^{(2)}=\frac{3v_0^2}{16c}\sin 2kx\left[-\left(y-\frac{h}{2}\right)+\frac{(y-h/2)^3}{(h/2)^2}\right],$$

由此求出最终的速度分布公式

$$v_x^{(2)}=-\frac{3v_0^2}{16c}\sin 2kx\left[1-\frac{3(y-h/2)^2}{(h/2)^2}\right],$$

$$v_y^{(2)}=\frac{3v_0^2k}{8c}\cos 2kx\left[\left(y-\frac{h}{2}\right)-\frac{(y-h/2)^3}{(h/2)^2}\right].$$

速度 $v_x^{(2)}$ 在距离平板 $(1-3^{-1/2})h/2$ 的位置改变符号.

这些公式所描述的流动由两列涡组成，它们相对于中间平面 $y=h/2$ 对称，并且沿 x 轴具有周期 $\lambda/2$.

§81 第二黏度

第二黏度 ζ 和黏度 η 通常具有同样的量级，但是也存在 ζ 远大于 η 的情况[①]. 我们知道，第二黏度的作用体现在伴随有流体体积 (即密度) 变化的过程中. 在压缩或膨胀过程中，就像在任何另外一种使状态急剧变化的过程中一样，流体中的热力学平衡受到破坏，所以在流体中会发生一些内部过程，它们趋于恢复这种平衡. 通常，这些过程如此之快 (即其弛豫时间如此之短)，以至于随着体积的变化，平衡几乎立刻就得以恢复. 当然，这种变化的速度不能过大.

---

① 第二黏度 (体积黏度) 的实验数据非常少. 利用近来发展起来的声谱仪技术有望解决液体第二黏度的测量问题，见: Dukhin A. S., Goetz P. J. Bulk viscosity and compressibility measurement using acoustic spectroscopy. J. Chem. Phys. 2009, 130: 124519. 例如，对于水 (25°C)，$\zeta=2.7\eta$. ——译者

也存在一些过程, 其恢复平衡的弛豫时间很长, 即过程进行得相对较慢. 于是, 如果考虑由几种物质的混合物组成的流体, 并且这些物质之间可以发生化学反应, 则对于任何给定的密度和温度都存在一种确定的化学平衡态, 它是由混合物中的确定的物质浓度来表征的. 例如, 如果压缩流体, 平衡状态就会受到破坏, 化学反应从而开始进行, 结果导致这些物质的浓度趋于与新的密度值 (和温度值) 相对应的平衡值. 如果这种反应进行得不是足够快, 则平衡的恢复也相对较慢, 这样就来不及随着压缩过程的进行立刻恢复平衡. 于是, 压缩过程将与趋于平衡态的内部过程同时发生. 但是, 建立平衡的过程是不可逆过程, 它们伴随着熵增, 因而也伴随着能量耗散. 因此, 如果这些过程的弛豫时间很长, 流体在压缩或膨胀时就会有相当大的能量耗散. 又因为这种能量耗散应当取决于第二黏度, 我们就得到 ζ 很大的结论①.

耗散过程的强度以及 ζ 值, 当然取决于压缩或膨胀过程的速率与弛豫时间之间的关系. 例如, 如果讨论由声波引起的压缩或膨胀, 第二黏度就依赖于波的频率. 因此, 第二黏度值不仅是表征所给物质的一个常量, 它本身还依赖于表现出这种黏性性质的运动所具有的频率. 量 ζ 对频率的依赖关系称为它的色散.

下面阐述的用来研究所有这些现象的一般方法, 是由 Л.И. 曼德尔施塔姆和 M.A. 列昂托维奇在 1937 年提出的.

设 ξ 是表征物体状态的某个物理量, ξ_0 是它在平衡态下的值; ξ_0 是密度和温度的函数. 例如, 对于混合流体, 量 ξ 可以是一种物质的浓度, 而 ξ_0 则是化学平衡态下的相应浓度值.

如果物体不处于平衡态, 量 ξ 就会随时间而变化, 并趋于值 ξ_0. 在近平衡态下, 差值 $\xi-\xi_0$ 很小, 于是可以把 ξ 的变化率 $\dot{\xi}$ 按此差值展开为级数. 在这个展开式中没有零阶项, 因为在平衡态下, 即当 $\xi=\xi_0$ 时, ξ 应为零. 所以, 准确到一阶项, 有

$$\dot{\xi}=-\frac{1}{\tau}(\xi-\xi_0). \tag{81.1}$$

$\dot{\xi}$ 与 $\xi-\xi_0$ 之间的比例系数必须为负值, 否则 ξ 将不趋于有限的极限值. 正值常量 τ 具有时间的量纲, 因而可以视为该过程的弛豫时间; τ 越大, 趋于平衡的过程进行得越慢.

下面, 我们来研究流体的周期性绝热② 压缩和膨胀过程, 并且密度 (和其他热力学量) 的变化部分对时间的依赖关系可以通过因子 $e^{-i\omega t}$ 来表示. 这里

---

① 能量从分子的平动自由度向 (分子内部的) 振动自由度传递的过程, 经常也是缓慢过程并导致 ζ 值很大.

② 熵的变化 (在近平衡态下) 是二阶小量. 因此, 准确到一阶小量时可以讨论绝热过程.

讨论流体中的声波. 平衡位置也与密度以及其他物理量一起变化, 所以 ξ_0 可以写为 $\xi_0 = \xi_{00} + \xi_0'$ 的形式, 其中 ξ_{00} 是 ξ_0 的不变部分, 它对应着密度的平均值, 而 ξ_0' 是正比于 $e^{-i\omega t}$ 的周期性变化部分. 把 ξ 的真实值写为

$$\xi = \xi_{00} + \xi',$$

则由方程 (81.1) 看出, ξ' 也是时间的周期函数, 它与 ξ_0' 的关系为

$$\xi' = \frac{\xi_0'}{1 - i\omega\tau}. \tag{81.2}$$

我们来计算该过程中压强对密度的导数. 现在, 压强应当视为密度和量 ξ 在所讨论状态下的值的函数. 它也是熵的函数, 但为简单起见, 我们省略掉这个参量, 因为已经假设熵为常量. 我们有

$$\frac{\partial p}{\partial \rho} = \left(\frac{\partial p}{\partial \rho}\right)_\xi + \left(\frac{\partial p}{\partial \xi}\right)_\rho \frac{\partial \xi}{\partial \rho}.$$

按照 (81.2), 把

$$\frac{\partial \xi}{\partial \rho} = \frac{\partial \xi'}{\partial \rho} = \frac{1}{1 - i\omega\tau}\frac{\partial \xi_0'}{\partial \rho} = \frac{1}{1 - i\omega\tau}\frac{\partial \xi_0}{\partial \rho}$$

代入此式, 得到

$$\frac{\partial p}{\partial \rho} = \frac{1}{1 - i\omega\tau}\left[\left(\frac{\partial p}{\partial \rho}\right)_\xi + \left(\frac{\partial p}{\partial \xi}\right)_\rho \frac{\partial \xi_0}{\partial \rho} - i\omega\tau\left(\frac{\partial p}{\partial \rho}\right)_\xi\right].$$

如果过程进行得足够慢, 以至于流体始终处于平衡态, 则表达式

$$\left(\frac{\partial p}{\partial \rho}\right)_\xi + \left(\frac{\partial p}{\partial \xi}\right)_\rho \frac{\partial \xi_0}{\partial \rho}$$

正好是 p 对 ρ 的导数. 把该导数记为 $(\partial p/\partial \rho)_{eq}$, 最后得到

$$\frac{\partial p}{\partial \rho} = \frac{1}{1 - i\omega\tau}\left[\left(\frac{\partial p}{\partial \rho}\right)_{eq} - i\omega\tau\left(\frac{\partial p}{\partial \rho}\right)_\xi\right]. \tag{81.3}$$

然后, 设 p_0 是热力学平衡态下的压强. p_0 与其他热力学量的关系由流体的状态方程给出, 它在密度和熵给定后是完全确定的量. 非平衡态下的压强 p 不等于 p_0, 它还是 ξ 的函数. 如果 $\delta\rho$ 是绝热过程中的密度增量, 则平衡压强的增量为

$$\delta p_0 = \left(\frac{\partial p}{\partial \rho}\right)_{eq} \delta\rho,$$

而总的压强增量为 $(\partial p/\partial\rho)\delta\rho$, 其中 $\partial p/\partial\rho$ 由公式 (81.3) 确定. 所以, 在密度为 $\rho+\delta\rho$ 的状态下, 真实压强与平衡压强之差 $p-p_0$ 等于

$$p-p_0=\left[\frac{\partial p}{\partial\rho}-\left(\frac{\partial p}{\partial\rho}\right)_{\mathrm{eq}}\right]\delta\rho=\frac{\mathrm{i}\omega\tau}{1-\mathrm{i}\omega\tau}\left[\left(\frac{\partial p}{\partial\rho}\right)_{\mathrm{eq}}-\left(\frac{\partial p}{\partial\rho}\right)_{\xi}\right]\delta\rho.$$

我们在这里关心由流动导致的密度变化, 所以 $\delta\rho$ 与速度的关系由连续性方程给出, 其形式为

$$\frac{\mathrm{d}\delta\rho}{\mathrm{d}t}+\rho\,\mathrm{div}\,\boldsymbol{v}=0,$$

其中 $\mathrm{d}/\mathrm{d}t$ 表示对时间的全导数. 在周期运动中, 我们有 $\mathrm{d}\delta\rho/\mathrm{d}t=-\mathrm{i}\omega\,\delta\rho$, 所以

$$\delta\rho=\frac{\rho}{\mathrm{i}\omega}\,\mathrm{div}\,\boldsymbol{v}.$$

把此式代入 $p-p_0$ 的表达式, 得到

$$p-p_0=\frac{\tau\rho}{1-\mathrm{i}\omega\tau}(c_0^2-c_\infty^2)\,\mathrm{div}\,\boldsymbol{v}, \tag{81.4}$$

其中已经引入记号

$$c_0^2=\left(\frac{\partial p}{\partial\rho}\right)_{\mathrm{eq}},\quad c_\infty^2=\left(\frac{\partial p}{\partial\rho}\right)_{\xi}, \tag{81.5}$$

其意义将在下面解释.

为了找到这些表达式与流体黏度之间的关系, 我们写出应力张量 σ_{ik}. 在这个张量中, 压强是以 $-p\delta_{ik}$ 的形式出现的. 由此减去由状态方程确定的压强 p_0, 我们发现, 在非平衡状态下, σ_{ik} 含有一个附加项

$$-(p-p_0)\delta_{ik}=\frac{\tau\rho}{1-\mathrm{i}\omega\tau}(c_\infty^2-c_0^2)\delta_{ik}\,\mathrm{div}\,\boldsymbol{v}.$$

另一方面, 在应力张量的一般表达式 (15.2) 和 (15.3) 中, $\mathrm{div}\,\boldsymbol{v}$ 以 $\zeta\,\mathrm{div}\,\boldsymbol{v}$ 的形式出现. 通过对比, 我们得出结论: 为建立平衡而出现慢过程, 在宏观上等价于存在值为

$$\zeta=\frac{\tau\rho}{1-\mathrm{i}\omega\tau}(c_\infty^2-c_0^2) \tag{81.6}$$

的第二黏度. 这些过程不影响普通黏度 η. 当过程慢到使 $\omega\tau\ll1$ 时, ζ 等于

$$\zeta_0=\tau\rho(c_\infty^2-c_0^2). \tag{81.7}$$

ζ 随弛豫时间 τ 的增大而增大, 这与上述结果一致. 当频率很大时, ξ 是频率的函数, 即此时出现色散.

现在研究弛豫时间很长的过程 (为明确起见, 讨论化学反应) 如何影响声音在流体中传播的问题. 为此, 可以从黏性流体的运动方程出发, 且 ζ 由公式 (81.6) 给出. 但是, 更简便的做法是在形式上认为运动不受黏性影响, 但压强 p 不是由状态方程给出, 而是由上面的公式给出. 于是, 在形式上仍然可以应用 §64 中的一些一般关系式. 例如, 波数与频率的关系仍然由公式 $k=\omega/c$ 给出, 其中 $c=(\partial p/\partial/\rho)^{1/2}$, 而导数 $\partial p/\partial\rho$ 现在用 (81.3) 表示. 不过, 量 c 现在已经没有声速的意义, 原因之一在于它是复数. 因此, 我们得到

$$k=\omega\sqrt{\frac{1-\mathrm{i}\omega\tau}{c_0^2-c_\infty^2\mathrm{i}\omega\tau}}. \tag{81.8}$$

由这个公式给出的 "波数" 是复数. 容易解释这种结果的意义. 在平面波中, 所有的量都通过因子 $\mathrm{e}^{\mathrm{i}kx}$ 依赖于坐标 x (x 轴指向传播方向). 把 k 写为 $k=k_1+\mathrm{i}k_2$ 的形式, 其中 k_1 和 k_2 为实数, 我们得到 $\mathrm{e}^{\mathrm{i}kx}=\mathrm{e}^{\mathrm{i}k_1x}\mathrm{e}^{-k_2x}$, 即除了周期因子 $\mathrm{e}^{\mathrm{i}k_1x}$, 还有阻尼因子 e^{-k_2x} (k_2 当然必须为正). 因此, 复波数在形式上表示波的衰减, 即存在声吸收. 此时, 复波数的实部给出波的相位随距离的变化, 而虚部是吸收系数.

不难分离 (81.8) 的实部和虚部. 在一般情况下, 对于任意的 ω, 我们不打算写出 k_1 和 k_2 的表达式, 因为它们相当冗长. 重要之处在于, k_1 (和 k_2) 是频率的函数. 因此, 如果流体中能够发生化学反应, 则足够高频声音的传播会伴有色散.

在低频极限下 ($\omega\tau\ll 1$), 公式 (81.8) 在一级近似下给出 $k=\omega/c_0$, 即声音以速度 c_0 传播. 这是理所应当的: 条件 $\omega\tau\ll 1$ 表明, 声波的周期 $1/\omega$ 远大于弛豫时间, 换言之, 在声波中, 化学平衡能够随着密度的变化而几乎立刻建立起来. 所以, 声速应当由导数平衡值 $(\partial p/\partial\rho)_{\mathrm{eq}}$ 确定. 在下一级近似下, 我们有

$$k=\frac{\omega}{c_0}+\mathrm{i}\frac{\omega^2\tau}{2c_0^3}(c_\infty^2-c_0^2), \tag{81.9}$$

这时出现衰减, 相应系数正比于频率的平方. 利用 (81.7), 我们可以把 k 的虚部写为 $k_2=\omega^2\zeta_0/2\rho c_0^3$ 的形式, 这与吸收系数 γ 的公式 (79.6) 中与 ζ 有关的部分一致, 而在得到此公式时并未考虑色散.

在相反的高频极限下 ($\omega\tau\gg 1$), 在一级近似下有 $k=\omega/c_\infty$, 即声音以速度 c_∞ 传播. 这也是一个自然的结果, 因为当 $\omega\tau\gg 1$ 时可以认为, 在一个周期的时间内根本来不及发生化学反应. 所以, 声音的传播速度应当由浓度不变时所取的导数 $(\partial p/\partial\rho)_\xi$ 来确定. 在下一级近似下, 我们有

$$k=\frac{\omega}{c_\infty}+\mathrm{i}\frac{c_\infty^2-c_0^2}{2\tau c_\infty^3}. \tag{81.10}$$

吸收系数与频率无关. 当 ω 从 $\omega \ll 1/\tau$ 变化到 $\omega \gg 1/\tau$ 时, 吸收系数单调增大到由公式 (81.10) 给出的常量值. 我们指出, 量 k_2/k_1 表征一个波长距离上的声吸收, 此量在上述两种极限下都是小量 ($k_2/k_1 \ll 1$); 它在某个中间频率下有最大值 (此时 $\omega\tau = \sqrt{c_0/c_\infty}$).

例如, 仅由公式 (81.7) 即可看出

$$c_\infty > c_0 \tag{81.11}$$

(因为必有 $\zeta > 0$). 利用基于勒夏忒列原理[①] 的一些简单推理也可得到同样的结果.

假设在某种外部作用的影响下系统的体积减小 (密度则增大). 系统因此偏离平衡态, 但根据勒夏忒列原理, 在系统中应当出现使压强趋于减小的过程. 这表示, 量 $\partial p/\partial\rho$ 将减小, 并且当系统重新回到平衡态时, $\partial p/\partial\rho = c^2$ 的值将小于它在非平衡态下的值.

在推导所有上述公式的时候, 我们曾经假设只存在一种缓慢的内部弛豫过程. 几种不同的这种过程也可能同时发生, 并且所有公式都不难推广到这样的情形. 我们将有一系列表征系统状态的量 $\xi_1, \xi_2, \cdots$, 而不再是一个量 ξ, 并且有一系列相应的弛豫时间 $\tau_1, \tau_2, \cdots$. 我们这样选择量 ξ_n, 使每一个导数 $\dot{\xi}_n$ 仅依赖于相应的 ξ_n, 即

$$\dot{\xi}_n = -\frac{1}{\tau_n}(\xi_n - \xi_{0n}). \tag{81.12}$$

与前面完全类似的计算给出公式

$$c^2 = c_\infty^2 + \sum_n \frac{a_n}{1 - i\omega\tau_n}, \tag{81.13}$$

其中 $c_\infty^2 = (\partial p/\partial\rho)_\xi$, 而常量 a_n 等于

$$a_n = \frac{\partial p}{\partial \xi_n}\left(\frac{\partial \xi_n}{\partial \rho}\right)_{\mathrm{eq}}. \tag{81.14}$$

如果只有一个量 ξ, 此公式当然就变为公式 (81.3).

---

① 见第五卷 § 22. ——译者

第九章

激　波

§82 扰动在可压缩气流中的传播

当流动速度接近或超过声速时，与流体可压缩性有关的一些效应变得最为重要. 在涉及气体的实际应用中必须研究这种运动，所以高速流体动力学通常称为**气体动力学**.

首先应当指出，气体动力学一般涉及非常大的雷诺数. 其实，由气体动理学理论可知，气体运动黏度的量级是分子平均自由程 l 与分子热运动平均速度的乘积，而热运动平均速度与声速 c 具有同样的量级，所以 $\nu \sim cl$. 如果气体动力学问题的特征速度与声速量级相当或更大，则雷诺数 $Re \sim Lu/\nu \sim Lu/lc$，其中显然包含一个非常大的比值——特征长度 L 与平均自由程 l 之比[①]. 通常而言，当 Re 非常大时，黏性在整个区域内基本上都对气体运动没有重要影响，所以我们在下面将处处 (除了特别说明的某些位置) 把气体看做理想流体.

气流的性质取决于它是**亚声速**的还是**超声速**的，即取决于流速小于声速还是大于声速，这大有区别. 在超声速气流中可能出现激波[②]，这是超声速气流最重要的本质特性之一. 我们将在以下各节中详细研究激波的性质，本节研究超声速气流的另一种特性，它与小扰动在气体中传播的性质有关.

如果作定常运动的气体在任意某个位置受到微弱的扰动，则该扰动的影响然后会以声速 (相对于气体本身) 沿气体传播. 扰动相对于静止坐标系的传播速度由两部分叠加而成：其一，扰动与速度为 $\boldsymbol{v}$ 的气流一起移动；其二，扰

---

① 我们不考虑物体在极稀薄气体中运动的问题. 在极稀薄的气体中，分子平均自由程与物体尺寸是相当的. 这种问题在本质上不是流体动力学问题，应当用气体动理学理论进行研究.

② 也称为冲击波. ——译者

动相对于气体以速度 c 向某个方向 $\boldsymbol{n}$ 传播. 为简单起见, 我们来研究具有恒定速度 $\boldsymbol{v}$ 的均匀气流. 设气体在某点 O (空间中的静止点) 受到小扰动. 来自点 O 的扰动 (相对于静止坐标系) 的传播速度 $\boldsymbol{v}+c\boldsymbol{n}$ 在单位矢量 $\boldsymbol{n}$ 指向不同方向时也各不相同. 从点 O 引矢量 $\boldsymbol{v}$, 并以其端点为球心作半径为 c 的球面, 我们就得到传播速度的所有可能的值. 从 O 到该球面上各点的矢量即给出扰动传播速度的可能的大小和方向. 我们首先假设 $v<c$, 则矢量 $\boldsymbol{v}+c\boldsymbol{n}$ 在空间中可以有任意方向 (图 50 (a)). 换言之, 在亚声速气流中, 来自某一点的扰动最终会传播到气体中的每一点. 反之, 从图 50 (b) 可见, 在超声速气流中 $v>c$, 矢量 $\boldsymbol{v}+c\boldsymbol{n}$ 的方向只能位于以 O 为顶点的圆锥之内, 这个圆锥与以矢量 $\boldsymbol{v}$ 的端点为球心的球面相切. 设圆锥顶角为 2α, 则由图可见:

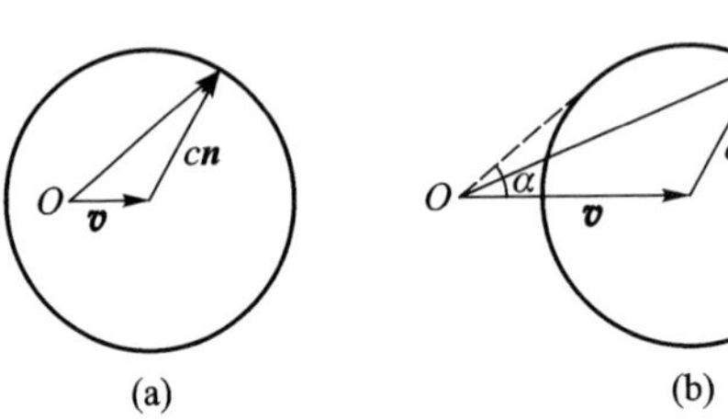

图 50

$$\sin\alpha=\frac{c}{v}. \tag{82.1}$$

因此, 在超声速气流中, 来自某一点的扰动只能在一个圆锥之内向下游传播, 并且比值 c/v 越小, 圆锥顶角就越小. 点 O 的扰动完全不影响该圆锥以外的流动.

由等式 (82.1) 确定的角称为**马赫角**. 比值 v/c 在气体动力学中经常出现, 称为**马赫数**:

$$M=\frac{v}{c}. \tag{82.2}$$

来自一个给定点的扰动所达到的区域的边界面称为**马赫面**或**特征面**.

在任意定常气流的一般情况下, 马赫面在整个流动区域内已经不是圆锥面. 但是仍然可以断定, 马赫面与通过该曲面上任意一点的流线之间的夹角等于马赫角. 在不同的点, 马赫角的数值随速度 v 和 c 的变化而变化.

这里顺便强调, 在高速气流中, 不同位置的声速是不同的, 它与各热力学量 (压强、密度等) 一起变化, 所以声速是热力学量的函数①. 我们把作为坐标函数的声速称为**当地声速**.

超声速气流的上述性质, 使这种流动的特性与亚声速气流完全不同. 如果亚声速气流遇到任何障碍物, 例如绕任何物体流动, 则该障碍物的存在会改变包括上游和下游在内的整个空间中的流动, 被绕流物体的影响只有在远离物体处才会渐近地消失. 但是, 超声速气流 “看不见” 障碍物, 被绕流物体的影响

① 在第八章中研究声波时, 我们可以认为声速是常量.

只涉及下游区域[①], 而在其余整个上游区域中, 气流如同不存在被绕流物体时一样.

在平面定常气流的情况下, 可以用流动平面内的**特征线**代替特征面. 通过该平面内任何一点 O 有两条特征线 (图 51 中的 AA' 和 BB'), 它们与通过该点的流线之间的夹角为马赫角. 特征线的下游分支 OA 和 OB 可以称为来自点 O 的分支, 它们之间的流动区域 AOB 是来自点 O 的扰动的影响域. 分支 $B'O$ 和 $A'O$ 可以称为到达点 O 的分支, 它们之间的区域 $A'OB'$ 是能够影响点 O 处流动的区域.

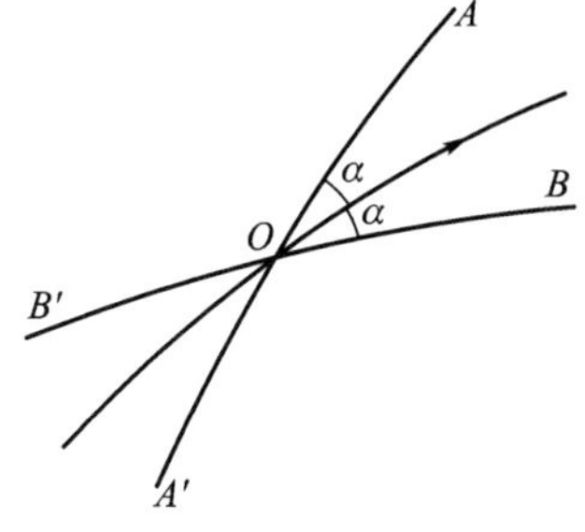

图 51

特征线 (在三维情形下是特征面) 的概念, 还有一种稍微不同的含义. 这是一些满足几何声学条件的声线, 并且扰动就是沿着这些声线传播的. 例如, 如果定常超声速气流绕过一个足够小的障碍物, 则气流的定常扰动将出现在从该障碍物引出的特征线上. 我们在 §68 中研究运动介质几何声学时就已经得到了这个结果.

当讨论气体状态的扰动时, 我们指的是表征气体状态的任何特征量 (速度、密度、压强等) 的微弱变化. 关于这一点, 必须作出以下说明: 气体的熵 (在定压条件下) 和速度旋度的扰动不以声速传播. 这些扰动在出现之后根本不会相对于气体移动, 而在静止坐标系中, 其移动速度等于每一个相应气体微元的速度, 即扰动随气体一起移动. 对于熵, 这是 (理想流体中的) 熵守恒定律的直接推论, 这恰恰也表明, 每一个气体微元的熵在其运动过程中保持不变. 对于速度旋度 (涡量), 由速度环量守恒定律可以得到同样的结果. 对于这些扰动, 流线本身就是特征线.

我们强调, 最后这些讨论当然不会改变关于影响域的上述结论的普遍正确性, 因为对于这些结论而言, 重要的仅仅在于以下事实: 扰动相对于气体本身的传播速度有一个能够达到的最大值 (等于声速).

习 题

设均匀气流受到任意的小扰动, 求速度和热力学量的微小扰动之间的关系式.

解: 用记号 δ (而不像 §64 那样用撇号) 表示发生扰动时各物理量的微小变化. 在对这些量的线性近似下, 欧拉方程化为

$$\frac{\partial \delta \boldsymbol{v}}{\partial t} + (\boldsymbol{v} \cdot \nabla)\delta \boldsymbol{v} + \frac{1}{\rho}\nabla \delta p = 0 \tag{1}$$

① 我们为避免误解而预先说明: 如果在被绕流物体前出现激波, 则该区域略有扩大 (见 §122).

($\boldsymbol{v}$ 是未受扰动气流的速度, 它是常量), 熵守恒方程化为

$$\frac{\partial \delta s}{\partial t}+\boldsymbol{v}\cdot\nabla\delta s=0, \tag{2}$$

连续性方程化为

$$\frac{\partial \delta p}{\partial t}+\boldsymbol{v}\cdot\nabla\delta p+\rho c^2\operatorname{div}\delta\boldsymbol{v}=0 \tag{3}$$

(这里已经代入 $\delta\rho=c^{-2}\delta p+(\partial\rho/\partial s)_p\,\delta s$; 根据 (2), 带有 δs 的项为零). 对于形如 $\mathrm{e}^{\mathrm{i}(\boldsymbol{k}\cdot\boldsymbol{r}-\omega t)}$ 的扰动, 我们得到一组代数方程:

$$(\boldsymbol{v}\cdot\boldsymbol{k}-\omega)\,\delta s=0,\quad (\boldsymbol{v}\cdot\boldsymbol{k}-\omega)\,\delta\boldsymbol{v}+\frac{\boldsymbol{k}}{\rho}\,\delta p=0,\quad (\boldsymbol{v}\cdot\boldsymbol{k}-\omega)\,\delta p+\rho c^2\boldsymbol{k}\cdot\delta\boldsymbol{v}=0.$$

由此可见, 可能出现两种扰动形式.

一种扰动形式为 (熵涡波)

$$\omega=\boldsymbol{v}\cdot\boldsymbol{k},\quad \delta s\neq 0,\quad \delta p=0,\quad \delta\rho=\left(\frac{\partial\rho}{\partial s}\right)_p\delta s,\quad \boldsymbol{k}\cdot\delta\boldsymbol{v}=0;$$

旋度 $\operatorname{rot}\delta\boldsymbol{v}=\mathrm{i}\boldsymbol{k}\times\delta\boldsymbol{v}$ 也不为零. 在这种波中, 扰动 δs 和 $\delta\boldsymbol{v}$ 是独立的. 等式 $\omega=\boldsymbol{v}\cdot\boldsymbol{k}$ 表示扰动随运动气体一起移动.

在另一种形式的扰动中,

$$(\omega-\boldsymbol{v}\cdot\boldsymbol{k})^2=c^2k^2,\quad \delta s=0,\quad \delta p=c^2\,\delta\rho,\quad (\omega-\boldsymbol{v}\cdot\boldsymbol{k})\,\delta p=\rho c^2\boldsymbol{k}\cdot\delta\boldsymbol{v},\quad \boldsymbol{k}\times\delta\boldsymbol{v}=0.$$

这是频率因多普勒效应而发生变化的声波. 在这种波中, 只要给出一个量的扰动, 就可以确定全部其余各量的扰动.

§ 83 定常可压缩气流

从伯努利方程就已经可以直接得到关于任意的绝热定常可压缩气流的一系列一般结果. 对于定常流, 伯努利方程的形式为

$$w+\frac{v^2}{2}=\text{const},$$

其中 const 是沿每一条流线保持不变的常量 (如果流动是势流, 则 const 对不同流线也是相同的, 即 const 在整个流动区域中都是相同的). 如果在一条流线上有气体速度为零的一点, 就可以把伯努利方程写为

$$w+\frac{v^2}{2}=w_0, \tag{83.1}$$

式中 w_0 是焓在 $v=0$ 处的值.

对于定常流, 熵守恒方程化为 $\boldsymbol{v}\cdot\nabla s=v\,\partial s/\partial l=0$, 即 $s=\text{const}$, 式中 const 仍然是沿流线保持不变的常量. 我们把这个方程写为类似于 (83.1) 的形式:

$$s=s_0. \tag{83.2}$$

从方程 (83.1) 可以看出, 在焓 w 较小的那些点上, 速度 v 较大. 在给定的流线上, 速度在 w 最小的点具有最大值. 但是, 在等熵条件下有 $\mathrm{d}w = \mathrm{d}p/\rho$, 而因为 $\rho > 0$, 所以微分 $\mathrm{d}w$ 和 $\mathrm{d}p$ 具有相同的符号, 于是 w 和 p 的变化趋势总是一致的. 因此可以说, 速度沿流线总是随着压强的增加而减小, 反之亦然.

当绝对温度 $T = 0$ 时, 我们得到压强和焓的最小可能值 (在绝热过程中). 相应压强值为 $p = 0$, 再约定取 $T = 0$ 时的 w 值为能量的零点, 则在 $T = 0$ 时也有 $w = 0$. 现在从方程 (83.1) 得到, 速度的最大可能值 (当 $v = 0$ 处的各热力学量都取给定值时) 等于

$$v_{\max} = \sqrt{2w_0}\,. \tag{83.3}$$

当气体定常地流向真空时可以达到这个速度①.

现在说明质量流密度 $j = \rho v$ 沿流线变化的特点. 从欧拉方程

$$(\boldsymbol{v}\cdot\nabla)\boldsymbol{v} = -\frac{1}{\rho}\nabla p$$

得到沿流线成立的微分 $\mathrm{d}v$ 与 $\mathrm{d}p$ 之间的关系式

$$v\,\mathrm{d}v + \frac{\mathrm{d}p}{\rho} = 0.$$

写出 $\mathrm{d}p = c^2\,\mathrm{d}\rho$, 由此得到

$$\frac{\mathrm{d}\rho}{\mathrm{d}v} = -\frac{\rho v}{c^2}, \tag{83.4}$$

从而

$$\frac{\mathrm{d}(\rho v)}{\mathrm{d}v} = \rho\left(1 - \frac{v^2}{c^2}\right). \tag{83.5}$$

由此可见, 当速度在亚声速范围内沿流线增加时, 质量流密度也增加. 在超声速气流范围内, 质量流密度随速度的增加而减小, 并且当 $v = v_{\max}$ 时, 它和 ρ 同时变为零 (图 52). 亚声速定常气流与超声速定常气流之间这个重要差别, 还可以直观地解释如下. 在亚声速气流中, 流线在速度增加的方向上互相接近, 而在超声速气流中, 流线在速度增加的方向上互相远离.

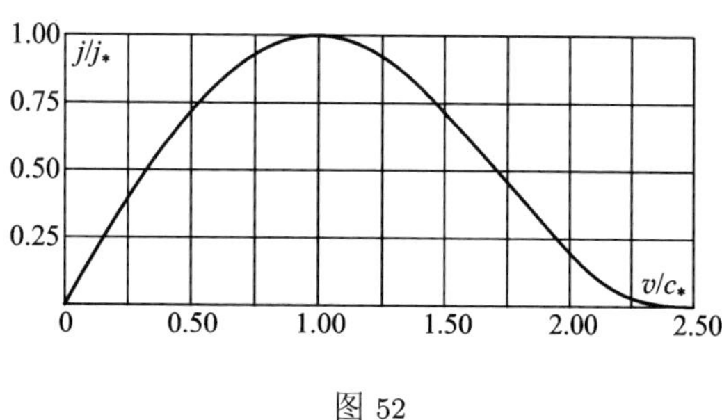

图 52

① 当然, 随着温度的急剧降低, 气体在实际情况下应当凝结, 从而形成二相系 (雾).

质量流 j 在气体速度等于当地声速的点具有最大值 j_*:

$$j_* = \rho_* c_*, \tag{83.6}$$

式中带有下标 $*$ 的字母表示相应量在该点的值. 速度 $v_* = c_*$ 称为**临界速度**. 在任意气体的一般情况下, 各种量的临界值可以通过这些量在 $v = 0$ 处的值表示出来, 为此需要求解联立方程

$$s_* = s_0, \quad w_* + \frac{c_*^2}{2} = w_0. \tag{83.7}$$

显然, 当 $M = v/c < 1$ 时, 我们总有 $v/c_* < 1$, 而当 $M > 1$ 时必定还有 $v/c_* > 1$. 于是, 在这种情况下, 比值 $M_* = v/c_*$ 可以用作类似于马赫数的判据, 这样的判据甚至更加方便, 因为 c_* 是常量, 而不像声速 c 那样沿流线变化.

在流体动力学一般方程组的各种应用中, 热力学意义上的理想气体占据特殊的地位. 在讨论这种气体时, 我们总是认为其热容 (在我们所关心的温度范围内) 是与温度无关的常量 (仅有一些特别说明的情况是例外). 这里所讨论的气体经常被称为**多方气体**. 我们每一次使用这样的术语, 都是为了强调相关假设远远强于热力学中的理想气体假设. 对于多方气体, 各种热力学量之间的全部关系式都是已知的, 通过非常简单的公式即可表示出来, 这就使我们经常有可能完全求解流体动力学方程组. 作为参考, 这里写出这些关系式, 因为我们在下面多次需要用到它们.

热力学意义上的理想气体的状态方程为

$$pV = \frac{p}{\rho} = \frac{RT}{\mu}, \tag{83.8}$$

式中 $R = 8.314\ \mathrm{J\cdot K^{-1}\cdot mol^{-1}}$ 是气体常量, μ 是气体的摩尔质量. 在 §64 中已经计算出这种气体中的声速, 它由公式

$$c^2 = \gamma\frac{RT}{\mu} = \gamma\frac{p}{\rho} \tag{83.9}$$

给出, 其中引入了热容比

$$\gamma = \frac{c_p}{c_v}.$$

该比值恒大于 1, 它对于多方气体是常数. 对于单原子气体, $\gamma = 5/3$; 对于双原子气体, $\gamma = 7/5$ (在通常温度下)①.

---

① 术语 "多方气体" 源自术语 "多方过程"——压强反比于体积的某次幂变化的过程. 对于常热容气体, 不仅等温过程是多方过程, 绝热过程也是多方过程. 在绝热过程中 $pV^\gamma = \mathrm{const}$ (泊松绝热线). 热容比 γ 称为**绝热指数**.

精确到相差一个无关紧要的常量, 理想气体的内能等于

$$\varepsilon = c_v T = \frac{pV}{\gamma - 1} = \frac{c^2}{\gamma(\gamma - 1)}. \tag{83.10}$$

对于焓, 成立类似的公式:

$$w = c_p T = \frac{\gamma pV}{\gamma - 1} = \frac{c^2}{\gamma - 1}. \tag{83.11}$$

这里利用了熟知的关系式 $c_p - c_v = R/\mu$. 最后, 理想气体的熵为

$$s = c_v \ln \frac{p}{\rho^\gamma} = c_p \ln \frac{p^{1/\gamma}}{\rho}. \tag{83.12}$$

为了继续研究定常气流, 我们对多方气体应用上述一般关系式. 把 (83.11) 代入 (83.3), 我们求出定常气流的最大速度

$$v_{\max} = c_0 \sqrt{\frac{2}{\gamma - 1}}. \tag{83.13}$$

对于临界速度, 从 (83.7) 的第二个方程得到

$$\frac{c_*^2}{\gamma - 1} + \frac{c_*^2}{2} = w_0 = \frac{c_0^2}{\gamma - 1},$$

从而①

$$c_* = c_0 \sqrt{\frac{2}{\gamma + 1}}. \tag{83.14}$$

把焓的表达式 (83.11) 代入伯努利方程 (83.1), 这给出流线上任何点的温度与速度之间的关系式. 然后, 利用泊松绝热线方程

$$\rho = \rho_0 \left(\frac{T}{T_0}\right)^{1/(\gamma-1)}, \quad p = p_0 \left(\frac{\rho}{\rho_0}\right)^\gamma \tag{83.15}$$

可以写出压强与密度之间的类似关系式. 于是, 我们得到下列重要公式:

$$\begin{aligned} T &= T_0 \left(1 - \frac{\gamma - 1}{2} \frac{v^2}{c_0^2}\right) = T_0 \left(1 - \frac{\gamma - 1}{\gamma + 1} \frac{v^2}{c_*^2}\right), \\ \rho &= \rho_0 \left(1 - \frac{\gamma - 1}{2} \frac{v^2}{c_0^2}\right)^{1/(\gamma-1)} = \rho_0 \left(1 - \frac{\gamma - 1}{\gamma + 1} \frac{v^2}{c_*^2}\right)^{1/(\gamma-1)}, \\ p &= p_0 \left(1 - \frac{\gamma - 1}{2} \frac{v^2}{c_0^2}\right)^{\gamma/(\gamma-1)} = p_0 \left(1 - \frac{\gamma - 1}{\gamma + 1} \frac{v^2}{c_*^2}\right)^{\gamma/(\gamma-1)}. \end{aligned} \tag{83.16}$$

① 图 52 给出空气 ($\gamma = 1.4$, $v_{\max} = 2.45 c_*$) 的比值 j/j_* 对 v/c_* 的函数图像.

为了使用这些关系式, 有时把速度通过其他量表示出来更加方便:

$$v^2 = \frac{2\gamma}{\gamma-1}\frac{p_0}{\rho_0}\left[1-\left(\frac{p}{p_0}\right)^{(\gamma-1)/\gamma}\right] = \frac{2\gamma}{\gamma-1}\frac{p_0}{\rho_0}\left[1-\left(\frac{\rho}{\rho_0}\right)^{\gamma-1}\right]. \quad (83.17)$$

我们再写出声速与速度 v 之间的关系式:

$$c^2 = c_0^2 - \frac{\gamma-1}{2}v^2 = \frac{\gamma+1}{2}c_*^2 - \frac{\gamma-1}{2}v^2. \quad (83.18)$$

由此求出马赫数 M 与 M_* 之间的关系式:

$$M_*^2 = \frac{\gamma+1}{2/M^2+\gamma-1}. \quad (83.19)$$

当 M 从 0 增加到 ∞ 时, M_*^2 从 0 增加到 $(\gamma+1)/(\gamma-1)$.

最后, 我们列出临界温度、临界压强和临界密度的表达式. 在公式 (83.16) 中令 $v = c_*$, 即可得到这些临界值①:

$$T_* = \frac{2T_0}{\gamma+1}, \quad p_* = p_0\left(\frac{2}{\gamma+1}\right)^{\gamma/(\gamma-1)}, \quad \rho_* = \rho_0\left(\frac{2}{\gamma+1}\right)^{1/(\gamma-1)}. \quad (83.20)$$

我们最后强调, 这里得到的结果只用于不出现激波的流动. 当出现激波时, 方程 (83.2) 不成立, 因为当流线穿过激波时, 气体的熵增加.

不过, 我们将看到, 即使存在激波, 伯努利方程 (83.1) 仍然成立, 因为

$$w + \frac{v^2}{2}$$

恰好是在穿过间断面时保持不变的若干物理量之一 (§85). 还有一些公式同时成立, 例如 (83.14).

习 题

用马赫数 $M = v/c$ 表示沿一条流线的温度、压强和密度.

解: 利用在正文中得到的公式, 我们得到

$$\frac{T_0}{T} = 1+\frac{\gamma-1}{2}M^2, \quad \frac{p_0}{p} = \left(1+\frac{\gamma-1}{2}M^2\right)^{\gamma/(\gamma-1)}, \quad \frac{\rho_0}{\rho} = \left(1+\frac{\gamma-1}{2}M^2\right)^{1/(\gamma-1)}.$$

① 例如, 对于空气 ($\gamma = 1.4$), $c_* = 0.913c_0$, $p_* = 0.528p_0$, $\rho_* = 0.634\rho_0$, $T_* = 0.833T_0$.

§84 间断面

在前面几章中, 我们只研究了所有的量 (速度、压强、密度等) 都连续分布的流动. 然而, 这些量的分布发生间断的流动也是可能的.

气流中的间断是沿某些曲面发生的, 上述各量在穿过这样的曲面时发生突变. 这些曲面称为**间断面**. 在非定常气流中, 间断面一般不会保持静止. 这时必须强调, 间断面的运动速度与气体本身的运动速度并没有任何共同之处. 气体微元在其运动过程中可以与间断面相交并穿过间断面.

在间断面上必须成立一定的边界条件. 为了表述这些条件, 我们考虑任何一个间断面微元, 并使用与该面微元相关联的坐标系, 其 x 轴指向它的法线方向①.

首先, 质量流在间断面上必须连续: 从间断面一侧流来的气体质量, 应当等于从间断面另一侧流走的气体质量. 通过上述间断面微元的质量流 (折合到单位面积上) 等于 ρv_x. 所以必须成立条件

$$\rho_1 v_{1x} = \rho_2 v_{2x},$$

这里用下标 1 和 2 表示间断面的两侧.

我们在下面将用方括号表示任何量在间断面两侧的值之差, 例如

$$[\rho v_x] = \rho_1 v_{1x} - \rho_2 v_{2x},$$

于是所得条件可以写为以下形式:

$$[\rho v_x] = 0. \tag{84.1}$$

其次, 能流必须连续. 能流由表达式 (6.3) 定义, 所以我们得到条件

$$\left[\rho v_x \left(\frac{v^2}{2} + w\right)\right] = 0. \tag{84.2}$$

最后, 动量流必须连续, 即间断面两侧气体的相互作用力必须相等. 单位面积上的动量流等于 (见 §7)

$$p n_i + \rho v_i v_k n_k.$$

法向矢量 $\boldsymbol{n}$ 沿 x 轴. 所以, 动量流 x 分量的连续性给出条件

$$[p + \rho v_x^2] = 0, \tag{84.3}$$

---

① 如果气流不是定常的, 我们就在很短时间间隔内考虑一个间断面微元.

而 y 分量和 z 分量的连续性给出

$$[\rho v_x v_y] = 0, \quad [\rho v_x v_z] = 0. \tag{84.4}$$

方程 (84.1)—(84.4) 是一组完整的间断面条件, 由此可以立即作出可能存在两类间断面的结论.

对于第一个类型, 穿过间断面的质量流为零, 即 $\rho_1 v_{1x} = \rho_2 v_{2x} = 0$. 因为 ρ_1 和 ρ_2 不为零, 这就表示应有 $v_{1x} = v_{2x} = 0$. 这时, 条件 (84.2) 和 (84.4) 自动成立, 而条件 (84.3) 给出 $p_1 = p_2$. 因此, 在这种情况下, 气体的法向速度分量和压强在间断面上是连续的:

$$v_{1x} = v_{2x} = 0, \quad [p] = 0, \tag{84.5}$$

而切向速度 v_y, v_z 和密度 (以及压强以外的其他热力学量) 则可以具有任意间断值. 这样的间断称为**切向间断**.

对于第二个类型, 质量流不为零, v_{1x} 和 v_{2x} 因而也不为零. 于是, 从 (84.1) 和 (84.4) 得到

$$[v_y] = 0, \quad [v_z] = 0, \tag{84.6}$$

即切向速度在间断面上是连续的. 但是, 压强 (以及其他热力学量) 和法向速度都发生间断, 并且这些量的间断值之间的关系为 (84.1)—(84.3). 在条件 (84.2) 中, 我们可以根据 (84.1) 消去 ρ_{v_x}, 还可以利用 v_y 和 v_z 的连续性把 v^2 写为 v_x^2. 因此, 在这种情况下, 在间断面上应当成立以下条件:

$$[\rho v_x] = 0, \quad \left[\frac{v_x^2}{2} + w\right] = 0, \quad [p + \rho v_x^2] = 0. \tag{84.7}$$

这个类型的间断称为**激波**.

如果现在回到静止坐标系, 则必须处处把 v_x 写为气体速度在间断面上的法向分量 v_n 与间断面本身的速度 u 之差:

$$v_x = v_n - u. \tag{84.8}$$

按照定义, 间断面的速度 u 指向其法线方向. 速度 v_n 和 u 是相对于静止坐标系取的. 速度 v_x 是气体相对于间断面的运动速度, 换言之, $-v_x = u - v_n$ 是间断面本身相对于气体的传播速度. 我们注意到, 这个速度对间断面两侧气体而言是不同的 (如果 v_x 发生间断).

我们在 § 29 中已经研究过切向间断面, 速度的切向分量在此发生间断. 那里曾经指出, 在不可压缩流体中, 这样的间断面是不稳定的, 最终必定消失并

形成湍流区. 对可压缩流体的类似研究表明, 在任意速度的一般情况下也会出现这样的不稳定性 (见习题 1).

切向间断的一种特殊情形是速度连续而密度 (以及压强以外的其他热力学量) 发生间断, 这样的间断称为**接触间断**. 关于不稳定性的上述结果对这种间断不成立.

习 题

1. 研究均匀可压缩介质 (气体或液体) 中的切向间断 (对无穷小扰动) 的稳定性.

解: 计算类似于 §29 中对不可压缩流体进行的计算. 就像在那里一样, 我们让 z 轴指向间断面的法线方向.

在介质 2 中 (速度 $\boldsymbol{v}_2 = 0$, $z < 0$), 压强满足方程

$$\ddot{p}_2' - c^2 \Delta p_2' = 0$$

(而不是不可压缩流体中的拉普拉斯方程 (29.2)). 我们寻求以下形式的 p_2':

$$p_2' = \text{const} \cdot \exp(-\mathrm{i}\omega t + \mathrm{i}qx + \mathrm{i}\varkappa_2 z),$$

其中 q 表示间断面扰动波的波数 (代替 §29 中的 k), 并且如果 $\varkappa_2$ 是复数, 则必须让它满足 $\operatorname{Im}\varkappa_2 < 0$. 波动方程给出关系式

$$\omega^2 = c^2(q^2 + \varkappa_2^2). \tag{1}$$

用同样方法再求出取代 (29.7) 的结果:

$$p_2' = \frac{\zeta\rho\omega^2}{\mathrm{i}\varkappa_2}.$$

对于以速度 $\boldsymbol{v}_1 = \boldsymbol{v}$ 运动的介质 1 ($z > 0$), 我们寻求以下形式的 p_1':

$$p_1' = \text{const} \cdot \exp(-\mathrm{i}\omega t + \mathrm{i}qx - \mathrm{i}\varkappa_1 z).$$

为了简化推导过程, 我们首先假设速度 $\boldsymbol{v}$ 也指向 x 轴方向. ω, q, $\varkappa_1$ 之间的关系由公式

$$(\omega - vq)^2 = c^2(q^2 + \varkappa_1^2) \tag{2}$$

给出 (对比 (68.1)). 现在得到取代 (29.6) 的公式

$$p_1' = -\frac{\zeta\rho(\omega - qv)^2}{\mathrm{i}\varkappa_1},$$

于是条件 $p_1' = p_2'$ 化为方程

$$\frac{\varkappa_1}{(\omega - vq)^2} + \frac{\varkappa_2}{\omega^2} = 0. \tag{3}$$

我们注意到, 未受扰动的速度仅以组合 $(\boldsymbol{v} \cdot \nabla)$ 的形式出现在最初的线性化连续性方程和

欧拉方程中 (相应项为 $(\boldsymbol{v}\cdot\nabla)p'$ 和 $(\boldsymbol{v}\cdot\nabla)\boldsymbol{v}'$). 因此, 可以不再像上面的假设那样限定速度 $\boldsymbol{v}$ 的方向, 为此只要把 (1)—(3) 中的 v 改为 $v\cos\varphi$, 其中 φ 是 $\boldsymbol{v}$ 与 $\boldsymbol{q}$ 之间的夹角, 即可转换到 $\boldsymbol{v}$ 指向 (xy 平面上) 任意方向时的情况 (可以对比 122 页的脚注).

从 (1)—(3) 中消去 $\varkappa_1$, $\varkappa_2$, 我们得到以下色散方程:

$$\left[\frac{1}{\omega^2}-\frac{1}{(\omega-qv\cos\varphi)^2}\right]\left[\frac{1}{c^2q^2}-\frac{1}{\omega^2}-\frac{1}{(\omega-qv\cos\varphi)^2}\right]=0. \tag{4}$$

由此可以从扰动的波数 q 确定其频率 ω. 第一个因式的根

$$\omega=\frac{1}{2}qv\cos\varphi \tag{5}$$

总是实数. 第二个因式的根为

$$\omega=\frac{1}{2}qv\cos\varphi\pm q\left[\frac{1}{4}v^2\cos^2\varphi+c^2\pm c(c^2+v^2\cos^2\varphi)^{1/2}\right]^{1/2}; \tag{6}$$

这些根仅当 $v\cos\varphi>v_k$ 且

$$v_k=2^{3/2}c \tag{7}$$

时才是实数.

因此, 当 $v\cos\varphi<v_k$ 时, 色散方程具有一对复共轭根, 对于其中一个根有 $\operatorname{Im}\omega>0$, 相应扰动导致失稳. 当 $v<v_k$ 时, 具有任何角 φ 的扰动均是如此, 而当 $v>v_k$ 时, 只有满足 $\cos\varphi<v_k/v$ 的扰动才是不稳定的. 所以, 切向间断总是不稳定的. 我们指出, 切向间断不稳定的事实本身 (如果不关心对何种扰动不稳定的话) 是显然的, 这从不可压缩流体情况下的整体不稳定性就已经可以看出. 其实, 色散方程中的速度 v 只出现在组合 $v\cos\varphi$ 中, 于是无论速度 v 如何, 都可以求出这样的角 φ, 使得 $v\cos\varphi\ll c$, 介质对这样的扰动而言就表现为不可压缩介质①.

2. 设平面声波入射到均匀可压缩介质中的切向间断上, 求切向间断所反射和折射的声波的强度 (J. W. 迈尔斯, 1957; H. S. 里布纳, 1957).

解: 坐标系的选取如上题所示, 并且速度 $\boldsymbol{v}$ (在介质 1 中, $z>0$) 指向 x 轴方向. 设声波来自静止介质 (介质 2, $z<0$), 其波矢 $\boldsymbol{k}$ 的方向由球面角 θ 和 φ 给出, 其中角 θ 是 $\boldsymbol{k}$ 与 z 轴之间的夹角, 角 φ 是 $\boldsymbol{k}$ 在 xy 平面上的分矢量 (记为 $\boldsymbol{q}$) 与速度 $\boldsymbol{v}$ 之间的夹角:

$$k_x=q\cos\varphi,\quad k_y=q\sin\varphi,\quad k_z=\frac{\omega}{c}\cos\theta,$$

$$q=\frac{\omega}{c}\sin\theta=k\sin\theta,$$

并且 $0<\theta<\pi/2$ (声波入射向 z 轴的正方向). 在介质 2 中寻求形如

$$p_2'=\exp[\mathrm{i}(k_xx+k_yy-\omega t)][\exp(\mathrm{i}k_zz)+A\exp(-\mathrm{i}k_zz)]$$

的压强, 式中 A 为反射波的振幅, 而入射波的振幅被约定为 1. 在介质 1 中存在折射波:

$$p_1'=B\exp[\mathrm{i}(k_xx+k_yy+\varkappa z-\omega t)],$$

---

① 值 (7) 是由 Л. Д. 朗道 (1944) 得到的. С. И. 瑟罗瓦茨基 (1954) 指出, 在这个问题中必须考虑不共线的 $\boldsymbol{v}$ 和 $\boldsymbol{q}$.

其中 $\varkappa$ 满足方程

$$(\omega - vk_x)^2 = c^2(k_x^2 + k_y^2 + \varkappa^2)$$

(对比 (2)). 振幅 A 和 B 可以根据流体微元的压强和竖直位移在间断面两侧保持连续的条件来确定: 当 $z=0$ 时 $p_1' = p_2'$, 而 $\zeta_1 = \zeta_2 \equiv \zeta$. 这给出两个方程

$$1 + A = B, \quad \frac{\varkappa}{(\omega - vk_x)^2} B = \frac{k_z}{\omega^2}(1 - A),$$

从而

$$A = \frac{(\omega - vk_x)^2/\varkappa - \omega^2/k_z}{(\omega - vk_x)^2/\varkappa + \omega^2/k_z}, \quad B = \frac{2(\omega - vk_x)^2/\varkappa}{(\omega - vk_x)^2/\varkappa + \omega^2/k_z}, \tag{8}$$

这就给出了所提问题的解. 量 $\varkappa$ 满足

$$\varkappa^2 = \frac{\omega^2}{c^2}[(1 - M\sin\theta\cos\varphi)^2 - \sin^2\theta], \quad M = \frac{v}{c},$$

在选取其符号时应当考虑 $z \to \infty$ 时的边界条件: 反射声波的速度必须指向来自间断面的方向, 即

$$U_z = \frac{\partial\omega}{\partial\varkappa} = \frac{c^2\varkappa}{\omega - vk_x} > 0. \tag{9}$$

从所得公式可以看出, 可能有三种不同的反射方式.

1) 当 $M\cos\varphi < 1/\sin\theta - 1$ 时, 量 $\varkappa$ 是实数, 又因为 $\omega - vk_x > 0$, 所以根据条件 (9) 有 $\varkappa > 0$. 从 (8) 可见, 这时 $|A| < 1$, 即反射声波衰减.

2) 当 $1/\sin\theta - 1 < M\cos\varphi < 1/\sin\theta + 1$ 时, 量 $\varkappa$ 是虚数, 且 $|A| = 1$, 所以声波在静止介质内部发生全反射.

3) 当 $M\cos\varphi > 1 + 1/\sin\theta$ 时 (仅在 $M > 2$ 时才是可能的), 量 $\varkappa$ 又是实数, 但现在应当选取 $\varkappa < 0$. 根据 (8), 这时 $|A| > 1$, 即反射声波增强. 此外, 当 $\varkappa < 0$ 时, 表达式 (8) 的分母可能在入射声波的入射角取一定值时变为零, 于是反射因子等于无穷大. 因为该分母与上一道习题中的方程 (3) 的左侧相同 (仅记号不同), 所以可以立刻断言, "共振" 入射角可由等式 (5) 和 (6) 确定 (对于后者, 要求 $M > 2^{3/2}$). 同样地, 反射因子 (和透射因子) 无穷大, 即反射声波振幅在入射声波振幅趋于零时保持有限, 这表示切向间断面能够自发地发出声音: 在间断面上一旦出现扰动, 它就会在无穷长时间内持续辐射出声波, 并且扰动在这时既不衰减也不增强. 被辐射出的声波所携带的能量来自整个运动介质.

折射波中的能流密度 (对时间平均)

$$\overline{q}_2 = U_z\overline{E}_2 = \frac{c^2\varkappa}{\omega - vk_x}\frac{\omega}{\omega - vk_x}\frac{|B|^2}{2\rho c^2}$$

(E_2 由 (68.3) 给出). 在上述情况 3) 中有 $\varkappa < 0$, 所以 $\overline{q}_2 < 0$, 这表示能量从运动介质向间断转移, 而这就是反射波增强的能量源. 当声音自发地发出时, 这部分能量等于向静止介质中传播的声波所携带的能量.

在求解习题的上述过程中没有考虑间断面的不稳定性, 问题的这种提法在形式上之所以是正确的, 是因为声波和不稳定表面波 (当 $z \to \pm\infty$ 时衰减) 是线性无关的振动方式. 物理上的正确性则要求成立一些专门的条件 (例如初始条件), 在这些条件中声波还应当是足够微弱的.

§ 85 激波绝热线

我们来详细研究激波①. 我们已经看到, 在这样的间断中, 气体速度的切向分量是连续的. 所以可以选取这样的坐标系, 使所考虑的间断面微元在该坐标系中是静止的, 而气体速度的切向分量在激波两侧为零②. 于是可以把法向分量 v_x 写为 v, 从而把条件 (84.7) 写为以下形式:

$$\rho_1 v_1 = \rho_2 v_2 \equiv j, \tag{85.1}$$

$$p_1 + \rho_1 v_1^2 = p_2 + \rho_2 v_2^2, \tag{85.2}$$

$$w_1 + \frac{v_1^2}{2} = w_2 + \frac{v_2^2}{2}, \tag{85.3}$$

式中 j 表示气体穿过间断面的质量流密度. 我们约定, 在下面总是认为 j 是正的, 并且气流从 1 侧流向 2 侧. 换言之, 我们把激波运动方向所指的那一侧气体称为气体 1, 而把留在激波后的气体称为气体 2. 激波对着气体 1 的一侧称为前侧, 对着气体 2 的一侧称为后侧.

下面从上述条件推导一系列关系式. 引入气体的质量体积

$$V_1 = \frac{1}{\rho_1}, \quad V_2 = \frac{1}{\rho_2}.$$

从 (85.1) 有

$$v_1 = jV_1, \quad v_2 = jV_2, \tag{85.4}$$

再把它们代入 (85.2), 有

$$p_1 + j^2 V_1 = p_2 + j^2 V_2, \tag{85.5}$$

即

$$j^2 = \frac{p_2 - p_1}{V_1 - V_2}. \tag{85.6}$$

这个公式 (与 (85.4) 一起) 把激波传播速度与间断面两侧气体的压强和密度联系起来.

---

① 我们对相关术语说明如下. 我们把间断面本身理解为激波, 但是在文献中也可以遇到其他术语, 那里把间断面称为激波前锋, 而把激波理解为间断面以及紧随其后的气流.

② 在本章中处处都这样选取坐标系, 仅 § 92 是例外.

静止激波经常称为**突跃压缩**. 垂直于流动方向的激波称为**正激波**, 倾斜于流动方向的激波称为**斜激波**.

因为 j^2 是正的,所以应当同时成立 $p_2 > p_1$, $V_1 > V_2$, 或者 $p_2 < p_1$, $V_1 < V_2$. 我们在下面将看到,实际只能出现第一种情况.

我们再注意一个有用的公式——关于速度差 $v_1 - v_2$ 的以下公式. 把 (85.6) 代入 $v_1 - v_2 = j(V_1 - V_2)$, 得到①

$$v_1 - v_2 = \sqrt{(p_2 - p_1)(V_1 - V_2)}. \tag{85.7}$$

接下来,我们把 (85.3) 写为

$$w_1 + \frac{j^2 V_1^2}{2} = w_2 + \frac{j^2 V_2^2}{2} \tag{85.8}$$

的形式,然后把 (85.6) 中的 j^2 代入此式,得到

$$w_1 - w_2 + \frac{1}{2}(V_1 + V_2)(p_2 - p_1) = 0. \tag{85.9}$$

如果用内能 $\varepsilon = w - pV$ 代替焓,就可以把所得关系式写为

$$\varepsilon_1 - \varepsilon_2 + \frac{1}{2}(V_1 - V_2)(p_1 + p_2) = 0 \tag{85.10}$$

的形式. 这些公式确定了间断面两侧热力学量之间的关系.

当 p_1 和 V_1 给定时,方程 (85.9) 或 (85.10) 给出 p_2 与 V_2 之间的关系. 这个依赖关系的图像称为**激波绝热线**或**于戈尼奥绝热线** (W. J. 兰金, 1870; H. 于戈尼奥, 1885), 即 pV 平面上通过给定点 p_1, V_1 的曲线 (图 53), 该点对应激波前侧气体 1 的状态. 激波绝热线的这个点称为它的**初始点**. 我们指出,除了初始点,激波绝热线不能再与竖直线 $V = V_1$ 在任何其他点相交. 其实,假如还有这样的交点,这就意味着同样的质量体积对应着两个不同的压强,它们都满足 (85.10). 与此同时,当 $V_1 = V_2$ 时,从 (85.10) 可知还有 $\varepsilon_1 = \varepsilon_2$, 而当质量体积和内能都相同时,压强也应当相同. 因此,直线 $V = V_1$ 把激波绝热线分为两部分,每一部分完全位于该直线的一侧. 根据类似的理由,激波绝热线与水平直线 $p = p_1$ 也只有一个交点 p_1, V_1.

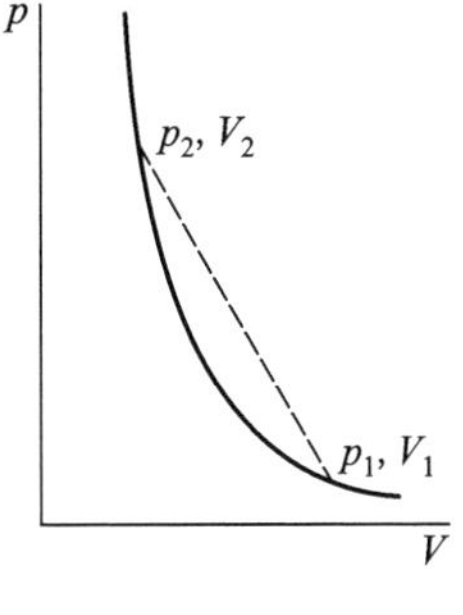

图 53

设 aa' (图 54) 是以 p_1, V_1 为初始点的激波绝热线. 在曲线上任取一点 p_2, V_2, 并作出以此点为初始点的另一条激波绝热线 (bb'). 显然, p_1, V_1 这一对值也满足第二条激波绝热线的方程. 因此,激波绝热线 aa' 和 bb' 在 p_1, V_1 和 p_2, V_2 这两点相交. 我们强调,这两条激波绝热线并不重合,而不像泊松绝热线那样——通过一个给定点的泊

① 我们在这里之所以写出正的平方根,是因为应当成立 $v_1 - v_2 > 0$, 其原因将在以后解释 (§ 87).

松绝热线彼此完全重合.

这是因为, 激波绝热线方程不能写为 $f(p, V) = \text{const}$ 的形式, 式中 f 是其自变量的某个函数, 而泊松绝热线方程却可以写为这种形式 ($s(p, V) = \text{const}$). 泊松绝热线 (对于给定的气体) 组成单参量曲线族, 而激波绝热线取决于两个参量: 初始值 p_1, V_1. 下述重要结果也与此有关: 如果相继出现的两个 (或更多个) 激波使气体从状态 1 变到状态 2, 再从状态 2 变到状态 3, 则通过任何单个激波使气体从状态 1 变到状态 3 一般而言是不可能的.

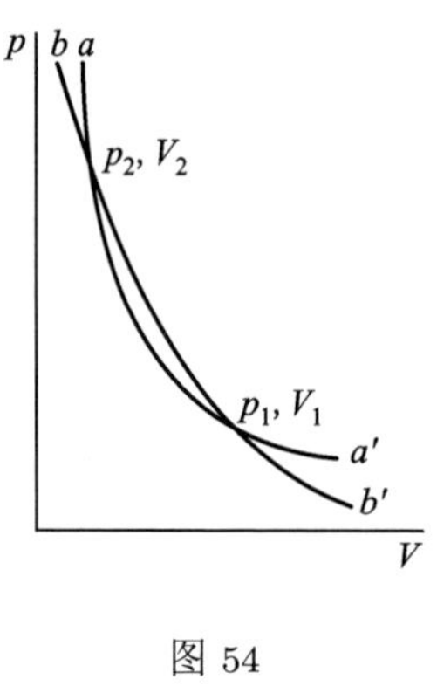

图 54

当气体的初始热力学状态给定时 (即当 p_1, V_1 给定时), 激波仅由一个参量即可确定. 例如, 如果给定激波后的压强 p_2, 则根据于戈尼奥绝热线可以确定 V_2, 然后按照公式 (85.4) 和 (85.6) 可以确定质量流密度 j 和速度 v_1 及 v_2. 但是应记住, 我们在这里对激波的研究是在一个使气体垂直于激波面运动的坐标系中进行的. 如果考虑到激波有可能倾斜于流动方向, 则还需要一个参量, 例如激波面上的切向速度分量的值.

我们在这里指出一种简便方法来解释公式 (85.6) 的几何意义. 用一根弦把激波绝热线上的点 p_1, V_1 与曲线上任意某一点 p_2, V_2 连接起来 (图 53), 则

$$\frac{p_2 - p_1}{V_2 - V_1} = -j^2$$

恰好是这根弦相对于横坐标轴 (正方向) 的斜率. 因此, 激波绝热线上每一点的 j 值可由激波绝热线上从初始点到该点的弦的斜率所确定, 激波速度从而也就确定下来.

与其他热力学量一样, 熵在激波上也发生间断. 根据熵增加原理, 气体的熵在气体运动过程中只能增加. 所以, 已经穿过激波的气体的熵 s_2 应当大于其初始熵 s_1:

$$s_2 > s_1. \tag{85.11}$$

我们将在下面看到, 这个条件对激波中所有物理量的变化特点有极为重要的限制.

我们在这里强调以下事实: 如果整个空间中的流动都可以视为黏度和热导率为零的理想流体的运动, 则激波的存在导致熵增加. 熵增加意味着运动的不可逆性, 即存在能量耗散. 于是, 间断面是导致理想流体运动中能量耗散的一种机理. 所以, 当物体在理想流体中运动并且引起激波时, 不会出现达朗贝尔佯谬 (§11)——物体在这样的运动中受到阻力.

当然, 激波中熵增加的真正机理是在物理上极薄的实际激波层中出现耗散过程 (见 §93). 不过, 值得注意的是, 该耗散值完全取决于实际激波层两侧气体所满足的质量守恒定律、能量守恒定律和动量守恒定律: 实际激波层的厚度正好可以给出这些守恒定律所要求的熵增加.

激波中熵的增加对运动还有另一个重要影响: 即使气流在激波前面是势流, 它在激波后面一般也会变为有旋流. 我们将在 §114 中重新讨论这个问题.

§86 弱激波

考虑各量只有较小间断值的激波; 我们把这样的间断称为弱激波. 我们来变换关系式 (85.9), 即把它展开为小差值 $s_2 - s_1$ 和 $p_2 - p_1$ 的幂级数. 我们看到, 在这样的展开式中没有 $p_2 - p_1$ 的一阶项和二阶项, 所以必须展开到 $p_2 - p_1$ 的三阶项. 而对于差值 $s_2 - s_1$, 只要展开到一阶项即可. 我们有

$$w_2 - w_1 = \left(\frac{\partial w}{\partial s_1}\right)_p (s_2 - s_1) + \left(\frac{\partial w}{\partial p_1}\right)_s (p_2 - p_1) + \frac{1}{2}\left(\frac{\partial^2 w}{\partial p_1^2}\right)_s (p_2 - p_1)^2 + \frac{1}{6}\left(\frac{\partial^3 w}{\partial p_1^3}\right)_s (p_2 - p_1)^3.$$

但根据热力学关系式 $\mathrm{d}w = T\,\mathrm{d}s + V\,\mathrm{d}p$, 我们有导数

$$\left(\frac{\partial w}{\partial s}\right)_p = T, \quad \left(\frac{\partial w}{\partial p}\right)_s = V.$$

所以

$$w_2 - w_1 = T_1(s_2 - s_1) + V_1(p_2 - p_1) + \frac{1}{2}\left(\frac{\partial V}{\partial p_1}\right)_s (p_2 - p_1)^2 + \frac{1}{6}\left(\frac{\partial^2 V}{\partial p_1^2}\right)_s (p_2 - p_1)^3.$$

这里只需要对 $p_2 - p_1$ 展开质量体积 V_2, 因为方程 (85.9) 的第二项已经包含小差值 $p_2 - p_1$, 以至于再对 $s_2 - s_1$ 展开就会给出形如 $(s_2 - s_1)(p_2 - p_1)$ 的项, 而我们对此不感兴趣. 因此,

$$V_2 - V_1 = \left(\frac{\partial V}{\partial p_1}\right)_s (p_2 - p_1) + \frac{1}{2}\left(\frac{\partial^2 V}{\partial p_1^2}\right)_s (p_2 - p_1)^2.$$

把这些展开式代入 (85.9), 我们得到以下关系式:

$$s_2 - s_1 = \frac{1}{12T_1}\left(\frac{\partial^2 V}{\partial p_1^2}\right)_s (p_2 - p_1)^3. \tag{86.1}$$

因此, 弱激波中熵的间断值是压强间断值的三阶小量.

物质的绝热压缩系数 $-(\partial V/\partial p)_s$ 实际上总是随压强的增加而减小, 即二阶导数①

$$\left(\frac{\partial^2 V}{\partial p^2}\right)_s > 0. \tag{86.2}$$

然而, 我们强调, 这个不等式不是热力学关系式, 所以在原则上可以不成立②. 以后将不止一次看到, 导数 (86.2) 的符号在气体动力学中至关重要. 我们在下面将总是认为它是正的.

在 pV 图上通过点 1 (p_1, V_1) 作出两条曲线——激波绝热线和泊松绝热线. 泊松绝热线方程为 $s_2 - s_1 = 0$. 在点 1 附近对比这个方程与激波绝热线方程 (86.1), 由此可以看出, 这两条曲线在该点相切, 并且是二阶相切——不但一阶导数相等, 二阶导数也相等. 为了确定这两条曲线在点 1 附近的相对位置, 我们利用以下事实: 根据 (86.1) 和 (86.2), 当 $p_2 > p_1$ 时, 在激波绝热线上应有 $s_2 > s_1$, 而在泊松 绝热线上则有 $s_2 = s_1$. 所以, 对于这两条曲线上具有同样纵坐标 p_2 的点, 激波绝热线上的点的横坐标应当大于泊松绝热线上的点的横坐标. 利用以下方法也可以得到这个结论. 按照已知的热力学公式

$$\left(\frac{\partial V}{\partial s}\right)_p = \frac{T}{c_p}\left(\frac{\partial V}{\partial T}\right)_p,$$

对于受热时膨胀的所有物质, 即 $(\partial V/\partial T)_p > 0$ 的所有物质, 熵在定压情况下随质量体积的增加而增加. 类似地可以断定, 在点 1 以下 (即当 $p_2 < p_1$ 时), 泊松绝热线上的点的横坐标应当大于激波绝热线上的点的横坐标. 因此, 在切点邻近, 这两条曲线的相对位置如图 55 所示 (HH' 是激波绝热线, PP' 是泊松绝热线)③, 并且由 (86.2) 可知, 这两条曲线都是凹的.

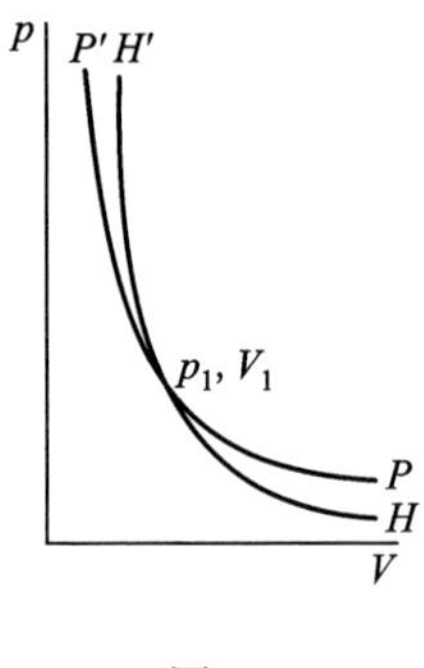

图 55

---

① 对于多方气体,

$$\left(\frac{\partial^2 V}{\partial p^2}\right)_s = \frac{\gamma+1}{\gamma^2}\,\frac{V}{p^2}.$$

得到这个表达式的最简单方法是对泊松绝热线方程 $pV^\gamma = \text{const}$ 进行微分.

② 例如, 这个不等式可以在液气系统的临界点附近区域中成立. 对于发生相变的介质, 也可以在激波绝热线上模拟条件 (86.2) 遭到破坏的情形 (结果在激波绝热线上出现折线). 相关讨论见专著: Зельдович Я. Б., Райзер Ю. П. Физика ударных волн и высокотемпературных явлений. 2-е изд. Москва: Наука, 1966 (Я. Б. 泽尔道维奇, Ю. П. 莱依捷尔. 激波和高温流体动力学现象物理学 (共二册). 张树材译. 北京: 科学出版社, 1980, 1985). 第一章 §19, 第十一章 §20.

③ 当 $(\partial V/\partial T)_p < 0$ 时, 两条曲线的相对位置相反.

当 p_2-p_1 和 V_2-V_1 是小量时, 在一级近似下可以把公式 (85.6) 写为以下形式:

$$j^2=-\left(\frac{\partial p}{\partial V}\right)_s$$

(我们在这里写出等熵条件下的导数, 因为泊松绝热线和激波绝热线在点 1 有共同的切线). 此外, 速度 v_1 和 v_2 在同样的近似下相等并等于

$$v=jV=\sqrt{-V^2\left(\frac{\partial p}{\partial V}\right)_s}=\sqrt{\left(\frac{\partial p}{\partial \rho}\right)_s},$$

而这正好是声速 c. 因此, 弱激波的传播速度在一级近似下等于声速:

$$v=c. \tag{86.3}$$

从激波绝热线在点 1 附近的上述性质可以得到一系列重要结果. 因为在激波中应当成立条件 $s_2>s_1$, 所以还应有

$$p_2>p_1,$$

即点 2 (p_2, V_2) 应当位于点 1 以上. 此外, 因为弦 12 比绝热线在点 1 处的切线更陡一些 (图 53), 而该切线的斜率等于导数 $(\partial p/\partial V_1)_{s_1}$, 所以有

$$j^2>-\left(\frac{\partial p}{\partial V_1}\right)_{s_1}.$$

在这个不等式的两边乘以 V_1^2, 我们求出

$$j^2V_1^2=v_1^2>-V_1^2\left(\frac{\partial p}{\partial V_1}\right)_{s_1}=\left(\frac{\partial p}{\partial \rho_1}\right)_{s_1}=c_1^2,$$

式中 c_1 是点 1 处的声速. 因此,

$$v_1>c_1$$

最后, 因为点 2 处的切线比弦 12 更陡一些, 用类似方法得到 $v_2<c_2$ ①.

我们最后还指出, 对于弱激波, 假如 $(\partial^2V/\partial p^2)_s<0$, 则从条件 $s_2>s_1$ 可以得到 $p_2<p_1$, 而对于速度可以得到同样一些等式: $v_1>c_1$, $v_2<c_2$.

---

① 最后的讨论只适用于点 1 附近, 使得激波绝热线在点 2 处切线的斜率与导数 $(\partial p_2/\partial V_2)_{s_2}$ 只相差二阶小量.

§ 87 各物理量在激波中的变化方向

综上所述, 在导数 (86.2) 为正的假设下可以非常简单地证明: 熵增加条件必然还给出不等式

$$p_2 > p_1, \tag{87.1}$$

$$v_1 > c_1, \quad v_2 < c_2. \tag{87.2}$$

根据对 (85.6) 所作的说明可知, 如果 $p_2 > p_1$, 则

$$V_2 < V_1, \tag{87.3}$$

又因为 $j = v_1/V_1 = v_2/V_2$, 所以还有①

$$v_1 > v_2. \tag{87.4}$$

不等式 (87.1) 和 (87.3) 意味着, 气体在穿过激波时发生压缩——其压强和密度增加. 不等式 $v_1 > c_1$ 意味着, 激波相对于激波前面的气体以超声速运动. 由此显然可知, 任何来自激波的扰动都不可能进入这部分气体. 换言之, 激波的存在完全不会在激波前面的气体中表现出来.

我们现在证明, 如果仍然假设导数 $(\partial^2 V/\partial p^2)_s$ 的符号如前所示, 则所有不等式 (87.1)—(87.4) 对任意强度的激波也是成立的②. 量 j^2 确定激波绝热线上从初始点 1 到任意点 2 的弦的倾斜程度 ($-j^2$ 是该弦对 V 轴的斜率). 我们首先证明, 当点 2 沿激波绝热线移动时, 这个量的变化方向与熵 s_2 的变化方向是一致的.

在气体 1 具有给定状态的条件下, 我们把关系式 (85.5) 和 (85.8) 对气体 2 的各量进行微分. 这表示在 p_1, V_1, w_1 具有给定值的条件下计算 p_2, V_2, w_2 和 j 的微分. 从 (85.5) 得到

$$\mathrm{d}p_2 + j^2\,\mathrm{d}V_2 = (V_1 - V_2)\,\mathrm{d}(j^2), \tag{87.5}$$

而从 (85.8) 得到

$$\mathrm{d}w_2 + j^2 V_2\,\mathrm{d}V_2 = \frac{1}{2}(V_1^2 - V_2^2)\,\mathrm{d}(j^2),$$

---

① 如果变换到使激波前面的气体 1 静止而激波运动的参考系, 则不等式 $v_1 > v_2$ 意味着激波后面的气体将向激波本身的运动方向运动 (速度为 $v_1 - v_2$).

② 对于多方气体中的任意强度激波, 不等式 (87.1)—(87.4) 是由 E. 儒盖 (1904) 和 G. 曾普伦 (1905) 得到的. 下面叙述的对任意介质都成立的证明是由 Л. Д. 朗道 (1944) 给出的.

或者在展开微分 $\mathrm{d}w_2$ 后得到

$$T_2\,\mathrm{d}s_2 + V_2(\mathrm{d}p_2 + j^2\,\mathrm{d}V_2) = \frac{1}{2}(V_1^2 - V_2^2)\,\mathrm{d}(j^2).$$

把 (87.5) 中的 $\mathrm{d}p_2 + j^2\,\mathrm{d}V_2$ 代入此式, 我们得到关系式

$$T_2\,\mathrm{d}s_2 = \frac{1}{2}(V_1 - V_2)^2\,\mathrm{d}(j^2). \tag{87.6}$$

由此可见

$$\frac{\mathrm{d}(j^2)}{\mathrm{d}s_2} > 0, \tag{87.7}$$

即 j^2 和 s_2 的具有同样的变化方向.

下面的讨论是为了证明在激波绝热线上不可能有这样的点 (如图 56 中的点 O), 使通过点 1 的一条直线在该点与激波绝热线相切.

在这样的点, 与点 1 相连的弦的斜率具有极小值, 而 j^2 相应地具有极大值, 所以

$$\frac{\mathrm{d}(j^2)}{\mathrm{d}p_2} = 0.$$

从关系式 (87.6) 可见, 在这种情况下

$$\frac{\mathrm{d}s_2}{\mathrm{d}p_2} = 0.$$

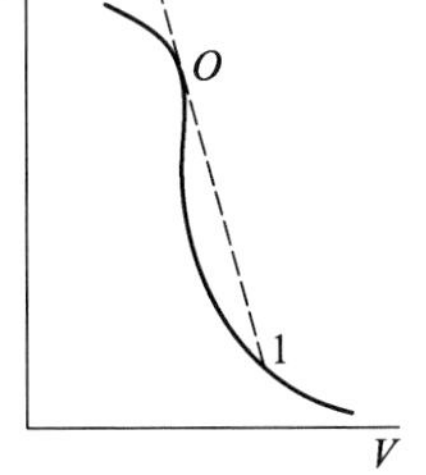

图 56

接下来, 我们计算激波绝热线上任意一点的导数 $\mathrm{d}(j^2)/\mathrm{d}p_2$. 从 (87.6) 得到微分 $\mathrm{d}s_2$ 的表达式并把它代入

$$\mathrm{d}V_2 = \left(\frac{\partial V_2}{\partial p_2}\right)_{s_2}\mathrm{d}p_2 + \left(\frac{\partial V_2}{\partial s_2}\right)_{p_2}\mathrm{d}s_2,$$

再把微分 $\mathrm{d}V_2$ 的这个表达式代入关系式 (87.5) 并除以 $\mathrm{d}p_2$, 我们得到

$$\frac{\mathrm{d}(j^2)}{\mathrm{d}p_2} = \frac{1 + j^2\left(\dfrac{\partial V_2}{\partial p_2}\right)_{s_2}}{(V_1 - V_2)\left[1 - \dfrac{j^2(V_1 - V_2)}{2T_2}\left(\dfrac{\partial V_2}{\partial s_2}\right)_{p_2}\right]}. \tag{87.8}$$

由此可见, 如果该导数为零, 则等式

$$1 + j^2\left(\frac{\partial V_2}{\partial p_2}\right)_{s_2} = 1 - \frac{v_2^2}{c_2^2} = 0$$

也成立, 即 $v_2 = c_2$. 反之, 从 $v_2 = c_2$ 可知 $\mathrm{d}(j^2)/\mathrm{d}p_2 = 0$. 如果 (87.8) 中的分子和分母均为零, 则该导数可以不为零. 不过, 分子和分母中的表达式是激波绝热线上的点 2 的两个不同的函数, 它们仅在纯粹偶然的情况下才会同时为零, 所以不必考虑这种情况①.

因此, 从

$$\frac{\mathrm{d}(j^2)}{\mathrm{d}p_2} = 0, \quad \frac{\mathrm{d}s_2}{\mathrm{d}p_2} = 0, \quad v_2 = c_2 \tag{87.9}$$

这三个方程中的每一个都可以推导出其余两个, 它们在图 56 中曲线上的点 O 处同时成立 (根据这三个等式中的最后一个, 我们约定把这样的点称为**声点**). 最后, 对于 $(v_2/c_2)^2$ 在该点的导数, 我们有

$$\frac{\mathrm{d}}{\mathrm{d}p_2}\left(\frac{v_2^2}{c_2^2}\right) = -\frac{\mathrm{d}}{\mathrm{d}p_2}\left[j^2\left(\frac{\partial V_2}{\partial p_2}\right)_{s_2}\right] = -j^2\left(\frac{\partial^2 V_2}{\partial p_2^2}\right)_{s_2}.$$

由于假设 $(\partial^2 V/\partial p^2)_s$ 处处为正, 所以在声点处有

$$\frac{\mathrm{d}}{\mathrm{d}p_2}\frac{v_2}{c_2} < 0. \tag{87.10}$$

现在已经容易证明, 在激波绝热线上不可能存在声点. 在初始点 1 的上方邻近点处, 我们有 $v_2 < c_2$ (见前一节最后). 所以, 等式 $v_2 = c_2$ 仅在 v_2/c_2 增加时才能成立, 换言之, 在声点处必须有 $\mathrm{d}(v_2/c_2)/\mathrm{d}p_2 > 0$, 但是按照 (87.10), 我们却恰好有相反的不等式. 用类似方法可以证明, v_2/c_2 在激波绝热线上点 1 的下方也不可能等于 1.

这样就证明了不可能存在声点, 从而可以从激波绝热线图像直接得到以下结论: 当点 2 沿曲线向点 1 移动时, 弦 12 的倾角减小, 而 j^2 相应地单调增大. 根据不等式 (87.7), 由此可知熵 s_2 也单调增加. 因此, 在必要条件 $s_2 > s_1$ 下也成立 $p_2 > p_1$.

进一步容易看出, 在激波绝热线的上段还成立不等式 $v_2 < c_2$, $v_1 > c_1$. 第一个不等式直接得自以下事实: 它在点 1 附近成立, 而比值 v_2/c_2 无论在何处都不可能等于 1. 第二个不等式得自以下事实: 从点 1 到位于其上方的点 2 的任何弦, 都比激波绝热线在点 1 处的切线更陡, 因为激波绝热线不可能具有如图 56 所示的形状.

因此, 在激波绝热线的上段成立条件 $s_2 > s_1$ 和全部三个不等式 (87.1), (87.2). 相反, 所有这些条件在激波绝热线的下段都不成立. 于是, 所有这些条件彼此等价, 只要其中一个条件成立, 则其余条件自然成立.

① 为了避免误解, 我们强调, 导数 $\mathrm{d}(j^2)/\mathrm{d}p_2 = 0$ 不是点 2 的又一个独立函数. 表达式 (87.8) 是它的定义.

我们再一次注意, 在上述讨论中总是假设导数 $(\partial^2 V/\partial p^2)_s$ 为正的条件成立. 假如这个导数可以改变符号, 则从 $s_2 > s_1$ 这个必要的热力学不等式就已经不能作出关于其余各量的不等式的任何一般结论.

§88 激波的可演化性

我们在 §86, §87 中讨论了不等式 (87.1)—(87.4) 的一些推论, 它们都是基于一个确定的假设得出的——假设介质的热力学性质满足导数 $(\partial^2 V/\partial p^2)_s$ 为正的条件. 然而, 至关重要的是, 也可以用完全不同的方法得到速度所满足的不等式

$$v_1 > c_1, \quad v_2 < c_2; \tag{88.1}$$

这种方法表明, 违反条件 (88.1) 的激波仍然不可能存在, 即使这并不与上述纯热力学依据矛盾①.

确实, 还必须研究激波的稳定性问题. 最一般的稳定性必要条件是以下要求: 初始状态 (在某时刻 $t=0$) 的任何无穷小扰动仅仅导致流动发生完全确定的无穷小变化, 至少在足够小的时间间隔 t 内应当如此. 最后这一条说明意味着, 上述条件是不充分的. 例如, 即使初始小扰动的增长是指数型的 (按照 $e^{\gamma t}$ 的方式, 并且常量 γ 为正), 但在 $t \lesssim 1/\gamma$ 的时间内, 扰动仍然很小, 尽管它最终还是会破坏所给运动方式. 如果一个激波相继分解为两个 (或更多个) 间断, 则这样的扰动不满足上述必要条件. 显然, 流动这时立即就发生不小的变化, 尽管这种变化在较短时间 t 内 (当两个间断之间的距离还不算大时) 只占据不大的距离 δx.

任意的初始小扰动取决于某些独立参量, 而扰动的进一步演化取决于一组在间断面上必须成立的线性化边界条件. 当上述稳定性必要条件成立时, 这些方程的数目应当等于其中未知参量的数目, 这样的边界条件才能确定在短时间 $t>0$ 内始终是小量的扰动的进一步发展. 如果方程的数目大于或者小于独立参量的数目, 则小扰动问题根本没有解或者有无穷多个解. 这两种情况都说明最初的假设 (扰动在短时间 t 内很小) 不成立, 而这与上述要求矛盾. 这样提出的条件称为流动的**可演化性**条件.

我们来研究激波在垂直于自身平面的方向上的无穷小位移②, 它也伴随着间断面两侧气体压强、速度等其他一些量的无穷小扰动. 这些扰动一旦在激波附近出现, 就会以声速 (相对于气体) 由激波处向外传播. 这仅仅不适用

① 我们同时要注意, 这些热力学依据即使在 $(\partial^2 V/\partial p^2)_s < 0$ 的情况下也给出条件 (88.1) (至少对弱激波是这样), 这时的激波是稀疏波 (而不是压缩波); 在 §86 的最后已经指出了这一点.

② 下面对不等式 (88.1) 的证明属于 Л.Д. 朗道 (1944).

于熵的扰动, 熵只能随气体本身一起传播. 因此, 所研究的这种类型的任意扰动, 可以看做是由在激波两侧气体 1 和 2 中传播的若干声扰动和一个熵扰动组成的, 后者随气体一起移动, 显然只能在激波后面的气体 2 中出现. 在每一个声扰动中, 所有物理量的变化都是互相关联的, 相应关系式得自运动方程 (就像任何声波中的情况那样; §64). 所以, 每一个这样的扰动只取决于一个参量.

现在, 我们来计算可能的声扰动的数目, 它依赖于气体速度 v_1, v_2 和声速 c_1, c_2 的相对大小. 取气体的运动方向 (从 1 侧到 2 侧) 为 x 轴的正方向. 相对于静止激波而言, 扰动在气体 1 中的传播速度为 $u_1 = v_1 \pm c_1$, 而在气体 2 中的传播速度为 $u_2 = v_2 \pm c_2$. 这些扰动必须由激波处向外传播, 这个事实意味着必有 $u_1 < 0$, $u_2 > 0$.

假设 $v_1 > c_1$, $v_2 < c_2$. 于是, $u_1 = v_1 \pm c_1$ 这两个值显然为正, 而 u_2 的两个值中只有 $v_2 + c_2$ 为正. 这表明, 在气体 1 中根本不可能存在我们所研究的声扰动, 而在气体 2 中只可能有一个声扰动, 它相对于气体以速度 $+c_2$ 传播. 其他情况下的计算方法是类似的.

计算结果如图 57 所示, 图中每个箭头对应一个声扰动, 它相对于气体沿箭头所指方向传播. 如上所述, 每一个声扰动取决于一个参量. 此外, 在所有四种情况下, 还有另外两个参量: 一个参量确定在气体 2 中传播的熵扰动, 一个参量确定激波的位移本身.

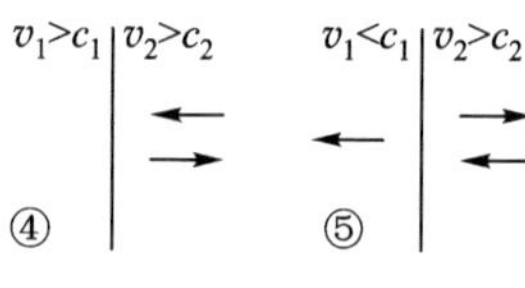

图 57

对于四种情况中的每一种, 在图 57 中用圆圈中的数字表示这样得到的参量的总数目, 这些参量确定了激波发生位移时出现的任意扰动.

另一方面, 扰动在间断面上所必须满足的边界条件有三个 (质量流、能流和动量流的连续性条件). 在如图 57 所示的所有情况中, 除了第一种情况, 已有的独立参量数目都超过了方程的数目. 我们看到, 只有满足条件 (88.1) 的激波才是可演化的. 因此, 无论介质的热力学性质如何, 这些条件是激波存在的必要条件. 不满足这些条件的人为制造出的间断立刻就会分解为其他一些间断①.

即使在通常意义下, 可演化激波对所研究类型的扰动也是稳定的. 如果寻求正比于 $e^{-i\omega t}$ 的激波位移 (所有其余物理量从而也具有这样的形式), 则预先就显然可见, 由边界条件单值确定的 ω 值只能为零. 采用以下方法即可看出

① 对于如图 57 所示的所有不可演化激波, 扰动都是不定的——任意参量的数目大于方程的数目. 我们指出, 在磁流体动力学中, 扰动既可以是不定的, 也可以是超定的, 这些都是导致激波不可演化的原因 (见第八卷 §73).

这一点: 在这个问题中没有量纲为时间的负一次幂的任何参量可以确定 ω 的非零值.

我们在 §90 中还会再研究激波的稳定性问题.

§89 多方气体中的激波

我们把在前面几节中得到的一般关系式应用于多方气体中的激波.

多方气体的焓由简单的公式 (83.11) 给出. 把这个表达式代入 (85.9), 经过简单变换后得到以下公式:

$$\frac{V_2}{V_1}=\frac{(\gamma+1)p_1+(\gamma-1)p_2}{(\gamma-1)p_1+(\gamma+1)p_2}. \tag{89.1}$$

根据这个公式, 可以从 p_1, V_1, p_2, V_2 中的三个量确定第四个量. 比值 V_2/V_1 是比值 p_2/p_1 的单调减函数, 它趋于有限的极限 $(\gamma-1)/(\gamma+1)$. 图 58 中的曲线给出当 p_1, V_1 给定时 p_2 与 V_2 之间的依赖关系 (激波绝热线). 这是一支等轴双曲线, 其渐近线为

$$\frac{V_2}{V_1}=\frac{\gamma-1}{\gamma+1},\quad \frac{p_2}{p_1}=-\frac{\gamma-1}{\gamma+1}.$$

我们知道, 曲线在点

$$\frac{V_2}{V_1}=\frac{p_2}{p_1}=1$$

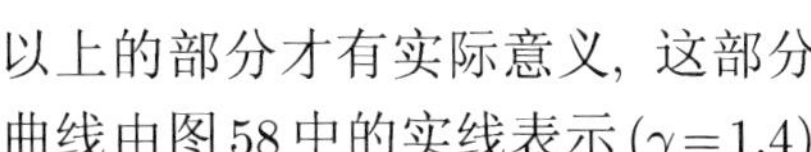

以上的部分才有实际意义, 这部分曲线由图 58 中的实线表示 ($\gamma=1.4$).

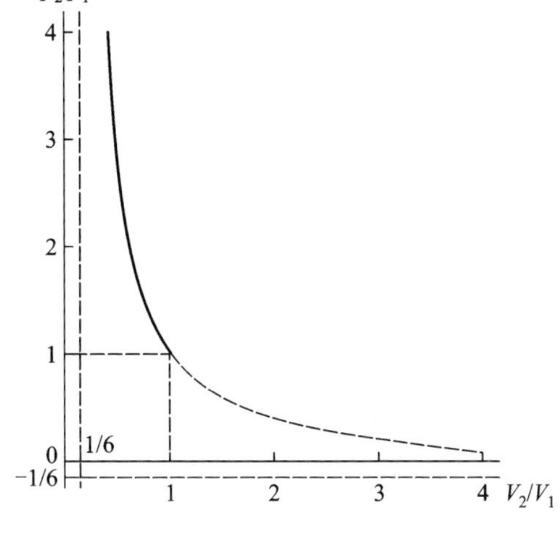

图 58

对于间断面两侧的温度比, 根据热力学意义上的理想气体的状态方程, 我们有 $T_2/T_1=p_2V_2/p_1V_1$, 所以

$$\frac{T_2}{T_1}=\frac{p_2}{p_1}\frac{(\gamma+1)p_1+(\gamma-1)p_2}{(\gamma-1)p_1+(\gamma+1)p_2}. \tag{89.2}$$

对于质量流 j, 从 (85.6) 和 (89.1) 得到

$$j^2=\frac{(\gamma-1)p_1+(\gamma+1)p_2}{2V_1}, \tag{89.3}$$

由此求出激波相对于其前后侧气体的传播速度:

$$
\begin{aligned}
v_1^2 &= \frac{V_1}{2}[(\gamma-1)p_1+(\gamma+1)p_2] = \frac{c_1^2}{2\gamma}\left[\gamma-1+(\gamma+1)\frac{p_2}{p_1}\right],\\
v_2^2 &= \frac{V_1}{2}\,\frac{[(\gamma+1)p_1+(\gamma-1)p_2]^2}{(\gamma-1)p_1+(\gamma+1)p_2} = \frac{c_2^2}{2\gamma}\left[\gamma-1+(\gamma+1)\frac{p_1}{p_2}\right],
\end{aligned}
\tag{89.4}
$$

以及速度差:

$$
v_1-v_2 = \frac{\sqrt{2V_1}(p_2-p_1)}{[(\gamma-1)p_1+(\gamma+1)p_2]^{1/2}}. \tag{89.5}
$$

在应用中, 用马赫数 $M_1=v_1/c_1$ 表示激波中的密度比、压强比和温度比的公式很有用; 这些公式不难从上述关系式推导出来:

$$
\frac{\rho_2}{\rho_1} = \frac{v_1}{v_2} = \frac{(\gamma+1)M_1^2}{(\gamma-1)M_1^2+2}, \tag{89.6}
$$

$$
\frac{p_2}{p_1} = \frac{2\gamma}{\gamma+1}M_1^2 - \frac{\gamma-1}{\gamma+1}, \tag{89.7}
$$

$$
\frac{T_2}{T_1} = \frac{[2\gamma M_1^2-(\gamma-1)][(\gamma-1)M_1^2+2]}{(\gamma+1)^2M_1^2}. \tag{89.8}
$$

马赫数 $M_2=v_1/c_2$ 可以通过马赫数 M_1 表示:

$$
M_2^2 = \frac{2+(\gamma-1)M_1^2}{2\gamma M_1^2-(\gamma-1)}. \tag{89.9}
$$

这个关系式显然相对于 M_1 和 M_2 对称, 因为可以把它写为以下方程的形式:

$$
2\gamma M_1^2M_2^2-(\gamma-1)(M_1^2+M_2^2)=2.
$$

我们写出极强激波极限下的公式 (要求 $(\gamma-1)p_2 \gg (\gamma+1)p_1$). 从 (89.1), (89.2) 有

$$
\frac{V_2}{V_1} = \frac{\rho_1}{\rho_2} = \frac{\gamma-1}{\gamma+1}, \quad \frac{T_2}{T_1} = \frac{\gamma-1}{\gamma+1}\,\frac{p_2}{p_1}. \tag{89.10}
$$

比值 T_2/T_1 随 p_2/p_1 一起无限增大, 即激波中的温度间断与压强间断都可以达到任意大的值, 但密度比趋于常极限值. 例如, 对于单原子气体, 极限值 $\rho_2=4\rho_1$; 对于双原子气体, $\rho_2=6\rho_1$. 强激波的传播速度等于

$$
v_1 = \sqrt{\frac{\gamma+1}{2}p_2V_1}, \quad v_2 = \sqrt{\frac{(\gamma-1)^2}{2(\gamma+1)}p_2V_1}. \tag{89.11}
$$

它们按照与压强 p_2 的平方根成正比的规律增大.

最后,我们给出弱激波的一些关系式,它们是对小比值 $z \equiv (p_2 - p_1)/p_1$ 的幂级数展开式中的前几项:

$$
\begin{aligned}
&M_1 - 1 = 1 - M_2 = \frac{\gamma+1}{4\gamma}z,\\
&\frac{c_2}{c_1} = 1 + \frac{\gamma-1}{2\gamma}z,\\
&\frac{\rho_2}{\rho_1} = 1 + \frac{z}{\gamma} - \frac{\gamma-1}{2\gamma^2}z^2.
\end{aligned}
\tag{89.12}
$$

这里保留了对声波近似的下一级修正项.

习 题

1. 推导公式

$$v_1 v_2 = c_*^2,$$

其中 c_* 是临界速度 (L. 普朗特).

解: 因为量 $w + v^2/2$ 在激波上是连续的,所以可以按照

$$\frac{\gamma p_1}{(\gamma-1)\rho_1} + \frac{v_1^2}{2} = \frac{\gamma p_2}{(\gamma-1)\rho_2} + \frac{v_2^2}{2} = \frac{\gamma+1}{2(\gamma-1)}c_*^2$$

(对比 (83.7)) 引入临界速度,它对气体 1 和 2 是相同的. 从这些等式确定 p_2/ρ_2 和 p_1/ρ_1,再把它们代入方程

$$v_1 - v_2 = \frac{p_2}{\rho_2 v_2} - \frac{p_1}{\rho_1 v_1}$$

(得自 (85.1) 和 (85.2)),我们得到

$$\frac{\gamma+1}{2\gamma}(v_1 - v_2)\left(1 - \frac{c_*^2}{v_1 v_2}\right) = 0.$$

因为 $v_1 \neq v_2$,所以由此得到所需关系式.

2. 对于热力学意义上的理想气体,设其热容不是常量,根据激波的给定温度 T_1, T_2 求比值 p_2/p_1.

解: 对于这样的气体,只能下结论说,w (和 ε 一样) 只是温度的函数,而 p, V, T 之间的关系由状态方程 $pV = RT/\mu$ 给出. 解方程 (85.9) 求 p_2/p_1,得到

$$\frac{p_2}{p_1} = \frac{\mu}{RT_1}(w_2 - w_1) - \frac{T_2 - T_1}{2T_1} + \sqrt{\left[\frac{\mu}{RT_1}(w_2 - w_1) - \frac{T_2 - T_1}{2T_1}\right]^2 + \frac{T_2}{T_1}},$$

其中 $w_1 = w(T_1)$, $w_2 = w(T_2)$.

§ 90 激波的波纹不稳定性

为了保证激波的稳定性, 可演化条件本身只是一个必要条件, 但还不是充分条件. 激波对间断面上的一种“波纹状”扰动可以是不稳定的 (在 § 29 中研究切向间断时已经研究过这种扰动)[①]. 我们在此说明, 对于任意介质中的激波, 应当如何研究这个问题 (C. П. 季亚科夫, 1954).

设一个静止激波位于平面 $x=0$, 流体沿 x 轴正方向从左向右穿过激波. 设间断面发生扰动, 间断面上的点沿 x 轴发生小位移

$$\zeta=\zeta_0\,\mathrm{e}^{\mathrm{i}(k_y y-\omega t)}, \tag{90.1}$$

式中 k_y 是“波纹”的波数. 间断面的这种扰动引起激波后面 (区域 $x>0$ 中) 的流动也发生扰动 (在激波前面, 即在区域 $x<0$ 中, 流动不会受到扰动, 因为这部分流动是超声速的).

流动的任意扰动都可以分解为熵涡波和声波 (见 § 82 的习题). 在这两种波中, 物理量对时间和坐标的依赖关系由形如 $\mathrm{e}^{\mathrm{i}(\boldsymbol{k}\cdot\boldsymbol{r}-\omega t)}$ 的因子给出, 其中的 ω 就是 (90.1) 中的频率. 根据对称性显然可知, 波矢 $\boldsymbol{k}$ 位于 xy 平面, 其 y 分量就是 (90.1) 中的 k_y, 而 x 分量对于两种类型的扰动各不相同.

在熵涡波中 $\boldsymbol{k}\cdot\boldsymbol{v}_2=\omega$, 即 $k_x=\omega/v_2$ (v_2 是间断面后面气体的未受扰动速度). 在这样的波中没有压强扰动, 质量体积扰动与熵扰动有关,

$$\delta V^{(\mathrm{ent})}=\left(\frac{\partial V}{\partial s}\right)_p\delta s,$$

而速度扰动满足条件

$$\boldsymbol{k}\cdot\boldsymbol{\delta v}^{(\mathrm{ent})}=\frac{\omega}{v_2}\,\delta v_x^{(\mathrm{ent})}+k_y\,\delta v_y^{(\mathrm{ent})}=0. \tag{90.2}$$

对于运动气体中的声波, 频率与波矢之间的关系由等式 $(\omega-\boldsymbol{k}\cdot\boldsymbol{v})^2=c^2k^2$ 给出 (见 (68.1)), 所以 k_x 由方程

$$(\omega-k_xv_2)^2=c_2^2(k_x^2+k_y^2) \tag{90.3}$$

确定. 压强扰动、质量体积扰动和速度扰动之间的关系为

$$\delta p^{(\mathrm{s})}=-\left(\frac{c_2}{V_2}\right)^2\delta V^{(\mathrm{s})}, \tag{90.4}$$

$$(\omega-v_2k_x)\,\boldsymbol{\delta v}^{(\mathrm{s})}=V_2\boldsymbol{k}\,\delta p^{(\mathrm{s})}. \tag{90.5}$$

① 对这种扰动的不稳定性称为波纹不稳定性 (英文术语为 corrugation instability).

整体扰动是上述两种类型扰动的线性组合:

$$\delta v = \delta v^{(\mathrm{ent})} + \delta v^{(\mathrm{s})}, \quad \delta V = \delta V^{(\mathrm{ent})} + \delta V^{(\mathrm{s})}, \quad \delta p = \delta p^{(\mathrm{s})}. \tag{90.6}$$

它应当满足扰动间断面上的确定的边界条件.

首先, 在扰动间断面上, 切向速度分量必须连续, 而法向速度分量必须按照等式 (85.7) 通过压强和密度表示. 这些条件写为

$$\boldsymbol{v}_1 \cdot \boldsymbol{t} = (\boldsymbol{v}_2 + \delta \boldsymbol{v}) \cdot \boldsymbol{t},$$

$$\boldsymbol{v}_1 \cdot \boldsymbol{n} - (\boldsymbol{v}_2 + \delta \boldsymbol{v}) \cdot \boldsymbol{n} = [(p_2 - p_1 + \delta p)(V_1 - p_2 - \delta V)]^{1/2},$$

其中 $\boldsymbol{t}$ 和 $\boldsymbol{n}$ 是间断面的单位切向矢量和单位法向矢量 (图 59). 精确到一阶小量, 这些矢量 (在 xy 平面上) 的分量等于 $\boldsymbol{t}(\mathrm{i}k\zeta,\ 1)$ 和 $\boldsymbol{n}(1,\ -\mathrm{i}k\zeta)$, 表达式 $\mathrm{i}k\zeta$ 来自导数 $\partial\zeta/\partial y$. 在这个精度下, 速度的边界条件化为以下形式:

$$\delta v_y = \mathrm{i}k\zeta(v_1 - v_2), \quad \delta v_x = \frac{v_2 - v_1}{2}\left[\frac{\delta p}{p_2 - p_1} - \frac{\delta V}{V_1 - V_2}\right]. \tag{90.7}$$

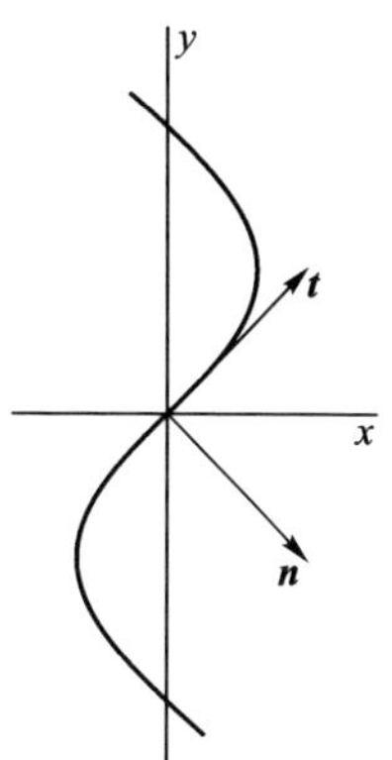

图 59

其次, 扰动值 $p_2 + \delta p$, $V_2 + \delta V$ 和未受扰动的值 p_2, V_2 必须满足同样的于戈尼奥绝热线方程. 由此得到 δp 和 δV 之间的关系:

$$\delta p = \frac{\mathrm{d}p_2}{\mathrm{d}V_2}\,\delta V, \tag{90.8}$$

其中导数是沿于戈尼奥绝热线取的.

最后, 还有一个关系式得自穿过间断面的质量流、压强间断和密度间断之间的关系. 对于未受扰动的间断面, 这个关系式由公式 (85.6) 给出, 而对于受到扰动的间断面, 类似的关系式为

$$\frac{1}{V_1^2}(\boldsymbol{v}_1 \cdot \boldsymbol{n} - \boldsymbol{u} \cdot \boldsymbol{n})^2 = \frac{p_2 - p_1 + \delta p}{V_1 - V_2 - \delta V},$$

式中 $\boldsymbol{u}$ 是间断面上的点的速度. 在对小量的一级近似下, 我们有 $\boldsymbol{u} \cdot \boldsymbol{n} = -\mathrm{i}\omega\zeta$. 把以上等式也展开为 δp 和 δV 的幂级数, 得到

$$\frac{2\mathrm{i}\omega}{v_1}\zeta = \frac{\delta p}{p_2 - p_1} + \frac{\delta V}{V_1 - V_2}. \tag{90.9}$$

由等式 (90.2), (90.4), (90.5), (90.7)—(90.9) 组成的方程组包括八个线性代数方程, 用来确定 ζ, δp, $\delta V^{(\mathrm{ent})}$, $\delta V^{(\mathrm{s})}$, $\delta v_{x,y}^{(\mathrm{ent})}$, $\delta v_{x,y}^{(\mathrm{s})}$ 这八个量①. 这些方程的相

① 所有这些等式都取自 $x = 0$, 并且上述八个量可以具有不带指数因子的常振幅的含义.

容条件 (其系数行列式为零) 具有以下形式:

$$\frac{2\omega v_2}{v_1}\left(k_y^2+\frac{\omega^2}{v_2^2}\right)-\left(\frac{\omega^2}{v_1 v_2}+k_x^2\right)(\omega-v_2k_y)(1+h)=0, \qquad (90.10)$$

式中为简洁起见引入了记号 $h=j^2\,\mathrm{d}V_2/\mathrm{d}p_2$, j 具有通常含义: $j=v_1/V_1=v_2/V_2$. 应当把 (90.10) 中的量 k_x 理解为 k_y 和 ω 的函数, 它由等式 (90.3) 确定.

不稳定性条件是: 存在按照指数规律随时间增长的扰动, 这些扰动在远离间断面时 (即当 $x\to\infty$ 时) 还应当按照指数规律减小. 后者意味着, 扰动源是激波本身, 而不是激波之外的某处. 换言之, 如果方程 (90.10) 具有满足条件

$$\operatorname{Im}\omega>0, \quad \operatorname{Im}k_x>0 \qquad (90.11)$$

的解, 则激波不稳定.

为了揭示方程 (90.10) 在何种条件下具有这样的解而进行的研究非常繁琐, 我们不打算在此展示细节, 仅限于指出最后的结果①. 如果

$$j^2\frac{\mathrm{d}V_2}{\mathrm{d}p_2}<-1 \qquad (90.12)$$

或者

$$j^2\frac{\mathrm{d}V_2}{\mathrm{d}p_2}>1+2\frac{v_2}{c_2}, \qquad (90.13)$$

就会出现激波的波纹不稳定性. 值得注意的是, 这里应当沿激波绝热线取导数 (当 p_1, V_1 给定时)②.

条件 (90.12), (90.13) 对应着方程 (90.10) 具有满足要求 (90.11) 的复数根的情况. 但是, 这个方程在一定条件下也可以有使 ω 和 k_x 为实数的根, 它们对应着 "远离" 间断面的实际不衰减的声波和熵波, 即间断面的自发声辐射. 我们将把这样的情况称为激波不稳定性的特殊形式, 尽管这时在字面意义上并不存在不稳定性——这样的扰动 (波纹) 在间断面上一旦出现, 就会在无穷长时间内持续辐射出既不衰减也不增强的扰动波, 扰动波所具有的能量来自整个运动介质③.

为了确定出现这种现象的条件, 我们引入 $\boldsymbol{k}$ 与 x 轴之间的夹角 θ, 以便对

① 可以在以下原创性论文中找到这部分研究: Дьяков С. П. Журн. экспер. теор. физ. 1954, 27: 288. 在下一节中还将给出条件 (90.12), (90.13) 的不太严格但更加直观的证明.

② 我们指出, 在推导 (90.12), (90.13) 时仅仅使用了必要条件 (88.1), 而没有使用不等式 $p_2>p_1$. 所以, 这些不稳定性条件也适用于膨胀激波, 这种激波可以在 $(\partial^2V/\partial p^2)_s<0$ 时存在.

③ 请与切向间断面的类似情况进行比较, 见 §84 习题 2.

方程 (90.10) 进行变换. 于是,

$$c_2k_x=\omega_0\cos\theta,\quad c_2k_y=\omega_0\sin\theta$$
$$\omega=\omega_0\left(1+\frac{v_2}{c_2}\cos\theta\right),\quad \omega_0^2=c_2^2(k_x^2+k_y^2) \tag{90.14}$$

(ω_0 是与激波后方气体一起运动的坐标系中的声音频率), 从而得到关于 $\cos\theta$ 的一个二次方程:

$$\frac{v_2^2}{c_2^2}\left(\frac{4}{1+h}+\frac{v_1}{v_2}-1\right)\cos^2\theta+\frac{2v_2}{c_2}\left[\frac{3+(v_2/c_2)^2}{1+h}-1\right]\cos\theta$$
$$+\frac{2[1+(v_2/c_2)^2]}{1+h}-\left(1+\frac{v_1v_2}{c_2^2}\right)=0. \tag{90.15}$$

相对于静止间断面而言, 声波在速度为 v_2 的气流中的传播速度为 $v_2+c_2\cos\theta$. 如果该传播速度为正, 即如果

$$-\frac{v_2}{c_2}<\cos\theta<1, \tag{90.16}$$

则声波远离间断面 (与 $\cos\theta<0$ 相对应的情况是: 尽管波矢 $\boldsymbol{k}$ 指向间断面方向, 但气流使声波仍然"远离"). 如果方程 (90.15) 具有这个范围内的根, 激波就会自发辐射声波. 简单的研究给出确定这种不稳定区间的以下不等式①:

$$\frac{1-v_2^2/c_2^2-v_1v_2/c_2^2}{1-v_2^2/c_2^2+v_1v_2/c_2^2}<j^2\frac{\mathrm{d}V_2}{\mathrm{d}p_2}<1+2\frac{v_2}{c_2} \tag{90.17}$$

(该区间的上下边界其实对应条件 (90.16) 中的上下边界). 不稳定区间 (90.17) 扩展了 (90.13) 并且与它相接.

还可以从稍微不同的视角来研究激波在区间 (90.17) 内的不稳定性来源, 为此就要考虑从被压缩气体一侧入射的声波被间断面的反射. 因为激波相对于前方气体的运动速度是超声速的, 所以声波不会进入这部分气体. 但是, 在激波后面的气体中不但有入射声波, 而且还有反射声波和熵涡波 (而在间断面上则会出现波纹). 求反射因子的问题与研究稳定性的问题在提法上很接近, 区别在于, 在前者的边界条件中不仅包括远离间断面的 (反射) 声波的待求振幅, 而且包括向间断面传播的 (入射) 声波的给定振幅. 现在, 我们有的不是齐次代数方程组, 而是非齐次方程组, 其中带有入射波振幅的那些项是非齐次项. 在这个方程组的解的表达式中, 分母是相应齐次方程组的行列式, 并且该行列

① 这种不稳定性也是由 С. П. 季亚科夫 (1954) 指出的. В. М. 康托罗维奇求出了 (90.17) 中的正确下边界值.

式为零正好给出自发扰动的色散方程 (90.10). 这个方程对 $\cos\theta$ 而言在区间 (90.17) 内具有实根, 这个事实意味着, 存在确定的反射角 (从而也存在确定的入射角), 使反射因子等于无穷大. 这是可能出现自发声辐射 (即在没有外部入射声波的条件下出现声辐射) 的另一种表述.

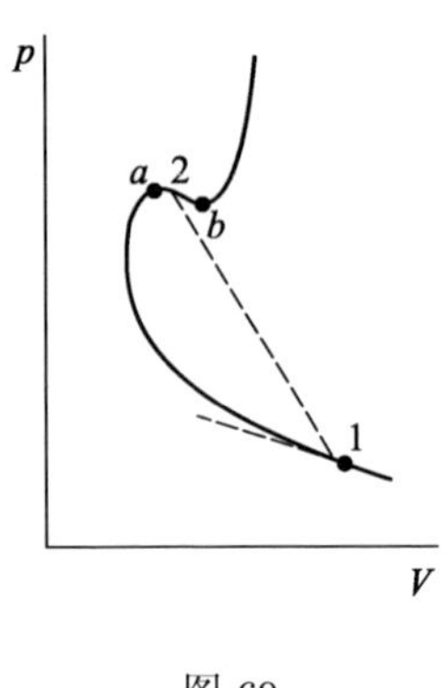

图 60

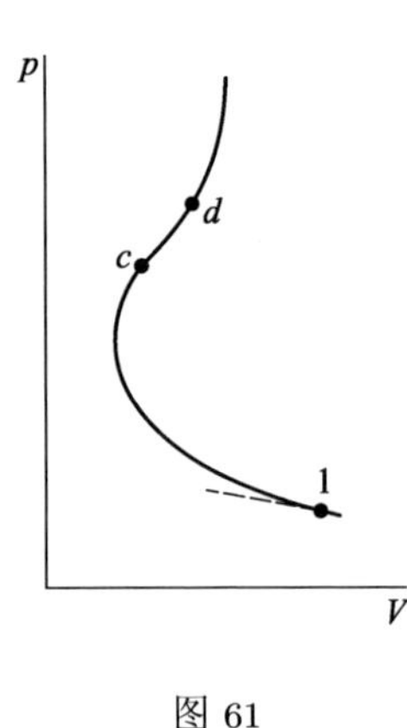

图 61

同样的讨论方法也适用于从前方入射到间断面的声波的透射因子. 在这种情况下不存在反射波, 而在间断面后方出现透射声波和熵涡波. 在区间 (90.17) 内, 透射因子可能变为无穷大①.

再稍微讨论一下具有上述不稳定区间并且在原则上可能出现的某些类型的激波绝热线②.

条件 (90.12) 要求导数 $\mathrm{d}p_2/\mathrm{d}V_2$ 为负, 并且激波绝热线在点 2 的倾斜程度 (相对于横坐标轴) 应当不如通过该点的弦 12 (即与通常情况相反, 见图 53). 于是, 激波绝热线必须具有如图 60 所示的形状, 不稳定性条件 (90.12) 在 ab 段成立.

条件 (90.13) 要求导数 $\mathrm{d}p_2/\mathrm{d}V_2$ 为正, 并且激波绝热线应当具有足够小的斜率. 在图 60 中, 这个条件仅在非常接近点 a 和点 b 的确定的两段激波绝热线上才成立, 不稳定区间的范围因此有所扩展. 条件 (90.13) 还可以在非 ab 类型的一段激波绝热线 (图 61 中的 cd) 上成立.

与 (90.13) 相比, 条件 (90.17) 更加宽松, 从而又进一步扩展了 $\mathrm{d}p_2/\mathrm{d}V_2 > 0$ 的于戈尼奥绝热线上的不稳定区间. 此外, (90.17) 中的下边界可以是负的, 所以这种类型的不稳定性在原则上也可以出现于处处具有负导数 $\mathrm{d}p_2/\mathrm{d}V_2$ 的通常形式的某几段戈尼奥绝热线上.

波纹不稳定激波的演化问题与下面这个值得注意的情况有密切关系: 在条件 (90.12) 或 (90.13) 下, 流体动力学方程的解是多值的 (C.S. 加德纳, 1963).

---

① 关于在任意介质和任意入射方向的情况下计算声波在激波上的反射因子和透射因子的问题, 可以参阅: Дьяков С. П. Журн. экспер. теор. физ. 1957, 33: 948, 962 (Dyakov S. P. Sov. Phys. JETP. 1958, 6: 729, 739); Конторович В. М. Журн. экспер. теор. физ. 1957, 33: 1527 (Kontorovich V. M. Sov. Phys. JETP. 1958, 6: 1180); Конторович В. М. Акуст. журн. 1959, 5: 314 (Kontorovich V. M. Sov. Phys. Acoust. 1959, 5: 320).

② 利用在 §89 中得到的公式容易证明, 在多方气体中 $h = -(c_1/v_1)^2$. 在这种情况下, (90.12), (90.13) 和 (90.17) 中的任何一个条件显然都不成立, 所以激波是稳定的. 当然, 弱激波在任意介质中也是稳定的.

对于由关系式 (85.1)—(85.3) 联系起来的两个状态 1 和 2, 激波通常是把介质从状态 1 转变为状态 2 的 (一维) 流动问题的唯一解. 结果表明, 如果在状态 2 下成立条件 (90.12) 或 (90.13), 则上述流体动力学问题不具有单值性: 从状态 1 到状态 2 的转变既可以通过激波实现, 也可以通过更复杂的波系实现. 第二种解 (可以称之为分裂解) 的组成部分包括更低强度的激波、紧接其后的接触间断面和向相反方向 (相对于激波后面的气体) 传播的非定常等熵稀疏波 (见后面的 §99); 熵在激波中从 s_1 增加到某个值 $s_3 < s_2$, 然后在接触间断面上从 s_3 进一步突跃式增加到给定值 s_2 (这种流动图像属于由下面的图 78 (b) 所示的类型; 假设不等式 (86.2) 成立)①.

在具体流体动力学问题中如何从上述两个解中选择一个, 现在尚不明确. 如果选择分裂解, 这就表示激波根本不能通过表面波纹的自我加强而失稳. 但是, 看来这样的选择不可能恰好与这种不稳定性有关, 因为解的多值性并非仅由条件 (90.12), (90.13) 所限定②.

习 题

1. 设平面声波从后方 (从被压缩气体的一侧) 垂直入射到一个激波上, 求反射因子.

解: 在使激波静止的坐标系中考虑运动过程, 设气体沿 x 轴的正方向穿过激波, 入射声波向 x 轴的负方向传播. 既然入射波垂直于激波 (反射波因而也垂直于激波), 在反射的熵波中速度 $\delta\boldsymbol{v}^{(\mathrm{ent})} = 0$. 压强扰动 $\delta p = \delta p^{(\mathrm{s})} + \delta p^{(0)}$, 其中的上标 (0) 表示入射声波, 上标 (s) 表示反射声波. 对于速度 $\delta v_x \equiv \delta v$, 我们有

$$\delta v = \frac{V_2}{c_2}(\delta p^{(\mathrm{s})} - \delta p^{(0)})$$

(这里用减号代替加号, 因为两种波的传播方向相反). 边界条件 (90.7) 中的第二个具有以前的形式 (但是现在取 $\delta V = \delta V^{(0)} + \delta V^{(\mathrm{s})} + \delta V^{(\mathrm{ent})}$). 利用 (90.8) 和公式 (85.6), 我们把它改写为

$$\delta v = -\frac{1-h}{2j}(\delta p^{(\mathrm{s})} + \delta p^{(0)}).$$

令 δv 的两个表达式相等, 我们得到所需的反射声波和入射声波中的压强振幅之比:

$$\frac{\delta p^{(\mathrm{s})}}{\delta p^{(0)}} = -\frac{1-2M_2-h}{1+2M_2-h} \tag{1}$$

① 在 C. S. 加德纳的论文中 (Gardner C. S. Phys. Fluids. 1963, 6: 1366), 这样的解是对区间 (90.13) 给出的. Н. М. 库兹涅佐夫研究了包括区间 (90.12) 在内的更一般的情况, 见: Кузнецов Н. М. Журн. экспер. теор. физ. 1985, 88: 470 (Kuznetsov N. M. Sov. Phys. JETP. 1985, 61: 275); 那里研究了不满足条件 $(\partial^2 V/\partial p^2)_s > 0$ 的激波绝热线, 相应的分裂解由另外一系列波组成.

② 看来, 激波绝热线上的多值区间比由这些条件确定的不稳定区间稍大. 相关讨论见 Н. М. 库兹涅佐夫的上述论文.

(其中 $M_2 = v_2/c_2$). 它在区间 (90.17) 的上边界上等于无穷大.

对于多方气体,

$$h = -\frac{1}{M_1^2}.$$

比值 (1) 在弱激波 $(p_2 - p_1 \ll p_1)$ 的情况下按照 $(p_2 - p_1)^2$ 的方式趋于零. 相反, 它在强激波的情况下趋于常极限值

$$\frac{\delta p^{(s)}}{\delta p^{(0)}} \approx -\frac{\sqrt{\gamma} - \sqrt{2(\gamma-1)}}{\sqrt{\gamma} + \sqrt{2(\gamma-1)}}.$$

2. 设平面声波从前方垂直入射到一个激波上, 求声波的透射因子[①].

解: 激波前方气体 1 中的扰动为

$$\delta p_1 = \delta p^{(0)}, \quad \delta V_1 = \delta V^{(0)} = -\frac{V_1^2}{c_1^2}\,\delta p_1, \quad \delta v_1 = \frac{V_1}{c_1}\,\delta p_1,$$

而激波后方气体 2 中的扰动为

$$\delta p_2 = \delta p^{(s)}, \quad \delta V_2 = \delta V^{(s)} + \delta V^{(\mathrm{ent})}, \quad \delta v_2 = \frac{V_2}{c_2}\,\delta p_2$$

(上标 (0), (s), (ent) 分别表示入射声波、透射声波和熵波). 扰动 δp_2 和 δV_2 之间的关系由激波绝热线方程给出: 如果该方程的形式为 $V_2 = V_2(p_2;\ p_1,\ V_1)$, 则

$$\begin{aligned}\delta V_2 &= \left(\frac{\partial V_2}{\partial p_2}\right)_{\mathrm{H}}\delta p_2 + \left(\frac{\partial V_2}{\partial V_1}\right)_{\mathrm{H}}\delta V_1 + \left(\frac{\partial V_2}{\partial p_1}\right)_{\mathrm{H}}\delta p_1\\ &= \left(\frac{\partial V_2}{\partial p_2}\right)_{\mathrm{H}}\delta p_2 + \left[-\frac{V_1^2}{c_1^2}\left(\frac{\partial V_2}{\partial V_1}\right)_{\mathrm{H}} + \left(\frac{\partial V_2}{\partial p_1}\right)_{\mathrm{H}}\right]\delta p_1\end{aligned}$$

(导数的下标 H 表示它们是沿于戈尼奥绝热线取的[②]). 边界条件 (90.7) 现在变为

$$\delta v_2 - \delta v_1 = -\frac{v_1 - v_2}{2}\left[\frac{\delta p_2 - \delta p_1}{p_2 - p_1} - \frac{\delta V_2 - \delta V_1}{V_1 - V_2}\right] = -\frac{1}{2j}[\delta p_2 - \delta p_1 - j^2(\delta V_2 - \delta V_1)].$$

令 $\delta v_2 - \delta v_1$ 的两个表达式相等, 我们得到所需要的透射声波和入射声波的振幅之比:

$$\frac{\delta p^{(s)}}{\delta p^{(0)}} = -\frac{(1+M_1)^2 + q}{1 + 2M_2 - h}, \tag{2}$$

其中 h 的含义如上题所示, 而

$$q = j^2\left[-\frac{V_1^2}{c_1^2}\left(\frac{\partial V_2}{\partial V_1}\right)_{\mathrm{H}} + \left(\frac{\partial V_2}{\partial p_1}\right)_{\mathrm{H}}\right].$$

对于多方气体,

$$q = -\frac{\gamma-1}{\gamma+1}\,\frac{(M_1^2-1)^2}{M_1^2},$$

---

① 对于多方气体, 这个问题已经由 Д. И. 布洛欣采夫 (1945) 和 J. M. 伯格斯 (1946) 研究过.

② 导数 $(\partial V_2/\partial p_2)_{\mathrm{H}}$ 就是我们在前面使用的简单记号 $\mathrm{d}V_2/\mathrm{d}p_2$, 那里认为导数是在 p_1, V_1 保持不变时取的.

所以透射因子为

$$\frac{\delta p^{(\mathrm{s})}}{\delta p^{(0)}}=\frac{(1+M_1)^2}{1+2M_2+1/M_1^2}\left[1-\frac{\gamma-1}{\gamma+1}\left(1-\frac{1}{M_1}\right)^2\right].$$

对于弱激波, 由此可得

$$\frac{\delta p^{(\mathrm{s})}}{\delta p^{(0)}}\approx 1+\frac{\gamma+1}{2\gamma}\,\frac{p_2-p_1}{p_1}.$$

相反, 在强激波的情况下,

$$\frac{\delta p^{(\mathrm{s})}}{\delta p^{(0)}}\approx\frac{1}{\gamma+\sqrt{2\gamma(\gamma-1)}}\,\frac{p_2}{p_1}.$$

在这两种情况下, 透射声波中的压强振幅大于入射声波中的压强振幅.

§ 91 激波沿管道的传播

设一种介质充满一个变截面长管, 我们来研究激波沿该管道的传播. 我们的目的是揭示激波面积的变化对其速度的影响 (G. B. 惠瑟姆, 1958).

我们将认为, 管道横截面面积 $S(x)$ 沿其长度方向 (x 轴) 只有很缓慢的变化, 即在管道宽度量级的距离上变化很小. 这样就能够应用在 § 77 中已经用过的近似 (称之为**水力学近似**): 可以认为流动中的所有物理量在管道的每一个横截面上均匀分布, 而速度指向管轴方向. 换言之, 可以把流动看做准一维的. 这样的流动可由以下方程描述:

$$\frac{\partial v}{\partial t}+v\frac{\partial v}{\partial x}+\frac{1}{\rho}\frac{\partial p}{\partial x}=0, \tag{91.1}$$

$$\frac{\partial p}{\partial t}+v\frac{\partial p}{\partial x}-c^2\left(\frac{\partial \rho}{\partial t}+v\frac{\partial \rho}{\partial x}\right)=0, \tag{91.2}$$

$$S\frac{\partial \rho}{\partial t}+\frac{\partial}{\partial x}(\rho v S)=0. \tag{91.3}$$

第一个是欧拉方程, 第二个是绝热方程, 第三个是写为形式 (77.1) 的连续性方程.

我们进一步认为, 管道横截面面积 $S(x)$ 不仅要缓慢变化, 而且其变化值在全部管长上也始终很小. 为了揭示我们所关心的问题, 这样的假设已经足够. 于是, 横截面变化对流动的扰动也很小, 因而可以对方程 (91.1)—(91.3) 作线性化处理. 最后, 还应当提出适当的初始条件, 以便排除任何可能影响激波运动的无关扰动. 我们只关心与 $S(x)$ 的变化有关的扰动. 为了实现这个目的, 可以认为激波在初始时刻沿横截面保持不变的一段管道常速运动, 而横截面面积在某一点右边才开始变化 (取该点为 $x=0$).

线性化的方程 (91.1)—(91.3) 具有以下形式:

$$\frac{\partial\,\delta v}{\partial t}+v\frac{\partial\,\delta v}{\partial x}+\frac{1}{\rho}\frac{\partial\,\delta p}{\partial x}=0,$$

$$\frac{\partial\,\delta p}{\partial t}+v\frac{\partial\,\delta p}{\partial x}-c^2\left(\frac{\partial\,\delta\rho}{\partial t}+v\frac{\partial\,\delta\rho}{\partial x}\right)=0,$$

$$\frac{\partial\,\delta\rho}{\partial t}+v\frac{\partial\,\delta\rho}{\partial x}+\rho\frac{\partial\,\delta v}{\partial x}+\frac{\rho v}{S}\frac{\partial\,\delta S}{\partial x}=0,$$

式中没有角标的字母表示一维流的相应物理量在管道常截面段中的常量值,而记号 δ 表示这些量在管道变截面段中的变化值. 用 ρc 乘第一个方程, 用 c^2 乘第三个方程, 然后把全部三个方程加起来, 我们得到以下形式的组合:

$$\left[\frac{\partial}{\partial t}+(v+c)\frac{\partial}{\partial x}\right](\delta p+\rho c\,\delta v)=-\frac{\rho v c^2}{S}\frac{\partial\,\delta S}{\partial x}. \tag{91.4}$$

这个方程的通解由两部分之和给出, 一部分是齐次方程的通解, 另一部分是带右侧项的方程的特解. 前者为 $F(x-vt-ct)$, 其中 F 是任意函数, 它描述来自左侧的声扰动. 但是在 $x<0$ 的等截面段没有扰动, 所以应当取 $F\equiv 0$. 因此,方程的解化为非齐次方程的积分:

$$\delta p+\rho c\,\delta v=-\frac{\rho v c^2}{v+c}\frac{\delta S}{S}. \tag{91.5}$$

激波以速度 $v_1>c_1$ 沿静止介质从左向右运动, 静止介质具有给定参量值 p_1, ρ_1. 激波后方介质 (介质 2) 的运动由解 (91.5) 确定, 它适用于间断面在所给时刻所到达的位置左侧的全部管道. 激波通过之后, 所有物理量在管道的每一个横截面上都不再随时间变化, 即它们等于相应物理量在气体穿过间断面时的值: 压强 p_2, 密度 ρ_2 和速度 v_1-v_2 (按照本章所用记号, v_2 表示气体相对于运动激波的速度, 于是气体相对于管道壁的速度为 v_1-v_2). 在这些记号下(仍然分离出这些量的变化部分), 我们把等式 (91.5) 写为以下形式:

$$\frac{\delta S}{S}=-\frac{v_1-v_2+c_2}{\rho_2(v_1-v_2)c_2^2}[\delta p_2+\rho_2 c_2(\delta v_1-\delta v_2)]. \tag{91.6}$$

可以把全部 δv_1, δv_2, δp_2 通过其中一个量表示出来, 例如通过 δv_1 表示. 为此, 我们在间断面上取关系式 (85.1), (85.2) 的变分 (当 p_1 和 ρ_1 给定时):

$$\rho_1\,\delta v_1=v_2\,\delta\rho_2+\rho_2\,\delta v_2,$$

$$2j(\delta v_1-\delta v_2)=\delta p_2+v_2^2\,\delta\rho_2$$

(其中 $j=\rho_1 v_1=\rho_2 v_2$ 是未受扰动的质量流). 还应当补充关系式

$$\delta p_2=\frac{\mathrm{d}p_2}{\mathrm{d}\rho_2}\,\delta\rho_2,$$

其中的导数是沿于戈尼奥绝热线取的. 计算给出以下最终结果:

$$-\frac{1}{S}\frac{\delta S}{\delta v_1}=\frac{v_1-v_2+c_2}{v_1c_2}\left[\frac{1+2v_2/c_2-h}{1+h}\right], \tag{91.7}$$

其中又引入了记号

$$h=-\frac{j^2}{\rho_2^2}\frac{d\rho_2}{dp_2}=j^2\frac{dV_2}{dp_2}. \tag{91.8}$$

关系式 (91.7) 把激波相对于它前方静止气体的速度的变化值 δv_1 与管道横截面面积的变化值 δS 联系起来.

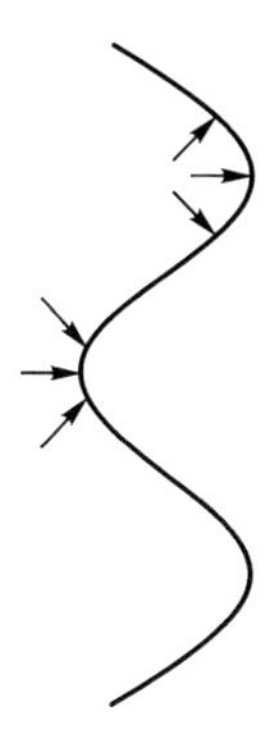
图 62

在 (91.7) 中, 方括号前面的系数为正, 所以比值 $\delta v_1/\delta S$ 的符号取决于方括号中表达式的符号. 对于所有的稳定激波, 这个符号为正, 所以 $\delta v_1/\delta S<0$. 但是, 只要波纹不稳定性条件 (90.12), (90.13) 中的任何一个成立, 方括号中的表达式就是负的, 于是 $\delta v_1/\delta S>0$.

这个结果使我们有可能直观地解释不稳定性的原因. 图 62 给出向右移动的激波 "波纹面", 箭头指示流线方向. 在激波的移动过程中, 面积 δS 在向前凸出的那部分间断面上增大, 而在落后的那部分间断面上缩小. 当 $\delta v_1/\delta S<0$ 时, 向前凸出的部分减速, 而落后的部分加速, 所以间断面趋于变平. 相反, 当 $\delta v_1/\delta S>0$ 时, 间断面形状的扰动趋于加剧: 向前凸出的部分更加凸出, 落后的部分更加落后①.

§92 斜激波

我们来研究定常激波, 并放弃此前一直使用的坐标系, 即放弃使气体速度垂直于所讨论的激波面微元的坐标系. 流线可以与该激波面斜交并在此发生偏折. 在气体穿过激波时, 气体速度的切向分量不变, 而法向分量根据 (87.4) 是减小的:

$$v_{1t}=v_{2t},\quad v_{1n}>v_{2n}.$$

所以, 流线在穿过激波时显然向激波偏折 (如图 63 所示). 于是, 流线在穿过激波时总是向确定方向偏折.

选取激波前面的气体速度 $\boldsymbol{v}_1$ 的方向为 x 轴方向, 并设 φ 是间断面与 x 轴之间的夹角 (图 63). 角 φ 的可能取值只受到一个条件的限制: 速度 $\boldsymbol{v}_1$ 的法

---

① 对于任意的介质 (不是多方气体), С. Г. 苏加克, В. Е. 福尔托夫, А. Л. 倪 (1981) 给出了表达式 (91.7) 以及它与激波的波纹不稳定性条件的关系.

向分量大于声速 c_1. 因为 $v_{1n}=v\sin\varphi$, 所以由此可知, φ 的取值只能介于 $\pi/2$ 与马赫角 α_1 之间:

$$\alpha_1<\varphi<\pi/2,\quad \sin\alpha_1=\frac{c_1}{v_1}\equiv\frac{1}{M_1}.$$

激波后面的流动既可以是超声速的, 也可以是亚声速的 (只是法向速度分量必须小于声速 c_2), 但激波前面的流动必须是超声速的. 如果激波两侧的气流都是超声速的, 则全部扰动只能沿激波面向气体切向速度方向传播. 在这个意义上可以讨论激波的“方向”, 从而可以区别从某处“来”的激波与向某处“去”的激波 (类似的讨论已经对特征线进行过, 因为特征线附近的流动总是超声速的, 见 § 82). 如果激波后面的流动是亚声速的, 则严格地说, 讨论激波的“方向”就没有意义了, 因为扰动可以沿激波表面向所有方向传播.

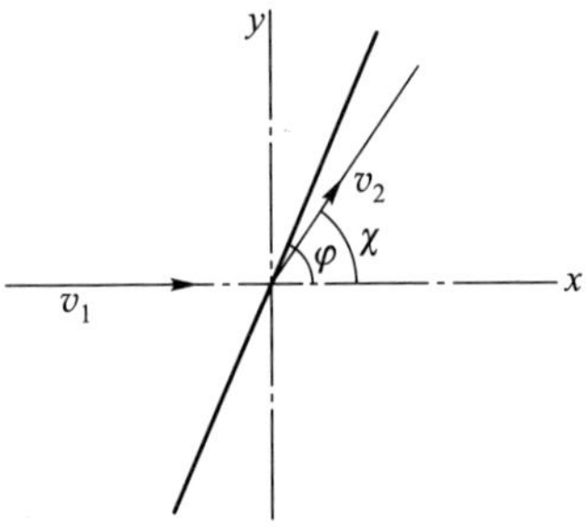

图 63

在多方气体假设下, 我们来推导气体穿过斜激波后上述两个速度分量之间的关系.

激波面上切向速度分量的连续性意味着

$$v_1\cos\varphi=v_{2x}\cos\varphi+v_{2y}\sin\varphi,$$

即

$$\tan\varphi=\frac{v_1-v_{2x}}{v_{2y}}. \tag{92.1}$$

接下来就要利用公式 (89.6). 在这个公式中, v_1 和 v_2 表示速度在激波平面上的法向分量, 于是现在要把它们替换为 $v_1\sin\varphi$ 和 $v_{2x}\sin\varphi-v_{2y}\cos\varphi$, 从而有

$$\frac{v_{2x}\sin\varphi-v_{2y}\cos\varphi}{v_1\sin\varphi}=\frac{\gamma-1}{\gamma+1}+\frac{2c_1^2}{(\gamma+1)v_1^2\sin^2\varphi}. \tag{92.2}$$

从上面这两个关系式可以消去角 φ. 经过一些简单的变换之后, 我们得到以下公式:

$$v_{2y}^2=(v_1-v_{2x})^2\,\frac{\dfrac{2}{\gamma+1}\left(v_1-\dfrac{c_1^2}{v_1}\right)-(v_1-v_{2x})}{v_1-v_{2x}+\dfrac{2}{\gamma+1}\,\dfrac{c_1^2}{v_1}}, \tag{92.3}$$

它确定了 v_{2x} 与 v_{2y} 之间的关系 (当 v_1 和 c_1 给定时).

如果引入临界速度, 就可以把这个公式写为更加简明的形式. 根据伯努

利方程和临界速度的定义, 我们有

$$w_1+\frac{v_1^2}{2}=\frac{c_1^2}{\gamma-1}+\frac{v_1^2}{2}=\frac{\gamma+1}{2(\gamma-1)}c_*^2$$

(对比 §89 习题 1), 从而

$$c_*^2=\frac{\gamma-1}{\gamma+1}v_1^2+\frac{2}{\gamma+1}c_1^2. \tag{92.4}$$

在 (92.3) 中引入此量, 得到

$$v_{2y}^2=(v_1-v_{2x})^2\,\frac{v_1v_{2x}-c_*^2}{\dfrac{2}{\gamma+1}v_1^2-v_1v_{2x}+c_*^2}. \tag{92.5}$$

方程 (92.5) 称为**激波极线**方程 (A. 布泽曼, 1931). 图 64 给出该依赖关系的图像, 这是一条三次曲线 (称为环索线或笛卡儿叶形线), 它在点 P 和 Q 穿过横坐标轴, 这两点分别对应横坐标值 $v_{2x}=c_*^2/v_1$ 和 $v_{2x}=v_1$ ①. 如果从坐标原点引一条射线 (图 64 中的 OB), 它与横坐标轴之间的夹角为 χ, 则根据点 O 到该射线与激波极线交点之间的线段的长度, 我们就可以确定使气流偏折 χ 角的激波后面的气体速度. 这样的交点有两个 (A 和 B), 即同一个给定的 χ 值对应着两个不同的激波. 根据激波极线也可以立即用几何方法确定激波方向——从坐标原点向直线 QB 或 QA 引出的垂线给出这个方向 (在图 64 中画出了点 B 所对应的激波的角 φ). 当 χ 减小时, 点 A 趋于点 P, 而点 P 对应于正激波 ($\varphi=\pi/2$), 并且 $v_2=c_*^2/v_1$. 同时, 点 B 趋于点 Q, 并且激波强度 (速度间断值) 趋于零. 在极限下, 角 φ 理所当然趋于马赫角 α_1 (激波极线在该点的切线对横坐标轴的倾角为 $\pi/2+\alpha_1$).

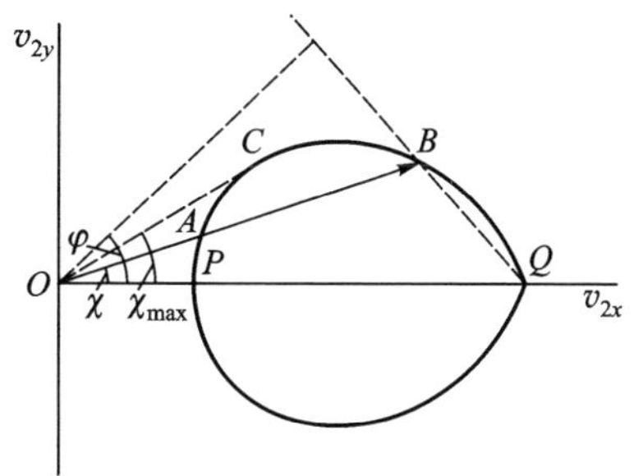

图 64

从激波极线图像立即可以得到一个重要结论: 气流在激波中的偏折角 χ 不能超过某个最大值 $\chi_{\max}$, 它对应于从点 O 到激波极线的切线. 当然, $\chi_{\max}$ 是马赫数 $M_1=v_1/c_1$ 的函数, 但我们在这里不给出其表达式, 因为它很冗长. 当 $M_1=1$ 时有 $\chi_{\max}=0$; 当 M_1 增加时, 角 $\chi_{\max}$ 单调增加; 当 $M_1\to\infty$ 时, 它趋于一个有限的极限. 容易考虑两种极限情形. 如

① 其实, 点 Q 是环索线的二重点, 曲线从这个点开始还有两个分支继续延伸至 $|v_{2y}|$ 为无穷大 (在图 64 中没有画出这两个分支), 它们有一条竖直的公共渐近线 $v_{2x}=c_*^2/v_1+2v_1/(\gamma+1)$. 不过, 这两个分支上的点没有物理意义: 它们给出的 v_{2x}, v_{2y} 值将使 $v_{2n}/v_{1n}>1$, 而这是不可能的.

果速度 v_1 接近 c_*, 则速度 v_2 也接近 c_*, 并且角 χ 很小, 于是可以把激波极线方程 (92.5) 近似地改写为以下形式[①]:

$$\chi^2 = \frac{\gamma+1}{2c_*^3}(v_1 - v_2)^2(v_1 + v_2 - 2c_*) \tag{92.6}$$

(因为 χ 很小, 这里已经取 $v_{2x} \approx v_2$, $v_{2y} \approx c_*\chi$). 由此通过初等方法得到[②]

$$\chi_{\max} = \frac{4\sqrt{\gamma+1}}{3^{3/2}}\left(\frac{v_1}{c_*} - 1\right)^{3/2} = \frac{2^{7/2}}{3^{3/2}(\gamma+1)}(M_1 - 1)^{3/2}. \tag{92.7}$$

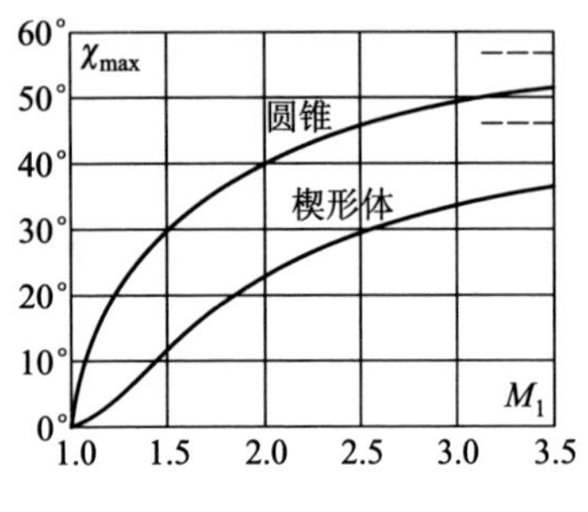

图 65

相反, 在 $M_1 \to \infty$ 的极限下, 激波极线退化为圆

$$v_{2y}^2 = (v_1 - v_{2x})\left(v_{2x} - \frac{\gamma-1}{\gamma+1}v_1\right).$$

容易看出, 这时

$$\chi_{\max} = \arcsin\frac{1}{\gamma}. \tag{92.8}$$

图 65 给出空气 ($\gamma = 1.4$) 中的 $\chi_{\max}$ 对 M_1 的依赖关系图像, 图中的水平虚线指示极限值 $\chi_{\max}(\infty) = 45.6°$ (上面一条曲线是圆锥绕流的类似图像, 见 § 113).

圆 $v_2 = c_*$ 在点 P 与 Q 之间 (图 64) 与横坐标轴相交, 从而把激波极线分为两部分, 分别对应于间断面后面的亚声速气流和超声速气流. 圆 $v_2 = c_*$ 与激波极线的一个交点位于点 C 的右边, 但很接近点 C. 所以, 整个 PC 段对应于向亚声速流的转变, 而 CQ 段 (点 C 附近的一小段除外) 对应于向超声速流的转变.

在斜激波中, 压强和密度的变化值只取决于速度的法向分量. 所以, 当 M_1 和 φ 给定时, 只要直接把公式 (89.6) 和 (89.7) 中的 M_1 改为 $M_1 \sin\varphi$, 就可以得到比值 p_2/p_1 和 ρ_2/ρ_1:

$$\frac{p_2 - p_1}{p_1} = \frac{2\gamma}{\gamma+1}(M_1^2\sin^2\varphi - 1), \tag{92.9}$$

$$\frac{\rho_2 - \rho_1}{\rho_1} = \frac{2(M_1^2\sin^2\varphi - 1)}{(\gamma-1)M_1^2\sin^2\varphi + 2}. \tag{92.10}$$

当角 φ 从 $\varphi = \alpha_1$ (这时 $p_2/p_1 = \rho_2/\rho_1 = 1$) 增加到 $\pi/2$ 时, 即当沿激波极线从点 Q 移动到点 P 时, 这些比值是单调增加的.

---

① 可以很容易地证明, 只要用由 (102.2) 定义的参数 α_* 代替量 $(\gamma+1)/2$, 则对于任何气体 (非多方气体), 方程 (92.6) 也是成立的.

② 我们指出, $\chi_{\max}$ 对 $M_1 - 1$ 的这种依赖关系符合跨声速气流的一般相似律 (126.7).

这里再列出两个公式以备查阅. 用马赫数 M_1 和角 φ 表示速度偏折角 χ 的公式为

$$\cot\chi = \tan\varphi\left[\frac{(\gamma+1)M_1^2}{2(M_1^2\sin^2\varphi-1)}-1\right], \tag{92.11}$$

用 M_1 和 φ 表示马赫数 $M_2 = v_2/c_2$ 的公式为

$$M_2^2 = \frac{2+(\gamma-1)M_1^2}{2\gamma M_1^2\sin^2\varphi-(\gamma-1)} + \frac{2M_1^2\cos^2\varphi}{2+(\gamma-1)M_1^2\sin^2\varphi} \tag{92.12}$$

(这个公式在 $\varphi = \pi/2$ 时化为 (89.9)).

当偏折角 χ 给定时, 由激波极线确定的两个激波称为**弱族**激波和**强族**激波. 强族激波 (激波极线的 PC 段) 具有更大的强度 (更大的压强比 p_2/p_1), 与速度 $\boldsymbol{v}_1$ 方向之间形成更大的夹角 φ, 并使流动从超声速变为亚声速. 弱族激波 (激波极线的 QC 段) 具有更小的强度, 对气流的倾角更小, 并且几乎总是使流动保持为超声速的.

作为实例, 图 66 给出空气 ($\gamma = 1.4$) 中的速度偏折角 χ 对间断面倾角 φ 的依赖关系, 并且马赫数 M_1 取不同的值, 包括 $M_1 \to \infty$ 的极限情况. 对于由实线和虚线组成的曲线, 其实线部分对应于弱族激波, 而虚线部分对应于强族激波. 虚线 $\chi = \chi_{\max}$ 是 (对于每一个给定的 M_1) 具有最大偏折角的点的轨迹,

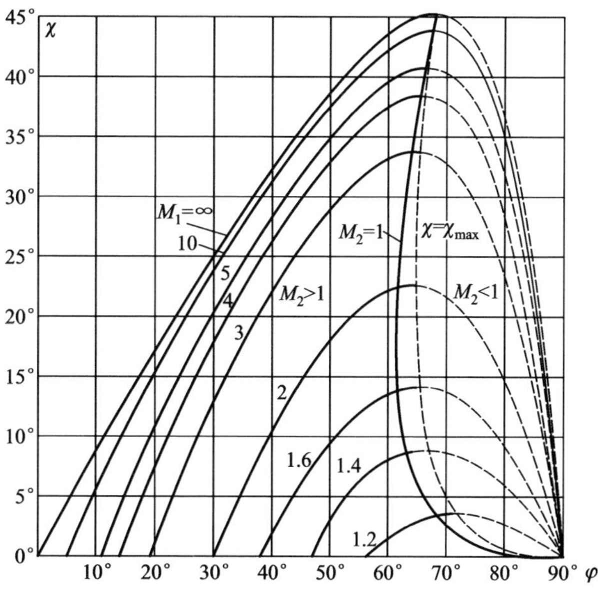

图 66

而实线 $M_2=1$ 把间断面后面的流动分为超声速区和亚声速区. 这两条曲线之间的狭窄区域对应于弱族激波, 不过它们把超声速气流转变为亚声速气流. 角 φ 在虚线 $\chi=\chi_{\max}$ 和实线 $M_2=1$ 上的值之差 (对于给定的 M_1) 处处都不超过 4.5°, 而 $\chi_{\max}$ 与实线 $M_2=1$ 上的值 $\chi=\chi_{\mathrm{s}}$ 之差 (同样对于给定的 M_1) 不超过 0.5° ①.

§ 93 激波的厚度

到目前为止, 我们一说起激波, 都认为它是没有厚度的几何曲面. 现在考虑实际激波的结构. 我们将看到, 间断值不大的激波实际上是有限厚度的过渡层, 并且厚度随间断值的增加而减小. 如果激波中的间断值不是小量, 则间断的发生确实非常急剧, 以致于在宏观理论中讨论其厚度是没有意义的.

为了确定过渡层的结构和厚度, 必须考虑气体的黏性和热传导, 但我们在此之前一直忽略它们的影响.

激波关系式 (85.1)—(85.3) 得自质量流、动量流和能流保持不变的条件. 如果把激波看做有限厚度的一层, 这些条件就不应写为间断面两侧相关物理量相等的形式, 而应写为它们在过渡层整个厚度上保持不变的形式. 第一个条件 (85.1) 不变:

$$\rho v\equiv j=\mathrm{const}\,. \tag{93.1}$$

在其余两个条件中应当考虑由内摩擦和热传导引起的附加的动量流和能流.

由内摩擦引起的 (沿 x 轴的) 动量流密度由黏性应力张量的分量 $-\sigma'_{xx}$ 给出. 按照该张量的一般表达式 (15.3), 我们有

$$\sigma'_{xx}=\left(\frac{4}{3}\eta+\zeta\right)\frac{\mathrm{d}v}{\mathrm{d}x}.$$

条件 (85.2) 现在变为以下形式②:

$$p+\rho v^2-\left(\frac{4}{3}\eta+\zeta\right)\frac{\mathrm{d}v}{\mathrm{d}x}=\mathrm{const}\,. \tag{93.2$'$}$$

就像在 § 85 中那样, 我们引入质量体积 V, 以便根据 $v=jV$ 代替速度 v. 再把等式右边的常量通过各物理量在激波前方 (1 侧) 远处的极限值表示出来, 则

① 在以下专著中可以找到激波极线的各种详细图像 ($\gamma=1.4$): Liepmann H. W., Roshko A. Elements of Gas Dynamics. New York: Wiley, 1957; Oswatitsch K. Gas Dynamics. New York: Academic Press, 1956.

② x 轴的正方向与气流通过静止激波的方向相同. 如果转换到使激波前方气体静止的参考系, 则激波本身将向 x 轴负方向运动.

上述条件化为以下形式:

$$p - p_1 + j^2(V - V_1) - \left(\frac{4}{3}\eta + \zeta\right) j \frac{\mathrm{d}V}{\mathrm{d}x} = 0. \tag{93.2}$$

其次, 由热传导引起的能流密度是 $-\varkappa\,\mathrm{d}T/\mathrm{d}x$, 由内摩擦引起的能流密度是

$$-\sigma'_{xi}v_i = -\sigma'_{xx}v = -\left(\frac{4}{3}\eta + \zeta\right) v \frac{\mathrm{d}v}{\mathrm{d}x}.$$

因此, 条件 (85.3) 变为[①]

$$\rho v\left(w + \frac{v^2}{2}\right) - \left(\frac{4}{3}\eta + \zeta\right) v \frac{\mathrm{d}v}{\mathrm{d}x} - \varkappa \frac{\mathrm{d}T}{\mathrm{d}x} = \mathrm{const}, \tag{93.3'}$$

或者, 再把 $v = jV$ 代入其中并用带下标 1 的量表示 const:

$$w - w_1 + \frac{j^2}{2}(V^2 - V_1^2) - j\left(\frac{4}{3}\eta + \zeta\right) V \frac{\mathrm{d}V}{\mathrm{d}x} - \frac{\varkappa}{j}\frac{\mathrm{d}T}{\mathrm{d}x} = 0. \tag{93.3}$$

我们将在这里研究全部量只有小间断值的激波. 于是, 过渡层内、外各量的差值 $V - V_1$, $p - p_1$ 等也都是小量. 从下面的一个关系式可以看出, $1/\delta$ (其中 δ 是激波宽度) 是与 $p - p_1$ 同阶的小量. 所以, 对 x 求导会导致相对于小量的量级增加一级 (例如, 导数 $\mathrm{d}p/\mathrm{d}x$ 是二阶小量).

方程 (93.2) 乘以 $(V + V_1)/2$ 后再与方程 (93.3) 相减, 于是得到

$$(w - w_1) - \frac{1}{2}(p - p_1)(V + V_1) = \frac{\varkappa}{j}\frac{\mathrm{d}T}{\mathrm{d}x} \tag{93.4}$$

(这里忽略了带有 $(V - V_1)\,\mathrm{d}V/\mathrm{d}x$ 的一项, 因为它是三阶小量). 取压强和熵为基本的独立变量, 我们把 (93.4) 左边的表达式按 $p - p_1$ 和 $s - s_1$ 的幂次展开. 在这个展开式中, $p - p_1$ 的一阶项和二阶项消失 (对比公式 (86.1) 的推导过程), 所以忽略更高阶项后仅仅得到 $T(s - s_1)$. 我们把导数 $\mathrm{d}T/\mathrm{d}x$ 写为

$$\frac{\mathrm{d}T}{\mathrm{d}x} = \left(\frac{\partial T}{\partial p}\right)_s \frac{\mathrm{d}p}{\mathrm{d}x} + \left(\frac{\partial T}{\partial s}\right)_p \frac{\mathrm{d}s}{\mathrm{d}x}.$$

带有导数 $\mathrm{d}s/\mathrm{d}x$ 的一项是三阶小量 (见下文), 从而可以忽略, 于是得到公式

$$T(s - s_1) = \frac{\varkappa}{j}\left(\frac{\partial T}{\partial p}\right)_s \frac{\mathrm{d}p}{\mathrm{d}x}, \tag{93.5}$$

它把函数 $s(x)$ 通过函数 $p(x)$ 表示出来.

---

① 条件 (93.1), (93.2′) 和 (93.3′) 其实都是定常一维运动的相应微分方程的首次积分. ——译者

我们注意到, 与压强间断值相比, 过渡层中的差值 $s-s_1$ 是二阶小量, 而总间断值 s_2-s_1 是三阶小量 (在 §86 中已经证明). 这是因为 (将在下面证明), 压强 $p(x)$ 在过渡区中从一个极限值 p_1 单调增加到另一个极限值 p_2, 而由导数 $\mathrm{d}p/\mathrm{d}x$ 确定的熵 $s(x)$ 在过渡层内部有一个最大值.

用类似的方法展开方程 (93.2), (93.3) 并把它们互相组合在一起, 就可以得到用来确定函数 $p(x)$ 的方程. 但是, 我们选择另外一种更值得注意的方法, 这样就能够更清晰地理解方程中各项的来源.

在 §79 中已经证明, 气体的单色弱扰动 (声波) 在其传播过程中发生衰减, 吸收系数正比于频率的平方: $\gamma=a\omega^2$, 正系数 a 可以按照公式 (79.6) 通过两种黏度和热导率表示出来. 那里还指出, 为了描述 (任意平面声波的) 这种衰减, 还可以在线性化的运动方程中额外引入一项, 见 (79.9). 我们把这个方程中对时间的二次导数改为对坐标的二次导数, 并改变导数 $\partial p'/\partial x$ 前面的符号 (这对应着向 x 轴负方向传播的波①), 从而写出

$$\frac{\partial p'}{\partial t}-c\frac{\partial p'}{\partial x}=ac^3\frac{\partial^2 p'}{\partial x^2}, \tag{93.6}$$

其中 p' 是压强中的变化部分.

为了考虑弱非线性项, 应当在这个方程中引入形如 $p'\,\partial p'/\partial x$ 的项:

$$\frac{\partial p'}{\partial t}-c\frac{\partial p'}{\partial x}-\alpha_p p'\frac{\partial p'}{\partial x}=ac^3\frac{\partial^2 p'}{\partial x^2}. \tag{93.7}$$

按相应方式展开理想 (无耗散) 流体的流体动力学方程, 即可确定非线性项系数 α_p, 结果为

$$\alpha_p=\frac{c^3}{2V^2}\left(\frac{\partial^2 V}{\partial p^2}\right)_s \tag{93.8}$$

(见习题 1)②.

方程 (93.7) 描述扰动在弱耗散弱非线性介质中的传播. 当它用于描述激波的传播时, 所用参考系应使 (激波前面) 未受扰动的气体静止. 需要寻求具有不变波形 (波形不依赖于时间) 的解, 使远离激波处的压强在 $x\to\pm\infty$ 时等

---

① 传播方向的这种选择与 400 页脚注中的说明有关.

② 引入新的未知函数 $u=-p'\alpha_p$, 新的自变量 $\zeta=x+ct$ (代替 x), 并取 $\mu=ac^3$, 我们把方程 (93.7) 化为

$$\frac{\partial u}{\partial t}+u\frac{\partial u}{\partial \zeta}=\mu\frac{\partial^2 u}{\partial \zeta^2}. \tag{93.7a}$$

这个形式的方程称为**伯格斯方程** (J. M. 伯格斯, 1940).

于给定值 p_2 和 p_1. 差值 $p_2 - p_1$ 是激波中的压强间断①.

具有不变波形的波可由以下形式的解描述:

$$p'(x,\ t) = p'(x + v_1 t), \tag{93.9}$$

其中 v_1 是这种波的传播速度. 把它代入 (93.7), 得到方程

$$\frac{\mathrm{d}}{\mathrm{d}\xi}\left[(v_1 - c)p' - \frac{\alpha_p}{2}p'^2 - ac^3\frac{\mathrm{d}p'}{\mathrm{d}\xi}\right] = 0, \quad \xi = x + v_1 t,$$

其首次积分为

$$ac^3\frac{\mathrm{d}p'}{\mathrm{d}\xi} = -\frac{\alpha_p}{2}p'^2 + (v_1 - c)p' + \mathrm{const}. \tag{93.10}$$

当 p' 的值对应于 $\mathrm{d}p'/\mathrm{d}\xi$ 在无穷远处为零的边界条件时, 等式右边的二次三项式应当为零. 如果规定 p' 从激波前方未受扰动的压强 p_1 算起, 则这些值等于 $p_2 - p_1$ 和 0. 这意味着, 上述三项式可以表示为

$$-\frac{\alpha_p}{2}\left[p' - (p_2 - p_1)\right]p'$$

的形式, 并且常量 v_1 可以按照

$$v_1 = c + \frac{\alpha_p}{2}(p_2 - p_1) \tag{93.11}$$

通过 p_1 和 p_2 表示出来. 对于压强 p 本身, 方程 (93.10) 具有以下形式:

$$ac^3\frac{\mathrm{d}p}{\mathrm{d}\xi} = -\frac{\alpha_p}{2}(p - p_1)(p - p_2).$$

这个方程的满足所需条件的解为

$$p = \frac{p_1 + p_2}{2} + \frac{p_2 - p_1}{2}\tanh\frac{(p_2 - p_1)(x + v_1 t)}{4ac^3/\alpha_p}.$$

这就解决了所提问题. 再返回使激波静止的参考系, 我们把激波中的压强变化公式写为以下形式:

$$p - \frac{p_1 + p_2}{2} = \frac{p_2 - p_1}{2}\tanh\frac{x}{\delta}, \tag{93.12}$$

---

① 我们在下面 (§102) 将看到, 当波在无耗散条件下传播时, 非线性效应会导致波形的变化——波的前锋逐渐变陡. 这种变化本身也会强化耗散效应, 而耗散效应会使剖面斜率趋于变小 (相关变化量的梯度趋于变小). 在非线性耗散介质中能够存在波形不变的波, 正是这两种相反的趋势彼此平衡的结果.

其中

$$\delta = \frac{8aV^2}{(p_2-p_1)(\partial^2 V/\partial p^2)_s}. \tag{93.13}$$

压强从 p_1 到 p_2 的全部变化, 几乎都是发生在 δ 量级的距离上, 该距离就是激波的厚度. 我们看到, 激波厚度随激波强度的增大而减小, 即随压强间断值 p_2-p_1 的增大而减小①.

对于熵在激波内部的变化过程, 从 (93.5) 和 (93.12) 有

$$s-s_1 = \frac{\varkappa}{16caVT}\left(\frac{\partial T}{\partial p}\right)_s\left(\frac{\partial^2 V}{\partial p^2}\right)_s (p_2-p_1)^2 \frac{1}{\cosh^2(x/\delta)}. \tag{93.14}$$

由此可见, 熵不是单调变化的, 它在激波内部 (在 $x=0$ 处) 有一个最大值. 在 $x=\pm\infty$ 处, 这个公式给出同样的值 $s=s_1$, 这是因为熵的总变化量 s_2-s_1 是 p_2-p_1 的三阶量 (对比 (86.1)), 而这里的 $s-s_1$ 是二阶量.

公式 (93.12) 在定量上只适用于差值 p_2-p_1 足够小的情形. 但是, 当差值 p_2-p_1 具有压强 p_1, p_2 本身的量级时, 我们可以用公式 (93.13) 定性地确定激波厚度的量级. 气体中的声速具有分子热运动速度 v 的量级. 从气体动理论已经知道, 运动黏度 $\nu \sim lv \sim lc$, 其中 l 是分子的平均自由程. 所以 $a \sim l/c^2$ (对热传导项的估计给出同样的结果). 最后, $(\partial^2 V/\partial p^2)_s \sim V/p^2$, $pV \sim c^2$. 把这些表达式用于 (93.13), 我们得到

$$\delta \sim l. \tag{93.15}$$

因此, 强激波的厚度具有气体分子平均自由程的量级②. 但是, 在宏观的气体动力学中, 气体被看做连续介质, 平均自由程必须为零. 所以, 严格地说, 纯粹的气体动力学方法不能用来研究强激波的内部结构.

习　题

1. 对于在气体中传播的声波, 求方程 (93.7) 中的非线性项系数 α_p.

解: 理想 (无耗散) 流体一维运动的精确流体动力学方程为

$$\frac{\partial v}{\partial t} + v\frac{\partial v}{\partial x} = -\frac{1}{\rho}\frac{\partial p}{\partial x}, \quad \frac{\partial \rho}{\partial t} + \frac{\partial}{\partial x}(\rho v) = 0. \tag{1}$$

---

① 对于在混合气体中传播的激波, 过渡层中的扩散过程对激波厚度也有一定贡献. 关于这部分贡献的计算, 可以参考: Дьяков С. П. Журн. экспер. теор. физ. 1954, 27: 288.

还值得一提的是, 即使考虑与耗散有关的激波结构, 弱激波对横向调制也是稳定的 (对比 390 页的脚注), 见: Спектор М. Д. Письма в Журн. экспер. теор. физ. 1983, 35: 181 (Spektor M. D. JETP Lett. 1983, 35: 221).

② 强激波伴随着温度的显著增加. 应当把 l 理解为激波中气体的某种平均温度下的平均自由程.

我们把它们展开, 并考虑到二阶小量. 为此, 令

$$p = p_0 + p', \quad \rho = \rho_0 + \frac{p'}{c^2} + \frac{p'^2}{2}\left(\frac{\partial^2 \rho}{\partial p^2}\right)_s. \tag{2}$$

如果把方程中的所有二阶量都化为含有乘积 $p'\,\partial p'/\partial x$ 的同样形式, 就可以进行简化. 我们为此指出, 对于向 x 轴负方向传播的波 (传播速度为 c), 对 t 微分等价于对 x/c 微分. 这时还有 $v = -p'/c\rho_0$. 经过所有这些变换后, 我们从 (1) 和 (2) 得到以下方程:

$$\frac{\partial v}{\partial t} + \frac{1}{\rho}\frac{\partial p'}{\partial x} = 0, \tag{3}$$

$$\frac{\partial v}{\partial x} + \frac{1}{\rho c^2}\frac{\partial p'}{\partial t} = c\rho\left(\frac{\partial^2 V}{\partial p^2}\right)_s p'\frac{\partial p'}{\partial x} \tag{4}$$

(表示各物理量在平衡状态下的常值的下标 0 已经被省略); 这里还使用了等式

$$\left(\frac{\partial^2 \rho}{\partial p^2}\right)_s = \frac{2}{\rho c^4} - \rho^2\left(\frac{\partial^2 V}{\partial p^2}\right)_s \tag{5}$$

($V = 1/\rho$ 是质量体积). 分别取方程 (3) 和 (5) 对 x 和 t 的导数, 再让它们相减, 得到

$$\left(\frac{1}{c}\frac{\partial}{\partial t} - \frac{\partial}{\partial x}\right)\left(\frac{1}{c}\frac{\partial}{\partial t} + \frac{\partial}{\partial x}\right)p' = c^2\rho^2\left(\frac{\partial^2 V}{\partial p^2}\right)_s\frac{\partial}{\partial x}\left(p'\frac{\partial p'}{\partial x}\right).$$

在同样的精度下, 把这个方程左边的 $\partial/\partial x + (1/c)\,\partial/\partial t$ 改为 $2\partial/\partial x$. 最后, 在方程两边消去对 x 的导数, 并对比所得方程和 (93.7), 就求出 α_p 的值 (93.8).

还可以直接从 (93.7) 得到速度的方程, 而不必重复与上述过程类似的计算. 其实, (93.7) 右边的一阶项之和含有算子 $\partial/\partial t - c\,\partial/\partial x$, 而该算子应当视为一阶小量, 因为在线性近似下, 函数 $p'(x,\ t)$ 经过它的作用即变为零. 所以, 在所需近似下, 只要按照线性关系式 $p' = -\rho c v$ 对 (93.7) 中的 p' 进行代换, 我们就得到函数 $v(x,\ t)$ 的方程:

$$\frac{\partial v}{\partial t} - c\frac{\partial v}{\partial x} + \alpha_v v\frac{\partial v}{\partial x} = ac^3\frac{\partial^2 v}{\partial x^2}, \tag{6}$$

其中

$$\alpha_v = \frac{c^4}{2V^3}\left(\frac{\partial^2 V}{\partial p^2}\right)_s,$$

它是无量纲量. 对于多方气体, $\alpha_v = (\gamma+1)/2$.

2. 用非线性代换把伯格斯方程 (93.7a) 化为线性热传导方程的形式 (E. 霍普夫, 1950).

解: 利用代换

$$u(\zeta,\ t) = -2\mu\frac{\partial}{\partial\zeta}\ln\varphi(\zeta,\ t) \tag{1}$$

可以把方程 (93.7a) 化为

$$2\mu\frac{\partial}{\partial\zeta}\left[\frac{1}{\varphi}\left(-\frac{\partial\varphi}{\partial t} + \mu\frac{\partial^2\varphi}{\partial\zeta^2}\right)\right] = 0$$

的形式, 所以

$$\frac{\partial\varphi}{\partial t}-\mu\frac{\partial^2\varphi}{\partial\zeta^2}=\varphi\frac{\mathrm{d}f(t)}{\mathrm{d}t},\tag{2}$$

其中 $\mathrm{d}f/\mathrm{d}t$ 表示 t 的任意函数. 利用变换 $\varphi\to\varphi\,\mathrm{e}^f$ (它并不改变待求函数 $u(\zeta,\ t)$) 可以把这个方程化为所需形式

$$\frac{\partial\varphi}{\partial t}=\mu\frac{\partial^2\varphi}{\partial\zeta^2}.\tag{3}$$

在初始条件 $\varphi(\zeta,\ 0)=\varphi_0(\zeta)$ 下, 这个方程的解由公式 (51.3) 给出:

$$\varphi(\zeta,\ t)=\frac{1}{2\sqrt{\pi\mu t}}\int_{-\infty}^{\infty}\varphi_0(\zeta')\exp\left[-\frac{(\zeta-\zeta')^2}{4\mu t}\right]\mathrm{d}\zeta'.\tag{4}$$

初始函数 $\varphi_0(\zeta)$ 与待求函数 $u(\zeta,\ t)$ 的初始值之间的关系为

$$\ln\varphi_0(\zeta)=-\frac{1}{2\mu}\int_0^{\zeta}u_0(\zeta)\,\mathrm{d}\zeta\tag{5}$$

(可以任意选取积分下极限).

§ 94 弛豫介质中的激波

在气体中存在一些相对较慢的弛豫过程, 如较慢的化学反应, 分子的不同自由度之间较慢的能量输运等. 这些过程可能导致激波厚度显著增加 (Я.Б. 泽尔道维奇, 1946)①.

设 τ 为弛豫时间的量级. 气体的初态和终态都必须是完全平衡的, 所以首先显然可知, 激波的总厚度具有 τv_1 的量级, 即气体在时间 τ 内通过的距离. 此外, 如果激波强度超过一个确定的极限, 其结构就会变得更加复杂. 可以用下述方法证实这一点.

在图 67 中, 实线表示在假设气体终态是完全平衡态的条件下通过给定初始点 1 的激波绝热线, 该曲线在点 1 处切线的斜率取决于在 §81 中被记为 c_0 的 “平衡” 声速. 虚线表示在假设弛豫过程 “被冻结”, 从而根本不发生这种过程的条件下通过同一个初始点 1 的激波绝热线, 该曲线在点 1 处切线的斜率取决于在 §81 中被记为 c_∞ 的声速值.

如果激波速度满足 $c_0<v_1<c_\infty$, 则弦 12 的位置如图 67 所示, 它是下面的线段. 在这种情况下, 所得结果是激波厚度的单纯增加, 并且初态 1 与终态

① 例如, 在双原子气体中, 当激波后面的温度达到 1000—3000 K 时, 分子内振动的激发就是缓慢的弛豫过程. 当温度更高时, 分子热离解为相应原子的过程也是这样的弛豫过程.

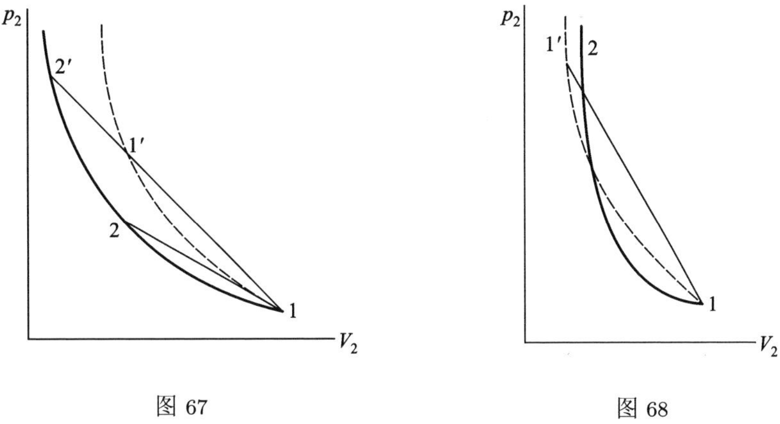

图 67　　　　图 68

2 之间所有的中间态均可由 pV 平面上线段 12 上的点表示. 这是因为 (在忽略通常的黏性和热传导时), 气体按顺序所经历的全部状态都满足质量守恒方程 $\rho v = j = \text{const}$ 和动量守恒方程 $p + j^2V = \text{const}$ (对比 §129 中更详细的类似讨论).

但如果 $v_1 > c_\infty$, 则弦的位置为 $11'2'$. 以点 1 和 $1'$ 为端点的线段上的全部内点都根本不会对应于气体的任何实际状态. 第一个 (点 1 之外的) 实际点是点 $1'$, 相应状态相对于状态 1 中的弛豫平衡态完全没有差别. 气体从状态 1 压缩到状态 $1'$ 是通过间断实现的, 然后 (在量级为 $v_1\tau$ 的距离上) 被逐渐压缩到终态 $2'$.

如果平衡条件下和非平衡条件下的两条激波绝热线相交 (图 68), 则还可能存在一种类型的激波. 如果激波具有这样的速度, 使弦 12 与两条激波绝热线的交点位于这两条绝热线的交点之上 (如图 68 所示), 则弛豫过程将伴随着压强的下降——从点 $1'$ 的压强值下降到点 2 的压强值 (С.П. 季亚科夫, 1954)①.

§95 等温间断面

在 §93 中讨论激波结构时, 我们在本质上假设了黏度和温导率就像通常那样具有同样的量级. 但是, $\chi \gg \nu$ 的情形也是可能的. 的确, 如果物质的温度足够高, 则将出现一种附加的传热机理——物质的平衡热辐射. 辐射对黏性的影响 (即对动量输运的影响) 要小得多, 所以 ν 也可以远小于 χ. 我们在这里将看到, 这个不等式导致激波结构的极重要变化.

① 这样的情况在原则上可以出现在发生离解的多原子气体中, 只要气体分子在激波后方的平衡态中可以足够完全地离解为更小的部分. 如果离解已经进行得非常充分, 以至于在加热气体时已经不再需要显著消耗能量来维持离解过程, 则离解使热容比 γ 的值增加, 从而使激波中的极限压缩率降低.

忽略黏性项后, 我们把决定过渡层结构的方程 (93.2) 和 (93.3) 写为以下形式:

$$p + j^2 V = p_1 + j^2 V_1, \tag{95.1}$$

$$\frac{\varkappa}{j}\frac{\mathrm{d}T}{\mathrm{d}x} = w + \frac{j^2V^2}{2} - w_1 - \frac{j^2V_1^2}{2}. \tag{95.2}$$

第二个方程的右边仅在过渡层边界上才为零. 因为激波后面的温度应当高于激波前面的温度, 所以由此可知, 沿过渡层的整个厚度一直有

$$\frac{\mathrm{d}T}{\mathrm{d}x} > 0, \tag{95.3}$$

即温度是单调递增的.

在过渡层内, 所有的量都是坐标 x 这一个变量的函数, 所以这些量互为函数. 取关系式 (95.1) 对 V 的导数, 我们得到

$$\left(\frac{\partial p}{\partial T}\right)_V \frac{\mathrm{d}T}{\mathrm{d}V} + \left(\frac{\partial p}{\partial V}\right)_T + j^2 = 0.$$

对于气体, 导数 $(\partial p/\partial T)_V$ 恒为正, 所以导数 $\mathrm{d}T/\mathrm{d}V$ 的符号取决于 $(\partial p/\partial V)_T + j^2$ 的符号. 在状态 1 中, 我们有 $j^2 > -(\partial p_1/\partial V_1)_s$ (因为 $v_1 > c_1$), 又因为绝热压缩系数总是小于等温压缩系数, 所以在任何情况下都有

$$j^2 > -\left(\frac{\partial p_1}{\partial V_1}\right)_T.$$

因此, 对于 1 侧, 导数

$$\frac{\mathrm{d}T_1}{\mathrm{d}V_1} < 0.$$

如果这个导数在过渡层中处处为负, 则在气体从 1 侧运动到 2 侧的过程中, 随着物质不断受到压缩 (V 减小), 温度将单调递增, 这与 (95.3) 一致. 换言之, 我们所考虑的激波将因为热导率很大而变厚很多 (厚度可能达到这样的程度, 以至于激波的概念本身这时只是一个称谓而已).

如果

$$j^2 < -\left(\frac{\partial p_2}{\partial V_2}\right)_T, \tag{95.4}$$

就会出现另一种情况 (这个不等式对应于足够强的激波, 参考下面的 (95.7)). 这时, 在状态 2 下有 $\mathrm{d}T_2/\mathrm{d}V_2 > 0$, 所以函数 $T(V)$ 在 $V = V_1$ 和 $V = V_2$ 之间的某处有一个最大值 (图 69). 显然, 在气体从状态 1 到状态 2 的变化过程中, V 不可能连续变化, 因为不等式 (95.3) 这时必然遭到破坏.

因此, 关于从初态 1 到终态 2 的变化过程, 我们得到以下图案. 首先出现一个区域, 气体在这里受到压缩, 其质量体积从 V_1 逐渐变为 V' (使 $T(V)=T_2$ 第一次成立的 V 值, 见图 69). 这个区域的厚度取决于热导率, 并且可能相当大. 然后, 从 V' 压缩到 V_2 是在等温条件下 (温度 T_2 保持不变) 以间断方式实现的. 可以把这种间断称为**等温间断面**.

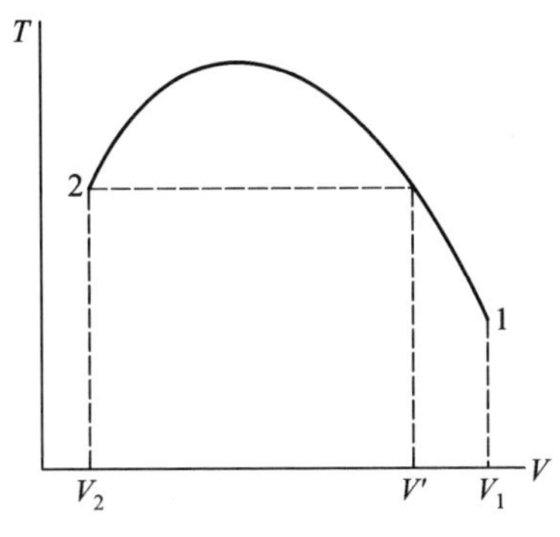

图 69

假设气体是理想气体, 我们来确定等温间断面中压强和密度的变化. 如果把动量流连续条件 (95.1) 用于间断面的两侧, 则由此给出

$$p'+j^2V'=p_2+j^2V_2.$$

对于热力学意义上的理想气体, $V=RT/\mu p$, 再注意到 $T'=T_2$, 我们得到

$$p'+\frac{j^2RT_2}{\mu p'}=p_2+\frac{j^2RT_2}{\mu p_2}.$$

这个关于 p' 的二次方程有解 (除了平凡解 $p'=p_2$)

$$p'=\frac{j^2RT_2}{\mu p_2}=j^2V_2, \tag{95.5}$$

用公式 (85.6) 表示 j^2, 则

$$p'=\frac{p_2-p_1}{V_1-V_2}V_2.$$

对于多方气体, 再根据 (89.1) 把 V_2/V_1 的表达式代入此式, 我们得到

$$p'=\frac{1}{2}[(\gamma+1)p_1+(\gamma-1)p_2]. \tag{95.6}$$

因为必有 $p_2>p'$, 我们于是得到结论: 只有当压强 p_2 与 p_1 的比值满足条件

$$\frac{p_2}{p_1}>\frac{\gamma+1}{3-\gamma} \tag{95.7}$$

时, 才会出现等温间断面 (瑞利, 1910). 当然, 直接从 (95.4) 也可以得到这个条件.

因为气体的密度在给定温度下与压强成正比, 所以在等温间断面中, 密度比等于压强比:

$$\frac{\rho'}{\rho_2}=\frac{V_2}{V'}=\frac{p'}{p_2}, \tag{95.8}$$

它在 p_2 增加时趋于 $(\gamma-1)/2$.

§ 96 弱间断面

除了 $\rho, p, \boldsymbol{v}$ 等量在间断面上发生间断的情形, 还可以存在这样一些曲面: 在这些曲面上, 这些量 (作为坐标的函数) 本身保持连续, 但是具有某些奇异性. 这些奇异性可以是各种各样的. 例如, 在这样的曲面上, 量 $\rho, p, \boldsymbol{v}, \cdots$ 对坐标的一阶导数可以发生间断或者变为无穷大, 或者它们的更高阶导数具有同样的性质. 我们把所有这样的曲面都称为**弱间断面**, 以便与强间断面 (激波和切向间断面) 有所区别. 在强间断面上, 上述各量本身发生间断. 我们指出, 因为这些量本身在弱间断面上是连续的, 所以它们在弱间断面上的切向导数也是连续的, 只有法向导数才发生间断.

通过简单的讨论就容易证明, 弱间断面以声速相对于 (弱间断面两边的) 气体传播. 其实, 既然函数 $\rho, p, \boldsymbol{v}, \cdots$ 本身不发生间断, 在弱间断面附近就可以把它们替换为与之相差任意小量并且没有任何奇异性的“光滑”函数. 因此, 以压强为例来说, 真正的压强分布可以表示为没有任何奇异性的完全光滑的分布 p_0 与该分布在弱间断面附近的极微小扰动 p' 的叠加, 而后者与任何小扰动一样以声速相对于气体传播.

我们强调, 在激波的情况下, 这样得到的光滑函数与真实函数之差一般根本不是小量, 所以不能使用上述讨论方法. 然而, 如果激波中的间断值足够小, 则仍然可以采用这些讨论, 并且这样的激波也应当以声速传播. 在 § 86 中已经用另一种方法得到了这个结果.

如果流动相对于给定坐标系是定常的, 则弱间断面相对于该坐标系静止, 而气流会穿过弱间断面. 这时, 气体速度在弱间断面上的法向分量应当等于声速. 如果用字母 α 表示气体速度方向与弱间断面的切平面之间的夹角, 则应有 $v_n = \sin\alpha = c$, 即

$$\sin\alpha = \frac{c}{v},$$

亦即弱间断面以马赫角与流线相交. 换言之, 弱间断面是特征面之一. 只要注意到特征面的物理意义——小扰动沿特征面传播 (§ 82), 很自然就能得到这个结果. 显然, 在气体的定常流动中, 弱间断面只能出现于气流速度等于或大于声速的情况.

关于弱间断面和强间断面的形成方法, 二者有本质区别. 我们将看到, 激波可以因为气体的运动而在连续的边界条件下自然而然地直接形成 (例如在声波中形成激波, § 102). 与此相反, 弱间断面不能自发地出现, 它们总是因为流动的初始条件或边界条件有某种奇异性而产生的. 这些奇异性就像弱间断面本身那样可以是各种各样的. 例如, 弱间断面可以因为被绕流物体表面上有尖角而产生, 在这样的弱间断面上, 速度对坐标的一阶导数发生间断. 如果物

体表面没有尖角, 但其曲率有间断, 这也会导致弱间断面的产生 (这时速度对坐标的二阶导数发生间断). 类似的例子很多. 最后, 流动随时间变化的任何奇异性都会导致非定常弱间断面的产生.

当气流穿过弱间断面时, 气体速度在弱间断面上的切向速度总是指向远离相应扰动源 (例如物体表面上的尖角) 的方向, 而弱间断面正是因为这种扰动源而产生的. 我们说, 弱间断面是从该扰动源"开始"的. 这是扰动在超声速流中的传播具有方向性的一种表现——扰动只能向下游传播.

黏性和热传导的存在导致弱间断具有一定厚度, 所以弱间断其实就像激波那样是某种过渡层. 但是, 与激波不同的是, 激波的厚度只依赖于其强度而不随时间变化, 而弱间断的厚度从它形成开始就随时间而增加. 根据弱间断中的位移与微弱声扰动的传播之间的比拟, 容易 (定性地) 确定弱间断厚度增加的规律. 当存在黏性和热传导时, 最初集中在一个很小区域内的扰动 (波包) 随时间而扩张, 在 §79 中已经确定了这种扩张规律. 由此可以立即得出结论: 弱间断的厚度 δ 满足

$$\delta \sim (ac^3t)^{1/2}, \tag{96.1}$$

其中 t 是从弱扰动形成时刻算起的时间, a 是声吸收公式 (79.6) 中频率平方项的系数. 如果我们考虑定常流, 则间断面是静止的, 这时应当讨论到弱间断始发处的距离 l, 而不是时间 t (例如, 对于由物体表面上的尖角引起的弱间断, l 是到尖角顶点的距离), 于是 $\delta \sim (ac^2l)^{1/2}$ ①.

在本节的最后, 必须作出类似于 §82 结尾的说明. 那里曾经指出, 在运动气体状态的各种扰动中, 熵扰动 (在定压条件下) 和涡量扰动具有特殊的性质. 这两种扰动相对于气体是不动的, 而不以声速传播. 所以, 熵和涡量的任何弱间断面② 相对于气体静止, 它们在静止坐标系中随着气体本身一起移动. 我们将把这样的弱间断面称为**切向弱间断面**. 它们沿流线伸展, 这一点完全类似于切向强间断面.

---

① 但是, 我们强调, 为了定量地确定弱间断的结构, 仅仅利用与声波之间的比拟是不够的. 其实, 为了确定声波的衰减规律, 可以假设其振幅是任意小的, 从而利用线性化的运动方程. 但是对于弱间断 (以及弱激波, §93), 必须考虑非线性方程, 因为假如不考虑非线性方程的话, 间断本身就不存在了. 在 §99 习题 6 中给出了这种研究的实例.

② 涡量的弱间断面是指速度切向分量的弱间断面. 例如, 切向速度的法向导数可以发生间断.

第十章

一维可压缩气流

§ 97 气体经过喷管的流动

考虑气体从大容器中经过变截面管道流出的定常流动. 这样的变截面管道称为**喷管**. 我们假设管道内的气流在每一个横截面上都是均匀的, 而速度几乎处处沿着管轴方向. 为此, 管道不能太粗, 其横截面的面积 S 沿管轴的变化也必须足够缓慢. 因此, 所有表征流动的量只能是沿管轴坐标的函数. 在这些条件下可以直接应用在 § 83 中得到的沿流线成立的那些关系式, 以便计算各量沿管轴的变化.

单位时间内流过管道横截面的气体质量, 即所谓流量, 等于 $Q = \rho v S$. 这个量沿整个管道显然应当保持不变:

$$Q = S\rho v = \text{const}\,. \tag{97.1}$$

假设容器的尺寸远大于管道的直径, 于是可以认为容器中气体的速度为零. 因此, 在 § 83 的公式中, 所有下标为 0 的量都表示相应各量在容器中的值.

我们已经看到, 质量流密度 $j = \rho v$ 不能超过某个极限值 j_*. 由此可见, 气体总流量 Q 的可能的值 (对于给定的管道和容器中的给定气体状态) 也有一个上限 $Q_{\max}$. 容易确定最大流量 $Q_{\max}$. 如果质量流密度值 j_* 不是在管道最狭窄处达到的, 则在具有更小横截面面积 S 的位置将有 $j > j_*$, 但这是不可能的. 于是, $j = j_*$ 只能在管道最狭窄处达到, 我们把这里的横截面面积记为 $S_{\min}$. 因此, 气体总流量的上限为

$$Q_{\max} = \rho_* v_* S_{\min} = \sqrt{\gamma p_0 \rho_0}\left(\frac{2}{\gamma+1}\right)^{(1+\gamma)/2(\gamma-1)} S_{\min}. \tag{97.2}$$

首先研究向出口端单调收缩的喷管,其最小横截面位于出口端 (图 70). 根据 (97.1), 质量流密度 j 沿管道单调增加. 气体速度 v 也单调增加, 而压强相应地单调下降. 在管道的出口端, 如果速度 v 恰好达到 c 值, 即如果 $v_1 = c_1 = v_*$ (带有下标 1 的字母表示各量在出口端的值), 则 j 达到最大的可能值. 同时还有 $p = p_*$.

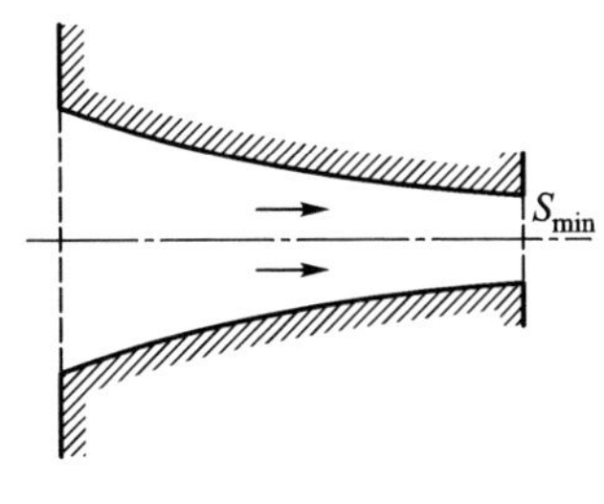

图 70

设喷管外部介质的压强 p_e 逐渐降低, 我们来仔细研究气体流动方式的变化. 当外部压强从容器中的压强值 p_0 降低到 p_* 时, 喷管的出口压强 p_1 也随之降低, 并且这两个压强 (p_1 和 p_e) 始终相等. 换言之, 压强从 p_0 降低到 p_e 的全部过程都发生在喷管内部. 出口速度 v_1 和总流量 $Q = j_1 S_{\min}$ 单调增加. 当 $p_e = p_*$ 时, 出口速度等于当地声速, 而流量达到最大值 $Q_{\max}$. 当外部压强进一步降低时, 出口压强不再下降并始终等于 p_*, 而压强从 p_* 降低到 p_e 的过程已经发生在喷管以外的环境中. 换言之, 无论外部压强如何下降, 气体压强沿管道只能从 p_0 下降到 p_*, 而不可能下降得更多. 例如, 对于空气 ($p_* = 0.53p_0$), 压强最多只能下降 $0.47p_0$. 出口速度和流量 (当 $p_e < p_*$ 时) 也保持不变. 因此, 气体在流过收缩喷管时不可能获得超声速的速度.

气体在流过收缩喷管时之所以不可能达到超声速的速度, 是因为速度只能在这种喷管的出口端达到当地声速. 显然, 利用先收缩再扩张的喷管 (图 71) 就可以达到超声速的速度. 这种喷管称为**拉瓦尔喷管**.

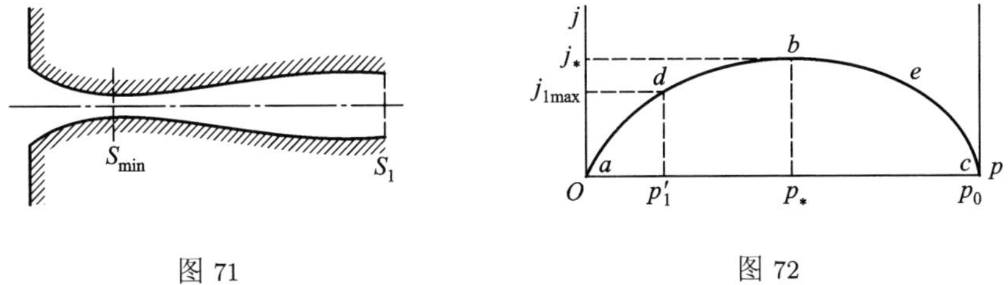

图 71　　图 72

最大的质量流密度 j_* (如果达到的话) 仍然只能出现在最小横截面上, 所以这种喷管的流量也不能超过 $S_{\min}j_*$. 在喷管的收缩段中, 质量流密度增加 (而压强下降). 图 72 中的曲线给出 j 对 p 的依赖关系①, 这对应于从点 c 向点 b 移动. 如果在横截面 $S_{\min}$ 上达到最大的质量流密度 (图 72 中的点 b), 则在

① 根据公式 (83.15)—(83.17), 该依赖关系为

$$j = \left(\frac{p}{p_0}\right)^{1/\gamma} \left\{ \frac{2\gamma}{\gamma - 1} p_0 \rho_0 \left[1 - \left(\frac{p}{p_0}\right)^{(\gamma-1)/\gamma} \right] \right\}^{1/2}.$$

喷管的扩张段中, 压强继续降低, 而 j 也开始减小, 这对应于沿图 72 中的曲线从点 b 向点 a 移动. 于是, 质量流密度 j 在喷管的出口端具有一个确定的值, 它等于

$$j_{1\max}=j_*\frac{S_{\min}}{S_1},$$

而与此相应的压强值在图 72 中由记号 p_1' 表示 (曲线上的某点 d). 如果在横截面 $S_{\min}$ 上只达到某点 e, 则压强在喷管的扩张段中不再增加, 这对应于从点 e 沿曲线返回. 初看起来, 似乎通过形成一个激波, 就可以不通过点 b 而从曲线的 cb 段转到 ab 段. 然而, 这是不可能的, 因为"流入"激波的气体不可能具有亚声速的速度.

注意到所有这些说明, 现在研究流动方式在外部压强 p_e 逐渐增加时的变化. 当外部压强从零增加到很小的值 $p_\mathrm{e}=p_1'$ 时, 在横截面 $S_{\min}$ 处总是达到压强 p_* 和速度 $v_*=c_*$. 在喷管的扩张段中, 速度继续增加, 从而出现超声速气流, 压强则相应地继续降低并在出口端达到值 p_1', 这个值与 p_e 无关. 压强从 p_1' 降低到 p_e 是在喷管外部发生的, 这里出现由喷管出口边缘发出的稀疏波 (在 §112 中有相关描述).

当 p_e 开始超过 p_1' 时, 出现从喷管出口边缘发出的斜激波, 它把气体从出口压强 p_1' 压缩至压强 p_e (§112). 但是, 我们将看到, 只有在激波强度不是过大的情况下, 从固壁才能发出定常激波 (§111). 所以, 当外部压强进一步增加时, 激波很快就开始向喷管内移动, 并且在激波前的喷管内壁上出现分离. 当 p_e 取某个值时, 激波到达喷管的最小横截面处. 此后, 激波不再出现, 流动处处都是亚声速的, 并且在喷管扩张段 (扩散段) 的壁面上出现分离. 当然, 所有这些复杂现象已经具有显著的三维特性.

习 题

设气体沿管道作定常流动, 并且有少量热量输入一小段管道, 求气体流过这一小段管道时的速度变化. 假设气体是多方气体.

解: 设 Sq 是单位时间内输入的热量 (S 是所讨论的这一小段管道的横截面面积). 在加热段的两边, 质量流密度 $j=\rho v$ 和动量流密度 $p+jv$ 保持不变, 所以 $\Delta p=-j\Delta v$, 其中 Δ 表示一个量在通过这段喷管时的变化. 能流密度 $(w+v^2/2)j$ 的变化为 q. 把 w 写为

$$w=\frac{\gamma p}{(\gamma-1)\rho}=\frac{\gamma pv}{(\gamma-1)j}$$

的形式, 我们得到 (认为 Δv 和 Δp 很小)

$$vj\Delta v+\frac{\gamma}{\gamma-1}(p\Delta v+v\Delta p)=q.$$

从这两个关系式中消去 Δp, 求出

$$\Delta v = \frac{(\gamma-1)q}{\rho(c^2-v^2)}.$$

我们看到, 在亚声速气流中, 输入热量使流动加速 ($\Delta v > 0$), 而在超声速气流中, 输入热量使流动减速 ($\Delta v < 0$).

把气体的温度写为

$$T = \frac{\mu p}{R\rho} = \frac{\mu p v}{Rj}$$

(R 为气体常量), 我们求出温度变化的表达式

$$\Delta T = \frac{\mu}{Rj}(v\Delta p + p\Delta v) = \frac{\mu(\gamma-1)q}{Rj(c^2-v^2)}\left(\frac{c^2}{\gamma} - v^2\right).$$

对于超声速气流, 这个表达式总是正的——气体的温度增加; 对于亚声速气流, 它既可以是正的, 也可以是负的.

§98 管道中的黏性可压缩气流

考虑足够长的 (等截面) 管道中的可压缩气流, 这时不能忽略气体对管壁的摩擦, 即不能忽略气体的黏性. 我们将假设管壁是绝热的, 所以气体与外部介质之间没有任何热交换.

当流动速度达到声速量级或超过声速时 (这里只讨论这样的情况), 管道中的气流当然是湍流 (只要管道的直径不是太小). 湍流的重要性对我们在这里的问题而言只表现在一个方面. 确实, 我们在 §43 中已经看到, 湍流流动的 (平均) 速度在管道的整个横截面上几乎处处相同, 仅在非常接近管壁的地方才迅速减小为零. 因此, 我们将认为流动速度 v 在管道的整个横截面上就是常量, 并且这样来定义 v, 使乘积 $S\rho v$ (S 是横截面面积) 等于气体通过管道横截面的总流量.

既然气体的总流量 $S\rho v$ 沿整个管道保持不变, 并且假设 S 保持不变, 所以气体的质量流密度也应当保持不变:

$$j = \rho v = \text{const}. \tag{98.1}$$

其次, 因为管道是绝热的, 所以由气体携带的通过管道横截面的总能流也应当保持不变. 该能流等于 $\rho v S(w + v^2/2)$, 并且根据 (98.1) 可以写出

$$w + \frac{v^2}{2} = w + \frac{j^2V^2}{2} = \text{const}. \tag{98.2}$$

至于气体的熵 s, 由于存在内摩擦, 它当然根本不会保持不变, 而是随着气体沿管道向前运动而增加. 如果 x 是沿管轴的坐标, 并且 x 轴的正方向与流动方

向一致, 则

$$\frac{\mathrm{d}s}{\mathrm{d}x} > 0. \tag{98.3}$$

现在求关系式 (98.2) 对 x 的导数. 我们还记得 $\mathrm{d}w = T\,\mathrm{d}s + V\,\mathrm{d}p$, 所以有

$$T\frac{\mathrm{d}s}{\mathrm{d}x} + V\frac{\mathrm{d}p}{\mathrm{d}x} + j^2 V\frac{\mathrm{d}V}{\mathrm{d}x} = 0.$$

然后, 把

$$\frac{\mathrm{d}V}{\mathrm{d}x} = \left(\frac{\partial V}{\partial p}\right)_s \frac{\mathrm{d}p}{\mathrm{d}x} + \left(\frac{\partial V}{\partial s}\right)_p \frac{\mathrm{d}s}{\mathrm{d}x} \tag{98.4}$$

代入此式, 得到

$$\left[T + j^2 V\left(\frac{\partial v}{\partial s}\right)_p\right]\frac{\mathrm{d}s}{\mathrm{d}x} = -V\left[1 + j^2\left(\frac{\partial V}{\partial p}\right)_s\right]\frac{\mathrm{d}p}{\mathrm{d}x}. \tag{98.5}$$

根据熟知的热力学公式,

$$\left(\frac{\partial V}{\partial s}\right)_p = \frac{T}{c_p}\left(\frac{\partial V}{\partial T}\right)_p.$$

气体的热膨胀系数是正的, 所以根据 (98.3) 可以断定等式 (98.5) 左边的整个表达式也是正的. 于是, 导数 $\mathrm{d}p/\mathrm{d}x$ 的符号与表达式

$$-\left[1 + j^2\left(\frac{\partial V}{\partial p}\right)_s\right] = \frac{v^2}{c^2} - 1$$

的符号相同. 我们看出,

$$当\ v < c\ 时,\ \frac{\mathrm{d}p}{\mathrm{d}x} < 0, \quad 当\ v > c\ 时,\ \frac{\mathrm{d}p}{\mathrm{d}x} > 0. \tag{98.6}$$

因此, 在亚声速流动中, 压强沿流动方向减小 (与不可压缩流体的情形相同), 而在超声速流动中, 压强沿管道增加.

用类似方法可以确定导数 $\mathrm{d}v/\mathrm{d}x$ 的符号. 因为 $j = v/V = \text{const}$, 所以导数 $\mathrm{d}v/\mathrm{d}x$ 的符号与 $\mathrm{d}V/\mathrm{d}x$ 的符号相同. 利用 (98.4), (98.5) 可以把后者通过正的导数 $\mathrm{d}s/\mathrm{d}x$ 表示出来, 结果求出:

$$当\ v < c\ 时,\ \frac{\mathrm{d}v}{\mathrm{d}x} > 0, \quad 当\ v > c\ 时,\ \frac{\mathrm{d}v}{\mathrm{d}x} < 0, \tag{98.7}$$

即在亚声速流动中, 速度沿流动方向增加, 而在超声速流动中, 速度沿流动方向减小.

管道中气流的任何两个热力学量彼此互为函数, 这种函数关系与诸如管道阻力定律之类的因素完全无关. 这些函数依赖于作为参量的常量 j, 并且由

方程 $w + j^2V^2/2 = \text{const}$ 所确定. 从气体的质量守恒方程和能量守恒方程中消去速度, 即可得到这个方程.

我们以熵对压强的依赖关系为例, 来说明这种函数曲线的性质. 如果把 (98.5) 改写为

$$\frac{\mathrm{d}s}{\mathrm{d}p} = V\frac{v^2/c^2 - 1}{T + j^2V(\partial V/\partial s)_p}$$

的形式, 我们就看出, 熵在 $v = c$ 的点有极值. 容易看出, 该极值是最大值. 其实, 对于 s 对 p 的二阶导数在这个点的值, 我们有

$$\left.\frac{\mathrm{d}^2 s}{\mathrm{d}p^2}\right|_{v=c} = -\frac{j^2V(\partial^2 V/\partial p^2)_s}{T + j^2V(\partial V/\partial s)_p} < 0$$

(因为处处都假设导数 $(\partial^2 V/\partial p^2)_s$ 为正).

因此, s 对 p 的依赖关系曲线具有如图 73 所示的形状. 亚声速区位于最大值的右侧, 而超声速区位于左侧. 当参量 j 增加时, 曲线的位置越来越低. 其实, 在压强 p 保持不变的条件下取方程 (98.2) 对 j 的导数, 我们得到

$$\frac{\mathrm{d}s}{\mathrm{d}j} = -\frac{jV^2}{T + j^2V(\partial V/\partial s)_p} < 0.$$

根据上述结果, 可以得到一个有趣的结论. 设管道入口处的气体速度小于声速. 熵沿流动方向增加, 而压强沿流动方向降低, 这对应于沿曲线 $s = s(p)$ 的右半段从 B 向 O 移动 (图 73). 但是, 这只能继续到熵达到其最大值为止. 沿曲线进一步向点 O 左边移动 (即进入超声速区) 是不可能的, 因为这对应于气体的熵将随气体沿管道的运动而减小. 从曲线的 BO 段过渡到 OA 段也不可能通过激波来实现, 因为 "流入" 激波的气体不可能具有亚声速的速度.

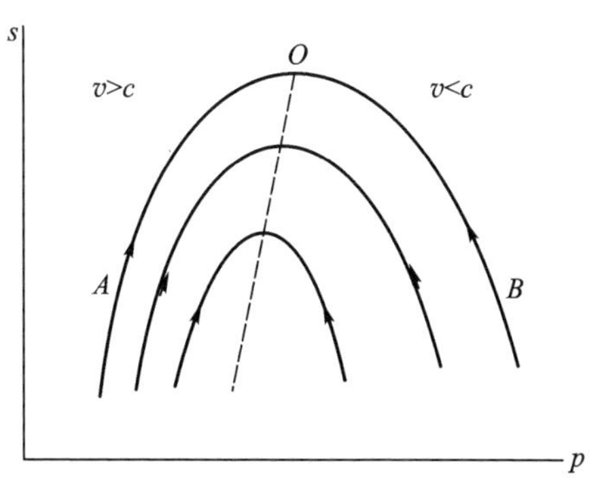

图 73

于是, 我们得到结论: 如果管道入口处的气体速度小于声速, 则整个管道中的流动也都是亚声速的. 速度等于当地声速的情况 (如果能够出现的话), 只能出现在管道的出口端 (这要求出口端以外介质的压强足够小).

为了在管道内实现超声速气流, 必须让气流在进入管道时就已经具有超声速的速度. 根据超声速气流的一般性质 (扰动不可能向上游传播), 进入管道后的气流与管道出口处的条件完全无关. 特别地, 熵将以完全确定的方式沿管轴增加, 并且在从入口处算起的一个

确定的距离 $x=l_k$ 处达到最大值. 如果管道的总长度 $l<l_k$, 则整个管道内的流动都是超声速的 (与此相对应的是沿 AO 段从 A 向 O 移动). 如果 $l>l_k$, 则流动不可能在整个管道内都是超声速的, 同时也不可能光滑地过渡到亚声速流动, 因为沿曲线的 OB 段移动只能向箭头所指方向进行. 所以, 在这种情形下必然形成一个激波, 使超声速流跃变到亚声速流. 这时压强增加, 我们不经过点 O 就从 AO 段过渡到 BO 段, 并且其余管道内的流动都是亚声速的.

§ 99 一维自相似流

在某些只有特征速度参量而没有特征长度参量的条件下产生的流动, 是一维非定常可压缩气流的一个重要类型. 在带有活塞的半无穷长圆柱形管道中, 当活塞开始匀速运动时出现的气流, 就是这种流动的最简单的例子.

这种流动不仅取决于速度参量, 还取决于给出诸如气体在初始时刻的压强和密度的其他一些参量. 但是, 从所有这些参量不能构成任何具有长度或时间量纲的组合. 由此可见, 所有物理量的分布对坐标 x 和时间 t 的依赖关系, 只能通过对具有速度量纲的比值 x/t 的依赖关系表现出来. 换言之, 这些分布在不同时刻是彼此相似的, 其差别仅仅在于沿 x 轴的比例与时间成正比地增加. 可以说, 如果采用正比于时间 t 而增加的单位来度量长度, 则流动图像根本不会改变——流动是自相似的.

对于只依赖于一个坐标 x 的流动, 熵守恒方程为

$$\frac{\partial s}{\partial t}+v_x\frac{\partial s}{\partial x}=0.$$

如果认为所有的量只依赖于变量 $\xi=x/t$, 并且注意到这时

$$\frac{\partial}{\partial x}=\frac{1}{t}\frac{\mathrm{d}}{\mathrm{d}\xi},\quad \frac{\partial}{\partial t}=-\frac{\xi}{t}\frac{\mathrm{d}}{\mathrm{d}\xi},$$

则有 $(v_x-\xi)s'=0$ (撇号在这里表示对 ξ 的导数), 所以 $s'=0$, 即 $s=\mathrm{const}$[①]. 于是, 一维自相似流不仅是绝热的, 而且是等熵的. 类似地, 从欧拉方程的 y 分量和 z 分量方程

$$\frac{\partial v_y}{\partial t}+v_x\frac{\partial v_y}{\partial x}=0,\quad \frac{\partial v_z}{\partial t}+v_x\frac{\partial v_z}{\partial x}=0$$

可知, v_y 和 v_z 都是常量. 不失一般性, 我们在下面可以把它们取为零.

---

① 如果假设 $v_x-\xi=0$, 这就与其余运动方程矛盾, 因为从 (99.3) 可得 $v_x=\mathrm{const}$, 而这不符合上述假设.

其次, 连续性方程和欧拉方程的 x 分量方程具有以下形式:

$$\frac{\partial\rho}{\partial t}+\rho\frac{\partial v}{\partial x}+v\frac{\partial\rho}{\partial x}=0, \tag{99.1}$$

$$\frac{\partial v}{\partial t}+v\frac{\partial v}{\partial x}=-\frac{1}{\rho}\frac{\partial p}{\partial x} \tag{99.2}$$

(在这里和下面把 v_x 写为 v). 在引入变量 ξ 后, 它们化为

$$(v-\xi)\rho'+\rho v'=0, \tag{99.3}$$

$$(v-\xi)v'=-\frac{p'}{\rho}=-\frac{c^2}{\rho}\rho' \tag{99.4}$$

(因为熵保持不变, 所以在第二个方程中写出 $p'=(\partial p/\partial\rho)_s\rho'=c^2\rho'$).

这些方程首先有平凡解 $v=\text{const}$, $\rho=\text{const}$, 即常速均匀流. 为了寻求非平凡解, 从方程中消去 ρ' 和 v' 后得到等式 $(v-\xi)^2=c^2$, 所以 $\xi=v\pm c$. 写出带正号的关系式:

$$\frac{x}{t}=v+c \tag{99.5}$$

(这样选择符号意味着, 我们采用一定条件来选取 x 轴的正方向, 其含义将在下文中加以说明). 最后, 把 $v-\xi=-c$ 代入 (99.3), 得到 $c\rho'=\rho v'$, 即 $c\,\mathrm{d}\rho=\rho\,\mathrm{d}v$. 声速是气体热力学状态的函数. 选取熵 s 和密度 ρ 作为基本的热力学量, 则当熵的常值给定时, 我们可以把声速理解为密度的函数 $c(\rho)$, 从而根据所得等式写出

$$v=\int\frac{c\,\mathrm{d}\rho}{\rho}=\int\frac{\mathrm{d}p}{c\rho}. \tag{99.6}$$

还可以把这个公式写为

$$v=\int\sqrt{-\mathrm{d}p\,\mathrm{d}V} \tag{99.7}$$

的形式, 这里并没有预先确定独立变量.

公式 (99.5), (99.6) 给出了运动方程的待求的解. 如果已知函数 $c(\rho)$, 我们就可以按照公式 (99.6) 来计算速度 v 作为密度的函数. 于是, 方程 (99.5) 以隐函数的形式给出密度对 x/t 的依赖关系, 然后还可以确定其余各量对 x/t 的依赖关系.

我们来揭示上述解的某些一般性质. 取方程 (99.5) 对 x 的导数, 得到

$$t\frac{\partial\rho}{\partial x}\frac{\mathrm{d}(v+c)}{\mathrm{d}\rho}=1. \tag{99.8}$$

对于 $v+c$ 的导数, 利用 (99.6) 有

$$\frac{\mathrm{d}(v+c)}{\mathrm{d}\rho}=\frac{c}{\rho}+\frac{\mathrm{d}c}{\mathrm{d}\rho}=\frac{1}{\rho}\frac{\mathrm{d}(\rho c)}{\mathrm{d}\rho}.$$

但是,

$$\rho c = \rho\sqrt{\frac{\partial p}{\partial \rho}} = \frac{1}{\sqrt{-\partial V/\partial p}}.$$

取这个表达式的导数, 得到

$$\frac{\mathrm{d}(\rho c)}{\mathrm{d}\rho} = c^2\frac{\mathrm{d}(\rho c)}{\mathrm{d}p} = \frac{\rho^3 c^5}{2}\left(\frac{\partial^2 V}{\partial p^2}\right)_s. \tag{99.9}$$

因此,

$$\frac{\mathrm{d}(v+c)}{\mathrm{d}\rho} = \frac{\rho^2 c^5}{2}\left(\frac{\partial^2 V}{\partial p^2}\right)_s > 0. \tag{99.10}$$

于是从 (99.8) 可知, 当 $t>0$ 时有 $\partial\rho/\partial x>0$. 注意到 $\partial p/\partial x = c^2\,\partial\rho/\partial x$, 我们还得到 $\partial p/\partial x>0$. 最后, 我们有 $\partial v/\partial x = (c/\rho)\,\partial\rho/\partial x$, 所以 $\partial v/\partial x>0$. 因此, 我们有不等式:

$$\frac{\partial \rho}{\partial x}>0, \quad \frac{\partial p}{\partial x}>0, \quad \frac{\partial v}{\partial x}>0. \tag{99.11}$$

如果选定一个在空间中移动的气体微元并观察该气体微元的各物理量随时间的变化, 而不是观察它们沿 x 轴的变化 (对于给定的 t), 则上述不等式的意义就变得更加清晰. 这些变化由对时间的全导数确定; 以密度为例, 利用连续性方程, 我们有

$$\frac{\mathrm{d}\rho}{\mathrm{d}t} = \frac{\partial\rho}{\partial t} + v\frac{\partial\rho}{\partial x} = -\rho\frac{\partial v}{\partial x}.$$

根据 (99.11) 中的第三个不等式, 这个量是负的. 导数 $\mathrm{d}p/\mathrm{d}t$ 当然也是负的, 于是

$$\frac{\mathrm{d}\rho}{\mathrm{d}t}<0, \quad \frac{\mathrm{d}p}{\mathrm{d}t}<0. \tag{99.12}$$

用类似方法可以证明 $\mathrm{d}v/\mathrm{d}t<0$ (利用欧拉方程 (99.2)), 但这并不意味着速度的大小随时间而减小, 因为 v 也可以是负的.

不等式 (99.12) 表明, 每一个气体微元的密度和压强都随着它的运动而减小. 换言之, 气体在运动过程中变得越来越稀疏. 所以, 这种运动可以称为**非定常稀疏波**[①].

稀疏波沿 x 轴只能传播有限距离, 因为从公式 (99.5) 已经可以看出, 该公式在 $x\to\pm\infty$ 时给出无穷大速度, 而这是没有意义的结果.

我们把公式 (99.5) 应用于稀疏波所占空间区域的边界平面. 这时, x/t 是该边界平面相对于所选静止坐标系的运动速度. 它相对于气体本身的速度为

---

① 只有当初始条件有某种特性时才会出现这种运动 (例如在活塞问题中, 活塞的速度在时刻 $t=0$ 发生突跃式变化). 相反的运动只有在活塞按照完全确定的规律压缩气体时才能出现.

$x/t - v$, 并且根据 (99.5), 这个速度正好等于当地声速. 这意味着, 稀疏波的边界是弱间断面. 因此, 不同具体情形下的自相似流是由稀疏波和均匀流区域所组成的, 它们以弱间断面为分界面 (此外, 当然也可以存在以激波为分界面的均匀流区域).

现在可以看出, 我们之所以这样选择公式 (99.5) 中的符号, 是为了与这些弱间断面相对于气体向 x 轴正方向运动的假设相对应. 不等式 (99.11) 正好与这样的选择有关. 但是, 不等式 (99.12) 显然与 x 轴的方向没有任何关系.

在提出具体问题时, 通常必须考虑稀疏波的一侧与静止气体区域相邻的情况. 设这个区域 (图 74 中的 I 区) 位于稀疏波的右侧, II 区是稀疏波, 而 III 区是以恒定速度运动的气体. 图中的箭头指示气体以及作为稀疏波边界的弱间断面的运动方向 (弱间断面 a 必然向静止气体一侧运动, 但弱间断面 b 可以在两个方向上运动, 这取决于稀疏波中的速度值; 请对比习题 2). 在多方气体假设下, 我们写出这种稀疏波中各量之间的显式关系式. 在绝热过程中, $\rho T^{1/(1-\gamma)} = \text{const}$. 因为声速正比于 $\sqrt{T}$, 所以可把这个关系式写为

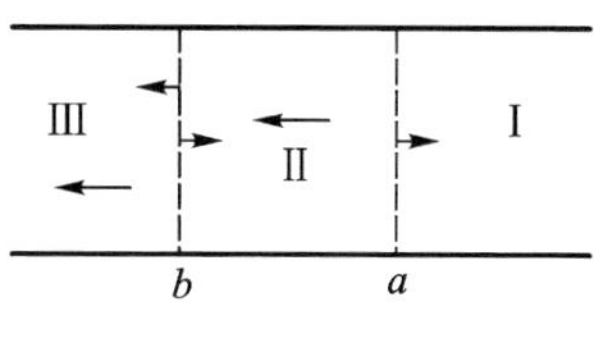

图 74

$$\rho = \rho_0 \left(\frac{c}{c_0}\right)^{2/(\gamma-1)} \tag{99.13}$$

的形式. 把这个表达式代入积分 (99.6), 得到

$$v = \frac{2}{\gamma - 1}\int \mathrm{d}c = \frac{2}{\gamma - 1}(c - c_0);$$

积分常数是这样选取的: 当 $v = 0$ 时 $c = c_0$ (用下标 0 表示各量在气体静止处的值). 我们将把所有的量通过 v 表示出来, 并且应当注意, 根据各区域位置的上述约定, 气体速度指向 x 轴的负方向, 于是 $v < 0$. 因此,

$$c = c_0 - \frac{\gamma - 1}{2}|v|, \tag{99.14}$$

这样就用气体速度给出了当地声速. 代入 (99.13), 我们求出密度

$$\rho = \rho_0 \left(1 - \frac{\gamma - 1}{2}\frac{|v|}{c_0}\right)^{2/(\gamma-1)}, \tag{99.15}$$

类似地求出压强

$$p = p_0 \left(1 - \frac{\gamma - 1}{2}\frac{|v|}{c_0}\right)^{2\gamma/(\gamma-1)}. \tag{99.16}$$

最后, 把 (99.14) 代入公式 (99.5), 得到

$$|v| = \frac{2}{\gamma+1}\left(c_0 - \frac{x}{t}\right), \tag{99.17}$$

这给出 v 对 x 和 t 的依赖关系.

量 c 在本质上不可能是负的, 所以根据公式 (99.14) 可以得到一个重要结论: 速度必须满足不等式

$$|v| \leqslant \frac{2c_0}{\gamma-1}; \tag{99.18}$$

当速度达到这个极限值时, 气体的密度 (以及 p 和 c) 等于零. 因此, 原来静止的气体在稀疏波中经历非定常膨胀后, 只能加速到不超过 $2c_0/(\gamma-1)$ 的速度.

我们在本节最前面已经提到过自相似流的一个简单例子: 当活塞开始常速运动时在圆柱形管道中出现的流动. 如果管道内的活塞向外运动, 则活塞后面的气体发生膨胀, 从而形成上述稀疏波. 如果活塞向管道内运动, 则活塞压缩前面的气体, 这时在活塞前方形成一个沿管道向前传播的激波, 因为只有这样才能过渡到原来较低的压强 (见本节习题)①.

习　题

1. 设气体充满带有活塞的半无穷长圆柱形管道. 在初始时刻, 活塞开始以常速度 U 向管道内运动. 认为气体是多方气体, 求由此产生的气流.

解: 在活塞前面形成一个沿管道向前运动的激波. 在初始时刻, 该激波与活塞占据同样的位置, 但是激波接下来就“超越”活塞, 于是在激波与活塞之间出现一个气体区域 (2 区).

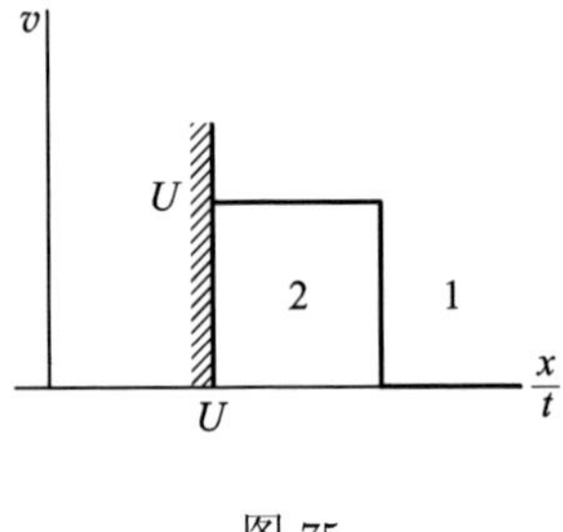

图 75

在激波前面的区域 (1 区) 中, 气体的压强等于其初始值 p_1, 而速度 (相对于管道) 等于零. 在 2 区中, 气体常速运动, 其速度就是活塞的速度 U (图 75). 因此, 1 区和 2 区气体的速度差也等于 U, 根据公式 (85.7) 和 (89.1) 就可以写出

$$U = \sqrt{(p_2-p_1)(V_1-V_2)} = (p_2-p_1)\sqrt{\frac{2V_1}{(\gamma-1)p_1+(\gamma+1)p_2}}.$$

① 我们再提出一个类似的三维自相似问题: 由均匀膨胀球面引起的中心对称气流 (Л. И. 谢多夫, 1945; G. I. 泰勒, 1946). 在膨胀球面前方形成一个常速传播的球面激波. 与一维情形不同的是, 膨胀球面与激波之间的气体运动速度不是均匀的, 该速度作为比值 r/t 的函数所满足的方程 (该方程还可以用来确定激波的传播速度) 不能用解析方法求解. 见: Седов Л. И. Методы подобия и размерности в механике. 10-е изд. Москва: Наука, 1987 (第八版中译本: Л. И. 谢多夫. 力学中的相似方法与量纲理论. 沈青, 倪锄非, 李维新译. 北京: 科学出版社, 1982). 第四章 §6; Taylor G. I. Proc. Roy. Soc. A. 1946, 186: 273.

对于活塞与激波之间的气体压强 p_2, 由此得到

$$\frac{p_2}{p_1} = 1 + \frac{\gamma(\gamma+1)U^2}{4c_1^2} + \frac{\gamma U}{c_1}\sqrt{1 + \frac{(\gamma+1)^2U^2}{16c_1^2}}.$$

知道了 p_2, 就可以按照公式 (89.4) 计算激波相对于两边气体的速度. 因为 1 区气体静止, 所以激波相对于它的速度就是激波沿管道的传播速度. 如果沿管轴的坐标 x 从活塞的初始位置算起 (并且气体位于 $x>0$ 的一边), 则对于激波在时刻 t 的位置, 我们得到

$$x = t\left\{\frac{\gamma+1}{4}U + \sqrt{\left[\frac{(\gamma+1)^2}{16}U^2 + c_1^2\right]}\right\}$$

(而活塞的位置为 $x = Ut$).

2. 问题同上, 但活塞以速度 U 向管道外运动.

解: 与活塞相邻的气体 (图 76 (a) 中的 1 区) 以常速度 $-U$ 向 x 轴负方向运动, 该速度就是活塞的速度. 稀疏波 2 紧随其后, 其中的气体向 x 轴负方向运动, 而气体速度按照线性规律 (99.17) 从 $-U$ 变到零. 压强按照规律 (99.16) 从 1 区气体中的值

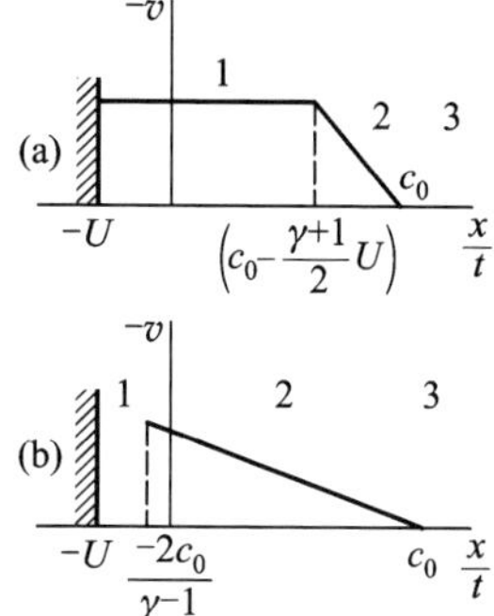

图 76

$$p_1 = p_0\left(1 - \frac{\gamma-1}{2}\frac{U}{c_0}\right)^{2\gamma/(\gamma-1)}$$

变到 3 区静止气体中的值 p_0. 条件 $v=-U$ 给出 1 区和 2 区的分界面. 根据 (99.17), 我们得到

$$x = \left(c_0 - \frac{\gamma+1}{2}U\right)t = (c-U)t$$

(c 是 1 区气体中的声速). 在 2 区和 3 区的分界面上 $v=0$, 所以 $x=c_0t$. 这两个分界面都是弱间断面. 第二个分界面总是向右 (即向远离活塞的方向) 传播, 而第一个分界面 (1 与 2 的分界面) 既可以向右传播 (如图 76 (a) 所示), 也可以向左传播 (如果活塞速度 $U > 2c_0/(\gamma+1)$).

上述流动图像仅在 $U < 2c_0/(\gamma-1)$ 的情况下才会出现. 如果 $U > 2c_0/(\gamma-1)$, 在活塞后面就会形成一个真空区 (气体跟不上活塞), 它从活塞一直延伸到坐标为 $x=-2c_0t/(\gamma-1)$ 的点 (图 76 (b) 中的 1 区), 在这个点有 $v=-2c_0/(\gamma-1)$. 接下来是 2 区, 气体速度在这个区域中下降到零 (在点 $x=c_0t$). 最后是充满静止气体的 3 区.

3. 设气体充满一端 ($x=0$) 有阀门的半无穷长圆柱形管道 ($x>0$). 在时刻 $t=0$ 打开阀门, 气体流入外部介质, 而外部介质的压强 p_e 小于管道内的初始压强 p_0. 求由此产生的气流.

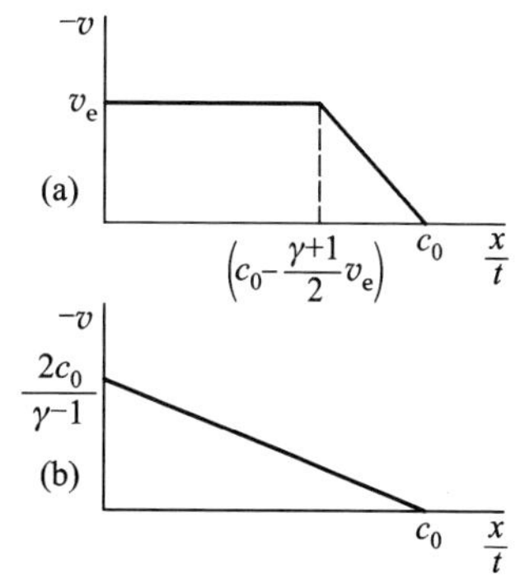

图 77

解: 根据公式 (99.16), 设 $-v_e$ 是外部压强 p_e 所对应的气体速度. 当 $t>0$ 时, 在 $x=0$ 处应有 $v=-v_e$. 如果 $v_e<2c_0/(\gamma+1)$, 则所得速度分布如图 77 (a) 所示. 当 $v_e=2c_0/(\gamma+1)$

时 (这对应于出口速度等于当地声速的情况; 只要在公式 (99.14) 中令 $v=c$, 就容易证明这个结论), 等速区域消失, 于是得到如图 77 (b) 所示的图案. 量 $2c_0/(\gamma+1)$ 是在上述条件下气体从管道中流出的最大可能的速度. 如果外部压强满足

$$p_{\mathrm{e}} < p_0\left(\frac{2}{\gamma+1}\right)^{2\gamma/(\gamma-1)}, \tag{1}$$

相应速度 v_{e} 就会超过 $2c_0/(\gamma+1)$. 其实, 管道出口处的压强这时仍然等于其极限值 (不等式 (1) 的右边), 出口速度仍然等于 $2c_0/(\gamma+1)$, 而压强的进一步下降 (下降到 p_{e}) 发生在外部介质中.

4. 设一条无穷长管道由活塞分开, 一侧 $(x<0)$ 在初始时刻充满压强为 p_0 的气体, 而另一侧 $(x>0)$ 是真空. 求活塞在膨胀气体作用下的运动.

解: 在气体中出现稀疏波, 它的一个边界与活塞一起向右运动, 而另一个边界向左运动. 活塞的运动方程为

$$m\frac{\mathrm{d}U}{\mathrm{d}t}=p_0\left(1-\frac{\gamma-1}{2}\frac{U}{c_0}\right)^{2\gamma/(\gamma-1)}$$

(U 是活塞的速度, m 是单位面积活塞的质量). 积分后得到

$$U(t)=\frac{2c_0}{\gamma-1}\left\{1-\left[1+\frac{(\gamma+1)p_0}{2mc_0}t\right]^{-(\gamma-1)/(\gamma+1)}\right\}.$$

5. 求等温自相似稀疏波中的流动.

解: 等温声速为

$$c_T=\sqrt{\left(\frac{\partial p}{\partial\rho}\right)_T}=\sqrt{\frac{RT}{\mu}},$$

于是在恒定温度下 $c_T=\mathrm{const}=c_{T_0}$. 所以, 根据 (99.5), (99.6) 求出

$$v=c_{T_0}\ln\frac{\rho}{\rho_0}=c_{T_0}\ln\frac{p}{p_0}=\frac{x}{t}-c_{T_0}.$$

5. 利用伯格斯方程 (§93) 来确定稀疏波与静止气体之间弱间断的结构, 认为该结构与耗散有关.

解: 设静止气体位于弱间断左边, 稀疏波位于弱间断右边 (这时弱间断向左传播). 如果不考虑耗散, 则在第一个区域中有 $v=0$, 第二个区域中的运动可由方程 (99.5), (99.5) (c 的符号相反) 描述, 并且速度 v 在弱间断面附近很小. 精确到 v 的一阶小量, 我们有

$$\frac{x}{t}=v-c\approx -c_0+\left(1+\frac{\rho_0}{c_0}\frac{\mathrm{d}\,c_0}{\mathrm{d}\,\rho_0}\right)=-c_0+\alpha_0 v,$$

式中 α 由 (102.2) 定义, 下标 0 表示各量在 $v=0$ 时的值 (下面省略该下标).

在向左传播的稀疏波中, 速度在精确到二阶小量时满足 §93 习题 1 中的方程 (6), 即伯格斯方程

$$\frac{\partial u}{\partial t}+u\frac{\partial u}{\partial\zeta}=\mu\frac{\partial^2 u}{\partial\zeta^2},$$

其中 $\mu = ac^3$, 未知量 $u = \alpha v$ 是 t 和 $\zeta = x + ct$ 的函数, 而变量 ζ 表示在每个时刻 t 到弱间断的距离. 需要求出这个方程的连续解, 使它满足不考虑耗散时的相应边界条件

$$\text{当 } \zeta \to \infty \text{ 时 } u = \frac{\zeta}{t}, \quad \text{当 } \zeta \to -\infty \text{ 时 } u = 0.$$

根据弱间断厚度的增长规律 (96.1), 变量 t 应当与变量 ζ 一起以组合 $z = \zeta/\sqrt{t}$ 的形式出现在解中. 如果取

$$u(t,\ \zeta) = \frac{1}{\zeta}\psi\left(\frac{\zeta}{\sqrt{t}}\right),$$

这样的解就能满足上述边界条件. 函数 ψ 与 §93 习题 2 中的函数 φ 之间的关系为

$$-2\mu \ln\varphi = \int \psi(z)\,\frac{\mathrm{d}\zeta}{\zeta} = \int \psi(z)\,\frac{\mathrm{d}z}{z},$$

所以 φ 只依赖于 z, 并且

$$\psi(z) = -2\mu z\frac{\mathrm{d}}{\mathrm{d}z}\ln\varphi(z).$$

该习题中的方程 (3) 化为 $2\mu\varphi'' = -z\varphi'$ 的形式, 于是

$$\varphi(z) = \int \mathrm{e}^{-z^2/4\mu}\,\mathrm{d}z.$$

满足边界条件的解为

$$u(z,\ \zeta) = \frac{2\mu z}{\zeta}\left[\mathrm{e}^{z^2/4\mu}\int_z^\infty \mathrm{e}^{-z^2/4\mu}\,\mathrm{d}z\right]^{-1},$$

最后, 对于速度 $v(\zeta,\ t)$,

$$v(\zeta,\ t) = \frac{\mu^{1/2}}{\alpha t^{1/2}}\left[\mathrm{e}^{\zeta^2/4\mu t}\int_{\zeta/2\sqrt{\mu t}}^\infty \mathrm{e}^{-z^2}\,\mathrm{d}z\right]^{-1},$$

这就确定了弱间断的结构.

§100 初始条件中的间断

在运动的初始条件中存在间断, 这可能是在气体中出现间断面的最重要原因之一. 一般而言, 可以用任意方式给出初始条件 (即速度、压强等量的初始分布). 特别地, 这些初始分布根本不必处处都是连续函数, 它们可以在某些曲面上有间断. 例如, 如果在某个时刻让压强不同的两团气体发生接触, 则它们的接触面就是初始压强分布的间断面.

重要的是, 对于初始条件中的间断面 (我们将称之为**初始间断**), 各种量的间断值可以是完全任意的, 相互之间不必存在任何关系. 但是我们知道, 对于那些能够在气体中稳定存在的间断面, 应当成立一些确定的条件. 例如, 激波中的密度间断值和压强间断值由激波绝热线联系起来. 所以, 如果初始间断

不满足这些必要条件,它显然无论如何也不可能继续以这种方式存在. 一般而言, 初始间断会分解为几个随时间而互相远离的间断面, 其中每一个都是一种可能类型的间断面 (激波、切向间断面、弱间断面)①.

在从初始时刻 $t=0$ 开始的很短时间内, 由初始间断分解而成的几个间断面还没有互相远离, 于是所讨论的全部流动都发生在初始间断附近很窄的区域内. 在一般情况下, 通常只要单独考虑初始间断的各个微元即可, 并且可以认为每一个这样的微元都是平的, 从而可以只考虑平面间断面. 我们取该平面作为 yz 平面. 根据对称性显然可知, 当 $t>0$ 时, 由初始间断分解而成的间断面也是平面, 并且垂直于 x 轴. 整个流动图像只依赖于坐标 x (及时间), 问题是一维的. 这里没有任何特征长度和特征时间, 这是一个自相似问题, 所以我们可以利用上一节的结果.

由初始间断分解而成的间断面显然会离开其形成位置, 即离开初始间断所在的位置. 容易看出, 在每一个方向上 (在 x 轴的正方向和负方向上), 这时或者有一个运动的激波, 或者有一对作为稀疏波边界的运动的弱间断面. 其实, 假如在时刻 $t=0$ 在同一个位置形成了两个激波, 它们都向 x 轴的正方向传播, 则前面的激波应当比后面的激波运动得更快. 但是, 根据激波的一般性质, 前面的激波相对于后方气体的运动速度必须小于这部分气体中的声速 c, 而后面的激波相对于同样这部分气体的运动速度必须大于该声速 c (在两个激波之间的区域中 $c=\text{const}$), 即后面的激波应当追上前面的激波. 同理, 一个激波和一个稀疏波不可能向同一个方向传播 (只要指出弱间断面相对于两侧气体以声速运动即可). 最后, 同时形成的两个稀疏波不可能分开, 因为两者具有相同的后阵面速度.

当初始间断发生分解时, 一般而言, 不但会形成激波和稀疏波, 还会形成一个切向间断面. 如果横向速度分量 v_y, v_z 在初始间断上发生间断, 则切向间断面必然出现. 因为这些速度分量在激波和稀疏波上不发生变化, 所以它们总是在切向间断面上发生间断, 并且该切向间断面会停留在初始间断的位置上. 在这个切向间断面的每一侧, v_y 和 v_z 保持不变 (当然, 由于速度的切向间断面是不稳定性的, 它实际上总会逐渐变为湍流区).

但是, 即使 v_y 和 v_z 在初始间断上没有间断 (不失一般性, 这时可以认为常量 v_y 和 v_z 等于零, 下面正是这样处理的), 切向间断面也必然出现. 用下述方法可以证明这一点. 由初始间断分解而成的间断面, 应当能够让气体从初始间断一侧的给定状态 1 过渡到另一侧的给定状态 2. 气体的状态取决于三个独立参量, 例如 p, ρ 和 $v_x=v$. 所以, 为了借助于某一组间断面从状态 1 过渡到

① 对这个问题的一般分析是由 H. E. 柯钦 (1926) 给出的.

任意给定的状态 2, 必须有三个任意参量可供支配. 但是我们知道, 在热力学状态已经给定的气体中, 沿气体传播的激波 (垂直于气流方向) 由一个参量即可完全确定 (§85). 对稀疏波也有同样的结论 (从公式 (99.14)—(99.16) 可以看出, 当流入稀疏波的气体具有给定状态时, 只要给定稀疏波中的一个参量, 就可以完全确定从稀疏波流出的气体的状态). 另一方面, 我们已经看到, 当初始间断分解后, 在每一个方向上最多只能有一个波——激波或稀疏波. 因此, 我们一共只能支配两个参量, 而这是不够的.

在初始间断所在位置上形成的切向间断面恰好提供了所需的第三个参量. 在该切向间断面上, 压强仍然连续, 而密度有间断 (温度和熵因此也有间断). 切向间断面相对于两边气体是静止的, 所以关于两个同向传播的波发生追赶的上述讨论不适用于切向间断面.

切向间断面两边的气体彼此不会混合, 因为气流并不穿过切向间断面. 在下面列举的所有情形中, 两边的气体甚至可以是不同的物质.

图 78 是初始间断面分解的所有可能类型的示意图. 实线表示压强沿 x 轴的变化过程 (密度变化也由一条类似的曲线表示, 差别只是密度在切向间断面上还有一个间断). 竖直线段表示所形成的间断面, 而箭头指示间断面传播方向和气流方向. 坐标系总是这样选取, 使切向间断面以及两边的 3 区和 3′ 区中的气体静止不动. 在最左面的 1 区和最右面的 2 区中, 气体的压强、密度和速度是这些量在 $t = 0$ 时的初始间断面两边的值.

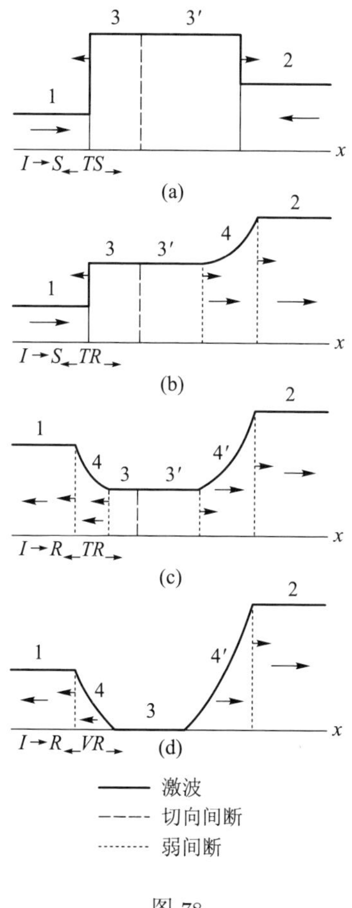

图 78

在第一种情形中 (我们记之为 $I \to S_{\leftarrow}TS_{\rightarrow}$, 图 78 (a)), 初始间断 I 分解为两个向相反方向传播的激波 S, 在它们之间还有一个切向间断面 T. 当两团气体以很大速度迎面相撞时, 就会出现这种情形.

在 $I \to S_{\leftarrow}TR_{\rightarrow}$ (图 78 (b)) 的情形下, 在切向间断面的一侧出现激波, 而在另一侧出现稀疏波 R. 例如, 如果在初始时刻相对静止 ($v_2 - v_1 = 0$) 并且被压缩至不同压强的两团气体发生接触, 就会出现这种情形. 其实, 在图 78 的四种情形中, 只有在第二种情形中气体 1 和 2 才是同向运动的, 从而可能有 $v_1 = v_2$.

在接下来的第三种情形中 ($I \to R_{\leftarrow}TR_{\rightarrow}$), 在切向间断面两侧都出现稀疏波. 如果气体 1 和 2 以足够大的相对速度 $v_2 - v_1$ 彼此远离, 则稀疏波中的压强可以减小到零, 这样就出现如图 78 (d) 所示的图像, 在 4 区和 $4'$ 区之间形成真空区 3.

初始间断分解的性质依赖于各初始参量, 我们来推导决定这种性质的解析条件. 我们在所有情形下都将认为 $p_2 > p_1$, 并且选取从 1 区指向 2 区的方向为 x 轴的正方向 (如图 78).

因为初始间断两侧的气体可以是不同的物质, 所以把它们分别称为气体 1 和气体 2 以示区别.

1. $I \to S_{\leftarrow}TS_{\rightarrow}$. 如果 $p_3 = p_3'$, $v_3 = v_3'$, V_3, V_3' 是初始间断分解后形成的 3 区和 $3'$ 区中的压强、速度和质量体积, 则有 $p_3 > p_2 > p_1$, 并且在分别以点 p_1, V_1 和 p_2, V_2 为初始点的两条激波绝热线上, 质量体积 V_3 和 V_3' 是具有纵坐标 p_3 的相应点的横坐标. 因为 3 区和 $3'$ 区中的气体在所选坐标系中是静止的, 所以按照公式 (85.7) 可以写出分别指向 x 轴正方向和负方向的速度 v_1 和 v_2:

$$v_1 = \sqrt{(p_3 - p_1)(V_1 - V_3)}, \quad v_2 = -\sqrt{(p_3 - p_2)(V_2 - V_3')}.$$

对于给定的 p_1 和 p_2, 不与初始假设 ($p_3 > p_2 > p_1$) 矛盾的最小的 p_3 值为 p_2. 再注意到差值 $v_1 - v_2$ 是 p_3 的单调增函数, 我们求出所需不等式

$$v_1 - v_2 > \sqrt{(p_2 - p_1)(V_1 - V')}, \tag{100.1}$$

其中记号 V' 表示气体 1 中以点 p_1, V_1 为初始点的激波绝热线上纵坐标为 p_2 的点的横坐标. 对于多方气体, 根据公式 (89.1) (把其中的 V_2 写为 V') 计算出 V', 就得到条件 (100.1) 的以下形式:

$$v_1 - v_2 > (p_2 - p_1)\sqrt{\frac{2V_1}{(\gamma_1 - 1)p_1 + (\gamma_1 + 1)p_2}}. \tag{100.2}$$

条件 (100.1), (100.2) 确定了速度差 $v_1 - v_2$ 的可能取值范围. 我们指出, 这些条件显然不依赖于坐标系的选取.

2. $I \to S_{\leftarrow}TR_{\rightarrow}$. 这里 $p_1 < p_3 = p_3' < p_2$. 对于 1 区中的气体速度, 我们仍有

$$v_1 = \sqrt{(p_3 - p_1)(V_1 - V_3)},$$

而根据 (99.7), 稀疏波 4 中的速度总变化等于

$$v_2 = \int_{p_3}^{p_2} \sqrt{-\mathrm{d}p\,\mathrm{d}V}.$$

当 p_1 和 p_2 给定时, p_3 的取值范围只能介于 p_1 与 p_2 之间. 在差值 v_1-v_2 中先后把 p_3 改为 p_1 和 p_2, 就得到条件

$$-\int_{p_1}^{p_2}\sqrt{-\mathrm{d}p\,\mathrm{d}V}<v_1-v_2<\sqrt{(p_2-p_1)(V_1-V')}, \tag{100.3}$$

其中 V' 的含义与上面情形相同, 并且应当利用气体 1 来计算差值 v_1-v_2 的上限表达式, 利用气体 2 来计算其下限表达式. 对于多方气体, 我们得到

$$-\frac{2c_2}{\gamma_2-1}\left[1-\left(\frac{p_1}{p_2}\right)^{(\gamma_2-1)/2\gamma_2}\right]<v_1-v_2<(p_2-p_1)\sqrt{\frac{2V_1}{(\gamma_1-1)p_1+(\gamma_1+1)p_2}}, \tag{100.4}$$

其中 $c_2=\sqrt{\gamma_2p_2V_2}$ 是状态为 p_2, V_2 的气体 2 中的声速.

3. $I\to R_{\leftarrow}TR_{\rightarrow}$. 这里 $p_2>p_1>p_3=p_3'>0$. 用同样方法求出以下条件:

$$-\int_0^{p_1}\sqrt{-\mathrm{d}p\,\mathrm{d}V}-\int_0^{p_2}\sqrt{-\mathrm{d}p\,\mathrm{d}V}<v_1-v_2<-\int_{p_1}^{p_2}\sqrt{-\mathrm{d}p\,\mathrm{d}V}. \tag{100.5}$$

不等式右侧的积分是对气体 2 计算的, 左侧的第一个积分是对气体 1 计算的, 而第二个积分是对气体 2 计算的. 对于多方气体, 得到

$$-\frac{2c_1}{\gamma_1-1}-\frac{2c_2}{\gamma_2-1}<v_1-v_2<-\frac{2c_2}{\gamma_2-1}\left[1-\left(\frac{p_1}{p_2}\right)^{(\gamma_2-1)/2\gamma_2}\right], \tag{100.6}$$

式中 $c_1=\sqrt{\gamma_1p_1V_1}$, $c_2=\sqrt{\gamma_2p_2V_2}$. 如果

$$v_1-v_2<-\frac{2c_1}{\gamma_1-1}-\frac{2c_2}{\gamma_2-1}, \tag{100.7}$$

则在稀疏波之间形成一个真空区 $(I\to R_{\leftarrow}VR_{\rightarrow})$.

特别地, 平面间断面之间的各种碰撞问题可以化为初始条件下的间断问题. 在发生碰撞的时刻, 两个平面间断面重合, 从而形成某种 "初始间断", 然后按照上述方式之一分解. 例如, 两个激波的碰撞导致另外两个互相远离的激波以及一个介于其间的切向间断面:

$$S_{\rightarrow}S_{\leftarrow}\to S_{\leftarrow}TS_{\rightarrow}.$$

当一个激波追上另一个激波时, 可能出现两种情形:

$$S_{\rightarrow}S_{\rightarrow}\to S_{\leftarrow}TS_{\rightarrow}\quad 和\quad S_{\rightarrow}S_{\rightarrow}\to R_{\leftarrow}TS_{\rightarrow}.$$

在这两种情形中, 都有一个激波继续向前传播.

激波从切向间断面 (两种介质的分界面) 反射和透射也属于这类问题, 这里有两种可能性:

$$S_{\rightarrow}T \rightarrow S_{\leftarrow}TS_{\rightarrow}, \quad S_{\rightarrow}T \rightarrow R_{\leftarrow}TS_{\rightarrow}.$$

透射进入第二种介质的波总是激波 (也可参阅本节习题)①.

习 题

1. 设一个平面激波被平面固壁反射, 求反射波后面的气体压强 (H. 于戈尼奥, 1885).

解: 激波入射到固壁后发生反射, 反射激波向远离固壁的方向传播. 我们分别用下标 1, 2, 3 表示入射激波前方未经扰动的气体、入射激波后方的气体 (它也是反射激波前方的气体) 和反射激波后方的气体 (图 79, 箭头指示激波和气体本身的运动方向). 与固壁相邻的 1 区和 3 区中的气体静止不动 (相对于静止固壁). 所以, 在入射激波和反射激波中, 间断面两侧气体的相对速度是相同的 (都等于气体 2 的速度). 对该相对速度应用公式 (85.7), 于是得到

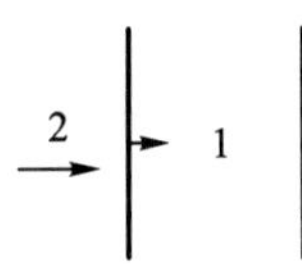

$$(p_2 - p_1)(V_1 - V_2) = (p_3 - p_2)(V_2 - V_3).$$

对于每一个激波, 激波绝热线方程 (89.1) 给出

$$\frac{V_2}{V_1} = \frac{(\gamma+1)p_1 + (\gamma-1)p_2}{(\gamma-1)p_1 + (\gamma+1)p_2},$$

$$\frac{V_3}{V_2} = \frac{(\gamma+1)p_2 + (\gamma-1)p_3}{(\gamma-1)p_2 + (\gamma+1)p_3}.$$

图 79

从这三个方程可以消去质量体积, 从而得到

$$(p_3 - p_2)^2[(\gamma+1)p_1 + (\gamma-1)p_2] = (p_2 - p_1)^2[(\gamma+1)p_3 + (\gamma-1)p_2].$$

这是一个关于 p_3 的二次方程, 它有平凡根 $p_3 = p_1$. 消去 $p_3 - p_1$ 后就得到所需公式

$$\frac{p_3}{p_2} = \frac{(3\gamma-1)p_2 - (\gamma-1)p_1}{(\gamma-1)p_2 - (\gamma+1)p_1},$$

由此即可根据 p_1 和 p_2 确定 p_3. 在入射激波强度非常大的极限情形下, 气体被反射激波的进一步压缩可由公式

$$\frac{p_3}{p_2} = \frac{3\gamma-1}{\gamma-1}, \quad \frac{V_3}{V_1} = \frac{\gamma-1}{\gamma}$$

确定. 相反, 在弱激波极限下则有 $p_3 - p_2 = p_2 - p_1$, 这对应着声波近似.

---

① 为完备起见, 我们指出: 当激波与弱间断面碰撞时 (这个问题不属于这里所讨论的自相似问题的类型), 激波继续向原来的方向传播, 而在激波后面还有一个原来类型的弱间断面和一个切向弱间断面 (见 §96 最后).

2. 求激波在两种气体的分界平面上发生反射的条件.

解: 设 $p_1 = p_2'$, V_1, V_2' 是两种介质的压强和质量体积在激波 (在气体 2 中传播) 入射到分界面以前时的值, 而 p_2, V_2 是激波后方的压强和质量体积. 反射波是激波的条件由不等式 (100.2) 给出, 但这时应取

$$v_1 - v_2 = \sqrt{(p_2 - p_2')(V_2' - V_2)}.$$

如果把所有的量都通过压强比 p_2/p_1 和初始质量体积 V_1, V_2' 表示出来, 就得到以下条件:

$$\frac{V_1}{(\gamma_1+1)p_2/p_1 + (\gamma_1 - 1)} < \frac{V_2'}{(\gamma_2+1)p_2/p_1 + (\gamma_2 - 1)}.$$

§ 101 一维行波

在 § 64 中讨论声波时假设振幅很小, 所以运动方程是线性的, 很容易求解. 例如, $x \pm ct$ 的函数是这些方程的解 (平面波), 对应于波形不变并以速度 c 传播的行波 (波形指密度、速度等各种物理量沿波的传播方向的分布). 因为这种波中的速度 v, 密度 ρ 和压强 p (以及其余各量) 都是同一个组合 $x \pm ct$ 的函数, 所以它们可以彼此表示为不显含坐标和时间的函数 (例如 $p = p(\rho)$, $v = v(p)$ 等).

如果振幅是任意的, 不再是小量, 这些简单关系就不成立了. 但是研究表明, 在平面波情况下可以求出精确的运动方程的通解, 它推广了适用于小振幅波的近似方程的解 $f(x \pm ct)$. 为了寻求这种解, 我们将要求在任意振幅波的一般情况下, 速度和密度彼此之间有函数关系.

在没有激波时, 流动是绝热的. 如果气体在某个初始时刻是均匀的 (特别地, 此时 $s = \text{const}$), 则在此之后一直有 $s = \text{const}$. 下面将这样假设, 于是压强只是密度的函数.

在沿 x 轴传播的平面声波中, 所有的量都只依赖于 x 和 t, 而对于速度有 $v_x = v$, $v_y = v_z = 0$. 连续性方程为

$$\frac{\partial \rho}{\partial t} + \frac{\partial(\rho v)}{\partial x} = 0,$$

欧拉方程为

$$\frac{\partial v}{\partial t} + v\frac{\partial v}{\partial x} + \frac{1}{\rho}\frac{\partial p}{\partial x} = 0.$$

因为 v 可以表示为 ρ 的函数, 我们把这些方程写为以下形式:

$$\frac{\partial \rho}{\partial t} + \frac{\mathrm{d}(\rho v)}{\mathrm{d}\rho}\frac{\partial \rho}{\partial x} = 0, \tag{101.1}$$

$$\frac{\partial v}{\partial t} + \left(v + \frac{1}{\rho}\frac{\mathrm{d}p}{\mathrm{d}v}\right)\frac{\partial v}{\partial x} = 0. \tag{101.2}$$

注意到

$$\frac{\partial\rho/\partial t}{\partial\rho/\partial x}=-\left(\frac{\partial x}{\partial t}\right)_\rho,$$

从 (101.1) 得到

$$\left(\frac{\partial x}{\partial t}\right)_\rho=\frac{\mathrm{d}(\rho v)}{\mathrm{d}\rho}=v+\rho\frac{\mathrm{d}v}{\mathrm{d}\rho}.$$

从 (101.2) 类似地得到

$$\left(\frac{\partial x}{\partial t}\right)_v=v+\frac{1}{\rho}\frac{\partial p}{\partial v}. \tag{101.3}$$

但因为 ρ 的值唯一地确定 v 的值, 所以在 ρ 为常数时求导和在 v 为常数时求导并无区别, 即

$$\left(\frac{\partial x}{\partial t}\right)_\rho=\left(\frac{\partial x}{\partial t}\right)_v,$$

于是

$$\rho\frac{\mathrm{d}v}{\mathrm{d}\rho}=\frac{1}{\rho}\frac{\mathrm{d}p}{\mathrm{d}v}=\frac{c^2}{\rho}\frac{\mathrm{d}\rho}{\mathrm{d}v}.$$

因此,

$$\frac{\mathrm{d}v}{\mathrm{d}\rho}=\pm\frac{c}{\rho},$$

从而

$$v=\pm\int\frac{c}{\rho}\,\mathrm{d}\rho=\pm\int\frac{\mathrm{d}p}{\rho c}. \tag{101.4}$$

这就给出声波中速度与密度或压强之间的一般关系式①.

其次, 联立 (101.3) 和 (101.4), 我们写出

$$\left(\frac{\partial x}{\partial t}\right)_v=v\pm c(v),$$

或者在积分后写出

$$x=t[v\pm c(v)]+f(v), \tag{101.5}$$

其中 $f(v)$ 是速度的任意函数, 而 $c(v)$ 由等式 (101.4) 确定.

公式 (101.4), (101.5) 就是待求的通解 (最初由 B. 黎曼 (1860) 得到), 这些公式用隐函数方式给出速度 (以及其余各量) 对 x 和 t 的函数关系, 即每个时刻的波形. 对于每个确定的 v 值, 我们有 $x=at+b$, 即速度具有确定值的点在空间中作等速运动. 在这种意义上, 所得的解是行波. (101.5) 中的两个符号对

① 在小振幅波中有 $\rho=\rho_0+\rho'$, 于是 (101.4) 在一级近似下给出 $v=c_0\rho'/\rho_0$ (其中 $c_0=c(\rho_0)$), 即通常的公式 (64.12).

应于向 x 轴的正方向和负方向 (相对于气体) 传播的波.

由解 (101.4), (101.5) 描述的流动经常称为**简单波**, 我们以后将采用这个术语. 在 §99 中研究过的自相似流动是简单波的特殊情形, 它相当于在 (101.5) 中取函数 $f(v)$ 为零.

对于多方气体中的简单波, 我们用显函数方式写出上述关系式. 为明确起见, 我们认为在简单波中存在 $v=0$ 的点, 这样的情形在各种具体问题中很常见. 因为公式 (101.4) 与 (99.6) 相同, 所以类似于公式 (99.4)—(99.16) 有

$$c = c_0 \pm \frac{1}{2}(\gamma-1)v, \tag{101.6}$$

$$\rho = \rho_0\left(1 \pm \frac{\gamma-1}{2}\frac{v}{c_0}\right)^{2/(\gamma-1)}, \quad p = p_0\left(1 \pm \frac{\gamma-1}{2}\frac{v}{c_0}\right)^{2\gamma/(\gamma-1)}. \tag{101.7}$$

把 (101.6) 代入 (101.5), 得到

$$x = t\left(\pm c_0 + \frac{\gamma+1}{2}v\right) + f(v). \tag{101.8}$$

有时把这个解写为以下形式更为方便:

$$v = F\left[x - \left(\pm c_0 + \frac{\gamma+1}{2}v\right)t\right], \tag{101.9}$$

其中 F 仍是任意函数.

从公式 (101.6), (101.7) 可以再次看出 (同 §99 一样), 当速度方向与简单波传播方向 (相对于气体本身) 相反时, 速度的大小是有限的. 对于沿 x 轴正方向传播的简单波, 我们有

$$-v \leqslant \frac{2c_0}{\gamma-1}. \tag{101.10}$$

由公式 (101.4), (101.5) 描述的行波与小振幅极限下的行波有重要区别. 波形上的点以速度

$$u = v \pm c \tag{101.11}$$

移动, 可以把它直观地看做两种运动叠加的结果: 扰动以声速相对于气体传播, 而气体本身以速度 v 运动. 速度 u 现在是密度的函数, 所以对波形的不同点是不同的. 于是, 在任意振幅平面波的一般情形中并不存在一个确定的处处相同的波速. 既然波形不同点的速度各不相同, 其形状就会随时间而变化.

考虑向 x 轴正方向传播的波, 这时 $u=v+c$. 在 §99 中计算过 $v+c$ 对密度的导数 (见 (99.10)), 我们已经看到 $\mathrm{d}u/\mathrm{d}\rho>0$. 因此, 波形上给定点的密度越大, 其传播速度就越大. 如果用 c_0 表示密度等于平衡密度 ρ_0 时的声速, 则在受到压缩的点有 $\rho>\rho_0$ 和 $c>c_0$, 而在发生膨胀的点正好相反, $\rho<\rho_0$, $c<c_0$.

波形上各点的速度差异导致波形随时间变化: 受到压缩的点向前移动更多, 而发生膨胀的点落后 (图 80 (b)). 最后, 波形可以变化到这样的程度, 以致于曲线 $\rho(x)$ (当 t 给定时) 不再是单值的, 某个 x 对应三个不同的 ρ 值 (图 80 (c) 中的虚线)[①]. 这种情形在物理上当然是不可能的. 其实, 在 ρ 的多值处会形成间断面, 于是 ρ 仍然处处是单值函数 (只有间断面本身是例外), 波形具有如图 80 (c) 中实线所示的形状. 因此, 在每一个波长上都会形成间断面.

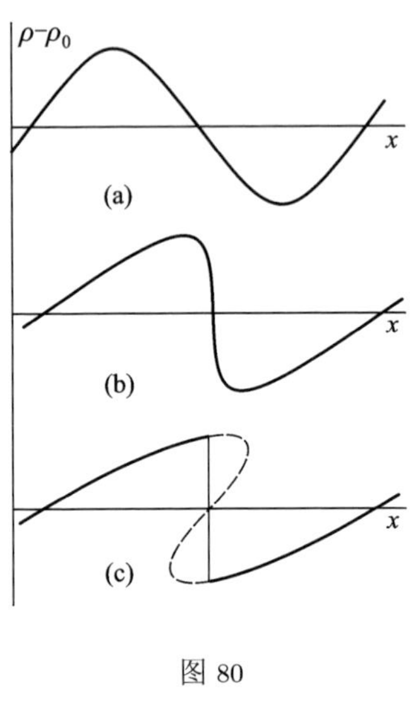

图 80

这里所讨论的波在间断面形成以后就不再是简单波了. 一个显然的原因是, 波在这些间断面上发生反射, 从而不再是单向行波. 所以, 关于各量之间存在单值依赖关系的假设一般而言不再成立, 而这个假设是整个推理的基础.

如 §85 所述, 间断 (激波) 导致能量耗散, 所以间断的形成导致波的显著衰减, 这从图 80 直接就可以看出. 当间断形成时, 波形的最高部分仿佛被截掉了. 随着时间的推移和波形的弯曲, 其高度越来越小. 波形振幅的这种降低过程意味着波的逐渐衰减.

从以上讨论显然可以看出, 在任何一个简单波中, 如果存在密度沿波的传播方向减小的区域, 则最终一定会形成间断. 不出现间断的唯一情形是: 密度沿简单波的传播方向处处都是单调增加的 (例如, 当活塞沿充满气体的无限长管道向外运动时, 就会形成这样的波, 见本节习题).

尽管简单波在间断形成之后不再适用, 但是可以用解析方法确定间断形成的时间和位置. 我们已经看到, 从数学上讲, 间断之所以产生, 是因为当时间大于某个确定的值 t_0 时, 简单波中的量 p, ρ, v 都变为 x 的多值函数 (对于给定的 t), 而这些函数在 $t < t_0$ 时是单值的. 时间 t_0 就是间断形成的时间. 以 v 对 x 的函数关系为例, 仅用几何方法显然即可看出, 该函数曲线在时刻 t_0 应当在某一点 $x = x_0$ 变为竖直的, 然后正好在这个点附近会出现函数的多值性. 这在解析上意味着导数 $(\partial v/\partial x)_t$ 变为无穷大, 即 $(\partial x/\partial v)_t$ 变为零. 同样显而易见的是, 曲线 $v = v(x)$ 在时刻 t_0 必须位于竖直切线的两边, 否则函数 $v(x)$ 在这个时刻就已经变为多值函数了. 换言之, 点 $x = x_0$ 应当不是函数 $v(x)$ 的极值点, 而是它的拐点, 所以二阶导数 $(\partial^2 x/\partial v^2)_t$ 也应当为零. 因此, 激波形

① 波形的这种变化常常称为波形的**破碎**.

成的位置和时间可以通过联立求解两个方程来确定:

$$\left(\frac{\partial x}{\partial v}\right)_t = 0, \quad \left(\frac{\partial^2 x}{\partial v^2}\right)_t = 0. \tag{101.12}$$

对于多方气体, 这些方程是

$$t = -\frac{2}{\gamma+1}f'(v), \quad f''(v) = 0, \tag{101.13}$$

其中 $f(v)$ 是通解 (101.8) 中的函数.

如果简单波以静止气体为界, 并且激波正好是在该边界上形成的, 就需要修正这些条件. 在这种情形下, 曲线 $v = v(x)$ 在间断出现时也必须变为竖直的, 即导数 $(\partial x/\partial v)_t$ 必须为零. 但是, 二阶导数不一定变为零. 这里的第二个条件是速度在静止气体边界上为零, 因而有条件

$$\left(\frac{\partial x}{\partial v}\right)_t\bigg|_{v=0} = 0.$$

据此即可求出间断面形成时间和位置的显式表达式. 求表达式 (101.5) 的导数, 得到

$$t = -\frac{f'(0)}{\alpha_0}, \quad x = \pm c_0 t + f(0), \tag{101.14}$$

其中 α_0 是由公式 (102.2) 定义的量 α 在 $v = 0$ 时的值. 对于多方气体,

$$t = -\frac{2f'(0)}{\gamma+1}. \tag{101.15}$$

习 题

1. 设气体充满带有活塞 $(x = 0)$ 的半无穷长圆柱形管道 $(x > 0)$, 活塞从时刻 $t = 0$ 开始以速度 $U = \pm at$ 等加速运动. 求由此产生的流动 (认为气体是多方气体).

解: 如果活塞向外运动 $(U = -at)$, 就会产生简单稀疏波, 其前锋以速度 c_0 沿静止气体向右传播. 气体在区域 $x > c_0 t$ 中静止不动. 在活塞的表面上, 气体速度应当等于活塞速度, 即当 $x = -\alpha t^2/2$, $t > 0$ 时应有 $v = -at$. 这个条件给出 (101.8) 中的函数 $f(v)$:

$$f(-at) = -c_0 t + \frac{\gamma a t^2}{2}.$$

所以有

$$x - \left(c_0 + \frac{\gamma+1}{2}v\right)t = f(v) = \frac{c_0}{a}v + \frac{\gamma}{2a}v^2,$$

从而

$$-v=\frac{1}{\gamma}\left(c_0+\frac{\gamma+1}{2}at\right)-\frac{1}{\gamma}\left[\left(c_0+\frac{\gamma+1}{2}at\right)^2-2a\gamma(c_0t-x)\right]^{1/2}. \tag{1}$$

这个公式给出活塞与波前锋 $x=c_0t$ 之间区域中的速度在时间 $t=0$ 到 $t=2c_0/(\gamma-1)a$ 以内的变化 (图 81 (a)). 气体速度处处指向左面, 即活塞的运动方向. 气体速度的大小沿 x 轴正方向单调下降, 而密度和压强沿这个方向单调增加. 当 $t>2c_0/(\gamma-1)a$ 时, 不等式 (101.10) 对活塞速度不再成立, 所以气体不可能再紧跟活塞一起运动. 在活塞与气体之间形成一个真空区, 而真空区以外的气体速度值按公式 (1) 从 $-2c_0/(\gamma-1)$ 减至零.

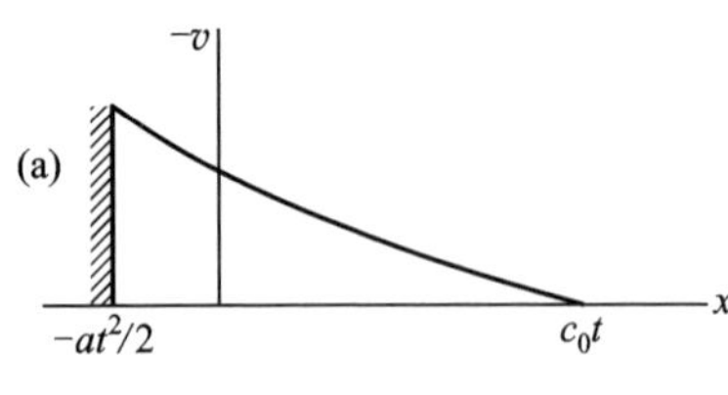

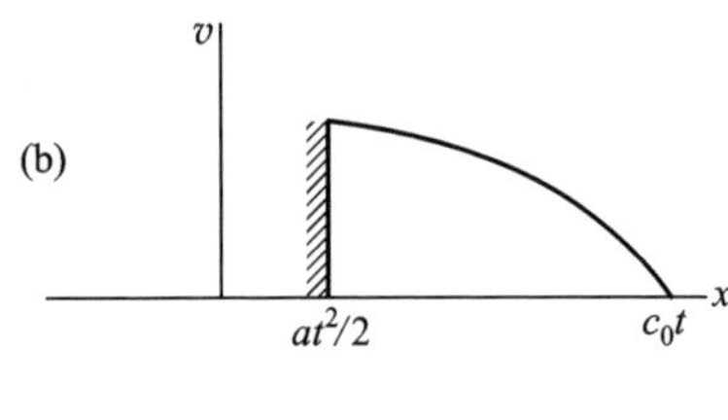

图 81

如果活塞向管道内运动 ($U=at$), 就会形成简单压缩波. 只要改变公式 (1) 中 a 的符号, 即可得到相应的解 (图 81 (b)). 但是, 它仅在激波形成时刻以前才是适用的. 根据公式 (101.15) 可以确定这个时刻:

$$t=\frac{2c_0}{a(\gamma+1)}.$$

2. 题目同上, 但活塞运动规律是任意的.

解: 设活塞从时刻 $t=0$ 开始按规律 $x=X(t)$ 运动 (且 $X(0)=0$), 其速度 $U=X'(t)$. 活塞上的边界条件 (当 $x=X$ 时 $v=U$) 给出

$$v=X'(t),\quad f(v)=X(t)-t\left[c_0+\frac{\gamma+1}{2}X'(t)\right].$$

如果现在把 t 当做参数, 则这两个方程是用来确定函数 $f(v)$ 的参数方程. 下面把这个参数记为 τ, 我们写出最后的解:

$$v=X'(\tau),\quad x=X(\tau)+(t-\tau)\left[c_0+\frac{\gamma+1}{2}X'(\tau)\right]. \tag{2}$$

对于由活塞运动引起的简单波, 方程 (2) 以参数方程的形式给出所求函数 $v(t,\ x)$.

3. 设习题 1 中的活塞运动规律为 $U=at^n$, $n>0$, 求激波形成的时间和位置.

解: 如果 $a<0$, 即如果活塞向外运动, 就会出现简单稀疏波, 这时根本不会出现激波. 下面假设 $a>0$, 即活塞向内运动, 这时产生简单压缩波.

当函数 $v(x,\ t)$ 由参数方程 (2) 给出且

$$X=\frac{a}{n+1}\tau^{n+1}$$

时, 激波的形成时间和位置可由以下方程确定:

$$\begin{aligned}\left(\frac{\partial x}{\partial\tau}\right)_t&=-c_0+t\tau^{n-1}an\frac{\gamma+1}{2}-\frac{a\tau^n}{2}[\gamma-1+n(\gamma+1)]=0,\\\left(\frac{\partial^2 x}{\partial\tau^2}\right)_t&=t\tau^{n-2}an(n-1)\frac{\gamma+1}{2}-\frac{an}{2}\tau^{n-1}[\gamma-1+n(\gamma+1)]=0,\end{aligned} \tag{3}$$

并且如果考虑在简单波前锋上形成的激波, 则应当把第二个方程改为 $\tau = 0$.

当 $n = 1$ 时, 我们求出

$$\tau = 0, \quad t = \frac{2c_0}{a(\gamma+1)},$$

即运动开始后, 经过有限时间即可在波的前锋上形成激波, 这与习题 1 的结果相符.

当 $n < 1$ 时, 对于任何 $t > 0$ 的情形, 导数 $(\partial x/\partial \tau)_t$ 是 τ 的变号函数 (所以当 t 给定时, 函数 $v(x)$ 是多值的). 这意味着, 活塞一旦开始运动, 在活塞上立刻就形成激波.

当 $n > 1$ 时, 激波的形成位置不是简单波的前锋, 而是由方程 (3) 确定的某个中间点. 从 (3) 确定 τ 和 t, 然后就可以按照 (2) 求出间断面的形成位置. 计算给出

$$t = \left(\frac{2c_0}{a}\right)^{1/n} \frac{1}{\gamma+1} \left(\frac{n+1}{n-1}\gamma + 1\right)^{(n-1)/n},$$

$$x = 2c_0 \left(\frac{2c_0}{a}\right)^{1/n} \left(\frac{\gamma}{\gamma+1} + \frac{n-1}{n+1}\right) \frac{1}{(n-1)^{(n-1)/n}[\gamma - 1 + n(\gamma+1)]^{1/n}}.$$

4. 设活塞按某规律 $x = X(t)$, $U = X'(t)$ 振动, 且 $X(0) = 0$, $\overline{X} = 0$, $\overline{U} = 0$, 从而辐射出小振幅平面 (声) 波. 在对振幅的二级近似下, 求各量对时间的平均值①.

解: 我们从精确解 (101.9) 出发, 并选取其他自变量, 写出其等价形式:

$$v = F\left(x - \frac{x}{u}\right), \quad u = c_0 + \alpha_0 v \tag{4}$$

(其中 $\alpha_0 = (\gamma+1)/2$), 即 $v = F(\xi)$, 其中变量 ξ 以隐函数的形式由方程

$$\xi = t - \frac{x}{u(\xi)} \tag{5}$$

给出②. 我们来证明, 在精确到二阶小量的计算中, 对 t 的平均等价于对 ξ 的平均. 对于给定的 x, 我们有

$$\mathrm{d}t = \mathrm{d}\xi \left(1 - \frac{x}{u^2}\frac{\mathrm{d}u}{\mathrm{d}\xi}\right) \approx \mathrm{d}\xi \left(1 - \frac{x\alpha_0}{c_0^2}\frac{\mathrm{d}v}{\mathrm{d}\xi}\right)$$

(可以忽略分母 u^2 中的小量 $v \ll c_0$; 相对于 v 求解方程 (4), 即可得到与波形的非线性变形有关的所需效应). 所以

$$\int_{t_1}^{t_2} v\,\mathrm{d}t = \int_{\xi_1}^{\xi_2} \left(F - \frac{\alpha_0 x}{c_0^2} F \frac{\mathrm{d}F}{\mathrm{d}\xi}\right) \mathrm{d}\xi = \int_{\xi_1}^{\xi_2} F\,\mathrm{d}\xi - \frac{\alpha_0 x}{c_0^2}[F^2(\xi_2) - F^2(\xi_1)].$$

第二项总是有限的, 在较大时间间隔上进行平均时没有贡献. 再注意到

$$\xi_2 - \xi_1 \approx t_2 - t_1 + \frac{\alpha_0 x}{c_0^2}(v_2 - v_1) \approx t_2 - t_1,$$

就得到所需结果 $\overline{v}^t = \overline{v}^\xi$, 其中横线旁的上标表示对相应变量进行平均 (下面省略该上标). 我们指出, (对 t 的) 平均值因此独立于 x.

① 本题解法由 Л. А. 奥斯特罗夫斯基 (1968) 给出.

② 对于小振幅波, 如果按照 (102.2) 定义 α_0, 则解 (4) 对任意气体 (非多方气体) 都成立.

对于活塞振动问题, 函数 $F(\xi)$ 可由方程 (2) 确定, 该方程可以改写为

$$v(\tau)=X'(\tau),\quad \tau=\xi+\frac{X(\tau)}{u(\tau)},$$

又因为振幅很小, 所以

$$\tau\approx\xi+\frac{1}{c_0}X(\xi),\quad v(\tau)\approx U(\xi)+\frac{1}{c_0}X(\xi)\frac{\mathrm{d}U(\xi)}{\mathrm{d}\xi}.$$

取最后一个表达式的平均值, 我们写出

$$\overline{v}=\frac{1}{c_0}\overline{X\frac{\mathrm{d}U}{\mathrm{d}\xi}}=\frac{1}{c_0}\overline{\frac{\mathrm{d}(XU)}{\mathrm{d}\xi}}-\frac{1}{c_0}\overline{U^2}.$$

因为全导数的平均值为零, 所以最后得到

$$\overline{v}=-\frac{1}{c_0}\overline{U^2}. \tag{6}$$

在同样精度下, 质量流密度对时间的平均值为

$$\overline{\rho v}=\rho_0\overline{v}+\overline{\rho' v}=\rho_0\overline{v}+\frac{\rho_0}{c_0}\overline{v^2}.$$

利用 (6) 和等式 $\overline{v^2}=\overline{U^2}$ (在同样近似下), 我们求出 $\overline{\rho v}=0$. 在物质不从“侧面”流入的纯一维情形下, 这是理所应当的 (根据质量守恒定律). 对于平均能流密度, 我们有

$$\overline{q}=\overline{\rho w v}=w_0\overline{\rho v}+\rho_0\overline{w' v}=\overline{p' v}=\rho_0 c_0\overline{v^2}$$

(请对比 § 65), 最后得到 $\overline{q}=\rho_0 c_0\overline{U^2}$.

为了计算 $\overline{p'}$ 和 $\overline{\rho'}$, 应当把 p' 和 ρ' 通过 v 表示出来, 并且精确到 v^2 量级的项. 从 (101.7) (对于非多方气体, 则要从 (101.4) 和 (101.6)) 得到

$$\frac{\rho'}{\rho_0}=\frac{v}{c_0}+\frac{2-\alpha}{2c_0^2}v^2,\quad p'=c^2\rho'+(\alpha-1)\rho_0 v^2,$$

取平均值后得到①

$$\overline{\rho'}=-\frac{\alpha\rho_0}{2c_0^2}\overline{U^2},\quad \overline{p'}=-\frac{2-\alpha}{2}\rho_0\overline{U^2}. \tag{7}$$

我们注意到, 这里的 $\overline{p'}$ 在二级近似下就已经不为零, 请对比 § 65 的最后.

§ 102 声波中间断的形成

作为运动方程精确解的行波型平面声波也是简单波. 我们可以利用前一节的一般结果来揭示小波幅声波在二级近似下的某些性质 (一级近似是指通常的线性波动方程所对应的近似).

---

① A. 艾兴瓦尔德 (1932) 曾经在更多限制性假设下得到公式 (7).

我们首先指出, 经过足够长时间后, 在声波的每一个波长上都应当出现间断. 如 §101 所述, 这个效应会引起声波的显著衰减. 当然, 这种情况其实只发生在足够强的声波中. 对于不够强的声波, 在振幅的高阶效应表现出来之前, 声波已经因为通常的黏性和热传导效应而被吸收了.

波形的变形效应还另有体现. 如果声波在某个时刻是纯粹的谐波, 则因为波形随时间变化, 它在以后时刻不再是纯粹的谐波. 但是, 运动仍然是周期性的, 并且周期不变. 在这种波的傅里叶级数展开式中, 现在不但有频率为 ω 的基频项, 还有频率为 $n\omega$ 的倍频项 (n 是整数). 因此, 声波传播过程中的波形变化可以视为在基频之外还出现高次谐频.

在一级近似下, 如果在 (101.11) 中取 $v=0$, 即取 $u=c_0$, 就可以得到波形各点的速度 u (波沿 x 轴正方向传播), 这相当于波形在波的传播过程中保持不变. 在二级近似下, 我们有

$$u = c_0 + \frac{\partial u}{\partial \rho_0}\rho' = c_0 + \frac{\partial u}{\partial \rho_0}\frac{\rho_0}{c_0}v,$$

或者, 利用导数 $\partial u/\partial \rho$ 的表达式 (99.10),

$$u = c_0 + \alpha_0 v, \tag{102.1}$$

这里为简单起见已经引入记号①

$$\alpha = \frac{c^4}{2V^3}\left(\frac{\partial^2 V}{\partial p^2}\right)_s. \tag{102.2}$$

对于多方气体, $\alpha = (\gamma+1)/2$, 公式 (102.1) 与速度 u 的精确公式 (见 (101.8)) 相同.

在任意振幅的一般情形中, 波在出现间断之后不再是简单波. 但重要的是, 即使出现间断, 小振幅波在二级近似下仍然是简单波. 其证明如下. 在激波中, 速度、压强和质量体积的变化满足关系式

$$v_1 - v_2 = \sqrt{(p_2-p_1)(V_1-V_2)}.$$

在简单波中, 速度 v 沿 x 轴某一段的变化等于积分

$$v_1 - v_2 = \int_{p_1}^{p_2}\sqrt{-\frac{\partial V}{\partial p}}\,\mathrm{d}p.$$

利用级数展开式进行简单的计算即可表明, 这两个表达式从三阶项起才有区别 (在计算时应当注意, 间断面上的熵变化是三阶小量, 而熵在简单波中保持

---

① 这个量在 §93 习题 1 中被记为 α_v.

不变). 由此可见, 直到二级近似, 声波中的间断面两侧仍然是简单波, 并且在间断面上要满足一定的边界条件. 这在更高级的近似下已经不再成立, 因为在间断面上会出现反射波.

现在推导用来确定行波型声波中的间断面位置的条件 (一切仍在二级近似下考虑). 设 u 是间断面的运动速度 (相对于静止坐标系), 而 v_1, v_2 是间断面两边的气体速度. 于是, 质量流连续的条件可以写为

$$\rho_1(v_1 - u) = \rho_2(v_2 - u),$$

所以

$$u = \frac{\rho_1 v_1 - \rho_2 v_2}{\rho_1 - \rho_2}.$$

精确到二阶项, 这个量等于导数 $\mathrm{d}(\rho v)/\mathrm{d}\rho$ 在 v 为平均速度 $(v_1 + v_2)/2$ 的点上的值. 因为在简单波中 $\mathrm{d}(\rho v)/\mathrm{d}\rho = v + c$, 所以根据 (102.1) 有

$$u = c_0 + \alpha_0 \frac{v_1 + v_2}{2}. \tag{102.3}$$

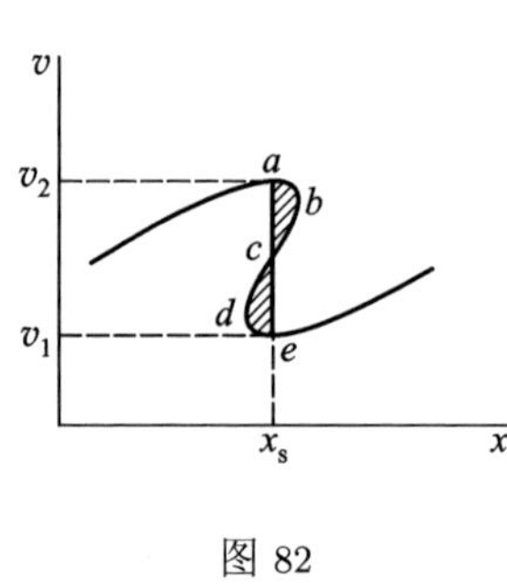

图 82

由此可以得到用来确定激波位置的下述简单的几何条件. 在图 82 中, 曲线表示简单波的速度波形, ae 是在简单波中出现的间断面 (x_{s} 是其坐标). 图中阴影部分 abc 和 cde 的面积之差可由沿曲线 $abcde$ 的积分给出:

$$\int_{v_1}^{v_2} (x - x_{\mathrm{s}}) \mathrm{d}v.$$

波形随时间而变化, 我们来计算上述积分对时间的导数. 波形上各点的速度 $\mathrm{d}x/\mathrm{d}t$ 由公式 (102.1) 给出, 间断面的速度 $\mathrm{d}x_{\mathrm{s}}/\mathrm{d}t$ 由公式 (102.3) 给出, 所以得到

$$\frac{\mathrm{d}}{\mathrm{d}t} \int_{v_1}^{v_2} (x - x_{\mathrm{s}})\, \mathrm{d}v = \alpha \left[\int_{v_1}^{v_2} v\, \mathrm{d}v - \frac{v_1 + v_2}{2} \int_{v_1}^{v_2} \mathrm{d}v \right] = 0$$

(在计算积分的导数时应当注意, 虽然积分限 v_1 和 v_2 本身也随时间而变化, 但是 $x - x_{\mathrm{s}}$ 在积分限上的值总为零, 所以只需计算被积函数的导数即可).

于是, 积分 $\int (x - x_{\mathrm{s}})\, \mathrm{d}v$ 不随时间变化. 因为在激波最初形成时 (这时点 a 和 e 重合) 这个积分为零, 所以总有

$$\int_{abcde} (x - x_{\mathrm{s}})\, \mathrm{d}v = 0. \tag{102.4}$$

这在几何上表示 abc 的面积等于 cde 的面积, 这就是确定间断面位置的条件.

在声波中形成间断，这是在外部运动条件没有任何特殊性时自发产生激波的实例. 必须强调，虽然激波可以在某个离散时刻自发产生，但它不能同样以离散方式消失. 激波一旦出现，就只能随着时间趋于无穷大而渐近地衰减.

我们来研究气体中一个单独的一维声压缩脉冲，其中已经形成激波，需要阐明该激波最终按照何种规律衰减. 在声压缩脉冲传播的后期，带有激波的脉冲具有三角形的速度波形，并且这种直线波形在其进一步变形过程中仍然是直线①.

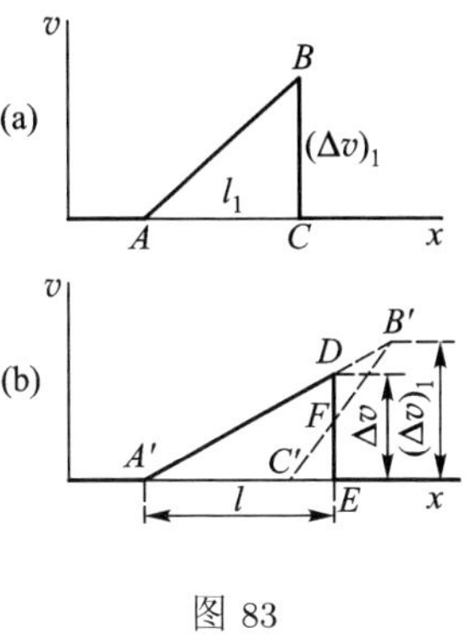

图 83

设某时刻 (取之为 $t=0$) 的速度波形由图 83 (a) 中的三角形 ABC 给出 (我们用角标 1 表示各量在该时刻的值)②. 假如该波形中的点以速度 (102.1) 移动，我们就可以得到若干时间 t 以后的波形 $A'B'C'$ (图 83 (b)). 但间断面其实会移动到点 E，真实波形是 $A'DE$. 根据条件 (102.4)，$DB'F$ 和 $C'FE$ 的面积相等，所以新波形 $A'DE$ 的面积等于原波形 ABC 的面积. 设 l 是声脉冲在时刻 t 的长度，Δv 是激波中的速度间断值. 经过 t 时间，点 B 相对于点 C 移动了距离 $\alpha t(\Delta v)_1$，所以角 $B'A'C'$ 的正切等于 $(\Delta v)_1/[l_1+\alpha t(\Delta v)_1]$，我们于是得到 ABC 和 $A'DE$ 面积相等的条件:

$$l_1(\Delta v)_1=\frac{l^2(\Delta v)_1}{l_1+\alpha t(\Delta v)_1},$$

从而

$$l=l_1\left[1+\frac{\alpha(\Delta v)_1}{l_1}t\right]^{1/2},\quad \Delta v=(\Delta v)_1\left[1+\frac{\alpha(\Delta v)_1}{l_1}t\right]^{-1/2}. \tag{102.5}$$

声脉冲 (单位面积前锋的) 总能量为

$$E=\rho\int v^2\,\mathrm{d}x=E_1\left[1+\frac{\alpha(\Delta v)_1}{l_1}t\right]^{-1/2}. \tag{102.6}$$

当 $t\to\infty$ 时，激波的强度和能量按照渐近规律 $t^{-1/2}$ (或其等价形式 $x^{-1/2}$，其中 $x=ct$ 是传播距离) 衰减，而声脉冲长度按照规律 $t^{1/2}$ 增加. 还应注意，波形倾斜角的极限值 $\Delta v/l\to 1/\alpha t$ 与间断值和声脉冲长度都无关.

---

① 我们在这里和下文中之所以讨论速度波形 v，只是为了让公式的写法更为简洁. 其实，更值得关注的量是压强变化 p'，它与 v 只相差一个常因子: $p'=v/\rho_0c_0$，所以相关结论同样适用于这个量. 我们指出，v 的符号与 p' 的符号相同，所以 $v>0$ 对应压缩，$v<0$ 对应膨胀. 波形各点的移动速度可以通过 p' 表示为以下公式:

$$u=c_0(1+\nu_0p'/p_0),\quad \nu=\alpha p/\rho c^2$$

(对于多方气体，$\nu=(\gamma+1)/2\gamma$).

② 在下文中将省略表示各量平衡值的角标 0.

现在研究在柱面和球面声波中形成的激波 (在远离声源处) 的一些极限性质 (Л. Д. 朗道, 1945). 首先考虑柱面波的情形.

在到对称轴的距离 r 足够大的位置, 这样的声波在局部可以视为平面波, 所以波形每一点的移动速度都可以由公式 (102.1) 确定. 但是, 如果我们希望利用这个公式来确定波形上的点在很长时间内的移动, 就必须考虑柱面波振幅的变化规律: 它在一级近似下按照 $r^{-1/2}$ 的规律减小. 这意味着, 对于波形上的每一点, v 不会保持不变 (这与平面波情形不同), 而会以 $r^{-1/2}$ 的方式减小. 如果 v_1 是在 (很大) 距离 r_1 上的 v 值 (对于波形上的给定点), 就可以写出 $v = v_1(r_1/r)^{1/2}$. 因此, 对于波形各点的速度 u, 我们有

$$u = c + \alpha v_1\sqrt{\frac{r_1}{r}}. \tag{102.7}$$

第一项是通常的声速, 对应着“波形不变” (不计振幅按 $r^{-1/2}$ 的一般规律减小, 即认为波形是分布 $v\sqrt{r}$) 情况下的波动. 第二项导致波形的变化. 此项乘以 $\mathrm{d}r/c$ 并积分, 即可得到波形各点在 $(r - r_1)/c$ 时间内的附加位移 δr:

$$\delta r = 2\alpha\frac{v_1}{c}\sqrt{r_1}\,(\sqrt{r} - \sqrt{r_1}). \tag{102.8}$$

虽然柱面波波形的变化慢于平面波 (平面波中各点的附加位移 δx 按照与所通过距离 x 成正比的规律增加), 但这种变化最终显然仍会导致间断的形成. 考虑单独一个柱面声脉冲中距离声源 (对称轴) 足够远处形成的激波.

柱面波情形与平面波情形的主要区别首先在于, 单独一个柱面脉冲不可能只有一个压缩区或只有一个膨胀区. 如果在声脉冲前锋之后是压缩区, 则在压缩区之后必定是膨胀区 (见 § 71)[①]. 膨胀程度最大的点慢于所有位于其后的点, 波形在这里也会破碎, 从而出现间断. 因此, 在柱面声脉冲中会形成两个激波. 在前面一个激波中, 速度从零突然增加, 随后是压缩区, 但压缩程度逐渐降低并过渡到膨胀区, 最终出现第二个激波, 压强再次以间断形式增加. 不过, 柱面声脉冲还有一个特点 (与平面波和球面波情形相比): v 只能在第二个激波的后面渐近地趋于零. 所以, v 在后一个间断中不会增加到零, 而只能增加到某一个 (负的) 有限值, 然后才渐近地趋于零. 结果形成如图 84 所示的波形.

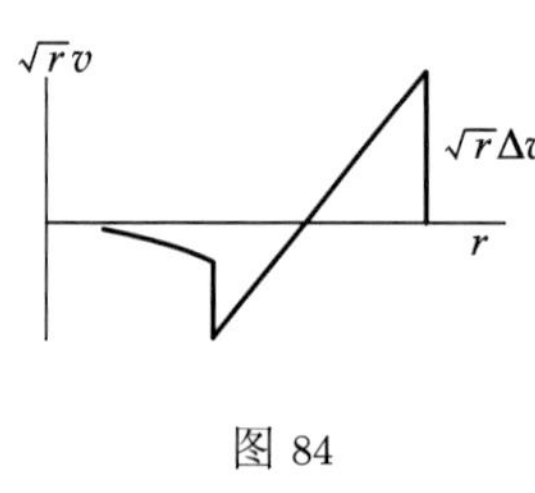

图 84

为了求出激波最终随时间衰减的渐近规律 (或者与之等价的随距离 r 衰减的规律), 可以利用与平面波情形类似的做法. 从那里的推导过程可以看出,

① 我们恰恰将考虑这样的情况. 特别地, 对于有限大小物体作超声速运动时出现的激波 (§ 122), 就可以应用上述结果.

当波形顶点的附加位移 δr 远大于声脉冲的“初始”长度 l_1 时 (这里的 l_1 是指, 例如, 前面的间断面到 $v=0$ 的点的距离), 相应的渐近规律才成立. 从距离 r_1 到 $r \ll r_1$, 该附加位移为

$$\delta r \approx \frac{2\alpha}{c}(\Delta v)_1\sqrt{r_1 r},$$

式中 $(\Delta v)_1$ 是 (距离 r_1 上的) 前面一个间断面的“初始”强度. 于是, 波形在两个间断面之间的直线部分的“有限”斜率约为 $\sqrt{r_1}(\Delta v)_1/\delta r \approx c/2\alpha\sqrt{r}$. 波形面积相等的条件给出

$$l_1\sqrt{r_1} = \frac{l^2 c}{\alpha\sqrt{r}},$$

所以 $l \propto r^{1/4}$ (而平面波情形下的规律为 $l \propto r^{1/2}$). 然后, 从 $l\sqrt{r}\Delta v = \text{const}$ 可以得到前面一个间断面的强度 Δv 的渐近衰减规律, 即

$$\Delta v \propto r^{-3/4}. \tag{102.9}$$

最后, 我们考虑球面波的情形①. 发散球面声波的振幅以 $1/r$ 的一般规律减小 (r 现在是到中心的距离). 重复对柱面波情形的上述全部讨论, 我们得到波形各点的移动速度

$$u = c + \frac{\alpha v_1 r_1}{r}, \tag{102.10}$$

然后求出波形上的点从 r_1 移动到 r 时的附加位移 δr:

$$\delta r = \frac{\alpha v_1 r_1}{c}\ln\frac{r}{r_1}. \tag{102.11}$$

我们看到, 球面波波形的变化仅仅按照对数规律增加, 这比平面波甚至柱面波情形慢得多.

与柱面波情形一样, 在球面声压缩脉冲的传播过程中, 在压缩区之后也应当紧跟着一个膨胀区 (见 §70), 所以这里也应当形成两个间断面 (不过, 单独的球面脉冲的尾部也可以是一个间断面, 于是 v 在第二个间断面上立即上升到零)②. 我们用这种方法求出脉冲长度增加和激波强度降低的极限规律:

$$l \propto \sqrt{\ln\frac{r}{a}}, \quad \Delta v \propto \frac{1}{r\sqrt{\ln(r/a)}}, \tag{102.12}$$

其中 a 是具有长度量纲的某个常量③.

---

① 例如发生爆炸时在远离爆炸点的位置所观察到的激波.

② 声波在气体中通常总会发生衰减, 这与黏性和热传导有关. 由于球面波的变形很慢, 所以在形成间断面之前, 声波已经衰减掉了.

③ 这个常量一般不等于 r_1. 其实, 对数函数的自变量应当是无量纲的, 所以在 $r \gg r_1$ 时不能简单地忽略 (102.11) 中的 $\ln r_1$. 当对数较大时, 要想确定 r 的系数, 需要更精确地考虑初始波形.

习 题

1. 如图 85 所示, 设初始时刻的波形由无穷多个锯齿组成[①], 求波形和能量随时间的变化.

解: 预先显然可知, 波形在后续时刻 t 仍然由这样的锯齿组成, 其宽度 l_0 不变, 但高度 v_t 变小. 考虑其中一个锯齿: 在时刻 $t=0$, 波形上 $v=v_t$ 的点的横坐标把三角形底边截去一段 $v_t l_1/v_1$. 经过时间 t, 这个点向前移动 $\alpha v_t t$ 的距离. 三角形底边长度不变的条件给出 $l_1 v_t/v_1+\alpha t v_t=l_1$, 从而

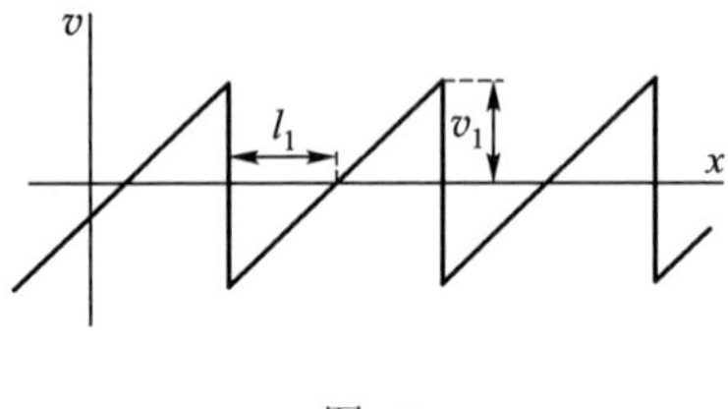

图 85

$$v_t=\frac{v_1}{1+\alpha v_1 t/l_1}$$

当 $t\to\infty$ 时, 振幅以 $1/t$ 的方式衰减. 对于能量, 我们求出

$$E=\frac{E_0}{(1+\alpha v_1 t/l_1)^2},$$

它在 $t\to\infty$ 时以 $1/t^2$ 的方式衰减.

2. 求单色球面波波形变化所导致的二次谐波的强度.

解: 把波的形式写为 $rv=A\cos(kr-\omega t)$, 则为了在一级近似中考虑波形的变化, 可以把等式右边的 r 改写为 $r+\delta r$, 再按 δr 的幂展开. 利用 (102.11), 这给出

$$rv=A\cos(kr-\omega t)-\frac{\alpha k}{2c}A^2\ln\frac{r}{r_1}\sin[2(kr-\omega t)]$$

(这里应把 r_1 理解为这样的距离, 使所研究的球面波在这个距离上仍然可以被足够精确地看做严格的单色波). 这个公式中的第二项给出波谱分解式中的二次谐波, 其总强度 I_2 (对时间平均) 等于

$$I_2=\frac{\alpha^2k^2}{8\pi c^3\rho}\left(\ln\frac{r}{r_1}\right)^2 I_1^2,$$

其中 $I_1=2\pi c\rho A^2$ 是一次谐波的强度.

§103 特征线

特征线的定义已经在 §82 中给出, 它们是小扰动传播 (在几何声学近似中) 所沿的曲线. 这个定义具有一般意义, 并不局限于 §82 中所讨论的平面定常超声速流.

对于一维非定常流, 可以这样引入特征线: 它们是 xt 平面上斜率 $\mathrm{d}x/\mathrm{d}t$ 等于小扰动相对于静止坐标系的传播速度的曲线. 相对于气体以声速向 x 轴的正方向或负方向传播的扰动, 相对于静止坐标系则以速度 $v+c$ 或 $v-c$ 移动.

---

① 这样的波形是任何周期波的渐近形式.

这两族特征线的微分方程分别为称为 C_+ 和 C_-, 其微分方程为

$$\left(\frac{\mathrm{d}x}{\mathrm{d}t}\right)_+ = v + c, \quad \left(\frac{\mathrm{d}x}{\mathrm{d}t}\right)_- = v - c. \tag{103.1}$$

还有一种扰动与气体一起移动, 并且在 xt 平面上沿第三族特征线 C_0 "传播":

$$\left(\frac{\mathrm{d}x}{\mathrm{d}t}\right)_0 = v. \tag{103.2}$$

这只是 xt 平面上的"流线" (请对比 §82 最后)①. 我们强调, 这里特征线的存在根本不要求气流是超声速的. 由特征线表示的扰动传播的方向性, 在这里只对应着先后运动之间的因果关系.

作为一个例子, 我们来研究简单波的特征线. 对于向 x 轴正方向传播的简单波, 根据 (101.5) 有 $x = t(v+c) + f(v)$. 求其微分, 得到

$$\mathrm{d}x = (v+c)\,\mathrm{d}t + [t + tc'(v) + f'(v)]\,\mathrm{d}v.$$

另一方面, 沿特征线 C_+ 有 $\mathrm{d}x = (v+c)\,\mathrm{d}t$. 对比这两个等式, 我们求出, 沿特征线有 $[(t+tc'v) + f'(v)]\,\mathrm{d}v = 0$. 方括号内的表达式不可能恒等于零, 所以应有 $\mathrm{d}v = 0$, 即 $v = \text{const}$. 因此, 我们得出结论: 速度以及其余各量沿任何一条特征线 C_+ 都保持不变 (在向左传播的简单波中, 特征线 C_- 也有同样的性质). 我们在下一节中将看到, 这个性质并非偶然, 而与简单波的数学本质有固有的联系.

根据简单波中特征线 C_+ 的这个性质同样也可以断定, 它们是 xt 平面上的一族直线 (101.5), $x = t[v + c(v)] + f(v)$, 并且速度沿这些直线保持不变. 例如在自相似稀疏波 ($f(v) = 0$ 的简单波) 中, 它们在 xt 平面上组成通过坐标原点的直线束. 根据这个性质, 自相似简单波称为**中心简单波**.

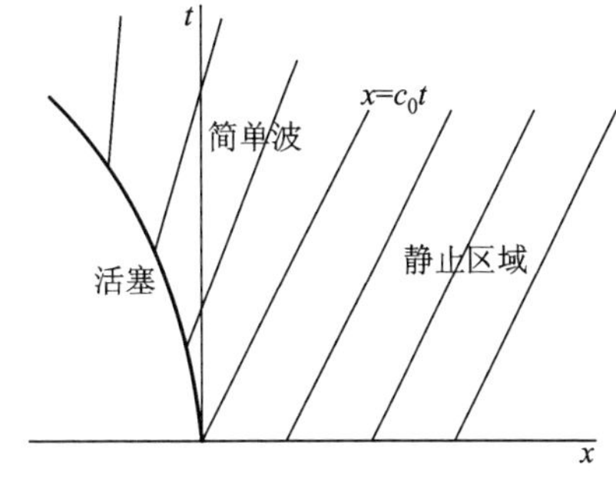

图 86

在图 86 中画出了当活塞沿管道向外加速运动时形成的简单稀疏波的特征线族 C_+. 这是一族发散直线, 它们都始自代表活塞运动的曲线 $x = X(t)$. 特征线 $x = c_0t$ 的右边是静止气体区域, 其中的所有特征线都互相平行.

图 87 类似地给出了当活塞沿管道向内加速运动时形成的简单压缩波的特征线族. 在这种情形下, 特征线是一族收敛直线, 它们最终必定相交. 因为

① 对于球对称非定常流, 只要把 x 替换为球面坐标 r, 就可以用完全相同的方程 (103.1), (103.2) 来确定特征线 (特征线现在是 rt 平面上的曲线).

每一条特征线都有自己的恒定 v 值, 所以它们相交就表明函数 $v(x,\ t)$ 是多值的, 而这在物理上没有意义. 这就是在 §101 中已经用类似方法得到的结果的几何解释, 即简单压缩波不可能一直存在, 其中必定会形成激波. 用来确定激波形成时间和位置的条件 (101.12) 具有以下几何解释. 相交的直线特征线族具有一条包络线, 该包络线在 t 较小时有一个尖点, 这就给出了最早出现函数多值性的时刻. 如果用参数形式 $x=x(v),\ t=t(v)$ 给出特征线方程, 则尖点的位置正好由方程 (101.12) 确定①.

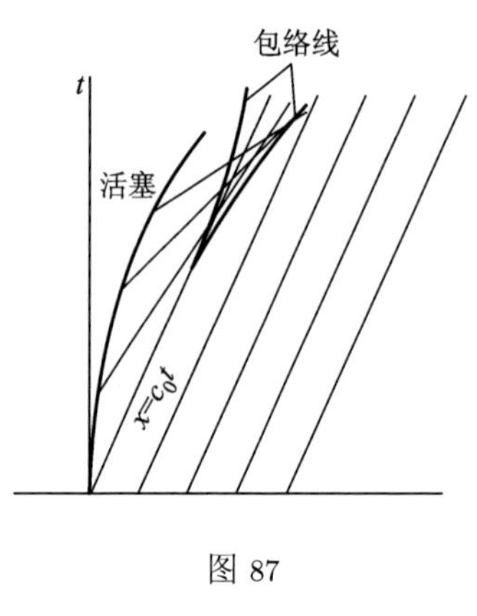

图 87

我们已经把特征线定义为扰动传播所沿的曲线, 现在简要地指出, 特征线的上述物理定义与偏微分方程理论中关于这个概念的纯数学含义有何种对应关系. 考虑形如

$$A\frac{\partial^2\varphi}{\partial x^2}+2B\frac{\partial^2\varphi}{\partial x\,\partial t}+C\frac{\partial^2\varphi}{\partial t^2}+D=0 \qquad (103.3)$$

的偏微分方程, 它对二阶导数是线性的 (系数 $A,\ B,\ C,\ D$ 可以是自变量 $x,\ t$ 和未知函数 φ 及其一阶导数的任何函数)②. 如果处处有 $B^2-AC<0$, 则方程 (103.3) 是椭圆型的; 如果处处有 $B^2-AC>0$, 则该方程是双曲型的. 对于后者, 方程

$$A\,\mathrm{d}t^2-2B\,\mathrm{d}x\,\mathrm{d}t+C\,\mathrm{d}x^2=0 \qquad (103.4)$$

即

$$\frac{\mathrm{d}x}{\mathrm{d}t}=\frac{B\pm\sqrt{B^2-AC}}{C} \qquad (103.5)$$

确定了 xt 平面上的两族特征线 (对于方程 (103.3) 的给定解 $\varphi(x,\ y)$). 我们指出, 如果方程中的系数 $A,\,B,\,C$ 只是 $x,\,t$ 的函数, 则特征线不依赖于具体的解.

设所给流动由方程 (103.3) 的某个解 $\varphi=\varphi_0(x,\ t)$ 描述, 我们再叠加上一个小扰动 φ_1. 假设该扰动满足几何声学成立的条件, 即它对流动只有微弱的影响 (φ_1 及其一阶导数均很小), 但扰动本身经过一小段距离后有显著变化 (φ_1 的二阶导数相对较大). 在方程 (103.3) 中取 $\varphi=\varphi_0+\varphi_1$, 则对 φ_1 得到方程

$$A\frac{\partial^2\varphi_1}{\partial x^2}+2B\frac{\partial^2\varphi_1}{\partial x\,\partial t}+C\frac{\partial^2\varphi_1}{\partial t^2}=0,$$

① 两支包络线之间的整个区域被各特征线族覆盖三遍, 这与波形破碎过程中各量有三个值相符. 如果包络线的一支退化为一段特征线 $x=c_0t$, 就会出现一种特殊情形: 在静止气体边界上产生激波.

② 对于一维非定常流, 速度势满足这种形式的方程.

并且在系数 A, B, C 中应令 $\varphi=\varphi_0$. 仿照从波动光学到几何光学的过渡方法, 我们写出 φ_1 的形式 $\varphi_1=a\mathrm{e}^{\mathrm{i}\psi}$, 其中的函数 ψ (程函) 很大, 并且有

$$A\left(\frac{\partial\psi}{\partial x}\right)^2+2B\frac{\partial\psi}{\partial x}\frac{\partial\psi}{\partial t}+C\left(\frac{\partial\psi}{\partial t}\right)^2=0. \tag{103.6}$$

令 $\mathrm{d}x/\mathrm{d}t$ 等于群速, 就得到几何声学中的声线传播方程:

$$\frac{\mathrm{d}x}{\mathrm{d}t}=\frac{\mathrm{d}\omega}{\mathrm{d}k},$$

式中

$$k=\frac{\partial\psi}{\partial x},\quad \omega=-\frac{\partial\psi}{\partial t}.$$

取关系式

$$Ak^2-2Bk\omega+C\omega^2=0$$

的微分, 得到

$$\frac{\mathrm{d}x}{\mathrm{d}t}=\frac{B\omega-Ak}{C\omega-Bk},$$

再用同样的关系式消去 k/ω, 我们又得到方程 (103.5).

习 题

对于多方气体中的中心简单波, 求第二族特征线的方程.

解: 对于向右边静止气体传播的中心简单波, 我们有

$$\frac{x}{t}=v+c=c_0+\frac{\gamma+1}{2}v.$$

特征线 C_+ 由一束直线 $x=\mathrm{const}\cdot t$ 表示, 而特征线 C_- 由以下方程确定:

$$\frac{\mathrm{d}x}{\mathrm{d}t}=v-c=\frac{3-\gamma}{\gamma+1}\frac{x}{t}-\frac{4}{\gamma+1}c_0.$$

积分后求出

$$x=-\frac{2}{\gamma-1}c_0t+\frac{\gamma+1}{\gamma-1}c_0t_0\left(\frac{t}{t_0}\right)^{(3-\gamma)/(\gamma+1)},$$

其中积分常数已经这样选定, 使特征线 C_- 通过特征线 C_+ $(x=c_0t)$ 上的点 $x=c_0t_0$, $t=t_0$. 特征线 C_+ 是简单波与静止区域之间的分界线.

xt 平面上的"流线"由方程

$$\frac{\mathrm{d}x}{\mathrm{d}t}=v=\frac{2}{\gamma+1}\left(\frac{x}{t}-c_0\right)$$

给出, 由此得到特征线 C_0:

$$x=-\frac{2}{\gamma-1}c_0t+\frac{\gamma+1}{\gamma-1}c_0t_0\left(\frac{t}{t_0}\right)^{2/(\gamma+1)}.$$

§104 黎曼不变量

一般而言, 任意的小扰动会沿 xt 平面上从给定点出发的全部三条特征线 (C_+, C_-, C_0) 传播. 但是, 任意扰动都可以分解为若干部分, 使每一部分只沿一条特征线传播.

首先考虑等熵气流. 我们写出连续性方程和欧拉方程:

$$\frac{\partial p}{\partial t}+v\frac{\partial p}{\partial x}+\rho c^2\frac{\partial v}{\partial x}=0,$$

$$\frac{\partial v}{\partial t}+v\frac{\partial v}{\partial x}+\frac{1}{\rho}\frac{\partial p}{\partial x}=0,$$

在连续性方程中已经按照

$$\frac{\partial \rho}{\partial t}=\left(\frac{\partial \rho}{\partial p}\right)_s\frac{\partial p}{\partial t}=\frac{1}{c^2}\frac{\partial p}{\partial t},\quad \frac{\partial \rho}{\partial x}=\frac{1}{c^2}\frac{\partial p}{\partial x}$$

把密度的导数代换为压强的导数. 第一个方程除以 $\pm\rho c$ 并与第二个方程相加, 得到

$$\frac{\partial v}{\partial t}\pm\frac{1}{\rho c}\frac{\partial p}{\partial t}+\left(\frac{\partial v}{\partial x}\pm\frac{1}{\rho c}\frac{\partial p}{\partial x}\right)(v\pm c)=0. \tag{104.1}$$

然后, 我们引入量

$$J_+=v+\int\frac{\mathrm{d}p}{\rho c},\quad J_-=v-\int\frac{\mathrm{d}p}{\rho c}, \tag{104.2}$$

作为新的未知函数, 这些量称为**黎曼不变量**. 我们还记得, 在等熵流中, ρ 和 c 都是 p 的确定函数, 所以这里的积分也有确定的意义. 对于多方气体,

$$J_+=v+\frac{2}{\gamma-1}c,\quad J_-=v-\frac{2}{\gamma-1}c. \tag{104.3}$$

引入这些量后, 运动方程变为以下简单形式:

$$\left[\frac{\partial}{\partial t}+(v+c)\frac{\partial}{\partial x}\right]J_+=0,\quad \left[\frac{\partial}{\partial t}+(v-c)\frac{\partial}{\partial x}\right]J_-=0. \tag{104.4}$$

作用于 J_+ 和 J_- 的微分算子恰好是在 xt 平面上沿特征线 C_+ 和 C_- 的微分算子. 我们于是看出, 量 J_+ 和 J_- 分别沿各自的特征线 C_+ 和 C_- 保持不变. 也可以说, 量 J_+ 的小扰动只沿特征线 C_+ 传播, 而 J_- 的小扰动只沿特征线 C_- 传播.

在非等熵流的一般情形下, 方程 (104.1) 不能写为 (104.4) 的形式, 因为 $\mathrm{d}p/\rho c$ 不是全微分. 但是, 这些方程仍然可以把只沿某一族特征线传播的扰动

分开. 这样的扰动具有 $\delta v \pm \delta p/\rho c$ 的形式, 其中 δv 和 δp 是速度和压强的任意的小扰动. 这些扰动的传播可由线性方程描述:

$$\left[\frac{\partial}{\partial t}+(v\pm c)\frac{\partial}{\partial x}\right]\left(\delta v\pm\frac{\delta p}{\rho c}\right)=0. \tag{104.5}$$

为了得到描述小扰动的封闭的运动方程组, 再补充绝热方程

$$\left[\frac{\partial}{\partial t}+v\frac{\partial}{\partial x}\right]\delta s=0, \tag{104.6}$$

它表示扰动量 δs 沿特征线 C_0 传播. 任意一个小扰动总可以分解为上述三种互相独立的部分.

与公式 (101.4) 相比即可看出, 黎曼不变量 (104.2) 就是简单波中在整个流动区域内始终保持不变的量: 在向右传播的简单波中, J_- 保持不变, 而在向左传播的简单波中, J_+ 保持不变. 从数学观点来看, 这是简单波的基本性质. 特别地, 由此可以得出前一节所述的性质: 一族特征线是直线. 例如, 设简单波向右传播. 每一条特征线 C_+ 有一个保持不变的 J_+ 值, 此外, 量 J_- 在整个区域内处处相同, 所以在特征线 C_+ 上也保持不变. 但既然 J_+ 和 J_- 这两个量都保持不变, 所以 v 和 p (以及其余所有的量) 也是不变的. 特征线 C_+ 的这个性质直接表明它们是直线, 这个结果在 §103 中已经得到.

如果 xt 平面上两个相邻区域中的流动是由运动方程的两个不同的解析解描述的, 则这两个区域之间的分界线是一条特征线. 其实, 这条分界线是某些量的导数的间断线, 即某个弱间断, 它必然与某一条特征线重合.

简单波的下述性质在一维等熵流理论中至关重要: 在与均匀流 ($v=\mathrm{const}$, $p=\mathrm{const}$) 区域相邻的区域中, 流动一定是简单波.

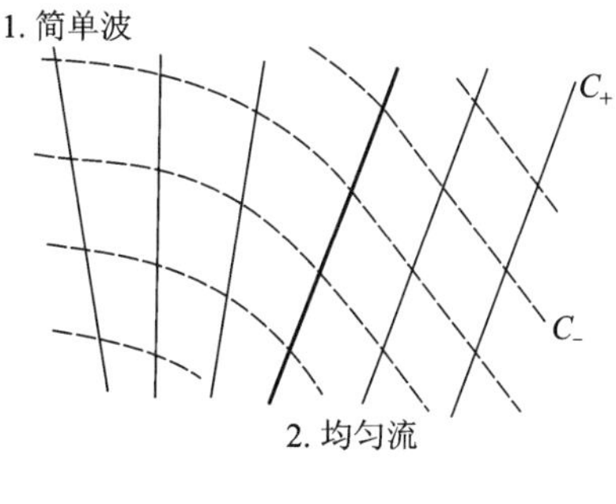

图 88

很容易证明这个结论. 在 xt 平面上, 设我们所关心的 1 区与右面的均匀流区域 2 相邻 (图 88). 显然, 两个不变量 J_+ 和 J_- 在 2 区中都是常量, 这两族特征线都是直线. 这两个区域之间的分界线是一条特征线 C_+, 并且一个区域中的特征线 C_+ 不会进入另一个区域. 但是, 特征线 C_- 可以从一个区域连续地进入另一个区域, 这一族特征线从 2 区带着不变的 J_- 值进入 1 区, 并完全覆盖后者. 因此, J_- 在整个 1 区中都是常量, 这里的流动因而是简单波.

某些确定的量沿特征线保持不变, 这种性质有助于我们说明如何提出流体动力学方程组初始条件和边界条件的一般问题. 在各种具体的物理问题中,

选取这些条件通常不会引起疑问, 它们直接取决于一些物理上的考虑. 然而在更复杂的问题中, 基于特征线一般性质的一些数学上的考虑也有好处.

为明确起见, 我们来讨论一维等熵气流. 从纯数学观点来看, 气体动力学问题通常归结为: 已知 xt 平面上两条给定曲线 (图 89 (a) 中的 OA 和 OB) 上的边界条件, 需要确定这两条曲线之间区域内的两个未知函数 (例如 v 和 p). 问题是, 在这些曲线上应当给出多少个量的值. 因为从每一条曲线上的每一点都可以引出两条特征线 C_+ 和 C_-, 所以该曲线相对于这些特征线方向 (在图 89 中由箭头表示)① 的位置变得非常重要. 可能出现两种情形: 两条特征线或者位于该曲线的同一侧, 或者分别位于它的两侧. 在图 89 (a) 中, 曲线 OA 属于第一种情形, OB 属于第二种情形. 显然, 为了在区域 AOB 中完全确定未知函数, 应当在曲线 OA 上给出两个量 (例如不变量 J_+ 和 J_-) 的值, 而在曲线 OB 上只需给出一个量的值. 其实, 第二个量的值将由相应特征线族从曲线 OA "传递" 到曲线 OB, 所以不能任意给定②. 类似地, 图 89 (b), (c) 分别给出两条曲线上各给出一个量或两个量的情形.

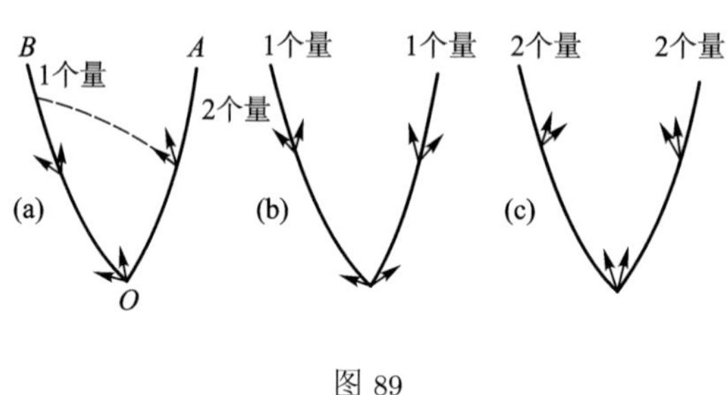

图 89

还应当指出, 如果边界曲线与任何一条特征线重合, 在这条曲线上就根本不能任意给出两个独立量的值, 因为它们的值满足一个条件——相应的黎曼不变量为常数.

在非等熵流的一般情形下, 可以采用类似方法讨论如何给出边界条件的问题.

我们在上面讨论的一维流动的特征线都是 xt 平面上的曲线. 但是, 也可以在用来描述流动的其他任何两个变量的平面上定义特征线. 例如, 可以考虑 vc 平面上的特征线. 对于等熵流, 这些特征线的方程可由带有任意常量的等式 $J_+ = \mathrm{const}$, $J_- = \mathrm{const}$ 给出 (我们将把这些特征线记为 Γ_+ 和 Γ_-). 于是, 根据 (104.3), 这些特征线在多方气体的情形下是两族平行直线 (图 90).

---

① 在 xt 平面上, 从给定点引出的特征线指向 t 增加的方向.

② 我们举出一个实例来具体说明这种情形: 活塞沿无穷长管道向里或向外运动时形成的气流. 这里讨论的问题是, 在 xt 平面上两条曲线之间的区域内求解气体动力学方程, 这两条曲线分别是 x 轴的右半部分和表示活塞运动的曲线 $x = X(t)$ (图 86, 87). 在第一条曲线上给定两个量的值 (给定初始条件: 当 $t = 0$ 时 $v = 0, p = p_0$), 而在第二条曲线上只需给定一个量的值 (给定 $v = u$, 其中 $u(t)$ 为活塞的速度).

值得指出的是, 这些特征线完全取决于所给运动介质 (气体) 的性质, 而与运动方程组的具体的解无关. 这是因为, 以 v, c 为自变量的等熵流方程 (见下一节) 是一个二阶线性偏微分方程, 其系数只依赖于自变量.

xt 平面上的特征线和 vc 平面上的特征线彼此对应, 这种对应关系可由运动方程组的给定解给出, 但根本不必是一一对应的. 例如, 一个给定的简单波在 vc 平面上只对应一条特征线, 即该简单波在 xt 平面上的所有特征线都对应这一条特征线. 于是, 对于向右传播的行波, 它是特征线 Γ_- 中的一条, 并且特征线 C_- 对应整条特征线 Γ_-, 而特征线 C_+ 对应特征线 Γ_- 上的单独一些点.

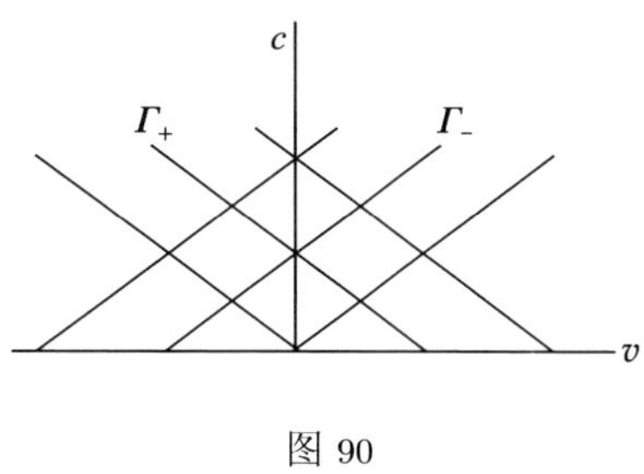

图 90

§105 任意的一维可压缩气流

现在研究关于任意的一维等熵可压缩气流 (没有激波) 的一般问题. 我们首先指出, 这个问题可以化为求解某个线性微分方程的问题.

任何一维流动 (只依赖于一个空间坐标的流动) 必定有势, 因为任何函数 $v(x,\ t)$ 都可以写为导数的形式: $v(x,\ t) = \partial\varphi(x,\ t)/\partial x$. 所以, 我们可以利用作为欧拉方程首次积分的伯努利方程 (9.3):

$$\frac{\partial\varphi}{\partial t} + \frac{v^2}{2} + w = 0.$$

对于微分 $\mathrm{d}\varphi$, 由此得到

$$\mathrm{d}\varphi = \frac{\partial\varphi}{\partial x}\mathrm{d}x + \frac{\partial\varphi}{\partial t}\mathrm{d}t = v\,\mathrm{d}x - \left(\frac{v^2}{2} + w\right)\mathrm{d}t.$$

这里的自变量为 x 和 t. 现在, 我们选取 v 和 w 作为新的自变量, 并为此进行勒让德变换. 我们写出

$$\mathrm{d}\varphi = \mathrm{d}(xv) - x\,\mathrm{d}v - \mathrm{d}\left[t\left(w + \frac{v^2}{2}\right)\right] + t\,\mathrm{d}\left(w + \frac{v^2}{2}\right),$$

并引入新的辅助函数

$$\chi = \varphi - xv + t\left(w + \frac{v^2}{2}\right)$$

来代替 φ, 则得到

$$\mathrm{d}\chi = -x\,\mathrm{d}v + t\,\mathrm{d}\left(w + \frac{v^2}{2}\right) = t\,\mathrm{d}w + (vt - x)\,\mathrm{d}v,$$

这里把 χ 看做 v 和 w 的函数. 把这个关系式与等式

$$\mathrm{d}\chi = \frac{\partial \chi}{\partial w}\mathrm{d}w + \frac{\partial \chi}{\partial v}\mathrm{d}v$$

进行对比, 我们有

$$t = \frac{\partial \chi}{\partial w}, \quad vt - x = \frac{\partial \chi}{\partial v},$$

即

$$t = \frac{\partial \chi}{\partial w}, \quad x = v\frac{\partial \chi}{\partial w} - \frac{\partial \chi}{\partial v}. \tag{105.1}$$

如果函数 $\chi(v,\ w)$ 已知, 根据这些公式就可以确定 v 和 w 对坐标 x 和时间 t 的依赖关系.

现在推导用来确定 χ 的方程. 为此, 我们考虑尚未利用的连续性方程

$$\frac{\partial \rho}{\partial t} + \frac{\partial}{\partial x}(\rho v) = \frac{\partial \rho}{\partial t} + v\frac{\partial \rho}{\partial x} + \rho\frac{\partial v}{\partial x} = 0,$$

并对这个方程进行变换, 以便用变量 v, w 来表示. 把偏导数写为雅可比行列式的形式, 则有

$$\frac{\partial(\rho,\ x)}{\partial(t,\ x)} + v\frac{\partial(t,\ \rho)}{\partial(t,\ x)} + \rho\frac{\partial(t,\ v)}{\partial(t,\ x)} = 0,$$

或再乘以 $\partial(t,\ x)/\partial(w,\ v)$, 即得

$$\frac{\partial(\rho,\ x)}{\partial(w,\ v)} + v\frac{\partial(t,\ \rho)}{\partial(w,\ v)} + \rho\frac{\partial(t,\ v)}{\partial(w,\ v)} = 0.$$

在展开这些雅可比行列式的时候, 应当注意下述结果. 根据气体的状态方程, 密度 ρ 是其他任何两个独立热力学量的函数. 例如, 可以把 ρ 看做 w 和 s 的函数, 并且当 $s = \text{const}$ 时有 $\rho = \rho(w)$. 这时重要的是, 在自变量 v, w 下, 密度不依赖于 v. 展开雅可比行列式, 我们于是得到

$$\frac{\mathrm{d}\rho}{\mathrm{d}w}\frac{\partial x}{\partial v} - v\frac{\mathrm{d}\rho}{\mathrm{d}w}\frac{\partial t}{\partial v} + \rho\frac{\partial t}{\partial w} = 0.$$

把 t 和 x 的表达式 (105.1) 代入此式, 化简后得到

$$\frac{1}{\rho}\frac{\mathrm{d}\rho}{\mathrm{d}w}\left(\frac{\partial \chi}{\partial w} - \frac{\partial^2 \chi}{\partial v^2}\right) + \frac{\partial^2 \chi}{\partial w^2} = 0.$$

在 $s = \text{const}$ 的条件下有 $\mathrm{d}w = \mathrm{d}p/\rho$, 于是可以写出

$$\frac{\mathrm{d}\rho}{\mathrm{d}w} = \frac{\mathrm{d}\rho}{\mathrm{d}p}\frac{\mathrm{d}p}{\mathrm{d}w} = \frac{\rho}{c^2}.$$

最后得到 χ 的以下方程:

$$c^2\frac{\partial^2 \chi}{\partial w^2} - \frac{\partial^2 \chi}{\partial v^2} + \frac{\partial \chi}{\partial w} = 0 \tag{105.2}$$

(这里应把声速 c 看做 w 的函数). 于是, 求解非线性运动方程的问题已经化为求解线性方程的问题.

我们对多方气体应用这个方程. 这时 $c^2=(\gamma-1)w$, 所以基本方程 (105.2) 的形式变为

$$(\gamma-1)w\frac{\partial^2\chi}{\partial w^2}-\frac{\partial^2\chi}{\partial v^2}+\frac{\partial\chi}{\partial w}=0. \tag{105.3}$$

如果 $(3-\gamma)/(\gamma-1)$ 是偶数, 即

$$\frac{3-\gamma}{\gamma-1}=2n,\quad \gamma=\frac{3+2n}{2n+1},\quad n=0,\ 1,\ 2,\ \cdots, \tag{105.4}$$

就可以用初等方法求出这个方程的通解. 单原子气体 ($\gamma=5/3$, $n=1$) 和双原子气体 ($\gamma=7/5$, $n=2$) 恰好满足这个条件. 用 n 来表示 γ, 我们把方程 (105.3) 改写为

$$\frac{2}{2n+1}w\frac{\partial^2\chi}{\partial w^2}-\frac{\partial^2\chi}{\partial v^2}+\frac{\partial\chi}{\partial w}=0. \tag{105.5}$$

对于给定的 n, 我们把满足这个方程的函数记为 χ_n. 对于函数 χ_0, 我们有

$$2w\frac{\partial^2\chi_0}{\partial w^2}-\frac{\partial^2\chi_0}{\partial v^2}+\frac{\partial^2\chi_0}{\partial w}=0.$$

引入变量 $u=\sqrt{2w}$ 来代替 w, 得到

$$\frac{\partial^2\chi_0}{\partial u^2}-\frac{\partial^2\chi_0}{\partial v^2}=0,$$

而这是通常的波动方程, 其通解为 $\chi_0=f_1(u+v)+f_2(u-v)$, 其中 f_1, f_2 为任意函数. 因此,

$$\chi_0=f_1\big(\sqrt{2w}+v\big)+f_2\big(\sqrt{2w}-v\big). \tag{105.6}$$

现在证明, 如果函数 χ_n 已知, 则通过简单的微分运算即可得到函数 χ_{n+1}. 其实, 计算方程 (105.5) 对 w 的导数, 整理后得到

$$\frac{2}{2n+1}w\frac{\partial^2}{\partial w^2}\left(\frac{\partial\chi_n}{\partial w}\right)+\frac{2n+3}{2n+1}\frac{\partial}{\partial w}\left(\frac{\partial\chi_n}{\partial w}\right)-\frac{\partial^2}{\partial v^2}\left(\frac{\partial\chi_n}{\partial w}\right)=0.$$

如果引入变量

$$v'=v\sqrt{\frac{2n+3}{2n+1}}$$

来代替 v, 就得到 $\partial\chi_n/\partial w$ 的方程

$$\frac{2}{2(n+1)+1}w\frac{\partial^2}{\partial w^2}\left(\frac{\partial\chi_n}{\partial w}\right)+\frac{\partial}{\partial w}\left(\frac{\partial\chi_n}{\partial w}\right)-\frac{\partial^2}{\partial v'^2}\left(\frac{\partial\chi_n}{\partial w}\right)=0,$$

这就是关于函数 $\chi_{n+1}(w,\ v')$ 的方程 (105.5). 因此, 我们的结果是

$$\chi_{n+1}(w,\ v') = \frac{\partial}{\partial w}\chi_n(w,\ v) = \frac{\partial}{\partial w}\chi_n\left(w,\ \sqrt{\frac{2n+1}{2n+3}}v'\right). \tag{105.7}$$

对函数 χ_0 (105.6) 使用这个公式 n 次, 就得到方程 (105.5) 的所需通解

$$\chi = \frac{\partial^n}{\partial w^n}\left[f_1\left(\sqrt{2(2n+1)w}+v\right) + f_2\left(\sqrt{2(2n+1)w}-v\right)\right],$$

即

$$\chi = \frac{\partial^{n-1}}{\partial w^{n-1}}\left[\frac{F_1\left(\sqrt{2(2n+1)w}+v\right) + F_2\left(\sqrt{2(2n+1)w}-v\right)}{\sqrt{w}}\right], \tag{105.8}$$

其中 F_1, F_2 仍是两个任意的函数.

如果按照

$$w = \frac{c^2}{\gamma-1} = \frac{2n+1}{2}c^2$$

引入声速来代替 w, 则解 (105.8) 的形式变为

$$\chi = \left(\frac{1}{c}\frac{\partial}{\partial c}\right)^{n-1}\left[\frac{1}{c}F_1\left(c+\frac{v}{2n+1}\right) + \frac{1}{c}F_2\left(c-\frac{v}{2n+1}\right)\right]. \tag{105.9}$$

作为任意函数自变量的表达式

$$c \pm \frac{v}{2n+1} = c \pm \frac{\gamma-1}{2}v$$

就是沿特征线保持不变的黎曼不变量 (104.3).

在实际应用中常常需要计算函数 $\chi(v,\ c)$ 在特征线上的值, 这时可以应用以下公式①:

$$\left(\frac{1}{c}\frac{\partial}{\partial c}\right)^{n-1}\left[\frac{1}{c}F\left(c\pm\frac{v}{2n+1}\right)\right] = \frac{1}{2^{n-1}}\frac{\partial^{n-1}}{\partial c^{n-1}}\frac{F(2c+a)}{c^n}, \tag{105.10}$$

其中

$$\pm\frac{v}{2n+1} = c+a$$

(a 是任意常量).

---

① 推导这个公式的最简单方法是应用复变函数论中的柯西定理. 对于任意函数 $F(c+u)$, 我们有

$$\left(\frac{1}{c}\frac{\partial}{\partial c}\right)^{n-1}\frac{F(c+u)}{c} = 2^{n-1}\left(\frac{\partial}{\partial c^2}\right)^{n-1}\frac{F(c+u)}{c} = 2^{n-1}\frac{(n-1)!}{2\pi \mathrm{i}}\oint\frac{F(\sqrt{z}+u)}{\sqrt{z}\,(z-c^2)^n}\,\mathrm{d}z,$$

这里的积分是沿复平面 z 上围绕点 $z=c^2$ 的封闭曲线进行的. 现在令 $u=c+a$, 并在积分中作代换 $\sqrt{z}=2\zeta-c$, 我们得到

$$\frac{1}{2^{n-1}}\frac{(n-1)!}{2\pi \mathrm{i}}\oint\frac{F(2\zeta+a)}{\zeta^n(\zeta-c)^n}\,\mathrm{d}\zeta,$$

积分域现在是围绕点 $\zeta=c$ 的封闭曲线. 再次应用柯西定理即可求出, 这个积分就是在正文中写出的表达式.

现在, 我们来说明这里求出的气体动力学方程通解与描述简单波的解之间的关系. 后者的特性在于, v 与 w 之间有一定的函数关系, $v=v(w)$, 所以雅可比行列式

$$\Delta=\frac{\partial(v,\ w)}{\partial(x,\ t)}$$

恒等于零. 但是, 我们在变换到变量 v, w 时必须让运动方程除以该雅可比行列式, $\Delta\equiv 0$ 的解因而消失.

因此, 简单波并不直接包含在运动方程的通解中, 而是运动方程的一个特解.

不过, 为了理解这个特解的本质, 非常重要的是, 可以通过一个特定的极限过程从通解得到这个特解, 而这个极限过程与特征线的物理意义 (特征线是小扰动的传播路径) 密切相关. 设想 vw 平面上函数 $\chi(v,\ w)$ 不为零的一个区域收缩为沿一条特征线的很窄 (在极限下无穷窄) 的带状区域. 因为 χ 在该特征线的垂直方向上减小得非常快, 所以 χ 在这个方向上的导数这时有很大 (在极限下无穷大) 的取值范围. 运动方程一定有这样的解 $\chi(v,\ w)$. 其实, 如果把它们看做 vw 平面上的"扰动", 则该解满足几何声学的条件, 所以这样的扰动必然位于特征线上.

从上述讨论显然可知, 对于这样的函数 χ, 时间 $t=\partial\chi/\partial w$ 将有任意大的取值范围, 而 χ 沿特征线的导数是某个有限量. 但是, 沿特征线 (例如 $\mathit{\Gamma}_-$) 有

$$\frac{\mathrm{d}J_-}{\mathrm{d}v}=1-\frac{1}{\rho c}\frac{\mathrm{d}p}{\mathrm{d}w}\frac{\mathrm{d}w}{\mathrm{d}v}=1-\frac{1}{c}\frac{\mathrm{d}w}{\mathrm{d}v}=0,$$

所以 χ 沿特征线对 v 的导数 (记为 $-f(v)$) 为

$$\frac{\mathrm{d}\chi}{\mathrm{d}v}=\frac{\partial\chi}{\partial v}+\frac{\partial\chi}{\partial w}\frac{\partial w}{\partial v}=\frac{\partial\chi}{\partial v}+c\frac{\partial\chi}{\partial w}=-f(v).$$

把 χ 的偏导数按照 (105.1) 通过 x 和 t 表示, 由此得到关系式 $x=(v+c)t+f(v)$, 这正好是简单波方程 (105.5). 因为 J_- 沿特征线 $\mathit{\Gamma}_-$ 保持不变, 所以给出简单波中 v 与 c 之间关系的表达式 (101.4) 自动成立.

在 §104 中已经证明, 如果运动方程的解在 xt 平面的某个部分归结为均匀流, 则在其相邻区域内必定有简单波. 所以, 由通解 (105.8) 描述的运动, 只有通过中间的简单波区域才能过渡到均匀流 (包括静止区域). 像任何两个不同解析解区域之间的分界线一样, 简单波与通解之间的分界线也是一条特征线. 在求解各种具体问题时, 必须确定函数 $\chi(w,\ v)$ 在边界特征线上的值.

把 x 和 t 的表达式 (105.1) 代入简单波方程 $x=(v\pm c)t+f(v)$, 可以得到把简单波和通解在边界特征线上连接起来的条件, 该条件给出

$$\frac{\partial\chi}{\partial v}\pm c\frac{\partial\chi}{\partial w}+f(v)=0.$$

此外, 在简单波中 (以及边界特征线上) 有

$$\mathrm{d}v = \pm\frac{\mathrm{d}p}{\rho c} = \pm\frac{\mathrm{d}w}{c},$$

即 $\pm c = \mathrm{d}w/\mathrm{d}v$. 把它代入上述条件, 得到

$$\frac{\partial\chi}{\partial v} + \frac{\partial\chi}{\partial w}\frac{\mathrm{d}w}{\mathrm{d}v} + f(v) = \frac{\mathrm{d}\chi}{\mathrm{d}v} + f(v) = 0,$$

由此最后得到

$$\chi = -\int f(v)\,\mathrm{d}v, \tag{105.11}$$

这样就确定出 χ 的所需边界值. 例如, 如果简单波中心位于坐标原点, 即如果 $f(v)\equiv 0$, 则 $\chi = \mathrm{const}$. 因为函数 χ 只能确定到相差一个附加常量, 所以在这种情况下可以在边界特征线上令 $\chi = 0$ 而不失一般性.

习 题

1. 求中心稀疏波被固壁反射时出现的流动.

解: 设稀疏波在 $t=0$ 时形成于点 $x=0$ 并向 x 轴的正方向传播, 经过时间 $t=l/c_0$ 后到达固壁, 式中 l 是到固壁的距离. 在图 91 中画出了稀疏波反射过程中的特征线. 气体在 1 区和 $1'$ 区中静止, 在 3 区中以常速度 $v=-U$ 运动[①]. 2 区是入射稀疏波 (具有直线特征线 C_+), 5 区是反射波 (具有直线特征线 C_-). 4 区是"相互作用区", 这是需要求解的区域, 直线特征线进入这个区域后就开始变弯. 这个解完全取决于线段 ab 和 ac 上的边界条件. 在 ab 上 (即固壁上) 应有

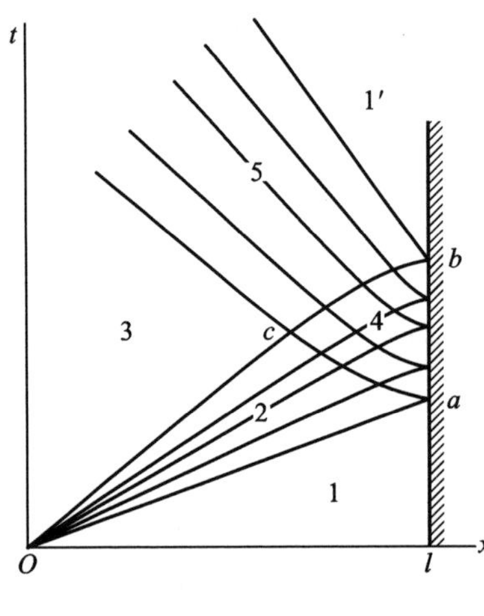

图 91

$$\text{在 } x=l \text{ 处}, \quad v=0.$$

根据 (105.1), 由此得到条件

$$\text{当 } v=0 \text{ 时}, \quad \frac{\partial\chi}{\partial v} = -l.$$

稀疏波的边界 ac 是特征线 C_- 的一段, 所以在这段边界上有

$$c - \frac{\gamma-1}{2}v = c - \frac{v}{2n+1} = \mathrm{const},$$

又因为在点 a 有 $v=0$, $c=c_0$, 所以 $\mathrm{const}=c_0$. 在这段边界上应有 $\chi=0$, 于是有条件

$$\text{当 } c - \frac{v}{2n+1} = c_0 \text{ 时}, \quad \chi = 0.$$

---

① 如果稀疏波是因为管道内的活塞开始向外匀速运动而产生的, 则 U 是活塞的速度.

容易看出, 形如 (105.9) 并满足这些条件的函数为

$$\chi=\frac{l(2n+1)}{2^n n!}\left(\frac{1}{c}\frac{\partial}{\partial c}\right)^{n-1}\left\{\frac{1}{c}\left[\left(c-\frac{v}{2n+1}\right)^2-c_0^2\right]^n\right\}, \tag{1}$$

这就是所求的解.

特征线 ac 的方程为 (见 §103 的习题)

$$x=-(2n+1)c_0t+2(n+1)l\left(\frac{tc_0}{l}\right)^{(2n+1)/2(n+1)}.$$

它与特征线 O_c

$$\frac{x}{t}=c_0-\frac{\gamma+1}{2}U=c_0-\frac{2(n+1)}{2n+1}U$$

的交点确定入射波消失的时刻:

$$t_c=\frac{l(2n+1)^{n+1}c_0^n}{[(2n+1)c_0-U]^{n+1}}.$$

对于图 91, 我们假设 $U<2c_0/(\gamma+1)$. 在相反的情形下, 特征线 Oc 指向 x 轴的负方向 (图 92), 入射波和反射波的相互作用过程会持续无穷长时间 (而不像图 91 那样只持续有限时间).

函数 (1) 还描述两个相同的中心稀疏波之间的相互作用, 二者在 $t=0$ 时分别从点 $x=0$ 和 $x=2l$ 发出并彼此相向传播. 根据对称性, 这是显然的 (图 93).

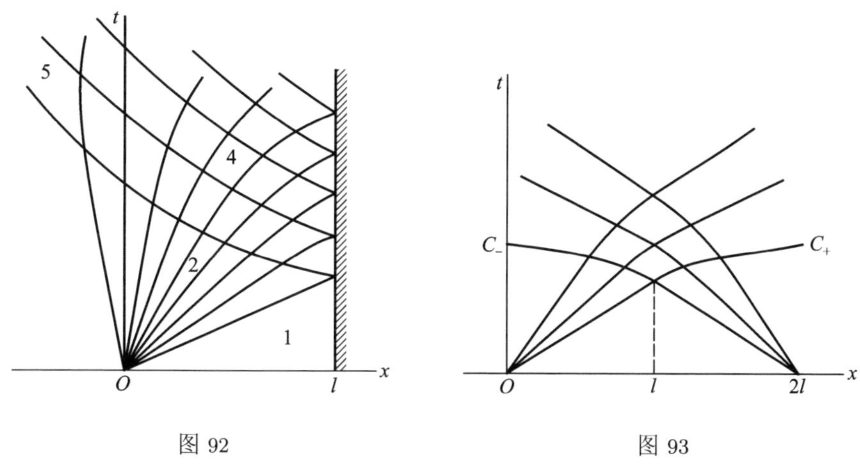

图 92　　　　图 93

2. 对于理想气体的一维等温流, 推导出类似于 (105.3) 的方程.

解: 对于等温流, 应当把伯努利方程中的焓 w 改为

$$\mu=\int\frac{\mathrm{d}p}{\rho}=c_T^2\int\frac{\mathrm{d}\rho}{\rho}=c_T^2\ln\rho,$$

其中 $c_T^2=(\partial p/\partial\rho)_T$ 是等温声速的平方. 对于理想气体, 在等温情形下 $c_T=\mathrm{const}$. 选取 μ (代替 w) 为自变量, 用正文中的方法得到函数 χ 的以下常系数线性方程:

$$c_T^2\frac{\partial^2\chi}{\partial\mu^2}+\frac{\partial\chi}{\partial\mu}-\frac{\partial^2\chi}{\partial v^2}=0.$$

§ 106 强爆炸问题

我们来研究由强爆炸产生的高强度球面激波的传播. 强爆炸是指在某个不大的体积中突然释放出大量能量 (用字母 E 表示这些能量). 假设强激波在多方气体中传播①.

我们将研究距离爆炸源不太远的激波, 其强度在这样的距离上仍然很大. 与此同时, 假设该距离远大于爆炸源的尺寸, 这样就可以认为能量 E 是从一个点 (坐标原点) 释放出来的.

激波强度很大, 这意味着压强间断值很大. 我们假设间断面后方的压强 p_2 远大于间断面前方未受扰动气体的压强 p_1, 使得

$$\frac{p_2}{p_1} \gg \frac{\gamma+1}{\gamma-1}.$$

于是, 与 p_2 相比可以处处忽略 p_1, 且密度比 ρ_2/ρ_1 等于其极限值 $(\gamma+1)/(\gamma-1)$ (见 § 89).

因此, 整个流动图像只取决于两个参量: 气体的初始密度 ρ_1 和爆炸中所释放的能量 E. 从这些参量以及两个自变量 (时间 t 和径向坐标 r) 只能构成一个无量纲组合, 我们把它写为

$$r\left(\frac{\rho_1}{Et^2}\right)^{1/5}.$$

于是, 整个流动具有确定的自相似性.

首先可以断言, 激波本身在每一时刻的位置应当对应于上述无量纲组合的一个确定的值, 由此立即可以求出激波随时间的移动规律. 用字母 R 表示激波到中心的距离, 我们有

$$R = \beta\left(\frac{Et^2}{\rho_1}\right)^{1/5}, \tag{106.1}$$

其中 β 是一个常数 (依赖于 γ), 该常数本身要在求解运动方程后才能确定. 激波的传播速度 (相对于未受扰动的气体, 即相对于静止坐标系) 为

$$u_1 = \frac{\mathrm{d}R}{\mathrm{d}t} = \frac{2R}{5t} = \frac{2\beta E^{1/5}}{5\rho_1^{1/5}t^{3/5}}. \tag{106.2}$$

因此, 在所研究的问题中, 从简单的量纲分析就已经可以确定激波的移动规律 (精确到相差一个常数因子).

---

① 在下文中给出的解是由 Л. И. 谢多夫 (1946) 和 J. von 诺依曼 (1947) 分别独立得到的. G. I. 泰勒 (1941, 发表于 1950) 也研究过这个问题, 但不如前者全面 (没有构造出方程的解析解).

根据在 §89 中得到的公式, 可以用 u_1 表示间断面后方气体的压强 p_2, 密度 ρ_2 和速度 $v_2 = u_2 - u_1$ (相对于静止坐标系). 根据 (89.10), (89.11), 我们有①

$$v_2 = \frac{2}{\gamma+1}u_1, \quad \rho_2 = \frac{\gamma+1}{\gamma-1}\rho_1, \quad p_2 = \frac{2}{\gamma+1}\rho_1 u_1^2. \tag{106.3}$$

密度不随时间变化, 而 v_2 和 p_2 分别按照 $t^{-3/5}$ 和 $t^{-6/5}$ 的规律减小. 我们还指出, 随着爆炸总能量的增加, 由激波产生的压强 p_2 按照 $E^{2/5}$ 的规律增加.

其次, 我们来确定激波后方整个区域中的气流. 按照以下关系式②引入无量纲变量 V, G, Z 来代替气体的速度 v, 密度 ρ 和声速的平方 $c^2 = \gamma p/\rho$ (用来代替压强 p):

$$v = \frac{2r}{5t}V, \quad \rho = \rho_1 G, \quad c^2 = \frac{4r^2}{25t^2}Z. \tag{106.4}$$

量 V, G, Z 只能是一个独立的无量纲自相似变量的函数, 我们把这个自相似变量定义为

$$\xi = \frac{r}{R(t)} = \frac{r}{\beta}\left(\frac{\rho_1}{Et^2}\right)^{1/5}. \tag{106.5}$$

按照 (106.3), 这些量在间断面上 (即当 $\xi = 1$ 时) 应当取以下值:

$$V(1) = \frac{2}{\gamma+1}, \quad G(1) = \frac{\gamma+1}{\gamma-1}, \quad Z(1) = \frac{2\gamma(\gamma-1)}{(\gamma+1)^2}. \tag{106.6}$$

气体的中心对称绝热流动方程组为

$$\begin{aligned} &\frac{\partial v}{\partial t} + v\frac{\partial v}{\partial r} = -\frac{1}{\rho}\frac{\partial p}{\partial r}, \\ &\frac{\partial \rho}{\partial t} + \frac{\partial(\rho v)}{\partial r} + \frac{2\rho v}{r} = 0, \\ &\left(\frac{\partial}{\partial t} + v\frac{\partial}{\partial r}\right)\ln\frac{p}{\rho^\gamma} = 0. \end{aligned} \tag{106.7}$$

最后一个方程是熵守恒方程, 其中已经利用了多方气体的熵表达式 (83.12). 把表达式 (106.4) 代入之后, 就得到关于函数 V, G, Z 的常微分方程组. 利用下述方法直接就可以写出这个方程组的一个积分, 从而可以简化其求解过程.

我们已经忽略了未受扰动气体的压强 p_1, 换言之, 这意味着与气体从爆炸获得的能量 E 相比, 我们忽略了气体原有的能量. 由此显见, 以激波为界

① 我们在这里用 u_1 和 u_2 表示由公式 (89.11) 给出的相对于气体的激波速度.

② 不要混淆本节和下一节中的记号 V 与其余各处的质量体积记号!

的球面内的气体总能量保持不变 (并等于 E). 此外, 从流动的自相似性显然可知, 如果任取一个更小半径的球面并让该半径按照规律 $\xi = \text{const}$ 随时间增加, 式中的 const 可以取任何值 (不仅仅等于 1), 则该球面内的气体能量也应当保持不变, 并且该球面上任何一点的径向移动速度等于 $v_n = 2r/5t$ (请对比 (106.2)).

容易写出表示这种能量不变性的方程. 一方面, 在 $\mathrm{d}t$ 时间内流出球面 (其面积为 $4\pi r^2$) 的能量为

$$\mathrm{d}t \cdot 4\pi r^2 \rho v \left(w + \frac{v^2}{2}\right).$$

另一方面, 相应球体的体积在这段时间内增加了 $\mathrm{d}t \cdot 4\pi r^2 v_n$, 这部分体积增量内的气体能量为

$$\mathrm{d}t \cdot 4\pi r^2 \rho v_n \left(\varepsilon + \frac{v^2}{2}\right).$$

让这两个表达式相等, 把 ε 和 w 的表达式 (83.10) 和 (83.11) 代入, 再按照 (106.4) 引入无量纲函数, 就得到关系式

$$Z = \frac{\gamma(\gamma-1)(1-V)V^2}{2(\gamma V - 1)}. \tag{106.8}$$

这就是所求的积分, 它自动满足边界条件 (106.6).

求出积分 (106.8) 之后, 通过初等运算即可求解方程组, 虽然这很繁琐. 方程组 (106.7) 中的第二个和第三个方程给出

$$\begin{aligned} &\frac{\mathrm{d}V}{\mathrm{d}\ln\xi} - (1-V)\frac{\mathrm{d}\ln G}{\mathrm{d}\ln\xi} = -3V, \\ &\frac{\mathrm{d}\ln Z}{\mathrm{d}\ln\xi} - (\gamma-1)\frac{\mathrm{d}\ln G}{\mathrm{d}\ln\xi} = -\frac{5-2V}{1-V}. \end{aligned} \tag{106.9}$$

从这两个方程出发, 利用关系式 (106.8) 把导数 $\mathrm{d}V/\mathrm{d}\ln\xi$ 和 $\mathrm{d}\ln G/\mathrm{d}V$ 表示为 V 这一个自变量的函数, 然后利用边界条件 (106.6), 就得到以下结果:

$$\begin{aligned} &\xi^5 = \left(\frac{\gamma+1}{2}V\right)^{-2}\left\{\frac{\gamma+1}{7-\gamma}[5-(3\gamma-1)V]\right\}^{\nu_1}\left[\frac{\gamma+1}{\gamma-1}(\gamma V-1)\right]^{\nu_2}, \\ &G = \frac{\gamma+1}{\gamma-1}\left[\frac{\gamma+1}{\gamma-1}(\gamma V-1)\right]^{\nu_3}\left\{\frac{\gamma+1}{7-\gamma}[5-(3\gamma-1)V]\right\}^{\nu_4}\left[\frac{\gamma+1}{\gamma-1}(1-V)\right]^{\nu_5}, \\ &\nu_1 = -\frac{13\gamma^2-7\gamma+12}{(3\gamma-1)(2\gamma+1)}, \quad \nu_2 = \frac{5(\gamma-1)}{2\gamma+1}, \quad \nu_3 = \frac{3}{2\gamma+1}, \\ &\nu_4 = -\frac{\nu_1}{2-\gamma}, \quad \nu_5 = -\frac{2}{2-\gamma}. \end{aligned} \tag{106.10}$$

公式 (106.8), (106.10) 给出所提问题的完整的解. 自变量 ξ 定义式中的常数 β 可由条件

$$E=\int_0^R\rho\left[\frac{v^2}{2}+\frac{c^2}{\gamma(\gamma-1)}\right]4\pi r^2\,\mathrm{d}r$$

确定, 它表示气体的总能量等于爆炸的能量 E. 引入无量纲量后, 这个条件的形式变为

$$\frac{16\pi}{25}\beta^5\int_0^1 G\left[\frac{V^2}{2}+\frac{Z}{\gamma(\gamma-1)}\right]\xi^4\,\mathrm{d}\xi=1. \qquad (106.11)$$

例如, 对于空气 ($\gamma=7/5$), 结果是 $\beta=1.033$.

从公式 (106.10) 容易看出, 当 $\xi\to 0$ 时, 函数 V 趋于一个常数, 而函数 G 趋于零, 相应规律为

$$V-\frac{1}{\gamma}\propto\xi^{5/\nu_2},\quad G\propto\xi^{5\nu_3/\nu_2}.$$

由此可知, 作为比值 $r/R=\xi$ 的函数, 比值 v/v_2 和 ρ/ρ_2 在 $\xi\to 0$ 时按照规律

$$\frac{v}{v_2}\propto\frac{r}{R},\quad \frac{\rho}{\rho_2}\propto\left(\frac{r}{R}\right)^{3/(\gamma-1)} \qquad (106.12)$$

趋于零, 压强比 p/p_2 趋于一个常数, 而温度比相应地趋于无穷大①.

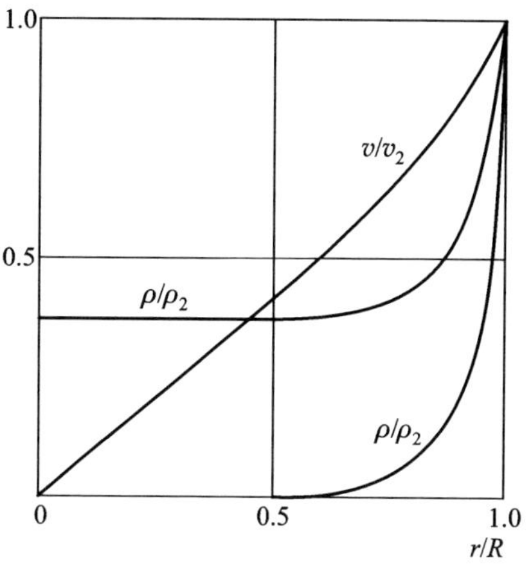

图 94

对于空气 ($\gamma=1.4$), 在图 94 中画出了比值 $v/v_2, p/p_2$ 和 ρ/ρ_2 对 r/R 的函数关系图像. 值得注意的是, 密度在指向球心的方向上非常迅速地减小, 几乎全部物质都集中在激波后方比较薄的一层中. 这是一个很自然的结论, 因为在具有最大半径 R 的球面上, 气体密度应当是正常密度的 6 倍②.

① 这个结论在 $\gamma<7$ 时成立 (函数 $V(\xi)$ 的值这时从 $V(1)=2/(\gamma+1)$ 变化到 $V(0)=1/\gamma$). 对于真实气体, 如果其热力学函数可以用多方气体公式来逼近, 则这个不等式必定成立 (所以单原子气体所对应的值 5/3 实际上是 γ 的上界). 但为了形式上的完备性, 我们指出, 当 $\gamma>7$ 时, 函数 $V(\xi)$ 从 $\xi=1$ 时的值 $2/(\gamma+1)$ 变化到极限值 1, 后者对应一个确定的值 $\xi=\xi_0<1$ (与 γ 有关). 函数 G 在这个点等于零, 即出现一个扩张的球形真空区.

② Л. И. 谢多夫在其专著中给出了当 γ 取其他值时的计算结果, 以及柱面对称情形下强爆炸问题的类似的解, 见: Седов Л. И. Методы подобия и размерности в механике. 10-е изд. Москва: Наука, 1987 (第八版中译本: Л. И. 谢多夫. 力学中的相似方法与量纲理论. 沈青, 倪锄非, 李维新译. 北京: 科学出版社, 1982). 第四章, § 11.

§ 107 汇聚的球面激波

关于向中心汇聚的高强度激波的问题具有许多有益的特性①. 我们并不关心这种激波的具体产生机理, 只要设想它是在某种"球面活塞"的冲击下形成的. 球面激波在向中心汇聚的过程中不断加强.

我们将研究激波汇聚过程的最后阶段, 这时球面间断面的半径 R 已经远小于其初始半径——"活塞"的半径 R_0. 在这个阶段中, 运动特性在很大程度上 (下面将看到在多大程度上) 与具体的初始条件无关. 我们将认为激波强度已经足够大, 以至于与激波后方压强 p_2 相比可以忽略其前方压强 p_1 (在前一节中也这样假设). 至于所研究区域 $r \sim R \ll R_0$ 中的气体总能量 (该区域是变化的!), 它根本不再是常量 (下面将看到, 这部分能量随时间减小).

所研究运动的空间尺度只取决于随时间变化的激波半径 $R(t)$ 本身, 而速度尺度取决于导数 $\mathrm{d}R/\mathrm{d}t$. 在这些条件下自然可以假设, 运动是自相似的, 具有独立的"自相似变量" $\xi = r/R(t)$. 但是, 仅仅利用量纲分析无法确定函数关系 $R(t)$.

取激波汇聚时刻 (即 R 变为零的时刻) 作为 $t=0$, 则此前的时间对应于 $t<0$. 我们将寻求形如

$$R(t) = A(-t)^{\alpha} \tag{107.1}$$

的函数 $R(t)$, 它带有预先未知的**自相似指数** α. 结果表明, 这个指数取决于带有合适边界条件的运动方程 (在区域 $r \ll R_0$ 中) 的解本身存在的条件. 这样还可以求出常参量 A 的量纲, 但该参量的值仍然是不确定的, 原则上只有在求解全部气体运动问题之后才能最终确定下来, 而这就要把自相似解与距离 $r \sim R_0$ 上的解连接起来, 后者依赖于具体的边界条件. 阶段 $R \ll R_0$ 的运动对激波最初形成方法的依赖性正是通过这个参量, 并且只有通过这个参量, 才表现出来.

我们来展示如何求解这样提出的问题.

仿照 § 106 的做法, 按以下定义引入无量纲未知函数:

$$v = \frac{\alpha r}{t} V(\xi), \quad \rho = \rho_1 G(\xi), \quad c^2 = \frac{\alpha^2 r^2}{t^2} Z(\xi), \tag{107.2}$$

其中

$$\xi = \frac{r}{R(t)} = \frac{r}{A(-t)^{\alpha}} \tag{107.3}$$

---

① G. 古德莱 (1942) 以及 Л. Д. 朗道和 К. П. 斯坦纽科维奇 (1944, 发表于 1955) 分别独立地研究过这个问题.

(定义式 (107.2) 在 $\alpha=2/5$ 时与 (106.4) 相同). 我们还记得, v 是气体相对于静止坐标系的径向速度, 该坐标系与球面 $r=R_0$ 以内的静止气体相关联. 气体与激波一起向中心运动, 这对应于 $v<0$ (所以 $V(\xi)>0$).

运动方程的待求的解其实只适用于激波后方 $r\sim R$ 的区域和足够小的时间 t (这时 $R\ll R_0$), 但我们所得到的解在形式上包括从间断面到无穷远处的全部空间 $r\geqslant R$ 和 $t\leqslant 0$ 的全部时间, 并且变量 ξ 的取值范围是从 1 到 ∞ 的所有值. 因此, 可以提出函数 G, V, Z 在 $\xi=1$ 和 $\xi=\infty$ 处的边界条件.

值 $\xi=1$ 对应于激波面, 这里的边界条件与 (106.6) 相同.

为了建立无穷远处 (对于 ξ) 的边界条件, 我们指出, 当 $t=0$ 时 (当激波汇聚于一点时), 所有的量 v, ρ, c^2 在全部有限距离上应当是有限的. 但在 $t=0$, $r\neq 0$ 时, 变量 $\xi=\infty$.

为了让函数 $v(r,\ t)$ 和 $c^2(r,\ t)$ 这时仍然是有限的, 函数 $V(\xi)$ 和 $Z(\xi)$ 应当为零,

$$V(\infty)=0,\quad Z(\infty)=0. \tag{107.4}$$

把 (107.2), (107.3) 代入方程组 (106.7), 其形式变为

$$\begin{aligned}
&(1-V)\frac{\mathrm{d}V}{\mathrm{d}\ln\xi}-\frac{Z}{\gamma}\frac{\mathrm{d}\ln G}{\mathrm{d}\ln\xi}-\frac{1}{\gamma}\frac{\mathrm{d}Z}{\mathrm{d}\ln\xi}=\frac{2}{\gamma}Z-V\left(\frac{1}{\alpha}-V\right),\\
&\frac{\mathrm{d}V}{\mathrm{d}\ln\xi}-(1-V)\frac{\mathrm{d}\ln G}{\mathrm{d}\ln\xi}=-3V,\\
&(\gamma-1)Z\frac{\mathrm{d}\ln G}{\mathrm{d}\ln\xi}-\frac{\mathrm{d}Z}{\mathrm{d}\ln\xi}=\frac{2Z(1/\alpha-V)}{1-V}
\end{aligned}\tag{107.5}$$

(请对比最后两个方程与 (106.9)). 我们指出, 在这些方程中, 自变量 ξ 只以微分 $\mathrm{d}\ln\xi$ 的形式出现, 而常量 $\ln A$ 则完全消失, 所以仍然是不确定的, 这与上面的说法一致.

在方程 (107.5) 中, 导数项的系数和右侧只包含 V 和 Z (但不包含 G)①. 从这些方程求出导数, 我们把它们通过这两个函数表示出来, 于是得到方程

$$\frac{\mathrm{d}\ln\xi}{\mathrm{d}V}=-\frac{Z-(1-V)^2}{(3V-\varkappa)Z-V(1-V)(1/\alpha-V)}, \tag{107.6}$$

$$(1-V)\frac{\mathrm{d}\ln G}{\mathrm{d}\xi}=3V-\frac{(3V-\varkappa)Z-V(1-V)(1/\alpha-V)}{Z-(1-V)^2} \tag{107.7}$$

($\varkappa=2(l-\alpha)/\alpha\gamma$). 再取导数 $\mathrm{d}Z/\mathrm{d}\ln\xi$ 与 $\mathrm{d}V/\mathrm{d}\ln\xi$ 之商, 从而得到第三个方程:

$$\frac{\mathrm{d}Z}{\mathrm{d}V}=\frac{Z}{1-V}\left\{\frac{[Z-(1-V)^2][2/\alpha-(3\gamma-1)V]}{(3V-\varkappa)Z-V(1-V)(1/\alpha-V)}+\gamma-1\right\}. \tag{107.8}$$

① 引入 v, ρ, c^2 作为基本变量来取代 v, ρ, p 的好处恰恰就在于此.

如果求出方程 (107.8) 的所需要的解, 即如果求出函数关系 $Z(V)$, 然后就可以用直接积分的方法求解方程 (107.6), (107.7) (先求 $\xi(V)$ 再求 $G(\xi)$).

因此, 整个问题首先化为求解方程 (107.8). 在 VZ 平面上, 积分曲线应当从坐标为 $V(1)$, $Z(1)$ 的点 (称之为点 Y) 开始, 这个点是激波在 VZ 平面上的"像". 只要给出这个点, 方程 (107.8) 的解就已经确定了 (对于给定的 α), 因为一阶微分方程的积分曲线可由它的一个点 (非奇点) 单值地确定. 我们来说明, 利用何种条件才能确定 α 的值, 以便得到"正确的" 积分曲线.

该条件得自一个显然的物理要求: 所有的量对 ξ 的依赖关系应当是单值的——每一个 ξ 值应当对应 V, G, Z 的唯一的值. 这意味着, 在变量 ξ 的全部变化域中 ($1 \leqslant \xi \leqslant \infty$, 即 $0 \leqslant \ln\xi \leqslant \infty$), 函数 $\xi(V)$, $\xi(G)$, $\xi(Z)$ 不应当有极值. 换言之, $\mathrm{d}\ln\xi/\mathrm{d}V$ 等导数应当处处不为零. 在图 95 中, 曲线 1 是抛物线

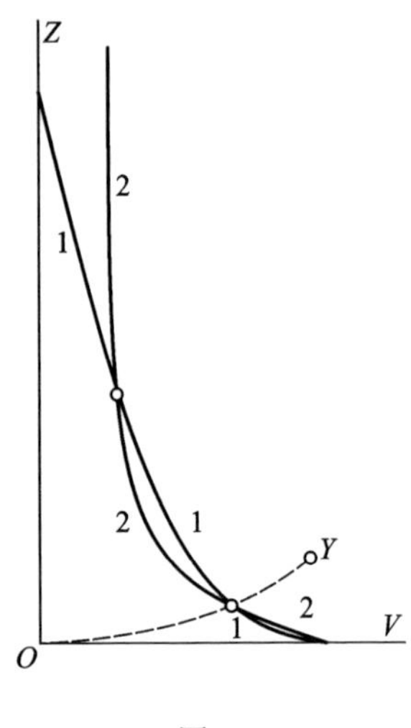

图 95

$$Z = (1 - V)^2. \tag{107.9}$$

容易看出, 点 Y 位于这条曲线的上方①. 与此同时, 根据极限条件 (107.4), 上述问题的积分曲线应当通过坐标原点, 所以它必然与抛物线 (107.9) 相交. 但是, 根据 (107.6)—(107.8), 所有上述导数都可以写为分数表达式的形式, 并且分子是差值 $Z - (1 - V)^2$. 为了让这些表达式在积分曲线与抛物线 (107.9) 的交点处不为零, 应当同时有

$$(3V - \varkappa)Z = V(1 - V)\left(\frac{1}{\alpha} - V\right). \tag{107.10}$$

换言之, 积分曲线应当通过抛物线 (107.9) 与曲线 (107.10) 的交点 (图 95 中的曲线 2). 这个点是方程 (107.8) 的奇点 (导数 $\mathrm{d}Z/\mathrm{d}V = 0/0$). 从这个条件即可确定自相似指数 α 的值. 我们列出用数值方法计算出来的两个值:

$$当\ \gamma = \frac{5}{3}\ 时\ \alpha = 0.6884, \quad 当\ \gamma = \frac{7}{5}\ 时\ \alpha = 0.7172. \tag{107.11}$$

通过奇点后, 积分曲线趋于坐标原点 (点 O), 该点对应于极限值 (107.4). 为了解释相关数学性质, 我们简单描述一下方程 (107.8) 的积分曲线在 VZ 平面上的分布图像 (对于"正确的" α 值), 但不进行相应计算②.

---

① 这只是表明以下事实: 间断面后方的气体速度小于那里的声速.

② 用微分方程定性理论的一般方法进行研究. 可以在以下教材中找到一阶微分方程奇点类型的分类: Степанов В. В. Курс дифференциальных уравнений. Москва: Физматгиз, 1958 (В. В. 史捷班诺夫. 常微分方程教程. 卜元震译. 北京: 高等教育出版社, 1956). 第二章.

一般而言, 曲线 (107.9) 和 (107.10) 相交于两点, 见图 95 中的小圆圈 (不计横坐标轴上没有本质意义的点 $V=1$, $Z=0$). 此外, 方程具有一个奇点 c, 即曲线 (107.10) 与直线 $(3\gamma-1)V=2/\alpha$ 的交点 ((107.8) 的分子中第二个因式等于零). "正确的" 积分曲线所经过的点 a 是鞍点, 点 b 和 c 是结点. 坐标原点 O 也是结点类型的奇点, 方程 (107.8) 在该点附近的形式为

$$\frac{\mathrm{d}Z}{\mathrm{d}V}=\frac{2Z}{V+\varkappa Z}.$$

用初等方法求解这个齐次方程, 结果表明, 当 $V\to 0$ 时, 函数 $Z(V)$ 按照规律

$$Z\approx \mathrm{const}\cdot V^2 \tag{107.12}$$

比 V 更快地趋于零. 因此, 有无穷多条积分曲线 (其差别是 (107.12) 中的 const 值不同) 来自坐标原点. 所有这些曲线然后进入结点 b 或 c, 只有一条曲线是例外, 它进入鞍点 a (两条分界线之一, 通过鞍点的唯一积分曲线)①.

坐标原点对应于 $\xi=\infty$, 即对应于激波在中心汇聚的时刻. 我们来确定所有的量在该时刻按径向距离的极限分布. 根据 (107.12), 从方程 (107.6), (107.7) 求出

$$\text{当 } \xi\to\infty \text{ 时},\quad V=\mathrm{const}\cdot\xi^{-1/\alpha},\quad Z=\mathrm{const}\cdot\xi^{-2/\alpha},\quad G=\mathrm{const} \tag{107.13}$$

(只有在用数值方法实际确定整条积分曲线后才能求出常系数的值). 把这些表达式代入定义式 (107.2), 得到②

$$|v|\propto c\propto r^{-(1/\alpha-1)},\quad \rho=\mathrm{const},\quad p\propto r^{-2(1/\alpha-1)}. \tag{107.14}$$

也可以直接从量纲分析得到这些规律 (在知道 A 的量纲之后). 我们可以控制两个参量 ρ_1, A 和一个变量 r, 从它们只能组成一个具有速度量纲的组合 $A^{1/\alpha}r^{1-1/\alpha}$, 而 ρ_1 本身是具有密度量纲的量.

我们再来确定自相似运动区域中的气体总能量随时间变化的规律. 这个区域的尺寸 (半径) 具有激波半径 R 的量级并随之一同减小. 取某个确定的值 $r/R=\xi_1$ 为自相似运动区域的边界, 则半径 R 与 ξ_1R 之间球面层中的气体总能量在引入无量纲变量之后可以表示为以下积分:

$$E_{\text{self}}=\frac{\alpha^2\rho_1R^5}{t^2}\int_1^{\xi_1}G\left[\frac{V^2}{2}+\frac{Z}{\gamma(\gamma-1)}\right]4\pi\xi^2\,\mathrm{d}\xi$$

---

① 研究表明, 上述图像仅在 $\gamma<\gamma_1=1.87\cdots$ 时才是成立的. 对于 $\gamma=\gamma_1$ 和 "正确的" α, 点 a 和 b 重合在一起, 而当 $\gamma>\gamma_1$ 时, 积分曲线的分布图像发生变化, 从而需要更深入的研究. 但是, 我们还记得, 在物理上的真实情形下, $\gamma\leqslant 5/3$ (请对比 461 页上的脚注).

② 在激波汇聚时刻, 比值 ρ/ρ_1 的极限值在 $\gamma=7/5$ 时等于 20.1, 在 $\gamma=5/3$ 时等于 9.55.

(请对比 (106.11)). 这里的积分是一个常数①, 所以

$$E_{\text{self}} \propto R^{5-2/\alpha} \propto (-t)^{5\alpha-2}. \tag{107.15}$$

对于所有真实的 γ 值, 这里的幂指数都是正的. 虽然激波本身的强度在它向中心汇聚的过程中不断增大, 但自相似运动区域的体积同时减小, 这就导致其中的总能量减小.

当激波汇聚到中心之后 (当 $t>0$ 时), 在向中心运动的气体中出现发散的 "反射" 激波. 这个阶段的运动也是自相似的, 其自相似指数也是 α, 所以发散规律为 $R \propto t^{\alpha}$. 我们在这里不再详细研究这种运动②.

因此, 上述问题给出自相似运动的一个实例, 但其中的自相似指数 (即自相似变量 ξ 的形式) 无法通过量纲分析来确定, 而只能利用问题的物理提法以及由此得到的条件, 通过求解运动方程本身才能确定下来. 从数学观点来看, 这个问题的特点是这些条件可以表述为以下要求: 一阶微分方程的积分曲线必须通过方程的奇点. 这时, 自相似指数一般而言是无理数③.

§ 108 浅水理论

可压缩气流与重力场中带有自由面的不可压缩流体 (液体) 运动之间在液体深度足够小 (远小于问题的特征尺度, 例如远小于水库底部起伏的水平尺度) 的情形下具有值得关注的相似性④. 在这种情形下, 与液体速度的纵向分量 (沿液体层的分量) 相比, 可以忽略其横向分量, 并且可以认为前者沿液体层厚度保持不变. 在这样的近似下 (称之为水力学近似), 可以把液体看做 "二维" 介质: 它在每一点都有确定的速度 $\boldsymbol{v}$ 和另外一个特征量——液体的深度 h.

相应的一般运动方程与 §12 中得到的运动方程的差别仅仅在于, 现在不必像 §12 中研究小振幅长重力波那样假设各量在运动过程中的变化都是小量, 所以在欧拉方程中应当保留速度的二阶项. 特别地, 对于渠道中的一维流, 运

---

① 当 $\xi_1 \to \infty$ 时, 积分发散, 因为自相似规律在 $r \gg R$ 的距离上不成立.

② 我们仅仅指出, 激波的反射伴随着物质的进一步压缩, 比值 ρ/ρ_1 在 $\gamma = 7/5$ 时达到 145, 在 $\gamma = 5/3$ 时达到 32.7.

③ 充满气体的半无穷大空间在瞬间受到强烈撞击时形成的激波的传播问题 (Зельдович Я. Б. Акустич. журнал. 1956, 2: 29 (Zel'dovich Ya. B. Sov. Phys. Acoust. 1956, 2: 25)), 是这种自相似运动的另一个例子. 关于这个问题的介绍, 还可以在 Я. Б. 泽尔道维奇和 Ю. П. 莱依捷尔的书 (第十二章) 中找到, 见 376 页的脚注. 还可以参考: Баренблатт Г. И. Подобие, автомодельность, промежуточная асимптотика. 2-е изд. Ленинград: Гидрометеоиздат, 1982 (第一版英译本: Barenblatt G. I. Similarity, Self-Similarity, and Intermediate Asymptotics. New York: Plenum, 1979). 第四章.

④ 这样的相似性常常称为气液比拟. ——译者

动只依赖于一个坐标 x (和时间), 这些方程的形式为

$$\frac{\partial h}{\partial t}+\frac{\partial(vh)}{\partial x}=0,\quad \frac{\partial v}{\partial t}+v\frac{\partial v}{\partial x}=-g\frac{\partial h}{\partial x} \tag{108.1}$$

(这里假设深度 h 沿渠道宽度保持不变).

从一般观点来看, 长重力波是所讨论的系统的小扰动. §12 的结论表明, 这样的扰动以有限速度

$$c=\sqrt{gh} \tag{108.2}$$

相对于液体传播, 该传播速度与气体动力学中的声速起相同的作用. 我们可以像 §82 那样下结论说: 如果液体以速度 $v<c$ 运动 (称之为**缓流**), 则扰动既向上游传播, 也向下游传播, 即扰动对整个流动都有影响; 而当流动速度 $v>c$ 时 (**急流**), 扰动的影响只向下游的确定区域传播.

压强 p (从自由面上的大气压算起) 按照流体静力学定律 $p=\rho g(h-z)$ 沿流体深度而变化, 其中 z 是从底部算起的高度. 不无裨益指出的是, 如果引入两个量:

$$\overline{\rho}=gh,\quad \overline{p}=\int_0^h p\,\mathrm{d}z=\frac{1}{2}\rho gh^2=\frac{g}{2\rho}\overline{\rho}^2, \tag{108.3}$$

则方程 (108.1) 的形式变为

$$\frac{\partial\overline{\rho}}{\partial t}+\frac{\partial(v\overline{\rho})}{\partial x}=0,\quad \frac{\partial v}{\partial t}+v\frac{\partial v}{\partial x}=-\frac{1}{\overline{\rho}}\frac{\partial\overline{p}}{\partial x}, \tag{108.4}$$

这在形式上与 $\gamma=2$ ($\overline{p}\propto\overline{\rho}^2$) 的多方气体的绝热流动方程相同. 这个结果使我们能够把流动中不出现激波的所有气体动力学结论直接应用于浅水理论. 浅水理论中的最后两个关系式与理想气体的动力学方程有区别.

对于沿渠道流动的液体, “激波” 是液体高度 h 以及液体速度 v 的突跃 (称之为**水跃**). 利用液体质量流和动量流的连续性条件, 可以得到这些量在间断两侧的值之间的关系. (渠道单位宽度上的) 质量流密度为 $j=\rho vh$. 把 $p+\rho v^2$ 沿液体深度积分, 即可得到动量流密度

$$\int_0^h (p+\rho v^2)\,\mathrm{d}z=\frac{\rho gh^2}{2}+\rho v^2h.$$

所以, 连续性条件给出两个方程:

$$v_1h_1=v_2h_2,\quad v_1^2h_1+\frac{gh_1^2}{2}=v_2^2h_2+\frac{gh_2^2}{2}. \tag{108.5}$$

这些关系式给出 v_1, v_2, h_1, h_2 这四个量之间的关系, 其中的两个量可以任意给定. 用高度 h_1, h_2 表示速度 v_1, v_2, 我们得到

$$v_1^2=\frac{g}{2}\frac{h_2}{h_1}(h_1+h_2),\quad v_2^2=\frac{g}{2}\frac{h_1}{h_2}(h_1+h_2). \tag{108.6}$$

间断两侧的能流并不相同, 其差值给出 (单位时间内) 间断所耗散的能量. 沿渠道的能流密度为

$$q=\int_0^h\left(\frac{p}{\rho}+\frac{v^2}{2}\right)\rho v\,\mathrm{d}z=\frac{1}{2}j(gh+v^2).$$

利用表达式 (108.6), 我们得到所需的差值

$$q_1-q_2=\frac{gj}{4h_1h_2}(h_1^2+h_2^2)(h_2-h_1).$$

设液体从 1 侧穿过间断进入 2 侧, 则能量耗散意味着 $q_1-q_2>0$, 所以我们得到结论:

$$h_2>h_1, \tag{108.7}$$

即液体从高度较低的一侧运动到高度较高的一侧. 现在可以从 (108.6) 推出

$$v_1>c_1=\sqrt{gh_1},\quad v_2<c_2=\sqrt{gh_2}, \tag{108.8}$$

这完全类似于气体动力学中的激波. 仿照 §88 中的做法, 还可以从间断面稳定性的必要条件得到不等式 (108.8).

习 题

求浅水上的切向间断的稳定性条件 (C. B. 别兹坚科夫, O. П. 波古采, 1983). 这里的切向间断是指两侧液体具有不同切向速度的曲线.

解: 根据已在前面正文中指出的浅水动力学与可压缩多方气体动力学之间的相似性, 所提问题等价于可压缩气流中切向间断的稳定性问题 (§84 习题 1), 但区别是, 在浅水情形下应当考虑的扰动只依赖于液体层平面上的坐标 (沿速度 $\boldsymbol{v}$ 的扰动和垂直于速度的扰动), 而不依赖于沿液体层深度的坐标 z ①, 因为浅水近似对应于长波扰动, 波长 $\lambda\gg h$. 于是, 在 §84 习题 1 中求出的速度 v_k 现在是不稳定区域的边界: 切向间断在 $v>v_k$ 时稳定 (v 是速度间断值). 因为液体的密度和深度在切向间断两侧相同, 所以在两侧起声速作用的量是同一个量 $c_1=c_2=\sqrt{gh}$. 由此可知, 当

$$v>2\sqrt{2gh}$$

时, 切向间断是稳定的.

① §84 习题 1 中的相应坐标为 y.

第十一章

间断面的相交

§ 109 稀疏波

两个激波的交线在数学上是描述气体流动的两个函数的奇线. 被绕流物体表面上任何一个尖角的棱都是这样的奇线. 研究表明, 可以在最一般的形式下研究这种奇线附近的气体流动 (L. 普朗特, T. 迈耶, 1908).

在研究一小段奇线附近的区域时, 我们可以把这一小段奇线当做直线, 并把它取为柱面坐标系 r, φ, z 的 z 轴. 在奇线附近, 所有的量显著依赖于角 φ, 但对坐标 r 的依赖关系很弱, 并且当 r 足够小时可以完全忽略对 r 的依赖关系. 各量对坐标 z 的依赖关系也无关紧要, 因为流动图像沿一小段奇线的变化可以忽略不计.

因此, 我们应当研究一种定常流, 其中所有的量都只是 φ 的函数. 熵守恒方程 $\boldsymbol{v}\cdot\nabla s=0$ 给出 $v_\varphi\,\mathrm{d}s/\mathrm{d}\varphi=0$, 所以 $s=\mathrm{const}$[①], 即流动是等熵的. 于是, 在欧拉方程中可以用 ∇w 代替 $\nabla p/\rho$, 从而有 $(\boldsymbol{v}\cdot\nabla)\boldsymbol{v}=-\nabla w$. 在柱面坐标系中, 我们得到三个方程:

$$\frac{v_\varphi}{r}\frac{\mathrm{d}v_r}{\mathrm{d}\varphi}-\frac{v_\varphi^2}{r}=0,\quad \frac{v_\varphi}{r}\frac{\mathrm{d}v_\varphi}{\mathrm{d}\varphi}+\frac{v_r v_\varphi}{r}=-\frac{1}{r}\frac{\mathrm{d}w}{\mathrm{d}\varphi},\quad v_\varphi\frac{\mathrm{d}v_z}{\mathrm{d}\varphi}=0.$$

根据最后一个方程, 我们有 $v_z=\mathrm{const}$. 不失一般性, 可以取 $v_z=0$ 并把流动看做平面流, 为此只要适当选取坐标系沿 z 轴的运动速度即可. 于是, 前两个

---

① 如果取 $v_\varphi=0$ (而不是 $\mathrm{d}s/\mathrm{d}\varphi=0$), 则从下面给出的运动方程容易得到 $v_r=0$, $v_z\neq 0$. 这样的流动没有意义, 因为它对应于切向间断面 (速度间断为 v_z) 的相交, 而这种间断是不稳定的.

方程的形式变为

$$v_\varphi = \frac{\mathrm{d}v_r}{\mathrm{d}\varphi}, \tag{109.1}$$

$$v_\varphi\left(\frac{\mathrm{d}v_\varphi}{\mathrm{d}\varphi}+v_r\right) = -\frac{1}{\rho}\frac{\mathrm{d}p}{\mathrm{d}\varphi} = -\frac{\mathrm{d}w}{\mathrm{d}\varphi}. \tag{109.2}$$

把方程 (109.1) 代入 (109.2), 得到

$$v_\varphi\frac{\mathrm{d}v_\varphi}{\mathrm{d}\varphi}+v_r\frac{\mathrm{d}v_r}{\mathrm{d}\varphi} = -\frac{\mathrm{d}w}{\mathrm{d}\varphi},$$

积分后得到

$$w+\frac{v_\varphi^2+v_r^2}{2} = \mathrm{const}\,. \tag{109.3}$$

我们指出, 等式 (109.1) 表明 $\mathrm{rot}\,\boldsymbol{v}=0$, 即流动有势, 因此伯努利方程 (109.3) 成立①.

其次, 连续性方程 $\mathrm{div}(\rho\boldsymbol{v})=0$ 给出

$$\rho v_r+\frac{\mathrm{d}}{\mathrm{d}\varphi}(\rho v_\varphi) = \rho\left(v_r+\frac{\mathrm{d}v_\varphi}{\mathrm{d}\varphi}\right)+v_\varphi\frac{\mathrm{d}\rho}{\mathrm{d}\varphi} = 0. \tag{109.4}$$

利用 (109.2), 由此得到

$$\left(\frac{\mathrm{d}v_\varphi}{\mathrm{d}\varphi}+v_r\right)\left(1-v_\varphi^2\frac{\mathrm{d}\rho}{\mathrm{d}p}\right) = 0.$$

但导数 $\mathrm{d}p/\mathrm{d}\rho$ (更准确的写法是 $(\partial p/\partial\rho)_s$) 是声速的平方, 所以

$$\left(\frac{\mathrm{d}v_\varphi}{\mathrm{d}\varphi}+v_r\right)\left(1-\frac{v_\varphi^2}{c^2}\right) = 0. \tag{109.5}$$

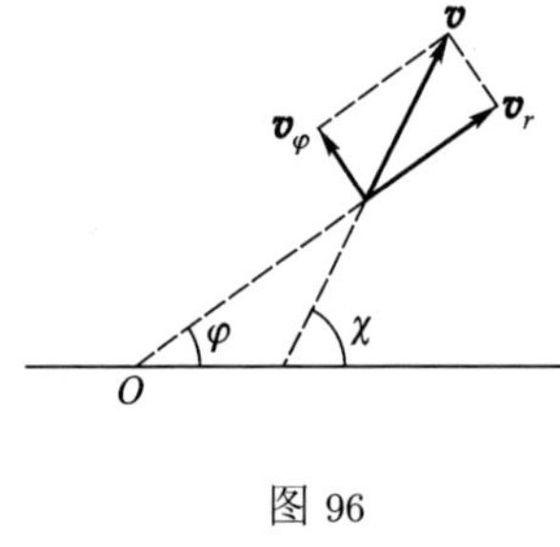

图 96

可以用两种方法来满足这个方程. 一种方法是取

$$\frac{\mathrm{d}v_\varphi}{\mathrm{d}\varphi}+v_r = 0,$$

则根据 (109.2) 有 $p=\mathrm{const}$, $\rho=\mathrm{const}$, 而根据 (109.3) 还有 $v^2=v_r^2+v_\varphi^2=\mathrm{const}$, 即速度的大小保持不变. 容易看出, 速度的方向这时也保持不变. 速度与运动平面中某个给定方向之间的夹角 χ 为 (图 96)

$$\chi = \varphi+\arctan\frac{v_\varphi}{v_r}. \tag{109.6}$$

取该式对 φ 的导数并利用 (109.1), (109.2), 经过简单变换后得到

$$\frac{\mathrm{d}\chi}{\mathrm{d}\varphi} = -\frac{v_r}{\rho v_\varphi v^2}\frac{\mathrm{d}p}{\mathrm{d}\varphi}. \tag{109.7}$$

① 见 §9 最后. ——译者

当 $p = \text{const}$ 时, 确实有 $\chi = \text{const}$. 因此, 令 (109.5) 中的第一个因子为零, 我们得到一个平凡解——均匀流.

使方程 (109.5) 成立的第二种方法是取 $1 = v_\varphi^2/c^2$, 即 $v_\varphi = \pm c$. 径向速度则由方程 (109.3) 确定. 用记号 w_0 表示该方程中的 const, 我们得到

$$v_\varphi = \pm c, \quad v_r = \pm\sqrt{2(w_0 - w) - c^2}.$$

在这个解中, 垂直于径矢的速度分量 v_φ 在每一点都等于当地声速, 所以速度 $v = \sqrt{v_\varphi^2 + v_r^2}$ 大于当地声速. 速度的大小和方向随空间变化. 因为声速不能等于零, 所以连续函数 $v_\varphi(\varphi)$ 显然应当处处为 $+c$ 或者处处为 $-c$. 适当选取一个方向作为角 φ 的起始方位, 我们可以约定 $v_\varphi = c$. 我们在下面将看到, 从物理上考虑, v_r 的符号应当是正的. 因此,

$$v_\varphi = c, \quad v_r = \sqrt{2(w_0 - w) - c^2}. \tag{109.8}$$

根据连续性方程 (109.4), 我们有 $\mathrm{d}\varphi = -\mathrm{d}(\rho v_\varphi)/\rho v_r$. 把 (109.8) 代入此式并积分, 得到

$$\varphi = -\int \frac{\mathrm{d}(\rho c)}{\rho\sqrt{2(w_0 - w) - c^2}}. \tag{109.9}$$

如果知道气体的状态方程和绝热线方程 (注意 $s = \text{const}$), 利用这个公式就可以确定所有的量对角 φ 的依赖关系. 因此, 公式 (109.8), (109.9) 完全确定了气体的流动.

现在更详细地研究这个解. 我们首先指出, 直线 $\varphi = \text{const}$ 在每一点均以马赫角 (其正弦为 $v_\varphi/v = c/v$) 与流线相交, 即这些直线都是特征线. 因此, (在 xy 平面上) 有一族特征线是来自奇点的直线束, 这族特征线在所讨论的情形下具有一个重要性质: 所有的量沿其中每一条特征线都保持不变. 在这个意义上, 所讨论的解在平面定常流理论中的作用, 相当于 §99 所讨论的自相似流在一维非定常流理论中的作用. 我们在 §115 中还将讨论这个问题.

从 (109.9) 可以看出 $(\rho c)' < 0$ (撇号表示对 φ 的导数). 如果写出

$$(\rho c)' = \frac{\mathrm{d}(\rho c)}{\mathrm{d}\rho}\rho',$$

再注意到导数 $\mathrm{d}(\rho c)/\mathrm{d}\rho$ 为正 (见 (99.9)), 即求出导数 $\rho' < 0$, 所以导数 $p' = c^2\rho'$, $w' = p'/\rho$ 也是负的. 此外, 因为 w' 是负的, 所以速度的大小 $v = \sqrt{2(w_0 - w)}$ 是 φ 的增函数. 最后, 从 (109.7) 可知 $\chi' > 0$, 于是得到以下不等式:

$$\frac{\mathrm{d}p}{\mathrm{d}\varphi} < 0, \quad \frac{\mathrm{d}\rho}{\mathrm{d}\varphi} < 0, \quad \frac{\mathrm{d}v}{\mathrm{d}\varphi} > 0, \quad \frac{\mathrm{d}\chi}{\mathrm{d}\varphi} > 0. \tag{109.10}$$

换言之, 当沿着流动方向绕过奇点时, 密度和压强减小, 而速度矢量的大小增加, 其方向则向流动方向偏转.

上述流动经常称为**稀疏波**, 我们将在下文中采用这个术语.

容易看出, 在奇线附近的整个区域内不可能有稀疏波. 其实, v 是 φ 的单调增函数, 所以在环绕坐标原点一周后 (即当 φ 变化 2π 后), v 的值将与初始值不同, 而这是荒谬的. 因此, 奇线附近的实际流动图像应当由一系列被间断面 (平面 $\varphi = \text{const}$) 分开的扇形区域组成. 每一个扇形区域中的流动或者是稀疏波, 或者是均匀流. 在各种具体情况下, 扇形区域的数目和性质将在以下几节中讨论. 现在仅仅指出, 稀疏波与均匀流之间的边界必然是弱间断面. 其实, 该边界不可能是 (速度 v_r 的) 切向间断面, 因为这里的法向速度分量 $v_\varphi = c$ 不为零. 它也不可能是激波, 因为法向速度分量 (v_φ) 在激波的一侧应当大于声速, 而在另一侧应当小于声速, 但在所研究的情况下, 我们在边界面的一侧总有 $v_\varphi = c$.

从以上讨论可以得出一个重要结论: 引起弱间断的扰动来自奇线 (z 轴) 并向外传播. 这意味着, 包围稀疏波的弱间断面应当"来自奇线", 即速度在弱间断面上的切向分量 v_r 应当是正的. 于是, 我们证明了在 (109.8) 中选择带正号的 v_r 是正确的.

现在对多方气体应用这些公式. 在这样的气体中, $w = c^2/(\gamma-1)$, 而泊松绝热线方程的形式可以写为

$$\rho c^{-2/(\gamma-1)} = \text{const}, \quad p c^{-2\gamma/(\gamma-1)} = \text{const} \tag{109.11}$$

(见 (99.13)). 利用这些公式, 我们把积分 (109.9) 写为以下形式:

$$\varphi = -\sqrt{\frac{\gamma+1}{\gamma-1}} \int \frac{\mathrm{d}c}{\sqrt{c_*^2 - c^2}},$$

其中 c_* 是临界速度 (见 (83.14)). 所以

$$\varphi = \sqrt{\frac{\gamma+1}{\gamma-1}} \arccos \frac{c}{c_*} + \text{const},$$

或者适当选取 φ 的起始方位, 使 $\text{const} = 0$, 则有

$$v_\varphi = c = c_* \cos \sqrt{\frac{\gamma-1}{\gamma+1}}\, \varphi. \tag{109.12}$$

根据公式 (109.8), 由此得到

$$v_r = \sqrt{\frac{\gamma+1}{\gamma-1}}\, c_* \sin \sqrt{\frac{\gamma-1}{\gamma+1}}\, \varphi. \tag{109.13}$$

然后, 利用形式为 (109.11) 的泊松绝热线方程求出压强对角 φ 的依赖关系:

$$p = p_* \left(\cos \sqrt{\frac{\gamma-1}{\gamma+1}}\, \varphi \right)^{2\gamma/(\gamma-1)}. \tag{109.14}$$

最后, 对于角 χ (109.6), 我们有

$$\chi=\varphi+\arctan\left(\sqrt{\frac{\gamma-1}{\gamma+1}}\cot\sqrt{\frac{\gamma-1}{\gamma+1}}\varphi\right) \tag{109.15}$$

(角 χ 和 φ 都是从同一个方位算起的).

因为必有 $v_r>0, c>0$, 所以这些公式中的角 φ 只能在 $\varphi=0$ 和 $\varphi=\varphi_{\max}$ 之间变化, 其中

$$\varphi_{\max}=\frac{\pi}{2}\sqrt{\frac{\gamma+1}{\gamma-1}}. \tag{109.16}$$

这意味着, 稀疏波可以充满一个顶角不大于 $\varphi_{\max}$ 的扇形区域. 例如, 对于双原子气体 (空气), 该角为 219.3°. 当 φ 从 0 变到 $\varphi_{\max}$ 时, 角 χ 从 $\pi/2$ 变到 $\varphi_{\max}$. 因此, 稀疏波中的速度方向能够偏转的角度不大于 $\varphi_{\max}-\pi/2$ (对于空气, 该角度为 219.3°).

当 $\varphi=\varphi_{\max}$ 时, 压强变为零. 换言之, 如果稀疏波扩展到这个角, 则相应弱间断是与真空的分界线, 它当然是一条流线. 这里有

$$v_\varphi=c=0,\quad v_r=v=\sqrt{\frac{\gamma+1}{\gamma-1}}c_*=v_{\max},$$

即速度指向径向并达到其极限值 $v_{\max}$ (见 §83).

对于空气 ($\gamma=1.4$), 图 97 给出量 p/p_*, c_*/v 和 χ 作为角 φ 的函数的图像.

值得注意 v_xv_y 平面上由公式 (109.12), (109.13) 确定的曲线 (称为速度图) 的形状. 这是半径为 $v=c_*$ 和 $v=v_{\max}$ 的圆之间的外摆线的一段弧 (图 98).

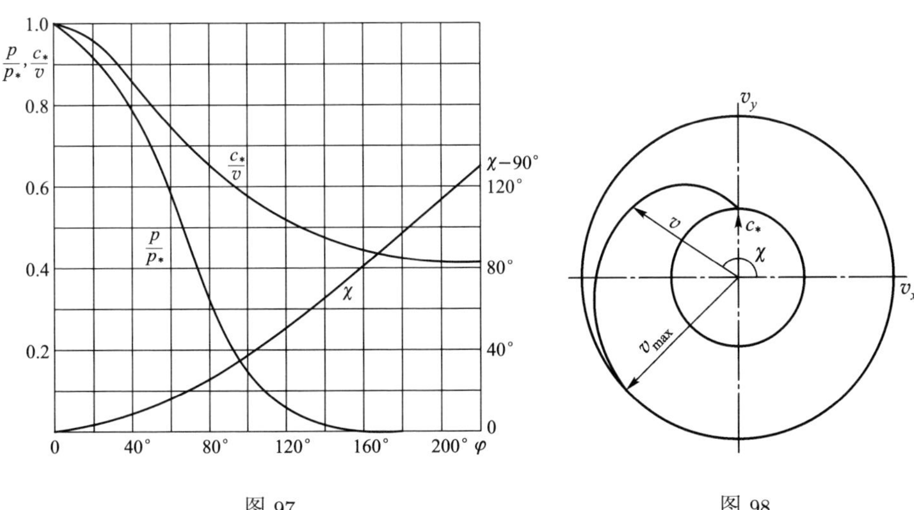

图 97

图 98

习 题

1. 求稀疏波中流线的形状.

解: 在极坐标下, 二维流动的流线方程为 $\mathrm{d}r/v_r = r\,\mathrm{d}\varphi/v_\varphi$. 把 (109.12), (109.13) 代入此方程并积分, 得到

$$r = r_0\left(\cos\sqrt{\frac{\gamma-1}{\gamma+1}}\varphi\right)^{-(\gamma+1)/(\gamma-1)}.$$

这些流线是一族相似曲线, 原点是相似中心并且位于曲线凹向的那一侧.

2. 设一个稀疏波介于两个弱间断面之间, 并且气体的速度 v_1 和声速 c_1 在其中第一个弱间断面上取给定值, 求这两个弱间断面之间的最大可能夹角.

解: 对于第一个间断面的相应的角 φ, 从 (109.12) 求出这个角的值:

$$\varphi_1 = \sqrt{\frac{\gamma+1}{\gamma-1}}\arccos\frac{c_1}{c_*}.$$

而 $\varphi_2 = \varphi_{\max}$, 所以待求的夹角为

$$\varphi_2 - \varphi_1 = \sqrt{\frac{\gamma+1}{\gamma-1}}\arcsin\frac{c_1}{c_*}.$$

利用伯努利方程可以把临界速度 c_* 通过 v_1, c_1 表示出来:

$$w_1 + \frac{v_1^2}{2} = \frac{c_1^2}{\gamma-1} + \frac{v_1^2}{2} = \frac{\gamma+1}{2(\gamma-1)}c_*^2.$$

利用 (109.15) 可以得到气体速度在稀疏波中的最大可能偏转角 $\chi_{\max}=\chi(\varphi_1)-\chi(\varphi_2)$, 它具有差值的形式:

$$\chi_{\max} = \sqrt{\frac{\gamma+1}{\gamma-1}}\arcsin\frac{c_1}{c^*} - \arcsin\frac{c_1}{v_1}.$$

$\chi_{\max}$ 是 v_1/c_1 的函数, 当 $v_1/c_1 = 1$ 时具有最大值,

$$\chi_{\max} = \frac{\pi}{2}\left(\sqrt{\frac{\gamma+1}{\gamma-1}} - 1\right).$$

当 $v_1/c_1 \to \infty$ 时, $\chi_{\max}$ 按照以下规律趋于零:

$$\chi_{\max} = \frac{2}{\gamma-1}\frac{c_1}{v_1}.$$

§110 间断面相交的类型

激波可以沿某条曲线相交. 在研究一小段交线附近的流动时, 可以假设这段交线是直线, 而间断面是平面. 因此, 只要讨论平面激波相交的情形即可.

间断面的交线在数学上是一条奇线 (在 §109 最前面已经指出这一点). 交线附近的整个流动图像由许多扇形区域组成, 每个扇形区域中的流动或者是均匀流, 或者是 §109 所描述的稀疏波. 下面介绍间断面相交的可能类型的一

般分类①.

首先必须作出以下说明. 如果激波两边的气流都是超声速的, 就可以谈论激波的"方向" (如同 §92 一开始所指出的那样), 从而可以把"来自"交线的激波与"到达"交线的激波区分开来. 对于前一种激波, 切向速度指向远离交线的方向, 于是可以说, 导致间断面形成的扰动来自这条交线. 对于后一种激波, 扰动来自交线以外的点.

如果激波一侧的扰动是亚声速的, 则扰动沿其表面向两个方向传播, 所以, 严格地说, 关于激波方向的概念就没有意义了. 但是, 来自交线的扰动能够沿这种间断面传播, 这对于下面的讨论是重要的. 在这个意义上, 这类激波在下面的讨论中所起的作用与来自交线的纯超声速激波②所起的作用相同. 所以, 来自交线的激波在下文中将包括这两种类型.

在下图中画出了垂直于交线的平面内的流动图像. 不失一般性, 可以认为流动发生在这个平面内. 在交线周围的整个区域内, 平行于交线 (从而也平行于所有的间断平面) 的速度分量必定相同, 所以在适当选取坐标系后总是可以认为该速度分量为零.

我们首先指出某些根本不可能的结构.

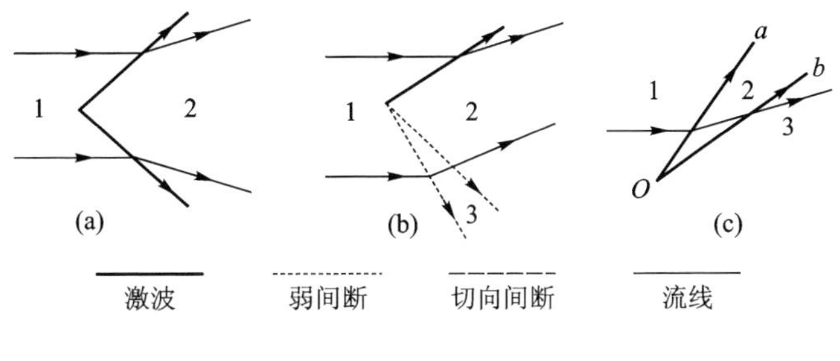

图 99

容易看出, 不可能出现这样的情况: 两个激波相交, 并且其中任何一个都不是到达交线的激波. 例如, 如图 99 (a) 所示, 对于来自交线的两个激波, 左侧来流的流线向相反方向偏转, 而整个 2 区中的速度应当保持不变. 无论在 2 区中再引入何种其他间断, 也无法克服这个困难③. 用类似方法还看出, 不可能出现如图 99 (b) 所示的情况: 激波和稀疏波相交, 并且它们都来自交线. 在这

① 这样的分类是由 Л. Д. 朗道 (1944) 给出的, С. П. 季亚科夫 (1954) 作出了某些补充 (涉及激波与切向间断及弱间断之间的相互作用).

② 指激波两侧气流均为超声速流的情况. ——译者

③ 为了避免重复性论述, 对于存在亚声速流动区域并且来自交线的激波其实就是与亚声速流动区域相邻的激波的情况, 我们不再进行类似的讨论.

样的流动图像中, 虽然 2 区中的速度方向也可以保持不变, 但是因为压强在激波中增加, 而在稀疏波中减小, 所以压强保持不变的条件不可能成立.

其次, 因为相交不会反过来影响到达交线的激波, 所以多于两个由其他原因引起的激波 (沿一条公共交线) 同时相交, 是不大可能发生的巧合. 因此, 在处理这样的问题时, 只考虑一个或两个到达交线的激波即可.

以下事实非常重要: 绕交点流动的气体只能通过一个来自该点的激波或稀疏波. 例如, 如图 99 (c) 所示, 设气体通过来自点 O 的两个激波. 因为激波 Oa 后面的法向速度分量 $v_{2n} < c_2$, 所以 2 区中垂直于激波 Ob 的速度分量也小于 c_2, 而这与激波的基本性质矛盾. 用类似方法还知道, 气体不可能通过来自点 O 的两个稀疏波或者一个稀疏波和一个激波.

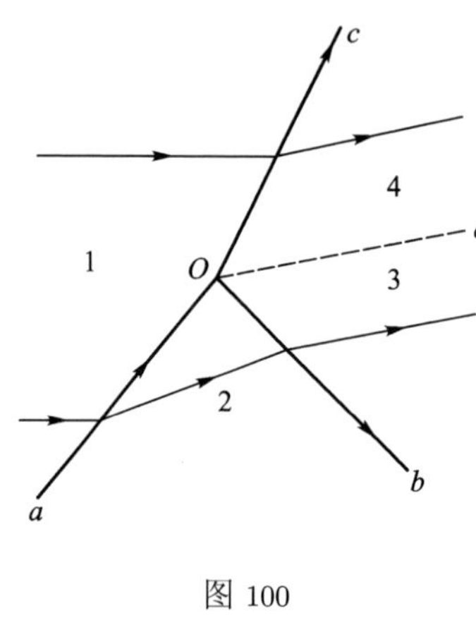

图 100

这些方法显然不能向到达交点的激波推广.

我们现在可以列举出所有可能的相交类型.

图 100 画出三个激波相交的情形, 其中一个是到达交线的激波 Oa, 其余两个是来自交线的激波 Ob, Oc. 可以把这种情形看做一个激波分裂为两个激波①. 容易看出, 在来自交线的两个激波之间还应当形成一个切向间断 Od, 它把分别流过 Ob 和 Oc 的气体隔开②. 其实, 激波 Oa 是由别的原因引起的, 因而是完全给定的. 这意味着 1 区和 2 区中的热力学量 (例如 p, ρ) 和速度 $\boldsymbol{v}$ 具有确定的给定值, 于是只剩下两个量可供我们支配, 它们是决定激波 Ob 和 Oc 的方向的两个角. 但是, 一般而言, 假如在 3—4 区中没有切向间断 Od, 则上述两个量无法满足四个条件 (p, ρ 和两个速度分量保持不变). 引入切向间断之后, 相应条件的数目就减少为两个 (压强和速度方向保持不变).

然而, 任意激波并非都会分裂. 一个到达交线的激波 (当 1 区气体的热力学状态给定时) 取决于两个参量, 例如来流马赫数 M_1 和压强比 p_1/p_2. 只有在这两个变量平面上的确定区域内, 激波才会分裂③.

---

① 应当指出, 激波不可能分裂为一个激波和一个稀疏波 (不难证明, 对于来自交线的这样两个波, 压强的变化和速度方向的变化无法彼此协调).

② 切向间断其实总是化为湍流区.

③ 确定这个区域需要繁琐的代数运算或数值计算. 我们再一次重复, 这时必须考虑激波的 "方向". 在三个激波相交的情形中, 如果两个是到达交线的激波, 一个是来自交线的激波, 就可以把这种情形看做由其他原因引起的两个激波相交的结果, 这两个激波的所有参量都具有给定值. 只有当这些参量的任意给定值满足完全确定的关系时, 这两个激波才有可能合并为一个激波, 而这是不大可能发生的巧合.

对于两个到达交线的激波，可以把它们的相交看做由于其他原因而在某处产生的两个激波发生“碰撞”的结果. 如图 101 所示，这时可能出现两种显著不同的情形.

在第一种情形中，两个激波碰撞后产生两个来自交点的激波. 为了满足所有的必要条件，仍然需要在新产生的两个激波之间形成一个切向间断.

在第二种情形中，不是形成两个激波，而是形成一个激波和一个稀疏波.

发生碰撞的两个激波由三个参数 (例如 M_1 和比值 p_1/p_2, p_1/p_3) 确定，仅在这些参数值的特定范围内才可能出现上述相交形式. 如果参数值位于这些范围之外，则这些激波在碰撞之前必定发生分裂.

下面研究激波入射到切向间断时可能出现的相交类型.

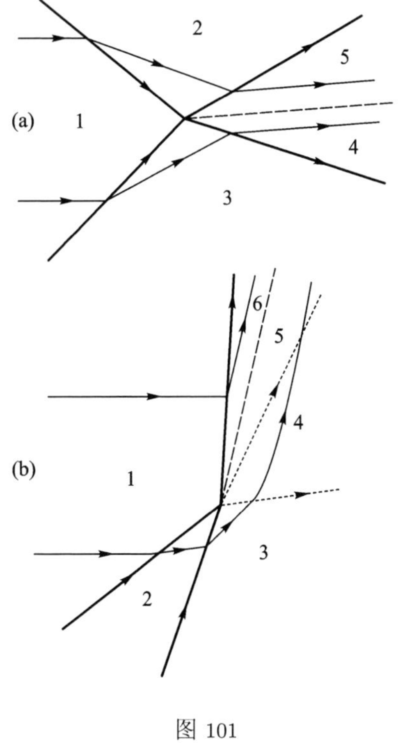

图 101

图 102 (a) 画出了激波在运动气体与静止气体之间分界面上的反射. 5 区是静止气体区，由切向间断面与运动气体隔开. 在与 5 区相邻的 1 区和 4 区中，压强应当相同 (等于 p_5). 而压强在激波中增加，所以显然，激波应当以稀疏波 3 的形式从切向间断面上反射，从而使压强降至原始值. 切向间断面在交线处发生偏折.

如果切向间断面的另一侧不是静止气体，而是亚声速气流，则激波根本不可能与切向间断面相交. 其实，激波和稀疏波都不可能进入亚声速区中，所以在亚声速区中只能有平凡的均匀流，于是切向间断面不会发生偏折. 激波不可

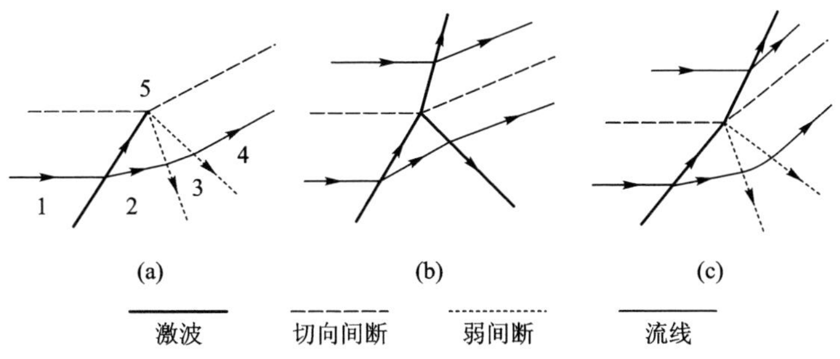

图 102

能以稀疏波的形式反射, 因为这必然导致切向间断面的偏折. 激波也不可能以激波的形式反射, 因为压强在切向间断面上相等的条件不可能成立.

如果切向间断面两侧的流动都是超声速的, 就可能出现两种不同的结构. 在一种情形下 (图 102 (b)), 除了入射向切向间断面的激波, 还会产生反射激波和折射激波, 切向间断面则发生偏转. 在另一种情形下 (图 102 (c)) 会产生反射稀疏波和进入另一种介质的折射激波. 这两种结构仅在入射激波和切向间断面的参数值属于特定范围时才可能出现①.

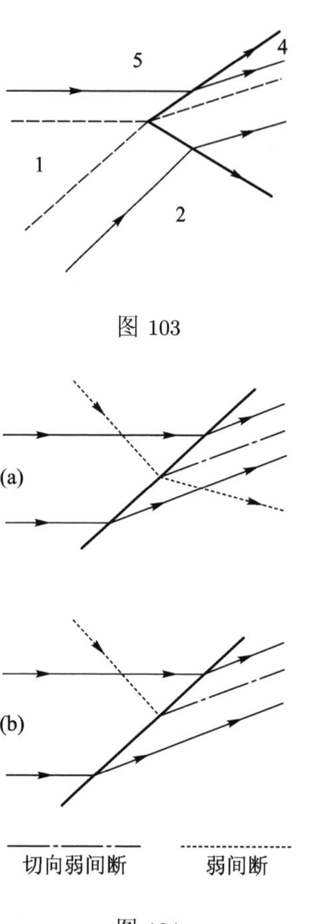

图 103

图 104

两个切向间断面的相互作用会导致一种结构, 其中没有到达交线的激波, 只有两个来自交线的激波 (如前所述, 在没有切向间断面时不可能出现这种结构). 在图 103 中, 1 区中的气体静止. 显然, 仅当 2 区和 5 区是超声速区时才可能出现这种结构.

我们再来简要讨论激波与具有另外来源的弱间断面相交的情形. 这里有两种可能性, 与激波后面是超声速流还是亚声速流有关. 在第一种情形下 (图 104 (a)), 弱间断面在激波上发生折射并进入激波后面的空间 (激波本身在交线上不发生偏转, 但其形状有更高阶的奇异性, 类似于弱间断面的奇异性). 此外, 熵在激波中发生变化, 从而必然导致在激波后面再出现一个切向弱间断面, 熵的导数在这里发生间断.

如果激波后面的流动是亚声速的, 则弱间断不能进入这个区域而只能中止于交点 (图 104 (b)). 在这种情形下, 该交点是一个奇点 (例如, 如果上述弱间断是流体动力学诸量的一阶导数的间断, 则可以证明, 在交点附近, 新形成的弱切向间断、激波形状和压强分布具有对数型奇异性). 此外, 与前面的情形一样, 在激波后面会出现熵的切向弱间断②.

关于激波与弱间断相互作用的上述讨论也适用于激波与切向弱间断的相互作用. 如果激波后面区域中的流动是超声速的, 在该区域中就会出现弱间断

① 这两种结构在所考虑的意义下是图 100 和图 101 (b) 所示情形的推广.

② 季亚科夫进行了关于激波与弱间断相交的详细的定量研究, 见: Дьяков С. П. Журн. экспер. теор. физ. 1957, 33: 948, 962 (D'yakov S. P. Sov. Phys. JETP. 1958, 6: 729, 739).

和切向弱间断. 而如果激波后面区域中的流动是亚声速的, 则在该区域中只会出现折射切向弱间断.

最后, 我们再考虑弱间断与切向弱间断之间的相互作用. 如果切向弱间断两侧的流动都是超声速的, 则除了入射弱间断, 还会出现反射弱间断和折射弱间断. 而如果切向弱间断另一侧的流动是亚声速的, 弱间断就不会穿过切向弱间断, 从而只会发生弱间断的"内部全反射".

§111 激波与固体表面的相交

在激波与被绕流固体表面定常相交的现象中, 激波与边界层的相互作用起非常重要的作用. 这种相互作用的性质极其复杂, 其详细研究超出了本书范围. 我们在这里仅限于某些一般讨论①.

压强在激波上发生间断, 并且沿气体运动方向增大. 所以, 假如激波与固体表面相交, 则压强在交线附近很短一段线段上的增量是有限的, 即存在非常大的正的压强梯度. 但是我们知道, 压强不可能在固壁附近如此迅速地增加 (见 §40 最后), 因为这必然引起分离, 从而改变绕流图像, 使激波移动到距离物体表面足够远的位置. 只有强度足够小的激波是例外. 从 §40 最后的证明过程中显然可见, 在边界层中之所以不可能出现正的压强间断, 是因为已经假设该间断值很大: 它应当大于某个取决于 Re 值的界限, 而该界限随 Re 的增加而减小.

因此, 只有强度不太大的激波才有可能与固体表面定常相交, 而且 Re 越大, 则相应激波的强度越小. 这种激波的最大允许强度还与边界层处于层流态还是湍流态有关. 边界层湍流化将阻碍分离的发生 (§45), 所以在湍流边界层的情况下, 从固体表面可以发出比层流边界层情况更强的激波.

我们强调, 在上述讨论中至关重要的是, 在激波前方 (即在激波上游) 已经存在边界层. 所以, 上述结果并不适用于来自物体前端的激波, 例如在绕尖楔的流动中就会出现这种情形 (详见下一节), 这时气体从外部 (即从没有任何边界层的区域) 到达尖楔的前端. 由此显然可知, 前面的讨论丝毫也不排斥存在这种来自尖楔前端的激波的可能性.

在亚声速流中, 只有当基本流中的压强沿被绕流表面向下游增加时, 才能发生分离. 但在超声速流中, 甚至在压强向下游减小时, 通过一种特殊方式也可能发生分离. 这样的现象可以通过弱激波与分离的结合而产生, 这时激波本身就可以提供产生分离所需的压强增量, 并且在激波前方区域中, 压强向下游

① 在边界层中必然存在一个紧贴固体表面的亚声速区, 激波根本不可能进入这个区域. 在讨论激波与固体表面相交时, 我们忽略这个情况, 因为这对下述讨论是无关紧要的.

既可以增加, 也可以减小.

所有上述讨论只适用于定常相交的情形, 这时激波和固体处于相对静止状态. 我们来研究非定常相交的情形, 这时在外部产生的运动激波入射到固体上, 激波与固体表面的交线沿表面移动, 同时发生激波的反射: 除了入射激波, 还形成一个来自物体表面的反射激波.

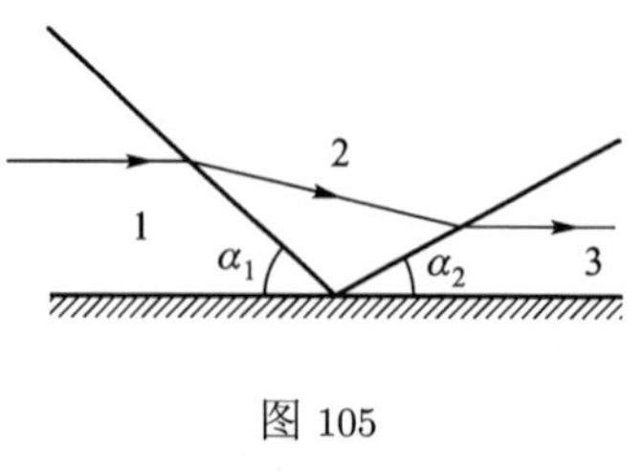

图 105

我们将在随交线一起运动的坐标系中研究这种现象, 激波在这个坐标系中是定常的. 最简单的反射图像是, 反射激波直接来自交线. 这样的反射称为正规反射 (图 105). 如果给定入射激波的入射角 α_1 和强度, 就可以唯一地确定 2 区中的流动. 在反射激波中, 气体速度应当偏转一定角度, 以便重新平行于固体表面. 根据这个角度就可以利用激波极线方程确定反射激波的位置和强度. 但对于给定的速度偏转角, 激波极线确定了两个不同的激波, 分别属于弱激波族和强激波族 (§92). 实验数据表明, 反射激波其实总是属于弱激波族, 所以我们在下面也将选取这样的解. 这时必须指出, 当入射激波强度趋于零时, 反射激波强度也趋于零, 反射角 α_2 趋于入射角 α_1. 这自然与声学近似下的结果是一致的. 在 $\alpha_1 \to 0$ 的极限下, 弱反射激波逐渐变为正面入射时所得到的反射激波 (§100 习题 1).

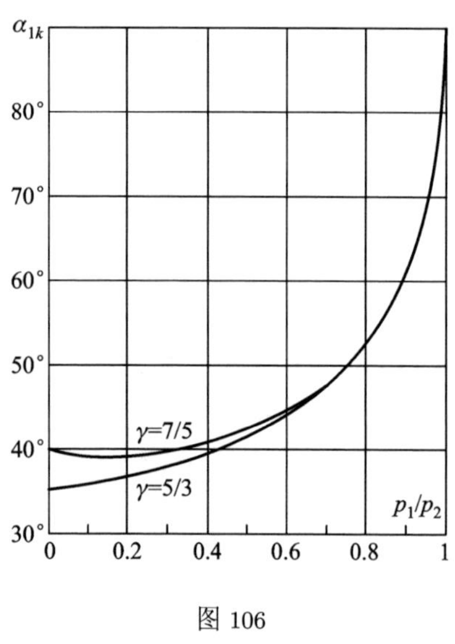

图 106

(理想气体中) 正规反射的数学计算没有任何原则上的困难, 但是其代数运算很繁琐. 我们在这里只介绍一些结果①.

根据激波极线的一般性质显然可以看出, 并不是入射激波参数 (入射角 α_1 和压强比 p_2/p_1) 取任意值时都能出现正规反射. 当压强比 p_2/p_1 给定时, 存在一个最大可能的入射角 α_{1k}, 而当 $\alpha_1 > \alpha_{1k}$ 时不可能出现正规反射. 当 $p_2/p_1 \to 1$ 时, 最大入射角趋于 90°, 即正规反射对于任何入射角都是可能的. 而当 $p_2/p_1 \to \infty$ 时, 最大入射

① 可以在以下专著中找到关于激波反射的更加详细的论述: Courant R., Friedrichs K. O. Supersonic Flow and Shock Waves. New York: Interscience, 1948 (R. 柯朗, K. O. 弗里德里克斯. 超声速流与冲击波. 李维新, 徐华生, 管楚译. 北京: 科学出版社, 1986). 第四章; Mises R. Mathematical Theory of Compressible Fluid Flow. New York: Academic Press, 1958. 还可以参考综述文章: Bleakney W., Taub A. H. Rev. Mod. Phys. 1949, 21: 584.

角趋于某个与 γ 有关的值. 对于空气, 该值为 40°. 图 106 给出 α_{1k} 在 $\gamma=7/5$ 和 $\gamma=5/3$ 时对 p_1/p_2 的函数关系的图像.

一般而言, 反射角 α_2 不等于入射角 α_1. 存在这样一个入射角的值 α_*, 当 $\alpha_1<\alpha_*$ 时, 反射角 $\alpha_2<\alpha_1$, 而当 $\alpha_1>\alpha_*$ 时$\alpha_2>\alpha_1$. 这个值为

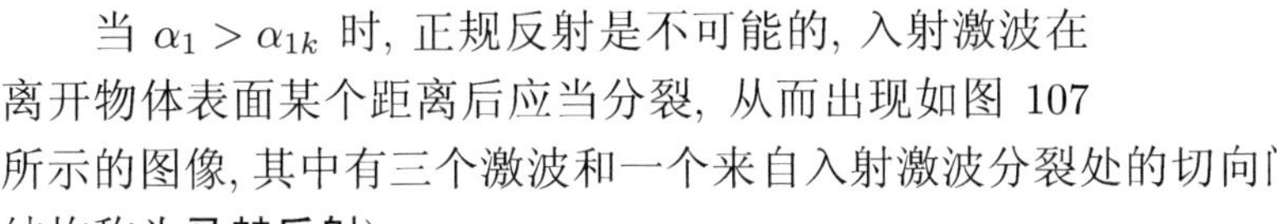

$$\alpha_*=\frac{1}{2}\arccos\frac{\gamma-1}{2}$$

(对于空气, $\alpha_*=39.2°$). 值得一提的是, 它与入射激波的强度无关.

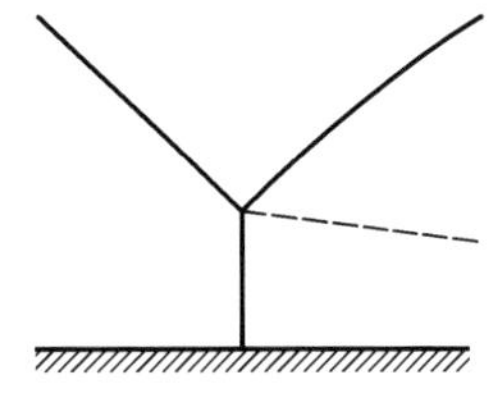

图 107

当 $\alpha_1>\alpha_{1k}$ 时, 正规反射是不可能的, 入射激波在离开物体表面某个距离后应当分裂, 从而出现如图 107 所示的图像, 其中有三个激波和一个来自入射激波分裂处的切向间断面 (这种结构称为**马赫反射**).

§112 绕拐角的超声速流

如果被绕流物体的表面有拐角, 则在研究拐角顶部附近的流动时, 仍然只需考虑一小段角顶线附近的区域即可, 于是可以认为这一小段角顶线是直线, 而拐角本身是由两个平面相交而成的. 如果流动在大于 π 的角形区域内进行, 我们就称之为绕凸拐角的流动; 如果流动在小于 π 的角形区域内进行, 我们就称之为绕凹拐角的流动.

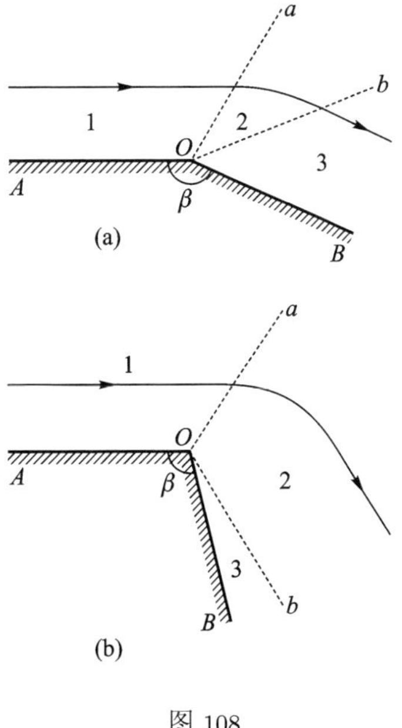

图 108

绕拐角的亚声速流在性质上与不可压缩流体绕流没有任何区别, 但超声速绕流就完全不同了, 其重要特性是会形成从拐角顶部发出的间断面.

我们首先研究超声速流沿拐角一边到达顶角时的可能的绕流方式. 根据超声速流的一般性质, 气流在到达顶角之前一直是均匀的. 气流向拐角另一边偏转的过程发生在来自顶角的稀疏波中, 整个流动图像被弱间断面 (图 108 中的 Oa 和 Ob) 分为三部分: 沿 AO 边运动的均匀流 1 在稀疏波 2 中发生偏转, 然后又沿拐角另一边匀速运动. 我们注意到, 在这样的绕流中根本不会形成任何湍流区, 但在不可压缩流体的类似绕流中必然形成一个以角顶线为分离线的湍流区 (参看图 24).

设 v_1 是来流 (图 108 中的 1 区) 的速度, c_1 是来流中的声速. 根据弱间断面 Oa 与流线之间的夹角是马赫角的条件, 直接由马赫数 $M_1 = v_1/c_1$ 即可确定 Oa 的位置. 稀疏波中的速度和压强的变化可由公式 (109.12)—(109.15) 确定, 为此只需指定一个参考方向, 以便给出这些公式中的角 φ. 射线 $\varphi = 0$ 对应 $v = c = c_*$, 而当 $M_1 > 1$ 时其实并不存在这样的直线, 因为处处都有 $v/c > 1$. 但是, 如果想象稀疏波在形式上进入 Oa 左边的区域, 则利用公式 (109.12) 求出, 间断面 Oa 应当对应角 φ 的一个值

$$\varphi_1 = \sqrt{\frac{\gamma+1}{\gamma-1}} \arccos \frac{c_1}{c_*},$$

并且从方向 Oa 到方向 Ob 时, 角 φ 应当增大. 当速度方向开始平行于拐角的边 OB 时, 间断面 Ob 的位置也就确定下来.

在稀疏波中, 气流偏转角不能大于在 §109 习题 2 中计算出来的值 $\chi_{\max}$. 如果被绕流的角 β 小于 $\pi - \chi_{\max}$, 则稀疏波不可能使气流偏转所需角度, 从而出现如图 108(b) 所示的流动图像. 于是, 稀疏波 2 一直到达压强为零的位置为止 (到达 Ob 线), 即稀疏波与固壁被一个真空区 3 隔开.

然而, 上述流动方式不是唯一可能的方式. 在如图 109 和 110 所示的流动方式中, 紧贴拐角另一边的是静止气体区域, 它与运动气体区域被一个切向间断面隔开. 切向间断面通常发展为一个湍流区, 所以在上述情形中会出现分离[①]. 在稀疏波 (图 109) 或激波 (图 110) 中, 气流发生一定偏转. 但是只有当激波不太强时, 气流通过激波时才能发生偏转 (根据前一节的一般性讨论).

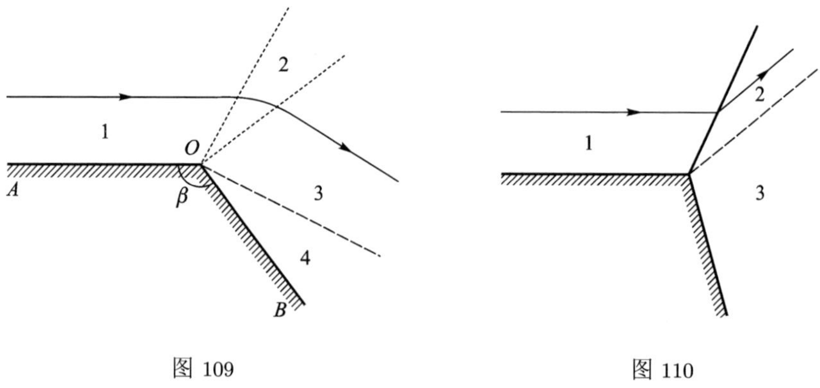

图 109 图 110

在这样或那样的具体情形中究竟出现上述流动方式中的哪一种, 一般而言取决于远离拐角处的流动条件. 例如, 当气体从喷管流出时 (喷管出口的边

① 根据实验结果, 气体的可压缩性使切向间断面所引起的湍流区具有稍小的张角.

缘是拐角的顶点), 气体的出口压强 p_1 与外部介质压强 p_e 之间的相互关系非常重要. 如果 $p_e < p_1$, 则流动类型如图 109 所示. 这时, 稀疏波的位置和张角可由 3 区和 4 区中压强都等于 p_e 的条件确定, 并且 p_e 越小, 气流必须转过的角度就越大. 但是, 如果图 109 中的被绕流拐角 β 过大, 则气体压强可能无法达到所需的值 p_e, 即在压强下降到 p_e 之前, 速度方向就平行于拐角的边 OB 了. 所以, 喷管出口边缘附近的流动类型如图 108 (a) 所示. 这时, 出口 OB 外侧附近的压强完全取决于角 β, 而与压强 p_e 无关. 只有当气流离开出口一段距离后, 压强才最终下降到 p_e.

如果 $p_e > p_1$, 则绕喷管出口边缘的流动类型如图 110 所示, 这时从出口边缘发出一个激波, 压强因而从 p_1 升高到 p_e. 然而, 这样的情形仅在 p_e 没有超过 p_1 太多时才是可能的, 这时的激波强度不会太大. 否则, 如 §97 所述, 在喷管内壁上会发生分离, 激波随之进入喷管内部.

下面研究绕凹拐角的流动. 在亚声速情形下, 这种绕流伴随着分离, 它发生在拐角顶点前面某个距离上 (见 §40 最后). 但在超声速来流的情形下, 流动方向的改变可以在来自拐角顶点的激波中实现 (图 111). 这里还必须说明, 这种简单的无分离流动方式仅在激波不太强时才是实际可能的. 激波强度随气流偏折角 χ 的增加而增加, 于是可以说, 仅在 χ 值不太大时才可能出现无分离绕流.

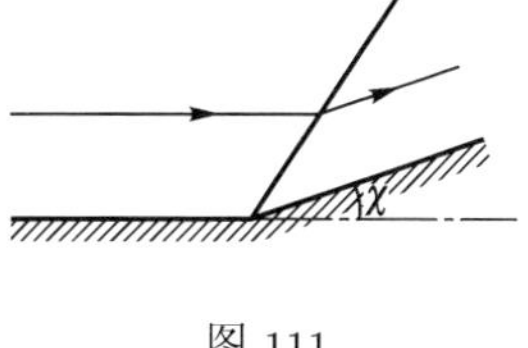

图 111

现在研究流向楔形顶点的自由超声速流的流动图像 (图 112). 从楔形顶点发出两个激波, 来流通过激波后向分别平行于楔形两边的方向偏折. 我们在前一节中已经解释过, 这正好就是能够从固体表面发出任意强度激波的特殊情形.

如果已知来流 1 的速度 $\boldsymbol{v}_1$ 和声速 c_1, 就可以确定激波的位置和激波后方区域中的气流. 速度 $\boldsymbol{v}_2$ 的方向应当平行于楔形的边 OA:

$$\frac{v_{2y}}{v_{2x}} = \tan\chi.$$

所以, 如果从坐标原点引一条射线, 使它与横坐标轴之间的夹角为已知角 χ (见图 64), 利用这条射线就可以直接从激波极线确定 v_2 和激波的角 φ, 这在 §92 中详细讲过. 我们已经看到, 当 χ 给定时, 激波极线给出具有不同 φ 值的两个不同的激波. 其中一个激波较弱 (对应于图 64 中的点 B), 它一般使流动保持为超声速流, 而另一个激波较强, 它使流动变为亚声速流. 在

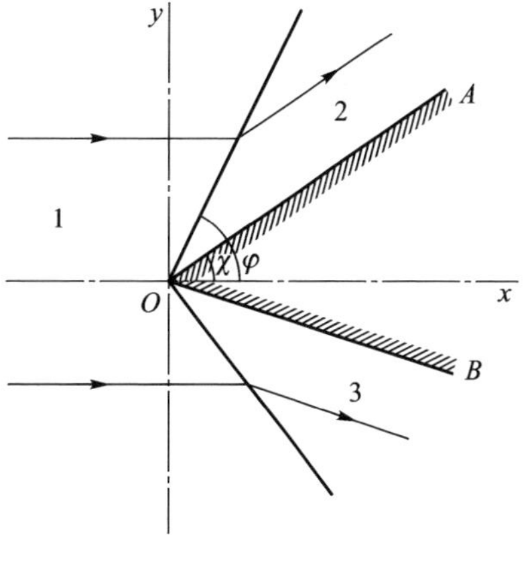

图 112

所研究的情形下, 对于绕有限楔形的流动, 应当总是选取前者, 即“弱族”激波. 必须注意, 这种选择其实取决于远离楔形处的流动条件. 在绕很尖锐楔形 (χ 很小) 的流动中形成的激波显然应当很弱. 自然可以认为, 随着楔顶角的增加, 激波强度单调增加, 这正好相当于沿激波极线 (图 64) 的弧 QC 从点 Q 向点 C 移动①.

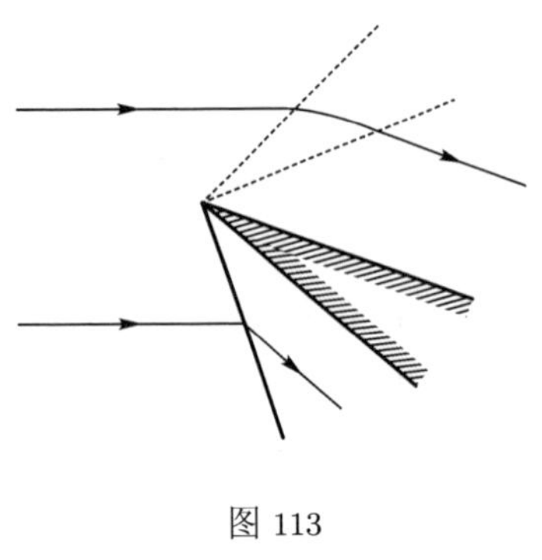

图 113

我们在 §92 中还看到, 速度矢量在激波中的偏折角不能大于某个确定值 $\chi_{\max}$ (与 M_1 有关). 所以, 如果被绕流楔形的任何一边与来流方向的夹角大于 $\chi_{\max}$, 则上述流动图像是不可能的 (在这种情形下, 楔形附近的气流应当是亚声速的, 因为在楔形前方某个位置上其实会出现激波, 见 §122). 因为 $\chi_{\max}$ 是 M_1 的单调增函数, 所以也可以说, 当角 χ 的值给定时, 来流的马赫数 M_1 应当大于某个确定值 $M_{1\,\min}$.

我们最后指出, 如果楔形两边相对于来流的位置如图 113 所示, 则激波当然只出现在楔形的一侧, 而气流在另一侧的偏转是通过稀疏波实现的.

习 题

1. 设在绕顶角极小 ($\chi \ll 1$) 的楔形的流动中, 马赫数 M_1 的值不是太大, $M_1\chi \ll 1$, 求激波的位置和强度.

解: 当 $\chi \ll 1$ 时, 激波极线给出 φ 的两个值, 一个接近 $\pi/2$ (在图 64 中接近点 P), 一个接近马赫角 α_1 (接近点 Q). 后者对应着我们所关心的弱族激波. 当 $\chi \ll 1$ 时, 从 (92.11) 有

$$M_1^2\sin^2\varphi - 1 \approx \chi\frac{\gamma+1}{2}M_1^2\tan\alpha_1 = \chi\frac{\gamma+1}{2}\frac{M_1^2}{\sqrt{M_1^2-1}}.$$

把这个表达式代入 (92.9), 求出

$$\frac{p_2-p_1}{p_1} = \frac{\gamma M_1^2}{\sqrt{M_1^2-1}}\chi.$$

我们寻求形如 $\varphi = \alpha_1 + \varepsilon$ 的角 φ, 式中 $\varepsilon \ll \alpha_1$, 从同样表达式求出

$$\varphi - \alpha_1 = \frac{\gamma+1}{4}\frac{M_1^2}{\sqrt{M_1^2-1}}\chi.$$

当 $M_1 \gg 1$ 时, 角 $\alpha_1 \approx 1/M_1$, 所以为使所得公式成立, 应有 $\chi M_1 \ll 1$.

---

① 但请对比 486 页的脚注. 至于绕两个无穷大平面相交而成的尖楔的流动, 这种形式上的问题没有物理意义.

2. 题目同上, 但马赫数 M_1 很大, 使 $M_1\chi \gg 1$.

解: 在这种情形下, 角 φ 和 χ 是同阶的小量. 从 (92.11) 求出

$$\varphi = \frac{\gamma+1}{2}\chi.$$

对于压强比, 根据 (92.9),

$$\frac{p_2}{p_1} = \frac{2\gamma}{\gamma+1}M_1^2\varphi^2 = \frac{\gamma(\gamma+1)}{2}M_1^2\chi^2.$$

激波后的 M_2 值为 (根据 (92.12))

$$M_2 = \frac{1}{\chi}\sqrt{\frac{2}{\gamma(\gamma-1)}},$$

即 M_2 仍然远大于 1, 但并不远大于 $1/\chi$. 在同样的近似下,

$$\frac{\rho_2}{\rho_1} = \frac{\gamma+1}{\gamma-1}, \quad \frac{v_2}{v_1} = 1$$

(差值 $v_1 - v_2 \sim v_1\chi^2$). 所以, 马赫数的降低其实只与声速的增加有关: $M_2/M_1 = c_1/c_2$.

§ 113 绕锥形物体的流动

被绕流物体表面尖锐突起附近的定常超声速流是三维的, 所以比绕前缘是直线的楔形的流动复杂得多. 我们在这里研究一个能够完全解决的问题, 即轴对称尖锐突起的绕流问题.

在轴对称尖锐突起的顶点附近, 可以把该突起看做一个正圆锥, 于是问题归结为研究沿轴线方向的均匀来流绕细长圆锥的流动. 定性的流动图像如下所述.

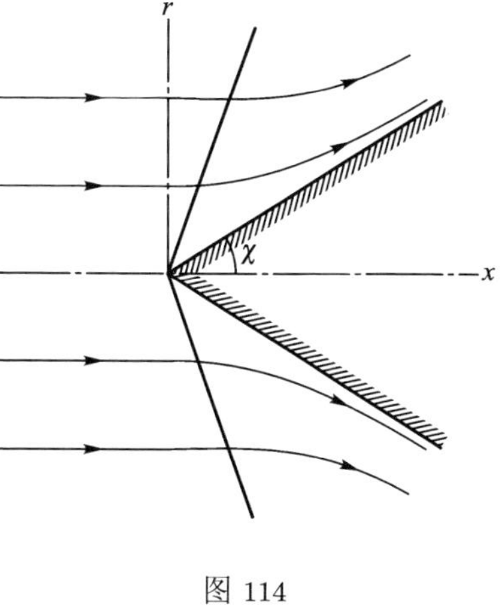

图 114

与绕楔形的平面流动相类似, 在气流中必定出现一个激波 (A. 布泽曼, 1929). 从对称性显然可知, 这个激波是与被绕流圆锥具有共同轴线和顶点的圆锥面 (图 114 表示由一个通过圆锥轴线的平面在圆锥上截取的截面). 但是, 与平面流动情形不同的是, 这里的激波并没有使气体速度偏转整个 χ 角, 以便让气体沿圆锥表面流动 (2χ 是圆锥的顶角). 在通过间断面之后, 流线变弯并渐近地趋于被绕流圆锥的母线. 流线变弯的过程伴随着密度的进一步增加 (在激波中密度也会增加) 和速度的相应减小.

速度的方向和大小在激波中的变化可由激波极线来确定，并且这里的解对应着激波极线的“弱分支”①. 因此，对于来流马赫数 $M_1 = v_1/c_1$ 的每一个值，都存在一个确定的圆锥半顶角极限值 $\chi_{\max}$，在该极限值之外不可能存在这样的绕流，于是激波会从锥体顶点“脱离”. 因为气流在通过激波后还会进一步偏转方向，所以圆锥绕流的 $\chi_{\max}$ 值大于平面绕流 (楔形绕流) 情形下的 $\chi_{\max}$ 值 (当 M_1 相同时). 刚刚通过激波的气流通常仍是超声速的，但也可能是亚声速的 (当 χ 接近 $\chi_{\max}$ 时). 激波后面的超声速流随着接近圆锥表面而可能变为亚声速流，于是速度在确定的圆锥面上会跨过声速.

圆锥形激波与来流中的所有流线之间的夹角相同，所以激波是等强度的. 由此可知 (见下文 §114)，激波后面的流动也是等熵的势流.

根据问题的对称性和自相似性 (在问题的条件中没有任何作为常量的特征长度) 显然可知，在激波后面的气流中，所有物理量 (速度、压强) 的分布都只是角 θ 的函数，这里的 θ 是从圆锥顶点指向所讨论的点的径矢与圆锥轴线 (图 114 中的 x 轴) 之间的夹角. 所以，运动方程化为常微分方程，这些方程在激波上的边界条件由激波极线方程确定，而在圆锥表面上的边界条件要求速度平行于圆锥母线. 但是，用解析方法无法求解这些方程，必须借助于数值方法. 我们引用原始文献的计算结果②，仅仅给出最大可能的圆锥顶角 $2\chi_{\max}$ 对马赫数 M_1 的函数曲线 (见图 65). 我们还指出，根据一般的跨声速相似律 (126.11) 可以得到，当 $M_1 \to 1$ 时，角 $\chi_{\max}$ 按照规律

$$\chi_{\max} = \text{const}\sqrt{\frac{M_1 - 1}{\gamma + 1}} \tag{113.1}$$

趋于零 (const 是与 M_1 以及气体类型均无关的数).

圆锥绕流问题仅在圆锥顶角很小的极限下才可能有解析解 (T. von 卡门, N. B. 穆尔, 1932). 显然，在这种情形下，整个空间中的气体速度与来流速度 $\boldsymbol{v}_1$ 只有很小的差别. 用字母 $\boldsymbol{v}$ 表示所讨论的点的气体速度与速度 $\boldsymbol{v}_1$ 之间的微小差值，再引入它的势函数 φ，我们就可以对后者应用线性化方程 (114.4). 如果引入极轴沿圆锥轴线的柱面坐标 x, r, ω (ω 是极角)，则该方程的形式化为

$$\frac{1}{r}\frac{\partial}{\partial r}\left(r\frac{\partial\varphi}{\partial r}\right) + \frac{1}{r^2}\frac{\partial^2\varphi}{\partial\omega^2} - \beta^2\frac{\partial^2\varphi}{\partial x^2} = 0, \tag{113.2}$$

---

① 不过，对于某些形状“奇特”的被绕流物体，情况并非如此. 例如，对于位于宽大钝体前缘的锥体的绕流，存在一些规定来选取“强族”激波.

② 见: Taylor G. I., Maccol J. W. Proc. Roy. Soc. A. 1933, 139: 278; Maccol J. W. Proc. Roy. Soc. A. 1937, 159: 459. 还可以参考以下教材中的叙述: Кочин Н. Е., Кибель И. А., Розе Н. В. Теоретическая гидромеханика. Ч. 2. Москва: Физматгиз, 1963 (Kochin N. E., Kibel I. A., Roze N. V. Theoretical Hydrodynamics. Vol. 2. New York: Wiley, 1964), §27.

对于轴对称流动, 则有

$$\frac{1}{r}\frac{\partial}{\partial r}\left(r\frac{\partial\varphi}{\partial r}\right)-\beta^2\frac{\partial^2\varphi}{\partial x^2}=0, \tag{113.3}$$

式中已经引入记号

$$\beta=(M_1^2-1)^{1/2}. \tag{113.4}$$

为了使速度分布只是角 θ 的函数, 势函数应当具有形式

$$\varphi=xf(\xi),\quad \xi=\frac{r}{x}=\tan\theta.$$

代入方程后得到函数 $f(\xi)$ 的方程

$$\xi(1-\beta^2\xi^2)f''+f'=0,$$

它的解是初等函数. 平凡解 $f=\text{const}$ 对应均匀流, 另一个解为

$$f=\text{const}\left(\sqrt{1-\beta^2\xi^2}-\operatorname{arcosh}\frac{1}{\beta\xi}\right).$$

圆锥表面上 (即当 $\xi=\tan\chi\approx\chi$ 时) 的边界条件为

$$\frac{v_r}{v_1+v_x}\approx\frac{1}{v_1}\frac{\partial\varphi}{\partial r}=\chi, \tag{113.5}$$

即 $f'=v_1\chi$. 由此求出 $\text{const}=v_1\chi^2$, 从而最终得到势函数的以下表达式 (在区域 $x>\beta r$ 中)①:

$$\varphi=v_1\chi^2\left(\sqrt{x^2-\beta^2r^2}-x\operatorname{arcosh}\frac{x}{\beta r}\right). \tag{113.6}$$

我们注意到, φ 在 $r\to 0$ 时具有对数奇异性.

由此求出速度分量:

$$v_x=-v_1\chi^2\operatorname{arcosh}\frac{x}{\beta r},\quad v_r=\frac{v_1\chi^2}{r}\sqrt{x^2-\beta^2r^2}. \tag{113.7}$$

利用公式 (114.5) 可以计算圆锥表面上的压强. 因为 φ 在 $r\to 0$ 时具有对数奇异性, 所以圆锥表面上 (当 r 很小时) 的速度 v_r 远大于 v_x, 于是在压强公式中只须保留 v_r^2 项. 结果得到

$$p-p_1=\rho_1v_1^2\chi^2\left(\ln\frac{1}{\beta\chi}-\frac{1}{2}\right). \tag{113.8}$$

当 M_1 远大于 $1/\chi$ 时, 所有这些用线性理论得到的公式就不再适用了 (见 §127).

---

① 在所用近似下, 圆锥面 $x=\beta r$ 是弱间断面. 在下一级近似下会出现激波, 其强度 (压强的相对间断值) 正比于 χ^4, 而半锥顶角超过马赫角的部分也正比于 χ^4.

第十二章

平面可压缩气流

§114 有势的可压缩气流

我们在下面将遇到很多几乎处处都可以把可压缩气流看做势流的重要情形. 这里将推导势流的一般方程, 并在一般形式下讨论其适用性问题①.

激波一般会破坏可压缩气流的有势性. 在一般情形下, 势流在穿过激波后就变成有旋流. 但是, 定常势流穿过等强度激波 (强度沿整个激波面不变) 就是例外, 例如均匀流穿过一个激波并且该激波与每条流线之间的夹角都相同的情形②. 在这些情形下, 激波后面的流动仍然是势流.

为了证明这个结论, 我们利用以下形式的欧拉方程:

$$\frac{1}{2}\nabla v^2 - \boldsymbol{v} \times \operatorname{rot} \boldsymbol{v} = -\frac{1}{\rho}\nabla p$$

(请对比 (2.10)), 即

$$\nabla\left(w + \frac{v^2}{2}\right) - \boldsymbol{v} \times \operatorname{rot} \boldsymbol{v} = T\nabla s,$$

这里已经应用了热力学关系式 $\mathrm{d}w = T\,\mathrm{d}s + \mathrm{d}p/\rho$. 但是, 在激波前面的势流中 $w + v^2/2 = \mathrm{const}$, 而这个量在激波上连续, 所以它在激波后面处处相同, 于是

$$\boldsymbol{v} \times \operatorname{rot} \boldsymbol{v} = -T\nabla s. \tag{114.1}$$

激波前面的势流是等熵的. 在任意激波的一般情形下, 熵的间断值在整个激波面上是变化的, 在激波后面的区域内, 梯度 $\nabla s \neq 0$, 所以 $\operatorname{rot} \boldsymbol{v}$ 也不为零.

---

① 本节暂不作平面流假设.

② 在研究楔形或圆锥的超声速绕流时 (§ 112, § 113), 我们已经遇到过这种情形.

但是, 如果激波是等强度的, 则熵的间断值也是常量, 所以激波后面的流动也是等熵的, 即 $\nabla s=0$. 由此可知, 或者 $\operatorname{rot}\boldsymbol{v}=0$, 或者矢量 $\boldsymbol{v}$ 与 $\operatorname{rot}\boldsymbol{v}$ 处处彼此平行. 但后者是不可能的, 因为 $\boldsymbol{v}$ 在激波上总有非零的法向分量, 而 $\operatorname{rot}\boldsymbol{v}$ 的法向分量为零 ($\operatorname{rot}\boldsymbol{v}$ 的法向分量是由速度切向分量的切向导数给出的, 而速度的切向分量在间断面上连续).

激波不破坏流动有势性的另一个重要情形是弱激波. 我们已经看到 (§86), 在弱激波中, 熵的间断值与压强间断值或速度间断值相比是三阶小量. 所以从 (114.1) 可见, 在激波后面, $\operatorname{rot}\boldsymbol{v}$ 也是三阶小量. 这样就可以认为, 激波后面的流动在忽略高阶小量的情况下是势流.

对于任意的定常有势可压缩气流, 我们来推导速度势的一般方程. 为此, 利用欧拉方程

$$(\boldsymbol{v}\cdot\nabla)\boldsymbol{v}=-\frac{\nabla p}{\rho}=-\frac{c^2}{\rho}\nabla\rho$$

从连续性方程 $\operatorname{div}(\rho\boldsymbol{v})=\rho\operatorname{div}\boldsymbol{v}+\boldsymbol{v}\cdot\nabla\rho=0$ 中消去密度, 得到

$$c^2\operatorname{div}\boldsymbol{v}-\boldsymbol{v}\cdot(\boldsymbol{v}\cdot\nabla)\boldsymbol{v}=0.$$

按照 $\boldsymbol{v}=\nabla\varphi$ 引入速度势并写出矢量表达式的分量形式, 我们求出所需方程:

$$(c^2-\varphi_x^2)\varphi_{xx}+(c^2-\varphi_y^2)\varphi_{yy}+(c^2-\varphi_z^2)\varphi_{zz}-2(\varphi_x\varphi_y\varphi_{xy}+\varphi_y\varphi_z\varphi_{yz}+\varphi_z\varphi_x\varphi_{zx})=0 \tag{114.2}$$

(这里的下标表示偏导数). 特别地, 对于平面流动,

$$(c^2-\varphi_x^2)\varphi_{xx}+(c^2-\varphi_y^2)\varphi_{yy}-2\varphi_x\varphi_y\varphi_{xy}=0. \tag{114.3}$$

在这些方程中, 声速本身应当表示为速度的函数, 这在原则上可以利用伯努利方程 $w+v^2/2=\text{const}$ 和等熵方程 $s=\text{const}$ 实现 (对于多方气体, c 对 v 的依赖关系由公式 (83.18) 给出).

如果整个空间中的气体速度在大小和方向上都与无穷远处来流速度相差不大, 则方程 (114.2) 可以大为简化①. 这还意味着激波较弱 (如果激波存在), 因而不破坏流动的有势性.

从 $\boldsymbol{v}$ 中分离出保持恒定的来流速度 $\boldsymbol{v}_1$, 从而写出 $\boldsymbol{v}=\boldsymbol{v}_1+\boldsymbol{v}'$, 其中 $\boldsymbol{v}'$ 是小量. 引入 $\boldsymbol{v}'$ 的速度势 φ', $\boldsymbol{v}'=\nabla\varphi'$, 从而代替总速度的速度势 φ. 该速度势的方程得自 (114.2), 为此只要利用代换 $\varphi=\varphi'+xv_1$ (选取指向矢量 $\boldsymbol{v}_1$ 方向的 x 轴). 然后, 把 φ' 看做小量并忽略所有高于一阶的项, 我们得到以下线性

① 我们在 §113 中已经遇到过这样的情形 (绕细长锥体的流动), 在研究绕任意扁平物体的可压缩流时还将遇到该情形.

方程:

$$(1-M_1^2)\frac{\partial^2\varphi'}{\partial x^2}+\frac{\partial^2\varphi'}{\partial y^2}+\frac{\partial^2\varphi'}{\partial z^2}=0, \tag{114.4}$$

式中 $M_1=v_1/c_1$, 并且这里的声速自然取它在无穷远处的给定值.

在这种近似下, 气流中任何一点的压强都可以通过速度表示出来, 获得相应公式的方法如下. 把 p 看做 w 的函数 (当 s 给定时), 再利用 $(\partial w/\partial p)_s=1/\rho$, 我们写出

$$p-p_1\approx\left(\frac{\partial p}{\partial w}\right)_s(w-w_1)=\rho_1(w-w_1).$$

而根据伯努利方程, 我们有

$$w-w_1=-\frac{1}{2}[(\boldsymbol{v}_1+\boldsymbol{v})^2-\boldsymbol{v}_1^2]\approx-\frac{1}{2}(v_y^2+v_z^2)-v_1v_x,$$

所以

$$p-p_1=-\rho_1v_1v_x-\frac{\rho_1}{2}(v_y^2+v_z^2). \tag{114.5}$$

一般而言, 在这个表达式中应当保留横向速度平方项, 因为在 x 轴附近的区域内 (特别是在被绕流扁平物体的表面上), 导数 $\partial\varphi'/\partial y$, $\partial\varphi'/\partial z$ 可能远大于 $\partial\varphi'/\partial x$.

但是, 如果马赫数 M_1 很接近 1 (跨声速流), 使方程 (114.4) 中第一项的系数变得很小, 则该方程不再适用. 显然, 在这种情况下还应当保留速度势 φ 对坐标 x 的导数的更高阶项. 为了推导相应的方程, 我们再次回到原方程 (114.2), 它在忽略显然很小的一些项以后化为

$$\left(1-\frac{\varphi_x^2}{c^2}\right)\varphi_{xx}+\varphi_{yy}+\varphi_{zz}=0. \tag{114.6}$$

在所研究的情况下, 速度 $v_x\approx v$, 声速 c 接近临界速度 c_*, 因而可以写出

$$c-c_*=(v-c_*)\left.\frac{\mathrm{d}c}{\mathrm{d}v}\right|_{v=c_*},$$

即

$$c-v=(c_*-v)\left(1-\left.\frac{\mathrm{d}c}{\mathrm{d}v}\right|_{v=c_*}\right).$$

根据 (83.4), 当 $v=c=c_*$ 时有 $\mathrm{d}\rho/\mathrm{d}v=-\rho/c$, 据此写出 (当 $v=c_*$ 时)

$$\frac{\mathrm{d}c}{\mathrm{d}v}=\frac{\mathrm{d}c}{\mathrm{d}\rho}\frac{\mathrm{d}\rho}{\mathrm{d}v}=-\frac{\rho}{c}\frac{\mathrm{d}c}{\mathrm{d}\rho},$$

所以

$$c-v=\frac{c_*-v}{c}\frac{\mathrm{d}(\rho c)}{\mathrm{d}\rho}=\alpha_*(c_*-v). \tag{114.7}$$

我们在这里已经利用了导数 $\mathrm{d}(\rho c)/\mathrm{d}\rho$ 的表达式 (99.9), 以及 α 的表达式 (102.2) 在 $v=c_*$ 时的值 α_* (对于多方气体, α 是常数, 所以 $\alpha_*=\alpha=(\gamma+1)/2$). 在同样的精度下, 这个等式的形式可以改写为

$$\frac{v}{c}-1=\alpha_*\left(\frac{v}{c_*}-1\right). \tag{114.8}$$

此式给出跨声速情况下马赫数 M 与 M_* 之间的一般关系.

利用这个公式, 我们有

$$1-\frac{v_x^2}{c^2}\approx 1-\frac{v^2}{c^2}\approx 2\left(1-\frac{v}{c}\right)\approx 2\alpha_*\left(1-\frac{v}{c_*}\right).$$

最后, 按代换

$$\varphi\to c_*(x+\varphi)$$

引入新的速度势, 于是现在有

$$\frac{\partial\varphi}{\partial x}=\frac{v_x}{c_*}-1,\quad \frac{\partial\varphi}{\partial y}=\frac{v_y}{c_*},\quad \frac{\partial\varphi}{\partial z}=\frac{v_z}{c_*}. \tag{114.9}$$

把这些表达式全部代入 (114.6), 最后得到跨声速流的速度势方程 (各点速度大致平行于 x 轴):

$$2\alpha_*\frac{\partial\varphi}{\partial x}\frac{\partial^2\varphi}{\partial x^2}=\frac{\partial^2\varphi}{\partial y^2}+\frac{\partial^2\varphi}{\partial z^2}. \tag{114.10}$$

在这里, 气体的性质只通过常数 α_* 表现出来. 我们将在下面看到, 跨声速流的全部性质对气体具体类型的依赖关系完全取决于这个常数.

在 M_1 值非常大的另一种极限情形下, 线性方程 (114.4) 也不适用, 更何况在这样的 M_1 下, 由于强激波的出现, 根本不能再认为实际流动是势流了 (见 §127).

§115 定常简单波

设气体的定常超声速平面流在无穷远处是均匀流, 它绕过一个弯曲的剖面后发生偏转, 我们来确定描述这种流动的方程的解的一般形式. 我们在研究拐角附近的流动时已经遇到过一个特解, 相应流动在本质上就是沿拐角一边的平面流在拐角顶部发生偏转. 在这个特解中, 包括速度的两个分量、压强和密度在内的所有的量, 都只是角 φ 这一个变量的函数, 所以每一个量都可以表示为其中一个量的函数. 因为这个解应当是待求的一般解的特殊情形, 所以为了寻求这个一般解, 自然可以要求 p, ρ, v_x, v_y (取运动平面为 xy 平面) 中的每一个量都能表示为其中一个量的函数. 当然, 这个要求对运动方程的解有很

大的限制, 这样得到的解根本不是这些方程的通解. 在一般情形下, 量 p, ρ, v_x, v_y 是两个坐标 x, y 的函数, 每一个量都可以表示为其中两个量的函数.

因为在无穷远处是均匀流, 其中包括熵 s 在内的所有的量都是常量, 而在理想流体定常流中, 熵沿流线保持不变, 所以显然可知, 只要在气体中没有激波, 在整个空间中就有 $s = \text{const}$. 下面假设在气体中没有激波.

欧拉方程和连续性方程的形式为

$$v_x \frac{\partial v_x}{\partial x} + v_y \frac{\partial v_x}{\partial y} = -\frac{1}{\rho}\frac{\partial p}{\partial x},$$

$$v_x \frac{\partial v_y}{\partial x} + v_y \frac{\partial v_y}{\partial y} = -\frac{1}{\rho}\frac{\partial p}{\partial y};$$

$$\frac{\partial}{\partial x}(\rho v_x) + \frac{\partial}{\partial y}(\rho v_y) = 0.$$

把偏导数写成雅可比行列式的形式, 我们把这些方程改写为

$$v_x \frac{\partial(v_x,\ y)}{\partial(x,\ y)} - v_y \frac{\partial(v_x,\ x)}{\partial(x,\ y)} = -\frac{1}{\rho}\frac{\partial(p,\ y)}{\partial(x,\ y)},$$

$$v_x \frac{\partial(v_y,\ y)}{\partial(x,\ y)} - v_y \frac{\partial(v_y,\ x)}{\partial(x,\ y)} = \frac{1}{\rho}\frac{\partial(p,\ x)}{\partial(x,\ y)};$$

$$\frac{\partial(\rho v_x,\ y)}{\partial(x,\ y)} - \frac{\partial(\rho v_y,\ x)}{\partial(x,\ y)} = 0.$$

现在取 x, p 为自变量. 为了实现相应变换, 只要让上述方程乘以 $\partial(x, y)/\partial(x, p)$ 即可, 所得方程在形式上完全不变, 只是所有雅可比行列式中的分母 $\partial(x,\ y)$ 都要改为 $\partial(x,\ p)$. 我们来展开这些雅可比行列式, 这时应当注意, 在自变量 x 和 p 下, 所有的量 ρ, v_x, v_y 都被假设为只与 p 有关的函数, 所以它们对 x 的偏导数等于零. 于是得到

$$\left(v_y - v_x \frac{\partial y}{\partial x}\right)\frac{\mathrm{d}v_x}{\mathrm{d}p} = \frac{1}{\rho}\frac{\partial y}{\partial x},$$

$$\left(v_y - v_x \frac{\partial y}{\partial x}\right)\frac{\mathrm{d}v_y}{\mathrm{d}p} = -\frac{1}{\rho};$$

$$\left(v_y - v_x \frac{\partial y}{\partial x}\right)\frac{\mathrm{d}\rho}{\mathrm{d}p} + \rho\left(\frac{\mathrm{d}v_y}{\mathrm{d}p} - \frac{\partial y}{\partial x}\frac{\partial v_x}{\mathrm{d}p}\right) = 0$$

(其中 $\partial y/\partial x$ 表示 $(\partial y/\partial x)_p$). 在这些方程中, 除了 $\partial y/\partial x$, 其余所有的量按上述假设都只是 p 的函数, 而不显含 x. 根据这些方程首先可以断定, $\partial y/\partial x$ 也只是 p 的函数:

$$\left(\frac{\partial y}{\partial x}\right)_p = f_1(p),$$

从而

$$y = xf_1(p) + f_2(p), \tag{115.1}$$

式中 $f_2(p)$ 是压强的任意函数.

如果直接利用我们已经知道的一个特解, 即绕拐角流动的稀疏波解 (§ 109, § 112), 就可以不再作进一步计算. 我们记得, 在这个解中, 所有的量 (包括压强) 沿每一条通过拐角顶点的直线 (特征线) 都保持不变. 这个特解显然对应于一般表达式 (115.1) 中的任意函数 $f_2(p)$ 恒等于零的情形. 函数 $f_1(p)$ 可由 § 109 中的公式确定.

当 p 取不同常量值时, 方程 (115.1) 在 xy 平面内确定一族直线, 这些直线在每一点都以马赫角与流线相交. 在 $f_2 \equiv 0$ 的特解中, 直线族 $y = xf_1(x)$ 具有这种性质, 由此显然可以看出这个结果. 因此, 在一般情况下, (从物体表面出发的) 一族特征线是一族直线, 并且所有的量沿该族直线保持不变. 不过, 这些直线现在不再具有共同的交点.

从数学上讲, 所研究流动的上述性质完全类似于一维简单波的性质. 在一维简单波中, 一族特征线是 xt 平面上的直线 (见 § 101, § 103, § 104). 因此, 所讨论的这种流动在定常 (超声速) 平面流动理论中所处的地位, 与简单波在非定常一维流动理论中所处地位是相同的. 鉴于该类比关系, 这种流动也称为**简单波**. 例如, 对应于 $f_2 \equiv 0$ 情形的稀疏波称为**中心简单波**.

就像非定常情形那样, 定常简单波最重要的性质之一是: 在 xy 平面上, 与均匀流区域相邻的任何区域内的流动都是简单波 (见 § 104).

我们现在说明, 对于绕给定剖面的流动, 怎样才能求出简单波.

图 115 给出被绕流的剖面, 它在点 O 左边是直线, 在右边开始变弯. 在超声速流中, 边界弯曲对流动的影响自然只向来自点 O 的特征线 OA 的下游传播. 所以, 这条特征线左边的流动是均匀流 (用下标 1 表示与此相应的物理量的值). 在这个区域中, 所有特征线都互相平行, 它们与 x 轴的夹角为马赫角 $\alpha_1 = \arcsin(c_1/v_1)$.

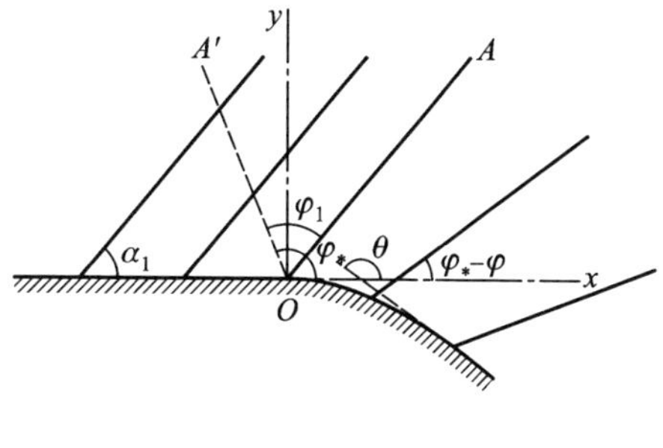

图 115

在公式 (109.12)—(109.15) 中, 特征线的倾角 φ 从 $v = c = c_*$ 的射线算起. 这表示 (请对比 § 112), 特征线 OA 应当对应角 φ 的以下值:

$$\varphi_1 = \sqrt{\frac{\gamma+1}{\gamma-1}} \arccos \frac{c_1}{c_*},$$

而在下面应当认为角 φ 从 OA' 算起 (图 115). 于是, 特征线与 x 轴的夹角为

$\varphi_* - \varphi$, 其中 $\varphi_* = \alpha_1 + \varphi_1$. 根据公式 (109.12)—(109.15), 速度和压强可以通过角 φ 表示如下:

$$v_x = v\cos\theta, \quad v_y = v\sin\theta, \tag{115.2}$$

$$v^2 = c_*^2\left(1 + \frac{2}{\gamma-1}\sin^2\sqrt{\frac{\gamma-1}{\gamma+1}}\,\varphi\right), \tag{115.3}$$

$$\theta = \varphi_* - \varphi - \arctan\left(\sqrt{\frac{\gamma-1}{\gamma+1}}\cot\sqrt{\frac{\gamma-1}{\gamma+1}}\,\varphi\right), \tag{115.4}$$

$$p = p_*\left(\cos\sqrt{\frac{\gamma-1}{\gamma+1}}\,\varphi\right)^{2\gamma/(\gamma-1)}. \tag{115.5}$$

特征线方程可以写为以下形式:

$$y = x\tan(\varphi_* - \varphi) + F(\varphi). \tag{115.6}$$

根据剖面的给定形状, 可以用以下方法确定任意函数 $F(\varphi)$. 设剖面形状由方程 $Y = Y(X)$ 给出, 式中 X 和 Y 为剖面上的点的坐标. 在物体表面上, 气体的速度指向切线方向, 即

$$\tan\theta = \frac{\mathrm{d}Y}{\mathrm{d}X}. \tag{115.7}$$

通过点 X, Y 并且与 x 轴的夹角为 $\varphi_* - \varphi$ 的直线, 其方程为

$$y - Y = (x - X)\tan(\varphi_* - \varphi).$$

如果取

$$F(\varphi) = Y - X\tan(\varphi_* - \varphi), \tag{115.8}$$

则上述方程与 (115.6) 相同. 从所给的方程 $Y = Y(X)$ 和方程 (115.7) 出发, 用参数方程 $X = X(\theta), Y = Y(\theta)$ 表示剖面形状, 其参数是剖面切线的倾角 θ. 按照 (115.4) 把 θ 通过 φ 表示出来, 再把所得表达式代入参数方程, 我们得到 X 和 Y 对 φ 的函数关系. 最后, 把它们代入 (115.8), 就得到待求的函数 $F(\varphi)$.

在绕凸曲面的流动中, 速度矢量与 x 轴之间的夹角 θ 沿下游方向越来越小 (图 115), 特征线与 x 轴的夹角 $\varphi_* - \varphi$ 同时也单调减小 (这里处处都在讨论从物体表面发出的特征线). 所以, 特征线 (在流动区域内) 互不相交. 因此, 既然特征线 OA 是弱间断线, 则在其下游区域中, 我们有连续的 (无激波的) 越来越稀疏的流动.

在绕凹曲面的流动中, 情况则有所不同. 这时, 剖面切线的倾角 θ 沿下游方向越来越大, 特征线的倾角也逐渐增加. 于是, 特征线 (在流动区域中) 彼此相交. 但在互不平行的不同特征线上, 所有的量 (速度、压强等) 有不同的值,

所有这些函数在特征线的交点上就成为多值函数, 而这在物理上是荒谬的. 在非定常一维简单压缩波中 (§101), 我们已经遇到类似的现象. 就像在那种情况下一样, 这意味着实际上会形成激波. 根据所讨论的解不能完全确定该间断面的位置, 因为这个解是在没有间断面的假设下求出的. 唯一能够确定的结果, 是激波的起始位置 (图 116 中的点 O, 实线 OB 表示激波). 这是特征线的一个交点, 并且过该交点的流线最靠近物体表面. 在点 O 下方 (即更靠近物体表面) 的流线上, 解处处是单值的, 其多值性从点 O 才开始. 对于一维非定常简单波, 用来确定间断面形成时间和位置的方程组已经求出, 采用与此相同的方法即可求出用来确定点 O 坐标 x_0, y_0 的方程组.

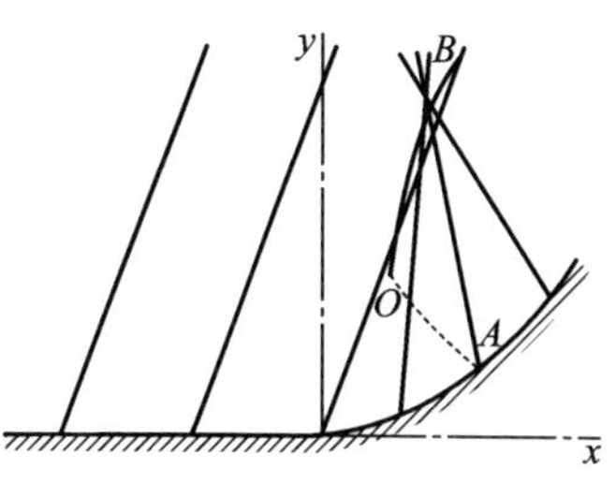

图 116

如果把特征线的倾角看做特征线上的点的坐标 x, y 的函数, 则当 x 和 y 超过某些确定值 x_0, y_0 时, 这个函数就变成多值的. 我们在 §101 中遇到过函数 $v(x,\ t)$ 的类似情况, 因而不必再重复那里的讨论就立即写出方程

$$\left(\frac{\partial y}{\partial \varphi}\right)_x = 0, \quad \left(\frac{\partial^2 y}{\partial \varphi^2}\right)_x = 0, \tag{115.9}$$

它们在这里确定了激波形成的位置. 从数学上讲, 这是直线特征线族包络线的尖点 (请对比 §103).

在绕凹曲面的流动中, 对于点 O 上方的流线, 直到它们与激波相交以前, 沿流线都存在简单波. 点 O 下方的流线根本不与激波相交, 但不能由此下结论说, 这里所讨论的解在这些流线上处处有效. 其实, 这里出现的激波对沿这些流线流动的气体也有扰动, 从而破坏不存在激波时的流动状态. 但是, 根据超声速流的性质, 这些扰动只能影响 (第二族) 特征线 OA 下游的气体, 该特征线来自激波的起始点. 因此, 这里所讨论的解适用于曲线 AOB 左边的整个区域. 至于曲线 OA 本身, 这是一条弱间断线. 我们看到, 在绕凹曲面的流动中, 不可能存在类似于绕凸曲面流动中的简单稀疏波那样的处处连续 (没有激波) 的简单压缩波.

在绕凹曲面的流动中形成的激波, 是激波从气流内部远离固体壁面的某一点 "开始" 的一个例子. 激波的这种 "起点" 具有某些一般性质, 我们在此加以说明. 激波的强度在该点为零, 在其邻域内很小. 但在弱激波中, 熵和涡量的间断值都是三阶小量, 所以气流在穿过激波时的变化与连续等熵势流的变化之间的差别也只是三阶小量. 由此可知, 对于从激波起点发出的弱间断线, 仅仅各量的三阶导数才应当发生间断. 一般而言, 这样的间断线有两条: 一条是与特征线重合的弱间断线, 一条是与流线重合的切向弱间断线 (见 §96 最后).

§116 恰普雷金方程 (定常二维可压缩气流的一般问题)

在研究了定常简单波之后, 现在考虑任意定常平面势流的一般问题. 在讨论势流的时候, 我们认为流动是等熵的, 而且没有激波.

结果表明, 通过引入新的自变量, 所提问题能够化为仅仅求解一个线性偏微分方程的问题 (C. A. 恰普雷金, 1902). 速度分量 v_x, v_y 就是这样的自变量 (这个变换经常称为**速度图变换**, 变量 v_x, v_y 的平面这时称为速度平面, 而 xy 平面称为物理平面).

对于势流, 可以立刻写出欧拉方程的一个首次积分, 即伯努利方程

$$w+\frac{v^2}{2}=w_0, \tag{116.1}$$

它可以取代欧拉方程. 连续性方程的形式为

$$\frac{\partial}{\partial x}(\rho v_x)+\frac{\partial}{\partial y}(\rho v_y)=0. \tag{116.2}$$

对于速度势 φ 的微分, 有

$$\mathrm{d}\varphi=v_x\,\mathrm{d}x+v_y\,\mathrm{d}y.$$

利用勒让德变换从自变量 x, y 变换到自变量 v_x, v_y, 从而写出

$$\mathrm{d}\varphi=\mathrm{d}(xv_x)-x\,\mathrm{d}v_x+\mathrm{d}(yv_y)-y\,\mathrm{d}v_y.$$

引入函数

$$\varPhi=-\varphi+xv_x+yv_y, \tag{116.3}$$

得到

$$\mathrm{d}\varPhi=x\,\mathrm{d}v_x+y\,\mathrm{d}v_y,$$

这里把 $\varPhi$ 看做 v_x 和 v_y 的函数. 所以有

$$x=\frac{\partial\varPhi}{\partial v_x},\quad y=\frac{\partial\varPhi}{\partial v_y}. \tag{116.4}$$

但是, 更为方便的做法是不使用速度的笛卡儿分量, 而使用速度的大小 v 和它与 x 轴的夹角 θ:

$$v_x=v\cos\theta,\quad v_y=v\sin\theta. \tag{116.5}$$

对导数作相应交换, 容易得到用来取代 (116.4) 的以下关系式:

$$x=\cos\theta\frac{\partial\varPhi}{\partial v}-\frac{\sin\theta}{v}\frac{\partial\varPhi}{\partial\theta},\quad y=\sin\theta\frac{\partial\varPhi}{\partial v}+\frac{\cos\theta}{v}\frac{\partial\varPhi}{\partial\theta}. \tag{116.6}$$

势函数 φ 与函数 Φ 的关系由一个简单的公式给出:

$$\varphi = -\Phi + v\frac{\partial \Phi}{\partial v}. \tag{116.7}$$

最后, 为了得到用来确定函数 $\Phi(v,\ \theta)$ 的方程, 应当用新的自变量表示连续性方程 (116.2). 把导数写为雅可比行列式的形式:

$$\frac{\partial(\rho v_x,\ y)}{\partial(x,\ y)} - \frac{\partial(\rho v_y,\ x)}{\partial(x,\ y)} = 0,$$

再乘以 $\partial(x,\ y)/\partial(v,\ \theta)$, 并把 (116.5) 中 v_x, v_y 的表达式代入, 我们有

$$\frac{\partial(\rho\cos\theta,\ y)}{\partial(v,\ \theta)} - \frac{\partial(\rho v\sin\theta,\ x)}{\partial(v,\ \theta)} = 0.$$

在展开这些雅可比行列式的时候, 应当把 x, y 的表达式 (116.6) 代入. 此外, 因为熵 s 是给定的常量, 所以只要把密度表示为 s 和 w 的函数, 并把 w 的表达式 $w = w_0 - v^2/2$ 代入, 我们就求出, 密度可以写为速度 v 这一个量的函数: $\rho = \rho(v)$. 因此, 经过所有这些简单变换之后, 我们得到以下方程:

$$\frac{\mathrm{d}(\rho v)}{\mathrm{d}v}\left(\frac{\partial \Phi}{\partial v} + \frac{1}{v}\frac{\partial^2 \Phi}{\partial \theta^2}\right) + \rho v\frac{\partial^2 \Phi}{\partial v^2} = 0.$$

根据 (83.5), 有

$$\frac{\mathrm{d}(\rho v)}{\mathrm{d}v} = \rho\left(1 - \frac{v^2}{c^2}\right),$$

于是最后得到函数 $\Phi(v,\ \theta)$ 的**恰普雷金方程**:

$$\frac{\partial^2 \Phi}{\partial \theta^2} + \frac{v^2}{1 - v^2/c^2}\frac{\partial^2 \Phi}{\partial v^2} + v\frac{\partial \Phi}{\partial v} = 0. \tag{116.8}$$

这里的声速是速度的给定函数, $c = c(v)$, 它由气体的状态方程和伯努利方程确定.

方程 (116.8) 与关系式 (116.6) 代替了运动方程. 于是, 求解非线性运动方程的问题化为求解函数 $\Phi(v,\ \theta)$ 的线性方程的问题. 当然, 这个方程的边界条件变成非线性的, 这些条件如下: 在被绕流物体表面上, 气体的速度是切向的. 我们用参数方程 $X = X(\theta)$, $Y = Y(\theta)$ 表示物体表面 (就像前一节那样), 并用 X, Y 替换 (116.6) 中的 x, y, 从而得到两个方程, 它们对于全部 θ 值都是成立的, 但这并非对任何函数 $\Phi(v,\ \theta)$ 都是可能的. 边界条件恰恰要求这两个方程对于所有的 θ 都是相容的, 即其中一个方程应当能够从另一个方程直接推导出来.

不过, 满足边界条件还不足以保证所得到的恰普雷金方程的解适用于物理平面上整个流动区域内的实际流动. 还必须满足以下要求: 雅可比行列式

$$\Delta = \frac{\partial(x,\ y)}{\partial(\theta,\ v)}$$

在通过零点时必须不改变符号 (组成雅可比行列式的所有四个导数都为零的平凡情形是例外). 容易看出, 如果这个条件遭到破坏, 则当通过 xy 平面上由方程 $\Delta = 0$ 确定的曲线 (称为**极限曲线**) 时, 这个解一般成为复数解①. 其实, 设曲线 $v = v_0(\theta)$ 上有 $\Delta = 0$, 并且 $(\partial y/\partial\theta)_v \neq 0$, 则有

$$-\Delta\left(\frac{\partial\theta}{\partial y}\right)_v = \frac{\partial(x,\ y)}{\partial(v,\ \theta)}\frac{\partial(v,\ \theta)}{\partial(v,\ y)} = \frac{\partial(x,\ y)}{\partial(v,\ y)} = \left(\frac{\partial x}{\partial v}\right)_y = 0.$$

由此可见, 在极限曲线附近, v 对 x 的函数关系 (当 y 给定时) 由以下形式的方程给出:

$$x - x_0 = \frac{1}{2}\left(\frac{\partial^2 x}{\partial v^2}\right)_y (v - v_0)^2,$$

而在极限曲线的一侧, v 变为复数②.

容易看出, 极限曲线只能出现在超声速流动区域中. 利用关系式 (116.6) 和方程 (116.8) 直接计算, 得到

$$\Delta = \frac{1}{v}\left[\left(\frac{\partial^2\varPhi}{\partial\theta\,\partial v} - \frac{1}{v}\frac{\partial\varPhi}{\partial\theta}\right)^2 + \frac{v^2}{1 - v^2/c^2}\left(\frac{\partial^2\varPhi}{\partial v^2}\right)^2\right]. \tag{116.9}$$

显然, 当 $v \leqslant c$ 时总有 $\Delta > 0$, 仅当 $v > c$ 时 Δ 才可能在通过零点时改变符号.

在恰普雷金方程的解中出现极限曲线的事实表明, 在所给的具体条件下, 在整个区域内不可能出现处处连续的流动, 从而必然出现激波. 但必须强调, 这些激波的位置与极限曲线的位置根本不同.

我们在前一节中讨论了定常二维超声速流的一种特殊情形 (简单波), 其特征在于, 速度的大小只是速度方向的函数: $v = v(\theta)$. 从恰普雷金方程无法得到这个解, 因为 $1/\Delta \equiv 0$, 而在向速度平面变换时需要用雅可比行列式 Δ 乘运动方程 (连续性方程), 于是这个解就丢失了. 这类似于非定常一维流动理论中的情况. 在 §105 中关于简单波与方程 (105.2) 的通解之间关系的说明, 也完全适用于定常简单波与恰普雷金方程的通解之间的关系.

---

① 以 Δ 趋于无穷大的方式通过零点是允许的. 如果在某条曲线上 $1/\Delta = 0$, 则这仅仅导致 xy 平面和 $v\theta$ 平面之间的关系不再是一一对应的, 即在 xy 平面上环绕一周, 在 $v\theta$ 平面上就要环绕两周或三周.

② 即使 $(\partial^2 x/\partial v^2)_y$ 与 Δ 同时变为零, 但只要导数 $(\partial x/\partial v)_y$ 在 $v = v_0$ 处仍然改变符号, 即差值 $x - x_0$ 正比于 $v - v_0$ 的更高偶次幂, 则这个结果显然还是正确的.

对于亚声速流, 雅可比行列式 Δ 为正, 据此可以建立速度沿流动方向发生偏转的特定规律 (А. А. 尼科利斯基, Г. И. 塔加诺夫, 1946). 我们有恒等式

$$\frac{1}{\Delta} \equiv \frac{\partial(\theta,\ v)}{\partial(x,\ y)} = \frac{\partial(\theta,\ v)}{\partial(x,\ v)} \frac{\partial(x,\ v)}{\partial(x,\ y)},$$

即

$$\frac{1}{\Delta} = \left(\frac{\partial \theta}{\partial x}\right)_v \left(\frac{\partial v}{\partial y}\right)_x. \tag{116.10}$$

在亚声速流中 $\Delta > 0$, 由此看出导数 $(\partial\theta/\partial x)_v$ 和 $(\partial v/\partial y)_x$ 的符号相同. 这个结论具有简单的几何意义: 如果沿曲线 $v = \text{const} \equiv v_0$ 移动, 使区域 $v < v_0$ 位于右侧, 则角 θ 单调递增, 即速度矢量总是沿逆时针方向偏转. 特别地, 这个结果也适用于从亚声速流向超声速流的过渡线, 沿过渡线有 $v = c = c_*$.

最后, 对于多方气体, 只要给出 c 对 v 的显式表达式, 即可写出相应的恰普雷金方程:

$$\frac{\partial^2 \Phi}{\partial \theta^2} + v^2 \frac{1 - \dfrac{\gamma - 1}{\gamma + 1} \dfrac{v^2}{c_*^2}}{1 - \dfrac{v^2}{c_*^2}} \frac{\partial^2 \Phi}{\partial v^2} + v \frac{\partial \Phi}{\partial v} = 0. \tag{116.11}$$

这个方程具有一类可以通过超几何函数表示的特解①.

§117 定常平面流的特征线

在 §82 中已经研究过定常 (超声速) 平面流特征线的某些一般性质. 现在, 我们来推导根据运动方程的给定解来确定特征线的方程.

在定常超声速平面流中一般有三族特征线. 除了熵和涡量的小扰动, 所有其余小扰动都沿其中的两族特征线 (称为特征线 C_+ 和 C_-) 传播. 熵和涡量的小扰动沿第三族特征线 C_0 传播, 该族特征线与流线重合. 对于给定的流动, 流线是已知的, 所以问题在于确定前两族特征线.

通过平面上每一点的特征线 C_+ 和 C_- 指向通过该点的流线的两侧, 它们与流线的夹角等于当地马赫角 α (见图 51). 用 m_0 表示流线在给定点处的斜率, 用 m_+, m_- 表示特征线 C_+, C_- 的斜率, 则根据正切求和公式, 我们写出:

$$\frac{m_+ - m_0}{1 + m_0 m_+} = \tan\alpha, \quad \frac{m_- - m_0}{1 + m_0 m_-} = -\tan\alpha,$$

---

① 例如, 可以参考以下文献: Седов Л. И. Плоские задачи гидродинамики и аэродинамики. 2-е изд. Москва: Наука, 1966 (第一版英译本: Sedov L. I. Two-dimensional Problems of Hydrodynamics and Aerodynamics. New York: Wiley, 1965). 第十章; von Mises R. Mathematical Theory of Compressible Fluid Flow. New York: Academic Press, 1958. §20.

由此得到

$$m_{\pm} = \frac{m_0 \pm \tan\alpha}{1 \mp m_0 \tan\alpha}$$

(上面的符号对应 C_+, 下面的符号对应 C_-). 把

$$m_0 = \frac{v_y}{v_x}, \quad \tan\alpha = \frac{c}{\sqrt{v^2 - c^2}}$$

代入此式并化简, 我们得到特征线斜率的以下表达式:

$$m_{\pm} \equiv \left(\frac{\mathrm{d}y}{\mathrm{d}x}\right)_{\pm} = \frac{v_x v_y \pm c\sqrt{v^2 - c^2}}{v_x^2 - c^2}. \tag{117.1}$$

如果流动中的速度分布是已知的, 这就是确定特征线 C_+ 和 C_- 的微分方程①.

除了 xy 平面上的特征线, 还可以研究速度平面上的特征线, 这对研究等熵势流特别有用. 我们在下面就要讨论这种情形. 从数学观点看, 这是恰普雷金方程 (116.8) 的特征线 (该方程在 $v > c$ 时属于双曲型). 按照数理物理学中众所周知的一般方法 (见 §103), 利用这个方程的系数写出特征线方程:

$$\mathrm{d}v^2 + \frac{v^2}{1 - v^2/c^2}\,\mathrm{d}\theta^2 = 0,$$

即

$$\left(\frac{\mathrm{d}\theta}{\mathrm{d}v}\right)_{\pm} = \pm\frac{1}{v}\sqrt{\frac{v^2}{c^2} - 1}. \tag{117.2}$$

由这个方程确定的特征线与恰普雷金方程的具体的解无关, 因为该方程的系数与 Φ 无关. 速度平面上的特征线是物理平面上的特征线 C_+ 和 C_- 的映射, 我们把前者分别称为特征线 Γ_+ 和 Γ_- (这与 (117.2) 中的符号一致).

方程 (117.2) 的解给出形如 $J_+(v,\ \theta) = \mathrm{const}$, $J_-(v,\ \theta) = \mathrm{const}$ 的关系式. 函数 J_+ 和 J_- 分别是沿特征线 C_+ 和 C_- 保持不变的量 (黎曼不变量). 对于多方气体, 可以精确求解方程 (117.2), 但是不必再作计算, 因为利用公式 (115.3), (115.4) 就可以直接写出结果. 其实, 根据简单波的一般性质 (见 §104), 简单波中 v 对 θ 的依赖关系正好由黎曼不变量之一在整个空间中保持不变的条件给出. φ_* 是公式 (115.3) 和 (115.4) 中的任意常数. 从这些公式中消去参数 φ, 我们得到

$$J_{\pm} = \theta \pm \left[\arcsin\sqrt{\frac{\gamma+1}{2}\left(1 - \frac{c_*^2}{v^2}\right)} - \sqrt{\frac{\gamma+1}{\gamma-1}}\arcsin\sqrt{\frac{\gamma-1}{2}\left(\frac{v^2}{c_*^2} - 1\right)}\right]. \tag{117.3}$$

---

① 还可以用方程 (117.1) 来确定定常轴对称流动的特征线, 只要把其中的 v_y 和 y 改为 v_r 和 r, 其中 r 是一个柱面坐标 (到对称轴即 x 轴的距离). 显然, 如果用通过对称轴的 xr 平面代替 xy 平面, 则整个推导过程并无变化.

速度平面上的特征线是一族外摆线, 它们充满半径为

$$v = c_* \quad \text{和} \quad v = \sqrt{\frac{\gamma+1}{\gamma-1}}\, c_*$$

的两个圆之间的区域 (图 117).

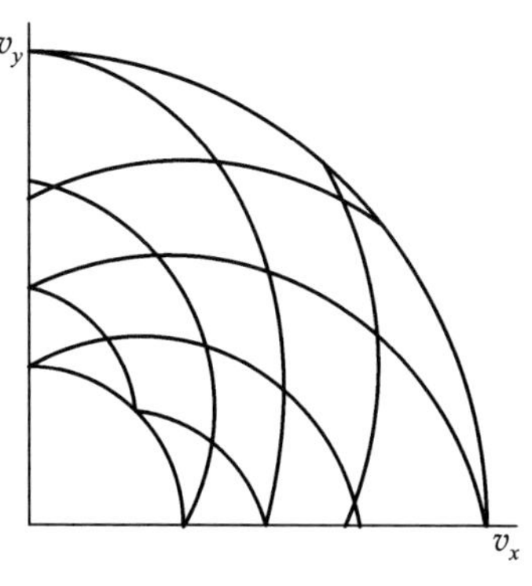

图 117

对于等熵势流, 特征线 Γ_+, Γ_- 具有以下重要性质: 特征线族 Γ_+, Γ_- 分别与特征线族 C_-, C_+ 正交 (假设图中的坐标轴 x, y 分别平行于坐标轴 v_x, v_y)①.

为了证明这个结论, 我们从平面势流方程 (114.3) 出发, 其形式为

$$A\frac{\partial^2\varphi}{\partial x^2} + 2B\frac{\partial^2\varphi}{\partial x\,\partial y} + C\frac{\partial^2\varphi}{\partial y^2} = 0 \tag{117.4}$$

(其中没有自由项, 这很重要).

特征线 $C_\pm$ 的斜率 $m_\pm$ 是二次方程

$$Am^2 - 2Bm + C = 0$$

的两个根.

考虑表达式 $\mathrm{d}v_x^+\,\mathrm{d}x^- + \mathrm{d}v_y^+\,\mathrm{d}y^-$, 其中速度微分是沿特征线 Γ_+ 取的, 而坐标微分是沿 C_- 取的. 我们有以下恒等式:

$$\mathrm{d}v_x^+\,\mathrm{d}x^- + \mathrm{d}v_y^+\,\mathrm{d}y^- = \frac{\partial^2\varphi}{\partial x^2}\mathrm{d}x^+\,\mathrm{d}x^- + \frac{\partial^2\varphi}{\partial x\partial y}(\mathrm{d}x^+\,\mathrm{d}y^- + \mathrm{d}x^-\,\mathrm{d}y^+) + \frac{\partial^2\varphi}{\partial y^2}\mathrm{d}y^+\,\mathrm{d}y^-.$$

该式除以 $\mathrm{d}x^+\,\mathrm{d}x^-$, 我们分别得到 $\partial^2\varphi/\partial x\,\partial y$ 和 $\partial^2\varphi/\partial y^2$ 的系数

$$m_+ + m_- = \frac{2B}{A}, \quad m_+m_- = \frac{C}{A}.$$

根据方程 (117.4), 以上表达式显然为零, 所以

$$\mathrm{d}v_x^+\,\mathrm{d}x^- + \mathrm{d}v_y^-\,\mathrm{d}y^- = \mathrm{d}\boldsymbol{v}^+\cdot\mathrm{d}\boldsymbol{r}^- = 0.$$

类似地得到

$$\mathrm{d}\boldsymbol{v}^-\cdot\mathrm{d}\boldsymbol{r}^+ = 0.$$

这些等式就是上述结论.

---

① 这个结论不适用于 xr 平面上轴对称流动的特征线!

§ 118 欧拉–特里科米方程. 跨声速流

研究从亚声速流向超声速流或从超声速流向亚声速流的过渡过程中的流动特性, 具有极为本质性的意义. 这种过渡所伴随的定常流称为**混合型流动**或**跨声速流**, 而发生这种过渡的边界面本身称为**过渡面**或**声速面**.

利用恰普雷金方程来研究过渡面附近的流动是特别方便的, 因为该方程在这里大为简化.

在过渡面上 $v = c = c_*$, 而在过渡面附近 (在**跨声速区**中), 差值 $v - c$ 和 $v - c_*$ 很小, 它们之间的关系为 (114.8):

$$\frac{v}{c} - 1 = \alpha_* \left(\frac{v}{c^*} - 1\right).$$

我们来适当简化恰普雷金方程. 方程 (116.8) 的第三项远小于第二项, 因为第二项的分母中含有 $1 - v^2/c^2$. 在第二项中近似取

$$\frac{v^2}{1 - v^2/c^2} = \frac{c_*^2}{2(1 - v/c)} = \frac{c_*}{2\alpha_*(1 - v/c_*)}.$$

最后, 引入新的变量

$$\eta = (2\alpha_*)^{1/3} \frac{v - c_*}{c_*} \tag{118.1}$$

代替速度 v, 我们得到需要的方程:

$$\frac{\partial^2 \varPhi}{\partial \eta^2} - \eta \frac{\partial^2 \varPhi}{\partial \theta^2} = 0. \tag{118.2}$$

这种形式的方程在数理物理学中称为**欧拉–特里科米方程**①, 它在 $\eta > 0$ 的半平面中是双曲型的, 而在 $\eta < 0$ 的半平面中是椭圆型的. 我们在这里要讨论这个方程的一系列纯数学性质, 这些性质对于研究具体物理问题是非常重要的.

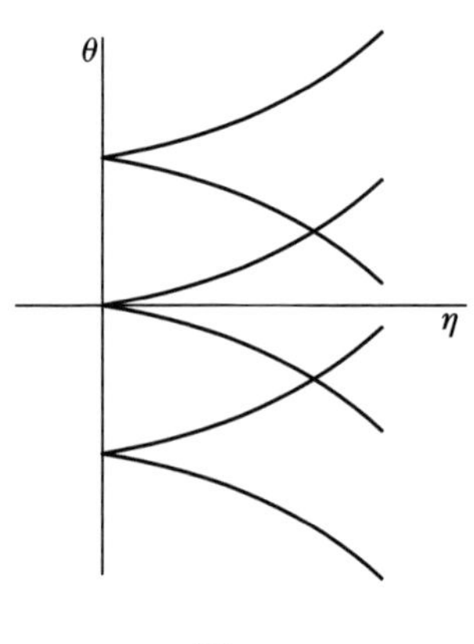

图 118

方程 (118.2) 的特征线由方程 $\eta \mathrm{d}\eta^2 - \mathrm{d}\theta^2 = 0$ 给出, 其通解为

$$\theta \pm \frac{2}{3}\eta^{3/2} = C, \tag{118.3}$$

式中 C 为任意常数. 这个方程代表 $\eta\theta$ 平面上的两族特征线, 它们是位于右半平面的半三次抛物线的两支, 其尖点在 θ 轴上 (图 118).

在研究空间中一个小范围内的流动时①, 如果这里的气体速度方向只有很小的变化, 则总是可以这样选取 x 轴的方向, 使得从 x 轴算起的 θ 角在所讨论的整个区域内都是小量. 这样一来, 方程 (116.6) 也大为简化, 据此可以用函数 $\Phi(\eta,\ \theta)$ 来确定坐标 $x,\ y$ ②:

$$x = (2\alpha_*)^{1/3}\frac{\partial \Phi}{\partial \eta}, \quad y = \frac{\partial \Phi}{\partial \theta}.$$

为避免在公式中出现多余的因子 $(2\alpha_*)^{1/3}$, 我们在 §118—§121 中用 $x(2\alpha_*)^{-1/3}$ 代替坐标 x, 并仍把它记为 x, 于是

$$x = \frac{\partial \Phi}{\partial \eta}, \quad y = \frac{\partial \Phi}{\partial \theta}. \tag{118.4}$$

值得注意的是, 因为 y 与 Φ 的关系如此简单, 所以函数 $y(\eta,\ \theta)$ (而不是 $x(\eta,\ \theta)$) 也满足欧拉–特里科米方程. 因此, 从物理平面到速度平面的变换的雅可比行列式可以写为以下形式:

$$\Delta = \frac{\partial(x,\ y)}{\partial(\theta,\ \eta)} = \Phi_{\eta\theta}^2 - \Phi_{\eta\eta}\Phi_{\theta\theta} = \left(\frac{\partial y}{\partial \eta}\right)^2 - \eta\left(\frac{\partial y}{\partial \theta}\right)^2. \tag{118.5}$$

如前所述, 为了研究 $\eta\theta$ 平面上坐标原点附近的解的性质, 通常需要应用欧拉–特里科米方程. 在有物理意义的情况下, 这个点是解的奇点, 所以具有某种齐次性的一族特解具有特别重要的意义. 其实, 欧拉–特里科米方程的这些解对变量 θ^2 和 η^3 而言是齐次的. 这样的解一定存在, 因为变换 $\theta^2 \to a\theta^2$, $\eta^3 \to a\eta^3$ 使方程 (118.2) 保持不变. 我们将寻求以下形式的解:

$$\Phi = \theta^{2k} f(\xi), \quad \xi = 1 - \frac{4\eta^3}{9\theta^2},$$

其中 k 是常数 (函数 Φ 在上述变换下是 k 次齐次函数). 我们曾经这样选取变量 ξ, 使它在通过点 $\eta = \theta = 0$ 的特征线上等于零. 把上述表达式代入方程, 我们得到函数 $f(\xi)$ 的方程:

$$\xi(1-\xi)f'' + \left[\frac{5}{6} - 2k - \xi\left(\frac{3}{2} - 2k)\right)\right]f' - k\left(k - \frac{1}{2}\right)f = 0.$$

这是超几何方程的一个特殊情形. 利用超几何方程的两个独立解的已知

① 当然, 不应当只从字面上理解 “小范围” 这几个字, 因为还可以研究无穷远点附近的流动, 即距离被绕流物体足够远处的流动.

② 我们省略了等式右边的因子 $1/c_*$, 这仅仅意味着用 $c_*\Phi$ 代替 Φ, 该变换对方程 (118.2) 没有影响, 从而总是允许的.

表达式, 我们求出需要的解 (当 $2k+1/6$ 不是整数时):

$$\Phi_k = \theta^{2k}\left[AF\left(-k,\ -k+\frac{1}{2},\ -2k+\frac{5}{6};\ 1-\frac{4\eta^3}{9\theta^2}\right)\right.$$
$$\left.+B\left(1-\frac{4\eta^3}{9\theta^2}\right)^{2k+1/6}F\left(k+\frac{1}{6},\ k+\frac{2}{3},\ 2k+\frac{7}{6};\ 1-\frac{4\eta^3}{9\theta^2}\right)\right]. \tag{118.6}$$

利用自变量为 $z,\ 1/z,\ 1-z,\ 1/(1-z),\ z/(1-z)$ 的超几何函数之间的已知关系式, 还可以把这个解写为其他五种形式. 在研究不同的具体问题时, 这几种形式都会用到①. 我们在这里只给出以下两种形式:

$$\Phi_k = \theta^{2k}\left[AF\left(-k,\ -k+\frac{1}{2},\ \frac{2}{3};\ \frac{4\eta^3}{9\theta^2}\right)+B\frac{\eta}{\theta^{2/3}}F\left(-k+\frac{1}{3},\ -k+\frac{5}{6},\ \frac{4}{3};\ \frac{4\eta^3}{9\theta^2}\right)\right], \tag{118.7}$$

$$\Phi_k = \eta^{3k}\left[AF\left(-k,\ -k+\frac{1}{3},\ \frac{1}{2};\ \frac{9\theta^2}{4\eta^3}\right)+B\frac{\theta}{\eta^{3/2}}F\left(-k+\frac{1}{2},\ -k+\frac{5}{6},\ \frac{3}{2};\ \frac{9\theta^2}{4\eta^3}\right)\right] \tag{118.8}$$

(公式 (118.6)—(118.8) 中的常数 $A,\ B$ 当然各不相同). 从这些表达式立刻可以得到函数 Φ_k 的一个重要性质: 曲线 $\eta=0$ 和 $\theta=0$ 不是它们的奇异线 (从 (118.7) 可见, Φ_k 在 $\eta=0$ 附近可按 η 的整数次幂展开, 而从 (118.8) 可见, Φ_k 在 $\theta=0$ 附近可按 θ 的整数次幂展开). 这个性质无法从 (118.6) 直接看出. 相反, 从表达式 (118.6) 可见, 特征线是欧拉–特里科米方程的齐次通解 Φ_k (含有 A 和 B 两个常数) 的奇异线: 当 $2k+1/6$ 不是整数时, 因子 $(9\theta^2-4\eta^3)^{2k+1/6}$ 有分支点, 而当 $2k+1/6$ 是整数时, (118.6) 中的一项根本没有意义② (或者, 它在 $2k+1/6=0$ 时等于另一项), 从而必须用超几何方程的第二个独立的解来代替. 我们知道, 后者具有对数奇异性.

带有不同 k 值的积分 Φ_k 满足以下关系式:

$$\Phi_k = \Phi_{-k-1/6}(9\theta^2-4\eta^3)^{2k+1/6}, \tag{118.9}$$

$$\Phi_{k-1/2} = \frac{\partial\Phi_k}{\partial\theta}. \tag{118.10}$$

第一个关系式直接得自 (118.6), 而第二个关系式之所以成立, 是因为 $\partial\Phi_k/\partial\theta$ 满足欧拉–特里科米方程并且与 $\Phi_{k-1/2}$ 具有同样的齐次性. 当然, 这些公式中的 Φ_k 都是指带有两个任意常数的一般表达式.

---

① 例如, 可以在第三卷的数学附录 §e 中找到相应公式.

② 我们记得, 当 $\gamma=0,\ -1,\ -2,\ \cdots$ 时, 级数 $F(\alpha,\ \beta,\ \gamma;\ z)$ 没有意义.

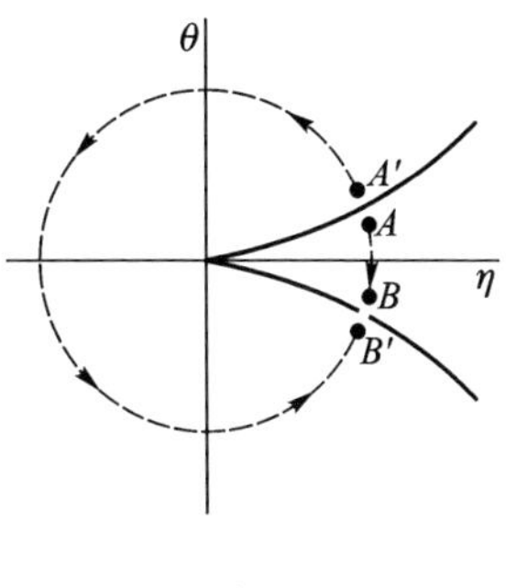

图 119

在研究点 $\eta=\theta=0$ 附近的解时, 必须关注这个解在环绕该点时的变化. 例如, 设函数 Φ_k (118.6) 是特征线 $\theta=2\eta^{3/2}/3$ 附近的点 A 处的解 (图 119), 需要求出特征线 $\theta=-2\eta^{2/3}/3$ 附近 (点 B 处) 的解的形式. 从 A 到 B 的路径穿过横坐标轴, 并且 $\theta=0$ 是表达式 (118.6) 中的超几何函数的奇点, 因为其自变量等于无穷大. 所以, 为了从 A 移动到 B, 必须先把超几何函数变换为自变量的倒数 $9\theta^2/(9\theta^2-4\eta^3)$ 的函数, 使 $\theta=0$ 不再是奇点, 然后改变 θ 的符号, 再重复同样的变换就回到原来的自变量. 对于表达式 (118.6) 中的函数, 我们用这种方法得到以下变换公式:

$$\begin{aligned} F_1 &\to \frac{F_1}{2\sin(2k+1/6)\pi}+F_2\cdot 2^{-4k-1/3}\frac{\Gamma(-2k-1/6)\Gamma(-2k+5/6)}{\Gamma(-2k)\Gamma(-2k-2/3)}, \\ F_2 &\to -\frac{F_2}{2\sin(2k+1/6)\pi}+F_1\cdot 2^{4k+1/3}\frac{\Gamma(2k+1/6)\Gamma(2k+7/6)}{\Gamma(2k+1)\Gamma(2k+1/3)}, \end{aligned} \tag{118.11}$$

并且 F_1 和 F_2 是表达式

$$\begin{aligned} F_1 &= |\theta|^{2k}F\left(-k,\ -k+\frac{1}{2},\ -2k+\frac{5}{6};\ 1-\frac{4\eta^3}{9\theta^2}\right), \\ F_2 &= |\theta|^{2k}\left|1-\frac{4\eta^3}{9\theta^2}\right|^{2k+1/6}F\left(k+\frac{1}{6},\ k+\frac{2}{3},\ 2k+\frac{7}{6};\ 1-\frac{4\eta^3}{9\theta^2}\right). \end{aligned} \tag{118.12}$$

超几何函数系数中的 θ 和 $1-4\eta^3/9\theta^2$ 均取绝对值.

用类似的方法可以求出按相反方向绕原点从 A' 到 B' (图 119) 的变换公式. 这时计算更为繁琐, 因为必须通过超几何函数的三个奇点: $\theta=0$ 的一个点和 $\eta=0$ 的两个点 (我们记得, 自变量为 z 的超几何函数的奇点为 $z=1$ 和 $z=\infty$). 最后的公式为

$$\begin{aligned} F_1 \to &-\frac{\sin(4k-1/6)\pi}{\sin(2k+1/6)\pi}F_1 \\ &+F_2\cdot 2^{-4k+2/3}\cos\left(2k+\frac{1}{6}\right)\pi\,\frac{\Gamma(-2k-1/6)\Gamma(-2k+5/6)}{\Gamma(-2k)\Gamma(-2k-2/3)}, \\ F_2 \to &\ \frac{\sin(4k-1/6)\pi}{\sin(2k+1/6)\pi}F_2 \\ &+F_1\cdot 2^{4k+4/3}\cos\left(2k+\frac{1}{6}\right)\pi\,\frac{\Gamma(2k+1/6)\Gamma(2k+7/6)}{\Gamma(2k+1)\Gamma(2k+1/3)}, \end{aligned} \tag{118.13}$$

当然, 除了这族齐次解, 欧拉–特里科米方程还有其他一些特解族. 这里再

指出一族特解, 它与按 θ 的傅里叶展开式有关. 如果寻求以下形式的 $\varPhi$:

$$\varPhi_\nu = g_\nu(\eta)\,\mathrm{e}^{\pm \mathrm{i}\nu\theta}, \tag{118.14}$$

式中 ν 是任意常数, 则对于函数 g_ν 得到方程

$$g_\nu'' + \nu^2\eta g_\nu = 0.$$

这是艾里函数的方程, 其通解为

$$g_\nu(\eta) = \sqrt{\eta}\,Z_{1/3}\left(\frac{2\nu}{3}\eta^{3/2}\right), \tag{118.15}$$

式中 $Z_{1/3}$ 为 1/3 阶贝塞尔函数的任意线性组合.

最后, 注意到以下结果不无裨益: 欧拉–特里科米方程的通解也可以写为

$$\varPhi = \int_C f(\zeta)\,\mathrm{d}z, \quad \zeta = z^3 - 3\eta z + 3\theta, \tag{118.16}$$

式中 $f(\zeta)$ 是任意函数, 而积分路线可取复平面 z 上使导数 $f'(\zeta)$ 的值在其两端相等的任意曲线 C. 其实, 把表达式 (118.16) 直接代入方程, 这给出

$$\frac{\partial^2\varPhi}{\partial\eta^2} - \eta\frac{\partial^2\varPhi}{\partial\theta^2} = 9\int_C (z^2-\eta^2) f''(\zeta)\,\mathrm{d}z = 3\int f''(\zeta)\,\mathrm{d}\zeta = 3f'(\zeta)| = 0,$$

即方程得到满足.

§ 119 欧拉–特里科米方程在声速面非奇点附近的解

我们现在来阐明, 什么样的解 $\varPhi_k$ 对应于过渡面附近气流没有任何物理奇异性 (没有弱间断或激波) 的情形. 不过, 比较方便的做法不是直接从欧拉–特里科米方程出发, 而是从物理平面上的速度势方程出发, 其推导过程已经在 §114 中给出. 对于平面流, 如果按照 $x \to x(2\alpha_*)^{1/3}$ 引入新坐标, 则方程 (114.10) 的形式化为

$$\frac{\partial\varphi}{\partial x}\frac{\partial^2\varphi}{\partial x^2} = \frac{\partial^2\varphi}{\partial y^2}. \tag{119.1}$$

我们记得, 根据速度势 φ 的定义, 它对坐标的导数给出速度:

$$\frac{\partial\varphi}{\partial x} = \eta, \quad \frac{\partial\varphi}{\partial y} = \theta. \tag{119.2}$$

我们还指出, 通过勒让德变换 $\varPhi = -\varphi + x\eta + y\theta$ 即

$$\varphi = -\varPhi + \eta\frac{\partial\varPhi}{\partial\eta} + \theta\frac{\partial\varPhi}{\partial\theta} \tag{119.3}$$

把自变量变为 φ, η, 可以从方程 (119.1) 直接得到欧拉–特里科米方程.

我们来研究声速面上某一点附近的流动, 并取该点为 x, y 坐标的原点. 如果按 x 和 y 的幂展开 φ, 则在一般情况下, 在满足方程 (119.1) 的展开式中, 第一项为

$$\varphi = \frac{xy}{a}, \tag{119.4}$$

并且 $\theta = x/a, \eta = y/a$, 所以

$$\Phi = a\theta\eta. \tag{119.5}$$

根据这个函数的齐次次数显然可知, 它对应于 $\Phi_{5/6}$ 中的一个函数, 即表达式 (118.7) 中的第二项, 其中 $k = 5/6$ 的超几何函数简化为 1:

$$\eta\theta F\left(-\frac{1}{2},\ 0,\ \frac{4}{3};\ \frac{4\eta^3}{9\theta^2}\right) = \eta\theta.$$

如果我们希望得到物理平面上的声速线方程, 则仅有展开式的第一项是不够的. 下一项的齐次次数为 1, 它对应于 Φ_1 中的一个函数, 即表达式 (118.7) 中的第一项, 它在 $k = 1$ 时化为多项式

$$\theta^2 F\left(-1,\ -\frac{1}{2},\ \frac{2}{3};\ \frac{4\eta^3}{9\theta^2}\right) = \theta^2 + \frac{\eta^3}{3}.$$

于是, 在 Φ 的展开式中, 前两项为

$$\Phi = a\eta\theta + b\left(\theta^2 + \frac{\eta^3}{3}\right), \tag{119.6}$$

所以

$$x = a\theta + b\eta^2, \quad y = a\eta + 2b\theta. \tag{119.7}$$

声速线 $(\eta = 0)$ 就是直线 $y = 2bx/a$.

但为了求出物理平面上的特征线方程, 只需要展开式的第一项. 把 $\theta = x/a, \eta = y/a$ 代入速度平面上的特征线方程 $\theta = \pm 2\eta^{3/2}/3$, 得到

$$x = \pm\frac{2}{3\sqrt{a}}y^{3/2}.$$

这又是两支半三次抛物线, 其尖点位于声速线 (图 120 中的粗线) 上.

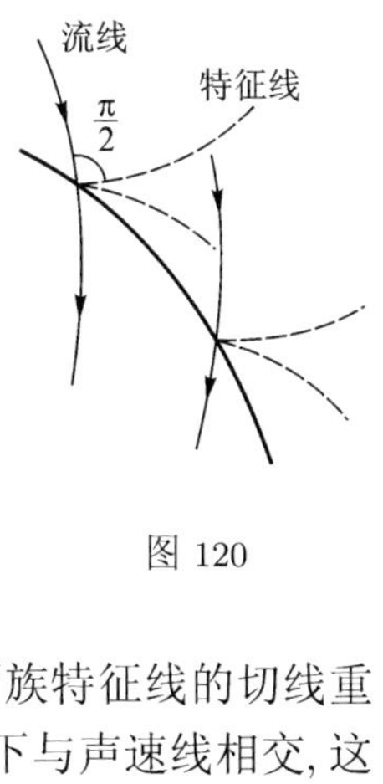

图 120

从下面的简单讨论也可以预先就明显看出特征线的这个性质. 在过渡线的各点上, 马赫角等于 $\pi/2$. 这表示两族特征线的切线重合, 所以这里有尖点 (图 120). 流线在与特征线垂直的情况下与声速线相交, 这

里没有奇异性.

流线与声速线正交的点属于特殊情形, 解 (119.6) 在这里并不适用①. 在这样的点附近, 流动显然相对于 x 轴对称. 这种情形需要专门的研究 (Φ. И. 弗兰克尔和 C. B. 法利科维奇, 1945).

流动对称意味着, 当 y 的符号改变时, 速度 v_y 的符号改变, 而 v_x 保持不变. 换言之, 速度势 φ 应当是 y 的偶函数 (而 Φ 是 θ 的偶函数). 因此, 在这种情况下, φ 展开式的前几项具有以下形式:

$$\varphi = \frac{ax^2}{2} + \frac{a^2xy^2}{2} + \frac{a^3y^4}{24} \tag{119.8}$$

(预先并不知道小量 x 和 y 的相对量级, 所以这三项可能都是同一量级的). 由此求出从物理平面到速度平面的以下变换公式:

$$\eta = ax + \frac{a^2y^2}{2}, \quad \theta = a^2xy + \frac{a^3y^3}{6}. \tag{119.9}$$

不必显式解出这两个方程中的 x 和 y 就容易看出, 函数 $y(\theta,\ \eta)$ 的齐次次数是 1/6. 所以, 对于相应的函数 Φ, 我们有 $k = 1/6 + 1/2 = 2/3$, 即该函数包含在通解 $\Phi_{2/3}$ 中.

从方程 (119.9) 中消去 x, 我们得到函数 $y(\theta, \eta)$ 的三次方程

$$(ay)^3 - 3\eta ay + 3\theta = 0. \tag{119.10}$$

当 $9\theta^2 - 4\eta^2 > 0$ 时, 即在速度图上通过点 $\eta = \theta = 0$ 的特征线左边的整个区域 (包括 $\eta < 0$ 的整个亚声速区域, 见图 121) 中, 这个方程只有一个实根, 所以应当把它取为函数 $y(\theta,\ \eta)$. 在特征线右边的区域中, 所有三个根都是实根, 我们应当选取其中的一个根, 使它是左边区域中的实根的延拓.

把表达式 (119.9) 代入方程 $4\eta^3 = 9\theta^2$, 就得到物理平面上的特征线 (它通过坐标原点). 这给出两支抛物线:

$$\begin{aligned} &\text{特征线 23 和 56}: \ x = -\frac{ay^2}{4}, \\ &\text{特征线 34 和 45}: \ x = \frac{ay^2}{2} \end{aligned} \tag{119.11}$$

(数字表示所指特征线在物理平面上划分出哪两个区域). 在物理平面上, 声速线 (速度平面上的曲线 $\eta = 0$) 是抛物线 $x = -ay^2/2$ (图 121 中的粗线). 我们指出声速线与对称轴的交点的以下特性: 从这个点发出四支特征线, 而从声速线上任何其他的点只发出两支特征线.

① 这对应于 (119.6) 中的常数 a 等于零的情形, 而当 $a = 0$ 时, 因为雅可比行列式 Δ 在曲线 $\eta = 0$ 上等于零, 所以这个解没有意义.

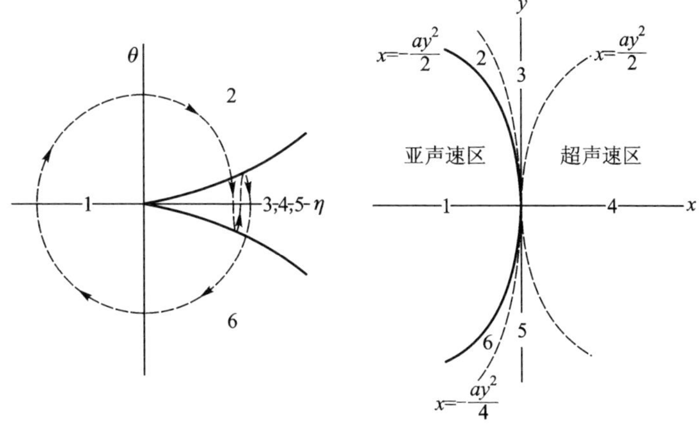

图 121

在图 121 中, 速度平面和物理平面上彼此对应的区域由同样的数字标出, 但这个对应关系不是一一对应的①. 如果在物理平面上绕坐标原点移动一周, 在速度平面上就会三次通过两条特征线之间的区域, 如图 121 中的虚线所示, 该虚线被特征线反射了两次.

函数 $y(\theta,\ \eta)$ 本身满足欧拉–特里科米方程, 它应当包含在通解 $\Phi_{1/6}$ 中. 在物理平面上的特征线 23 附近, 这个函数是

$$y=\frac{1}{a}\left(\frac{3\theta}{2}\right)^{1/3}F\left(-\frac{1}{6},\ \frac{1}{3},\ \frac{1}{2};\ 1-\frac{4\eta^3}{9\theta^2}\right) \tag{119.12}$$

(表达式 (118.6) 的第一项, 它在特征线 23 上没有奇异性). 把它解析延拓到特征线 56 附近 (所取路径通过亚声速区 1, 即利用公式 (118.13)), 我们在那里得到同样的函数. 但在特征线 34 和 45 附近, $y(\theta,\ \eta)$ 可以表示为该函数与函数

$$\theta^{1/3}\sqrt{\frac{4\eta^3}{9\theta^2}-1}\,F\left(\frac{1}{3},\ \frac{5}{6},\ \frac{3}{2};\ 1-\frac{4\eta^3}{9\theta^2}\right) \tag{119.13}$$

(表达式 (118.6) 的第二项) 的线性组合. 利用公式 (118.11) 进行解析延拓, 即可得到这些线性组合 (同时应当注意, 被速度平面上特征线的每次反射都使 (119.13) 中的平方根改变符号).

从数学观点看, 所得结果表明, 函数 $\Phi_{1/6}$ 是三次方程

$$f^3-3\eta f+3\theta=0 \tag{119.14}$$

① 这与以下事实相符: 在物理平面上的特征线 $x=ay^2/2$ 上有 $\Delta=\infty$ (见 498 页的脚注).

各根的线性组合, 即它们化为代数函数①. 对于

$$k=\frac{1}{6}\pm\frac{n}{2},\quad n=0,\ 1,\ 2,\ \cdots, \tag{119.15}$$

所有相应的 Φ_k 也与 $\Phi_{1/6}$ 一起化为代数函数, 这些 Φ_k 是按照公式 (118.9) 和 (118.10) 通过逐次微分从 $\Phi_{1/6}$ 求出的 (Ф.И. 弗兰克尔, 1947).

对于

$$k=\pm\frac{n}{2},\quad k=\frac{1}{3}\pm\frac{n}{2}, \tag{119.16}$$

函数 Φ_k 也化为代数函数, 这时 Φ_k 中的超几何函数化为多项式② (例如, 当 $k=n/2$ 时, 这是表达式 (118.6) 的第一项, 而当 $k=-n/2$ 时, 这是该式第二项).

特别地, 这三族代数函数 Φ_k 包括了所有可能与物理平面上无奇异性流动相对应的函数 (作为势函数 Φ). 确实, 对于这样的流动, Φ 在过渡线上非对称点附近的展开式中所有的项 (前两项由公式 (119.6) 给出) 只能对应于

$$k=\frac{5}{6}+\frac{n}{2},\quad 或\quad k=1+\frac{n}{2},$$

但 Φ 在对称点附近的展开式 (始自 $k=2/3$ 的一项) 还可能包括 $k=2/3+n/2$ 的函数.

§120 声速绕流

欧拉–特里科米方程是恰普雷金方程的简化形式, 原则上可以用来定性地研究绕物体定常平面流中存在跨声速区时的基本流动特征. 与激波形成有关的问题首先归入此列. 我们强调, 正是因为激波强度在跨声速区中很小, 在这些条件下应用欧拉–特里科米方程才是合理的. 我们还记得 (见 §86, §114), 熵和涡量在弱激波中的变化值是高阶小量, 所以在一级近似下可以认为间断面后面的流动也是等熵势流.

在这一节中, 我们讨论一个重要的理论问题——关于绕物体的定常平面流在来流速度正好等于声速时的性质的问题.

我们将看到, 在这样的绕流中一定会出现从物体延伸到无穷远处的激波. 由此得到一个重要结论: 当激波开始出现时, 马赫数 M_∞ 无论如何都应当小于 1.

于是, 我们考虑绕任意截面 (不必对称) 的无限翼展物体 (“机翼”) 的平面流动. 我们在这里感兴趣的是 (与截面尺寸相比) 足够远离物体处的流动图像.

---

① 利用卡丹公式可以从 (119.14) 得到这些函数的显式表达式, 但它们并不便于实际使用.

② 这里应当注意, 如果 α (或 β) 满足 $\alpha=-n$ 或 $\gamma-\alpha=-n$, 则 $F(\alpha,\ \beta,\ \gamma;\ z)$ 化为多项式.

为了叙述方便, 我们先描述定性结果, 然后介绍定量计算. 在图 122 中, AB 和 $A'B'$ 是声速线, 所以亚声速区完全位于它们的左边 (上游); 箭头表示来流方向 (我们取这个方向为 x 轴, 且坐标原点位于物体所占区域中的某处). 在离过渡线某距离处产生激波 (图 122 中的 EF 和 $E'F'$), 它们"来自"物体表面. 结果表明, (过渡线和激波之间的区域内) 来自物体表面的全部特征线可以分为两组, 第一组特征线达到声速线的位置并在这里终止 (换言之, 如图 122 所示, 在声速线上发生反射并以特征线的形式到达物体表面), 而第二组特征线终止于激波. 这两组特征线由**极限特征线**隔开, 而极限特征线延伸到无穷远处, 与声速线和激波都不相交 (图 122 中的 CD 和 $C'D'$). 因为从物体表面发出的 (例如由被绕流物体形状变化引起的) 扰动将沿第一组特征线传播并到达亚声速区的边界, 所以显然可知, 位于过渡线与极限特征线之间的那一部分超声速流会影响亚声速区, 但极限特征线右边的流动对左边的流动没有任何影响, 即当右边的流动受到扰动时 (例如当点 C, C' 右边的物体形状发生变化时), 左边的流动不会发生任何变化. 我们知道, 激波后面的流动绝不会影响激波前面的流动. 因此, 整个流动可以划分为三部分 ($DCC'D'$ 左边, $DCC'D'$ 与 $FEE'F'$ 之间, $FEE'F'$ 右边), 并且第二部分流动不影响第一部分流动, 第三部分流动也不影响第二部分流动.

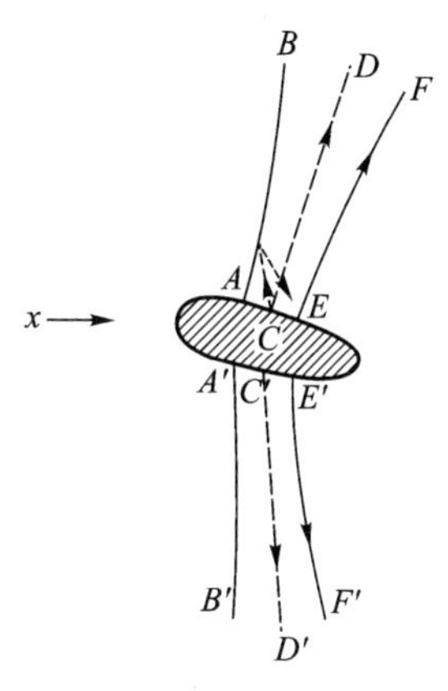

图 122

现在, 我们对上述流动图像进行定量计算 (这同时也是验证).

速度平面上的坐标原点 ($\theta=\eta=0$) 对应于物理平面上无穷远处的区域, 而速度平面上始自坐标原点的特征线对应于极限特征线 CD 和 $C'D'$. 在图 123 中画出了坐标原点的邻域, 并且所用字母与图 122 中的记号一致. 在速度平面上, 表示激波的不是一条线, 而是两条线 (这两条线对应于间断面两边的气流), 并且它们之间的区域 (图 123 中的阴影区) 并不对应于物理平面上的任何区域.

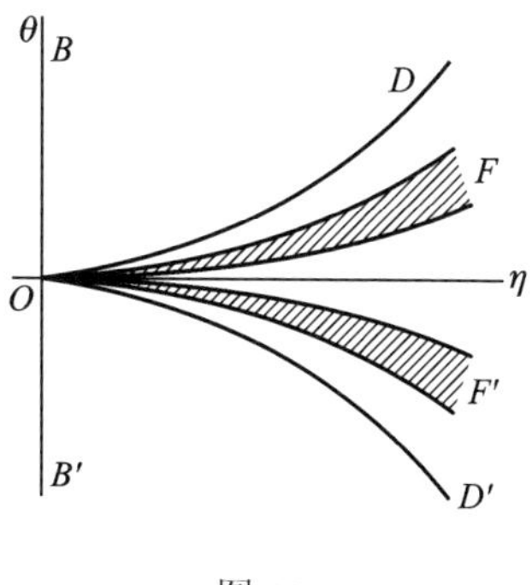

图 123

首先必须解释清楚, 哪一个通解 Φ_k 对应于这种情形. 如果 $\Phi(\theta,\ \eta)$ 是 k 次齐次的, 则函数 $x=\partial\Phi/\partial\eta$ 和 $y=\partial\Phi/\partial\theta$ 分别是 $k-1/3$ 次和 $k-1/2$ 次齐次的. 一般而言, 当 θ 和 η 趋于零时, 在物理平面上就达到无穷远处, 即 x 和 y 应当趋于无穷大. 显然, 为此应有 $k<1/3$. 另一方面, 物理平面上的极限特征线不应完全位于无穷

远处, 即在曲线 $9\theta^2=4\eta^3$ 上不应处处都有 $y=\pm\infty$. 于是 (当 $2k+1/6<5/6$ 时), 表达式 (118.6) 中方括号内的第二项必定为零. 因此, 函数 $\Phi(\theta,\ \eta)$ 应当由表达式 (118.6) 的第一项给出:

$$\Phi=A\theta^{2k}F\left(-k,\ -k+\frac{1}{2},\ -2k+\frac{5}{6};\ 1-\frac{4\eta^3}{9\theta^2}\right). \tag{120.1}$$

函数 $y(\theta,\ \eta)$ (它也满足欧拉–特里科米方程) 也具有这样的形式, 只是应把 k 改为 $k-1/2$.

但是, 例如, 如果表达式 (120.1) 在上支特征线 $(\theta=+2\eta^{3/2}/3)$ 附近成立, 则对于任意的 $k<1/3$, 该表达式在下支特征线 $(\theta=-2\eta^{3/2}/3)$ 附近不成立. 所以, 我们还应当要求: 当在速度平面上绕坐标原点从一条特征线通过半平面 $\eta>0$ 向另一条特征线移动时 (沿图 119 中的路径 $A'B'$), 函数 $\Phi(\theta,\ \eta)$ 应当一直保持 (120.1) 的形式. 该路径对应于物理平面上从一条极限特征线上的远距离点通过亚声速区向另一条极限特征线上的远距离点移动, 并且处处都不会与破坏流动连续性的激波相交. 在沿这样的路线移动时, (118.13) 中的第一个公式给出 (120.1) 中的超几何函数的变换, 所以我们应当要求这个公式中 F_2 的系数为零. 当 $k<1/3$ 时, 这个条件对于以下 k 值成立:

$$k=\frac{1}{6}-\frac{n}{2},\quad n=0,\ 1,\ 2,\ \cdots.$$

在全部这些值中, 最终只能选取一个:

$$k=-\frac{1}{3}. \tag{120.2}$$

可以证明, 当 $n>1$ 时, 所有 k 值都会导致速度平面与物理平面不是一一对应的 (绕速度平面移动一周相当于绕物理平面移动若干周), 即物理上的流动是多值的, 而这当然是荒谬的. 对于 $k=1/6$ 所给出的解, 当 θ 和 η 趋于零时, 在物理平面上并非沿每个方向都能到达无穷远处. 显然, 这样的解在物理上也是不适用的.

当 $k=-1/3$ 时, 公式 (118.13) 右边 F_1 的系数为 $+1$, 即当从一条特征线移动到另一条特征线时, 函数 Φ 完全不变. 这意味着 Φ 是 θ 的偶函数, 而坐标 $y=\partial\Phi/\partial\theta$ 是奇函数. 这在物理上表明, 在我们所考虑的一级近似下, 远离物体处的流动图像相对于平面 $y=0$ 对称, 并且这种对称性与物体的形状无关, 特别是与升力存在与否无关.

于是, 我们阐明了 $\Phi(\eta,\ \theta)$ 在点 $\eta=\theta=0$ 的奇异性特征, 由此已经可以直接对远离物体处的声速线、极限特征线和激波的形状作出结论. 每一条上述曲线应当对应于确定的比值 θ^2/η^3, 又因为 Φ 的形式为 $\Phi=\theta^{-2/3}f(\eta^3/\theta^2)$, 所以

利用公式 (118.4) 求出 $x \propto \theta^{-4/3}$, $y \propto \theta^{-5/3}$. 于是, 上述曲线的形状可由形如

$$x = \text{const} \cdot y^{4/5} \tag{120.3}$$

的方程确定, 每一条曲线都有自己的 const 值. θ 和 η 按照以下规律沿这些曲线下降:

$$\theta \propto y^{-3/5}, \quad \eta = \propto y^{-2/5} \tag{120.4}$$

(Ф. И. 弗兰克尔, 1947; K. G. 古德莱, 1948)①.

为明确起见, 下面公式中的符号将对应于上半平面 $(y > 0)$.

我们来说明如何计算这些公式中的系数. $k = -1/3$ 是使 Φ_k 化为代数函数的 k 值之一 (见前一节). 在目前情况下, 能够用来确定 Φ 的特解可以写为

$$\Phi = \frac{a_1}{2}\frac{\partial f}{\partial \theta}$$

的形式, 其中 a_1 是任意的正常数, 而 f 是三次方程

$$f^3 - 3\eta f + 3\theta = 0 \tag{120.5}$$

的一个根, 并且当 $9\theta^2 - 4\eta^3 > 0$ 时是其唯一的实根. 于是,

$$\Phi = \frac{a_1}{2}\frac{\partial f}{\partial \theta} = -\frac{a_1}{2(f^2 - \eta)}, \tag{120.6}$$

而对于坐标,

$$\begin{aligned} x &= \frac{\partial \Phi}{\partial \eta} = \frac{a_1(f^2 + \eta)}{2(f^2 - \eta)^3}, \\ y &= \frac{\partial \Phi}{\partial \theta} = -\frac{a_1 f}{(f^2 - \eta)^3}. \end{aligned} \tag{120.7}$$

如果引入参数

$$s = \frac{f^2}{f^2 - \eta},$$

---

① 我们指出, 对于轴对称绕流 $(M_\infty = 1)$ 也能得到类似的结果.

在柱面坐标 x, r 下, 声速面、极限特征面和激波的形状以及速度在这些曲面上的变化规律 (在远离物体处) 由以下公式给出:

$$x = \text{const} \cdot r^{4/7}, \quad v_x \propto r^{-6/7}, \quad v_r \propto r^{-9/7}.$$

见: Guderley K. G. Theorie schallnaher Strömungen. Berlin: Springer, 1957 (Guderley K. G. The Theory of Transonic Flow. Oxford: Pergamon, 1962); Фалькович С. В., Чернов И. А. Прикл. матем. мех. 1964, 28: 280 (Fal'kovich S. V., Chernov I. A. J. Appl. Math. Mech. 1964, 28: 342).

就可以把这些公式写为方便的参数形式, 即

$$\frac{x}{y^{4/5}} = \frac{a_1^{1/5}(2s-1)}{2s^{2/5}},$$
$$\eta y^{2/5} = a_1^{2/5} s^{1/5}(s-1), \tag{120.8}$$
$$\theta y^{3/5} = \frac{a_1^{3/5}}{3} s^{4/5}(3-2s),$$

这些公式给出了 η 和 θ 对坐标的函数关系. 参数 s 取非负值 ($s=0$ 对应于 $x=-\infty$, 即对应于无穷远处的来流). 例如, 值 $s=1/2$ 对应于 $x=0$, 它给出了绕流区域中垂直于 x 轴的平面内 y 值较大处的速度分布. 值 $s=1$ 对应于声速线 ($\eta=0$), 并且容易看出, $s=4/3$ 对应于极限特征线. 常数 a_1 的值依赖于被绕流物体的实际形状, 并且只能通过在整个空间中精确求解问题的方法来确定.

公式 (120.8) 只适用于激波前面的整个区域, 而下面的论述表明一定会出现激波. 按照公式 (118.5) 的简单计算给出雅可比行列式 $\varDelta$ 的表达式

$$\varDelta = \frac{a_1^2(4f^2-\eta)}{(f^2-\eta)^3}.$$

容易看出, 在特征线上和特征线左边的整个区域中 (这对应于物理平面上极限特征线的上游区域), 处处都有 $\varDelta > 0$, 而不是等于零. 但在特征线右边的区域中, $\varDelta$ 通过零点, 所以在这里出现激波是不可避免的.

欧拉–特里科米方程的解必须满足激波上的以下边界条件. 设 θ_1, η_1 和 θ_2, η_2 是 θ 和 η 在间断面两边的值, 则它们首先必须对应于物理平面上的同一条曲线, 即

$$x(\theta_1,\ \eta_1) = x(\theta_2,\ \eta_2), \quad y(\theta_1,\ \eta_1) = y(\theta_2,\ \eta_2). \tag{120.9}$$

其次, 间断面切向速度分量连续 (即速度势 φ 沿间断面的导数连续) 的条件等价于速度势本身连续的条件:

$$\varphi(\theta_1,\ \eta_1) = \varphi(\theta_2,\ \eta_2) \tag{120.10}$$

(速度势 φ 可由函数 $\varPhi$ 按照 (119.3) 确定). 最后, 既然激波极线方程 (92.6) 给出间断面两侧速度分量之间的关系, 从其极限形式就可以得到另外一个条件. 在 (92.6) 中, 如果用 $\theta_2-\theta_1$ 代替角 χ, 并引入 η_1, η_2 代替 v_1, v_2, 就得到以下关系式:

$$2(\theta_2-\theta_1)^2 = (\eta_2-\eta_1)^2(\eta_2+\eta_1). \tag{120.11}$$

在目前的情况下, 在激波后面 (速度平面上 OF 与 OF' 之间的区域, 见图 123), 欧拉–特里科米方程的解具有与 (120.5), (120.6) 相同的形式, 但其中的常系数 (记为 $-a_2$) 当然不是 a_1. 四个方程 (120.9)—(120.11) 决定比值 a_2/a_1 并给出量 $\eta_1, \theta_1, \eta_2, \theta_2$ 之间的关系. 经过相当复杂的求解过程, 从这些联立方程可以得到以下结果. 激波与公式 (120.8) 中的以下参数值相对应:

$$s = \frac{1}{6}(5\sqrt{3}+8) = 2.78,$$

这些公式给出激波的形状和间断面前方的速度分布. 在激波后面 (下游) 的区域内, 系数 $-a_2$ 是负的, 而参数 $f^2/(f^2-\eta)$ 取负值. 引入正的量 $s = f^2/(\eta - f^2)$ 作为参数, 我们得到代替 (120.8) 的公式

$$\frac{x}{y^{4/5}} = \frac{a_2^{1/5}(2s+1)}{2s^{2/5}},$$
$$\eta y^{2/5} = a_2^{2/5}s^{1/5}(s+1), \qquad (120.12)$$
$$\theta y^{3/5} = -\frac{a_2^{3/5}}{3}s^{4/5}(2s+3),$$

并且

$$\frac{a_2}{a_1} = \frac{9\sqrt{3}+1}{9\sqrt{3}-1} = 1.14,$$

而 s 的取值范围是从 $(5\sqrt{3}-8)/6 = 0.11$ (在激波上) 到 0 (在下游无穷远处).

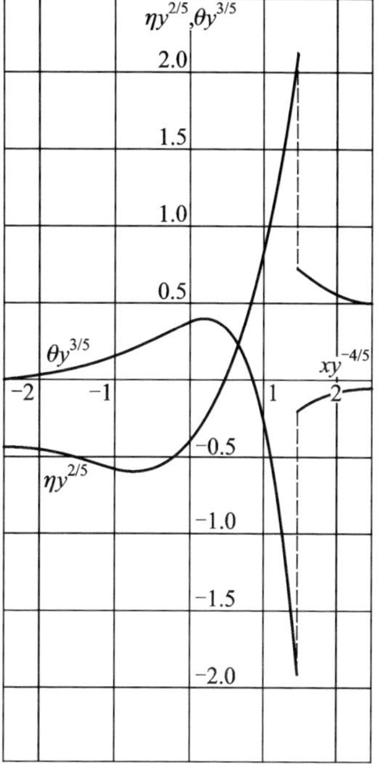

图 124

图 124 画出 $\eta y^{2/5}$ 和 $\theta y^{3/5}$ 对 $xy^{-4/5}$ 的依赖关系图像, 它们是按照公式 (120.8) 和 (120.12) 计算的 (规定常数 a_1 为 1).

§121 弱间断线在声速线上的反射

我们仍然利用欧拉–特里科米方程来研究弱间断线在声速线上的反射.

我们将认为入射到声速线上 ("到达" 交点) 的弱间断线是普通类型的, 例如是在绕尖角的流动中形成的, 即它是速度对空间坐标的一阶导数的间断线. 它经过声速线的反射而成为另一条弱间断线, 但后者的性质预先是不知道的, 应当通过研究交点附点的流动来确定. 下面取该交点为坐标 x, y 的原点, 并让 x 轴指向该点的气体速度方向, 所以该点也对应于速度平面上的原点.

我们知道, 弱间断线位于特征线上. 设速度平面上的特征线 Oa 对应于入射间断线 (图 125 (a)). 坐标 x, y 在间断线上的连续性意味着一阶导数 Φ_η, Φ_θ 也必定是连续的. 相反, Φ 的二阶导数可以表示为速度对空间坐标的一阶导数, 所以应当有间断. 用方括号表示间断值, 于是在 Oa 上有:

$$[\Phi_\eta] = [\Phi_\theta] = 0; \quad [\Phi_{\theta\theta}],\ [\Phi_{\theta\eta}],\ [\Phi_{\eta\eta}] \neq 0. \tag{121.1}$$

至于特征线 Oa 两侧区域 1 和 2 中的函数 Φ 本身, 它在特征线上必定没有任何奇异性. 为了构造这样的解, 可以利用 (118.6) 中的第二项并取 $k = 11/12$, 这一项正比于两项之差 $1 - 4\eta^3/9\theta^2$ 的平方 (第二个独立的解 $\Phi_{11/12}$ 在特征线上

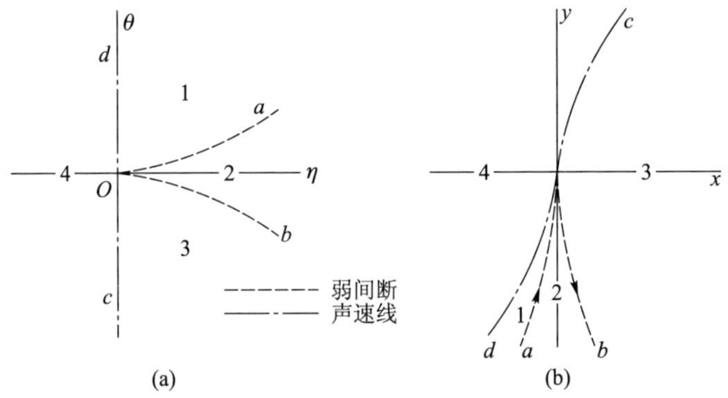

图 125

有奇异性, 见下文). 这个函数的一阶导数在特征线上等于零, 而二阶导数是有限值. 此外, Φ 还可以包括欧拉–特里科米方程的那些使物理平面上的流动没有任何奇异性的特解. $\eta\theta$ 就是这样的解, 并且它对 θ 和 η 的齐次次数是最低的 (§ 119). 因此, 在特征线 Oa 附近, 我们寻求以下形式的 Φ:

$$\begin{aligned} \Phi_{a1} &= -A\eta\theta - B\theta^{11/6}\xi^2 F\left(\frac{13}{12},\ \frac{19}{12},\ 3;\ \xi\right), \\ \Phi_{a2} &= -A\eta\theta - C\theta^{11/6}\xi^2 F\left(\frac{13}{12},\ \frac{19}{12},\ 3;\ \xi\right), \end{aligned} \tag{121.2}$$

式中的下标 $a1$ 和 $a2$ 指示特征线在两侧 (区域 1 和 2 中) 的邻域, A, B, C 是常数, 并且再次引入记号

$$\xi = 1 - \frac{4\eta^3}{9\theta^2}$$

(在特征线上 $\xi = 0$).

我们在下面将看到, 弱间断线的反射可以有两种情形: 反射为另一种 (对数型) 弱间断线, 或者反射为弱激波, 这依赖于乘积 AB 的符号.

反射为弱间断线. 我们首先研究第一种情形 (Л.Д.朗道, E.M.栗弗席兹, 1954). 在速度平面上, 第二条特征线 (图 125(a) 中的 Ob) 对应于被声速线反射过来的弱间断线. 为了确定函数 Φ 在这条特征线附近的形式, 可以利用公式 (118.11)—(118.13) 对该函数进行解析延拓. 但是, 函数 F_1 在 $k=11/12$ 时没有意义, 所以不能直接利用这些公式. 应当先取 $k=11/12+\varepsilon$, 然后让 ε 趋于零. 根据超几何函数的一般理论, 这时会出现对数项.

经过计算 (利用 (118.13)), 对于特征线 Ob 附近区域 3 中的函数 Φ 可以得到以下表达式 (精确到 ξ 的二阶项):

$$\Phi_{b3} = -A\theta\eta + \frac{B}{\pi}(-\theta)^{11/6}[\xi^2\ln|\xi| + c_0 + c_1\xi + c_2\xi^2], \tag{121.3}$$

式中 c_0, c_1, c_2 是常数①. 对于特征线 Oa 附近区域中的函数 Φ_{a2}, 类似的变换 (利用 (118.11)) 给出特征线 Ob 附近区域中的函数 Φ_{b2}, 它与 (121.3) 的区别仅仅在于 B 被替换为 $C/2$. 物理平面上特征线上的点的坐标 x, y 可由 (118.4) 来计算, 它们是在 $\xi=0$ 条件下的导数. 于是, 根据 (121.3), 我们求出

$$\begin{aligned} x &= -A\theta - \frac{12^{1/3}Bc_1}{\pi}(-\theta)^{7/6}, \\ y &= -A\left(-\frac{3\theta}{2}\right)^{2/3} - \frac{B}{\pi}\left(\frac{11}{6}c_0 + 2c_1\right)(-\theta)^{5/6}, \end{aligned} \tag{121.4}$$

而对函数 Φ_{b2} 求导给出同样的表达式, 但其中的 B 被替换为 $C/2$. 于是, 坐标 x, y 在特征线 Ob 上连续的条件给出关系式

$$C = 2B. \tag{121.5}$$

其次, 为了实现所研究的反射方式, 在速度平面上应当没有极限曲线 (所以在这个平面上还应当没有非物理区域), 即雅可比行列式 Δ 在任何地方都不应当穿过零点. 在特征线 Oa 附近可以利用函数 (121.2) 来计算雅可比行列式, 结果表明它是正的 (其主项为 $\Delta \approx A^2$). 而在特征线 Ob 附近可以利用 (121.3) 进行计算, 结果给出

$$\Delta \approx A^2 - 16\left(\frac{3}{2}\right)^{1/6} AB\eta^{1/4}\ln|\xi|. \tag{121.6}$$

该对数在接近特征线时趋于 $-\infty$, 所以第二项是主项. 因此, 根据条件 $\Delta>0$ 有 $AB>0$, 即 A 和 B 应当具有同样的符号.

① 这些常数的值为: $c_0 = -2^9\cdot 3^4/385 = -108$, $c_1 = 288/7 = 41.1$, $c_2 = 4.86$.

最后, 为了确定声速线的形状, 我们需要 Φ 在坐标轴 $\eta=0$ 附近的表达式. 适用于上半轴附近的表达式得自一个简单的变换, 即只要把 (121.2) 中的超几何函数变换为自变量 $1-\xi=4\eta^3/9\theta^2$ 的超几何函数即可, 该自变量在 $\eta=0$ 时等于零①. 只保留 η 的最低幂次项, 我们得到

$$\Phi_d=-A\eta\theta-\frac{2\Gamma(1/3)}{\Gamma(23/12)\Gamma(17/12)}B\theta^{11/6}=-A\eta\theta-6.25B\theta^{11/6}. \qquad (121.7)$$

向下半轴附近区域的解析延拓给出

$$\Phi_c=-A\eta\theta-6.25\sqrt{3}\,B\theta^{11/6} \qquad (121.8)$$

(计算类似于变换公式 (118.13) 的推导).

现在可以确定我们所关心的所有曲线的形状. 忽略高阶项, 在特征线上有 $x=-A\theta$, $y=-A\eta$. 我们已经约定, 上半支特征线 $(\theta>0)$ 对应于到达交点的弱间断线. 因为气体速度指向 x 轴的正方向, 所以为了让这条弱间断线是到达交点的弱间断线, 它应当位于半平面 $x<0$. 由此可知, 常数 A 应当是正的, 常数 B 因而也是正的. 在物理平面上, 该弱间断线的方程为

$$-y=\left(\frac{3}{2}\right)^{2/3}A^{1/3}(-x)^{2/3}=1.31A^{1/3}(-x)^{2/3}. \qquad (121.9)$$

对应于下半支特征线的反射弱间断线由方程②

$$-y=1.31A^{1/3}x^{2/3} \qquad (121.10)$$

给出 (见图 125 (b), 其中曲线和区域的记号对应于图 125 (a) 中的记号).

声速线方程得自函数 (121.7), (121.8). 对 η 和 θ 求导, 然后取 $\eta=0$, 从 (121.7) 就得到 $\theta>0$ 部分的声速线方程:

$$x=-A\theta,\quad y=-\frac{11}{16}\cdot 6.25B\theta^{5/6},$$

从而

$$y=-11.4BA^{-5/6}(-x)^{5/6}. \qquad (121.11)$$

这是图 125 (b) 中的声速线的下半部分. 类似地, 我们从 (121.8) 求出上半部分声速线的方程:

$$y=11.4\sqrt{3}\,BA^{-5/6}x^{5/6}. \qquad (121.12)$$

---

① 例如, 在第三卷的数学附录 §e 中列出了这个变换, 见那里的公式 (e.7).

② 考虑下一级修正项 (公式 (121.4) 中的第二项) 的反射弱间断线方程为

$$-y=1.31A^{1/3}x^{2/3}-10.5BA^{-5/6}x^{5/6}. \qquad (121.10a)$$

因此, 两条弱间断线和两支声速线在交点 O 有公共切线 (y 轴), 并且这两支声速线位于 y 轴的两边.

在到达交点的弱间断线上, 速度对坐标的导数有间断. 作为一个特征量, 我们考虑导数 $(\partial\eta/\partial x)_y$ 的间断值. 注意到

$$\left(\frac{\partial\eta}{\partial x}\right)_y = \frac{\partial(\eta,\ y)}{\partial(x,\ y)} = \frac{\partial(\eta,\ y)}{\partial(\eta,\ \theta)}\bigg/\frac{\partial(x,\ y)}{\partial(\eta,\ \theta)} = -\frac{1}{\Delta}\frac{\partial^2\Phi}{\partial\theta^2}$$

并利用公式 (121.2), (121.5), 我们得到所求的间断值:

$$\left(\frac{\partial\eta}{\partial x}\right)_y\bigg|_1^2 = 8\left(\frac{3}{2}\right)^{1/6}\frac{B}{A^2}\eta^{-1/4} = 8.56BA^{-7/4}(-y)^{-1/4}. \tag{121.13}$$

当接近交点时, 它按照 $(-y)^{-1/4}$ 的规律增加.

在反射的弱间断线上, 速度的导数根本没有间断, 但速度分布具有一个独特的对数奇点. 根据函数 (121.3) (只保留方括号中的第一项) 计算坐标 x 和 y 对 η, θ 的函数关系, 在反射弱间断线附近就可以把 η 在 y 给定时对 x 的函数关系表示为以下参数形式:

$$\begin{aligned}\eta &= \frac{|y|}{A} + \frac{x-x_0}{2\sqrt{A|y|}} - \frac{1}{6A}|y|\zeta,\\ x-x_0 &= \frac{1}{3\sqrt{A}}|y|^{3/2}\zeta - 5.7\frac{B|y|^{7/4}}{\pi A^{7/4}}\zeta\ln|\zeta|,\end{aligned} \tag{121.14}$$

式中 ζ 起参数的作用, 而 $x_0 = x_0(y)$ 是物理平面上的弱间断线方程.

反射为弱激波. 考虑另一种情形——弱间断线在声速线上反射为弱激波 (Л. П. 戈里科夫, Л. П. 皮塔耶夫斯基, 1962)①.

如果乘积 $AB < 0$, 就会出现这种情形. 从 (121.6) 可见, 这时有两条极限曲线, 它们以指数形式接近特征线 Ob, 因为雅可比行列式 Δ 在

$$|\xi| \approx \frac{2}{|\theta|}\left|\theta + \frac{2}{3}\eta^{3/2}\right|\mathrm{e}^{-\Theta}, \quad \Theta = \frac{A\pi(2/3)^{1/6}}{16|B|\eta^{1/4}} \tag{121.15}$$

时等于零. 预先显然可知, 速度平面上非物理区域的边界 (图 126 (a) 中的 Ob_2 和 Ob_3) 也以指数形式接近特征线 Ob, 所以激波强度也是指数形式的小量.

如果忽略曲线 Ob_2 和 Ob_3 上指数形式的小量 ξ, 则对于这些曲线上的坐标 x, y, 我们得到的表达式与前一种情形下特征线 Ob 两侧的表达式相同. 所以, 坐标在激波上连续的条件在任何情形下都化为前面的关系式 (121.5). 相应

① 古德莱在更早的时候就指出了这种反射在原则上是可能的 (K. G. 古德莱, 1948).

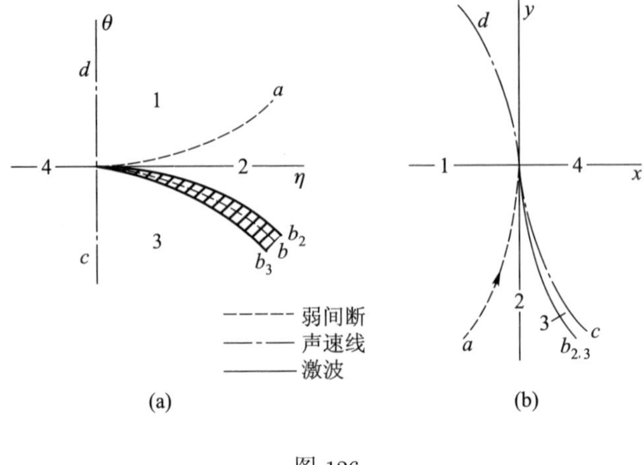

图 126

地, 速度的导数在入射弱间断线上的间断值表达式 (121.13) 也保持原样. 如果还是认为速度平面上的上支特征线 Oa 对应于这条弱间断线, 则仍然有 $A>0$, 所以现在有 $B<0$. 于是, 从 (121.13) 可见, 速度的导数在入射弱间断线上的间断值符号是弱间断线反射的两种情形的物理判据.

入射 (弱) 间断线和反射间断线 (现在是弱激波) 的方程 (121.9), (121.10) 仍然成立 (忽略指数形式的小修正项). 但因为常数 B 具有另外的符号, 物理平面上的这些曲线改变了位置, 如图 126 (b) 所示.

为了确定激波强度 (即激波上的间断值 $\delta\theta$ 和 $\delta\eta$), 应当考虑欧拉–特里科米方程的解在激波上所应满足的全部边界条件, 其表述已经在 §120 中给出, 见 (120.9)—(12.11). 最后一个条件是激波极线方程, 其形式为 $(\delta\theta)^2=\eta(\delta\eta)^2$, 式中 $\delta\theta=\theta_{b2}-\theta_{b3}$, $\delta\eta=\eta_{b2}-\eta_{b3}$ 是激波上的指数形式的小间断值 (下标 $b2$ 和 $b3$ 表示速度平面上的曲线 Ob_2 和 Ob_3, 分别对应物理平面上的激波的前面和后面). 由此求出

$$\delta\theta=\sqrt{\eta}\,\delta\eta, \tag{121.16}$$

并且平方根的符号之所以这样选取, 是因为在气体通过激波时, 其速度下降, 而流线应当逐渐接近间断面.

根据 (121.15), 我们在速度平面上寻求曲线 Ob_2 和 Ob_3 的方程如下:

$$\theta+\frac{2}{3}\eta^{3/2}=a_{b2}|\theta|\,\mathrm{e}^{-\Theta},\quad \theta+\frac{2}{3}\eta^{3/2}=-a_{b3}|\theta|\,\mathrm{e}^{-\Theta},$$

式中 a_{b2} 和 a_{b3} 是正数. 按照 (121.16),

$$\delta\left(\theta+\frac{2}{3}\eta^{3/2}\right)=\delta\theta+\sqrt{\eta}\,\delta\eta=2\delta\theta.$$

所以, 待求的间断值 $\delta\theta$ 和 $\delta\eta$ 由以下表达式给出:

$$\begin{aligned} &\delta\theta = a\frac{x}{A}\,\mathrm{e}^{-\Theta}, \quad \delta\eta = a\left(\frac{2}{3}\right)^{1/3}\left(\frac{x}{A}\right)^{2/3}\mathrm{e}^{-\Theta}, \\ &\Theta = \frac{A\pi(2/3)^{1/3}}{16|B|}\left(\frac{x}{A}\right)^{1/6} = 0.17\frac{A^{7/6}}{|B|x^{1/6}}, \end{aligned} \tag{121.17}$$

式中 $a = (a_{b2} + a_{b3})/2$, 变量 η, θ 按照 $x \approx -A\theta$, $y \approx -A\eta$ 通过物理平面上的坐标表示. 为了确定系数 a, 还需要考虑所有其余边界条件, 并且在这些条件中应当保留指数形式小量 $\mathrm{e}^{-\Theta}$ 的线性项和平方项. 我们不再给出这些相当繁琐的计算, 仅仅指出其结果: $a_{b2} = a_{b3} = a = 5.2$.

第十三章

绕有限物体的流动

§122 绕物体的超声速流中激波的形成

简单的论证表明, 在绕任意物体的超声速流中, 在物体前面会形成激波. 其实, 在超声速流中, 由被绕流物体引起的扰动只能向下游传播, 所以流向物体的均匀超声速来流在到达物体最前端之前应当没有受到扰动. 但这样一来, 在最前端的物体表面上, 气体速度的法向分量不等于零, 而这与必须满足的边界条件矛盾. 只有形成激波, 才不至于出现这个困境, 所以激波与物体最前端之间的气流是亚声速的.

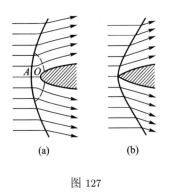

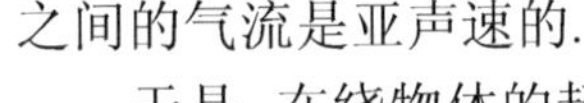

图 127

于是, 在绕物体的超声速流中, 在物体前面会形成激波, 我们称之为**头激波**. 在被绕流物体前端较钝时, 该激波不会附着于物体本身. 激波前面是均匀流, 而激波后面的流动绕物体流过, 不再是均匀的 (图 127 (a)). 激波面延伸到无穷远处, 并且在远离物体处激波变弱, 与来流方向的夹角接近马赫角. 钝体绕流的特征是, 在激波后面存在一个亚声速区, 位于激波面最向前凸出部分之后. 这个区域延伸到被绕流物体表面, 所以其边界由间断面、物体表面和 “侧向” 的声速面组成 (图 127 (a) 中的虚线).

只有在物体具有尖锐前端的情形下, 才会出现附体激波. 这时, 间断面也有一个尖锐的顶点, 它与物体的尖锐前端重合 (图 127 (b)). 在非对称绕流中, 该曲面的一部分可能是弱间断面. 但是, 对于给定形状的物体, 只有当速度超过某个确定的界限时, 才可能出现这种流动图像. 当速度低于该值时, 即使物体具有尖锐前端, 激波也是脱体的 (见 §113).

我们来研究绕旋转体的轴对称超声速流并确定物体圆钝前端 (图 127(a) 中的驻点 O) 的压强. 根据对称性显然可知, 终止于点 O 的流线与激波正交, 所以速度在点 A 处只有垂直于间断面的法向分量, 并与和速度相同. 各量在来流中的值照例用下标 1 表示, 而在点 A 处激波后面的值用下标 2 表示. 后者由公式 (89.6) 和 (89.7) 给出:

$$p_2 = \frac{p_1}{\gamma+1}[2\gamma M_1^2 - (\gamma-1)],$$

$$v_2 = c_1 \frac{2+(\gamma-1)M_1^2}{(\gamma+1)M_1},$$

$$\rho_2 = \rho_1 \frac{(\gamma+1)M_1^2}{2+(\gamma-1)M_1^2}.$$

现在, 利用各量沿流线变化的公式可以得到点 O 处的压强 p_0 (这里的气体速度 $v=0$). 我们有 (见 §83 的习题)

$$p_0 = p_2 \left(1 + \frac{\gamma-1}{2}\frac{v_2^2}{c_2^2}\right)^{\gamma/(\gamma-1)}.$$

简单的计算给出以下结果:

$$p_0 = p_1 \left(\frac{\gamma+1}{2}\right)^{(\gamma+1)/(\gamma-1)} M_1^2 \left(\gamma - \frac{\gamma-1}{2M_1^2}\right)^{-1/(\gamma-1)}, \tag{122.1}$$

这就是超声速来流 ($M_1 > 1$) 绕物体流动中物体前端的压强.

为便于比较, 我们列出在没有激波的情况下气体连续绝热减速过程中的驻点压强公式 (也适用于亚声速绕流):

$$p_0 = p_1 \left(1 + \frac{\gamma-1}{2} M_1^2\right)^{\gamma/(\gamma-1)}. \tag{122.2}$$

当 $M_1 = 1$ 时, 这两个公式给出同样的值 p_0, 但当 $M_1 > 1$ 时, 压强 (122.2) 总是大于由公式 (122.1) 给出的真正压强①.

---

① 这个结论具有普遍性, 与 (122.1), (122.2) 成立所需的多方气体假设无关 (甚至与热力学意义上的理想气体假设无关). 其实, 当激波存在时, 点 O 处气体的熵 s_0 大于 s_1, 而当没有激波时则等于 s_1. 但在这两种情况下, 焓都等于 $w_0 = w_1 + v_1^2/2$, 因为当流线与激波正交时, 量 $w + v_1^2/2$ 保持不变. 但由热力学公式 $\mathrm{d}w = T\,\mathrm{d}s + \mathrm{d}p/\rho$ 可知, 导数

$$\left(\frac{\partial p}{\partial s}\right)_w = -\rho T < 0,$$

即当 w 保持不变时, 熵增加导致压强降低, 从而证明了所作结论.

在速度非常大 ($M_1 \gg 1$) 的极限下, 公式 (122.1) 给出

$$p_0 = p_1 \left(\frac{\gamma+1}{2}\right)^{(\gamma+1)/(\gamma-1)} \gamma^{-1/(\gamma-1)} M_1^2, \tag{122.3}$$

即压强 p_0 与来流速度的平方成正比. 根据这个结果可以得出结论: 当速度远大于声速时, 物体所受的总阻力与速度的平方成正比. 我们注意到, 当速度远小于声速但仍使雷诺数足够大时, 阻力的变化规律与上述规律相同 (见 §45).

在绕有限物体的超声速流中, 除了必然形成激波的事实本身, 还可以断定, 在远离物体处无论如何都应当相继出现两个激波 (Л. Д. 朗道, 1945). 其实, 在远离物体处, 物体所引起的扰动很小, 所以可以把扰动看做从某 x 轴发出的柱面声波, 该轴通过物体且平行于绕流方向. 像通常一样, 我们在一个使物体静止的坐标系中研究流动, 从而得到一个波, 其中 x/v_1 起时间的作用, 而 $v_1/\sqrt{M_1^2-1}$ 起传播速度的作用 (见下文 §123). 所以, 我们可直接利用 §102 中远离声源处的柱面波的结果, 于是得到远离物体处的激波的下述图像. 在第一个激波中, 压强突跃式增加, 所以在它后面有一个稠密区. 压强接下来逐渐降低, 稠密区过渡到稀疏区, 然后压强又在第二个激波中突跃式增加. 前一个激波的强度随着到 x 轴的距离 r 的增加按 $r^{-3/4}$ 的规律降低, 而两个激波之间的距离则按 $r^{1/4}$ 的规律增加①.

我们来观察当马赫数 M_1 逐渐增大时激波的产生和发展. 当 M_1 为小于 1 的某个值时, 气流中的超声速区首先出现在被绕流物体表面附近, 其中至少出现一个激波, 该激波通常是超声速区的边界. 该区域随着 M_1 的增加而扩大, 激波长度也同时增大. 在 §120 中已经证明 (对于平面流情形), 当 $M_1 = 1$ 时存在激波. 这也就证明, 激波必然是从 $M_1 < 1$ 时开始出现的. 只要 M_1 开始大于 1, 就出现另一种激波——头激波, 它与无限宽的整个来流相交. 当 M_1 恰好等于 1 时, 物体前面的整个流动都是亚声速的. 所以, 当 M_1 大于 1 但任意接近 1 时, 来流的超声速部分以及头激波都位于物体前方任意远处. 随着 M_1 的进一步增加, 头激波逐渐接近物体.

局部超声速区中的激波应当以某种方式与声速线相交 (我们讨论平面流情形), 其特性尚未研究清楚. 如果激波终止于交点, 则其强度在该交点本身为零, 而交点附近整个平面区域中的流动是跨声速的. 在这种情形下, 流动图像应当由欧拉–特里科米方程的相应的解来描述. 除了物理平面上的解的单值性条件和激波上的边界条件, 还应当成立以下条件: (1) 如果激波两侧的流动都是超声速的 (当激波 “遇到” 声速线后即终止于交点时, 就会出现这种情形), 则

---

① 对于尖头细长体轴对称绕流中的激波, 还可以确定这些规律中的数值系数, 见 526 页的脚注.

激波必定是“到达”交点的间断线; (2) 在超声速区中, “到达”交点的特征线不应当有任何奇异性 (奇异性只能因为曲线相交本身而出现, 所以在交点应当去掉这种奇异性). 看来, 满足所有这些要求的欧拉–特里科米方程的解, 其存在性还没有得到证明①.

在局部超声速区中, 激波和声速线还有一种可能的结构: 只有声速线终止于交点 (图 128 (b)). 激波强度在这个点根本不为零, 所以该点附近的流动只在激波的一边才是跨声速的. 这时, 激波的一端可以与固壁“相遇”, 而另一端 (或者两端) 可以直接从超声速流中开始 (请对比 § 115 的最后).

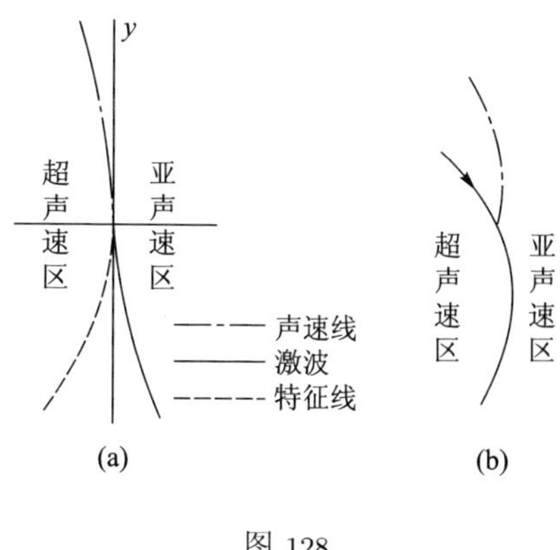

图 128

§ 123 绕尖头体的超声速流

为使超声速流中的物体是良绕体, 即为使它受到尽量小的阻力, 其形状与亚声速流中的相应形状有很大区别. 我们还记得, 亚声速情况下的良绕体是细长的, 具有前钝后尖的形状. 但是, 在绕这种物体的超声速流中, 在物体前面会出现强激波, 这导致阻力显著增加. 所以, 在超声速情况下, 细长良绕体的前后两端都应当是尖的, 并且相应顶角应当很小. 如果物体的轴线相对于气流方向是倾斜的, 则相应夹角 (攻角) 也必须很小.

在绕这种形状物体的定常超声速流中, 气体速度的大小和方向甚至在物体附近也处处与来流相差很小, 而形成的激波只有很小的强度 (头激波的强度随尖头顶角的减小而减小). 远离物体处的气流是发散的声波. 可以认为气流阻力的主要部分是由于运动物体的动能转换为物体所发声波的能量而造成的. 超声速流所特有的这种阻力称为**波阻**②. 可以在一般形式下计算任意形状截面物体的波阻 (T. von 卡门, N. B. 穆尔, 1932).

---

① P. 热尔曼求出了欧拉–特里科米方程的几种类型的解, 它们能够避免激波与声速线相交的情况, 但对这些解的研究在本质上并未完成. 在这些类型的解中, 某些解不满足上述条件 (1). 图 128 (a) 画出了激波在局部超声速区边界上终止的一种情形, 这时激波和声速线都终止于交点, 它们在该点有公共切线并且分别位于切线两边 (气体从左向右运动). 不过, 还没有检验条件 (2) 是否成立. 对于解中的 k 值, 仅仅指出了可能的范围 $(3/4 < k < 11/12)$, 但没有检验这时能否满足物理平面上的坐标在激波上连续的条件. 见: Germain P. Ecoulements transsoniqes homogènes. Progress in Aeronautical Sciences. New York: Pergamon, 1964. V. 5.

② 波阻加上与摩擦以及物体尾部分离有关的阻力即可得到总阻力.

流动的上述特性使我们可以应用线性化的速度势方程 (114.4):

$$\frac{\partial^2\varphi}{\partial y^2}+\frac{\partial^2\varphi}{\partial z^2}-\beta^2\frac{\partial^2\varphi}{\partial x^2}=0, \tag{123.1}$$

其中为简洁起见引入了正的常数

$$\beta^2=\frac{v_1^2}{c_1^2}-1 \tag{123.2}$$

(x 轴指向流动方向, 下标 1 表示与来流相应的量), $1/\beta$ 就是马赫角的正切.

方程 (123.1) 在形式上与二维波动方程相同, 并且 x/v_1 起时间的作用, 而 v_1/β 起波的传播速度的作用. 这并非偶然, 并且具有深刻的物理意义, 因为前面已经指出, 远离物体处的气体运动恰恰就是由物体发出的发散声波. 如果认为气体在无穷远处是静止的, 而物体是运动的, 则从空间中的给定位置来看, 物体的横截面面积将随时间而变化, 并且扰动在时刻 t 之前所能传播的距离 (即到马赫锥的距离) 将按 v_1t/β 的规律增加. 于是, 我们需要研究振动截面的 "二维" 声辐射 (传播速度为 v_1/β).

在这种 "声学比拟" 的指导下, 利用由振动声源发出的柱面声波的速度势表达式 (74.15) (在远大于声源尺寸的距离上), 并把其中的 ct 改为 x/β, 立即可以写出待求的气体速度势表达式. 设 $S(x)$ 是物体被垂直于来流方向 (x 轴) 的平面所截的横截面积, l 是物体在该方向上的长度, 并取物体前端为坐标原点, 则有

$$\varphi(x,\ r)=-\frac{v_1}{2\pi}\int_0^{x-\beta r}\frac{S'(\xi)\,\mathrm{d}\xi}{\sqrt{(x-\xi)^2-\beta^2r^2}}, \tag{123.3}$$

积分下限为零, 因为当 $x<0$ (以及 $x>l$) 时应取 $S(x)\equiv 0$.

因此, 我们完全确定了到轴线的距离 r 远大于物体厚度的位置的气流①. 在超声速流中, 由物体发出的扰动当然只能向圆锥面 $x-\beta r=0$ 后面的区域传播, 其顶点位于物体前端. 在这个圆锥面的前面, 我们有 $\varphi=0$ (均匀流). 在圆锥面 $x-\beta r=0$ 和 $x-\beta r=l$ 之间, 速度势由公式 (123.3) 确定, 而在圆锥面 $x-\beta r=l$ (其顶点位于物体后端) 的后面, 应把这个公式中的积分上限改为常量 l. 上述两个圆锥面在所用近似下是弱间断面, 它们实际上是弱激波.

---

① 对于绕旋转体的轴对称流动, 公式 (123.3) 对于所有的 r (直到物体表面) 都是正确的. 特别地, 由此可以再次得到细长锥体的绕流公式 (113.6).

另一方面, 虽然适用于远离被绕流物体处的这个解是在线性近似下得到的, 仍然可以仿照 § 102 中研究柱面声波的方法来考虑波形的非线性变化. 用这种方法可以确定远离细长尖头旋转体的位置上的激波强度 (包括它对 M_1 的依赖关系), 即前一节中已经讨论过的衰减规律中的系数 ($\propto r^{-3/4}$). 见: Whitham G. B. Linear and Nonlinear Waves. New York: Wiley, 1974 (G. B. 惠瑟姆. 线性与非线性波. 庄峰青, 岳曾元译. 北京: 科学出版社, 1986), § 9.3.

作用在物体上的阻力, 就是单位时间内由声波带出的动量的 x 分量. 取一个半径 r 足够大且以 x 轴为轴线的圆柱面作为控制面, 则通过该表面的动量流密度的 x 分量为

$$\Pi_{xr}=\rho v_r(v_x+v_1)\approx\rho_1\frac{\partial\varphi}{\partial r}\left(v_1+\frac{\partial\varphi}{\partial x}\right).$$

在整个控制面上积分, 则第一项消失, 因为 ρv_r 的积分是通过控制面的总质量流, 而它为零. 所以

$$F_x=-2\pi r\int_{-\infty}^{+\infty}\Pi_{xr}\,\mathrm{d}x=-2\pi r\rho_1\int_{-\infty}^{+\infty}\frac{\partial\varphi}{\partial r}\frac{\partial\varphi}{\partial x}\,\mathrm{d}x. \tag{123.4}$$

在 (波动区内) 远距离处, 可以按照 § 74 的做法计算速度势的导数 (见公式 (74.17)), 从而得到

$$\frac{\partial\varphi}{\partial r}=-\beta\frac{\partial\varphi}{\partial x}=\frac{v_1}{2\pi}\sqrt{\frac{\beta}{2r}}\int_0^{x-\beta r}\frac{S''(\xi)\,\mathrm{d}\xi}{\sqrt{x-\xi-\beta r}}.$$

把这个表达式代入 (123.4), 并且把积分的平方写为二重积分的形式, 为简洁起见再令 $x-\beta r=X$, 就得到

$$F_x=\frac{\rho_1v_1^2}{4\pi}\int_{-\infty}^{+\infty}\int_0^X\int_0^X\frac{S''(\xi_1)S''(\xi_2)\,\mathrm{d}\xi_1\,\mathrm{d}\xi_2\,\mathrm{d}X}{\sqrt{(X-\xi_1)(X-\xi_2)}}.$$

我们来计算对 X 的积分. 在改变积分顺序之后, 应当计算从 ξ_1 和 ξ_2 中较大者到 $+\infty$ 的积分. 先取某个大而有限的量 L 作为积分上限, 然后让它趋于无穷大, 于是得到

$$F_x=-\frac{\rho_1v_1^2}{2\pi}\int_0^l\int_0^{\xi_2}S''(\xi_1)S''(\xi_2)[\ln(\xi_2-\xi_1)-\ln 4L]\,\mathrm{d}\xi_1\,\mathrm{d}\xi_2.$$

带有常数因子 $\ln 4L$ 这一项的积分恒为零, 因为在物体的两个尖头端, 不仅面积 $S(x)$ 为零, 其导数 $S'(x)$ 也为零. 于是最终得到

$$F_x=-\frac{\rho_1v_1^2}{2\pi}\int_0^l\int_0^{\xi_2}S''(\xi_1)S''(\xi_2)\ln(\xi_2-\xi_1)\,\mathrm{d}\xi_1\,\mathrm{d}\xi_2,$$

即

$$F_x=-\frac{\rho_1v_1^2}{2\pi}\int_0^l\int_0^l S''(\xi_1)S''(\xi_2)\ln|\xi_2-\xi_1|\,\mathrm{d}\xi_1\,\mathrm{d}\xi_2. \tag{123.5}$$

这就是待求的细长尖头体的波阻公式①. 该积分的量级是 $(S/l^2)^2l^2$, 式中 S 是物体的某种平均横截面面积, 所以

$$F_x\sim\frac{\rho_1v_1^2S^2}{l^2}.$$

---

① 至于升力, 它在这里所用的近似下是完全不存在的 (对于非轴对称物体或攻角不为零的情况).

我们通过引入物体长度的平方来定义细长体的阻力因子:

$$C_x = \frac{F_x}{\rho_1 v_1^2 l^2/2}. \tag{123.6}$$

在当前情况下,

$$C_x \sim \frac{S^2}{l^4}, \tag{123.7}$$

它与物体横截面面积的平方成正比.

我们注意到, 公式 (123.5) 与薄翼诱导阻力公式 (47.4) 在形式上是类似的, 这里用函数 $v_1 S'(x)$ 代替 (47.4) 中的函数 $\Gamma(z)$. 根据这种比拟, 在计算积分 (123.5) 时可以利用在 §47 最后介绍的方法.

还应指出, 如果把流动方向改为相反方向, 则由公式 (123.5) 算出的波阻保持不变, 因为该公式中的积分与物体轴线方向无关. 波阻的这个性质正好是线性化理论的特征①.

最后, 我们简要讨论一下所得公式的应用范围. 可以用以下方式处理这个问题. 在由物体发出的声波中, 气体微元的振幅具有物体厚度的量级, 我们用字母 δ 表示该振幅. 相应地, 振动速度的量级是波的振幅 δ 与周期 l/v_1 之比 $(\delta v_1/l)$. 但是, 声波传播的线性近似 (即线性化的速度势方程) 总是要求声波中的气体速度远小于声速, 即应有 $v_1/\beta \gg v_1\delta/l$, 即

$$M_1 \ll \frac{l}{\delta}, \tag{123.8}$$

它们实际上相同. 因此, 上述理论在 M_1 的值与物体的长细比相近时不再适用.

在相反的极限情况下, 即当 M_1 非常接近 1 时, 对方程不能进行线性化处理, 上述理论当然也不适用.

习 题

为使体积 V 和长度 l 均取给定值的细长旋转体受到最小的阻力, 求其形状.

解: 根据正文所述的声学比拟, 我们按照 $x = l(1-\cos\theta)/2$ 引入变量 θ $(0 \leqslant \theta \leqslant \pi$, x 的起点位于物体前端), 并把函数 $f(x) = S'(x)$ 写为以下形式:

$$f = -l\sum_{n=2}^{\infty} A_n \sin n\theta$$

(容易确认, 当 $x = 0, l$ 时 $S = 0$ 的条件只允许 $n \geqslant 2$ 的项出现在求和表达式中). 对于阻力因子, 这时有

$$C_x = \frac{\pi}{4}\sum_{n=2}^{\infty} nA_n^2.$$

① 在 §125 所介绍的薄翼波阻理论中, 这个性质也是成立的.

物体的面积 $S(x)$ 和总体积 V 可由函数 $f(x)$ 计算:

$$S=\int_0^x f(x)\,\mathrm{d}x,\quad V=\int_0^l S(x)\,\mathrm{d}x.$$

简单的计算给出

$$V=\frac{\pi l^3}{16}A_2,$$

即体积仅由系数 A_2 确定. 所以, 如果当 $n\geqslant 3$ 时 $A_n=0$, F_x 就达到最小值. 结果得到

$$C_{x\ \min}=\frac{128}{\pi}\left(\frac{V}{l^3}\right)^2=\frac{9\pi}{2}\left(\frac{S_{\max}}{l^2}\right)^2.$$

对于物体的横截面面积, 这时有

$$S=\frac{l^2}{3}A_2\sin^3\theta,$$

所以半径与坐标 x 的函数关系可以表示为

$$R(x)=\frac{8}{\pi}\left(\frac{V}{3l^3}\right)^{1/2}[x(l-x)]^{3/4}\left(\frac{2}{l}\right)^{1/2}.$$

物体相对于平面 $x=l/2$ 对称①.

§ 124 绕薄翼的亚声速流

我们来研究亚声速可压缩气流绕流线型薄翼的流动. 与不可压缩气流的情形一样, 亚声速流中的流线型机翼必须很薄, 后缘尖锐而前缘圆钝, 攻角必须很小. 我们取流动方向为 x 轴, 翼展方向为 z 轴.

因为整个空间中的气体速度都与来流速度 $\boldsymbol{v}_1$ 相差不大②, 所以可以应用线性化的速度势方程 (114.4):

$$(1-M_1^2)\frac{\partial^2\varphi}{\partial x^2}+\frac{\partial^2\varphi}{\partial y^2}+\frac{\partial^2\varphi}{\partial z^2}=0. \tag{124.1}$$

在机翼表面 (称为曲面 C) 上, 速度必须是切向的. 引入机翼表面上的单位法向矢量 $\boldsymbol{n}$, 我们把这个条件写为以下形式:

$$\left(v_1+\frac{\partial\varphi}{\partial x}\right)n_x+\frac{\partial\varphi}{\partial y}n_y+\frac{\partial\varphi}{\partial z}n_z=0.$$

因为机翼具有扁平形状并且攻角很小, 所以法向矢量 $\boldsymbol{n}$ 几乎平行于 y 轴, 于是 $|n_y|$ 接近 1, 而 n_x, n_z 都很小. 因此, 在上述条件下可以忽略二阶小量 $n_x\,\partial\varphi/\partial x$

① 虽然 $R(x)$ 在物体两端为零, 但导数 $R'(x)$ 为无穷大, 即物体不是尖头体. 所以, 严格地说, 所用近似作为上述方法的基础不适用于物体两端附近.

② 只有机翼前缘驻线附近不大的区域是例外.

和 $n_z \partial\varphi/\partial z$, 并可以把 n_y 改为 ±1 (在机翼的上表面为 $+1$, 在下表面为 -1). 于是, 方程 (124.1) 的边界条件具有以下形式:

$$v_1 n_x \pm \frac{\partial\varphi}{\partial y} = 0. \tag{124.2}$$

根据机翼很薄的假设, 在计算 $\partial\varphi/\partial y$ 在机翼表面的值时, 可以简单地把它取为 $y \to 0$ 时的极限值.

在条件 (124.2) 下求解方程 (124.1) 的问题容易化为不可压缩气流的绕流问题. 为此, 我们引入下列变量来代替坐标 x, y, z:

$$x' = x, \quad y' = y\sqrt{1 - M_1^2}, \quad z' = z\sqrt{1 - M_1^2}. \tag{124.3}$$

在这些变量下, 方程 (124.1) 的形式变为

$$\frac{\partial^2\varphi}{\partial x'^2} + \frac{\partial^2\varphi}{\partial y'^2} + \frac{\partial^2\varphi}{\partial z'^2} = 0, \tag{124.4}$$

即化为拉普拉斯方程. 至于被绕流物体表面的形状, 则需要引入另一个曲面 C' 来代替 C. 为此, 让平行于 xy 平面的机翼剖面保持不变, 但沿翼展方向 (z 轴) 的所有尺度均按比例 $\sqrt{1 - M_1^2}$ 缩小.

于是, 边界条件 (124.2) 的形式变为

$$v_1 n_x \pm \frac{\partial\varphi}{\partial y'}\sqrt{1 - M_1^2} = 0,$$

而为了把它化为通常的形式, 我们引入新的速度势 φ' 来代替 φ:

$$\varphi' = \varphi\sqrt{1 - M_1^2}. \tag{124.5}$$

对于 φ', 我们有同样的拉普拉斯方程, 它应在 $y' = 0$ 处满足边界条件

$$v_1 n_x \pm \frac{\partial\varphi'}{\partial y'} = 0. \tag{124.6}$$

但是, 带有边界条件 (124.6) 的方程 (124.4) 是绕表面为 C' 的物体的不可压缩气流的速度势所应满足的方程. 因此, 确定绕表面为 C 的机翼的可压缩气流中的速度分布的问题, 就化为确定绕表面为 C' 的机翼的不可压缩气流中的速度分布的问题.

我们来进一步研究作用在机翼上的升力 F_y. 我们首先指出, 在 §38 中推导茹科夫斯基公式 (38.4) 的过程完全适用于可压缩气流的情形, 因为在所用近似下, 可变的流体密度 ρ 反正也应替换为常量 ρ_1. 于是,

$$F_y = -\rho_1 v_1 \int \mathit{\Gamma}\, \mathrm{d}z, \tag{124.7}$$

积分是沿整个翼展 l_z 进行的. 根据关系式 (124.5) 以及机翼 C 和 C' 的横剖面相同, 可知绕机翼 C 的可压缩气流的速度环量 $\varGamma$ 与绕机翼 C' 的不可压缩气流的速度环量 $\varGamma'$ 之间的关系为

$$\varGamma' = \varGamma\sqrt{1 - M_1^2}. \tag{124.8}$$

把它代入 (124.7), 并把对 z 积分变换为对 z' 积分, 我们得到

$$F_y = \frac{-\rho_1 v_1 \displaystyle\int \varGamma' \, \mathrm{d}z'}{1 - M_1^2}.$$

分子中的量是不可压缩气流中作用于机翼 C' 的升力. 用 F'_y 表示该升力, 则有

$$F_y = \frac{F'_y}{1 - M_1^2}. \tag{124.9}$$

引入升力因子

$$C_y = \frac{F_y}{\rho_1 v_1^2 l_x l_z/2}, \quad C'_y = \frac{F'_y}{\rho_1 v_1^2 l_x l'_z/2}$$

(l_x, l_z 和 $l_x, l'_z = l_z\sqrt{1 - M_1^2}$ 分别是机翼 C 和 C' 沿 x 轴和 z 轴的长度), 我们把这个等式改写为

$$C_y = \frac{C'_y}{\sqrt{1 - M_1^2}}. \tag{124.10}$$

对于翼展足够大 (剖面沿翼展方向不变) 的机翼, 不可压缩气流中的升力因子与攻角成正比, 而与机翼的长度和宽度无关:

$$C'_y = \mathrm{const} \cdot \alpha, \tag{124.11}$$

式中 const 只依赖于剖面的形状 (见 §46). 所以, 在这种情况下可以写出

$$C_y = \frac{C_y^{(0)}}{\sqrt{1 - M_1^2}} \tag{124.12}$$

来代替 (124.10), 这里 C_y 和 $C_y^{(0)}$ 是同一个机翼分别在可压缩气流和不可压缩气流中的升力系数. 于是, 我们得到一条法则: 可压缩气流中作用于大翼展机翼的升力是不可压缩气流中作用于同样机翼 (攻角等参数均相同) 的升力的 $1/\sqrt{1 - M_1^2}$ 倍 (L. 普朗特, 1922; H. 格劳特, 1928).

对于阻力, 也可以得到类似的关系式. 和升力的茹科夫斯基公式一样, 作用于机翼的诱导阻力公式 (47.4) 也完全可以照搬到可压缩气流理论. 作同样的变换 (124.3) 和 (124.8), 我们得到

$$F_x = \frac{F'_x}{1 - M_1^2}, \tag{124.13}$$

式中 F'_x 是不可压缩气流中作用于 C' 的阻力. 当翼展增加时, 诱导阻力趋于一个不变的极限值 (§47). 所以, 对于足够长的机翼, 可以把 F'_x 替换为 $F_x^{(0)}$ (后者是同样的机翼 C 在不可压缩气流中的阻力), 对阻力因子则有

$$C_x = \frac{C_x^{\prime(0)}}{1 - M_1^2}. \tag{124.14}$$

通过与 (124.12) 的比较, 我们看出, 如果把不可压缩气流改为可压缩气流, 则比值 C_y^2/C_x 保持不变.

当然, 如果 M_1 的值非常接近 1, 则线性化理论不再成立, 所有上述结果也就不再适用.

§125 绕机翼的超声速流

为使超声速气流中的机翼是良绕体, 其前后缘应当都是尖的, 就像 §123 中所讨论的尖头细长体那样.

我们在这里只研究绕大翼展等截面薄翼的流动. 如果考虑无穷大翼展的情形, 这就对应于平面气流 (在 xy 平面内). 势函数方程现在不是 (123.1), 而是

$$\frac{\partial^2 \varphi}{\partial y^2} - \beta^2 \frac{\partial^2 \varphi}{\partial x^2} = 0, \tag{125.1}$$

边界条件为

$$\left.\frac{\partial \varphi}{\partial y}\right|_{y \to \pm 0} = \mp v_1 n_x, \tag{125.2}$$

(等式右边的符号 $\mp$ 分别对应于机翼的上下表面). 方程 (125.1) 是一维波动方程, 其通解的形式为

$$\varphi = f_1(x - \beta y) + f_2(x + \beta y).$$

影响流动的扰动来自被绕流物体, 这表明, 在机翼上方 $(y > 0)$ 应有 $f_2 \equiv 0$, 所以 $\varphi = f_1(x - \beta y)$, 而在机翼下方 $(y < 0)$ 则有 $\varphi = f_2(x + \beta y)$. 为明确起见, 考虑机翼上方的空间, 其中

$$\varphi = f(x - \beta y).$$

我们利用条件(125.2) 来确定函数 f, 为此写出 $n_x \approx -\zeta_2'(x)$, 其中 $y = \zeta_2(x)$ 是机翼剖面上边界的方程 (图 129 (a)). 我们有

$$\left.\frac{\partial \varphi}{\partial y}\right|_{y \to +0} = -\beta f'(x) = v_1 \zeta_2'(x), \quad f = -\frac{v_1}{\beta} \zeta_2(x).$$

因此, 速度分布 (当 $y > 0$ 时) 由速度势

$$\varphi(x,\ y) = -\frac{v_1}{\beta}\zeta_2(x - \beta y) \tag{125.3}$$

确定. 类似地, 当 $y < 0$ 时得到

$$\varphi = \frac{v_1}{\beta}\zeta_1(x + \beta y),$$

其中 $y = \zeta_1(x)$ 是机翼剖面下边界的方程. 我们指出, 速度势以及其余各量沿直线 $x \pm \beta y = \mathrm{const}$ (特征线) 都保持不变, 这与 §115 的结果是一致的, 这里得到的解只是这些结果的特殊情形.

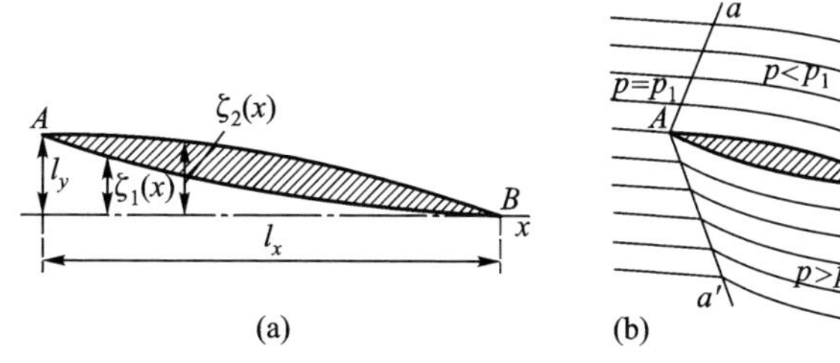

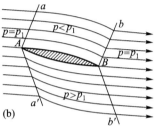

图 129

定性的流动图像如下所示. 从前后缘尖头发出弱间断线 (图 129 (b) 中的 aAa' 和 bBb')①. 在间断线 aAa' 的前面和 bBb' 的后面是均匀流, 而两者之间的流动发生偏转并绕过机翼表面. 这是简单波, 并且在所用的线性近似下, 其中所有特征线都有同样的倾角, 它等于来流的马赫角.

按照公式

$$p - p_1 = -\rho_1 v_1 \frac{\partial\varphi}{\partial x}$$

可以得到压强分布 (一般公式 (114.5) 中含 v_y^2 的项在当前情况下可以忽略, 因为 v_x 和 v_y 是同样量级的量). 把 (125.3) 代入此式并引入压强因子 C_p, 则对于上半平面, 我们得到

$$C_p = \frac{p - p_1}{\rho_1 v_1^2/2} = \frac{2}{\beta}\zeta_2'(x - \beta y).$$

---

① 仅在这里所用的近似下才可以这样说. 其实, 这不是弱间断, 而是弱激波或狭长的中心稀疏波, 视其中的速度向哪个方向偏转而定. 例如, 对于图 129 (b) 中的剖面, Aa 和 Bb' 是稀疏波, 而 Aa' 和 Bb 是激波.

从后缘 (图 129 (b) 中的点 B) 发出的流线, 其实是速度的切向间断线 (它实际上变成狭长的湍流尾迹).

特别地, 机翼上表面的压强因子为

$$C_{p2} = \frac{2}{\beta}\zeta_2'(x). \tag{125.4}$$

类似地求出机翼下表面的压强因子

$$C_{p1} = -\frac{2}{\beta}\zeta_1'(x). \tag{125.5}$$

我们指出, 机翼剖面边界上任何一点的压强只依赖于剖面边界在该点的斜率.

因为机翼剖面边界对 x 轴的倾角处处都很小, 所以压力的垂直分量在足够高的精度下等于压力本身. 作用在机翼上的总升力等于机翼上下表面的压力差, 所以升力因子为

$$C_y = \frac{1}{l_x}\int_0^{l_x}(C_{p1} - C_{p2})\,\mathrm{d}x = \frac{4l_y}{\beta l_x}$$

(长度 l_x, l_y 的定义见图 129 (a)). 我们定义攻角 α 为通过剖面端点的弦 AB 对 x 轴的倾角 (图 129 (a)): $\alpha \approx l_y/l_x$, 于是最终得到一个简单的公式:

$$C_y = \frac{4\alpha}{\sqrt{M_1^2 - 1}} \tag{125.6}$$

(J. 阿克雷, 1925). 我们看到, 升力只取决于攻角, 而与机翼剖面形状无关, 这不同于亚声速绕流的情况 (见 § 48, 公式 (48.7)).

接下来确定作用于机翼的阻力 (即波阻, 其性质与作用于细长体的波阻相同, 见 § 123). 为此, 应取压力沿 x 轴方向的投影并沿整个剖面边界积分, 从而求出阻力因子

$$C_x = \frac{2}{\beta l_x}\int_0^{l_x}(\zeta_1'^2 + \zeta_2'^2)\,\mathrm{d}x. \tag{125.7}$$

引入机翼剖面上边界和下边界对弦 AB 的倾角 $\theta_1(x)$ 和 $\theta_2(x)$, 于是

$$\zeta_1' = \theta_1 - \alpha, \quad \zeta_2' = \theta_2 - \alpha.$$

倾角 θ_1 和 θ_2 的积分显然为零, 所以最终得到以下公式:

$$C_x = \frac{4\alpha^2 + 2\left(\overline{\theta_1^2} + \overline{\theta_2^2}\right)}{\sqrt{M_1^2 - 1}}. \tag{125.8}$$

(横线表示对 x 的平均). 当攻角给定时, 平板机翼 ($\theta_1 = \theta_2 = 0$) 的阻力因子显然最小, 这时 $C_x = \alpha C_y$. 如果对粗糙表面应用公式 (125.8), 就会发现, 粗糙导

致阻力显著增加,即使单独的突起只有很小的高度①. 其实,如果这些突起的平均斜率保持不变,即如果突起的高度与它们之间距离之比的平均值保持不变,则阻力与单独突起的高度无关.

最后,我们再作以下说明. 这里所说的机翼,就像其他地方一样,其前后缘总是垂直于流动方向. 设 γ 是流动方向与机翼前后缘之间的夹角 (**侧滑角**),则以上结果向任意 γ 角的推广完全是显而易见的. 显然,作用于无穷大翼展等截面机翼的力只依赖于来流速度在垂直于机翼前后缘方向上的分量. 在理想流体中,平行于前后缘的速度分量不引起任何力. 所以,马赫数为 M_1 的气流中作用于发生侧滑的机翼的力,等于马赫数为 $M_1 \sin\gamma$ 的气流中作用于不发生侧滑的相同机翼的力. 特别地,如果 $M_1 > 1$,但 $M_1 \sin\gamma < 1$,则超声速绕流所特有的波阻就消失了.

§126 跨声速绕流的相似律

在 §123—§125 中建立起来的绕细长体的超声速流理论和亚声速流理论并不适用于跨声速流,因为在跨声速流中,线性化的速度势方程不再成立. 在这种情况下,整个空间中的流动图像是由非线性方程 (114.10)

$$2\alpha_* \frac{\partial\varphi}{\partial x}\frac{\partial^2\varphi}{\partial x^2} = \frac{\partial^2\varphi}{\partial y^2} + \frac{\partial^2\varphi}{\partial z^2} \tag{126.1}$$

确定的 (或者,对于平面流,这是由与此等价的欧拉–特里科米方程确定的). 但是,在具体情况中求解这些方程是相当困难的. 所以,对于这样的流动,在不用具体求解的情况下即可建立起来的一些相似律,具有重要意义.

首先考虑平面流,设

$$Y = \delta f\left(\frac{x}{l}\right) \tag{126.2}$$

是确定被绕流薄翼剖面形状的方程,并且 l 是薄翼 (沿来流方向) 的长度,而 δ 表征其厚度 ($\delta \ll l$). 通过改变 l 和 δ 这两个参量,我们得到一族相似的剖面.

运动方程具有以下形式:

$$2\alpha_* \frac{\partial\varphi}{\partial x}\frac{\partial^2\varphi}{\partial x^2} = \frac{\partial^2\varphi}{\partial y^2}, \tag{126.3}$$

其边界条件如下. 在无穷远处,速度等于未受扰动气流的速度 $\boldsymbol{v}_1$,即

$$\frac{\partial\varphi}{\partial y} = 0, \quad \frac{\partial\varphi}{\partial x} = M_{1*} - 1 = \frac{M_1 - 1}{\alpha_*} \tag{126.4}$$

① 但仍然大于边界层的厚度.

(速度势 φ 的定义见 (114.9)). 在剖面上, 速度应当是切向的:

$$\frac{v_y}{v_x} \approx \frac{\partial\varphi}{\partial y} = \frac{\mathrm{d}Y}{\mathrm{d}x} = \frac{\delta}{l} f'\left(\frac{x}{l}\right), \tag{126.5}$$

而因为剖面很薄, 可以要求这个条件在 $y = 0$ 处成立.

按照

$$x = l\overline{x}, \quad y = \frac{l}{(\theta\alpha_*)^{1/3}}\overline{y}, \quad \varphi = \frac{l\theta^{2/3}}{\alpha_*^{1/3}}\overline{\varphi}(\overline{x},\ \overline{y}) \tag{126.6}$$

引入新的无量纲变量 (我们已经引入角 $\theta = \delta/l$ 来表示机翼的"张角"或攻角). 于是, 我们得到方程

$$2\frac{\partial\overline{\varphi}}{\partial\overline{x}}\frac{\partial^2\overline{\varphi}}{\partial\overline{x}^2} = \frac{\partial^2\overline{\varphi}}{\partial\overline{y}^2}$$

和边界条件:

$$\text{在无穷远处,}\quad \frac{\partial\overline{\varphi}}{\partial\overline{x}} = K, \quad \frac{\partial\overline{\varphi}}{\partial\overline{y}} = 0; \quad \text{在 } \overline{y} = 0 \text{ 处,}\quad \frac{\partial\overline{\varphi}}{\partial\overline{y}} = f'(\overline{x}),$$

其中

$$K = \frac{M_1 - 1}{(\alpha_*\theta)^{2/3}}, \tag{126.7}$$

这些条件只包含一个参数 K. 于是, 我们得到了所需的相似律: 公式 (126.6) 表明, 具有相同 K 值的跨声速平面流是相似的 (C. B. 法利科维奇, 1947).

我们注意到, 表达式 (126.7) 也只包含一个参数 α_*, 它表征气体本身的性质. 所以, 所得相似律还确定了气体种类发生变化时的相似性.

在所用近似下, 压强由公式

$$p - p_1 \approx -\rho_1 v_1(v_x - v_1)$$

给出. 利用表达式 (126.6) 的计算表明, 剖面上的压强因子是以下形式的函数:

$$C_p = \frac{p - p_1}{\rho_1 v_1^2/2} = \frac{\theta^{2/3}}{\alpha_*^{1/3}} P\left(K,\ \frac{x}{l}\right).$$

沿剖面边界的积分给出阻力因子和升力因子:

$$C_x = \frac{1}{l}\oint C_p \frac{\mathrm{d}Y}{\mathrm{d}x}\,\mathrm{d}x, \quad C_y = \frac{1}{l}\oint C_p\,\mathrm{d}x,$$

所以, 它们是以下形式的函数①:

$$C_x = \frac{\theta^{5/3}}{\alpha_*^{1/3}} f_x(K), \quad C_y = \frac{\theta^{2/3}}{\alpha_*^{1/3}} f_y(K). \tag{126.8}$$

---

① 这些公式的适用范围由不等式 $|M_1 - 1| \ll 1$ 确定, 但线性理论对应于大的 K 值, 即对应于 $|M_1 - 1| \gg \theta^{2/3}$. 因此, 在 $1 \gg M_1 - 1 \gg \theta^{2/3}$ 的范围内, 公式 (126.8) 应当化为线性理论中的公式 (125.6)—(126.8). 这表示, 函数 f_x 和 f_y 在 K 值很大时应当与 $K^{-1/2}$ 成正比.

用完全类似的方法可以得到绕薄物体的三维流动的相似律, 物体形状由以下形式的方程给出:

$$Y = \delta f_1\left(\frac{x}{l}\right), \quad Z = \delta f_2\left(\frac{x}{l}\right), \tag{126.9}$$

其中含有两个参量 δ 和 l ($\delta \ll l$). 三维情形与平面情形的重要差别在于, 三维情形下的速度势在 $y \to 0$, $z \to 0$ 时具有对数奇异性 (例如, 参看 §113 中绕细长圆锥流动的公式). 所以, 在 x 轴上应当确定的边界条件并不涉及导数 $\partial\varphi/\partial y$, $\partial\varphi/\partial z$ 本身, 而是涉及有限大小的乘积

$$y\frac{\partial\varphi}{\partial y} = Y\frac{\mathrm{d}Y}{\mathrm{d}x}, \quad z\frac{\partial\varphi}{\partial z} = Z\frac{\mathrm{d}Z}{\mathrm{d}x}.$$

容易证明, 这种情形下的相似变换为 (再次引入角 $\theta = \delta/l$)

$$x = l\overline{x}, \quad y = \frac{l}{\theta\alpha_*^{1/2}}\overline{y}, \quad z = \frac{l}{\theta\alpha_*^{1/2}}\overline{z}, \quad \varphi = l\theta^2\overline{\varphi}, \tag{126.10}$$

并且相似参数是

$$K = \frac{M_1 - 1}{\theta^2\alpha_*} \tag{126.11}$$

(T. von 卡门, 1947). 对于物体表面上的压强因子, 我们得到以下形式的表达式:

$$C_p = \theta^2 P\left(K, \frac{x}{l}\right).$$

相应地, 阻力因子的形式为①

$$C_x = \theta^4 f(K). \tag{126.12}$$

所有这些公式当然只适用于 $M_1 - 1$ 很小的情况, 无论其值为正还是为负. 如果恰好 $M_1 = 1$, 则相似参数 $K = 0$, 而公式 (126.8) 和 (126.12) 中的函数化为常数, 所以这些公式完全确定了 C_x 和 C_y 对角 θ 和气体性质 α_* 的依赖关系.

§127 高超声速流的相似律

在 §114 最后已经指出, 对于绕细长尖头体的流动, 线性理论并不适用于**高超声速** (M_1 很大) 的情况. 所以, 对这样的流动建立简单的相似律具有特别的意义.

---

① 在 $1 \gg M_1 - 1 \gg \theta^2$ 的范围内应当得到线性理论的公式 (123.7), 据此可知 $C_x \sim \theta^4$. 这表明, 当 K 增大时, 函数 $f(K)$ 应趋于常值.

在这样的流动中形成的激波与流动方向之间的夹角很小, 其量级为物体厚度与长度之比 ($\theta = \delta/l$). 这些激波一般是弯曲的, 同时也具有较大的强度——虽然速度间断值比较小, 但压强间断值很大 (熵间断值因而也很大). 所以, 气流在一般情况下根本不是势流.

我们将认为马赫数 M_1 的量级为 $1/\theta$ 或更大. 激波会使局部马赫数 M 的值减小, 但其量级总是保持在 $1/\theta$ 的水平 (请对比 § 112 习题 2), 所以马赫数 M 在整个空间中是很大的.

我们利用在 § 123 中指出的"声学比拟": 绕具有变截面 $S(x)$ 的薄物体流动的定常三维问题, 等价于按规律 $S(v_1 t)$ 随时间变化的剖面发出声波的非定常二维问题, 并且量 $v_1/\sqrt{M_1^2-1}$ 起声速的作用, 而当 M_1 很大时, 声速就是 c_1. 我们强调, 保证这两个问题彼此等价的唯一条件是比值 δ/l 很小, 使我们能够把物体表面上沿物体长度方向不大的环形区域看做圆柱面. 但是, 当 M_1 很大时, 所发声波的传播速度与声波中气体微元的速度值相近 (请对比 § 123 最后), 所以应当在精确的非线性方程的基础上解决问题.

在绕细长尖头体的任何超声速流中, 速度扰动 (与来流速度 $\boldsymbol{v}_1$ 相比) 都很小, 而在高超声速绕流中, 纵向速度的扰动还远小于新出现的横向速度:

$$v_y \sim v_z \sim v_1\theta, \quad v_x - v_1 \sim v_1\theta^2. \tag{127.1}$$

但压强变化和密度变化根本不是小量:

$$\frac{p-p_1}{p_1} \sim M_1^2\theta^2, \quad \frac{\rho_2-\rho_1}{\rho_1} \sim 1, \tag{127.2}$$

压强变化甚至 (当 $M_1\theta \gg 1$ 时) 可以是任意大的量 (请对比 § 112 习题 2).

声学比拟显然只适用于与来流方向垂直的 yz 平面上的二维流动. 在这个二维问题中, 声源的线速度具有 $v_1\theta$ 的量级. 此外, 只有声速 c_1 和声源尺寸 δ (以及密度 ρ_1) 是问题中的独立参量①. 由它们只能组成一个无量纲组合

$$K = M_1\theta, \tag{127.3}$$

这就是相似参数②. 这时应当从同样这些参量组成一些具有相应量纲的量作为坐标 y, z 的长度尺度和时间的尺度, 例如 δ 和 $\delta/v_1\theta = l/v_1$. 对于坐标 x,

---

① 当然, 我们不仅考虑气体的运动方程, 而且考虑物体表面上的相应边界条件, 以及激波上所必须满足的条件. 假设气体是多方气体, 所以其气体动力学性质只依赖于无量纲参数 γ. 但是, 下面得到的相似律无法确定流动对这个参数的依赖关系的性质.

应当指出, 当 $M_1 \gg 1$ 时, 气体被剧烈加热, 其热力学性质可能发生显著变化. 所以, 对于多方气体 (假设其热容是常量), 相应公式在高超声速情况下的定量意义其实很有限.

② 如果不假设 M_1 很大, 即可得到带有参数 $K = \theta\sqrt{M_1^2-1}$ 的相似律, 但它没有多少意义, 因为当 M_1 不大时, 线性理论其实完全确定了所有的量对这个参数的依赖关系.

物体的长度 l 是一个自然的参量. 于是可以得到结论:

$$v_y = v_1\theta v_y', \quad v_z = v_1\theta v_z', \quad p = \rho_1 v_1^2\theta^2 p', \quad \rho = \rho_1\rho', \tag{127.4}$$

式中 v_y', v_z', p', ρ' 是无量纲变量 x/l, y/δ, z/δ 和参数 K 的函数, 并且根据 (127.1) 和 (127.2) 可以证明, 这些函数的量级均为 1①.

阻力 F_x 可由整个物体表面上的积分来计算:

$$F_x = \oint p\,\mathrm{d}y\,\mathrm{d}z$$

(根据边界条件, $v_n = 0$, 动量流密度中的 $v_x\boldsymbol{v}\cdot\boldsymbol{n}$ 项在物体表面上等于零, 其中 $\boldsymbol{n}$ 是该物体表面上的法向矢量). 按照 (127.4) 变换到无量纲变量, 我们得到以下形式的阻力因子 C_x (定义为 (123.6)):

$$C_x = 2\theta^4\oint p'\,\mathrm{d}y'\,\mathrm{d}z'.$$

剩下的积分是无量纲参数 K 的函数, 所以

$$C_x = \theta^4 f(K). \tag{127.5}$$

对于绕无穷大翼展薄翼的平面流情形, 显然也可以得到同样的相似律. 这时, 阻力因子公式和升力因子公式具有以下形式:

$$C_x = \theta^3 f_x(K), \quad C_y = \theta^2 f_y(K). \tag{127.6}$$

在应用 (127.5), (127.6) 时应当记住, 流动相似的假设要求, 仅仅通过改变沿 y, z 轴的尺度 δ 和沿 x 轴的尺度 l, 就可以从一种情况下被绕流物体的形状、尺寸和相对于来流的方位获得另一种情况下的这些结果. 特别地, 这意味着, 如果攻角 α 不等于零, 则为了保证流动的相似性, 比值 α/θ 必须相同.

在 (127.5), (127.6) 中, 当 $K\to\infty$ 时, 这个参数的相应函数趋于常数极限. 这是因为 (当 $M_1\to\infty$ 时) 存在极限绕流方式, 其性质在一个重要的流动区域内与 M_1 无关 (C. B. 瓦兰德, 1947; K. 奥斯瓦蒂奇, 1951). 这里的"重要区域"是指头激波上强度最高的突出部分与被绕流物体表面上距离物体前端不太远的部分之间的流动区域 (我们强调, 恰恰是具有最大压强的这个区域决定了作用于物体的力). 如果用来描述流动的无量纲的速度 v/v_1, 压强 $p/\rho v_1^2$ 和密度 ρ/ρ_1 是无量纲坐标的函数, 则研究表明, 给定形状的物体在上述区域中的绕流

---

① 高超声速绕流的相似律是由钱学森 (1946) 提出的. W. D. 海斯 (1947) 指出了它与推广到非线性问题的声学比拟之间的关系, 这种比拟在专业文献中称为"活塞比拟".

图像在极限下与 M_1 无关. 其实, 在这些变量下, 不仅流体动力学方程和被绕流物体表面上的边界条件与 M_1 无关, 激波面上的所有条件也与 M_1 无关. 在流动区域中之所以可以划分出“重要部分”, 是因为在最后的条件中被忽略的量具有相对的量级 $1/M_1^2\sin^2\varphi$, 其中 φ 是 $\boldsymbol{v}_1$ 与间断面之间的夹角, 并且在激波强度很小的远距离处, 这个角趋于马赫角 $\arcsin(1/M_1)\approx 1/M_1$, 使得展开参数不再是小量: $1/M_1^2\sin^2\varphi\sim 1$①.

习 题

设无穷大翼展平板翼对来流的攻角 α 很小且 $M_1\alpha\gtrsim 1$, 求该机翼所受的升力 (R. D. 林内尔, 1949).

解: 绕流图像如图 130 所示: 在平板前后两端中的每一端同时都发出激波和稀疏波, 并且气流在通过这两种波时, 先向一个方向偏转 α 角, 然后向相反方向偏转同样的角度.

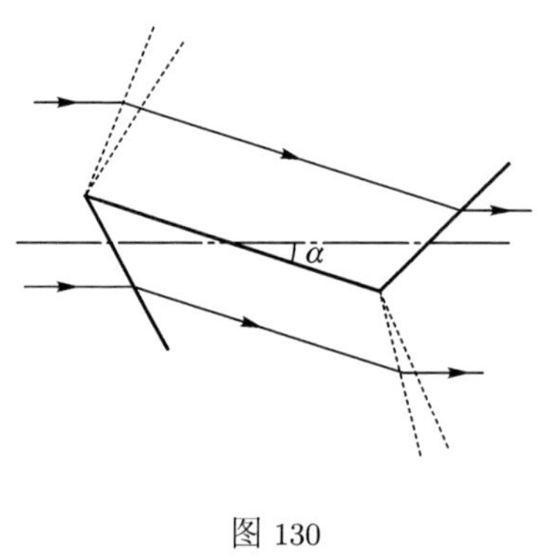

图 130

按照声学比拟, 绕这种平板的定常流动问题等价于以速度 αv_1 匀速运动的活塞前方和后方的非定常一维气流问题. 在活塞前方形成一个激波, 而在活塞后方形成稀疏波 (见 §99 习题 1, 2). 利用那里的结果求出待求的升力, 即平板两面的压强差. 升力因子为

$$C_y=\alpha^2\left[\frac{2}{\gamma K^2}+\frac{\gamma+1}{2}+\sqrt{\frac{4}{K^2}+\left(\frac{\gamma+1}{2}\right)^2}\right]-\frac{2a^2}{\gamma K^2}\left(1-\frac{\gamma-1}{2}K\right)^{2\gamma/(\gamma-1)}$$

(式中 $K=\alpha M_1$). 当 $K\geqslant 2/(\gamma-1)$ 时, 在平板下方形成真空, 所以应当忽略第二项. 在 $1\ll M_1\ll 1/\alpha$ 的范围内, 这个公式变为公式 $C_y=4\alpha/M_1$, 这与线性理论所给结果一样, 因为两种理论在这里都是适用的.

① 可以在以下书中找到证明的细节: Черный Г. Г. Течения газа с большой сверхзвуковой скоростью. Москва: Физматгиз, 1959 (Chernyi G. G. Introduction to Hypersonic Flow. New York: Academic Press, 1961). 第一章 §4.

第十四章

燃烧流体动力学

§ 128 缓慢燃烧

化学反应的速率 (例如以单位时间内发生反应的分子数来度量) 依赖于发生反应的混合气体的温度, 并且随温度的升高而增大. 在许多情况下, 这种依赖性是非常强的①. 尽管与热力学 (化学) 平衡态相对应的混合气体应当是已经彼此发生过反应的, 但在常温下, 反应速率可能很小, 以致于化学反应实际上几乎完全没有发生. 而当温度上升到足够高时, 反应就会进行得很快. 对于吸热反应, 必须从外部不断输入热量才能维持其发生, 而如果仅在最初提高混合气体的温度, 则只有少量物质发生反应, 从而导致气体温度降低, 直到反应停止. 强放热反应的情况则完全不同, 因为会有大量热量伴随反应而释放出来. 这时, 只要在混合气体中的某一点提高温度即可, 由此开始的反应将释放热量, 从而提高周围气体的温度. 于是, 反应一旦发生, 就将自动沿气体传播. 这种现象称为混合气体的**缓慢燃烧**, 或者就称为**燃烧**②.

混合气体的燃烧必然还伴随着气体的运动. 换言之, 燃烧过程不仅是化学过程, 而且是气体动力学过程. 在一般情况下, 为了确定燃烧方式, 必须联立求解一组方程, 其中既包括相关反应的化学动理学方程, 也包括气体混合物的运动方程.

---

① 反应速率对温度的依赖关系通常是指数型的, 基本上正比于形如 $e^{-U/RT}$ 的因子, 其中 U 是表征每一个给定反应的常量 (活化能). U 越大, 反应速率对温度的依赖性越强.

② 应当注意, 在可燃的混合气体中, 燃烧在某些条件下可能无法自行传播, 这与诸如通过管壁放热 (管内燃烧)、热幅射损失等一些导致热量散失的因素有关. 所以, 例如, 燃烧在半径过小的管道内是不能进行的.

但是在一种非常重要的情形下 (这种情形很常见), 决定相关具体问题的条件具有足够大的特征尺度 l (下面将说明其含义), 于是问题将大为简化. 我们将看到, 在这种情形中, 气体动力学问题在已知的意义上可以与化学动理学问题分开处理.

已燃气体区域 (即反应已经结束的区域, 其中充满燃烧生成物的混合气体) 和未燃气体被一个过渡层分隔开, 反应本身正好就发生于过渡层 (**燃烧带**或**火焰**). 燃烧带随时间以某个速度向前移动, 可以把这个速度称为气体燃烧的传播速度, 其大小依赖于从燃烧带向未被加热的原始混合气体的传热强度, 并且主要的传热机理是通常的热传导 (B. A. 米赫尔松, 1890).

相关反应中释放出的热量在该反应 (在气体中的给定位置) 的持续时间 τ 内所传播的平均距离确定了燃烧带宽度的量级 δ. 时间 τ 是该反应的特征量, 只依赖于燃烧气体的热力学状态 (而与问题的特征参量 l 无关). 如果 χ 是气体的温导率, 则有 (见 (51.6))①:

$$\delta \sim \sqrt{\chi\tau}. \tag{128.1}$$

现在, 我们来更精确地表述以上假设. 我们将认为, 问题的特征尺度远大于燃烧带的宽度 ($l \gg \delta$). 如果这个条件成立, 就可以单独处理气体动力学问题. 在确定气体的流动时, 可以忽略燃烧带的宽度, 从而把它简单地看做燃烧生成物和未燃气体之间的分界面. 在这个分界面 (**火焰阵面**) 上, 气体的状态发生间断, 即它是一个特殊的间断面.

这个间断面相对于气体本身 (在垂直于火焰阵面的方向上) 的移动速度 v_1 称为**火焰的法向速度**. 燃烧在时间 τ 内能够传播量级为 δ 的距离, 所以火焰的法向速度满足②

$$v_1 \sim \frac{\delta}{\tau} \sim \left(\frac{\chi}{\tau}\right)^{1/2}. \tag{128.2}$$

气体温导率的量级通常为分子的平均自由程与其热运动速度的乘积, 或者平均自由时间 τ_{fr} 与热运动速度平方的乘积, 它们是一回事. 注意到分子的热运动速度与声速具有同样的量级, 我们求出

$$\frac{v_1}{c} \sim \left(\frac{\chi}{\tau c^2}\right)^{1/2} \sim \left(\frac{\tau_{\text{fr}}}{\tau}\right)^{1/2}.$$

---

① 为了避免误解, 我们指出, 当 τ 显著依赖于温度时, 在公式 (128.1) 中还应当有一个相当大的系数 (如果 τ 取燃烧生成物温度下的值). 对我们而言, 这里最重要的是 δ 与 l 无关的事实.

② 例如, 在 6% CH_4 和 94% 空气的混合物中, 火焰的传播速度仅为 5 cm/s, 而在爆炸性混合气体 ($2H_2 + O_2$) 中, 它是 1000 cm/s. 燃烧带的宽度在这两种情况下分别约为 5×10^{-2} cm 和 5×10^{-4} cm.

并不是分子的每一次碰撞都能引起它们之间的化学反应, 相反, 在发生碰撞的分子中, 只有很小比例的分子才发生反应. 这表明 $\tau_{\text{fr}} \ll \tau$, 所以 $v_1 \ll c$. 于是, 在所考虑的燃烧方式下, 火焰的传播速度远小于声速①.

和任何间断面一样, 在代替燃烧带的间断面上应当成立质量流、动量流和能流的连续性条件. 第一个条件通常确定了气体在间断面上的法向速度分量之比: $\rho_1 v_1 = \rho_2 v_2$, 即

$$\frac{v_1}{v_2} = \frac{V_1}{V_2}, \tag{128.3}$$

式中 V_1, V_2 是未燃气体与燃烧生成物的质量体积. 按照 §84 中对任意间断面得出的一般结果, 如果法向速度分量是间断的, 则切向速度分量必定是连续的. 所以, 流线在间断面上发生偏折.

因为火焰的法向传播速度远小于声速, 所以动量流连续的条件化为压强连续, 而能流连续的条件化为焓连续:

$$p_1 = p_2, \quad w_1 = w_2. \tag{128.4}$$

在应用这些条件时必须记住, 所研究间断面两侧的气体在化学上是不同的, 其热力学量不是同样的函数.

如果认为气体是多方气体, 则有

$$w_1 = w_{01} + c_{p1} T_1, \quad w_2 = w_{02} + c_{p2} T_2,$$

并且这里的可加常量不能像单一气体那样 (通过适当选取能量零点的方式) 取为零, 因为 w_{01} 和 w_{02} 在这里是不同的. 引入记号 $q = w_{01} - w_{02}$. 如果这个反应发生在温度为绝对零度的条件下, 则这就是反应中 (单位质量物质) 放出的热量. 于是, 我们得到原始气体 (气体 1) 和已燃气体 (气体 2) 的各热力学量之间的以下关系式:

$$p_1 = p_2, \quad T_2 = \frac{q}{c_{p2}} + \frac{c_{p1}}{c_{p2}} T_1, \quad V_2 = V_1 \frac{\gamma_1(\gamma_2 - 1)}{\gamma_2(\gamma_1 - 1)} \left(\frac{q}{c_{p1} T_1} + 1 \right). \tag{128.5}$$

火焰具有确定的法向传播速度, 它与气体的运动速度无关, 所以对于运动气体中的定常燃烧, 例如从管道一端 (喷灯嘴) 流出的气体的燃烧, 火焰阵面具有确定的形状. 如果 v 是气体 (在管道截面上) 的平均速度, 则显然 $v_1 S_1 = vS$, 其中 S 是管道的横截面面积, 而 S_1 是火焰阵面的总面积.

---

① 在发生燃烧的混合物中, 各组元的相互扩散对燃烧的传播过程也起一定作用, 这不会改变火焰的速度量级和宽度量级. 但是, 我们强调, 这里处处都只讨论预先充分混合的可燃气体混合物的燃烧, 而不讨论各反应物分别位于空间中不同区域且只有相互扩散才引起燃烧的情形.

这样就出现了关于上述燃烧方式对小扰动的稳定性范围的问题, 即关于上述燃烧方式的实际存在条件的问题. 因为气体的运动速度远小于声速, 所以在研究火焰阵面稳定性时, 可以把气体看做不可压缩理想 (无黏性) 流体, 并且可以假设火焰的法向传播速度是一个给定的常量. 这样的研究给出火焰阵面不稳定的结论 (Л. Д. 朗道, 1944; 见本节习题 1), 而这仅适用于雷诺数 lv_1/ν_1 和 lv_2/ν_2 足够大的情形. 然而, 如果考虑气体的黏性, 在该条件下就无法得到临界雷诺数非常大的结论.

这样的不稳定性似乎应当导致火焰自发进入湍流状态, 但实验资料表明, 至少直到雷诺数非常大时, 火焰其实也不会自发进入湍流状态. 这是因为, 在实际条件下存在一系列使火焰稳定的因素 (既有流体动力学因素, 也有扩散和传热因素). 对这些复杂问题的介绍超出了本书范围, 我们在这里只对某些可能的稳定性因素作出一些简单说明.

火焰阵面变形对燃烧速度的影响可能起重要作用, 而这是一个稳定性因素. 如果只考虑热传导, 则在火焰阵面的凹陷部分 (对原始的可燃混合气体而言), 速度 v_1 会增大 (因为向凹陷处未燃混合气体传热的条件有所改善), 而在火焰阵面的凸出部分, v_1 会减小. 这个效应使火焰阵面趋于平缓, 起稳定作用. 而用类似讨论可知, 扩散方式的变化起不稳定作用. 因此, 相关效应的总效果取决于温导率与扩散系数之比 (И. П. 德罗兹多夫, Я. Б. 泽尔道维奇, 1943). 为了给出火焰阵面变形对燃烧速度 v_1 影响的唯象描述, 可以在该速度中引入正比于火焰阵面曲率的一项 (G. H. 马克施泰因, 1951). 适当选取这一项的符号并把它补充到燃烧阵面上的边界条件中, 就可以消除微弱长波扰动的不稳定性①. 由于非线性效应的影响, 在线性近似下原本不稳定的扰动现在能够在一定的定常 (对其振幅而言) 的极限情况下变得稳定 (R. E. 彼得森, N. W. 埃蒙斯, 1956; Я. Б. 泽尔道维奇, 1966). 这个机理可以导致火焰的 "蜂窝状" 结构②.

在可燃气体混合物中传播的火焰, 会引起周围相当大范围内的气体发生运动. 因为速度 v_1 与 v_2 有差别, 所以燃烧生成物应当以速度 $v_1 - v_2$ 相对于未燃气体运动. 由此已经可以看出, 燃烧必然伴随着气体的运动. 在许多情况下, 这种运动还会导致激波的形成. 这些激波与燃烧过程没有直接关系, 它们之所以产生, 是因为通过其他方式不可能满足必须成立的边界条件. 例如, 考虑从管道封闭端传播来的燃烧. 在图 131 中, ab 是燃烧带, 1 区和 3 区中的气

---

① 利用这个效应和在习题 1 中引入的记号, 应当把 v_1 的表达式写为 $v_1 = v_1^{(0)}(1 - \mu\,\partial^2\zeta/\partial y^2)$ 的形式, 其中 $v_1^{(0)}$ 是平面阵面情况下的燃烧速度, 而 μ 是经验常量 (具有长度的量纲), 它在燃烧阵面稳定的条件下是正的.

② 以下专著详细阐述了这些问题: Зельдович Я. Б., Баренблатт Г. И., Либрович В. Б., Махвиладзе Г. М. Математическая теория горения и взрыва. Москва: Наука, 1980. 第四章, 第六章.

体是原来的未燃混合气体, 2 区中的气体是燃烧生成物. 燃烧带相对于它前面的气体 1 的移动速度 v_1 是由反应性质和传热条件确定的, 所以应当视为给定的量. 于是, 火焰相对于气体 2 的运动速度 v_2 直接由条件 (128.3) 确定. 在管道的封闭端, 气体速度应当等于零, 所以整个 2 区中的气体都是静止的. 因此, 气体 1 应当以恒定速度 $v_2 - v_1$ 相对于管道运动. 管道前部远离火焰处的气体也应当是静止的. 只有引入一个激波 (图 131 中的 cd), 使气体速度在激波面上出现间断, 它又正好使气体 3 处于静止状态, 才能满足这个条件. 根据给定的速度间断值, 还可以求出其余各量的间断值以及激波本身的传播速度. 因此, 我们看到, 火焰阵面像活塞那样推动其前方的气体. 激波运动得比火焰快, 所以被带动起来的气体的质量随时间而增加①.

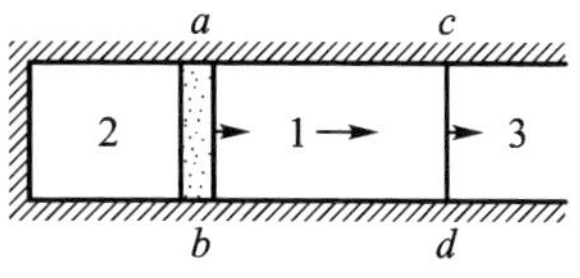

图 131

在雷诺数足够大的情况下, 管道中伴随燃烧而产生的气流成为湍流, 而这本身又反过来影响火焰. 在湍流燃烧问题中还有许多未解之谜, 但这里不再继续研究.

习 题

1. 研究缓慢燃烧中的平面火焰阵面对小扰动的稳定性.

解: 在使间断平面 (火焰阵面) 静止的坐标系中研究问题, 设间断平面为 yz 平面, 未受扰动的气体速度指向 x 轴的正方向, 并让一个对坐标 y 和时间都有周期性的扰动叠加在具有恒定速度 v_1, v_2 (间断面两侧的速度) 的流动上. 就像 §29 那样, 从运动方程组

$$\operatorname{div}\boldsymbol{v}' = 0, \quad \frac{\partial \boldsymbol{v}'}{\partial t} + (\boldsymbol{v}\cdot\nabla)\boldsymbol{v}' = -\frac{1}{\rho}\nabla p' \tag{1}$$

($\boldsymbol{v}$ 和 ρ 表示 $\boldsymbol{v}_1, \rho_1$ 或 $\boldsymbol{v}_2, \rho_2$) 得到方程

$$\Delta p' = 0. \tag{2}$$

在间断面上 (即在 $x \approx 0$ 处) 应当成立以下条件: 压强连续

$$p_1' = p_2', \tag{3}$$

切向速度分量连续

$$v_{1y}' + v_1\frac{\partial \zeta}{\partial y} = v_{2y}' + v_2\frac{\partial \zeta}{\partial y} \tag{4}$$

(式中 $\zeta\,(y,\ t)$ 是由扰动引起的间断面沿 x 轴的微小位移), 气体相对于间断面的法向速度

① 在实际情况下, 管道中的燃烧阵面通常向前方的原始混合气体突出, 这导致火焰对小尺度扰动的一种独特的稳定机理. 燃烧沿阵面法向的传播使阵面“伸长”, 而阵面上任何点的扰动都会向管壁方向移动并消失于管壁 (阵面前方气体的运动使阵面形状保持稳定). 见: Zel’dovich Ya. B., Istratov A. G., Kidin N. I., Librovich V. B. Comb. Sci. Technol. 1980, 24: 113.

保持不变

$$v'_{1x} - \frac{\partial \zeta}{\partial t} = v'_{2x} - \frac{\partial \zeta}{\partial t} = 0. \tag{5}$$

在 $x<0$ 的区域内 (原始气体 1), 我们把方程 (1) 和 (2) 的解写为以下形式:

$$\begin{aligned} &v'_{1x} = A\,\mathrm{e}^{\mathrm{i}ky+kx-\mathrm{i}\omega t}, \quad v'_{1y} = \mathrm{i}A\,\mathrm{e}^{\mathrm{i}ky+kx-\mathrm{i}\omega t}, \\ &p'_1 = A\rho_1\left(\frac{\mathrm{i}\omega}{k} - v_1\right)\mathrm{e}^{\mathrm{i}ky+kx-\mathrm{i}\omega t}. \end{aligned} \tag{6}$$

在 $x>0$ 的区域内 (气体 2, 燃烧生成物), 除了形如 $\mathrm{const}\cdot\mathrm{e}^{\mathrm{i}ky-kx-\mathrm{i}\omega t}$ 的解, 还应考虑方程 (1) 和 (2) 的另一个特解, 其中各量对 y 和 t 的依赖关系仍由同一个因子 $\mathrm{e}^{\mathrm{i}ky-\mathrm{i}\omega t}$ 给出. 如果取 $p'=0$, 就得到这个特解, 这时欧拉方程的右边为零, 该齐次方程具有以下形式的解:

$$v'_x,\ v'_y \propto \exp\left(\mathrm{i}ky - \mathrm{i}\omega t + \frac{\mathrm{i}\omega}{v}x\right).$$

只需要在气体 2 中 (而不需要在气体 1 中) 考虑这个解, 因为我们的最终目的是确定是否可能存在具有正虚部的频率 ω. 对于这样的 ω, 因子 $\mathrm{e}^{\mathrm{i}\omega x/v}$ 在 $x<0$ 时随 $|x|$ 的增加而无限增加, 所以在气体 1 所在区域中必须舍弃这样的解. 再适当选取常系数值, 我们在 $x>0$ 时所寻求的解具有以下形式:

$$\begin{aligned} &v'_{2x} = B\,\mathrm{e}^{\mathrm{i}ky-kx-\mathrm{i}\omega} + C\,\mathrm{e}^{\mathrm{i}ky-\mathrm{i}\omega t+\mathrm{i}\omega x/v_2}, \\ &v'_{2y} = -\mathrm{i}B\,\mathrm{e}^{\mathrm{i}ky-kx-\mathrm{i}\omega} - \frac{\omega}{kv_2}C\,\mathrm{e}^{\mathrm{i}ky-\mathrm{i}\omega t+\mathrm{i}\omega x/v_2}, \\ &p'_2 = -B\rho_2\left(v_2 + \frac{\mathrm{i}\omega}{k}\right)\mathrm{e}^{\mathrm{i}ky-kx-\mathrm{i}\omega t}. \end{aligned} \tag{7}$$

再取

$$\zeta = D\,\mathrm{e}^{\mathrm{i}ky-\mathrm{i}\omega t}, \tag{8}$$

并把全部所得表达式代入条件 (3)—(5), 我们得到关于系数 A, B, C, D 的四个齐次方程①. 简单的计算给出这些方程的以下相容性条件 (在计算时应当记住 $j\equiv\rho_1 v_1=\rho_2 v_2$):

$$\Omega^2(v_1+v_2) + 2\Omega k v_1 v_2 + k^2 v_1 v_2 (v_1 - v_2) = 0, \tag{9}$$

式中 $\Omega=-\mathrm{i}\omega$. 如果 $v_1>v_2$, 则这个方程或者有两个负实根, 或者有两个 $\mathrm{Re}\,\Omega<0$ 的共轭复根, 运动在这种情况下是稳定的. 但是, 如果 $v_1<v_2$ (从而 $\rho_1>\rho_2$), 则方程 (9) 的两个根是都实根, 并且其中之一是正的:

$$\Omega = kv_1\frac{\mu}{1+\mu}\left(\sqrt{1+\mu-\frac{1}{\mu}} - 1\right)$$

(其中 $\mu=\rho_1/\rho_2$), 运动因而是不稳定的. 燃烧阵面正好满足这种情况, 因为剧烈加热使燃烧生成物的密度 ρ_2 总是小于原始未燃气体的密度 ρ_1.

---

① 由公式 (6) 描述的运动是有势的, 而由公式 (7) 描述的运动满足 $\mathrm{rot}\,\boldsymbol{v}'_2\neq 0$. 因此, 火焰阵面之后燃烧生成物的运动是有旋的.

我们指出, $\operatorname{Im}\Omega=0$. 这表示扰动是不沿火焰阵面传播的驻波, 并且不断加强. 所有波长的扰动都是不稳定的, 其增长率随 k 的增加而增加 (但应当记住, 把燃烧阵面看做几何曲面的研究仅仅适用于波长远大于 δ 的扰动: $k\delta \ll 1$). 当 k 给定时, 扰动增长率随 μ 的增加而增加.

2. 设燃烧发生于液体表面, 并且反应本身发生在从表面蒸发的蒸气中①. 如果考虑重力场和毛细作用的影响, 求这种燃烧方式的稳定性条件 (Л. Д. 朗道, 1944).

解: 我们把液体表面附近蒸气中的燃烧带看做间断面, 但现在假设该间断面具有表面张力系数 α. 接下来的计算完全类似于习题 1, 唯一的区别是, 现在把边界条件 (3) 改为

$$p_1'-p_2'=-\alpha\frac{\partial^2\zeta}{\partial y^2}+(\rho_1-\rho_2)g\zeta$$

(介质 1 是液体, 介质 2 是已燃气体). 条件 (4) 和 (5) 保持不变. 现在, 我们得到方程

$$\Omega^2(v_1+v_2)+2\Omega kv_1v_2+\left[k^2(v_1-v_2)+\frac{gk(\rho_1-\rho_2)+\alpha k^3}{j}\right]v_1v_2=0,$$

它代替方程 (9). 所研究燃烧方式的稳定性条件要求该方程的根具有负的实部, 即方程的自由项对于任意的 k 必须都是正的. 这个要求给出稳定性条件:

$$j^4<\frac{4\alpha g\rho_1^2\rho_2^2}{\rho_1-\rho_2}.$$

因为气态燃烧生成物的密度远小于液体的密度 ($\rho_1\gg\rho_2$), 所以这个条件其实化为不等式

$$j^4<4\alpha g\rho_1\rho_2^2.$$

3. 求平面火焰阵面前方气体中的温度分布.

解: 在与火焰阵面一起运动的坐标系中, 温度分布是定常的, 而气体以速度 $-v_1$ 运动. 热传导方程

$$\boldsymbol{v}\cdot\nabla T=-v_1\frac{\mathrm{d}T}{\mathrm{d}x}=\chi\frac{\mathrm{d}^2T}{\mathrm{d}x^2}$$

具有解

$$T=T_0\,\mathrm{e}^{-v_1x/\chi},$$

其中 T_0 是火焰阵面上的温度, 并且取远离火焰阵面处的温度为零.

§129 爆轰

在上述缓慢燃烧方式中, 燃烧沿气体的传播取决于加热, 即取决于燃烧气体向未燃气体的直接传热. 除此之外, 燃烧的传播还可能有另一种完全不同的机理, 这与激波有关. 当激波通过时, 气体被加热, 激波后面的气体温度高于激

① 这里讨论发生于蒸气物质本身的反应, 没有任何其他组元 (例如空气中的氧气) 参与反应, 即讨论自发的分解反应.

波前面的温度. 如果激波足够强, 由它引起的高温就足以导致气体开始燃烧. 于是, 激波在其运动中会点燃混合气体, 即燃烧将以激波的速度传播, 这比通常的燃烧传播速度快得多. 这种燃烧传播机理称为**爆轰**.

当激波通过气体中的某个位置时, 这里就开始发生反应, 直到这个位置的气体全部燃烧完毕为止, 即反应持续某个特征时间 τ, 它表征相关反应的动理学特性①. 由此显见, 在激波后面将跟随一个与它一起移动的燃烧层, 其宽度等于激波传播速度与时间 τ 的乘积. 重要的是, 该宽度与相关具体问题中的物体尺寸无关. 所以, 当问题的特征尺度足够大时, 可以把激波以及跟随它的燃烧带看做一个间断面, 它把已燃气体与未燃气体分隔开. 我们将把这样的"间断面"称为**爆轰波**.

质量流密度、能流密度和动量流密度在爆轰波上必须是连续的, 所以前面只用这些条件对于激波得到的关系式 (85.1)—(85.10) 仍然成立, 例如方程

$$w_1 - w_2 + \frac{V_1 + V_2}{2}(p_2 - p_1) = 0 \tag{129.1}$$

仍然成立 (带下标 1 的字母总是用于原始的未燃气体, 带下标 2 的字母总是用于燃烧生成物). 由这个方程确定的 p_2 对 V_2 的依赖关系曲线称为**爆轰绝热线**. 该曲线不通过给定的初始点 p_1, V_1, 这与前面讨论过的激波绝热线不同. 激波绝热线通过初始点的性质源于 w_1 和 w_2 分别是 p_1, V_1 和 p_2, V_2 的同样的函数, 这个性质现在不再成立, 因为两种气体的化学组成不同. 在图 132 中, 实线表示爆轰绝热线. 作为辅助曲线, 还通过点 p_1, V_1 作出了原始可燃混合气体的普通激波绝热线 (虚线). 爆轰绝热线总是位于激波绝热线以上, 因为在燃烧时会形成高温, 使气体压强大于同样质量体积下未燃气体的压强.

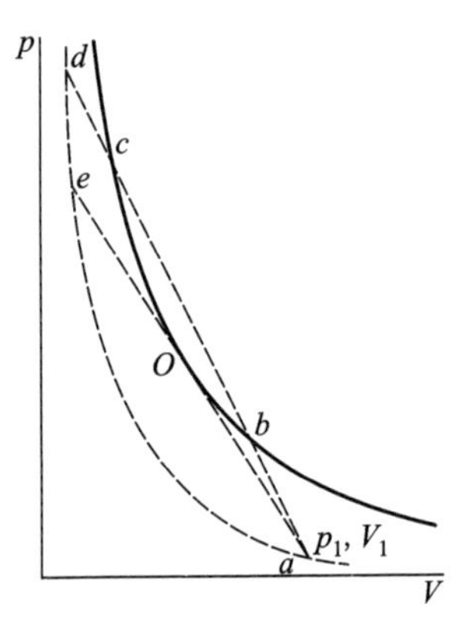

图 132

对于质量流密度, 前面的公式 (85.6)

$$j^2 = \frac{p_2 - p_1}{V_1 - V_2} \tag{129.2}$$

仍然成立, 所以 j^2 仍然是图中从点 p_1, V_1 到爆轰绝热线上任意一点 p_2, V_2 的弦 (例如图 132 中的弦 ac) 的斜率. 从图中立即可以看出, j^2 不能小于切线 aO 的斜率. 质量流 j 恰好是单位时间内所点燃的气体质量 (对单位面积爆轰波所在曲面而言). 我们看出, 在发生爆轰时, 这个量不能小于一个确定的极限

① 然而, 该特征时间本身取决于激波强度, 它随激波强度的增加而迅速减小, 因为反应速率随温度增加而增加.

值 $j_{\min}$ (取决于未燃气体的初始状态).

在推导公式 (129.2) 时只用到质量流和动量流连续的条件, 所以该公式 (对于气体的给定初始状态) 不仅适用于燃烧生成物的最终状态, 而且适用于只有一部分反应能被释放出来的所有中间状态①. 换言之, 气体在所有这些状态下的压强 p 和质量体积 V 满足线性关系

$$p = p_1 + j^2(V_1 - V), \tag{129.3}$$

它在图中表示弦 ad 上的点 (B. A. 米赫尔松, 1890).

现在研究穿过有限宽度的实际爆轰波时物质状态的变化 (采用 Я. Б. 泽尔道维奇 (1940) 的方法). 爆轰波的前沿是气体 1 (原始可燃气体) 中的一个真正的激波, 其中的气体被压缩和加热到气体 1 的激波绝热线上的点 d 所表示的状态 (图 132). 在压缩气体中开始发生化学反应, 而随着反应的进行, 表示气体状态的点沿弦 da 向下移动, 这时有热量释放出来, 使气体膨胀, 压强下降. 这个过程一直持续到燃烧完毕且全部反应热都释放出来为止, 相应的点 c 位于表示燃烧生成物最终状态的爆轰绝热线上. 弦 ad 与爆轰绝热线还有一个较低的交点 b, 但对于由激波压缩和加热而引起燃烧的气体, 这个交点是不能达到的②.

于是, 我们得到一个重要结果: 并非整个爆轰绝热线都对应着爆轰, 只有位于点 O 以上的部分才表示爆轰, 并且从初始点 a 引出的直线 aO 在点 O 与爆轰绝热线相切.

在 §87 中曾经证明, 在 $\mathrm{d}(j^2)/\mathrm{d}p_2 = 0$ 的点 (即在弦 12 与激波绝热线相切的点), 速度 v_2 等于相应的声速值 c_2. 这个结果仅仅得自间断面上的那些守恒定律, 所以也完全适用于爆轰波. 在单一气体的普通激波绝热线上没有这样的点 (也在 §87 中证明过), 但在爆轰绝热线上却存在这样的点, 即点 O. 在这样的点不仅成立等式 $v_2 = c_2$, 而且成立不等式 (87.10), 即 $\mathrm{d}(v_2/c_2)/\mathrm{d}p_2 < 0$, 所以当 p_2 更大时, 即在点 O 以上, 速度满足 $v_2 < c_2$. 因为爆轰恰恰对应于绝热线在点 O 以上的部分, 于是得到

$$v_2 \leqslant c_2, \tag{129.4}$$

即爆轰波相对于紧接其后的气体以等于或小于声速的速度运动, 并且当爆轰对应于点 O (**查普曼–儒盖点**) 时, 等式 $v_2 = c_2$ 成立③.

---

① 这里假设在燃烧带中可以忽略扩散和黏性, 于是质量和动量的输运仅通过流体运动即可实现.

② 为讨论的完整性起见还应指出, 通过另一个激波从状态 c 突跃式过渡到状态 b 也是不可能的, 因为气体穿过该激波的方向是从高压过渡到低压.

③ 注意速度 v_1, v_2 总是表示垂直于间断面的速度.

爆轰波相对于气体 1 的速度总是超声速的 (对于点 O 也是如此):

$$v_1 > c_1. \tag{129.5}$$

直接从图 132 就可以用最简单的方式证明这个结论. 声速 c_1 可以通过图像由气体 1 的激波绝热线 (虚线) 在点 a 的切线斜率确定, 而速度 v_1 由弦 ac 的斜率确定. 因为所有的弦都比上述切线陡, 所以总有 $v_1 > c_1$. 爆轰波以超声速的速度移动, 它同激波一样, 对前方气体的状态没有任何影响. 爆轰波相对于静止未燃气体的移动速度 v_1, 就是通常所说的爆轰在可燃混合气体中的传播速度.

因为 $v_1/V_1 = v_2/V_2 \equiv j$, 而 $V_1 > V_2$, 所以 $v_1 > v_2$. 差值 $v_1 - v_2$ 是燃烧生成物相对于未燃气体的运动速度. 这个差值是正的, 即燃烧生成物向爆轰波的传播方向运动.

我们还可以作如下说明. 同样在 §87 中已经证明, $\mathrm{d}s_2/\mathrm{d}(j^2) > 0$. 所以, 在 j^2 取极小值的点, s_2 也取极小值. 点 O 正好就是这样的点, 于是我们断定, 它对应于爆轰绝热线上的熵 s_2 的最小值. 如果考察状态沿直线 ae 的变化, 则熵 s_2 在点 O 也有一个极值 (因为曲线的斜率和 O 点切线的斜率相同). 不过, 这个极值是极大值 (B. A. 米赫尔松). 其实, 从 e 到 O 对应于在压缩气体中发生燃烧反应时的状态变化, 这个过程伴随着热量的释放和熵的增加. 从 O 到 a 对应于从燃烧生成物到原始气体的吸热反应, 而原始气体具有更小的熵.

如果产生于外部的激波入射向可燃混合气体并引起爆轰, 则爆轰绝热线上部的任何一点都可能与此相对应. 但是, 由燃烧过程本身自发产生的爆轰才是尤其引人关注的. 我们在下一节中将看到, 在许多重要情况下, 这样的爆轰必定对应于查普曼–儒盖点, 所以爆轰波相对于后方相邻的燃烧生成物的速度恰好等于声速, 而相对于原始气体的速度 $v_1 = jV_1$ 具有最小可能值①.

现在推导多方气体爆轰波中各量之间的一些关系式. 把焓

$$w = w_0 + c_pT = w_0 + \frac{\gamma pV}{\gamma - 1}$$

代入一般方程 (129.1), 我们得到

$$\frac{\gamma_2+1}{\gamma_2-1}p_2V_2 - \frac{\gamma_1+1}{\gamma_1-1}p_1V_1 - V_1p_2 + V_2p_1 = 2q, \tag{129.6}$$

式中 $q = w_{01} - w_{02}$ 仍然表示 (温度降到绝对零度时的) 反应热. 由该方程确定

① 这个结果是由 D. L. 查普曼 (1899) 和 E. 儒盖 (1905) 通过假设方式提出的, 其理论证明由 Я. Б. 泽尔道维奇 (1940) 给出, J. von 诺依曼 (1942) 和 W. 德林 (1943) 然后也给出了独立的证明.

的曲线 $p_2(V_2)$ 是一支直角双曲线. 当 $p_2/p_1 \to \infty$ 时, 密度比趋于有限的极限值

$$\frac{\rho_2}{\rho_1} = \frac{V_1}{V_2} = \frac{\gamma_2 + 1}{\gamma_2 - 1},$$

这是爆轰波中的气体所能达到的最大压缩程度.

当反应热远大于原始气体的内能时, 即当 $q \gg c_{v1}T_1$ 时, 就得到强爆轰波, 相应公式在这种重要情况下大为简化. 这时可以在 (129.6) 中忽略含有 p_1 的项, 从而得到

$$p_2\left(\frac{\gamma_2 + 1}{\gamma_2 - 1}V_2 - V_1\right) = 2q. \tag{129.7}$$

我们来更详细地讨论查普曼–儒盖点所对应的爆轰. 如上所述, 这是我们特别感兴趣的问题. 在这个点有

$$j^2 = \frac{c_2^2}{V_2^2} = \frac{\gamma_2 p_2}{V_2}.$$

根据这个关系式和 (129.2), 可以把 p_2 和 V_2 表示为以下形式:

$$p_2 = \frac{p_1 + j^2 V_1}{\gamma_2 + 1}, \quad V_2 = \frac{\gamma_2(p_1 + j^2 V_1)}{j^2(\gamma_2 + 1)}. \tag{129.8}$$

现在把这些表达式代入方程 (129.6), 并用速度 $v_1 = jV_1$ 代替质量流 j, 经过简单整理后就得到 v_1 的以下四次方程:

$$v_1^4 - 2v_1^2[(\gamma_2^2 - 1)q + (\gamma_2^2 - \gamma_1)c_{v1}T_1] + \gamma_2^2(\gamma_1 - 1)^2 c_{v1}^2 T_1^2 = 0$$

(这里的温度是按照 $T = pV/(c_p - c_v) = pV/c_v(\gamma - 1)$ 引入的). 于是有[①]

$$v_1 = \sqrt{\frac{\gamma_2 - 1}{2}[(\gamma_2 + 1)q + (\gamma_1 + \gamma_2)c_{v1}T_1]} + \sqrt{\frac{\gamma_2 + 1}{2}[(\gamma_2 - 1)q + (\gamma_2 - \gamma_1)c_{v1}T_1]}. \tag{129.9}$$

用这个公式可以从原始混合气体温度 T_1 确定爆轰的传播速度.

把公式 (129.8) 改写为以下形式:

$$\frac{p_2}{p_1} = \frac{v_1^2 + (\gamma_1 - 1)c_{v1}T_1}{(\gamma_2 + 1)(\gamma_1 - 1)c_{v1}T_1}, \quad \frac{V_2}{V_1} = \frac{\gamma_2[v_1^2 + (\gamma_1 - 1)c_{v1}T_1]}{(\gamma_2 + 1)v_1^2}. \tag{129.10}$$

---

① 如果 $x^4 - 2px^2 + q = 0$, 则

$$x = \sqrt{p \pm \sqrt{p^2 - q}} = \sqrt{\frac{1}{2}(p + \sqrt{q})} \pm \sqrt{\frac{1}{2}(p - \sqrt{q})}.$$

根式前这时之所以有两个符号, 是因为从点 a 可以引爆轰绝热线的两条切线, 它们一条向上, 如图 132 所示, 另一条则向下. 我们关心的是那条向上的较陡的切线, 所以在根式前取正号.

它们与 (129.9) 一起确定了燃烧生成物与温度为 T_1 的原始气体的压强比和密度比.

利用公式 (129.9) 和 (129.10) 可以计算速度 $v_2 = v_1 V_2/V_1$, 结果为

$$v_2 = \sqrt{\frac{\gamma_2-1}{2}[(\gamma_2+1)q+(\gamma_1+\gamma_2)c_{v1}T_1]} + \frac{\gamma_2-1}{\gamma_2+1}\sqrt{\frac{\gamma_2+1}{2}[(\gamma_2-1)q+(\gamma_2-\gamma_1)c_{v1}T_1]}. \qquad (129.11)$$

差值 $v_1 - v_2$ 是燃烧生成物相对于未燃气体的速度, 它等于

$$v_1 - v_2 = \sqrt{\frac{2[(\gamma_2-1)q+(\gamma_2-\gamma_1)c_{v1}T_1]}{\gamma_2+1}}. \qquad (129.12)$$

燃烧生成物的温度可按以下公式计算 (注意 $v_2 = c_2$):

$$c_{v2}T_2 = \frac{v_2^2}{\gamma_2(\gamma_2-1)}. \qquad (129.13)$$

所有这些相当复杂的公式, 对于强爆轰波都可以大为简化. 在这种情形下, 我们得到简单的速度公式:

$$v_1 = \sqrt{2(\gamma_2^2-1)q}, \quad v_1 - v_2 = \frac{v_1}{\gamma_2+1}. \qquad (129.14)$$

燃烧生成物的热力学状态由以下公式确定:

$$\frac{V_2}{V_1} = \frac{\gamma_2}{\gamma_2+1}, \quad \frac{p_2}{p_1} = \frac{2(\gamma_2-1)q}{(\gamma_1-1)c_{v1}T_1} = \frac{\gamma_1 v_1^2}{(\gamma_2+1)c_1^2}, \quad T_2 = \frac{2\gamma_2 q}{(\gamma_2+1)c_{v2}}. \qquad (129.15)$$

通过对比公式 (129.15) 与缓慢燃烧的类似公式 (128.5) 就可以发现, 在 $q \gg c_{v1}T_1$ 的极限情形下, 爆轰和缓慢燃烧之后相应生成物的温度比为

$$\frac{T_2^{\rm det}}{T_2^{\rm com}} = \frac{2\gamma_2^2}{\gamma_2+1}.$$

该比值恒大于 1 (因为总有 $\gamma_2 > 1$).

习 题

设强爆轰波对应于查普曼–儒盖点, 其前阵面是激波, 求该激波后方相邻气体的各热力学量.

解: 激波后方相邻的混合气体尚未燃烧, 其状态由点 e 表示 (图 132), 这是切线 aO 与气体 1 的激波绝热线 (虚线) 的交点. 用 p_1', V_1' 表示该点的坐标, 则一方面, 根据气体 1 的

激波绝热线方程 (89.1),

$$\frac{V_1'}{V_1}=\frac{(\gamma_1+1)p_1+(\gamma_1-1)p_1'}{(\gamma_1-1)p_1+(\gamma_1+1)p_1'},$$

另一方面,

$$\frac{p_1'-p_1}{V_1-V_1'}=j^2=\frac{v_1^2}{V_1^2}.$$

取 (129.14) 中的 v_1 值, 得到

$$p_1'=p_1\frac{4(\gamma_2^2-1)q}{(\gamma_1^2-1)c_{v1}T_1},\quad V_1'=V_1\frac{\gamma_1-1}{\gamma_1+1},\quad T_1'=\frac{4(\gamma_2^2-1)q}{(\gamma_1+1)^2c_{v1}}.$$

压强 p_1' 与爆轰波后方压强 p_2 之比为

$$\frac{p_1'}{p_2}=\frac{2(\gamma_2+1)}{\gamma_1+1}.$$

§130 爆轰波的传播

现在研究爆轰波在原先静止的气体中传播的几个具体情形. 首先研究气体在一端 ($x=0$) 封闭的管道中发生爆轰的情形, 这时的边界条件要求爆轰波 (它不影响波前气体的状态) 前方和管道封闭端的气体速度均为零. 因为当爆轰波通过时, 气体获得非零的速度, 所以在爆轰波与管道封闭端之间的区域中, 气体的速度应当减小. 为了确定由此形成的流动图像, 我们指出, 在所研究的情形下不存在任何能够表征沿管道长度方向 (x 轴) 的流动条件的长度参量. 我们在 §99 中已经看到, 在这种情形下, 气体速度的变化或者通过激波实现 (激波把两边的均匀流区域分隔开), 或者通过自相似稀疏波实现.

我们首先假设爆轰波不对应于查普曼–儒盖点, 于是爆轰波相对于后方气体的传播速度 $v_2<c_2$. 容易看出, 在这种情形下, 跟随在爆轰波后面的既不可能是激波, 也不可能是弱间断 (稀疏波的前阵面). 其实, 激波相对于前方气体的移动速度应当大于 c_2, 而弱间断的相应移动速度等于 c_2, 两者都会超过爆轰波. 因此, 在上述假设下, 降低爆轰波后方气体的运动速度是不可能的, 即 $x=0$ 处的边界条件不可能得到满足.

只有对应于查普曼点–儒盖的爆轰波才能满足这个条件. 在这种情形下, $v_2=c_2$, 于是稀疏波能够跟随在爆轰波后面. 当爆轰开始时, 在 $x=0$ 处同时形成稀疏波, 其前阵面与爆轰波重合.

于是, 我们得到一个重要结果: 从管道封闭端发出且沿管道传播的爆轰波必定对应于查普曼–儒盖点. 该爆轰波相对于后方相邻气体以当地声速运动. 另有一个稀疏波与爆轰波连在一起, 稀疏波中的气体速度 (相对于管道) 单调

下降到零. 速度变为零的点是一个弱间断, 其后方气体静止不动 (图 133 (a)).

现在研究从管道开口端发出且沿管道传播的爆轰波. 爆轰波前面的气体压强应当等于未燃气体中的初始压强, 它显然等于外部压强. 容易看出, 在这种情况下, 在爆轰波后面的某个地方, 速度应当下降. 假如气体速度在管端与爆轰波之间处处都保持不变, 这就意味着, 在管道开口端会有气体从外部进入管内, 但这种吸气过程是不可能的, 因为管内的压强高于外部压强 (爆轰波后面的压强高于前面的压强). 根据与前面情况相同的理由, 爆轰波应当对应于查普曼–儒盖点, 于是可以得到如图 133 (b) 所示的流动图像. 在爆轰波之后紧邻的是自相似稀疏波, 其中的速度在指向管端的方向上单调下降, 并且在某一点会改变符号. 这意味着, 管端附近的气体向开口端运动并流出管道, 出口速度等于当地声速, 而出口压强大于外部压强 (我们在 §97 中已经看到, 这种流动方式是可能的)①.

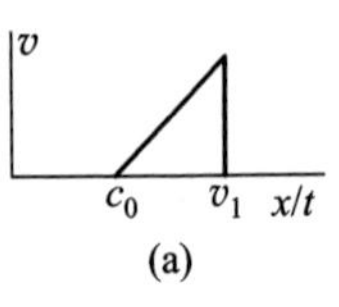

(a)

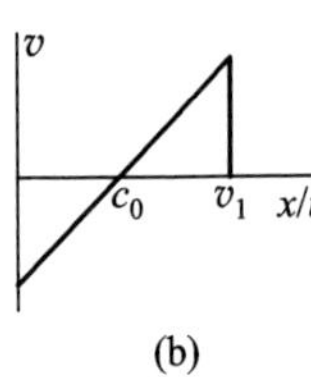

(b)

图 133

我们再来研究发散的球对称爆轰波, 其中心是气体最初着火点 (Я. Б. 泽尔道维奇, 1942). 因为爆轰波前方和中心附近的气体都应当处于静止状态, 所以气体速度在从爆轰波指向中心的方向上这时也应当是递减的. 与管道中的流动一样, 这里也不存在具有长度量纲的任何给定特征参量, 所以必然形成自相似流动, 差别只是从中心算起的距离 r 现在起坐标 x 的作用. 于是, 所有的量都只是比值 r/t 的函数②.

对于中心对称的流动 ($v_r = v(r,\ t)$, $v_\varphi = v_\theta = 0$), 运动方程具有以下形式: 连续性方程

$$\frac{\partial\rho}{\partial t} + \frac{\partial(\rho v)}{\partial r} + \frac{2\rho v}{r} = 0,$$

欧拉方程

$$\frac{\partial v}{\partial t} + v\frac{\partial v}{\partial r} = -\frac{1}{\rho}\frac{\partial p}{\partial r},$$

熵守恒方程

$$\frac{\partial s}{\partial t} + v\frac{\partial s}{\partial r} = 0.$$

引入变量 $\xi = r/t$ ($\xi > 0$), 并认为所有的量都只是 ξ 的函数, 就得到以下

① 我们处处都完全不考虑热损失, 而这在爆轰波传播过程中是可能伴随发生的. 就像缓慢燃烧情形一样, 这样的损失可能导致爆轰波无法传播. 对于管道中的爆轰, 损失的原因首先就是通过管壁的散热和摩擦所导致的气流减速.

② 该问题中的无量纲自相似变量可以定义为 $r/t\sqrt{q}$, 其中的特征常参量 q 是单位质量的反应热.

方程组:

$$(\xi - v)\frac{\rho'}{\rho} = v' + \frac{2v}{\xi}, \tag{130.1}$$

$$(\xi - v)v' = \frac{p'}{\rho}, \tag{130.2}$$

$$(\xi - v)s' = 0 \tag{130.3}$$

(撇号表示对 ξ 的导数). 这里不能取 $v = \xi$, 因为这与第一个方程矛盾. 所以, 从第三个方程立刻有 $s' = 0$, 即

$$s = \text{const}\,.$$

既然熵保持不变, 就可以写出 $p' = c^2\rho'$, 而方程 (130.2) 的形式变为

$$(\xi - v)v' = c^2\frac{\rho'}{\rho}. \tag{130.4}$$

把 (130.1) 中的 ρ'/ρ 代入此式, 得到以下关系式:

$$\left[\frac{(\xi - v)^2}{c^2} - 1\right]v' = \frac{2v}{\xi}. \tag{130.5}$$

我们不能用解析方法求解方程 (130.4) 和 (130.5), 但可以研究解的性质.

我们在下面将看到, 上述类型气体运动所在区域的边界是两个球面, 外球面是爆轰波本身, 而气体速度为零的内球面是一个弱间断面.

首先研究 v 等于零的点附近的解具有哪些性质. 容易看出, 在 $v = 0$ 的点应当同时成立 $\xi = c$:

$$v = 0, \quad \xi = c. \tag{130.6}$$

其实, 当 v 趋于零时, $\ln v$ 趋于 $-\infty$, 所以当 ξ 减小并趋于所考虑区域相应内边界所对应的值时, 导数 $\mathrm{d}\ln v/\mathrm{d}\xi$ 应当趋于 $+\infty$. 但是, 根据 (130.5), 当 $v = 0$ 时有

$$\frac{\mathrm{d}\ln v}{\mathrm{d}\xi} = \frac{2}{\xi(\xi^2/c^2 - 1)}.$$

该表达式仅当 $\xi \to c$ 时才趋于 $+\infty$.

根据对称性就已经直接可知, 径向速度在原点本身应当为零. 因此, 在原点周围有一个静止气体区 (球面 $\xi = c_0$ 以内的区域, 其中 c_0 是 $v = 0$ 处的声速值).

我们来揭示函数 $v(\xi)$ 在点 (130.6) 附近的性质. 根据 (130.5), 我们有

$$v\frac{\mathrm{d}\xi}{\mathrm{d}v} = \frac{\xi}{2}\left[\frac{(\xi - v)^2}{c^2} - 1\right].$$

经过简单计算并精确到一阶小量 (v, $\xi - c_0$, $c - c_0$ 都是一阶小量), 我们得到

$$v\frac{\mathrm{d}}{\mathrm{d}v}(\xi - c_0) = (\xi - c_0) - (v + c - c_0).$$

根据 (102.1), 我们有 $v + c - c_0 = \alpha_0 v$, 式中 α_0 是一个正的常数 (量 (102.2) 在 $v = 0$ 时的值). 于是, 我们得到 $\xi - c_0$ 作为 v 的函数的以下一阶线性微分方程:

$$v\frac{\mathrm{d}}{\mathrm{d}v}(\xi - c_0) - (\xi - c_0) = -\alpha_0 v.$$

这个方程的解为

$$\xi - c_0 = \alpha_0 v \ln\frac{\text{const}}{v}. \tag{130.7}$$

它以隐函数的形式确定了点 $v = 0$ 附近的函数 $v(\xi)$.

我们看到, 内边界是一个弱间断面, 速度在这里连续地趋于零. 依赖关系 $v(\xi)$ 的曲线在该边界上有一条水平切线 ($\mathrm{d}v/\mathrm{d}\xi = 0$). 我们在这里遇到的弱间断具有极为独特的类型: 一阶导数连续, 而所有高阶导数都是无穷大 (容易从 (130.7) 看出). $v = 0$ 处的比值 r/t 显然就是边界相对于气体的移动速度. 根据 (130.6), 它等于当地声速, 而这对弱间断是理所应当的.

当 v 很小时, 根据 (130.7) 还有

$$\xi - v - c = (\xi - c_0) - (v + c - c_0) = \alpha_0 v\left(\ln\frac{\text{const}}{v} - 1\right).$$

这个量对于很小的 v 是正的:

$$\xi - v - c > 0.$$

我们来证明, 差值 $(\xi - v) - c$ 的符号在上述流动区域内处处不变. 考虑满足

$$\xi - v = c, \quad v \neq 0 \tag{130.8}$$

的点. 从 (130.5) 可以看出, 导数 v' 在该点应为无穷大, 即

$$\frac{\mathrm{d}\xi}{\mathrm{d}v} = 0. \tag{130.9}$$

至于二阶导数 $\mathrm{d}^2\xi/\mathrm{d}v^2$, 简单的计算 (在条件 (130.8) 和 (130.9) 下) 给出非零值

$$\frac{\mathrm{d}^2\xi}{\mathrm{d}v^2} = -\frac{\alpha_0}{c_0}\frac{\xi}{v},$$

但这表明, ξ 作为 v 的函数在所讨论的点有极大值. 换言之, 只有当 ξ 小于条

件 (130.8) 所对应的值时, 函数 $v(\xi)$ 才是存在的. 这个值就是所讨论的区域不能超越的另一个边界. 因为 $\xi - v - c$ 只能在区域边界上等于零, 并且当 v 值很小时总有 $\xi - v - c > 0$, 所以我们断定, 在该区域内部处处都有

$$\xi - v > c. \tag{130.10}$$

现在已经容易看出, 上述流动区域的真正外边界应当是满足条件 (130.8) 的点. 我们为此指出, 差值 $r/t - v$ (其中的 r 是边界的坐标) 就是该边界相对于后方气体的移动速度. 但是, 满足 $r/t - v > c$ 的曲面不可能是爆轰波所在曲面 (这里应有 $r/t - v \leqslant c$), 我们因此得出结论: 上述区域的外边界只可能是满足 (130.8) 的点. 在这个边界面上, v 不连续地下降到零, 而边界面相对于后方相邻气体的传播速度等于当地声速. 这表明, 爆轰波必定对应于爆轰绝热线上的查普曼–儒盖点①.

我们得到球面爆轰波传播的以下流动图像. 与管道中的爆轰相同, 球面爆轰波对应于查普曼–儒盖点. 在后方紧邻爆轰波的是自相似球面稀疏波, 气体速度在该稀疏波中单调下降到零, 因为根据 (130.5), 导数 $\mathrm{d}v/\mathrm{d}\xi$ 只能在 $v = 0$ 的点变为零. 同样, 气体的压强和密度也单调下降 (根据 (130.4) 和 (130.10), 导数 p' 和 v' 处处具有相同的符号). v 对 r/t 的依赖关系曲线, 在外边界上有竖直的切线 (根据 (130.9)), 在内边界上有水平的切线 (图 134). 内边界是弱间断面, 在它的附近, v 对 r/t 的依赖关系由方程 (130.7) 给出. 在以弱间断面为边界的球内, 气体是静止的, 但其总质量非常小 (请对比 §106 最后的说明).

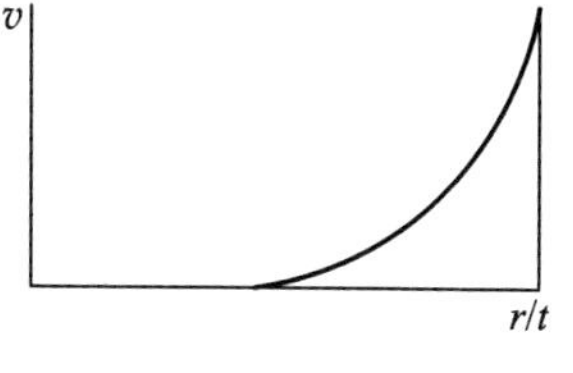

图 134

因此, 在一维爆轰和球面爆轰自发传播的所有上述典型情况下, 爆轰波后方区域的边界条件给出了唯一的爆轰波速度, 该速度对应于查普曼–儒盖点 (按照 §129 中的讨论, 爆轰绝热线在该点以下的部分全都不予考虑). 为了在等截面管道中实现对应于查普曼–儒盖点以上部分爆轰绝热线的爆轰, 需要利用超声速运动的活塞对燃烧生成物作人为的压缩 (见本节习题 3). 这种爆轰波称为**过压爆轰波**.

但是, 我们强调, 这些结论并不具有普适性, 于是可以想象过压爆轰波自发形成的情况. 例如, 当普通爆轰波从较粗管道进入较细管道时就会形成过压爆轰波. 产生这种现象的原因是, 爆轰波在管道的收缩部位被部分反射, 于是, 当燃烧生成物从粗管向细管运动时, 其压强剧烈增加, 见习题 4 (Б. В. 艾瓦佐

① 为了叙述的完整性, 我们指出, $v = \mathrm{const}$ 不是中心对称运动方程的解. 所以, 爆轰波后面不可能紧跟着一个匀速区.

夫, Я. Б. 泽尔道维奇, 1947)①.

关于本节和上一节介绍的理论, 必须作出以下一般说明. 我们假设爆轰波的结构是定常的, 沿所在曲面是均匀的; 所有的量在燃烧带中的分布只依赖于一个坐标——沿其宽度的坐标, 爆轰波在这个意义上是一维的. 然而, 至今积累的实验数据表明, 这样的流动图像仍然是非常理想化的, 只能用来在某种平均意义上描述过程, 而实际观察到的流动图像通常有显著区别. 爆轰波的结构其实有很强的非定常性和三维特征, 沿爆轰波所在曲面有随时间快速变化的小尺度复杂结构. 这种小尺度结构的产生是不稳定性的结果, 这首先是因为反应速率对温度有强烈的 (指数型) 依赖关系. 即使温度在激波前阵面形状发生变化时只有不大的变化, 这也会在反应过程中显著表现出来. 反应活化能与 (激波后方) 气体温度之比越大, 这种不稳定性就表现得越明显. 当接近爆轰波可以沿管道传播的极限条件时, 爆轰波结构的非均匀性和非定常性就特别明显地表现出来: 可燃混合气体的点火主要发生在激波阵面上一个偏心的 (并且螺旋式移动的) 剧烈变形区域内 (这样的情形称为**螺旋爆轰**). 本书并不打算分析所有这些复杂现象的可能机理②.

习 题

1. 设爆轰波从管道封闭端沿管道传播, 求气体的运动.

解: 根据公式 (129.11), (129.12), 可以通过温度 T_1 来确定爆轰波相对于前方静止气体的速度 v_1 和相对于后方相邻已燃气体的速度 v_2. 这时, v_1 也是爆轰波相对于管道的移动速度, 所以爆轰波的坐标是 $x = v_1 t$. 爆轰波中的燃烧生成物 (相对于管道) 的速度是 $v_1 - v_2$, 而速度 v_2 等于当地声速. 因为自相似稀疏波中的声速与气体速度 v 之间的关系为 $c = c_0 + (\gamma - 1)v/2$, 所以有

$$v_2 = c_0 + \frac{\gamma_2 - 1}{2}(v_1 - v_2),$$

于是

$$c_0 = \frac{\gamma_2 + 1}{2}v_2 - \frac{\gamma_2 - 1}{2}v_1.$$

对于强爆轰波, 利用 (129.14) 就简单地得到 $c_0 = v_1/2$. 量 c_0 是稀疏波后边界的移动速度. 在两个边界之间, 速度按照线性规律变化 (图 133 (a)).

---

① 在汇聚的柱面或球面爆轰波的传播过程中也会出现过压爆轰波, 见: Зельдович Я. Б. Журн. экспер. теор. физ. 1959, 36(4): 782 (Zel'dovich Ya. B. Sov. Phys. JETP. 1959, 9: 550).

② 我们仅仅给出某些专著和综述论文: Щелкин К. И., Трошин Я. К. Газодинамика горения. Москва: Изд-во Акад. наук СССР, 1963 (Shchelkin K. I., Troshin Ya. K. Gasdynamics of Combustion. Baltimore: Mono Book Corp., 1965); Солоухин Р. И. Ударные волны и детонация в газах. Москва: Физматгиз, 1963 (Soloukhin R. I. Shock Waves and Detonations in Gases. Baltimore: Mono Book Corp., 1966); Солоухин Р. И. Усп. физ. наук. 1963, 80: 526 (Soloukhin R. I. Sov. Phys. Usp. 1964, 6: 523); Oppenheim A. K., Soloukhin R. I. Ann. Rev. Fluid Mech. 1973, 6: 31.

2. 题目同上, 但把管道的封闭端改为开口端.

解: 速度 v_1 和 v_2 的求法同上, 所以速度 c_0 也相同. 但是, 现在稀疏波区域不是延伸到 $v=0$ 的点, 而是延伸到管道的起点 ($x=0$, 图 133 (b)). 从公式 (99.5) $x/t=v+c$ 看出, 气体流出管道开口端的速度等于当地声速, $v=-c$. 写出

$$-v=c=c_0+\frac{\gamma_2-1}{2}v,$$

于是得到气体流出速度的以下值:

$$-v\big|_{x=0}=\frac{2c_0}{\gamma_2+1}.$$

对于强爆轰波, 该速度等于 $v_1/(\gamma_2+1)$, 这与爆轰波后方相邻气体的速度相同.

3. 题目同习题 1, 但爆轰波从带有活塞的一端沿管道传播, 并且活塞从初始时刻开始以恒定速度 U 向前运动.

解: 如果 $U<v_1$, 则气体中的速度分布如图 135 (a) 所示. 气体的速度从 $x/t=v_1$ 处的值 v_1-v_2 减小到

$$\frac{x}{t}=c_0+\frac{\gamma_2+1}{2}U$$

处的值 U, 并且 c_0 的值与前面相同. 接下来是具有恒定速度 U 的均匀流区域.

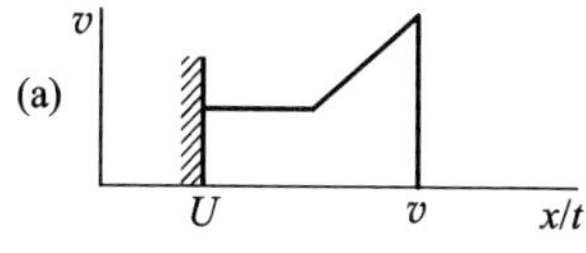

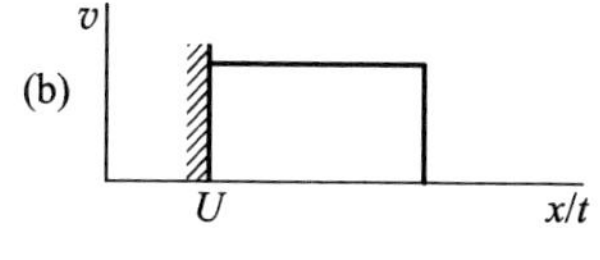

图 135

但是, 如果 $U>v_1$, 则爆轰波已经不可能对应于查普曼–儒盖点 (那时活塞将“超过”它). 在这种情况下会出现过压爆轰波, 它对应于爆轰绝热线上位于查普曼–儒盖点上方的点. 过压爆轰波中的速度间断值应当恰好等于活塞的速度: $v_1-v_2=U$. 在过压爆轰波与活塞之间的整个区域内, 气体以恒定速度 U 运动 (图 135 (b)).

4. 设垂直入射到刚性壁面的平面强爆轰波发生反射, 求壁面上的压强 (K. П. 斯坦纽科维奇, 1946).

解: 当爆轰波入射到壁面时形成的反射激波沿相反方向在燃烧生成物中传播. 计算完全类似于 §100 习题 1. 在相同记号下, 我们现在有三个关系式:

$$p_2(V_1-V_2)=(p_3-p_2)(V_2-V_3),$$

$$\frac{V_2}{V_1}=\frac{\gamma_2}{\gamma_2+1},$$

$$\frac{V_3}{V_2}=\frac{(\gamma_2+1)p_2+(\gamma_2-1)p_3}{(\gamma_2-1)p_2+(\gamma_2+1)p_3}$$

(与 p_2 相比, 我们忽略 p_1, 但 p_2 和 p_3 具有同样的量级). 消去质量体积, 就得到 p_3 的二次方程, 并且应当选取大于 p_2 的根;

$$\frac{p_3}{p_2}=\frac{5\gamma_2+1+\sqrt{17\gamma_2^2+3\gamma_2+1}}{4\gamma_2}.$$

我们指出, 该比值几乎不依赖于 γ_2, 因为当 γ_2 从 1 变到 ∞ 时, 它在从 2.6 到 2.3 的范围内变化.

§ 131 不同燃烧方式之间的关系

在 § 121 中已经指出, 爆轰对应于所给燃烧过程的爆轰绝热线上部的一些点. 因为爆轰绝热线方程仅仅来自必须成立的质量守恒定律、动量守恒定律和能量守恒定律 (应用于燃烧气体的初态和终态), 所以显然可知, 对于任何可以把燃烧带看做某种“间断面”的其他燃烧方式来说, 表示反应生成物状态的那些点应当位于同一条曲线上. 现在, 我们来说明该曲线其余部分的物理意义.

通过点 p_1, V_1 (图 136 上的点 1) 引竖直直线 $1A$ 和水平直线 $1A'$, 以及爆轰绝热线的两条切线 $1O$ 和 $1O'$. 这些直线与曲线的交点或切点 A, A', O, O' 把爆轰绝热线分为五部分. 我们已经指出, 曲线在点 O 以上的部分对应于爆轰. 现在考虑曲线的其他部分.

首先容易看出, AA' 段完全没有任何物理意义. 其实, 在这一段曲线上有 $p_2 > p_1$, $V_2 > V_1$, 所以质量流 j 变成虚数 (请对比 (129.2)).

在切点 O 和 O' 处, 导数 $\mathrm{d}(j^2)/\mathrm{d}p_2$ 等于零. 在 § 129 中已经指出 (还可以参考 § 87), 在这些点同时成立等式 $v_2 = c_2$ 和不等式 $\mathrm{d}(v_2/c_2)/\mathrm{d}p_2 < 0$. 由此可见, 在切点以上 $v_2 < c_2$, 在切点以下 $v_2 > c_2$. 至于速度 v_1 与 c_1 之间的关系, 则仿照 § 129 中对点 O 以上部分曲线的做法, 通过研究相应的弦和切线的斜率, 总是很容易建立这种关系. 于是, 在爆轰绝热线的不同部分成立以下不等式:

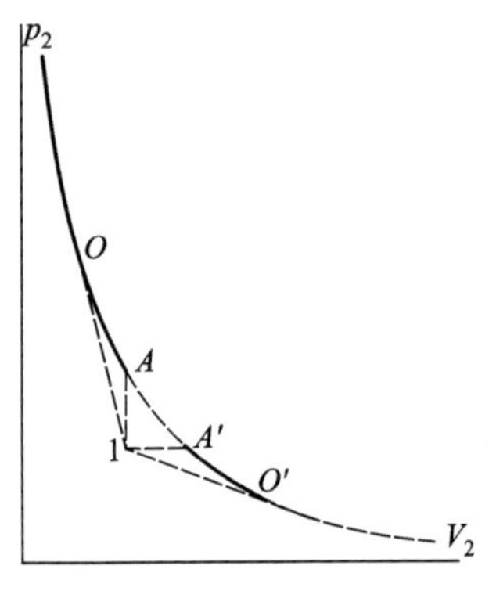

图 136

$$
\begin{array}{lll}
\text{点 } O \text{ 以上:} & v_1 > c_1, & v_2 < c_2; \\
AO \text{ 段:} & v_1 > c_1, & v_2 > c_2; \\
A'O' \text{ 段:} & v_1 < c_1, & v_2 < c_2; \\
\text{点 } O' \text{ 以下:} & v_1 < c_1, & v_2 > c_2.
\end{array}
\tag{131.1}
$$

在点 O 和 O' 有 $v_2 = c_2$. 当趋于点 A 时, 质量流 j 趋于无穷大, 速度 v_1, v_2 因而也趋于无穷大. 当趋于点 A' 时, 质量流 j 和速度 v_1, v_2 趋于零.

在 § 88 中引入了激波可演化性的概念, 这是激波能够实现的必要条件. 我们已经看到, 这个判据是通过比较决定扰动的参量数目与扰动在间断面上所应满足的边界条件数目而建立起来的.

所有这些方法, 都可以应用于这里所讨论的“间断面”. 特别地, 在 § 88 中由图 57 表示的关于扰动参量数目的计算, 仍然适用于 (131.1) 中的每一种情况. 当出现爆轰时 (对于点 O 以上的爆轰绝热线), 边界条件的数目与普通激波的情况相同, 所以可演化性条件同以前一样. 当不出现爆轰时 (对于点 O 以下的爆轰绝热线), 因为边界条件数目发生变化, 情况也发生变化. 其实, 在不出现爆轰的燃烧中, 燃烧传播速度完全取决于化学反应本身的性质以及从燃烧带向其前方未加热混合气体传热的条件. 这表明, 通过燃烧带的质量流 j 这时等于确定的给定值 (更准确地说, 等于原始气体 1 的状态的确定函数), 而在激波或爆轰波中, j 却可以有任何值. 由此可知, 在表示无爆轰燃烧带的间断面上, 边界条件的数目比激波上的边界条件数目多一个, 即增加一个使 j 具有确定值的条件. 因此, 一共有四个条件, 于是现在可以用 §87 所用方式下结论说, 间断面仅当 $v_1 < c_1, v_2 > c_2$ 时才是绝对不稳定的, 这种情况对应于爆轰绝热线上位于点 O' 以下的点. 我们得到的结论是, 这一段曲线不对应于任何能够真正实现的燃烧方式.

在爆轰绝热线的 $A'O'$ 段, v_1 和 v_2 这两个速度都是亚声速的, 这一段曲线对应于通常的缓慢燃烧方式. 燃烧速率的增加, 即 j 的增加, 对应于沿爆轰绝热线的 $A'O'$ 段从点 A' (这里 $j = 0$) 向点 O' 移动. §128 中的公式 (128.5) 对应于点 A' (这里 $p_1 = p_2$), 并且只要 j 足够小, 即只要燃烧传播速度远小于声速, 就可以应用这些公式. 点 O' 对应于这种类型的"最快" 燃烧方式, 我们在这里写出这种极限情况下的公式.

与 O 一样, 点 O' 也是从点 1 向曲线所引切线的切点. 所以, 关于点 O' 的公式可以直接得自关于点 O 的公式 (129.8)—(129.11), 为此只要适当改变公式中的符号即可 (见 551 页的脚注). 其实, 在 v_1 和 v_2 的公式 (129.9) 和 (129.11) 中应当改变第二个根式的符号, 于是 $v_1 - v_2$ 的表达式 (129.12) 的符号也要发生变化. 如果认为 v_1 取其新值, 则公式 (129.10) 保持不变. 在反应热很大 ($q \gg c_{v1}T_1$) 的情况下, 所有这些公式都大为简化, 这时得到

$$
\begin{aligned}
v_1 &= \frac{\gamma_2 p_1 V_1}{\sqrt{2(\gamma_2^2 - 1)q}}, \qquad v_2 = \sqrt{\frac{2(\gamma_2 - 1)q}{\gamma_2 + 1}}, \\
\frac{p_2}{p_1} &= \frac{1}{\gamma_2 + 1}, \qquad\qquad c_{v2}T_2 = \frac{2q}{\gamma_2(\gamma_2 + 1)}.
\end{aligned} \tag{131.2}
$$

这里必须作出以下说明. 我们已经看到, 对于封闭管道内的缓慢燃烧, 在燃烧带前方必然出现激波. 当燃烧传播速度很大时, 该激波的强度也很大, 从而使进入燃烧带的混合气体状态有显著变化. 所以, 当原始可燃气体的状态 p_1, V_1 给定时, 研究燃烧方式随速度增加的变化其实没有意义. 为了达到点 O', 必须创造不出现激波的一些燃烧条件. 例如, 这样的燃烧可以在两端开口的管道里实现, 这时要把燃烧生成物不断从管道后端排出. 排气速率的选取应当使燃烧带保持静止, 从而不致于形成激波①.

① 管道中通常的缓慢燃烧可以自发转变为爆轰. 这种转变源自火焰的自发加速传播, 而爆轰波形成于火焰前方. 可以在 544, 558 页所列专著中找到关于这些过程的可能机理的讨论.

爆轰绝热线的 AO 段对应于没有爆轰的燃烧方式, 其传播速度是超声速的. 原则上, 当传热条件很好时 (例如通过辐射传热), 就会出现这样的燃烧, 这导致燃烧速率 (j) 的值超过点 O' 所对应的值.

最后再注意爆轰绝热线上部和下部所分别表示的流动方式的以下一般差别 (除了不等式 (131.1) 所包含的差别). 在点 A 以上有

$$p_2 > p_1, \quad V_2 < V_1, \quad v_2 < v_1.$$

换言之, 与初始气体相比, 反应生成物被压缩至更高的压强和密度, 并且在燃烧阵面之后运动 (速度为 $v_1 - v_2$). 在点 A 以下的区域内有相反的不等式:

$$p_2 < p_1, \quad V_2 > V_1, \quad v_2 > v_1.$$

燃烧生成物比原始气体更稀疏.

§ 132 凝结间断

在形式上类似于爆轰波的一种现象是**凝结间断**. 例如, 在含有过饱和水蒸气的气流中就会出现凝结间断①. 这种间断是蒸气突然凝结的结果, 并且凝结过程非常迅速地出现在一个狭窄区域内, 从而可以把该区域看做一个间断面, 它把原始气体与含有凝结蒸气的气体 (雾) 分隔开. 我们强调, 凝结间断是一种单独的物理现象, 并不是气体在普通激波中受到压缩的结果. 压缩根本不可能导致蒸气凝结, 因为压强在激波中升高对蒸气过饱和度的影响小于温度升高的影响.

与燃烧反应一样, 蒸气凝结是放热过程. 这时, 单位质量气体中的蒸气在凝结时所释放的热量起反应热 q 的作用②. 当带有未凝结蒸气的原始气体的状态 p_1, V_1 给定时, p_2 对 V_2 的依赖关系由凝结绝热线确定, 其形式与燃烧反应的绝热线相同, 如图 136 所示. 在凝结绝热线上各个不同的位置, 间断面传播速度 v_1, v_2 与声速 c_1, c_2 之间的关系由不等式 (131.1) 确定, 但 (131.1) 所列举的四种情况并非都能真正实现.

首先产生的问题是, 凝结间断是否具有可演化性. 在这方面, 凝结间断的性质完全类似于表示燃烧带的间断面的性质. 我们已经看到 (§ 131), 燃烧带的稳定性与通常激波的稳定性有区别, 因为在燃烧面上存在一个必须满足的附

① 其理论研究始自 K. 奥斯瓦蒂奇 (1942) 和 C. З. 别列尼基 (1945).

② 严格地说, 反应热 q 不等于通常的凝结潜热, 因为在凝结带中发生的过程不仅包括蒸气的等温凝结, 而且包括气体温度的某种一般变化. 但是, 如果蒸气的过饱和度不是太小 (通常如此), 则这种差别并不重要.

加条件 (流量 j 具有给定值). 在凝结间断的情况下也有一个附加条件: 间断前方气体 1 的热力学状态必须正好是蒸气开始迅速凝结时的相应状态 (这个条件是气体 1 的压强与温度之间的一个确定的关系式). 于是立刻可以断定, 可以不考虑点 O' 以下的整条凝结绝热线, 即不考虑 $v_1 < c_1, v_2 > c_2$ 的那一部分, 因为这部分绝热线不对应于稳定的间断.

容易看出, 凝结绝热线在点 O 以上部分 ($v_1 > c_1$, $v_2 < c_2$) 所对应的间断, 也不可能真正出现. 这样的间断相对于前方气体会以超声速速度运动, 所以出现这样的间断绝不会影响前方气体的状态. 这表明, 间断应当出现于某个由绕流条件预先确定的曲面 (当流动连续时, 在这个曲面上应当实现开始快速凝结所必须满足的条件). 另一方面, 间断面相对于后方气体的速度在这种情况下是亚声速的. 但是, 一般而言, 亚声速流方程不存在这样的解, 使所有的量在一个任意的给定曲面上取预先规定的值①.

因此, 只可能有两种类型的凝结间断: (1) 超声速间断 (凝结绝热线的 AO 段), 它满足

$$v_1 > c_1, \quad v_2 > c_2, \quad p_2 > p_1, \quad V_2 < V_1, \tag{132.1}$$

凝结伴随着压缩; (2) 亚声速间断 (凝结绝热线的 $A'O'$ 段), 它满足

$$v_1 < c_1, \quad v_2 < c_2, \quad p_2 < p_1, \quad V_2 > V_1, \tag{132.2}$$

凝结伴随着膨胀.

质量流 j (凝结速率) 沿 $A'O'$ 段从点 A' (这里 $j=0$) 到点 O' 单调增加, 沿 AO 段从点 A (这里 $j=\infty$) 到点 O 单调减小. j 在点 O 和点 O' 的值之间的取值范围 (以及速度 $v_1 = jV_1$ 的相应取值范围) 是"禁区", 在凝结间断中不可能达到这样的值. 凝结蒸气的总质量通常远小于原始气体的质量, 于是可以根据相同的理由把气体 1 和气体 2 两者都看做理想气体. 同理, 可以认为两种气体的热容相等. 因此, v_1 在点 O 的值由公式 (129.9) 确定, 而在点 O' 的值由同样公式确定, 但要改变第二个根式的符号. 在这些公式中取 $\gamma_1 = \gamma_2 \equiv \gamma$, 并按照 $c_1^2 = \gamma(\gamma-1)c_vT_1$ 引入声速 c_1, 我们求出 v_1 值的以下禁区:

$$\sqrt{c_1^2 + \frac{\gamma^2-1}{2}q} - \sqrt{\frac{\gamma^2-1}{2}q} < v_1 < \sqrt{c_1^2 + \frac{\gamma^2-1}{2}q} + \sqrt{\frac{\gamma^2-1}{2}q}. \tag{132.3}$$

---

① 类似的讨论也适用于合速度 $\boldsymbol{v}_2$ ($v_2 < c_2$ 是间断面上的法向分量) 为超声速的情况.

我们为避免误解而指出, 在实际应用中 (当湿度和被绕流表面的形状满足一定条件时), 可以通过一个具有 $v_1 > c_1$, $v_2 > c_2$ 的真正凝结间断和一个紧随其后的激波 (以便形成亚声速流) 来模拟具有 $v_1 > c_1$, $v_2 < c_2$ 的凝结间断.

习　题

认为 $q/c_1^2 \ll 1$, 求凝结间断中压强比 p_2/p_1 的极限值.

解: 比值 p_2/p_1 在凝结绝热线的 $A'O'$ 段上 (图 136) 沿从 O' 到 A' 的方向单调增大, 取值范围是

$$1-\gamma\sqrt{\frac{2(\gamma-1)q}{(\gamma+1)c_1^2}} \leqslant \frac{p_2}{p_1} \leqslant 1.$$

该比值在 AO 段上沿从 A 到 O 的方向增大, 取值范围是

$$1+\frac{\gamma(\gamma-1)q}{c_1^2} \leqslant \frac{p_2}{p_1} \leqslant 1+\gamma\sqrt{\frac{2(\gamma-1)q}{(\gamma+1)c_1^2}}.$$

第十五章

相对论流体动力学

§ 133 流体的能量动量张量

在流体动力学中之所以有必要考虑相对论效应, 并非仅仅因为流体的宏观运动速度可以很大 (与光速相比). 即使该速度不大, 但只要组成流体的粒子具有很大的微观运动速度, 流体动力学方程也会有显著变化.

为了推导相对论流体动力学方程, 首先必须确定运动流体的四维能量动量张量 T^{ik} ①. 我们还记得, $T^{00}=T_{00}$ 是能量密度, $T^{0\alpha}/c=-T_{0\alpha}/c$ 是动量密度的分量, 量 $T^{\alpha\beta}=T_{\alpha\beta}$ 组成动量流密度张量, 而能流密度 $cT^{0\alpha}$ 与动量密度只相差一个因子 c^2.

通过物体表面微元 $\mathrm{d}\boldsymbol{f}$ ② 的动量流其实就是作用于该表面微元的力, 所以 $T^{\alpha\beta}\,\mathrm{d}f_\beta$ 是作用于表面微元的力的 α 分量. 考虑某个流体微元, 并采用使它静止的参考系 (**局部固有参考系**或**局部静止参考系**, 各量在这种参考系中的值称为**固有值**). 在这样的参考系中成立帕斯卡定律, 即流体的给定部分在各个方向上所承受的压强都相同, 并且垂直于它所作用的面微元. 于是可以写出 $T^{\alpha\beta}\,\mathrm{d}f_\beta=p\,\mathrm{d}f_\alpha$, 从而

$$T_{\alpha\beta}=p\delta_{\alpha\beta}.$$

---

① 为了叙述的连贯性, 本节在很大程度上重复了第二卷 § 35 的内容.

本章所用记号对应于第二卷中的记号. 拉丁字母角标 i, k, l, $\cdots$ 取值 0, 1, 2, 3, 并且 $x^0=ct$ 为时间坐标 (在本章中 c 为光速). 用希腊字母表中前几个字母表示的角标 α, β, $\cdots$ 取值 1, 2, 3, 对应于空间坐标. 分量为 $g_{00}=1$, $g_{11}=g_{22}=g_{33}=-1$ 的度规张量对应于伽利略度规 (狭义相对论).

② 对于三维矢量 $\mathrm{d}\boldsymbol{f}$ (和下面的速度矢量), 在笛卡儿坐标系中不必区分逆变分量和协变分量, 所以我们处处只写下标来表示它们. 对于三维单位张量 $\delta_{\alpha\beta}$ 也是如此.

至于表示动量密度分量的 $T^{0\alpha}$, 它们在局部固有参考系中等于零. 分量 T^{00} 等于流体的固有内能密度, 在本章中由字母 e 表示.

因此, 在局部静止参考系中, 能量动量张量具有以下形式:

$$T^{ik} = \begin{pmatrix} e & 0 & 0 & 0 \\ 0 & p & 0 & 0 \\ 0 & 0 & p & 0 \\ 0 & 0 & 0 & p \end{pmatrix}. \tag{133.1}$$

现在容易求出 T^{ik} 在任何参考系中的表达式. 为此, 我们引入流体运动的四维速度 u^i, 它在局部静止参考系中具有分量: $u^0 = 1$, $u^\alpha = 0$. 要想使 T^{ik} 在 u^i 取这些值时化为 (133.1), 可以取

$$T^{ik} = wu^i u^k - pg^{ik}, \tag{133.2}$$

式中 $w = e + p$ 为体积焓. 这就是能量动量张量的所需表达式①.

三维形式的分量 T^{ik} 等于

$$\begin{aligned} T^{\alpha\beta} &= \frac{wv_\alpha v_\beta}{c^2(1 - v^2/c^2)} + p\delta_{\alpha\beta}, \\ T^{0\alpha} &= \frac{wv_\alpha}{c(1 - v^2/c^2)}, \\ T^{00} &= \frac{w}{1 - v^2/c^2} - p = \frac{e + pv^2/c^2}{1 - v^2/c^2}. \end{aligned} \tag{133.3}$$

流体速度很小 ($v \ll c$), 流体粒子的内部 (微观) 运动速度也很小的情形对应于非相对论情形. 在过渡到极限情形时应当注意, 相对论内能 e 还包含着流体粒子的静止能量 nmc^2 (m 是单个粒子的静止质量). 此外还应当注意, 粒子密度 n 是相对于单位固有体积而言的, 而在非相对论表达式中, 能量密度是相对于实验室参考系中的单位体积而言的, 相应流体微元在该参考系中处于运动状态. 所以, 在过渡到极限情形时应当作代换

$$mn \to \rho\sqrt{1 - \frac{v^2}{c^2}} \approx \rho - \frac{\rho v^2}{2c^2},$$

式中 ρ 为通常的非相对论质量密度. 非相对论能量密度 (把它表示为 $\rho\varepsilon$) 和压强都远小于 ρc^2.

于是, 我们求出极限值

$$T_{00} = \rho c^2 + \rho\varepsilon + \frac{\rho v^2}{2},$$

① 在本章的所有公式中, 各个热力学量都理解为它们的固有值. 诸如 e, w (和下文中的熵 σ) 的量, 都是指局部静止参考系中单位体积流体的相应量.

它减去 ρc^2 就是非相对论能量密度. 张量 $T_{\alpha\beta}$ 的相应极限值为

$$T_{\alpha\beta} = \rho v_\alpha v_\beta + p\delta_{\alpha\beta},$$

它与在 §7 中被记为 $\Pi_{\alpha\beta}$ 的动量流密度的普通表达式相同, 这是理所当然的.

在非相对论极限情形下, 动量密度与能流密度之间的简单关系 (相差一个因子 $1/c^2$) 不再成立, 因为非相对论能量不包括静止能量. 其实, 分量 $T^{0\alpha}/c$ 组成一个三维矢量, 它约等于

$$\rho \boldsymbol{v} + \frac{1}{c^2}\boldsymbol{v}\left(\rho\varepsilon + p + \frac{\rho v^2}{2}\right).$$

由此可见, 动量密度的极限值理所当然地就是 $\rho\boldsymbol{v}$. 对于能流密度, 我们在略去项 $\rho c^2\boldsymbol{v}$ 后求出表达式 $\boldsymbol{v}(\rho\varepsilon + p + \rho v^2/2)$, 这与在 §6 中求出的结果一致.

§ 134 相对论流体动力学方程

众所周知, 运动方程包含在以下方程中:

$$\frac{\partial T_i^k}{\partial x^k} = 0, \tag{134.1}$$

这些方程表示张量 T^{ik} 所对应的物理系统的能量守恒定律和动量守恒定律. 利用 T^{ik} 的表达式 (133.2), 由此得到流体的运动方程, 但这时必须额外考虑粒子数守恒, 这并未包含在方程 (134.1) 中. 我们强调, 能量动量张量 (133.2) 不考虑任何耗散过程 (包括黏性和热传导), 所以这里讨论理想流体的运动方程.

为了写出表示流体粒子数守恒的方程 (连续性方程), 我们引入四维粒子流矢量 n^i, 其时间分量是粒子数密度, 而空间分量组成三维粒子流矢量. 显然, 四维矢量 n^i 应当正比于四维速度 u^i, 即

$$n^i = nu^i, \tag{134.2}$$

式中 n 为标量. 由 n 的定义显然可知, 它是固有粒子数密度①. 连续性方程就是四维粒子流矢量的四维散度为零:

$$\frac{\partial (nu^i)}{\partial x^i} = 0. \tag{134.3}$$

---

① 在很高的温度下, 在物质中可能出现新的粒子, 所以每种粒子的总数会发生变化. 在这些情况下, 应当把 n 理解为表征粒子数的守恒宏观量. 例如, 如果讨论电子对的形成, 就应当把 n 理解为所有电子对都湮没以后剩下的电子数. 重子数密度是 n 的一种方便的定义 (如果还有反重子, 则认为反重子数为负). 然而, 即使在一些问题中根本无法引入系统内粒子数的任何守恒宏观特征量 (该粒子数本身由热力学平衡条件确定), 这些问题仍然属于极端相对论流体动力学的应用领域 (高速核子碰撞时产生多个其他粒子的问题即属此列). 关于这些情形下流体动力学方程的推导, 见习题 2.

我们回到方程 (134.1). 对表达式 (133.2) 进行微分, 得到

$$\frac{\partial T_i^k}{\partial x^k} = u_i \frac{\partial (wu^k)}{\partial x^k} + wu^k \frac{\partial u_i}{\partial x^k} - \frac{\partial p}{\partial x^i} = 0. \tag{134.4}$$

用 u^i 乘这个方程, 即取这个方程在四维速度方向上的投影. 因为 $u_i u^i = 1$, 所以 $u_i\,\partial u^i/\partial x^k = 0$, 于是求出

$$\frac{\partial (wu^k)}{\partial x^k} - u^k \frac{\partial p}{\partial x^k} = 0. \tag{134.5}$$

利用恒等代换 $wu^k = nu^k(w/n)$ 和连续性方程 (134.3), 我们把这个方程改写为以下形式:

$$nu^k \left[\frac{\partial}{\partial x^k} \frac{w}{n} - \frac{1}{n} \frac{\partial p}{\partial x^k} \right] = 0.$$

根据众所周知的热力学关系式, 对于焓, 我们有

$$\mathrm{d}\frac{w}{n} = T\,\mathrm{d}\frac{\sigma}{n} + \frac{1}{n}\,\mathrm{d}p \tag{134.6}$$

(T 是温度, σ 是单位固有体积的熵)①. 由此可见, 方括号中的表达式为

$$T\,\frac{\partial}{\partial x^k}\frac{\sigma}{n}.$$

因此, 略去因子 nT, 我们得到方程

$$u^k \frac{\partial}{\partial x^k} \frac{\sigma}{n} \equiv \frac{\mathrm{d}}{\mathrm{d}s} \frac{\sigma}{n} = 0, \tag{134.7}$$

这表示流动是绝热的 ($\mathrm{d}/\mathrm{d}s$ 表示沿给定流体微元世界线方向的导数). 利用连续性方程 (134.3), 可以把它写为等价形式:

$$\frac{\partial}{\partial x^i}(\sigma u^i) = 0, \tag{134.8}$$

即熵流 σu^i 的四维散度等于零.

现在, 我们取方程 (134.1) 在垂直于 u^i 的方向上的投影. 换言之, 取它们的组合②

$$\frac{\partial T_i^k}{\partial x^k} - u_i u^k \frac{\partial T_k^l}{\partial x^l} = 0$$

---

① 我们提醒一下, 这样的关系式仅对一定质量的物质才成立, 而不是对一定体积的物质成立 (一定体积的物质所包括的粒子数目可以是变化的). (134.6) 是归结到单个粒子的焓的关系式, 而 $1/n$ 是归结到单个粒子的体积.

② 为方便起见, 我们写出四维速度的分量 (见第二卷 § 4):

$$u^i = (\gamma,\ \gamma \boldsymbol{v}/c), \quad u_i = (\gamma,\ -\gamma \boldsymbol{v}/c),$$

这里为简明起见已经引入记号 $\gamma = (1 - v^2/c^2)^{-1/2}$ (限于本章).

(左侧表达式与 u^i 的标积恒为零). 经过简单的计算, 得到方程

$$wu^k\frac{\partial u_i}{\partial x^k}=\frac{\partial p}{\partial x^i}-u_iu^k\frac{\partial p}{\partial x^k}. \tag{134.9}$$

这个方程的三个空间分量是欧拉方程的相对论推广 (时间分量是其他三个分量的推论).

对于等熵流, 方程 (134.9) 可以写为另一种形式 (类似于把非相对论情形下的欧拉方程从 (2.3) 变换到 (2.9)). 根据 (134.6), 当 $\sigma/n=\mathrm{const}$ 时有

$$\frac{\partial p}{\partial x^i}=n\frac{\partial}{\partial x^i}\frac{w}{n},$$

所以方程 (134.9) 的形式变为

$$u^k\frac{\partial}{\partial x^k}\left(\frac{w}{n}u_i\right)=\frac{\partial}{\partial x^i}\frac{w}{n}. \tag{134.10}$$

如果流动还是定常的 (所有的量都与时间无关), 则 (134.10) 的空间分量给出

$$\gamma(\boldsymbol{v}\cdot\nabla)\left(\frac{\gamma w}{n}\boldsymbol{v}\right)+c^2\nabla\frac{w}{n}=0.$$

取该方程与 $\boldsymbol{v}$ 的标积, 经过简单变换就得到 $(\boldsymbol{v}\cdot\nabla)(\gamma w/n)=0$. 由此可知, 量

$$\frac{\gamma w}{n}=\mathrm{const} \tag{134.11}$$

沿每一条流线都保持不变. 这是伯努利方程的相对论推广①.

如果不假设等熵流是定常的, 则容易看出, 方程 (134.10) 具有形如

$$\frac{w}{n}u_i=-\frac{\partial\varphi}{\partial x^i} \tag{134.12}$$

的解, 其中 φ 是坐标和时间的函数. 这些解是非相对论流体动力学中的势流在相对论流体动力学中的比拟 (И. М. 哈拉特尼科夫, 1954). 为了检验上述结果, 我们指出, 根据导数 $\partial^2\varphi/\partial x^i\,\partial x^k$ 对角标 i 和 k 的对称性,

$$\frac{\partial}{\partial x^k}\left(\frac{w}{n}u_i\right)=\frac{\partial}{\partial x^i}\left(\frac{w}{n}u_k\right).$$

取该等式与 u^k 的标积并展开右边的导数, 我们确实回到方程 (134.10). 等式 (134.12) 的空间分量和时间分量给出

$$\gamma\frac{w}{nc}\boldsymbol{v}=\nabla\varphi,\quad c\gamma\frac{w}{n}+\frac{\partial\varphi}{\partial t}=0.$$

---

① 当 $v\ll c$ 时有 $w/n=mc^2+mw_{\text{non-r}}$ (其中 $w_{\text{non-r}}$ 是非相对论质量焓, 即 § 5 中的记号 w), 于是 (134.11) 化为方程 (5.3).

在非相对论极限下, 第一个等式给出通常的势流条件, 而第二个等式 (在按照 $\varphi/cm \to \varphi$ 引入相应新记号之后) 给出方程 (9.3).

我们来研究具有相对论状态方程的介质中的声音传播 (在这样的介质中, 压强与包括静止能量在内的内能密度是可比的). 声波的流体动力学方程可以线性化, 这时直接从运动方程的最初形式 (134.1) 出发较为方便, 而不必从与它等价的方程 (134.8), (134.9) 出发. 把能量动量张量分量的表达式 (133.3) 代入 (134.1), 并且处处只保留声波振幅的一阶小量, 我们得到方程组

$$\frac{\partial e'}{\partial t} = -w \operatorname{div} \boldsymbol{v}, \quad \frac{w}{c^2}\frac{\partial \boldsymbol{v}}{\partial t} = -\nabla p', \tag{134.13}$$

这里用撇号表示该量在声波中的可变部分. 由此消去 $\boldsymbol{v}$, 求出

$$\frac{\partial^2 e'}{\partial t^2} = c^2 \Delta p'.$$

最后再写出 $e' = (\partial e/\partial p)_{\mathrm{ad}}\, p'$, 就得到 p' 的波动方程, 其中声速为 (本章用字母 u 表示声速)

$$u = c\left(\frac{\partial p}{\partial e}\right)_{\mathrm{ad}}^{1/2} \tag{134.14}$$

(下标 "ad" 表明, 导数是对绝热过程取的, 即在 σ/n 保持不变时取导数). 这个公式与相应的非相对论表达式的区别是, 这里用 e/c^2 代替了通常的质量密度. 极端相对论状态方程为 $p = e/3$, 因而声速为 $u = c/\sqrt{3}$.

最后, 我们稍微讨论一下引力场不可忽略时的流体动力学方程, 即广义相对论中的流体动力学方程. 只要把方程 (134.8), (134.9) 中的普通导数改为协变导数, 即可得到这些方程①:

$$wu^k u_{i;\,k} = \frac{\partial p}{\partial x^i} - u_i u^k \frac{\partial p}{\partial x^k}, \quad (\sigma u^i)_{;\,i} = 0. \tag{134.15}$$

从这些方程可以得到引力场中的力学平衡条件. 在力学平衡态下, 引力场是静止场. 可以选取一个参考系, 使物质在其中是静止的 $\left(u^\alpha = 0,\, u^0 = g_{00}^{-1/2}\right)$, 所有的量均与时间无关, 而度规张量的混合分量为零 $(g_{0\alpha} = 0)$. 于是, 方程 (134.15) 的空间分量给出

$$w\Gamma^0_{\alpha 0} u^0 u_0 = \frac{w}{2g_{00}}\frac{\partial g_{00}}{\partial x^\alpha} = -\frac{\partial p}{\partial x^\alpha},$$

① 这些方程在一般情况下极为复杂, 以下论文给出了其展开形式的详细写法 (通过三维度规张量表示, 即通过第二卷 § 84 中的 $\gamma_{\alpha\beta}$ 表示): Nelson R. A. Gen. Rel. Grav. 1981, 13: 569. 以下论文给出了牛顿近似之后的下一级近似下的流体动力学方程: Chandrasekhar S. Astroph. J. 1965, 142: 1488. 在以下专著中也列出了这些方程: Misner C. W., Thorne K. S., Wheeler J. A. Gravitation. San Francisco: Freeman, 1973. § 39.11.

即

$$\frac{1}{w}\frac{\partial p}{\partial x^\alpha}=-\frac{1}{2}\frac{\partial}{\partial x^\alpha}\ln g_{00}. \tag{134.16}$$

这就是所需的平衡方程. 在非相对论极限下, $w=\rho c^2$, $g_{00}=1+2\varphi/c^2$ (φ 为牛顿引力势), 方程 (134.16) 变为

$$\nabla p=-\rho\nabla\varphi,$$

即通常的流体静力学方程.

习 题

1. 求描述一维非定常简单波的相对论流体动力学方程的解.

解: 在简单波中, 所有的量都可以表示为其中任何一个量的函数 (见 §101). 把运动方程写为以下形式:

$$\frac{1}{c}\frac{\partial T_{00}}{\partial t}-\frac{\partial T_{01}}{\partial x}=0,\quad \frac{1}{c}\frac{\partial T_{01}}{\partial t}-\frac{\partial T_{11}}{\partial x}=0, \tag{1}$$

并认为 T_{00}, T_{01}, T_{11} 互为函数, 我们得到关系式 $\mathrm{d}T_{00}\,\mathrm{d}T_{11}=(\mathrm{d}T_{01})^2$. 在此式中应当代入

$$T_{00}=eu_0^2+pu_1^2,\quad T_{01}=wu_0u_1,\quad T_{11}=eu_1^2+pu_0^2,$$

并利用 $u_0^2-u_1^2=1$ (为了便于计算, 可以按照 $u_0=\cosh\eta$, $u_1=-\sinh\eta$ 引入参数 η). 计算结果为

$$\operatorname{artanh}\frac{v}{c}=\pm\frac{1}{c}\int\frac{u}{w}\,\mathrm{d}e \tag{2}$$

(u 是声速). 接下来, 从 (1) 求出

$$\frac{\partial x}{\partial t}=c\frac{\mathrm{d}T_{01}}{\mathrm{d}T_{00}}.$$

计算这个导数, 得到

$$x=\frac{t(v\pm u)}{1\pm uv/c^2}+f(v). \tag{3}$$

公式 (2), (3) 就是所需的解.

2. 写出带有不确定数目粒子 (该数目本身取决于热力学平衡条件) 的极端相对论介质的流体动力学方程.

解: 热力学平衡条件是所有化学势均为零, 该条件决定了这种介质中的粒子数目. 于是 $e-T\sigma+p=0$, 即 $w=T\sigma$, 而根据焓的微分的热力学表达式 (当体积取给定的单位值且化学势为零时), $\mathrm{d}w=T\,\mathrm{d}\sigma+\mathrm{d}p$. 从这两个公式得到 $\mathrm{d}p=\sigma\,\mathrm{d}T$ ①. 方程 (134.5) (这里还没有使用连续性方程) 给出形如 (134.8) 的绝热方程, 而方程 (134.9) 的形式变为

$$u^k\frac{\partial(Tu_i)}{\partial x^k}=\frac{\partial T}{\partial x^i}.$$

① 当极端相对论状态方程 $p=e/3$ 成立时, 从上述公式容易求出 $e\propto T^4$, $\sigma\propto T^3$, 这些规律与黑体辐射定律相同 (见第五卷 §63). 这正是预期的结果.

§ 135 相对论流体动力学中的激波

相对论流体动力学中的激波理论是按照类似于非相对论理论的方式建立起来的 (A. H. 陶布, 1948).

同 § 85 一样, 我们在研究间断面时采用使它静止的坐标系, 并且使气流在垂直于间断面的方向上 (沿坐标轴 $x^1 \equiv x$) 从 1 侧流向 2 侧. 粒子流密度、动量流密度和能流密度的连续性条件为

$$[n^x] = [nu^x] = 0,$$

$$[T^{xx}] = [w(u^x)^2 + p] = 0,$$

$$c[T^{0x}] = c[wu^0u^x] = 0,$$

或者, 把四维速度分量值代入之后, 这些条件化为

$$\frac{v_1\gamma_1}{V_1} = \frac{v_2\gamma_2}{V_2} \equiv j, \tag{135.1}$$

$$\frac{1}{c^2}w_1v_1^2\gamma_1^2 + p_1 = \frac{1}{c^2}w_2v_2^2\gamma_2^2 + p_2, \tag{135.2}$$

$$w_1v_1\gamma_1^2 = w_2v_2\gamma_2^2, \tag{135.3}$$

其中 $\gamma_1 = (1 - v_1^2/c^2)^{-1/2}$, $\gamma_2 = (1 - v_2^2/c^2)^{-1/2}$, 而 $V_1 = 1/n_1$ 和 $V_2 = 1/n_2$ 是分摊到一个粒子的体积①.

从 (135.1) 和 (135.2) 求出

$$j^2 = \frac{(p_2 - p_1)c^2}{w_1V_1^2 - w_2V_2^2}. \tag{135.4}$$

然后, 利用 (135.1) 把条件 (135.3) 的形式改写为

$$w_1^2V_1^2\gamma_1^2 = w_2^2V_2^2\gamma_2^2.$$

通过简单的代数变换 (利用 (135.1) 把 γ_1^2 和 γ_2^2 通过 j^2 表示出来, 然后把 j^2 的表达式 (135.4) 代入), 我们得到相对论激波绝热线 (**陶布绝热线**) 的以下方程:

$$w_1^2V_1^2 - w_2^2V_2^2 + (p_2 - p_1)(w_1V_1^2 + w_2V_2^2) = 0. \tag{135.5}$$

我们再来推导间断面两侧气体速度的表达式, 为此可以利用条件 (135.2), (135.3) 进行一些初等变换②:

$$\frac{v_1}{c} = \left[\frac{(p_2 - p_1)(e_2 + p_1)}{(e_2 - e_1)(e_1 + p_2)}\right]^{1/2}, \quad \frac{v_2}{c} = \left[\frac{(p_2 - p_1)(e_1 + p_2)}{(e_2 - e_1)(e_2 + p_1)}\right]^{1/2}. \tag{135.6}$$

---

① 在非相对论极限下, 按照 (135.1) 定义的粒子数流与在 § 85 中被记为 j 的质量流密度相差一个因子 $1/m$. 此外, 这里和 § 85 中定义的体积 V 也相差一个因子 m.

② 进行变换时采用代换 $v/c = \tanh\varphi$, $\gamma = \cosh\varphi$ 较为方便.

按照相对论中的速度求和法则, 间断面两侧气体的相对速度等于

$$v_{12} = \frac{v_1 - v_2}{1 - v_1 v_2/c^2} = c\left[\frac{(p_2 - p_1)(e_2 - e_1)}{(e_1 + p_2)(e_2 + p_1)}\right]^{1/2}. \tag{135.7}$$

在非相对论极限下, 如果取 $e \approx mc^2 n = mc^2/V$ 并忽略远小于 e 的 p, 则公式 (135.4), (135.6), (135.7) 变为公式 (85.4), (85.6), (85.7) (j 和 V 的定义在这里和 §85 中有区别, 见脚注)①. 对于极端相对论状态方程 $p = e/3$, 从 (135.6) 有

$$\frac{v_1}{c} = \left[\frac{3e_2 + e_1}{3(3e_1 + e_2)}\right]^{1/2}, \quad \frac{v_2}{c} = \left[\frac{3e_1 + e_2}{3(3e_2 + e_1)}\right]^{1/2} \tag{135.8}$$

(我们指出, $v_1 v_2 = c^2/3$). 当激波变强 ($e_2 \to \infty$) 时, v_1 趋于光速, v_2 趋于 $c/3$.

我们在第九章中曾经用 Vp 平面上的图像来表示激波绝热线. 仿照这个做法, 用来表示相对论激波绝热线的变量自然就是 wV^2, pc^2. 在这些坐标下, j^2 确定了从绝热线初始点 1 到任意一点 2 的弦的斜率.

在研究考虑相对论效应的弱激波时, 也完全可以仿照在 §86 中研究非相对论情形时的做法 (И. М. 哈拉特尼科夫, 1954). 不再重复所有计算, 我们给出熵间断值的结果:

$$\sigma_2 - \sigma_1 = \frac{1}{12}\left\{\frac{1}{wV^2T}\left[\frac{\partial^2(wV^2)}{\partial p^2}\right]_{\mathrm{ad}}\right\}_1 (p_2 - p_1)^3, \tag{135.9}$$

它也是压强间断值的三阶小量. 我们看到, 因为 $\sigma_2 > \sigma_1$ 必须成立, 所以如果

$$\left[\frac{\partial^2(wV^2)}{\partial p^2}\right]_{\sigma V} > 0, \tag{135.10}$$

则激波是压缩波. 该条件是非相对论流体动力学条件 (86.2) 的相对论推广②. 当 $p_2 > p_1$ 时, 从 (135.4) 和 (135.5) 可知

$$w_2 V_2^2 < w_1 V_1^2, \quad w_2 V_2 > w_1 V_1.$$

由此还可知, 在任何情况下都有 $V_2 < V_1$, 即体积 V 减小的程度甚至高于 wV 增加的程度. 在一级近似下, 弱激波的速度 v_1 和 v_2 自然等于声速, 因为熵的

---

① 为了通过取极限的方式从相对论激波绝热线方程 (135.5) 过渡到非相对论方程 (85.10), 这样的近似是不够的. 应取 $w = nmc^2 + nm\varepsilon + p$ (ε 是非相对论质量内能), 并用 c^2 除方程 (135.5), 然后在 $c \to \infty$ 时取极限.

② 利用一个粒子的焓的热力学关系式 $\mathrm{d}(wV) = V\,\mathrm{d}p$ (当 $\sigma V = \mathrm{const}$ 时) 可知, 条件 (135.10) 等价于不等式

$$\left(\frac{\partial^2 V}{\partial p^2}\right)_{\mathrm{ad}} > \frac{3}{w}\left|\left(\frac{\partial V}{\partial p}\right)_{\mathrm{ad}}\right|,$$

其右侧在非相对论极限下变为零.

变化是三阶小量, 而表达式 (135.6) 在 $p_2 \to p_1$, $e_2 \to e_1$ 时变为导数 (134.14)①. 与 § 86 完全类似的讨论表明, 在下一级近似下有 $v_1 > u_1$, $v_2 < u_2$.

因此, 在考虑相对论效应的弱激波中, 各量的变化方向 (在条件 (135.10) 下) 所满足的不等式与非相对论情形没有区别. 可以采用与 § 87 完全类似的方法把这个结果向任意强度的激波推广②.

我们同时强调, 无论热力学条件如何, 无论是否考虑相对论效应, 不等式 $v_1 > u_1$, $v_2 < u_2$ 对于激波都是成立的, 这是要求激波具有可演化性的推论. 我们还记得, 在得到这些条件时 (§ 88), 只有运动流体中的声波扰动相对于静止间断面的传播速度 $u \pm v$ 的符号才是重要的. 按照相对论中的速度求和法则, 这些传播速度由表达式 $(u \pm v)/(1 \pm vu/c^2)$ 给出, 其符号只取决于分子, 所以 § 88 中的全部讨论仍然适用.

§ 136 黏性导热介质运动的相对论方程

当耗散过程 (黏性和热传导) 存在时, 相对论流体动力学方程的建立归结为确定能量动量张量和物质流密度矢量中相应附加项的形式的问题. 分别用 τ_{ik} 和 ν_i 来表示这些项, 我们写出

$$T_{ik} = -pg_{ik} + wu_iu_k + \tau_{ik}, \tag{136.1}$$

$$n_i = nu_i + \nu_i. \tag{136.2}$$

运动方程仍然包含于以下方程:

$$\frac{\partial T_i^k}{\partial x^k} = 0, \quad \frac{\partial n^i}{\partial x^i} = 0.$$

但是, 首先出现的问题涉及速度 u^i 的概念本身, 我们需要更精确的定义. 在相对论力学中, 任何能流都不可避免地还与质量流有联系. 所以, 例如当存在热流时, 用质量流来定义速度 (像在非相对论流体动力学中那样) 就没有直接的意义. 在这里, 我们用以下条件来定义速度: 在每个给定流体微元的固有参考系中, 该流体微元的动量为零, 而其能量可以通过其他热力学量表示, 并且所用公式与没有耗散过程时的相应公式相同. 这意味着, 在上述参考系中, 张量 τ_{ik} 的分量 τ_{00} 和 $\tau_{0\alpha}$ 应当为零. 因为在该参考系中还有 $u^\alpha = 0$, 所以有张量关系式 (在任何其他参考系中同样成立)

$$\tau_{ik}u^k = 0. \tag{136.3}$$

---

① 表达式 (135.4) 则变为导数 $-c^2[\mathrm{d}p/\mathrm{d}(wV^2)]_1$. 在 $\sigma V = \mathrm{const}$ 的条件下, 利用热力学表达式 $\mathrm{d}(eV) = -p\,\mathrm{d}V$, $\mathrm{d}(wV) = V\,\mathrm{d}p$ 容易证明, 该导数乘以 V_1^2 理所当然等于 $u_1^2/(1-u_1^2)$.

② 见: Thorne K. S. Astroph. J. 1973, 179: 897.

矢量 ν_i 应当满足类似的关系式

$$\nu_i u^i = 0, \tag{136.4}$$

因为在固有参考系中, 四维粒子流矢量 n^i 的分量 n^0 按照定义必须等于粒子数密度 n.

根据熵增加原理的要求即可确定张量 τ_{ik} 和矢量 ν_i 的待求形式, 而这个原理应当包含在运动方程中 (类似地, 在 §134 中从这些方程得到了理想流体的等熵条件). 通过简单的变换, 利用连续性方程容易得到以下方程:

$$u^i \frac{\partial T_i^k}{\partial x^k} = T \frac{\partial}{\partial x^i}(\sigma u^i) - \mu \frac{\partial \nu^i}{\partial x^i} + u^i \frac{\partial \tau_i^k}{\partial x^k},$$

其中 μ 是物质的相对论化学势, $n\mu = w - T\sigma$, 这里还应用了其微分的热力学关系式:

$$\mathrm{d}\mu = \frac{1}{n}\,\mathrm{d}p - \frac{\sigma}{n}\,\mathrm{d}T. \tag{136.5}$$

最后, 利用关系式 (136.3), 我们把这个方程改写为

$$\frac{\partial}{\partial x^i}\left(\sigma u^i - \frac{\mu}{T}\nu^i\right) = -\nu^i \frac{\partial}{\partial x^i}\frac{\mu}{T} + \frac{\tau_i^k}{T}\frac{\partial u^i}{\partial x^k}. \tag{136.6}$$

左边的表达式应当是熵流的四维散度, 而右边的表达式应当是由耗散过程引起的熵增. 因此, 四维熵流密度矢量为

$$\sigma^i = \sigma u^i - \frac{\mu}{T}\nu^i, \tag{136.7}$$

而 τ_{ik} 和 ν^i 应当是速度梯度和各热力学量梯度的线性函数, 并且该函数能够保证方程 (136.6) 的右边严格为正. 这个条件与条件 (136.3), (136.4) 一起就唯一确定了对称的四维张量 τ_{ik} 和四维矢量 ν_i 的形式:

$$\tau_{ik} = -c\eta\left(\frac{\partial u_i}{\partial x_k} + \frac{\partial u^k}{\partial x^i} - u_k u^l \frac{\partial u_i}{\partial x^l} - u_i u^l \frac{\partial u_k}{\partial x^l}\right) - c\left(\zeta - \frac{2}{3}\eta\right)\frac{\partial u^l}{\partial x^l}(g_{ik} - u_i u_k), \tag{136.8}$$

$$\nu_i = -\frac{\varkappa}{c}\left(\frac{nT}{w}\right)^2\left[\frac{\partial}{\partial x^i}\frac{\mu}{T} - u_i u^k \frac{\partial}{\partial x^k}\frac{\mu}{T}\right], \tag{136.9}$$

其中 η, ζ 是两个黏度, $\varkappa$ 是热导率, 它们符合非相对论情形中的定义. 在非相对论极限下, 分量 $\tau_{\alpha\beta}$ 化为三维黏性应力张量的分量 $\sigma'_{\alpha\beta}$, 见 (15.3).

没有物质流时的能流对应于纯粹的热传导, 其条件是 $nu^\alpha + \nu^\alpha = 0$. 这时, 四维速度的空间分量 $u^\alpha = -\nu^\alpha/n$ 是梯度的一阶项. 因为表达式 (136.8), (136.9) 只精确到梯度的一阶项, 所以应当认为四维速度的分量 u^0 等于 1:

$$u_0^2 = 1 + u_\alpha u^\alpha = 1 + \nu_\alpha \nu^\alpha \approx 1.$$

在这样的精度下, 应当忽略 (136.9) 中方括号内的第二项. 于是, 对于能流密度 $cT^{0\alpha} = -cT^0_\alpha$, 我们求出

$$-cT^0_\alpha = -cwu_\alpha u^0 = \frac{cw}{n}\nu_\alpha = \frac{\varkappa n T^2}{w^2}\frac{\partial}{\partial x^\alpha}\frac{\mu}{T}.$$

利用热力学关系式 (136.5) 并把它改写为

$$\mathrm{d}\frac{\mu}{T} = -\frac{w}{nT^2}\,\mathrm{d}T + \frac{\mathrm{d}p}{nT},$$

我们求出能流:

$$-\varkappa\left(\nabla T - \frac{T}{w}\nabla p\right). \qquad (136.10)$$

我们看出, 在考虑相对论效应的情况下, 由热传导造成的热流不是简单地与温度梯度成正比, 而是与温度梯度和压强梯度的确定组合成正比 (在非相对论极限下, $w \approx nmc^2$, 所以应当忽略带有 ∇p 的项).

第十六章

超流体动力学

§ 137 超流体的基本性质

当温度接近绝对零度时, 量子效应在流体的性质中占据首要地位. 这些情况下的流体称为**量子流体**. 实际上只有氦一直到绝对零度时仍然是液体, 所有其他液体在量子效应变得显著之前早已凝固. 不过, 氦有两种同位素: ^{4}He 和 ^{3}He, 其原子的统计规律有所不同. ^{4}He 的原子核没有自旋, 并且原子整体的自旋也为零, 这些原子遵循玻色–爱因斯坦统计法. ^{3}He 的原子 (核) 具有自旋 1/2 并遵循费米–狄拉克统计法. 这种区别对于由这两种物质组成的量子流体的性质有极重要的意义, 前者称为**玻色 (量子) 液体**, 后者称为**费米 (量子) 液体**. 本章只讨论玻色液体.

当温度为 2.19 K 时, 液氦 (同位素 ^{4}He) 有一个 λ 点 (二级相变)①. 当温度低于该点温度时, 液氦 (处于这种液相的氦称为 He II) 有许多奇妙的性质, 其中最重要的性质是由 П.Л. 卡皮查在 1938 年发现的**超流动性**, 即流体沿毛细管或缝隙流动时不表现出任何黏性的性质.

超流体理论是由 Л.Д. 朗道 (1941) 建立的. 本教程另一卷包含对该理论微观部分的介绍 (见第九卷第三章), 而这里仅限于讨论以微观理论的一些观念为基础发展起来的宏观超流体动力学②.

氦 II 的流体动力学是在微观理论的以下基本结果之上发展起来的. 当温

---

① 在 pT 平面上的氦的相图中, λ 点组成一条曲线. 温度 2.19 K 对应于该曲线与气液平衡线的交点.

② 同位素 ^{3}He 的费米液体也可以变为超流体, 但要在低得多的温度下 ($\sim 10^{-3}$ K). 这种超流体的流体动力学性质更为复杂, 因为描述其状态的 "序参量" 具有更复杂的特性 (见第九卷 § 54).

度不为零时, 氦 II 如同两种不同液体的混合物, 其中一种是超流体, 在沿固体表面运动时不表现出任何黏性, 而另一种表现为普通的正常黏性流体. 这时非常重要的是, 这两种液体之间在它们 “互相穿过” 时没有摩擦, 即动量没有从一种液体转移给另一种液体.

但是, 必须极其明确地强调, 把所研究的液体当做正常部分和超流部分的混合物, 这只不过是直观描述量子液体中的现象的一种方法. 就像用经典术语描述量子现象那样, 这种描述方法并不是完全适用的. 其实应当说, 在氦 II 这样的量子液体中可以同时存在两种运动, 每一种运动都与自己的有效质量有关 (两种有效质量之和等于液体的总质量). 这两种运动之一是正常流动, 其性质与普通黏性流体运动的性质一样, 而另一种是超流流动. 这两种运动之间不发生动量转移. 在一定意义上可以讨论液体的超流部分和正常部分, 但这决不意味着液体可以真正分为这样两部分①.

关于氦 II 中现象的真实特性, 只要注意到所有这些说明, 就可以采用流体的**超流部分**和**正常部分**这些术语, 以便通过直观的方法简洁地描述这些现象. 但是, 我们更愿意采用**超流流动**和**正常流动**这些更准确的术语, 而不愿把它们与 “二流体混合物” 的两个组元联系起来.

有了上述两种流动形式的概念, 就可以简单解释在实验中观察到的氦 II 流动的主要性质. 氦 II 沿窄缝流动时之所以不表现出黏性, 是因为在窄缝中出现的是无摩擦的超流流动. 可以说, 液体的正常部分留在容器中并以缓慢得多的速度流过窄缝, 该速度取决于这部分液体的黏性和窄缝的宽度. 相反, 根据浸没在液体中的圆盘扭转振动的衰减来测量氦 II 的黏度, 应当得到非零的值. 圆盘的转动引起它附近的氦 II 的正常流动, 这种流动所特有的黏性使圆盘停止下来. 因此, 在通过毛细管或窄缝流动的实验中可以观察到氦 II 的超流流动, 而在圆盘转动实验中可以观察到氦 II 的正常流动.

除了黏性消失外, 超流流动还有以下两个重要性质: 超流流动不传热, 并且这种流动总是势流. 这两个性质也得自微观理论. 根据微观理论, 正常流动其实是一种 “激发气体” 的流动. 我们还记得, 可以把量子流体中原子的集体热运动看做诸多单独的元激发, 其行为相当于在这些流体所占区域内运动并具有确定的动量和能量的一些准粒子.

氦 II 的熵由元激发的统计分布确定. 所以, 在激发气体处于静止状态的任何一种流动中, 不会出现熵的任何宏观输运. 这也就意味着, 超流流动不会

---

① 独立于朗道, L. 蒂萨 (1940) 也提出了在宏观上描述氦 II 的定性思路, 他也把密度分为两部分并引入两个速度场. 该思路同样让他能够预言, 在氦 II 中存在两种形式的声波 (见下文 §141). 然而, 由于初始的微观观念有误, 在蒂萨的论文中并没有建立起一个合理的超流动性理论 (包括其流体动力学理论).

伴随有熵的输运, 换言之, 不会发生传热. 由此同样可知, 如果在氦 II 的流动中只有超流流动, 则该流动在热力学上是可逆的.

通过正常流动来传热是在氦 II 中实现传热的机理. 因此, 这样的传热具有独特的对流特性, 根本不同于通常的热传导. 氦 II 中的任何温度差都会引起正常流动和超流流动, 这两种内部流动可以使质量输运相互抵消, 从而在流体中不产生任何真正的宏观质量输运.

我们在下面将分别用 $\boldsymbol{v}_{\rm s}$ 和 $\boldsymbol{v}_{\rm n}$ 表示超流流动和正常流动的速度. 上述传热机理表明, 熵流密度等于速度 $\boldsymbol{v}_{\rm n}$ 与体积熵的乘积 $\boldsymbol{v}_{\rm n}\rho s$ (s 是流体的质量熵). 热流密度等于熵流密度乘以 T, 即

$$\boldsymbol{q} = \rho T s \boldsymbol{v}_{\rm n}. \tag{137.1}$$

超流流动的有势性可由等式

$$\operatorname{rot} \boldsymbol{v}_{\rm s} = 0 \tag{137.2}$$

表示, 它在任何时刻在流体所占整个区域内都应当成立. 这个性质在宏观上表现了氦 II 的能谱特性, 而这种能谱特性是超流动性微观理论的基础: 长波长 (即小动量和小能量) 的元激发是声量子, 即**声子**. 所以, 宏观的超流体动力学只允许声振动而不允许任何其他振动, 这是条件 (137.2) 所要求的①.

因为超流流动是势流, 所以固体在相应定常绕流中不会受到任何阻力 (达朗贝尔佯谬, 见 §11). 相反, 正常流动导致被绕流固体受到阻力的作用. 如果超流流动和正常流动所对应的质量流相互抵消, 我们就会得到一种非常奇特的流动图像: 浸没在氦 II 中的物体受到力的作用, 但是没有任何总质量输运.

习 题

设氦 II 充满一根毛细管, 其两端维持很小的温度差 ΔT, 求沿毛细管的热流.

解: 按照公式 (138.3), 毛细管两端的压强差 $\Delta p = \rho s \Delta T$. 该压强差导致毛细管内出现正常流动, 截面上的平均速度为

$$\overline{v}_{\rm n} = \frac{R^2 \Delta p}{8\eta l}$$

(R 是毛细管的半径, l 是其长度, η 是正常流动的黏度; 请对比 (17.10)). 总热流为

$$T\rho s \overline{v}_{\rm n} \pi R^2 = \frac{T\pi R^4 \rho^2 s^2 \Delta T}{8\eta l}.$$

在相反方向上出现超流流动, 其速度取决于没有总质量输运的条件: $v_{\rm s} = -\overline{v}_{\rm n}\rho_{\rm n}/\rho_{\rm s}$.

① 关于这个结论的更完整的微观证明, 见第九卷 §26.

§ 138 热机械效应

氦 II 中的热机械效应是: 当氦通过毛细管从容器中流出时, 可以观察到容器中的温度上升; 相反, 当氦从毛细管流入另一个容器时, 容器中的温度下降①. 关于这种现象, 我们可以很自然地给出这样的解释: 通过毛细管的流动的主要是超流流动, 所以不会把热量带出去, 于是容器中的剩余热量分配给数量有所减小的氦 II. 当氦从毛细管流入容器时, 现象是相反的.

容易求出单位质量的氦通过毛细管流入容器时所吸收的热量 Q. 因为流入的氦并不携带熵, 所以为了让容器中的氦保持其温度 T 不变, 对于单位质量的氦, 应当输入热量 Ts 来补偿质量熵的降低. 这意味着, 当单位质量的氦流入装有温度为 T 的氦的容器时, 需要吸收热量

$$Q = Ts. \tag{138.1}$$

相反, 当单位质量的氦流出装有温度为 T 的氦的容器时, 需要释放热量 Ts.

现在考虑两个装满氦 II 且温度分别为 T_1 和 T_2 的容器, 它们由一个毛细管相连. 因为超流流动可以沿毛细管自由地进行, 所以两个容器中的液体很快就建立起力学平衡. 但是, 由于超流流动并不传热, 所以热平衡 (这时两个容器中的氦的温度相同) 的建立要缓慢得多.

如上所述, 力学平衡是在两个容器中氦的熵 s_1 和 s_2 分别保持不变时建立起来的, 据此容易写出力学平衡条件.

如果 ε_1 和 ε_2 是氦在温度 T_1 和 T_2 下的质量内能, 并且力学平衡是通过超流流动达到的, 则力学平衡条件 (最小能量条件) 为

$$\left(\frac{\partial \varepsilon_1}{\partial N}\right)_{s_1} = \left(\frac{\partial \varepsilon_2}{\partial N}\right)_{s_2},$$

式中 N 为单位质量氦的原子数. 而导数 $(\partial\varepsilon/\partial N)_s$ 为化学势 μ, 于是得到以下形式的平衡条件:

$$\mu(p_1,\ T_1) = \mu(p_2,\ T_2) \tag{138.2}$$

(p_1, p_2 是两个容器中的压强).

以后, 我们将不再像通常那样把化学势 μ 理解为归结到单个粒子 (原子)

① 严格地说, 在普通流体中也应当出现非常微弱的热机械效应. 对氦 II 而言, 反常之处在于这种效应非常显著. 普通流体中的热机械效应是佩尔捷温差电效应之类的不可逆现象 (在稀薄气体中可以实际观察到这种效应, 见第十卷 § 14 习题 1), 这种效应在氦 II 中也应当存在, 但是被下文中介绍的另一种大得多的效应掩盖了. 后者是氦 II 所特有的效应, 并且与佩尔捷效应之类的不可逆现象毫无共同之处.

的热力学势, 而把它理解为单位质量氦的热力学势. 这两个定义只相差一个常因子——氦原子的质量.

如果压强 p_1 和 p_2 很小, 则按压强的幂展开并注意到 $(\partial\mu/\partial p)_T$ 是质量体积 (它对温度的依赖性很弱), 我们得到

$$\frac{\Delta p}{\rho} = \mu(0,\ T_1) - \mu(0,\ T_2) = \int_{T_1}^{T_2} s\,\mathrm{d}T,$$

式中 $\Delta p = p_2 - p_1$. 如果温度差 $\Delta T = T_2 - T_1$ 也很小, 则按 ΔT 的幂展开并注意到 $(\partial\mu/\partial T)_p = -s$, 就得到以下关系式:

$$\frac{\Delta p}{\Delta T} = \rho s \tag{138.3}$$

(H. 伦敦, 1939). 因为 $s > 0$, 所以也有 $\Delta p/\Delta T > 0$.

§139 超流体动力学方程组

我们现在推导宏观 (唯象) 描述氦 II 流动的封闭的流体动力学方程组. 根据前面的讨论, 流动在每一个点都由两个速度 $\boldsymbol{v}_\mathrm{s}$ 和 $\boldsymbol{v}_\mathrm{n}$ 描述, 而不像通常的流体动力学中那样只由一个速度描述, 我们需要列出相应的运动方程. 结果表明, 只要从伽利略相对性原理和必须成立的守恒定律所要求的条件出发 (还利用由方程 (137.1) 和 (137.2) 表示的运动性质), 就可以唯一地得到所需的运动方程组.

应当注意, 当流动速度足够高时, 氦 II 实际上会丧失超流动性. 由于这种**临界速度**现象, 只有当速度 $\boldsymbol{v}_\mathrm{s}$ 和 $\boldsymbol{v}_\mathrm{n}$ 不太大时, 超流氦的流体动力学方程组才有实际的物理意义①. 尽管如此, 我们首先还是在不对速度 $\boldsymbol{v}_\mathrm{s}$ 和 $\boldsymbol{v}_\mathrm{n}$ 作任何假设的情况下推导这些方程, 因为如果忽略速度的高次幂项, 就不可能从守恒定律出发合理地推导方程. 在最终得到这些方程之后, 我们再过渡到有物理意义的小速度情形.

用字母 $\boldsymbol{j}$ 表示流体的质量流密度, 这个量也是单位体积流体的动量 (请对比 218 页的脚注). 我们把 $\boldsymbol{j}$ 写为两项之和的形式:

$$\boldsymbol{j} = \rho_\mathrm{s}\boldsymbol{v}_\mathrm{s} + \rho_\mathrm{n}\boldsymbol{v}_\mathrm{n}, \tag{139.1}$$

---

① 根据微观理论已经可以推出, 在超流流动中存在极限速度. 在氦 II 中, 元激发能谱的具体形式导致朗道超流动性条件在速度很大时遭到破坏 (见第九卷 §23). 但是, 实际观测到的临界速度远小于这个极限值, 并且与流动的具体条件有关 (例如, 与较大区域内的流动相比, 沿毛细管或窄缝的流动具有更大的临界速度). 这些现象的物理本质在于量子涡环的产生. 当圆柱形容器内的液氦发生转动时, 就会出现这种类型的涡丝 (但是是直线涡丝, 见第九卷 §29). 本章不考虑这些现象.

每一项分别与超流流动和正常流动的质量流有关. 系数 ρ_s 和 ρ_n 可以称为流体的超流密度和正常密度, 两者之和是氦 II 的实际密度 ρ:

$$\rho = \rho_\mathrm{s} + \rho_\mathrm{n}. \tag{139.2}$$

当然, 量 ρ_s 和 ρ_n 都是温度的函数. 在绝对零度下, ρ_n 为零, 这时氦 II 是"完全超流体"①, 而在 λ 点, ρ_s 为零, 这时氦 II 是"完全正常流体".

密度 ρ 和质量流 $\boldsymbol{j}$ 应当满足表示质量守恒定律的连续性方程

$$\frac{\partial \rho}{\partial t} + \operatorname{div} \boldsymbol{j} = 0. \tag{139.3}$$

动量守恒定律可以表示为以下形式的方程:

$$\frac{\partial j_i}{\partial t} + \frac{\partial \Pi_{ik}}{\partial x_k} = 0, \tag{139.4}$$

式中 Π_{ik} 是动量流密度张量.

我们暂不讨论流体中的耗散过程, 所以流动是可逆的, 流体的熵因而也必须守恒. 注意到熵流为 $\rho s \boldsymbol{v}_\mathrm{n}$, 我们把熵守恒方程写为以下形式:

$$\frac{(\partial \rho s)}{\partial t} + \operatorname{div}(\rho s \boldsymbol{v}_\mathrm{n}) = 0. \tag{139.5}$$

有了方程 (139.3)—(139.5), 必须再补充一个方程, 以便确定速度 $\boldsymbol{v}_\mathrm{s}$ 对时间的导数. 这个方程应当保证流动的有势性不随时间而改变, 这意味着 $\boldsymbol{v}_\mathrm{s}$ 的导数应当表示为某个标量的梯度. 我们据此写出该方程:

$$\frac{\partial \boldsymbol{v}_\mathrm{s}}{\partial t} + \nabla \left(\frac{v_s^2}{2} + \mu \right) = 0, \tag{139.6}$$

式中 μ 为某个标量.

当然, 只有在得到暂未确定的 Π_{ik} 和 μ 的形式之后, 方程 (139.4) 和 (139.6) 才有实际意义. 为此, 必须利用能量守恒定律和基于伽利略相对性原理的一些结果, 即必须要求流体动力学方程 (139.3)—(139.6) 能够使由以下方程表示的能量守恒定律自动成立:

$$\frac{\partial E}{\partial t} + \operatorname{div} \boldsymbol{Q} = 0, \tag{139.7}$$

其中 E 为流体的体积能, $\boldsymbol{Q}$ 为能流密度. 当两种同时发生的流动的相对速度 $\boldsymbol{v}_\mathrm{n} - \boldsymbol{v}_\mathrm{s}$ 具有给定值时, 根据伽利略相对性原理就能够确定所有的量对一个速度 ($\boldsymbol{v}_\mathrm{s}$) 的依赖关系.

---

① 如果氦 II 含有杂质 (一般是同位素 ^{3}He), 则 ρ_n 在绝对零度下也不为零.

除了原有坐标系 K, 我们再引入一个坐标系 K_0, 使超流流动中所研究的流体微元的速度为零. 坐标系 K_0 相对于坐标系 K 运动, 其速度等于原有坐标系中的超流流动速度. 所有的量在坐标系 K 和 K_0 中的值之间的关系 (坐标系 K_0 中的值用下标 0 加以区别), 由众所周知的以下力学变换公式给出[①]:

$$\begin{aligned}
&\boldsymbol{j} = \rho\boldsymbol{v}_{\rm s} + \boldsymbol{j}_0,\\
&E = \frac{\rho v_{\rm s}^2}{2} + \boldsymbol{j}_0\cdot\boldsymbol{v}_{\rm s} + E_0,\\
&\boldsymbol{Q} = \left(\frac{\rho v_{\rm s}^2}{2} + \boldsymbol{j}_0\cdot\boldsymbol{v}_{\rm s} + E_0\right)\boldsymbol{v}_{\rm s} + \frac{v_{\rm s}^2}{2}\boldsymbol{j}_0 + \boldsymbol{\Pi}_0\cdot\boldsymbol{v}_{\rm s} + \boldsymbol{Q}_0,\\
&\Pi_{ik} = \rho v_{{\rm s}i}v_{{\rm s}k} + v_{{\rm s}i}j_{0k} + v_{{\rm s}k}j_{0i} + \Pi_{0ik}
\end{aligned}\tag{139.8}$$

(这里 $\boldsymbol{\Pi}_0\cdot\boldsymbol{v}_{\rm s}$ 表示分量为 $\Pi_{0ik}v_{{\rm s}k}$ 的矢量).

在坐标系 K_0 中, 所讨论的流体微元只有一种运动——速度为 $\boldsymbol{v}_{\rm n}-\boldsymbol{v}_{\rm s}$ 的正常流动. 所以, 与这个坐标系有关的量 $\boldsymbol{j}_0$, E_0, $\boldsymbol{Q}_0$, Π_{0ik} 只能依赖于速度差 $\boldsymbol{v}_{\rm n}-\boldsymbol{v}_{\rm s}$, 而不能单独依赖于每一个速度 $\boldsymbol{v}_{\rm n}$, $\boldsymbol{v}_s$. 特别地, 矢量 $\boldsymbol{j}_0$ 和 $\boldsymbol{Q}_0$ 应当指向矢量 $\boldsymbol{v}_{\rm n}-\boldsymbol{v}_{\rm s}$ 的方向. 因此, 当 $\boldsymbol{v}_{\rm n}-\boldsymbol{v}_{\rm s}$ 给定时, 公式 (139.8) 就确定了待求各量对 $\boldsymbol{v}_{\rm s}$ 的依赖关系.

我们把能量 E_0 看做 ρ, s 和单位体积流体的动量 $\boldsymbol{j}_0$ 的函数, 它满足热力学关系式

$$\mathrm{d}E_0 = \mu\,\mathrm{d}\rho + T\,\mathrm{d}(\rho s) + (\boldsymbol{v}_{\rm n}-\boldsymbol{v}_{\rm s})\cdot\mathrm{d}\boldsymbol{j}_0,\tag{139.9}$$

式中 μ 为化学势 (单位质量流体的热力学势). 前两项对应于静止流体在等容条件下 (这里是单位体积下) 的通常的热力学关系式, 而最后一项表示, 能量对动量的导数是运动速度. 动量 $\boldsymbol{j}_0$ (坐标系 K_0 中的质量流密度) 显然就是

$$\boldsymbol{j}_0 = \rho_{\rm n}(\boldsymbol{v}_{\rm n}-\boldsymbol{v}_{\rm s})$$

(这时, (139.8) 中的第一个公式与 (139.1) 相同).

进一步的计算过程如下. 把 (139.8) 中的 E 和 $\boldsymbol{Q}$ 代入能量守恒方程 (139.7), 并且利用 (139.9) 把导数 $\partial E_0/\partial t$ 通过 ρ, ρs 和 $\boldsymbol{j}_0$ 的导数表示出来. 然后利用

---

① 这些公式是伽利略相对性原理的直接推论, 所以对于任何具体坐标系均成立. 例如, 如果研究普通流体, 就可以得到这些方程. 在普通的流体动力学中, 动量流密度张量为 $\Pi_{ik}=\rho v_iv_k+p\delta_{ik}$. 坐标系 K 中的流体速度 $\boldsymbol{v}$ 与坐标系 K_0 中的流体速度 $\boldsymbol{v}_0$ 之间的关系为 $\boldsymbol{v}=\boldsymbol{v}_0+\boldsymbol{u}$, 其中 $\boldsymbol{u}$ 是坐标系 K_0 相对于坐标系 K 的速度. 代入 Π_{ik} 后得到

$$\Pi_{ik} = p\delta_{ik} + \rho v_{0i}v_{0k} + \rho v_{0i}u_k + \rho u_iv_{0k} + \rho u_iu_k.$$

引入 $\Pi_{0ik}=p\delta_{ik}+\rho v_{0i}v_{0k}$ 和 $\boldsymbol{j}_0=\rho\boldsymbol{v}_0$, 就得到张量 Π_{ik} 的上述变换公式. 用类似方法可以得到其余公式.

流体动力学方程 (139.3)—(139.6) 消去全部对时间的导数 ($\dot{\rho}$, $\dot{\boldsymbol{v}}_{\mathrm{s}}$ 等). 计算相当繁琐, 经过大量化简后得到以下结果:

$$-\Pi_{0ik}\frac{\partial v_{\mathrm{s}i}}{\partial x_k}+w_i\frac{\partial}{\partial x_k}\Pi_{0ik}+p\operatorname{div}\boldsymbol{v}_{\mathrm{s}}-\boldsymbol{w}\nabla p+\rho_{\mathrm{n}}\boldsymbol{w}\cdot(\boldsymbol{w}\cdot\nabla)\boldsymbol{v}_{\mathrm{n}}\\+\operatorname{div}[\boldsymbol{w}(T\rho s+\rho_{\mathrm{n}}\mu)]+(\rho_{\mathrm{n}}-\rho s)\boldsymbol{w}\cdot\nabla(\varphi-\mu)=\operatorname{div}\boldsymbol{Q}_0,$$

这里暂时用 φ 表示 (139.6) 中的标量 (μ), 为简洁起见引入了记号 $\boldsymbol{w}=\boldsymbol{v}_{\mathrm{n}}-\boldsymbol{v}_{\mathrm{s}}$, 此外还引入了记号

$$p=-E_0+T\rho s+\mu\rho+\rho_{\mathrm{n}}(\boldsymbol{v}_{\mathrm{n}}-\boldsymbol{v}_{\mathrm{s}})^2, \tag{139.10}$$

其意义将在下面加以解释. 该能量守恒方程必须恒成立, 并且 $\boldsymbol{Q}_0$, $\boldsymbol{\Pi}_0$, φ 必须只依赖于热力学变量和速度 $\boldsymbol{w}$, 而不依赖于这些量的梯度 (因为我们不考虑耗散过程). 这些条件唯一地确定了 $\boldsymbol{Q}_0$, $\boldsymbol{\Pi}_0$, φ 的表达式.

首先应取 $\varphi=\mu$, 即方程 (139.6) 中的标量就是按照 (139.9) 定义的化学势 (所以我们在前面用字母 μ 表示它). 对于其余各量, 应取

$$\boldsymbol{Q}_0=(T\rho s+\rho_{\mathrm{n}}\mu)\boldsymbol{w}+\rho_{\mathrm{n}}w^2\boldsymbol{w},\\ \Pi_{0ik}=p\delta_{ik}+\rho_{\mathrm{n}}w_iw_k.$$

现在, 把这些表达式代入公式 (139.8), 就得到能流密度和动量流密度张量的最终表达式:

$$\boldsymbol{Q}=\left(\mu+\frac{v_{\mathrm{s}}^2}{2}\right)\boldsymbol{j}+T\rho s\boldsymbol{v}_{\mathrm{n}}+\rho_{\mathrm{n}}\boldsymbol{v}_{\mathrm{n}}[\boldsymbol{v}_{\mathrm{n}}\cdot(\boldsymbol{v}_{\mathrm{n}}-\boldsymbol{v}_{\mathrm{s}})], \tag{139.11}$$

$$\Pi_{ik}=\rho_{\mathrm{n}}v_{\mathrm{n}i}v_{\mathrm{n}k}+\rho_{\mathrm{s}}v_{\mathrm{s}i}v_{\mathrm{s}k}+p\delta_{ik}. \tag{139.12}$$

表达式 (139.12) 的形式是普通流体动力学公式 $\Pi_{ik}=\rho v_iv_k+p\delta_{ik}$ 的自然推广. 这时, 由公式 (139.10) 定义的量 p 自然可以看做流体的压强. 在完全静止的流体中, 表达式自然与通常的定义一致, 因为 $\Phi=\mu\rho$ 是单位体积流体的通常的热力学势①.

① 对于静止介质, 在热力学中通常把压强定义为作用在单位面积上的平均力. 尽管如此, 在普通的流体动力学中 (如果不考虑耗散过程), 因为总是可以选取使所讨论的流体微元处于静止状态的坐标系, 所以关于压强概念的定义不会出现问题. 但是在超流体动力学中, 通过坐标系的适当选取, 只能在两个同时发生的运动中消去一个, 所以根本无法采用通常的压强定义.

我们还指出, 表达式 (139.10) 也对应于压强的如下定义: 它是流体总能量的导数

$$p=-\frac{\partial(E_0V)}{\partial V},$$

并且求导运算是在流体的总质量 ρV, 总熵 ρsV 和相对运动总动量 $\rho\boldsymbol{w}V$ 均取给定值的条件下进行的.

方程 (139.3)—(139.6) 以及 $\boldsymbol{j}$ 和 Π_{ik} 的定义 (139.1), (139.12) 就是所寻求的封闭的超流体动力学方程组. 这个方程组非常复杂, 其首要原因在于, 方程中的量 ρ_s, ρ_n, μ, s 不仅是热力学变量 p 和 T 的函数, 而且是两种运动速度差的平方 $w^2 = (\boldsymbol{v}_\mathrm{n} - \boldsymbol{v}_\mathrm{s})^2$ 的函数. 后者是一个标量, 它是参考系的伽利略变换和流体整体的旋转变换下的不变量. 这个量是超流体的一个特征量, 在热力学平衡态下绝不应当为零, 并且应当与 p 和 T 一起出现在流体的状态方程中.

但是, 当速度不太大时 (假设速度与第二声的传播速度之比是小量, 这是在物理上感兴趣的情形, 见 §141), 上述方程将大为简化.

在这种情形下, 首先可以忽略 ρ_s 和 ρ_n 对 $\boldsymbol{w}$ 的依赖关系, 于是质量流 $\boldsymbol{j}$ 的表达式 (139.1) 在本质上给出了这个量按 $\boldsymbol{v}_\mathrm{n}$ 和 $\boldsymbol{v}_\mathrm{s}$ 的幂级数展开式中的首项. 方程中的其余热力学量也应当按速度的幂级数展开.

取表达式 (139.10) 的微分并利用 (139.9), 我们得到化学势的微分的以下表达式:

$$\mathrm{d}\mu = -s\,\mathrm{d}T + \frac{1}{\rho}\,\mathrm{d}p - \frac{\rho_\mathrm{n}}{\rho}\boldsymbol{w}\cdot\mathrm{d}\boldsymbol{w}. \tag{139.13}$$

由此可见, μ 按 $\boldsymbol{w}$ 的幂级数展开式的头两项具有以下形式:

$$\mu(p,\ T,\ \boldsymbol{w}) \approx \mu(p,\ T) - \frac{\rho_\mathrm{n}}{2\rho}w^2, \tag{139.14}$$

其右边包含静止流体的普通化学势 $\mu(p,\ T)$ 和密度 $\rho(p,\ T)$. 对温度和压强求导, 从这个表达式求出熵和密度的相应展开式:

$$\begin{aligned} s(p,\ T,\ \boldsymbol{w}) &\approx s(p,\ T) + \frac{w^2}{2}\frac{\partial}{\partial T}\frac{\rho_\mathrm{n}}{\rho}, \\ \rho(p,\ T,\ \boldsymbol{w}) &\approx \rho(p,\ T) + \frac{\rho^2 w^2}{2}\frac{\partial}{\partial p}\frac{\rho_\mathrm{n}}{\rho}. \end{aligned} \tag{139.15}$$

应当把这些表达式代入流体动力学方程, 从而得到精确到速度二阶项的方程 (在 $\boldsymbol{j}$ 中考虑 ρ_s 和 ρ_n 对 w^2 的依赖关系只会给出三阶小量)①.

在下一节中将在流体动力学方程中引入耗散项, 以便考虑超流体中的耗散过程. 但这里先给出这些方程的边界条件.

---

① 必须指出, 如果把 ρ_s 看做 p 和 T 的给定函数, 则相应流体动力学方程组在 λ 点附近可能不再适用. 其实, 在接近这个点时 (就像在接近任何二级相变点时那样), 序参量达到平衡值所需的弛豫时间及其涨落的关联半径无限增长. 而在超流体 ^{4}He 中, 凝聚态波函数起序参量的作用, 其模的平方确定 ρ_s (见第四卷 §26, §28; 关于超流体中的弛豫, 见第十卷 §103). 带有给定函数 $\rho_\mathrm{s}(p,\ T)$ 的流体动力学方程只适用于流动的特征距离和特征时间分别远大于关联半径和弛豫时间的情况. 在相反情况下, 封闭的运动方程组还应当包括用来确定 ρ_s 的方程. 见: Гинзбург В. Л., Собянин А. А. Усп. физ. наук. 1976, 120: 153 (Ginzburg V. L., Sobyanin A. A. Sov. Phys. Usp. 1977, 19: 773); Ginzburg V. L., Sobyanin A. A. J. Low Temp. Phys. 1982, 49: 507.

首先, 在任何 (静止的) 固体表面上, 质量流 $\boldsymbol{j}$ 的垂直分量应当为零. 为了说明 $\boldsymbol{v}_{\mathrm{n}}$ 的边界条件, 应当记住, 正常流动其实是一种基本的热激发 "气体" 的流动. 在沿固体表面的流动中, 激发量子与固体表面发生相互作用, 在宏观上必须把它描述为正常流体对固体表面的 "黏附" 作用, 这类似于普通黏性流体的情况. 换言之, 速度 $\boldsymbol{v}_{\mathrm{n}}$ 在固体表面上的切向分量应当为零.

如果考虑 $\boldsymbol{v}_{\mathrm{n}}$ 在固体表面上的垂直分量, 则应当注意, 激发量子可以被固体表面吸收或发射, 而这相当于流体和固体之间的传热. 所以, 速度 $\boldsymbol{v}_{\mathrm{n}}$ 在固体表面上的垂直分量不一定等于零. 边界条件只要求热流在固体表面上的垂直分量是连续的. 温度在边界上有间断, 其间断值正比于热流: $\Delta T = Kq$, 式中的比例系数 K 与流体的性质和固体的性质都有关. 这种间断的产生, 是由氦 II 中的独特传热性质引起的. 固体与流体之间的全部热阻都集中在紧贴固体表面的一层流体中, 因为流体中的对流传热几乎没有任何热阻. 所以, 引起热流的全部温度下降几乎都出现于固体表面本身.

上述边界条件的一个有趣的性质是, 固体与运动流体之间的热交换会引起作用于固体表面的切向力. 如果 x 轴指向固体表面的法线方向, 而 y 轴指向切线方向, 则单位面积上的切向力等于动量流张量的分量 Π_{xy}. 注意到在固体表面上应当有

$$j_x = \rho_{\mathrm{n}} v_{\mathrm{n}x} + \rho_{\mathrm{s}} v_{\mathrm{s}x} = 0,$$

我们求出这个力的非零表达式

$$\Pi_{xy} = \rho_{\mathrm{s}} v_{\mathrm{s}x} v_{\mathrm{s}y} + \rho_{\mathrm{n}} v_{\mathrm{n}x} v_{\mathrm{n}y} = \rho_{\mathrm{n}} v_{\mathrm{n}x}(v_{\mathrm{n}y} - v_{\mathrm{s}y}).$$

引入热流 $\boldsymbol{q} = \rho s T \boldsymbol{v}_{\mathrm{n}}$, 可以把这个力的形式改写为

$$\Pi_{xy} = \frac{\rho_{\mathrm{n}}}{\rho s T} q_x (v_{\mathrm{n}y} - v_{\mathrm{s}y}), \tag{139.16}$$

式中 q_x 是从固体进入流体的热流, 它在固体表面上是连续的.

当固体表面与流体之间没有传热时, $\boldsymbol{v}_{\mathrm{n}}$ 在固体表面上的垂直分量也等于零. 边界条件 $j_x = 0$ 和 $\boldsymbol{v}_{\mathrm{n}} = 0$ (x 轴指向固体表面的法线方向) 等价于条件 $v_{\mathrm{s}x} = 0$ 和 $\boldsymbol{v}_{\mathrm{n}} = 0$. 换言之, 在这种情形下, 对于 $\boldsymbol{v}_{\mathrm{s}}$ 得到理想流体的通常的边界条件, 对于 $\boldsymbol{v}_{\mathrm{n}}$ 得到黏性流体的边界条件.

最后, 我们稍微讨论一下液氦 ^{4}He 与其他物质 (实际上是同位素 ^{3}He) 的混合物的流体动力学. 除了表示质量守恒、动量守恒、熵守恒以及超流流动有势性的方程, 封闭的流体动力学方程组还应当包括表示混合流体中单独每一种物质守恒的方程, 其形式为

$$\frac{\partial(\rho c)}{\partial t} + \operatorname{div} \boldsymbol{i} = 0,$$

式中 c 为 ^{3}He 在混合流体中的浓度, 而 $\boldsymbol{i}$ 是其质量流密度. 但是, 只有在质量流密度 $\boldsymbol{i}$ 的表达式已知的情况下, 根据各守恒定律和伽利略不变性所要求的条件才足以确定所有方程的形式. 该表达式得自以下论断: 杂质 (^{3}He) 只参与正常流动, 即 $\boldsymbol{i} = \rho c \boldsymbol{v}_{\rm n}$ ①.

§140 超流体中的耗散过程

为了考虑耗散过程, 应当在超流体动力学方程中引入一些附加项, 它们是速度和温度对空间坐标的导数的线性函数 (就像在普通的流体动力学中那样). 从熵增原理和关于动理系数对称性的昂萨格原理所要求的条件出发, 即可唯一地确定这些附加项的形式 (И. М. 哈拉特尼科夫, 1952).

与前面一样, ρ 和 $\boldsymbol{j}$ 是单位体积流体的质量和动量. 连续性方程的形式 (139.3) 保持不变, 而在方程 (139.4), (139.6), (139.7) 中应当引入附加项, 我们把这些附加项写在方程的右边:

$$\frac{\partial j_i}{\partial t} + \frac{\partial \Pi_{ik}}{\partial x_k} = -\frac{\partial \Pi'_{ik}}{\partial x_k}, \tag{140.1}$$

$$\frac{\partial \boldsymbol{v}_{\rm s}}{\partial t} + \nabla\left(\frac{v_{\rm s}^2}{2} + \mu\right) = -\nabla\varphi', \tag{140.2}$$

$$\frac{\partial E}{\partial t} + \operatorname{div}\boldsymbol{Q} = -\operatorname{div}\boldsymbol{Q}'. \tag{140.3}$$

熵方程现在不具有守恒方程 (139.5) 的形式, 并且在确定量 $\boldsymbol{\Pi}'$, φ', $\boldsymbol{Q}'$ 的形式时应当保证熵是增加的. 为此, 我们利用 (139.9) 表示导数 $\partial E_0/\partial t$ 并把它代入能量守恒方程 (140.3), 然后借助于 (139.3), (140.1), (140.2) 消去 ρ, $\boldsymbol{j}$, $\boldsymbol{v}_{\rm s}$ 的导数. 我们这时认为, $\boldsymbol{Q}$ 和 $\boldsymbol{\Pi}$ 已经由已知的表达式 (139.11), (139.12) 给出. 于是, 除了与熵和耗散量 $\boldsymbol{\Pi}'$, $\boldsymbol{Q}'$, φ' 有关的那些项, 其余各项均已消去. 结果得到方程

$$T\left[\frac{\partial(\rho s)}{\partial t} + \operatorname{div}(\rho s \boldsymbol{v}_{\rm n})\right] = -\operatorname{div}(\boldsymbol{Q}' + \rho_{\rm s}\boldsymbol{w}\varphi' - \boldsymbol{\Pi}'\cdot\boldsymbol{v}_{\rm n}) + \varphi'\operatorname{div}(\rho_{\rm s}\boldsymbol{w}) - \Pi'_{ik}\frac{\partial v_{{\rm n}i}}{\partial x_k} \tag{140.4}$$

(这里再次引入 $\boldsymbol{w} = \boldsymbol{v}_{\rm n} - \boldsymbol{v}_{\rm s}$).

① 关于混合流体动力学方程的完整推导, 见专著: Халатников И. М. Теория сверхтекучести. Москва: Наука, 1971. 第十三章. 这些方程在非常低的温度下不再适用, 这时与杂质原子有关的元激发出现量子简并.

量 $\boldsymbol{\Pi}'$, $\boldsymbol{Q}'$, φ' 对梯度的线性函数表达式具有以下形式, 即可保证熵是增加的①:

$$\Pi'_{ik} = -\eta\left(\frac{\partial v_{\mathrm{n}i}}{\partial x_k} + \frac{\partial v_{\mathrm{n}k}}{\partial x_i} - \frac{2}{3}\delta_{ik}\operatorname{div}\boldsymbol{v}_{\mathrm{n}}\right) - \delta_{ik}\zeta_1\operatorname{div}(\rho_{\mathrm{s}}\boldsymbol{w}) - \delta_{ik}\zeta_2\operatorname{div}\boldsymbol{v}_{\mathrm{n}}, \quad (140.5)$$

$$\varphi' = \zeta_3\operatorname{div}(\rho_{\mathrm{s}}\boldsymbol{w}) + \zeta_4\operatorname{div}\boldsymbol{v}_{\mathrm{n}}, \quad (140.6)$$

$$\boldsymbol{Q}' = -\varphi'\rho_{\mathrm{s}}\boldsymbol{w} + \boldsymbol{\Pi}'\cdot\boldsymbol{v}_{\mathrm{n}} - \varkappa\nabla T \quad (140.7)$$

(在 Π'_{ik} 中分离出了 $\boldsymbol{v}_{\mathrm{n}}$ 的导数的某种组合, 使它的迹为零, 这类似于普通流体动力学中的做法). 根据昂萨格原理, 这时应有

$$\zeta_1 = \zeta_4, \quad (140.8)$$

所以一共还有五个独立的动理系数②.

最后, 把表达式 (140.5)—(140.7) 代入方程 (140.4), 经过简单变换就把它化为以下形式:

$$T\left[\frac{\partial(\rho s)}{\partial t} + \operatorname{div}\left(\rho s\boldsymbol{v}_{\mathrm{n}} - \frac{\varkappa}{T}\nabla T\right)\right] = R, \quad (140.9)$$

其中

$$R = \frac{\eta}{2}\left(\frac{\partial v_{\mathrm{n}i}}{\partial x_k} + \frac{\partial v_{\mathrm{n}k}}{\partial x_i} - \frac{2}{3}\delta_{ik}\operatorname{div}\boldsymbol{v}_{\mathrm{n}}\right)^2 + 2\zeta_1\operatorname{div}\boldsymbol{v}_{\mathrm{n}}\operatorname{div}(\rho_{\mathrm{s}}\boldsymbol{w})$$
$$+ \zeta_2(\operatorname{div}\boldsymbol{v}_{\mathrm{n}})^2 + \zeta_3[\operatorname{div}(\rho_{\mathrm{s}}\boldsymbol{w})]^2 + \frac{\varkappa}{T}(\nabla T)^2. \quad (140.10)$$

这个方程类似于普通流体动力学中的一般传热方程 (49.5)③. 因为方程的右边确定流体的熵增加率, 所以它应当是严格大于零的量. 由此可知, 所有系数 η, ζ_1, ζ_2, ζ_3, $\varkappa$ 均为正, 并且 $\zeta_1^2 \leqslant \zeta_2\zeta_3$. 系数 η 是与正常流动有关的"第一黏度", 类似于普通流体的黏度, 而系数 $\varkappa$ 在形式上类似于普通流体的热导率. 现在有三个"第二黏度" (ζ_1, ζ_2, ζ_3), 而在普通的流体动力学中只有一个.

不过, 关于上述结果, 还必须作出以下说明. 在流体中耗散掉的能量相对于参考系的伽利略变换自然是不变量, 速度的导数当然也满足这个要求, 但在超流体中, 速度差 $\boldsymbol{w} = \boldsymbol{v}_{\mathrm{n}} - \boldsymbol{v}_{\mathrm{s}}$ 也满足伽利略不变性. 所以, 超流体中的耗散流也可以不仅与热力学量的梯度和速度的梯度有关, 而且与 $\boldsymbol{w}$ 本身有关.

---

① 这里还考虑了一个条件: 流体的正常部分的整体转动 ($\boldsymbol{v}_{\mathrm{n}} = \boldsymbol{\Omega}\times\boldsymbol{r}$) 不应导致耗散 (见 §15).

② 我们不再完整地进行相应讨论 (例如, 这完全类似于 §59 中的内容). 只是要注意, ζ_1 是 $\boldsymbol{\Pi}'$ 中 $\operatorname{div}(\rho_{\mathrm{s}}\boldsymbol{w})$ 的系数, 而 $\boldsymbol{\Pi}'$ 中的这一项乘以 $\operatorname{div}\boldsymbol{v}_{\mathrm{n}}$ 后就出现在方程 (140.4) 的右边. 相反, ζ_4 是 φ' 中 $\operatorname{div}\boldsymbol{v}_{\mathrm{n}}$ 的系数, 这一项乘以 $\operatorname{div}(\rho_{\mathrm{s}}\boldsymbol{w})$ 后也出现在 (140.4) 的右边.

③ 在 §49 最后关于如何定义弱非平衡热力学状态的熵的全部讨论在这里仍然适用.

在 §139 中已经指出, 实际上应当把该速度差看做小量, 所以表达式 (140.5), (140.6) 并没有包含原则上可能出现的全部的项, 而只包含了其中最大的一些项①.

习 题

对于不可压缩超流体, 把正常流动和超流流动的运动方程分离出来 (认为总的密度 ρ 和单独每一个密度 ρ_s 和 ρ_n 都是常量).

解: 熵方程中的耗散项是二阶小量, 在该情况下可以忽略不计, 于是 $s=\text{const}$, 从方程 (139.3) 和 (139.5) 就有 $\operatorname{div}\boldsymbol{v}_s=\operatorname{div}\boldsymbol{v}_n=0$. 在动量流张量中保留与正常流动黏度有关的速度梯度线性项:

$$\Pi'_{ik}=-\eta\left(\frac{\partial v_{ni}}{\partial x_k}+\frac{\partial v_{nk}}{\partial x_i}\right).$$

把这个表达式 (以及 Π_{ik} 的表达式 (139.12)) 代入相应方程, 我们得到

$$\rho_s\frac{\partial \boldsymbol{v}_s}{\partial t}+\rho_n\frac{\partial \boldsymbol{v}_n}{\partial t}+\rho_s(\boldsymbol{v}_s\cdot\nabla)\boldsymbol{v}_s+\rho_n(\boldsymbol{v}_n\cdot\nabla)\boldsymbol{v}_n=-\nabla p+\eta\operatorname{div}\boldsymbol{v}_n,$$

和

$$\rho_n\frac{\partial \boldsymbol{v}_n}{\partial t}+\rho_n(\boldsymbol{v}_n\cdot\nabla)\boldsymbol{v}_n+\rho_s\nabla\frac{v_s^2}{2}+\rho_s\nabla\frac{\partial\varphi_s}{\partial t}=-\nabla p+\eta\operatorname{div}\boldsymbol{v}_n,$$

其中已经按照 $\boldsymbol{v}_s=\nabla\varphi_s$ 引入了超流流动的速度势, 还利用了 $(\boldsymbol{v}_s\cdot\nabla)\boldsymbol{v}_s=\nabla v_s^2/2$. 因为 $\operatorname{div}\boldsymbol{v}_s=0$, 所以速度势 φ_s 满足拉普拉斯方程 $\Delta\varphi_s=0$. 按照等式 $p=p_0+p_n+p_s$ 引入正常流动和超流流动的“压强” p_n 和 p_s 作为两个辅助量, 式中 p_0 是无穷远处的压强, 而 p_s 由理想流体的普通公式给出:

$$p_s=-\rho_s\frac{\partial\varphi_s}{\partial t}-\frac{\rho_s v_s^2}{2}.$$

于是, 速度 $\boldsymbol{v}_n$ 的方程化为以下形式:

$$\frac{\partial \boldsymbol{v}_n}{\partial t}+(\boldsymbol{v}_n\cdot\nabla)\boldsymbol{v}_n=-\frac{1}{\rho_n}\nabla p_n+\frac{\eta}{\rho_n}\Delta\boldsymbol{v}_n,$$

它在形式上与纳维–斯托克斯方程相同, 相应流体的密度为 ρ_n, 黏度为 η.

于是, 不可压缩液氦 II 的流动问题化为普通流体动力学中关于理想流体流动和黏性流体流动的两个问题. 超流流动可由拉普拉斯方程确定, 其边界条件是对法向导数 $\partial\varphi_s/\partial n$

---

① 如果放弃这个条件, 则允许出现在耗散流中的项的种类将会大为增加 (且不说动理系数本身一般还将是 w 的函数). 例如, 在 φ' 中将出现形如 $\boldsymbol{w}\nabla T$ 和 $w_i w_k\,\partial v_{ni}/\partial x_k$ 的项. 这时, 描述氦 II 中耗散的独立动理系数的总数为 13 (A. 克拉克, 1963). 关于这个问题, 可以参考: Putterman S. J. Superfluid Hydrodynamics. Amsterdam: North-Holland, 1974. 附录 VI.

有鉴于此, 我们指出, 在 (140.5), (140.6) 中之所以写出带有 $\operatorname{div}(\rho_s\boldsymbol{w})$ 的项, 是因为正是这样的导数组合才会自然地出现在精确的方程 (140.5), (140.6) 中. 在这里所采用的精度下, 这些项在 (140.5), (140.6) 中的更准确写法是 $\rho_s\operatorname{div}\boldsymbol{w}$.

提出的, 就像通常的理想流体有势绕流问题那样. 正常流动可由纳维–斯托克斯方程确定, 而 $\boldsymbol{v}_\mathrm{n}$ 的边界条件 (壁面与流体之间没有热交换) 与通常的黏性流体绕流问题中的边界条件相同. 然后可以通过求和 $p_0+p_\mathrm{n}+p_\mathrm{s}$ 来计算压强分布.

为了确定温度分布, 我们在方程 (139.6) (μ 的表达式为 (139.14)) 中写出 $\boldsymbol{v}_\mathrm{s}=\nabla\varphi_\mathrm{s}$, 积分后求出

$$\mu(p,\ T)+\frac{v_\mathrm{s}^2}{2}-\frac{\rho_\mathrm{n}}{2\rho}(\boldsymbol{v}_\mathrm{n}-\boldsymbol{v}_\mathrm{s})^2+\frac{\partial\varphi_\mathrm{s}}{\partial t}=\mathrm{const}\,.$$

在不可压缩流体中, 温度变化和压强变化都很小, 于是在精确到一阶项时可以写出

$$\mu-\mu_0=-s(T-T_0)+\frac{1}{\rho}(p-p_0)$$

(T_0, p_0 是无穷远处的温度和压强). 把这个表达式代入方程的上述积分并引入 p_n 和 p_s, 得到

$$T-T_0=\frac{\rho_\mathrm{n}}{\rho s}\left[\frac{p_\mathrm{n}}{\rho_\mathrm{n}}-\frac{p_\mathrm{s}}{\rho_\mathrm{s}}-\frac{(\boldsymbol{v}_\mathrm{n}-\boldsymbol{v}_\mathrm{s})^2}{2}\right].$$

§ 141 超流体中声波的传播

我们应用氦 II 的流体动力学方程组来讨论这种流体中声波的传播. 照例假设声波中的速度很小, 而密度、压强和熵基本等于它们各自固定的平衡值. 于是, 流体动力学方程可以线性化, 即在方程 (139.12)—(139.14) 中忽略速度的二次项, 而在方程 (139.5) 中可以把 $\mathrm{div}(\rho s\boldsymbol{v}_\mathrm{n})$ 中的熵 ρs 放在记号 div 以外 (因为该项已经包含小量 $\boldsymbol{v}_\mathrm{n}$). 因此, 流体动力学方程组的形式为

$$\frac{\partial\rho}{\partial t}+\mathrm{div}\,\boldsymbol{j}=0, \tag{141.1}$$

$$\frac{\partial(\rho s)}{\partial t}+\rho s\,\mathrm{div}\,\boldsymbol{v}_\mathrm{n}=0, \tag{141.2}$$

$$\frac{\partial\boldsymbol{j}}{\partial t}+\nabla p=0, \tag{141.3}$$

$$\frac{\partial\boldsymbol{v}_\mathrm{s}}{\partial t}+\nabla\mu=0. \tag{141.4}$$

取 (141.1) 对时间的导数, 然后把 (141.3) 代入, 我们得到

$$\frac{\partial^2\rho}{\partial t^2}=\Delta p. \tag{141.5}$$

根据热力学关系式 $\mathrm{d}\mu=-s\,\mathrm{d}T+\mathrm{d}p/\rho$, 我们有

$$\nabla p=\rho s\nabla T+\rho\nabla\mu.$$

从 (141.3) 和 (141.4) 得到 ∇p 和 $\nabla \mu$ 的表达式, 把它们代入上式, 得到

$$\rho_{\rm n}\frac{\partial}{\partial t}(\boldsymbol{v}_{\rm n}-\boldsymbol{v}_{\rm s})+\rho s\nabla T=0.$$

对这个方程应用算子 div, 并根据等式

$$\frac{\partial s}{\partial t}=\frac{1}{\rho}\frac{\partial(\rho s)}{\partial t}-\frac{s}{\rho}\frac{\partial \rho}{\partial t}=-s\operatorname{div}\boldsymbol{v}_{\rm n}+\frac{s}{\rho}\operatorname{div}\boldsymbol{j}=\frac{s\rho_{\rm s}}{\rho}\operatorname{div}(\boldsymbol{v}_{\rm s}-\boldsymbol{v}_{\rm n})$$

对 $\operatorname{div}(\boldsymbol{v}_{\rm s}-\boldsymbol{v}_{\rm n})$ 作代换

$$\operatorname{div}(\boldsymbol{v}_{\rm s}-\boldsymbol{v}_{\rm n})=\frac{\rho}{\rho_{\rm s}s}\frac{\partial s}{\partial t},$$

就得到方程

$$\frac{\partial^2 s}{\partial t^2}=\frac{\rho_{\rm s}s^2}{\rho_{\rm n}}\Delta T. \tag{141.6}$$

方程 (141.5) 和 (141.6) 确定了超流体中声波的传播. 既然存在两个方程, 由此就已经可以看出, 存在两个声波传播速度.

把 s, p, ρ, T 写为以下形式:

$$s=s_0+s',\quad p=p_0+p',\ \cdots,$$

其中带撇号的字母表示相应的量在声波中的微小变化, 而带下标 0 的量表示这些量的固定平衡值 (为简洁起见, 我们在下面省略下标 0). 于是可以写出

$$\rho'=\frac{\partial\rho}{\partial p}p'+\frac{\partial\rho}{\partial T}T',\quad s'=\frac{\partial s}{\partial p}p'+\frac{\partial s}{\partial T}T',$$

方程 (141.5) 和 (141.6) 则化为

$$\frac{\partial\rho}{\partial p}\frac{\partial^2 p'}{\partial t^2}-\Delta p'+\frac{\partial\rho}{\partial T}\frac{\partial^2 T'}{\partial t^2}=0,$$

$$\frac{\partial s}{\partial p}\frac{\partial^2 p'}{\partial t^2}+\frac{\partial s}{\partial T}\frac{\partial^2 T'}{\partial t^2}-\frac{\rho_{\rm s}s^2}{\rho_{\rm n}}\Delta T'=0.$$

我们来寻求这些方程的平面波解, 其中 p' 和 T' 都正比于因子 $\mathrm{e}^{-\mathrm{i}\omega(t-x/u)}$ (这里用字母 u 表示声速). 作为两个方程的相容条件, 我们得到方程

$$u^4\frac{\partial(s,\ \rho)}{\partial(T,\ p)}-u^2\left(\frac{\partial s}{\partial T}+\frac{\rho_{\rm s}s^2}{\rho_{\rm n}}\frac{\partial\rho}{\partial p}\right)+\frac{\rho_{\rm s}s^2}{\rho_{\rm n}}=0$$

(式中 $\partial(s,\ \rho)/\partial(T,\ p)$ 表示从 s, ρ 变换到 T, p 的雅可比行列式). 利用热力学关系式进行简单的变换, 可以把上述方程的形式化为

$$u^4-u^2\left[\left(\frac{\partial p}{\partial\rho}\right)_s+\frac{\rho_{\rm s}Ts^2}{\rho_{\rm n}c_v}\right]+\frac{\rho_{\rm s}Ts^2}{\rho_{\rm n}c_v}\left(\frac{\partial p}{\partial\rho}\right)_T=0 \tag{141.7}$$

(c_v 是质量热容). 关于 u^2 的这个二次方程给出氦 II 中声波的两个传播速度. 当 $\rho_s = 0$ 时, 该方程的一个根为零, 于是只得到一个普通的声速 $u = \sqrt{(\partial p/\partial\rho)_s}$, 而这是理所当然的.

当温度不是过于接近 λ 点时, 氦 II 的热容 c_p 和 c_v 几乎在所有温度下都相同 (因为热膨胀系数很小). 在这些条件下, 根据众所周知的热力学公式, 等温压缩系数和绝热压缩系数也互相接近:

$$\left(\frac{\partial p}{\partial\rho}\right)_T = \left(\frac{\partial p}{\partial\rho}\right)_s \frac{c_v}{c_p} \approx \left(\frac{\partial p}{\partial\rho}\right)_s.$$

用 c 表示 c_p 和 c_v 的共同值, 用 $\partial p/\partial\rho$ 表示 $(\partial p/\partial\rho)_T$ 和 $(\partial p/\partial\rho)_s$ 的共同值, 则从方程 (141.7) 得到声速的以下表达式:

$$u_1 = \sqrt{\frac{\partial p}{\partial\rho}}, \quad u_2 = \sqrt{\frac{Ts^2\rho_s}{c\rho_n}}, \tag{141.8}$$

其中一个声速 u_1 几乎不变, 另一个声速 u_2 显著依赖于温度, 并且在 λ 点处与 ρ_s 同时变为零①.

不过, 在 λ 点附近, 热膨胀系数不是小量, 所以不能忽略 c_p 与 c_v 之间的差别. 为了得到这种情况下的 u_2 公式, 必须忽略 (141.7) 中方括号内的第二项 (含有 ρ_s), 以及现在已是小量的 u^4 (因为 u_2 趋于零). 此外, 还可以取 $\rho_n \approx \rho$. 结果得到

$$u_2 = \sqrt{\frac{Ts^2\rho_s}{c_p\rho}}. \tag{141.9}$$

对于声速 u_1 仍然得到公式 (141.8), 但应把 $\partial p/\partial\rho$ 理解为 $(\partial p/\partial\rho)_s$, 即得到通常的声速公式.

关于公式 (141.9), 必须指出, 它仅适用于频率足够低的情况, 并且流体状态越接近 λ 点, 频率就越低. 其实 (就像在 585 页的脚注中所指出的那样), 序参量的弛豫时间 τ 在 λ 点附近无限增加; 公式 (141.9) 没有考虑声波的色散和吸收, 仅在 $\omega\tau \ll 1$ 的条件下才成立. 至于声速 u_1, 由于序参量的弛豫, 在 λ 点附近会出现额外的衰减, 这与 §81 中的一般结果一致.

在极低的温度下, 流体中几乎所有元激发都是声子, 量 ρ_n, c, s 之间的关系为②:

$$c = 3s, \quad \rho_n = \frac{cT}{3u_1^2}\rho,$$

① 关于液氦 ^{4}He 与 ^{3}He 混合流体中的声波传播, 可以参阅 587 页上提到的 И. М. 哈拉特尼科夫的专著.

② 在第九卷 §22, §23 中列出了氦 II 的热力学量的公式, 由此容易得到这些关系式.

而 $\rho_s \approx \rho$. 把这些表达式代入 u_2 的公式 (141.8), 我们求出

$$u_2 = \frac{u_1}{\sqrt{3}}.$$

因此, 当温度趋于零时, 声速 u_1 和 u_2 趋于常极限值, 其比值趋于 $\sqrt{3}$.

为了更清楚地揭示氦 II 中两种声波的物理本质, 我们来研究平面声波 (E. M. 栗弗席兹, 1944). 在这样的声波中, 速度 v_n, v_s 以及温度和压强的变化部分 T', p' 彼此成正比. 按照

$$\boldsymbol{v}_n = a\boldsymbol{v}_s, \quad p' = bv_s, \quad T' = cv_s \tag{141.10}$$

引入比例系数. 根据方程 (141.1)—(141.6), 在所需精度下的简单计算给出

$$\begin{aligned} a_1 &= 1 + \frac{\beta\rho u_1^2 u_2^2}{\rho_s s(u_1^2 - u_2^2)}, \quad b_1 = \rho u_1, \quad c_1 = \frac{\beta T u_1^3}{c(u_1^2 - u_2^2)}, \\ a_2 &= -\frac{\rho_s}{\rho_n} + \frac{\beta\rho u_1^2 u_2^2}{\rho_n s(u_1^2 - u_2^2)}, \quad b_2 = \frac{\beta\rho u_1^2 u_2^3}{s(u_1^2 - u_2^2)}, \quad c_2 = -\frac{u_2}{s}, \end{aligned} \tag{141.11}$$

其中 $\beta = -(1/\rho)\partial\rho/\partial T$ 是热膨胀系数. 因为 β 很小, 所以包含 β 的量远小于不包含 β 的量.

我们看到, 在第一类声波 (**第一声**) 中 $\boldsymbol{v}_n \approx \boldsymbol{v}_s$, 即每一个体微元中的流体在一级近似下发生整体振动, 正常部分和超流部分一起运动. 自然, 这类声波相当于普通流体中的普通声波.

而在第二类声波 (**第二声**) 中有 $\boldsymbol{v}_n \approx -\rho_s\boldsymbol{v}_s/\rho_n$, 即总的质量流密度为

$$\boldsymbol{j} = \rho_s\boldsymbol{v}_s + \rho_n\boldsymbol{v}_n \approx 0.$$

因此, 在第二声中, 超流部分和正常部分沿彼此相反的方向振动, 每一个体微元中的流体质心在一级近似下都保持静止, 而且总的质量流为零. 显然, 这类声波是超流体所特有的.

从公式 (141.11) 中可以看出这两类声波之间的另一个重要差别. 在普通的声波中, 压强的振幅相对较大, 而温度的振幅很小. 相反, 在第二声中, 温度的相对振幅远大于压强的相对振幅. 在这个意义上可以说, 第二声是一种独特的无衰减温度波①.

在完全忽略热膨胀的近似下, 第二声是纯粹的温度振荡 ($\boldsymbol{j} = 0$), 而第一声是纯粹的压强振荡 ($\boldsymbol{v}_s = \boldsymbol{v}_n$). 因此, 它们的运动方程是完全分开的. 在方程 (141.6) 中取 $s' = cT'/T$, 就得到

$$\frac{\partial^2 T'}{\partial t^2} = u_2^2 \Delta T', \tag{141.12}$$

① 当然, 它们与普通导热介质中的衰减 “温度波” (§52) 没有任何共同之处.

而在方程 (141.5) 中取 $\rho' = p'\partial\rho/\partial p$, 就得到

$$\frac{\partial^2 p'}{\partial t^2} = u_1^2 \Delta p'. \tag{141.13}$$

关于在氦 II 中激发声波的各种方法的问题, 也与声波的上述性质有密切关系 (E. M. 栗弗席兹, 1944). 为了产生第二声, 通常激发声波的机械方法 (固体振动) 很不适用, 因为所激发的第二声的强度极小, 与同时激发的普通声波的强度相比可以忽略不计. 但是, 还可以通过氦 II 所特有的其他一些方法在氦 II 中激发声波. 利用温度周期性变化的固体表面发射声波, 就是这样的方法, 这时所发射的第二声的强度远大于第一声的强度. 这是很自然的, 因为这两种声波中的温度振荡具有如上所述的不同特性 (见习题 1 和 2).

在大振幅第二声波的传播过程中, 其波形因为非线性效应而逐渐变化, 最终导致间断的产生, 就像普通流体动力学中的普通声波那样 (见 §101, §102). 我们通过一维第二声波 (行波) 来研究这些现象 (И. M. 哈拉特尼科夫, 1952).

在一维行波中, 所有的量 (ρ, p, T, v_s, v_n) 都可以表示为一个参量的函数, 例如, 可以选取这些量本身之一作为该参量 (§101). 波形上的点的移动速度 U 等于该参量取确定值时的导数 $\mathrm{d}x/\mathrm{d}t$. 每个量对坐标和时间的导数之间的关系为 $\partial/\partial t = -U\partial/\partial x$.

用 $v = j/\rho$ 和 $w = v_n - v_s$ 代替速度 v_s 和 v_n 更为方便. 选取这样的坐标系, 使波形上给定点的速度 v 等于零. 流体动力学方程 (139.3)—(139.6) (其中的 $\boldsymbol{\Pi}$, μ, ρ, s 由公式 (139.12)—(139.15) 给出) 化为以下方程组:

$$-U\frac{\partial\rho}{\partial p}p' - U\rho^2\frac{\partial}{\partial p}\left(\frac{\rho_n}{\rho}\right)ww' + \rho v' = 0, \tag{141.14}$$

$$p' + 2\frac{\rho_s\rho_n}{\rho}ww' - U\rho v' = 0, \tag{141.15}$$

$$\left[-\rho U\frac{\partial s}{\partial T} + w\frac{\partial}{\partial T}(\rho_s s)\right]T' + sw\frac{\partial\rho_s}{\partial p}p' + \left(\rho_s s - Uw\frac{\partial\rho_n}{\partial T}\right)w' = 0, \tag{141.16}$$

$$\left(-\rho s + Uw\frac{\partial\rho_n}{\partial T}\right)T' + \left(1 + Uwp\frac{\partial}{\partial p}\frac{\rho_n}{\rho}\right)p' + \left(\rho_n U - \frac{\rho_n\rho_s}{\rho}w\right)w' - (U\rho + w\rho_n)v' = 0. \tag{141.17}$$

这里忽略了所有高于二阶的小量以及所有包含热膨胀系数的项, 撇号处处表示对上述参量的导数①.

在第二声波中, p 和 v 的相对振幅远小于 T 和 w 的相对振幅, 所以还可以忽略包含 wp', wv' 的项. 为了确定 U, 只要考虑方程 (141.16) 以及方程 (141.15)

① 而不是像本节前面那样表示振荡量的变化部分!

与 (141.17) 之差即可. 这样得到的 T' 和 w' 的两个线性方程的相容条件给出二次方程

$$\rho_{\mathrm{n}}U^2\frac{\partial s}{\partial t}-Uw\left(\frac{4\rho_s\rho_n}{\rho}\frac{\partial s}{\partial T}-2s\frac{\partial\rho_{\mathrm{n}}}{\partial T}\right)-\rho_{\mathrm{s}}s^2=0,$$

所以

$$U=u_2+w\left(\frac{2\rho_{\mathrm{s}}}{\rho}-\frac{sT}{\rho_{\mathrm{n}}c}\frac{\partial\rho_{\mathrm{n}}}{\partial T}\right),$$

其中 u_2 是第二声速的当地值. 在波形上的不同点, 第二声速发生变化, 温度对其平衡值的偏离 δT 也发生变化. 按 δT 的幂展开 u_2, 得到

$$u_2=u_{20}+\frac{\partial u_2}{\partial T}\delta T=u_{20}+\frac{\partial u_2}{\partial T}\frac{\rho_{\mathrm{n}}u_2}{\rho s}w,$$

其中 u_{20} 是 u_2 的平衡值. 最后得到

$$U=u_{20}+w\frac{\rho_{\mathrm{s}}sT}{\rho c}\frac{\partial}{\partial T}\ln\frac{u_{20}^3c}{T}. \tag{141.18}$$

当波形畸变足够大时就形成间断 (见 §102), 在所讨论的情况下形成温度间断. 间断的传播速度等于间断两侧速度 U 的平均值, 即

$$c_{20}+\frac{w_1+w_2}{2}\frac{\rho_{\mathrm{s}}sT}{\rho c}\frac{\partial}{\partial T}\ln\frac{u_{20}^3c}{T} \tag{141.19}$$

式中 w_1, w_2 是 w 在间断两侧的值.

在表达式 (141.18) 中, w 的系数可正可负. 因此, 具有较大 w 值的点或者超越具有较小 w 值的点, 或者落后于它, 相应地在第二声波的前阵面或后阵面上就会形成间断 (这与普通声波的情况不同, 普通声波中的激波总是出现在前阵面上).

习 题

1. 设一块平板在垂直于自身的方向上振动, 求由它发射的第一声与第二声的强度比.

解: 我们来寻求所发射的第一声和第二声中的速度 v_{s} (沿垂直于该平面的 x 轴), 其形式分别为

$$v_{\mathrm{s}1}=A_1\cos\left[\omega\left(t-\frac{x}{u_1}\right)\right],\quad v_{\mathrm{s}2}=A_2\cos\left[\omega\left(t-\frac{x}{u_2}\right)\right].$$

在振动平板的表面上, 速度 v_{s} 和 v_{n} 应当等于其振动速度 (记为 $v_0\cos\omega t$), 这给出方程

$$A_1+A_2=v_0,\quad a_1A_1+a_2A_2=v_0$$

(系数 a_1, a_2 由 (141.11) 确定). 氦 II 中声波的平均能量密度 (指对时间的平均值) 等于

$$\rho_{\mathrm{s}}\overline{v_{\mathrm{s}}^2}+\rho_{\mathrm{n}}\overline{v_{\mathrm{n}}^2}=\frac{1}{2}A^2(\rho_{\mathrm{s}}+\rho_{\mathrm{n}}a^2),$$

再乘以相应声速 u, 就得到能流 (强度). 对于所发射的第二声与第一声的强度比, 我们得到

$$\frac{I_2}{I_1}=\frac{A_2^2(\rho_s+\rho_n a_2^2)u_2}{A_1^2(\rho_s+\rho_n a_1^2)u_1}\approx\frac{\beta^2 T u_2^3}{c u_1}$$

(这里假设 $u_2\ll u_1$, 这直到很低的温度一直成立). 这个比值非常小.

2. 题目同上, 但该平板的温度作周期性变化.

解: 只要利用在静止表面上应当成立的边界条件 $j=0$ 即可, 它给出

$$\rho_s(A_1+A_2)+\rho_n(a_1A_1+a_2A_2)=0,$$

所以

$$\left|\frac{A_2}{A_1}\right|=\frac{\rho_n a_1+\rho_s}{\rho_n a_2+\rho_s}\approx\frac{s}{\beta u_2^2}.$$

对于强度比, 我们求出

$$\frac{I_2}{I_1}=\frac{c}{T\beta^2 u_1u_2}.$$

这个比值非常大.

3. 设一根毛细管的直径远小于黏性流体的穿透深度 $\delta\sim(\eta/\rho_n\omega)^{1/2}$, 求沿该毛细管的声音传播速度 (K. R. 阿特金斯, 1959)①.

解: 在上述条件下可以认为, 毛细管中的正常流动因为管壁摩擦力的作用而完全停止 ($\boldsymbol{v}_n=0$). 方程组 (141.1), (141.2), (141.4) 经过线性化后化为以下形式②:

$$\dot{\rho}'+\rho_s\operatorname{div}\boldsymbol{v}_s=0,$$

$$\dot{\boldsymbol{v}}_s+\nabla\mu'=\dot{\boldsymbol{v}}_s-s\nabla T'+\frac{1}{\rho}\nabla p'=0,$$

$$(s\rho)^{\cdot}=\rho\dot{s}'+s\dot{\rho}'=0$$

(撇号表示各量在声波中的变化部分). 仍然忽略流体的热膨胀系数, 从第三个方程求出

$$\frac{p's}{u_1^2}=-\frac{T'\rho c}{T}.$$

现在, 从前两个方程消去 $\boldsymbol{v}_s$, 我们得到波动方程 $\ddot{p}'-u^2\Delta p'=0$, 其中的传播速度 u 由以下公式给出:

$$u^2=\frac{\rho_s}{\rho}u_1^2+\frac{\rho_n}{\rho}u_2^2.$$

4. 求氦 II 中的第一声和第二声的吸收系数.

解: 计算类似于 §79 中对普通流体中的声波的计算, 这时要用表达式 (140.10) 代替 (79.1). 忽略包含热膨胀系数 β 的全部项 (包括 (141.10), (141.11) 中的这些项), 我们得到吸收系数

$$\gamma_1=\frac{\omega^2}{2\rho u_1^3}\left(\frac{4}{3}\eta+\zeta_2\right),\quad \gamma_2=\frac{\omega^2\rho_s}{2\rho\rho_n u_2^3}\left(\frac{4}{3}\eta+\zeta_2+\rho^2\zeta_3-2\rho\zeta_1+\frac{\rho_n\varkappa}{\rho_s c}\right).$$

---

① 这些声波称为**第四声**. 沿固体表面上的氦 II 薄膜传播的波称为**第三声**, 液体薄膜与固体之间相互作用的范德瓦尔斯力这时起重要作用.

② 不必考虑动量守恒方程 (141.3), 因为它在上述条件下不成立. 这时必须有外力作用在毛细管上, 才能使它保持静止.

人名索引

D

F

G

H

J

K

N

O

P

Q

R

S

T

W

X

Y

Z

名词索引①

① 本索引并不重复本书目录, 而是它的补充, 其中包括没有直接在目录中反映出来的术语、概念和习题. 带有星号的页码与相应习题有关.

P

Q

R

S

T

译后记

2006 年, 高等教育出版社决定引进著名物理学家 Л.Д. 朗道和 Е.М. 栗弗席兹的十卷本经典巨著《理论物理学教程》, 这是一件功德无量的大事. 2007 年, 我接受出版社的委托, 计划在翻译完 Л.И. 谢多夫的《连续介质力学》之后就开始翻译该教程的第六卷《流体动力学》(2003 年俄文第五版). 翻译工作真正开始于 2009 年 9 月, 主要是在 2011 年完成的.

我从大学本科到研究生阶段都在莫斯科大学力学数学系求学, 本书恰好是我所在的流体力学专业的必读参考书之一. 如今亲自把它译成中文, 一直都有故地重游的感觉, 实在非常欣慰.

本书闻名遐迩, 我无须从专业角度再展开评论, 只想简要介绍中译本的特点, 以及作为译者的些许感受和经验. 当然, 我还必须向所有提供帮助的人表示感谢, 这其实是译后记的最重要内容.

在此之前, 本书已有两个中译本. 彭旭麟先生的 1958、1960 年中译本① 译自 1954 年俄文第二版 (当时是《连续介质力学》的第一部分), 在 1978 年还曾重印 5 万册. 孔祥言、徐燕侯、庄礼贤三位先生的 1983、1990 年中译本② 转译自 1959 年英译本的 1975 年重印本. 不过, 俄文第三版早在 1986 年就已经问世, 英译本第二版出版于 1987 年, 而中译本却一直没有修订再版, 这对我国读者而言不能不说是一件憾事.

早在 1963 年, 北京大学的杜珣、吴鸿庆、黄敦三位先生就在《力学学报》上撰文③ 详细介绍了本书, 并对彭旭麟译本进行了点评. 这篇书评至今仍然极具参考价值, 只是对翻译水平的批评似乎过于严苛. 其实, 我国 50 岁以上的科

---

① Л. Д. 朗道, Е. М. 栗弗席兹. 连续介质力学. 第一、二册. 彭旭麟译. 北京: 人民教育出版社, 1958, 1960.

② Л. Д. 朗道, Е. М. 栗弗席茨. 流体力学. 上、下册. 孔祥言, 徐燕侯, 庄礼贤译. 北京: 高等教育出版社, 1983, 1990.

③ 杜珣, 吴鸿庆, 黄敦. 介绍 “Л. Д. Ландау и Е. М. Лифшиц, Гидродинамика” 兼评中译本 “彭旭麟译, 连续介质力学, 第一部分——流体动力学”. 力学学报, 1963, 6(3): 243—248.

技工作者对这个译本往往充满感情. 在当时条件下, 彭旭麟先生以一己之力翻译如此巨著相当不易, 更何况该译本问世于我国现代高等教育体系才初具规模的 20 世纪 50 年代, 中文的物理学名词体系那时还很不完善, 很多术语的翻译方法尚未定型. 瑕不掩瑜, 彭旭麟译本的历史地位和影响面有目共睹, 说它培育了几代人并不为过.

基于以上原因, 根据最新俄文版推出一部全新的中文版, 也就成为我在这两年最投入的事情.

按照最传统的翻译三原则, 译文应当既忠实原文 (所谓"信"), 又符合目标语言的表达习惯 (所谓"达"). 科技类文献不是文学作品, 一般不必在文学性上刻意雕琢 (所谓"雅"), 但考虑到每一个作者的行文风格往往自有其特点, 如果能让译文在风格上与原文一致, 我认为也就达到了"雅"的要求. 对译者而言, "信"自然是一个最低要求. 尽管如此, 并且还有两个中译本和两个英译本可资参考, 我在这方面花的功夫仍是最多的, 希望读者能够满意. 我在"达"上也下了力气, 尽量使译文通俗易懂, 避免西式的拗口长句. 至于"雅", 我只能说在保持"原汁原味"上进行了尝试, 但限于自身水平, 必定还有提升空间.

E. M. 栗弗席兹院士被誉为物理学中的列夫 · 托尔斯泰, 这套《理论物理学教程》主要由他执笔 (有人戏谑曰 "No word by Landau, no idea by Lifshitz", 但后半句话显然不是事实), 其文字以精炼为显著风格. 此外, 原文在语言上还有两个明显的与众不同之处 (都与标点符号有关): 一是大量使用括号, 二是大量使用分号. 按照我的理解, 把一些解释性的或者次要的内容放在括号里, 这不但有助于突出重点, 而且可以用最少的文字表达出最多的信息, 此外还能让行文更加灵活, 让物理思路的连贯性尽量不因为语言表述上的限制而遭到破坏. 我在翻译时尽可能让括号的用法与原文一致 (英文版却尽可能去掉括号), 甚至在不知不觉中, 连我自己的行文风格也受到了影响, 现在很习惯于这种大量使用括号的表达方式. 至于分号, 由于两种语言对它的用法有所不同, 译文中没有刻意保留分号, 往往以句号或逗号取代之. 这样处理是否妥当, 还要请读者与专家指正.

关于书名, 我仍然沿用彭旭麟译本的译法——流体动力学, 而不像英译本那样叫做 Fluid Mechanics (流体力学). 在俄语中, гидродинамика (流体动力学) 与 гидромеханика (流体力学) 是不同的词 (相应的词在英语中也有差别). 这类似于热力学与热学、电动力学与电学的差别. "流体动力学"更侧重于对系统演化过程的研究, 而"流体力学"的范围显然大得多, 前者是后者的一部分.

关于一类术语的用法, 这里略作说明, 以免引起歧义. 根据现行国家标准 (GB 3101—93《有关量、单位和符号的一般原则》附录 A), 当某量被定义为二量之商 a/b 时, 此量可以这样命名: 把量 b 的名称作为形容词加在量 a 的名称之前, 从而构成该量的名称. 这个译本中的体积熵、质量熵等量的含义, 均应这样理解. 例如, 流体的体积熵就是单位体积流体的熵, 这是一个强度量.

我补充了大约 60 条脚注 (部分源自与陈国谦教授和苏卫东副教授的讨论). 这些脚注并不具有系统性, 主要是为了解释正文, 补充相关的定义、结果、文献和中文术语, 说明原文的个别错误 (另有约 300 处印刷错误已直接修改). 我还补充了人名索引, 并在名词索引中补充了上述脚注中的少量重要术语.

我的同事陈国谦教授作为审阅人, 对提高译文水平起到了关键作用. 他还特别关注了由我补充的全部脚注. 我们花了大量时间讨论每一个脚注是否值得保留, 以及如何用最精炼的方式进行改写. 他甚至字斟句酌地修改了序言的译文. 我特别感谢陈国谦教授长期以来对我翻译工作的大力支持和鼓励.

我还得到许多人的热情帮助, 兹一一表示感谢.

我的同事苏卫东副教授重点阅读了关于湍流的第三章译文, 提出了许多有益的建议, 还帮助我补充或修改了一些脚注 (约 10 条). 他永远有求必应, 亲自进行演算来检验公式. 他热情地提供了很多信息, 从印刷错误到各种相关资料 (包括 H. 杰弗里斯的传记).

中国科学院理论物理研究所研究员刘寄星先生一直关注我的翻译工作. 他阅读了序言、第一章和最后两章的译文, 以及人名索引和名词索引, 提出了很多建议 (尤其是关于物理学名词和人名译法的建议), 还提供了一些相关资料.

清华大学高等研究院的俞振华老师和博士生高超以及复旦大学物理系的博士生戴越阅读了最后两章译文, 对比英译本找出了明显不一致的词句并提出了相应修改建议. 北京大学力学系的张永甲同学检查了部分译文和公式.

北京外国语大学俄语学院的李雪莹老师耐心回答了俄语方面的疑难问题, 修改了序言中不够准确的译文. 她正在翻译朗道的一部传记 (将由高等教育出版社出版), 敬请留意.

高等教育出版社自然科学学术著作分社编辑王超先生对照英译本和另外两个中译本检查了全文, 仔细地核对了全部公式 (还发现了原文中的不少印刷错误), 对译本质量的提高功不可没.

最后, 我还要感谢我的妻子邵长虹. 一些语句的译法, 最初都是与她讨论. 没有她的理解和支持, 我不可能静下心来一直做我自己感兴趣的事.

李　植

北京大学力学系

2012 年 9 月

zhili@pku.edu.cn

《弹性理论（第五版）》

ISBN:978-7-04-031953-8

本书是《理论物理学教程》的第七卷，根据俄文最新版译出。正如作者所说，本书是一本物理学家为物理学家撰写的弹性理论教学参考书。因此本书除系统地讲述了诸如弹性理论的基本方程、半无限弹性介质问题、固体接触问题的经典解法以及板和壳的问题、杆的扭转和弯曲、弹性系统的稳定性等传统弹性力学的基本内容之外，还深入地阐述了一般弹性力学著作较少提及的弹性波以及振动的理论问题、晶体的弹性性质、位错的力学问题、固体的热传导和黏性以及液晶的弹性力学等问题。本书叙述精练，推演论证严谨，着重所讨论问题的物理概念。本书可作为高等学校物理及力学专业高年级本科生教学参考书，也可供相关专业的研究生和科研人员参考。

《连续介质电动力学（第四版）》

本书是《理论物理学教程》的第八卷，系统阐述了实体介质的电磁场理论以及实物的宏观电学和磁学性质。全书论述条理清晰，内容广泛，包括导体和介电体静电学、恒定电流、恒定磁场、铁磁性和反铁磁性、超导电性、准恒电磁场、磁流体动力学、介质内的电磁波及其传播规律、空间色散、非线性光学和电磁波散射等内容。本书可作为理论物理专业的研究生和高年级本科生教学参考书，也可供科研人员和教师参考。